TURING 图灵原创

一个64位操作系统的设计与实现

田宇◎著

人民邮电出版社
北京

图书在版编目（CIP）数据

一个64位操作系统的设计与实现 / 田宇著. -- 北京：人民邮电出版社，2018.5（2024.5重印）
（图灵原创）
ISBN 978-7-115-47525-1

Ⅰ. ①一… Ⅱ. ①田… Ⅲ. ①Linux操作系统 Ⅳ. ①TP316.85

中国版本图书馆CIP数据核字(2017)第316719号

内 容 提 要

本书讲述了一个 64 位多核操作系统的自制过程。首先从虚拟平台构筑起一个基础框架，随后再将基础框架移植到物理平台中进行升级、完善与优化。为了凸显 64 位多核操作系统的特点，物理平台选用搭载着 Intel Core i7 处理器的笔记本电脑。与此同时，本书还将 Linux 内核的源码精髓、诸多官方白皮书以及多款常用协议浓缩于其中，可使读者在读完本书后能够学以致用，进而达到理论联系实际的目的。

全书共 16 章。第 1~2 章讲述了操作系统的基础概念和开发操作系统需要掌握的知识；第 3~5 章在虚拟平台下快速构建起一个操作系统模型；第 6~16 章将在物理平台下对操作系统模型做进一步升级、优化和完善。

本书既适合在校学习理论知识的初学者，又适合在职工作的软件工程师或有一定基础的业余爱好者。

◆ 著　　　田　宇
责任编辑　王军花
执行编辑　陈兴璐
责任印制　周昇亮

◆ 人民邮电出版社出版发行　　北京市丰台区成寿寺路 11 号
邮编　100164　　电子邮件　315@ptpress.com.cn
网址　http://www.ptpress.com.cn
固安县铭成印刷有限公司印刷

◆ 开本：800×1000　1/16
印张：43.25　　　2018 年 5 月第 1 版
字数：1 022千字　　　2024 年 5 月河北第 15 次印刷

定价：139.00元

读者服务热线：(010)84084456-6009　印装质量热线：(010)81055316

反盗版热线：(010)81055315

广告经营许可证：京东市监广登字 20170147 号

前 言

这不是一本由几万行代码简单罗列成的书，也不是一本由各种技术文档堆砌成的书。当你在学习计算机操作系统原理时迷失了方向，它会为你点亮一盏灯，照亮前方的路。

计算机相关专业的读者们在大学时都学习过《操作系统》这门课程。对于什么是操作系统，老师们普遍以理论概念为主进行教授，比如，什么是进程，什么是线程，什么是文件系统等知识点。可是，像进程与线程的创建过程、空间换时间的应用场景等内容却鲜有提及。以上这些问题，我在学生时代的时候特别想弄清楚，但却无从着手，就算有些思路，也因为学艺不精，半途而废了。即使向老师们请教，也只得到理论性的解释，无法获得清晰、准确、具体的答案。我想，也许正在阅读本书的你们也难以将其缘由娓娓道来。不过，可能有些人觉得没有必要非常清楚这些问题，以前的我也曾有过此种想法。待到有幸从事几年 Linux 内核级的研发工作后，我才逐渐对上述问题有了比较直观、深刻的认知，并且慢慢体会到，如果不清楚操作系统原理，某些问题解决起来非常困难。

在计算机领域，中国的发展速度仍然落后于发达国家，师资力量不足是在所难免的。一些学校只是概括性地传授微机原理、汇编语言、计算机组成原理、编译原理、操作系统等基础知识，甚至还可能只将它们作为选修课程。当时作为学生的我觉得这些课程不重要，没有认真细致学习，但在工作多年的反思中才发现，它们是融会贯通计算机领域的必要知识，它们往往决定了一个人能在计算机行业走多远。而且，目前中国软件行业仍以外包为主，能够静下心来做技术储备、基础知识培训的自主研发型公司少之又少，这种局面使得我们想在工作中弥补基础知识依然十分困难。

现今，网络上已有不少关于操作系统实践类的文章和图书，这些文章和图书作为入门学习是很不错的选择。可是，这些文章和图书内容的一个通病是，操作系统普遍采用 Intel 32 位处理器的虚拟平台进行开发、研制。这个 32 位处理器的虚拟平台虽然学起来简单，但如果用到工作中举一反三的话，还是存在诸多差距与不足。比较典型的例子有，虚拟平台与物理平台在软硬件执行流程上的差异、多核处理器间的通信机制、高级中断控制器的配置、先进的 64 位处理器体系结构等，这些问题难以正确分析、推理及解决，会导致理论与实践脱节。

出于以上种种原因，作者想通过一系列图书把现代操作系统的真实面貌展现给读者，并希望借此寻找有兴趣和有能力的朋友们一起开发这款操作系统。考虑到对操作系统感兴趣的读者不在少数，基础知识的掌握水平势必参差不齐。为了照顾到各个方面，本书将尽量做到既适合在校学习理论知识的初学者，又适合在职工作的软件工程师或有一定基础的业余爱好者。

这是一个基于 Intel 处理器 IA-32e 体系结构编写的操作系统雏形。虽说它只是一个操作系统雏形，但为了使读者能够在学习 Linux 内核源代码时得到一些助力，本系统还将 Linux 内核的精髓（提炼自多版 Linux 内核）融入其中，并以物理平台作为主要运行环境、虚拟平台作为辅助运行环境。IA-32e

体系结构可以通俗理解为“64位处理器”。阅读过Intel技术文档的读者应该知道，64位处理器是在原有32位处理器的基础上扩展而得的，其对32位处理器的运算速度、数据带宽乃至运行时的高效性、安全性都进行了全面升级与优化。因此，64位操作系统比32位操作系统“快”是有诸多理由的，这些理由很难用几句话解释清楚。

本书从计算机上电启动开始，循序渐进地实现了一个64位操作系统的雏形。先介绍一下本书操作系统的硬件运行环境。作者使用Lenovo ThinkPad X220T笔记本电脑作为操作系统的物理平台，其上搭载着一枚Intel (R) Core (TM) i7-2620 M CPU @ 2.70 GHz（这串字符将在正文里通过程序从处理器中取得）双核四线程处理器，并配有8 GB容量的物理内存。如果条件允许的话，读者还可以准备一台电脑作为编译环境，否则反复重启同一台电脑会严重影响开发效率。除此之外，还必须准备一个U盘，要在物理平台下运行操作系统，怎能少得了U盘引导呢！U盘的容量无需太大，16 MB或8 MB足矣。

时至今日，我依然能够清晰回忆起当初编写这个操作系统时遇到的各种困难，以及经历过的一次次挫败、煎熬与崩溃。此刻，当你们读到本书时，说明那些困难已经成为历史。“失败不可怕，害怕失败才真正可怕。当你意识到失败只不过是弯路时，你就已经走在成功的直道上了。”用这句话，希望可以与读者共勉。

结伴冒险即将开始，希望读者能和作者痛快走一回。

阅读指导

鉴于本书采用迭代方式循序渐进地去实现一个操作系统，而并非一次性构建起来，所以在开发的每个环节都会对之前的代码进行修改、调整和升级。为了节省篇幅，本书会附赠源码和运行效果图，而书中内容将主要针对有变动的重要信息进行讲解，请读者借助代码比较工具（如Beyond Compare）和运行效果图并行研习。

限于篇幅，本书只对研发期间所涉及的知识进行讲解。对于读者在实践过程中提出的疑问或困惑，本书会略过，还请读者查阅相关官方文档。

对于没有操作系统开发经验和缺乏设计思路的读者，强烈建议你们在阅读完本书后，再按照书中的描述去实践自己的操作系统，以免初次阅读本书时编写出运行效果不佳的程序。

本系统使用的编译器要求汇编代码使用小写字母书写，而Intel官方白皮书对汇编指令和寄存器的描述均采用大写字母书写。此种现象源于各个编译器对汇编指令的书写格式要求略有不同，有的编译器甚至会通过前/后缀符号对汇编指令做进一步修饰。为了区分正文中的汇编代码和汇编指令，本书统一使用小写字母表示汇编代码，而汇编指令和寄存器则统一使用大写字母表示。

保留英文缩写

为了做到原汁原味，对于页管理机制（32/64位处理器体系结构）中常用的专有名词，在不引起困惑的前提下，本书尽量使用英文缩写（更多英文缩写请见“术语表”）。

- PML4（Page Map Level 4）：4级页表。
- PML4E（PML4-Entry）：PML4页表项。
- PDPT（Page Directory Pointer Table）：页目录指针表。

- ❑ PDPTE（PDPT-Entry）：PDPT 页表项。
- ❑ PDT（Page Directory Table）：页目录表。
- ❑ PDE（PDT-Entry）：PDT 页表项。
- ❑ PT（Page Table）：页表。
- ❑ PTE（PT-Entry）：PT 页表项。

鸣谢

本书历经近三年时间撰写而成。在写作期间，作者收获颇多，也沉淀许多。在此，由衷感谢人民邮电出版社图灵公司给予的出版机会，感谢策划编辑王军花、陈兴璐严谨、专注的工作使本书绽放出更加绚丽的光彩，感谢在幕后为本书辛勤付出的编辑们。同时也感谢宋玉鹏先生为本书提供的写作建议与部分插图。

我们在求知的道路上会遇到许多良师益友，前行的每一步都站在巨人的肩膀上，在此特别感谢他们曾经提供的技术帮助与支持。他们是符田、吴昊、王喆、王航、张轶伦、高乐乐、孙海鲛、康思为特、郜弘毅、郜弘睿、李海涛、张鹏、孙林、李麟、化松收、赵晓燕、崔鹏、乔国荣、姜峰、赵云云、周海龙、刘永康、崔永、毛振宇、苏立斌、张超、佘建伟、张松、刘昊、李庆松、曹美玲、王超、杨沐天、杨晗、赵兵、甄帅。

今天之所以不同于昨天，恰恰是因为昨天的感受依然在我们心中。

目 录

第一部分 操作系统相关知识介绍及环境搭建

第二部分 初级篇

第三部分 高级篇

请从这里开始你的旅程……

第一部分

操作系统相关知识介绍及环境搭建

这一部分将介绍操作系统相关知识及环境搭建方法，包含两章内容：

- 第 1 章 操作系统概述；
- 第 2 章 环境搭建及基础知识。

本部分主要针对业余爱好者以及一些基础知识薄弱的朋友们。如果你是从事底层开发工作的软件工程师，或是具有扎实的知识基础和编程功底的业余爱好者，则可以快速阅读这部分内容，或者选择跳过。

第1章 操作系统概述

1

本章首先从宏观上介绍操作系统由哪几部分组成，然后介绍编写操作系统必须掌握的知识，最后再简要介绍本书操作系统。

1.1 什么是操作系统

操作系统这个概念非常宽泛，不论是办公、生活使用的设备与计算机，还是机械工业生产制造使用的仪器仪表，它们都装有操作系统。哪怕是只有一条指令的单片机，也可以称作嵌入式操作系统。从这个宏观意义上出发，操作系统和硬件设备就可以区分开，它们要么是只有硬件电路的裸机，要么是含有操作系统的硬件电路。（这里的硬件电路指含有处理器的可编程电路。）

对于只有一条指令的单片机来说，它被称为操作系统，未免显得太过牵强。在大多数人眼里，操作系统应该由功能强大高效运转的核心、万能的驱动程序、绚丽的操作界面、舒适简洁的操作方式及方便实用的工具组成。可在当年，操作系统却是一个连硬盘都没有而只有一些简单逻辑门电路的怪物。从操作系统的发展史来看，它经历了单任务系统、批处理系统、分时操作系统、实时操作系统、嵌入式操作系统以及时下最流行的云系统等阶段。随着时代的发展，硬件在不断更新换代，操作系统也在不断演化，操作系统的功能会因为应用场景不同而具有不同的特点，但它的根本目的依然是为了方便人们对硬件设备的使用与交互。

1.2 操作系统的组成结构

一款功能完备、方便易用的操作系统，是由一套庞大的结构组成的，图1-1描述了操作系统的整体结构。

从图1-1可以看出，操作系统由内核层与应用层两部分组成。内核层主要由引导启动、内存管理、异常/中断处理、进程管理、设备驱动、文件系统等模块组成，而系统API库和应用程序则属于应用层的范畴。之所以将内核层和应用层分开，是因为内核层主要负责控制硬件设备、分配系统资源、为应用层提供健全的接口支持、保证应用程序正常稳定运行等全局性工作。而应用层主要负责的是人机交互工作。下面将对各个模型逐一进行介绍。

- **引导启动**。引导启动是指，计算机从BIOS上电自检后到跳转至内核程序执行前这一期间执行的一段或几段程序。这些程序主要用于检测计算机硬件，并配置内核运行时所需的参数，然后再把检测信息和参数提交给内核解析，内核会在解析数据的同时对自身进行配置。如图1-1所示，使用横线将引导启动模块与其他内核层模块分隔开，是考虑到引导启动模块只是为了辅助内核启动，而并非真正属于内核。一旦内核开始执行后，引导程序便再无他用。如果把内核比作卫星的话，那么引导程序就相当于运载火箭，卫星进入轨道后，火箭就完成了它的使命。引导启动程序曾经分为两部分——Boot和Loader，现在通常把两者的功能合二为一，并统称为BootLoader。

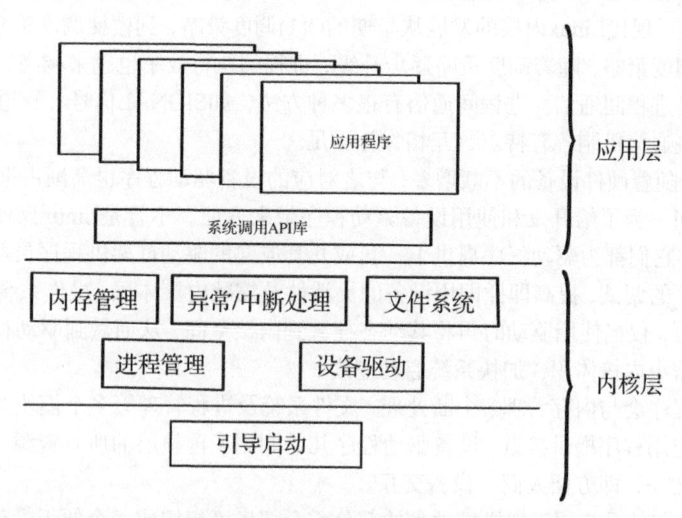

图1-1 操作系统整体结构图

目前，比较流行的引导启动程序有Grub和Uboot等，它们的功能都比较强大，用户可以通过它们自带的终端命令行与之进行简单的交互，此举为控制内核的加载和使用提供了诸多便利。

- **内存管理**。内存管理单元是内核的基础功能，它的主要作用是有效管理物理内存，这样可以简化其他模块开辟内存空间（连续的或非连续的）的过程，为页表映射和地址变换提供配套函数。Linux内存管理单元的伙伴算法，算是一种稳定成熟的内存管理算法，它可以长时间保持内存的稳定分配，防止内存碎片过多。还有内存线性地址空间的红黑树管理算法，它将原有的线性地址结构转换为树状结构以缩短搜索时间，同时又在每次插入新节点时调整树的高度（或者深度），来维持树的形状进而保证搜索时间的相对稳定，该算法既兼顾搜索时间损耗又兼顾插入时间损耗。因此，Linux选择红黑树这种近似平衡树来代替之前的AVL树（绝对平衡树）也是出于这方面的考虑。
- **异常/中断处理**。此处的异常是指处理器在执行程序时产生的错误或者问题，比如除零、段溢出、页错误、无效指令、调试错误等。有的异常经过处理后，程序仍可继续执行，有的则不能继续执行，必须根据错误类型和程序逻辑进行相应的处理。而中断处理是指处理器接收到硬件设备发来的中断请求信号并作出相应处理操作。这部分内容与外围硬件设备关系非常密切，它的处理效率会影响操作系统整体的执行速度。通常，中断处理会被分为中断上半部和中断下半部。中断上半部要求快速响应中断，在取得必要的数据和信息后尽早开启中断，以使处理器能够再次接收中断请求信号。中断下半部被用来执行剩余中断内容，像数据解析、驱动程序状态调整等更耗时的内容均在这里完成。为了让更紧迫的进程优先执行，中断下半部还可将处理内容安放在一个进程中，以让更高优先级的进程得到快速执行。

- **进程管理**。说到进程，想必会有人疑惑进程和程序的区别。程序是静静地躺在文件系统里的二进制代码，属于静止状态。一旦把这个程序加载到操作系统内运行，它就变成了进程。进程是程序的运行状态，所以它会比程序拥有更多管理层面的信息和数据。
  说到进程管理功能，不得不提进程调度策略，一个好的进程调度策略，会提高程序的执行效率和反应速度。现代Linux内核的发展从早期的O(1)调度策略，到楼梯调度策略，再到现在的CFS完全公平调度策略，随着调度策略逐步升级，进程的执行效率也越来越高。进程管理的另一个重要部分是进程间通信。进程间通信有很多种方法，如SIGNAL信号、管道、共享内存、信号量等，这些通信机制各有特点，互相弥补不足。
- **设备驱动**。随着硬件设备的不断增多，与之对应的设备驱动程序也渐渐占据了操作系统的很大一部分空间。为了给开发和使用设备驱动程序带来方便，不管是Linux操作系统还是Windows操作系统，它们都为驱动程序提供了一套或几套成熟的驱动框架供程序员使用。同时，为了便于驱动程序的调试、提高即插即用设备的灵活性及缩减内核体积，操作系统逐渐把驱动程序从内核中移出，仅当使用驱动时再将其动态挂载到内核空间，从而做到驱动程序即插即用。这样一来大大缩小内核体积，加快系统启动速度。
  设备驱动程序会与内存管理、中断处理、文件系统及进程管理等多个模块共同协作。为了让硬件设备给应用程序提供接口，设备驱动程序几乎调用了内核层的所有资源。这也是开发操作系统的目的之一，即方便人们与设备交互。
- **文件系统**。文件系统用于把机械硬盘的部分或全部扇区组织成一个便于管理的结构化单元。此处的扇区也可以是内存块，这样便组成了一个RAMDisk（内存式硬盘）。这样一个内存式硬盘单单在文件读写速度上就比普通机械硬盘高出一个数量级，其显而易见的缺点是掉电后数据全部丢失。不过与它的优点相比，这个缺点是完全可以忍受的，比如Linux内核的sys文件系统便是在RAMDisk中创建的。
  文件系统的种类也是纷繁复杂的，像上面提到的sys文件系统，还有大家耳熟能详的FAT类文件系统，以及Linux的EXT类文件系统，它们对扇区的组织形式虽各具特色，却都是为了给原生操作系统提供方便、快捷的使用体验而设计的。
- **系统调用API库**。系统调用API库接口有很多规范标准，比如Linux兼容的POSIX规范标准。对于不同的接口标准来说，其定义和封装的函数实现是不一样的。不管怎么说，系统调用API库最终都是为了给应用程序提供简单、快捷、便于使用的接口。
- **应用程序**。应用程序包括我们自己安装的软件和系统提供的工具、软件与服务。
  在众多应用程序中，比较特殊的一个应用程序是系统的窗口管理器，它主要用于管理图形界面的窗口，具体包括窗口的位置布局、鼠标键盘的消息投递、活动窗口仲裁等功能。
  - 窗口的位置布局负责控制窗口的比例大小、显示位置、标题栏及按钮等一系列与窗口的显示效果相关的功能。
  - 键盘鼠标的消息投递负责将键盘鼠标发送来的消息发往到活动窗口，这个过程会涉及窗口管理器对活动窗口的仲裁。
  - 活动窗口仲裁会依据鼠标采用的仲裁模式（包括鼠标跟随式、鼠标按下式等）来确定正在操作的窗口。

1.3 编写操作系统需要的知识

鉴于操作系统是与硬件设备紧密相连的软件程序，所以操作系统的编写自然会涉及软件和硬件两个方面。

1. 硬件方面

首先，我们要根据硬件电路掌握处理器与外围设备的电路组成，通俗一点说，就是处理器和外围设备是怎么连接的。当掌握电路组成后，进而可以知道处理器如何控制外围设备，以及采用何种方式与它们通信。对于ARM这类片上系统而言，它们与外围设备的连接方法非常灵活，所以这部分内容必须要掌握；而通用的PC平台的连接方法相对固定得多。因此，编写一个PC平台的操作系统，对硬件电路的掌握要求会比较宽松。

其次，既然清楚了硬件电路的连接，下一步就是阅读这些硬件设备的芯片手册。芯片手册会详细描述芯片的硬件特性、通信方式、芯片内部的寄存器功能，以及控制寄存器的方法。不管何种硬件平台，硬件设备的芯片手册都同等重要，不了解这部分内容也就无法与硬件设备通信。一般情况下，操作系统开发人员会更关注处理器如何与这些硬件设备通信、如何控制它们的寄存器状态，而硬件工程师则会更关注芯片的工作环境、温度、工作电压、额定功率等硬件特性指标。

所以在硬件方面，掌握硬件电路、处理器和外围设备的芯片手册即可。其中，处理器芯片手册会介绍如何初始化处理器、如何切换处理器工作模式等一系列操作处理器的信息与方法，这些知识为操作系统运行提供技术指导。硬件芯片手册会对设备上的所有寄存器功能进行描述，我们根据这些寄存器功能方可编写出驱动程序。

2. 软件方面

至于软件方面，只要熟练运用汇编语言和C语言就足够编写操作系统了。

汇编语言主要用于控制和配置处理器，例如引导启动处理器、配置处理器运行状态、进程切换、中断和异常处理程序、设备I/O端口操作等必须操作寄存器的工作，或者是对性能要求极为苛刻的场景，这些工作C语言几乎无法实现。

C语言是编写操作系统的主要开发语言，它以简单、高效、使用灵活等特性深受底层开发人员的喜爱。而且，它在内嵌汇编语言以及与汇编语言的相互调用方面都表现得非常自然，只要遵循C语言的标准方法就能实现这些功能。

除了熟练使用开发语言之外，操作系统作为所有资源的管理者，一些灵活高效的算法也是必不可少的。从基础的链表结构，到树状结构，再到图状结构，操作系统会根据不同的应用场景有选择地使用它们。此外，一些灵活的编程技巧也必不可少。像内核异常处理程序的错误对照表，其原理是在程序容易出错的地方提前写出错误处理函数，并将出错地址和处理地址记录在错误对照表内。当错误发生时处理器会自动捕获错误地址，操作系统会从错误对照表里检索出对应的处理地址，并加以执行。这个过程必须借助链接脚本巧妙设计地址空间，才能组建错误处理对照表。

综上所述，编写一个操作系统必备的知识并不多，只需掌握汇编语言和C语言，能够看懂硬件电路图和硬件芯片手册即可。如果期望操作系统运行得又快又稳，那么还需要在兼顾空间开销和性能损耗的同时适当使用高效算法。所以，编写一个操作系统不难，难的是通过巧妙的方法让它运行得更高效、更人性化。

1.4 本书操作系统简介

在了解操作系统的结构组成和编写操作系统需要的知识后，接下来将对本书即将实现的操作系统加以介绍。本书以Linux操作系统作为主要参考对象，来编写一个操作系统雏形，并将其运行在物理平台上。此举既可以对学习代码量巨大的Linux内核有所帮助，又可以在本系统基础上通过动手实践对理论加以验证，进而做到举一反三。而且，使用物理平台运行操作系统，会大大增加读者的成就感和对操作系统的理解能力，同时还能排除虚拟平台带来的差异和问题。下面将本操作系统分为引导启动、内核层与应用层三部分，并逐一对它们进行介绍。

- **引导启动**。引导启动程序将使用NASM汇编语言编写，实现U盘引导启动、文件系统识别、系统内核加载、内存容量检测、显示模式的检测与设置、处理器运行模式切换、页表配置等功能，进而完成系统内核运行前的准备工作。此环节涉及的关键技术点有BIOS中断调用、VBE功能获得和设置、FAT12/32文件系统结构解析、E820内存地址分布、U盘与磁盘的区别、处理器体系结构探索等。
- **内核层**。内核层部分是操作系统的重头戏。正如前文所述，本系统将参考Linux内核来编写一个功能相对健全的内核雏形，其中会涉及编译技术和链接技术来将程序划分出不同的代码空间。而且，系统内核还将配有内存管理模块、中断/异常处理模块、进程管理模块、多核通信模块、文件系统模块、外部设备驱动等一系列功能模块，成为一个可以正常工作且功能相对完整的系统内核。同时，本系统还将遵循POSIX规范标准，为应用层提供通用的编程接口（系统调用API）。
- **应用层**。应用层部分将实现Shell命令解析器和一些基础命令。既然内核层已经实现了系统调用API，那么这些应用程序便可在此基础上予以实现。

综上所述，虽然本书操作系统参考了Linux内核源码，但并非直接裁剪Linux内核源码而成！因为，这样会帮助读者在学习本书的同时，便于向Linux内核过渡。就像当年Linux参考Unix一样，我们的操作系统必须先有个健全的系统雏形，才能承载我们远大的梦想。

第2章

环境搭建及基础知识

本章介绍编写本书操作系统所需的基础知识、系统环境及环境搭建方法，大家不必在这方面耗费太多精力，本着够用就好的原则即可。

本书操作系统开发使用的系统环境是Windows 7系统，编译环境是Linux的开源发行版CentOS 6。因此，作者将借助VMware虚拟机软件在Windows 7系统下创建了一个虚拟平台，再由此平台搭载CentOS 6操作系统。虽然我们的意图是在物理平台上运行操作系统，但如果在操作系统开发初期就使用物理平台的话，代码调试工作将变得十分艰难。故此，在开发初期使用Bochs虚拟机来调试我们的操作系统是个不错的选择。

在基础知识方面，不管你是精通C语言和汇编语言、能够写出高效且晦涩的代码的大神，还是初学编程语言抱着谭浩强的《C语言程序设计》乱啃的菜鸟，都请你们静下心来读完这一章再上路。本章可以作为复习章，亦可作为提高自己知识技能的学习章，其中涉及的知识点都很重要，如果不了解这些知识，往后的内容你会学得很吃力。不经一番寒彻骨，怎得梅花扑鼻香。我们今天的止步不前，是为了明天大踏步的前进。

2.1 虚拟机及开发系统平台介绍

研发任何一款软件都需要有完整的开发环境，研发操作系统也不例外。

开发操作系统主要使用汇编语言和C语言，再加上些许灵活多变的设计思想即可。开发应用程序可以借助丰富的调试工具和系统开发库的支持，而开发操作系统一切皆需要从零做起。

随着开源免费软件大军逐渐壮大，为了避免版权问题和收费软件的麻烦，Linux家族的操作系统已成为开发环境的首选。VMware虚拟机软件以稳定、方便、灵活、功能强大等特点深受开发者们的喜爱。Windows、Linux或Mac OS系统平台都能创建出一个表现出众的虚拟平台。Linux开源操作系统与VMware虚拟机软件经常会组合在一起使用。

开源的轻量级虚拟机Bochs，不仅可以运行虚拟平台，还能够在平台运行期间对平台进行调试，从而帮助我们度过一个个难关。当然，如果你手头有其他的可调试虚拟机，只要它具有设置断点、查看内存、查看寄存器状态、反汇编内存代码等基本功能，也可以使用。希望读者能够根据自己的喜好，搭建出一个顺手的开发环境。

2.1.1 VMware 的安装

VMware这款虚拟机软件想必大家并不陌生，它基本上属于开发必备软件之一。如果你正在使用

Linux的某个发行版，可以选择跳过这部分内容，直接从2.1.3节看起。这部分内容主要针对Windows用户介绍虚拟机软件和编译环境。

作者使用的操作系统是Windows 7 SP1，编译环境选定为Linux的某个发行版。因此，使用VMware软件来为编译环境虚拟硬件平台是个理想的选择。VMware旗下的VMwareWorkstation和VMwarePlayer均可满足本书开发需求。对于软件版本也无过多要求，只要能顺利安装一款Linux发行版操作系统，并支持动态挂载USB设备就可以了。

注意事项

- VMware安装完毕后，读者很可能会使用优化软件对电脑进行清理和优化，此时要特别注意，在优化过程中，优化软件可能会关闭VMware的某些自动开启的系统服务，以至于虚拟机软件有时无法连接网络和挂载USB设备。解决办法是，在运行栏内输入`services.msc`开启服务管理窗口，开启相关服务。如果不知道该开启哪个服务的话，就索性开启VMware软件的全部服务。
- 在Windows 7操作系统下运行VMware软件时，尽量以管理员权限运行，否则容易报错。

2.1.2　编译环境 CentOS 6

VMware软件安装后，我们将使用该软件建立虚拟硬件平台，并在虚拟平台上安装操作系统。CentOS 6是本书编译环境选用的操作系统。

1. 系统安装

对于操作系统，可根据个人习惯自由选定，只要是Linux的发行版皆可。作者选择CentOS操作系统，主要是由于长期的使用习惯所使。虽然CentOS系统的大部分软件不是最新的，但是对于企业来说，系统稳定更重要。而且CentOS是Red Hat的免费版，提供的维护和更新时间更长，操作界面相对简单、易使用。

2. 开发过程中涉及的一些命令

操作Linux类系统主要依靠终端命令实现，这点与Windows操作系统有所不同。这也是Linux类操作系统的精髓所在，不同功能的命令可以组合使用，进而实现更强大的功能。以下命令及工具大致涵盖了开发本操作系统所需。

- 编译器和编译工具
  - `gcc`：GUN C语言编译器，支持C99标准并拥有独特的扩展。
  - `as`：GAS汇编语言编译器，用于编译AT&T格式的汇编语言。
  - `ld`：链接器，用于将编译文件链接成可执行文件。
  - `nasm`：NASM汇编语言编译器，用于编译Intel格式的汇编语言。
  - `make`：编译工具，根据编译脚本文件记录的内容编译程序。
- 系统工具与命令
  - `dd`：复制指定大小的数据块，并在复制过程中转换数据格式。
  - `mount`：挂载命令，用于将U盘、光驱、软盘等存储设备挂载到指定路径上。
  - `umount`：卸载命令，与`mount`命令功能相反。

- **cp**：复制命令，复制指定文件或目录。
- **sync**：数据同步命令，将已缓存的数据回写到存储设备上。
- **rm**：删除命令，删除指定文件或目录。
- **objdump**：反汇编命令，负责将可执行文件反编译成汇编语言。
- **objcopy**：文件提取命令，将源文件中的内容提取出来，再转存到目标文件中。

以上命令和工具通常会默认安装到Linux发行版系统中。如果操作系统里没有相关命令，也无需担心，使用操作系统自带的软件更新工具（yum、apt-get等），就能安装（或更新）最新版本的命令到系统中。

注意事项

- 在使用VMware软件创建虚拟平台时，不必为内存和硬盘分配过大的存储空间，而且硬盘可以配置成动态增长型，这样可以节省虚拟机的磁盘存储空间。
- 由于本次开发不会使用到swap分区，那么系统就没有必要创建该分区。如果读者还打算在本系统中进行其他开发，还是创建swap分区为妙。

2.1.3 Bochs 虚拟机

Bochs是一款开源的可调试虚拟机软件，在开发操作系统的初期阶段，通过它的调试功能可以为系统内核的正常运行保驾护航。

1. Bochs环境安装

由于这款软件仍处于完善中，新版本将会解决不少bug，对于开发操作系统的内核级软件来说，这点会比较重要。因此，在选择Bochs的软件版本时，还是相对新一些比较好，作者选择的是最新的bochs-2.6.8。请读者自行下载和安装Bochs虚拟机，这里分享一下configure工具的配置信息，仅供参考：

```
./configure --with-x11 --with-wx --enable-debugger --enable-disasm
--enable-all-optimizations --enable-readline --enable-long-phy-address
--enable-ltdl-install --enable-idle-hack --enable-plugins --enable-a20-pin
--enable-x86-64 --enable-smp --enable-cpu-level=6 --enable-large-ramfile
--enable-repeat-speedups --enable-fast-function-calls  --enable-handlers-chaining
--enable-trace-linking --enable-configurable-msrs --enable-show-ips --enable-cpp
--enable-debugger-gui --enable-iodebug --enable-logging --enable-assert-checks
--enable-fpu --enable-vmx=2 --enable-svm --enable-3dnow --enable-alignment-check
--enable-monitor-mwait --enable-avx  --enable-evex --enable-x86-debugger
--enable-pci --enable-usb --enable-voodoo
```

因为不清楚调试内核到底会使用多少功能，索性就将它们全部添加上去。在编译时可能会出现“文件不存在”错误，这时只需将后缀名为.cpp的文件克隆出一个后缀名为.cc的副本即可通过编译，请参考以下几行复制命令：

```
cp misc/bximage.cpp  misc/bximage.cc
cp iodev/hdimage/hdimage.cpp iodev/hdimage/hdimage.cc
cp iodev/hdimage/vmware3.cpp iodev/hdimage/vmware3.cc
```

```
cp iodev/hdimage/vmware4.cpp iodev/hdimage/vmware4.cc
cp iodev/hdimage/vpc-img.cpp iodev/hdimage/vpc-img.cc
cp iodev/hdimage/vbox.cpp iodev/hdimage/vbox.cc
```

2. Bochs运行环境配置

编译安装Bochs虚拟机软件后，还需要为即将实现的操作系统创建虚拟硬件环境。这个环境是通过配置文件描述的，在Bochs文件夹内已为用户准备了一个默认的系统环境配置文件.bochsrc，里面有配置选项的说明和实例可供用户参考使用。读者可以在.bochsrc文件的基础上稍作修改，配置出一个自己的虚拟平台环境。以下内容是本系统虚拟平台环境的配置信息：

```
# configuration file generated by Bochs
plugin_ctrl: unmapped=1, biosdev=1, speaker=1, extfpuirq=1, parallel=1, serial=1,
iodebug=1
config_interface: textconfig
display_library: x
#memory: host=2048, guest=2048
romimage: file="/usr/local/share/bochs/BIOS-bochs-latest"
vgaromimage: file="/usr/local/share/bochs/VGABIOS-lgpl-latest"
boot: floppy
floppy_bootsig_check: disabled=0
floppya: type=1_44, 1_44="boot.img", status=inserted, write_protected=0
# no floppyb
ata0: enabled=1, ioaddr1=0x1f0, ioaddr2=0x3f0, irq=14
ata0-master: type=none
ata0-slave: type=none
ata1: enabled=1, ioaddr1=0x170, ioaddr2=0x370, irq=15
ata1-master: type=none
ata1-slave: type=none
ata2: enabled=0
ata3: enabled=0
pci: enabled=1, chipset=i440fx
vga: extension=vbe, update_freq=5

cpu: count=1:1:1, ips=4000000, quantum=16,
model=corei7_haswell_4770,reset_on_triple_fault=1, cpuid_limit_winnt=0,
ignore_bad_msrs=1, mwait_is_nop=0, msrs="msrs.def"

cpuid: x86_64=1,level=6, mmx=1, sep=1, simd=avx512, aes=1, movbe=1,
xsave=1,apic=x2apic,sha=1,movbe=1,adx=1,xsaveopt=1,avx_f16c=1,avx_fma=1,bmi=bmi2,1
g_pages=1,pcid=1,fsgsbase=1,smep=1,smap=1,mwait=1,vmx=1
cpuid: family=6, model=0x1a, stepping=5, vendor_string="GenuineIntel",
brand_string="Intel(R) Core(TM) i7-4770 CPU (Haswell)"

print_timestamps: enabled=0
debugger_log: -
magic_break: enabled=0
port_e9_hack: enabled=0
private_colormap: enabled=0
clock: sync=none, time0=local, rtc_sync=0
# no cmosimage
# no loader
log: -
logprefix: %t%e%d
debug: action=ignore
info: action=report
error: action=report
```

```
panic: action=ask
keyboard: type=mf, serial_delay=250, paste_delay=100000, user_shortcut=none
mouse: type=ps2, enabled=0, toggle=ctrl+mbutton
speaker: enabled=1, mode=system
parport1: enabled=1, file=none
parport2: enabled=0
com1: enabled=1, mode=null
com2: enabled=0
com3: enabled=0
com4: enabled=0

megs: 2048
```

在这段虚拟平台配置信息中，大部分内容依然使用默认设置信息。需要特殊说明的有以下几项。

- **boot:floppy**：相当于设置BIOS的启动项，此处为软盘启动。
- **floppya:type=1_44,1_44="boot.img",status=inserted,write_protected=0**：设置插入软盘的类型为容量1.44 MB的软盘，软盘镜像文件的文件名为boot.img，状态是已经插入，写保护开关置于关闭状态。
- **cpu**与**cpuid**：这两个选项描述了处理器的相关信息，可以根据个人需求自行设定，在.bochsrc文件中也有详细说明可供参考。
- **megs:2048**：设置虚拟平台的可用物理内存容量，以MB为单位。目前，Bochs虚拟软件可用的内存上限是2048 MB（2 GB），如果操作系统没有足够内存，Bochs会运行失败，失败时的提示信息大致如下所示：

```
terminate called after throwing an instance of 'std::bad_alloc'
what(): std::bad_alloc
Aborted (core dumped)
```

补充说明 如果把配置项`display_library: x`修改为`display_library: x,options="gui_debug"`，将开启图形界面的调试窗口。

3. Bochs相关的调试命令

Bochs虚拟机软件最大的优点是，在虚拟平台运行时可以通过命令对其进行调试，表2-1罗列出了经常使用的调试命令。

表2-1 Bochs调试命令

指 令	说 明	举 例
b address	在某物理地址上设置断点	b 0x7c00
c	继续执行，直到遇到断点	c
s	单步执行	s
info cpu	查看寄存器信息	info cpu
r	查看寄存器信息	r
sreg	查看寄存器信息	sreg
creg	查看寄存器信息	creg

（续）

指　令	说　明	举　例
xp /nuf addr	查看内存物理地址内容	xp /10bx 0x100000
x /nuf addr	查看线性地址内容	x /40wd 0x90000
u start end	反汇编一段内存	u 0x100000 0x100010

注：n代表显示单元个数；u代表显示单元大小[b：Byte、h：Word、w：DWord、g：QWord（四字）]；f代表显示格式（x：十六进制、d：十进制、t：二进制、c：字符）。

以上这些命令都会在今后的系统开发中使用到。如果一开始就让代码运行在物理平台上，一旦出现问题，错误分析工作会变得举步维艰，甚至连查看寄存器状态和内存区数据这类小事，都会变得茫然失措、无从下手，濒临绝望。考虑到这些原因，就先让我们的程序在Bochs虚拟机里运行一段时间，待到时机成熟后再把它移植到物理平台上运行。

2.2 汇编语言

汇编语言的书写格式大体分为两种，一种是AT&T汇编语言格式，另一种是Intel汇编语言格式。这两种书写格式并不会影响汇编指令的功能，而且它们都有相应的编译器支持。

Intel汇编语言格式书写简洁，使用起来会比较舒服，支持它的编译器有MASM编译器、NASM编译器和YASM编译器。而AT&T汇编语言格式相对来说会复杂一些，支持它的编译器是GNU的GAS编译器。

对本书操作系统而言，BootLoader部分将采用Intel格式的汇编语言编写，使用NASM编译器进行编译；操作系统的内核与应用程序将采用AT&T格式的汇编语言编写，使用GNU的GAS编译器进行编译。同时使用这两种汇编语言书写格式是有原因的，可以概括为以下两点。

- 由于BootLoader全部使用汇编语言编写，代码量大，如果采用Intel格式的汇编语言，可以保证既书写简单又便于阅读。
- 内核和应用程序只有一小部分关键代码必须使用汇编语言编写，绝大部分代码会使用GNU C语言编写，那么为GNU C语言搭配上AT&T格式的GNU汇编语言，可使两者更加自然流畅地相互调用，进而提高两者的互相兼容性。

C语言和汇编语言经常会出现互相调用的情况，其中汇编语言调用C语言的过程最为复杂。稍后将通过一节篇幅专门对其进行讲解。

2.2.1 AT&T 汇编语言格式与 Intel 汇编语言格式

AT&T汇编语言格式与Intel汇编语言格式在指令的功能上并无太大区别，但在书写格式、赋值方向、前缀等方面却各有各的特点。表2-2对这两种汇编语言格式进行了对比。

表2-2 AT&T汇编语言格式与Intel汇编语言格式对比表

	Intel汇编语言格式	AT&T汇编语言格式
书写格式	大多数编译器要求关键字必须使用大写字母书写，如：`MOV AX,0x10`	编译器要求关键字必须使用小写字母书写，如：`mov $0x10,%ax`
赋值方向	指令通常带有两个操作数，一个是目的操作数，另一个是源操作数，赋值方向从右向左。 以ADD汇编指令为例，它的格式为： `ADD 目的操作数,源操作数`	与Intel汇编语言格式恰恰相反，第一个是源操作数，第二个是目的操作数，赋值方向从左向右

操作数前缀	使用寄存器和立即数无需额外添加前缀。例如：
	`MOV CX,12`
		使用寄存器必须在前面添加指令前缀%，使用立即数必须在前面添加前缀$，例如：
		`mov $12,%cx`
		对于标识符变量，可以直接引用，无需添加前缀。例如：
		`values: .long 0x5a5a5a5a`
		`movl values,%eax`
		此处的values是一个标识符变量，这条指令的意思是将values变量记录的数值0x5a5a5a5a装入寄存器eax中
		如果添加标识符前缀$，则说明正在引用该变量的地址。例如：
		`movl $values,%ebx`
		这条汇编指令的意思是将values变量的地址装入ebx寄存器

跳转和调用指令	远跳转指令JMP的目标地址由段地址和段内偏移组成。远调用指令CALL的目标地址同样由段地址和段内偏移组成，远返回指令RET无操作数：
	`CALL FAR SECTION:OFFSET`
	`JMP FAR SECTION:OFFSET`
	`RET`
		对于远跳转指令和远调用指令必须使用前缀l加以修饰，与lcall指令相对应的是远返回指令lret。例如：
		`lcall $section:$offset`
		`ljmp $section:$offset`
		`lret`

内存间接寻址格式	Intel使用[ ]来表示间接寻址，完整格式为`section:[base+index*scale+displacement]` 其中scale的默认值为1，可取值是1、2、4、8；section用于指定段寄存器，不同情况的默认段寄存器是不同的	AT&T使用( )来表示间接寻址，格式为`section:displacement(base,index,scale)` 这里的section，base，index，scale，displacement与Intel的使用规则相同

指令的后缀	使用内存操作数时应该对操作数的位宽加以限定，借助修饰符PTR可以限定操作数的位宽，例如：BYTE PTR代表一个字节、WORD PTR代表一个字、DWORD PTR代表一个双字等。例如：
	`MOV EAX,DWORD PTR [EBX]`
		AT&T语法中大部分指令在访问数据时都需要指明操作数的位宽，通常一个字节用b表示、一个字用w表示、一个双字用l表示、一个四字用q表示。例如：
		`movq %rax,%rbx`
		此外，跳转指令的地址标识符也可添加后缀以表示跳转方向，f表示向前跳转（**forward**），b表示向后跳转（**back**），如：
		`jmp 1f`
		`1:`

2.2.2　NASM编译器

想必，许多读者在学习汇编语言时都是从Intel处理器的i386汇编语言开始，使用的编译器很可能是MASM（Microsoft Macro Assembler）。本节介绍的NASM编译器在语法和书写格式上，与MASM编译器比较相似，值得说明的有以下几点。

1. 符号[ ]

在NASM编译器中，如果直接引用变量名或者标识符，则被编译器认为正在引用该变量的地址。如果希望访问变量里的数据，则必须使用符号[]。如果这样不太容易记忆，那么可以把它想象成C语言里的数组，数组名代表数组的起始地址，当为数组名加上符号[ ]后，就表示正在引用数组的元素。

2. 符号$

符号$在NASM编译器中代表当前行被编译后的地址。这么说好像不太容易理解，那么请看下面这行代码：

```
jmp $
```

这条汇编指令的功能是死循环，将它翻译成十六进制机器码是E9 FD FF。其中，机器码E9的意思是跳转，而机器码FD FF用于确定跳转的目标地址，由于x86处理器是以小端模式保存数据的，所以机器码转换为地址偏移值是0xfffd，即十进制数-3。从机器码E9可知，这个JMP指令完成的动作是相对跳转，跳转的目标地址是在当前指令地址减3处，这条指令的长度为3个字节，所以处理器又回到这条指令处重新执行。符号$在上述过程中指的是机器码E9之前的位置。

3. 符号$$

明白了符号$，那么，符号$$又是什么意思呢？其实，它代表一个Section（节）起始处被编译后的地址，也就是这个节的起始地址。编写小段的汇编程序时，通常使用一个Section即可，只有在编写复杂程序时，才会用到多个Section。Section既可以是数据段，也可以是代码段。不能把Section比喻成函数，这是不恰当的。

提示　在编写代码的过程中，时常使用代码$-$$，它表示本行程序距离Section起始处的偏移。如果只有一个节，它便表示本行程序距离程序起始处的距离。在第3章中，我们会把它与关键字times联合使用，来计算将要填充的数据长度，示例代码如下：

```
times 512 - ($ - $$) db 0
```

2.2.3　使用汇编语言调用C语言的函数

在开发操作系统时，常常会从汇编程序跳转至C语言的函数中执行。比如，从系统引导程序（汇编程序）跳转到系统内核主函数中，或者从中断处理入口程序（汇编程序）跳转到中断处理函数（属于中断上半部）中等。这些汇编语言调用C语言的过程都会涉及函数的调用约定、参数的传递方式、函数的调用方式等技术细节，下面就来逐一讲解这些知识点。

1. 函数的调用方式

汇编语言调用函数的方式并没有想象中的那么复杂，通过汇编指令JMP、CALL、RET及其变种指令就可实现。为了更好理解整个调用过程，请先看下面这段代码：

```
int test()
{
    int i = 0;
    i = 1 + 2;
    return i;
}
int main()
{
    test();
    return 0;
}
```

这段程序非常简单，唯一要注意的地方是主函数main的返回值，此处建议主函数的返回值使用int类型，而不要使用void或者其他类型。虽然主函数执行到return 0以后就跟我们没有关系了，但在回收进程的过程中可能要求主函数要有返回值，或者某些场合会用到主函数的返回值。考虑到上述原因，请读者尽量使用int类型，如果处于某种特殊的、可预测的环境，则无需遵照此条建议。

接下来，反汇编这段代码编译出的程序，让我们从汇编语言的角度去看看函数test的调用过程。使用objdump命令可以把目标程序反编译成汇编语言，该命令提供了诸多参数，通过这些参数可以从目标程序中反编译出各类想要的数据信息。读者可以参考以下命令对test程序进行反汇编：

```
objdump -d test
```

经过objdump命令的反编译工作后，程序代码段内的数据将会以汇编语言形式显示出来。过滤掉多余的代码后，以下是test函数和main函数的反汇编代码片段：

```
0000000000400474 <test>:
  400474:    55                      push   %rbp
  400475:    48 89 e5                mov    %rsp,%rbp
  400478:    c7 45 fc 00 00 00 00    movl   $0x0,-0x4(%rbp)
  40047f:    c7 45 fc 03 00 00 00    movl   $0x3,-0x4(%rbp)
  400486:    8b 45 fc                mov    -0x4(%rbp),%eax
  400489:    c9                      leaveq
  40048a:    c3                      retq
000000000040048b <main>:
  40048b:    55                      push   %rbp
  40048c:    48 89 e5                mov    %rsp,%rbp
  40048f:    b8 00 00 00 00          mov    $0x0,%eax
  400494:    e8 db ff ff ff          callq  400474<test>
  400499:    b8 00 00 00 00          mov    $0x0,%eax
  40049e:    c9                      leaveq
  40049f:    c3                      retq
```

这段代码中的000000000040048b<main> ：是程序的主函数main，函数名前面的十六进制数000000000040048b是函数的起始地址，每个数字占4位宽度共16个数字，这也间接说明该程序运行在$16 \times 4 = 64$位地址宽度下。

乍一看，有好多个%符号。还记得2.2.1节里讲的AT&T汇编语法格式吗？这就是引用寄存器时必须在前面添加的符号前缀。还有一些汇编指令加入了后缀字母l和q，字母l表示操作数的位宽是32位（一个双字），字母q表示操作数的位宽是64位（一个四字）。

此段中的代码leaveq等效于movq %rbp, %rsp; popq %rbp;，其中的rsp表示64位寄存器，它是32位寄存器ESP的扩展，其他通用寄存器同理。代码callq 400474的意思是跳转到test函数里执行，由此看来，汇编语言调用C语言的函数还是非常简单的。如果使用JMP汇编指令替换CALL指令，依然可以获得同样的效果。从它们的区别来看，CALL指令会把其后的那条指令的地址压入栈中，作为调用的返回地址，也就是代码中的0000000000400499地址处，随后再跳转至test函数里执行，而JMP指令却不会把返回地址0000000000400499压入栈中。一旦test函数执行完毕，便会执行代码retq把栈中的返回地址弹出到RIP寄存器中，进而返回到主函数main中继续执行。由于JMP指令没有返回地址入栈的操作，通过以下伪代码即可替代CALL指令：

```
pushq     $0x0000000000400499
jmpq      400474 <test>
```

CALL指令还可以被RET指令所取代，在执行RET指令时，该指令会弹出栈中保存的返回地址，并从返回地址处继续执行。根据RET指令的执行动作，可先将返回地址0000000000400499压入栈中，再把test函数的入口地址0000000000400474压入栈中，此时跳转地址和返回地址均已存入栈中，紧接着执行RET指令，以调用返回的形式从主函数main"返回"到test函数。以下是RET指令取代CALL指令的伪代码：

```
pushq $0x0000000000400499
pushq $0x0000000000400474
retq
```

整个实现过程是不是没有想象中的那么困难？当掌握了汇编指令的原理后，任何指令皆可灵活运用，希望本节内容可以启发读者的设计灵感！

2. 函数的调用约定

函数的调用约定描述了执行函数时返回地址和参数的出入栈规律。不同公司开发的C语言编译器都有各自的函数调用约定，而且这些调用约定的差异性很大。随着IBM兼容机对市场进行洗牌后，微软操作系统和编程工具占据了统治地位。除微软之外，仍有零星的几家公司和开源项目GNU C在维护自己的调用约定。下面将介绍几款比较流行的函数调用约定。

- stdcall调用约定
  - 在调用函数时，参数将按照从右向左的顺序依次压入栈中，例如下面的function函数，其参数入栈顺序依次是second、first：

    ```
    int function(int first,int second)
    ```

  - 函数的栈平衡操作（参数出栈操作）是由被调用函数完成的。通过代码retn x可在函数返回时从栈中弹出x字节的数据。当CPU执行RET指令时，处理器会自动将栈指针寄存器ESP向上移动x个字节，来模拟栈的弹出操作。例如上面的function函数，当function函数返回时，它会执行该指令把参数second和first从栈中弹出来，再到返回地址处继续执行。
  - 在函数的编译过程中，编译器会在函数名前用下划线修饰，其后用符号@修饰，并加上入栈的字节数，因此函数function最终会被编译为_function@8。
- cdecl调用约定
  - cdecl调用约定的参数压栈顺序与stdcall相同，皆是按照从右向左的顺序将参数压入栈中。
  - 函数的栈平衡操作是由调用函数完成的，这点与stdcall恰恰相反。stdcall调用约定使用代码

`retn x`平衡栈，而cdecl调用约定则通常会借助代码`leave`、`pop`或向上移动栈指针等方法来平衡栈。

- 每个函数调用者都含有平衡栈的代码，因此编译生成的可执行文件会较stdcall调用约定生成的文件大。

  cdecl是GNU C编译器的默认调用约定。但GNU C在64位系统环境下，却使用寄存器作为函数参数的传递方式。函数调用者按照从左向右的顺序依次将前6个整型参数放在通用寄存器RDI、RSI、RDX、RCX、R8和R9中；同时，寄存器XMM0~XMM7用来保存浮点变量，而RAX寄存器则用于保存函数的返回值，函数调用者负责平衡栈。

- fastcall调用约定
  - fastcall调用约定要求函数参数尽可能使用通用寄存器ECX和EDX来传递参数，通常是前两个`int`类型的参数或较小的参数，剩余参数再按照从右向左的顺序逐个压入栈中。
  - 函数的栈平衡操作由被调用函数负责完成。

除此之外，还有很多调用约定，如thiscall、nakedcall、pascal等，有兴趣的读者可以自行研究。

3. 参数传递方式

在知晓函数的调用约定后不难发现，参数的传递方式无外乎两种，一种是寄存器传递方式，另一种是内存传递方式。由于这两种参数传递方式在通常情况下都可以满足开发要求，所以参数的传递方式并不会被特殊关注。但在编写操作系统的过程中存在许多要求苛刻的场景，使得我们不得不掌握这两种参数传递方式的特点。

- **寄存器传递方式**。寄存器传递方式就是通过寄存器来传递函数的参数。此种传递方式的优点是执行速度快，只有少数调用约定默认使用寄存器来传递参数的，而绝大部分编译器需要特殊指定传递参数的寄存器 。

  在基于x86体系结构的Linux内核中，系统调用API一般会使用寄存器传递方式。因为，应用层空间与内核层空间是相隔离的，若想从应用层把参数传递至内核层，最便捷的方法是通过寄存器来携带参数，否则就只能大费周折地在两个层之间搬运数据。更详细的解释会在第4章中给出。

- **内存传递方式**。在大多数情况下，函数参数都是以压栈方式传递到目标函数中的。

  同在x86体系结构的Linux内核中，中断处理过程和异常处理过程都会使用内存传参方式。（从Linux 2.6开始逐渐改为寄存器传递方式。）因为从中断/异常产生到调用相应的处理，这期间的过渡代码全部由汇编语言编写。在汇编语言跳转至C语言函数的过程中，C语言函数使用栈来传递参数，为了保证两种开发语言的无缝衔接，在汇编代码中必须把参数压入栈中，然后再跳转到C语言实现的中断处理函数中执行。

以上内容均是基于x86体系结构的参数传递方式。而在x64体系结构下，大多数编译器选择寄存器传参方式。

2.3 C语言

我想绝大部分读者对C语言并不陌生，但由于它的灵活性仅次于变幻莫测的汇编语言，即使作者本人也不敢说熟练掌握或精通C语言。由于个人能力有限，下面仅对本书操作系统的主要开发语言（GNU C语言）进行讲解，整个讲解过程侧重于内嵌汇编语言和标准C语言扩展两个方面。

2.3.1 GNU C内嵌汇编语言

在很多操作系统开发场景中，C语言依然无法完全代替汇编语言。例如，操作某些特殊的CPU寄存器、操作主板上的某些IO端口或者对性能要求极为苛刻的场景等，此时我们必须在C语言内嵌入汇编语言来满足上述要求。

GNU C语言提供了关键字asm来声明代码是内嵌的汇编语句，如下面这行代码：

```
#define nop()    __asm__ __volatile__ ("nop    \n\t")
```

这条内嵌汇编语句的作用可从函数名中知晓，它正是nop函数（空操作函数）的实现，同时该函数也是本书系统内核支持的一个库函数。那就让我们从nop函数入手，开启GNU C内嵌汇编语言的学习之旅。

从nop函数中可知，C语言使用关键字__asm__和__volatile__对汇编语句加以修饰，这两个关键字在C语言内嵌汇编语句时经常使用。

- __asm__关键字：用于声明这行代码是一个内嵌汇编表达式，它是关键字asm的宏定义（#define __asm__ asm）。故此，它是内嵌汇编语言必不可少的关键字，任何内嵌的汇编表达式都以此关键字作为开头；如果希望编写符合ANSI C标准的代码（即与ANSI C标准相兼容），那么建议使用关键字__asm__。
- __volatile__关键字：其作用是告诉编译器此行代码不能被编译器优化，编译时保持代码原状。由此看来，它也是内嵌汇编语言不可或缺的关键字，否则经过编译器优化后，汇编语句很可能被修改以至于无法达到预期的执行效果。如果期望编写处符合ANSI C标准的程序（即与ANSI C标准兼容），那么建议使用关键字__volatile__。

GNU C语言的内嵌汇编表达式并非像nop函数一般简单，它有着极为复杂的书写格式。接下来将书写格式分为内嵌汇编表达式、操作约束和修饰符、序号占位符三部分进行讲解。

1. 内嵌汇编表达式

尽管C语言经过汇编阶段后会被解释成汇编语言，但两者毕竟是不同的开发语言，为了在C语言内融入一段汇编代码片段，那就必须在每次嵌入汇编代码前做一番准备工作，因此在C语言里嵌入汇编代码要比纯粹使用汇编代码复杂得多。嵌入前的准备工作主要负责确定寄存器的分配情况、与C程序的融合情况等细节，这些内容大部分需要在内嵌的汇编表达式中显式标明出来。

GNU C语言的内嵌汇编表达式由4部分构成，它们之间使用“：”号分隔，其完整格式为：

指令部分：输出部分：输入部分：损坏部分

如果将内嵌汇编表达式当作函数，指令部分是函数中的代码，输入部分用于向函数传入参数，而输出部分则可以理解为函数的返回值。以下是这4部分功能的详细解释。

- **指令部分**是汇编代码本身，其书写格式与AT&T汇编语言程序的书写格式基本相同，但也存在些许不同之处。指令部分是内嵌汇编表达式的必填项，而其他部分视具体情况而定，如果不需要的话则可以直接忽略。在最简单的情况下，指令部分与常规汇编语句基本相同，如nop函数。指令部分的编写规则要求是：当指令表达式中存在多条汇编代码时，可全部书写在一对双引号中；亦可将汇编代码放在多对双引号中。如果将所有指令编写在同一双引号中，那么相邻两条指令间必须使用分号（;）或换行符（\n）分隔。如果使用换行符，通常在其后还会紧跟一个制表符（\t）。当汇编代码引用寄存器时，必须在寄存器名前再添加一个%符，以表示对寄存器的引用，例如代码"movl $0x10,%%eax"。

- 输出部分紧接在指令部分之后，这部分记录着指令部分的输出信息，其格式为：**"输出操作约束"（输出表达式），"输出操作约束"（输出表达式），……**。格式中的输出操作约束和输出表达式成对出现，整个输出部分可包含多条输出信息，每条信息之间必须使用逗号“，”分隔开。
  - 括号内的输出表达式部分主要负责保存指令部分的执行结果。通常情况下，输出表达式是一个变量。
  - 双引号内的部分，被称为“输出操作约束”，也可简称为“输出约束”。输出约束部分必须使用等号“=”或加号“+”进行修饰。这两个符号的区别是，等号“=”意味着输出表达式是一个纯粹的输出操作，加号“+”意味着输出表达式既用于输出操作，又用于输入操作。不论是等号“=”还是加号“+”，它们只能用在输出部分，不能出现在输入部分，而且是可读写的。关于输出约束的更多内容，将在“操作约束和修饰符”中进行补充。
- 输入部分记录着指令部分的输入信息，其格式为：**"输入操作约束"（输入表达式），"输入操作约束"（输入表达式），……**。格式中的输入操作约束与输入表达式同样要求成对出现，整个输入部分亦可包含多条输入信息，并用逗号“，”分隔开。在输入操作约束中不允许使用等号“=”和加号“+”，因此输入部分是只读的。
- 损坏部分描述了在指令部分执行的过程中，将被修改的寄存器、内存空间或标志寄存器，并且这些修改部分并未在输出部分和输入部分出现过，格式为：**"损坏描述"，"损坏描述"，……**。如果需要声明多个寄存器，则必须使用逗号“，”将它们分隔开，这点与输入/输出部分一致。
  - **寄存器修改通知**。这种情况一般发生在寄存器出现于指令部分，又不是输入/输出操作表达式指定的寄存器，更不是编译器为 r 或 g 约束选择的寄存器。如果该寄存器被指令部分所修改，那么就应该在损坏部分加以描述，比如下面这行代码：

    ```
    __asm__ __volatile__ ("movl %0,%%ecx"::"a"(__tmp):"cx");
    ```

    这段汇编表达式的指令部分修改了寄存器ECX的值，却未被任何输入/输出部分所记录，那么必须在损坏部分加以描述，一旦编译器发现后续代码还要使用它，便会在内嵌汇编语句的过程中做好数据保存与恢复工作。如果未在损坏部分描述，则很可能会影响后续程序的执行结果。

    注意，已在损坏部分声明的寄存器，不能作为输入/输出操作表达式的寄存器约束，也不会被指派为 q 、r 、g 约束的寄存器。如果在输入/输出操作表达式中已明确选定寄存器，或者使用 q 、r 、g 约束让编译器指派寄存器时，编译器对这些寄存器的状态非常清楚，它知道哪些寄存器将会被修改。除此之外，编译器对指令部分修改的寄存器却一无所知。
  - **内存修改通知**。除了寄存器的内容会被篡改外，内存中的数据同样会被修改。如果一个内嵌汇编语句的指令部分修改了内存数据，或者在内嵌汇编表达式出现的地方，内存数据可能发生改变，并且被修改的内存未使用 m 约束。此时，应该在损坏部分使用字符串 memory ，向编译器声明内存会发生改变。

    如果损坏部分已经使用 memory 对内存加以约束，那么编译器会保证在执行汇编表达式之后，重新向寄存器装载已引用过的内存空间，而非使用寄存器中的副本，以防止内存与副本中的数据不一致。

■ **标志寄存器修改通知**。当内嵌汇编表达式中包含影响标志寄存器R|EFLAGS的指令时，必须在损坏部分使用cc来向编译器声明这一点。

2. 操作约束和修饰符

每个输入/输出表达式都必须指定自身的操作约束。操作约束的类型可以细分为寄存器约束、内存约束和立即数约束。在输出表达式中，还有限定寄存器操作的修饰符。

- **寄存器约束**限定了表达式的载体是一个寄存器，这个寄存器可以明确指派，亦可模糊指派再由编译器自行分配。寄存器约束可使用寄存器的全名，也可以使用寄存器的缩写名称，如下所示：

```
__asm__ __volatile__("movl %0,%%cr0"::"eax"(cr0));
__asm__ __volatile__("movl %0,%%cr0"::"a"(cr0));
```

如果使用寄存器的缩写名称，那么编译器会根据指令部分的汇编代码来确定寄存器的实际位宽。表2-3记录了常用的约束缩写名称。

表2-3　常用约束缩写名称表

缩写	描　述	缩写	描　述
r	任何输入/输出型的寄存器	d	使用RDX/EDX/DX/DL寄存器
q	从EAX/EBX/ECX/EDX中指派一个寄存器	D	使用RDI/EDI/DI寄存器
g	寄存器或内存空间	S	使用RSI/ESI/SI寄存器
m	内存空间	f	选用浮点寄存器
a	使用RAX/EAX/AX/AL寄存器	i	一个整数类型的立即数
b	使用RBX/EBX/BX/BL寄存器	F	一个浮点类型的立即数
c	使用RCX/ECX/CX/CL寄存器		

- **内存约束**限定了表达式的载体是一个内存空间，使用约束名m表示。例如以下内嵌汇编表达式：

```
__asm__ __volatile__ ("sgdt %0":"=m"(__gdt_addr)::);
__asm__ __volatile__ ("lgdt %0"::"m"(__gdt_addr));
```

- **立即数约束**只能用于输入部分，它限定了表达式的载体是一个数值，如果不想借助任何寄存器或内存，那么可以使用立即数约束，比如下面这行代码：

```
__asm__ __volatile__("movl %0,%%ebx"::"i"(50));
```

使用约束名i限定输入表达式是一个整数类型的立即数，如果希望限定输入表达式是一个浮点数类型的立即数，则使用约束名F。立即数约束只能使用在输入部分。

- **修饰符**只可用在输出部分，除了等号=和加号+外，还有&符。符号&只能写在输出约束部分的第二个字符位置上，即只能位于=和+之后，它告诉编译器不得为任何输入操作表达式分配该寄存器。因为编译器会在输入部分赋值前，先对&符号修饰的寄存器进行赋值，一旦后面的输入操作表达式向该寄存器赋值，将会造成输入和输出数据混乱。

补充说明　只有在输入约束中使用过模糊约束（使用q、r或g等约束缩写）时，在输出约束中使用符号&修饰才有意义！如果所有输入操作表达式都明确指派了寄存器，那么输出约束再使用符号&就没有任何意义。如果没有使用修饰符&，那就意味着编译器将先对输入部分进行赋值，当指令部分执行结束后，再对输出部分进行操作。

---

3. 序号占位符

序号占位符是输入/输出操作约束的数值映射，每个内嵌汇编表达式最多只有10条输入/输出约束，这些约束按照书写顺序依次被映射为序号0~9。如果指令部分想引用序号占位符，必须使用百分号%前缀加以修饰，例如序号占位符%0对应第1个操作约束，序号占位符%1对应第2个操作约束，依次类推。指令部分为了区分序号占位符和寄存器，特使用两个百分号(%%)对寄存器加以修饰。在编译时，编译器会将每个占位符代表的表达式替换到相应的寄存器或内存中。

指令部分在引用序号占位符时，可以根据需要指定操作位宽是字节或者字，也可以指定操作的字节位置，即在%与序号占位符之间插入字母b表示操作最低字节，或插入字母h表示操作次低字节。

2.3.2 GNU C 语言对标准 C 语言的扩展

为了提高C语言的易用性和开发效率，GNU C语言在标准C语言的基础上引入了诸多人性化的扩展。下面主要讲解今后开发操作系统将会涉及的技巧，和平时研发过程中使用频率比较高的内容。

1. 柔性数组成员（或称零长数组、变长数组）

GNU C 语言允许使用长度为0的数组来增强结构体的灵活性，其在动态创建结构体时有着非常明显的优势，例如下面这几行代码：

```
struct s {int n;long d[0];};
int m = 数值;
struct s *p = malloc(sizeof (struct s) + sizeof (long [m]));
```

struct s结构体中的数组成员变量d在作用上与指针极为相似，但是在为指针p开辟存储空间时却仅需执行一次malloc函数。由此可见，柔性数组成员不仅能够减少内存空间的分配次数提高程序执行效率，还能有效保持结构体空间的连续性。

2. case关键字支持范围匹配

GNU C语言允许case关键字匹配一个数值范围，由此可以取代多级的if条件检测语句。以下这段代码的执行条件是待匹配字符为小写字母：

```
case 'a'...'z':  /*from 'a' to 'z'*/
break;
```

3. typeof关键字获取变量类型

借助关键字typeof(x)可以取得变量x的数据类型，在编写宏定义时，关键字typeof经常会派上用场。

4. 可变参数宏

在GNU C语言中宏函数允许使用可变参数类型，例如：

```
#define pr_debug(fmt,arg...) \
printk(fmt,##arg)
```

在这段代码中，当可变参数arg被忽略或为空时，printk函数中的##操作将迫使预处理器去掉它前面的那个逗号。如果在调用宏函数时，确实提供了若干个可变参数，那么GNU C会把这些可变参数放到逗号后面，使其能够正常工作。

5. 元素编号

标准C语言规定数组和结构体必须按照固定顺序对成员（或元素）进行初始化赋值。GNU C语言为使数组和结构体初始化更加自由，特意放宽了此限制，使得数组可以在初始化期间借助下标对某些元素（元素可以是连续的或者不连续的）进行赋值，并在结构体初始化过程中允许使用成员名直接对成员进行赋值。与此同时，GNU C语言还允许数组和结构体按照任意顺序对成员（或元素）进行初始化赋值。以下是两者的初始化实例：

```
unsigned char data[MAX] =
{
    [0]=10,
    [10 ... 50]=100,
    [55]=55,
};
struct file_operations ext2_file_operations=
{
    open:ext2_open,
    close:ext2_close,
};
```

Linux 2.6以后的内核源码已经开始使用上述初始化扩展。读者在编写Linux驱动时，推荐采用以下初始化方式：

```
struct file_operations ext2_file_operations=
{
    .read=ext2_read,
    .write=ext2_write,
};
```

6. 当前函数名

GNU C语言为当前函数的名字准备了两个标识符，它们分别是__PRETTY__FUNCTION__和__FUNCTION__，其中__FUNCTION__标识符保存着函数在源码中的名字，__PRETTY__FUNCTION__标识符则保存着带有语言特色的名字。在C函数中，这两个标识符代表的函数名字相同，参考代码如下所示：

```
void func_example()
{
    printf("the function name is %s",__FUNCTION__);
}
```

在C99标准中，只规定标识符__func__能够代表函数的名字，而__FUNCTION__虽被各类编译器广泛支持，但只是__func__标识符的宏别名。

7. 特殊属性声明

GNU C语言还允许使用特殊属性对函数、变量和类型加以修饰，以便对它们进行手工代码优化和定制。在声明处加入关键字__attribute__((ATTRIBUTE))即可指定特殊属性，关键字中的ATTRIBUTE是属性说明，如果存在多个属性，必须使用逗号隔开。目前GNU C语言支持的属性说明有noreturn、noinline、always_inline、pure、const、nothrow、format、format_arg、no_instrument_function、section、constructor、destructor、used、unused、deprecated、weak、malloc、aliaswarn_unused_result nonnull等。

noreturn属性用来修饰函数，表示该函数从不返回。这会使编译器在优化代码时剔除不必要的警告信息。例如：

```
#define ATTRIB_NORET __attribute__((noreturn)) ....
asmlinkage NORET_TYPE void do_exit(long error_code) ATTRIB_NORET;
```

packed属性的作用是取消结构在编译时的对齐优化，使其按照实际占用字节数对齐。这个属性经常出现在协议包的定义中，如果在定义协议包结构体时加入了packed属性，那么编译器会取消各个成员变量间的对齐填充，按照实际占用字节数进行对齐。例如下面这个结构体，它的实际内存占用量为1 B+4 B+8 B=13 B：

```
struct example_struct
{
    char a;
    int b;
    long c;
} __attribute__((packed));
```

regparm(n)属性用于以指定寄存器传递参数的个数，该属性只能用在函数定义和声明里，寄存器参数的上限值为3（使用顺序为EAX、EDX、ECX）。如果函数的参数个数超过3，那么剩余参数将使用内存传递方式。

值得注意的一点是，regparm属性只在x86处理器体系结构下有效，而在x64体系结构下，GUN C语言使用寄存器传参方式作为函数的默认调用约定。无论是否采用regparm属性加以修饰，函数都会使用寄存器来传递参数，即使参数个数超过3，依然使用寄存器来传递参数，具体细节遵照cdecl调用约定。请看下面这个例子：

```
int q = 0x5a;
int t1 = 1;
int t2 = 2;
int t3 = 3;
int t4 = 4;
#define REGPARM3 __attribute((regparm(3)))
#define REGPARM0 __attribute((regparm(0)))
void REGPARM0 p1(int a)
{
    q = a + 1;
}
void REGPARM3 p2(int a, int b, int c, int d)
{
    q = a + b + c + d + 1;
}
int main()
{
    p1(t1);
    p2(t1,t2,t3,t4);
    return 0;
}
```

使用下面这条objdump命令将这段程序反汇编，让我们从汇编级来看看regparm属性对函数调用约定的影响：

```
objdump -D 可执行程序
```

此条命令中的选择-D用于反汇编程序中的所有段，包括代码段、数据段、只读数据段以及其他辅助段等。而此前使用过的选项-d只能反汇编出程序的代码段。以下是反汇编出的部分程序片段：

```
Disassembly of section .text:
0000000000400474 <p1>:
  400474:    55                      push   %rbp
  400475:    48 89 e5                mov    %rsp,%rbp
  400478:    89 7d fc                mov    %edi,-0x4(%rbp)
  40047b:    8b 45 fc                mov    -0x4(%rbp),%eax
  40047e:    83 c0 01                add    $0x1,%eax
  400481:    89 05 3d 04 20 00       mov    %eax,0x20043d(%rip)    #6008c4 <q>
  400487:    c9                      leaveq
  400488:    c3                      retq
0000000000400489 <p2>:
  400489:    55                      push   %rbp
  40048a:    48 89 e5                mov    %rsp,%rbp
  40048d:    89 7d fc                mov    %edi,-0x4(%rbp)
  400490:    89 75 f8                mov    %esi,-0x8(%rbp)
  400493:    89 55 f4                mov    %edx,-0xc(%rbp)
  400496:    89 4d f0                mov    %ecx,-0x10(%rbp)
  400499:    8b 45 f8                mov    -0x8(%rbp),%eax
  40049c:    8b 55 fc                mov    -0x4(%rbp),%edx
  40049f:    8d 04 02                lea    (%rdx,%rax,1),%eax
  4004a2:    03 45 f4                add    -0xc(%rbp),%eax
  4004a5:    03 45 f0                add    -0x10(%rbp),%eax
  4004a8:    83 c0 01                add    $0x1,%eax
  4004ab:    89 05 13 04 20 00       mov    %eax,0x200413(%rip)   # 6008c4 <q>
  4004b1:    c9                      leaveq
  4004b2:    c3                      retq
00000000004004b3 <main>:
  4004b3:    55                      push   %rbp
  4004b4:    48 89 e5                mov    %rsp,%rbp
  4004b7:    53                      push   %rbx
  4004b8:    8b 05 0a 04 20 00       mov    0x20040a(%rip),%eax #6008c8 <t1>
  4004be:    89 c7                   mov    %eax,%edi
  4004c0:    e8 af ff ff ff          callq  400474<p1>
  4004c5:    8b 0d 09 04 20 00       mov    0x200409(%rip),%ecx   #6008d4 <t4>
  4004cb:    8b 15 ff 03 20 00       mov    0x2003ff(%rip),%edx   #6008d0 <t3>
  4004d1:    8b 1d f5 03 20 00       mov    0x2003f5(%rip),%ebx   #6008cc <t2>
  4004d7:    8b 05 eb 03 20 00       mov    0x2003eb(%rip),%eax   #6008c8 <t1>
  4004dd:    89 de                   mov    %ebx,%esi
  4004df:    89 c7                   mov    %eax,%edi
  4004e1:    e8 a3 ff ff ff          callq  400489<p2>
  4004e6:    b8 00 00 00 00          mov    $0x0,%eax
  4004eb:    5b                      pop    %rbx
  4004ec:    c9                      leaveq
  4004ed:    c3                      retq
  4004ee:    90                      nop
  4004ef:    90                      nop
Disassembly of section .data:
00000000006008c0 <__data_start>:
  6008c0:    00 00                   add    %al,(%rax)
```

```
   ...
0000000006008c4 <q>:
  6008c4:    5a                  pop    %rdx
  6008c5:    00 00               add    %al,(%rax)
   ...
0000000006008c8 <t1>:
  6008c8:    01 00               add    %eax,(%rax)
   ...
0000000006008cc <t2>:
  6008cc:    02 00               add    (%rax),%al
   ...
0000000006008d0 <t3>:
  6008d0:    03 00               add    (%rax),%eax
   ...
0000000006008d4 <t4>:
  6008d4:    04 00               add    $0x0,%al
   ...
```

如果读者参照2.2.3节中描述的cdecl调用约定可知，在x64体系结构下，函数采用寄存器传参方式。而此段代码也确实通过寄存器向函数p1和p2传递参数，按照从左至右的顺序依次使用RDI、RSI、RDX、RCX这4个寄存器，这却与regparm属性的规定完全不一致。由此看来，在基于x64体系结构的GNU C语言环境中，属性regparm已经不再起作用了。

第二部分

初级篇

初级篇将快速搭建起一个操作系统雏形，使读者初步了解操作系统的组织结构、各模块的功能以及模块间的联系，包括如下 3 章内容。

- 第 3 章 Bootloader 引导启动程序；
- 第 4 章 内核层；
- 第 5 章 应用层。

以上 3 章内容将会把引导启动、内核层和应用层的功能和执行过程展现在读者面前，并使用少量代码组建成一个简单的操作系统框架模型。整个组建过程将尽量规避复杂和难以理解的内容。待到高级篇再做详细解释、知识深化和功能追加。

第 3 章

BootLoader引导启动程序

本章将采用一种简洁、高效的开发方式对BootLoader引导启动程序进行讲解，进而将BootLoader引导启动程序的整体概貌展现在读者面前，然后在高级篇里对BootLoader引导启动程序的更多技术细节再做进一步解释。

BootLoader引导启动程序原本由Boot引导程序和Loader引导加载程序两部分构成。Boot引导程序主要负责开机启动和加载Loader程序；Loader引导加载程序则用于完成配置硬件工作环境、引导加载内核等任务。

从这一章开始，将正式进入操作系统开发环节。话不多说，精彩即刻开始！

3.1 Boot 引导程序

计算机上电启动后，首先会经过BIOS上电自检，这个过程BIOS会检测硬件设备是否存在问题。如果检测无误的话，将根据BIOS的启动项配置选择引导设备，目前BIOS支持的设备启动项有软盘启动、U盘启动、硬盘启动以及网络启动。通常情况下，BIOS会选择硬盘启动作为默认启动项，但从简单和易实现等角度来看，还是选择最为简单的软盘启动。关于U盘启动技术将在后续的高级篇中予以讲解和实现。

为了让读者阅读起来更有动力，此处先把运行效果展示出来，然后再逐步编码实现。图3-1便是Boot引导程序的最终运行效果图。

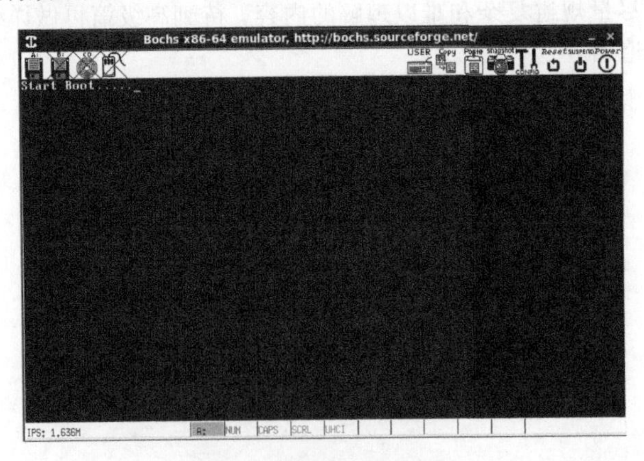

图3-1　Boot运行效果图

在图3-1的左上角处不难发现，除软盘A的图标显示有软盘存在外，软盘B、光驱、鼠标等设备均处于未连接状态，这正是我们在虚拟平台环境配置文件bochsrc里设置的软盘启动。屏幕中的`Start Boot.....`是程序打印在屏幕上的日志信息。至于为什么要显示这些内容，请读者在阅读完本节内容后自己找出答案。

3.1.1 BIOS 引导原理

为什么所有操作系统都从Boot引导程序开始？

这个问题要追溯到BIOS自检设备开始。当BIOS自检结束后会根据启动选项设置（这里指软驱启动）去选择启动设备，即检测软盘的第0磁头第0磁道第1扇区，是否以数值`0x55`和`0xaa`两字节作为结尾。如果是，那么BIOS就认为这个扇区是一个Boot Sector（引导扇区），进而把此扇区的数据复制到物理内存地址`0x7c00`处，随后将处理器的执行权移交给这段程序（跳转至`0x7c00`地址处执行）。图3-2展示了软盘的磁盘结构。

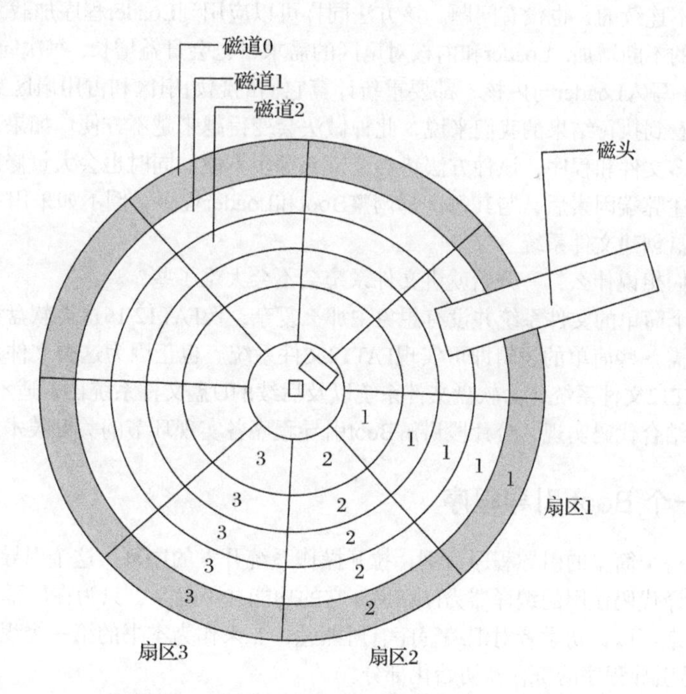

图3-2　软盘的磁盘结构图

从图3-2可知，软盘的第0磁头第0磁道第1扇区实则是软盘的第一个扇区。对于一张3.5英寸的1.44 MB软盘而言，一个扇区的容量仅有512 B，而且BIOS只负责加载这一个扇区的数据到物理内存中，一个容量只有512 B的引导扇区是无法容纳操作系统的，甚至连获取硬件信息的检测程序都容纳不下。鉴于如此苛刻的容量限制，Boot引导程序仅能作为一级助推器，将功能更强大的引导加载程序Loader装载到内存中，这也可以看做是硬件设备向软件移交控制权。一旦Loader引导加载程序开始执行，那么一切都交由我们编写的软件来控制。

引导扇区里的程序自然应该叫作引导程序。在BIOS向引导程序移交执行权之前，BIOS会对处理器进行初始化，这其中就包括处理器的代码段寄存器CS和指令指针寄存器IP。当BIOS跳转至引导程序时，CS寄存器和IP寄存器的值分别为0x0000和0x7c00。此时的处理器正处于实模式下，物理地址必须经过CS寄存器和IP寄存器转换才能得到，转换公式为：物理地址 = CS << 4 + IP，也就是物理地址0x7c00处。

因为引导程序只能装在一个扇区里，还要以0x55、0xaa作为结束标识数据，那么引导程序的有效数据长度为512 B – 2 B，即510 B。这510 B虽然足够写一个加载Loader的汇编程序，但以何种形式存储和加载Loader，却是一个需要认真考虑的问题。

如果用直接写入到固定扇区的方法加载Loader, 那么以后的内核程序也需要指定固定的扇区来加载。

如果将Loader引导加载程序直接保存到固定扇区中，那么今后的内核程序也必须使用固定扇区来加载。这种方法的好处是，Boot引导程序的加载代码会比较容易实现，只明确Loader引导加载程序的起始磁头号、磁道号、扇区号和所占扇区块数，即可将其加载到内存中。即使待加载的扇区在物理上或者逻辑上是不连续的，也没有问题。该方法同样可以应用到Loader程序加载系统内核中。但是伴随着程序代码量的不断增加, Loader和内核对扇区的需求量也会日益增长，每次向存储介质（包括软盘、硬盘、U盘等）写入Loader与内核，都要重新计算它们的起始扇区和占用扇区数。而且，对于每次修改完程序急于看到执行结果的我们来说，此种做法会变得越来越不方便。如果还希望加载开机画面、系统服务等诸多文件和程序，该种方法势必会带来等多不便，同时也会大量修改Boot和Loader代码。

分析出上述弊端因素后，与其每次都调整Boot和Loader程序，倒不如采用一次性投资终生受益的方法，即为软盘创建文件系统。

我知道你们想说什么，一开始就讲文件系统会不会太难了些?

其实，一个简单的文件系统并没有想象中那么复杂，像FAT12/16这类软盘型文件系统还是非常简单易懂的，仅需一些简单的逻辑即可实现FAT12文件系统。也正因为这类文件系统逻辑简单、容易实现，所以将FAT12文件系统作为软盘文件系统以及后续的U盘文件系统再合适不过了。

接下来将结合代码实现，分片段讲解Boot引导程序各实现环节的关键技术点。

3.1.2　写一个 Boot 引导程序

下面就以一个简单的引导程序为例，拉开操作系统开发的序幕。这个引导程序采用Intel汇编语言格式编写，编译代码使用的编译器为NASM，它的功能并不复杂，只为在屏幕上显示一条日志信息。以此开头，一来可以让初学者对汇编程序有所熟悉，二来作为本书的第一个程序，先让读者热热身。代码清单3-1是引导程序的寄存器初始化部分。

代码清单3-1　第3章\程序\程序3-1\boot.asm

```
    org    0x7c00

BaseOfStack     equu     0x7c00

Label_Start:

    mov    ax,    cs
    mov    ds,    ax
```

```
    mov     es,     ax
    mov     ss,     ax
    mov     sp,     BaseOfStack
```

在这段程序中，org是Origin的英文缩写，意思为起始地址或源地址。这条伪指令用于指定程序的起始地址，若程序未使用org伪指令，那么编译器会把地址0x0000作为程序的起始地址。程序的起始地址将主要影响绝对地址寻址指令，不同的起始地址会编译生成不同的绝对地址。因此，代码org 0x7c00的意思是，将程序的起始地址设置在0x7c00处。至于为什么是0x7c00，想必只有当年的BIOS工程师们才会知道。既然BIOS会加载引导程序至内存地址0x7c00处，我们就必须将引导程序的起始地址设置在此处，否则当程序访问绝对地址时很可能会出错。

再看下一条汇编代码BaseOfStack equ 0x7c00，这是一条等价语句，它将标识符BaseOfStack等价为数值0x7c00。其中，equ伪指令的作用是，让其左边的标识符代表右边的表达式。equ等价语句不会给标识符分配存储空间，而且标识符不能与其他符号同名，也不能被重新定义。equ不光可以代表常量和表达式，也可以代表字符串以及一些助记符。代码中的标识符BaseOfStack用于为栈指针寄存器SP提供栈基址。其实BIOS并未要求栈基址必须设置在0x7c00地址处，而且Boot引导程序极少涉及栈操作，因此读者不必担心栈溢出问题。最后几条指令则是将CS寄存器的段基地址设置到DS、ES、SS等寄存器中，以及设置栈指针寄存器SP。

代码清单3-2是引导程序的主体代码，它的功能并不复杂，主要是通过BIOS中断服务程序INT 10h实现屏幕信息显示相关操作。INT 10h中断服务程序要求在调用时，必须向AH寄存器传入服务程序的主功能编号，再向其他寄存器传入参数。以下是完整程序实现。

代码清单3-2　第3章\程序\程序3-1\boot.asm

```
;=======    clear screen

    mov     ax,     0600h
    mov     bx,     0700h
    mov     cx,     0
    mov     dx,     0184fh
    int     10h
;=======    set focus

    mov     ax,     0200h
    mov     bx,     0000h
    mov     dx,     0000h
    int     10h
;=======    display on screen : Start Booting......

    mov     ax,     1301h
    mov     bx,     000fh
    mov     dx,     0000h
    mov     cx,     10
    push    ax
    mov     ax,     ds
    mov     es,     ax
    pop     ax
    mov     bp,     StartBootMessage
    int     10h
```

这段代码使用BIOS中断服务程序INT 10h的主功能编号有06h、02h和13h，它们的功能及参数说明如下。

- 设置屏幕光标位置

BIOS中断服务程序INT 10h的主功能号AH=02h可以实现屏幕光标位置的设置功能，具体寄存器参数说明如下。

INT 10h，AH=02h功能：设定光标位置。

- ❑ DH=游标的列数；
- ❑ DL=游标的行数；
- ❑ BH=页码。

这条语句的目的是，将屏幕的光标位置设置在屏幕的左上角(0,0)处。不论是行号还是列号，它们皆从0开始计数，屏幕的列坐标0点和行坐标0点位于屏幕的左上角，纵、横坐标分别向下和向右两个方向延伸，或者说坐标原点位于屏幕左上角。

- 上卷指定范围的窗口（包括清屏功能）

BIOS中断服务程序INT 10h的主功能号AH=06h可以实现按指定范围滚动窗口的功能，同时也具备清屏功能，具体寄存器参数说明如下。

INT 10h，AH=06h功能：按指定范围滚动窗口。

- ❑ AL=滚动的列数，若为0则实现清空屏幕功能；
- ❑ BH=滚动后空出位置放入的属性；
- ❑ CH=滚动范围的左上角坐标列号；
- ❑ CL=滚动范围的左上角坐标行号；
- ❑ DH=滚动范围的右下角坐标列号；
- ❑ DL=滚动范围的右下角坐标行号；
- ❑ BH=颜色属性。
  - ■ bit 0~2：字体颜色（0：黑，1：蓝，2：绿，3：青，4：红，5：紫，6：综，7：白）。
  - ■ bit 3：字体亮度（0：字体正常，1：字体高亮度）。
  - ■ bit 4~6：背景颜色（0：黑，1：蓝，2：绿，3：青，4：红，5：紫，6：综，7：白）。
  - ■ bit 7：字体闪烁（0：不闪烁，1：字体闪烁）。

这条命令主要用于按指定范围滚动窗口，但是如果AL=0的话，则执行清屏功能。在使用清屏功能时（AL寄存器为0），其他BX、CX、DX寄存器参数将不起作用，读者无需纠结它们的数值。

- 显示字符串

BIOS中断服务程序INT 10h的主功能号AH=13h可以实现字符串的显示功能，具体寄存器参数说明如下。

INT 10h，AH=13h 功能：显示一行字符串。

- ❑ AL=写入模式。
  - ■ AL=00h：字符串的属性由BL寄存器提供，而CX寄存器提供字符串长度（以B为单位），显示后光标位置不变，即显示前的光标位置。
  - ■ AL=01h：同AL=00h，但光标会移动至字符串尾端位置。
  - ■ AL=02h：字符串属性由每个字符后面紧跟的字节提供，故CX寄存器提供的字符串长度改成以Word为单位，显示后光标位置不变。

- AL=03h：同AL=02h，但光标会移动至字符串尾端位置。

- CX=字符串的长度。
- DH=游标的坐标行号。
- DL=游标的坐标列号。
- ES:BP=>要显示字符串的内存地址。
- BH=页码。
- BL=字符属性/颜色属性。
  - bit 0~2：字体颜色（0：黑，1：蓝，2：绿，3：青，4：红，5：紫，6：综，7：白）。
  - bit 3：字体亮度（0：字体正常，1：字体高亮度）。
  - bit 4~6：背景颜色（0：黑，1：蓝，2：绿，3：青，4：红，5：紫，6：综，7：白）。
  - bit 7：字体闪烁（0：不闪烁，1：字体闪烁）。

字符串的显示功能，算是BIOS中断服务程序中使用比较频繁的功能。该功能不仅可以显示字符串、设定字体的前景色和背景色，还可以设置待显示字符串的坐标位置。此功能非常适合显示不同的日志信息，因此在后续开发过程中将会多次使用到。

上述程序已经完成了引导程序的日志信息显示工作。接下来，再让我们看看BIOS中断服务程序是如何操作磁盘驱动器的，请见代码清单3-3。

代码清单3-3 第3章\程序\程序3-1\boot.asm

```
;=======	reset floppy

	xor	ah,	ah
	xor	dl,	dl
	int	13h

	jmp	$
```

这段汇编代码实现了软盘驱动器的复位功能，它相当于重新初始化了一次软盘驱动器，从而将软盘驱动器的磁头移动至默认位置。整个复位过程是通过BIOS中断服务程序INT 13h的主功能号AH=00h实现的，具体寄存器参数说明如下。

INT 13h，AH=00h 功能：重置磁盘驱动器，为下一次读写软盘做准备。

- DL=驱动器号，00H~7FH：软盘；80H~0FFH：硬盘。
  - DL=00h代表第一个软盘驱动器（“drive A:”）；
  - DL=01h代表第二个软盘驱动器（“drive B:”）；
  - DL=80h代表第一个硬盘驱动器；
  - DL=81h代表第二个硬盘驱动器。

这段代码并无特别用意，只是为了让初学者多了解一些BIOS中断服务程序，以应对后续的开发需求。代码清单3-4是Boot引导程序的剩余代码，其中定义了一个字符串和引导程序的结束标识数据等内容，详情如下。

代码清单3-4 第3章\程序\程序3-1\boot.asm

```
StartBootMessage:	db	"Start Boot"
```

```
;=======    fill zero until whole sector

    times    510 - ($ - $$)    db    0
    dw    0xaa55
```

剩余代码比较好理解，它首先定义一个字符串"Start Boot"，并取名为StartBootMessage，汇编代码StartBootMessage: db "Start Boot"可以理解为C语言中的一维字符数组，而标识符StartBootMessage可以看作数组名。

汇编代码times 510 - ($ - $$) db 0在2.2.2节中曾经介绍过，其中，表达式$ - $$的意思是，将当前行被编译后的地址（机器码地址）减去本节（Section）程序的起始地址。由于Boot引导程序只有一个以0x7c00为起始地址的节，那么表达式$ - $$的作用是计算出当前程序生成的机器码长度，进而可知引导扇区必须填充的数据长度（510 - ($ - $$)）。又因为软盘是个块设备，访问块设备的特点是每次必须以扇区为单位（512 B），而times伪指令恰好可以实现多次重复操作，所以这行汇编代码的目的是，通过times伪指令填充引导扇区剩余空间，以保证生成的文件大小为512 B。

最后，再将一个字（0xaa55）填充到程序的末尾。此处请注意，在3.1.1节中已经提到引导扇区是以0x55和0xaa两个字节作为结尾，由于Intel处理器是以小端模式存储数据，那么用一个字表示0x55和0xaa就应该是0xaa55，这样它在扇区里的存储顺序才是0x55、0xaa。

3.1.3 创建虚拟软盘镜像文件

现在就来看看引导程序的运行效果，我们还需要一个软盘。尽管软盘和软盘驱动器已经退出历史舞台，好在绝大多数虚拟机软件都提供虚拟软盘驱动器和创建虚拟软盘镜像的功能，Bochs虚拟机也不例外。那么现在就告诉大家如何使用Bochs虚拟机自带工具创建虚拟软盘镜像。

其实按照2.1.3节描述的Bochs虚拟机环境搭建步骤编译Bochs虚拟机源代码后，不仅会生成Bochs虚拟机软件，还会生成一些辅助工具，这其中就包括虚拟磁盘镜像创建工具bximage。

bximage工具（命令）的使用方式非常简单，仅需向命令行终端键入命令bximage，再按照bximage命令的提示内容进行选择，便可顺利创建出虚拟软盘镜像文件。而且，还可以通过bximage命令创建虚拟硬盘镜像文件。以下是使用bximage命令创建虚拟软盘镜像的一个实例：

```
[root@localhost 1]# bximage
========================================================================
bximage
  Disk Image Creation / Conversion / Resize and Commit Tool for Bochs
         $Id: bximage.cc 12364 2014-06-07 07:32:06Z vruppert $
========================================================================

1. Create new floppy or hard disk image
2. Convert hard disk image to other format (mode)
3. Resize hard disk image
4. Commit 'undoable' redolog to base image
5. Disk image info

0. Quit

Please choose one [0] 1
```

向终端命令行键入bximage即可出现上述信息。键入数字1，将进入虚拟软盘镜像或虚拟硬盘镜像的创建流程。从提示内容的字面意思可知，其他选项与虚拟软盘镜像的创建过程无关，故此就不过多介绍了，感兴趣的读者可以自行研究。

当执行1选项后，将会提示用户选择创建磁盘镜像的种类。目前只有软盘和硬盘两种类型，以下是详细提示信息：

```
Create image

Do you want to create a floppy disk image or a hard disk image?
Please type hd or fd. [hd] fd
```

如果希望创建虚拟软盘镜像则键入fd；如果希望创建虚拟硬盘镜像就键入hd。当键入fd后，将会进入软盘容量选择步骤，1.44 MB是软盘的默认容量。这个容量对应的是最通用的3.5英寸软盘，也是本次开发选用的软盘类型：

```
Choose the size of floppy disk image to create, in megabytes.
Please type 160k, 180k, 320k, 360k, 720k, 1.2M, 1.44M, 1.68M, 1.72M, or 2.88M.
 [1.44M]
```

在确定软盘容量后，还要为虚拟软盘镜像文件命名，镜像文件的默认名为**a.img**，这里将本系统的虚拟软盘镜像文件命名为**boot.img**。当确认镜像文件名后，bximage工具会显示出虚拟软盘的总扇区数等信息：

```
What should be the name of the image?
[a.img] boot.img

Creating floppy image 'boot.img' with 2880 sectors

The following line should appear in your bochsrc:
floppya: image="boot.img", status=inserted
```

最后一行提示信息floppya: image="boot.img", status=inserted，告诉用户如何把镜像文件加入到虚拟平台环境配置信息里，其中status是虚拟软盘镜像的状态，inserted的意思是已将虚拟软盘插入到虚拟软盘驱动器中。

bximage工具不仅可以创建虚拟磁盘镜像文件，还可以查看虚拟磁盘镜像文件的硬件配置信息，如镜像类型、磁盘容量、磁头数、磁道数以及扇区数等，详见下面这个例子：

```
[root@localhost 1]# bximage
========================================================================
bximage
  Disk Image Creation / Conversion / Resize and Commit Tool for Bochs
         $Id: bximage.cc 12364 2014-06-07 07:32:06Z vruppert $
========================================================================

1. Create new floppy or hard disk image
2. Convert hard disk image to other format (mode)
3. Resize hard disk image
4. Commit 'undoable' redolog to base image
5. Disk image info
```

```
0. Quit

Please choose one [0] 5
```

键入数字5，进入磁盘信息查看功能，以下是进入该功能后的提示信息：

```
Disk image info

What is the name of the image?
[c.img] boot.img
```

此时，输入之前创建好的虚拟软盘镜像文件名boot.img，随后便会显示虚拟软盘的硬件配置信息：

```
disk image mode = 'flat'
hd_size: 1474560
geometry = 2/16/63 (1 MB)
```

以上硬盘配置信息显示了磁盘镜像文件类型："软盘镜像"（flat），磁盘镜像文件大小1474560 B，并描述虚拟软盘拥有2个磁头、64个磁道、16个扇区。

特别注意，正常3.5英寸软盘的容量是1.44 MB=1440 × 1024 KB=1474560 B，软盘共包含2个磁头、80个磁道、18个扇区。此处的bximage工具只正确解析出虚拟磁盘容量是1474560 B，而对磁道数和扇区数的计算有误，按照每扇区容量512 B来计算，该虚拟软盘的总容量是2 × 16 × 64 × 512 = 1048576 B = 1 MB，少了425984 B = 832 × 512 B。因此推断bximage工具是按照1 MB软盘容量进行计算的，而非1.44 MB磁盘容量。可见bximage工具还存在许多bug有待更正。

3.1.4　在Bochs上运行我们的Boot程序

经过引导程序的编写和虚拟软盘镜像文件的创建工作后，现在是时候让引导程序在虚拟机中运行了。

首先来编译3.1.2节撰写的引导程序。此前已经说明过，引导程序会使用NASM编译器进行编译，nasm命令是该编译器提供的编译工具。由于nasm命令的参数甚多无法逐个介绍，本着现学现用的原则，此处仅对即将使用的-o参数予以介绍。nasm命令编译汇编文件的编译格式为：nasm 汇编语言源文件名 -o 目标程序名。其中的参数-o指定编译后的输出文件名，以下是编译引导程序使用的编译命令：

```
nasm boot.asm -o boot.bin
```

编译结束后，便可将生成的二进制程序文件写入到虚拟软盘镜像文件内。请注意，此处说的是写入到虚拟软盘镜像文件内，而不是复制到虚拟软盘镜像文件内。由于引导程序被强行写入到虚拟软盘的第一个扇区中，这个引导扇区写入过程并不属于文件系统管理范畴。如果使用"复制"一词将会牵涉文件系统的操作，感觉描述不恰当，而用"写入"一词相对更合理些。

说到这里，我们将会使用dd命令把引导程序强制写入到虚拟软盘的固定扇区中，这种强制写入固定扇区的方法能够跳过文件系统的管理与控制，转而直接操作磁盘扇区。话不多说，下面就来看看如何使用dd命令把引导程序强制写入到引导扇区中：

```
dd if=boot.bin of=../../bochs-2.6.8/boot.img bs=512 count=1 conv=notrunc
```

这行命令中的if = boot.bin指定输入源文件名，而of=../../bochs-2.6.8/boot.img则指定输出文件名，参数bs=512指定传输的块大小为512 B，参数count=1指定写入到目标文件的块数量，参数conv=notrunc规定在写入数据后不截断（改变）输出文件的尺寸大小，以下是此条命令的执行日志信息：

```
[root@localhost 1]# dd if=boot.bin of=../../bochs-2.6.8/boot.img bs=512 count=1
conv=notrunc
1+0 records in
1+0 records out
512 bytes (512 B) copied, 0.000155041 s, 3.3 MB/s
```

从本章开始至此，经过多个环节的实现与说明，终于到了收获的时刻。参照如下bochs命令启动虚拟机，其中的参数-f ./bochsrc指定虚拟机环境配置文件的路径名：

```
[root@localhost bochs-2.6.8]# bochs -f ./bochsrc
```

特别注意，在运行虚拟机之前，请确保虚拟软盘镜像文件boot.img、虚拟平台环境配置文件bochsrc以及其他文件的路径一定要正确，否则虚拟机将无法正常运行。

如果一切运行顺利，当Bochs虚拟机启动后，将会在终端命令行中显示一个文字选项界面，界面显示的文字信息如下所示：

```
You can also start bochs with the -q option to skip these menus.

1. Restore factory default configuration
2. Read options from...
3. Edit options
4. Save options to...
5. Restore the Bochs state from...
6. Begin simulation
7. Quit now

Please choose one: [6]
```

当这个文字界面出现后，默认执行选项是数字6（表示开始运行虚拟机），其他选项则与虚拟平台的环境配置有关。因为在执行bochs命令时，已经为虚拟平台明确指定了环境配置文件bochsrc，此处便无需再配置平台环境，直接运行虚拟机即可。图3-3是虚拟机启动后的图形界面效果。

图3-3 虚拟机启动界面

现在的虚拟机刚启动，它只完成了硬件平台的初始化，还未执行引导程序。此时的终端命令行会显示如下信息。只要在终端命令行中输入字符串c/cont/continue中的任意一种，即可使虚拟机运行。此刻，虚拟机开始执行Boot引导程序：

```
……
Next at t=0
(0) [0x0000fffffff0] f000:fff0 (unk. ctxt): jmpf 0xf000:e05b    ; ea5be000f0
<bochs:1> c
```

激动人心的时刻就要到了，是否准备好了？图3-4便是引导程序的运行效果。

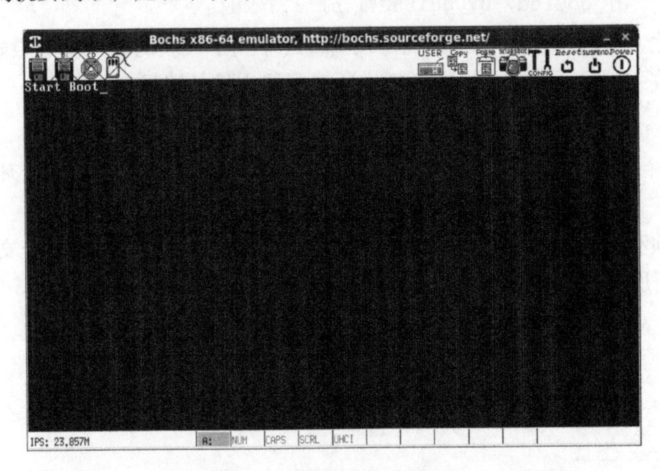

图3-4　虚拟机启动界面

历经多节课程的学习，终于见到了运行效果。现在，这个操作系统已经成功地迈出了第一步。未来还有好多路要走，以后会逐渐加快前进的步伐。

3.1.5　加载Loader到内存

目前，操作系统已经实现了一个简单的引导程序，只需在此基础上加入文件加载功能，即可完成Boot引导程序的工作。

说到加载Loader程序，最理想的方法自然是从文件系统中把Loader程序加载到内存里。考虑到代码的易实现性，本操作系统将选用逻辑简单的FAT12文件系统来装载Loader程序和内核程序。

在将软盘格式化成FAT12文件系统的过程中，FAT类文件系统会对软盘里的扇区进行结构化处理，进而把软盘扇区划分成引导扇区、FAT表、根目录区和数据区4部分。

- 引导扇区

FAT12文件系统的引导扇区不仅包含有引导程序，还有FAT12文件系统的整个组成结构信息。这些信息描述了FAT12文件系统对磁盘扇区的管理情况，它相当于EXT类文件系统的superblock结构，但是与EXT类文件系统相比，FAT类文件系统的结构更简单、易于实现。表3-1便描述了FAT12文件系统的引导扇区结构。

表3-1 FAT12文件系统引导扇区结构

名称	偏移	长度	内 容	本系统引导程序数据
BS_jmpBoot	0	3	跳转指令	jmp short Label_Start nop
BS_OEMName	3	8	生产厂商名	'MINEboot'
BPB_BytesPerSec	11	2	每扇区字节数	512
BPB_SecPerClus	13	1	每簇扇区数	1
BPB_RsvdSecCnt	14	2	保留扇区数	1
BPB_NumFATs	16	1	FAT表的份数	2
BPB_RootEntCnt	17	2	根目录可容纳的目录项数	224
BPB_TotSec16	19	2	总扇区数	2880
BPB_Media	21	1	介质描述符	0xF0
BPB_FATSz16	22	2	每FAT扇区数	9
BPB_SecPerTrk	24	2	每磁道扇区数	18
BPB_NumHeads	26	2	磁头数	2
BPB_HiddSec	28	4	隐藏扇区数	0
BPB_TotSec32	32	4	如果BPB_TotSec16值为0，则由这个值记录扇区数	0
BS_DrvNum	36	1	int 13h的驱动器号	0
BS_Reserved1	37	1	未使用	0
BS_BootSig	38	1	扩展引导标记（29h）	0x29
BS_VolID	39	4	卷序列号	0
BS_VolLab	43	11	卷标	'boot loader'
BS_FileSysType	54	8	文件系统类型	'FAT12'
引导代码	62	448	引导代码、数据及其他信息	
结束标志	510	2	结束标志0xAA55	0xAA55

从表3-1中可以看出，在引导程序的起始处，首先定义的是BS_jmpBoot字段。从字面意思可知，它是一句跳转代码，这是由于BS_jmpBoot字段后面的数据不是可执行程序，而是FAT12文件系统的组成结构信息，故此必须跳过这部分内容。字段长度为3，说明汇编代码jmp short Label_Start; nop经过编译后，一共生成三个字节的机器码，其中nop会生成一个字节的机器码，jmp short Label_Start会生成两个字节的机器码。

- **BS_OEMName**。记录制造商的名字，亦可自行为文件系统命名。
- **BPB_SecPerClus**。描述了每簇扇区数。由于每个扇区的容量只有512 B，过小的扇区容量可能会导致软盘读写次数过于频繁，从而引入簇（Cluster）这个概念。簇将2的整数次方个扇区作为一个“原子”数据存储单元，也就是说簇是FAT类文件系统的最小数据存储单位。
- **BPB_RsvdSecCnt**。指定保留扇区的数量，此域值不能为0。保留扇区起始于FAT12文件系统的第一个扇区，对于FAT12而言此位必须为1，也就意味着引导扇区包含在保留扇区内，所以FAT表从软盘的第二个扇区开始。

- **BPB_NumFATs**。指定FAT12文件系统中FAT表的份数，任何FAT类文件系统都建议此域设置为2。设置为2主要是为了给FAT表准备一个备份表，因此FAT表1与FAT表2内的数据是一样的，FAT表2是FAT表1的数据备份表。
- **BPB_RootEntCnt**。指定根目录可容纳的目录项数。对于FAT12文件系统而言，这个数值乘以32必须是`BPB_BytesPerSec`的偶数倍。
- **BPB_TotSec16**。记录着总扇区数。这里的总扇区数包括保留扇区（内含引导扇区）、FAT表、根目录区以及数据区占用的全部扇区数，如果此域值为0，那么`BPB_TotSec32`字段必须是非0值。
- **BPB_Media**。描述存储介质类型。对于不可移动的存储介质而言，标准值是`0xF8`。对于可移动的存储介质，常用值为`0xF0`，此域的合法值是`0xF0`、`0xF8`、`0xF9`、`0xFA`、`0xFB`、`0xFC`、`0xFD`、`0xFE`、`0xFF`。另外提醒一点，无论该字段写入了什么数值，同时也必须向FAT[0]的低字节写入相同值。
- **BPB_FATSz16**。记录着FAT表占用的扇区数。FAT表1和FAT表2拥有相同的容量，它们的容量均由此值记录。
- **BS_VolLab**。指定卷标。它就是Windows或Linux系统中显示的磁盘名。
- **BS_FileSysType**。描述文件系统类型。此处的文件系统类型值为`'FAT12   '`，这个类型值只是一个字符串而已，操作系统并不使用该字段来鉴别FAT类文件系统的类型。

依据表3-1提供的文件系统结构信息，可将软盘扇区描绘成如图3-5所示的结构。

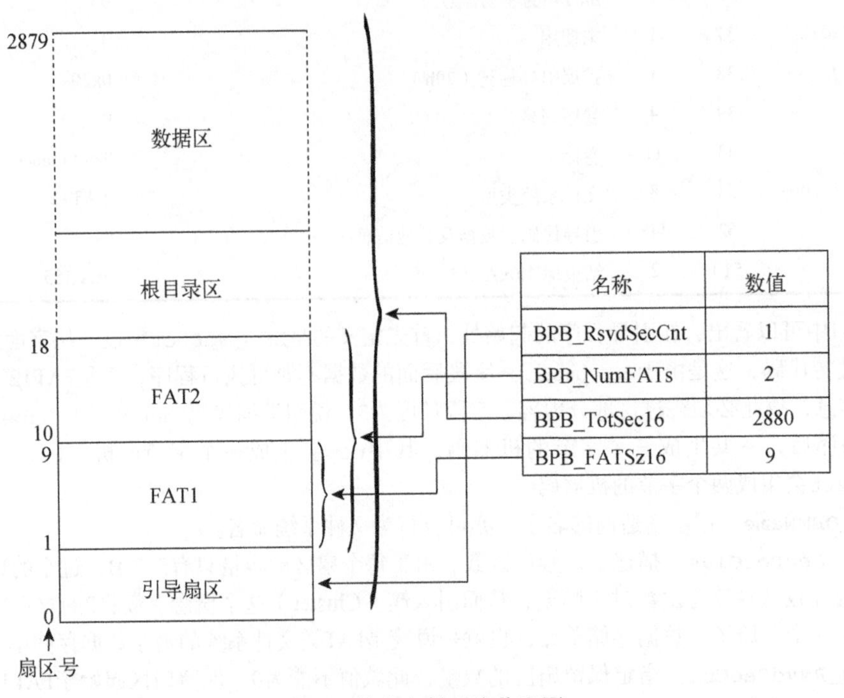

图3-5　软盘文件系统分配图

以上就是FAT12文件系统引导扇区结构的介绍。FAT16、FAT32等FAT类文件系统都是在FAT12文件系统的基础上扩展而得，FAT32文件系统将会在未来的章节中予以使用。

- FAT表

FAT12文件系统以簇为单位来分配数据区的存储空间（扇区），每个簇的长度为BPB_BytesPerSec * BPB_SecPerClus字节，数据区的簇号与FAT表的表项是一一对应关系。因此，文件在FAT类文件系统的存储单位是簇，而非字节或扇区，即使文件的长度只有一个字节，FAT12文件系统也会为它分配一个簇的磁盘存储空间。此种设计方法可以将磁盘存储空间按固定存储片（页）有效管理起来，进而可以按照文件偏移，分片段访问文件内的数据，就不必一次将文件里的数据全部读取出来。

FAT表中的表项位宽与FAT类型有关，例如，FAT12文件系统的表项位宽为12 bit、FAT16文件系统的表项位宽为16 bit、FAT32文件系统的表项位宽为32 bit。当一个文件的体积增大时，其所需的磁盘存储空间也会增加，随着时间的推移，文件系统将无法确保文件中的数据存储在连续的磁盘扇区内，文件往往被分成若干个片段。借助FAT表项，可将这些不连续的文件片段按簇号链接起来，这个链接原理与C语言的单向链表极为相似。表3-2以FAT12文件系统为例，来对FAT表项的取值加以说明。

表3-2 FAT表项取值说明

FAT项	实例值	描　述
0	FF0h	磁盘标示字，低字节与BPB_Media数值保持一致
1	FFFh	第一个簇已经被占用
2	003h	000h：可用簇
3	004h	002h~FEFh：已用簇，标识下一个簇的簇号
……	……	FF0h~FF6h：保留簇
N	FFFh	FF7h：坏簇
N+1	000h	FF8h~FFFh：文件的最后一个簇
……	……	

注：FAT[0]和FAT[1]始终不作为数据区的索引值使用。

其中，FAT[0]（FAT表项0）的低8位在数值上与BPB_Media字段保持一致，剩余位全部设置为1。由于表3-1的BPB_Media字段数值是F0h，故此FAT[0]的值是FF0h。在文件系统初始化期间，已经明确地将FAT[1]赋值为FFFh，想必这是为了防止文件系统误分配该表项。

现在，大部分操作系统的FAT类文件系统驱动程序都直接跳过这两个FAT表项的检索，使它们不再参与计算。因此，FAT[0]和FAT[1]的数值已经不再那么重要了，有时候这两个值为0也是没问题的。我们在编写程序时不必检测它们的数值，直接跳过即可。

- 根目录区和数据区

从本质上讲，根目录区和数据区都保存着与文件相关的数据，只不过根目录区只能保存目录项信息，而数据区不但可以保存目录项信息，还可以保存文件内的数据。

此处提及的目录项是一个由32 B组成的结构体，它既可以表示成一个目录，又可以表示成一个文件，其中记录着名字、长度以及数据起始簇号等信息，表3-3是目录项的完整结构。对于树状的目录结构而言，树的层级结构自然是通过代表着目录的目录项结构建立起来，从根目录开始经过目录项的逐层嵌套渐渐地形成了树状结构，更多详细内容将会在第13章中予以讲解。

表3-3　目录项结构

名　称	偏　移	长　度	描　述
DIR_Name	0x00	11	文件名8 B，扩展名3 B
DIR_Attr	0x0B	1	文件属性
保留	0x0C	10	保留位
DIR_WrtTime	0x16	2	最后一次写入时间
DIR_WrtDate	0x18	2	最后一次写入日期
DIR_FstClus	0x1A	2	起始簇号
DIR_FileSize	0x1C	4	文件大小

对于表3-3中的DIR_FstClus字段必须特别注意，它描述了文件在磁盘中存放的具体位置。由于FAT[0]和FAT[1]是保留项，不能用于数据区的簇索引，因此数据区的第一个有效簇号是2，而不是0或者1。

经过对FAT12文件系统的综合学习后，我们现在已经掌握了足够的知识来实现Loader程序的加载功能。代码清单3-5是为虚拟软盘创建的FAT12文件系统引导扇区数据。

代码清单3-5　第3章\程序\程序3-2\boot.asm

```
    org 0x7c00

BaseOfStack         equ     0x7c00
BaseOfLoader        equ     0x1000
OffsetOfLoader      equ     0x00

RootDirSectors                  equ     14
SectorNumOfRootDirStart         equ     19
SectorNumOfFAT1Start            equ     1
SectorBalance                   equ     17

    jmp     short Label_Start
    nop
    BS_OEMName          db      'MINEboot'
    BPB_BytesPerSec     dw      512
    BPB_SecPerClus      db      1
    BPB_RsvdSecCnt      dw      1
    BPB_NumFATs         db      2
    BPB_RootEntCnt      dw      224
    BPB_TotSec16        dw      2880
    BPB_Media           db      0xf0
    BPB_FATSz16         dw      9
    BPB_SecPerTrk       dw      18
    BPB_NumHeads        dw      2
    BPB_hiddSec         dd      0
    BPB_TotSec32        dd      0
    BS_DrvNum           db      0
    BS_Reserved1        db      0
    BS_BootSig          db      29h
    BS_VolID            dd      0
```

```
    BS_VolLab           db    'boot loader'
    BS_FileSysType      db    'FAT12   '
```

这段程序中的代码BaseOfLoader equ 0x1000和OffsetOfLoader equ 0x00组合成了Loader程序的起始物理地址，这个组合必须经过实模式的地址变换公式才能生成物理地址，即BaseOfLoader << 4 + OffsetOfLoader = 0x10000。

代码RootDirSectors equ 14定义了根目录占用的扇区数，这个数值是根据FAT12文件系统提供的信息经过计算而得，即(BPB_RootEntCnt * 32 + BPB_BytesPerSec - 1) / BPB_BytesPerSec = (224×32 + 512 - 1) / 512 = 14。

等价语句SectorNumOfRootDirStart equ 19定义了根目录的起始扇区号，这个数值也是通过计算而得，即保留扇区数 + FAT表扇区数 * FAT表份数 = 1 + 9 * 2 = 19，因为扇区编号的计数值从0开始，故根目录的起始扇区号为19。

程序SectorNumOfFAT1Start equ 1代表了FAT1表的起始扇区号，在FAT1表前面只有一个保留扇区（引导扇区），而且它的扇区编号是0，那么FAT1表的起始扇区号理应为1。

汇编代码SectorBalance equ 17用于平衡文件（或者目录）的起始簇号与数据区起始簇号的差值。更通俗点说，因为数据区对应的有效簇号是2（FAT[2]），为了正确计算出FAT表项对应的数据区起始扇区号，则必须将FAT表项值减2，或者将数据区的起始簇号/扇区号减2（仅在每簇由一个扇区组成时可用）。本程序暂时采用一种更取巧的方法是，将根目录起始扇区号减2（19-2=17），进而间接把数据区的起始扇区号（数据区起始扇区号=根目录起始扇区号+根目录所占扇区数）减2。

准备好FAT12文件系统引导扇区数据后，还需要为引导程序准备软盘读取功能。代码清单3-6是软盘读取功能的程序实现。

代码清单3-6　第3章\程序\程序3-2\boot.asm

```
;=======        read one sector from floppy
Func_ReadOneSector:

    push        bp
    mov         bp,     sp
    sub         esp,    2
    mov         byte    [bp - 2],       cl
    push        bx
    mov         bl,     [BPB_SecPerTrk]
    div         bl
    inc         ah
    mov         cl,     ah
    mov         dh,     al
    shr         al,     1
    mov         ch,     al
    and         dh,     1
    pop         bx
    mov         dl,     [BS_DrvNum]
Label_Go_On_Reading:
    mov         ah,     2
    mov         al,     byte    [bp - 2]
    int         13h
    jc Label_Go_On_Reading
```

```
    add esp,    2
    pop bp
    ret
```

代码中的Func_ReadOneSector模块负责实现软盘读取功能，它借助BIOS中断服务程序INT 13h的主功能号AH=02h实现软盘扇区的读取操作，该中断服务程序的各寄存器参数说明如下。

INT 13h，AH=02h 功能：读取磁盘扇区。

- AL=读入的扇区数（必须非0）；
- CH=磁道号（柱面号）的低8位；
- CL=扇区号1~63（bit 0~5），磁道号（柱面号）的高2位（bit 6~7, 只对硬盘有效）；
- DH=磁头号；
- DL=驱动器号（如果操作的是硬盘驱动器，bit 7必须被置位）；
- ES:BX=>数据缓冲区。

从代码清单3-6可知，模块Func_ReadOneSector仅仅是对BIOS中断服务程序的再次封装，以简化读取磁盘扇区的操作过程，进而在调用Func_ReadOneSector模块时，只需传递下列参数到对应的寄存器中，即可实现磁盘扇区的读取操作。模块Func_ReadOneSector详细参数说明如下。

模块Func_ReadOneSector功能：读取磁盘扇区。

- AX=待读取的磁盘起始扇区号；
- CL=读入的扇区数量；
- ES:BX=>目标缓冲区起始地址。

因为Func_ReadOneSector模块传入的磁盘扇区号是LBA（Logical Block Address，逻辑块寻址）格式的，而INT 13h，AH = 02h中断服务程序只能受理CHS（Cylinder/Head/Sector，柱面/磁头/扇区）格式的磁盘扇区号，那么必须将LBA格式转换为CHS格式，通过公式(3-1)可将LBA格式转换为CHS格式。

$$\text{LBA 扇区号} \div \text{每磁道扇区数}\begin{cases} \text{商Q} \rightarrow \begin{cases} \text{柱面号} = Q >> 1 \\ \text{磁头号} = Q \,\&\, 1 \end{cases} \\ \text{余数R} \rightarrow \text{起始扇区号} = R + 1 \end{cases} \tag{3-1}$$

模块Func_ReadOneSector在读取软盘之前，会先保存栈帧寄存器和栈寄存器的数值，从栈中开辟两个字节的存储空间（将栈指针向下移动两个字节），由于此时代码bp - 2与ESP寄存器均指向同一内存地址，所以CL寄存器的值就保存在刚开辟的栈空间里。而后，使用AX寄存器（待读取的磁盘起始扇区号）除以BL寄存器（每磁道扇区数），计算出目标磁道号（商：AL寄存器）和目标磁道内的起始扇区号（余数：AH寄存器），考虑到磁道内的起始扇区号从1开始计数，故此将余数值加1，即inc ah。紧接着，再按照公式(3-1)计算出磁道号（也叫柱面号）与磁头号，将计算结果保存在对应寄存器内。最后，执行INT 13h中断服务程序从软盘扇区读取数据到内存中，当数据读取成功（CF标志位被复位）后恢复调用现场。

有了软盘扇区读取功能，便可在其基础上实现文件系统访问功能。代码清单3-7则是在其基础上实现的目标文件搜索功能。

代码清单3-7 第3章\程序\程序3-2\boot.asm

```
    ;=======    search loader.bin
    mov     word    [SectorNo],         SectorNumOfRootDirStart

Lable_Search_In_Root_Dir_Begin:

    cmp     word    [RootDirSizeForLoop],   0
    jz      Label_No_LoaderBin
    dec     word    [RootDirSizeForLoop]
    mov     ax,     00h
    mov     es,     ax
    mov     bx,     8000h
    mov     ax,     [SectorNo]
    mov     cl,     1
    call    Func_ReadOneSector
    mov     si,     LoaderFileName
    mov     di,     8000h
    cld
    mov     dx,     10h

Label_Search_For_LoaderBin:

    cmp     dx,     0
    jz      Label_Goto_Next_Sector_In_Root_Dir
    dec     dx
    mov     cx,     11

Label_Cmp_FileName:

    cmp     cx,     0
    jz      Label_FileName_Found
    dec     cx
    lodsb
    cmp     al,     byte    [es:di]
    jz      Label_Go_On
    jmp     Label_Different

Label_Go_On:

    inc     di
    jmp     Label_Cmp_FileName

Label_Different:

    and     di,     0ffe0h
    add     di,     20h
    mov     si,     LoaderFileName
    jmp     Label_Search_For_LoaderBin

Label_Goto_Next_Sector_In_Root_Dir:

    add     word    [SectorNo],     1
    jmp     Lable_Search_In_Root_Dir_Begin
```

通过这段代码能够从根目录中搜索出引导加载程序（文件名为loader.bin）。在程序执行初期，程序会先保存根目录的起始扇区号，并依据根目录占用磁盘扇区数来确定需要搜索的扇区数，并从根目录中读入一个扇区的数据到缓冲区；接下来，遍历读入缓冲区中的每个目录项，寻找与目标文件名字符串（`"LOADER BIN",0`）相匹配的目录项，其中DX寄存器记录着每个扇区可容纳的目录项个数（512 / 32 = 16 = 0x10），CX寄存器记录着目录项的文件名长度（文件名长度为11B，包括文件名和扩展名，但不包含分隔符“.”）。在比对每个目录项文件名的过程中，使用了汇编指令`LODSB`，该命令的加载方向与DF标志位有关，因此在使用此命令时需用CLD指令清DF标志位。

以下是Intel官方白皮书对`LODSB/LODSW/LODSD/LODSQ`指令的概括描述。

- 该命令可从DS:(R|E)SI寄存器指定的内存地址中读取数据到AL/AX/EAX/RAX寄存器。
- 当数据载入到AL/AX/EAX/RAX寄存器后，(R|E)SI寄存器将会依据`R|EFLAGS`标志寄存器的DF标志位自动增加或减少载入的数据长度（1/2/4/8字节）。当`DF=0`时，(R|E)SI寄存器将会自动增加；反之，(R|E)SI寄存器将会自动减少。

一旦发现完全匹配的字符串，则跳转到`Label_FileName_Found`处执行；如果没有找到，那么就执行其后的`Label_No_LoaderBin`模块，进而在屏幕上显示提示信息，通知用户引导加载程序不存在。

特别注意，因为FAT12文件系统的文件名是不区分大小写字母的，即使将小写字母命名的文件复制到FAT12文件系统内，文件系统也会为其创建大写字母的文件名和目录项。而小写字母文件名只作为其显示名，真正的数据内容皆保存在大写字母对应的目录项。所以这里应该搜索大写字母的文件名字符串。

代码清单3-8是`Label_No_LoaderBin`模块的处理程序，它的作用是在搜索不到loader.bin程序时，显示提示信息。

代码清单3-8　第3章\程序\程序3-2\boot.asm

```
;=======    display on screen : ERROR:No LOADER Found

Label_No_LoaderBin:

    mov     ax,     1301h
    mov     bx,     008ch
    mov     dx,     0100h
    mov     cx,     21
    push    ax
    mov     ax,     ds
    mov     es,     ax
    pop     ax
    mov     bp,     NoLoaderMessage
    int     10h
    jmp     $
```

这段代码借助BIOS中断处理程序INT 10h，将字符串`ERROR:No LOADER Found`显示到屏幕的第1行第0列上。图3-6是`Label_No_LoaderBin`模块的显示效果。

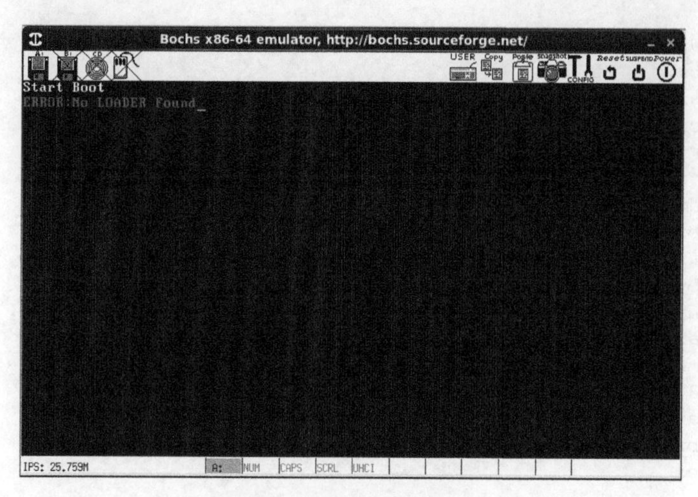

图3-6 Boot错误效果图

其实，模块Label_No_LoaderBin设置的字符属性（位于BL寄存器内）是字符闪烁、黑背景色、高亮、红色字体，但由于图3-6是屏幕截图，无法表现出闪烁效果。更多执行细节还请读者从虚拟机中观察。

当搜索到loader.bin程序后，便可根据FAT表项提供的簇号顺序依次加载扇区数据到内存中，这个加载过程会涉及FAT表项的解析工作。代码清单3-9是FAT表项的解析代码。

代码清单3-9 第3章\程序\程序3-2\boot.asm

```
;=======    get FAT Entry

Func_GetFATEntry:

    push    es
    push    bx
    push    ax
    mov     ax,     00
    mov     es,     ax
    pop     ax
    mov     byte    [Odd],    0
    mov     bx,     3
    mul     bx
    mov     bx,     2
    div     bx
    cmp     dx,     0
    jz      Label_Even
    mov     byte    [Odd],    1

Label_Even:

    xor     dx,     dx
    mov     bx,     [BPB_BytesPerSec]
    div     bx
```

```
    push    dx
    mov     bx,     8000h
    add     ax,     SectorNumOfFAT1Start
    mov     cl,     2
    call    Func_ReadOneSector

    pop     dx
    add     bx,     dx
    mov     ax,     [es:bx]
    cmp     byte    [Odd],    1
    jnz     Label_Even_2
    shr     ax,     4

Label_Even_2:
    and     ax,     0fffh
    pop     bx
    pop     es
    ret
```

此前已经提及FAT12文件系统的每个FAT表项占用12 bit，即每三个字节存储两个FAT表项，由此看来，FAT表项的存储位置是具有奇偶性的。使用`Func_GetFATEntry`模块可根据当前FAT表项索引出下一个FAT表项，该模块的寄存器参数说明如下。

模块Func_GetFATEntry 功能：根据当前FAT表项索引出下一个FAT表项。

- AX=FAT表项号（输入参数/输出参数）。

这段程序首先会保存FAT表项号，并将奇偶标志变量（变量`[odd]`）置0。因为每个FAT表项占1.5 B，所以将FAT表项乘以3除以2（扩大1.5倍），来判读余数的奇偶性并保存在`[odd]`中（奇数为1，偶数为0），再将计算结果除以每扇区字节数，商值为FAT表项的偏移扇区号，余数值为FAT表项在扇区中的偏移位置。接着，通过`Func_ReadOneSector`模块连续读入两个扇区的数据，此举的目的是为了解决FAT表项横跨两个扇区的问题。最后，根据奇偶标志变量进一步处理奇偶项错位问题，即奇数项向右移动4位。有能力的读者可自行将FAT12文件系统替换为FAT16文件系统，这样可以简化FAT表项的索引过程。

在完成`Func_ReadOneSector`和`Func_GetFATEntry`模块后，就可借助这两个模块把loader.bin文件内的数据从软盘扇区读取到指定地址中。代码清单3-10实现了从FAT12文件系统中加载loader.bin文件到内存的过程。

代码清单3-10 第3章\程序\程序3-2\boot.asm

```
;=======    found loader.bin name in root director struct

Label_FileName_Found:

    mov     ax,     RootDirSectors
    and     di,     0ffe0h
    add     di,     01ah
    mov     cx,     word    [es:di]
    push    cx
    add     cx,     ax
    add     cx,     SectorBalance
```

```
    mov     ax,     BaseOfLoader
    mov     es,     ax
    mov     bx,     OffsetOfLoader
    mov     ax,     cx

Label_Go_On_Loading_File:
    push    ax
    push    bx
    mov     ah,     0eh
    mov     al,     '.'
    mov     bl,     0fh
    int     10h
    pop     bx
    pop     ax

    mov     cl,     1
    call    Func_ReadOneSector
    pop     ax
    call    Func_GetFATEntry
    cmp     ax,     0fffh
    jz      Label_File_Loaded
    push    ax
    mov     dx,     RootDirSectors
    add     ax,     dx
    add     ax,     SectorBalance
    add     bx,     [BPB_BytesPerSec]
    jmp     Label_Go_On_Loading_File

Label_File_Loaded:

    jmp     $
```

在Label_FileName_Found模块中，程序会先取得目录项DIR_FstClus字段的数值，并通过配置ES寄存器和BX寄存器来指定loader.bin程序在内存中的起始地址，再根据loader.bin程序的起始簇号计算出其对应的扇区号。为了增强人机交互效果，此处还使用BIOS中断服务程序INT 10h在屏幕上显示一个字符'.'。接着，每读入一个扇区的数据就通过Func_GetFATEntry模块取得下一个FAT表项，并跳转至Label_Go_On_Loading_File处继续读入下一个簇的数据，如此往复，直至Func_GetFATEntry模块返回的FAT表项值是0fffh为止。当loader.bin文件的数据全部读取到内存后，跳转至Label_File_Loaded处准备执行loader.bin程序。

这段代码使用了BIOS中断服务程序INT 10h的主功能号AH=0Eh在屏幕上显示一个字符。详细寄存器参数说明如下。

INT 10h，AH=0Eh 功能：在屏幕上显示一个字符。

- AL=待显示字符；
- BL=前景色。

看到这里，想必读者已经知道图3-1在字符串Start Boot后面显示的5个字符'.'的意义了，即读入5个扇区的数据，或者loader.bin程序占用了将近5个扇区的磁盘空间。

代码清单3-11和代码清单3-12是boot.asm文件的剩余代码，这部分代码定义了引导程序在运行时使用的临时变量和日志信息字符串。

代码清单3-11　第3章\程序\程序3-2\boot.asm

```
;=======     tmp variable

RootDirSizeForLoop      dw     RootDirSectors
SectorNo                dw     0
Odd                     db     0
```

这三个变量用于保存程序运行时的临时数据，上文已经讲解了它们的使用过程，此处不再过多讲述。

代码清单3-12　第3章\程序\程序3-2\boot.asm

```
;=======     display messages

StartBootMessage:     db     "Start Boot"
NoLoaderMessage:      db     "ERROR:No LOADER Found"
LoaderFileName:       db     "LOADER  BIN",0
```

上述字符串均是屏幕上显示的日志信息。值得说明的是，NASM编译器中的单引号与双引号作用相同，并非如标准C语言中规定的：双引号会在字符串结尾处自动添加字符`'\0'`，而在NASM编译器中必须自行添加。不过，本程序使用的BIOS中断服务程序必须明确提供显示的字符串的长度，不需要判读字符串结尾处的字符`'\0'`。

目前，我们还未进入Loader引导加载程序的开发环节，所以在`Label_File_Loaded`处使用代码`jmp $`，让程序死循环在此处。

3.1.6　从 Boot 跳转到 Loader 程序

接下来，将实现Boot引导程序的最后一步，那就是跳转至Loader引导加载程序处，向其移交处理器的控制权。代码清单3-13完成了向Loader引导加载程序移交执行权的工作，即跳转至物理地址`0x10000`处执行`loader.bin`程序。

代码清单3-13　第3章\程序\程序3-3\boot.asm

```
Label_File_Loaded:

    jmp BaseOfLoader:OffsetOfLoader
```

这行`jmp`代码与早前的指令略有不同。此前的JMP汇编指令属于段内地址跳转，而此处的JMP指令属于段间地址跳转，它可以从一个段跳转至另一个段地址中。因此，这个长跳转指令JMP必须在操作地址中明确指定跳转的目标段和目标段内偏移地址。

这个跳转指令执行结束后，目标段会赋值到CS代码段寄存器中。以此段程序为例，当JMP指令执行后，CS寄存器的值就是`BaseOfLoader`，即`0x1000`。在实模式下，代码段寄存器的值必须左移4位后才转换成段基地址，即`0x1000 << 4 = 0x10000`。

至此，Boot引导程序的代码已经全部实现。接下来，编写一个简单的Loader引导加载程序来检测这个跳转过程，请看代码清单3-14。

代码清单3-14 第3章\程序\程序3-3\loader.asm

```
org	10000h

	mov	ax,	cs
	mov	ds,	ax
	mov	es,	ax
	mov	ax,	0x00
	mov	ss,	ax
	mov	sp,	0x7c00

;=======	display on screen : Start Loader......

	mov	ax,	1301h
	mov	bx,	000fh
	mov	dx,	0200h		;row 2
	mov	cx,	12
	push	ax
	mov	ax,	ds
	mov	es,	ax
	pop	ax
	mov	bp,	StartLoaderMessage
	int	10h

	jmp	$

;=======	display messages

StartLoaderMessage:	db	"Start Loader"
```

这段测试代码与程序3-1中的boot.asm程序在功能上极为相似，即显示一行日志信息，以证明Loader引导加载程序正在被处理器执行。

编译loader.asm程序使用的命令与编译boot.asm程序相似，区别在于源文件名和目标文件名不同而已。以下是loader.asm程序的完整编译命令：

```
nasm loader.asm -o loader.bin
```

当loader.asm程序编译结束后，必须将生成的二进制程序loader.bin复制到虚拟软盘镜像文件boot.img中。此处的复制过程与boot.bin程序的写入过程采用了完全不同方法，当boot.bin程序写入到boot.img虚拟软盘镜像文件后，boot.img虚拟软盘已经拥有了FAT12文件系统，那么应该借助挂载命令mount和复制命令cp，把引导加载程序loader.bin复制到文件系统中。整个复制过程需要执行以下命令：

```
mount ../bochs-2.6.8/boot.img /media/ -t vfat -o loop
cp loader.bin  /media/
sync
umount /media/
```

在这组命令中，挂载命令mount的参数../bochs-2.6.8/boot.img指定了待挂载文件的路径名，参数/media/指定挂载目录，参数-t vfat指定磁盘的文件系统类型，参数-o loop负责把一个文件描述成磁盘分区。读者可以根据个人的实际情况，适当调整虚拟软盘镜像文件路径和挂载目录路径，当虚拟软盘镜像文件挂载成功后便可对其进行访问了。复制命令`cp`和磁盘强制同步命令`sync`属于常用命令，这里就不再赘述。`umount`命令用于将已挂载的设备或文件卸载下来，它与挂载命令`mount`的作用相反，此处的参数`/media/`指明了挂载目录。

有些读者可能会问，为什么虚拟软盘不用格式化成FAT12文件系统，就可以直接挂载使用呢？因为使用`dd`命令将引导程序boot.bin强行写入到引导扇区的动作与磁盘的格式化作用相似，也就相当于将其格式化成FAT12文件系统。其实格式化文件系统，就是把文件系统的所有结构数据写入到磁盘扇区的过程。

解释了这么多内容，现在来欣赏一下引导加载程序的运行效果，参见图3-7。

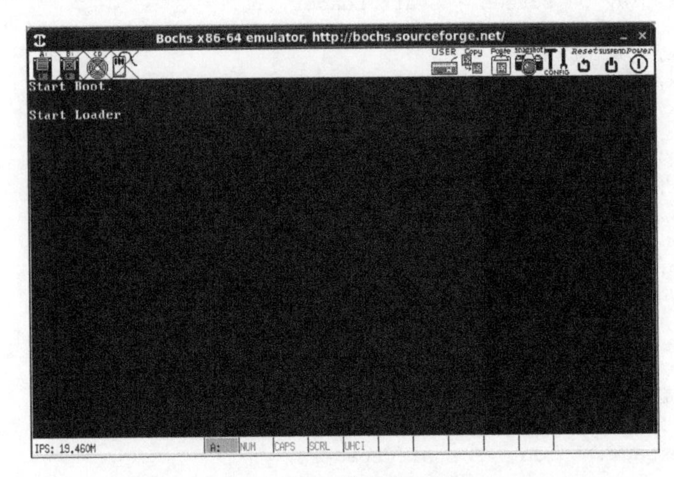

图3-7　Boot跳转至Loader

Loader引导加载程序在屏幕的第三行显示一条字符串`Start Loader`，随后进入死循环状态。万事开头难，相信经过Boot引导程序的学习后，Loader引导加载程序将不再令人胆怯。

3.2　Loader引导加载程序

与Boot引导程序挥手作别后，此刻的处理器控制权已经移交给Loader引导加载程序。Loader引导加载程序任重而道远，它必须在内核程序执行前，为其准备好一切所需数据，比如硬件检测信息、处理器模式切换、向内核传递参数等。

由于Loader引导加载程序的工作纷繁而又复杂，为了使读者能够快速对操作系统有个整体认识，本节将主要讲解Loader引导加载程序的主线工作，其他分支工作将会在高级篇中予以详细讲解。有能力的读者也可以结合第6章和第7章的知识同步学习。

新的征程马上开始，Loader引导加载程序，Ready Go！

3.2.1　Loader原理

Loader引导加载程序负责检测硬件信息、处理器模式切换、向内核传递数据三部分工作，这些工作为内核的初始化提供信息及功能支持，以便内核在完成初始化工作后能够正常运行。下面将对这三部分内容逐一讲解。

- 检测硬件信息

Loader引导加载程序需要检测的硬件信息很多，主要是通过BIOS中断服务程序来获取和检测硬件信息。由于BIOS在上电自检出的大部分信息只能在实模式下获取，而且内核运行于非实模式下，那么就必须在进入内核程序前将这些信息检测出来，再作为参数提供给内核程序使用。

在这些硬件信息中，最重要的莫过于物理地址空间信息，只有正确解析出物理地址空间信息，才能知道ROM、RAM、设备寄存器空间和内存空洞等资源的物理地址范围，进而将其交给内存管理单元模块加以维护。还有后续章节中会讲解的VBE功能，通过VBE功能可以检测出显示器支持的分辨率、显示模式、刷新率以及显存物理地址等信息，有了这些信息才能配置出合理的显示模式。

- 处理器模式切换

从起初BIOS运行的实模式（real mode），到32位操作系统使用的保护模式（protect mode），再到64位操作系统使用的IA-32e模式（long mode，长模式），Loader引导加载程序必须历经这三个模式，才能使处理器运行于64位的IA-32e模式。在各个模式的切换过程中，Loader引导加载程序必须手动创建各运行模式的临时数据，并按照标准流程执行模式间的跳转。其中有配置系统临时页表的工作，即既要根据各个阶段的页表特性设置临时页表项，还要保证页表覆盖的地址空间满足程序使用要求。临时段结构亦是如此。

- 向内核传递数据

Loader引导加载程序可向内核程序传递两类数据，一类是控制信息，另一类是硬件数据信息。这些数据一方面控制内核程序的执行流程，另一方面为内核程序的初始化提供数据信息支持。

- **控制信息**一般用于控制内核执行流程或限制内核的某些功能。这些数据（参数）是与内核程序早已商定的协议，属于纯软件控制逻辑，如启动模式（字符界面或图形界面）、启动方式（网络或本地）、终端重定向（串口或显示器等）等信息。
- **硬件数据信息**通常是指Loader引导加载程序检测出的硬件数据信息。Loader引导加载程序将这些数据信息多半都保存在固定的内存地址中，并将数据起始内存地址和数据长度作为参数传递给内核，以供内核程序在初始化时分析、配置和使用，典型的数据信息有内存信息、VBE信息等。

考虑到Loader引导加载程序的任务比较多，因此本节将针对引导加载程序的主线任务予以讲解，即加载内核、各个模式间的切换。关于这部分的原理级知识，请读者参考第6章关于处理器体系结构的内容。关于Loader引导加载程序的支线任务（显示模式、内存空间结构等），将推迟到第7章中进行原理级讲解和功能扩充。

3.2.2 写一个 Loader 程序

由于程序3-4中的loader.asm文件过长，而且其中一部分代码与Boot引导程序重复，为了节省篇幅重复的内容将不再予以讲解。请读者参照loader.asm程序源码阅读本节内容，同时也请参照程序源码并行阅读本书内容。

代码清单3-15是Loader引导加载程序的一些基础数据定义和头文件引用，其中包含了内核程序起始地址、临时内存空间起始地址等标识符定义。

代码清单3-15　第3章\程序\程序3-4\loader.asm

```
org	10000h
	jmp	Label_Start

%include	"fat12.inc"

BaseOfKernelFile	equ	0x00
OffsetOfKernelFile	equ	0x100000

BaseTmpOfKernelAddr	equ	0x00
OffsetTmpOfKernelFile	equ	0x7E00

MemoryStructBufferAddr	equ	0x7E00
```

这部分代码包含了`%include "fat12.inc"`，通过关键字`include`可将文件fat12.inc的内容包含进loader.asm文件。从字面意思大家也都猜得出来，它跟C语言引用程序头文件的功能相同。fat12.inc文件是从Boot引导程序中提取出的FAT12文件系统结构，其中的内容一目了然，此处不再赘述。

本系统的内核程序起始地址位于物理地址`0x100000`（1 MB）处，因为1 MB以下的物理地址并不全是可用内存地址空间，这段物理地址被划分成若干个子空间段，它们可以是内存空间、非内存空间以及地址空洞。随着内核体积的不断增长，未来的内核程序很可能会超过1 MB，因此让内核程序跳过这些纷繁复杂的内存空间，从平坦的1 MB地址开始，这是一个非常不错的选择。

内存地址`0x7E00`是内核程序的临时转存空间，由于内核程序的读取操作是通过BIOS中断服务程序INT 13h实现的，BIOS在实模式下只支持上限为1 MB的物理地址空间寻址，所以必须先将内核程序读入到临时转存空间，然后再通过特殊方式搬运到1 MB以上的内存空间中。当内核程序被转存到最终内存空间后，这个临时转存空间就可另作他用，此处将其改为内存结构数据的存储空间，供内核程序在初始化时使用。本节将主要围绕上述内容逐步展开代码实现。

代码清单3-16是Loader引导加载程序的入口模块，它的作用是在屏幕上显示一条日志信息，这条信息标志着处理器正在执行Loader引导加载程序。

代码清单3-16　第3章\程序\程序3-4\loader.asm

```
[SECTION .s16]
[BITS 16]

Label_Start:
	……
	mov bp,	StartLoaderMessage
	int 10h
```

这段程序是代码清单3-14的Loader引导加载程序实现，此处追加定义了一个名为`.s16`的段，`BITS`伪指令可以通知NASM编译器生成的代码，将运行在16位宽的处理器上或者运行在32位宽的处理器上，语法是`'BITS 16'`或`'BITS 32'`。

当NASM编译器处于16位宽（`'BITS 16'`）状态下，使用32位宽数据指令时需要在指令前加入前缀0x66，使用32位宽地址指令时需要在指令前加入前缀0x67。而在32位宽（`'BITS 32'`）状态下，使用16位宽指令也需要加入指令前缀。伪指令'BITS 位宽'拥有一种等效的书写格式，即[BITS位宽]。

通常情况下，实模式只能寻址1 MB以内的地址空间。为了突破这一瓶颈，接下来的代码将开启1 MB以上物理地址寻址功能，同时还开启了实模式下的4 GB寻址功能。详细程序如代码清单3-17所示。

代码清单3-17 第3章\程序\程序3-4\ loader.asm

```
;=======	open address A20
	push	ax
	in	al,	92h
	or	al,	00000010b
	out	92h,	al
	pop	ax

	cli

	db	0x66
	lgdt	[GdtPtr]

	mov	eax,	cr0
	or	eax,	1
	mov	cr0,	eax

	mov	ax,	SelectorData32
	mov	fs,	ax
	mov	eax,	cr0
	and	al,	11111110b
	mov	cr0,	eax

	sti
```

这段代码的起始部分开启地址A20功能，此项功能属于历史遗留问题。最初的处理器只有20根地址线，这使得处理器只能寻址1MB以内的物理地址空间，如果超过1 MB范围的寻址操作，也只有低20位是有效地址。随着处理器寻址能力的不断增强，20根地址线已经无法满足今后的开发需求。为了保证硬件平台的向下兼容性，便出现了一个控制开启或禁止1 MB以上地址空间的开关。当时的8042键盘控制器上恰好有空闲的端口引脚（输出端口P2，引脚P21），从而使用此引脚作为功能控制开关，即A20功能。如果A20引脚为低电平（数值0），那么只有低20位地址有效，其他位均为0。

在机器上电时，默认情况下A20地址线是被禁用的，所以操作系统必须采用适当的方法开启它。由于硬件平台的兼容设备种类繁杂，进而出现多种开启A20功能的方法。

- 开启A20功能的常用方法是操作键盘控制器，由于键盘控制器是低速设备，以至于功能开启速度相对较慢。
- A20快速门（Fast Gate A20），它使用I/O端口0x92来处理A20信号线。对于不含键盘控制器的操作系统，就只能使用0x92端口来控制，但是该端口有可能被其他设备使用。
- 使用BIOS中断服务程序INT 15h的主功能号AX=2401可开启A20地址线，功能号AX=2400可禁用A20地址线，功能号AX=2403可查询A20地址线的当前状态。
- 还有一种方法是，通过读0xee端口来开启A20信号线，而写该端口则会禁止A20信号线。

本系统通过访问A20快速门来开启A20功能，即置位0x92端口的第1位。

当A20功能开启后，紧接着使用指令CLI关闭外部中断，再通过指令LGDT加载保护模式结构数据信息，并置位CR0寄存器的第0位来开启保护模式。当进入保护模式后，为FS段寄存器加载新的数据段值，一旦完成数据加载就从保护模式中退出，并开启外部中断。整个动作一气呵成，实现了保护模式的开启和关闭。看似多此一举的代码，其目的只是为了让FS段寄存器可以在实模式下寻址能力超过1 MB，也就是传说中的Big Real Mode模式，详细的原理级说明请参见第7章。通过此番操作后，借助FS段寄存器的特殊寻址能力，就可将内核程序移动到1 MB以上的内存地址空间中。

我们可以将代码jmp $插入到STI汇编指令后的某个地方让程序停留下来，在Bochs的终端中按下Ctrl + C键进入DBG调试命令行，输入命令sreg可查看当前段状态信息，大致内容如下：

```
00014040193i[BIOS  ] Booting from 0000:7c00
^C00196624559i[      ] Ctrl-C detected in signal handler.
Next at t=196624560
(0) [0x0000000100ce] 1000:00ce (unk. ctxt): jmp .-3 (0x000100ce)      ; e9fdff
<bochs:2> sreg
es:0x1000, dh=0x00009301, dl=0x0000ffff, valid=1
    Data segment, base=0x00010000, limit=0x0000ffff, Read/Write, Accessed
cs:0x1000, dh=0x00009301, dl=0x0000ffff, valid=1
    Data segment, base=0x00010000, limit=0x0000ffff, Read/Write, Accessed
ss:0x0000, dh=0x00009300, dl=0x0000ffff, valid=7
    Data segment, base=0x00000000, limit=0x0000ffff, Read/Write, Accessed
ds:0x1000, dh=0x00009301, dl=0x0000ffff, valid=1
    Data segment, base=0x00010000, limit=0x0000ffff, Read/Write, Accessed
fs:0x0010, dh=0x00cf9300, dl=0x0000ffff, valid=1
    Data segment, base=0x00000000, limit=0xffffffff, Read/Write, Accessed
gs:0x0000, dh=0x00009300, dl=0x0000ffff, valid=1
    Data segment, base=0x00000000, limit=0x0000ffff, Read/Write, Accessed
ldtr:0x0000, dh=0x00008200, dl=0x0000ffff, valid=1
tr:0x0000, dh=0x00008b00, dl=0x0000ffff, valid=1
gdtr:base=0x0000000000010040, limit=0x17
idtr:base=0x0000000000000000, limit=0x3ff
```

从Bochs虚拟机的调试信息中可知，FS段寄存器的状态信息与其他段寄存器略有不同，特别是段基地址base=0x00000000和段限长limit=0xffffffff两值，它们的寻址能力已经从20位（1 MB）扩展到32位（4 GB）。

这里需要注意一点的是，在物理平台下，当段寄存器拥有这种特殊能力后，如果重新对其赋值的话，那么它就会失去特殊能力，转而变回原始的实模式段寄存器。但是Bochs虚拟机貌似放宽了对寄存器的检测条件，即使重新向FS段寄存器赋值，FS段寄存器依然拥有特殊能力。

完成上述准备工作后，接下来的任务是从FAT12文件系统中搜索出内核程序文件kernel.bin。代码清单3-18是搜索任务的代码实现片段。

代码清单3-18 第3章\程序\程序3-4\loader.asm

```
;=======    search kernel.bin
    mov     word    [SectorNo],     SectorNumOfRootDirStart

    ......

    jmp     Lable_Search_In_Root_Dir_Begin
```

```
;=======    display on screen : ERROR:No KERNEL Found

Label_No_LoaderBin:
    ......

    mov     bp,     NoLoaderMessage
    int     10h
    jmp     $
```

已经在Boot引导程序中看到过与代码清单3-18类似的内容，只不过此刻已将待搜索的文件名从loader.bin改为kernel.bin。

如果搜索到内核程序文件kernel.bin，则将kernel.bin文件内的数据读取至物理内存中，实现代码如代码清单3-19所示。

代码清单3-19　第3章\程序\程序3-4\loader.asm

```
;=======    found kernel.bin name in root director struct

Label_FileName_Found:
    mov     ax,     RootDirSectors
    and     di,     0FFE0h
    add     di,     01Ah
    mov     cx,     word    [es:di]
    push    cx
    add     cx,     ax
    add     cx,     SectorBalance
    mov     eax,    BaseTmpOfKernelAddr     ;BaseOfKernelFile
    mov     es,     eax
    mov     bx,     OffsetTmpOfKernelFile    ;OffsetOfKernelFile
    mov     ax,     cx

Label_Go_On_Loading_File:
    ......

    mov     cl,     1
    call    Func_ReadOneSector
    pop     ax

;;;;;;;;;;;;;;;;;;;;;;;;;
    push    cx
    push    eax
    push    fs
    push    edi
    push    ds
    push    esi

    mov     cx,     200h
    mov     ax,     BaseOfKernelFile
    mov     fs,     ax
    mov     edi,    dword   [OffsetOfKernelFileCount]

    mov     ax,     BaseTmpOfKernelAddr
```

```
    mov    ds,    ax
    mov    esi,   OffsetTmpOfKernelFile

Label_Mov_Kernel:    ;------------------

    mov    al,    byte    [ds:esi]
    mov    byte   [fs:edi],    al

    inc    esi
    inc    edi

    loop   Label_Mov_Kernel

    mov    eax,   0x1000
    mov    ds,    eax

    mov    dword  [OffsetOfKernelFileCount],    edi

    pop    esi
    pop    ds
    pop    edi
    pop    fs
    pop    eax
    pop    cx
;;;;;;;;;;;;;;;;;;;;;;;;

    call    Func_GetFATEntry

    ......

    jmp    Label_Go_On_Loading_File
```

这部分程序负责将内核程序读取到临时转存空间中，随后再将其移动至1 MB以上的物理内存空间。为了避免转存环节发生错误，还是一个字节一个字节的复制为妙，借助汇编指令LOOP可完成此项工作。由于内核体积庞大必须逐个簇地读取和转存，那么每次转存内核程序片段时必须保存目标偏移值，该值（EDI寄存器）保存于临时变量`OffsetOfKernelFileCount`中。

相信你一定注意到了这段程序中关于FS段寄存器的操作。这段代码在Bochs虚拟机中是可以达到预期效果的，待其移植到物理平台上就会出现问题。这个问题将在第7章予以更正，请读者多加留意。

当内核程序被加载到1 MB以上物理内存地址后，使用代码清单3-20在屏幕的第0行第39列显示一个字符`'G'`。此举不仅可以隔离内核程序的加载过程，还引入了一种高效的字符显示方法。

代码清单3-20　第3章\程序\程序3-4\loader.asm

```
Label_File_Loaded:

    mov    ax, 0B800h
    mov    gs, ax
    mov    ah, 0Fh                      ; 0000: 黑底    1111: 白字
    mov    al, 'G'
    mov    [gs:((80 * 0 + 39) * 2)], ax    ; 屏幕第 0 行, 第 39 列。
```

这段代码首先将GS段寄存器的基地址设置在0B800h地址处，并将AH寄存器赋值为0Fh，将AL寄存器赋值为字母'G'，然后将AX寄存器的值填充到地址0B800h向后偏移(80 × 0 + 39) × 2处。该方法与BIOS的INT 10h中断服务程序相比，更符合操作显卡内存的习惯。从内存地址0B800h开始，是一段专门用于显示字符的内存空间，每个字符占用两个字节的内存空间，其中低字节保存显示的字符，高字节保存字符的颜色属性。此处的属性值0Fh表示字符使用白色字体、黑色背景。图3-8是此刻的引导加载程序运行效果。

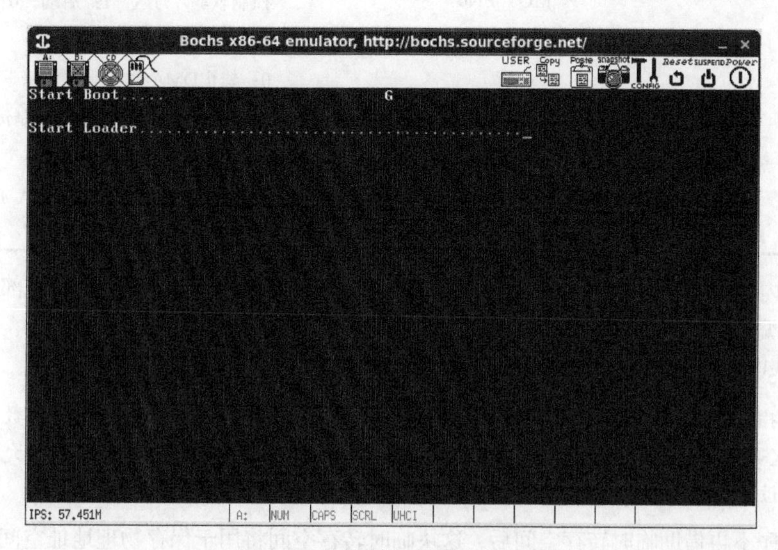

图3-8 在屏幕上显示字符'G'

在最开始的1 MB物理地址空间内，不仅有显示字符的内存空间，还有显示像素的内存空间以及其他用途的内存空间。这段代码只为让读者了解操作显示内存的方法，毕竟不能长期依赖BIOS中断服务程序。在不久的将来，我们会操作更高级的像素内存，甚至可以通过像素内存在屏幕上作画或者播放视频，更多内容将会在第7章中讲述。

当Loader引导加载程序完成内核程序的加载工作后，软盘驱动器将不再使用，通过代码清单3-21提供的程序可关闭软驱马达。

代码清单3-21 第3章\程序\程序3-4\loader.asm

```
KillMotor:

    push        dx
    mov dx,     03F2h
    mov al,     0
    out dx,     al
    pop dx
```

关闭软驱马达是通过向I/O端口3F2h写入控制命令实现的，此端口控制着软盘驱动器的不少硬件功能。表3-4罗列出了I/O端口3F2h可控制的软盘驱动器功能。

表3-4　软盘驱动器控制功能表

位	名　称	说　明
7	MOT_EN3	控制软驱D马达，1：启动；0：关闭
6	MOT_EN2	控制软驱C马达，1：启动；0：关闭
5	MOT_EN1	控制软驱B马达，1：启动；0：关闭
4	MOT_EN0	控制软驱A马达，1：启动；0：关闭
3	DMA_INT	1：允许DMA和中断请求 0：禁止DMA和中断请求
2	RESET	1：允许软盘控制器发送控制信息 0：复位软盘驱动器
1	DRV_SEL1	00~11用于选择软盘驱动器A~D
0	DRV_SEL0	

既然已将内核程序从软盘加载到内存，便可放心地向此I/O端口写入数值0关闭全部软盘驱动器。在使用OUT汇编指令操作I/O端口时，需要特别注意8位端口与16位端口的使用区别。

以下是Intel官方白皮书对OUT指令的概括描述：

> OUT指令的源操作数根据端口位宽可以选用AL/AX/EAX寄存器；目的操作数可以是立即数或DX寄存器，其中立即数的取值范围只能是8位宽（0~FFh），而DX寄存器允许的取值范围是16位宽（0~FFFFh）。

当内核程序不再借助临时转存空间后，这块临时转存空间将用于保存物理地址空间信息，代码清单3-22是物理地址空间信息的获取过程。

代码清单3-22　第3章\程序\程序3-4\loader.asm

```
;=======	get memory address size type
	......

	mov	bp,	StartGetMemStructMessage
	int	10h

	mov	ebx,	0
	mov	ax,	0x00
	mov	es,	ax
	mov	di,	MemoryStructBufferAddr

Label_Get_Mem_Struct:

	mov	eax,	0x0E820
	mov	ecx,	20
	mov	edx,	0x534D4150
	int	15h
	jc	Label_Get_Mem_Fail
	add	di,	20
```

```
    cmp     ebx,     0
    jne     Label_Get_Mem_Struct
    jmp     Label_Get_Mem_OK

Label_Get_Mem_Fail:

    ......

    mov     bp,     GetMemStructErrMessage
    int     10h
    jmp     $

Label_Get_Mem_OK:

    ......

    mov     bp,     GetMemStructOKMessage
    int     10h
```

物理地址空间信息由一个结构体数组构成，计算机平台的地址空间划分情况都能从这个结构体数组中反映出来，它记录的地址空间类型包括可用物理内存地址空间、设备寄存器地址空间、内存空洞等，详细内容将会在第7章中讲解。

这段程序借助BIOS中断服务程序INT 15h来获取物理地址空间信息，并将其保存在`0x7E00`地址处的临时转存空间里，操作系统会在初始化内存管理单元时解析该结构体数组。

代码清单3-23的作用与配置系统功能无关，只是为了显示一些查询出的结果信息，它与`Label_File_Loaded`模块使用相同的显示方法。

代码清单3-23　第3章\程序\程序3-4\loader.asm

```
[SECTION .s16lib]
[BITS 16]
;=======    display num in al

Label_DispAL:

    push    ecx
    push    edx
    push    edi

    mov     edi,    [DisplayPosition]
    mov     ah,     0Fh
    mov     dl,     al
    shr     al,     4
    mov     ecx,    2
.begin:

    and     al,     0Fh
    cmp     al,     9
    ja      .1
    add     al,     '0'
    jmp     .2
.1:

    sub     al,     0Ah
```

```
    add     al,     'A'
.2:

    mov     [gs:edi],     ax
    add     edi,    2

    mov     al,     dl
    loop    .begin

    mov     [DisplayPosition],     edi

    pop     edi
    pop     edx
    pop     ecx

    ret
```

通过这个程序模块可将十六进制数值显示在屏幕上，执行Label_DispAL模块需要提供的参数说明如下。

模块Label_DispAL功能：显示十六进制数字。

- AL=要显示的十六进制数。

Label_DispAL模块首先会保存即将变更的寄存器值到栈中，然后把变量DisplayPosition保存的屏幕偏移值（字符游标索引值）载入到EDI寄存器中，并向AH寄存器存入字体的颜色属性值。为了先显示AL寄存器的高四位数据，暂且先把AL寄存器的低四位数据保存在DL寄存器。接着将AL寄存器的高四位数值与9比较，如果大于9，则减去0Ah并与字符'A'相加，否则，直接将其与字符'0'相加。然后将AX寄存器（AL与AH寄存器组合而成）的值，保存至以GS段寄存器为基址、DisplayPosition变量为偏移的显示字符内存空间中。最后再按上述执行步骤将AL寄存器的低四位数值显示出来。

目前，Label_DispAL模块的主要作用是显示视频图像芯片的查询信息，然后根据查询信息配置芯片的显示模式，具体代码如代码清单3-24所示。

代码清单3-24　第3章\程序\程序3-4\loader.asm

```
;=======     set the SVGA mode(VESA VBE)
    jmp     $
    mov     ax,     4F02h
    mov     bx,     4180h     ;========================mode : 0x180 or 0x143
    int     10h

    cmp     ax,     004Fh
    jnz     Label_SET_SVGA_Mode_VESA_VBE_FAIL
```

这段程序设置了SVGA芯片的显示模式，代码中的0x180和0x143是显示模式号，表3-5是这两种显示模式号的属性信息。

表3-5　显示模式的属性信息

模式	列	行	物理地址	像素点位宽
0x180	1440	900	e0000000h	32 bit
0x143	800	600	e0000000h	32 bit

此部分内容是关于VBE（VESABIOSEXTENSION）的显示模式，通过设置不同的显示模式号，可配置出不同的屏幕分辨率、每个像素点的数据位宽、颜色格式等。这些信息皆是从Bochs虚拟平台的SVGA芯片中获得，读者目前只要了解表3-5描述的内容就可以了，更多知识将在第7章中讲解。

截至目前，尽管程序3-4中的loader.asm程序还未讲解完，但屏幕显示效果部分已经基本叙述完毕。图3-9是程序运行到这个阶段时的执行结果。

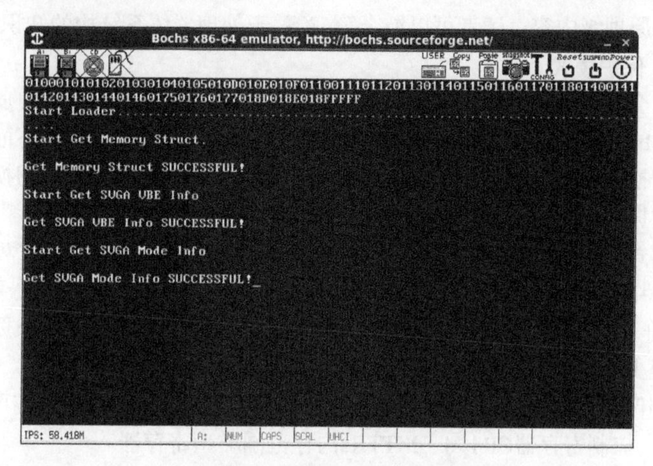

图3-9 Loader执行效果图

图3-9中记录的一串数字是，通过调用`Label_DispAL`模块打印出的SVGA芯片支持的显示模式号。此时的`Start Boot`字符串已被覆盖，说明`Start Boot`字符串也在显示字符的内存空间`0B800h`里。观察`Start Loader`字符串后面的 . 符号个数，读者想必能猜到kernel.bin文件的规模了。

经过本节内容的学习，相信读者的汇编语言水平已经有了很大程度的提升。本节所编写的汇编程序算是复习过去大学里学到的知识吧。更重要的汇编知识几乎只有在编写操作系统核心时才能用到，也只有掌握这些知识才算对汇编语言有了真正的了解。

3.2.3 从实模式进入保护模式再到IA-32e模式

3.2.2节已经对部分Loader引导加载程序进行了讲解，当使用这部分程序检测出硬件信息后，下面就该脱离实模式进入到保护模式。

在实模式下，程序可以操作任何地址空间，而且无法限制程序的执行权限。尽管这种模式给设置硬件功能带来许多方便，但却给程序执行的安全性和稳定性带来了灾难性的后果，一旦程序执行错误，很可能导致整个系统崩溃。况且实模式的寻址能力有限，故而才进化出保护模式。

在保护模式里，处理器按程序的执行级别分为0、1、2、3四个等级（由高到低排序）。最高等级0由系统内核使用，最低等级3由应用程序使用，Linux内核目前仅使用这两个等级（0级和3级）。而等级1和等级2介于内核程序与应用程序之间，它们通常作为系统服务程序来使用。虽然层级划分的决定权在系统开发者手里，但一些特殊汇编指令必须在0特权级下才能执行。保护模式不仅加入了程序的权限，还引入了分页功能。分页功能将庞大的地址空间划分成固定大小的内存页面，此举不仅便于管理，而且还缩减了应用程序的空间浪费现象。不过，在保护模式的段级保护措施中，从段结构组织的复杂性，到段间权限检测的繁琐性，再到执行时的效率上，都显得臃肿，而且还降低了程序的执行效率和编程的灵活性。当页管理单元出现后，段机制显得更加多余。随着硬件速度不断提升和对大容量内存的不断渴望，IA-32e模式便应运而生。

IA-32e模式不仅简化段级保护措施的复杂性，升级内存寻址能力，同时还扩展页管理单元的组织结构和页面大小，推出新的系统调用方式和高级可编程中断控制器。

关于本节程序的原理级内容，读者可以结合第6章关于处理器体系结构的知识同步阅读。

1. 从实模式进入保护模式

有许多读者可能会对处理器的模式切换没有编程思路，不过好在Intel官方白皮书已经为我们做了详尽的描述（请参考Intel官方白皮书Volume 3的9.8.1、9.8.2、9.8.3、9.8.4节）。下面让我们逐步完成从实模式向保护模式切换工作。在处理器执行模式切换代码前，应该先了解模式切换前的准备工作和切换过程必备的系统数据结构。

为了进入保护模式，处理器必须在模式切换前，在内存中创建一段可在保护模式下执行的代码以及必要的系统数据结构，只有这样才能保证模式切换的顺利完成。相关系统数据结构包括IDT/GDT/LDT描述符表各一个（LDT表可选）、任务状态段TSS结构、至少一个页目录和页表（如果开启分页机制）和至少一个异常/中断处理模块。

在处理器切换到保护模式前，还必须初始化GDTR寄存器、IDTR寄存器（亦可推迟到进入保护模式后，使能中断前）、控制寄存器CR1~4、MTTRs内存范围类型寄存器。

- **系统数据结构**。系统在进入保护模式前，必须创建一个拥有代码段描述符和数据段描述符的GDT（Globad Descriptor Table，全局描述符表）（第一项必须是NULL描述符），并且一定要使用LGDT汇编指令将其加载到GDTR寄存器。保护模式的栈寄存器SS，使用可读写的数据段即可，无需创建专用描述符。对于多段式操作系统，可采用LDT（Local Descriptor Table，局部描述符表）（必须保存在GDT表的描述符中）来管理应用程序，多个应用程序可独享或共享一个局部描述符表LDT。如果希望开启分页机制，则必须准备至少一个页目录项和页表项。（如果使用4 MB页表，那么准备一个页目录即可。）
- **中断和异常**。在保护模式下，中断/异常处理程序皆由IDT（Interrupt Descriptor Table，中断描述符表）来管理。IDT由若干个门描述符组成，如果采用中断门或陷阱门描述符，它们可以直接指向异常处理程序；如果采用任务门描述符，则必须为处理程序准备TSS段描述符、额外的代码和数据以及任务段描述符等结构。如果处理器允许接收外部中断请求，那么IDT还必须为每个中断处理程序建立门描述符。在使用IDT表前，必须使用LIDT汇编指令将其加载到IDTR寄存器，典型的加载时机是在处理器切换到保护模式前。
- **分页机制**。CR0控制寄存器的PG标志位用于控制分页机制的开启与关闭。在开启分页机制（置位PG标志位）前，必须在内存中创建一个页目录和页表（此时的页目录和页表不可使用同一物理页），并将页目录的物理地址加载到CR3控制寄存器（或称PDBR寄存器）。当上述工作准备就绪后，可同时置位控制寄存器CR0的PE标志位和PG标志位，来开启分页机制。（分页机制往往与模式切换同时进行，不能在进入保护模式前开启分页机制。）
- **多任务机制**。如果希望使用多任务机制或允许改变特权级，则必须在首次执行任务切换前，创建至少一个任务状态段TSS结构和附加的TSS段描述符。（当特权级切换至0、1、2时，栈段寄存器与栈指针寄存器皆从TSS段结构中取得。）在使用TSS段结构前，必须使用LTR汇编指令将其加载至TR寄存器，这个过程只能在进入保护模式后执行。此表也必须保存在全局描述符表GDT中，而且任务切换不会影响其他段描述符、LDT表、TSS段结构以及TSS段描述符的自由创建。只有处理器才能在任务切换时置位TSS段描述符的忙状态位，否则忙状态位始终保持复位状态。如果既不想开启多任务机制，也不允许改变特权级，则无需加载TR任务寄存器，也无需创建TSS段结构。

相信读者已经知道哪些任务必须在进入保护模式之前完成，再结合第6章关于描述符结构的知识，方可轻松应对保护模式切换前的数据准备工作。代码清单3-25是为向保护模式切换而准备的系统数据结构。

代码清单3-25　第3章\程序\程序3-4\loader.asm

```
[SECTION gdt]

LABEL_GDT:              dd      0,0
LABEL_DESC_CODE32:      dd      0x0000FFFF,0x00CF9A00
LABEL_DESC_DATA32:      dd      0x0000FFFF,0x00CF9200

GdtLen      equ     $ - LABEL_GDT
GdtPtr      dw      GdtLen - 1
            dd      LABEL_GDT

SelectorCode32      equ     LABEL_DESC_CODE32 - LABEL_GDT
SelectorData32      equ     LABEL_DESC_DATA32 - LABEL_GDT
```

本段程序创建了一个临时GDT表。为了避免保护模式段结构的复杂性，此处将代码段和数据段的段基地址都设置在0x00000000地址处，段限长为0xffffffff，即段可以索引0~4 GB内存地址空间。更多信息可以参照第6章的相关内容，这里暂不做详细讲解。

因为GDT表的基地址和长度必须借助LGDT汇编指令才能加载到GDTR寄存器，而GDTR寄存器是一个6 B的结构，结构中的低2 B保存GDT表的长度，高4 B保存GDT表的基地址，标识符GdtPtr是此结构的起始地址。这个GDT表曾经用于开启Big Real Mode模式，由于其数据段被设置成平坦地址空间（0~4 GB地址空间），故此FS段寄存器可以寻址整个4 GB内存地址空间。

代码中的标识符SelectorCode32和SelectorData32是两个段选择子（Selector），它们是段描述符在GDT表中的索引号。

除了必须为GDT手动创建初始数据结构外，还需要为IDT开辟内存空间，代码清单3-26是详细的内存空间申请代码。

代码清单3-26　第3章\程序\程序3-4\loader.asm

```
;=======        tmp IDT

IDT:
    times       0x50    dq     0
IDT_END:

IDT_POINTER:
        dw      IDT_END - IDT - 1
        dd      IDT
```

在处理器切换至保护模式前，引导加载程序已使用CLI指令禁止外部中断，所以在切换到保护模式的过程中不会产生中断和异常，进而不必完整地初始化IDT，只要有相应的结构体即可。如果能够保证处理器在模式切换的过程中不会产生异常，即使没有IDT也可以。

当保护模式的系统数据结构准备就绪后，便可着手编写模式切换程序。处理器从实模式进入保护模式的契机是，执行MOV汇编指令置位CR0控制寄存器的PE标志位（可同时置位CR0寄存器的PG标志位以开启分页机制）。进入保护模式后，处理器将从0特权级（CPL=0）开始执行。为了保证代码在不同种Intel处理器中的前后兼容性，建议遵循以下步骤执行模式切换操作（请参考Intel官方白皮书Volume 3的9.9.1节）。

(1) 执行CLI汇编指令禁止可屏蔽硬件中断，对于不可屏蔽中断NMI只能借助外部电路才能禁止。（模式切换程序必须保证在切换过程中不能产生异常和中断。）

(2) 执行LGDT汇编指令将GDT的基地址和长度加载到GDTR寄存器。

(3) 执行MOV CR0汇编指令位置CR0控制寄存器的PE标志位。（可同时置位CR0控制寄存器的PG标志位。）

(4) 一旦MOV CR0汇编指令执行结束，紧随其后必须执行一条远跳转（far JMP）或远调用（far CALL）指令，以切换到保护模式的代码段去执行。（这是一个典型的保护模式切换方法。）

(5) 通过执行JMP或CALL指令，可改变处理器的执行流水线，进而使处理器加载执行保护模式的代码段。

(6) 如果开启分页机制，那么MOV CR0指令和JMP/CALL（跳转/调用）指令必须位于同一性地址映射的页面内。（因为保护模式和分页机制使能后的物理地址，与执行JMP/CALL指令前的线性地址相同。）至于JMP或CALL指令的目标地址，则无需进行同一性地址映射（线性地址与物理地址重合）。

(7) 如需使用LDT，则必须借助LLDT汇编指令将GDT内的LDT段选择子加载到LDTR寄存器中。

(8) 执行LTR汇编指令将一个TSS段描述符的段选择子加载到TR任务寄存器。处理器对TSS段结构无特殊要求，凡是可写的内存空间均可。

(9) 进入保护模式后，数据段寄存器仍旧保留着实模式的段数据，必须重新加载数据段选择子或使用JMP/CALL指令执行新任务，便可将其更新为保护模式。（执行步骤(4)的JMP或CALL指令已将代码段寄存器更新为保护模式。）对于不使用的数据段寄存器（DS和SS寄存器除外），可将NULL段选择子加载到其中。

(10) 执行LIDT指令，将保护模式下的IDT表的基地址和长度加载到IDTR寄存器。

(11) 执行STI指令使能可屏蔽硬件中断，并执行必要的硬件操作使能NMI不可屏蔽中断。

掌握上述切换步骤后，编程思路就非常清晰了。在实际编码时，不必严格遵照标准步骤执行，可适当做些调整和变通。本系统编写的保护模式切换代码就在标准步骤的基础上做出了适当调整，代码清单3-27是模式切换步骤的详细程序实现。

代码清单3-27　第3章\程序\程序3-4\loader.asm

```
;=======    init IDT GDT goto protect mode

    cli             ;======close interrupt

    db      0x66
```

```
    lgdt    [GdtPtr]

;   db      0x66
;   lidt    [IDT_POINTER]

    mov     eax,    cr0
    or      eax,    1
    mov     cr0,    eax

    jmp     dword SelectorCode32:GO_TO_TMP_Protect
```

这段代码在执行加载描述符表指令之前均插入一个字节db 0x66，这个字节是LGDT和LIDT汇编指令的前缀，用于修饰当前指令的操作数是32位宽。而最后一条远跳转指令已明确指定跳转的目标代码段选择子和段内偏执地址。如果在GO_TO_TMP_Protect地址处设置断点，或者使用汇编代码jmp $将处理器暂停在此处，通过Bochs虚拟机终端命令行查看处理器当前的段寄存器信息，如下所示：

```
<bochs:2> sreg
es:0x1000, dh=0x00009301, dl=0x0000ffff, valid=1
    Data segment, base=0x00010000, limit=0x0000ffff, Read/Write, Accessed
cs:0x0008, dh=0x00cf9b00, dl=0x0000ffff, valid=1
    Code segment, base=0x00000000, limit=0xffffffff, Execute/Read, Non-Conforming,
Accessed, 32-bit
ss:0x0000, dh=0x00009300, dl=0x0000ffff, valid=7
    Data segment, base=0x00000000, limit=0x0000ffff, Read/Write, Accessed
ds:0x1000, dh=0x00009301, dl=0x0000ffff, valid=3
    Data segment, base=0x00010000, limit=0x0000ffff, Read/Write, Accessed
fs:0x0010, dh=0x00cf9300, dl=0x0100ffff, valid=1
    Data segment, base=0x00000100, limit=0xffffffff, Read/Write, Accessed
gs:0xb800, dh=0x0000930b, dl=0x8000ffff, valid=7
    Data segment, base=0x000b8000, limit=0x0000ffff, Read/Write, Accessed
ldtr:0x0000, dh=0x00008200, dl=0x0000ffff, valid=1
tr:0x0000, dh=0x00008b00, dl=0x0000ffff, valid=1
gdtr:base=0x0000000000010040, limit=0x17
idtr:base=0x0000000000000000, limit=0x3ff
```

在上述段寄存器信息里，CS段寄存器中的段基地址base、段限长limit以及其他段属性，自汇编代码jmp dwordSelectorCode32:GO_TO_TMP_Protect执行后皆发生了改变。与此同时，GDTR寄存器中的数据已更新为GdtPtr结构记录的GDT表基地址和长度。

再使用info flags命令查看EFLAGS标志寄存器各个标志位的状态。以下是具体查询信息，从中可见PF标志位已被置位（大写字母）：

```
<bochs:3> info flags
id vip vif ac vm rf nt IOPL=0 of df if tf sf zf af PF cf
```

如果向终端命令行输入命令q退出虚拟机，则会显示如下信息，来说明处理器当前的运行状态，其中的日志信息CPU is in protected mode (active)已表明处理器正运行在保护模式下：

```
<bochs:7> q
00250932000i[      ] dbg: Quit
00250932000i[CPU0  ] CPU is in protected mode (active)
00250932000i[CPU0  ] CS.mode = 32 bit
```

```
00250932000i[CPU0  ] SS.mode = 16 bit
00250932000i[CPU0  ] EFER   = 0x00000000
00250932000i[CPU0  ] | EAX=60000011  EBX=00004180  ECX=0000001e  EDX=00000e00
00250932000i[CPU0  ] | ESP=00007c00  EBP=000008ee  ESI=0000804c  EDI=00009700
00250932000i[CPU0  ] | IOPL=0 id vip vif ac vm rf nt of df if tf sf zf af PF cf
00250932000i[CPU0  ] | SEG sltr(index|ti|rpl)     base    limit G D
00250932000i[CPU0  ] |  CS:0008( 0001| 0|  0) 00000000 ffffffff 1 1
00250932000i[CPU0  ] |  DS:1000( 0005| 0|  0) 00010000 0000ffff 0 0
00250932000i[CPU0  ] |  SS:0000( 0005| 0|  0) 00000000 0000ffff 0 0
00250932000i[CPU0  ] |  ES:1000( 0005| 0|  0) 00010000 0000ffff 0 0
00250932000i[CPU0  ] |  FS:0010( 0002| 0|  0) 00000100 ffffffff 1 1
00250932000i[CPU0  ] |  GS:b800( 0005| 0|  0) 000b8000 0000ffff 0 0
00250932000i[CPU0  ] | EIP=00010390 (00010390)
00250932000i[CPU0  ] | CR0=0x60000011 CR2=0x00000000
00250932000i[CPU0  ] | CR3=0x00000000 CR4=0x00000000
(0).[250932000] [0x000000010390] 0008:0000000000010390 (unk. ctxt): jmp .-5
(0x00010390)      ; e9fbffffff
00250932000i[CMOS  ] Last time is 1431928744 (Mon May 18 13:59:04 2015)
00250932000i[XGUI  ] Exit
00250932000i[SIM   ] quit_sim called with exit code 0
[root@localhost bochs-2.6.8]#
```

经过漫长的准备工作，处理器终于进入到保护模式。这仅仅是一个开始，后面还有许多挑战在等着我们。当处理器进入保护模式后，紧接着将会再转入IA-32e模式（64位模式）。

2. 从保护模式进入IA-32e模式

学习了保护模式的切换过程后，再来学习IA-32e模式的切换过程就容易得多。Intel官方白皮书依然对IA-32e模式的初始化过程做出了详细的描述（请参考Intel官方白皮书Volume 3的9.8.5节、9.8.5.1节和9.8.5.2节）。

在进入IA-32e模式前，处理器依然要为IA-32e模式准备执行代码、必要的系统数据结构以及配置相关控制寄存器。与此同时，还要求处理器只能在开启分页机制的保护模式下切换到IA-32e模式。

- **系统数据结构**。当IA-32e模式激活后，系统各描述符表寄存器（GDTR、LDTR、IDTR、TR）依然沿用保护模式的描述符表。由于保护模式的描述符表基地址是32位，这使得它们均位于低4 GB线性地址空间内。既然已经开启IA-32e模式，那么系统各描述符表寄存器理应（必须）重新加载（借助`LGDT`、`LLDT`、`LIDT`和`LTR`指令）为IA-32e模式的64位描述符表。
- **中断和异常**。当软件激活IA-32e模式后，中断描述符表寄存器IDTR仍然使用保护模式的中断描述符表，那么在将IDTR寄存器更新为64位中断描述符表IDT前不要触发中断和异常，否则处理器会把32位兼容模式的中断门解释为64位中断门，从而导致不可预料的结果。使用`CLI`指令能够禁止可屏蔽硬件中断，而NMI不可屏蔽中断，必须借助外部硬件电路才可禁止。

IA32_EFER寄存器（位于MSR寄存器组内）的LME标志位用于控制IA-32e模式的开启与关闭，该寄存器会伴随着处理器的重启（重置）而清零。IA-32e模式的页管理机制将物理地址扩展为四层页表结构。在IA-32e模式激活前（`CR0.PG=1`，处理器运行在32位兼容模式），CR3控制寄存器仅有低32位可写入数据，从而限制页表只能寻址4 GB物理内存空间，也就是说在初始化IA-32e模式时，分页机制只能使用前4 GB物理地址空间。一旦激活IA-32e模式，软件便可重定位页表到物理内存空间的任何地方。以下是IA-32e模式的标准初始化步骤。

(1) 在保护模式下，使用MOV CR0汇编指令复位CR0控制寄存器的PG标志位，以关闭分页机制。（此后的指令必须位于同一性地址映射的页面内。）

(2) 置位CR4控制寄存器的PAE标志位，开启物理地址扩展功能（PAE）。在IA-32e模式的初始化过程中，如果PAE功能开启失败，将会产生通用保护性异常（#GP）。

(3) 将页目录（顶层页表PML4）的物理基地址加载到CR3控制寄存器中。

(4) 置位IA32_EFER寄存器的LME标志位，开启IA-32e模式。

(5) 置位CR0控制寄存器的PG标志位开启分页机制，此时处理器会自动置位IA32_ERER寄存器的LMA标志位。当执行MOV CR0指令开启分页机制时，其后续指令必须位于同一性地址映射的页面内（直至处理器进入IA-32e模式后，才可以使用非同一性地址映射的页面）。

如果试图改变IA32_EFER.LME、CR0.PG和CR4.PAE等影响IA-32e模式开启的标志位，处理器会进行64位模式的一致性检测，以确保处理器不会进入未定义模式或不可预测的运行状态。如果一致性检测失败，处理器将会产生通用保护性异常（#GP）。以下境遇会导致一致性检测失败。

- 当开启分页机制后，再试图使能或禁止IA-32e模式。
- 当开启IA-32e模式后，试图在开启物理地址扩展（PAE）功能前使能分页机制。
- 在激活IA-32e模式后，试图禁止物理地址扩展（PAE）。
- 当CS段寄存器的L位被置位时，再试图激活IA-32e模式。
- 如果TR寄存器加载的是16位TSS段结构。

在学习了关于IA-32e模式的切换知识后，再结合第6章关于IA-32e模式的相关内容，相信IA-32e模式切换的编程思路已经非常清晰。代码清单3-28是为了切换到IA-32e模式而准备的临时GDT表结构数据。

代码清单3-28　第3章\程序\程序3-4\loader.asm

```
[SECTION gdt64]

LABEL_GDT64:            dq    0x0000000000000000
LABEL_DESC_CODE64:      dq    0x0020980000000000
LABEL_DESC_DATA64:      dq    0x0000920000000000

GdtLen64       equ      $ - LABEL_GDT64
GdtPtr64       dw       GdtLen64 - 1
               dd       LABEL_GDT64

SelectorCode64   equ  LABEL_DESC_CODE64 - LABEL_GDT64
SelectorData64   equ  LABEL_DESC_DATA64 - LABEL_GDT64
```

IA-32e模式的段结构与保护模式的段结构极其相似，不过此处的数据显得更为简单。因为IA-32e模式简化了保护模式的段结构，删减掉冗余的段基地址和段限长，使段直接覆盖整个线性地址空间，进而变成平坦地址空间。当准备好段结构的初始化信息后，方可从GO_TO_TMP_Protect地址处开始执行IA-32e模式的切换程序，请看代码清单3-29。

代码清单3-29　第3章\程序\程序3-4\loader.asm

```
[SECTION .s32]
[BITS 32]
```

```
GO_TO_TMP_Protect:

;=======	go to tmp long mode

	mov	ax,	0x10
	mov	ds,	ax
	mov	es,	ax
	mov	fs,	ax
	mov	ss,	ax
	mov	esp,	7E00h

	call	support_long_mode
	test	eax,	eax

	jz	no_support
```

一旦进入保护模式，首要任务是初始化各个段寄存器以及栈指针，然后检测处理器是否支持IA-32e模式（或称长模式）。如果不支持IA-32e模式就进入待机状态，不做任何操作。如果支持IA-32e模式，则开始向IA-32e模式切换。

代码清单3-30是IA-32e模式的检测模块，通过此模块可检测出处理器是否支持IA-32e模式。

代码清单3-30　第3章\程序\程序3-4\loader.asm

```
;=======	test support long mode or not
support_long_mode:

	mov	eax,	0x80000000
	cpuid
	cmp	eax,	0x80000001
	setnb		al
	jb	support_long_mode_done
	mov	eax,	0x80000001
	cpuid
	bt	edx,	29
	setc		al
support_long_mode_done:

	movzx	eax,	al
	ret
;=======	no support

no_support:
	jmp	$
```

由于CPUID汇编指令的扩展功能项0x80000001的第29位，指示处理器是否支持IA-32e模式，故此本段程序首先检测当前处理器对CPUID汇编指令的支持情况，判断该指令的最大扩展功能号是否超过0x8000000。只有当CPUID指令的扩展功能号大于等于0x80000001时，才有可能支持64位的长模式，因此要先检测CPUID指令支持的扩展功能号，再读取相应的标志位。最后将读取的结果存入EAX寄存器供模块调用者判断。以下是对CPUID指令的概括描述。

- ❑ EFLAGS标志寄存器的ID标志位（第21位）表明处理器是否支持CPUID指令。如果程序可以操作（置位和复位）此标志位，则说明处理器支持CPUID指令，CPUID指令在64位模式和32位模式的执行效果相同。
- ❑ CPUID指令会根据EAX寄存器传入的基础功能号（有时还需要向ECX寄存器传入扩展功能号），查询处理器的鉴定信息和机能信息，其返回结果将保存在EAX、EBX、ECX和EDX寄存器中。

如果处理器支持IA-32e模式，接下来将为IA-32e模式配置临时页目录项和页表项，代码清单3-31是页目录项和页表项的配置过程。

代码清单3-31　第3章\程序\程序3-4\loader.asm

```
;=======       init template page table 0x90000

    mov dword [0x90000],0x91007
    mov dword [0x90004],0x00000
    mov dword [0x90800],0x91007
    mov dword [0x90804],0x00000

    mov dword [0x91000],0x92007
    mov dword [0x91004],0x00000

    mov dword [0x92000],0x000083
    mov dword [0x92004],0x000000
    mov dword [0x92008],0x200083
    mov dword [0x9200C],0x000000
    mov dword [0x92010],0x400083
    mov dword [0x92014],0x000000
    mov dword [0x92018],0x600083
    mov dword [0x9201C],0x000000
    mov dword [0x92020],0x800083
    mov dword [0x92024],0x000000
    mov dword [0x92028],0xa00083
    mov dword [0x9202C],0x000000
```

这段程序将IA-32e模式的页目录首地址设置在0x90000地址处，并相继配置各级页表项的值（该值由页表起始地址和页属性组成）。关于页表属性的描述请参见第6章分页机制的内容。

现在，向IA-32e模式切换的系统数据结构均已准备好，随后借助代码清单3-32重新加载全局描述符表GDT，并初始化大部分段寄存器。

代码清单3-32　第3章\程序\程序3-4\loader.asm

```
;=======       load GDTR

    db  0x66
    lgdt       [GdtPtr64]
    mov ax,    0x10
    mov ds,    ax
    mov es,    ax
    mov fs,    ax
    mov gs,    ax
    mov ss,    ax

    mov esp,   7E00h
```

代码清单3-32使用LGDT汇编指令，加载IA-32e模式的临时GDT表到GDTR寄存器中，并将临时GDT表的数据段初始化到各个数据段寄存器（除CS段寄存器外）中。由于代码段寄存器CS不能采用直接赋值的方式来改变，所以必须借助跨段跳转指令（far JMP）或跨段调用指令（far CALL）才能实现改变。

执行完这段代码后，可将虚拟机暂停在此处来查看处理器当前各段寄存器的状态，从而验证程序的执行效果。以下是段寄存器此刻的状态信息：

```
<bochs:2> sreg
es:0x0010, dh=0x00009300, dl=0x00000000, valid=1
    Data segment, base=0x00000000, limit=0x00000000, Read/Write, Accessed
cs:0x0008, dh=0x00cf9b00, dl=0x0000ffff, valid=1
    Code segment, base=0x00000000, limit=0xffffffff, Execute/Read, Non-Conforming,
Accessed, 32-bit
ss:0x0010, dh=0x00009300, dl=0x00000000, valid=1
    Data segment, base=0x00000000, limit=0x00000000, Read/Write, Accessed
ds:0x0010, dh=0x00009300, dl=0x00000000, valid=1
    Data segment, base=0x00000000, limit=0x00000000, Read/Write, Accessed
fs:0x0010, dh=0x00009300, dl=0x00000000, valid=1
    Data segment, base=0x00000000, limit=0x00000000, Read/Write, Accessed
gs:0x0010, dh=0x00009300, dl=0x00000000, valid=1
    Data segment, base=0x00000000, limit=0x00000000, Read/Write, Accessed
ldtr:0x0000, dh=0x00008200, dl=0x0000ffff, valid=1
tr:0x0000, dh=0x00008b00, dl=0x0000ffff, valid=1
gdtr:base=0x0000000000010060, limit=0x17
idtr:base=0x0000000000000000, limit=0x3ff
```

当DS、ES、FS、GS、SS段寄存器加载了IA-32e模式的段描述符后，它们的段基地址和段限长皆已失效（全部清零），而代码段寄存器CS依然运行在保护模式下，其段基地址和段限长仍然有效。

继续执行IA-32e模式的切换程序，代码清单3-33通过置位CR4控制寄存器的PAE标志位，开启物理地址扩展功能（PAE）。

代码清单3-33　第3章\程序\程序3-4\loader.asm

```
;=======         open PAE

    mov eax,     cr4
    bts eax,     5
    mov cr4,     eax
```

CR4控制寄存器的第5位是PAE功能的标志位，置位该标志位可开启PAE。当开启PAE功能后，下一步将临时页目录的首地址设置到CR3控制寄存器中。代码清单3-34完成了CR3控制寄存器的设置工作。

代码清单3-34　第3章\程序\程序3-4\loader.asm

```
;=======         load    cr3

    mov eax,     0x90000
    mov cr3,     eax
```

在向保护模式切换的过程中未开启分页机制，便是考虑到稍后的IA-32e模式切换过程必须关闭分页机制重新构造页表结构。

按照官方提供的模式切换步骤，当页目录基地址已加载到CR3控制寄存器，接下来就可通过置位IA32_EFER寄存器的LME标志位激活IA-32e模式，完整程序实现如代码清单3-35所示。

代码清单3-35　第3章\程序\程序3-4\loader.asm

```
;=======        enable long-mode

    mov ecx,    0C0000080h         ;IA32_EFER
    rdmsr

    bts eax,    8
    wrmsr
```

IA32_EFER寄存器位于MSR寄存器组内，它的第8位是LME标志位。为了操作IA32_EFER寄存器，必须借助特殊汇编指令RDMSR/WRMSR。以下是对RDMSR和WRMSR指令的概括描述。

- 借助RDMSR/WRMSR指令可以访问64位的MSR寄存器。在访问MSR寄存器前，必须向ECX寄存器（在64位模式下，RCX寄存器的高32位被忽略）传入寄存器地址。而目标MSR寄存器则是由EDX:EAX组成的64位寄存器代表，其中的EDX寄存器保存MSR寄存器的高32位，EAX寄存器保存低32位。（在64位模式下，RAX和RDX寄存器的高32位均为零。）
- RDMSR与WRMSR指令必须在0特权级或实模式下执行。在使用这两条指令之前，应该使用CPUID指令（CPUID.01h:EDX[5] = 1）来检测处理器是否支持MSR寄存器组。

最后再使能分页机制（置位CR0控制寄存器的PG标志位），就完成了IA-32e模式的切换工作。代码清单3-36是CR0寄存器的操作代码，保险起见，这里再次使能了保护模式（置位PE标志位）。

代码清单3-36　第3章\程序\程序3-4\loader.asm

```
;=======        open PE and paging

    mov eax,    cr0
    bts eax,    0
    bts eax,    31
    mov cr0,    eax
```

至此，处理器进入IA-32e模式。但是处理器目前正在执行保护模式的程序，这种状态叫作兼容模式（Compatibility Mode），即运行在IA-32e模式（64位模式）下的32位模式程序。若想真正运行在IA-32e模式，还需要一条跨段跳转/调用指令将CS段寄存器的值更新为IA-32e模式的代码段描述符。

3.2.4 从Loader跳转到内核程序

经过上面的精心准备后，此刻仅需一条远跳转/调用指令，便可切换到IA-32e模式。这条指令与实模式切换至保护模式的远跳转/调用指令用法相同，必须明确指定跳转目标的段选择子和段内偏移地址，代码清单3-37是详细跳转代码。

代码清单3-37　第3章\程序\程序3-4\loader.asm

```
jmp SelectorCode64:OffsetOfKernelFile
```

执行这条远跳转指令后，随即进入64位IA-32e模式。由于目前还未编写内核程序，暂且使用假程序文件kernel.bin代替。

开启Bochs虚拟机，使用b命令在物理地址0x100000处设置一个断点，然后再使用c命令运行虚拟机。当处理器进入IA-32e模式，进而跳转至地址0x100000处执行内核程序时，将会触发断点并进入到终端命令行，终端显示的信息如下：

```
00025008363i[BXVGA ] VBE enabling x 1440, y 900, bpp 32, 5184000 bytes visible
(0) Breakpoint 1, 0x0000000000100000 in ?? ()
Next at t=25009439
(0) [0x000000100000] 0008:0000000000100000 (unk. ctxt): mov ax, 0x0010          ;
66b81000
<bochs:3>
```

在触发断点进入终端命令行时，Bochs虚拟机的界面窗口尺寸也相继发生变化，这是因为此前使用BIOS中断服务程序INT 10h设置的显示模式已经生效。日志内容里的字符串VBE enabling x 1440, y 900, bpp 32, 5184000 bytes visible已经描述了虚拟机界面窗口的显示分辨率、颜色深度、可见内存容量等信息。读者可以参考第7章关于VBE规范的知识自行设置显示模式。

接下来，向终端命令行输入sreg命令查看各个段寄存器的状态，详细的段寄存器状态信息如下：

```
<bochs:3> sreg
es:0x0010, dh=0x00009300, dl=0x00000000, valid=1
    Data segment, base=0x00000000, limit=0x00000000, Read/Write, Accessed
cs:0x0008, dh=0x00209900, dl=0x00000000, valid=1
    Code segment, base=0x00000000, limit=0x00000000, Execute-Only, Non-Conforming,
Accessed, 64-bit
ss:0x0010, dh=0x00009300, dl=0x00000000, valid=1
    Data segment, base=0x00000000, limit=0x00000000, Read/Write, Accessed
ds:0x0010, dh=0x00009300, dl=0x00000000, valid=1
    Data segment, base=0x00000000, limit=0x00000000, Read/Write, Accessed
fs:0x0010, dh=0x00009300, dl=0x00000000, valid=1
    Data segment, base=0x00000000, limit=0x00000000, Read/Write, Accessed
gs:0x0010, dh=0x00009300, dl=0x00000000, valid=1
    Data segment, base=0x00000000, limit=0x00000000, Read/Write, Accessed
ldtr:0x0000, dh=0x00008200, dl=0x0000ffff, valid=1
tr:0x0000, dh=0x00008b00, dl=0x0000ffff, valid=1
gdtr:base=0x0000000000010060, limit=0x17
idtr:base=0x0000000000000000, limit=0x3ff
```

从这段信息可以看出，处理器的所有段寄存器均被赋值为IA-32e模式的段描述符，特别是经过远跳转后的代码段寄存器CS，它也运行在IA-32e模式下。

再向终端命令行输入命令q退出虚拟机。下面是虚拟机在退出过程中显示的日志信息，其中的字符串CPU is in long mode (active)已清楚表明处理器当前正运行在长模式，并处于激活状态。而且，所有通用寄存器也从32位扩展为64位，读者还可以通过其他寄存器的标志位状态验证IA-32e模式的有效性：

```
<bochs:3> q
00020848011i[      ] dbg: Quit
00020848011i[CPU0  ] CPU is in long mode (active)
00020848011i[CPU0  ] CS.mode = 64 bit
00020848011i[CPU0  ] SS.mode = 64 bit
00020848011i[CPU0  ] EFER   = 0x00000500
00020848011i[CPU0  ] | RAX=00000000e0000011  RBX=0000000000000000
00020848011i[CPU0  ] | RCX=00000000c0000080  RDX=0000000000000000
00020848011i[CPU0  ] | RSP=0000000000007e00  RBP=00000000000008ea
00020848011i[CPU0  ] | RSI=000000000000804c  RDI=0000000000009700
00020848011i[CPU0  ] |  R8=0000000000000000   R9=0000000000000000
00020848011i[CPU0  ] | R10=0000000000000000  R11=0000000000000000
00020848011i[CPU0  ] | R12=0000000000000000  R13=0000000000000000
00020848011i[CPU0  ] | R14=0000000000000000  R15=0000000000000000
00020848011i[CPU0  ] | IOPL=0 id vip vif ac vm rf nt of df if tf sf zf af pf cf
00020848011i[CPU0  ] | SEG sltr(index|ti|rpl)     base    limit G D
00020848011i[CPU0  ] |  CS:0008( 0001| 0|  0) 00000000 00000000 0 0
00020848011i[CPU0  ] |  DS:0010( 0002| 0|  0) 00000000 00000000 0 0
00020848011i[CPU0  ] |  SS:0010( 0002| 0|  0) 00000000 00000000 0 0
00020848011i[CPU0  ] |  ES:0010( 0002| 0|  0) 00000000 00000000 0 0
00020848011i[CPU0  ] |  FS:0010( 0002| 0|  0) 00000000 00000000 0 0
00020848011i[CPU0  ] |  GS:0010( 0002| 0|  0) 00000000 00000000 0 0
00020848011i[CPU0  ] |  MSR_FS_BASE:0000000000000000
00020848011i[CPU0  ] |  MSR_GS_BASE:0000000000000000
00020848011i[CPU0  ] | RIP=0000000000100000 (0000000000100000)
00020848011i[CPU0  ] | CR0=0xe0000011 CR2=0x0000000000000000
00020848011i[CPU0  ] | CR3=0x00090000 CR4=0x00000020
(0).[20848011] [0x000000100000] 0008:0000000000100000 (unk. ctxt): jnle .+69
(0x0000000000100047) ; 7f45
00020848011i[CMOS  ] Last time is 1432024299 (Tue May 19 16:31:39 2015)
00020848011i[XGUI  ] Exit
00020848011i[SIM   ] quit_sim called with exit code 0
[root@localhost bochs-2.6.8]#
```

伴随着Loader引导加载程序最后一条指令（远跳转指令）的执行，处理器的控制权就移交到了内核程序手上。此刻，Loader引导加载程序已完成了它的使命，其占用的内存空间可以释放或另作他用。

目前系统虽已进入IA-32e模式，但这只是临时中转模式，接下来的内核程序将会为系统重新创建IA-32e模式的段结构和页表结构。

通过本章的学习，相信读者收获颇多。下面将进入内核程序的开发环节。一个全新的冒险即将开始！

第4章 内核层

经过BootLoader引导加载程序的洗礼后，现在正式进入系统内核程序的研发环节，本章将会把系统内核各个部分的基础功能展现在读者面前。当读者了解系统内核的基础功能后，高级篇再对这部分内容进行结构化和深入化。

由于本章内容仍然涉及处理器体系结构、硬件外设以及编译链接的相关知识，因此读者可以结合第6章、第7章和第8章相关内容并行阅读。同时，本章将改用AT&T格式的GAS汇编语言来编写操作系统，此前的Intel汇编语言格式将在BootLoader引导启动程序向物理平台迁移的过程中继续使用。

4.1 内核执行头程序

处理器执行完Loader引导加载程序的最后一条远跳转汇编代码（`jmp SelectorCode64:OffsetOfKernelFile`）后，Loader引导加载程序随即将处理器的控制权移交给Kernel内核程序。现在，Loader引导加载程序的任务已全部完成，此后不会再使用它，其占用的内存空间便可释放掉。

处理器把控制权移交给Kernel内核程序后，Kernel内核程序最先执行的是内核执行头程序。内核执行头程序是一段精心设计的汇编代码，而且必须借助特殊的编译链接方法才能得到最先执行。下面就让我们来看看内核执行头程序的原理和实现。

4.1.1 什么是内核执行头程序

所谓内核执行头程序，其实是内核程序中的一小段汇编代码。当Loader引导加载程序移交控制权后，处理器便会执行Kernel内核程序的这段代码。内核执行头程序负责为操作系统创建段结构和页表结构、设置某些结构的默认处理函数、配置关键寄存器等工作。在完成上述工作后，依然要借助远跳转指令才能进入系统内核主程序。内核执行头程序在内存和文件中的位置如图4-1所示，其中BootLoader引导启动程序占用了0~1 MB的物理地址空间，而内核程序将使用1 MB以上的物理地址空间。

图4-1中的head.S文件即是内核执行头程序。此处涉及一个知识点，即如何把内核执行头程序编译生成到整个内核程序文件的起始处？

为了达到这一目的，我们必须手动编写内核程序的链接脚本。在内核程序的链接过程中，链接器会按照链接脚本描述的地址空间布局，把编译好的各个程序片段填充到内核程序文件中。本系统内核程序的链接脚本名为kernel.lds，详细的链接脚本介绍请参见第8章相关内容。此时只需记住内核层的起始线性地址`0xffff800000000000`对应着物理地址`0`处，内核程序的起始线性地址位于`0xffff800000000000 + 0x100000`处即可。

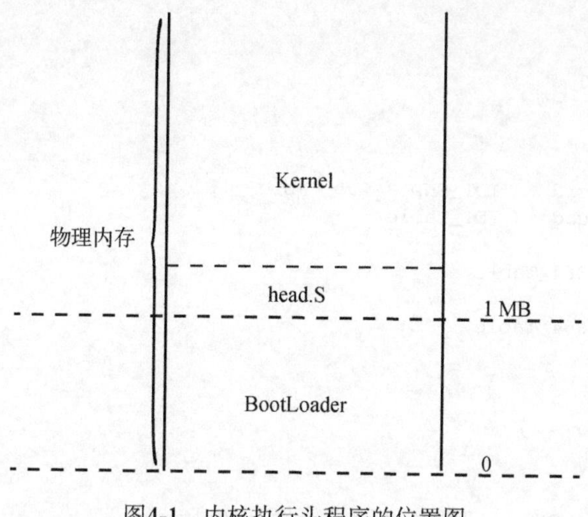

图4-1 内核执行头程序的位置图

4.1.2 写一个内核执行头程序

根据开发Loader引导加载程序过程中所学知识，可以轻松为系统内核创建（仿写）出各个描述符表与段结构信息。代码清单4-1是本系统的描述符表和段结构信息定义。

代码清单4-1 第4章\程序\程序4-1\kernel\head.S

```
//=======	GDT_Table

.section .data
.globl GDT_Table

GDT_Table:
	.quad	0x0000000000000000		/*0 NULL descriptor 00*/
	.quad	0x0020980000000000		/*1 KERNEL Code 64-bit Segment 08*/
	.quad	0x0000920000000000		/*2 KERNEL Data 64-bit Segment 10*/
	.quad	0x0020f80000000000		/*3 USER   Code 64-bit Segment 18*/
	.quad	0x0000f20000000000		/*4 USER   Data 64-bit Segment 20*/
	.quad	0x00cf9a000000ffff		/*5 KERNEL Code 32-bit Segment 28*/
	.quad	0x00cf92000000ffff		/*6 KERNEL Data 32-bit Segment 30*/
	.fill	10,8,0				/*8 ~ 9   TSS (jmp one segment <7>) in long-mode 
128-bit 40*/
GDT_END:

GDT_POINTER:
GDT_LIMIT:	.word	GDT_END - GDT_Table - 1
GDT_BASE:	.quad	GDT_Table

//=======	IDT_Table

.globl IDT_Table
```

```
IDT_Table:
    .fill 512,8,0
IDT_END:

IDT_POINTER:
IDT_LIMIT:      .word    IDT_END - IDT_Table - 1
IDT_BASE:       .quad    IDT_Table

//=======       TSS64_Table

.globl          TSS64_Table

TSS64_Table:
    .fill 13,8,0
TSS64_END:

TSS64_POINTER:
TSS64_LIMIT:     .word    TSS64_END - TSS64_Table - 1
TSS64_BASE:      .quad    TSS64_Table
```

这段程序将全局描述符表GDT结构、中断描述符表IDT结构、任务状态段TSS结构放在内核程序的数据段内，其中的汇编伪指令`.section`定义段名为`.data`，并且手动配置全局描述符表GDT内的各个段描述符。

不仅如此，代码清单4-1还通过伪指令`.globl`来修饰标识符`GDT_Table`、`IDT_Table`、`TSS64_Table`，以使这三个标识符可以被外部程序引用或访问。伪指令`.globl`的作用相当于C语言的`extern`关键字，它可以保证在本程序正常配置描述符表项的同时，内核程序的其他部分也能够操作这些描述符表项。比较典型的操作场景有，向IDT表项设置中断/异常处理函数、保存/还原各个进程的任务状态段信息、创建LDT描述符表（本系统不使用LDT表功能）等。

各描述符表结构准备完毕后，还需要为操作系统创建并初始化页表及页表项，请继续往下看代码清单4-2。

代码清单4-2　第4章\程序\程序4-1\kernel\head.S

```
//=======     init page
.align 8

.org    0x1000

__PML4E:
    .quad    0x102007
    .fill    255,8,0
    .quad    0x102007
    .fill    255,8,0

.org    0x2000

__PDPTE:
    .quad    0x103003
    .fill    511,8,0
```

```
.org    0x3000

__PDE:
    .quad    0x000083
    .quad    0x200083
    .quad    0x400083
    .quad    0x600083
    .quad    0x800083
    .quad    0xe0000083        /*0x a00000*/
    .quad    0xe0200083
    .quad    0xe0400083
    .quad    0xe0600083        /*0x1000000*/
    .quad    0xe0800083
    .quad    0xe0a00083
    .quad    0xe0c00083
    .quad    0xe0e00083
    .fill    499,8,0
```

在64位的IA-32e模式下，页表最高可分为4个等级，每个页表项由原来的4 B扩展至8 B，而且分页机制除了提供4 KB大小的物理页外，还提供2 MB和1 GB大小的物理页，更多内容请参见第6章中关于IA-32e模式的页管理机制。对于拥有大量物理内存的操作系统来说，使用4 KB物理页可能会导致页颗粒过于零碎，从而造成频繁的物理页维护工作，而采用2 MB的物理页也许会比4 KB的物理页更合理一些。

本段程序借助伪指令`.org`来固定各个页表的起始地址，并使用伪指令`.align`将对齐标准设置为8 B。以页目录（顶层页表）为例，使用代码`.org 0x1000`定位页目录后，此页表便位于内核执行头程序起始地址0x1000偏移处，然后链接器再根据链接脚本的描述，将内核执行头程序的起始线性地址设置在`0xffff800000000000 + 0x100000`地址处，因此推算出页目录的起始线性地址位于`0xffff 800000100000+ 0x1000 = 0xffff800000101000`处。此页表将线性地址0和`0xffff800000000000`映射为同一物理页以方便页表切换，即程序在配置页表前运行于线性地址`0x100000`附近，经过跳转后运行于线性地址`0xffff800000000000`附近。

代码清单4-2将前10 MB物理内存分别映射到线性地址`0`处和`0xffff800000000000`处，接着把物理地址`0xe0000000`开始的16 MB内存映射到线性地址`0xa00000`处和`0xffff800000a00000`处，最后使用伪指令`.fill`将数值0填充到页表的剩余499个页表项里。

系统数据结构准备就绪后，处理器将执行代码清单4-3的程序，再次进行IA-32e模式的初始化。此次使用的绝大部分系统数据结构将始终伴随着操作系统的运行。

代码清单4-3　第4章\程序\程序4-1\kernel\head.S

```
.section .text

.globl _start

_start:

    mov    $0x10,    %ax
    mov    %ax,      %ds
    mov    %ax,      %es
```

```
    mov    %ax,      %fs
    mov    %ax,      %ss
    mov    $0x7E00,  %esp

//=======     load GDTR

    lgdt    GDT_POINTER(%rip)

//=======  load      IDTR

    lidt    IDT_POINTER(%rip)

    mov     $0x10,    %ax
    mov     %ax,      %ds
    mov     %ax,      %es
    mov     %ax,      %fs
    mov     %ax,      %gs
    mov     %ax,      %ss

    movq    $0x7E00,     %rsp

//=======  load      cr3

    movq    $0x101000,  %rax
    movq    %rax,       %cr3
    movq    switch_seg(%rip),     %rax
    pushq   $0x08
    pushq   %rax
    lretq

//=======  64-bit mode code

switch_seg:
    .quad  entry64

entry64:
    movq    $0x10,     %rax
    movq    %rax,      %ds
    movq    %rax,      %es
    movq    %rax,      %gs
    movq    %rax,      %ss
    movq    $0xffff800000007E00,    %rsp         /* rsp address */

    movq    go_to_kernel(%rip),     %rax         /* movq address */
    pushq   $0x08
    pushq   %rax
    lretq

go_to_kernel:
    .quad     Start_Kernel
```

在GAS编译器中，使用标识符_start作为程序的默认起始位置，同时还要使用伪指令.globl对_start标识符加以修饰。如果不使用.globl修饰_start标识符的话，链接过程会出现警告ld: warning: cannot find entry symbol _start; defaulting to ffff800000100000。

这段程序中的汇编代码`lgdt GDT_POINTER(%rip)`采用的是RIP-Relative寻址模式，这是为IA-32e模式新引入的寻址方法。表4-1是RIP-Relative寻址模式在不同汇编语言格式下的书写格式。

表4-1　RIP-Relative寻址格式表

	Intel汇编语言格式	AT&T汇编语言格式
RIP-Relative寻址	`[rip + displacement]`	`displacement(%rip)`

表中的`displacement`是一个有符号的32位整数值，而目标地址值又依赖于当前的RIP寄存器（指令指针寄存器），那么`displacement`将提供RIP±2 GB的寻址范围，代码`lidt IDT_POINTER(%rip)`同理。

值得注意的是，NASM编译器不支持`[rip + displacement]`格式，解决办法是用关键字`rel`修饰：

```
mov rax, [rel table]            ; rel修饰后面跟的是一个标识符地址
```

本段程序曾多次使用`lretq`代码来进行段间切换，却未曾使用代码`ljmp`或`lcall`，这是因为GAS编译器暂不支持直接远跳转`JMP`/调用`CALL`指令。一些指令在64位环境下是不可用的，典型的指令有`PUSH CS/DS/ES/SS`指令和`POP DS/ES/SS`指令，请读者在编程时多加注意。

```
lcall 0x0018:0x00100000            ; 无效
ljmp  0x0018:0x00100000            ; 无效
```

因为上述原因，这段程序只能借助汇编代码`lretq`来进行段间跳转，此处先模仿远调用汇编代码`lcall`的执行过程，伪造了程序的执行现场，并结合RIP-Relative寻址模式将段选择子和段内地址偏移保存到栈中，然后执行代码`lretq`恢复调用现场，即返回到目标代码段的程序地址中。此处借助汇编代码`lretq`跳转到模块`entry64`的起始地址处，从而完成了从线性地址`0x100000`向地址`0xffff800000100000`切换的工作。

通过这种方法，内核执行头程序最终跳转至内核主程序`Start_Kernel`函数中。在内核编译脚本Makefile中，以下指令负责编译head.s文件。关于编译脚本的详细介绍请参见第8章的相关内容。

代码清单4-4　第4章\程序\程序4-1\kernel\Makefile

```
head.o:     head.S
    gcc -E head.S > head.s
    as --64 -o head.o head.s
```

注意，**head.S**文件的后缀名是大写字母`S`，千万不要写成小写字母`s`！

经过这段命令编译后，生成的是编译文件，而非可执行程序，还必须经过链接才能生成可以执行的程序。但目前仍缺少内核主程序`Start_Kernel`函数，这使得内核执行头程序无法完成最后的跳转。

4.2　内核主程序

内核主程序，或称内核主函数，相当于应用程序的主函数，它与主函数的不同之处在于，内核主程序在正常情况下是不会返回的。因为内核执行头程序没有给内核主程序提供返回地址，而且关机、重启等功能也并非是在内核主程序返回的过程里实现的，所以没有必要让内核主程序返回。

内核主程序负责调用各个系统模块的初始化函数，在这些模块初始化结束后，它会创建出系统的第一个进程`init`，并将控制权交给`init`进程。

此刻的内核主程序并不具备任何功能，只是为了让内核执行头程序拥有目标跳转地址而已。代码清单4-5是Start_Kernel函数的程序实现。

代码清单4-5　第4章\程序\程序4-1\kernel\main.c

```
void Start_Kernel(void)
{
    while(1)
        ;
}
```

目前，这个内核主程序只是个空函数，没有返回地址，一旦进入将保持死循环状态。

在编译脚本Makefile中，使用代码清单4-6所示的指令可编译main.c文件、生成内核程序。详细解释请参见第8章关于编译脚本的介绍。

代码清单4-6　第4章\程序\程序4-1\kernel\Makefile

```
main.o:    main.c
    gcc  -mcmodel=large -fno-builtin -m64 -c main.c
```

这段Makefile脚本命令负责编译main.c文件，将源代码文件main.c编译成程序片段main.o，随后再使用代码清单4-7将其链接成可执行程序。

代码清单4-7　第4章\程序\程序4-1\kernel\Makefile

```
system:    head.o main.o
    ld -b elf64-x86-64 -o system head.o main.o -T Kernel.lds
```

这个脚本命令负责将编译生成的main.o文件与head.o文件链接成可执行程序，并取名为system。在整个链接过程中会使用到链接脚本文件kernel.lds。

经过编译后生成的文件system依然不是最终的内核程序，还必须再使用代码清单4-8的命令将system文件中的二进制程序提取出来。

代码清单4-8　第4章\程序\程序4-1\kernel\Makefile

```
all: system
    objcopy -I elf64-x86-64 -S -R ".eh_frame" -R ".comment" -O binary system kernel.bin
```

此段Makefile脚本命令的作用是剔除system程序里多余的段信息，并提取出二进制程序段数据（包括text段、data段以及bss段等）。

使用复制命令把生成的内核程序kernel.bin复制到boot.img虚拟软盘镜像文件内，便可启动Bochs虚拟机观看运行效果。

由于目前还未实现屏幕显示功能，以至于虚拟机屏幕仍然是黑色的，那么查看RIP寄存器是否在执行Start_Kernel函数中的死循环，将是个不错的验证方法。

首先，使用objdump命令反汇编可执行程序system，以取得代码while(1);的线性地址，详细反汇编命令如下：

```
objdump -D system
```

此处必须特别注意，反汇编的程序文件是system，而非kernel.bin文件。因为只有system文件记录着内核程序的各个段信息，它能够显示出程序的地址及其他相关信息；而kernel.bin文件只保存着程序的机器码，并不含有任何段描述信息，以至于无法通过该文件查询出程序的指令地址。以下是反汇编system文件的部分信息：

```
......
ffff800000104000 <Start_Kernel>:
ffff800000104000:  55                      push   %rbp
ffff800000104001:  48 89 e5                mov    %rsp,%rbp
ffff800000104004:  eb fe                   jmp    ffff800000104004 <Start_Kernel+0x4>
```

在这段反编译信息中，汇编代码`jmp ffff800000104004`一行便是`while`死循环语句。随后运行Bochs虚拟机，再向终端命令行输入`r`命令查看通用寄存器内的数据。以下是各通用寄存器的数据信息：

```
^C00120987283i[    ] Ctrl-C detected in signal handler.
Next at t=120987284
(0) [0x000000104004] 0008:ffff800000104004 (unk. ctxt): jmp .-2 (0xffff800000104004) ; 
ebfe
<bochs:2> r
CPU0:
rax: ffff8000_00104000 rcx: 00000000_c0000080
rdx: 00000000_00000000 rbx: 00000000_00000000
rsp: ffff8000_00007df8 rbp: ffff8000_00007df8
rsi: 00000000_0000805e rdi: 00000000_0000a000
r8 : 00000000_00000000 r9 : 00000000_00000000
r10: 00000000_00000000 r11: 00000000_00000000
r12: 00000000_00000000 r13: 00000000_00000000
r14: 00000000_00000000 r15: 00000000_00000000
rip: ffff8000_00104004
eflags 0x00000002: id vip vif ac vm rf nt IOPL=0 of df if tf sf zf af pf cf
<bochs:3>
```

这段查询信息中的`rip: ffff8000_00104004`一行记录着RIP寄存器的值，该值与上文反编译出的代码`jmp ffff800000104004`描述的地址相一致，从而说明处理器正在不停执行此条`JMP`指令。同时，在按下Ctrl + C键进入DBG调试命令行时，日志信息`[0x000000104004] 0008:ffff800000104004 (unk. ctxt): jmp .-2(0xffff800000104004) ; ebfe`也标明正在执行指令的物理地址（`[0x000000104004]`）、线性地址（`0008:ffff800000104004`）、反汇编指令（`jmp .-2 (0xffff800000104004)`）和机器码（`ebfe`）等信息。

既然内核执行头程序已经跳转至内核主程序，那么此后的开发可使用汇编语言和C语言。

4.3 屏幕显示

目前，我们多么迫切希望能在屏幕上显示出一些信息。为了在屏幕上显示颜色，则必须通过帧缓冲存储器来完成。帧缓冲存储器（Frame Buffer），简称帧缓存或帧存，它是屏幕显示画面的一个内存映象，帧缓存的每个存储单元对应屏幕上的一个像素，整个帧缓存对应一幅帧图像。帧缓存的特点是可对每个像素点进行操作，不仅可以借助它在屏幕上画出色彩，还可以在屏幕上用像素点描绘文字及图片。关于显示芯片的知识请参见第7章VBE内容的介绍。

此前的Loader引导加载程序曾经设置过显示芯片的显示模式（模式号：0x180、分辨率：1440×900、颜色深度：32 bit)，而且内核执行头程序（head.S）还将帧缓存的物理基地址（0xe0000000）映射到线性地址0xffff800000a00000和0xa00000处。

4.3.1　在屏幕上显示色彩

在向帧缓存写入数据前，还必须了解帧缓存的格式，即一个像素点能够显示的颜色值位宽。Loader引导加载程序设置的显示模式可支持32位颜色深度的像素点，其中0~7位代表蓝颜色，8~15位代表绿颜色，16~23位代表红颜色，24~31位是保留位。这32 bit位值可以组成16 M种不同的颜色，可以表现出真实的色彩。

如果想设置屏幕上某个像素点的颜色，那么必须知道这个点在屏幕上的位置，并计算出该点距屏幕原点的偏移值，随后才可在偏移处设置此像素点的颜色值。屏幕的坐标原点位于屏幕的左上角，以本系统目前配置的显示模式为例，其屏幕坐标的示意图如图4-2所示。

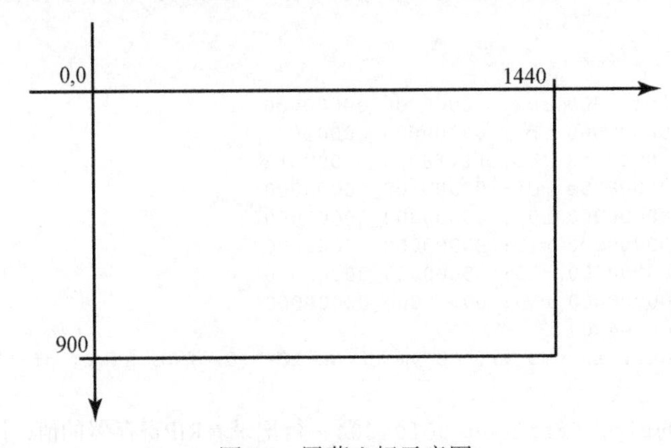

图4-2　屏幕坐标示意图

掌握上述理论知识后，相信在Start_Kernel函数中编写一段程序，让屏幕显示几条色带将不再是什么难事。请看代码清单4-9中的内容。

代码清单4-9　第4章\程序\程序4-2\kernel\main.c

```
void Start_Kernel(void)
{
    int *addr = (int *)0xffff800000a00000;
    int i;

    for(i = 0 ;i<1440*20;i++)
    {
        *((char *)addr+0)=(char)0x00;
        *((char *)addr+1)=(char)0x00;
        *((char *)addr+2)=(char)0xff;
        *((char *)addr+3)=(char)0x00;
        addr +=1;
    }
    for(i = 0 ;i<1440*20;i++)
```

```
    {
        *((char *)addr+0)=(char)0x00;
        *((char *)addr+1)=(char)0xff;
        *((char *)addr+2)=(char)0x00;
        *((char *)addr+3)=(char)0x00;
        addr +=1;
    }
    for(i = 0 ;i<1440*20;i++)
    {
        *((char *)addr+0)=(char)0xff;
        *((char *)addr+1)=(char)0x00;
        *((char *)addr+2)=(char)0x00;
        *((char *)addr+3)=(char)0x00;
        addr +=1;
    }
    for(i = 0 ;i<1440*20;i++)
    {
        *((char *)addr+0)=(char)0xff;
        *((char *)addr+1)=(char)0xff;
        *((char *)addr+2)=(char)0xff;
        *((char *)addr+3)=(char)0x00;
        addr +=1;
    }

    while(1)
        ;
}
```

这段程序非常简单，首先必须确定帧缓存区被映射的线性地址，此处是0xffff800000a00000，由于页表映射的关系（模式切换时的同一性地址映射），帧缓存区地址空间也被映射到线性地址0xa00000处。然后，通过几组循环语句向每1440*20个像素点依次写入红色值（0x00ff0000）、绿色值（0x0000ff00）、蓝色值（0x000000ff）、白色值（0x00ffffff）。图4-3是色带在屏幕上的显示效果。

图4-3 RGB颜色带图

特殊说明在设置显示模式的过程中，有个寄存器位可以在设置显示模式后清除屏幕上的数据。Loader引导加载程序已将该寄存器位置位，所以早前在屏幕上显示的信息皆已被清除。

此种像素点填充颜色值的方法，比使用BIOS的INT 10h中断服务程序更加方便、更加直接有效。凭借这个方法，在屏幕上显示出字符是指日可待的事情。

4.3.2 在屏幕上显示 log

经过4.3.1节对像素点颜色值的操作练习后，仅需在一个固定像素方块内用像素点画出字符，即可实现屏幕上的字符显示功能。本节将基于ASCII字符集制作出一个ASCII字符的子集，其中包含大小写字母、数字以及一些常用符号，并实现一个简单的格式输出函数`color_printk`，通过此函数可在屏幕上打印出格式化的彩色字符串。

1. ASCII字符库

ASCII字符集共有256个字符，其中包括字母、数字、符号和一些非显示信息。目前我们只实现一些常用的显示字符，供`color_printk`函数在屏幕上打印即可。图4-4以数字0为例来描绘字符与像素点之间的映射关系。

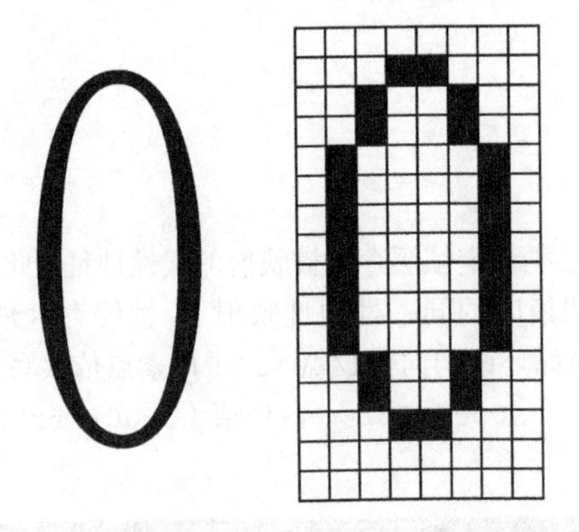

图4-4　数字0的字符像素映射示意图

图4-4是数字0和一个8×16的像素点矩阵，像素点矩阵中的黑色像素点在屏幕上映射出（组成）了数字0，它们是数字0的字体颜色。只要根据像素点矩阵的映射原理，计算出每行的十六进制数值（像素点矩阵图形信息，请参见第4章其他资料中的ASCII字符像素位图.xlsx文件），再将这16行数值组合起来就构成了字符像素位图。代码清单4-10是部分ASCII字符像素位图定义。

代码清单4-10　第4章\程序\程序4-3\kernel\font.h

```
unsigned char font_ascii[256][16]=
{
    ......
    /*    0040    */
    {0x02,0x04,0x08,0x08,0x10,0x10,0x10,0x10,0x10,0x10,0x10,0x08,0x08,0x04,0x02,
        0x00}, // '('
    {0x80,0x40,0x20,0x20,0x10,0x10,0x10,0x10,0x10,0x10,0x10,0x20,0x20,0x40,0x80,
        0x00}, // ')'
```

```
    {0x00,0x00,0x00,0x00,0x00,0x10,0x92,0x54,0x38,0x54,0x92,0x10,0x00,0x00,0x00,
        0x00}, // '*'
    {0x00,0x00,0x00,0x00,0x00,0x10,0x10,0x10,0xfe,0x10,0x10,0x10,0x00,0x00,0x00,
        0x00}, // '+'
    {0x00,0x00,0x00,0x00,0x00,0x00,0x00,0x00,0x00,0x00,0x00,0x18,0x18,0x08,0x08,
        0x10}, // ','
    {0x00,0x00,0x00,0x00,0x00,0x00,0x00,0x00,0xfe,0x00,0x00,0x00,0x00,0x00,0x00,
        0x00}, // '-'
    {0x00,0x00,0x00,0x00,0x00,0x00,0x00,0x00,0x00,0x00,0x00,0x00,0x18,0x18,0x00,
        0x00}, // '.'
    {0x02,0x02,0x04,0x04,0x08,0x08,0x08,0x10,0x10,0x20,0x20,0x40,0x40,0x40,0x80,
        0x80}, // '/'
    {0x00,0x18,0x24,0x24,0x42,0x42,0x42,0x42,0x42,0x42,0x42,0x24,0x24,0x18,0x00,
        0x00}, //48     '0'
    {0x00,0x08,0x18,0x28,0x08,0x08,0x08,0x08,0x08,0x08,0x08,0x08,0x08,0x3e,0x00,
        0x00}, // '1'
    ......
};
```

这段程序中的每对大括号保存着一个字符的字符像素位图。在字符的显示过程中，只需把位图中为1的位写入字体颜色值，将位图中为0的位写入字体背景颜色值，便可将该字符显示在屏幕上。下面就来实现彩色字符的格式化显示函数color_printk。

2. 显示彩色字符函数color_printk的实现

在实现color_printk函数前，需要先准备一个用于屏幕信息的结构体struct position。该结构体记录着当前屏幕分辨率、字符光标所在位置、字符像素矩阵尺寸、帧缓存区起始地址和帧缓存区容量大小。代码清单4-11是struct position结构体的完整定义。

代码清单4-11　第4章\程序\程序4-3\kernel\printk.h

```
struct position
{
    int XResolution;
    int YResolution;

    int XPosition;
    int YPosition;

    int XCharSize;
    int YCharSize;

    unsigned int * FB_addr;
    unsigned long FB_length;
}Pos;
```

这个结构体定义于头文件printk.h内，将这个头文件和其他相关头文件包含到printk.c文件中。代码清单4-12和代码清单4-13是prinkt.c和printk.h包含的头文件信息。

代码清单4-12　第4章\程序\程序4-3\kernel\printk.c

```
#include <stdarg.h>
#include "printk.h"
#include "lib.h"
#include "linkage.h"
```

代码清单4-13　第4章\程序\程序4-3\kernel\printk.h

```
#include <stdarg.h>
#include "font.h"
#include "linkage.h"
```

此处请特别注意头文件stdarg.h，它是GNU C编译环境自带的头文件。因为color_printk函数支持可变参数，只有添加引用这个头文件后，才可使用可变参数的相关功能。头文件lib.h和linkage.h分别是为本系统编写的内核通用库函数、宏定义以及一些常用的函数修饰符，感兴趣的读者可自行阅读，本书只对开发涉及的内容予以讲解。现在轮到本节的主角color_printk函数登场了，请看代码清单4-14。

代码清单4-14　第4章\程序\程序4-3\kernel\printk.c

```
int color_printk(unsigned int FRcolor,unsigned int BKcolor,const char * fmt,...)
{
    int i = 0;
    int count = 0;
    int line = 0;
    va_list args;
    va_start(args, fmt);
    i = vsprintf(buf,fmt, args);
    va_end(args);
    ......
}
```

在这段程序中，函数参数中的省略号、关键字va_list、关键字va_start以及关键字va_end均属于可变参数的内容，而函数vsprintf则用于解析color_printk函数提供的格式化字符串及其参数，vsprintf函数会将格式化后的字符串结果保存到一个4096 B的缓冲区buf，并返回字符串长度。随后，color_printk函数检索buf缓冲区内的格式化字符串，从中找出\n、\b、\t等转义符，并在屏幕打印格式化字符串的过程中解析这些转义符。这个检索打印过程会首先检测\n转义符，检索程序如代码清单4-15。

代码清单4-15　第4章\程序\程序4-3\kernel\printk.c

```
for(count = 0;count < i || line;count++)
{
    //// add \n \b \t
    if(line > 0)
    {
        count--;
        goto Label_tab;
    }
    if((unsigned char)*(buf + count) == '\n')
    {
        Pos.YPosition++;
        Pos.XPosition = 0;
    }
    ......
}
```

这是检索打印过程的起始部分，通过for循环语句检测格式化后的字符串（逐个字符检测），如果发现某个待显示字符是\n转义符，则将光标行数加1，列数设置为0。否则判断待显示字符是否为\b转义符，检测程序如代码清单4-16。

代码清单4-16 第4章\程序\程序4-3\kernel\printk.c

```
else if((unsigned char)*(buf + count) == '\b')
{
    Pos.XPosition--;
    if(Pos.XPosition < 0)
    {
        Pos.XPosition = Pos.XResolution / Pos.XCharSize - 1;
        Pos.YPosition--;
        if(Pos.YPosition < 0)
            Pos.YPosition = Pos.YResolution / Pos.YCharSize - 1;
    }
    putchar(Pos.FB_addr , Pos.XResolution , Pos.XPosition * Pos.XCharSize ,
        Pos.YPosition * Pos.YCharSize , FRcolor , BKcolor , ' ');
}
```

如果确定待显示字符是`\b`转义符，那么调整列位置并调用`putchar`函数打印空格符来覆盖之前的字符。如果待显示字符既不是`\n`转义符，又不是`\b`转义符，则继续判断其是否为`\t`转义符，代码清单4-17是`\t`转义符的处理代码。

代码清单4-17 第4章\程序\程序4-3\kernel\printk.c

```
else if((unsigned char)*(buf + count) == '\t')
{
    line = ((Pos.XPosition + 8) & ~(8 - 1)) - Pos.XPosition;
Label_tab:
    line--;
    putchar(Pos.FB_addr , Pos.XResolution , Pos.XPosition * Pos.XCharSize ,
        Pos.YPosition * Pos.YCharSize , FRcolor , BKcolor , ' ');
    Pos.XPosition++;
}
```

如果确认待显示字符为`\t`转义符，则计算当前光标距下一个制表位需要填充的空格符数量，将计算结果保存到局部变量`line`中。再结合`for`循环语句和`if`条件判断语句，把显示位置调整到下一个制表位，并使用空格符填补调整过程中占用的字符显示空间。

代码`((Pos.XPosition + 8) & ~(8 - 1)) - Pos.XPosition;`中的数值`8`，表示一个制表位占用8个显示字符。

排除待显示字符是`\n`、`\b`、`\t`转义符后，那么它就是一个普通的字符。通过代码清单4-18可将字符串有序显示在屏幕上。

代码清单4-18 第4章\程序\程序4-3\kernel\printk.c

```
else
{
    putchar(Pos.FB_addr , Pos.XResolution , Pos.XPosition * Pos.XCharSize ,
        Pos.YPosition * Pos.YCharSize , FRcolor , BKcolor , (unsigned char)*(buf + count));
    Pos.XPosition++;
}
```

这里使用`putchar`函数将字符打印在屏幕上。这里需要给`putchar`函数传递帧缓存线性地址、行分辨率、屏幕列像素点位置、屏幕行像素点位置、字体颜色、字体背景色和字符位图等参数。

字符显示结束后，还要为下次字符显示做准备，即更新当前字符的显示位置（此处的字符显示位置可理解为光标位置），具体实现代码如代码清单4-19所示。

代码清单4-19　第4章\程序\程序4-3\kernel\printk.c

```
if(Pos.XPosition >= (Pos.XResolution / Pos.XCharSize))
{
    Pos.YPosition++;
    Pos.XPosition = 0;
}
if(Pos.YPosition >= (Pos.YResolution / Pos.YCharSize))
{
    Pos.YPosition = 0;
}
```

这是for循环语句的结尾，这段程序负责调整光标的列位置和行位置。在for循环语句内曾多次调用函数putchar在屏幕上打印字符，该函数会使用到此前设计的ASCII字符库，此函数的程序实现如代码清单4-20所示。

代码清单4-20　第4章\程序\程序4-3\kernel\printk.c

```
void putchar(unsigned int * fb,int Xsize,int x,int y,unsigned int FRcolor,unsigned int
    BKcolor,unsigned char font)
{
    int i = 0,j = 0;
    unsigned int * addr = NULL;
    unsigned char * fontp = NULL;
    int testval = 0;
    fontp = font_ascii[font];

    for(i = 0; i< 16;i++)
    {
        addr = fb + Xsize * ( y + i ) + x;
        testval = 0x100;
        for(j = 0;j < 8;j ++)
        {
            testval = testval >> 1;
            if(*fontp & testval)
                *addr = FRcolor;
            else
                *addr = BKcolor;
            addr++;
        }
        fontp++;
    }
}
```

在这段程序使用到了帧缓存区首地址，将该地址加上字符首像素位置（首像素是指字符像素矩阵左上角第一个像素点）的偏移（Xsize * (y + i) + x），可得到待显示字符矩阵的起始线性地址。代码中的for循环体从字符首像素地址开始，将字体颜色和背景色的数值按照字符位图的描绘，填充到相应的线性地址空间中。

接下来，将把vsprintf函数分为几个程序片段，逐个讲解格式化字符串的解析过程。请先看vsprintf函数的入口代码，如代码清单4-21所示。

代码清单4-21 第4章\程序\程序4-3\kernel\printk.c

```
int vsprintf(char * buf,const char *fmt, va_list args)
{
    char * str,*s;
    int flags;
    int field_width;
    int precision;
    int len,i;
    int qualifier;          /* 'h', 'l', 'L' or 'Z' for integer fields */
    for(str = buf; *fmt; fmt++)
    {
        if(*fmt != '%')
        {
            *str++ = *fmt;
            continue;
        }
        flags = 0;
        repeat:
            fmt++;
            switch(*fmt)
            {
                case '-':flags |= LEFT;
                goto repeat;
                case '+':flags |= PLUS;
                goto repeat;
                case ' ':flags |= SPACE;
                goto repeat;
                case '#':flags |= SPECIAL;
                goto repeat;
                case '0':flags |= ZEROPAD;
                goto repeat;
            }
    ……
}
```

函数vsprintf依然借助for循环语句完成格式化字符串的解析工作。该循环体会逐个解析字符串，如果字符不为'%'就认为它是个可显示字符，直接将之存入缓冲区buf中，否则进一步解析其后的字符串格式。

按照字符串格式规定，符号'%'后面可接'-'、'+'、' '、'#'、'0'等格式符，如果下一个字符是上述格式符，则设置标志变量flags的标志位（标志位定义在printk.h头文件内），随后将通过代码清单4-22中的程序计算出数据区域的宽度。

代码清单4-22 第4章\程序\程序4-3\kernel\printk.c

```
/* get field width */
field_width = -1;
if(is_digit(*fmt))
    field_width = skip_atoi(&fmt);
```

```
else if(*fmt == '*')
{
    fmt++;
    field_width = va_arg(args, int);
    if(field_width < 0)
    {
        field_width = -field_width;
        flags |= LEFT;
    }
}
```

这部分程序可提取出后续字符串中的数字，并将其转化为数值以表示数据区域的宽度。如果下一个字符不是数字而是字符'*'，那么数据区域的宽度将由可变参数提供，根据可变参数值亦可判断数据区域的对齐显示方式（左/右对齐）。获取数据区域的宽度后，下一步还要提取出显示数据的精度，实现代码如代码清单4-23所示。

代码清单4-23　第4章\程序\程序4-3\kernel\printk.c

```
/* get the precision */
precision = -1;
if(*fmt == '.')
{
    fmt++;
    if(is_digit(*fmt))
        precision = skip_atoi(&fmt);
    else if(*fmt == '*')
    {
        fmt++;
        precision = va_arg(args, int);
    }
    if(precision < 0)
        precision = 0;
}
```

如果数据区域的宽度后面跟有字符'.'，说明其后的数值是显示数据的精度。代码清单4-23采用与计算数据区域宽度相同的方法计算出显示数据的精度。随后还要获取显示数据的规格，具体程序实现如代码清单4-24所示。

代码清单4-24　第4章\程序\程序4-3\kernel\printk.c

```
qualifier = -1;
if(*fmt == 'h' || *fmt == 'l' || *fmt == 'L' || *fmt == 'Z')
{
    qualifier = *fmt;
    fmt++;
}
```

代码清单4-24用于检测显示数据的规格，比如%ld格式化字符串中的字母'l'，就表示显示数据的规格是长整型数（long型）。经过逐个格式符的解析，数据区域的宽度和精度等信息皆已获取，现在将遵照这些信息把可变参数格式化成字符串，并存入buf缓冲区内。从代码清单4-25开始将进入可变参数的字符串转化过程，目前支持的格式符有c、s、o、p、x、X、d、i、u、n、%等，请继续往下看。

代码清单4-25 第4章\程序\程序4-3\kernel\printk.c

```
switch(*fmt)
{
    case 'c':
        if(!(flags & LEFT))
            while(--field_width > 0)
                *str++ = ' ';
        *str++ = (unsigned char)va_arg(args, int);
        while(--field_width > 0)
            *str++ = ' ';
        break;
    ......
}
```


如果匹配出格式符c，那么程序将可变参数转换为一个字符，并根据数据区域的宽度和对齐方式填充空格符，这就是%c格式符的功能。有了字符显示功能，则字符串显示功能将很快就能实现，如代码清单4-26所示。

代码清单4-26 第4章\程序\程序4-3\kernel\printk.c

```
case 's':
    s = va_arg(args,char *);
    if(!s)
        s = '\0';
    len = strlen(s);
    if(precision < 0)
        precision = len;
    else if(len > precision)
        len = precision;

    if(!(flags & LEFT))
        while(len < field_width--)
            *str++ = ' ';
    for(i = 0;i < len ;i++)
        *str++ = *s++;
    while(len < field_width--)
        *str++ = ' ';
    break;
```

这段程序实现字符串显示功能，即%s格式符的功能。整个显示过程会把字符串的长度与显示精度进行比对，根据数据区域的宽度和精度等信息截取待显示字符串的长度并补齐空格符。此处涉及内核通用库函数strlen，本节稍后部分将会对这个函数的程序实现予以介绍。下面将集中介绍数字显示格式符，请看代码清单4-27。

代码清单4-27 第4章\程序\程序4-3\kernel\printk.c

```
case 'o':
    if(qualifier == 'l')
        str = number(str,va_arg(args,unsigned long),8,field_width,precision,flags);
    else
        str = number(str,va_arg(args,unsigned int),8,field_width,precision,flags);
    break;

case 'p':
```

```
        if(field_width == -1)
        {
            field_width = 2 * sizeof(void *);
            flags |= ZEROPAD;
        }

        str = number(str,(unsigned long)va_arg(args,void *),16,field_width,precision,flags);
        break;

    case 'x':
        flags |= SMALL;
    case 'X':
        if(qualifier == 'l')
            str = number(str,va_arg(args,unsigned long),16,field_width,precision,flags);
        else
            str = number(str,va_arg(args,unsigned int),16,field_width,precision,flags);
        break;

    case 'd':
    case 'i':
        flags |= SIGN;
    case 'u':

        if(qualifier == 'l')
            str = number(str,va_arg(args,unsigned long),10,field_width,precision,flags);
        else
            str = number(str,va_arg(args,unsigned int),10,field_width,precision,flags);
        break;
```

这部分程序是八进制、十进制、十六进制以及地址值的格式化显示功能，它借助函数number实现可变参数的数字格式化功能，并根据各个格式符的功能置位相应标志位供number函数使用。函数vsprintf的最后一部分代码负责格式化字符串的扫尾工作，详情功能实现如代码清单4-28所示。

代码清单4-28　第4章\程序\程序4-3\kernel\printk.c

```
    case 'n':
        if(qualifier == 'l')
        {
            long *ip = va_arg(args,long *);
            *ip = (str - buf);
        }
        else
        {
            int *ip = va_arg(args,int *);
            *ip = (str - buf);
        }
        break;

    case '%':
        *str++ = '%';
        break;

    default:
```

```
        *str++ = '%';
        if(*fmt)
            *str++ = *fmt;
        else
            fmt--;
        break;
```

在代码清单4-28中，格式符%n的功能是，把目前已格式化的字符串长度返回给函数的调用者。如果格式化字符串中出现字符%%，则把第一个格式符'%'视为转义符，经过格式化解析后，最终只显示一个字符%。如果在格式符解析过程中，出现任何不支持的格式符，则不做任何处理，直接将其作为字符串输出到buf缓冲区中。

函数vsprintf是color_printk的主体功能函数。其中的skip_atoi函数负责将数值字母转换成整数值，number函数则用于将长整型变量值转换成指定进制规格（由参数base指定进制数）的字符串，并由precision参数提供显示精度值。下面就来讲解这两个函数的程序实现。代码清单4-29给出了skip_atoi函数的实现。

代码清单4-29 第4章\程序\程序4-3\kernel\printk.c

```
int skip_atoi(const char **s)
{
    int i=0;

    while (is_digit(**s))
        i = i*10 + *((*s)++) - '0';
    return i;
}
```

函数skip_atoi只能将数值字母转换为整数值，因此这个函数会先判断当前字符是否为数值字母。如果是数值字母，则将当前字符转换成数值（`*((*s)++) - '0'`），并拼入已转换的整数值（`i*10 + *((*s)++) - '0'`）。代码中的is_digit是一个宏（`#define is_digit(c) ((c) >= '0' && (c) <= '9')`），它用来确认当前字符是数值字母。

与函数skip_atoi相比，number函数的逻辑相对复杂得多，它可将整数值按照指定进制规格转换成字符串。代码清单4-30是number函数的详情程序实现。

代码清单4-30 第4章\程序\程序4-3\kernel\printk.c

```
static char * number(char * str, long num, int base, int size, int precision, int type)
{
    char c,sign,tmp[50];
    const char *digits = "0123456789ABCDEFGHIJKLMNOPQRSTUVWXYZ";
    int i;

    if (type&SMALL) digits = "0123456789abcdefghijklmnopqrstuvwxyz";
    if (type&LEFT) type &= ~ZEROPAD;
    if (base < 2 || base > 36)
        return 0;
    c = (type & ZEROPAD) ? '0' : ' ';
    sign = 0;
    if (type&SIGN && num < 0) {
        sign='-';
```

```
        num = -num;
    } else
        sign=(type & PLUS) ? '+' : ((type & SPACE) ? ' ' : 0);
    if (sign) size--;
    if (type & SPECIAL)
        if (base == 16) size -= 2;
        else if (base == 8) size--;
    i = 0;
    if (num == 0)
        tmp[i++]='0';
    else while (num!=0)
        tmp[i++]=digits[do_div(num,base)];
    if (i > precision) precision=i;
    size -= precision;
    if (!(type & (ZEROPAD + LEFT)))
        while(size-- > 0)
            *str++ = ' ';
    if (sign)
        *str++ = sign;
    if (type & SPECIAL)
        if (base == 8)
            *str++ = '0';
        else if (base==16)
        {
            *str++ = '0';
            *str++ = digits[33];
        }
    if (!(type & LEFT))
        while(size-- > 0)
            *str++ = c;

    while(i < precision--)
        *str++ = '0';
    while(i-- > 0)
        *str++ = tmp[i];
    while(size-- > 0)
        *str++ = ' ';
    return str;
}
```

不管number函数将整数值转换成大写字母还是小写字母，它最高支持36进制的数值转换。此函数会根据参数base确定转换的进制规格，而代码tmp[i++]=digits[do_div(num,base)];负责将整数值转换成字符串（按数值倒序排列），然后再将tmp数组中的字符倒序插入到显示缓冲区。以下是do_div宏的代码实现：

```
#define do_div(n,base) ({ \
int __res; \
__asm__("divq %%rcx":"=a" (n),"=d" (__res):"0" (n),"1" (0),"c" (base)); \
__res; })
```

do_div宏是一条内嵌汇编语句，它借助DIV汇编指令将整数值num除以进制规格base（在DIV汇编指令中，被除数由RDX:RAX寄存器组成，由于num变量是个8 B的长整型变量，因此RDX寄存器被赋值为0），计算结果的余数部分即是digits数组的下标索引值。

特别注意如果将这行汇编语句改为__asm__("divq %4":"=a" (n),"=d" (__res):"0" (n), "1" (0),"r" (base));，在理论上是可行的，但在编译过程中会提示错误Error: Incorrect register `%ecx' used with `q' suffix，可见编译器为寄存器约束符选择32位寄存器而非64位。读者在内嵌64位汇编指令时应该注意约束符的使用。

在vsprintf函数里还涉及一个内核通用库函数strlen，它同样使用内嵌汇编语言编写。代码清单4-31是strlen函数的完整代码实现。

代码清单4-31　第4章\程序\程序4-3\kernel\lib.h

```
inline int strlen(char * String)
{
    register int __res;
    __asm__     __volatile__    (   "cld    \n\t"
                                    "repne     \n\t"
                                    "scasb     \n\t"
                                    "notl    %0    \n\t"
                                    "decl    %0    \n\t"
                                    :"=c"(__res)
                                    :"D"(String),"a"(0),"0"(0xffffffff)
                                    :
                                );
    return __res;
}
```

函数strlen先将AL寄存器赋值为0，随后借助SCASB汇编指令逐字节扫描String字符串，每次扫描都会与AL寄存器进行对比，并根据比对结果置位相应标示位，如果扫描的数值与AL寄存器的数值相等（同为0值），ZF标志位被置位。代码中的重复指令REPNE会一直重复执行SCASB指令，直至ECX寄存器递减为0或ZF标志位被置位。又因为ECX寄存器的初始值是负数（0xffffffff），REPNE指令执行结束后，ECX寄存器依然是负值（ECX寄存器在函数执行过程中递减，使用负值可统计出扫描次数），对ECX寄存器取反减1后得到字符串长度。

以上这些内容是color_printk函数的全部代码实现，该函数已经提供了几种纯色的颜色宏定义：白、黑、红、橙、黄、绿、蓝、靛、紫等。下面就在屏幕上打印字符串Hello World!来验证color_printk函数，请看代码清单4-32。

代码清单4-32　第4章\程序\程序4-3\kernel\main.c

```
#include "lib.h"
#include "printk.h"

void Start_Kernel(void)
{
    int *addr = (int *)0xffff800000a00000;
    int i;

    Pos.XResolution = 1440;
    Pos.YResolution = 900;

    Pos.XPosition = 0;
    Pos.YPosition = 0;
```

```
    Pos.XCharSize = 8;
    Pos.YCharSize = 16;

    Pos.FB_addr = (int *)0xffff800000a00000;
    Pos.FB_length = (Pos.XResolution * Pos.YResolution * 4);

    ……

    color_printk(YELLOW,BLACK,"Hello World!\n");

    while(1)
        ;
}
```

这段程序首先配置屏幕的分辨率、字符矩阵的尺寸、帧缓冲区起始线性地址以及缓冲区长度等信息。然后调用color_printk函数以黄色字体、黑色背景显示字符串"Hello\t\t World!\n"。图4-5是程序的执行效果。

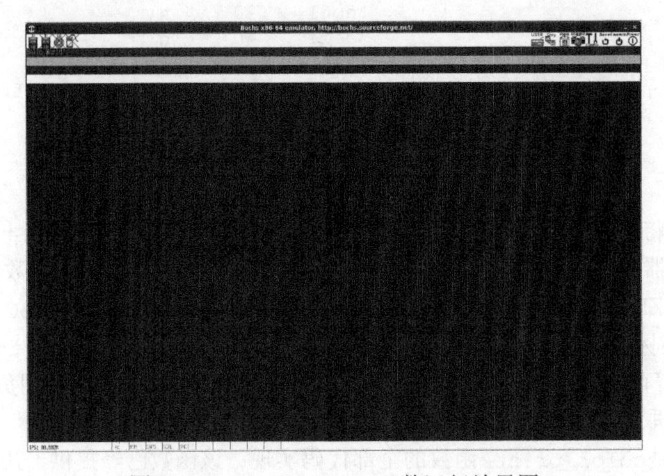

图 4-5　color_printk 函数运行效果图

现在，我们的操作系统已经拥有显示格式化字符串的能力。为了便于调试，接下来应该实现一些辅助调试的功能——系统异常捕获功能。

4.4　系统异常

在处理器的运行过程中，经常会由于执行某条指令、访问内存空间或越权访问等问题，而导致程序无法继续执行，此时处理器会暂停当前的操作转而执行相应的错误处理，这个错误被称作异常。异常有的是可恢复的，有的是不可恢复的。对于这些异常，操作系统往往会提供相应的处理策略和日志信息，读者可结合第6章关于门描述符的知识并行阅读。下面就从异常的分类开始讲起，逐步实现系统异常捕获功能。

4.4.1 异常的分类

处理器根据异常的报告方式、任务或程序是否可继续执行（从产生异常的指令开始）等因素，大体上会将异常分为错误、陷阱、终止三类。这三类异常被翻译成中文后，从字面意思很难区分和理解。下面将从异常的功能方面对它们进行诠释。（请参考Intel官方白皮书Volume 3的6.5节。）

- 错误（fault）。错误是一种可被修正的异常。只要错误被修正，处理器可将程序或任务的运行环境还原至异常发生前（已在栈中保存CS和EIP寄存器值），并重新执行产生异常的指令，也就是说异常的返回地址指向产生错误的指令，而不是其后的位置。
- 陷阱（trap）。陷阱异常同样允许处理器继续执行程序或任务，只不过处理器会跳过产生异常的指令，即陷阱异常的返回地址指向诱发陷阱指令之后的地址。
- 终止（abort）。终止异常用于报告非常严重的错误，它往往无法准确提供产生异常的位置，同时也不允许程序或任务继续执行，典型的终止异常有硬件错误或系统表存在不合逻辑、非法值。

综上所述，当终止异常产生后，程序现场不可恢复，也无法继续执行。当错误异常和陷阱异常产生后，程序现场可以恢复并继续执行，只不过错误异常会重新执行产生异常的指令，而陷阱异常会跳过产生异常的指令。表4-2描述了Intel处理器目前支持的异常/中断。

表4-2 异常/中断描述表

向量号	助记符	异常/中断描述	异常/中断类型	错误码	触发源
0	#DE	除法错误	错误	No	DIV或IDIV指令
1	#DB	调试异常	错误/陷阱	No	仅供Intel处理器使用
2	—	NMI中断	中断	No	不可屏蔽中断
3	#BP	断点异常	陷阱	No	INT 3指令
4	#OF	溢出异常	陷阱	No	INTO指令
5	#BR	越界异常	错误	No	BOUND指令
6	#UD	无效/未定义的机器码	错误	No	UD2指令或保留的机器码
7	#NM	设备异常（FPU不存在）	错误	No	浮点指令WAIT/FWAIT指令
8	#DF	双重错误	终止	Yes（Zero）	任何异常、NMI中断或INTR中断
9	—	协处理器段越界（保留）	错误	No	浮点指令
10	#TS	无效的TSS段	错误	Yes	访问TSS段或任务切换
11	#NP	段不存在	错误	Yes	加载段寄存器或访问系统段
12	#SS	SS段错误	错误	Yes	栈操作或加载栈段寄存器SS
13	#GP	通用保护性异常	错误	Yes	任何内存引用和保护检测
14	#PF	页错误	错误	Yes	任何内存引用
15	—	Intel保留，请勿使用	—	No	—
16	#MF	x87 FPU错误（计算错误）	错误	No	x87 FPU浮点指令或WAIT/FWAIT指令
17	#AC	对齐检测	错误	Yes(Zero)	引用内存中的任何数据
18	#MC	机器检测	终止	No	如果有错误码，其与CPU类型有关

（续）

向量号	助记符	异常/中断描述	异常/中断类型	错误码	触发源
19	#XM	SIMD浮点异常	错误	No	SSE/SSE2/SSE3浮点指令
20	#VE	虚拟化异常	错误	No	违反EPT
21-31	—	Intel保留，请勿使用	—	—	—
32-255	—	用户自定义中断	中断	—	外部中断或执行INT n指令

表4-2按照异常/中断的向量号升序排列，某些异常发生时，会根据当时处理器的运行状态生成错误码，错误码的各状态位代表着引起异常的原因。

如果操作系统能够捕获处理器异常，将会给今后的调试工作带来极大的方便，尤其是在物理平台的调试过程中。那么现在就来实现系统异常捕获功能。

4.4.2　系统异常处理（一）

处理器的异常处理是个复杂的过程，想必许多读者都没有清晰的设计思路。其实Intel官方白皮书已经对处理器的异常处理过程作出了详尽的描述。（请参考Intel官方白皮书Volume 3的6.12节、6.12.1节和6.12.1.2节。）

处理器采用类似汇编指令`CALL`的调用方法来执行异常/中断处理程序。当处理器捕获到异常/中断时，便会根据异常/中断向量号（Interrupt Vector）从中断描述符表IDT索引出对应的门描述符，再由门描述符定位到处理程序的位置。如果向量号索引到一个中断门或陷阱门，处理器将会像执行`CALL`指令访问调用门一般，去执行异常/中断处理程序。如果向量号索引到一个任务门，处理器将发生任务切换，转而执行异常任务或中断任务，这个过程就像执行`CALL`指令访问调用任务门一样。

- **异常/中断的处理步骤**。图4-6描述了处理器执行中断/异常处理程序的过程。处理器会根据中断/异常向量号从中断描述符表IDT检索出对应的门描述符（中断门或陷阱门，Interrupt or Trap Gate），并读取门描述符保存的段选择子。随后，从GDT或LDT描述符表中检索出处理程序所在代码段，再根据门描述符记录的段内偏移量，来确定中断/异常处理程序的入口地址。

  处理器在执行中断/异常处理程序时，会检测中断/异常处理程序所在代码段的特权级，并与代码段寄存器的特权级进行比较。

  - 如果中断/异常处理程序的特权级更高，则会在中断/异常处理程序执行前切换栈空间，以下是栈空间的切换过程。

    (1) 处理器会从任务状态段TSS中取出对应特权级的栈段选择子和栈指针，并将它们作为中断/异常处理程序的栈空间进行切换。在栈空间切换的过程中，处理器将自动把切换前的SS和ESP寄存器值压入中断/异常处理程序栈。

    (2) 在栈空间切换的过程中，处理器还会保存被中断程序的EFLAGS、CS和EIP寄存器值到中断/异常处理程序栈（如图4-7所示）。

    (3) 如果异常会产生错误码，则将其保存在异常栈内，位于EIP寄存器之后。

  - 如果中断/异常处理程序的特权级与代码段寄存器的特权级相等。

    (1) 处理器将保存被中断程序的EFLAGS、CS和EIP寄存器值到栈中（如图4-7所示）。

    (2) 如果异常会产生错误码，则将其保存在异常栈内，位于EIP寄存器之后。

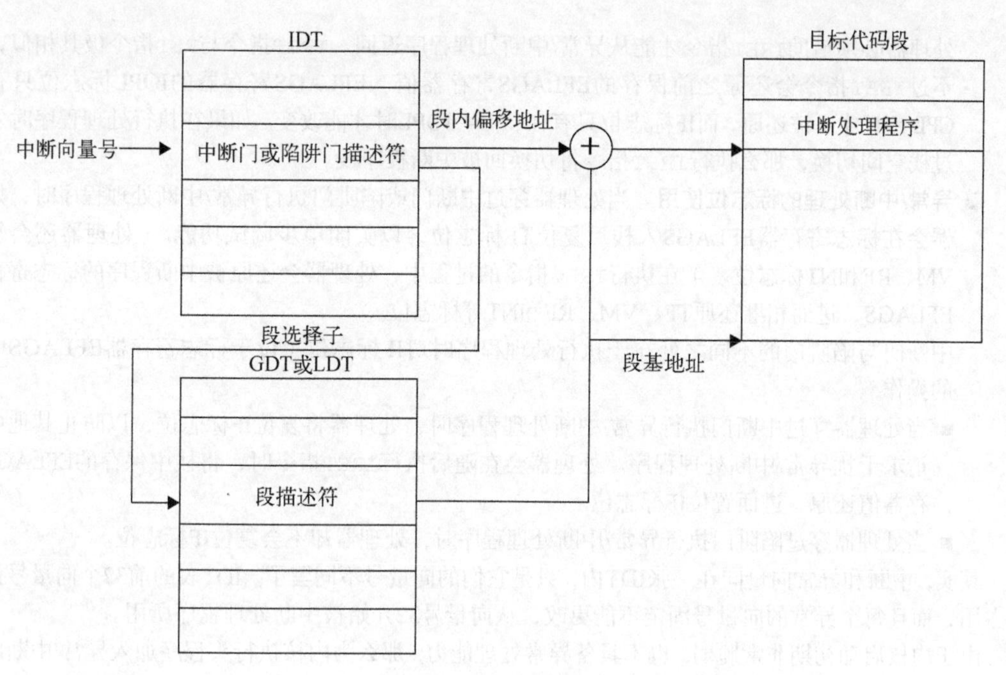

图4-6 中断调用过程

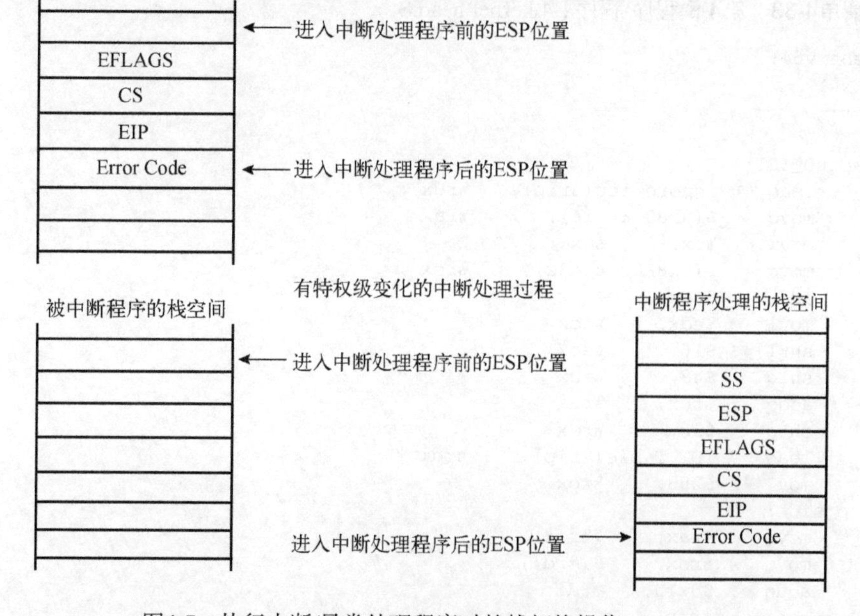

图4-7 执行中断/异常处理程序时的栈切换操作

处理器必须借助IRET指令才能从异常/中断处理程序返回。IRET指令与RET指令极其相似，只不过IRET指令会还原之前保存的EFLAGS寄存器值。EFLAGS寄存器的IOPL标志位只有在CPL=0时才可被还原，而IF标志位只有在CPL<=IOPL时才能改变。如果在执行处理程序时发生过栈空间切换，那么执行IRET指令将切换回被中断程序栈。

- **异常/中断处理的标志位使用**。当处理器穿过中断门或陷阱门执行异常/中断处理程序时，处理器会在标志寄存器EFLAGS入栈后复位TF标志位，以关闭单步调试功能。（处理器还会复位VM、RF和NT标志位。）在执行IRET指令的过程中，处理器会还原被中断程序的标志寄存器EFLAGS，进而相继还原TF、VM、RF和NT等标志位。

  中断门与陷阱门的不同之处在于执行处理程序时对IF标志位（位于标志寄存器EFLAGS中）的操作。

  - 当处理器穿过中断门执行异常/中断处理程序时，处理器将复位IF标志位，以防止其他中断请求干扰异常/中断处理程序。处理器会在随后执行IRET指令时，将栈中保存的EFLAGS寄存器值还原，进而置位IF标志位。
  - 当处理器穿过陷阱门执行异常/中断处理程序时，处理器却不会复位IF标志位。

其实，中断和异常向量同在一张IDT内，只是它们的向量号不同罢了。IDT表的前32个向量号被异常占用，而且每个异常的向量号固定不能更改，从向量号32开始被中断处理程序所用。

由于内核启动初期非常脆弱，也不具备异常处理能力，那么为内核执行头程序加入异常/中断的捕获功能也是必要的，此处只要简要提示发生异常便可，即当异常/中断发生时执行ignore_int模块，显示Unknown interrupt or fault at RIP提示信息。代码清单4-33是IDT的初始化模块，此处暂时将ignore_int模块作为所有异常的处理程序。

代码清单4-33　第4章\程序\程序4-4\kernel\head.S

```
entry64:

......

setup_IDT:
    leaq    ignore_int(%rip),    %rdx
    movq    $(0x08 << 16),       %rax
    movw    %dx,      %ax
    movq    $(0x8E00 << 32),     %rcx
    addq    %rcx,     %rax
    movl    %edx,     %ecx
    shrl    $16,      %ecx
    shlq    $48,      %rcx
    addq    %rcx,     %rax
    shrq    $32,      %rdx
    leaq    IDT_Table(%rip),     %rdi
    mov     $256,     %rcx
rp_sidt:
    movq    %rax,     (%rdi)
    movq    %rdx,     8(%rdi)
    addq    $0x10,    %rdi
    dec     %rcx
    jne     rp_sidt
```

模块setup_IDT负责初始化中断描述符表IDT内的每个中断描述符（共256项，每项占16 B）。它将ignore_int模块的起始地址和其他配置信息，有序地格式化成IA-32e模式的中断门描述符结构信息，并把结构信息保存到RAX寄存器（结构信息的低8字节）和RDX寄存器（结构信息的高8字节）中。最后借助rp_sidt模块将这256个中断描述符项统一初始化。

IDT初始化完毕后，我们还需要对任务状态段描述符TSS Descriptor进行初始化。代码清单4-34是TSS Descriptor的初始化过程。

代码清单4-34 第4章\程序\程序4-4\kernel\head.S

```
setup_TSS64:
    leaq    TSS64_Table(%rip),     %rdx
    xorq    %rax,    %rax
    xorq    %rcx,    %rcx
    movq    $0x89,   %rax
    shlq    $40,     %rax
    movl    %edx,    %ecx
    shrl    $24,     %ecx
    shlq    $56,     %rcx
    addq    %rcx,    %rax
    xorq    %rcx,    %rcx
    movl    %edx,    %ecx
    andl    $0xffffff,     %ecx
    shlq    $16,     %rcx
    addq    %rcx,    %rax
    addq    $103,    %rax
    leaq    GDT_Table(%rip),     %rdi
    movq    %rax,    64(%rdi)
    shrq    $32,     %rdx
    movq    %rdx,    72(%rdi)

    mov     $0x40,   %ax
    ltr     %ax

    movq    go_to_kernel(%rip),     %rax        /* movq address */
    pushq   $0x08
    pushq   %rax
    lretq

go_to_kernel:
    .quad   Start_Kernel
```

这部分程序负责初始化GDT（IA-32e模式）内的TSS Descriptor，并通过LTR汇编指令把TSS Descriptor的选择子加载到TR寄存器中。因为当前内核程序已经运行于0特权级，即使产生异常也不会切换任务栈，从而无需访问TSS，那么暂且无需初始化TSS。也就是说，在无特权级变化的情况下，即使不加载TSS Descriptor的选择子到TR寄存器，异常仍可以被捕获并处理。不过，在实验的时候还是要多加谨慎，如果缺少TSS Descriptor的支持，最好小心为妙，错误的操作很可能会使Bochs虚拟机显示LTR: doesn't point to an available TSS descriptor!日志信息，甚至造成虚拟机崩溃。

接下来将实现异常/中断处理模块ignore_int，模块的代码实现如代码清单4-35所示。

代码清单4-35　第4章\程序\程序4-4\kernel\head.S

```
//=======	ignore_int

ignore_int:
	cld
	pushq	%rax
	pushq	%rbx
	pushq	%rcx
	pushq	%rdx
	pushq	%rbp
	pushq	%rdi
	pushq	%rsi

	pushq	%r8
	pushq	%r9
	pushq	%r10
	pushq	%r11
	pushq	%r12
	pushq	%r13
	pushq	%r14
	pushq	%r15

	movq	%es,	%rax
	pushq	%rax
	movq	%ds,	%rax
	pushq	%rax

	movq	$0x10,	%rax
	movq	%rax,	%ds
	movq	%rax,	%es

	leaq	int_msg(%rip),	%rax		/* leaq get address */
	pushq	%rax
	movq	%rax,	%rdx
	movq	$0x00000000,	%rsi
	movq	$0x00ff0000,	%rdi
	movq	$0,	%rax
	callq	color_printk
	addq	$0x8,	%rsp

Loop:
	jmp	Loop

	popq	%rax
	movq	%rax,	%ds
	popq	%rax
	movq	%rax,	%es

	popq	%r15
	popq	%r14
	popq	%r13
	popq	%r12
	popq	%r11
	popq	%r10
```

```
	popq	%r9
	popq	%r8

	popq	%rsi
	popq	%rdi
	popq	%rbp
	popq	%rdx
	popq	%rcx
	popq	%rbx
	popq	%rax
	iretq

int_msg:
	.asciz "Unknown interrupt or fault at RIP\n"
```

这段程序先保存各个寄存器值，而后将DS和ES段寄存器设置成内核数据段，紧接着将为color_printk函数准备参数，并采用寄存器传递方式向其传递参数。提示信息显示后，再执行JMP指令死循环在ignore_int模块里。

在2.2.3节中已经介绍过寄存器传递方式，此处主要针对x64模式下的参数传递做补充说明。在x64模式下，大部分编译器采用寄存器传递参数，参数按照从左向右的顺序依次是RDI、RSI、RDX、RCX、R8、R9，剩余参数使用内存传递方式，RAX放置函数的返回值，调用者负责平衡栈。

使用objdump -D system命令反编译代码清单4-3中的system文件（system文件是编译时生成的中间文件），查看color_printk函数的参数传递过程。以下几段代码描述了整个调用过程。这里暂时不关注color_printk函数的程序实现，从代码清单4-36可知，color_printk函数的入口位于0xffff800000105b61地址处，其他函数在调用color_printk函数时都从此地址进入。

代码清单4-36　第4章\程序\程序4-4\kernel\system

```
ffff800000105b61 <color_printk>:
ffff800000105b61:	55                	push   %rbp
ffff800000105b62:	48 89 e5          	mov    %rsp,%rbp
……
ffff800000106105:	c9                	leaveq
ffff800000106106:	c3                	retq
```

如Start_Kernel函数中的代码color_printk(YELLOW,BLACK,"Hello\t\t World!\ n");，代码清单4-37是其部分反汇编程序片段。

代码清单4-37　第4章\程序\程序4-4\kernel\system

```
ffff8000001047ac <Start_Kernel>:
ffff8000001047ac:	55                	push   %rbp
ffff8000001047ad:	48 89 e5          	mov    %rsp,%rbp
……
ffff80000010497b:	48 ba 08 61 10 00 00 	mov    $0xffff800000106108,%rdx
ffff800000104982:	80 ff ff 
ffff800000104985:	be 00 00 00 00    	mov    $0x0,%esi
ffff80000010498a:	bf 00 ff ff 00    	mov    $0xffff00,%edi
ffff80000010498f:	b8 00 00 00 00    	mov    $0x0,%eax
ffff800000104994:	48 b9 61 5b 10 00 00 	mov    $0xffff800000105b61,%rcx
ffff80000010499b:	80 ff ff 
```

```
ffff80000010499e:    ff d1                              callq  *%rcx
......
```

在这段反汇编程序里，黄色定义为#define YELLOW 0x00ffff00，保存于EDI寄存器中；黑色定义为#define BLACK 0x00000000，保存于ESI寄存器中；color_printk函数的入口地址ffff800000105b61记录在RCX寄存器内，随后使用汇编代码callq *%rcx调用该函数；字符串Hello\t\t World!\n保存在0xffff800000106108地址起始处。下面就来验证地址0xffff800000106108处的数据，请看代码清单4-38。

代码清单4-38　第4章\程序\程序4-4\kernel\system

```
ffff800000106108 <.rodata>:
ffff800000106108:   48                        rex.W
ffff800000106109:   65                        gs
ffff80000010610a:   6c                        insb   (%dx),%es:(%rdi)
ffff80000010610b:   6c                        insb   (%dx),%es:(%rdi)
ffff80000010610c:   6f                        outsl  %ds:(%rsi),(%dx)
ffff80000010610d:   09 09                     or     %ecx,(%rcx)
ffff80000010610f:   20 57 6f                  and    %dl,0x6f(%rdi)
ffff800000106112:   72 6c                     jb     ffff800000106180 <_etext+0x79>
ffff800000106114:   64 21 0a                  and    %ecx,%fs:(%rdx)
ffff800000106117:   00 30                     add    %dh,(%rax)
```

因为这段程序是.rodata数据段（只读数据段），所以其后的反汇编语句是不正确的，不能盲目地拿来进行分析。字符串Hello\t\t World!\n转换成十六进制数值，是48h、65h、6ch、6ch、6fh、09h、09h、20h、57h、6fh、72h、6ch、64h、21h、0ah、00h，这与上面的数据完全吻合，由此可见地址0xffff800000106108处的确保存着待显示的字符串。

经过此番分析后，ignore_int模块调用color_printk函数的谜团也相继解开，即使用RDI寄存器保存字体颜色，RSI寄存器保存背景颜色，RDX寄存器保存待显示的字符串起始地址。

为了验证处理器的异常捕获效果，特在Start_Kernel函数中加入代码i = 1/0;来触发#DE（除法）异常，代码清单4-39是此行代码的插入位置。

代码清单4-39　第4章\程序\程序4-4\kernel\main.c

```
void Start_Kernel(void)
{
    ......
    i = 1/0;

    while(1)
        ;
}
```

注意，由于此处插入了异常的触发代码，因此在执行Makefile脚本文件编译程序的过程中会检测到异常代码，进而显示出警告信息，详细编译信息如下所示：

```
[root@localhost kernel]# make
gcc -E  head.S > head.s
as --64 -o head.o head.s
gcc  -mcmodel=large -fno-builtin -m64 -c main.c
main.c: In function 'Start_Kernel':
```

```
main.c:72: warning: division by zero
gcc  -mcmodel=large -fno-builtin -m64 -c printk.c
ld -b elf64-x86-64 -z muldefs -o system head.o main.o printk.o -T kernel.lds
objcopy -I elf64-x86-64 -S -R ".eh_frame" -R ".comment" -O binary system kernel.bin
```

请读者放心，这条警告信息并不会影响程序的编译链接过程。图4-8是异常捕获程序的运行效果。

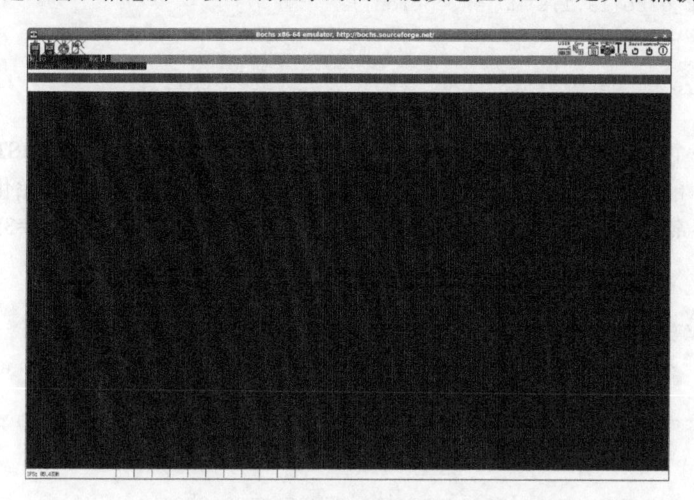

图4-8 异常/中断日志显示图

和预期的一样，在屏幕上显示了一行字符串Unknown interrupt or fault at RIP。在小试牛刀后，接下来将为操作系统正式设计一款异常提示信息，请读者继续往下看。

4.4.3 系统异常处理（二）

参照4.4.2节描述的异常/中断处理知识和处理器异常捕获程序实现，本节依然先初始化IDT，只不过此次已为各异常量身定做了处理函数。代码清单4-40是各异常的描述符定义。

代码清单4-40 第4章\程序\程序4-5\kernel\trap.c

```
void sys_vector_init()
{
    set_trap_gate(0,1,divide_error);
    set_trap_gate(1,1,debug);
    set_intr_gate(2,1,nmi);
    set_system_gate(3,1,int3);
    set_system_gate(4,1,overflow);
    set_system_gate(5,1,bounds);
    set_trap_gate(6,1,undefined_opcode);
    set_trap_gate(7,1,dev_not_available);
    set_trap_gate(8,1,double_fault);
    set_trap_gate(9,1,coprocessor_segment_overrun);
    set_trap_gate(10,1,invalid_TSS);
    set_trap_gate(11,1,segment_not_present);
    set_trap_gate(12,1,stack_segment_fault);
    set_trap_gate(13,1,general_protection);
```

```
    set_trap_gate(14,1,page_fault);
    //15 Intel reserved. Do not use.
    set_trap_gate(16,1,x87_FPU_error);
    set_trap_gate(17,1,alignment_check);
    set_trap_gate(18,1,machine_check);
    set_trap_gate(19,1,SIMD_exception);
    set_trap_gate(20,1,virtualization_exception);

    //set_system_gate(SYSTEM_CALL_VECTOR,7,system_call);
}
```

这段程序为各个异常向量配置了处理函数和栈指针，此处使用64位TSS里的IST1区域来记录栈基地址。函数set_intr_gate、set_trap_gate、set_system_gate分别用于初始化IDT内的各表项，这些函数会根据异常的功能，把描述符配置为DPL=0的中断门和陷阱门或者DPL=3的陷阱门，具体如代码清单4-41所示。

代码清单4-41　第4章\程序\程序4-5\kernel\gate.h

```
inline void set_intr_gate(unsigned int n,unsigned char ist,void * addr)
{
    _set_gate(IDT_Table + n , 0x8E , ist , addr);    //P,DPL=0,TYPE=E
}

inline void set_trap_gate(unsigned int n,unsigned char ist,void * addr)
{
    _set_gate(IDT_Table + n , 0x8F , ist , addr);    //P,DPL=0,TYPE=F
}

inline void set_system_gate(unsigned int n,unsigned char ist,void * addr)
{
    _set_gate(IDT_Table + n , 0xEF , ist , addr);    //P,DPL=3,TYPE=F
}
```

以上三个描述符配置函数统一使用宏函数_set_gate来初始化IDT内的各个表项，这个宏函数的参数IDT_Table是内核执行头文件head.S内声明的标识符.globl IDT_Table，在gate.h文件中使用代码extern struct gate_struct IDT_Table[];将其声明为外部变量供_set_gate等函数使用。代码清单4-42是宏函数_set_gate的定义。

代码清单4-42　第4章\程序\程序4-5\kernel\gate.h

```
#define _set_gate(gate_selector_addr,attr,ist,code_addr)                    \
do                                                                           \
{    unsigned long __d0,__d1;                                                \
    __asm__ __volatile__    (    "movw    %%dx,     %%ax     \n\t"      \
                                 "andq    $0x7,     %%rcx    \n\t"      \
                                 "addq    %4,       %%rcx    \n\t"      \
                                 "shlq    $32,      %%rcx    \n\t"      \
                                 "addq    %%rcx,    %%rax    \n\t"      \
                                 "xorq    %%rcx,    %%rcx    \n\t"      \
                                 "movl    %%edx,    %%ecx    \n\t"      \
                                 "shrq    $16,      %%rcx    \n\t"      \
                                 "shlq    $48,      %%rcx    \n\t"      \
                                 "addq    %%rcx,    %%rax    \n\t"      \
```

```
                "movq      %%rax,    %0      \n\t"               \
                "shrq      $32,      %%rdx   \n\t"               \
                "movq      %%rdx,    %1      \n\t"               \
                :"=m"(*((unsigned long)(gate_selector_addr))),   \
                "=m"(*(1 + (unsigned long *)(gate_selector_addr  \
                 ))),"=&a"(__d0), "=&d"(__d1)                   \
                :"i"(attr << 8),                                 \
                "3"((unsigned long *)(code_addr)),"2"(0x8 <<     \
                16),"c"(ist)                                     \
                :"memory"                                        \
                    );                                           \
}while(0)
```

该宏函数通过内嵌汇编语句（使用64位汇编指令和通用寄存器）实现，其主要作用是初始化中断描述符表内的门描述符（每个门描述符16 B）。

这段程序比较容易理解，但请注意，在内嵌64位汇编指令时，输入/输出操作表达式的寄存器约束可能与64位汇编指令不兼容。例如本程序的输入表达式`"i"(attr << 8)`，在理论上可以使用`r`、`g`、`q`等寄存器约束代替`i`约束，但在编译时会出现错误`Error: suffix or operands invalid for 'add'`，如果将这行代码改为`addl %4, %%ecx \n\t`就可通过编译。出错原因很可能是，GNU C编译器无法为这条指令匹配到合适的寄存器。

异常的处理过程会涉及程序执行现场的保存工作，由于C语言无法实现寄存器压栈操作，那么就必须先借助汇编语句在异常处理程序的入口处保存程序的现场环境，然后再执行C语言的异常处理函数。代码清单4-43所示的符号常量定义了各寄存器（程序执行现场）在栈中的保存顺序（基于栈指针的偏移值）。

代码清单4-43　第4章\程序\程序4-5\kernel\entry.S

```
#include "linkage.h"

R15 =    0x00
R14 =    0x08
R13 =    0x10
R12 =    0x18
R11 =    0x20
R10 =    0x28
R9  =    0x30
R8  =    0x38
RBX =    0x40
RCX =    0x48
RDX =    0x50
RSI =    0x58
RDI =    0x60
RBP =    0x68
DS  =    0x70
ES  =    0x78
RAX =    0x80
FUNC    = 0x88
ERRCODE = 0x90
RIP =    0x98
CS  =    0xa0
RFLAGS =    0xa8
OLDRSP =    0xb0
OLDSS  =    0xb8
```

不管是异常处理程序还是中断处理程序，在处理程序的起始处都必须保存被中断程序的执行现场，上面这些符号常量定义了栈中各寄存器相对于栈顶地址（进程执行现场保存完毕时的栈顶地址）的增量偏移。由于栈向下生长，那么借助当前栈指针寄存器RSP加符号常量，便可取得程序执行现场的寄存器值。代码清单4-43定义的OLDSS、OLDRSP、RFLAGS、CS、RIP等符号常量，用于有特权级切换的场景；如果无特权级切换，则只有RFLAGS、CS、RIP等符号常量可用。（参照图4-7描述的栈切换过程。）而符号常量ERRCODE必须根据异常的实际功能才可确定是否有错误码入栈，并且在返回被中断程序时必须手动弹出栈中的错误码（IRET指令无法自动弹出错误码）。代码清单4-44是异常处理程序的返回模块，它用于还原被中断程序的执行现场。

代码清单4-44　第4章\程序\程序4-5\kernel\entry.S

```
RESTORE_ALL:
    popq    %r15;
    popq    %r14;
    popq    %r13;
    popq    %r12;
    popq    %r11;
    popq    %r10;
    popq    %r9;
    popq    %r8;
    popq    %rbx;
    popq    %rcx;
    popq    %rdx;
    popq    %rsi;
    popq    %rdi;
    popq    %rbp;
    popq    %rax;
    movq    %rax,    %ds;
    popq    %rax;
    movq    %rax,    %es;
    popq    %rax;
    addq    $0x10,   %rsp;
    iretq;
```

RESTORE_ALL模块负责还原程序的执行现场（根据保存程序执行现场时的寄存器压栈顺序，从栈中反向弹出各寄存器值）。因为在64位汇编指令中PUSH CS/DS/ES/SS和POP DS/ES/SS都是无效指令，所以此处使用语句popq %rax;movq %rax, %ds;来代替pop ds;。汇编代码addq $0x10, %rsp;将栈指针向上移动16 B，目的是弹出栈中的变量FUNC和ERRCODE。此后便可执行汇编代码iretq，还原被中断程序的执行现场，该指令可自行判断还原过程是否涉及特权级切换，如果是就将OLDSS、OLDRSP从栈中弹出。

编写完程序执行现场的还原模块后，再来设计程序执行现场的保存过程和异常处理函数（采用C语言编写）的调用过程。代码清单4-45是#DE（除法）异常的处理模块。

代码清单4-45　第4章\程序\程序4-5\kernel\entry.S

```
ENTRY(divide_error)
    pushq    $0
    pushq    %rax
```

```
    leaq     do_divide_error(%rip),     %rax
    xchgq    %rax,    (%rsp)

error_code:
    pushq    %rax
    movq     %es,       %rax
    pushq    %rax
    movq     %ds,       %rax
    pushq    %rax
    xorq     %rax,      %rax

    pushq    %rbp
    pushq    %rdi
    pushq    %rsi
    pushq    %rdx
    pushq    %rcx
    pushq    %rbx
    pushq    %r8
    pushq    %r9
    pushq    %r10
    pushq    %r11
    pushq    %r12
    pushq    %r13
    pushq    %r14
    pushq    %r15

    cld
    movq     ERRCODE(%rsp),     %rsi
    movq     FUNC(%rsp),        %rdx

    movq     $0x10,     %rdi
    movq     %rdi,      %ds
    movq     %rdi,      %es

    movq     %rsp,      %rdi
    ////GET_CURRENT(%ebx)

    callq    *%rdx

    jmp      ret_from_exception
```

由于#DE异常不会产生错误码，但为了确保所有异常处理程序的寄存器压栈顺序一致，便向栈中压入了数值0来占位。之后将RAX寄存器值压入栈中，再将异常处理函数do_divide_error的起始地址存入RAX寄存器，并借助汇编代码xchgq将RAX寄存器与栈中的值交互。此举则把do_divide_error函数的起始地址存入栈中，而且还恢复了RAX寄存器的值。接下来再参照上文描述的寄存器弹出顺序，反向将各寄存器值压入栈中。

一旦进程的执行现场保存完毕后，就可执行对应的异常处理函数。由于被中断的程序可能运行在应用层（3特权级），而异常处理程序运行于内核层（0特权级），那么在进入内核层后，DS和ES段寄存器应该重新加载为内核层数据段。紧接着把异常处理函数的起始地址装入RDX寄存器，将错误码和栈指针分别存入RSI与RDI寄存器，以供异常处理函数使用，并使用汇编代码callq执行异常处理函数。注意，在AT&T汇编语言中，如果CALL和JMP指令的操作数前缀中含有符号*，则表示调用/跳转的目标是绝对地址，否则调用/跳转的目标是相对地址。

异常处理函数执行结束后，便跳转至ret_from_exception模块处，还原被中断程序的执行现场，详见代码清单4-46。

代码清单4-46　第4章\程序\程序4-5\kernel\entry.S

```
ret_from_exception:
    /*GET_CURRENT(%ebx) need rewrite*/
ENTRY(ret_from_intr)
    jmp     RESTORE_ALL     /*need rewrite*/
```

这几行代码目前只负责还原被中断程序的执行现场，其实异常的返回过程里还可以执行进程调度、进程信号处理等工作，在后续的开发过程中将会逐步加入新功能。

除了实现#DE异常处理模块外，下面还将#NMI不可屏蔽中断、#TS异常和#PF异常作为典型实例予以讲解，请继续往下看代码清单4-47。

代码清单4-47　第4章\程序\程序4-5\kernel\entry.S

```
ENTRY(nmi)
    pushq   %rax
    cld;
    pushq   %rax;

    pushq   %rax
    movq    %es,    %rax
    pushq   %rax
    movq    %ds,    %rax
    pushq   %rax
    xorq    %rax,   %rax

    pushq   %rbp;
    pushq   %rdi;
    pushq   %rsi;
    pushq   %rdx;
    pushq   %rcx;
    pushq   %rbx;
    pushq   %r8;
    pushq   %r9;
    pushq   %r10;
    pushq   %r11;
    pushq   %r12;
    pushq   %r13;
    pushq   %r14;
    pushq   %r15;

    movq    $0x10,  %rdx;
    movq    %rdx,   %ds;
    movq    %rdx,   %es;

    movq    $0,     %rsi
    movq    %rsp,   %rdi
```

```
    callq     do_nmi

    jmp       RESTORE_ALL
```

#NMI不可屏蔽中断不是异常，而是一个外部中断，从而不会生成错误码。#NMI应该执行中断处理过程，因此就有了上面这段与异常处理程序极其相似的汇编代码。这段程序非常好理解。

本着趁热打铁、加深印象的原则，请读者再来看看#TS异常的处理过程，详见代码清单4-48。

代码清单4-48　第4章\程序\程序4-5\kernel\entry.S

```
ENTRY(invalid_TSS)
    pushq     %rax
    leaq      do_invalid_TSS(%rip),     %rax
    xchgq     %rax,     (%rsp)
    jmp       error_code
```

实现了无错误码的#DE异常处理模块后，有错误码的#TS异常处理模块也是比较容易实现的。#TS异常处理模块无需向栈中压入数值0占位（pushq $0），就可直接使用统一的返回模块，其他执行步骤与#DE异常一致即可。接下来再实现#PF异常处理模块，请看代码清单4-49。

代码清单4-49　第4章\程序\程序4-5\kernel\entry.S

```
ENTRY(page_fault)
    pushq     %rax
    leaq      do_page_fault(%rip),     %rax
    xchgq     %rax,     (%rsp)
    jmp       error_code
```

#PF异常与#TS异常的执行步骤是一致的，它们的区别在于错误码的位图格式。关于错误码的位图格式将在稍后内容中予以讲解。

处理器执行完上述异常处理模块的汇编程序后，将跳转至异常处理函数中，完成对异常的分析和处理工作。代码清单4-50为给#DE异常编写的异常处理函数。

代码清单4-50　第4章\程序\程序4-5\kernel\trap.c

```
void do_divide_error(unsigned long rsp,unsigned long error_code)
{
    unsigned long * p = NULL;
    p = (unsigned long *)(rsp + 0x98);
    color_printk(RED,BLACK,"do_divide_error(0),ERROR_CODE:%#018lx,RSP:%#018lx,RIP:
        %#018lx\n",error_code , rsp , *p);
    while(1);
}
```

#DE异常的处理函数目前仅有打印出错信息的功能，即显示错误码（因为#DE异常没有错误码，这里会显示之前入栈的0值）、栈指针值和异常产生的程序地址。其中代码p = (unsigned long *) (rsp + 0x98);中的数值0x98，对应着上文（代码清单4-43 entry.S）的符号常量RIP = 0x98，意思是将栈指针寄存器RSP（异常处理模块将栈指针寄存器RSP的值作为参数存入RDI寄存器）的值向上索引0x98个字节，以获取被中断程序执行现场的RIP寄存器值，并将其作为产生异常指令的地址值。然后借助代码while(1);使程序保持死循环状态。

目前，#NMI不可屏蔽中断与#DE异常的处理程序相同，即只有打印出错信息的功能。代码清单4-51是#NMI不可屏蔽中断处理函数的实现。

代码清单4-51　第4章\程序\程序4-5\kernel\trap.c

```
void do_nmi(unsigned long rsp,unsigned long error_code)
{
    unsigned long * p = NULL;
    p = (unsigned long *)(rsp + 0x98);
    color_printk(RED,BLACK,"do_nmi(2),ERROR_CODE:%#018lx,RSP:%#018lx,RIP:
        %#018lx\n",error_code , rsp , *p);
    while(1);
}
```

#NMI不可屏蔽中断的处理函数是参照#DE异常处理函数编写的，此处就不再过多解释。现在将对#TS异常和#PF异常的错误码位图格式予以介绍。（请参考Intel官方白皮书Volume 3的6.13节。）如果异常产生的原因（外部中断或INT n指令均不会产生错误码），关系到一个特殊的段选择子或IDT向量，那么处理器会在异常处理程序栈中存入错误码。值得注意的是，执行IRET指令并不会在异常返回过程中弹出错误码，因此在异常返回前必须手动将错误码从栈中弹出。

根据中断门、陷阱门或任务门的操作数位宽，错误码可以是一个字或双字，为了保证双字错误码入栈时的栈对齐，错误码的高半部分被保留。图4-9是错误码的格式（#PF异常的错误码格式与此截然不同），这个格式与段选择子十分相似，只不过段选择子（Segment Selector Index）中的TI标志位与RPL区域此刻已变为错误码的3个标志位。

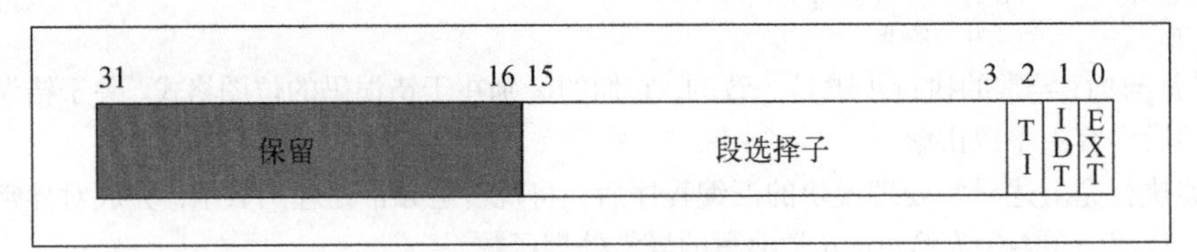

图4-9　错误码的格式

- **EXT**。如果该位被置位，说明异常是在向程序投递外部事件的过程中触发，例如一个中断或一个更早期的异常。
- **IDT**。如果该位被置位，说明错误码的段选择子部分记录的是中断描述符表IDT内的门描述符；而复位则说明其记录的是描述符表GDT/LDT内的描述符。
- **TI**。只有当IDT标志位复位时此位才有效。如果该位被置位，说明错误码的段选择子部分记录的是局部描述符表LDT内的段描述符或门描述符；而复位则说明它记录的是全局描述符表GDT的描述符。

错误码的段选择子部分可以索引IDT、GDT或LDT等描述符表内的段描述符或门描述符。在某些条件下，错误码是NULL值（除EXT位外所有位均被清零），这表明错误并非由引用特殊段或访问NULL段描述符而产生。

通过以上内容介绍，相信读者已经对异常的错误码有了清晰、直观的认识。那么现在就向#TS异常处理函数追加错误码的解析功能，具体代码如代码清单4-52所示。

代码清单4-52 第4章\程序\程序4-5\kernel\trap.c

```
void do_invalid_TSS(unsigned long rsp,unsigned long error_code)
{
    unsigned long * p = NULL;
    p = (unsigned long *)(rsp + 0x98);
    color_printk(RED,BLACK,"do_invalid_TSS(10),ERROR_CODE:%#018lx,RSP:%#018lx,RIP:
        %#018lx\n",error_code , rsp , *p);

    if(error_code & 0x01)
        color_printk(RED,BLACK,"The exception occurred during delivery of an event
            external to the program,such as an interrupt or an earlier exception.\n");

    if(error_code & 0x02)
        color_printk(RED,BLACK,"Refers to a gate descriptor in the IDT;\n");
    else
        color_printk(RED,BLACK,"Refers to a descriptor  in the GDT or the current
            LDT;\n");

    if((error_code & 0x02) == 0)
        if(error_code & 0x04)
            color_printk(RED,BLACK,"Refers to a segment or gate descriptor in the
                LDT;\n");
        else
            color_printk(RED,BLACK,"Refers to a descriptor in the current GDT;\n");

    color_printk(RED,BLACK,"Segment Selector Index:%#010x\n",error_code & 0xfff8);

    while(1);
}
```

#TS异常处理函数do_invalid_TSS首先会显示异常的错误码值、栈指针值、异常产生的程序地址等日志信息，随后再解析错误码并将详细错误信息打印在屏幕上。

对于操作系统而言，页错误异常#PF是一个非常重要的异常，这是因为一些延时页操作技术均是基于#PF异常实现的。处理器为页错误异常提供了两条信息（线索），来帮助诊断异常产生的原因以及恢复方法。（请参考Intel官方白皮书Volume 3的4.7、6.15节。）

- **栈中错误码**。页错误异常的错误码格式与其他异常的错误码完全不同，处理器使用5个标志位来描述页错误异常，图4-10是页错误异常的错误码格式。
  - P标志位指示异常是否由一个不存在的页所引发（P=0），或者进入了违规区域（P=1），亦或使用保留位（P=1）。
  - W/R标志位指示异常是否由读取页（W/R=0）或写入页（W/R=1）所产生。
  - U/S标志位指示异常是否由用户模式（U/S=1）或超级模式（U/S=0）所产生。
  - 当CR4控制寄存器的PSE标志位或PAE标志位被置位时，处理器将检测页表项的保留位，RSVD标志位指示异常是否由置位保留位所产生。
  - I/D标志位指示异常是否由获取指令所产生。
- **CR2控制寄存器**。CR2控制寄存器保存着触发异常时的线性地址，异常处理程序可根据此线性地址定位到页目录项和页表项。页错误处理程序应该在第二个页错误发生前保存CR2寄存器的值，以免再次触发页错误异常。

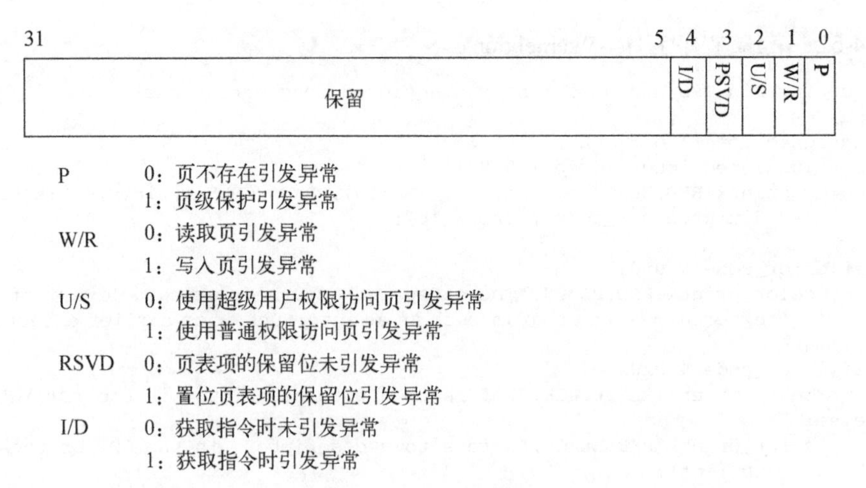

图4-10　页错误码格式

在异常触发时，处理器会将CS和EIP寄存器值保存到异常处理程序栈内，通常情况下这两个寄存器值指向触发异常的指令。如果#PF异常发生在任务切换期间，那么CS和EIP寄存器可能指向新任务的第一条指令。

代码清单4-53中的do_page_fault函数负责处理#PF异常，目前这个函数只能打印异常信息和错误码的解析数据，具体程序实现如下。

代码清单4-53　第4章\程序\程序4-5\kernel\trap.c

```
void do_page_fault(unsigned long rsp,unsigned long error_code)
{
    unsigned long * p = NULL;
    unsigned long cr2 = 0;

    __asm__    __volatile__("movq    %%cr2,    %0":"=r"(cr2)::"memory");

    p = (unsigned long *)(rsp + 0x98);
    color_printk(RED,BLACK,"do_page_fault(14),ERROR_CODE:%#018lx,RSP:%#018lx,RIP:
        %#018lx\n",error_code , rsp , *p);

    if(!(error_code & 0x01))
        color_printk(RED,BLACK,"Page Not-Present,\t");

    if(error_code & 0x02)
        color_printk(RED,BLACK,"Write Cause Fault,\t");
    else
        color_printk(RED,BLACK,"Read Cause Fault,\t");

    if(error_code & 0x04)
        color_printk(RED,BLACK,"Fault in user(3)\t");
    else
        color_printk(RED,BLACK,"Fault in supervisor(0,1,2)\t");

    if(error_code & 0x08)
        color_printk(RED,BLACK,",Reserved Bit Cause Fault\t");
```

```
    if(error_code & 0x10)
        color_printk(RED,BLACK,",Instruction fetch Cause Fault");

    color_printk(RED,BLACK,"\n");
    color_printk(RED,BLACK,"CR2:%#018lx\n",cr2);

    while(1);
}
```

函数do_page_fault首先将CR2控制寄存器的值保存到变量cr2里，由于C语言不支持寄存器操作，所以此处内嵌汇编语句将CR2寄存器的值复制到cr2变量中。随后显示错误码、栈指针值、异常产生的程序地址，紧接着再解析错误码以显示更详细的错误信息。

注明 在Linux 2.4.0内核的traps.c文件中，曾使用asmlinkage宏（宏定义如下所示）声明各异常处理模块的入口标识符（如nmi、page_fault等），此举是为了通知编译器在执行异常处理模块时不得使用寄存器传参方式。但在编译64位程序时，GCC编译器只能使用寄存器传参方式，因此asmlinkage宏功能无效。

```
#define asmlinkage __attribute__((regparm(0)))
```

宏asmlinkage借助GNU C语言的特殊属性regparm，来限制可使用寄存器传递参数的个数，如果寄存器传递参数的个数超过3，那么剩余参数将改用内存传参方式。

经过上述异常处理函数的实现，现在到了异常处理函数的测试环节。代码清单4-54借助程序i = 1/0;，使处理器触发#DE异常。

代码清单4-54 第4章\程序\程序4-5\kernel\main.c

```
#include "lib.h"
#include "printk.h"
#include "gate.h"
#include "trap.h"

void Start_Kernel(void)
{
    ......
    load_TR(8);

    set_tss64(0xffff800000007c00, 0xffff800000007c00, 0xffff800000007c00,
        0xffff800000007c00, 0xffff800000007c00, 0xffff800000007c00, 0xffff80000000
        7c00, 0xffff800000007c00, 0xffff800000007c00, 0xffff800000007c00);

    sys_vector_init();

    i = 1/0;
    // i = *(int *)0xffff80000aa00000;

    while(1)
        ;
}
```

这段程序通过宏函数load_TR(8);，将TSS段描述符的段选择子加载到TR寄存器，而函数

set_tss64则负责配置TSS段内的各个RSP和IST项。这两个函数位于文件gate.h中，它们的代码实现并未使用复杂的程序逻辑，请读者自行阅读。

注意　TSS段描述符被加载到TR寄存器后，其B标志位（Busy）会被置位，如果重复加载此描述符则产生#TS异常（Bochs虚拟机会提示“LTR: doesn't point to an available TSS descriptor!”）。因此必须将代码清单4-55内关于加载TSS段选择子的汇编代码删掉，否则会导致运行出错。

代码清单4-55　第4章\程序\程序4-5\kernel\head.S

```
// mov $0x40, %ax
// ltr %ax
```

以上就是异常捕获与错误码解析功能的全部内容，程序的执行效果如图4-11 所示。

图4-11　高级异常/中断日志显示图

反汇编system程序，将图4-11中的异常信息RIP: 0xffff800000104c59与system反汇编程序的代码ffff800000104c59进行对比，发现异常确实是发生于汇编代码idivl处：

```
ffff800000104c48:    b8 01 00 00 00          mov    $0x1,%eax
ffff800000104c4d:    c7 45 ec 00 00 00 00    movl   $0x0,-0x14(%rbp)
ffff800000104c54:    89 c2                   mov    %eax,%edx
ffff800000104c56:    c1 fa 1f                sar    $0x1f,%edx
ffff800000104c59:    f7 7d ec                idivl  -0x14(%rbp)
```

如果将代码清单4-54中的代码i = 1/0;改为i = *(int *)0xffff80000aa00000;，可触发#PF异常，程序的执行效果如图4-12所示。

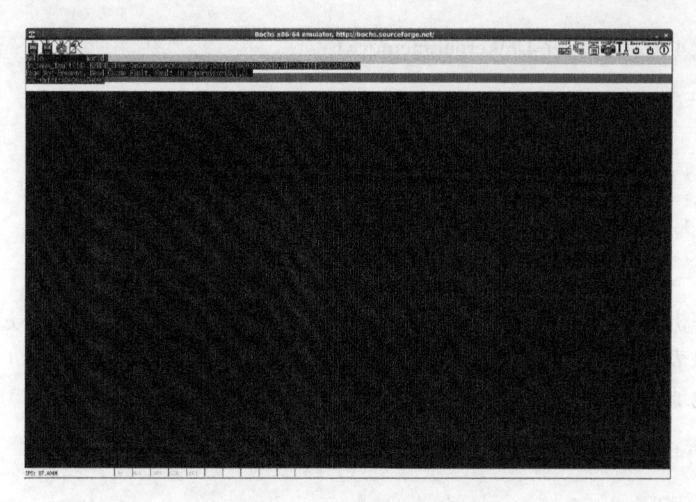

图4-12 #PF异常日志显示图

屏幕上打印的异常信息RIP：0xffff800000104c52指明触发异常指令的地址，异常原因则是页不存在、读取页时触发异常、错误发生在0特权级权限下。页错误的地址保持于CR2控制寄存器内，其值为0xffff80000aa00000，这个地址正是程序访问内存时触发异常的地址。

既然已经实现了系统异常捕获功能，那么操作系统就有了感知异常的能力，从而可以快速定位到程序运行出错的位置。

接下来，我们将会统计系统可用物理内存，并实现物理内存的初步管理功能。

4.5 初级内存管理单元

本节是物理内存管理单元的入门级内容，它将为读者展示如何获取物理内容信息、统计可用物理内存页数量以及分配物理页等相对基础的功能。

关于可用物理内存的相关信息，已经在Loader引导加载程序中通过BIOS中断服务程序获得，同时本系统还将打破以往的4 KB物理页分配和管理方式，改用2 MB物理页。因此，不仅统计可用物理页数量和分配物理页均是基于2 MB物理页实现的软件逻辑，乃至整个内存管理单元皆是，这些软件逻辑会对物理内存页进行有效的组织和管理。

4.5.1 获得物理内存信息

本节使用的物理地址空间信息，已在Loader引导加载程序中通过BIOS中断服务程序INT 15h AX=E820h获得，并保存在物理地址7E00h处。接下来，将会把物理地址7E00h处的信息提取出来，转换成相应的结构体再加以统计。这部分内容可以结合第7章获取物理地址空间信息的相关知识并行学习。

地址7E00h处的物理地址空间信息存有若干组，它们描述计算机平台的地址空间划分情况，其数量会依据当前主板硬件配置和物理内存容量信息而定，每条物理址空间信息占20 B，详细定义如代码清单4-56所示。

代码清单4-56　第4章\程序\程序4-6\kernel\memory.h

```
struct Memory_E820_Formate
{
    unsigned int address1;
    unsigned int address2;
    unsigned int length1;
    unsigned int length2;
    unsigned int type;
};
```

准备好数据解析结构体后，使用该结构体格式化物理地址7E00h处的数据。不过由于7E00h是物理地址，必须经过页表映射后才能被程序使用，转换后的线性地址是`ffff800000007e00h`，这便是程序要操作的目标地址，请看代码清单4-57。

代码清单4-57　第4章\程序\程序4-6\kernel\memory.c

```
#include "memory.h"
#include "lib.h"

void init_memory()
{
    int i,j;
    unsigned long TotalMem = 0 ;
    struct Memory_E820_Formate *p = NULL;

    color_printk(BLUE,BLACK,"Display Physics Address MAP,Type(1:RAM,2:ROM or
        Reserved,3:ACPI Reclaim Memory,4:ACPI NVS Memory,Others:Undefine)\n");
    p = (struct Memory_E820_Formate *)0xffff800000007e00;

    for(i = 0;i < 32;i++)
    {
        color_printk(ORANGE,BLACK,"Address:%#010x,%08x\tLength:%#010x,%08x\tType:
            %#010x\n",p->address2,p->address1,p->length2,p->length1,p->type);
        unsigned long tmp = 0;
        if(p->type == 1)
        {
            tmp = p->length2;
            TotalMem +=  p->length1;
            TotalMem +=  tmp  << 32;
        }

        p++;
        if(p->type > 4)
            break;
    }

    color_printk(ORANGE,BLACK,"OS Can Used Total RAM:%#018lx\n",TotalMem);
}
```

这段程序首先将指针变量`p`指向线性地址`0xffff800000007e00`处，通过32次循环逐条显示内存地址空间的分布信息。图4-13是从Bochs虚拟机检测出的地址空间分布信息，其`type`值不会大于`4`，如果出现`type > 4`的情况，则是遇见了程序运行时产生的脏数据，就没有必要继续比对下去，而直接跳出该循环。

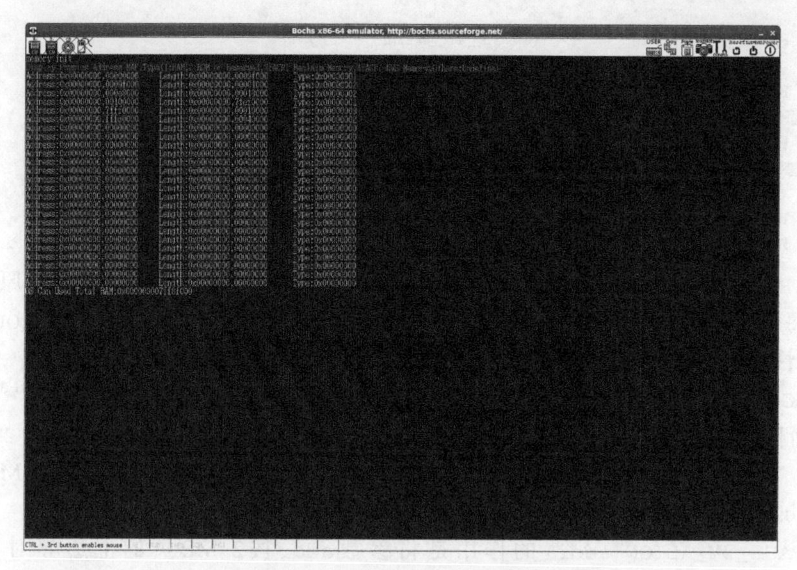

图4-13　获得物理内存信息

从图4-13中可以看出，可用物理内存空间（type = 1）由两部分组成，一部分是容量为9f000h的段，另一部分是容量为7fef0000h的段。进而计算出可用物理内存的总容量是（9f000h + 7fef0000h）B = 7ff8f000h B ≈ 2047.55 MB约2 GB，这与第2章配置虚拟平台运行环境时设置的参数megs: 2048（物理内存容量）相符。虽然知道可用物理内存的总容量，但是不能直接将这个数值转换成相应的内存页使用，具体方法请继续往下看。

4.5.2　计算可用物理内存页数

可用物理内存页数通常间接描述了操作系统可以使用的物理内存数，这些页必须按照页大小进行物理地址对齐。为了方便这个功能的函数实现，以及方便后续开发使用，定义的常用宏常量如代码清单4-58所示。

代码清单4-58　第4章\程序\程序4-7\kernel\memory.h

```
// 8 Bytes per cell
#define PTRS_PER_PAGE    512

#define PAGE_OFFSET ((unsigned long)0xffff800000000000)

#define PAGE_GDT_SHIFT   39
#define PAGE_1G_SHIFT    30
#define PAGE_2M_SHIFT    21
#define PAGE_4K_SHIFT    12

#define PAGE_2M_SIZE     (1UL << PAGE_2M_SHIFT)
#define PAGE_4K_SIZE     (1UL << PAGE_4K_SHIFT)

#define PAGE_2M_MASK     (~ (PAGE_2M_SIZE - 1))
```

```
#define PAGE_4K_MASK      (~ (PAGE_4K_SIZE - 1))

#define PAGE_2M_ALIGN(addr)    (((unsigned long)(addr) + PAGE_2M_SIZE - 1) &
PAGE_2M_MASK)
#define PAGE_4K_ALIGN(addr)    (((unsigned long)(addr) + PAGE_4K_SIZE - 1) &
PAGE_4K_MASK)

#define Virt_To_Phy(addr)  ((unsigned long)(addr) - PAGE_OFFSET)
#define Phy_To_Virt(addr)  ((unsigned long *)((unsigned long)(addr) + PAGE_OFFSET))
```

宏常量PTRS_PER_PAGE代表页表项个数，在64位模式下每个页表项占用字节数由原来的4字节扩展为8字节，每个页表大小为4 KB，因此页表项个数为4 KB ÷ 8 B = 512。宏常量PAGE_OFFSET代表内核层的起始线性地址，该线性地址位于物理地址0处（此值必须经过页表重映射）。

宏常量PAGE_4K_SHIFT代表$2^{PAGE_4K_SHIFT}$B=4 KB，同理$2^{PAGE_2M_SHIFT}$B=2 MB、$2^{PAGE_1G_SHIFT}$B=1 GB，以此类推，它们将64位模式下的每种页表项代表的物理页容量都表示出来。宏常量PAGE_2M_SIZE代表2 MB页的容量，宏展开后会将1向左移动PAGE_2M_SHIFT位。宏常量PAGE_2M_MASK是2 MB数值的屏蔽码，通常用于屏蔽低于2 MB的数值。

宏函数PAGE_2M_ALIGN(addr)的作用是将参数addr按2 MB页的上边界对齐。宏函数Virt_To_Phy(addr)用于将内核层虚拟地址转换成物理地址，请注意该宏函数是有条件限制的，目前只有物理地址的前10 MB被映射到线性地址0xffff800000000000处（在head.S文件定义的页表中），也只有这10 MB内存空间可供该宏函数使用。随着系统功能的不断强大和完善，可使用的内存空间也会相继增大。而宏函数Phy_To_Virt(addr)与Virt_To_Phy(addr)的功能恰恰相反。

定义了这些常用宏后，还需定义全局结构体struct Global_Memory_Descriptor，来保存所有关于内存的信息以供内存管理模块使用，代码清单4-59中的结构体struct E820则是struct Memory_E820_Formate结构体的替代版本。

代码清单4-59　第4章\程序\程序4-7\kernel\memory.h

```
struct E820
{
    unsigned long address;
    unsigned long length;
    unsigned int    type;
}__attribute__((packed));

struct Global_Memory_Descriptor
{
    struct E820     e820[32];
    unsigned long   e820_length;
};

extern struct Global_Memory_Descriptor memory_management_struct;
```

结构体中的特殊属性__attribute__((packed));修饰该结构体不会生成对齐空间，改用紧凑格式，也只有这样才能从struct E820结构体中正确索引出线性地址ffff800000007e00h处的内存空间分布信息。目前的struct Global_Memory_Descriptor结构体仅包含内存地址空间结构struct E820，更多内容将在今后的开发中相继引入。代码清单4-60是全局结构体变量memory_management_struct定义。

代码清单4-60 第4章\程序\程序4-7\kernel\main.c

```
struct Global_Memory_Descriptor memory_management_struct = {{0},0};
```

接下来将会对init_memory()函数进行修改和扩充，代码清单4-61是具体程序实现。

代码清单4-61 第4章\程序\程序4-7\kernel\memory.c

```
void init_memory()
{
    ……
    for(i = 0;i < 32;i++)
    {
        color_printk(ORANGE,BLACK,"Address:%#018lx\tLength:%#018lx\tType:%#010x\n",
            p->address,p->length,p->type);
        unsigned long tmp = 0;
        if(p->type == 1)
            TotalMem +=  p->length;

        memory_management_struct.e820[i].address += p->address;
        memory_management_struct.e820[i].length     += p->length;
        memory_management_struct.e820[i].type       = p->type;
        memory_management_struct.e820_length = i;

        p++;
        if(p->type > 4)
            break;
    }
    color_printk(ORANGE,BLACK,"OS Can Used Total RAM:%#018lx\n",TotalMem);
    ……
}
```

这部分代码的功能依然是显示物理内存空间分布信息，只不过这次将内存空间分布信息都保存到memory_management_struct全局变量的e820结构体数组成员变量中。然后对e820结构体数组中的可用物理内存段进行2 MB物理页边界对齐，并统计出可用物理页的总量，详细代码如代码清单4-62所示。

代码清单4-62 第4章\程序\程序4-7\kernel\memory.c

```
TotalMem = 0;

for(i = 0;i <= memory_management_struct.e820_length;i++)
{
    unsigned long start,end;
    if(memory_management_struct.e820[i].type != 1)
        continue;
    start = PAGE_2M_ALIGN(memory_management_struct.e820[i].address);
    end   = ((memory_management_struct.e820[i].address +
        memory_management_struct.e820[i].length) >> PAGE_2M_SHIFT) << PAGE_2M_SHIFT;
    if(end <= start)
        continue;
    TotalMem += (end - start) >> PAGE_2M_SHIFT;
}

color_printk(ORANGE,BLACK,"OS Can Used Total 2M
    PAGEs:%#010x=%010d\n",TotalMem,TotalMem);
```

在本段程序中，检测出可用物理内存段后，使用宏函数PAGE_2M_ALIGN将这些段的起始地址按2 MB页的上边界对齐，经过对齐处理后的地址才是段的有效内存起始地址。而这些段的结束地址是由段的原起始地址和段长度相加而得，随后将计算结果用移位的方式按2 MB页的下边界对齐，亦可使用之前定义的宏常量PAGE_2M_MASK进行页的下边界对齐操作。如果计算后的起始地址小于等于计算后的结束地址，则视这个段为有效内存段，进而计算其可用物理页数量，并在屏幕上打印出可用物理页总量，图4-14是程序的运行效果。

从图4-14的信息可知，虚拟机的可用物理内存页数量为1022，在此基础上便可实现物理内存页分配函数alloc_pages。该函数在操作系统中至关重要，不管是内核层还是应用层都直接或间接地使用该函数来申请内存空间。

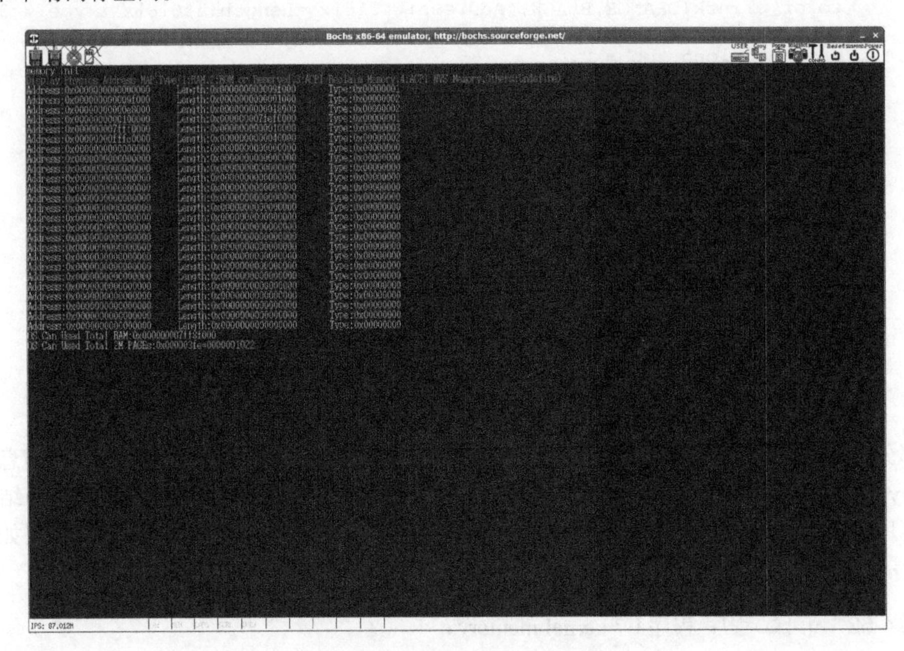

图4-14　可用物理内存页数

4.5.3　分配可用物理内存页

在操作系统中，内存管理单元是操作系统最为重要的一个组成部分，而物理内存页是内存管理单元的基础管理对象。因此，初始化内存管理单元的首要任务就是汇总可用物理内存页的相关信息，方可实现可用物理内存页的分配功能。那么就先让我们抽象出物理内存的管理结构，再编写物理内存页分配函数。

1. 物理页管理结构的定义及初始化

为了汇总可用物理内存信息并方便以后的管理，现在特将整个内存空间（通过E820功能返回的各个内存段信息，包括RAM空间、ROM空间、保留空间等），按2 MB大小的物理内存页进行分割和对齐。分割后的每个物理内存页由一个struct page结构体负责管理，然后使用区域空间结构体struct zone代表各个可用物理内存区域（可用物理内存段），并记录和管理本区域物理内存页的分配情况。最后将struct page结构体和struct zone结构体都保存到全局结构体struct Global_Memory_Descriptor内。图4-15是物理内存页的管理结构示意图。

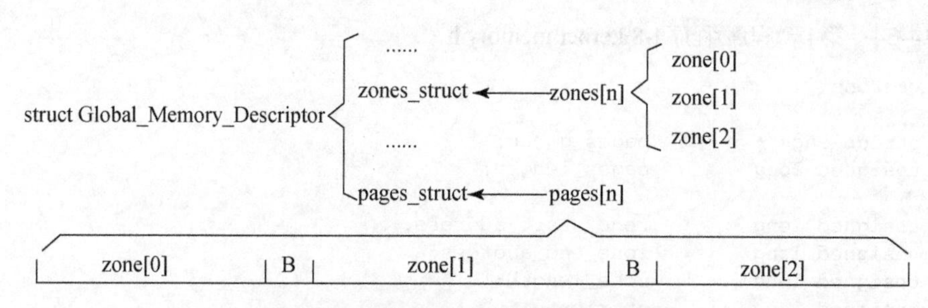

图4-15　物理内存页的管理结构示意图

图4-15中的pages_struct结构包含所有内存页结构体，zones_struct结构包含所有区域空间结构体，它们增强了全局结构体struct Global_Memory_Descriptor的管理能力。每当执行页的分配或回收等操作时，内核会从全局结构体struct Global_Memory_Descriptor中索引出对应的区域空间结构和页结构，并调整区域空间结构的管理信息与页结构的属性和参数。代码清单4-63、代码清单4-64以及代码清单4-65是内存页结构、区域空间结构以及全局结构体的详细结构体定义。

代码清单4-63　第4章\程序\程序4-8\kernel\memory.h

```
struct Page
{
    struct Zone *       zone_struct;
    unsigned long       PHY_address;
    unsigned long       attribute;

    unsigned long       reference_count;

    unsigned long       age;
};
```

表4-3是struct page结构体各成员变量的功能描述。

表4-3　struct page结构体成员功能信息

结构体成员	功能描述
zone_struct	指向本页所属的区域结构体
PHY_address	页的物理地址
attribute	页的属性
reference_count	描述的是该页的引用次数
age	描述的是该页的创建时间

相信读者已经发现，其实PHY_address和zone_struct结构体成员是可以通过计算获得的，此

处添加这两个成员是为了节省计算时间，从而实现以空间换时间。而成员变量attribute则用于描述当前页的映射状态、活动状态、使用者等信息。

注意目前定义的结构体均为临时设计，而非最终版本，在后续的开发过程中会随时根据需要删减或更换。

代码清单4-64 第4章\程序\程序4-8\kernel\memory.h

```
struct Zone
{
    struct Page *       pages_group;
    unsigned long       pages_length;

    unsigned long       zone_start_address;
    unsigned long       zone_end_address;
    unsigned long       zone_length;
    unsigned long       attribute;

    struct Global_Memory_Descriptor * GMD_struct;

    unsigned long       page_using_count;
    unsigned long       page_free_count;

    unsigned long       total_pages_link;
};
```

表4-4是struct zone结构体各成员变量的功能描述。

表4-4 struct zone结构体成员功能信息

结构体成员	功能描述
pages_group	struct page结构体数组指针
pages_length	本区域包含的struct page结构体数量
zone_start_address	本区域的起始页对齐地址
zone_end_address	本区域的结束页对齐地址
zone_length	本区域经过页对齐后的地址长度
attribute	本区域空间的属性
GMD_struct	指向全局结构体struct Global_Memory_Descriptor
page_using_count	本区域已使用物理内存页数量
page_free_count	本区域空闲物理内存页数量
total_pages_link	本区域物理页被引用次数

在struct zone结构体中，total_pages_link成员变量描述的是物理页被引用次数。由于物理页在页表中的映射可以是一对多的关系，一个物理页可以同时映射到线性地址空间中的多个位置上，故成员变量total_pages_link与page_using_count在数值上并不一定相等。而成员变量attribute则用于描述当前区域是否支持DMA、页是否经过页表映射等信息。

下面再来看看内核又向全局结构体struct Global_Memory_Descriptor追加了哪些成员变

量，如代码清单4-65所示。

代码清单4-65　第4章\程序\程序4-8\kernel\memory.h

```
struct Global_Memory_Descriptor
{
	struct E820	e820[32];
	unsigned long	e820_length;

	unsigned long *	bits_map;
	unsigned long	bits_size;
	unsigned long	bits_length;

	struct Page *	pages_struct;
	unsigned long	pages_size;
	unsigned long	pages_length;

	struct Zone *	zones_struct;
	unsigned long	zones_size;
	unsigned long	zones_length;

	unsigned long	start_code , end_code , end_data , end_brk;

	unsigned long	end_of_struct;
};
```

表4-5是struct Global_Memory_Descriptor结构体各成员变量的功能描述。

表4-5　**struct Global_Memory_Descriptor**结构体成员功能信息

结构体成员	功能描述
e820[32]	物理内存段结构数组
e820_length	物理内存段结构数组长度
bits_map	物理地址空间页映射位图
bits_size	物理地址空间页数量
bits_length	物理地址空间页映射位图长度
pages_struct	指向全局struct page结构体数组的指针
pages_size	struct page结构体总数
pages_length	struct page结构体数组长度
zones_struct	指向全局struct zone结构体数组的指针
zones_size	struct zone结构体数量
zones_length	struct zone结构体数组长度
start_code	内核程序的起始代码段地址
end_code	内核程序的结束代码段地址
end_data	内核程序的结束数据段地址
end_brk	内核程序的结束地址
end_of_struct	内存页管理结构的结尾地址

表中的bits_****相关字段是struct page结构体的位图映射，它们是一一对应的关系。建立bits位图映射的目的是为方便检索pages_struct中的空闲页表，而pages_****和zones_****相关变量就比较好理解，它们用来记录struct page和struct zone结构体数组的首地址以及资源分配情况等信息。至于start_code、end_code、end_data、end_brk这4个成员变量，它们用于保存内核程序编译后的各段首尾地址（包括代码段、数据段、BSS段等），而首尾地址则是在kernel.lds文件中定义并在代码清单4-66中声明。

代码清单4-66　第4章\程序\程序4-8\kernel\main.c

```
extern char _text;
extern char _etext;
extern char _edata;
extern char _end;
```

经过声明后的这些变量（标识符）会被放在kernel.lds链接脚本指定的地址处。例如标识符_text，链接器会将它放在线性地址0xffff800000100000处，从而使得标识符_text位于内核程序的代码段起始地址处。随后，内核主函数Start_Kernel会将_text、_etext、_edata、_end等标识符的地址保存到start_code、end_code、end_data和end_brk等成员变量内，参见代码清单4-67。

代码清单4-67　第4章\程序\程序4-8\kernel\main.c

```
void Start_Kernel(void)
{
    ......

    Pos.FB_length = (Pos.XResolution * Pos.YResolution * 4 + PAGE_4K_SIZE - 1) &
        PAGE_4K_MASK;

    ......

    memory_management_struct.start_code = (unsigned long)& _text;
    memory_management_struct.end_code   = (unsigned long)& _etext;
    memory_management_struct.end_data   = (unsigned long)& _edata;
    memory_management_struct.end_brk    = (unsigned long)& _end;

    ......
}
```

经过此番配置后，end_brk成员变量保存的是内核程序的结尾地址。这个地址后的内存空间可被任意使用，那么现在将struct page与struct zone结构体数组保存在此处。这项工作依然在init_memory函数里实现，详见代码清单4-68对init_memory函数的扩展。

代码清单4-68　第4章\程序\程序4-8\kernel\memory.c

```
void init_memory()
{
    ......

    p++;
    if(p->type > 4 || p->length == 0 || p->type < 1)
        break;
```

```
	......

	TotalMem = memory_management_struct.e820[memory_management_struct.e820_length].
	    address + memory_management_struct.e820[memory_management_struct.e820_
	    length].length;

	//bits map construction init

	memory_management_struct.bits_map = (unsigned long *)((memory_management_
	    struct.end_brk + PAGE_4K_SIZE - 1) & PAGE_4K_MASK);

	memory_management_struct.bits_size = TotalMem >> PAGE_2M_SHIFT;

	memory_management_struct.bits_length = (((unsigned long)(TotalMem >>
	    PAGE_2M_SHIFT) + sizeof(long) * 8 - 1) / 8) & ( ~ (sizeof(long) - 1));

	memset(memory_management_struct.bits_map,0xff,memory_management_struct.
	    bits_length);	//init bits map memory
	......
}
```

4

这段程序首先追加判断条件p->length == 0 || p->type < 1，来截断并剔除E820数组中的脏数据。之后，根据物理地址空间划分信息计算出物理地址空间的结束地址（目前的结束地址位于最后一条物理内存段信息中，但不排除其他可能性）。把物理地址空间的结束地址按2 MB页对齐，从而统计出物理地址空间可分页数。这个物理地址空间可分页数不仅包括可用物理内存，还包括内存空洞和ROM地址空间，将物理地址空间可分页数赋值给bits_size成员变量。成员变量bits_map是映射位图的指针，它指向内核程序结束地址end_brk的4 KB上边界对齐位置处，此举是为了保留一小段隔离空间，以防止误操作损坏其他空间的数据。接着将整个bits_map空间全部置位，以标注非内存页（内存空洞和ROM空间）已被使用，随后再通过程序将映射位图中的可用物理内存页复位。

接下来再为struct page结构体建立存储空间并对其进行初始化，请继续看代码清单4-69。

代码清单4-69　第4章\程序\程序4-8\kernel\memory.c

```
	//pages construction init

	memory_management_struct.pages_struct = (struct Page *)(((unsigned long)memory_
	    management_struct.bits_map + memory_management_struct.bits_length +
	    PAGE_4K_SIZE - 1) & PAGE_4K_MASK);

	memory_management_struct.pages_size = TotalMem >> PAGE_2M_SHIFT;

	memory_management_struct.pages_length = ((TotalMem >> PAGE_2M_SHIFT) *
	    sizeof(struct Page) + sizeof(long) - 1) & ( ~ (sizeof(long) - 1));

	memset(memory_management_struct.pages_struct,0x00,memory_management_struct.
	    pages_length);	//init pages memory
```

这部分程序负责创建struct page结构体数组的存储空间和分配记录。struct page结构体数组的存储空间位于bit映射位图之后，数组的元素数量为物理地址空间可分页数，其分配与计算方式同bit映射位图相似，只不过此处将struct page结构体数组全部清零以备后续的初始化程序使用。

经过struct page结构体数组的初始化，下面再为struct zone结构体建立存储空间并对其进行初始化，请继续看代码清单4-70。

代码清单4-70　第4章\程序\程序4-8\kernel\memory.c

```
//zones construction init

memory_management_struct.zones_struct = (struct Zone *)(((unsigned long)memory_
    management_struct.pages_struct + memory_management_struct.pages_length +
    PAGE_4K_SIZE - 1) & PAGE_4K_MASK);

memory_management_struct.zones_size   = 0;

memory_management_struct.zones_length = (5 * sizeof(struct Zone) + sizeof(long)
    - 1) & (~(sizeof(long) - 1));

memset(memory_management_struct.zones_struct,0x00,memory_management_struct.
    zones_length);    //init zones memory
```

这段程序负责创建struct zone结构体数组的存储空间和分配记录，整个执行流程与上文的struct page结构体初始化过程基本相同。不过，目前暂时无法计算出struct zone结构体数组的元素个数，只能将zones_size成员变量赋值为0，而将zones_length成员变量暂且按照5个struct zone结构体来计算。

通过上述存储空间的创建后，此刻将再次遍历E820数组来完成各数组成员变量的初始化工作。代码清单4-71是各数组成员变量的详细初始化过程。

代码清单4-71　第4章\程序\程序4-8\kernel\memory.c

```
for(i = 0;i <= memory_management_struct.e820_length;i++)
{
    unsigned long start,end;
    struct Zone * z;
    struct Page * p;
    unsigned long * b;

    if(memory_management_struct.e820[i].type != 1)
        continue;
    start = PAGE_2M_ALIGN(memory_management_struct.e820[i].address);
    end   = ((memory_management_struct.e820[i].address + memory_management_struct.
        e820[i].length) >> PAGE_2M_SHIFT) << PAGE_2M_SHIFT;
    if(end <= start)
        continue;

    //zone init

    z = memory_management_struct.zones_struct + memory_management_struct.zones_size;
    memory_management_struct.zones_size++;

    z->zone_start_address = start;
    z->zone_end_address = end;
    z->zone_length = end - start;

    z->page_using_count = 0;
    z->page_free_count = (end - start) >> PAGE_2M_SHIFT;
```

```
    z->total_pages_link = 0;

    z->attribute = 0;
    z->GMD_struct = &memory_management_struct;

    z->pages_length = (end - start) >> PAGE_2M_SHIFT;
    z->pages_group =  (struct Page *)(memory_management_struct.pages_struct +
      (start >> PAGE_2M_SHIFT));

    //page init
    p = z->pages_group;
    for(j = 0;j < z->pages_length; j++ , p++)
    {
        p->zone_struct = z;
        p->PHY_address = start + PAGE_2M_SIZE * j;
        p->attribute = 0;

        p->reference_count = 0;
        p->age = 0;

        *(memory_management_struct.bits_map + ((p->PHY_address >> PAGE_2M_SHIFT) >>
          6)) ^= 1UL << (p->PHY_address >> PAGE_2M_SHIFT) % 64;
    }
}
```

这段程序是初始化bit位图映射、struct page结构体以及struct zone结构体的核心代码，它将遍历全部物理内存段信息以初始可用物理内存段。代码首先过滤掉非物理内存段，再将剩下的可用物理内存段进行页对齐，如果本段物理内存有可用物理页，则把该段内存空间视为一个可用的struct zone区域空间，并对其进行初始化。与此同时，还将对这段内存空间中的struct page结构体和bit位图映射位进行初始化。初始化程序中的代码*(memory_management_struct.bits_map + ((p->PHY_address >> PAGE_2M_SHIFT) >> 6)) ^= 1UL << (p->PHY_address >> PAGE_2M_SHIFT) % 64;会把当前struct page结构体所代表的物理地址转换成bits_map映射位图中对应的位。由于此前已将bits_map映射位图全部置位，那么此刻再将可用物理页对应的位和1执行异或操作，以将对应的可用物理页标注为未被使用。最后还要做一些初始化过程的收尾工作，请继续往下看代码清单4-72。

代码清单4-72　第4章\程序\程序4-8\kernel\memory.c

```
/////////////init address 0 to page struct 0; because the
memory_management_struct.e820[0].type != 1

memory_management_struct.pages_struct->zone_struct = memory_management_struct.
zones_struct;

memory_management_struct.pages_struct->PHY_address = 0UL;
memory_management_struct.pages_struct->attribute = 0;
memory_management_struct.pages_struct->reference_count = 0;
memory_management_struct.pages_struct->age = 0;

/////////////
```

```
memory_management_struct.zones_length = (memory_management_struct.zones_size *
    sizeof(struct Zone) + sizeof(long) - 1) & ( ~ (sizeof(long) - 1));
```

经过一番遍历后，所有的可用物理内存页均已被初始化，但由于0~2 MB的物理内存页包含多个物理内存段，其中还囊括了内核程序，所以必须对该页进行特殊初始化。此后方可计算出struct zone区域空间结构体数组的元素数量。

各数组成员变量初始化结束后，接下来将其中的某些关键性信息打印在屏幕上，继续看下面的代码清单4-73。

代码清单4-73　第4章\程序\程序4-8\kernel\memory.c

```
color_printk(ORANGE,BLACK,"bits_map:%#018lx,bits_size:%#018lx,bits_length:
%#018lx\n",memory_management_struct.bits_map,memory_management_struct.bits_size,
memory_management_struct.bits_length);

color_printk(ORANGE,BLACK,"pages_struct:%#018lx,pages_size:%#018lx,pages_
length:%#018lx\n",memory_management_struct.pages_struct,memory_management_struct.
pages_size,memory_management_struct.pages_length);

color_printk(ORANGE,BLACK,"zones_struct:%#018lx,zones_size:%#018lx,zones_
length:%#018lx\n",memory_management_struct.zones_struct,memory_management_struct.
zones_size,memory_management_struct.zones_length);

ZONE_DMA_INDEX = 0;//need rewrite in the future
ZONE_NORMAL_INDEX = 0;//need rewrite in the future
```

代码清单4-73的作用是在屏幕上打印出各结构的统计信息，其中的全局变量ZONE_DMA_INDEX和ZONE_NORMAL_INDEX暂且无法区分，故此先将它们指向同一个struct zone区域空间，然后再显示struct zone结构体的详细信息。请继续往下看代码清单4-74。

代码清单4-74　第4章\程序\程序4-8\kernel\memory.c

```
for(i = 0;i < memory_management_struct.zones_size;i++)    //need rewrite in the future
{
    struct Zone * z = memory_management_struct.zones_struct + i;
    color_printk(ORANGE,BLACK,"zone_start_address:%#018lx,zone_end_address:%#018lx
        zone_length:%#018lx,pages_group:%#018lx,pages_length:%#018lx\n",z->zone_
        start_address,z->zone_end_address,z->zone_length,z->pages_group,z->pages_
        length);

    if(z->zone_start_address == 0x100000000)
        ZONE_UNMAPED_INDEX = i;
}

memory_management_struct.end_of_struct = (unsigned long)((unsigned long)memory_
    management_struct.zones_struct + memory_management_struct.zones_length + sizeof
    (long) * 32) & ( ~ (sizeof(long) - 1));    ////need a blank to separate memory_
    management_struct
```

此段程序遍历显示各个区域空间结构体struct zone的详细统计信息，如果当前区域的起始地址是0x100000000，就将此区域索引值记录在全局变量ZONE_UNMAPED_INDEX内，表示从该区域空间开始的物理内存页未曾经过页表映射。最后还要调整成员变量end_of_struct的值，以记录上述结构的结束地址，并且预留一段内存空间防止越界访问。

内存管理单元初始化完毕后，还必须初始化内存管理单元结构（struct Global_Memory_Descriptor）所占物理页的struct page结构体，请看代码清单4-75。

代码清单4-75 第4章\程序\程序4-8\kernel\memory.c

```
color_printk(ORANGE,BLACK,"start_code:%#018lx,end_code:%#018lx,end_data:%#018lx,
    end_brk:%#018lx,end_of_struct:%#018lx\n",memory_management_struct.start_code,
    memory_management_struct.end_code,memory_management_struct.end_data,memory_
    management_struct.end_brk, memory_management_struct.end_of_struct);

i = Virt_To_Phy(memory_management_struct.end_of_struct) >> PAGE_2M_SHIFT;

for(j = 0;j <= i;j++)
{
    page_init(memory_management_struct.pages_struct + j,PG_PTable_Maped | PG_Kernel_
        Init | PG_Active | PG_Kernel);
}
```

这部分程序不仅把start_code、end_code、end_data、end_brk以及end_of_struct这5个成员变量的数值打印在屏幕上，还将系统内核与内存管理单元结构所占物理页的page结构体全部初始化成PG_PTable_Maped（经过页表映射的页）| PG_Kernel_Init（内核初始化程序）| PG_Active（使用中的页） | PG_Kernel（内核层页）属性。

函数init_memory的剩余代码用于清空页表项，这些页表项曾经用于一致性页表映射，此刻无需再保留一致性页表映射，从而通过代码清单4-76清空这些页表项。

代码清单4-76 第4章\程序\程序4-8\kernel\memory.c

```
Global_CR3 = Get_gdt();

color_printk(INDIGO,BLACK,"Global_CR3\t:%#018lx\n",Global_CR3);
color_printk(INDIGO,BLACK,"*Global_CR3\t:%#018lx\n",*Phy_To_Virt(Global_CR3) &
    (~0xff));
color_printk(PURPLE,BLACK,"**Global_CR3\t:%#018lx\n",*Phy_To_Virt(*Phy_To_Virt
(Global_CR3) & (~0xff)) & (~0xff));

for(i = 0;i < 10;i++)
    *(Phy_To_Virt(Global_CR3) + i) = 0UL;

flush_tlb();
```

这段程序中的Get_gdt函数用于读取CR3控制寄存器内保存的页目录基地址。然后在屏幕中打印几层页表的首地址。由于页表项只能保存物理地址，那么根据内核执行头程序（文件head.S）初始化的页表项可知，Global_CR3变量保存的物理地址是0x0000000000101000，* Global_CR3中保存的物理地址是0x0000000000102000，而** Global_CR3中保存的物理地址是0x0000000000103000。

紧接着为了消除一致性页表映射，特将页目录（PML4页表）中的前10个页表项清零（其实只要将第一项清零就可以了）。虽然已将这些页表项清零，但它们不会立即生效，必须使用flush_tlb函数才能让更改的页表项生效，代码清单4-77是flush_tlb函数的程序实现。

代码清单4-77　第4章\程序\程序4-8\kernel\memory.h

```
#define flush_tlb()                                                     \
do                                                                      \
{                                                                       \
    unsigned long    tmpreg;                                            \
    __asm__ __volatile__    (                                           \
                            "movq    %%cr3,    %0         \n\t"         \
                            "movq    %0,       %%cr3      \n\t"         \
                            :"=r"(tmpreg)                               \
                            :                                           \
                            :"memory"                                   \
                        );                                              \
}while(0)
```

宏函数flush_tlb的代码实现非常简单，它仅重新赋值了一次CR3控制寄存器，以使更改后的页表项生效。

其实在更改页表项后，原页表项依然缓存于TLB（Translation Lookaside Buffer，旁路转换缓冲存储器）内，重新加载页目录基地址到CR3控制寄存器将迫使TLB自动刷新，这样就达到了更新页表项的目的。而Get_gdt函数仅仅使用了本函数的前半部分功能，代码清单4-78是Get_gdt函数的代码实现。

代码清单4-78　第4章\程序\程序4-8\kernel\memory.h

```
inline unsigned long * Get_gdt()
{
    unsigned long * tmp;
    __asm__ __volatile__    (
                            "movq    %%cr3,    %0    \n\t"
                            :"=r"(tmp)
                            :
                            :"memory"
                        );
    return tmp;
}
```

函数Get_gdt的作用仅仅是将CR3控制寄存器里的页目录物理基地址读取出来，并将其传递给函数调用者。

至此，函数init_memory还剩一个page_init函数没有讲解。page_init函数主要负责初始化目标物理页的struct page结构体，并更新目标物理页所在区域空间结构struct zone内的统计信息，函数实现如代码清单4-79所示。

代码清单4-79　第4章\程序\程序4-8\kernel\memory.c

```
unsigned long page_init(struct Page * page,unsigned long flags)
{
    if(!page->attribute)
    {
        *(memory_management_struct.bits_map + ((page->PHY_address >> PAGE_
            2M_SHIFT) >> 6)) |= 1UL << (page->PHY_address >> PAGE_2M_SHIFT) % 64;
        page->attribute = flags;
```

```
        page->reference_count++;
        page->zone_struct->page_using_count++;
        page->zone_struct->page_free_count--;
        page->zone_struct->total_pages_link++;
    }
    else if((page->attribute & PG_Referenced) || (page->attribute & PG_K_Share_To_U)
        || (flags & PG_Referenced) || (flags & PG_K_Share_To_U))
    {
        page->attribute |= flags;
        page->reference_count++;
        page->zone_struct->total_pages_link++;
    }
    else
    {
        *(memory_management_struct.bits_map + ((page->PHY_address >>
            PAGE_2M_SHIFT) >> 6)) |= 1UL << (page->PHY_address >> PAGE_2M_SHIFT) % 64;
        page->attribute |= flags;
    }
    return 0;
}
```

这个函数对struct page结构体进行初始化，对于一个崭新的页面而言，page_init函数是对页结构进行初始化。如果当前页面结构属性或参数flags中含有引用属性（PG_Referenced）或共享属性（PG_K_Share_To_U），那么就只增加struct page结构体的引用计数和struct zone结构体的页面被引用计数。否则就仅仅是添加页表属性，并置位bit映射位图的相应位。

经过漫长的程序讲解，内存信息的初始化工作暂且告一段落。下面就让我们来看看程序的运行效果，如图4-16所示。

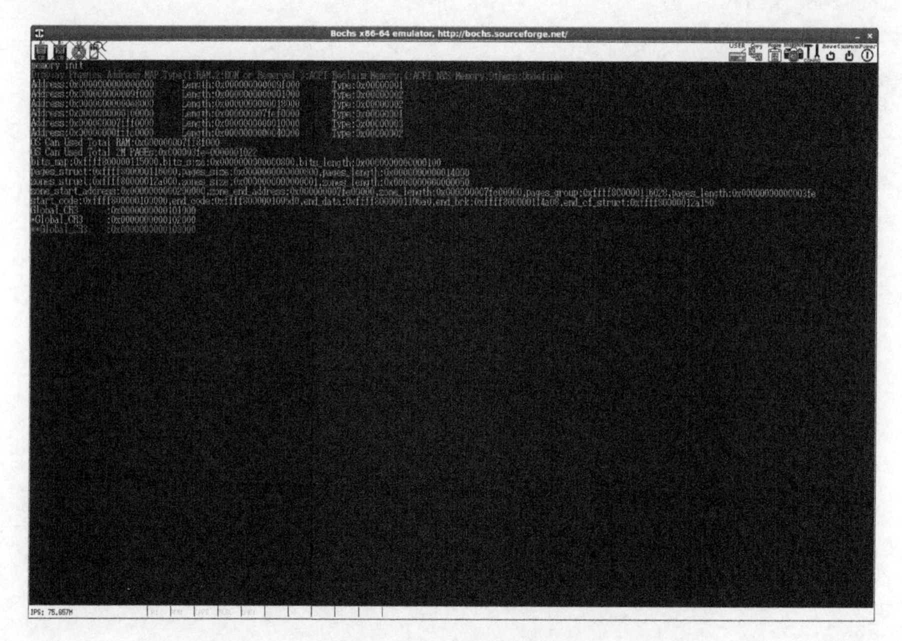

图4-16　显示全局内存信息

从程序的运行结果可以看出，整个虚拟平台只有一段物理内存可供物理内存页分配使用，可分配的物理页数量为1022个页面。内核代码的起始地址是0xffff800000100000，代码段的结束地址是0xffff8000001095d0，数据段的结束地址是0xffff8000001106a0，内核程序的结束地址是0xffff800000114a08，初始化的数据区结束地址是0xffff80000012a150。页目录（PML4页表）的首物理地址位于0x101000处，PDPT页表的首物理地址位于0x102000处，PD页表的首物理地址位于0x103000处。

完成这些数据的初始化以后，我们现在可以实现可用物理内存页的分配功能了。

2. 实现可用物理内存页的分配函数

可用物理内存页的分配功能是在上节内容的基础上实现的。可用物理内存页的分配函数alloc_pages，会从已初始化的内存管理单元结构中搜索符合申请条件的struct page，并将其设置为“使用状态”，这个函数的具体实现如代码清单4-80所示。（注意，此时的alloc_pages函数可能会有设计缺陷以及欠考虑的地方，请读者不要太过拘泥于细节。）

代码清单4-80　第4章\程序\程序4-8\kernel\memory.c

```
/*
	number: number <= 64
	zone_select: zone select from dma , mapped in  pagetable , unmapped in pagetable
	page_flags: struct Page flages
*/
struct Page * alloc_pages(int zone_select,int number,unsigned long page_flags)
{
	int i;
	unsigned long page = 0;
	int zone_start = 0;
	int zone_end = 0;

	switch(zone_select)
	{
		case ZONE_DMA:
			zone_start = 0;
			zone_end = ZONE_DMA_INDEX;
			break;

		case ZONE_NORMAL:
			zone_start = ZONE_DMA_INDEX;
			zone_end = ZONE_NORMAL_INDEX;
			break;

		case ZONE_UNMAPED:
			zone_start = ZONE_UNMAPED_INDEX;
			zone_end = memory_management_struct.zones_size - 1;
			break;

		default:
			color_printk(RED,BLACK,"alloc_pages error zone_select index\n");
			return NULL;
			break;
	}
	......
}
```

在这部分程序中，首先通过注释对alloc_pages函数进行描述，之所以把注释也写出来，不光是为了让读者便于向函数传递参数，同时也是为了说明这个函数目前能够实现的功能，即它最多可从DMA区域空间、已映射页表区域空间或者未映射页表区域空间里，一次性申请64个连续的物理页，并设置这些物理页对应的struct page属性。

函数alloc_pages会根据zone_select参数来判定需要检索的内存区域空间，如果zone_select参数无法匹配到相应的区域空间，则打印错误日志信息并使函数返回。目前，Bochs虚拟机只能开辟出2 GB的物理内存空间，以至于虚拟平台仅有一个可用物理内存段，因此ZONE_DMA_INDEX、ZONE_NORMAL_INDEX和ZONE_UNMAPED_INDEX三个变量均代表同一内存区域空间，即使用默认值0代表的内存区域空间。

既然已确定检测的目标内存区域空间，接下来将从该区域空间中遍历出符合申请条件的struct page结构体组。请继续往下看alloc_pages函数的后续部分。

4

代码清单4-81　第4章\程序\程序4-8\kernel\memory.c

```
    for(i = zone_start;i <= zone_end; i++)
    {
        struct Zone * z;
        unsigned long j;
        unsigned long start,end,length;
        unsigned long tmp;

        if((memory_management_struct.zones_struct + i)->page_free_count < number)
            continue;

        z = memory_management_struct.zones_struct + i;
        start = z->zone_start_address >> PAGE_2M_SHIFT;
        end = z->zone_end_address >> PAGE_2M_SHIFT;
        length = z->zone_length >> PAGE_2M_SHIFT;

        tmp = 64 - start % 64;

        for(j = start;j <= end;j += j % 64 ? tmp : 64)
        {
            unsigned long * p = memory_management_struct.bits_map + (j >> 6);
            unsigned long shift = j % 64;
            unsigned long k;
            for(k = shift;k < 64 - shift;k++)
            {
                if( !(((*p >> k) | (*(p + 1) << (64 - k))) & (number == 64 ?
                    0xffffffffffffffffUL : ((1UL << number) - 1))) )
                {
                    unsigned long   l;
                    page = j + k - 1;
                    for(l = 0;l < number;l++)
                    {
                        struct Page * x = memory_management_struct.pages_struct +
                            page + l;
                        page_init(x,page_flags);
                    }
```

```
                goto find_free_pages;
            }
        }
    }
}

return NULL;

find_free_pages:
    return (struct Page *)(memory_management_struct.pages_struct + page);
```

这部分代码从目标内存区域空间的起始内存页结构开始逐一遍历，直至内存区域空间的结尾。由于起始内存页结构对应的BIT映射位图往往位于非对齐（按UNSIGNED LONG类型对齐）位置处，而且每次将按UNSIGNED LONG类型作为遍历的步进长度，同时步进过程还会按UNSIGNED LONG类型对齐。因此，起始页的BIT映射位图只能检索tmp = 64 - start % 64;次，随后借助代码j += j % 64 ? tmp : 64将索引变量j调整到对齐位置处。为了保证alloc_pages函数可检索出64个连续的物理页，特使用程序(*p >> k) | (*(p + 1) << (64 - k))，将后一个UNSIGNED LONG变量的低位部分补齐到正在检索的变量中，只有这样才能保证最多可申请64个连续的物理页。

值得一提的是，左移符号<<对应的汇编指令是SHL（Shift Logical Left，逻辑左移指令），对于一个64位的寄存器来说，其左移范围为0~63。当申请值number为64时，必须经过特殊处理才可进行位图检索，这便是程序number == 64 ? 0xffffffffffffffffUL : ((1UL << number) - 1)的由来。

最后，如果检索出满足条件的物理页组，便将BIT映射位图对应的内存页结构struct page初始化，并返回第一个内存页结构的地址。

至此，一个可用物理内存页的分配函数就基本实现了。现在让我们申请64个物理页测试一下该函数的运行效果，请看代码清单4-82编写的测试程序。

代码清单4-82　第4章\程序\程序4-8\kernel\main.c

```
void Start_Kernel(void)
{
    ......

    struct Page * page = NULL;

    ......

    color_printk(RED,BLACK,"memory_management_struct.bits_map:%#018lx\n",*memory_
        management_struct.bits_map);
    color_printk(RED,BLACK,"memory_management_struct.bits_map:%#018lx\n",*(memory_
        management_struct.bits_map + 1));

    page = alloc_pages(ZONE_NORMAL,64,PG_PTable_Maped | PG_Active | PG_Kernel);

    for(i = 0;i <= 64;i++)
    {
        color_printk(INDIGO,BLACK,"page%d\tattribute:%#018lx\taddress:%#018lx\t",i,
            (page + i)->attribute,(page + i)->PHY_address);
```

```
        i++;
        color_printk(INDIGO,BLACK,"page%d\tattribute:%#018lx\taddress:%#018lx\n",i,
            (page + i)->attribute,(page + i)->PHY_address);
    }

    color_printk(RED,BLACK,"memory_management_struct.bits_map:%#018lx\n",*memory_
        management_struct.bits_map);
    color_printk(RED,BLACK,"memory_management_struct.bits_map:%#018lx\n",*(memory_
        management_struct.bits_map + 1));

    ……
}
```


测试代码在Start_Kernel函数中多次调用alloc_pages函数申请物理页，共连续申请64个可用物理页，并把内存页结构的属性和起始地址，以及申请前后的BIT映射位图信息打印在屏幕上，图4-17是测试程序的运行效果。

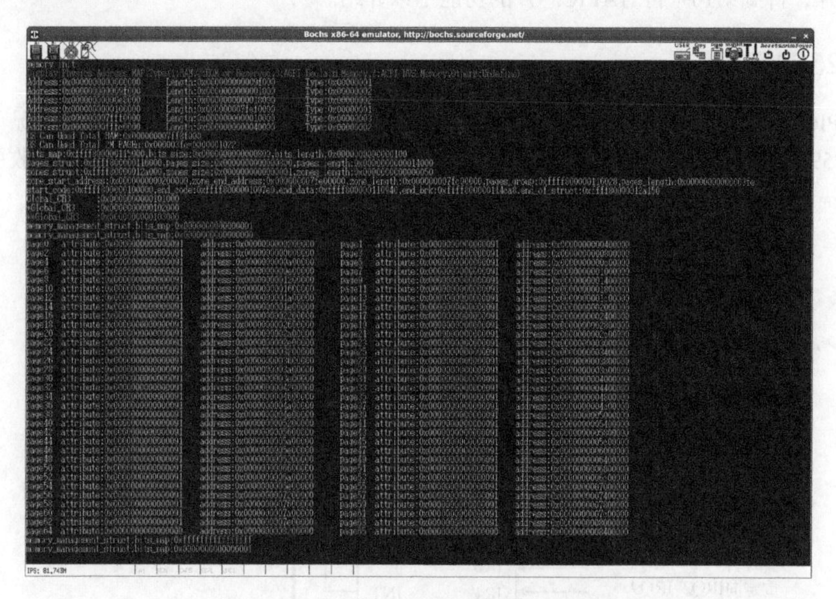

图4-17　可用物理内存页函数实现效果

从图中可以看出，虚拟平台的前64个（0~63）内存页结构的属性值已被设置为0x91，而且物理地址从0x200000开始，这与zone_start_address成员变量记录的地址值是一致的，进而说明alloc_pages函数从本区域空间的起始地址处分配物理内存页。区域空间的第64和65项内存页结构的属性依然是0，说明这两个物理页未被分配过。与此同时，BIT映射位图也从原来的0x0000 0000,00000001（第1个2 MB的物理页存放着内核程序和内存管理单元结构信息等内容，这个页已经在init_memory函数中被初始化），变为现在的0x1,ffffffff,ffffffff，同样也是置位64个映射位。

以上是可用物理页分配函数的第一个版本，虽然它很不完善，有诸多缺陷、漏洞和不足，但它已迈出了从无到有的第一步。接下来让我们感受一下中断的魅力。

4.6 中断处理

中断大多是由外部硬件设备（如鼠标、键盘、硬盘、光驱等）产生，并向处理器发送事件请求信号。中断请求信号可能是关于数据读写操作的，也可能是关于对外部设备控制的。由于Intel处理器只有一个外部中断引脚INTR，为了使处理器能够同时接收多个硬件设备发送来的中断请求信号，特将所有外部设备的中断请求信号汇总到中断控制器，再经由中断控制器的仲裁后，有选择性地将中断请求信号依次发往处理器的外部中断引脚INTR。

在多核处理器出现之前，8259A PIC（Programmable Interrupt Controller，可编程中断控制器）是PC机使用最为普遍的中断控制器，在很多教科书和资料中经常会提及它。自从多核处理器面世后，8259A PIC对多核处理器的支持已逐渐变得力不从心，从而出现了后来的APIC（Advanced Programmable Interrupt Controller，高级可编程中断控制器）。对于操作系统研发的初级篇，本节将以8259A PIC作为入门学习芯片，待到第10章再对APIC芯片的功能予以介绍。

4.6.1 8259A PIC

8259A PIC作为单核处理器时代的经典中断控制器，已被PC机广泛使用。在通常情况下，PC机会采用两片8259A芯片级联的方式，将外部硬件设备的中断请求引脚与处理器的中断接收引脚关联起来，图4-18描绘了两片8259A芯片的级联结构。

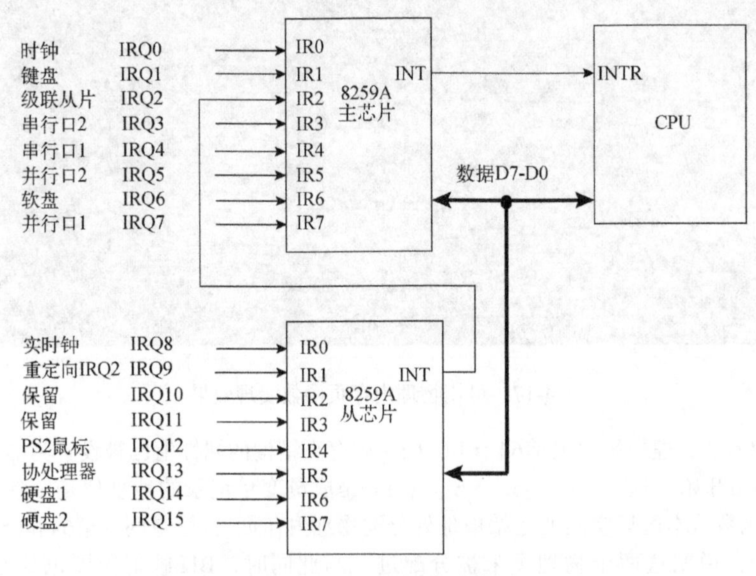

图4-18　8259A级联示意图

从图中可知，在两个8259A芯片级联的过程中，一个8259A中断控制器作为主芯片，与CPU的INTR引脚相连；另一个8259A中断控制器作为从芯片，与主8259A芯片的IR2引脚相连。其他中断请求引脚IR将与外部硬件设备的中断请求引脚相连。在通常情况下，8259A中断控制器会按照表4-6的规划与外部硬件设备相连。

表4-6 8259A的中断引脚与外部设备对照表

8259A	PIN	典型中断请求源
主芯片	IR0	timer时钟
	IR1	键盘
	IR2	级联从8259A芯片
	IR3	串口2
	IR4	串口1
	IR5	并口2
	IR6	软盘驱动器
	IR7	并口1
从芯片	IR0	CMOS RTC实时时钟
	IR1	重定向到主8259A芯片的IR2引脚
	IR2	保留
	IR3	保留
	IR4	PS/2鼠标
	IR5	协处理器
	IR6	SATA主硬盘
	IR7	SATA从硬盘

既然8259A被叫作可编程中断控制器，那么它必定拥有一系列可配置的寄存器。一个8259A PIC包含两组寄存器，分别是ICW（Initialization Command Word，初始化命令字）寄存器组和OCW（Operational Control Word，操作控制字）寄存器组。其中，ICW寄存器组用于初始化中断控制器，在8259A芯片正常工作前必须先对ICW寄存器组进行设置；OCW寄存器组用于操作中断控制器，在8259A芯片的工作过程中，读者可随时通过OCW寄存器组设置和管理中断控制器的工作方式。

PC机采用I/O地址映射方式，将8259A PIC的寄存器映射到I/O端口地址空间，因此必须借助IN和OUT汇编指令才能访问8259A PIC。主8259A芯片的I/O端口地址是20h和21h，从8259A芯片的I/O端口地址是A0h和A1h。图4-19是8259A PIC的内部结构，通过I/O端口可操作中断控制器的ICW和OCW寄存器组，进而配置IRR、PR、ISR、IMR等寄存器。

图中的IRR（Interrupt Request Register，中断请求寄存器）用来保存IR0~IR7引脚上接收的中断请求，该寄存器有8 bit分别对应外部引脚IR0~IR7。IMR（Interrupt Mask Register，中断屏蔽寄存器）用于记录屏蔽的外部引脚，该寄存器同样也有8位分别对应IRR寄存器中的每一位，当IMR中的某一位或某几位被置位时，相应的IR引脚的中断请求信号将会被屏蔽，不予处理。PR（Priority Resolver，优先级解析器）将从IRR寄存器接收的中断请求中选取最高优先级者，将其发往ISR（In-Service Register，正在服务寄存器）。ISR寄存器记录着正在处理的中断请求，同时8259A芯片还会向CPU发送一个INT信号，而CPU会在每执行完一条指令后检测是否接收到中断请求信号。如果接收到中断请求信号，处理器将不再继续执行指令，转而向8259A芯片发送一个INTA来应答中断请求信号。8259A芯片收到这个应答信号后，便会把这个中断请求保存到ISR中（置位相应寄存器位）。与此同时，复位IRR寄存器中的对应中断请求信号位，以表示中断请求正在处理。

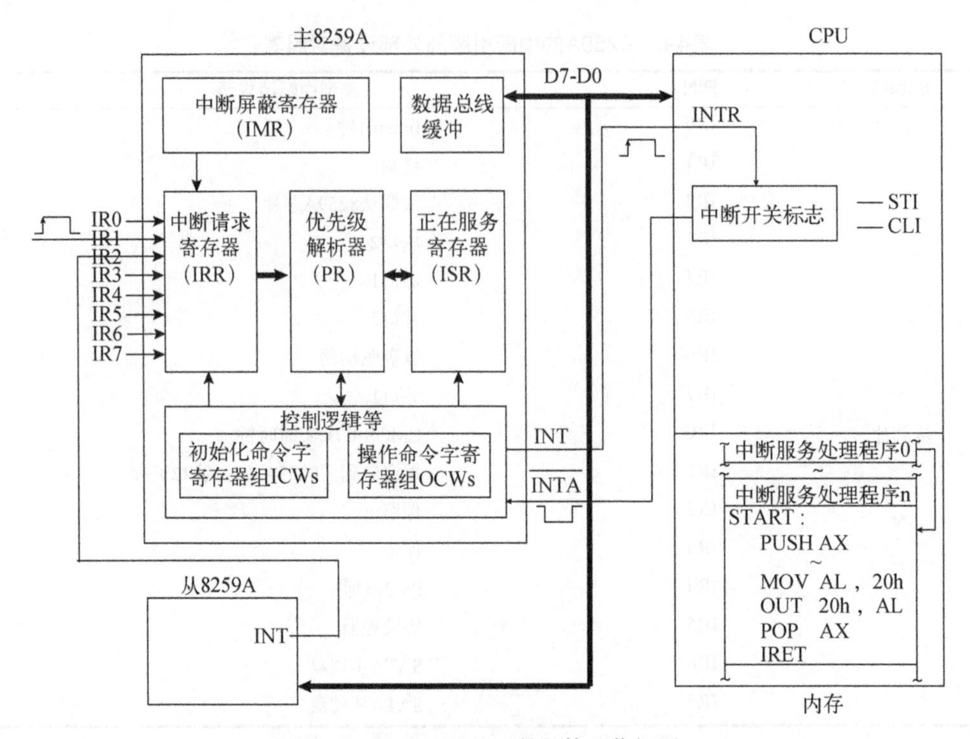

图4-19　8259A和CPU的整体工作框图

随后，CPU还会向8259A芯片发出第二个INTA脉冲信号，其作用是通知8259A芯片发送中断向量号，此时8259A芯片会把中断向量号（8位数据）发送到数据总线上供CPU读取。当CPU接收到中断向量号后，随即跳转至中断描述符表IDT检索向量号对应的门描述符，并执行门描述符中的处理程序。

如果8259A芯片采用AEOI（Automatic End of Interrupt，自动结束中断）方式，那么它会在第二个INTA脉冲信号的结尾处复位正在服务寄存器ISR的对应位。如果8259A芯片采用非自动结束方式，那么CPU必须在中断处理程序的结尾处向8259A芯片发送一个EOI（End of Interrupt，结束中断）命令，来复位ISR的对应位。如果中断请求来自级联的从8259A芯片，则必须向两个芯片都发送EOI命令。此后8259A继续判断下一个最高优先级的中断，并重复上述处理过程。

通过配置ICW寄存器组和OCW寄存器组，可控制8259A芯片的初始模式与运行模式。接下来讲解组中各寄存器的含义。

1. 初始化命令字ICW

ICW寄存器组共包含ICW1、ICW2、ICW3、ICW4四个寄存器，它们必须按照从ICW1到ICW4的顺序进行初始化。主8259A芯片的ICW1寄存器映射到I/O端口20h地址处，ICW2、ICW3、ICW4寄存器映射到I/O端口21h地址处；从8259A芯片的ICW1寄存器映射到I/O端口A0h地址处，ICW2、ICW3、ICW4寄存器映射到I/O端口A1h地址处。对主/从8259A芯片的初始化顺序可以是先后式的（先配置主芯片的ICW寄存器组，再配置从芯片的ICW寄存器组）或交替式的（先配置主/从芯片的ICW1寄存器，再设置主/从芯片的ICW2寄存器，依次类推直至ICW4寄存器）。

● ICW1寄存器

ICW1寄存器共有8位，表4-7记录着ICW1寄存器各位的功能描述。

表4-7 ICW1寄存器位功能说明

位	描 述
5~7	对于PC机，该位必须为0
4	对于ICW，该位必须为1
3	触发模式，现已忽略，必须为0
2	忽略，必须为0
1	1=单片8259A，0=级联8259A
0	1=使用ICW4，0=不使用ICW4

实际上，主/从8259A芯片的ICW1寄存器都固定初始化为00010001B（11h）。在Linux内核的早期版本（2.6之前是这样，2.6之后未曾论证过，但推测可能未改变）中都初始化为11h。

● ICW2寄存器

ICW2是一个8位的寄存器，其每个位的含义请参见表4-8。

表4-8 ICW2寄存器位功能说明

位	描 述
3~7	中断向量号
0~2	0

对于中断向量号并没有特殊要求，通常情况下，主8259A芯片的中断向量号设置为20h（占用中断向量号20h~27h），从8259A芯片的中断向量号设置为28h（占用中断向量号28h~2fh）。

● ICW3寄存器

ICW3同样是个8位的寄存器，对于主/从8259A芯片而言，它们的ICW3寄存器含义各不相同，表4-9描述了主8259A芯片的ICW3寄存器功能。

表4-9 主8259A芯片的ICW3寄存器位功能说明

位	描 述
7	1=IR7级联从芯片，0=无从芯片
6	1=IR6级联从芯片，0=无从芯片
5	1=IR5级联从芯片，0=无从芯片
4	1=IR4级联从芯片，0=无从芯片
3	1=IR3级联从芯片，0=无从芯片
2	1=IR2级联从芯片，0=无从芯片
1	1=IR1级联从芯片，0=无从芯片
0	1=IR0级联从芯片，0=无从芯片

从表4-9可知，主8259A芯片的ICW3寄存器用于记录各IR引脚与从8259A芯片的级联状态。而从8259A芯片的ICW3寄存器则用于记录其与主8259A芯片的级联状态，表4-10是从8259A芯片的ICW3寄

存器位说明。

表4-10　从8259A芯片的ICW3寄存器位功能说明

位	描　述
3~7	必须为0
0~2	从芯片连接到主芯片的IR引脚号

根据图4-18描绘的主/从8259A芯片级联结构可以看出，主8259A芯片的ICW3寄存器值被设置为04h，从8259A芯片的ICW3寄存器值被设置为02h。

● ICW4寄存器

ICW4寄存器依然只有8位，每个位的含义如表4-11所示。

表4-11　ICW4寄存器位功能说明

位	描　述
5~7	恒为0
4	1=SFNM模式，0=FNM模式
3、2	缓冲模式：00=无缓冲模式，10=从芯片缓冲模式，11=主芯片缓冲模式
1	1=AEOI模式，0=EOI模式
0	1=8086/88模式，0=MCS 80/85模式

对于表4-11描述的ICW4寄存器位说明，此处需要补充说明以下功能模式。

- AEOI模式：此模式可使中断控制器收到CPU发送来的第2个INTA中断响应脉冲后，自动复位ISR寄存器的对应位。
- EOI模式：在EOI模式下，处理器执行完中断处理程序后，必须手动向中断控制器发送中断结束EOI指令，来复位ISR寄存器的对应位。
- FNM（Fully Nested Mode，全嵌套模式）：在此模式下，中断请求的优先级按引脚名从高到低依次为IR0~IR7。如果从8259A芯片的中断请求正在被处理，那么该从芯片将被主芯片屏蔽直至处理结束，即使从芯片产生更高优先级的中断请求也不会得到执行。
- SFNM（Special Fully Nested Mode，特殊全嵌套模式）：该模式与FNM基本相同，不同点是当从芯片的中断请求正在被处理时，主芯片不会屏蔽该从芯片，这使得主芯片可以接收来自从芯片的更高优先级中断请求。在中断处理程序返回时，需要先向从芯片发送EOI命令，并检测从芯片的ISR寄存器值，如果ISR寄存器仍有其他中断请求，则无需向主芯片发送EOI命令。

通常情况，只要将主/从8259A芯片的ICW4寄存器设置为01h即可。根据个人经验，内核通常不会将中断控制器配置得过于复杂，而尽量采用简单的逻辑，这样可使中断处理程序实现得更加灵活。

2. 操作控制字OCW

OCW寄存器组共包含OCW1、OCW2、OCW3三个寄存器，它们用于控制和调整工作期间的中断控制器，这三个寄存器没有操作顺序之分。主8259A芯片的OCW1寄存器映射到I/O端口21h地址处，OCW2、OCW3寄存器映射到I/O端口20h地址处；从8259A的OCW1寄存器映射到I/O端口A1h地址处，OCW2、OCW3寄存器映射到I/O端口A0h地址处。

● OCW1寄存器

OCW1是中断屏蔽寄存器，该寄存器共有8位，每位的含义如表4-12所示。

表4-12 OCW1寄存器位功能说明

位	描　述
7	1=屏蔽IRQ7中断请求，0=允许IRQ7中断请求
6	1=屏蔽IRQ6中断请求，0=允许IRQ6中断请求
5	1=屏蔽IRQ5中断请求，0=允许IRQ5中断请求
4	1=屏蔽IRQ4中断请求，0=允许IRQ4中断请求
3	1=屏蔽IRQ3中断请求，0=允许IRQ3中断请求
2	1=屏蔽IRQ2中断请求，0=允许IRQ2中断请求
1	1=屏蔽IRQ1中断请求，0=允许IRQ1中断请求
0	1=屏蔽IRQ0中断请求，0=允许IRQ0中断请求

这个寄存器非常好理解。但还请注意，尽量屏蔽掉不使用的中断请求引脚，以防止接收不必要的中断请求，进而导致中断请求过于拥堵。

● OCW2寄存器

OCW2依然是个8位的寄存器，表4-13是其每位的含义。

表4-13 OCW2寄存器位功能说明

位	描　述
7	优先级循环状态
6	特殊设定标志
5	非自动结束标志
4	恒为0
3	恒为0
0~2	优先级设定

对于OCW2寄存器的D5~D7位，它们可以组合成多种模式，表4-14记录了这些组合值代表的含义。

表4-14 OCW2寄存器的D5~D7位组合值含义

D7	D6	D5	含　义
0	0	0	循环AEOI模式（清除）
0	0	1	非特殊EOI命令（全嵌套方式）
0	1	0	无操作
0	1	1	特殊EOI命令（非全嵌套方式）
1	0	0	循环AEOI模式（设置）
1	0	1	循环非特殊EOI命令
1	1	0	设置优先级命令
1	1	1	循环特殊EOI命令

循环模式（D7=1）：8259A芯片使用一个8位的循环队列保存各引脚中断请求，当一个中断请求结束后，这个引脚的优先级将自动降为最低，然后排入优先级队列的末尾处，以此类推。

特殊循环（D7=1，D6=1）：特殊循环模式在循环模式的基础上，将D0~D2位指定的优先级设置为最低优先级，随后再按照循环模式循环降低中断请求的优先级。

- OCW3寄存器

OCW3同样是一个8位的寄存器，表4-15是对OCW3寄存器各位功能的描述。

表4-15　OCW3寄存器位功能说明

位	描　述
7	恒为0
6、5	特殊屏蔽模式：11=开启特殊屏蔽，10=关闭特殊屏蔽
4	恒为0
3	恒为1
2	1=轮询，0=无查询
1、0	10=读IRR寄存器，11=读ISR寄存器

特殊屏蔽模式：在某些场合，我们希望中断处理程序能够被更低优先级的中断请求打断，采用特殊屏蔽模式，可在置位IMR寄存器（OCW1寄存器）的同时复位对应的ISR寄存器位，从而可以处理其他优先级的中断请求。

以上内容就是关于8259APIC的寄存器功能介绍。接下来将基于8259A中断控制器实现中断处理程序。

4.6.2　触发中断

外部硬件中断与处理器异常一样，它们都使用IDT来索引处理程序，这点已在4.4节（系统异常）中讲解过了，其不同之处在于异常是处理器产生的任务暂停，而中断是外部设备产生的任务暂停，因此中断和异常的处理工作都需要保存和还原任务现场。那么，首先就要实现一套代码来保存被外部硬件中断的任务现场，代码清单4-83是任务现场的保存模块。

代码清单4-83　第4章\程序\程序4-9\kernel\interrupt.c

```
#define SAVE_ALL                                \
    "cld;               \n\t"                   \
    "pushq %rax;        \n\t"                   \
    "pushq %rax;        \n\t"                   \
    "movq  %es,   %rax;     \n\t"               \
    "pushq %rax;        \n\t"                   \
    "movq  %ds,   %rax;     \n\t"               \
    "pushq %rax;        \n\t"                   \
    "xorq  %rax,  %rax;     \n\t"               \
    "pushq %rbp;        \n\t"                   \
    "pushq %rdi;        \n\t"                   \
    "pushq %rsi;        \n\t"                   \
```

```
"pushq %rdx;      \n\t"          \
"pushq %rcx;      \n\t"          \
"pushq %rbx;      \n\t"          \
"pushq %r8;       \n\t"          \
"pushq %r9;       \n\t"          \
"pushq %r10;      \n\t"          \
"pushq %r11;      \n\t"          \
"pushq %r12;      \n\t"          \
"pushq %r13;      \n\t"          \
"pushq %r14;      \n\t"          \
"pushq %r15;      \n\t"          \
"movq  $0x10, %rdx;     \n\t"    \
"movq  %rdx,  %ds;      \n\t"    \
"movq  %rdx,  %es;      \n\t"
```

这段汇编程序负责保存当前通用寄存器状态，它与entry.S文件中的error_code模块极其相似，只不过中断处理程序的调用入口均指向同一中断处理函数do_IRQ，而且中断触发时不会压入错误码，所以此处无法复用error_code模块。SAVE_ALL汇编宏模块将被应用在宏函数Build_IRQ中，参见代码清单4-84。

代码清单4-84　第4章\程序\程序4-9\kernel\interrupt.c

```
#define IRQ_NAME2(nr) nr##_interrupt(void)
#define IRQ_NAME(nr) IRQ_NAME2(IRQ##nr)

#define Build_IRQ(nr)                                                          \
void IRQ_NAME(nr);                                                             \
__asm__ (   SYMBOL_NAME_STR(IRQ)#nr"_interrupt:                  \n\t"         \
            "pushq      $0x00                                    \n\t"         \
            SAVE_ALL                                                           \
            "movq       %rsp,       %rdi                         \n\t"         \
            "leaq       ret_from_intr(%rip),     %rax            \n\t"         \
            "pushq      %rax                     \n\t"                         \
            "movq       $"#nr",     %rsi         \n\t"                         \
            "jmp        do_IRQ                   \n\t"                         \
    );
```

这段宏代码用于定义中断处理程序的入口部分，其内容不太容易理解，此处将对它做详细讲解。代码中的符号粘接操作符##用于连接两个宏值，在宏展开过程中，它会将操作符两边的内容连接起来，组成一个完整的内容。例如，将Build_IRQ(0x20)宏的void IRQ_NAME(nr);部分逐渐展开：IRQ_NAME(0x20) => IRQ_NAME2(IRQ##0x20) => IRQ_NAME2(IRQ0x20) => IRQ0x20_interrupt(void)，最终生成的函数名是void IRQ0x20_interrupt(void)。

在宏展开过程中还使用到预处理操作符#，这个操作符可将其后的内容强制转换为字符串，宏函数#define SYMBOL_NAME_STR(X) #X便是基于此技巧实现的。因此，程序中的SYMBOL_NAME_STR(IRQ)#nr"_interrupt: \n\t"一行经过宏展开后就变为IRQ0x20_interrupt:。同理，程序"movq $"#nr", %rsi \n\t"展开后将变为"movq $0x20, %rsi \n\t"。

代码清单4-84中的程序leaq　ret_from_intr(%rip), %rax用于取得中断处理程序的返回地址ret_from_intr，并将其保存到中断处理程序栈内。由于SAVE_ALL模块使用JMP指令进入中断处理程序（函数do_IRQ），所以中断处理程序必须借助栈里的返回地址才能构成一个完整的函数调用过程（JMP指令在跳转过程中不会压入返回地址，而RET指令在函数返回时却需要返回地址）。采用JMP指令加返回地址的方法来代替CALL指令，可使函数调用过程更加灵活。

这段代码的剩余内容很好理解，请读者自行阅读学习。下面将通过宏函数Build_IRQ定义中断处理函数的入口代码片段，实现过程如代码清单4-85所示。

代码清单4-85　第4章\程序\程序4-9\kernel\interrupt.c

```
Build_IRQ(0x20)

    ......

Build_IRQ(0x37)

void (* interrupt[24])(void)=
{
    IRQ0x20_interrupt,

    ......

    IRQ0x37_interrupt,
};
```

这里使用宏函数Build_IRQ声明24个中断处理函数的入口代码片段，同时还定义了一个函数指针数组，数组的每个元素都指向由宏函数Build_IRQ定义的一个中断处理函数入口。

接下来将初始化主/从8259A中断控制器和中断描述符表IDT内的各门描述符，请看代码清单4-86。

代码清单4-86　第4章\程序\程序4-9\kernel\interrupt.c

```
void init_interrupt()
{
    int i;
    for(i = 32;i < 56;i++)
    {
        set_intr_gate(i , 2 , interrupt[i - 32]);
    }

    color_printk(RED,BLACK,"8259A init \n");

    //8259A-master    ICW1-4
    io_out8(0x20,0x11);
    io_out8(0x21,0x20);
    io_out8(0x21,0x04);
    io_out8(0x21,0x01);

    //8259A-slave    ICW1-4
    io_out8(0xa0,0x11);
    io_out8(0xa1,0x28);
    io_out8(0xa1,0x02);
    io_out8(0xa1,0x01);

    //8259A-M/S    OCW1
```

```
    io_out8(0x21,0x00);
    io_out8(0xa1,0x00);

    sti();
}
```

这部分程序首先使用函数set_intr_gate将中断向量、中断处理函数配置到对应的门描述符中。外部硬件设备的中断向量号从32开始，代码清单4-86中的循环体负责将中断处理函数入口地址配置到外部硬件设备对应的门描述符中。

接下来，将对主/从8259A中断控制器进行初始化赋值，表4-16记录着初始化过程向ICW寄存器组中各寄存器发送的数据。此处的函数io_out8与io_in8仅仅是IN和OUT汇编指令的简单封装，它们位于库文件lib.h中，请读者自行阅读。

表4-16 主/从8259A的ICW寄存器组初始化数据

主/从8259A	ICWx	I/O端口	数值
主8259A	ICW1	20h	11h
	ICW2	21h	20h
	ICW3	21h	04h
	ICW4	21h	01h
从8259A	ICW1	A0h	11h
	ICW2	A1h	28h
	ICW3	A1h	02h
	ICW4	A1h	01h

最后，复位主/从8259A中断控制器的中断屏蔽寄存器IMR的全部中断屏蔽位，并使能中断（置位EFLAGS标志寄存器的中断标志位IF）。

除上述代码外，还必须实现中断处理函数do_IRQ，它是中断处理程序的主函数，其作用是分发中断请求到各个中断处理函数。由于这部分功能目前并未实现，从而只能在屏幕上打印中断向量号，以表明处理器正在执行中断处理函数，具体程序实现如代码清单4-87所示。

代码清单4-87 第4章\程序\程序4-9\kernel\interrupt.c

```
void do_IRQ(unsigned long regs,unsigned long nr)     //regs:rsp,nr
{
    color_printk(RED,BLACK,"do_IRQ:%#08x\t",nr);
    io_out8(0x20,0x20);
}
```

中断处理函数do_IRQ的代码实现比较简单，其主要功能是显示当前中断请求的中断向量号，并向主8259A中断控制器发送EOI命令复位ISR寄存器，图4-20是本程序的运行结果。

图4-20并非程序最终的执行结果，而是程序运行的瞬间截图。为了看清楚不断产生0x20号中断的原因，特地查看图4-18，结果发现0x20号中断是时钟中断。可以猜测，在没有配置时钟控制器前开启时钟中断，从而导致不断有时钟中断请求产生。

暂时先不理会这些细节，目前中断信号可以连续产生，并且尚未触发异常，这说明中断处理程序已经实现。接下来让我们在中断处理函数的基础上，接收键盘设备发送来的中断请求以及数据。

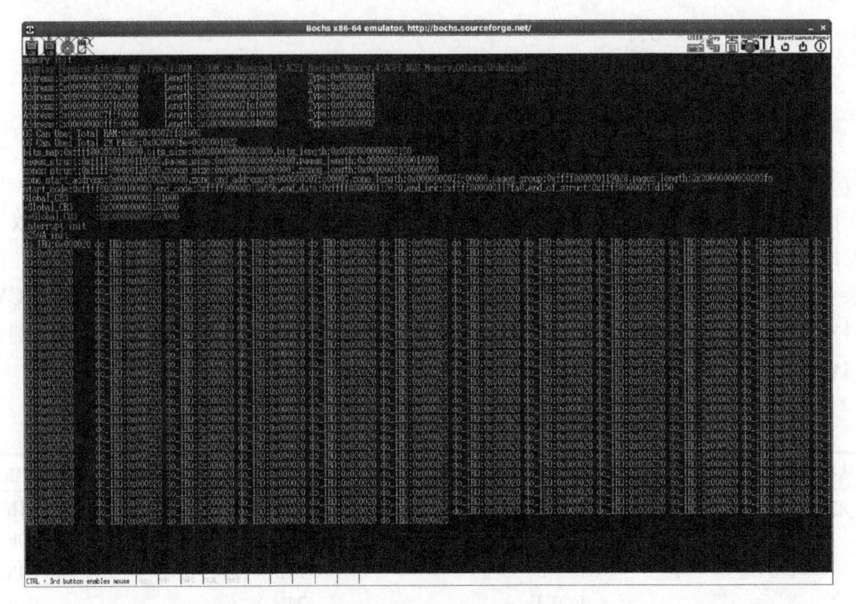

图4-20　中断触发效果图

4.7　键盘驱动

假设我们屏蔽代码清单4-86中的所有中断请求，只开启键盘中断请求，则可验证键盘是否能够触发按键中断请求。在多次敲击键盘按键后，屏幕上却只显示过一次`do_IRQ:0x000021`中断日志信息，这是为什么呢？

其实键盘设备也是拥有控制芯片的，如果希望键盘可以持续接收到按键中断请求，则必须对键盘控制器芯片有所了解才能实现。由于键盘控制器芯片的功能非常强大，本节将暂对键盘控制器芯片的相关知识作简要介绍，更多细节内容会在第11章中予以介绍。

4.7.1　简述键盘功能

目前，市面上的键盘控制器芯片大多采用Intel 8042以及兼容芯片，键盘控制器芯片通过PS/2接口（或一些USB接口）与外部键盘设备相连。键盘设备通常会包含一个Intel 8048或兼容芯片，这个芯片会时刻扫描键盘设备的每个按键，并将扫描到的按键进行编码，每个按键的编码是唯一的，不会重复，所以8048芯片也被称为键盘编码芯片。图4-21描绘了键盘控制器的链路，图中的8042芯片还负责控制系统的其他功能，如鼠标、A20地址线等。

当8048键盘编码器扫描到按键被按下时，它会将按键对应的编码值通过PS/2接口发送到8042键盘控制器芯片中。8042键盘控制器在接收到编码值后，会将其解析并转换成统一的键盘扫描码（第1套XT扫描码集），并存放到输出缓冲区中待处理器读取。如果此时键盘又有新的键被按下，8042芯片将不再接收新的数据，直至输出缓冲区被清空后，8042芯片才会继续接收按键编码数据。这就解释了为何多次敲击键盘按键，屏幕上却仅显示一次`do_IRQ:0x000021`中断日志信息的现象。

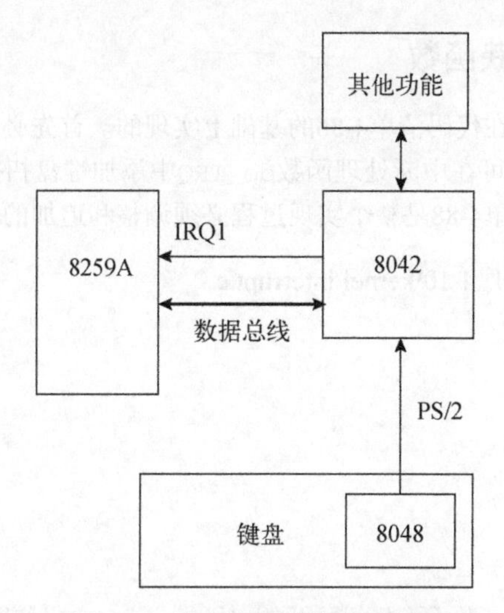

图4-21 键盘控制器链路示意图

键盘扫描码一共有3套：第1套为原始的XT扫描码集；第2套为AT扫描码集；第3套为PS/2扫描码集（很少使用）。现在，键盘皆默认使用第2套AT键盘扫描码，但是出于兼容性考虑，第2套扫描码最终都转换成第1套XT扫描码集供处理器使用（也可以设置成不转换成第1套XT扫描码集，但这样需要另作特殊配置）。

第1套扫描码的特点是，每个按键扫描码由1 B数据组成，这1 B数据的低7位（位6到位0）代表按键的扫描码，最高位（位7）代表按键的状态（0：按下，1：松开）。当某个键被按下时，键盘控制器输出的扫描码叫作Make Code码，而松开按键时的扫描码则叫作Break Code码。例如，按键B的Make Code码是`0x30`，则它的Break Code码便是`0xb0`。

此外，还有一些扩展按键使用2 B键盘扫描码。当扩展按键被按下后，键盘编码器将相继产生两个中断请求，第一个中断请求将向处理器发送1 B的扩展码前缀0xe0，第二个中断请求将向处理器发送1 B的扩展Make Code码。当松开该按键后，键盘编码器依然会相继产生两个中断请求，第一个中断请求将向处理器发送1 B的扩展码前缀0xe0，第二个中断请求将向处理器发送1 B的扩展Break Code码。

除此之外，还有两个特殊的按键，PrtScn和Pause/Break。当PrtScn按键被按下时，处理器共会收到两组含有扩展码前缀的Make Code码，它们的字节顺序依次是`0xe0`、`0x2a`、`0xe0`、`0x37`；当松开PrtScn按键时将会依次产生`0xe0`、`0xb7`、`0xe0`、`0xaa`四个键盘扫描码。而在按下Pause/Break键时，键盘编码器产生的扩展码字节顺序是`0xe1`、`0x1d`、`0x45`、`0xe1`、`0x9d`、`0xc5`，与其他按键不同的是，松开此按键并不会产生键盘扫描码。

键盘控制器的寄存器地址同样采用I/O地址映射方式，使用`IN`和`OUT`汇编指令便可对寄存器进行访问。键盘控制器的I/O端口地址是60h和64h，其中60h地址处的寄存器是读写缓冲区，64h地址处的寄存器用于读取寄存器状态或者向芯片发送控制命令。目前，我们暂时不需要对8042键盘控制器芯片做过多配置，只要从I/O端口地址60h处将键盘扫描码读取出来即可。下面就来编写键盘扫描码的读取程序。

4.7.2　实现键盘中断捕获函数

键盘扫描码的读取程序是在代码清单4-86的基础上实现的。首先必须屏蔽键盘中断请求信号以外的所有中断请求信号，随后便可在中断处理函数do_IRQ中添加键盘扫描码的接收代码，并将键盘扫描码值打印在屏幕上。代码清单4-88是整个实现过程必须调整和追加的程序。

代码清单4-88　第4章\程序\程序4-10\kernel\interrupt.c

```
void init_interrupt()
{
    ......

    //8259A-M/S    OCW1
    io_out8(0x21,0xfd);
    io_out8(0xa1,0xff);

    ......
}
void do_IRQ(unsigned long regs,unsigned long nr)    //regs:rsp,nr
{
    unsigned char x;
    color_printk(RED,BLACK,"do_IRQ:%#08x\t",nr);
    x = io_in8(0x60);
    color_printk(RED,BLACK,"key code:%#08x\n",x);
    io_out8(0x20,0x20);
}
```

这段程序追加的功能是，借助汇编指令IN从I/O端口地址60h处读取出键盘扫描码，再调用color_printk函数将键盘扫描码打印在屏幕上。图4-22和图4-23分别是按键B与Pause/Break键的键盘扫描码。

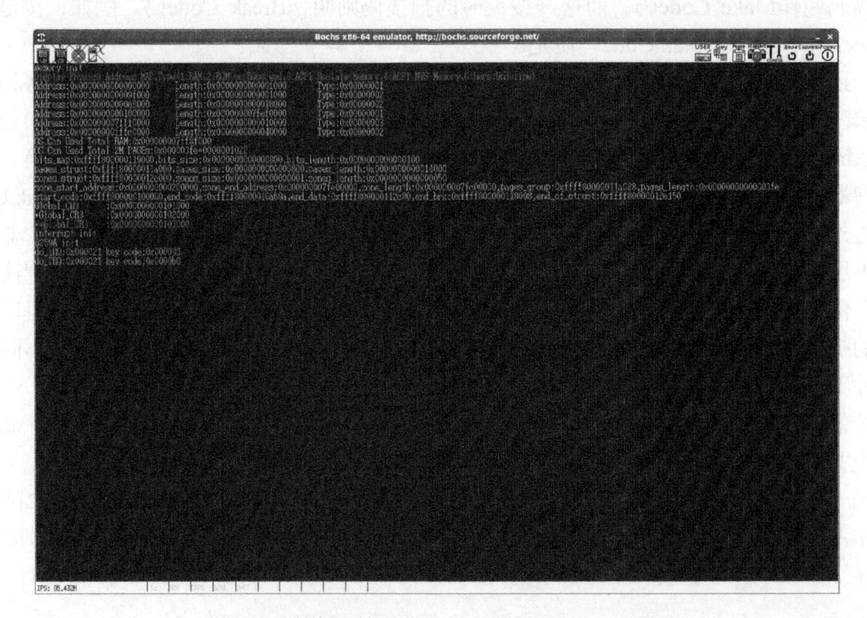

图4-22　按键B的Make Code码和Break Code码

图4-23 Pause/Break键的键盘扫描码

虽然我们还未对键盘控制器芯片进行过初始化配置，但中断处理函数do_IRQ已经能够处理键盘发送来的中断请求和数据，亦可勉强算是个键盘驱动程序。

本章内容已经接近尾声，还剩进程管理模块内容。那么下面就让我们一起进入进程的世界，看看操作系统的第一个进程是如何创建出来的。

4.8 进程管理

相信仔细阅读过目录的读者应该会发现，第12章章名与本节名同为进程管理，本节侧重于讲解进程控制结构体和操作系统第一个进程的创建过程，而第12章则侧重于讲解多核处理器的初始化、进程调度管理以及内核层的数据同步方法等内容。

进程作为用户操作的实体，它贯穿操作系统的整个生命周期，而程序是由若干段二进制码组成的。进程可以说是程序的运行态抽象，即运行于处理器中的二进制码叫作进程，保存在存储介质中的二进制码叫作程序。进程会在执行过程中引入运行环境维护信息，因此进程管理主要涉及两部分内容：进程控制结构体和进程间的调度策略。

进程控制结构体用于记录和收集程序运行时的资源消耗信息，并维护程序运行的现场环境；进程间的调度策略主要负责决策一个程序将在何时能够获得处理器的执行权。

4.8.1 简述进程管理模块

进程作为拥有执行资源的最小单位，它为每个程序维护着运行时的各种资源，比如进程ID、进程的页表、进程执行现场的寄存器值、进程各个段地址空间分布信息以及进程执行时的维护信息等，它们在程序的运行期间会被经常或实时更新。这些资源有组织地被结构化到PCB（Process Control Block，进程控制结构体）内，PCB作为进程调度的决策信息供进程调度算法使用。系统内核的所有组成部分皆是为进程高效、稳定的运行提供服务。

进程调度策略（或称进程调度算法）负责将满足运行条件或迫切需要执行的进程调配到空闲处理器中执行。进程调度策略是操作系统中非常重要的一部分，它直接影响着程序的执行效率，即使操作系统拥有再强大的处理器，也很可能被糟糕的调度策略拖后腿，甚至拖垮。这也是Linux内核不断创新调度算法（像流行一时的O1算法、RSDL算法、CFS算法）的原因之一。

在接下来的两节内容中，首先会讲述PCB的定义，并为操作系统创建出第一个进程的PCB。由于该结构体是我们手动构造出来的，而非借助内核函数创建，因而它的构造过程也就有必要详细讲解。随后再为操作系统创建init进程（操作系统的第二个进程），并通过init进程跳转至应用层执行应用程序。由于init进程的创建过程非常复杂并涉及应用层知识，故此本节仅完成init进程的创建并编写代码手动切换（目前系统尚无调度器，无法完成自动切换工作）至init进程，待到第5章我们再讲解init进程如何切换至应用层。

4.8.2 PCB

PCB用于记录进程的资源使用情况（包括软件资源和硬件资源）和运行态信息等。代码清单4-89中的struct task_struct结构体是为本系统设计的第一版PCB，目前暂时拟定了如下内容，也许某些成员变量是空闲的或多余的，它们将在随后的开发过程中另作删改。

代码清单4-89　第4章\程序\程序4-11\kernel\task.h

```
struct task_struct
{
    struct List list;
    volatile long state;
    unsigned long flags;

    struct mm_struct *mm;
    struct thread_struct *thread;

    unsigned long addr_limit; /*0x0000,0000,0000,0000 - 0x0000,7fff,ffff,ffff user*/
                              /*0xffff,8000,0000,0000 - 0xffff,ffff,ffff,ffff kernel*/

    long pid;

    long counter;

    long signal;

    long priority;
};
```

表4-17记录是struct task_struct结构体各个成员变量的功能说明，其中的成员变量mm与thread负责在进程调度过程中保存或还原CR3控制寄存器的页目录基地址和通用寄存器值，其他成员变量基本属于进程调度策略的管理范畴。

表4-17 struct task_struct结构体成员功能说明

结构体成员名	说 明
struct List list	双向链表，用于连接各个进程控制结构体
volatile long state	进程状态：运行态、停止态、可中断态等
unsigned long flags	进程标志：进程、线程、内核线程
struct mm_struct *mm	内存空间分布结构体，记录内存页表和程序段信息
struct thread_struct *thread	进程切换时保留的状态信息
unsigned long addr_limit	进程地址空间范围 0x00000000,00000000 - 0x00007FFF,FFFFFFFF应用层 0xFFFF8000,00000000 - 0xFFFFFFFF,FFFFFFFF内核层
long pid	进程ID号
long counter	进程可用时间片
long signal	进程持有的信号
long priority	进程优先级

注意，此处的state成员变量使用volatile关键字加以修饰，以说明该变量可能会在意想不到的地方被修改，因此编译器不要对此成员变量进行优化。换言之，处理器每次使用这个变量前，必须重新读取该变量的值，而不能使用保存在寄存器中的备份值。

内存空间分布结构体struct mm_struct描述了进程的页表结构和各程序段信息，其中不乏有页目录基地址、代码段、数据段、只读数据段、应用层栈顶地址等信息，代码清单4-90是该结构体的完整定义。

代码清单4-90 第4章\程序\程序4-11\kernel\task.h

```
struct mm_struct
{
    pml4t_t *pgd;           //page table point

    unsigned long start_code,end_code;
    unsigned long start_data,end_data;
    unsigned long start_rodata,end_rodata;
    unsigned long start_brk,end_brk;
    unsigned long start_stack;
};
```

表4-18是struct mm_struct结构体各个成员变量的功能说明，其中的成员变量pgd保存在CR3控制寄存器值（页目录基地址与页表属性的组合值），成员变量start_stack记录着应用程序在应用层的栈顶地址，其他成员变量描述了应用程序的各段地址空间。

表4-18 struct mm_struct结构体成员功能说明

结构体成员名	说 明
pml4t_t *pgd	内存页表指针
unsigned long start_code,end_code	代码段空间

（续）

结构体成员名	说　明
unsigned long start_data,end_data	数据段空间
unsigned long start_rodata,end_rodata	只读数据段空间
unsigned long start_brk,end_brk	动态内存分配区（堆区域）
unsigned long start_stack	应用层栈基地址

每当进程发生调度切换时，都必须将执行现场的寄存器值保存起来，以备再次执行时使用。本系统将这些数据保存在struct thread_struct结构体内，代码清单4-91是该结构体的详细定义。

代码清单4-91　第4章\程序\程序4-11\kernel\task.h

```
struct thread_struct
{
    unsigned long rsp0;    //in tss

    unsigned long rip;
    unsigned long rsp;

    unsigned long fs;
    unsigned long gs;

    unsigned long cr2;
    unsigned long trap_nr;
    unsigned long error_code;
};
```

表4-19是struct thread_struct结构体各个成员变量的功能说明，其中的成员变量rsp0记录着应用程序在内核层使用的栈基地址，成员变量rsp保存着进程切换时的栈指针值，rip成员变量保存着进程切换回来时执行代码的地址。

表4-19　struct thread_struct结构体成员功能说明

结构体成员名	说　明
unsigned long rsp0	内核层栈基地址
unsigned long rip	内核层代码指针
unsigned long rsp	内核层当前栈指针
unsigned long fs	FS段寄存器
unsigned long gs	GS段寄存器
unsigned long cr2	CR2控制寄存器
unsigned long trap_nr	产生异常的异常号
unsigned long error_code	异常的错误码

关于进程的内核层栈空间实现，此处借鉴了Linux内核的设计思想，即把进程控制结构体struct task_struct与进程的内核层栈空间融为一体。其中，低地址处存放struct task_struct结构体，而余下的高地址空间则作为进程的内核层栈空间使用，图4-24描绘了进程的内核层栈空间结构。

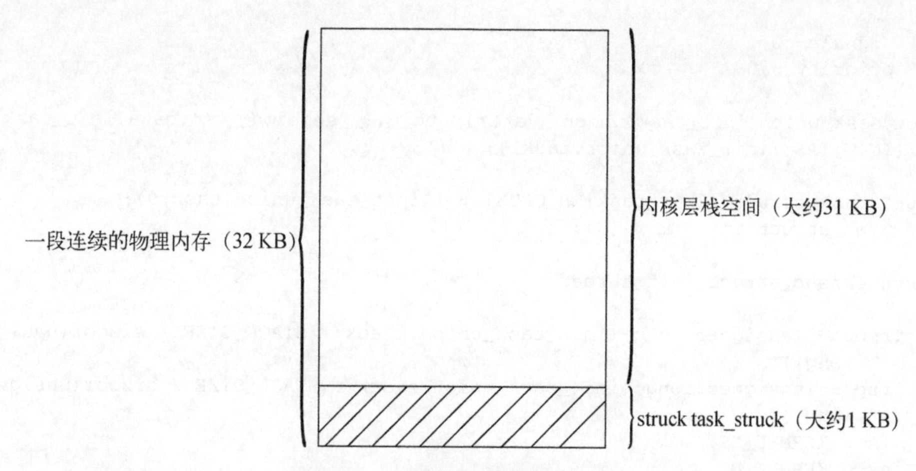

图4-24 进程的内核层栈空间结构

代码清单4-92借助一个联合体，把进程控制结构体struct task_struct与进程的内核层栈空间连续到了一起，其中的宏常量STACK_SIZE被定义为32768 B（32 KB），它表示进程的内核栈空间和struct task_struct结构体占用的存储空间总量为32 KB，在Intel i386处理器架构的Linux内核中进程默认使用8 KB的内核层栈空间。由于64位处理器的寄存器位宽扩大一倍，相应的栈空间也必须扩大，但依然不清楚应该扩大至多少才算合理，这个数值可能需要慢慢摸索和总结，这里暂且将其设定为32 KB，待到存储空间不足时再做扩容。

代码清单4-92 第4章\程序\程序4-11\kernel\task.h

```
union task_union
{
    struct task_struct task;
    unsigned long stack[STACK_SIZE / sizeof(unsigned long)];
}__attribute__((aligned (8)));    //8 Bytes align
```

此联合体共占用32 KB字节空间，并将这段空间按8 B进行对齐，但实际上这个联合体的起始地址必须按照32 KB字节对齐。

代码清单4-93将联合体union task_union实例化成全局变量init_task_union，并将其作为操作系统的第一个进程。进程控制结构体数组init_task（指针数组）是为各处理器创建的初始进程控制结构体，目前只有数组的第0个元素已投入使用，剩余成员将在多核处理器初始化后予以创建。

代码清单4-93 第4章\程序\程序4-11\kernel\task.h

```
#define INIT_TASK(tsk)      \
{           \
    .state = TASK_UNINTERRUPTIBLE,      \
    .flags = PF_KTHREAD,          \
    .mm = &init_mm,           \
    .thread = &init_thread,       \
    .addr_limit = 0xffff800000000000,       \
    .pid = 0,           \
    .counter = 1,           \
```

```
    .signal = 0,            \
    .priority = 0           \
}
union task_union init_task_union __attribute__((__section__ (".data.init_task"))) =
    {INIT_TASK(init_task_union.task)};

struct task_struct *init_task[NR_CPUS] = {&init_task_union.task,0};
struct mm_struct init_mm = {0};

struct thread_struct init_thread =
{
    .rsp0 = (unsigned long)(init_task_union.stack + STACK_SIZE / sizeof(unsigned
        long)),
    .rsp = (unsigned long)(init_task_union.stack + STACK_SIZE / sizeof(unsigned
        long)),
    .fs = KERNEL_DS,
    .gs = KERNEL_DS,
    .cr2 = 0,
    .trap_nr = 0,
    .error_code = 0
};
```

这段程序比较好理解，但是要特别注意全局变量`init_task_union`，此变量使用特殊属性`__attribute__((__section__ (".data.init_task")))`加以修饰，从而将该全局变量链接到一个特别的程序段内。在链接脚本kernel.lds中，已为这个特别的程序段规划了地址空间，代码清单4-94规划了这个段所在的地址空间。

代码清单4-94　第4章\程序\程序4-11\kernel\Kernel.lds

```
SECTIONS
{
    .text :{……}
    . = ALIGN(8);
    .data :{……}
    .rodata :{……}
    . = ALIGN(32768);
    .data.init_task : { *(.data.init_task) }
    .bss :{……}
    _end = .;
}
```

这个`.data.init_task`段被放置在只读数据段`rodata`之后，并按照32 KB对齐。此处采用32 KB对齐而非8 B对齐，是因为除`init_task_union`以外，其他`union task_union`联合体都使用`kmalloc`函数申请内存空间，函数`kmalloc`返回的内存空间起始地址均按32 KB对齐。如果把`.data.init_task`段按8 B对齐的话，在今后使用宏`current`和`GET_CURRENT`的过程中难免会存在隐患。

代码清单4-95为操作系统定义了IA-32e模式下的TSS结构、`INIT_TSS`初始化宏以及各处理器的TSS结构体数组`init_tss`。

代码清单4-95 第4章\程序\程序4-11\kernel\task.h

```
struct tss_struct
{
    unsigned int  reserved0;
    unsigned long rsp0;
    unsigned long rsp1;
    unsigned long rsp2;
    unsigned long reserved1;
    unsigned long ist1;
    unsigned long ist2;
    unsigned long ist3;
    unsigned long ist4;
    unsigned long ist5;
    unsigned long ist6;
    unsigned long ist7;
    unsigned long reserved2;
    unsigned short reserved3;
    unsigned short iomapbaseaddr;
}__attribute__((packed));

#define INIT_TSS                          \
{   .reserved0 = 0,                       \
    .rsp0 = (unsigned long)(init_task_union.stack + STACK_SIZE / sizeof(unsigned
        long)),                           \
    .rsp1 = (unsigned long)(init_task_union.stack + STACK_SIZE / sizeof(unsigned
        long)),                           \
    .rsp2 = (unsigned long)(init_task_union.stack + STACK_SIZE / sizeof(unsigned
        long)),                           \
    .reserved1 = 0,                       \
    .ist1 = 0xffff800000007c00,           \
    .ist2 = 0xffff800000007c00,           \
    .ist3 = 0xffff800000007c00,           \
    .ist4 = 0xffff800000007c00,           \
    .ist5 = 0xffff800000007c00,           \
    .ist6 = 0xffff800000007c00,           \
    .ist7 = 0xffff800000007c00,           \
    .reserved2 = 0,                       \
    .reserved3 = 0,                       \
    .iomapbaseaddr = 0                    \
}

struct tss_struct init_tss[NR_CPUS] = { [0 ... NR_CPUS-1] = INIT_TSS };
```

代码清单4-95中的`struct tss_struct`结构体采用`__attribute__((packed))`属性修饰，这个属性描述这个结构体是一个紧凑结构，编译器不会对此结构体内的成员变量进行字节对齐。

在不久的将来，我们将会实现系统调用API功能，它与中断/异常处理程序相同，都必须在处理程序入口处保存程序的执行现场，在返回处恢复程序的执行现场。为了便于开发编程，现在特将执行现场数据组织成一个结构体，具体定义如代码清单4-96。

代码清单4-96 第4章\程序\程序4-11\kernel\ptrace.h

```
struct pt_regs
{
```

```
    unsigned long r15;
    unsigned long r14;
    unsigned long r13;
    unsigned long r12;
    unsigned long r11;
    unsigned long r10;
    unsigned long r9;
    unsigned long r8;
    unsigned long rbx;
    unsigned long rcx;
    unsigned long rdx;
    unsigned long rsi;
    unsigned long rdi;
    unsigned long rbp;
    unsigned long ds;
    unsigned long es;
    unsigned long rax;
    unsigned long func;
    unsigned long errcode;
    unsigned long rip;
    unsigned long cs;
    unsigned long rflags;
    unsigned long rsp;
    unsigned long ss;
};
```

由于系统调用API不会生成错误码，为了既兼顾中断/异常处理程序，又兼顾系统调用API处理程序，因此这里将根据中断/异常处理程序的执行过程来设计struct pt_regs结构体。随着struct pt_regs结构体的设计与实现，系统内核的中断/异常处理函数也应该相继作出调整和升级。

最后再来实现get_current函数和GET_CURRENT宏，它们是从Linux内核源码中借鉴而来，用于获得当前struct task_struct结构体，具体程序实现参见代码清单4-97所示。

代码清单4-97　第4章\程序\程序4-11\kernel\task.h

```
inline struct task_struct * get_current()
{
    struct task_struct * current = NULL;
    __asm__ __volatile__ ("andq %%rsp,%0 \n\t":"=r"(current):"0"(~32767UL));
    return current;
}

#define current get_current()

#define GET_CURRENT                         \
    "movq    %rsp,     %rbx    \n\t"        \
    "andq    $-32768,%rbx      \n\t"
```

这段程序正是借助设计struct task_union时使用的32 KB对齐技巧来实现的。get_current函数与GET_CURRENT宏均是在当前栈指针寄存器RSP的基础上，按32 KB下边界对齐实现的。实现方法是将数值32767（32 KB-1）取反，再将所得结果0xffffffffffff8000与栈指针寄存器RSP的值执行逻辑与计算，计算结果就是当前进程struct task_struct结构体的基地址。

4.8.3 init 进程

虽然操作系统已经拥有第一个进程的进程控制结构体，但进程间的切换方法，对于我们来说却依然是个谜。本节将以系统的第二个进程为例，讲述进程的创建与切换过程。

进程间的切换过程主要涉及页目录的切换和各寄存器值的保存与恢复等知识点。由于进程间的切换过程必须在一块公共区域内进行，故此这块区域往往由内核空间提供。这也暗示着进程的应用层空间由应用程序自身维护，从而使得进程可运行各自的程序。而内核层空间则用于处理所有进程对系统的操作请求，这其中就包括进程间的切换操作，因此内核层空间是所有进程共享的。（在8.4节中将会详细介绍操作系统的地址空间划分情况。）只有这样才能实现进程间切换的工作，如果将进程间的切换功能迁移至应用层空间执行，那么它或许能完成线程间的切换工作。图4-25是进程间的切换示意图。

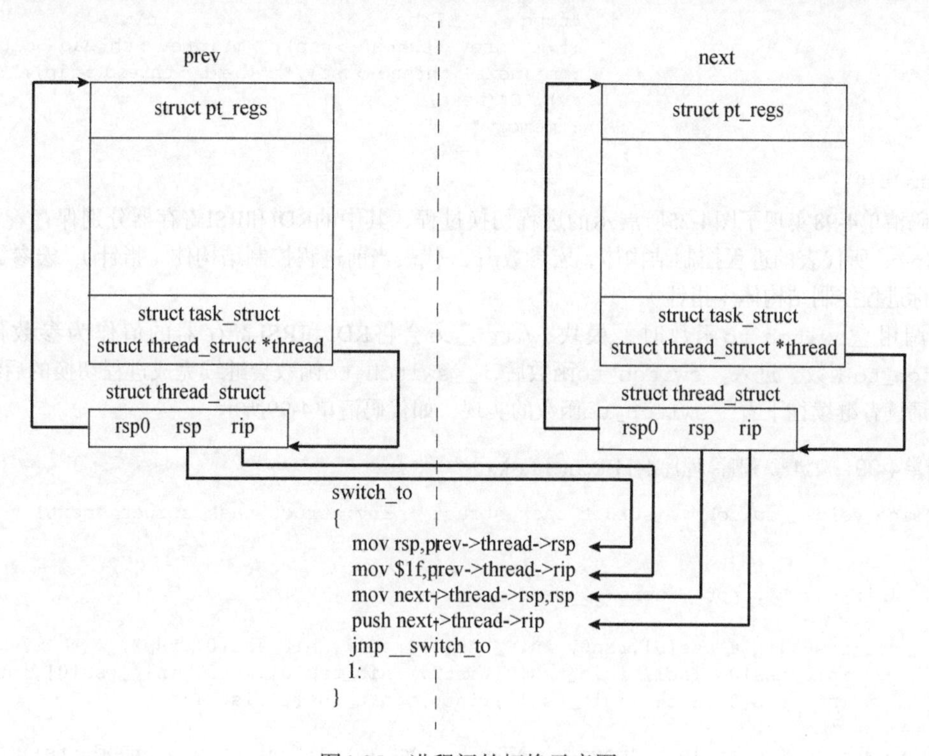

图4-25 进程间的切换示意图

从图4-25中可知，prev进程通过调用switch_to模块来保存RSP寄存器的当前值，并指定切换回prev进程时的RIP寄存器值，此处默认将其指定在标识符1:处。随后，将next进程的栈指针恢复到RSP寄存器中，再把next进程执行现场的RIP寄存器值压入next进程的内核层栈空间（RSP寄存器的恢复在前，此后的数据将压入next进程的内核层栈空间）。最后，借助JMP指令执行__switch_to函数，而函数__switch_to会在返回过程中执行RET汇编指令，进而跳转至next进程继续执行（恢复执行现场的RIP寄存器）。至此，进程间的切换工作执行完毕，代码清单4-98是switch_to模块的程序实现。

代码清单4-98　第4章\程序\程序4-11\kernel\task.h

```
#define switch_to(prev,next)                                                    \
do{                                                                             \
    __asm__ __volatile__ (  "pushq    %%rbp                  \n\t"              \
                            "pushq    %%rax                  \n\t"              \
                            "movq     %%rsp,    %0           \n\t"              \
                            "movq     %2,   %%rsp            \n\t"              \
                            "leaq     1f(%%rip),     %%rax   \n\t"              \
                            "movq     %%rax,    %1           \n\t"              \
                            "pushq    %3                     \n\t"              \
                            "jmp      __switch_to            \n\t"              \
                            "1:                              \n\t"              \
                            "popq     %%rax                  \n\t"              \
                            "popq     %%rbp                  \n\t"              \
                            :"=m"(prev->thread->rsp),"=m"(prev->thread->rip)    \
                            :"m"(next->thread->rsp),"m"(next->thread->rip),"D"(pre
                            v),"S"(next)                                        \
                            :"memory"                                           \
                        );                                                      \
}while(0)
```

代码清单4-98实现了图4-25所展示的进程切换过程，其中的RDI和RSI寄存器分别保存着宏参数prev和next所代表的进程控制结构体，宏参数prev代表当前进程控制结构体（指针），宏参数next代表目标进程控制结构体（指针）。

在调用__switch_to函数时，模块switch_to会将RDI和RSI寄存器的值作为参数传递给__switch_to函数。进入__switch_to函数后，__switch_to函数会继续完成进程切换的后续工作内容。请读者继续往下看__switch_to函数的实现，如代码清单4-99所示。

代码清单4-99　第4章\程序\程序4-11\kernel\task.c

```
inline void __switch_to(struct task_struct *prev,struct task_struct *next)
{

    init_tss[0].rsp0 = next->thread->rsp0;

    set_tss64(init_tss[0].rsp0, init_tss[0].rsp1, init_tss[0].rsp2,
        init_tss[0].ist1, init_tss[0].ist2, init_tss[0].ist3, init_tss[0].ist4,
        init_tss[0].ist5, init_tss[0].ist6, init_tss[0].ist7);

    __asm__ __volatile__("movq    %%fs,    %0 \n\t":"=a"(prev->thread->fs));
    __asm__ __volatile__("movq    %%gs,    %0 \n\t":"=a"(prev->thread->gs));

    __asm__ __volatile__("movq    %0,      %%fs \n\t"::"a"(next->thread->fs));
    __asm__ __volatile__("movq    %0,      %%gs \n\t"::"a"(next->thread->gs));

    color_printk(WHITE,BLACK,"prev->thread->rsp0:%#018lx\n",prev->thread->rsp0);
    color_printk(WHITE,BLACK,"next->thread->rsp0:%#018lx\n",next->thread->rsp0);
}
```

函数__switch_to首先将next进程的内核层栈基地址设置到TSS结构体对应的成员变量中。随后，保存当前进程的FS与GS段寄存器值，再将next进程保存的FS与GS段寄存器值还原。

应用程序在进入内核层时已将进程的执行现场（所有通用寄存器值）保存起来，所以进程切换过程并不涉及保存/还原通用寄存器，仅需对RIP寄存器和RSP寄存器进行设置。

既然已经掌握进程间的切换方法，那么下面就来小试牛刀。首先要完成对操作系统第一个进程的初始化工作，再调用函数kernel_thread为系统创建出一个新进程，随后借助switch_to模块执行进程实现切换，代码清单4-100是这部分功能的程序实现。

代码清单4-100　第4章\程序\程序4-11\kernel\task.c

```
void task_init()
{
	struct task_struct *p = NULL;

	init_mm.pgd = (pml4t_t *)Global_CR3;
	init_mm.start_code = memory_management_struct.start_code;
	init_mm.end_code = memory_management_struct.end_code;
	init_mm.start_data = (unsigned long)&_data;
	init_mm.end_data = memory_management_struct.end_data;
	init_mm.start_rodata = (unsigned long)&_rodata;
	init_mm.end_rodata = (unsigned long)&_erodata;
	init_mm.start_brk = 0;
	init_mm.end_brk = memory_management_struct.end_brk;
	init_mm.start_stack = _stack_start;

	// init_thread,init_tss
	set_tss64(init_thread.rsp0, init_tss[0].rsp1, init_tss[0].rsp2,
		init_tss[0].ist1, init_tss[0].ist2, init_tss[0].ist3, init_tss[0].ist4,
		init_tss[0].ist5, init_tss[0].ist6, init_tss[0].ist7);

	init_tss[0].rsp0 = init_thread.rsp0;

	list_init(&init_task_union.task.list);
	kernel_thread(init,10,CLONE_FS | CLONE_FILES | CLONE_SIGNAL);
	init_task_union.task.state = TASK_RUNNING;
	p = container_of(list_next(&current->list),struct task_struct,list);
	switch_to(current,p);
}
```

这段程序将补完系统第一个进程控制结构体中未赋值的成员变量，并为其设置内核层栈基地址（位于TSS结构体内），其实处理器早已运行在第一个进程中，只不过此前的进程控制结构体尚未初始化完毕。此处要特别注意全局变量_stack_start，它记录着系统第一个进程的内核层栈基地址，其定义如代码清单4-101所示。

代码清单4-101　第4章\程序\程序4-11\kernel\head.S

```
ENTRY(_stack_start)
	.quad init_task_union + 32768
```

其实，全局变量_stack_start保存的数值与init_thread结构体变量中rsp0成员变量的数值是一样的，都指向了系统第一个进程的内核层栈基地址，这不是巧合而是精心设计的。定义全局变量_stack_start可让内核执行头程序直接使用该进程的内核层栈空间，进而减少栈空间切换带来的隐患。

通常情况下，系统的第一个进程会协助操作系统完成一些初始化任务，该进程会在执行完初始化任务后进入等待状态，它会在系统没有可运行进程时休眠处理器以达到省电的目的，因此系统的第一个进程不存在应用层空间。对于这个没有应用层空间的进程而言，其init_mm结构体变量（struct mm_struct结构体）保存的不再是应用程序信息，而是内核程序的各个段信息以及内核层栈基地址。

接下来，task_init函数执行kernel_thread函数为系统创建第二个进程，这个进程经常称作"init进程"。对于调用kernel_thread函数时传入的CLONE_FS、CLONE_FILES、CLONE_SIGNAL等克隆标志位，目前并未实现相应功能，而暂作预留使用。

本节的侧重点是如何创建init进程以及如何切换到init进程运行，故此，目前的init进程并无实体功能，只为证明已在运行而在屏幕上打印一些信息，参见代码清单4-102。

代码清单4-102　第4章\程序\程序4-11\kernel\task.c

```
unsigned long init(unsigned long arg)
{
    color_printk(RED,BLACK,"init task is running,arg:%#018lx\n",arg);
    return 1;
}
```

init进程只显示了创建者传入的参数并返回1。可能一些读者会困惑：这明明是个函数，一点进程的感觉都没有。其实init函数与我们日常编写的主函数main一样，经过编译器的编译生成若干个程序片段并记录程序的入口地址，当操作系统为程序创建进程控制结构体时，操作系统会取得程序的入口地址，并从这个入口地址处执行。因此从编程的角度来看，进程是由一系列维护程序运行的信息和若干组程序片段构成。

当init函数准备就绪，还需要实现kernel_thread函数，来为操作系统创建进程。代码清单4-103是kernel_thread函数的程序实现。

代码清单4-103　第4章\程序\程序4-11\kernel\task.c

```
int kernel_thread(unsigned long (* fn)(unsigned long), unsigned long arg, unsigned long
    flags)
{
    struct pt_regs regs;
    memset(&regs,0,sizeof(regs));

    regs.rbx = (unsigned long)fn;
    regs.rdx = (unsigned long)arg;

    regs.ds = KERNEL_DS;
    regs.es = KERNEL_DS;
    regs.cs = KERNEL_CS;
    regs.ss = KERNEL_DS;
    regs.rflags = (1 << 9);
    regs.rip = (unsigned long)kernel_thread_func;

    return do_fork(&regs,flags,0,0);
}
```

函数kernel_thread首先创建struct pt_regs结构体变量，来为新进程准备执行现场的数据，其中的RBX寄存器保存着程序的入口地址，RDX寄存器保存着进程创建者传入的参数，RIP寄存器保存着一段引导程序（kernel_thread_func模块），这段引导程序会在目标程序（保存于参数fn内）执行前运行。

随后，函数kernel_thread将新进程的执行现场数据传递给do_fork函数，来创建进程控制结构体并完成进程运行前的初始化工作。由此可见，do_fork函数和kernel_thread_func模块才是创建进程的关键代码。根据程序的调用顺序，先来看do_fork函数的功能实现，如代码清单4-104所示。

代码清单4-104 第4章\程序\程序4-11\kernel\task.c

```
unsigned long do_fork(struct pt_regs * regs, unsigned long clone_flags, unsigned long
    stack_start, unsigned long stack_size)
{
    struct task_struct *tsk = NULL;
    struct thread_struct *thd = NULL;
    struct Page *p = NULL;

    color_printk(WHITE,BLACK,"alloc_pages,bitmap:%#018lx\n",*memory_management_
        struct.bits_map);

    p = alloc_pages(ZONE_NORMAL,1,PG_PTable_Maped | PG_Active | PG_Kernel);

    color_printk(WHITE,BLACK,"alloc_pages,bitmap:%#018lx\n",*memory_management_
        struct.bits_map);

    tsk = (struct task_struct *)Phy_To_Virt(p->PHY_address);
    color_printk(WHITE,BLACK,"struct task_struct address:%#018lx\n",(unsigned
        long)tsk);

    memset(tsk,0,sizeof(*tsk));
    *tsk = *current;

    list_init(&tsk->list);
    list_add_to_before(&init_task_union.task.list,&tsk->list);
    tsk->pid++;
    tsk->state = TASK_UNINTERRUPTIBLE;

    thd = (struct thread_struct *)(tsk + 1);
    tsk->thread = thd;

    memcpy(regs,(void *)((unsigned long)tsk + STACK_SIZE - sizeof(struct pt_regs)),
        sizeof(struct pt_regs));

    thd->rsp0 = (unsigned long)tsk + STACK_SIZE;
    thd->rip = regs->rip;
    thd->rsp = (unsigned long)tsk + STACK_SIZE - sizeof(struct pt_regs);

    if(!(tsk->flags & PF_KTHREAD))
        thd->rip = regs->rip = (unsigned long)ret_from_intr;

    tsk->state = TASK_RUNNING;

    return 0;
}
```

目前的do_fork函数已基本实现进程控制结构体的创建以及相关数据的初始化工作。由于内核尚未实现内存分配功能,以至于内存空间的使用只能暂时以物理页为单位。同时,为了检测alloc_pages函数的执行效果，在分配物理页的前后分别打印出物理内存页的位图映射信息，通过此信息可查询出物理内存页的使用。

接着，将当前进程控制结构体中的数据复制到新分配物理页中（物理页的线性地址起始处），并进一步初始化相关成员变量信息。这个初始化过程包括使用list_add_to_before函数链接入进程队列、分配和初始化struct thread_struct结构体、伪造进程执行现场（把执行现场数据复制到目标进程的内核层栈顶处）。

最后，还要判断目标进程的PF_KTHREAD标志位，以确定目标进程运行在内核层空间还是应用层空间。如果复位PF_KTHREAD标志位，则说明进程运行于应用层空间，那么将进程的执行入口地址设置在ret_from_intr地址处；否则将进程的执行入口地址设置在kernel_thread_func地址处。这里还需要补充说明一点，在初始化进程控制结构体时，未曾分配struct mm_struct的存储空间，而依然沿用全局变量init_mm。这是考虑到分配页表是一件无聊的体力活，既然init进程此时还运行在内核层空间，那么在实现内存分配功能前暂且不创建新的页目录和页表。

当do_fork函数将目标进程设置为运行态后，在全局链表（init_task_union.task.list）中已经有两个可运行的进程控制结构体。一旦task_init函数执行switch_to模块，操作系统便会切换进程,从而使处理器开始执行init进程。由于init进程运行在内核层空间,因此init进程在执行init函数前会先执行kernel_thread_func模块。

kernel_thread_func模块由一小段汇编程序构成，此模块负责还原进程执行现场、运行进程以及退出进程，其代码实现如代码清单4-105所示。

代码清单4-105　第4章\程序\程序4-11\kernel\task.c

```
extern void kernel_thread_func(void);
__asm__ (
            "kernel_thread_func:    \n\t"
            "    popq    %r15       \n\t"
            "    popq    %r14       \n\t"
            "    popq    %r13       \n\t"
            "    popq    %r12       \n\t"
            "    popq    %r11       \n\t"
            "    popq    %r10       \n\t"
            "    popq    %r9        \n\t"
            "    popq    %r8        \n\t"
            "    popq    %rbx       \n\t"
            "    popq    %rcx       \n\t"
            "    popq    %rdx       \n\t"
            "    popq    %rsi       \n\t"
            "    popq    %rdi       \n\t"
            "    popq    %rbp       \n\t"
            "    popq    %rax       \n\t"
            "    movq    %rax,      %ds         \n\t"
            "    popq    %rax                   \n\t"
            "    movq    %rax,      %es         \n\t"
            "    popq    %rax                   \n\t"
            "    addq    $0x38,     %rsp        \n\t"
```

```
    ////////////////////////////////////
    "    movq      %rdx,     %rdi        \n\t"
    "    callq     *%rbx                 \n\t"
    "    movq      %rax,     %rdi        \n\t"
    "    callq     do_exit               \n\t"
);
```

当处理器执行kernel_thread_func模块时，栈指针寄存器RSP正指向当前进程的内核层栈顶地址，此刻的栈顶位于栈基地址向下偏移struct pt_regs结构体处。经过若干个POP汇编指令，最终将RSP寄存器平衡到栈基地址处，进而达到还原进程执行现场的目的。这个执行现场是在函数kernel_thread中伪造的，其中的RBX寄存器保存着程序执行片段，RDX寄存器保存着传入的参数。

在进程执行现场还原后，将借助指令CALL执行RBX寄存器保存的程序执行片段（init进程），一旦程序片段返回便执行do_exit函数退出进程。

函数do_exit用于释放进程控制结构体，由于进程控制结构体的释放过程相对复杂，此处暂不予以实现。但为了证明do_exit函数被执行过，特在屏幕上打印一条日志信息。代码清单4-106是do_exit函数的实现。

代码清单4-106　第4章\程序\程序4-11\kernel\task.c

```
unsigned long do_exit(unsigned long code)
{
    color_printk(RED,BLACK,"exit task is running,arg:%#018lx\n",code);
    while(1);
}
```

函数do_exit目前的工作是将init进程的返回值打印在屏幕上。至此init进程的创建过程已经完成。

看到这里，想必读者已经明白do_fork才是创建进程的核心函数，而kernel_thread函数则更像是对创建出的进程做了特殊限制，这个由kernel_thread函数创建出来的进程看起来更像是一个线程。尽管kernel_thread函数借助do_fork函数创建出了进程控制结构体，但是这个进程却没有应用层空间（复制系统第一个进程的进程控制结构体）。其实，kernel_thread函数只能创建出没有应用层空间的进程，如果有诸多这样的进程同时运行在内核中，它们看起来就像是内核主进程创建出的若干个线程一般，因此它们通常被叫作内核线程。这段程序参考了Linux 1~4各个版本中关于内核线程的函数实现。综上所述，kernel_thread函数的功能是创建内核线程，所以init此时是个内核级的线程，但它不会一直是个内核线程。当init内核线程执行do_execve函数后，它会转变为一个用户级进程，这部分内容将在第12章中实现。

task_init函数创建出内核线程后，将借助宏函数container_of获取init内核线程的进程控制结构体，其程序实现如代码清单4-107所示。

代码清单4-107　第4章\程序\程序4-11\kernel\lib.h

```
#define container_of(ptr,type,member)                                   \
({    \
    typeof(((type *)0)->member) * p = (ptr);                            \
    (type *)((unsigned long)p - (unsigned long)&(((type *)0)->member));        \
})
```

相信看过Linux内核的读者对宏函数container_of的作用并不陌生，container_of可以根据结构体变量内的某个成员变量基地址，准确计算出结构体变量的基地址，即反向推导出父层结构的起始地址。虽然这个宏函数看上去比较复杂，但只要将其一层层展开，方可知晓它的原理。表4-20描述了宏函数各参数的功能。

表4-20　container_of宏函数的参数功能说明

参数名	功能描述
ptr	表示结构体变量内的某个成员变量基地址，通过该地址可推算出成员变量所在父结构的基地址
type	成员变量所在结构体
member	成员变量名

结合表4-20与宏函数的代码实现可知，整个推算过程分为两步：首先计算出成员变量member在type结构体内的偏移；随后再根据ptr参数提供的实际地址计算出结构体变量的起始地址。这段代码的巧妙之处在于，运用0地址计算出成员变量在结构体内的偏移，之后只需使用ptr减去此偏移值即可得到结构体变量的起始地址。

随着init进程控制结构体的取得，方可调用switch_to模块切换至init内核线程，图4-26是init进程的运行效果。

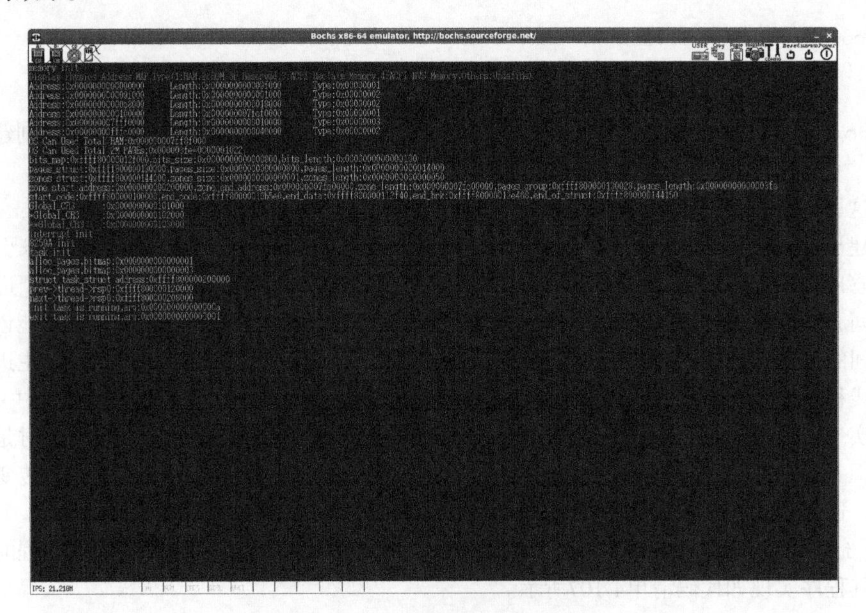

图4-26　init进程的运行效果图

通过本章的学习，相信读者不会再对系统内核的功能感到陌生。下一章将会把工作重心向应用层迁移，实现从内核层到应用层的跳转、系统调用API接口以及应用程序。

第5章

应　用　层

经过前一章的学习，我们已经简单实现了操作系统的内核层程序。虽然这个系统的核心极其简陋，但它已是原理性知识的实践化，这就是一种进步。内核层主要是为应用层提供服务的，既然内核层已经初步实现，本章将会把工作重心从内核层转移到应用层。

每个应用程序都拥有独立的应用层空间，应用程序可在应用层空间内随心所欲执行，但它们不会直接操作外部硬件设备，而且由于应用层处于最低特权级，这使得它们也不具备配置处理器的能力。如果应用层想完成上述操作，则必须借助内核层提供的服务程序才能实现。即使进程间通信也必须借助内核层提供的服务程序才能传递消息。接下来，就让我们一起看看应用层的那些事。

5.1　跳转到应用层

由于系统内核位于0特权级的内核层，而应用程序位于3特权级的应用层，若想从内核层进入应用层，在特权级跳转的过程中必须提供目标代码段和栈段以及其他跳转信息。读者首先想到的解决方法可能是，借助RET类指令从伪造的函数调用现场中返回到目标程序段。这个原理要从CALL与RET指令在不同特权级间的操作说起。（请参考Intel官方白皮书Volume 1的6.3.6节。）

当程序借助CALL指令访问更高特权级的调用门时，处理器将按照以下步骤为程序准备执行环境，图5-1描绘了程序借助调用门访问不同特权级时的栈切换过程。

(1) 检测目标程序的访问权限，此处主要针对段模式的特权级进行检查。

(2) 临时把SS、ESP、CS和EIP寄存器的当前值保存在处理器内部，以备调用返回时使用。

(3) 依据目标代码段的特权级，处理器从TSS结构中提取出相应特权级的栈段选择子和栈基地址，并将其作为目标程序的栈空间更新到SS和ESP寄存器中。

(4) 将步骤(2)临时保存的SS和ESP寄存器值存入目标程序的栈空间。

(5) 根据调用门描述符记录的参数个数，从调用者栈空间复制参数到目标程序栈。

(6) 将步骤(2)临时保存的CS和EIP寄存器值存入目标程序的栈空间。

(7) 将调用门描述符记录的目标代码段选择子和程序的起始地址加载到CS和EIP寄存器中。

(8) 处理器在目标代码段特权级下执行程序。

当程序跨特权级间返回时，处理器将按照以下步骤还原调用者的执行环境，这个过程依然可以参考图5-1。而对于相同特权级的程序访问，处理器并不会切换程序的栈空间，因此只有参数（可选）、EIP寄存器以及CS寄存器（只在段间访问时入栈）会存入栈空间。

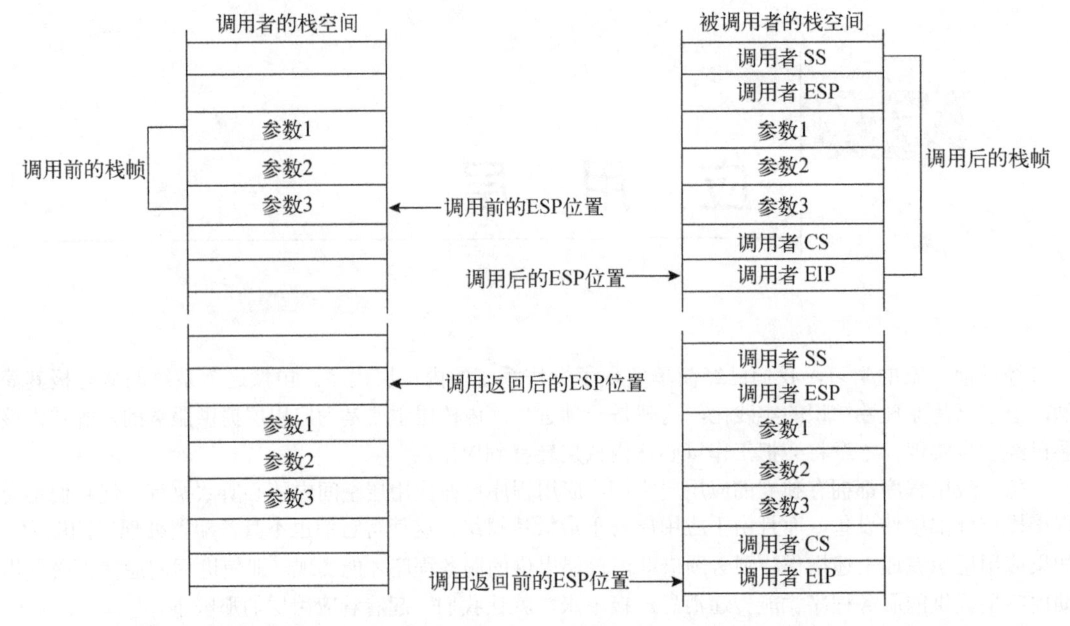

图5-1　借助调用门访问不同特权级时的栈切换过程

(1) 检测目标程序的访问权限，此处同样针对段模式的特权级进行检查。

(2) 还原调用者的CS和EIP寄存器值，它们在调用过程中已保存在被调用者栈空间。

(3) 如果`RET`指令带有操作数*n*，那么栈指针将向上移动*n*个字节来释放被调用者栈空间。如果访问来自调用门，那么`RET n`指令将同时释放被调用者与调用者栈空间。

(4) 还原调用者的SS和ESP寄存器值，此举使得栈空间从被调用者切换回调用者。

(5) 如果`RET`指令带有操作数*n*，则参照步骤(3)的执行过程释放调用者栈空间。

(6) 处理器继续执行调用者程序。

经过以上描述，我们相信读者对这个执行过程已经不再陌生。现在可参照一些图书或老版本的Linux内核介绍的那样，通过`RET`指令（调用返回指令）或`IRET`指令（中断返回指令）来达到跳转至应用层的目的。不过，`RET`类指令的执行速度特别慢，考虑到这类指令消耗的处理器时钟周期数过多，Intel推出了一套新的指令`SYSENTER/SYSEXIT`实现快速系统调用。

指令`SYSENTER/SYSEXIT`的显著优点是，整个调用过程不会执行数据压栈，这样就免去了访问内存的时间消耗，而且在跨特权级跳转时不会对段描述符进行检测，从而使得`SYSENTER/SYSEXIT`指令能够执行得更快。但`SYSENTER`指令只能从3特权级跳转至0特权级，而`SYSEXIT`指令只能从0特权级跳转至3特权级，这使得两者无法完成其他特权级甚至是相同特权级间的跳转。因此，它们只能为应用程序提供系统调用，无法在内核层执行系统调用，而中断型系统调用却可在任意权限下执行。

本节将借助`SYSEXIT`汇编指令来实现内核层向应用层的跳转，以下是对`SYSEXIT`汇编指令的概括描述。

`SYSEXIT`指令是一个快速返回3特权级的指令，它只能执行在0特权级下。在执行`SYSEXIT`指令之前，处理器必须为其提供3特权级的衔接程序以及3特权级的栈空间，这些数据将保存在MSR寄存器和通用寄存器中。

- IA32_SYSENTER_CS（位于MSR寄存器组地址174h处）。它是一个32位寄存器，用于索引3特权级下的代码段选择子和栈段选择子。在IA-32e模式下，代码段选择子为IA32_SYSENTER_CS[15:0]+32，否则为IA32_SYSENTER_CS [15:0]+16；而栈段选择子是将代码段选择子加8。
- RDX寄存器。该寄存器保存着一个Canonical型地址（64位特有地址结构，将在第6章中详细介绍），在执行指令时会将其载入到RIP寄存器中（这是用户程序的第一条指令地址）。如果返回到非64位模式，那么只有低32位被装载到RIP寄存器中。
- RCX寄存器。该寄存器保存着一个Canonical型地址，执行指令时会将其载入到RSP寄存器中（这是3特权级下的栈指针）。如果返回到非64位模式，只有低32位被装载到RSP寄存器中。

此处的IA32_SYSENTER_CS寄存器可借助RDMSR/WRMSR指令进行访问。在执行SYSEXIT指令的过程中，处理器会根据IA32_SYSENTER_CS寄存器的值加载相应的段选择子到CS和SS寄存器。值得注意的是，SYSEXIT指令不会从描述符表（在GDT或LDT）中加载段描述符到CS和SS寄存器，取而代之的是向寄存器写入固定值。此举虽然执行速度快，但不能保证段描述符的正确性，必须由操作系统负责确保段描述符的正确性。

当操作数位宽为64位时，执行SYSEXIT指令后仍然保持64位宽；否则，这条指令将进入兼容模式（如果处理器运行在IA-32e模式下）或者进入保护模式（如果处理器运行在非64位模式下）。

上述内容描述了SYSEXIT汇编指令的使用方法和注意事项。下面将根据这些知识编写系统调用返回模块，详细程序实现如代码清单5-1所示。

代码清单5-1　第5章\程序\程序5-1\kernel\entry.S

```
ENTRY(ret_system_call)
    movq    %rax,    0x80(%rsp)
    popq    %r15
    popq    %r14
    popq    %r13
    popq    %r12
    popq    %r11
    popq    %r10
    popq    %r9
    popq    %r8
    popq    %rbx
    popq    %rcx
    popq    %rdx
    popq    %rsi
    popq    %rdi
    popq    %rbp
    popq    %rax
    movq    %rax,    %ds
    popq    %rax
    movq    %rax,    %es
    popq    %rax
    addq    $0x38,   %rsp
    .byte   0x48
    sysexit
```

这段程序首先将系统调用的返回值更新到用于保存程序运行环境RAX寄存器的存储空间中，然后恢复应用程序的执行环境。由于SYSEXIT指令需要借助RDX与RCX寄存器来恢复应用程序的执行现场，所以在进入内核层前应该对两者进行特殊处理（在应用程序中实现）。最后，使用SYSEXIT指令跳转至应用层执行程序。

由于SYSEXIT指令在64位模式下的默认操作数不是64位，如果要返回到64位模式的应用层，则必须在SYSEXIT指令前插入指令前缀0x48加以修饰，以表示SYSEXIT指令使用64位的操作数。

因为IA32_SYSENTER_CS寄存器仅记录着0特权级的代码段，为了使SYSEXIT指令可以正确索引到目标段选择子，则必须调整各段描述符在全局描述符表GDT中的排列顺序。按照排列的先后顺序依次是：64位0特权级代码段、64位0特权级栈段、32位3特权级代码段、32位3特权级栈段、64位3特权级代码段、64位3特权级栈段。代码清单5-2是调整后的GDT。

代码清单5-2　第5章\程序\程序5-1\kernel\head.S

```
//=======	GDT_Table

.section .data

.globl GDT_Table

GDT_Table:
	.quad	0x0000000000000000		/*0	NULL descriptor				00*/
	.quad	0x0020980000000000		/*1	KERNEL	Code	64-bit	Segment	08*/
	.quad	0x0000920000000000		/*2	KERNEL	Data	64-bit	Segment	10*/
	.quad	0x0000000000000000		/*3	USER	Code	32-bit	Segment	18*/
	.quad	0x0000000000000000		/*4	USER	Data	32-bit	Segment	20*/
	.quad	0x0020f80000000000		/*5	USER	Code	64-bit	Segment	28*/
	.quad	0x0000f20000000000		/*6	USER	Data	64-bit	Segment	30*/
	.quad	0x00cf9a000000ffff		/*7	KERNEL	Code	32-bit	Segment	38*/
	.quad	0x00cf92000000ffff		/*8	KERNEL	Data	32-bit	Segment	40*/
	.fill	10,8,0				/*10 ~ 11 TSS (jmp one segment <9>) in long-mode
128-bit 50*/
GDT_END:

GDT_POINTER:
GDT_LIMIT:	.word	GDT_END - GDT_Table - 1
GDT_BASE:	.quad	GDT_Table
```

此处为GDT新增了一个32位的代码段描述符和一个32位的数据段描述符，它们被插入到GDT的第3个描述符处。这导致TSS段描述符向后移动了两个段描述符的位置，从而必须调整TSS段描述符的初始化程序setup_TSS64，以及调用宏函数load_TR时传入的参数值。调整后的程序请参见代码清单5-3和代码清单5-4。

代码清单5-3　第5章\程序\程序5-1\kernel\head.S

```
setup_TSS64:
	......

	movq	%rax,	80(%rdi)	//tss segment offset
	shrq	$32,	%rdx
	movq	%rdx,	88(%rdi)	//tss+1 segment offset
```

```
//      mov     $0x50,     %ax
//      ltr     %ax

......
        lretq
```

代码清单5-4　第5章\程序\程序5-1\kernel\main.c

```
void Start_Kernel(void)
{
    ......
    load_TR(10);
    ......
}
```

这两部分程序分别调整了TSS段描述符在GDT中的偏移值和TSS段选择子的值。既然已经实现系统调用返回模块ret_system_call，那么就应该修改由do_fork函数创建的新进程的返回地址，即从原来的ret_from_intr模块改为ret_system_call模块。这两个模块的区别在于返回时使用的汇编指令不同，ret_from_intr模块使用汇编代码iretq，ret_system_call模块使用汇编代码sysexit。作为一个系统调用的处理函数，函数do_fork应该使用ret_system_call模块，详见代码清单5-5。

代码清单5-5　第5章\程序\程序5-1\kernel\task.c

```
unsigned long do_fork(struct pt_regs * regs, unsigned long clone_flags, unsigned long
stack_start, unsigned long stack_size)
{
    ......
    if(!(tsk->flags & PF_KTHREAD))
        thd->rip = regs->rip = (unsigned long)ret_system_call;
    ......
}
```

系统数据结构准备就绪后，接下来将为IA32_SYSENTER_CS寄存器设置段选择子。代码清单5-6将64位的0特权级代码段选择子设置到IA32_SYSENTER_CS寄存器中。

代码清单5-6　第5章\程序\程序5-1\kernel\task.c

```
void task_init()
{
    ......
    wrmsr(0x174,KERNEL_CS);
    ......
}
```

由于IA32_SYSENTER_CS寄存器位于MSR寄存器组的0x174地址处，所以处理器只能借助WRMSR汇编指令才能向MSR寄存器组写入数据。此处的wrmsr函数采用内嵌汇编语句的方式将WRMSR汇编指令封装在体内，从而简化了MSR寄存器组的操作过程，代码清单5-7是wrmsr函数的程序实现。

5

代码清单5-7　第5章\程序\程序5-1\kernel\lib.h

```
inline void wrmsr(unsigned long address,unsigned long value)
{
    __asm__ __volatile__("wrmsr    \n\t"::"d"(value >> 32),"a"(value & 0xffffffff),
        "c"(address):"memory");
}
```

关于WRMSR指令的用法已在3.2.3节讲解过，这里就不再过多讲解。至此，汇编指令SYSEXIT引入后的程序修改工作已经结束，但为了通过SYSEXIT指令返回3特权级，还必须完善init内核线程，才能实现内核层向应用层的跳转。详细程序请参见代码清单5-8所示。

代码清单5-8　第5章\程序\程序5-1\kernel\task.c

```
unsigned long init(unsigned long arg)
{
    struct pt_regs *regs;

    color_printk(RED,BLACK,"init task is running,arg:%#018lx\n",arg);

    current->thread->rip = (unsigned long)ret_system_call;
    current->thread->rsp = (unsigned long)current + STACK_SIZE - sizeof(struct
        pt_regs);
    regs = (struct pt_regs *)current->thread->rsp;

    __asm__    __volatile__ ( "movq    %1,    %%rsp    \n\t"
                             "pushq %2    \n\t"
                             "jmp    do_execve \n\t"
                             ::"D"(regs),"m"(current->thread->rsp),"m"(current->t
                                    hread->rip):"memory");


    return 1;
}
```

目前，系统还没有应用层程序，此时的init依然是个内核线程。那么下面就来扩充init进程的功能，使其转变为应用程序。

执行execve系统调用API，可使init内核线程执行新的程序，进而转变为应用程序。但由于SYSENTER/SYSEXIT指令无法像中断指令那样，可在内核层执行系统调用API，所以我们只能通过直接执行系统调用API处理函数的方法来实现。在此可以参考switch_to函数的设计思路，调用execve系统调用API的处理函数do_execve，即借助PUSH指令将程序的返回地址压入栈中，并采用JMP指令调用函数do_execve。

首先确定函数init的函数返回地址和栈指针，并取得进程的struct pt_regs结构体。接着采用内嵌汇编语句的方法，更新进程的内核层栈指针，同时将调用do_execve函数后的返回地址（模块ret_system_call）压入栈中。最后，通过JMP汇编指令跳转至do_execve函数为新程序（目标应用层程序）准备执行环境，并将struct pt_regs结构体的首地址作为参数传递给do_execve函数。do_execve函数及相关程序实现如代码清单5-9所示。

代码清单5-9 第5章\程序\程序5-1\kernel\task.c

```
void user_level_function()
{
    color_printk(RED,BLACK,"user_level_function task is running\n");
    while(1);
}

unsigned long do_execve(struct pt_regs * regs)
{
    regs->rdx = 0x800000;     //RIP
    regs->rcx = 0xa00000;     //RSP
    regs->rax = 1;
    regs->ds = 0;
    regs->es = 0;
    color_printk(RED,BLACK,"do_execve task is running\n");

    memcpy(user_level_function,(void *)0x800000,1024);

    return 0;
}
```

在do_execve函数中，通过设置struct pt_regs结构体的成员变量来搭建应用程序的执行环境。当do_execve函数返回时，处理器会跳转至ret_system_call模块处执行，进而将struct pt_regs结构体的各个成员变量还原到对应的寄存器中。函数中的代码regs->rdx = 0x800000;保存着应用层程序的入口地址，而regs->rcx = 0xa00000;保存着应用程序的应用层栈顶地址，选用这两个寄存器（RDX和RCX）是与SYSEXIT指令的需求相呼应的。此处的memcpy函数负责将应用层的执行函数user_level_function复制到线性地址0x800000处，当处理器切换到应用层后，应用程序将从应用层的线性地址0x800000处开始执行。对于线性地址0x800000的选择，这里没有特别的选择依据，只要是未使用的内存空间皆可。而选择线性地址0xa00000作为应用程序的栈顶地址，则是为了保证它与线性地址0x800000同在一个物理页内。

在运行前，不要忘记注释掉init_memory函数对页表映射的清理代码。否则，一旦访问线性地址0x800000便会触发缺页异常。具体程序实现请参见代码清单5-10。

代码清单5-10 第5章\程序\程序5-1\kernel\memory.c

```
void init_memory()
{
    ......
    // for(i = 0;i < 10;i++)
    //      *(Phy_To_Virt(Global_CR3) + i) = 0UL;
    ......
}
```

现在，让我们来看看它的运行效果，如图5-2所示。

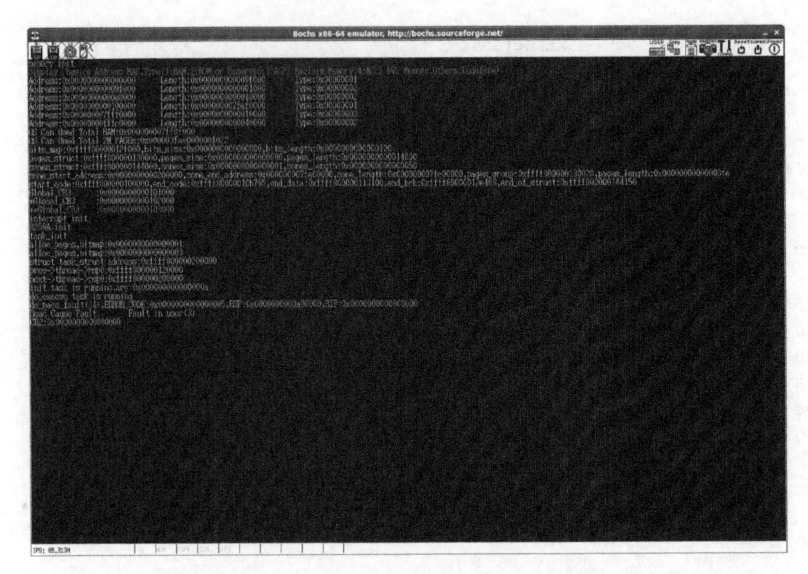

图5-2　应用层跳转程序的运行效果图1

天啊！这段程序并未如我们预期的效果运行，根据日志信息可知，处理器捕获到了页错误异常。虽然我们有些茫然，但是异常处理功能终于有用武之地了，想想也是不错的。经过对日志信息的分析，最终得知错误发生在应用层的线性地址0x800000处，当读取该地址时触发异常。仔细想想，从线性地址0x800000处开始是代码程序，读取该地址的数据就意味着执行该地址处的程序，而且运行结果没有显示出这个物理页面不存在，则说明现在是有映射关系存在的。最后，经过对页表项属性标志位的仔细分析，发现其页属性限制物理页只允许内核程序访问，而不允许应用程序访问。因此，需要修改本系统的页表项属性，进一步为应用层放宽执行限制。具体的修改内容请看下面的代码清单5-11。

代码清单5-11　第5章\程序\程序5-1\kernel\head.S

```
//=======    init page
.align 8

.org    0x1000

__PMLT4E:

    .quad    0x102007
    .fill    255,8,0
    .quad    0x102007
    .fill    255,8,0

.org    0x2000

__PDPTE:

    .quad    0x103007    /* 0x103003 */
    .fill    511,8,0

.org    0x3000
```

```
__PDE:

    .quad    0x000087
    .quad    0x200087
    .quad    0x400087
    .quad    0x600087
    .quad    0x800087         /* 0x800083 */
    .quad    0xe0000087       /*0x a00000*/
    .quad    0xe0200087
    .quad    0xe0400087
    .quad    0xe0600087       /*0x1000000*/
    .quad    0xe0800087
    .quad    0xe0a00087
    .quad    0xe0c00087
    .quad    0xe0e00087
    .fill    499,8,0
```


怀着忐忑的心情，让我们再一次运行这段程序，执行效果如图5-3所示。

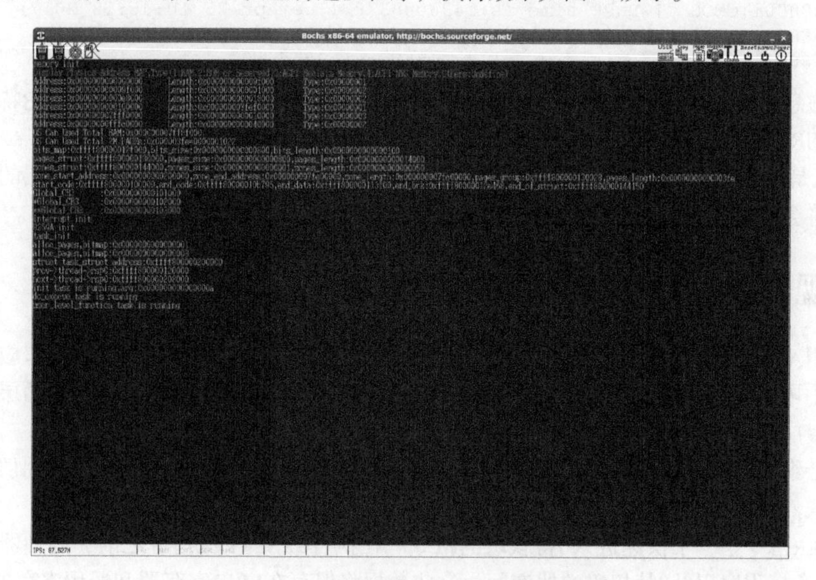

图5-3　应用层跳转程序的运行效果图2

这一次的执行效果已经达到预期。接着再看看Bochs虚拟机的终端日志信息。

```
<bochs:2> q
00320468000i[      ] dbg: Quit
00320468000i[CPU0  ] CPU is in long mode (active)
00320468000i[CPU0  ] CS.mode = 64 bit
00320468000i[CPU0  ] SS.mode = 64 bit
00320468000i[CPU0  ] EFER   = 0x00000500
00320468000i[CPU0  ] | RAX=0000000000000024  RBX=ffff80000010ac0a
00320468000i[CPU0  ] | RCX=000000000000001d  RDX=0000000000000004
00320468000i[CPU0  ] | RSP=0000000009ffff8  RBP=0000000009ffff8
00320468000i[CPU0  ] | RSI=00000000000005a0  RDI=ffff800000a00000
```

```
00320468000i[CPU0  ] |  R8=00000000000ff0000   R9=0000000000000000
00320468000i[CPU0  ] | R10=0000000000000000  R11=0000000000000000
00320468000i[CPU0  ] | R12=0000000000000000  R13=0000000000000000
00320468000i[CPU0  ] | R14=0000000000000000  R15=0000000000000000
00320468000i[CPU0  ] | IOPL=0 id vip vif ac vm rf nt of df IF tf sf zf af pf cf
00320468000i[CPU0  ] | SEG sltr(index|ti|rpl)     base    limit G D
00320468000i[CPU0  ] |  CS:002b( 0005| 0|  3) 00000000 ffffffff 1 0
00320468000i[CPU0  ] |  DS:0000( 0000| 0|  0) 00000000 00000000 0 0
00320468000i[CPU0  ] |  SS:0033( 0006| 0|  3) 00000000 ffffffff 1 1
00320468000i[CPU0  ] |  ES:0000( 0000| 0|  0) 00000000 00000000 0 0
00320468000i[CPU0  ] |  FS:0000( 0000| 0|  0) 00000000 00000000 0 0
00320468000i[CPU0  ] |  GS:0000( 0000| 0|  0) 00000000 00000000 0 0
00320468000i[CPU0  ] |  MSR_FS_BASE:0000000000000000
00320468000i[CPU0  ] |  MSR_GS_BASE:0000000000000000
00320468000i[CPU0  ] | RIP=0000000000800029 (0000000000800029)
00320468000i[CPU0  ] | CR0=0xe0000011 CR2=0x0000000000000000
00320468000i[CPU0  ] | CR3=0x00101000 CR4=0x00000020
(0).[320468000] [0x000000800029] 002b:0000000000800029 (unk. ctxt): jmp .-2
(0x0000000000800029) ; ebfe
00320468000i[CMOS  ] Last time is 1493088378 (Tue Apr 25 10:46:18 2017)
00320468000i[XGUI  ] Exit
00320468000i[SIM   ] quit_sim called with exit code 0
```

在日志信息中，CS寄存器和SS寄存器的RPL值是3，这说明处理器当前已经运行在3特权级的应用层中。此刻的RIP寄存器指向线性地址0x0000000000800029处，保存的指令是jmp .-2（机器码：ebfe），这正是代码while(1);的反汇编指令。由此看来，我们从内核层跳转至应用层的目标已经实现，下一节将会在此基础上实现系统调用API，从而完成内核层与应用层间的双向切换。

5.2　实现系统调用API

系统调用API作为应用层与内核层间的重要通信手段已被使用到各种应用场合，但应用层与内核层间的通信手段不只系统调用API一种，我们还可采用中断、地址重映射等方式在这两层间建立通信链接，不过最广泛使用的通信方式依然是系统调用API。

本节将会继续补充完系统调用API的主体框架，即通过SYSENTER汇编指令实现应用层到内核层的跳转。下面依然从SYSENTER汇编指令的功能描述开始逐步实现系统调用API。

SYSENTER指令是一个快速进入0特权级的指令。在执行SYSENTER指令之前，处理器必须为其提供0特权级的衔接程序以及0特权级的栈空间，这些数据将保存在MSR寄存器和通用寄存器中。

- **IA32_SYSENTER_CS**（MSR寄存器组地址174h处）。这个MSR寄存器的低16位装载的是0特权级的代码段选择子，该值也用于索引0特权级的栈段选择子（IA32_SYSENTER_CS[15:0]+8），因此其值不能为NULL。
- **IA32_SYSENTER_ESP**（MSR寄存器组地址175h处）。这个MSR寄存器里的值将会被载入到RSP寄存器中，该值必须是Canonical型地址。在保护模式下，只有寄存器的低32位被载入到RSP寄存器中。
- **IA32_SYSENTER_EIP**（MSR寄存器组地址176h处）。这个MSR寄存器里的值将会被载入到RIP寄存器中，该值必须是Canonical型地址。在保护模式下，只有寄存器的低32位被载入到RIP寄存器中。

在执行SYSENTER指令的过程中，处理器会根据IA32_SYSENTER_CS寄存器的值加载相应的段选择子到CS和SS寄存器。SYSENTER指令与SYSEXIT指令都必须由操作系统负责确保段描述符的正确性。

SYSENTER/SYSEXIT指令与CALL/RET指令的不同之处在于，执行SYSENTER指令时，处理器不会保存用户代码的状态信息（如RIP和RSP寄存器值），而且两者均不支持内存参数方式。同时，SYSENTER/SYSEXIT指令还必须遵循如下的规则。

- SYSENTER/SYSEXIT指令使用的段描述符皆位于同一描述符表内，并且各个段描述符是相邻的。只有这样才能使处理器根据IA32_SYSENTER_CS_MSR寄存器值索引到段选择子。
- 应用程序在执行SYSENTER指令进入内核层时，必须保存程序的运行环境（尤其是RIP和RSP寄存器值），并在执行SYSEXIT指令返回应用层时恢复程序的运行环境。

由于SYSENTER指令和SYSEXIT指令是配对的，因此两者对执行环境方面的要求大体上一致。那么在现有系统调用返回模块ret_system_call的基础上，编写与之相对应的系统调用接口处理模块system_call，相信应该不再是什么难事。代码清单5-12是system_call模块的详细程序实现。

5

代码清单5-12　第5章\程序\程序5-2\kernel\entry.S

```
ENTRY(system_call)
    subq    $0x38,    %rsp
    cld;

    pushq   %rax;
    movq    %es,       %rax;
    pushq   %rax;
    movq    %ds,       %rax;
    pushq   %rax;
    xorq    %rax,      %rax;
    pushq   %rbp;
    pushq   %rdi;
    pushq   %rsi;
    pushq   %rdx;
    pushq   %rcx;
    pushq   %rbx;
    pushq   %r8;
    pushq   %r9;
    pushq   %r10;
    pushq   %r11;
    pushq   %r12;
    pushq   %r13;
    pushq   %r14;
    pushq   %r15;
    movq    $0x10,    %rdx;
    movq    %rdx,     %ds;
    movq    %rdx,     %es;
    movq    %rsp,     %rdi

    callq   system_call_function            ////////
```

这个system_call模块是系统调用API的接口模块，它与ret_system_call模块的执行过程相反。当应用程序执行SYSENTER指令进入内核层时，便会通过system_call模块保存应用程序的执行现场，随后使用CALL指令调用system_call_function函数，进而执行与之相匹配的处理程序。在调用system_call_function函数时，system_call模块会将当前栈指针作为参数传递给system_call_function函数（代码movq %rsp, %rdi），此时的栈指针正指向struct pt_regs结构体的首地址。代码清单5-13和代码清单5-14是system_call_function函数的程序实现以及相关结构体定义。

代码清单5-13　第5章\程序\程序5-2\kernel\task.c

```
unsigned long system_call_function(struct pt_regs * regs)
{
    return system_call_table[regs->rax](regs);
}
```

代码清单5-14　第5章\程序\程序5-2\kernel\task.h

```
#define MAX_SYSTEM_CALL_NR 128

typedef unsigned long (* system_call_t)(struct pt_regs * regs);

unsigned long no_system_call(struct pt_regs * regs)
{
    color_printk(RED,BLACK,"no_system_call is calling,NR:%#04x\n",regs->rax);
    return -1;
}

system_call_t system_call_table[MAX_SYSTEM_CALL_NR] =
{
    [0 ... MAX_SYSTEM_CALL_NR-1] = no_system_call
};
```

函数system_call_function的参数regs记录着进程的执行环境，其中的成员变量rax保存着系统调用API的向量号，这里暂时定义128个系统调用。数组system_call_table用于保存每个系统调用的处理函数，由于目前尚未实现具体的系统调用功能，因此特为每个系统调用配置默认处理函数no_system_call。

与此同时，还要为SYSENTER汇编指令指定内核层栈指针以及系统调用在内核层的入口地址（system_call模块的起始地址）。函数task_init将这两个值分别写入到MSR寄存器组的175h和176h地址处，具体实现请参见代码清单5-15的内容。

代码清单5-15　第5章\程序\程序5-2\kernel\task.c

```
void task_init()
{
    ......
    wrmsr(0x174,KERNEL_CS);
    wrmsr(0x175,current->thread->rsp0);
    wrmsr(0x176,(unsigned long)system_call);
    ......
}
```

这部分内容已经在SYSENTER/SYSEXIT指令中描述得非常细致，此处就不做过多讲解，请读者自行对照学习。

现在，系统调用API的主体框架已基本实现，接下来将编写程序执行系统调用API。在编写调用程序时，读者应该明白SYSENTER/SYSEXIT指令并不具备保存程序执行环境的功能，而SYSEXIT指令的执行却必须要向RCX与RDX寄存器提供应用程序的返回地址和栈顶地址。故此，在执行SYSENTER指令前，我们特将应用程序的返回地址和栈顶地址保存在这两个寄存器内，从而就有了代码清单5-16所示的程序。

代码清单5-16　第5章\程序\程序5-2\kernel\task.c

```
void user_level_function()
{
    long ret = 0;
    color_printk(RED,BLACK,"user_level_function task is running\n");

    __asm__    __volatile__    (    "leaq    sysexit_return_address(%%rip),
                                         %%rdx                       \n\t"
                                    "movq    %%rsp,    %%rcx         \n\t"
                                    "sysenter                        \n\t"
                                    "sysexit_return_address:         \n\t"
                                    :"=a"(ret):"0"(15):"memory");

    color_printk(RED,BLACK,"user_level_function task called
        sysenter,ret:%ld\n",ret);

    while(1);
}
```

函数user_level_function的内嵌汇编代码是系统调用在应用层部分的核心程序，它通过汇编指令LEA取得标识符sysexit_return_address的有效地址，并将有效地址保存到RDX寄存器。而RCX寄存器保存着应用层的当前栈指针，RAX寄存器是系统调用API的向量号。当系统调用处理函数执行结束，系统调用处理函数便借助RAX寄存器把执行结果返回到应用层并保存在变量ret中。图5-4是整个系统调用的执行效果。

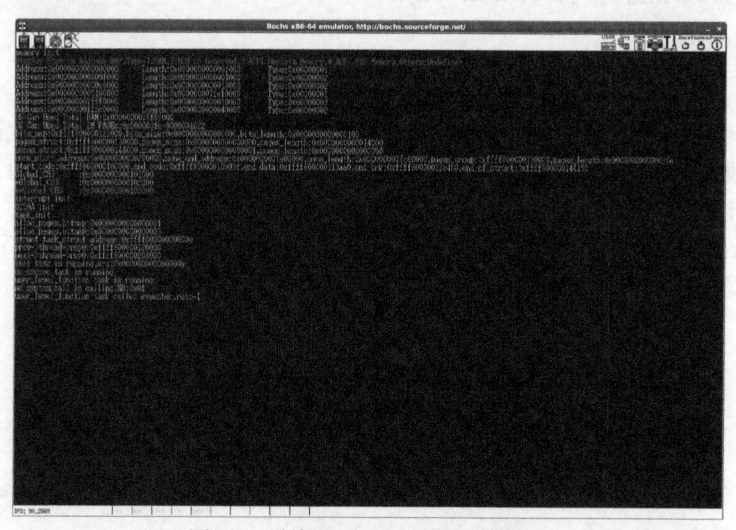

图5-4　系统调用API的执行效果图1

从图5-4可知，系统调用的第0x0f号向量执行了函数no_system_call，此值正是在执行系统调用时由user_level_function函数传入到RAX寄存器的数值15。当默认系统调用处理函数no_system_call执行结束后，默认系统调用处理函数将向应用层返回数值-1。返回值同样由RAX寄存器携带，最终被传递到应用程序的ret变量中。

经过此番测试后，本以为系统调用功能已经大功告成，却发现处理器已经无法接收来自键盘的中断请求信号。回想一下，我们不曾有过禁止中断请求的操作，但在诊断过程中却发现Bochs虚拟机已复位标志寄存器EFLAGS的IF中断使能标志位，详细信息如下：

```
<bochs:2> r
CPU0:
rax: 00000000_00000030 rcx: 00000000_0000001f
rdx: 00000000_00000004 rbx: ffff8000_0010ad2d
rsp: 00000000_009fffe8 rbp: 00000000_009ffff8
rsi: 00000000_000005a0 rdi: ffff8000_00a00000
r8 : 00000000_00ff0000 r9 : 00000000_00000000
r10: 00000000_00000000 r11: 00000000_00000000
r12: 00000000_00000000 r13: 00000000_00000000
r14: 00000000_00000000 r15: 00000000_00000000
rip: 00000000_00800077
eflags 0x00000002: id vip vif ac vm rf nt IOPL=0 of df if tf sf zf af pf cf
```

在5.1节中，中断标志位仍处于未屏蔽状态，想必是SYSENTER汇编指令复位了IF中断标志位。仔细查阅Intel官方白皮书对SYSENTER指令操作过程的描述后，发现操作过程已明确指出执行SYSENTER指令将使RFLAGS.IF标志位复位。因此，当处理器进入内核层后，我们必须手动使能中断（置位IF标志位）。至于中断处理程序，它早已具备保存和还原程序执行环境的能力，即使在system_call模块中置位IF标志位，这也不会对程序的继续运行带来影响。考虑到以上因素后，决定将使能中断的STI指令插入到system_call模块里，如代码清单5-17所示。

代码清单5-17　第5章\程序\程序5-2\kernel\entry.S

```
ENTRY(system_call)
    sti
    ……
```

这段程序将STI指令插入到system_call模块的入口处，即当SYSENTER指令执行完毕后立即使能中断，以允许处理器再次接收中断请求信号。相信在加入这条汇编指令后，程序可以达到预期的运行效果。现在就让我们来验证它，如图5-5所示。

图5-5的执行效果又显示出了键盘按键的日志信息，这说明当系统调用执行结束后，处理器仍能够正常接收中断请求信号。

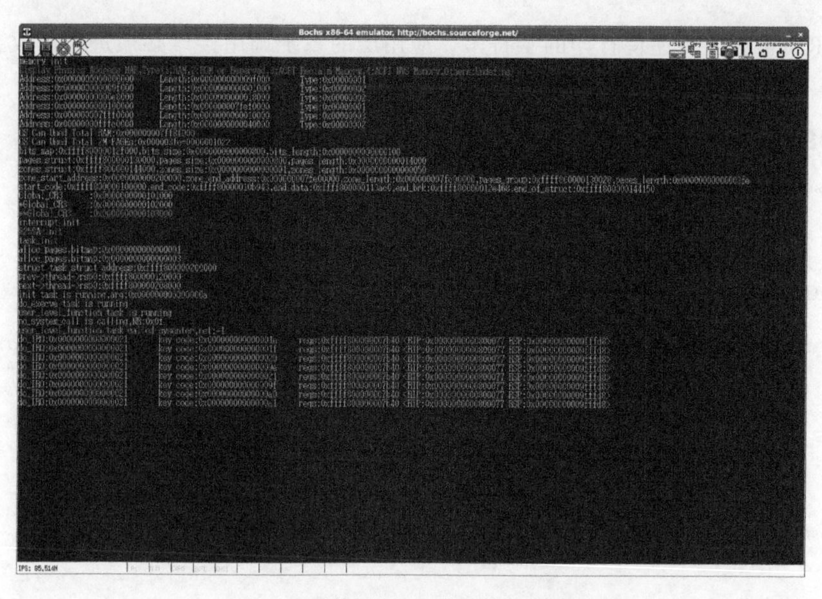

图5-5 系统调用API的运行效果图2

此刻，系统调用API的主体框架已经实现。现在可为操作系统实现系统调用API，这只需往内核层的系统调用向量表中添加处理函数，并在应用层实现与之对应的系统调用API即可。

5.3 实现一个系统调用处理函数

经过前两节的学习，相信读者已经掌握了系统调用API的整体框架。但没有实现系统调用API，总会感觉有点遗憾。那么本节就来实现一个字符串打印功能的系统调用API。

字符串打印功能的系统调用接口是基于color_printk函数实现的，具体程序实现请参见代码清单5-18。

代码清单5-18 第5章\程序\程序5-3\kernel\task.h

```
unsigned long sys_printf(struct pt_regs * regs)
{
    color_printk(BLACK,WHITE,(char *)regs->rdi);
    return 1;
}

system_call_t system_call_table[MAX_SYSTEM_CALL_NR] =
{
    [0] = no_system_call,
    [1] = sys_printf,
    [2 ... MAX_SYSTEM_CALL_NR-1] = no_system_call
};
```

这段程序创建了一个系统调用处理函数sys_printf，系统调用向量号是1，其内部封装了函数color_printk，并借助RDI寄存器（参数regs的rdi成员变量）向color_printk传递待打印的字符串。为了向RDI寄存器传递待打印的字符串，应用层的系统调用接口必须进行修改，修改后的user_level_function函数如代码清单5-19所示。

代码清单5-19　第5章\程序\程序5-3\kernel\task.c

```
void user_level_function()
{
    long ret = 0;
    // color_printk(RED,BLACK,"user_level_function task is running\n");
    char string[]="Hello World!\n";

    __asm__    __volatile__    (    "leaq    sysexit_return_address(%%rip),    %%rdx
                                                                        \n\t"
                                    "movq    %%rsp,    %%rcx            \n\t"
                                    "sysenter                           \n\t"
                                    "sysexit_return_address:            \n\t"
                                    :"=a"(ret):"0"(1),"D"(string):"memory");

    // color_printk(RED,BLACK,"user_level_function task called
        sysenter,ret:%ld\n",ret);

    while(1);
}
```

在user_level_function函数的起始处，字符串变量string首先定义，它记录着待显示的字符串（Hello World!）。然后，修改系统调用的入口程序，将字符串变量string的起始地址保存到rdi寄存器中。经过这么一番修改，一个字符串打印功能的系统调用API就实现了，程序的执行效果如图5-6所示。

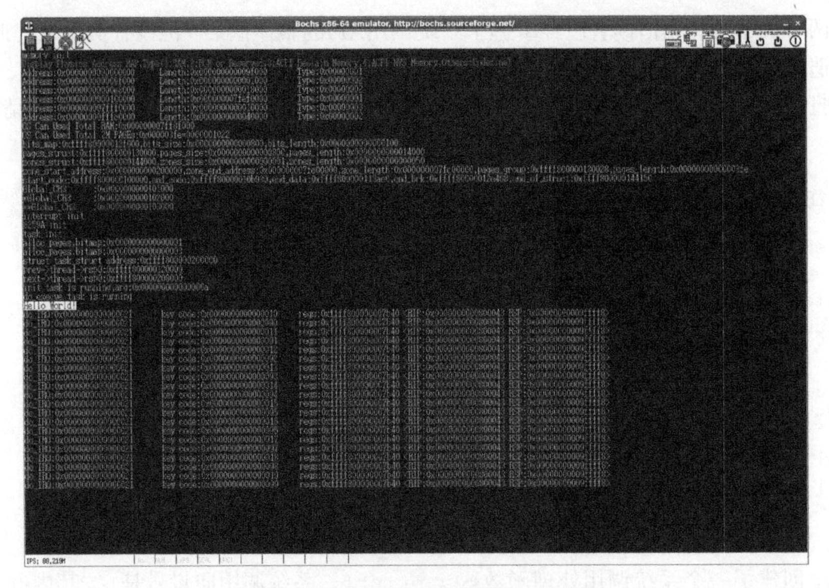

图5-6　系统调用处理函数执行效果图

在图5-6中，字符串`Hello World!`打印出来，白背景色、黑色字体使这条日志信息更加明显。伴随着系统调用API的执行，此图还显示了一些键盘扫描码信息。看来，系统调用与中断请求均可正常工作。

至此，初级篇的内容已经全部讲解完毕，其中包括操作系统的引导启动、内核层和应用层三部分内容。尽管这个操作系统雏形仍无法完成任何工作，但它实现了操作系统各个环节的关键技术点。我相信读者对操作系统的理解，已经从感性认识上升到了理性认识，这是一个从理论到实践的里程碑。

接下来，将进入到高级篇的学习。高级篇将会对初级篇遗漏的理论性知识进行补充和完善，并将我们的操作系统迁移到物理平台，使其摆脱Bochs虚拟机的困扰。不仅如此，高级篇还将采用更先进的硬件设备，使操作系统得到进一步升级。相信这又是一次精彩的冒险！

第三部分

高级篇

高级篇将会补充讲解初级篇跳过的复杂内容，并在此基础上进行诸多功能扩展和原理性描述，相关章节包括：

- ❑ 第 6 章 处理器体系结构；
- ❑ 第 7 章 完善 BootLoader 功能；
- ❑ 第 8 章 内核主程序；
- ❑ 第 9 章 内存管理；
- ❑ 第 10 章 高级中断处理单元；
- ❑ 第 11 章 设备驱动程序；
- ❑ 第 12 章 进程管理；
- ❑ 第 13 章 文件系统；
- ❑ 第 14 章 系统调用 API 库；
- ❑ 第 15 章 Shell 命令解析器及命令；
- ❑ 第 16 章 一个彩蛋。

其中，第 6 章是对处理器体系结构的探索，主要针对 Intel 处理器在各种运行模式下的寻址方式进行讲解；第 7 章补充了初级篇引导启动部分遗漏的内容，并将 BootLoader 程序移植到物理平台；第 8~14 章属于内核层的内容，这部分内容深化并升级了初级篇的系统内核，使其功能更加丰富、健壮；第 15 章属于应用层的内容，它将一个只能显示 Hello World！的应用程序，演变成一个具备交互能力的 Shell 命令解析器。

第6章

处理器体系结构

本章主要介绍Intel处理器体系结构相关知识，并结合这些知识对初级篇编写的程序进行补充讲解，从而使读者们更加直观地学习这部分内容。限于篇幅，本章将主要讲解Intel处理器的基础功能、各种运行模式的特点、各个地址空间的转换过程及方法等常用知识，而像高级中断控制器（APIC）、多核处理器管理等知识将会在需要时另作补充。通过这一章的学习，相信读者可以初步揭开处理器体系结构的神秘面纱。

6.1 基础功能与新特性

本节将会对处理器的常用寄存器和各运行模式的特点等知识予以介绍。相信大部分读者对Intel处理器的体系结构和功能并不陌生，此处将主要针对Intel Pentium 4（属于Intel P6 家族）及后续处理器的一些新特性以及重要功能进行讲解。

6.1.1 运行模式

目前，Intel处理器体系结构大体上可分为IA-32体系结构与IA-32e体系结构两种。32位处理器采用IA-32体系结构，64位处理器采用IA-32e体系结构。在这两种体系结构中包含着多种运行模式，较为常用的运行模式有IA-32体系结构的保护模式和IA-32e体系结构的64位模式，其他运行模式主要用于模式切换或为了程序的兼容性。下面就来看看这两种体系结构支持的运行模式，其中不乏有读者期盼已久的64位运行模式。

- 实模式（Real-Address Mode）。它为处理器提供Intel 8086处理器的运行环境，并追加了保护模式和系统管理模式的切换扩展。
- 保护模式（Protected Mode）。它是32位处理器的主要运行模式，为软件的运行提供了丰富的功能、严格的安全性检测以及向后兼容性。
- 系统管理模式（System Management Mode，SMM）。它是32位处理器的标准功能，提供一种对操作系统透明的机制来执行电源管理和OEM的特殊功能。一旦切换至SMM模式，处理器将进入一个隔离的地址空间运行。
- 虚拟8086模式（Virtual-8086 Mode）。它是处理器为保护模式提供的一种准运行模式，允许处理器在保护模式下执行8086软件和多任务环境。
- IA-32e模式（IA-32e Mode）。它是64位处理器的主要运行模式，共包含两种子模式：兼容模式和64位模式（64-bit Mode）。64位模式为处理器提供64位的线性地址空间并支持超过64 GB的物理地址寻址，而兼容模式可使大部分保护模式的应用程序无修改运行于64位处理器中。

由此可见，IA-32e体系结构是对IA-32体系结构的扩展。图6-1描绘了IA-32e体系结构各运行模式间的切换过程。

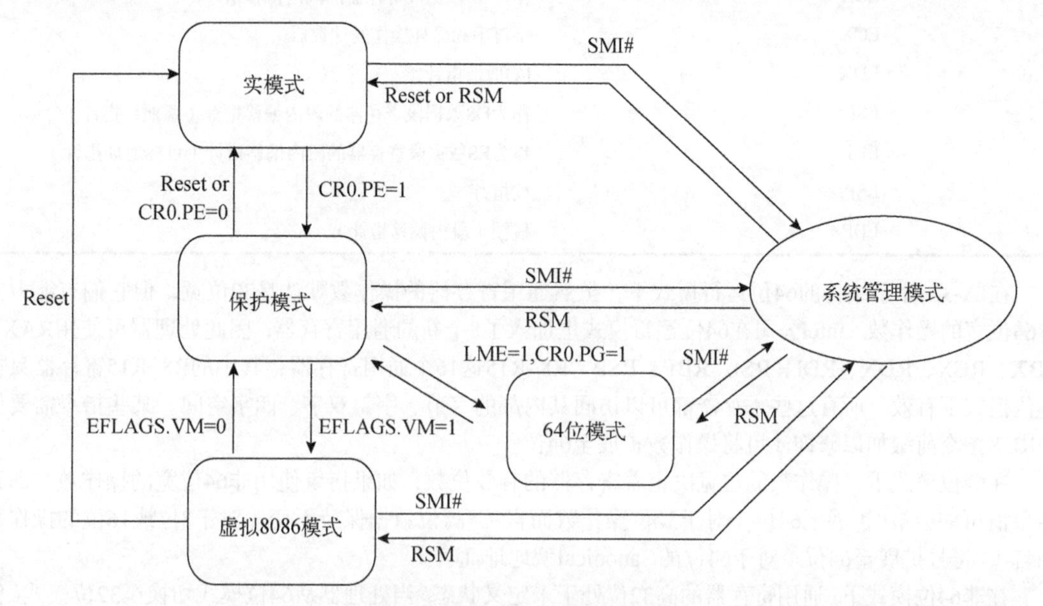

图6-1　处理器运行模式转换图

从图6-1中可知，处理器在上电或重启后首先运行实模式。CR0控制寄存器的PE标志位控制着处理器运行在实模式或保护模式。EFLAGS标志寄存器的VM标志位可使处理器在保护模式与虚拟8086模式间切换，切换过程往往通过任务切换或中断/异常返回程序实现。在开启分页机制的保护模式下，置位IA32_EFER寄存器的LME标志位（位于IA32_EFER寄存器的第8位）可使处理器进入IA-32e模式。通过IA32_EFER寄存器的LMA标志位（位于IA32_EFER寄存器的第10位）可以判断处理器是否运行在IA-32e模式下。当处理器运行于IA-32e模式，代码段描述符的L标志位可确定处理器运行于64位模式还是兼容模式。不论处理器正处于何种模式，一旦它收到SMI信号便会进入SMM模式。只有在执行RSM指令后，处理器会返回到产生SMI信号前的模式。

6.1.2　通用寄存器

通用寄存器在处理器中扮演着相当重要的角色，通过它们才可实现算术与逻辑运行、地址寻址以及访问内存等功能。IA-32体系结构下的通用寄存器有EAX、EBX、ECX、EDX、ESI、EDI、EBP和ESP。尽管上述寄存器皆可保存操作数、结果值和内存地址，但ESP寄存器已被处理器用于保存栈指针值，在操作ESP寄存器时读者务必小心谨慎。

一些指令的执行必须依赖特定的寄存器。例如，ECX、ESI和EDI寄存器经常用于字符串指令操作，DS段寄存器经常使用EBX寄存器来保存段内偏移地址等。表6-1概括描述了通用寄存器的特殊功能。

表6-1　通用寄存器的特殊功能说明表

名　称	特殊功能描述
EAX	用于累加操作或保存计算结果
EBX	作为DS数据段寄存器的段内偏移指针
ECX	字符串和循环操作的计数器
EDX	I/O地址指针
ESI	作为DS数据段寄存器的段内偏移指针（源地址指针）
EDI	作为ES数据段寄存器的段内偏移指针（目标地址指针）
ESP	栈指针
EBP	栈帧（段内偏移指针）

在IA-32e体系结构的64位运行模式下，虽然通用寄存器的操作数默认是32位宽，但它们有能力支持64位宽的操作数。Intel公司在64位运行模式里加入了8个新的通用寄存器，因此处理器可使用RAX、RBX、RCX、RDX、RDI、RSI、RBP、RSP、R8~R15这16个通用寄存器，其中的R8~R15寄存器只在64位模式下有效。所有这些寄存器都可以访问其内部的字节、字、双字、四字空间。某些指令需要借助REX指令前缀加以修饰才可将操作数扩展至64位。

在64位模式下，操作数的位宽决定着寄存器的有效位数，如果指令使用非64位宽的操作数，那么结果值可能会被0扩展至64位（对于32位操作数而言）、高位数据保持不变（对于8位或16位的操作数而言）、符号扩展至64位（对于64位的Canonical型地址而言）。

在非64位模式下，通用寄存器的高32位处于未定义状态，当处理器从64位模式切换至32位模式（保护模式或兼容模式）时，任何通用寄存器的高32位数据都不会保留，因此软件不能依靠这种方法来保存数值。

6.1.3　CPUID 指令

CPUID汇编指令用于鉴别处理器信息以及检测处理器支持的功能，它在任何模式下的执行效果均相同。通过EFLAGS标志寄存器的ID标志位（位于EFLAGS寄存器的第21位）可检测出处理器是否支持CPUID指令。如果处理器支持CPUID指令，那么软件可自由操作ID标志位。

CPUID指令使用EAX寄存器作为输入参数，该输入参数的术语叫作主功能号（main-leaf）。对于一些复杂的主功能来说，它可能会需要子功能号来辅助查询，此时ECX寄存器会向CPUID指令提供子功能号（sub-leaf）。当CPUID指令执行结束后，CPUID指令会使用EAX、EBX、ECX和EDX寄存器保存执行结果。在64位模式下这些信息依然是32位的，因此处理器只使用RAX、RBX、RCX以及RDX寄存器的低32位保存执行结果，而高32位则被清0。

CPUID指令可以查询两类信息：基础信息和扩展信息，这两类信息均有主功能号。基础信息的主功能号从0h开始，目前处理器支持的最大主功能号是14h，处理器通过CPUID指令的主功能号0h可查询出处理器当前支持的最大基础功能号；扩展信息的主功能号从80000000h开始，目前处理器支持的最大主功能号是80000008h，处理器通过CPUID指令的主功能号80000000h可查询出处理器当前支持的最大扩展功能号。

图6-2是Intel官方白皮书使用的CPUID指令表达方式，这种表达方式不仅包含操作的主功能号、返回值所在寄存器名及其标志位的位置，还有寄存器标志位的名称缩写。

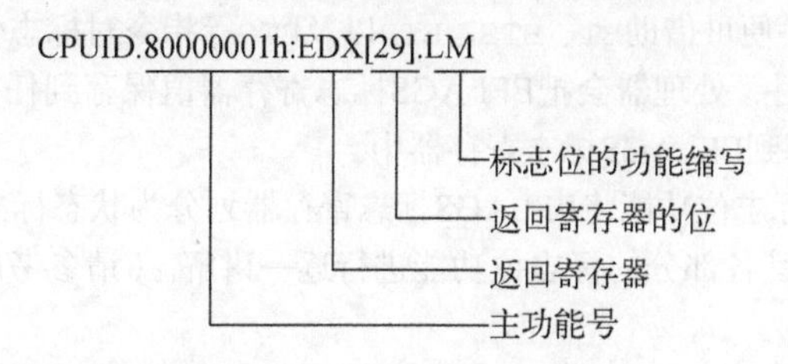

图6-2 CPUID指令的表达方式

图6-2非常直观地展现出某一标志位的读取结果，此种表达方式亦可借鉴到其他寄存器的表述中。比如，EFLAGS.IF[9]表示引用EFLAGS标志寄存器的IF中断标志位，它位于EFLAGS标志寄存器的第9位；CR3[31:12]表示引用CR3控制寄存器的第12~31位。

6.1.4 标志寄存器 EFLAGS

EFLAGS标志寄存器包含有状态标志位、控制标志位以及系统标志位，处理器在初始化时将EFLAGS标志寄存器赋值为00000002h。在IA-32e体系结构中，EFLAGS标志寄存器已从32位扩展为64位，其中的高32位保留使用。图6-3描绘了RFLAGS标志寄存器各位的功能，其中的第1、3、5、15以及22~63位保留使用。由于64位模式不再支持VM和NT标志位，所以处理器不应该再置位这两个标志位。（虽然处理器允许软件置位NT标志位，但执行IRET指令将触发#GP异常。）

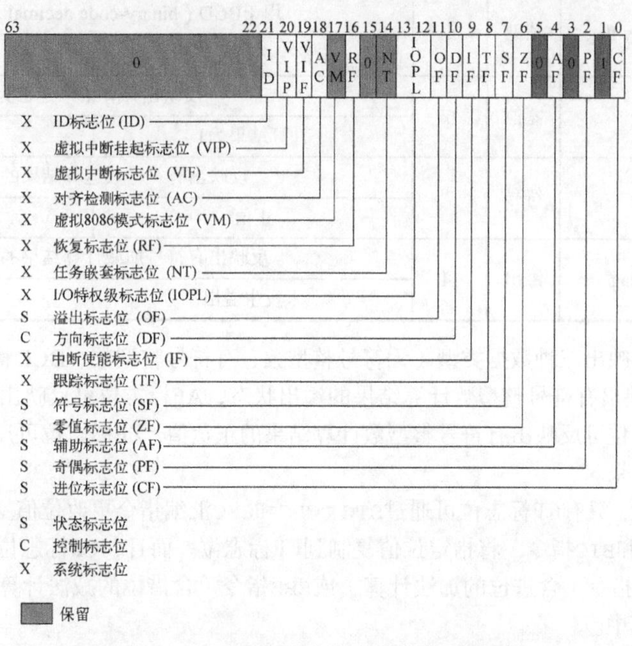

图6-3 RFLAGS标志寄存器的位说明图

某些特殊的汇编指令可直接修改EFLAGS标志寄存器的标志位。指令LAHF、SAHF、PUSHF、PUSHFD、POPF和POPFD可实现EFLAGS标志寄存器与栈（或EAX寄存器）的互相保存。一旦EFLAGS标志寄存器存有备份，程序便可借助BT、BTS、BTR以及BTC等指令对标志位进行修改或检测。当程序通过调用门执行任务切换时，处理器会把EFLAGS标志寄存器值保存到任务状态段TSS内，并将目标任务状态段TSS内的值更新到EFLAGS标志寄存器中。

接下来，我们会根据标志位功能将EFLAGS标志寄存器划分为状态标志、方向标志、系统标志和IOPL区域等几部分，并对其各部分的标志位功能进行逐一讲解。（请参考Intel官方白皮书Volume 1的3.4.3节。）

- 状态标志

EFLAGS标志寄存器的状态标志（位0、2、4、6、7和11）可以反映出汇编指令计算结果的状态，像ADD、SUB、MUL和DIV等汇编指令计算结果的奇偶性、溢出状态、正负值皆可从上述状态位中反应出来。表6-2是这些状态标志的功能描述。

表6-2　状态标志的位功能说明表

缩写	全　称	名称	位置	功能描述	
				0	1
CF	Carry flag	进位	0	反映出无符号整型计算结果的溢出状态，亦可用于多倍精度计算	
				未发生进位或借位	发生进位或借位
PF	Parity flag	奇偶	2	计算结果的奇偶校验	
				奇数个1	偶数个1
AF	Auxiliary Carry flag	辅助	4	用于BCD（binary-code decimal）算术运算	
				未发生进位或借位	进位或借位
ZF	Zero flag	零值	6	反映出计算结果是否为0	
				计算结果为1	计算结果为0
SF	Sign flag	符号	7	反映出有符号数运算结果的正负值	
				正值	负值
OF	Overflow flag	溢出	11	反映出有符号加减计算结果的溢出状态	
				未发生溢出	发生溢出

这些标志位可反映出三种数据类型（无符号整型数、有符号整型数、BCD整型数）的计算结果，其中CF标志位可反映出有符号整型数计算结果的溢出状态，AF标志位可反映出BCD整型数计算结果的溢出状态，SF标志位可反映出有符号整型数计算结果的正负值，ZF标志位可反映出整型数（有符号和无符号）的计算结果。

以上状态标志位，只有CF标志位可通过STC、CLC和CMC汇编指令更改位值。它也可借助位操作指令（BT、BTS、BTR和BTC指令）将指定位值复制到CF标志位。而且，CF标志位还可在多倍精度整型数计算时，结合ADC指令（含进位的加法计算）或SBB指令（含借位的减法计算）将进位计算或借位计算扩展到下次计算中。

至于状态跳转指令Jcc、状态字节置位指令SETcc、状态循环指令LOOPcc以及状态移动指令CMOVcc，它们可将一个或多个状态标志位作为判断条件，进行分支跳转、字节置位以及循环计数。

- 方向标志

DF方向标志位位于EFLAGS标志寄存器的第10位，它控制着字符串指令（诸如MOVS、CMPS、SCAS、LODS和STOS等）的操作方向。置位DF标志位可使字符串指令按从高至低的地址方向（自减）操作数据，复位DF标志位可使字符串指令按从低至高的地址方向（自增）操作数据。汇编指令STD与CLD可用于置位和复位DF方向标志位。

- 系统标志和IOPL区域

EFLAGS标志寄存器的系统标志和IOPL区域，负责控制I/O端口地址访问权限、屏蔽硬件中断请求、使能单步调试、任务嵌套以及使能虚拟8086模式等。表6-3记录着各系统标志位和IOPL区域的功能。

表6-3 系统标志与IOPL区域的位功能说明表

缩写	全 称	位置	功能描述
TF	Trap	8	使能单步调试功能
IF	InterruptEnable	9	使能中断（响应可屏蔽中断）
IOPL	I/O Privilege Level Field	12,13	访问I/O端口地址的最低特权级
NT	Nested Task	14	允许任务嵌套调用
RF	Resume	16	允许调试异常
VM	Virtual-8086 Mode	17	使能Virtual-8086模式
AC	Alignment Check or Access Control	18	数据对齐检测
VIF	Virtual Interrupt	19	IF中断使能标志位的虚拟镜像
VIP	Virtual interrupt pending	20	中断挂起
ID	Identification	21	检测CPUID指令

如果希望修改上述系统标志位或IOPL区域，则必须拥有足够的执行权限（0特权级）。VIF和VIP标志位只在Virtual-8086模式中有效；AC标志位只能对3特权级的数据进行对齐检测，如果发现数据未对齐则触发#AC异常；置位RF标志位将临时禁止断点指令触发#DB异常；IF标志位对NMI（Nonmaskable Interrupt，不可屏蔽中断）不起作用。我们可借助汇编指令CLI、STI、POPF、POPFD和IRET操作IF标志位。（处理器会参考CPL、IOPL和CR4.VME标志位，来确定不同场景下的指令执行权限。）

6.1.5 控制寄存器

目前，Intel处理器共拥有6个控制寄存器（CR0、CR1、CR2、CR3、CR4和CR8），它们由若干个标志位组成，通过这些标志位可以控制处理器的运行模式、开启扩展特性以及记录异常状态等功能。表6-4是控制寄存器的功能说明。

表6-4　控制寄存器的功能描述表

寄存器	功能描述
CR0	控制处理器的状态和运行模式
CR1	保留
CR2	引起#PF异常的线性地址
CR3	记录页目录的物理基地址和属性
CR4	体系结构扩展功能的使能标志位
CR8	读写访问的任务优先级寄存器

在IA-32体系结构下，控制寄存器的位宽是32位，而IA-32e体系结构会将控制寄存器扩展至64位宽。但是除地址类寄存器外，其他扩展位均作保留使用，且必须写入0。图6-4是部分控制寄存器的位功能说明。

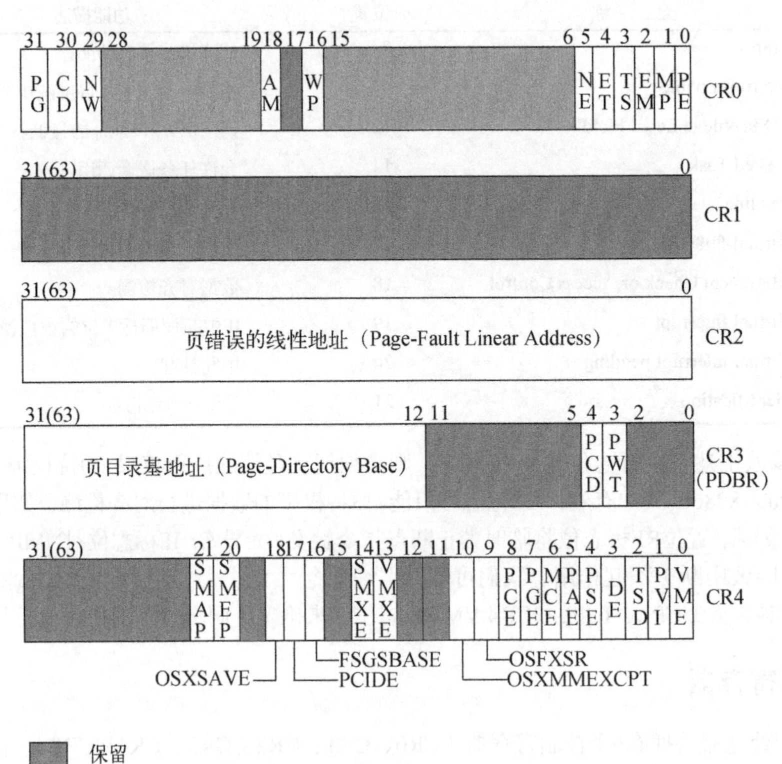

图6-4　控制寄存器的位功能说明图

通过MOV CRn汇编指令可对控制寄存器进行操作，其中的保留位必须写入数值0，否则会触发#GP异常。CR2和CR3控制寄存器不会对写入的地址进行检测（物理地址与线性地址均不检测）；CR8控制寄存器只在64位模式下有效，该寄存器的详细功能将在第10章中予以讲解。表6-5是控制寄存器各有效标志位的功能说明。（请参考Intel官方白皮书Volume 3的2.5节。）

表6-5 控制寄存器的位功能说明表

缩写	全称	功能描述
PG	Paging	使能分页管理机制
CD	Cache Disable	控制系统内存的缓存机制
NW	Not Write-through	控制系统内存的写穿机制
AM	Alignment Mask	数据对齐检测
WP	Write Protect	开启只读页的写保护
NE	Numeric Error	选择x87FPU的错误通知机制
ET	Extension Type	检测Intel 387 DX协处理器
TS	Task Switched	延迟保存浮点处理器的数据
EM	Emulation	检测x87 FPU协处理器
MP	Monitor Coprocessor	使能WAIT指令监控
PE	Protection Enable	开启保护模式
PCD	Page-level Cache Disable	页级禁止缓存标志位
PWT	Page-level Write-Through	页级写穿标志位
SMAP	SMAP-Enable Bit	限制超级权限对用户数据的访问
SMEP	SMEP-Enable Bit	限制超级权限对用户程序的执行
OSXSAVE	XSAVE and Processor Extended States-Enable Bit	开启XSAVE、XRSTOR、XGETBV、XSETBV等指令的增强功能
PCIDE	PCID-Enable Bit	开启PCID功能
FSGSBASE	FSGSBASE-Enable Bit	使能RDFSBASE、WRFSBASE以及RDGSBASE、WRGSBASE指令
SMXE	SMX-Enable Bit	开启SMX功能
VMXE	VMX-Enable Bit	开启VMX功能
OSXMMEXCPT	Operating System Support for Unmasked SIMD Floating-Point Exceptions	允许处理器执行SIMD浮点异常（#XM）
OSFXSR	Operating System Support for FXSAVE and FXRSTOR instructions	限制FXSAVE、FXRSTOR指令的功能
PCE	Performance-Monitoring Counter Enable	限制RDPMC指令的执行权限
PGE	Page Global Enable	开启全局页表功能
MCE	Machine-Check Enable	开启机器检测异常
PAE	Physical Address Extension	开启页管理机制的物理地址寻址扩展
PSE	Page Size Extensions	允许32位分页模式使用4 MB物理页
DE	Debugging Extensions	使能DR4、DR5调试寄存器
TSD	Time Stamp Disable	限制RDTSC、RDTSCP指令的执行权限
PVI	Protected-Mode Virtual Interrupts	使能EFLAGS.VIF标志位
VME	Virtual-8086 Mode Extensions	使能Virtual-8086模式的中断/异常
TPL	Task Priority Level	阻塞中断的最高特权级阈值

如果在CR0.PE=0时，置位CR0.PG标志位将会触发#GP异常。CR0.CD与CR0.NW标志位联合控制着处理器的缓存和读写策略，表6-6描述了两者可组合成的策略。

表6-6　缓存和读写策略表

CD	NW	缓存和读写策略
0	0	标准缓冲模式，提供最高效的缓存策略
0	1	无效设置，触发错误码为0的#GP异常
1	0	处理器无法缓存数据，但需要保持内存的一致性
1	1	处理器无需保持内存与缓存的一致性

处理器的CR0.TS、CR0.EM以及CR0.MP标志位都用于控制浮点处理器（x87 FPU、MMX、SSE、SSE2、SSE3、SSSE3、SSE4等）的执行动作。表6-7记录着处理器遇到x87 FPU指令时作出的反应。

表6-7　关于TS、EM、MP标志位的处理器动作表

CR0标志位			x87 FPU指令类型	
EM	MP	TS	Floating-Point	WAIT/FWAIT
0	0	0	正常执行	正常执行
0	0	1	#NM异常	正常执行
0	1	0	正常执行	正常执行
0	1	1	#NM异常	#NM异常
1	0	0	#NM异常	正常执行
1	0	1	#NM异常	正常执行
1	1	0	#NM异常	正常执行
1	1	1	#NM异常	#NM异常

标志位TS、EM、MP对MMX、SSE、SSE2、SSE3、SSSE3以及SSE4指令的影响会更复杂一些，对它们感兴趣的读者请自行学习。

除CRn控制寄存器和XCR0扩展控制寄存器（用于控制浮点计算功能）外，EFER寄存器也用于控制系统功能。它是MSR寄存器组的IA32_EFER寄存器，它提供了控制IA-32e运行模式开启的标志位，以及关于页表访问限制的控制区域。图6-5是IA32_EFER寄存器的位功能说明。

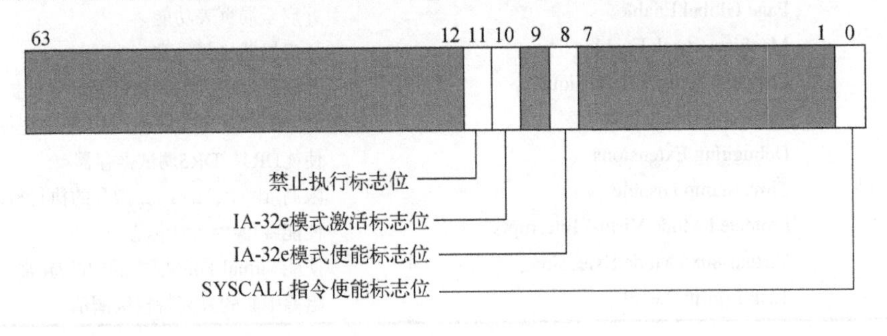

图6-5　IA32_EFER扩展寄存器的位功能说明图

表6-8描述了IA32_EFER寄存器的各标志位功能，其中的LME标志位最为重要，它用于开启IA-32e

模式，而第0位则是SYSCALL/SYSRET指令的使能位。这对指令由AMD公司引入，Intel处理器对它们仅提供了有限的支持。

表6-8 IA32_EFER寄存器的位功能说明表

位	缩写	读写	功能描述
0	SCE	R/W	SYSCALL/SYSRET指令的使能标志位（64位模式有效）
1:7	—	—	保留
8	LME	R/W	使能IA-32e模式
9			保留
10	LMA	R	当IA32_EFER_LMA=1表明IA-32e模式已开启
11	NXE	R/W	开启页访问限制功能（PAE模式可用）
12:63	—	—	保留

表中涉及IA-32e模式使能状态和页面访问限制的标志位将在本章后续部分讲解。

6.1.6 MSR寄存器组

MSR（Model-Specific Register）寄存器组可提供性能监测、运行轨迹跟踪与调试以及其他处理器功能。在使用MSR寄存器组之前，我们应该通过CPUID.01h:EDX[5]来检测处理器是否支持MSR寄存器组。值得注意的是，每种处理器家族都有自己的MSR寄存器组，我们在使用MSR寄存器组前需要根据处理器家族信息（通过CPUID.01h查询处理器家族信息）选择与之相对应的MSR寄存器组。

处理器可以使用指令RDMSR和WRMSR对MSR寄存器组进行访问，整个访问过程借助ECX寄存器索引寄存器地址，再由EDX:EAX组成的64位寄存器保持访问值。（在处理器支持64位模式下，RCX、RAX和RDX寄存器的高32位将会被忽略。）而且这对指令必须在实模式或0特权级下执行，否则将会触发#GP异常，使用MSR寄存器组的保留地址或无效地址都会产生通用保护异常。

在本系统的研发过程中，我们也会使用MSR寄存器，其中会涉及使能IA-32e模式的IA32_EFER寄存器（通常情况下该寄存器在地址0C0000080h处），和SYSENTER/SYSEXIT指令相关的配置寄存器（通常情况下这些寄存器在地址174h、175h以及176h处）。这些寄存器地址可能会根据其处理器家族的不同而有所变化，因此还请读者根据实际情况在Intel官方白皮书中查找出准确值。

6.2 地址空间

在学习处理器的运行模式前，让我们先来了解一些有关地址空间的概念。地址空间在一般情况下主要分为两大类：虚拟地址空间和物理地址空间。而虚拟地址空间又可分为：逻辑地址、有效地址、线性地址等。这些地址空间是可以互相转换的，掌握它们的特点和关系，可以帮助我们更好理解各运行模式的地址转换过程。

不同的处理器运行模式，其所在地址空间也各不相同。将当前地址空间转换为物理地址空间的过程往往需要经过若干层转换。一个典型的例子是在程序执行时触发缺页异常，异常处理程序会为异常地址分配空闲物理页，这个分配过程会涉及地址空间的转换。又比如在借助DMA控制器读数据时，由于DMA控制器只能访问物理地址，那么程序必须清楚DMA控制器访问的物理地址位于当前地址空间的哪个位置，才能取回DMA读取的数据。在操作系统的运行过程中，地址空间转换操作经常会发生，请读者在转换时务必保持清晰的思路。

6.2.1 虚拟地址

虚拟地址（Virtual Address）是抽象地址的统称，它们大多不能独立转换为物理地址，像逻辑地址、有效地址、线性地址和平坦地址皆属于虚拟地址的管理范畴。

- 逻辑地址（Logical Address）。在操作系统的研发过程中，逻辑地址经常会使用到，它的书写格式为Segment：Offset。例如前文使用的远跳转汇编指令，其目标地址由段基地址和段内偏移地址两部分构成（如：`jmp dword SelectorCode32:GO_TO_TMP_Protect`），这就是逻辑地址。此处的段内偏移地址Offset也叫作有效地址（Effective Address），在C语言或其他高级编程语言里，获得变量或函数的地址就是获得其有效地址。逻辑地址最终都会转换为线性地址，但不同运行模式下的转换过程各不相同，详细转换过程将在稍后予以讲解。
- 线性地址（Linear Address）。线性地址是通过逻辑地址中的段基地址与段内偏移地址组合而成，这使得程序无法直接访问线性地址。而平坦地址（Flat Address）作为一种特殊的线性地址，将段基地址和段长度覆盖了整个线性地址空间，而非线性地址空间中的某一部分区域。

对于繁琐复杂的段管理机制而言，采用平坦地址可将段管理机制的地址转换过程透明化，即当段基地址为0时，段内偏移地址（有效地址）与线性地址在数值上相等。

6.2.2 物理地址

物理地址（Physical Address）是真实存在于硬件设备上的，它通过处理器的引脚直接或间接地与外部设备、RAM、ROM相连接。因此，物理地址空间中不仅包含物理内存（RAM、ROM）还有硬件设备。在处理器开启分页机制的情况下，线性地址需要经过页表映射才能转换成物理地址；否则线性地址将直接映射为物理地址。

- I/O地址（I/O Address）。I/O地址空间与内存地址空间相互隔离，它必须借助特殊的IN/OUT指令才能访问。I/O地址空间由65 536个可独立寻址的I/O端口组成，寻址范围0~FFFFh，其中的端口地址F8h~FFh保留使用。
- 内存地址（Memory Address）。内存地址空间不单单只有物理内存，还包含其他外部硬件设备的地址空间，这些设备与物理内存共享内存地址空间。随着时间的推移，内存地址空间在保持向前兼容性的同时，不断增强寻址能力，从而造成可用物理内存的片段化、不连续化。所以，可用物理内存空间、设备地址空间以及内存地址空洞才会穿插排列在内存地址空间里。操作系统借助BIOS中断服务程序INT 15h的主功能编号AX=E820h可获取内存地址空间的相关信息。

6.3 实模式

实模式作为Intel处理器家族诞生的第一种运行模式已经存在了很多年。现在它仅用于引导启动操作系统和更新硬件设备的ROM固件，为了兼顾处理器的向下兼容性，它将一直存在于处理器的体系结构中。

相信看过初级篇的读者都很清楚，本书操作系统的运行同样始于实模式。那么就让我们先从最简单、最基础的实模式开始学起。

6.3.1 实模式概述

在Intel官方白皮书中，英文术语Real Mode或Read-Address Mode均指实模式。实模式的特点是采用独特的段寻址方式进行地址访问，处理器在此模式可直接访问物理地址。在实模式下，通用寄存器的位宽只有16位，这使得实模式的寻址能力极其有限，就算借助段寻址方式，通常情况下实模式也只能寻址1 MB的物理地址空间。

6.3.2 实模式的段寻址方式

实模式采用逻辑地址编址方式，通过段基地址加段内偏移地址的形式进行地址寻址，其书写格式为Segment：Offset。其中的段基地址值Segment保存在段寄存器中，段内偏移地址值Offset可以保存在寄存器内或使用立即数代替。借助公式(6-1)可将逻辑地址转换成线性地址。

$$\text{Linear Address} = \text{Segment} \ll 4 + \text{Offset} \tag{6-1}$$

实模式的寄存器位宽只有16位，这导致段内偏移量Offset的取值范围只能是0~FFFFh，这个取值范围也表明段的长度无法超过64 KB。而且，实模式不支持分页机制，从而使得线性地址直接映射为物理地址。

实模式的这种逻辑地址编址方式将原本只有16位寻址能力的处理器扩展至20位，因为段基地址在转换过程中必须向左移动4位，所以段基地址都是按照16 B边界对齐。通过特殊手段可将实模式的寻址能力扩展至4 GB，详细实现方法请参见第7章。

6.3.3 实模式的中断向量表

在实模式下，中断/异常借助中断向量表（Interrupt Vector Table，IVT）将中断/异常向量号与处理程序相关联。实模式采用逻辑地址来表示每个处理程序的起始地址，IVT有256项，每项占4 B，IVT共需要1 KB的存储空间。

通常情况下，实模式的IVT保存于物理地址0处，图6-6是IVT的组织结构。

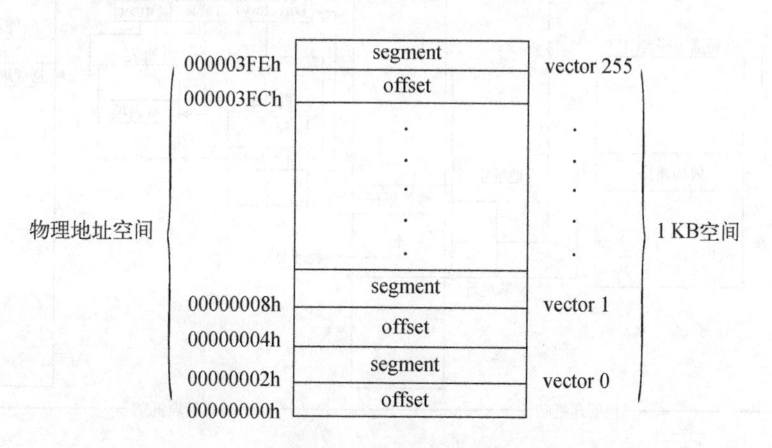

图6-6 IVT组织结构图

在计算机启动后，BIOS会在物理地址0处创建中断向量表IVT。如果希望在程序运行过程中修改或保存中断向量表，我们可借助LIDT和SIDT指令实现。

实模式虽然简单，但它的寻址能力和安全策略极其有限，早已无法满足系统运行的基本要求。渐渐地它融入了历史的洪流中，取而代之的是保护模式。

6.4 保护模式

保护模式作为Intel处理器家族最为重要的运行模式之一，已经在PC机世界中使用了很多年。至今，已有诸多操作系统运行在32位保护模式下。那么，保护模式究竟保护的是什么呢？这还要从实模式说起，对于实模式的段机制而言，它仅仅规定了逻辑地址与线性地址间的转换方式，却没有限制访问目标段的权限，这使得应用程序可以肆无忌惮地对系统核心进行操作。但在保护模式下，若想对系统核心进行操作必须拥有足够的访问权限才行，这就是保护的意义：操作系统可在处理器级防止程序有意或无意地破坏其他程序和数据。下面就让我们一起来看看保护模式到底做了哪些改进。

6.4.1 保护模式概述

保护模式，它采用全新的分段管理机制和分页管理机制来代替实模式仅基于段的寻址方式。保护模式不但在新的分段机制中扩大了处理器的寻址能力和权限检测，而且还进一步引入了分页机制将原本线性的内存地址空间分页化、立体化，以便于处理器对内存片段的组织和管理。虽然保护模式支持分段和分页两种管理机制，但是处理器必须先经过分段管理机制将逻辑地址转换成线性地址后，才能使用分页管理机制进一步把线性地址转换成物理地址（注意，分页管理机制是可选项，而分段管理机制是必选项）。图6-7大致描绘了保护模式下的各地址空间转换过程。

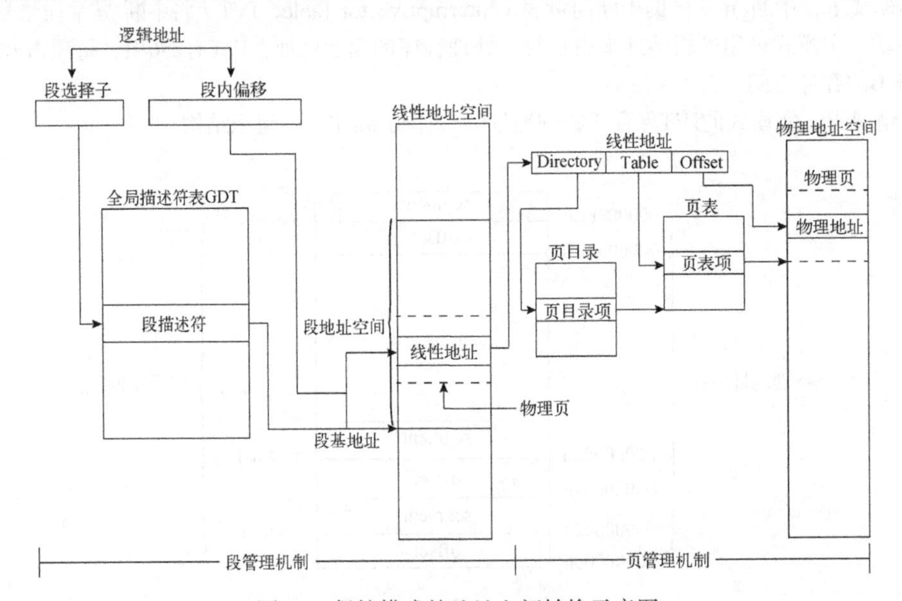

图6-7　保护模式的地址空间转换示意图

保护模式同样采用逻辑地址编址方式，只不过此时的段寄存器保存的不再是段的基地址而是一个索引值（这个索引值叫作段选择子——Selector）。处理器根据段选择子从段描述符表中索引出与之对应的段描述符并将其加载到段寄存器内，接着段寄存器再从刚加载的段描述符中取得段的基地址。

为了便于规划执行功能，处理器为保护模式定义了4个特权级，特权级由高至低分别是0、1、2、3。（请参考Intel官方白皮书Volume 3的5.5节、5.6节。）图6-8是保护模式的特权级示意图，其中0特权级被操作系统内核层使用，其他3个特权级可以给应用程序或系统服务使用。对于某些控制指令而言，它们只能在0特权级下执行，如在其他特权级下执行将会触发异常。

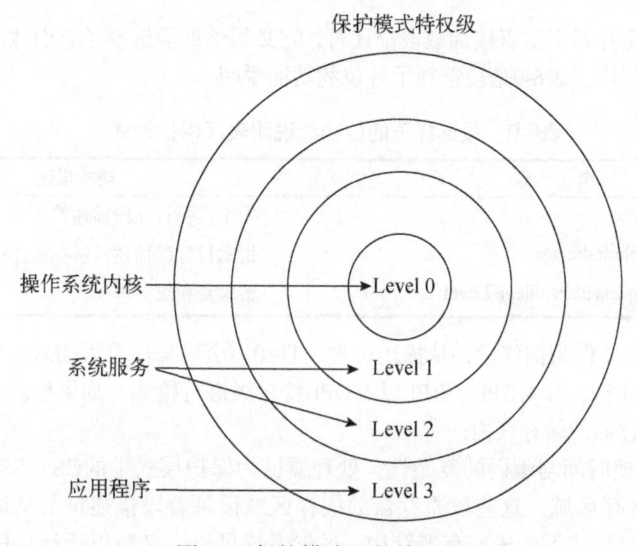

图6-8　保护模式下的特权级

不仅如此，保护模式还引入了CPL、DPL以及RPL三种特权级类型来帮助处理器检测执行权限。

- CPL（Current Privilege Level，当前特权级）。CPL描述了当前程序的执行特权级，它保存在CS或SS段寄存器的第0和第1位中。通常情况下，CPL是正在执行的代码段特权级，当处理器执行不同特权级的代码段时，处理器才会修改CPL特权级。而当处理器执行一致性代码段时情况会有些许不同，在6.4.2节中将会对一致性代码段做进一步讲解。
- DPL（Descriptor Privilege Level，描述符特权级）。DPL用于表示段描述符或者门描述符的特权级，它保存于段描述符或者门描述符的DPL区域内。当处理器访问段描述符或者门描述符时，处理器将会对比描述符中的DPL值、段寄存器的CPL值以及段选择子的RPL值。
- RPL（Requested Privilege Level，请求特权级）。RPL是段选择子的重载特权级，用于确保程序有足够的权限去访问受保护的程序，它保存于段选择子的第0和第1位。RPL与CPL均用于检测目标段的访问权限。也就是说，即使程序拥有足够权限去访问目标段，但如果RPL权限不足，程序依然无法访问目标段。因此，当段选择子的RPL值大于CPL（数值越大特权级越低）时，RPL将会覆盖CPL，反之亦然。

在RPL的描述中提及段选择子这一概念，在初级篇中也曾提及。其实，段选择子只是一个16位的段描述符索引值，图6-9是段选择子的位功能说明。

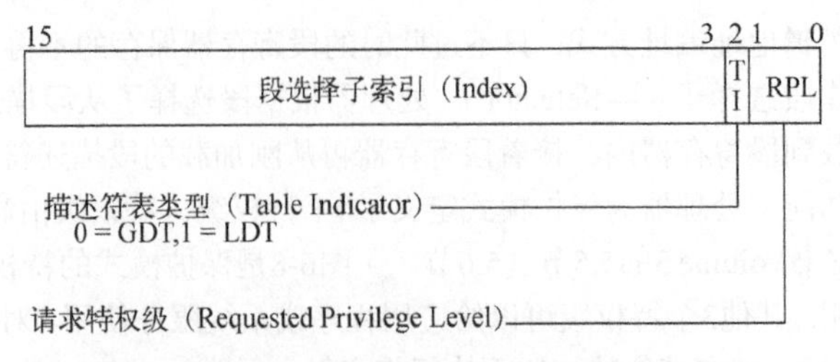

图6-9　段选择子位功能说明图（保护模式）

保护模式下的段寄存器无法直接加载段描述符，它必须借助段选择子索引才能将目标段描述符加载到段寄存器的缓存区内。表6-9是段选择子各位的功能说明。

表6-9　段选择子的位功能说明表（保护模式）

缩写	全　称	功能描述
—	Index	用于索引目标段描述符
TI	Table Indicator	指示目标段描述符所在描述符表类型
RPL	Requested Privilege Level	请求特权级

处理器将`Index * 8`作为偏移量，从描述符表（TI=0：全局描述符表GDT，TI=1：局部描述符表LDT）中取得目标描述符，并对CPL、RPL以及DPL特权级进行检测。如果检测通过，处理器便将目标描述符加载到段寄存器的缓存区内。

为了减少地址转换时间与编码的复杂性，处理器已为保护模式下的CS、SS、DS、ES、FS以及GS段寄存器加入了缓存区域，这些段寄存器的缓存区域记录着段描述符的基地址、限长和属性信息，图6-10描述了保护模式下的段寄存器结构。虽然系统可以定义数以千计个段描述符（8192个），但同一时刻只能使用6个段。

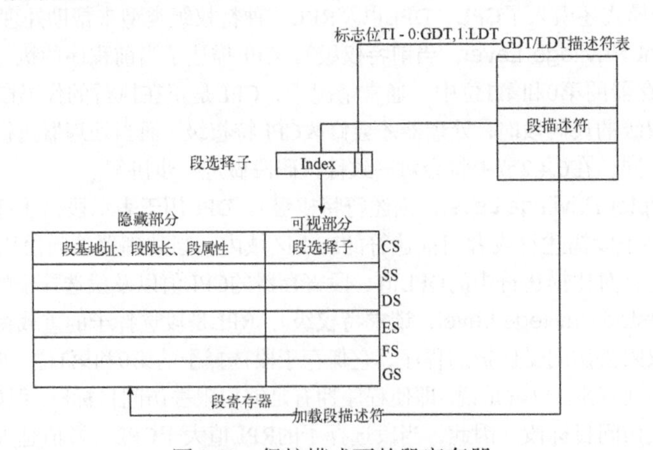

图6-10　保护模式下的段寄存器

保护模式下的段寄存器共包含两个区域：可见区域和不可见区域。当段选择子被处理器加载到段寄存器的可见区域后，处理器会自动将段描述符（包括基地址、长度和属性信息）载入到段寄存器的不可见区域。处理器通过这些缓存信息，可直接进行地址转换，进而免去了重复读取内存中的段描述符的时间开销。在多核处理器系统中，当描述符表发生改变时，软件有义务重新将段描述符加载到段寄存器。如果段寄存器没有更新，处理器可能仍沿用缓存区中的段描述符数据。

在加载段选择子到段寄存器的过程中，处理器会根据段选择子的Index值，从GDTR/LDTR寄存器指向的描述符表中索引段描述符。GDTR/LDTR寄存器是一个48位的伪描述符（Pseudo-Descriptor），其中保存着全局描述符表或局部描述符表的首地址和长度。为了避免3特权级的对齐检测错误，伪描述符应该按双字进行地址对齐。图6-11描绘了段选择子索引段描述符的过程。

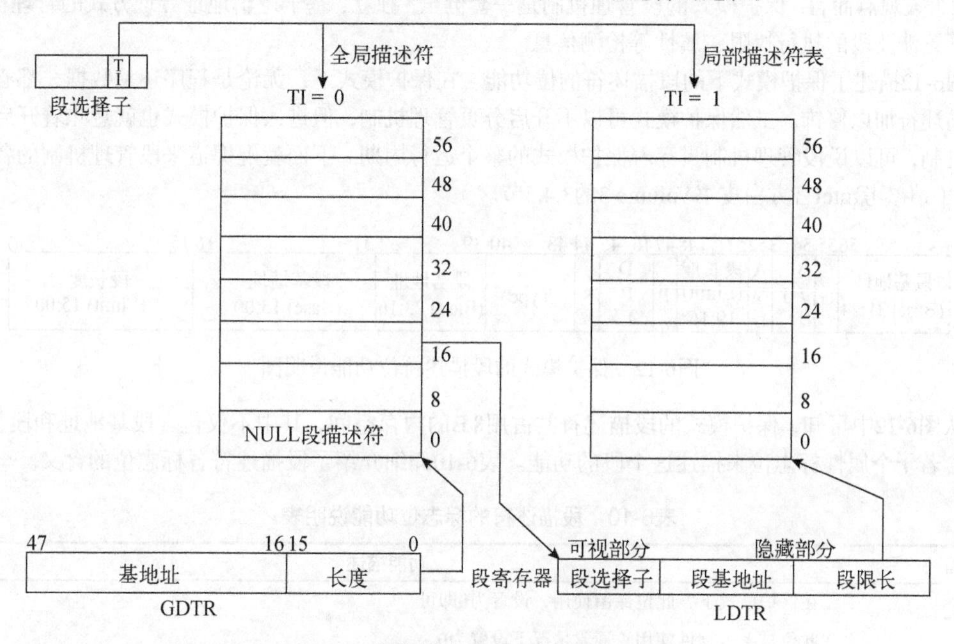

图6-11　保护模式下的描述符表示意图

对上图中的描述符表（GDT和LDT）的解释如下。

- 全局描述符表（Global Descriptor Table，GDT）。它本身不是一个段描述符，而是一个线性地址空间中的数据结构。在使用GDT前，必须使用LGDT汇编指令将其线性基地址和长度加载到GDTR寄存器中。由于段描述符的长度为8 B，那么GDT的线性基地址按8 B边界对齐可使处理器的运行效果最佳，GDT的长度为$8N-1$（N是段描述符项数）。
- 局部描述符表（Local Descriptor Table，LDT）。它是一个LDT段描述符类型的系统数据段，因此处理器必须使用GDT的一个段描述符来管理它。处理器使用LLDT汇编指令可将GDT表内的LDT段描述符加载到LDTR寄存器, 随后处理器会自动完成加载伪描述符结构体的工作。LDT段描述符可以保存在GDT的任何地方，如果系统支持多个LDT表，那么系统必须在GDT表中为每个LDT表创建独立的段描述符和段存储空间。为了避免地址转换，LDTR寄存器同样会保存LDT段描述符的段选择子、线性基地址以及长度。

全局描述符表的第0个表项被作为空段选择子（NULL Segment Selector）。处理器的CS或SS段寄存器不能加载NULL段选择子，否则会触发#GP异常。其他段寄存器则可使用NULL段选择子进行初始化。

若想让操作系统运行在保护模式下，我们必须为操作系统创建至少一个全局描述符表，并将操作系统运行所必须的程序和数据保存在表中。而局部描述符表则可创建一个、多个亦或者不创建。以上这些内容是保护模式的整体结构概述，接下来我们将围绕它们讲述具体细节。

6.4.2 保护模式的段管理机制

保护模式的段管理机制较实模式的段机制复杂许多，而且并非在实模式段机制的基础上进行的扩展。就个人观点而言，保护模式的段管理机制是一套健全、独立、基于逻辑地址寻址方式的管理机制，其中不乏涉及段的执行权限、属性等检测信息。

图6-12描述了保护模式下的段描述符的位功能。在保护模式下，无论是程序还是数据，都必须使用段描述符加以修饰。虽然保护模式可以不开启分页管理机制，但进入保护模式也就意味着开启了段管理机制，可以说段管理机制贯穿着保护模式的整个运行周期。下面就娓娓道来段管理机制的各技术细节。（请参考Intel官方白皮书Volume 3的3.4.5节。）

63　56	55	54	53	52	51　48	47	46　45	44	43　40	39　32	31　16	15　0
段基地址 (Base) 31:24	G	D/B	L	AVL	段长度 (Limit) 19:16	P	DPL	S	Type	段基地址 (Base) 23:16	段基地址 (Base) 15:00	段长度 (Limit) 15:00

图6-12　保护模式的段描述符位功能说明图

从图6-12中可知，保护模式的段描述符共占用8 B的内存空间，其中不仅包含段基地址和段长度，还包含若干个属性标志位来描述这个段的功能。表6-10详细介绍了段描述符各标志位的含义。

表6-10　段描述符的标志位功能说明表

缩　写	功能描述
L	在保护模式下，此位保留使用，设置为0即可
AVL	此位被系统软件使用，通常情况下设置为0
段基地址（Base）	段基地址是段的起始地址，它是一个由3段区域拼接而成的32位线性地址。Intel建议将段基地址按16 B对齐以保证处理器的高速执行
D/B	此位用于标识代码段的操作数位宽，或者栈段的操作数位宽以及上边界（32位代码/数据段应该为1，16位代码/数据段应该为0） ❑ 可执行代码段，此位指定有效地址和操作数的默认宽度。置位时默认使用32位地址、32位或8位操作数；复位时默认使用16位地址、16位或8位操作数。前缀66h可调整默认操作数，而前缀67h可调整有效地址宽度 ❑ 栈段（SS寄存器中的数据段），此位指定栈指针的默认操作数。置位时默认使用32位栈指针（ESP），复位时默认使用16位栈指针（SP）。如果栈段是向下扩展的数据段，此位指定栈段的上边界 ❑ 向下扩展的数据段，此位指定上边界位宽。置位时上边界是FFFFFFFFh（4 GB），复位时上边界是FFFFh（64 KB）
DPL	段描述符的特权级（优先级），特权级范围0~3，0为最高特权级
G	指定段限长的颗粒度。置位时以4 KB作为颗粒度，复位时以字节作为颗粒度

（续）

缩 写	功能描述
段长度（Limit）	记录段限长，Limit区域通过2部分组成一个20位的长度值。处理器将根据G标志位来解释段限长：置位G标志位，段长度为4 KB~4 GB；复位G标志位，段长度为1 B~1 MB
P	表示段已在内存中，如果段寄存器加载一个不在内存中的段描述符（P=0）将会触发#NP异常。在复位此标志位的情况下，操作系统可自由使用其他可用的段描述符区域
S	指定段描述符的类型，置位为代码/数据段，复位为系统段
Type	指定段/门描述符的类型，此位对S标志位作进一步解释

经过表6-10对描述符各标志位的解释后，相信读者可以根据自己的想法配置出段描述符的诸多标志位。但由于Type标志位区域可指定多种描述符类型，下面将结合本系统源码对Type标志位区域做补充讲解。

- 代码段描述符

如果段描述符的S标志位与第43位（位于Type标志位区域内）同时被置位，那么这个段描述符的类型为代码段描述符。代码段描述符的Type标志位区域（第40~42位）可组合成多种代码段类型，详细的Type标志位区域组合请参见表6-11。

表6-11 代码段描述符的Type标志位区域组合表

Type区域				功 能
43	42	41	40	
1	C	R	A	
1	0	0	0	非一致性、不可读、未访问
1	0	0	1	非一致性、不可读、已访问
1	0	1	0	非一致性、可读、未访问
1	0	1	1	非一致性、可读、已访问
1	1	0	0	一致性、不可读、未访问
1	1	0	1	一致性、不可读、已访问
1	1	1	0	一致性、可读、未访问
1	1	1	1	一致性、可读、已访问

表6-11中涉及的C（一致性）、R（可读）以及A（已访问）三个标志位的具体说明如下。

- A标志位（Accessed，已访问）。它记录代码段是否已被访问过，当A=1时表示代码段已被访问过，当A=0时表示代码段未被访问过。处理器只负责置位此标志位，并不负责复位，从而只能借助程序手动将其复位。（建议在修改A和和P标志位时使用LOCK前缀锁总线。）
- R标志位（Readable，可读）。可执行程序虽然可以被处理器运行，但如果想读取程序段中的数据就必须置位此标志位。当然，可执行程序段始终不能写入数据。在操作特权级允许的前提下，我们可以将CS段寄存器作为操作前缀，或将代码段描述符载入到数据段寄存器，来读取代码段中的数据。

- C标志位（Conforming，一致性）。代码段可分为一致性代码段和非一致性代码段，处理器通过此标志位可以进行标识。一个低特权级的程序（代码段）可执行或跳转至一个高特权级（或相同特权级）的一致性代码段，并在执行高特权级代码段的过程中保持低特权级的CPL不变，即不会因为代码段进入高特权级而更新CPL值。如果程序想要跳转至一个不同特权级的非一致性代码段，除非使用调用门或者任务门，否则将会触发#GP异常。所有的数据段都是非一致性的，这意味着它们不能被低特权级的程序访问。

代码清单6-1是我们之前编写的引导加载程序，其中定义了一个全局描述符表LABEL_GDT和代码段描述符LABEL_DESC_CODE32。标识符SelectorCode32是代码段描述符LABEL_DESC_CODE32的选择子；标识符GdtPtr是一个48位伪描述符，稍后它将借助代码lgdt [GdtPtr]把GDT加载到GDTR寄存器。

代码清单6-1　第6章\程序\程序6-1\bootloader\loader.asm

```
[SECTION gdt]

LABEL_GDT:              dd      0,0
LABEL_DESC_CODE32:      dd      0x0000FFFF,0x00CF9A00
LABEL_DESC_DATA32:      dd      0x0000FFFF,0x00CF9200

GdtLen      equ     $ - LABEL_GDT
GdtPtr      dw      GdtLen - 1
            dd      LABEL_GDT

SelectorCode32    equ         LABEL_DESC_CODE32 - LABEL_GDT
SelectorData32    equ         LABEL_DESC_DATA32 - LABEL_GDT

......

    lgdt    [GdtPtr]
```

在这段程序中，代码段描述符LABEL_DESC_CODE32的数值为0x00CF9A000000FFFF。根据图6-12描绘的段描述符位功能信息，我们可将此段描述符数值拆解成表6-12所示的位图对照信息。

表6-12　代码段描述符实例位图对照表

位图范围	功　能	数值（HEX）	数值解释
0~15	段长度（15:00）	FFFF	段长度4 GB
16~31	段基地址（15:00）	0000	段基地址位于线性地址0处
32~39	段基地址（23:16）	00	段基地址位于线性地址0处
40~43	Type区域	A	非一致性、可读、未访问
44	S	1	代码段
45~46	DPL	00	0特权级
47	P	1	已在内存中
48~51	段长度（19:16）	F	段长度4 GB

（续）

位图范围	功　能	数值（HEX）	数值解释
52	AVL	0	软件可用位
53	L	0	忽略
54	D/B	1	32位数据段
55	G	1	段限长的颗粒度为4 KB
56~63	段基地址（31:24）	00	段基地址位于线性地址0处

根据表6-12可以很清晰地看出，这个代码段覆盖了整个线性地址空间（0~4 GB），而且该代码段是一个0特权级的非一致性、可读、未访问段。

● *数据段描述符*

如果段描述符的S标志位处于置位状态，第43位（位于Type标志位区域内）处于复位状态，那么这个段描述符的类型为数据段描述符。数据段描述符的Type标志位区域（第40~42位）可用于修饰数据的延伸方向和读写权限，详细的Type标志位区域组合如表6-13所示。

表6-13　数据段描述符的Type标志位区域组合表

Type区域				功　能
43 0	42 E	41 W	40 A	
0	0	0	0	向上扩展、只读、未访问
0	0	0	1	向上扩展、只读、已访问
0	0	1	0	向上扩展、可读写、未访问
0	0	1	1	向上扩展、可读写、已访问
0	1	0	0	向下扩展、只读、未访问
0	1	0	1	向下扩展、只读、已访问
0	1	1	0	向下扩展、可读写、未访问
0	1	1	1	向下扩展、可读写、已访问

对表6-13中涉及的E（扩展方向）、W（可读写）、A（已访问）三个标志位的具体说明如下。

- **E标志位（Expansion-direction，扩展方向）**。此标志位指示数据段的扩展方向，当E=1时表示向下扩展，当E=0时表示向上扩展，通常情况下数据段向上扩展。
- **W标志位（Write-enbale，可读写）**。它记录着数据段的读写权限，当W=1时可进行读写访问，当W=0时只能进行读访问。
- **A标志位（Accessed，已访问）**。它的功能与代码段描述符中的已访问标志位A功能相同，即记录数据段是否被访问过。

在代码清单6-1中还定义了一个数据段描述符，其数值为`0x00CF92000000FFFF`。这也是Linux 2.6.0内核中定义的描述符（代码段和数据段）数值。根据图6-12描绘的段描述符位功能信息，我们同样可将数据段描述符数值拆解成如表6-14所示的位图对照信息。

表6-14　数据段描述符实例位图对照表

位图范围	功能	数值(HEX)	数值解释
0~15	段长度（15:00）	FFFF	段长度4 GB
16~31	段基地址（15:00）	0000	段基地址位于线性地址0处
32~39	段基地址（23:16）	00	段基地址位于线性地址0处
40~43	Type区域	2	向上扩展、可读写、未访问
44	S	1	数据段
45~46	DPL	00	0特权级
47	P	1	已在内存中
48~51	段长度（19:16）	F	段长度4 GB
52	AVL	0	软件可用位
53	L	0	忽略
54	D/B	1	默认操作数和默认地址宽度
55	G	1	段限长的颗粒度为4 KB
56~63	段基地址（31:24）	00	段基地址位于线性地址0处

根据表6-14可以很清晰地看出，这是一个覆盖了整个线性地址空间（0~4 GB）的数据段，而且该数据段是一个0特权级的非一致性（数据段必须是非一致性的）、向上扩展、可读写、未访问段。

● 系统段描述符

如果段描述符的S标志位处于复位状态，那么这个段描述符的类型为系统段描述符。系统段描述符的Type标志位区域可定义12种类型的系统段描述符，详细的Type标志位区域组合如表6-15所示。

表6-15　系统段描述符的Type标志位区域组合表

Type区域				功　能
43	42	41	40	
0	0	0	0	保留
0	0	0	1	16位TSS段描述符（有效的）
0	0	1	0	LDT段描述符
0	0	1	1	16位TSS段描述符（使用中）
0	1	0	0	16位调用门描述符
0	1	0	1	任务门描述符
0	1	1	0	16位中断门描述符
0	1	1	1	16位陷阱门描述符
1	0	0	0	保留
1	0	0	1	32位TSS段描述符（有效的）
1	0	1	0	保留
1	0	1	1	32位TSS段描述符（使用中）

（续）

Type区域				功　能
43	42	41	40	
1	1	0	0	32位调用门描述符
1	1	0	1	保留
1	1	1	0	32位中断门描述符
1	1	1	1	32位陷阱门描述符

本节先介绍LDT段描述符、TSS描述符、调用门描述符三种系统段描述符。

(1) LDT段描述符

LDT曾在6.4.1节中介绍过，它的段描述符用于记录LDT表的位置、长度和访问权限等信息，其位功能与TSS描述符的位功能相同。这里再补充一点：LDT可在各程序或任务间起到隔离作用。操作系统使用其他方法同样可以起到程序间的隔离作用，例如为每个任务创建独立的页表结构等。本书操作系统也不会借助LDT来隔离任务。

(2) TSS描述符

TSS用于保存任务的处理器状态信息。和其他的段一样，处理器必须借助TSS描述符才能对任务状态段进行访问和管理。图6-13描绘了TSS描述符的位功能。

TSS描述符

63–56	55	54	53	52	51–48	47	46–45	44	43–40	39–32	31–16	15–0
段基地址 (Base) 31:24	G	0	0	AVL	段长度 (Limit) 19:16	P	DPL	0	Type 1 0 B 1	段基地址 (Base) 23:16	段基地址 (Basse) 15:00	段长度 (Limit) 15:00

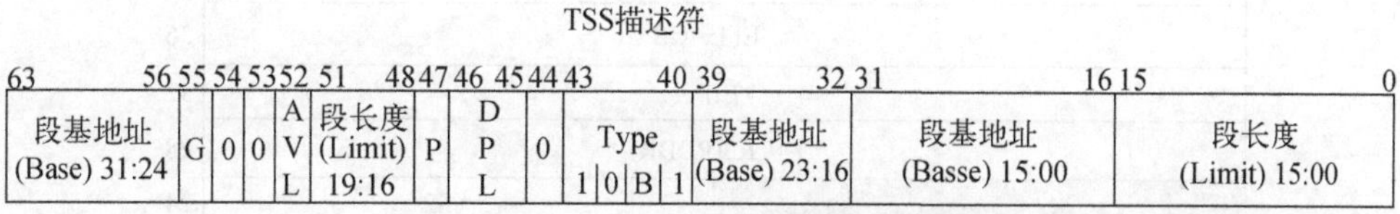

图6-13　TSS描述符的位说明图

从图6-13可以看出，TSS描述符与其他段描述符的格式基本相似，这里只特殊说明一下B标志位（Busy）。B标志位指示任务是否处在忙状态，一个处于忙状态的任务表明它正在运行或已经挂起。

TSS描述符只能保存在GDT内，不可存放于LDT或IDT中。任务寄存器（Task Register, TR）与LDTR寄存器的结构非常相似，只不过TR任务寄存器保存的是TSS段选择子以及TSS描述符信息。如果试图将TSS段选择子加载到段寄存器都将触发#GP异常；而访问一个TI标志位被置位的TSS段选择子都将触发#GP异常（使用CALL或JMP指令）或#TS异常（使用IRET指令）。

TSS段主要用于任务切换（或特权级切换）时，保存处理器的寄存器状态，以及切换至对应的特权级栈空间，从而使得任务返回时能够还原执行现场。图6-14是一个32位的任务状态段的内部结构。（16位的TSS段只用在Intel 286处理中。）

TSS被分为两部分：动态区域和静态区域。当任务在切换过程中挂起时，处理器会将执行现场保存在动态区域内，表6-16归纳了TSS的动态区域。

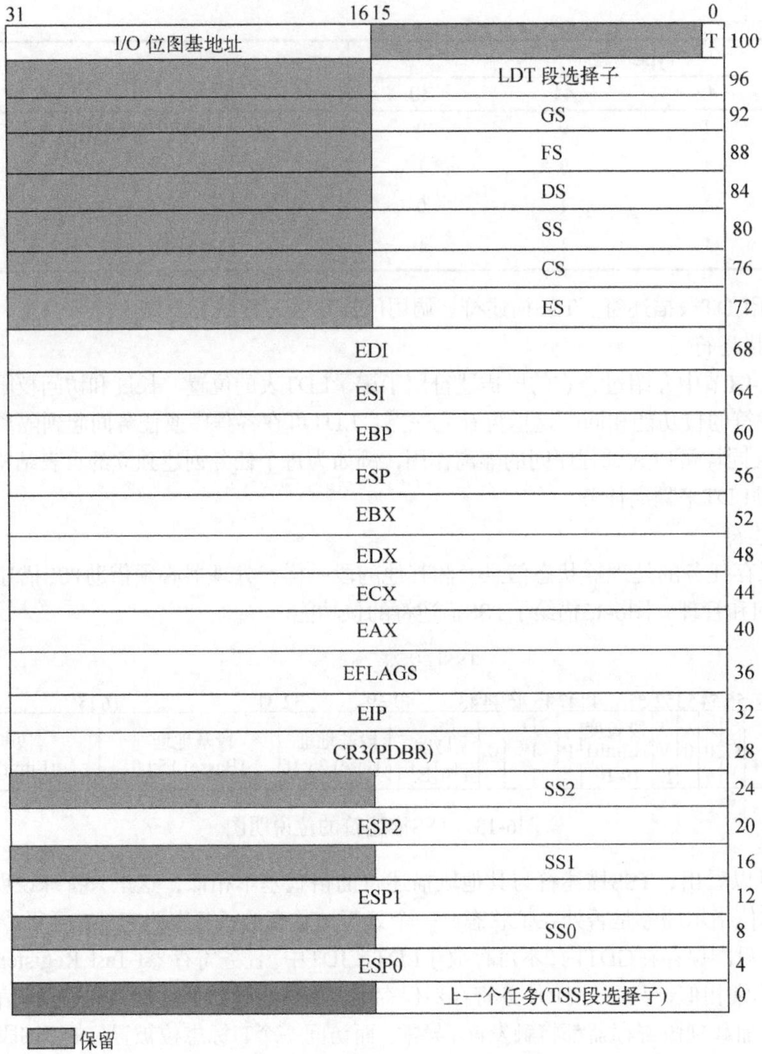

31　　　16	15　　　0	偏移
I/O 位图基地址	保留 / T	100
保留	LDT 段选择子	96
保留	GS	92
保留	FS	88
保留	DS	84
保留	SS	80
保留	CS	76
保留	ES	72
EDI		68
ESI		64
EBP		60
ESP		56
EBX		52
EDX		48
ECX		44
EAX		40
EFLAGS		36
EIP		32
CR3(PDBR)		28
保留	SS2	24
ESP2		20
保留	SS1	16
ESP1		12
保留	SS0	8
ESP0		4
保留	上一个任务(TSS段选择子)	0

▆ 保留

图6-14　32位TSS结构说明图

表6-16　TSS的动态区域功能说明表

处理器执行环境	功能描述
通用寄存器	EAX、ECX、EDX、EBX、ESP、EBP、ESI和EDI寄存器值
段选择子	保存在ES、CS、SS、DS、FS和GS寄存器中的段选择子
EFLAGS标志寄存器	EFLAGS标志寄存器值
EIP指令寄存器	EIP指令指针寄存器值
上一个任务（TSS段选择子）	前一个任务的段选择子（在使用调用、中断或异常进行任务切换时被设置，使用`IRET`指令可切换回原任务）

当任务在切换过程中挂起时，处理器只会读取静态区域的数据，并不会更新（改变）静态区域中的数值，表6-17总结出了TSS的静态区域。

表6-17 TSS的静态态区域功能说明表

处理器执行环境	功能描述
LDT段选择子	局部描述符表LDT的段选择子
CR3控制寄存器	CR3寄存器值（页目录的物理基地址）
栈指针（特权级0~2）	目标特权级的栈空间（栈段选择子和段内偏移地址）
T标志位（Debug Trap）	任务切换时的调试标志位（T=1会触发调试异常）
I/O位图基地址	I/O许可位图和中断重映射位图在TSS段中的起始地址

此处的栈空间是静态的，它不会因任务切换而发生改变，但SS和ESP寄存器值将会随着任务的切换而被更新。

对于处理器级的任务切换而言，它只能在满足以下四种条件之一时才会发生。

(a) 当前程序通过JMP或CALL指令跳转至GDT中的TSS描述符时，任务切换将会发生。

(b) 当前程序通过JMP或CALL指令跳转至GDT或LDT中的任务门描述符时，任务切换将会发生。

(c) 如果一个IDT表项使用任务门描述符来保存中断或异常处理程序，那么在触发中断或者异常时任务切换将会发生。

(d) 如果当前任务的EFLAGS.NT标志位被置位，那么在执行IRET指令时任务切换将会发生。

除上述4种硬件级任务切换方法外，程序还可使用软件逻辑来实现任务切换。诸如采用独立页表空间切换方式（通过切换页表以及JMP指令来切换任务）的Linux系统内核，它只借助TSS的静态区域为特权级提供栈空间，而任务的执行现场将通过手动方式保存于栈或PCB（进程控制结构体）中。

(3) 调用门描述符

调用门可让不同特权级间的程序实现受控切换，它们通常用于受特权级保护的操作系统或程序中，图6-15是调用门描述符（Call Gate Descriptor）的位功能说明。

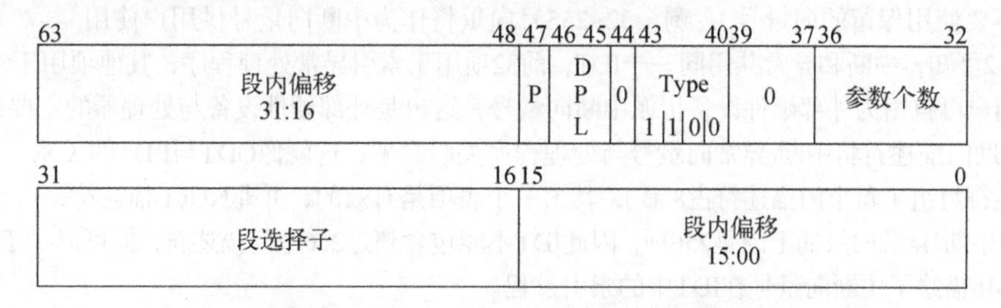

图6-15 调用门描述符的位功能说明图

调用门的一个显著特点是借助CALL指令穿过调用门可访问更高特权级（CPL>=DPL）的代码段，如果目标代码段是非一致性的，则栈切换会发生。（一致性代码段不会改变CS寄存器的CPL值。）在发生特权级切换时，必定会伴随着栈切换，而且栈特权级将与CPL特权级保持一致。JMP指令只能穿过相同特权级（CPL=DPL）的非一致性代码段，但CALL与JMP指令却都可以访问更高特权级的一致性代码段。表6-18是调用门描述符的各位功能说明。

表6-18　调用门描述符的位功能说明表

位　名	功能描述
段选择子	指定段选择子
段内偏移	段内偏移量（指定程序入口地址）
DPL	描述符特权级
P	指定调用门描述符是否有效
参数个数	发生栈切换时需要复制的参数数量

除上述系统描述符外，还有陷阱门、中断门以及任务门等描述符较为常用。由于它们均可作为中断描述符表项使用，故此将其放在下节的中断处理机制中讲解更为适合。

6.4.3　保护模式的中断/异常处理机制

至于中断/异常的捕获、处理以及相关概念，曾在本书4.4节、4.6节中有所介绍，本节将侧重于介绍处理器体系结构下的中断/异常管理机制。

中断/异常用于实时监控操作系统、处理器和程序的运行，它是真实存在于处理器中的事件。当处理器捕获到中断/异常后，将会强制挂起当前程序（或任务）转而执行中断/异常处理程序，因此可以将中断/异常看过一种服务或者函数进行处理。当处理程序执行完毕，处理器会唤醒被挂起的工程或任务，使程序不失连续性地执行，就仿佛从未发生过中断/异常一样。

中断可在程序执行任务时候触发，它可以来自一个外部硬件设备请求，也可以来自INT n指令。而异常只能在检测到处理器执行故障时触发，处理器可检测的异常种类有很多，诸如通用保护性异常、页错误异常和机器内部错误异常等。

每种体系结构都会根据处理器中断/异常的触发条件将其归类，并使用数字对同一类型的中断/异常进行唯一的标识，这个标识数字通常叫作向量号。处理器可借助向量号从IDT中索引出中断/异常处理程序的入口地址。向量号的数值范围是0~255，其中0~31号向量被Intel处理器作为异常向量号或保留使用（不要使用保留的向量号），剩余32~255号向量将作为中断向量号供用户使用。

从表4-2可知，中断和异常共用同一个IDT，前32项用于索引异常处理程序，其他项用于索引中断处理程序。用户可自由为外部硬件设备指派中断向量号，这也是外部硬件设备与处理器的主要通信方式。

IDT借助门描述符将中断/异常向量号与处理程序关联起来，这就像GDT与LDT的关系一样。IDT是一个门描述符数组（每个门描述符占8 B），其第一个表项是有效的，并非NULL描述符，这与GDT略有不同。由于中断/异常向量的上限是256项，因此IDT不能包含超过256个门描述符，但可以少于256个门描述符。图6-16描绘了中断向量号在IDT中的索引过程。

IDT可以保存在线性地址的任何位置，但为了使处理器达到最佳缓冲性能，请尽量将IDT按照8 B边界对齐。由于每个IDT表项占8 B，那么其长度为$8N - 1$（N为表项数），对于GDT、LDT以及TSS的长度计算皆是如此。

如图6-16所示，处理器借助IDTR寄存器可定位出IDT的位置，但在使用IDT前，必须使用`LIDT`指令（`SIDT`指令用于保存IDTR寄存器值）将IDT的线性基地址（32位）和长度（16位）加载IDTR寄存器中，`LIDT`指令只能在`CPL=0`时执行。通常情况下，IDT创建于操作系统初始化过程。

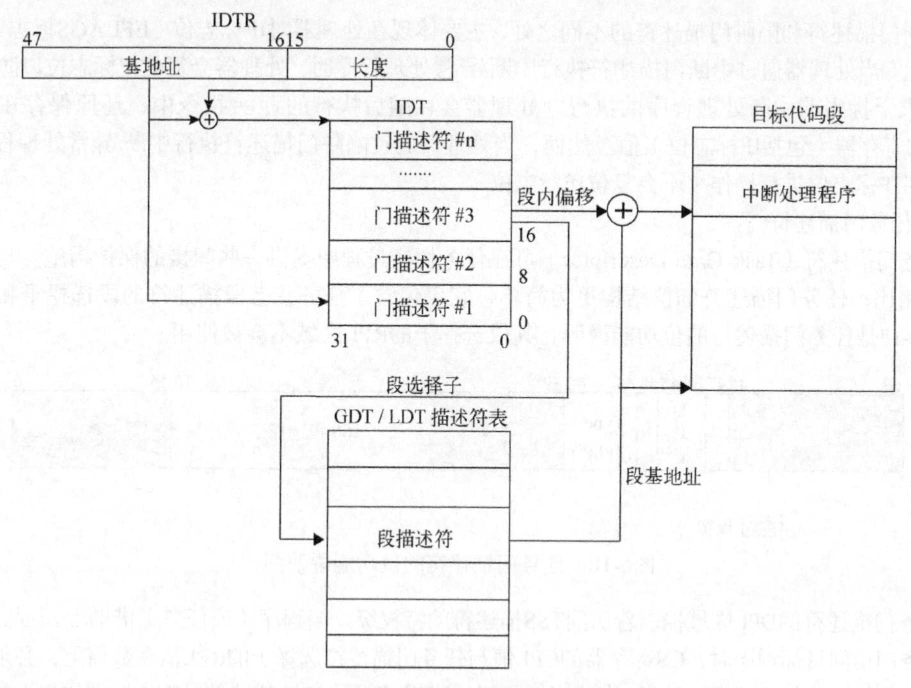

图6-16　中断向量号的索引过程示意图

IDT的表项是由门描述符组成，可使用陷阱门、中断门和任务门三类门描述符。这三种门描述符与上节的调用门描述符极其相似，下面将逐一讲解它们的特殊功能。

(1) 陷阱门描述符和中断门描述符

中断门描述符（Interrupt Gate Descriptor）和陷阱门描述符（Trap Gate Descriptor）在位图结构上，与调用门描述符非常相似，它们都包含一个远跳转地址（段选择子和段内偏移）。这个远跳转地址为处理器提供中断/异常处理程序的入口地址。图6-17是中断门描述符和陷阱门描述符的位功能说明，其中的D标志位用于指示门描述符的数据位宽。

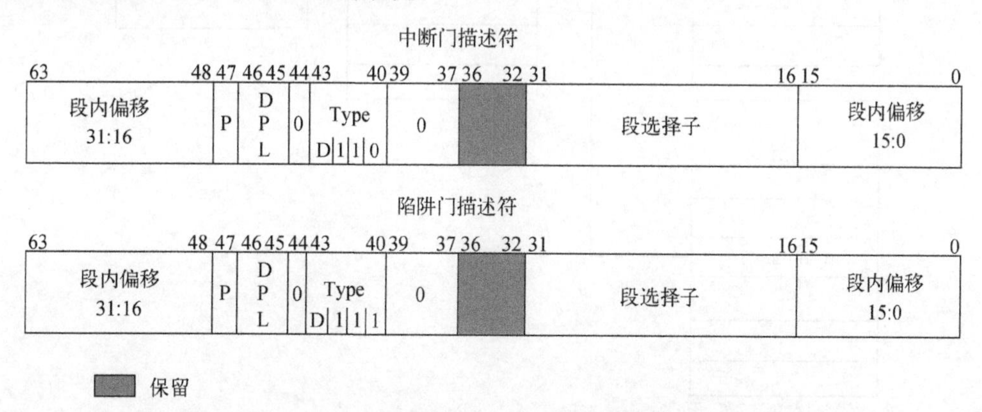

图6-17　陷阱门描述符和中断门描述符的位功能说明图

中断门描述符和陷阱门描述符的不同之处，主要体现在处理器对IF标志位（EFLAGS标志寄存器）的操作上。当处理器通过中断门描述符执行中断/异常处理程序时，处理器会复位IF标志位以防止其他中断请求干扰当前中断处理程序的执行。处理器会在随后执行的`IRET`指令中，还原保存在栈中的EFLAGS寄存器（包括IF标志位）值。然而，当处理器通过陷阱门描述符执行中断/异常处理程序时，将不会对IF标志位进行操作（不会复位IF标志位）。

(2) 任务门描述符

任务门描述符（Task Gate Descriptor）可在任务切换过程中提供一些间接的保护措施。与其他门描述符相比，任务门描述符的位结构更为简单，它仅包含了任务状态段描述符的段选择子和属性信息。图6-18是任务门描述符的位功能说明，其段选择子的RPL区域不会被使用。

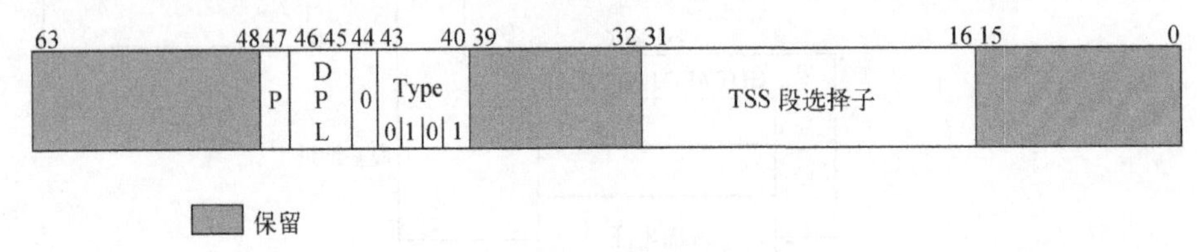

图6-18　任务门描述符的位功能说明图

任务门描述符的DPL区域控制着访问TSS描述符的特权级。当程序（或任务）借助`CALL`或`JMP`指令穿过任务门访问目标程序时，CS寄存器的CPL值与任务门描述符选择子的RPL值在数值上，必须小于或等于任务门描述符的DPL值。（注意：当使用任务门描述符时，目标TSS描述符的DPL标志位将不起作用。）

任务门描述符可在GDT、LDT或IDT内创建，但其段选择子必须指向GDT的TSS描述符（TSS描述符只能在GDT中创建）。图6-19描绘了各类描述符表、任务门描述符、TSS描述符以及任务状态段之间的关系。

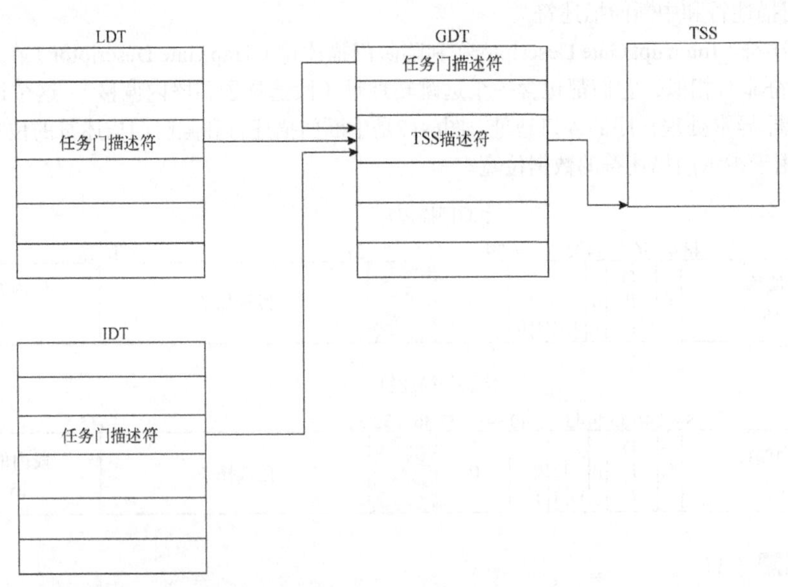

图6-19　基于任务门描述符的任务切换示意图

在Linux内核中，无论何种中断或异常，它们只使用中断门描述符和陷阱门描述符，从未使用过任务门描述符，而且IA-32e模式也已取消了任务门描述符这一功能。

至此，保护模式的段管理机制已经讲解完毕。在不开启分页机制的前提下，处理器可直接通过段管理机制将逻辑地址转换为物理地址（此时线性地址与物理地址相等）。不过，仅开启段管理机制的情况极少，因为缺少页管理机制的物理内存管理起来十分困难。

6.4.4 保护模式的页管理机制

在保护模式下，处理器可借助段管理机制将逻辑地址转换成线性地址。当开启页管理机制后，处理器必须经过页管理机制才能将线性地址转换为物理地址，这一转换过程必须经过多层级页表索引才能访问到目标物理地址或I/O设备内存。

在页管理机制的各层级页表中，不仅保存着目标物理页的基地址，还记录着访问物理页的权限以及缓存类型等属性信息。软件可通过`MOV CR0`指令置位PG标志位来使能页管理机制。在开启页管理机制前，请确保CR3控制寄存器中已经载入了页目录（顶层页表）的物理基地址，处理器将从页目录开始进行页转换。

保护模式共支持32位分页模式、PSE模式和PAE模式三种页管理模式，下面将对这三种模式进行逐一介绍。

1. 32位分页模式

32位分页模式是保护模式的基础页管理模式，置位CR0.PG标志位将进入32位分页模式。相信有基础功底的读者已经从其他相关书籍或资料中学习过这种页管理模式。说它基础是因为在32位分页模式下，线性地址位宽与物理地址位宽同为32位，32位分页模式并未扩展物理地址的寻址能力，相对来说，比较适合初学者进行学习。图6-20描绘了32位分页模式的地址映射关系。

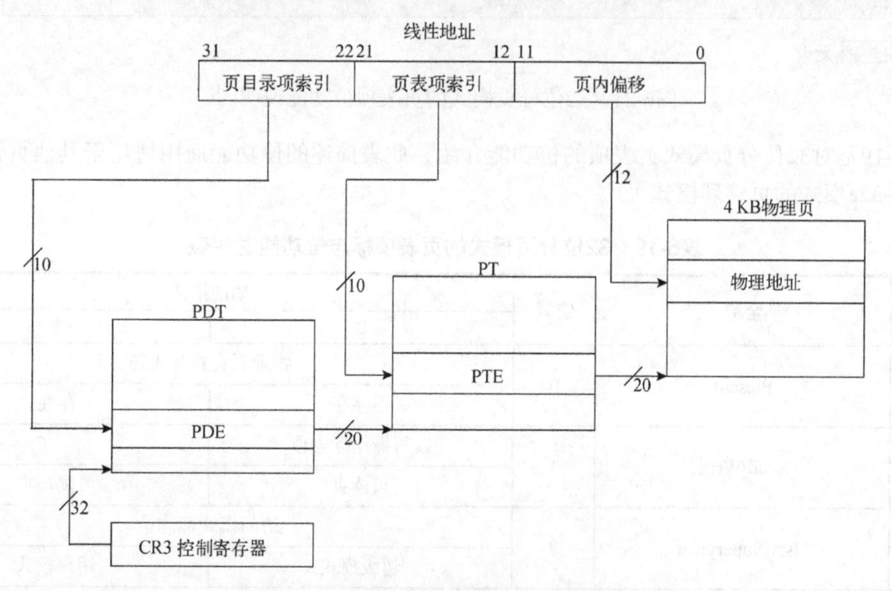

图6-20　32位分页模式的地址映射图

根据上图描绘的地址映射关系可知，32位分页模式将32位线性地址分割成三段，使用两级页表进行管理，其中第31到22位用于索引页目录表（Page Directory Table，PDT）的表项，第21到12位用于索引页表（Page Table，PT），第11到0位用于索引页内偏移（Page Offset）。此处的页目录表PDT和页表PT各包含1024个表项，每个表项占用4 B空间，共占用4 KB的内存空间。因为一个物理页容量为4 KB，两级页表结构共可容纳4 KB×1024×1024 = 4 GB的存储空间，这个地址范围恰好覆盖整个4 GB线性地址空间。

在CR3控制寄存器（也叫页目录基地址寄存器，Page Directory Base Register, PDBR）以及其下的两级页表表项中，不光包含物理页的基地址，同时还包含控制访问权限与缓存类型等属性信息，图6-21描述了32位分页模式的页表项位功能。（Intel已对32位分页模式的页表项标志位进行了扩展，使得此图的页表项标志位与其他书籍所描述略有不同。）

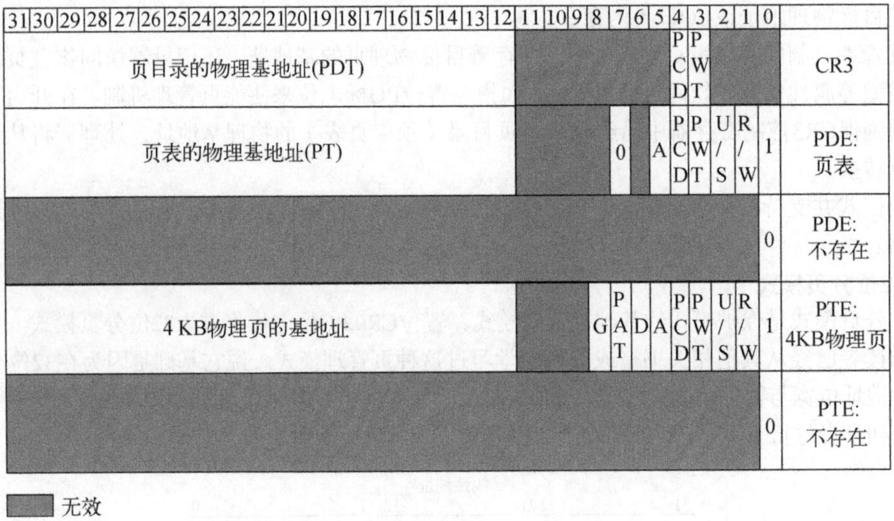

31～12	11	10	9	8	7	6	5	4	3	2	1	0	
页目录的物理基地址(PDT)								PCD	PWT				CR3
页表的物理基地址(PT)					0		A	PCD	PWT	U/S	R/W	1	PDE: 页表
												0	PDE: 不存在
4 KB物理页的基地址				G	PAT	D	A	PCD	PWT	U/S	R/W	1	PTE: 4KB物理页
												0	PTE: 不存在

■ 无效

图6-21　32位分页模式的页表项位功能说明图

表6-19是对32位分页模式页表项的位功能介绍，此表描述的位功能通用适用于其他页管理模式（包括IA-32e模式的页管理模式）。

表6-19　32位分页模式的页表项标志位功能说明表

缩写	全称	位置	功能描述	
			0	1
P	Present	0	物理页存在标志位	
			不存在	存在
R/W	Read/Write	1	读写操作标志位	
			只读页	可读写页
U/S	User/Supervisor	2	访问模式标志位	
			超级模式	用户模式

（续）

缩写	全称	位置	功能描述	
			0	1
PWT	Page-Level Write-Through	3	页级写穿标志位	
			回写（Write-Back）	写穿（Write-Through）
PCD	Page-Level Cache Disable	4	页级禁止缓存标志位	
			页可以缓存	页不能缓存
A	Accessed	5	访问标志位	
			未访问	已访问
D	Dirty	6	脏页标志位	
			干净	已脏
PAT	Page-Attribute Table	7	页面属性表标志位	
G	Global	8	全局页标志位	
			局部页面	全局页面
PS	Page Size	-	物理页容量标志位	

这些标志位描述了页管理模式的大部分功能，其中的P标志位用于指示物理页是否存在，如果访问不存在的物理页则会触发#PF异常；U/S标志位用于限定物理页的访问模式，超级模式只允许特权级为0、1、2的程序访问，而用户模式则允许任何特权级的程序访问；PWT标志位和PCD标志位还会受到CR0.CD标志位的影响，当CD标志位被置位时PWT标志位与PCD标志位将忽略。对于A标志位与D标志位，处理器只能置位它们，无法对其进行复位。当CR4.PGE=1时（CPUID.01h:EDX[13].PGE位可检测是否支持PGE功能），更新CR3控制寄存器可使TLB内的全局页表项（置位全局页标志位G）不被刷新。PS标志位用于指明页表项索引的是物理页还是次级页表（目前32位分页模式暂无PS标志位）。PAT标志位扩展了PCD标志位和PWT标志位的功能，并与MTRR寄存器协同工作，以指定访问物理内存的类型。

IA32_PAT寄存器用于设置页属性PAT的内存类型，它位于MSR寄存器组的277h地址处。IA32_PAT寄存器包含8个属性区域（PA0~PA7），每个属性区域的低3位用于指明内存类型，高5位保留使用，必须设置为0。这8个属性区域可配置成任意内存类型，图6-22是IA32_PAT寄存器的位功能说明。

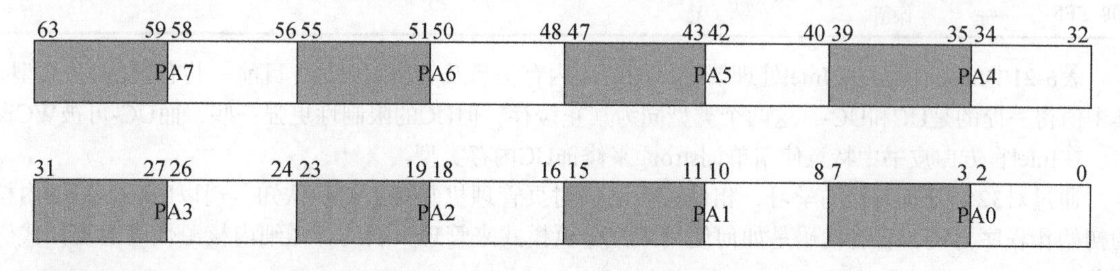

图6-22 PAT表的存储位功能说明图

当处理器上电或Reset后，PAT表还原为默认内存类型，请见表6-20。通过WRMSR指令可修改PAT表的内存类型。

表6-20 PAT表的默认内存类型

PAT	PCD	PWT	PAT项	内存类型
0	0	0	PAT0	WB
0	0	1	PAT1	WT
0	1	0	PAT2	UC-
0	1	1	PAT3	UC
1	0	0	PAT4	WB
1	0	1	PAT5	WT
1	1	0	PAT6	UC-
1	1	1	PAT7	UC

当处理器不支持PAT功能（CPUID.01h:EDX[16].PAT位可检测是否支持PAT功能）时，则只有PCD标志位和PWT标志位有效，这两个标志位可组合成PAT0~PAT3这4种内存类型。关于此表中提及的WB、WT以及UC等内存类型，请详见表6-21的解释。

表6-21 内存类型描述表

PAT值	缩写	内存类型	功能描述
00h	UC	Uncacheable	内存不可缓存，对设备内存I/O映射非常有用，使用在物理内存中将导致执行效率降低
01h	WC	WriteCombining	内存不可缓存，也不用强制遵循处理器总线的一致性协议。写操作可能会延迟执行，以减少内存访问次数
02h	—	保留	无
03h	—	保留	无
04h	WT	WriteThrough	读写均被缓存，读操作先访问缓存行；写操作将同时写入到缓存行和内存
05h	WP	WriteProtected	读操作先访问缓存行；写操作将会扩散到总线上的所有处理器，使处理器的对应缓存行失效
06h	WB	WriteBack	整个读写操作皆在缓存行中进行。写操作将延迟更新到内存，从而减少内存访问次数
07h	UC-	Uncache	与UC功能相同，但可在MTRR寄存器中使用WC覆盖
08~FFh	—	保留	无

表6-21中的内存类型是Intel处理器提供的可用内存类型及类型编码值，目前一共有5种内存类型，其中值得一提的是UC和UC-，这两个类型同为禁止缓存，但UC的限制性更强一些，而UC-可被WC覆盖，在Intel官方白皮书中特意使用单词strong来修饰UC内存类型。

通过对32位分页模式的学习，相信读者已经对页管理机制有了初步认知。现以Linux 2.6.0内核的初始化程序为例，看看代码是如何使用32位分页模式来管理页表的，详细内核源代码实现如代码清单6-2。

代码清单6-2 arch/i386/kernel/head.S

```
/*
 * Initialize page tables
 */
#define INIT_PAGE_TABLES \
    movl $pg0 - __PAGE_OFFSET, %edi; \
    /* "007" doesn't mean with license to kill, but    PRESENT+RW+USER */ \
    movl $007, %eax; \
2:  stosl; \
    add $0x1000, %eax; \
    cmp $empty_zero_page - __PAGE_OFFSET, %edi; \
    jne 2b;

......

/*
 * This is initialized to create an identity-mapping at 0-8M (for bootup
 * purposes) and another mapping of the 0-8M area at virtual address
 * PAGE_OFFSET.
 */
.org 0x1000
ENTRY(swapper_pg_dir)
     .long 0x00102007
     .long 0x00103007
     .fill BOOT_USER_PGD_PTRS-2,4,0
    /* default: 766 entries */
     .long 0x00102007
     .long 0x00103007
    /* default: 254 entries */
     .fill BOOT_KERNEL_PGD_PTRS-2,4,0

/*
 * The page tables are initialized to only 8MB here - the final page
 * tables are set up later depending on memory size.
 */
.org 0x2000
ENTRY(pg0)

.org 0x3000
ENTRY(pg1)

/*
 * empty_zero_page must immediately follow the page tables ! (The
 * initialization loop counts until empty_zero_page)
 */
.org 0x4000
ENTRY(empty_zero_page)
```

在代码清单6-2中，页目录表PDT位于物理地址1000h处，并将物理地址2000h和3000h处的两个页表分别映射到线性地址0处和线性地址3 GB处，这两个页表项的属性值为007（页已存在、可读写、用户访问模式）。INIT_PAGE_TABLES宏模块将物理地址0处开始的2048个物理页面（代码$empty_zero_page - PAGE_OFFSET的计算结果为2048）保存在物理地址2000h处的页表中，并设置成与页目录表项相同的属性值（007）。

2. PSE模式

PSE模式是32位分页模式的扩展，它允许处理器在保护模式下使用4 MB的物理页。通过CPUID.01h:EDX[3].PSE位可检测是否支持PSE功能，置位CR4.PSE标志位将开启PSE模式。如果处理器还支持PSE-36模式（CPUID.01h:EDX[17].PSE-36位可检测是否支持PSE-36功能），那么在开启PSE模式的同时也会开启PSE-36模式。PSE-36模式能够让处理器在PSE模式下使用超过4 GB的物理内存，进而将原本32位的物理地址寻址能力提升至36位，乃至40位，寻址位数取决于处理器的最高物理可寻址位宽值MAXPHYADDR。由于PSE模式依然身处保护模式中，其线性地址寻址能力仍然保持4 GB不变，图6-23描绘了PSE模式的地址映射关系。

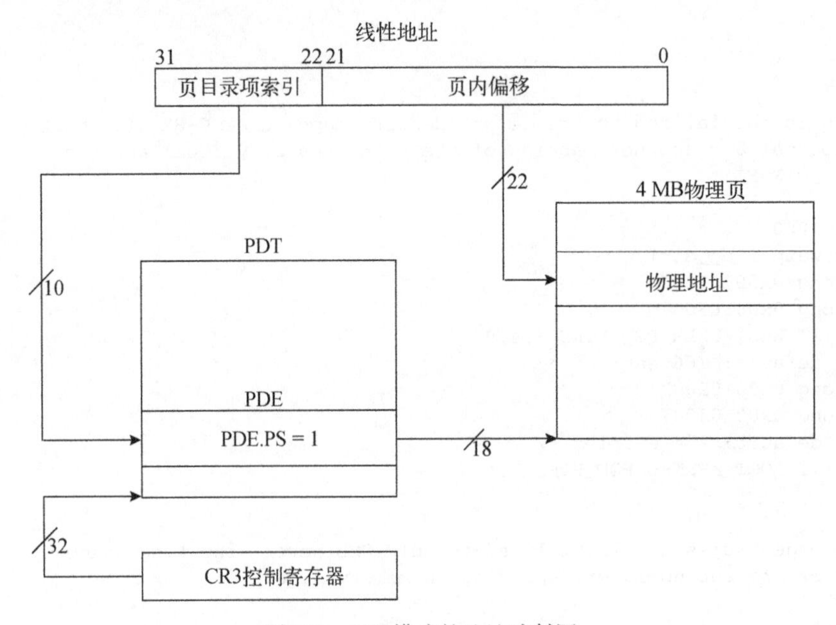

图6-23　PSE模式的地址映射图

图6-23中的地址映射关系与32位分页模式非常相似，但是由于PSE模式只使用一级页表映射（32位分页模式采用二级页表映射），从而使得PSE模式的页内偏移，由32位分页模式的12位增长至22位，其中的低12位依然用于表示页表项属性，而剩余10位则用于扩展页面基地址位宽和页表属性。图6-24描述了支持PSE-36模式的页表项位功能。

PSE-36模式的各属性位在功能和作用上，与32位分页模式相同，这里就不再做过多讲解，请读者自行对照学习。此处将着重讲解一下处理器最高物理可寻址位宽值MAXPHYADDR的获得方法。

通过CPUID.80000008h:EAX[7:0]可获得处理器最高物理可寻址位宽值MAXPHYADDR，目前Intel桌面级处理器普遍支持36位物理地址位宽，服务器级处理器普遍支持40位物理地址位宽。现在，52位物理地址位宽是64位体系结构的最大值，但没有一款处理器可支持这一物理地址位宽。尽管使用CPUID指令可查询到处理器最高物理可寻址位宽值MAXPHYADDR，但并不代表硬件平台有那么多物理内存可以使用，同时还必须兼顾BIOS中断服务程序INT 15h, AX=E820h提供的物理内存信息。

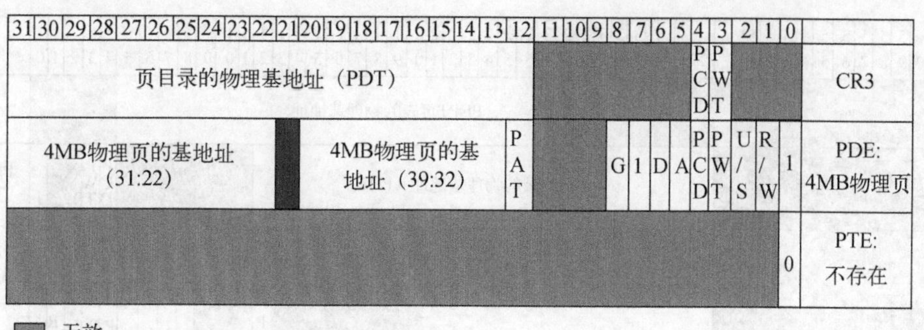

31 30 29 28 27 26 25 24 23 22 21 20 19 18 17 16 15 14 13 12 11 10 9 8 7 6 5 4 3 2 1 0
页目录的物理基地址（PDT）
PCD
PWT
CR3
4MB物理页的基地址（31:22）
4MB物理页的基地址（39:32）
PAT
G 1 D A
PCD
PWT
U/S
R/W
1
PDE: 4MB物理页
0
PTE: 不存在
无效
保留

图6-24 PSE-36模式的页表项位功能说明图

PSE-36模式的物理可寻址位宽上限为40位，即使MAXPHYADDR值超过40，处理器也只能使用低40位进行物理内存寻址。

3. PAE模式

PAE模式是区别于32位分页模式和PSE模式的一种新型页管理模式。当处理器支持PAE模式（CPUID.01h:EDX[6].PAE位可检测是否支持PAE模式）时，置位CR4.PAE标志位将开启PAE模式。PAE模式将32位线性地址从原有的二级页表映射扩展为三级，每个页表项也从原来的32位（4 B）增长至64位（8 B）。虽然64位页表项可轻松容纳52位物理地址位宽，但页目录表PDT与页表PT依然使用4 KB大小，这就使得页表项数从原来的1024项降为512项，引发的连锁反应是线性地址索引范围从10位缩短为9位。PAE模式为了延续使用32位线性地址，特采用图6-25所示的地址映射关系。

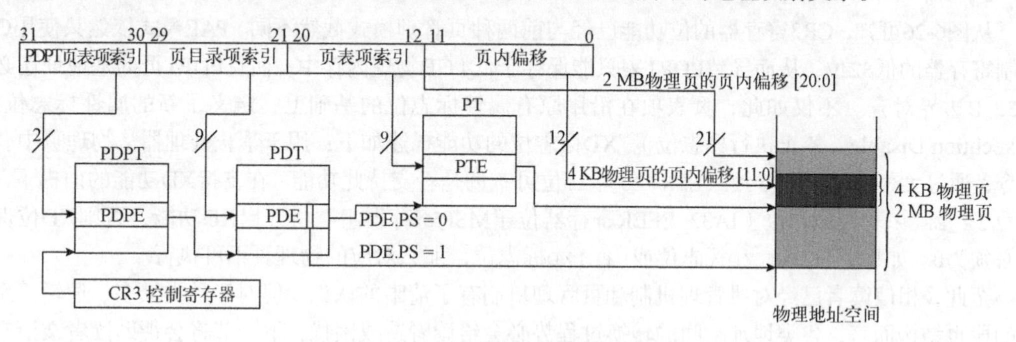

图6-25 PAE模式的地址映射图

从PAE模式的地址映射图中发现，PAE模式在页目录表PDT与页表PT的基础上，又引入了页目录指针表（Page Directory Pointer Table，PDPT）。PDPT只有4个表项，每个表项占8 B空间共占用32 B，这4个表项用于索引线性地址的第31到30位，图6-26描述了PAE模式的页表项位功能。PAE模式最高可支持52位的物理可寻址位宽，实际物理可寻址位宽还请参考MAXPHYADDR值。

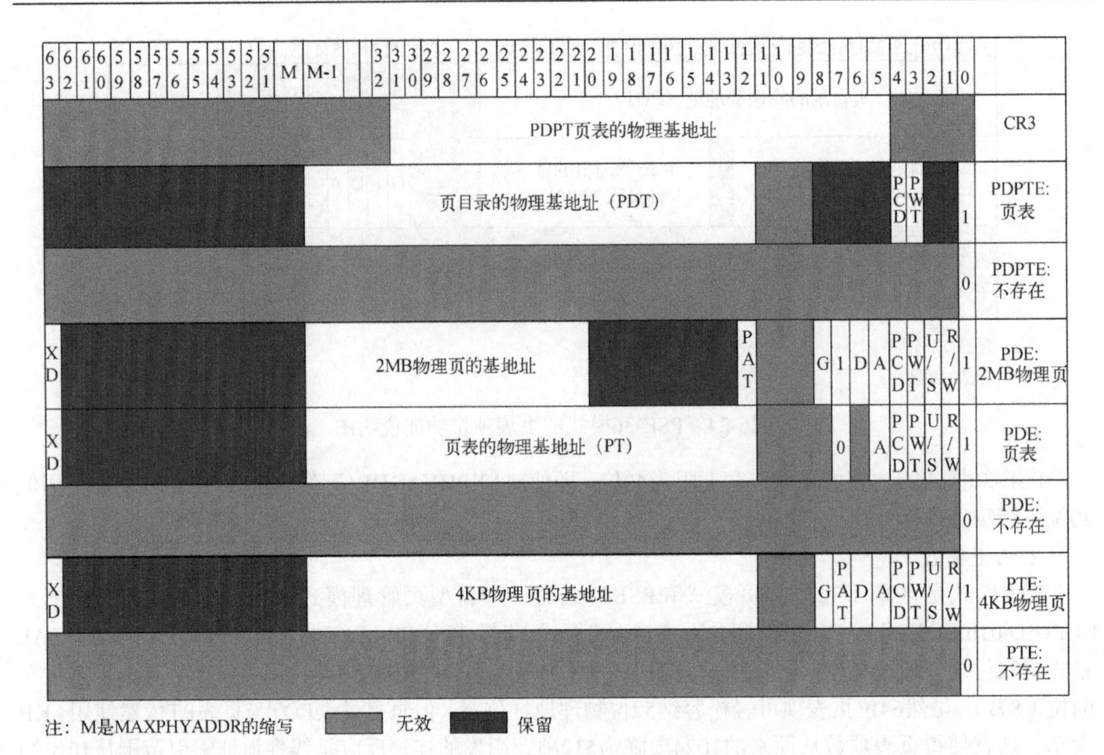

图6-26　PAE模式的页表项位功能说明图

从图6-26可知，CR3寄存器的位功能已经与前两种页管理模式截然不同。PAE模式依然只使用CR3控制寄存器的低32位，从而导致PDPT表只能保存于低4 GB物理内存中，而且PDPT页的基地址还必须按32 B边界对齐。不仅如此，页表项在沿用原有属性标志位的基础上，定义了新的属性标志位XD（Execution Disable，禁止执行标志位）。XD标志位的功能描述如下：用于禁止处理器从物理页中获取指令，通过`CPUID.80000001h:EDX[20].XD`位可查询是否支持此功能。在支持XD功能的前提下，置位`IA32_EFER.NXE`标志位（IA32_EFER寄存器位于MSR寄存器组）将开启XD功能，否则XD位保留且必须为0。如果置位`PDE.XD`标志位或`PTE.XD`标志位，那么对应的物理页不可执行。

至此，相信读者已经对段管理机制和页管理机制有了清晰的认识。但对于种类繁多、逻辑关系复杂的段页结构而言，各类地址空间的转换过程势必会给读者造成困扰，下一节将会帮助读者缕清它们之间的关系。

6.4.5　保护模式的地址转换过程

保护模式的有效地址往往需要经过一个或几个过程才会转换为物理地址，图6-27将保护模式的地址转换关系以图的形式直观展现出来。GDT作为段管理机制的核心结构，一切功能都是从此表引申而来，随后处理器再根据段描述符的功能特点经过一次或几次转换，最终从有效地址转换为线性地址。在关闭页管理机制的情况下，线性地址直接映射为物理地址。如果开启页管理机制，那么处理器会根据页管理模式将线性地址切割成固定大小的地址段。经过多层页表的逐级索引，最终处理器将锁定目标物理页和页内偏移，把两者相加方可确定指令或数据所在的物理地址。

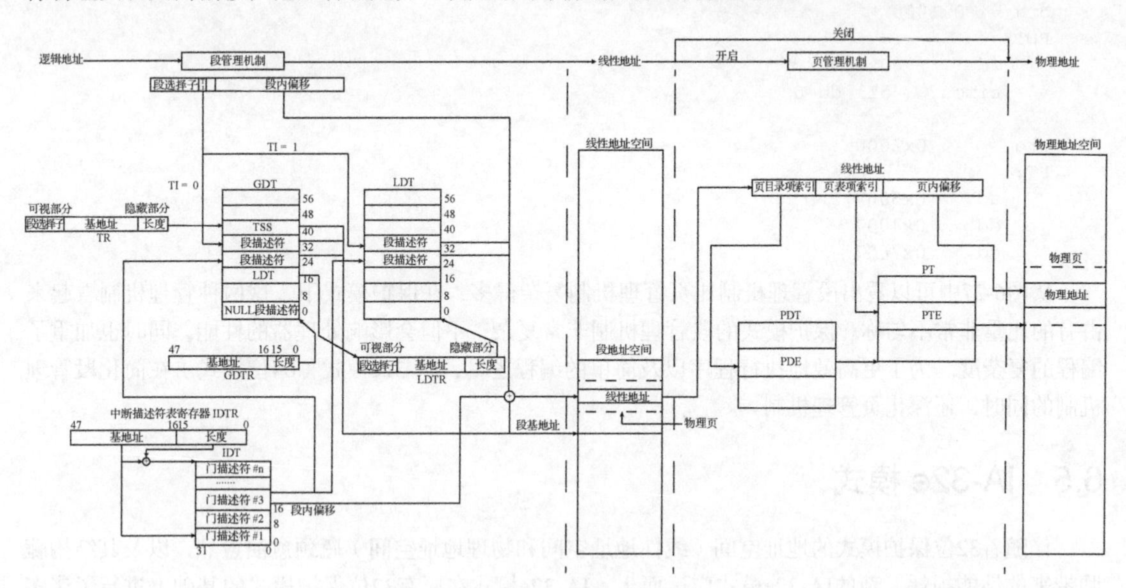

图6-27　保护模式的地址转换过程示意图

举一个简单的例子，在C语言程序中有个名为Function的函数，其首地址（有效地址）为1200h（使用取地址符&可获得函数的起始地址），假设代码清单6-3是此程序的段页结构。那么函数Function将由GDT的LABEL_DESC_CODE32段描述符负责管理，其段选择子是SelectorCode32（数值为08h），使用汇编代码jmp SelectorCode32:Function或jmp 08h:1200h可跳转至Function函数中执行。此时，处理器通过段选择子08h从代码段描述符LABEL_DESC_CODE32中取得段基地址（位于线性地址0h处），随后再加上函数Function的有效地址（函数起始地址在段内的偏移），最后计算出函数Function的起始地址位于线性地址1200h处。32位分页模式将线性地址00001200h分割成000h（PDT表的第0项）、001h（PD表的第1项）、200h（页内偏移200h）三段。逐级检测页表映射可知，函数Function保存于物理页面4000h~4fffh范围内，再加上页内偏移200h后，函数Function最终确定起始于物理地址4200h处。

代码清单6-3　保护模式的段页结构示例代码

```
//=======               GDT
LABEL_GDT:              dd      0,0
LABEL_DESC_CODE32:      dd      0x0000FFFF,0x00CF9A00
LABEL_DESC_DATA32:      dd      0x0000FFFF,0x00CF9200

GdtLen          equ     $ - LABEL_GDT
GdtPtr          dw      GdtLen - 1
                dd      LABEL_GDT

SelectorCode32      equ     LABEL_DESC_CODE32 - LABEL_GDT
```

```
//=======    init page (32-Bit Paging)
org    0x1000
PDT:
    dd       0x2007
    times    511 dd 0

org       0x2000
PT:
    dd    0x5007
    dd    0x4007
    dd    0x7007
```

从图6-27中可以看出段管理机制比页管理机制复杂得多，在保护模式下，这两种管理机制看起来占有的比重非常不匀称。保护模式的段管理机制非常复杂，不但会影响处理器的性能，同时也加重了编程的复杂度。为了更高效地执行程序以及简单的编程逻辑，IA-32e模式（64位模式）在简化段管理机制的同时，还深化页管理机制。

6.5 IA-32e 模式

伴随着32位保护模式的地址空间（线性地址空间和物理地址空间）瓶颈愈演愈烈，以及其结构臃肿带来的性能损耗，新的IA-32e模式应运而生。IA-32e模式在原有32位保护模式的基础上进行了诸多升级、改造与整合，可近似视为一种全新的64位处理器体系结构。

6.5.1 IA-32e 模式概述

IA-32e模式是Intel为64位处理器设计的全新运行模式，它通常也被叫作长模式，通过`CPUID.80000001h:EDX[29].LM`位可检测处理器是否支持IA-32e模式。IA-32e模式扩展于原有32位保护模式，它包含兼容模式和64位模式两种子运行模式，其中的兼容模式用于兼容之前的32位保护模式，使得处理器无需改动64位运行环境（如寄存器值、段结构、页表项结构等）即可运行32位程序（通过段描述符的L标志位）。值得注意的是，如果在兼容模式下触发系统异常或中断，处理器必须切换至64-bit Mode模式才能处理。

虽然IA-32e模式的线性地址位宽64位，但其线性寻址能力只有48位，其低48位用于线性地址寻址，高16位将作为符号扩展（将第47位数值扩展至第63位，即全为0或全为1），此种格式的地址被称为Canonical地址。IA-32e模式下，只有Canonical地址空间是可用地址空间，而Non-Canonical空间则属于无效地址空间，图6-28描述了64位线性地址空间的功能划分情况。

如图6-28所示，Canonical型线性地址区间`0x00000000,00000000~0x00007FFF,FFFFFFFF`和`0xFFFF8000,00000000~0xFFFFFFFF,FFFFFFFF`是程序的可用区域，而Non-Canonical型线性地址区间`0x00008000,00000000~0xFFFF7FFF,FFFFFFFF`则不可被程序使用。如果程序试图访问Non-Canonical型线性地址区间将会触发#GP或#SS等异常。由于64-bit Mode模式改用Canonical地址空间，那么其地址空间转换过程将变为图6-29所示的样子。

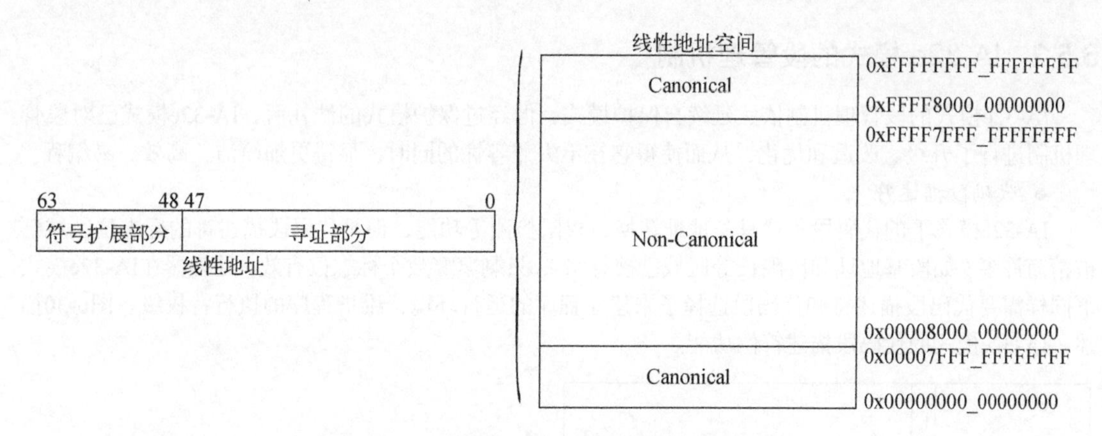

图6-28　64位线性地址空间的功能划分示意图

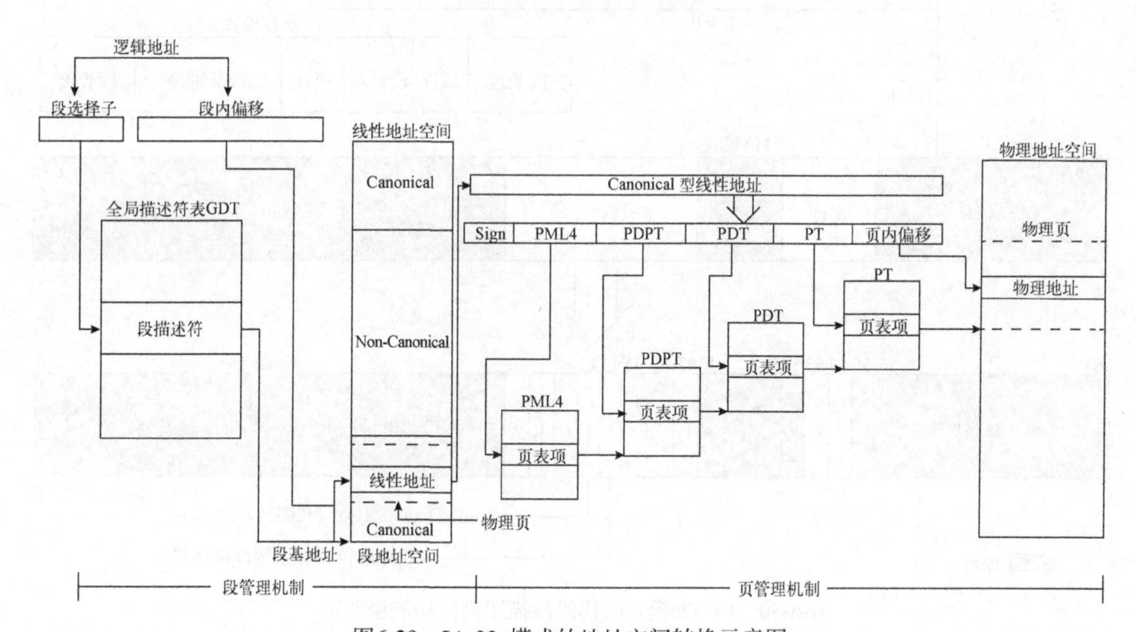

图6-29　IA-32e模式的地址空间转换示意图

图6-29中的段描述符已强制将段基地址和段限长覆盖到整个线性地址空间，使得不易于管理的段地址空间扁平化、透明化，用户不必再关心段基地址和段长度。不仅如此，段管理机制的整体结构已被大幅度简化，进而使得性能得到显著提升。当64位模式采用Canonical型的64位线性地址后，页管理机制也改成4级，但只有线性地址的低48位参与页表空间检索，高16位（符号扩展位）依然不参与页表空间检索。而且，页管理机制在支持4 KB物理页的基础上，还支持2 MB和1 GB的物理页。

经过上述介绍，相信读者会喜欢这个全新的运行模式。那么下面将结合本系统代码，讲解IA-32e运行模式。

6.5.2 IA-32e模式的段管理机制

IA-32e模式的段管理机制依然延续自保护模式，但经过保护模式的洗礼后，IA-32e模式已对段管理机制进行了升级、改造和优化，从而使得它在不失兼容性的同时，显得更加简洁、高效、易编程。

- 代码段描述符

IA-32e模式下的代码段仍然具备地址转换、权限检测等功能，但是代码段描述符的标志位区域已被精简许多（如段基地址和段限长等区域已被忽略），只剩寥寥数个标志位有效。处理器在IA-32e模式下同样需要代码段描述符和代码段选择子来建立程序的运行环境，维护程序的执行特权级。图6-30描述了IA-32e模式的代码段描述符位功能。

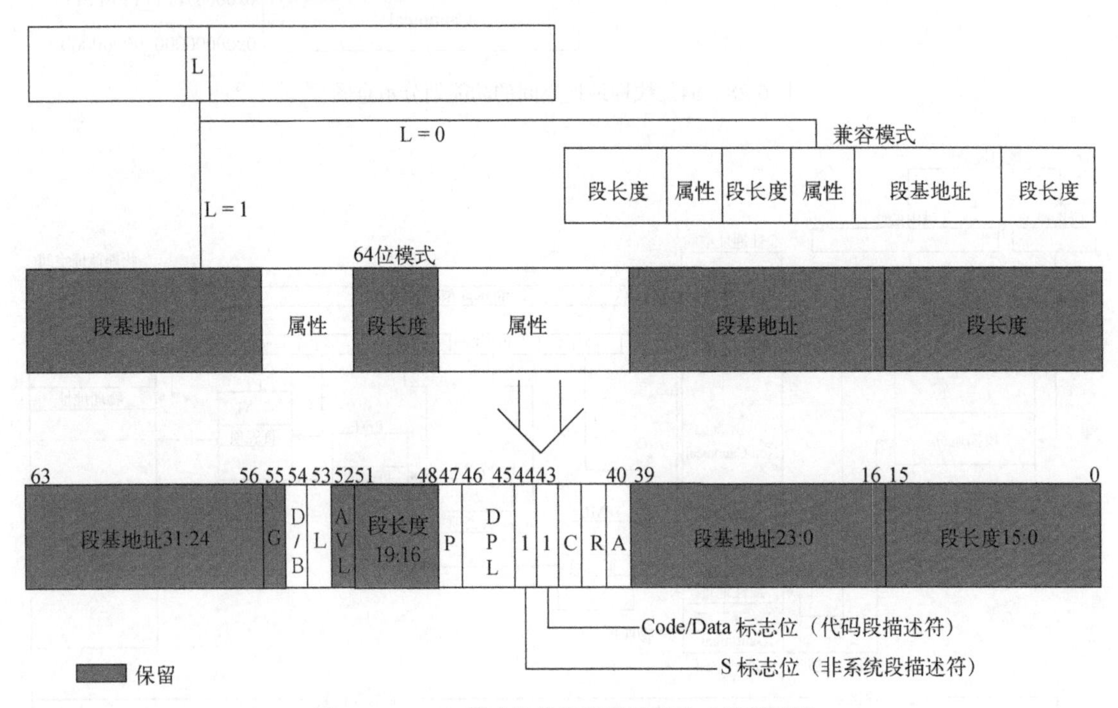

图6-30　IA-32e模式的代码段描述符位功能说明图

在图6-30描述的代码段结构中，IA-32e模式的代码段描述符启用了保护模式未曾使用的L标志位（第53位），此标志位用于标识代码段的运行模式（32位兼容模式或64位模式）。在IA-32e模式处于激活（IA32_EFER.LMA=1）状态下，复位L标志位将使处理器运行于32位兼容模式，此时的D标志位则用于标识代码段的默认地址位宽和操作数位宽，D=0时默认位宽是16位，D=1时默认位宽是32位。当IA-32e模式处于激活状态，置位L标志位并复位D标志位时，代码段的默认操作数位宽是32位，地址位宽为64位，如果D=1则触发#GP异常。

IA-32e模式的代码段描述符的各标志位功能与保护模式相同，此处就不再过多介绍了。下面将以本系统的IA-32e模式代码段描述符定义为例，来看看IA-32e模式代码段描述符将会置位哪些标志位，请参见代码清单6-4。

代码清单6-4 第6章\程序\程序6-1\kernel\head.S

```
GDT_Table:
    .quad 0x0000000000000000        /*0  NULL descriptor               00*/
    .quad 0x0020980000000000        /*1  KERNEL  Code 64-bit  Segment  08*/
    .quad 0x0000920000000000        /*2  KERNEL  Data 64-bit  Segment  10*/
    .quad 0x0000000000000000        /*3  USER    Code 32-bit  Segment  18*/
    .quad 0x0000000000000000        /*4  USER    Data 32-bit  Segment  20*/
    .quad 0x0020f80000000000        /*5  USER    Code 64-bit  Segment  28*/
    .quad 0x0000f20000000000        /*6  USER    Data 64-bit  Segment  30*/
    .quad 0x00cf9a000000ffff        /*7  KERNEL  Code 32-bit  Segment  38*/
    .quad 0x00cf92000000ffff        /*8  KERNEL  Data 32-bit  Segment  40*/
    .fill 10,8,0                    /*10 ~ 11 TSS (jmp one segment <9>) in long-mode
128-bit 50*/
GDT_END:
```

在这个IA-32e模式的GDT定义中，不仅定义了两对64位的代码段和数据段，还包含一对32位的代码段和数据段。现以表中第1项代码段描述符为例，将代码段描述符的定义值0x0020980000000000拆解成表6-22所示的区域位说明表。

表6-22 代码段描述符实例位图对照表

位图范围	保护模式位功能	IA-32e模式位功能	数值（HEX）	数值解释
0~15	段长度（15:00）	忽略	0000	忽略
16~31	段基地址（15:00）	忽略	0000	忽略
32~39	段基地址（23:16）	忽略	00	忽略
40~43	Type区域	Type区域	8	非一致性、不可读、未访问
44	S	S	1	代码段
45~46	DPL	DPL	00	0特权级
47	P	P	1	已在内存中
48~51	段长度（19:16）	忽略	0	忽略
52	AVL	AVL	0	忽略
53	L	L	1	64位工作模式
54	D/B	D/B	0	
55	G	G	0	忽略
56~63	段基地址（31:24）	忽略	00	忽略

表6-22对代码段描述符的解释一目了然，当忽略段基地址和段长度以后，段描述符的配置过程更加简洁、直观，从而无需再为切割段基地址和段长度耗费时间。而且在段基地址强制设置为0后，程序的有效地址和线性地址在数值上是相等的，不论处理器在地址空间转换时是否需要进行性能优化，但起码在编程时减少了许多地址拼接的计算量。

- 数据段描述符

数据段描述符并未在保护模式的基础上进行属性和功能扩展，处理器依然使用8 B的段描述符来描述一个数据段，其与代码段描述符相同，都忽略掉段基地址和段长度。图6-31描述了IA-32e模式的数据段描述符位功能。（Intel官方白皮书对IA-32e模式的数据段描述符的介绍非常有限，此图为个人总结而得。）

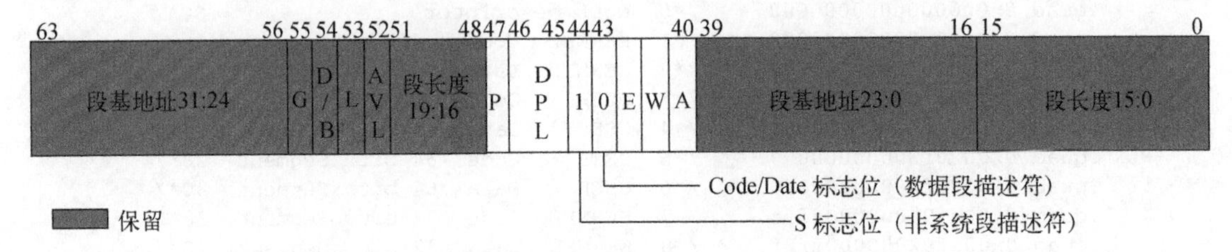

图6-31　IA-32e模式的数据段描述符位功能说明图

根据图6-31的描述可知，IA-32e模式的数据段描述符不仅忽略了段基地址和段长度，而且L标志位、D/B标志位、G标志位也均不起作用。依据图中描绘的数据段描述符位功能，可将代码清单6-4中的数据段描述符（第2项）定义值`0x0000920000000000`拆解成表6-23所示的区域位说明表。

表6-23　数据段描述符实例位图对照表

位图范围	保护模式位功能	IA-32e模式位功能	数值（HEX）	数值解释
0~15	段长度（15:00）	忽略	0000	忽略
16~31	段基地址（15:00）	忽略	0000	忽略
32~39	段基地址（23:16）	忽略	00	忽略
40~43	Type区域	Type区域	2	向上扩展、可读写、未访问
44	S	S	1	数据段
45~46	DPL	DPL	00	0特权级
47	P	P	1	已在内存中
48~51	段长度（19:16）	忽略	0	忽略
52	AVL	AVL	0	忽略
53	L	L	0	忽略
54	D/B	D/B	0	忽略
55	G	G	0	忽略
56~63	段基地址（31:24）	忽略	00	忽略

从表6-23中的数据解释可见，IA-32e模式的数据段描述符只有为数不多的几个标志位有效。对于D/B标志位的忽略问题，可能有些读者会有疑问，这是因为当段基地址和段长度覆盖整个线性地址空间后，数据段的起始地址和扩展方向就变得不再重要了，或者说通过指令和程序来控制数据的扩展方向比使用标志位更加精确，因此D/B标志位是可以忽略的。

- 系统段描述符

IA-32e模式的系统段描述符（标志位S=0）从保护模式的8 B扩展为16 B，这主要源于系统段描述符的基地址和偏移区域从32位扩展至64位。不仅如此，IA-32e模式还对系统段描述符的Type区域进行了精简。表6-24记录了IA-32e模式支持的系统段描述符类型。

表6-24 IA-32e模式的系统段描述符的类型表

Type区域				功 能
43	42	41	40	
0	0	0	0	16 B描述符的高8 B
0	0	0	1	保留
0	0	1	0	LDT段描述符
0	0	1	1	保留
0	1	0	0	保留
0	1	0	1	保留
0	1	1	0	保留
0	1	1	1	保留
1	0	0	0	保留
1	0	0	1	64位TSS段描述符（有效的）
1	0	1	0	保留
1	0	1	1	64位TSS段描述符（使用中）
1	1	0	0	64位调用门描述符
1	1	0	1	保留
1	1	1	0	64位中断门描述符
1	1	1	1	64位陷阱门描述符

从表6-24可以看出，IA-32e模式只支持64位的系统段描述符。细心的读者可能会发现，IA-32e模式的系统段描述符已不再支持任务门描述符，进而不再支持基于任务门的任务切换。既然少了任务门描述符，那么系统只需创建一个TSS来提供不同特权级的栈空间即可。其实，保护模式下的操作系统，大多不会采用任务门描述符来实现任务切换，而改用软件逻辑来实现任务切换（切换页表空间），想必这是不再支持任务门的原因之一吧。

本节依然先介绍LDT段描述符、TSS描述符以及调用门描述符这三种系统段描述符，其他系统段描述符将在下一节的中断处理机制中予以讲解。

(1) LDT段描述符

IA-32e模式的LDT段描述符共占用16 B的内存空间，其与TSS描述符的位功能完全相同，请读者根据TSS描述符的位功能自行学习。就个人观点而言，诸多系统内核不会使用LDT，原因可能是：尽管使用LDT和页表均可实现隔离进程的作用，但在进程切换方面页表的自由度更高、方便系统编程，还能减少处理器性能损耗，而LDT的优点只是对进程多一层隔离保护，这中间的取舍还请读者自己把握。

(2) TSS描述符

IA-32e模式的TSS描述符在系统中依然扮演着重要的角色，和其他系统段描述符一样，它也从原来的8 B扩展至16 B，其低8 B与保护模式的TSS描述符一致，而高8 B将保存段基地址的第32~63位，图6-32描绘了IA-32e模式的TSS描述符位功能。

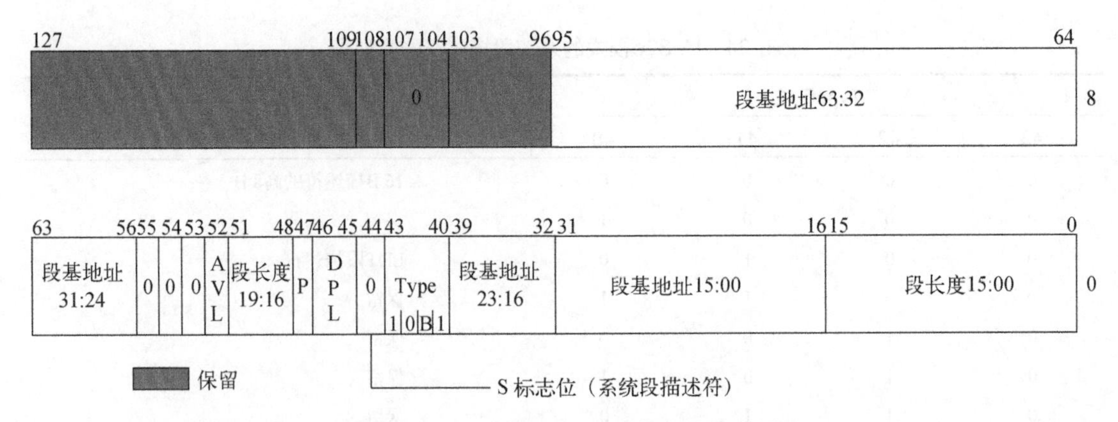

图6-32　IA-32e模式的TSS描述符位功能说明图

图6-32的TSS描述符位功能非常好理解，而且功能也并无变化，但TSS的内部结构却发生革命性的变化。既然TSS不再需要保存和还原程序（或任务）的执行现场环境，那么它只负责不同特权级间的栈切换工作。图6-33是IA-32e模式TSS的内部结构。

31～15	15～0	偏移
I/O 位图基地址	保留	100
保留		96
保留		92
IST7（高32位）		88
IST7（低32位）		84
IST6（高32位）		80
IST6（低32位）		76
IST5（高32位）		72
IST5（低32位）		68
IST4（高32位）		64
IST4（低32位）		60
IST3（高32位）		56
IST3（低32位）		52
IST2（高32位）		48
IST2（低32位）		44
IST1（高32位）		40
IST1（低32位）		36
保留		32
保留		28
RSP2（高32位）		24
RSP2（低32位）		20
RSP1（高32位）		16
RSP1（低32位）		12
RSP0（高32位）		8
RSP0（低32位）		4
保留		0

图6-33　IA-32e模式的TSS位说明图

从图6-33中可以明显感觉到，IA-32e模式的TSS已经与保护模式的TSS相差很大，相似的地方也仅有各特权级的栈指针（RSP0、RSP1、RSP2），表6-25记录着TSS各位的功能说明。

表6-25 TSS的位功能说明表

缩　写	功能描述
RSPn	Canonical型的栈指针（特权级0~2）
ISTn	Canonical型的中断栈表（共7组）
I/O位图基地址	I/O许可位图

注：RSPn (n: 0~2)，ISTn (n: 1~7)。

在IA-32e模式下，处理器允许加载一个空段选择子NULL段选择子（第0个GDT项）到除CS以外的段寄存器（3特权级的SS段寄存器不允许加载NULL段选择子）。处理器加载NULL段选择子到段寄存器的过程，并非读取GDT的第0项到段寄存器，而是以一个无效的段描述符来初始化段寄存器。在发生特权级切换时，新的SS段寄存器将强制加载一个NULL段选择子，而RSP将根据特权级被赋值为RSPn（n=0~2）。把新SS段寄存器设置为NULL段选择子是为了完成远跳转（`far CALL`，INTn，中断或异常）动作，而旧SS段寄存器和RSP将被保存到新栈中。

IST（Interrupt Stack Table，中断栈表）是IA-32e模式为任务状态段引入的新型栈指针，其功能与RSP相同，只不过IST切换中断栈指针时不会考虑特权级切换。

(3) 调用门描述符

调用门描述符同样从原有的8 B扩展至16 B，其低8 B的Param Count位区域已被忽略，而高8 B则保存着程序入口地址的第31~63位。图6-34描绘了IA-32e模式的调用门描述符各位功能。

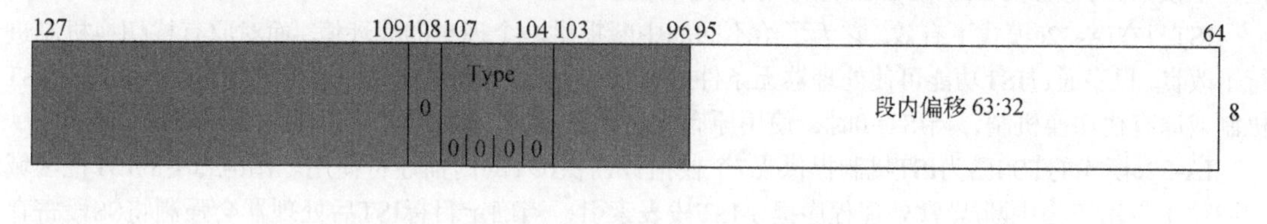

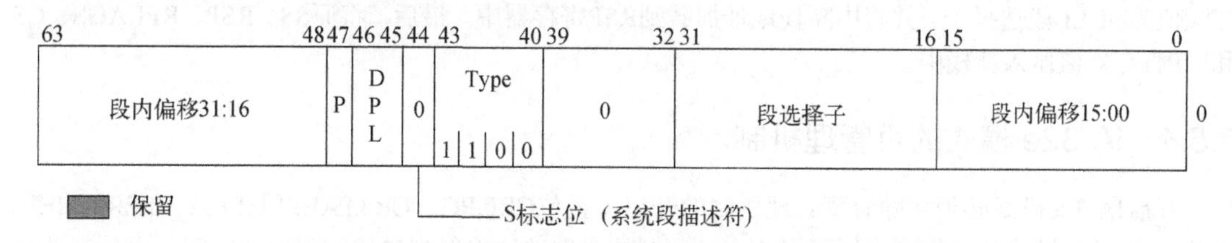

图6-34 IA-32e模式的调用门描述符位功能说明图

处理器在执行IA-32e模式的调用门时，将以8 B的数据位宽向栈中压入数据，而且IA-32e模式的调用门也不再支持参数传递功能。值得一提的是，`RETF`指令的默认操作数为32位，如果要返回到64位程序中，则必须在`RETF`指令前额外加上指令前缀0x48，否则只能返回到32位程序中。

6.5.3 IA-32e 模式的中断/异常处理机制

IA-32e模式的中断/异常处理机制和保护模式的处理机制非常相似，只不过中断发生时的栈空间（SS：RSP）保存工作已由选择性（特权级CPL变化时保存）保存，改为无条件保存。与此同时，IA-32e模式还引入一种全新的中断栈切换机制。

由于IA-32e模式的系统段描述符已不再支持任务门描述符，那么IDT仅剩下陷阱门描述符和中断门描述符可以使用。图6-35是这两个门描述符的位功能说明。

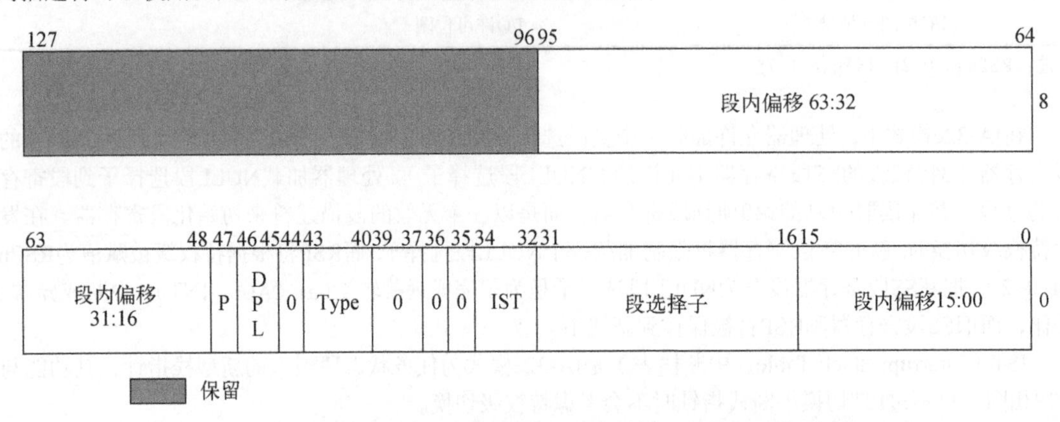

图6-35　IA-32e模式的中断门描述符与陷阱门描述符位功能说明图

从图6-35中可以发现，这两个门描述符均从8 B扩展至16 B，它的高8 B保存着Offset区域的第32~63位，不仅如此，其低8 B的第32~34位将用于IST功能。

IST只在IA-32e模式下有效，它为了给不同的中断提供一个理想的栈环境，而对原有栈切换机制进行了改良。程序通过IST功能可使处理器无条件进行栈切换。在IDT的任意一个门描述符都可以使用IST机制或原有栈切换机制，当IST=0时，使用原有栈切换机制，否则使用IST机制。

IA-32e模式的TSS已为IST机制提供了7个栈指针，供IDT的门描述符使用。图6-35中的IST位区域（共3位）就用于为中断/异常处理程序提供IST栈表索引，当确定目标IST后处理器会强制将SS段寄存器赋值为NULL段选择子，并将中断栈地址加载到RSP寄存器中。最后，将原SS、RSP、RFLAGS、CS和RIP寄存器值压入新栈中。

6.5.4 IA-32e 模式的页管理机制

开启IA-32e模式必须伴随着页管理机制的开启（置位CR0.PG、CR4.PAE以及IA32_EFER.LME标志位）。IA-32e模式的页管理机制可将Canonical型的线性地址映射到52位物理地址空间（由处理器最高物理可寻址位宽值MAXPHYADDR决定）中，使得IA-32e模式可寻址4 PB（2^{52} B）的物理地址空间，可寻址256 TB（2^{48} B）的线性地址空间。处理器通过CR3控制寄存器保存的物理地址，可将线性地址转换成一个多层级页表结构，IA-32e模式的页管理机制共支持4 KB、2 MB和1 GB（`CPUID.80000001h:EDX[26].1G-Page`位可检测是否支持1 GB物理页）三种规格的物理页容量。图6-36描绘了IA-32e模式的地址映射关系。

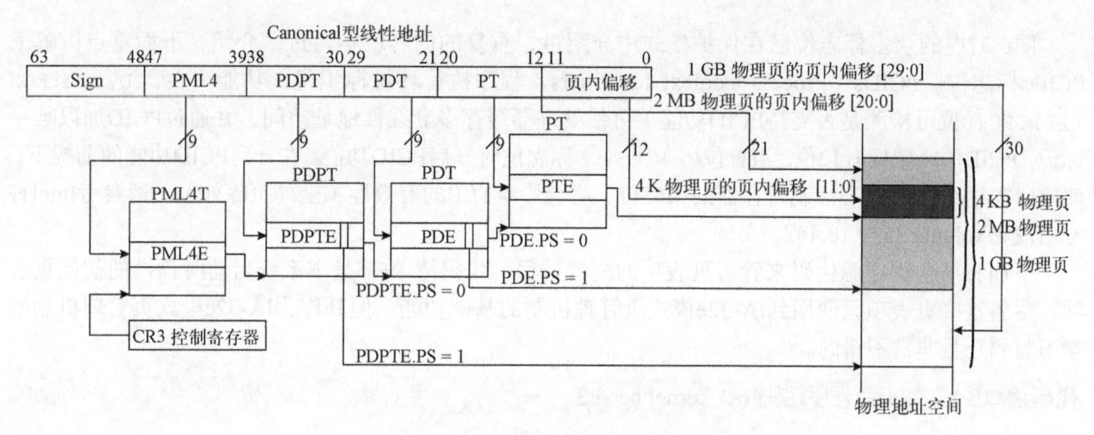

图6-36　IA-32e模式的页表地址映射图

IA-32e模式的页管理机制使用多层级页表来结构化线性地址空间，CR3控制寄存器负责定位顶层页表PML4（Page Map Level 4，4级页表）的物理基地址。根据处理器对PCIDs功能的使能情况，CR3控制寄存器将会呈现出两套不同的位功能，图6-37描述了IA-32e模式的页表项位功能。

63…52, M	M-1…12	11…0	说明
保留	PML4页表的物理基地址	PCID	CR3: PCIDE=1
保留	PML4页表的物理基地址	PCD PWT	CR3: PCIDE=0
XD	PDPT页表的物理基地址	A PCD PWT U/S R/W 1	PML4E: 页表
		0	PML4E: 不存在
XD	1 GB物理页的基地址 PAT	G 1 D A PCD PWT U/S R/W 1	PDPTE: 1GB物理页
XD	页目录的物理基地址（PDT）	0 A PCD PWT U/S R/W 1	PDPTE: 页表
		0	PDPTE: 不存在
XD	2 MB 物理页的基地址 PAT	G 1 D A PCD PWT U/S R/W 1	PDE: 2MB物理页
XD	页表的物理基地址（PT）	0 A PCD PWT U/S R/W 1	PDE: 页表
		0	PDE: 不存在
XD	4 KB 物理页的基地址	G PAT D A PCD PWT U/S R/W 1	PTE: 4KB物理页
		0	PTE: 不存在

注：M是MAXPHYADDR的缩写　无效　保留

图6-37　IA-32e模式的页表项位功能说明图

图6-37内的众多标志位已在保护模式中介绍过，重复的内容就不再过多介绍，下面重点讲解下PCIDs标志位。PCIDs（Process Context Identifiers，程序执行环境标识组）功能（`CPUID.01h:ECX[17].PCID`位可检测是否支持PCID功能）可使处理器缓存多套线性地址空间，并通过PCID加以唯一标识。PCID位区域拥有12位，当置位`CR4.PCIDE`标志位时开启PCID功能。在开启PCID功能的前提下，使用MOV指令操作CR3控制寄存器的第63位，将会影响TLB的有效性（全局页除外）。（请参考Intel官方白皮书Volume 3的4.10.4节。）

下面将结合程序源代码来看看页表项的配置过程。代码清单6-5是本系统启动时预设的初始页表项，尽管这些页表项只使用到IA-32e模式页管理机制的基础功能，但其作为IA-32e模式页管理机制的学习材料还是非常不错的。

代码清单6-5　第6章\程序\程序6-1\kernel\head.S

```
    movq    $0x101000,      %rax
    movq    %rax,           %cr3

    ......

    //=======       init page
    .align 8
    .org    0x1000
    __PML4E:
        .quad     0x102007
        .fill     255,8,0
        .quad     0x102007
        .fill     255,8,0

    .org    0x2000
    __PDPTE:
        .quad     0x103007              /* 0x103003 */
        .fill     511,8,0

    .org    0x3000
    __PDE:
        .quad     0x000087
        .quad     0x200087
        .quad     0x400087
        .quad     0x600087
        .quad     0x800087              /* 0x800083 */
        .quad     0xe0000087            /*0x a00000*/
        .quad     0xe0200087
        .quad     0xe0400087
        .quad     0xe0600087
        .quad     0xe0800087            /*0x1000000*/
        .quad     0xe0a00087
        .quad     0xe0c00087
        .quad     0xe0e00087
        .fill     499,8,0
```

这段代码首先将页表（PML4）起始地址按8 B边界对齐，然后指定页表PML4、PDPT和PD的起始地址分别在`1000h`、`2000h`以及`3000h`处，这些页表的容量均为4 KB。本系统采用规格为2 MB容量的物理页，每个页面预设为相同的属性值（用户访问模式、可读写、已存在）。在系统初始页表期间，这段代码不仅映射了物理内存空间，还映射了设备内存和寄存器空间。由于引导加载程序会将系统内核加载到1 MB物理地址处，而页表PML4的起始地址位于内核程序`1000h`偏移处，那么页表PML4的物理起始地址应该位于100000h + 1000h = 101000h处，这也是CR3控制寄存器的加载值。

6.5.5 IA-32e 模式的地址转换过程

经过前几节对IA-32e模式的整体描述，再参考保护模式的地址转换过程等知识，相信读者学习IA-32e模式的地址转换过程会比较轻松，图6-38示意出了IA-32e模式的地址转换关系。虽然IA-32e模式的地址转换关系与保护模式十分相似，但仍有诸多不同之处。这些不同之处主要体现在线性地址空间的功能划分、页管理机制的升级与扩展，以及段管理机制的精简和优化等方面。

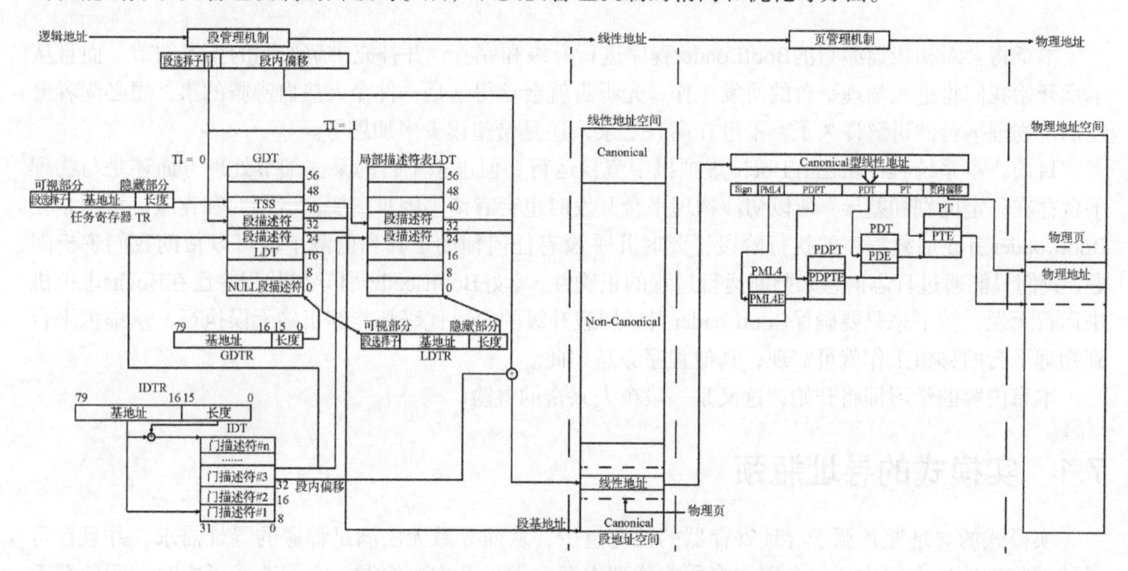

图6-38 IA-32e模式的地址转换过程示意图

根据图6-38描绘的IA-32e模式地址转换过程可知，从逻辑地址到线性地址的转换过程与保护模式基本相同，依然采用段基地址加段内偏移的方法，但IA-32e模式的段基地址和段长度已被忽略，进而使得段覆盖了整个线性地址空间（也称平坦地址空间）。由于段基地址被强制设置为0，从而导致逻辑地址与线性地址间的转换过程透明化，段内偏移在数值上与线性地址相等，并且线性地址必须是Canonical类型的，否则将触发`#GP`异常。因为Canonical型线性地址的有效寻址位宽是48位，IA-32e模式采用PML4对其进行管理是比较合理的，此举不但可使处理器支持多种规格（4 KB、2 MB和1 GB）的物理页，而且经过PML4划分后每个页表容量依然使用4 KB。

至此，本章对Intel处理器运行模式和基础功能的讲解已经结束（AMD处理器同样适用）。虽然并未面面俱到讲解处理器体系结构，但起码可以让读者有个整体认知，不至于在自学时无从着手。至于浮点/向量计算（包括x87 FPU、MMX、SSE和AVX等）、调试、性能监测以及一些虚拟技术等知识本书暂不涉及，感兴趣的读者请自行阅读Intel官方白皮书及其他相关资料。

目前，大部分操作系统正处于向IA-32e模式过度时期，保护模式将逐步退出历史舞台。相信在不久的将来，64位操作系统将成为时代的主角。

第7章

完善BootLoader功能

本章将会对初级篇编写的BootLoader程序进行升级和完善，并补充讲解遗漏的技术细节。而且从本章开始我们将进入物理平台的研发工作，光听听就会觉得这是一件令人热血沸腾的事，想必读者已经期待物理平台的讲解许久了。不过在高兴之余，还是希望读者多加思考。

目前，本系统程序虽已在Bochs虚拟机中流畅运行，但虚拟平台的某些细节处理方面还是与物理平台存在一定区别和差异，所以初涉物理平台开发时也会有诸多困难需要读者面对和克服。特别是在BootLoader引导加载程序的执行阶段，此时几乎没有任何辅助工具和监测手段可以帮助我们解析问题，我们只能通过日志信息来判断运行过程的正确性。幸好BootLoader引导加载程序已在Bochs虚拟机中运行无误，接下来只要确保BootLoader引导加载升级的每段代码都能够正确无误执行，从虚拟平台到物理平台的移植工作就可实现，其他程序亦是如此。

本章内容的学习即将开始，这又是一段令人兴奋的冒险。

7.1 实模式的寻址瓶颈

实模式的寻址瓶颈源于寻址寄存器的位宽过少，从而导致无法满足程序的寻址需求，并且在可寻址的物理地址空间内还包含着许多段非物理内存空间以及内存空洞，它们造成了内存空间的严重不足。

为了消除或避免实模式下的寻址瓶颈，必须合理分配程序的存储空间，并想办法扩大物理地址的寻址范围。因此就有了本节关于如何突破实模式寻址瓶颈的方法。可能有的读者会好奇为什么要在实模式下耗费这么多功夫和周折。虽然实模式有着很多限制，但实模式的BIOS中断服务程序却能提供丰富的功能，这些服务程序会在操作系统研发初期大大简化开发过程，避免过于复杂的硬件设备操作过程。

7.1.1 错综复杂的1 MB物理地址空间

提起错综复杂的1 MB物理地址空间，其由来依然是源于物理平台的向下兼容性。追溯到DOS操作系统盛行的时代，1 MB物理地址空间对于8088/8086处理器来说非常宽广，物理平台将物理地址空间划分成多个区域，供物理内存和BIOS程序使用，图7-1大致描绘了各个区域的功能。

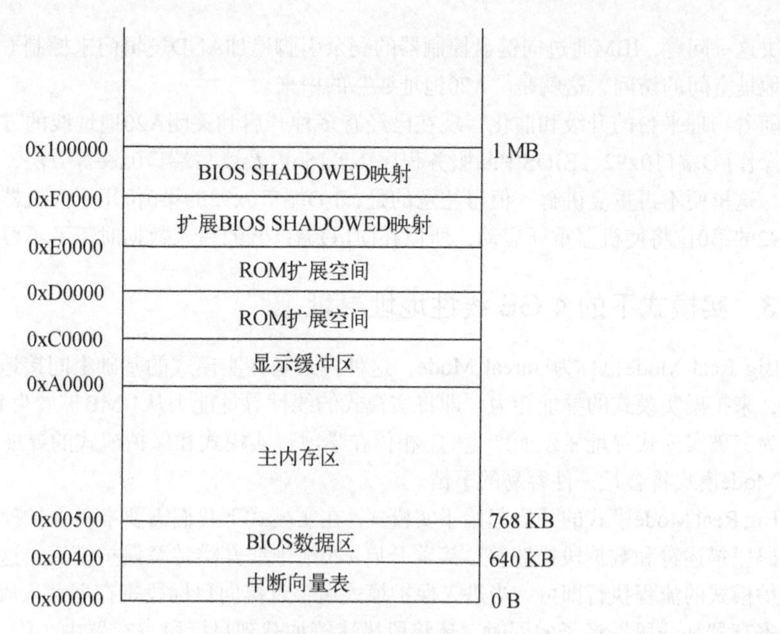

图7-1 1 MB物理地址空间区域图

从图7-1中可以看出，物理内存可使用的地址范围是0x00000~0x9FFFF，理论上这段空间的物理内存皆可使用，但实际分配的可用物理内存容量还需借助BIOS中断服务程序检测出来。通常情况下，物理地址范围0x00000~0x003FF中保存着BIOS的中断向量表；物理地址范围0x00400~0x004FF中保存的是BIOS的数据区；物理地址范围0x00500~0x9FFFF是实模式的内存操作空间，各种程序都运行在这里，当然也包括0x7C00地址处的Boot引导程序。物理地址范围0xA0000~0xD0000是显存缓冲区，其中包含字符显存缓冲区和像素位图显存缓冲区等。随后的物理地址空间映射了控制卡的ROM BIOS或其他BIOS，而物理地址范围0xE0000~0x100000则是系统ROM BIOS的SHADOWED映射区，该区域是ROM BIOS在内存中复制的一个副本。

本系统和Linux系统的引导加载阶段，都必须借助BIOS中断服务程序才能实现内核程序的加载和配置，一旦进入内核程序将无法再使用BIOS中断服务程序。因此，在BootLoader程序的引导加载阶段，应尽量合理分配物理内存以防止内存空间不足。或者使用特殊方法，将数据转存至1 MB以上的物理内存空间中，但在转存前必须增强处理器的物理地址寻址能力（可进行1 MB物理地址寻址），否则超过1 MB的物理地址只能在1 MB地址空间内回环。

7.1.2 突破 1 MB 物理内存瓶颈

原始的8088处理器只有20条地址线（地址引脚），这导致其物理地址寻址能力只有1 MB。实模式的最大逻辑地址是FFFFh：FFFFh = 10FFEFh，大于1 MB的地址0xFFEF将被回环至物理地址0处重新计算。

进入80286时代后，处理器已经拥有24条地址线，为了完全兼容8088处理器，80286处理器衍生出了bug。当程序访问100000h~10FFEFh范围内的物理地址空间时，处理器不会回环至物理地址0处。为了解决这一问题，IBM通过向键盘控制器的剩余引脚追加AND逻辑门来控制（开启或关闭）超过1 MB物理地址空间的访问，这就是“A20地址线”的由来。

随着物理平台的升级和演化，现在已经有多种开启和关闭A20地址线的方法，例如通过键盘控制器、操作I/O端口0x92、BIOS中断服务程序INT 15h以及读写端口0xee等方法，部分方法已在3.2.2节介绍过，这里便不再重复讲解。值得注意的是，I/O端口0x92的第0位用于向机器发送复位信号，置位端口0x92的第0位将使机器重新启动，所以在向I/O端口0x92写入数据时千万不要置位第0位。

7.1.3　实模式下的4 GB线性地址寻址

Big Real Mode也称为Unreal Mode，这种模式是在实模式的基础上间接地借助保护模式的段寻址方法，来扩展实模式的寻址能力，即将实模式的线性寻址能力从1 MB扩展为4 GB。Unreal Mode模式就是为突破实模式寻址瓶颈而产生的。相信在学习过实模式和保护模式的寻址方式以后，再来理解Big Real Mode模式将会是一件容易的事情。

Big Real Mode模式的开启起始于实模式，在实模式下我们需要准备保护模式运行所必须的GDT以及代码段描述符和数据段描述符，接着开启A20地址线并跳转至保护模式，这一切都按照实模式切换至保护模式的流程执行即可。当进入保护模式后，直接向目标段寄存器载入段选择子，处理器在向目标段寄存器加载段选择子的同时，还将段描述符加载到目标段寄存器中（隐藏部分），随后再切换回实模式。如果此后目标段寄存器值不再修改，那么目标段寄存器仍然缓存着段描述符信息。现在，如果使用目标段寄存器访问内存的话，处理器依然会采用保护模式的逻辑地址寻址方式，即使用目标段基地址加32位段内偏移的方式。请注意，如果在Big Real Mode模式下重新对目标段寄存器进行赋值，处理器会覆盖段寄存器缓存的段描述符信息，从而导致目标段寄存器无法再进行4 GB寻址，除非再次进入保护模式为目标段寄存器加载段选择子。

此刻，回过头再看代码清单3-17，那段连续开启和关闭保护模式的程序就不再是多此一举了。

7.2　获取物理地址空间信息

在Loader引导加载程序的执行过程中，获取物理地址空间信息是一项必不可少的工作。只要检测出物理地址的映射信息后，操作系统便可根据这些信息构筑物理内存管理单元。通过BIOS中断服务程序INT 15h的主功能号`AX=E820h`来获取物理地址空间信息是目前比较常用的方法，该中断服务程序的各寄存器参数说明如下。

INT 15h，AX=E820h 功能：获取物理地址空间信息。

- 调用传入值
  - EAX=0000E820h；
  - EDX=534D4150h（字符串“SMAP”）；
  - EBX=00000000h（此值为起始映射结构体，其他值为后续映射结构体）；
  - ECX=预设返回结果的缓存区结构体长度，以字节为单位（应该大于等于20 B）；
  - ES：DI=>保存返回结果的缓存区地址。

- 调用返回值
  - 如果CF=0，则说明操作执行成功。
    - EAX=534D4150h（字符串“SMAP”）；
    - ES：DI=>保存返回结果的缓存区地址；
    - EBX=00000000h（此值表明检测结束，其他值为后续映射信息结构体序号）；
    - ECX=保存实际操作的缓存区结构体长度，以字节为单位。
  - 如果CF=1，则说明操作执行失败。
    - AH=错误码（80h：无效命令；86h：不支持此功能）。

这个BIOS中断服务程序需要执行多次，每次执行成功后，服务会返回一个非零值以表示后续映射信息结构体序号。该服务可返回物理内存地址段、设备映射到主板的内存地址段（包括ISA/PCI设备内存地址段和所有BIOS的保留区域段）以及地址空洞。

物理地址空间信息结构是一个占20 B的结构体，其中包含物理起始地址、空间长度和内存类型，表7-1是物理地址空间信息结构的各成员功能说明。

表7-1 物理地址空间信息结构的各成员功能说明表

偏移值	字节数	描述
00h	8 B	起始地址
08h	8 B	长度（以字节为单位）
10h	4 B	内存类型

物理地址空间的内存类型分为若干种，读者根据它们的内存类型可有效区分其应用场景。比较典型的内存类型是有效物理内存（类型值01h），其标识着当前地址空间为可用物理内存。如果硬件平台的内存容量过大，则BIOS中断服务程序可能会检测出多个可用物理内存段。更多内存类型定义请参见表7-2。

表7-2 内存类型介绍表

类型值	描述
01h	可用物理内存
02h	保留或无效值（包括ROM、设备内存）
03h	ACPI的回收内存
04h	ACPINVS内存
其他值	未定义，保留使用

根据本节学习的知识，再来看看图7-2所示的物理地址空间信息（源自此前的内核程序）。

从图7-2中可以看出，1 MB以内的物理地址空间共包含三个地址段，而且这些地址段间还有地址空洞存在，由此可见0~1 MB物理地址空间的复杂性。对于现代物理平台而言，它已普遍拥有上GB的物理内存，那么读者在编写内存管理单元时，可忽略1 MB以内的物理内存。此举可在精简初始化程序的同时保证内存不会遭到浪费，本书操作系统的内存管理单元就是这样实现的。

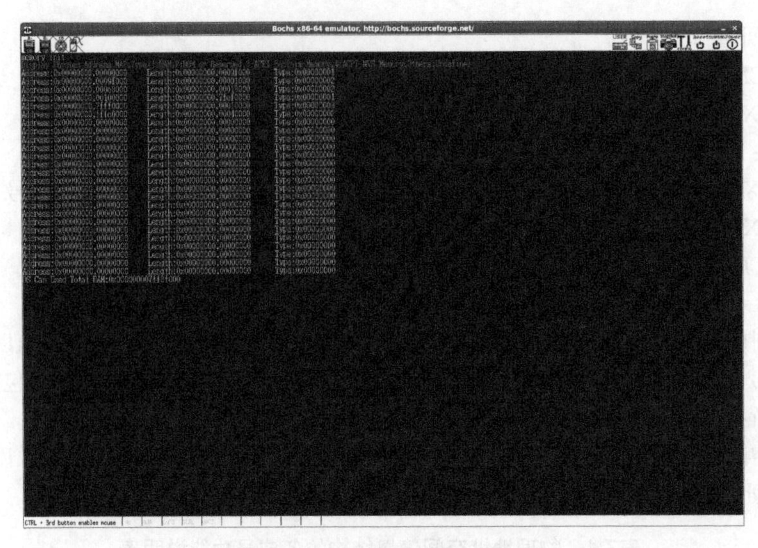

图7-2　物理内存映射信息

7.3　操作系统引导加载阶段的内存空间划分

在BootLoader引导加载程序的各个执行阶段，BootLoader引导加载程序都会通过BIOS中断服务程序获取硬件数据，并将其保存在独立的内存空间中。这些硬件数据可能是参加计算的临时数据，可能是供内核程序使用的模块初始化数据。下面就让我们来缕清本系统BootLoader引导加载程序各个执行阶段的内存地址空间划分情况。

- Boot引导程序执行阶段的内存地址空间划分情况

Boot引导程序的主要作用是从存储介质中加载Loader程序到内存，所以内存空间主要用于存储Loader程序。如果加载过程涉及文件系统的访问，那么Boot引导程序很可能需要为文件系统划分临时缓存区。图7-3是本书操作系统在执行Boot引导程序阶段使用的内存地址空间。

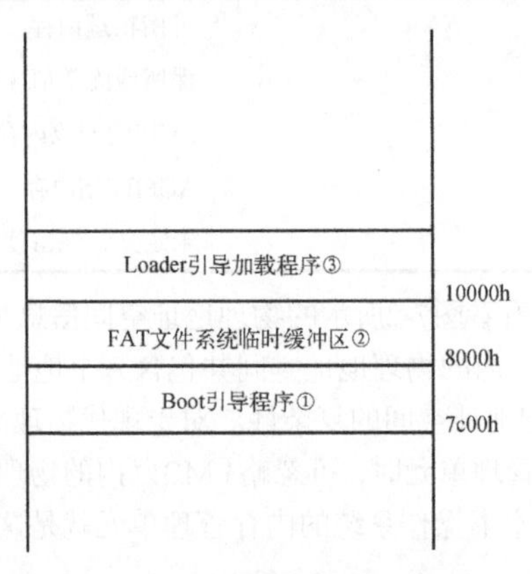

图7-3　Boot引导程序的内存地址空间划分示意图

图7-3通过序号标注了Boot引导程序各执行步骤使用的内存空间。下面按照Boot引导程序的执行流程对各内存空间的使用原因做逐一解释。

(1) 从地址0x7c00开始的512 B内存空间保存着MBR主引导扇区内的数据，即Boot引导程序。这段程序是在硬件平台上电时，由BIOS自动从存储介质中加载到物理地址0x7c00处的。这段内存空间固定留给Boot引导程序使用，当Boot程序执行结束后，此内存空间可另作他用。

(2) 由于本系统的Loader引导加载程序保存在FAT12文件系统内，那么在Boot引导程序访问FAT12文件系统时就需要临时数据缓存区来保存FAT表项和目录项等数据，这里选用物理地址0x8000起始处的1KB内存空间来作为文件系统的临时数据缓存区。

(3) 物理地址0x10000处保存着Loader引导加载程序，Boot引导程序通过搜索FAT12文件系统，将Loader引导加载程序逐个簇读取到这段内存地址空间中。

- Loader引导加载程序执行阶段的内存地址空间划分情况

由于Boot引导程序受限于MBR主引导扇区的容量（只有512 B）导致无法实现太多功能，所以绝大部分硬件数据采集工作都是由Loader引导加载程序完成的。由此可知，Loader引导加载程序将会开辟许多块内存地址空间来进行数据存储或临时缓存，图7-4描绘了本书操作系统在执行Loader引导加载程序阶段使用的内存地址空间。

图7-4　Loader引导加载程序的内存地址空间划分示意图

图7-4同样使用序号标注了Loader引导加载程序各执行步骤使用的内存空间。下面按照Loader引导加载程序的执行流程对各内存空间的使用原因做逐一解释。

(1) 此时，物理地址0x7c00处依然保存着Boot引导程序，不过处理器的执行权已交给Loader引导加载程序，Boot引导程序占用的内存空间便可释放。现在物理地址0x7c00已作为栈基地址使用。

(2) Loader引导加载程序执行的第一项工作是从FAT12文件系统中搜索内核文件kernel.bin，整个搜索过程依然使用物理地址0x8000处的1 KB内存空间来缓存文件系统的临时数据（FAT表项和目录项）。

(3) 在搜索到内核文件kernel.bin后，Loader引导加载程序并未直接使用BIOS中断服务程序将内核文件读取到物理地址1 MB处，而是暂将1个簇的数据缓存到物理地址0x7e00处。

(4) Loader引导加载程序先从软盘中读取1个簇的内核文件kernel.bin数据到物理地址0x7e00处后，再把物理地址0x7e00处缓存的数据逐字节复制到物理地址1 MB处。步骤(3)和步骤(4)循环执行，直至内核文件kernel.bin加载结束。

(5) 当内核文件kernel.bin加载至1 MB处的内存空间后，物理地址0x7e00处的内核文件临时缓存区方可另作他用，稍后它将作为物理地址空间信息的存储空间使用。

(6) Loader引导加载程序将通过BIOS中断服务程序获取VBE信息，这些信息会保存在物理地址0x8000处。

(7) 当取得VBE信息后，Loader引导加载程序还要根据VBE提供的信息再取得显示模式信息（通过BIOS中断服务程序来获取），有了显示模式信息便可配置出适合自己的显示模式。（关于VBE信息和显示模式信息请参见7.6节内容。）

(8) 步骤(5)、步骤(6)和步骤(7)均是通过BIOS中断服务程序获取的硬件设备信息，随着硬件设备信息获取结束，处理器将进入保护模式。保护模式将使用物理地址0x90000处的几个物理页（4 KB）作为保护模式的临时页表。（保护模式的页表数据集成于Loader引导加载程序内，当Loader引导加载程序被读取至内存后，这就意味着页表项数据已经准备就绪。）

通过本节的学习，相信读者已经了解BootLoader引导加载程序在各执行阶段对内存地址空间的使用情况（包括内存地址空间的划分和内存地址空间的生命周期）。如果读者对DIY感兴趣，可在此内存地址空间划分的基础上另作分配或修改。

7.4　U盘启动

本节将会帮助读者逐步摆脱虚拟平台的束缚，并使用U盘和物理平台取而代之。本书选用Lenovo ThinkPad X220 Tablet笔记本作为物理平台，对于U盘的存储空间并无过多要求，8 MB容量的U盘足矣。

在选定物理设备后，首先必须解决的几个问题是：选择何种U盘启动模式、如何编写程序使得物理平台可以执行U盘里的Boot引导程序，以及如何通过BIOS中断服务程序来对U盘进行读写操作。以上这些疑问将会在本节的学习过程中逐渐得到答案。本节课程即将开始，你的物理平台和U盘准备好了吗？

7.4.1　USB-FDD、USB-ZIP和USB-HDD启动模式的简介

介绍启动模式（USB-FDD、USB-ZIP和USB-HDD）是源于配置BIOS启动界面时产生的困惑，图7-5是物理平台的BIOS启动项排序菜单。

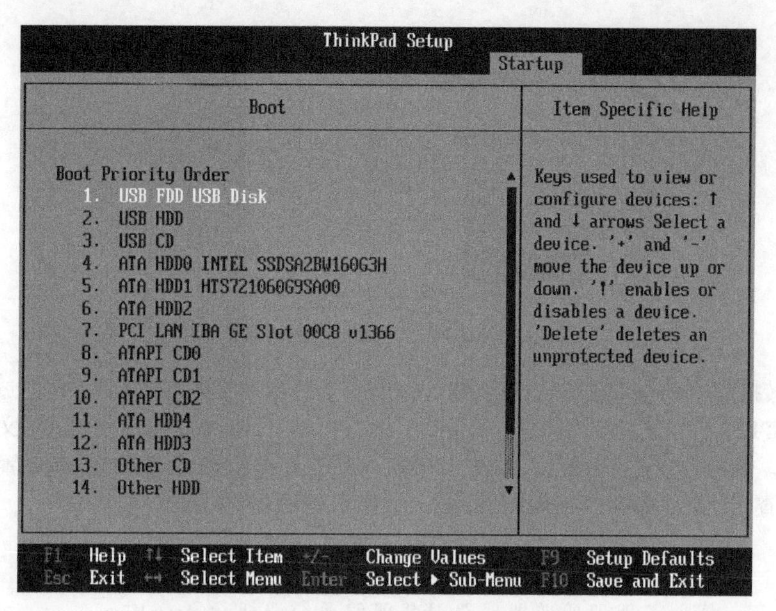

图7-5 物理平台的BIOS启动项排序菜单

在这个启动项菜单中，Boot启动顺序的前两项是USB-FDD启动模式与USB-HDD启动模式。根据以往安装操作系统的经验，只要将这两项上移至Boot启动顺序的最前沿即可使BIOS自动引导U盘里的安装程序。但在操作系统的研发过程中，必须明确上述启动模式的区别和特性才能使BootLoader引导加载程序正常执行。经过一番调查后我们得出以下结论。

- USB-FDD是模拟软盘启动模式，它可使BIOS系统将U盘模拟成软盘进行引导。
- USB-ZIP是模拟大容量软盘启动模式，在某些老式电脑上它是唯一可选的U盘启动模式，该模式对大部分新式电脑的兼容性不好。
- USB-HDD是模拟硬盘启动模式，它可使BIOS系统将U盘模拟成硬盘进行引导。

从结论中可以看出USB-ZIP只是一种过渡启动模式，因此接下来将针对具有代表性意义的USB-FDD启动模式和USB-HDD启动模式进行分析。为了更加深刻理解这两种启动模式，此处将会采用实例剖析的方法对启动模式进行讲解。

- USB-FDD模拟软盘启动模式

首先，使用磁盘管理软件DiskGenius清空U盘扇区里的所有数据，然后再格式化U盘。这里请读者一定要注意，不要只格式化U盘，而忽视或忘记清空U盘扇区里的所有数据。如果只格式化U盘的话，虽然U盘里的文件系统是空的，但U盘的扇区里仍然残留着格式化以前的数据（脏数据），相信知晓文件系统原理的读者应该会理解其中的缘由，这也是误删除后的文件依然能够被找回来的原因。

清空U盘扇区内的数据后，将U盘的启动模式选择为USB-FDD虚拟软盘启动模式，随后软件会弹出图7-6所示的对话框。**注意**，一定要把指派驱动器号、扫描坏扇区、建立DOS系统等选项勾选掉，只有这样才能保证U盘里是一个干净的文件系统。

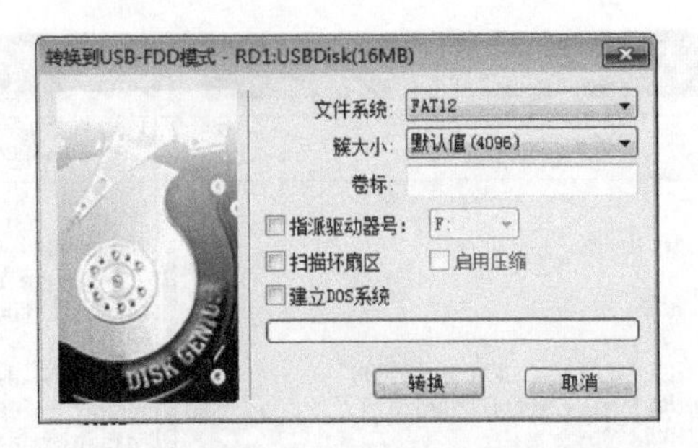

图7-6　USB-FDD启动模式配置对话框

在将U盘转换为USB-FDD虚拟软盘启动模式的同时，还包含着格式化文件系统的过程。从解析的角度来看，FAT12文件系统的结构简单、易分析，而且它作为目前本书唯一使用过的文件系统，当然是不二的选择。确定目标文件系统后，点击“转换”按钮便可完成U盘启动模式的设置和文件系统的格式化。然后查看U盘引导扇区MBR中的数据，详细扇区数据请参见图7-7。

```
Offset    0  1  2  3  4  5  6  7  8  9  A  B  C  D  E  F  0123456789ABCDEF
00000000 EB 3C 90 4D 53 44 4F 53 35 2E 30 00 02 08 01 00 ë<.MSDOS5.0.....
00000010 02 E0 00 82 7D F0 0C 00 3F 00 FF 00 00 00 00 00 .à..}ð..?.ÿ.....
00000020 00 00 00 00 00 00 29 23 48 00 00 20 20 20 20 20 ......)#H..
00000030 20 20 20 20 20 20 46 41 54 31 32 20 20 20 33 C9       FAT12   3É
00000040 8E D1 BC F0 7B 8E D9 B8 00 20 8E C0 FC BD 00 7C .Ñ¼ð{.Ù¸. .Àü½.|
00000050 38 4E 24 7D 24 8B C1 99 E8 3C 01 72 1C 83 EB 3A 8N$}$.Á.è<.r..ë:
00000060 66 A1 1C 7C 26 66 3B 07 26 8A 57 FC 75 06 80 CA f¡.|&f;.&.Wüu..Ê
00000070 02 88 56 02 80 C3 10 73 EB 33 C9 8A 46 10 98 F7 ..V..Ã.së3É.F..÷
00000080 66 16 03 46 1C 13 56 1E 03 46 0E 13 D1 8B 76 11 f..F..V..F..Ñ.v.
00000090 60 89 46 FC 89 56 FE B8 20 00 F7 E6 8B 5E 0B 03 `.Fü.Vþ¸ .÷æ.^..
000000A0 C3 48 F7 F3 01 46 FC 11 4E FE 61 BF 00 00 E8 E6 ÃH÷ó.Fü.Nþa¿..èæ
000000B0 00 72 39 26 38 2D 74 17 60 B1 0B BE A1 7D F3 A6 .r9&8-t.`±.¾¡}ó¦
000000C0 61 74 32 4E 74 09 83 C7 20 3B FB 72 E6 EB DC A0 at2Nt..Ç ;ûræëÜ 
000000D0 FB 7D B4 7D 8B F0 AC 98 40 74 0C 48 74 13 B4 0E û}´}.ð¬.@t.Ht.´.
000000E0 BB 07 00 CD 10 EB EF A0 FD 7D EB E6 A0 FC 7D EB »..Í.ëï ý}ëæ ü}ë
000000F0 E1 CD 16 CD 19 26 8B 55 1A 52 B0 01 BB 00 00 E8 áÍ.Í.&.U.R°.»..è
00000100 3B 00 72 E8 5B 8A 56 24 BE 0B 7C 8B FC C7 46 F0 ;.rè[.V$¾.|.üÇFð
00000110 3D 7D C7 46 F4 29 7D 8C D9 89 4E F2 89 4E F6 C6 =}ÇFô)}.Ù.Nò.NöÆ
00000120 06 96 7D CB EA 03 00 00 20 0F B6 C8 66 8B 46 F8 ..}Ëê... .¶Èf.Fø
00000130 66 03 46 1C 66 8B D0 66 C1 EA 10 EB 5E 0F B6 C8 f.F.f.ÐfÁê.ë^.¶È
00000140 4A 4A 8A 46 0D 32 E4 F7 E2 03 46 FC 13 56 FE EB JJ.F.2ä÷â.Fü.Vþë
00000150 4A 52 50 06 53 6A 01 6A 10 91 8B 46 18 96 92 33 JRP.Sj.j...F...3
00000160 D2 F7 F6 91 F7 F6 42 87 CA F7 76 1A 8A F2 8A E8 Ò÷ö.÷öB.Ê÷v..ò.è
00000170 C0 CC 02 0A CC B8 01 02 80 7E 02 0E 75 04 B4 42 ÀÌ..Ì¸...~..u.´B
00000180 8B F4 8A 56 24 CD 13 61 61 72 0B 40 75 01 42 03 .ô.V$Í.aar.@u.B.
00000190 5E 0B 49 75 06 F8 C3 41 BB 00 00 60 66 6A 00 EB ^.Iu.øÃA»..`fj.ë
000001A0 B0 4E 54 4C 44 52 20 20 20 20 20 20 0D 0A 52 65 °NTLDR      ..Re
000001B0 6D 6F 76 65 20 64 69 73 6B 73 20 6F 72 20 6F 74 move disks or ot
000001C0 68 65 72 20 6D 65 64 69 61 2E FF 0D 0A 44 69 73 her media.ÿ..Dis
000001D0 6B 20 65 72 72 6F 72 FF 0D 0A 50 72 65 73 73 20 k errorÿ..Press 
000001E0 61 6E 79 20 6B 65 79 20 74 6F 20 72 65 73 74 61 any key to resta
000001F0 72 74 0D 0A 00 00 00 00 00 00 00 AC CB D8 55 AA rt.........¬ËØUª
```

图7-7　USB-FDD启动模式的U盘引导扇区数据图

观察图7-7记录的扇区数据，在扇区偏移地址0x36处标明着字符串“FAT12”，对照第3章的FAT12文件系统引导扇区结构表（表3-1）可知，这里恰好是文件系统类型字段（`BS_FileSysType`）所处位置，而其数值也完全符合FAT12文件系统的要求。同理，扇区偏移地址0x03处标明的字符串“MSDOS5.0”与生产厂商名字段（`BS_OEMName`）相对应。由此可见，这是一个FAT12文件系统的引导扇区，它由主引导记录和0xAA55结束标志符两部分构成。

不论是软盘还是硬盘，它们都是由扇区、磁头、磁道三部分组成的。U盘是没有这些概念的，可在DiskGenius软件里却有相关信息的显示，详细信息请参见图7-8。

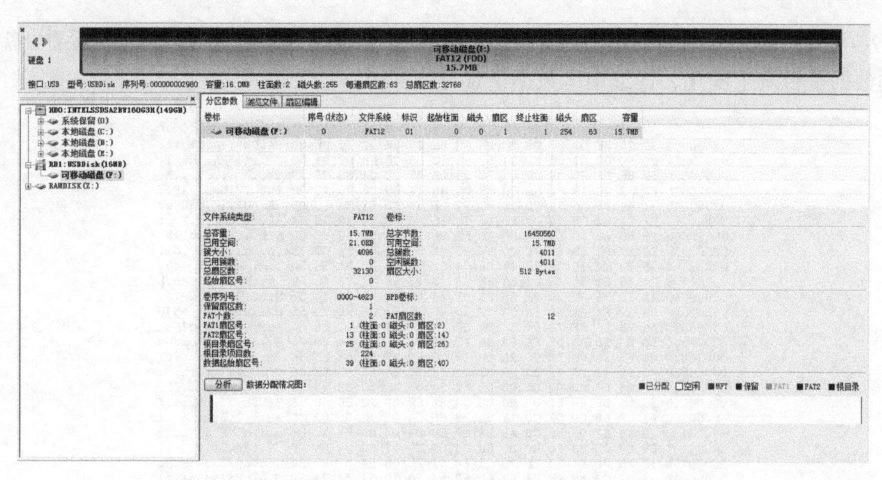

图7-8　USB-FDD启动模式的FAT12文件系统参数信息

从图7-8中可以清晰看到，U盘的容量为16 MB，共含有2个柱面、255个磁头、每磁道63个扇区，共计32768个扇区。请读者千万要注意，此处的数据极有可能是DiskGenius软件自己模拟出来的，笔者在引导程序中使用BIOS中断服务程序INT 13h的主功能号AH=02h，以CHS（Cylinders-Heads-Sectors，磁柱–磁头–扇区）扇区寻址模式读取U盘扇区中的数据，返回的结果是无效的或者读取出来的数据与目标扇区中的数据不符。看来BIOS中断服务程序INT 13h的主功能号AH=02h不适合读取非CHS扇区寻址模式的扇区。

因此，只要使用正确的U盘访问方法，便可像读取软盘一样操作U盘。对于U盘的访问方法，稍后将会为读者介绍，请稍安勿躁。

- USB-HDD模拟硬盘启动模式

首先，同样使用磁盘管理软件DiskGenius清空U盘扇区里的所有数据，再选择U盘的启动模式。这里将启动模式选择为USB-HDD虚拟硬盘启动模式，并格式化文件系统。当U盘转换为USB-HDD启动模式后，软件会弹出如图7-9所示的引导分区创建配置对话框。

图7-9　USB-HDD启动模式的引导分区创建配置对话框

从图7-9可知，U盘依然被格式化成FAT12文件系统。当U盘格式化完毕后，先来看看U盘引导扇区MBR内的数据是否发生变化，详细扇区数据请参见图7-10。

```
Offset    0  1  2  3  4  5  6  7  8  9  A  B  C  D  E  F  0123456789ABCDEF
00000000 33 C0 8E D0 BC 00 7C 8E C0 8E D8 BE 00 7C BF 00 3À.Ð¼.|.À.Ø¾.|¿.
00000010 06 B9 00 02 FC F3 A4 50 68 1C 06 CB FB B9 04 00 .¹..üó¤Ph..Ëû¹..
00000020 BD BE 07 80 7E 00 00 7C 0B 0F 85 0E 01 83 C5 10 ½¾..~..|......Å.
00000030 E2 F1 CD 18 88 56 00 55 C6 46 11 05 C6 46 10 00 âñÍ..V.UÆF..ÆF..
00000040 B4 41 BB AA 55 CD 13 5D 72 0F 81 FB 55 AA 75 09 ´A»ªUÍ.]r..ûUªu.
00000050 F7 C1 01 00 74 03 FE 46 10 66 60 80 7E 10 00 74 ÷Á..t.þF.f`.~..t
00000060 26 66 68 00 00 00 00 66 FF 76 08 68 00 00 68 00 &fh....fÿv.h..h.
00000070 7C 68 01 00 68 10 00 B4 42 8A 56 00 8B F4 CD 13 |h..h..´B.V..ôÍ.
00000080 9F 83 C4 10 9E EB 14 B8 01 02 BB 00 7C 8A 56 00 ..Ä..ë.¸..».|.V.
00000090 8A 76 01 8A 4E 02 8A 6E 03 CD 13 66 61 73 1C FE .v..N..n.Í.fas.þ
000000A0 4E 11 75 0C 80 7E 00 80 0F 84 8A 00 B2 80 EB 84 N.u..~......².ë.
000000B0 55 32 E4 8A 56 00 CD 13 5D EB 9E 81 3E FE 7D 55 U2ä.V.Í.]ë..>þ}U
000000C0 AA 75 6E FF 76 00 E8 8D 00 75 17 FA B0 D1 E6 64 ªunÿv.è..u.ú°Ñæd
000000D0 E8 83 00 B0 DF E6 60 E8 7C 00 B0 FF E6 64 E8 75 è..°ßæ`è|.°ÿædèu
000000E0 00 FB B8 00 BB CD 1A 66 23 C0 75 3B 66 81 FB 54 .û¸.»Í.f#Àu;f.ûT
000000F0 43 50 41 75 32 81 F9 02 01 72 2C 66 68 07 BB 00 CPAu2.ù..r,fh.».
00000100 00 66 68 00 02 00 00 66 68 08 00 00 00 66 53 66 .fh....fh....fSf
00000110 53 66 55 66 68 00 00 00 00 66 68 00 7C 00 00 66 SfUfh....fh.|..f
00000120 61 68 00 00 07 CD 1A 5A 32 F6 EA 00 7C 00 00 CD ah...Í.Z2öê.|..Í
00000130 18 A0 B7 07 EB 08 A0 B6 07 EB 03 A0 B5 07 32 E4 . ·.ë. ¶.ë. µ.2ä
00000140 05 00 07 8B F0 AC 3C 00 74 09 BB 07 00 B4 0E CD ....ð¬<.t.»..´.Í
00000150 10 EB F2 F4 EB FD 2B C9 E4 64 EB 00 24 02 E0 F8 .ëòôëý+Éädë.$.àø
00000160 24 02 C3 49 6E 76 61 6C 69 64 20 70 61 72 74 69 $.ÃInvalid parti
00000170 74 69 6F 6E 20 74 61 62 6C 65 00 45 72 72 6F 72 tion table.Error
00000180 20 6C 6F 61 64 69 6E 67 20 6F 70 65 72 61 74 69  loading operati
00000190 6E 67 20 73 79 73 74 65 6D 00 4D 69 73 73 69 6E ng system.Missin
000001A0 67 20 6F 70 65 72 61 74 69 6E 67 20 73 79 73 74 g operating syst
000001B0 65 6D 00 00 00 63 7B 9A 7B 56 14 6B 00 00 80 01 em...c{.{V.k....
000001C0 01 00 01 FE 3F 01 3F 00 00 00 43 7D 00 00 00 00 ...þ?.?...C}....
000001D0 00 00 00 00 00 00 00 00 00 00 00 00 00 00 00 00 ................
000001E0 00 00 00 00 00 00 00 00 00 00 00 00 00 00 00 00 ................
000001F0 00 00 00 00 00 00 00 00 00 00 00 00 00 00 55 AA ..............Uª
```

图7-10　USB-HDD启动模式的引导扇区数据图

经过对图7-10中数据的分析，U盘引导扇区MBR已找不到FAT12文件系统的任何踪迹，那FAT12文件系统究竟放在U盘的什么位置呢？掌握引导扇区结构的读者肯定会明白，其实硬盘引导扇区与软盘引导扇区是有区别的。如前所述，软盘引导扇区包括引导代码和结束符0xAA55两部分，它们加在一起是512 B。而硬盘引导扇区则由引导代码、硬盘分区表、结束符0xAA55三部分组成，因此硬盘引导扇区被分成引导代码（0x000~0x1BD）、硬盘分区表（0x1BE~0x1FD）以及结束符0xAA55三段，其中的硬盘分区表共包含4项，每项占16 B的磁盘空间。

由于刚才只创建了一个主硬盘分区，故此图7-10中的硬盘分区表只含有一个表项，其表项值为80h、01h、01h、00h、01h、FEh、3Fh、01h、3Fh、00h、00h、00h、43h、7Dh、00h和00h，其他三个硬盘分区表项值均为00h。那么这16 B代表的含义是什么呢？请看表7-3对它们的解释。

表7-3　硬盘分区表项结构

偏移	长度	表项值	功能描述
0	1 B	80h	引导标识符，标记此分区为活动分区
1	1 B	01h	起始磁头号
2	2 B	0001h	起始扇区号和柱面号（扇区占低6位，柱面占高10位）
4	1 B	01h	分区类型ID值
5	1 B	FEh	结束磁头号
6	2 B	013Fh	结束扇区号和柱面号（扇区占低6位，柱面占高10位）
8	4 B	0000,003Fh	起始逻辑扇区（LBA）
12	4 B	0000,7D43h	分区占用的磁盘扇区数

表7-3描述了硬盘分区表项的结构，其中包括分区类型、分区起始扇区、分区结束扇区、总扇区数等信息。这些信息亦可通过磁盘管理软件DiskGenius取得，详细硬盘分区信息如图7-11所示。

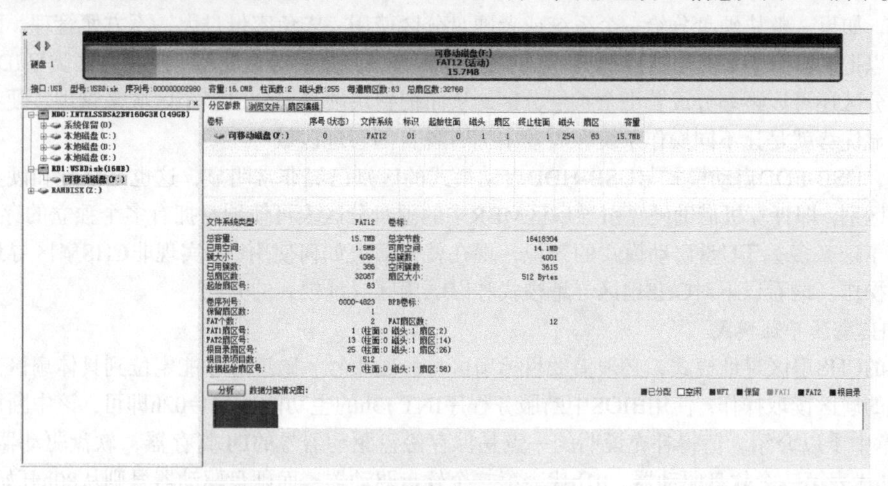

图7-11 U盘的硬盘分区信息

将图7-11中的硬盘（U盘）分区数据与表7-3进行对照，表中的起始逻辑扇区值0000,003Fh（十进制数为63）、分区占用的磁盘扇区数0000,7D43h（十进制数值为32067），与图中的起始扇区号63、总扇区数32067是一致的。而分区类型ID则是固定值，01h代表FAT12文件系统，0Fh代表扩展分区，Linux文件系统的分区类型ID值为83h等，更多分区类型ID值这里就不再过多介绍了。

由于目前没有在引导扇区MBR中发现FAT12文件系统的引导扇区数据，那么，只能再去刚才创建的主分区中寻找FAT12文件系统引导扇区的身影。根据表7-3记录的硬盘分区表项信息，可确定主分区的起始扇区号是63（十六进制值为3Fh）。图7-12所示便是从此扇区中读取出的数据。

```
Offset    0  1  2  3  4  5  6  7  8  9  A  B  C  D  E  F 0123456789ABCDEF
00007E00 EB 3C 90 4C 49 4E 55 58 34 2E 31 00 02 08 01 00 ë<.LINUX4.1.....
00007E10 02 00 02 43 7D F8 0C 00 3F 00 FF 00 3F 00 00 00 ...C}ø..?.ÿ.?...
00007E20 00 00 00 00 80 00 29 23 48 00 00 20 20 20 20 20 ......)#H..
00007E30 20 20 20 20 20 20 46 41 54 31 32 20 20 20 FA FC       FAT12   úü
00007E40 31 C0 8E D8 BD 00 7C B8 E0 1F 8E C0 89 EE 89 EF 1À.Ø½.|¸à..À.î.ï
00007E50 B9 00 01 F3 A5 EA 5E 7C E0 1F 00 00 60 00 8E D8 ¹..ó¥ê^|à...`..Ø
00007E60 8E D0 8D 66 A0 FB 80 7E 24 FF 75 03 88 56 24 C7 .Ð.f û.~$ÿu..V$Ç
00007E70 46 C0 10 00 C7 46 C2 01 00 E8 E9 00 46 72 65 65 FÀ..ÇFÂ..èé.Free
00007E80 44 4F 53 00 8B 76 1C 8B 7E 1E 03 76 0E 83 D7 00 DOS..v..~..v..×.
00007E90 89 76 D2 89 7E D4 8A 46 10 98 F7 66 16 01 C6 11 .vÒ.~Ô.F..÷f..Æ.
00007EA0 D7 89 76 D6 89 7E D8 8B 5E 0B B1 05 D3 EB 8B 46 ×.vÖ.~Ø.^.±.Óë.F
00007EB0 11 31 D2 F7 F3 89 46 D0 01 C6 83 D7 00 89 76 DA .1Ò÷ó.FÐ.Æ.×..vÚ
00007EC0 89 7E DC 8B 46 D6 8B 56 D8 8B 7E D0 C4 5E 5A E8 .~Ü.FÖ.VØ.~ÐÄ^Zè
00007ED0 9B 00 72 2F C4 7E 5A B9 0B 00 BE F1 7D 57 F3 A6 ..r/Ä~Z¹..¾ñ}Wó¦
00007EE0 5F 26 8B 45 1A 74 0B 83 C7 20 26 80 3D 00 75 E7 _&.E.t..Ç &.=.uç
00007EF0 72 59 50 C4 5E 5A 8B 7E 16 8B 46 D2 8B 56 D4 E8 rYPÄ^Z.~..FÒ.VÔè
00007F00 6B 00 58 72 46 1E 07 8E 5E 5C BF 00 20 AB 89 C6 k.XrF...^\¿. «.Æ
00007F10 01 F6 01 C6 D1 EE AD 73 04 B1 04 D3 E8 80 E4 0F .ö.ÆÑîs.±.Óè.ä.
00007F20 3D F8 0F 72 E8 31 C0 AB 0E 1F C4 5E 5A BE 00 20 =ø.rè1À«..Ä^Z¾.
00007F30 AD 09 C0 74 24 48 48 8B 7E 0D 81 E7 FF 00 F7 E7 .Àt$HH.~..çÿ.÷ç
00007F40 03 46 DA 13 56 DC E8 24 00 73 E5 E8 17 00 20 65 .FÚ.VÜè$.såè.. e
00007F50 72 72 00 30 E4 CD 16 CD 19 8A 5E 24 FF 6E 5A 31 rr.0äÍ.Í..^$ÿnZ1
00007F60 DB B4 0E CD 10 5E AC 56 3C 00 75 F3 C3 56 89 46 Û´.Í.^¬V<.uóÃV.F
00007F70 C8 89 56 CA 8C 46 C6 89 5E C4 B4 41 BB AA 55 8A È.VÊ.FÆ.^Ä´A»ªU.
00007F80 56 24 84 D2 74 19 CD 13 72 15 D1 E9 81 DB 54 AA V$.Òt.Í.r.Ñé.ÛTª
00007F90 75 0D 8D 76 C0 89 5E CC 89 5E CE B4 42 EB 2C 8B u..vÀ.^Ì.^Î´Bë,.
00007FA0 4E C8 8B 56 CA 8A 46 18 F6 66 1A 91 F7 F1 92 F6 NÈ.VÊ.F.öf..÷ñ.ö
00007FB0 76 18 89 D1 88 C6 86 E9 D0 C9 D0 C9 8A 46 18 28 v..Ñ.Æ.éÐÉÐÉ.F.(
00007FC0 E0 FE C4 08 E1 C4 5E C4 B8 01 02 8A 56 24 CD 13 àþÄ.áÄ^Ä¸...V$Í.
00007FD0 73 06 30 E4 CD 13 EB A2 8B 46 0B F6 76 C0 01 46 s.0äÍ.ë¢.F.övÀ.F
00007FE0 C6 83 46 C8 01 83 56 CA 00 4F 75 EA 8E 46 C6 5E Æ.FÈ..VÊ.Ouê.FÆ^
00007FF0 C3 4B 45 52 4E 45 4C 20 20 53 59 53 00 00 55 AA ÃKERNEL  SYS..Uª
```

图7-12 主分区的起始扇区数据图

聪明的你想必已经发现了，在扇区偏移地址0x7E36处标明着字符串“FAT12”，这是FAT12文件系统标示符，看来刚才格式化的FAT12文件系统就保存在此处，这就是硬盘分区表的功能。对于现今的硬盘来说，如果一整块硬盘分给一个系统或者硬盘分区使用，未免容量过大，不方便管理。而硬盘分区表则可以把硬盘分解成4个主逻辑分区。如果主逻辑分区是扩展分区类型（就是分区类型ID：05h），那么扩展分区还可以再划分成若干个扩展分区，从而把整块硬盘划分成多个区域来管理。硬盘分区表存在的明显优势就是让不同操作系统在硬盘中拥有各自的管理区域。

至此，USB-FDD启动模式与USB-HDD启动模式的区别已经非常明显，这也是软盘和硬盘在引导启动上的区别，即计算机借助硬盘引导扇区MBR中的硬盘分区表可使硬盘拥有多个独立的存储空间。

介绍了这么多关于U盘启动模式的知识，现在就来解决如何使用U盘实现非CHS扇区寻址模式的数据传输操作，请看以下对CHS扇区寻址模式和LBA扇区寻址模式的介绍。

- CHS扇区寻址模式

传统的CHS扇区寻址模式，必须借助目标扇区号、磁头号、磁道号才能定位到具体扇区。对于软盘和硬盘的扇区读取操作，使用BIOS中断服务程序INT 13h的主功能号AH=02h即可，该中断服务程序已在第3章中予以介绍。值得补充说明的一点是保存磁盘驱动器号的DL寄存器，软盘驱动器号从00h开始，00h代表第一个软盘驱动器，01h代表第二个软盘驱动器；而硬盘驱动器号则从80h开始，80h代表第一个硬盘驱动器号，81h代表第二个硬盘驱动器号。如果将BIOS设置为软盘驱动器引导，那么引导程序所在的软盘驱动器就是第一个软盘驱动器（在Windows里字母作为驱动器序号，此时的软盘驱动器号为A），所以DL寄存器保存的驱动器号为0，读者不必纠结哪个软驱是A，哪个软驱是B，硬盘亦是如此，向DL寄存器赋值80h即可。一旦操作系统引导启动，操作系统便摆脱BIOS中断服务程序的制约，进而可以编写驱动程序重新分配磁盘驱动器号。

- LBA（Logical Block Address，逻辑块寻址）扇区寻址模式

对于U盘和固态硬盘等没有扇区、磁头、磁道等物理结构（机械结构）的存储介质而言，该如何编写它们的扇区访问程序呢？其实，BIOS早已为我们解决了这个问题。BIOS采用一种新型的LBA扇区寻址模式，可使用逻辑顺序号直接访问扇区。LBA扇区寻址模式的逻辑顺序号从0开始，序号0代表磁盘的第一个扇区号（即引导扇区MBR），序号1代表磁盘的第二个扇区号，依此类推。对于LBA扇区寻址模式，BIOS在中断服务程序INT 13h中引入了全新的主功能号AH=42h来实现LBA型扇区读取操作，该中断服务程序的各寄存器参数说明如下。

INT 13h，AH=42h 功能：磁盘读取扩展操作。

- DL=磁盘驱动器号；
- DS：SI=>Disk Address Packet（硬盘地址包）。

此中断服务程序扩展了磁盘的读取操作，其中的寄存器DS：SI组合成一个指向硬盘地址包结构的指针。BIOS中断服务程序通过这个结构来对磁盘进行扇区寻址，表7-4是对硬盘地址包结构的解释。

表7-4　硬盘地址包结构

偏　移	大　小	功能描述
00h	1 B	硬盘地址包大小（10h/18h）
01h	1 B	保留值（0）
02h	2 B	传输的扇区数

（续）

偏　移	大　小	功能描述
04h	4 B	传输缓存区地址（段：偏移）
08h	8 B	扇区起始号（LBA型）
10h	8 B	64位的传输缓存区地址扩展

硬盘地址包结构可分为16 B和24 B两种长度。在16 B型硬盘地址包结构中，传输缓存区地址采用32位地址位宽；而在24 B型硬盘地址包结构中，如果偏移04h处的传输缓存区地址值（32位）为FFFFh：FFFFh，那么传输缓存区地址将采用64位地址位宽。

7.4.2 将Boot引导程序移植到U盘中启动

本节将会实现U盘版的Boot引导程序，这里将U盘的启动模式设置为USB-FDD模拟软盘启动模式，详细转换过程请参照上节讲述的内容。在完成U盘启动模式的转换后，又因为软盘和U盘的存储容量不同，由此导致无法将Boot引导程序直接写入到引导扇区MBR内。目前，首先要调整Boot引导程序里描述FAT12文件系统的引导扇区结构。在图7-7和图7-8中已经包含了相关数据信息，这些信息汇总后可整理成表7-5所示的样子，而且表中还包含着软盘的相关数据，可供读者参照和对比使用。

表7-5　FAT12文件系统引导扇区结构对比表

名　称	偏移	长度	内　容	软盘中的数据	U盘中的数据
BS_jmpBoot	0	3	跳转指令	jmp	short Label_Start nop
BS_OEMName	3	8	生产厂商名	'MINEboot'	'MINEboot'
BPB_BytesPerSec	11	2	每扇区字节数	512	512
BPB_SecPerClus	13	1	每簇扇区数	1	8
BPB_RsvdSecCnt	14	2	保留扇区数	1	1
BPB_NumFATs	16	1	共有多少FAT表	2	2
BPB_RootEntCnt	17	2	根目录文件数最大值	224	224
BPB_TotSec16	19	2	扇区总数	2880	32130
BPB_Media	21	1	介质描述符	0xF0	0xF0
BPB_FATSz16	22	2	每FAT扇区数	9	12
BPB_SecPerTrk	24	2	每磁道扇区数	18	63
BPB_NumHeads	26	2	磁头数	2	255
BPB_HiddSec	28	4	隐藏扇区数	0	0
BPB_TotSec32	32	4	如果BPB_TotSec16值为0，则由这个值记录扇区数	0	0
BS_DrvNum	36	1	int 13h的驱动器号	0	0
BS_Reserved1	37	1	未使用	0	0
BS_BootSig	38	1	扩展引导标记（29h）	0x29	0x29

（续）

名　称	偏移	长度	内　容	软盘中的数据	U盘中的数据
BS_VolID	39	4	卷序列号	0	0
BS_VolLab	43	11	卷标	'boot loader'	'boot loader'
BS_FileSysType	54	8	文件系统类型	'FAT12 '	'FAT12 '
引导代码	62	448	引导代码、数据及其他信息		
结束标志	510	2	结束标志0xAA55	0xAA55	0xAA55

根据表7-5整理出的引导扇区结构对照信息，调整Boot引导程序关于FAT12文件系统的数据值，代码清单7-1是调整后的程序。

代码清单7-1　第7章\程序\程序7-1\物理平台\bootloader\boot.asm

```
RootDirSectors                 equu    14
SectorNumOfRootDirStart        equu    25
SectorNumOfFAT1Start           equu    1
SectorBalance                  equu    23

    jmp short Label_Start
    nop
    BS_OEMName         db    'MINEboot'
    BPB_BytesPerSec    dw    0x200
    BPB_SecPerClus     db    0x8
    BPB_RsvdSecCnt     dw    0x1
    BPB_NumFATs        db    0x2
    BPB_RootEntCnt     dw    0xe0
    BPB_TotSec16       dw    0x7d82
    BPB_Media          db    0xf0
    BPB_FATSz16        dw    0xc
    BPB_SecPerTrk      dw    0x3f
    BPB_NumHeads       dw    0xff
    BPB_hiddSec        dd    0
    BPB_TotSec32       dd    0
    BS_DrvNum          db    0
    BS_Reserved1       db    0
    BS_BootSig         db    29h
    BS_VolID           dd    0
    BS_VolLab          db    'boot loader'
    BS_FileSysType     db    'FAT12   '
```

这段代码中的标识符`RootDirSectors`代表根目录占用扇区数，FAT12文件系统的根目录固定占用14个扇区，其值无法调整。而标识符`SectorNumOfRootDirStart`代表根目录起始扇区号，此值是通过引导扇区占用扇区数+FAT1表占用扇区数+FAT2表占用扇区数计算而得，即`1 + 12 + 12 = 25`。又因为LBA扇区寻址模式的逻辑顺序号从0开始，所以根目录的起始扇区号为25。

对于标识符`SectorNumOfFAT1Start`而言，它指定了FAT1表的起始扇区号，在FAT1表前面只有一个引导扇区（占用1个扇区的存储空间），且引导扇区的逻辑顺序号为0，所以FAT1表的起始扇区号是1。这里要特别说明一下标识符`SectorBalance`，在此前的Boot引导程序中，标识符`SectorBalance`

是以每簇1个扇区来计算的，当每簇扇区数增长为8后，这个常量值便不再适用。此时的Boot引导程序必须通过对FAT表项的详细计算才能获得标识符SectorBalance的替代值，具体程序实现请参见代码清单7-2。

代码清单7-2　第7章\程序\程序7-1\物理平台\bootloader\ boot.asm

```
;=======    found loader.bin name in root director struct

Label_FileName_Found:

    mov     cx,     [BPB_SecPerClus]
    and     di,     0ffe0h
    add     di,     01ah
    mov     ax,     word    [es:di]
    push    ax
    sub     ax,     2
    mul     cl

    mov     cx,     RootDirSectors
    add     cx,     ax
;   add     cx,     SectorBalance
    add     cx,     SectorNumOfRootDirStart
    mov     ax,     BaseOfLoader
    mov     es,     ax
    mov     bx,     OffsetOfLoader
    mov     ax,     cx

Label_Go_On_Loading_File:

    push    ax
    push    bx
    mov     ah,     0eh
    mov     al,     '.'
    mov     bx,     0fh
    int     10h
    pop     bx
    pop     ax

    mov     cx,     [BPB_SecPerClus]
    call    Func_ReadOneSector
    pop     ax
    call    Func_GetFATEntry
    cmp     ax,     0fffh
    jz      Label_File_Loaded
    push    ax

    mov     cx,     [BPB_SecPerClus]
    sub     ax,     2
    mul     cl

    mov     dx,     RootDirSectors
    add     ax,     dx
;   add     ax,     SectorBalance
```

```
    add     ax,     SectorNumOfRootDirStart

    add     bx,     0x1000     ;add     bx,     [BPB_BytesPerSec]

    jmp     Label_Go_On_Loading_File

Label_File_Loaded:
```

在这段代码中，标识符SectorBalance已经使用分号注释掉，取而代之的是由SUB指令和MUL指令组合成的目标起始扇区计算代码，即将FAT表项号减2再乘以每簇扇区数，并加上数据区起始扇区号，所得结果便是目标FAT表项号对应的起始扇区号。

特别注意，如果U盘的容量过大，那么Boot引导程序在使用乘除汇编指令时，一定要注意计算结果是否会超过寄存器的表示范围，以免造成数值溢出。

下面将结合LBA扇区寻址模式以及BIOS为此模式提供的中断服务程序，来重写扇区读取模块Func_ReadOneSector，代码清单7-3是具体的程序实现。

代码清单7-3　第7章\程序\程序7-1\物理平台\bootloader\boot.asm

```
Func_ReadOneSector:

    push    dword    00h
    push    dword    eax
    push    word     es
    push    word     bx
    push    word     cx
    push    word     10h
    mov     ah,      42h     ;read
    mov     dl,      00h
    mov     si,      sp
    int     13h
    add     sp,      10h
    ret
```

在这段汇编代码中，起初几行PUSH汇编指令的作用是借助栈地址空间创建硬盘地址包结构，剩余代码负责配置BIOS中断服务程序的参数信息。在中断服务执行结束后，扇区读取模块必须将栈指针向上移动16 B（SP+10h）以平衡栈地址空间。

对于Boot引导程序，还需进行一些微调和删减工作，如删除重置软盘驱动器代码、调整屏幕显示程序等。这些工作将留给读者自行对照学习，这里就不再浪费更多篇幅。

至此，便完成了Boot引导程序的修改工作，为了使Boot引导程序完成Loader文件的加载过程，这里暂且使用程序3-3的Loader引导加载程序（程序源文件loader.asm）。

执行make命令，编译Boot引导程序和Loader引导加载程序，以下是编译命令（编译脚本）的执行效果：

```
[root@localhost bootloader]# make
nasm boot.asm -o boot.bin
nasm loader.asm -o loader.bin
```

在程序编译无误后，使用dd命令将Boot引导程序强制写入到U盘的引导扇区MBR中，执行效果如下：

```
[root@localhost bootloader]# dd if=boot.bin of=/dev/sdb bs=512 count=1 conv=notrunc
1+0 records in
1+0 records out
512 bytes (512 B) copied, 0.000370677 s, 1.4 MB/s
```

dd命令采用与操作虚拟软盘相同的方法来操作U盘，只不过此时使用/dev/sdb作为U盘的设备节点路径。请读者务必小心U盘设备的节点名对应关系，不同操作系统或运行环境都会影响U盘设备的节点名，所以在操作U盘时必须要保证节点名是正确的。在Boot引导程序完整写入到U盘后，Loader引导加载程序再复制到U盘的文件系统中。（CentOS 7操作系统会在Boot引导程序写入U盘后，出现无法挂载U盘或U盘只读的现象，而CentOS 6操作系统和Windows操作系统则不会发生此类现象。）

现在，U盘版的Boot引导程序已经准备就绪，下面将在物理平台中运行它。在运行前，请先确保物理平台的启动模式为USB-FDD。至于支持动态选择引导设备的物理平台（BIOS），在物理平台启动时选择U盘引导即可。至于不支持动态选择引导设备的物理平台，只能通过设置BIOS启动项菜单（类似图7-5）来实现U盘引导。配置启动项工作准备就绪后，接下来便可拭目以待Boot引导程序在物理平台上的执行效果，图7-13是其运行效果。

图7-13　物理平台中的Boot引导程序运行效果图

此刻，这个Boot引导程序已然如预期效果运行起来。历经6章半篇幅的准备和学习，我们终于进入到物理平台的操作系统开发中，这份激动、兴奋与艰辛想必只有在座的各位读者才能体会。

7.5　在物理平台上启动操作系统

既然在物理平台的开发之路上成功迈出了一小步，那么应该趁现在着斗志昂扬、一鼓作气将整个工程移植到物理平台上。这个移植过程可分为两步，首先移植Loader引导加载程序，随后再微调内核程序。

● Loader引导加载程序部分

由于U盘中的FAT12文件系统的每簇扇区数从原来的1个扇区增长到8个，以至于原来的数据缓冲区（地址空间0x7e00~0x8000）没有足够的空间容纳8个扇区的数据，所以Loader引导加载程序才会将内核文件临时缓存区调整到0x90000地址处。此处只需将标识符BaseTmpOfKernelAddr修改为0x9000即可，具体修改内容请看代码清单7-4。

代码清单7-4　第7章\程序\程序7-2\物理平台\bootloader\loader.asm

```
BaseTmpOfKernelAddr        equ      0x9000
OffsetTmpOfKernelFile      equ      0x0000
```

代码清单7-4中的标识符BaseTmpOfKernelAddr和标识符OffsetTmpOfKernelFile将分别被赋值到段寄存器DS和源地址指针寄存器ESI中，随后将这两个寄存器组合成的逻辑地址转换为线性地址，即线性地址＝BaseTmpOfKernelAddr<< 4＋OffsetTmpOfKernelFile = 0x90000，此时的线性地址即是物理地址。

在调整完内核临时缓存区的起始地址后，再实现Loader引导加载程序的U盘扇区读取功能便可完成内核文件的加载工作。既然Boot引导程序已经实现此功能，那么直接将相关代码植到Loader引导加载程序中即可。

在代码的移植过程中，请特别注意FS段寄存器的使用，这点已在7.1.3节中提及。故此要对源Loader引导加载程序进行修改，具体代码修改细节如代码清单7-5所示。

代码清单7-5　第7章\程序\程序7-2\物理平台\bootloader\loader.asm

```
        push    cx
        push    eax
;       push    fs          ;must don`t change !!!!
        push    edi
        push    ds
        push    esi

        ......

        pop     esi
        pop     ds
        pop     edi
        pop     eax
        pop     cx
```

这段程序删去了代码push fs和pop fs对FS段寄存器的操作，这也是虚拟平台（目前只针对Bochs-2.6.8虚拟机）和物理平台的一个差异。在虚拟平台中，如果FS段寄存器的值做了修改，则段寄存器的4 GB寻址能力不会受影响。而在物理平台中，一旦FS段寄存器的值被修改，那么FS段寄存器的寻址能力马上变回1 MB，这点请读者们一定要注意！

Loader引导加载程序的剩余修改内容主要与显示芯片有关。由于这部分内容比较复杂，目前先讲解操作系统执行主线的移植工作，暂且跳过显示芯片相关内容，眼下读者只要了解物理平台的屏幕分辨率设置为1024×768就足够使操作系统正常运行了。

为了演示Loader引导加载程序的运行效果，暂时将程序4-2中的内核程序作为加载文件。这个内核程序在没有调整屏幕分辨率前还不能投入使用，请读者参照代码清单7-6来调整程序的屏幕分辨率。

代码清单7-6　第7章\程序\程序7-3\物理平台\kernel\main.c

```
void Start_Kernel(void)
{
    int *addr = (int *)0xffff800000a00000;
    int i;

    Pos.XResolution = 1024;
    Pos.YResolution = 768;

    ......
}
```

除代码清单7-6中的屏幕分辨率需要调整外，页表的物理地址映射还要注意，请看代码清单7-7所示的这段程序。

代码清单7-7　第7章\程序\程序7-2\物理平台\kernel\head.S

```
__PDE:

    ......

    .quad   0xe0000083          /*0x a00000*/
    .quad   0xe0200083
    .quad   0xe0400083
    .quad   0xe0600083
    .quad   0xe0800083          /*0x1000000*/
    .quad   0xe0a00083
    .quad   0xe0c00083
    .quad   0xe0e00083
    .fill   499,8,0
```

这段程序中的PDE页表项，不仅包含有物理内存的地址映射，同时也包含了帧缓存区的物理基地址映射。值得注意的是，帧缓存区的物理基地址不是一个固定地址值，不同电脑的BIOS会将帧缓存区安置在不同的物理地址空间内，甚至相同型号的电脑也会因为批次的不同而将帧缓存区的物理基地址安置在不同空间内。这个物理基地址可通过BIOS中断服务程序查询出来，更多细节内容请看本章7.6.2节。

经过上述修改后，将编译后的kernel.bin文件复制到U盘，然后上电启动物理平台，便可见到图7-14所示的运行效果。

虽然图中仅显示了4条短短的色带，但它却标志着Boot引导程序和Loader引导加载程序已经实现了系统内核的引导启动工作。

至此，可以暂时为BootLoader引导加载程序的开发工作画上句号。接下来将继续完成系统内核的移植工作。

图7-14　Loader引导程序执行效果图

- 操作系统部分

依据图7-14描绘的执行效果，可以看出系统内核已经初步运行起来，但这还不是全部的内核程序。现在就将之前编写的内核程序全部移植到物理平台中。

整个移植过程并不复杂，只要保证每个模块都能返回预期的执行结果便可认为移植成功。按照程序的执行顺序，首先需要调整内存初始化模块的赋值bug，代码清单7-8是移植过程需要修改的程序。

代码清单7-8　第7章\程序\程序7-3\物理平台\kernel\memory.c

```
void init_memory()
{
    ......

    for(i = 0;i < 32;i++)
    {
        color_printk(ORANGE,BLACK,"Address:%#018lx\tLength:%#018lx\tType:%#010x\n",
            p->address,p->length,p->type);
        unsigned long tmp = 0;
        if(p->type == 1)
            TotalMem +=  p->length;

        memory_management_struct.e820[i].address = p->address;
        memory_management_struct.e820[i].length    = p->length;
        memory_management_struct.e820[i].type    = p->type;
        memory_management_struct.e820_length = i;

        p++;
        if(p->type > 4 || p->length == 0 || p->type < 1)
            break;
```

```
    }
    ......
}
```

这段程序主要修正了memory_management_struct.e820[i]结构体成员的赋值bug。此前的程序使用符号+=对该结构体成员变量address和length进行赋值，如果原结构体空间中存在脏数据，那将会使计算结果有误，更严重的话可能会触发异常（通常会触发#PF异常）。

在进程创建函数do_fork中，操作未初始化的数据空间导致处理器触发异常的现象同样存在。请按照代码清单7-9修改程序。

代码清单7-9 第7章\程序\程序7-3\物理平台\kernel\task.c

```
unsigned long do_fork(struct pt_regs * regs, unsigned long clone_flags, unsigned long
stack_start, unsigned long stack_size)
{

    ......

    thd->rsp0 = (unsigned long)tsk + STACK_SIZE;
    thd->rip = regs->rip;
    thd->rsp = (unsigned long)tsk + STACK_SIZE - sizeof(struct pt_regs);
    thd->fs = KERNEL_DS;
    thd->gs = KERNEL_DS;

    if(!(tsk->flags & PF_KTHREAD))
        thd->rip = regs->rip = (unsigned long)ret_system_call;

    ......

    return 0;
}
```

代码清单7-9加入了struct thread_struct结构体成员变量的初始化代码。这里的struct thread_struct结构体分配于栈空间的最底部，紧挨着task_struct结构体。这是一段没有初始化的内存空间，其中会存在脏数据，当使用成员变量fs和gs还原段寄存器FS和GS值时，这些脏数据很可能会触发处理器异常（段选择子引用错误）。

除此之外，在一个运行于IA-32e模式下的处理器中，处理器对GDT、IDT、TSS描述符和TSS等结构的检测会比虚拟处理器更加严格，故此我们应该尽量让这些结构的初始化过程连贯、内容完整，否则很可能会出现无缘无故的重启现象。（注意：无故重启现象不仅仅是由于这些结构未初始化完全而造成的，其他原因也可能会造成自动重启。）

经过上述调整，本书操作系统就真正移植到了物理平台上，图7-15是其在物理平台上的运行效果。

从图7-15可以看出，这个操作系统在物理平台的运行效果与虚拟平台几乎无异。当前物理平台已预装了8 GB的物理内存，经过对物理地址空间信息的统计，计算出操作系统可用物理内存总量为0x1,F8B3,D800 B ≈ 7.886 GB，这与64位Windows 7操作系统中显示的“安装内存（RAM）：8 GB（7.89 GB可用）”基本相吻合。此后，本系统可使用4036个2 MB容量的物理页，这是一件令人兴奋的事情。

```
alloc_pages,bitmap:0x0000000000000001
alloc_pages,bitmap:0x0000000000000003
struct task_struct address:0xffff80000200000000000009d800       Type:0x00000001
prev->thread->rsp0:0xffff800000120000h:0x0000000000002800       Type:0x00000002
next->thread->rsp0:0xffff800000208000h:0x0000000000020000       Type:0x00000002
init task is running,arg:                       a0000001ff00000  Type:0x00000001
no execve task is running0      Length:0x0000000000200000       Type:0x00000002
Hello World!0000000020200000    Length:0x000000001fe00000       Type:0x00000001
Address:0x0000000040000000      Length:0x0000000000200000       Type:0x00000002
Address:0x0000000040200000      Length:0x000000009a79f000       Type:0x00000001
Address:0x00000000da99f000      Length:0x0000000000500000       Type:0x00000002
Address:0x00000000dae9f000      Length:0x0000000000100000       Type:0x00000004
Address:0x00000000daf9f000      Length:0x0000000000060000       Type:0x00000003
Address:0x00000000dafff000      Length:0x0000000000001000       Type:0x00000001
Address:0x00000000db000000      Length:0x0000000000800000       Type:0x00000002
Address:0x00000000db800000      Length:0x0000000004200000       Type:0x00000002
Address:0x00000000f8000000      Length:0x0000000004000000       Type:0x00000002
Address:0x00000000fec00000      Length:0x0000000000001000       Type:0x00000002
Address:0x00000000fed08000      Length:0x0000000000001000       Type:0x00000002
Address:0x00000000fed10000      Length:0x0000000000008000       Type:0x00000002
Address:0x00000000fed18000      Length:0x0000000000001000       Type:0x00000002
Address:0x00000000fed19000      Length:0x0000000000001000       Type:0x00000002
Address:0x00000000fed1c000      Length:0x0000000000004000       Type:0x00000002
Address:0x00000000fee00000      Length:0x0000000000001000       Type:0x00000002
Address:0x00000000ffd20000      Length:0x00000000002e0000       Type:0x00000002
Address:0x0000000100000000      Length:0x000000011e600000       Type:0x00000001
Address:0x000000021e600000      Length:0x0000000000200000       Type:0x00000002
OS Can Used Total RAM:0x00000001f8b3d800
OS Can Used Total 2M PAGEs:0x0000000000000fc4=0000000000004036
bits_map:0xffff80000012f000,bits_size:0x00000000000010f4,bits_length:0x0000000000000220
pages_struct:0xffff800000130000,pages_size:0x00000000000010f4,pages_length:0x000000000002a620
zones_struct:0xffff80000015b000,zones_size:0x0000000000000004,zones_length:0x0000000000000140
zone_start_address:0x0000000000200000,zone_end_address:0x0000000020000000,zone_length:0x000000001fe00000,pages_group:0xffff80000
0130028,pages_length:0x00000000000000ff
zone_start_address:0x0000000020200000,zone_end_address:0x0000000040000000,zone_length:0x000000001fe00000,pages_group:0xffff80000
0132828,pages_length:0x00000000000000ff
zone_start_address:0x0000000040200000,zone_end_address:0x00000000da800000,zone_length:0x000000009a600000,pages_group:0xffff80000
0135028,pages_length:0x00000000000004d3
zone_start_address:0x0000000100000000,zone_end_address:0x000000021e600000,zone_length:0x000000011e600000,pages_group:0xffff80000
0144000,pages_length:0x00000000000008f3
start_code:0xffff800000100000,end_code:0xffff80000010b948,end_data:0xffff800000113ac0,end_brk:0xffff80000012e468,end_of_struct:0
xffff80000015b240
Global_CR3      :0x0000000000101000
*Global_CR3     :0x0000000000102000
interrupt init
```

图7-15　系统内核程序执行效果图（一）

现在，再来测试一下键盘中断请求信号的响应情况。敲击键盘按键，操作系统会出现类似图7-16的运行效果。

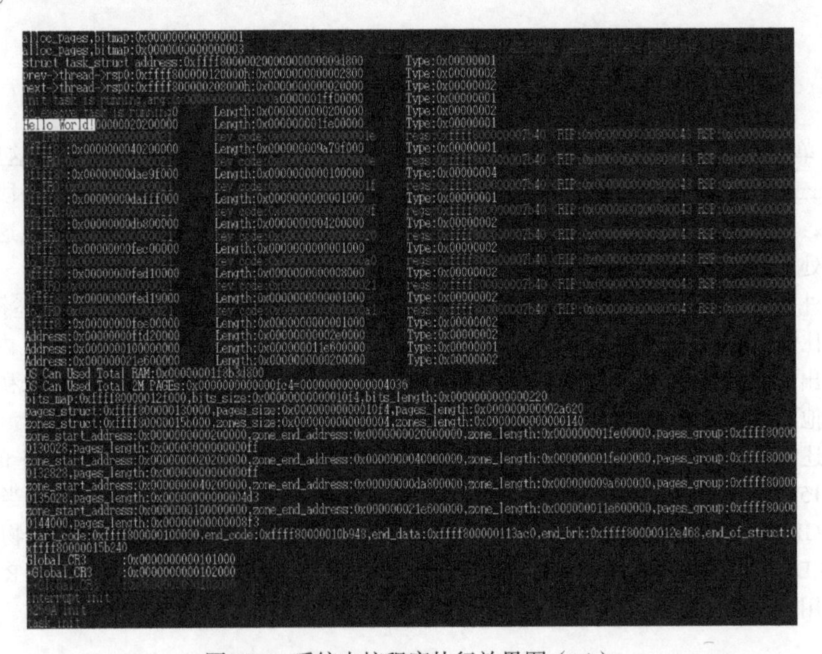

图7-16　系统内核程序执行效果图（二）

图7-16已经显示出键盘中断请求的处理程序，由此可知处理器已然能够正确捕获并处理外部设备的中断请求。至此，操作系统移植工作的主线内容已经结束。对于跟随本书开发脚步进行物理平台开发的读者而言，可能会有不少读者无法在物理平台运行出令人满意的效果，普遍现象是屏幕无法显示图像，这种现象是由于未能正确配置显示芯片所致。

对于显示芯片的配置问题，读者大可放心，相信经过下节对VBE的学习后，这个问题会迎刃而解。

7.6 细说 VBE 功能的实现

VESA（Video Electronics Standards Association，视频电子标准协会）是一个以非盈利为目的的国际组织，致力于制订推广显示相关的标准。VBE（VESA BIOS Extension，VESA BIOS扩展）就是由VESA协会订制的标准规范。VBE规范可使软件的显示接口标准化，VBE接口订制的目的是为了将图形、图像设备芯片（硬件）的操作简单化，这样可使操作图形图像设备的应用程序不必再关心硬件设备的内部操作以及一些特殊的图形图像知识。

由于图形图像设备芯片的配置过于复杂，读者必须掌握很多专业知识才能配置出令人满意的效果。对于开发操作系统的我们来说，使用VBE接口来配置显示芯片是一个非常不错的选择。VBE是一套软件访问图形图像控制器的标准接口，它可以对显示分辨率、颜色深度、管理帧缓存区等VGA硬件标准无法实现的功能予以支持，同时它还为操作系统提供了控制刷新速率的控制器扩展接口。

7.6.1 VBE 规范概述

VBE标准制定了一套VGA ROM BIOS的扩展服务。这些服务可在DOS环境下通过INT 10h中断服务程序进入，或者直接调用非DOS操作系统的32位高效程序入口。

VESA VBE的主要意图是提供标准的软件支持，从而可让只支持SVGA（Super VGA）图像控制器的PC平台拥有比VGA硬件标准更强大的功能。它提供了一种机制可使程序操作非标准的图形硬件设备，这些扩展还提供了独立的硬件机制来记录供应商信息，并将其作为OEM供应商的可扩展基础服务，而且VESA也可在不失向下兼容性的同时，使软件快速支持硬件，并摆脱硬件的束缚。

VBE可使高效运行中的应用程序直接对硬件设备进行安装和配置，从而进一步提高了平坦帧缓存在扩展分辨率下的执行性能。平坦帧缓存是VBE 3.0引入的新式内存模式，它有别于传统的帧存块机制。

从原则上讲，VBE标准希望能够运行在所有80x86平台的实模式和保护模式中。从VBE 3.0开始，所有VBE/Core BIOS将支持双模式，可使运行于保护模式的16位程序直接调用保护模式的入口地址来执行VBE功能。双模式意味着，在保护模式下调用VBE功能的入口地址时，BIOS必须遵循固有约定以确保其对所有操作系统的兼容性。在保护模式下，虽然程序应该使用16位代码来调用入口地址，但并不意味着32位代码不能调用入口地址。

现以VBE Core Functions Standard Version 3.0为参考文档，对操作系统开发时涉及的基础知识进行逐一讲解。

- **线性帧存的访问。**对于支持硬件线性帧存的图形硬件设备而言，应用程序只需一个供其写入数据的线性帧存地址便可显示画面。那么首先要做的就是了解线性帧存的物理地址，该物理地址保存在即将使用的显示模式结构ModeInfoBlock中。保护模式不能直接使用此物理地址，在使用前必须将这个物理地址映射到线性地址空间，再将线性地址映射到程序地址空间后才能被程序所用。

- **刷新率的控制。**VBE 3.0提供控制刷新率的功能，它允许在设置显示模式时，向VBE提供CRTC刷新率定制值。此功能可为应用程序提供最大的灵活性来明确设置CRTC刷新率。
- **24位或32位像素的真色彩模式。**如果在开发过程中使用24位真色彩描画，那么在描画之前一定要确保控制器支持真色彩模式。真色彩模式可以是每像素24位（每像素点占3 B），亦可以是每像素32位（每像素点占4 B）。在通常情况下，32位真色彩模式仅需处理器执行一次双字（4 B）写操作即可完成，从而其执行速度更快，但32位真色彩模式要求控制器至少拥有2 MB物理内存。

以上三点在配置显示模式时可能会使用，除此之外还有诸如获得显示器操作边界、设置隔行扫描模式、设置三倍缓存区、使用立体眼镜、自动起始地址切换、左右影像同步等功能，篇幅有限请读者自行阅读。

在实模式下，VBE借助BIOS中断服务程序INT 10h实现功能调用，并使用80x86的通用寄存器传递参数。从VBE 3.0开始，VBE已允许保护模式使用16位或32位代码，直接调用特殊的入口地址实现功能调用。所有VBE功能统一将AH寄存器赋值为4Fh来区别标准VGA BIOS功能，并使用AL寄存器来指定VBE的功能号，而BL寄存器则用于指明追加或扩展的子功能。下面就来讲述VBE提供的一些功能接口，想必这也是读者目前最想知道的内容。

1. 获取VBE状态

AX寄存器用于记录VBE功能调用的返回状态。（32位保护模式除外，32位版本的功能调用不会返回任何状态信息或者返回码。）对于VBE支持的功能，程序在执行功能调用前应向AH寄存器传入4Fh，如果调用执行成功，那么该值将会作为返回状态保存在AL寄存器中。如果VBE功能执行成功，AH寄存器将会返回00h，否则AH寄存器将记录失败类型。表7-6记录了VBE功能的调用失败类型。

表7-6　VBE返回状态值含义表

寄存器	参数值	功能描述
AL	4Fh	支持该功能
AL	!4Fh	不支持该功能
AH	00h	操作成功
AH	01h	操作失败
AH	02h	当前硬件环境不支持该功能
AH	03h	此功能在当前图像模式下无效

应用程序应该将AH寄存器返回的任何非零值都作为失败条件来看待，VBE的后续版本可能会对这些错误码进行扩展。

2. VBE模式号

标准的VGA模式号位宽是7位，目前的模式号范围是00h~13h，14h~7Fh可由OEM供应商自由定义显示模式。自从VGA BIOS功能00h将第7位作为擦除或保留显示缓存数据的标识符后，数值80h~FFh均保留使用。

为了区分7位的VGA模式号，VBE模式号的位宽采用14位。程序在向BX寄存器传入模式号后，再通过VBE功能号02h来实现VBE模式的初始化。表7-7是VBE模式号各位的功能说明。

表7-7 VBE模式号的位功能说明表

位	功能描述
D0-D8	模式号
	如果D8==0，说明这不是VESA定义的VBE模式
	如果D8==1，说明这是VESA定义的VBE模式
D9-D12	保留，必须为0
D11	刷新率的控制
	如果D11==0，使用BIOS默认的刷新率
	如果D11==1，使用CRTC定制值作为刷新率
D12-13	保留，必须为0
D14	线性/平坦（Linear/Flat）帧缓存区选择
	如果D14==0，使用区间/窗口（Banked/Windowed）帧缓存区
	如果D14==1，使用线性/平坦（Linear/Flat）帧缓存区
D15	保留显示缓存数据
	如果D15==0，擦除显示缓存
	如果D15==1，保留显示缓存

VBE的起始模式号为100h，而且只有存在于VideoModeList（通过VBE的00h号功能可查询）中的VBE模式号才可用于设置。表7-8是VESA为VBE预定义的模式号。

表7-8 VESA预定义的VBE模式号

字符显示模式		
模式号	行	列
108h	80	60
109h	132	25
10Ah	132	43
10Bh	132	50
10Ch	132	60
图像显示模式		
模式号	分辨率	颜色种类
100h	640 × 400	256
101h	640 × 480	256
102h	800 × 600	16
103h	800 × 600	256
104h	1024 × 768	16

7

（续）

图像显示模式		
模式号	分辨率	颜色种类
105h	1024 × 768	256
106h	1280 × 1024	16
107h	1280 × 1024	256
10Dh	320 × 200	32K(1:5:5:5)
10Eh	320 × 200	64K(5:6:5)
10Fh	320 × 200	16.8M(8:8:8)
110h	640 × 480	32K(1:5:5:5)
111h	640 × 480	64K(5:6:5)
112h	640 × 480	16.8M(8:8:8)
113h	800 × 600	32K(1:5:5:5)
114h	800 × 600	64K(5:6:5)
115h	800 × 600	16.8M(8:8:8)
116h	1024 × 768	32K(1:5:5:5)
117h	1024 × 768	64K(5:6:5)
118h	1024 × 768	16.8M(8:8:8)
119h	1280 × 1024	32K(1:5:5:5)
11Ah	1280 × 1024	64K(5:6:5)
11Bh	1280 × 1024	16.8M(8:8:8)

从VBE 2.0开始，VESA不再定义新的模式号，也不再强制支持旧的模式号。OEM供应商可在自己的产品中添加自定义VBE模式号，VESA只要求新添加的模式号都大于100h。同时VESA还强力建议BIOS继续兼容旧的模式号，并将自定义模式号追加到VESA预定义的模式号之后。

3. 获取VBE控制器信息

VBE规范的00h号功能可为调用者提供已安装的VBE软件和硬件信息，其中不乏包括图形图像控制器的功能信息、修订的VBE版本号以及OEM供应商信息等，所有支持VBE功能的图形图像控制器都会提供这些信息。

在调用此功能前，VBE要求向其提供`VbeInfoBlock`信息块结构的起始地址，一旦执行成功，VBE会将上述信息保存在`VbeInfoBlock`信息块内。不同VBE版本的`VbeInfoBlock`信息块长度各不相同，VBE 1.x版本的`VbeInfoBlock`信息块大小为256 B，VBE 2.0+及后续版本的`VbeInfoBlock`信息块大小为512 B。表7-9介绍了VBE规范00h号功能的参数使用说明。

表7-9　VBE规范00h号功能的参数使用说明表

输入/输出	参　数	功能描述
输入：	AX = 4F00h	获取VBE控制器信息
	ES:DI =	指向VbeInfoBlock信息块结构的起始地址
输出：	AX =	VBE返回状态

注：必须向`VbeInfoBlock`信息块结构的`VbeSignature`字段预设ASCII码值'VBE2'，才能获取VBE 3.0信息。

表7-9中提及的VbeInfoBlock信息块结构用于保存VBE控制器信息，表7-10是VbeInfoBlock信息块结构各成员变量的功能说明。

表7-10 VbeInfoBlock信息块结构的成员变量功能说明表

成员变量	偏移	变量大小	变量个数/固定值	描述
VbeSignature	0	1 B	'VESA'（4*1B）	VBE识别标志
VbeVersion	4	2 B	0300h	VBE版本（BCD码）
OemStringPtr	6	4 B	?	OEM字符串指针
Capabilities	10	1 B	4 dup（?）	图形控制器的机能
VideoModePtr	14	4 B	?	VideoModeList指针
TotalMemory	18	2 B	?	64 KB内存块数量（VBE2.0+引入）
OemSoftwareRev	20	2 B	?	VBE软件版本（BCD码）
OemVerdorNamePtr	22	4 B	?	OEM供应商名字指针
OemProductNamePtr	26	4 B	?	OEM产品名指针
OemProduceRevPtr	30	4 B	?	OEM产品版本指针
Reserved	34	1 B	222dup（?）	保留
OemData	256	1 B	256dup（?）	OEM数据

注：?表示任意值，dup表示复制次数。

表7-10中的VbeSignature字段保存着ASCII码值'VESA'，如果我们想获得VBE 2.0+的扩展信息，则必须在执行系统调用前预设ASCII码值'VBE2'。OemStringPtr、OemVerdorNamePtr、OemProductNamePtr、OemProduceRevPtr字段均是远指针，在VBE 3.0版本中，当VbeSignature预设ASCII码值'VBE2'时，这些字符串可能会保存在OemData空间；VideoModePtr是个指向模式号列表（VBE芯片能够支持模式号）的远指针，在VBE 3.0版本中，当VbeSignature预设ASCII码值'VBE2'时，这些字符串可能会保存在Reserved空间。（一些模式号可能由于内存容量不足或显示器协调能力不足，导致模式无法生效。）TotalMemory指示VBE芯片预装的最大物理内存容量，以64 KB为单位，例如4表示256 KB、8表示512 KB。不同模式可使用的内存容量不同，在ModeInfoBlock信息结构中会记录该模式使用的内存容量。Capabilities是VbeInfoBlock信息块最重要的字段，它记录着图形环境支持的特性，表7-11是Capabilities字段各位功能的说明。

表7-11 Capabilities字段的位功能说明表

位	值	功能描述
D0=	0	DAC固定宽度，每个主色区占6位
	1	DAC宽度可调整为每个主色区占8位
D1=	0	控制器兼容VGA标准
	1	控制器不兼容VGA标准
D2=	0	通用的RAMDAC操作
	1	向RAMDAC写入大块信息时，使用功能号09h

（续）

位	值	功能描述
D3=	0	不支持硬件立体信号
	1	控制器支持硬件立体信号
D4=	0	立体信号由扩展的VESA立体控制器支持
	1	立体信号由VESA EVC控制器支持
D5:31=	-	保留

4. 获取VBE模式信息

VBE规范的01h号功能用于获得指定模式号（自于VideoModeList列表）的VBE显示模式扩展信息，这些信息会保存在一个名为`ModeInfoBlock`的结构里，结构长度为256 B。在调用此功能前，VBE要求向其提供`ModeInfoBlock`结构的起始地址，一旦执行成功，VBE会将显示模式扩展信息保存在`ModeInfoBlock`结构体内。表7-12介绍了VBE规范01h号功能的参数使用说明。

表7-12　VBE规范01h号功能的参数使用说明表

输入/输出	参　数	功能描述
输入：	`AX = 4F01h`	获取VBE模式信息
	`CX =`	模式号
	`ES:DI =`	指向ModeInfoBlock结构的起始地址
输出：	`AX =`	VBE返回状态

表7-12中提及的`ModeInfoBlock`结构用于保存已获得的模式扩展信息，表7-13是`ModeInfoBlock`结构各成员变量的功能说明。

表7-13　`ModeInfoBlock`结构的成员变量功能说明表

成员变量	偏移	大小	数值	描　述
		所有VBE版本强制提供的信息		
`ModeAttributes`	0	2 B	?	模式属性
`WinAAttributes`	2	1 B	?	窗口A属性
`WinBAttributes`	3	1 B	?	窗口B属性
`WinGranularity`	4	2 B	?	窗口颗粒度（单位KB）
`WinSize`	6	2 B	?	窗口大小（单位KB）
`WinASegment`	8	2 B	?	窗口A的段地址（实模式）
`WinBSegment`	10	2 B	?	窗口B的段地址（实模式）
`WinFuncPtr`	12	4 B	?	窗口功能的入口地址（实模式）
`BytesPerScanLine`	16	2 B	?	每条扫描线占用字节数
		VBE 1.2以上版本强制提供的信息		
`XResolution`	18	2 B	?	水平分辨率（像素或字符）
`YResolution`	20	2 B	?	垂直分辨率（像素或字符）
`XCharSize`	22	1 B	?	字符宽度（像素）

（续）

成员变量	偏移	大小	数值	描　述
YCharSize	23	1 B	?	字符高度（像素）
NumberOfPlanes	24	1 B	?	内存平面数量
BitsPerPixel	25	1 B	?	每像素占用位宽
NumberOfBanks	26	1 B	?	块数量
MemoryModel	27	1 B	?	内存模式类型
BankSize	28	1 B	?	块容量（单位KB）
NumberOfImagePages	29	1 B	?	图像页数量
Reserved	30	1 B	1	为分页功能保留使用
直接颜色描画区域（支持Direct Color和YUV内存模式）				
RedMaskSize	31	1 B	?	Direct Color的红色屏蔽位宽
RedFieldPosition	32	1 B	?	红色屏蔽位的起始位置
GreenMaskSize	33	1 B	?	Direct Color的绿色屏蔽位宽
GreenFieldPosition	34	1 B	?	绿色屏蔽位的起始位置
BlueMaskSize	35	1 B	?	Direct Color的蓝色屏蔽位宽
BlueFieldPosition	36	1 B	?	蓝色屏蔽位的起始位置
RsvdMaskSize	37	1 B	?	Direct Color的保留色屏蔽位宽
RsvdFieldPosition	38	1 B	?	保留色屏蔽位的起始位置
DirectColorModeInfo	39	1 B	?	Direct Color模式属性
VBE 2.0以上版本强制提供的信息				
PhysBasePtr	40	4 B	?	平坦帧缓存区模式的起始物理地址
Reserved	44	4 B	0	保留，必须为0
Reserved	48	2 B	0	保留，必须为0
VBE 3.0以上版本强制提供的信息				
LinBytesPerScanLine	50	2 B	?	线性模式的每条扫描线占用字节数
BnkNumberOfImagePages	52	1 B	?	块模式的图像页数量
LinNumberOfImagePages	53	1 B	?	线性模式的图像页数量
LinRedMaskSize	54	1 B	?	Direct Color的红色屏蔽位宽（线性模式）
LinRedFieldPosition	55	1 B	?	红色屏蔽位的起始位置（线性模式）
LinGreenMaskSize	56	1 B	?	Direct Color的绿色屏蔽位宽（线性模式）
LinGreenFieldPosition	57	1 B	?	绿色屏蔽位的起始位置（线性模式）
LinBlueMaskSize	58	1 B	?	Direct Color的蓝色屏蔽位宽（线性模式）
LinBlueFieldPosition	59	1 B	?	蓝色屏蔽位的起始位置（线性模式）
LinRsvdMaskSize	60	1 B	?	Direct Color的保留色屏蔽位宽（线性模式）
LinRsvdFieldPosition	61	1 B	?	保留屏蔽位的起始位置（线性模式）
MaxPixelClock	62	4 B	?	图像模式的最大像素时钟（单位Hz）
Reserved	66	1 B	189 dup（?）	ModeInfoBlock剩余空间

注：?表示任意值；dup表示复制次数。

表7-13中的`ModeAttributes`字段描述了图形模式重要的特性，表7-14是`ModeAttributes`字段各位功能的说明。

表7-14　`ModeAttributes`字段的位功能说明表

位	值	功能描述
D0=硬件配置	0	不支持硬件配置
	1	支持硬件配置
D1=保留	1	保留
D2= BIOS支持TTY输出功能	0	BIOS不支持TTY输出
	1	BIOS支持TTY输出
D3=单色/彩色模式	0	单色模式
	1	彩色模式
D4=模式类型	0	文本模式
	1	图形模式
D5= VGA兼容模式	0	支持VGA兼容模式
	1	不支持VGA兼容模式
D6= VGA兼容窗口帧缓存区模式	0	VGA兼容窗口帧缓存区模式有效
	1	VGA兼容窗口帧缓存区模式无效
D7=线性帧缓存区模式	0	线性帧缓存区模式无效
	1	线性帧缓存区模式有效
D8=双扫描模式	0	双扫描模式无效
	1	双扫描模式有效
D9=隔行模式	0	隔行模式无效
	1	隔行模式有效
D10=硬件三倍缓存区	0	硬件三倍缓存区无效
	1	硬件三倍缓存区有效
D11=硬件立体显示器	0	硬件立体显示器无效
	1	硬件立体显示器有效
D12=双显示器起始地址	0	双显示器起始地址无效
	1	双显示器起始地址有效
D13-D15=保留		

如果使用无效的模式号进行查询，那么`ModeAttributes`字段中的D0位会标识为不支持硬件配置。而其D2位则标识BIOS是否支持TTY的输出和滚动功能，如果D2=1，那么BIOS中断服务程序INT 10h将支持表7-15罗列的所有标准输出功能。

表7-15 标准TTY输出功能

功能号	功能描述	功能号	功能描述
01h	设置光标大小	09h	在光标位置上写字符和属性
02h	设置光标位置	0Ah	在光标位置上只写字符
06h	向上滚动TTY窗口或窗口块	0Eh	在光标位置上写字符，光标随字符前进
07h	向下滚动TTY窗口或窗口块		

ModeAttributes字段的D6和D7位可协同使用，即硬件可以同时支持窗口帧缓存区模式和线性帧缓存区模式，详细的缓存区模式组合说明请参见表7-16。

表7-16 D6和D7位的缓存区模式组合说明表

功能描述	D6	D7
窗口帧缓存区模式	0	0
N/A	1	0
窗口帧缓存区模式和线性帧缓存区模式	0	1
线性帧缓存区模式	1	1

表7-13中的WinAAttributes和WinBAttributes字段描述了窗口的特征，例如窗口是否存在、读写权限等，表7-17是窗口属性各位的功能说明。

表7-17 窗口属性功能说明表

位	值	功能描述
D0=窗口重定位	0	单窗口，不支持窗口重定位
	1	支持窗口重定位
D1=窗口可读	0	窗口不可读
	1	窗口可读
D2=窗口可写	0	窗口不可写
	1	窗口可写
D3-D7=保留		

ModeInfoBlock结构中的BytesPerScanLine字段记录着块模式的每条逻辑扫描线占用字节数，而LinBytesPerScanLine字段则记录着线性模式的每条逻辑扫描线占用字节数。字段MemoryModel保存着该显示模式支持的内存模式类型，表7-18罗列了所有内存模式类型。

表7-18 内存模式类型表

类型号	类型描述	类型号	类型描述
00h	Text mode	05h	Non-chain 4,256 color
01h	CGA graphics	06h	Direct Color
02h	Hercules graphics	07h	YUV
03h	Planar	08h-0Fh	保留，由VESA定义
04h	Packed pixel	10h-FFh	由OEM厂商定义

早期（VBE 1.1或更早）的Direct Color图像模式采用像素包的形式定义每个像素点，诸如1:5:5:5（每像素16位）、8:8:8（每像素24位）或8:8:8:8（每像素32位）；自VBE 1.2以后，Direct Color图像模式改用Direct Color内存类型，并借助ModeInfoBlock结构中的XXXXMaskSize、LinXXXXMaskSize、XXXXFieldPosition和LinXXXXFieldPosition字段来描述像素点的格式（红、绿、蓝以及保留所占位域），BitsPerPixel字段描述像素点位宽。字段DirectColorModeInfo描述了Direct Color内存类型的重要特征，表7-19是其特征位的功能说明。

表7-19　Direct Color模式的重要特征表

位	值	功能描述	位	值	功能描述
D0=颜色带	0	颜色带是固定的	D1=Rsvd位区域	0	Rsvd位区域是保留的
	1	颜色带是可编程的		1	Rsvd位区域是可被应用程序使用的

ModeInfoBlock结构中的PhysBasePtr字段保存着线性帧缓存区（现代图形图像系统常用的描画空间）的起始物理地址。此物理地址必须通过页表映射转换为线性地址后才能供程序访问，不同模式的线性帧缓存区起始物理地址可能位于不同地址处。

5. 设置VBE显示模式

VBE规范的02h号功能用于初始化图形图像控制器并设置VBE显示模式，其中的VBE模式号已在前文中予以介绍。如果VBE显示模式设置失败，BIOS将继续使用当前图形环境并返回错误码。表7-20介绍了VBE规范02h号功能的参数使用说明。

表7-20　VBE规范02h号功能的参数使用说明表

输入/输出	参　数	参 数 位	功能描述
输入：	AX = 4F02h		设置VBE显示模式
	BX =	D0-D8 =	VBE模式号
		D9-D10 =	保留（必须为0）
		D11 = 0	使用当前刷新率
		= 1	使用CRTC刷新率定制值
		D12-13 =	VBE/AF保留使用（必须为0）
		D14 = 0	使用窗口帧缓存区模式
		= 1	使用线性帧缓存区模式
		D15 = 0	清空显示内存数据
		= 1	保留显示内存数据
	ES:DI =		CRTCInfoBlock结构的起始地址
输出：	AX =		VBE返回状态

从表7-20可知，参数寄存器BX的D11位用于选择刷新率，当D11=1时BIOS将使用CRTCInfoBlock结构来定制刷新率，当D11=0时ES:DI寄存器将被忽略。根据ModeInfoBlock结构提供的VBE显示模式扩展信息，可由参数寄存器BX的D14位来选择帧缓存区模式（线性帧缓存区模式或窗口帧缓存区模式），如果选择模式与VBE显示模式扩展信息不符，那么调用将会以失败而告终。表7-21描述了CRTCInfoBlock结构各成员变量的功能。

表7-21 CRTCInfoBlock结构的成员变量功能说明表

成员变量	偏移	大小	个数/固定值	功能描述
HorizontalTotal	0	2 B	?	全部水平像素
HorizontalSyncStart	2	2 B	?	起始水平同步像素
HorizontalSyncEnd	4	2 B	?	结尾水平同步像素
VerticalTotal	6	2 B	?	全部垂直像素
VerticalSyncStart	8	2 B	?	起始垂直同步像素
VerticalSyncEnd	10	2 B	?	结尾垂直同步像素
Flags	12	1 B	?	标志
PixelClock	13	4 B	?	像素时钟（单位Hz）
RefreshRate	17	2 B	?	刷新率（单位0.01Hz）
Reserved	19	1 B	40 dup（?）	保留

注：?表示任意值；dup表示复制次数。

CRTCInfoBlock结构中的Flags字段记录着扫描模式以及水平/垂直同步方向等信息。（更多内容请参见VBE 3.0的官方白皮书。）PixelClock字段保存着标准像素时钟值，我们通过标准像素时钟值可计算出该图形模式的刷新率，以下是刷新率的计算公式。

$$\text{RefreshRate} = \frac{\text{PixelClock}}{\text{HorizontalTotal} \times \text{VerticalTotal}} \tag{7-1}$$

例如，1024×768分辨率（图像显示模式）的HorizontalTotal为1360，VerticalTotal为802，标准像素时钟为65 MHz，则计算过程如下。

$$\text{RefreshRate} = \frac{65\ 000\ 000}{1360 \times 802} = 59.59\ \text{Hz}$$

CRTCInfoBlock结构中的RefreshRate字段记录着图形模式的刷新率，通过公式(7-1)计算而得，单位为0.01 Hz。

6. 获取当前VBE模式

VBE规范的03h号功能用于获取当前使用的VBE显示模式，它只支持BIOS中断服务程序调用，而不支持VBE 3.0的保护模式直接调用，表7-22是该功能的参数使用说明。

表7-22 VBE规范03h号功能的参数使用功能说明表

输入/输出	参数	参数位	功能描述
输入：	AX = 4F03h		获取当前VBE模式
输出：	AX =		VBE返回状态
	BX =	D0-D13 =	模式号
		D14 = 0	窗口帧缓存区模式
		= 1	线性帧缓存区模式
		D15 = 0	设置模式后清空内存
		= 1	设置模式后不清空内存

7. 保存/还原状态

VBE规范的04h号功能提供了一套完整的机制来保存和还原图形图像控制器的硬件状态，此功能是VGA BIOS中断服务程序1Ch功能的全集，表7-23介绍了VBE规范04h号功能的参数使用说明。

表7-23 VBE规范04h号功能的参数使用功能说明表

输入/输出	参 数	参 数 位	功能描述
输入:	AX = 4F04h	保存/还原状态	
	DL =	00h	返回保存/还原状态缓存区容量
		01h	保存状态
		02h	还原状态
	CX =		请求状态
		D0 =	保存/还原硬件控制器状态
		D1 =	保存/还原BIOS数据状态
		D2 =	保存/还原DAC状态
		D3 =	保存/还原寄存器状态
	ES:BX =		缓冲区指针
输出:	AX =		VBE返回状态
	BX =		状态缓存区的块数量（每块64 B）

关于VBE规范的内容就先介绍到此，尽管这些只是VBE的常用功能，但对本系统目前的开发需求而言，已经绰绰有余了。如果读者想要掌握更多VBE功能，还请自行学习和阅读VBE规范。

下面将结合本系统的代码实现，进一步学习VBE功能在开发过程中的使用方法。

7.6.2 获取物理平台的VBE相关信息

目前，我们的操作系统已分为虚拟平台和物理平台两个版本。这两版代码的显示部分存在着明显的不同（包括BootLoader引导加载程序和内核程序）。BootLoader引导加载程序的不同之处在于两款平台采用不同的VBE显示模式，从而导致内核程序的显示部分也会因此发生调整。

本系统已通过VBE功能提供的标准化功能接口配置显示模式。由于电脑供应商们提供了多种自定义的显示模式，那么在配置显示模式前，应该先了解各个平台支持的显示模式有哪些。代码清单7-10是虚拟平台下的显示芯片控制程序（借助VBE功能实现）。

代码清单7-10 第7章\程序\程序7-4\虚拟平台\bootloader\loader.asm

```
	mov	ax,	0x00
	mov	es,	ax
	mov	di,	0x8000
	mov	ax,	4F00h

	int	10h

	cmp	ax,	004Fh
```

```
    jz     .KO
    ……
  .KO:
    ……
    mov    ax,     0x00
    mov    es,     ax
    mov    si,     0x800e

    mov    esi,    dword    [es:si]
    mov    edi,    0x8200

Label_SVGA_Mode_Info_Get:

    mov    cx,     word     [es:esi]

;=======   display SVGA mode information

    push   ax

    mov    ax,     00h
    mov    al,     ch
    call   Label_DispAL

    mov    ax,     00h
    mov    al,     cl
    call   Label_DispAL

    pop    ax

;=======

    cmp    cx,     0FFFFh
    jz     Label_SVGA_Mode_Info_Finish

    mov    ax,     4F01h
    int    10h

    cmp    ax,     004Fh

    jnz    Label_SVGA_Mode_Info_FAIL

    inc    dword         [SVGAModeCounter]
    add    esi,    2
    add    edi,    0x100

    jmp    Label_SVGA_Mode_Info_Get
```

这段代码先使用VBE的00h号功能来获取控制器的`VbeInfoBlock`信息块结构，并将其保存在由参数寄存器ES:DI指定的0x8000物理地址处。一旦此功能执行成功，便可向Bochs虚拟机终端命令行输入命令`x /128hx 0x8000`来查看`VbeInfoBlock`信息块结构的前256 B内容。以下内容是从Bochs虚拟机中读取出的数据信息：

```
<bochs:2> x /128hx 0x8000
[bochs]:
0x0000000000008000 <bogus+       0>:    0x4556    0x4153    0x0200    0x934d    0xc000
0x0001    0x0000    0x8022
0x0000000000008010 <bogus+      16>:    0x0000    0x0100    0x0f00    0x0100    0x2011
0x1301    0x0140    0x6015
0x0000000000008020 <bogus+      32>:    0x1701    0x0100    0x0101    0x0102    0x0103
0x0104    0x0105    0x010d
0x0000000000008030 <bogus+      48>:    0x010e    0x010f    0x0110    0x0111    0x0112
0x0113    0x0114    0x0115
0x0000000000008040 <bogus+      64>:    0x0116    0x0117    0x0118    0x0140    0x0141
0x0142    0x0143    0x0144
0x0000000000008050 <bogus+      80>:    0x0146    0x0175    0x0176    0x0177    0x018d
0x018e    0x018f    0xffff
0x0000000000008060 <bogus+      96>:    0x2041    0x4304    0x0440    0x6045    0x4704
0x0480    0xa049    0x4b04
0x0000000000008070 <bogus+     112>:    0x04c0    0xe04d    0x4f04    0x0500    0x2051
0x5305    0x0540    0x6055
0x0000000000008080 <bogus+     128>:    0xff05    0x000f    0x0000    0x0000    0x0000
0x0000    0x0000    0x0000
0x0000000000008090 <bogus+     144>:    0x0000    0x0000    0x0000    0x0000    0x0000
0x0000    0x0000    0x0000
0x00000000000080a0 <bogus+     160>:    0x0000    0x0000    0x0000    0x0000    0x0000
0x0000    0x0000    0x0000
0x00000000000080b0 <bogus+     176>:    0x0000    0x0000    0x0000    0x0000    0x0000
0x0000    0x0000    0x0000
0x00000000000080c0 <bogus+     192>:    0x0000    0x0000    0x0000    0x0000    0x0000
0x0000    0x0000    0x0000
0x00000000000080d0 <bogus+     208>:    0x0000    0x0000    0x0000    0x0000    0x0000
0x0000    0x0000    0x0000
0x00000000000080e0 <bogus+     224>:    0x0000    0x0000    0x0000    0x0000    0x0000
0x0000    0x0000    0x0000
0x00000000000080f0 <bogus+     240>:    0x0000    0x0000    0x0000    0x0000    0x0000
0x0000    0x0000    0x0000
```

将Bochs虚拟机返回的数据信息按照表7-10描述的信息块结构进行格式化，便生成表7-24所示的VbeInfoBlock信息块结构对照表。

表7-24　VbeInfoBlock信息块结构对照表（虚拟平台）

成员变量	偏移	大小	返回结果值	功能描述
VbeSignature	0	1 B	'VESA'(4*1B)	VBE识别标志
VbeVersion	4	2 B	0200h	VBE版本（BCD码）
OemStringPtr	6	4 B	C000934Dh	OEM字符串指针
Capabilities	10	4 B	00000001h	图形控制器的机能
VideoModePtr	14	4 B	00008022h	VideoModeList指针
TotalMemory	18	2 B	0100h	64 KB内存块数量
OemSoftwareRev	20	2 B	0f00h	VBE软件版本（BCD码）
OemVerdorNamePtr	22	4 B	20110100h	OEM供应商名字指针

（续）

成员变量	偏移	大小	返回结果值	功能描述
OemProductNamePtr	26	4 B	01401301h	OEM产品名指针
OemProduceRevPtr	30	4 B	17016015h	OEM产品版本指针
Reserved	34	222 B	略	此处为模式号

从表7-24可以看出，Bochs虚拟机安装的VBE显示控制芯片版本为2.0，此表中最为重要的成员变量是`VideoModePtr`，它记录着模式号列表（VBE芯片能够支持模式号）的起始地址，此处`VideoModePtr`指向物理地址0x8022处，即指向`Reserved`字段的地址空间。

在获取到`VbeInfoBlock`信息块结构后，我们再借助VBE的01h号功能对VBE芯片支持的模式号进行逐一遍历，以获取每个模式号的`ModeInfoBlock`结构。这些`ModeInfoBlock`结构保存在物理地址0x8200处的内存空间内，每个`ModeInfoBlock`结构占用256 B。使用Bochs虚拟机的终端命令x同样可以查看到`ModeInfoBlock`结构内的数据信息。

由于不同版本的Bochs虚拟机所支持的模式号各不相同，所以本书提供VBE数据信息文件`DataSheet.xlsx`，此文件中记录了Bochs虚拟机2.6.6、2.6.8两个版本的`VbeInfoBlock`与`ModeInfoBlock`结构信息。也许这些数据与读者查询出的数据信息不一致，出于保险起见还以读者查询出的数据信息为准。表7-25罗列出了虚拟平台中的`ModeInfoBlock`结构信息的关键成员变量。

表7-25 `ModeInfoBlock`的部分信息对照表（虚拟平台）

模式号	成员变量	偏移	大小	返回结果值	功能描述
0x180	XResolution	18	2 B	0x5A0=1440	水平分辨率（像素或字符）
	YResolution	20	2 B	0x384=900	垂直分辨率（像素或字符）
	BitsPerPixel	25	1 B	0x20	每像素占用位宽
	MemoryMode	27	1 B	6	内存模式类型
	DirectColorModeInfo	39	1 B	2	Direct Color模式属性
	PhysBasePtr	40	4 B	0xE000,0000	平坦帧缓存区模式的起始物理地址
0x186	XResolution	18	2 B	0x690=1680	水平分辨率（像素或字符）
	YResolution	20	2 B	0x41A=1050	垂直分辨率（像素或字符）
	BitsPerPixel	25	1 B	0x20	每像素占用位宽
	MemoryMode	27	1 B	6	内存模式类型
	DirectColorModeInfo	39	1 B	2	Direct Color模式属性
	PhysBasePtr	40	4 B	0xE000,0000	平坦帧缓存区模式的起始物理地址

本操作系统将采用Direct Color内存类型、每像素占用32位，表7-25是众多符合要求的模式号中分辨率最大的两个模式号。

对比Bochs虚拟平台的VBE数据信息，X220T物理平台的VBE数据信息会与之有所不同。现将VBE数据信息的获取过程分解为三个步骤。首先，Loader引导加载程序使用VBE的00h号功能来获取VBE控制器信息，详细程序实现请参见代码清单7-11。代码中被;注释掉的部分用于显示获取到的数据信息，由于比较耗费性能，暂时注释掉了，请读者根据需要，有选择性地使用，这条说明适用于物理平台的所有VBE数据信息提取程序。

代码清单7-11 第7章\程序\程序7-4\物理平台\bootloader\loader.asm

```
    mov     ax,     0x00
    mov     es,     ax
    mov     di,     0x8000
    mov     ax,     4F00h

    int     10h

    cmp     ax,     004Fh

    jz      .KO
    ......
.KO:
    ......
    mov     ax,     0x00
    mov     es,     ax

    mov     si,     0x8000

    mov     cx,     22h;;;;;;;;;;;;;;;;;;;
LOOP_Disp_VBE_Info:

    mov     ax,     00h
    mov     al,     byte    [es:si]
    call    Label_DispAL
    add     si,     1

    loop    LOOP_Disp_VBE_Info

;   mov     cx,     0x55aa
;   push    ax
;   mov     ax,     00h
;   mov     al,     ch
;   call    Label_DispAL
;   mov     ax,     00h
;   mov     al,     cl
;   call    Label_DispAL
;   pop     ax
```

这段代码将VBE的控制器信息（VbeInfoBlock信息块结构）保存到物理地址0x8000处，随后使用Label_DispAL模块将遍历出信息打印在屏幕上，并以字符55AA作为数据分割标志。此处仅打印了VbeInfoBlock信息块结构前22 B（汇编代码mov cx, 22h）的数据内容，因为剩余数据均为OEM供应商信息，为了节省屏幕的显示空间便不再打印，读者可根据实际情况调整数据的显示长度。将这22 B数据格式化为VbeInfoBlock信息结构，可生成表7-26描述的VbeInfoBlock信息块结构对照表。

表7-26 VbeInfoBlock信息块结构对照表（物理平台）

成员变量	偏移	大小	返回结果值	功能描述
VbeSignature	0	1 B	'VESA' (4*1B)	VBE识别标志
VbeVersion	4	2 B	0300h	VBE版本（BCD码）
OemStringPtr	6	4 B	C0007B20h	OEM字符串指针
Capabilities	10	4 B	00000001h	图形控制器的能力
VideoModePtr	14	4 B	C0007BE7h	VideoModeList指针
TotalMemory	18	2 B	03FFh	64 KB内存块数量
OemSoftwareRev	20	2 B	0000h	VBE软件版本（BCD码）
OemVerdorNamePtr	22	4 B	00000000h	OEM供应商名字
OemProductNamePtr	26	4 B	00000000h	OEM产品名
OemProduceRevPtr	30	4 B	00000000h	OEM产品版本
Reserved	34	222 B	略	此时为0

从表7-26可以看出，VbeInfoBlock信息结构的VideoModePtr字段指向物理地址C0007BE7h处。由于物理平台的VBE版本为3.0，我们可在VbeSignature字段中预设ASCII码值'VBE2'，将VBE支持的模式号列表保存在Reserved空间内。亦可通过VBE的01h号功能遍历所有VBE模式号，并记录下查询成功的模式号。本系统采用第二种方法来获取模式号，代码清单7-12实现了这一遍历过程。

代码清单7-12 第7章\程序\程序7-4\物理平台\bootloader\loader.asm

```
    mov     cx,     0xff;;;;;;;;;;;;;;

LABEL_Get_Mode_List:

    add     cx,     1

    cmp     cx,     0x200
    jz      LABEL_Get_Mode_Finish

    mov     ax,     4F01h
    mov     edi,    0x8200
    int     10h

    cmp     ax,     004Fh
    jnz     LABEL_Get_Mode_List

;    push   ax
;    mov    ax,     00h
;    mov    al,     ch
;    call   Label_DispAL
;    mov    ax,     00h
;    mov    al,     cl
;    call   Label_DispAL
;    pop    ax
```

```
	jmp	LABEL_Get_Mode_List

LABEL_Get_Mode_Finish:

;	mov	cx,	0x55aa
;	push	ax
;	mov	ax,	00h
;	mov	al,	ch
;	call	Label_DispAL
;	mov	ax,	00h
;	mov	al,	cl
;	call	Label_DispAL
;	pop	ax
```

代码清单7-12通过获取VBE模式信息的方式，将获取成功的模式号显示（使用Label_DispAL模块）在屏幕中，同样以字符55AA作为数据分割标志。X220T物理平台支持的模式号有：0x0101、0x0103、0x0105、0x0107、0x0111、0x0112、0x0114、0x0115、0x0117、0x0118、0x011A、0x011B、0x013A、0x013C、0x014B、0x014D、0x015A、0x015C、0x0160、0x0161、0x0162、0x0163、0x0164、0x0165、0x0166、0x0167、0x0168、0x0169、0x016A、0x016B、0x016C、0x016D、0x016E、0x016F、0x0170、0x0171、0x017D、0x017E、0x017F、0x01FF。当确定物理平台可用的模式号后，我们再使用代码清单7-13来遍历各模式号的ModeInfoBlock结构。

代码清单7-13　第7章\程序\程序7-4\物理平台\bootloader\loader.asm

```
;	mov	cx,	0x118	;;;;;;;;;;;;mode
;	mov	ax,	4F01h
;	mov	edi,	0x8200
;	int	10h

;	push	ax
;	mov	ax,	00h
;	mov	al,	ch
;	call	Label_DispAL
;	mov	ax,	00h
;	mov	al,	cl
;	call	Label_DispAL
;	pop	ax

;	mov	cx,	0x55aa
;	push	ax
;	mov	ax,	00h
;	mov	al,	ch
;	call	Label_DispAL
;	mov	ax,	00h
;	mov	al,	cl
;	call	Label_DispAL
;	pop	ax

;	mov	si,	0x8200
;	mov	cx,	128
;	LOOP_Disp_Mode_Info:
;	mov	ax,	00h
```

```
;   mov     al,     byte    [es:si]
;   call    Label_DispAL
;   add     si,     1
;   loop    LOOP_Disp_Mode_Info
;   jmp     $

    jmp     Label_SVGA_Mode_Info_Finish
```

代码清单7-13依然使用VBE的01h号功能来获取指定模式号的ModeInfoBlock结构，并将相关数据显示在屏幕上。此处请读者注意，虽然通过代码清单7-12可获得物理平台支持的模式号，但并非所有模式号都能获得ModeInfoBlock结构，某些模式号的获取操作能够执行成功，可反馈回来的却是无效数据。而且，在不同物理平台下，同一模式号的ModeInfoBlock信息也会不同。

表7-27是模式号0x118的部分ModeInfoBlock信息，更多信息同样请读者参见VBE数据信息文件DataSheet.xlsx。

表7-27 模式号0x118的部分ModeInfoBlock信息对照表（物理平台）

模式号	成员变量	偏移	大小	返回结果值	功能描述
0x118	XResolution	18	2 B	0x400=1024	水平分辨率（像素或字符）
	YResolution	20	2 B	0x300=768	垂直分辨率（像素或字符）
	BitsPerPixel	25	1 B	0x20	每像素占用位宽
	MemoryMode	27	1 B	6	内存模式类型
	DirectColorModeInfo	39	1 B	0	Direct Color模式属性
	PhysBasePtr	40	4 B	0xE000,0000	平坦帧缓存区模式的起始物理地址

特别注意，对于同系列同型号不同批次的物理平台而言，同一模式号的ModeInfoBlock信息可能不尽相同。最明显的成员变量是PhysBasePtr，同样是X220T物理平台，有的PhysBasePtr值是0xE000,0000，而有的PhysBasePtr值则是0xC000,0000。因此请读者以实际检测数据为准，不要盲目使用本节提供的数据。

通过本节学习，相信读者已经掌握查询VBE数据信息的编程技巧。获取所有模式号的ModeInfoBlock信息已然只是时间问题，非常期待你们的成功。

7.6.3 设置显示模式

我们虽已遍历出诸多模式号的ModeInfoBlock信息，但要从众多可用模式号中挑选出最理想的显示模式却无从着手。至于模式号的选择，自然要从实际情况和需求着手。现以本操作系统为例，可以参考以下几点。

首先，要选择合适的MemoryMode，目前较为常用的或便于编程的内存模式类型是Direct Color内存类型。Direct Color内存类型由RGB三种基色值组成，常见的有24 bit Direct Color和32 bit Direct Color两种颜色格式。它们均可表现2^{24}种颜色。不同的是，24 bit Direct Color颜色格式的每个像素点占3 B，必须经过两次颜色赋值操作才能完成颜色值填充；而32 bit Direct Color颜色格式的每个像素点占4 B，只需进行一次颜色赋值操作就可实现颜色值填充，相比之下，图像描绘速度快近一倍（图像描绘的速度越快，画面越流畅）。故此，选择MemoryMode=6和BitsPerPixel=0x20的模式号为上策。

其次，对于运行在IA-32e模式的操作系统而言，操作系统不应该再依靠BIOS中断服务程序（实模式）来描绘图形图像。那么操作系统只有使用线性帧缓存区模式（通过页管理机制将物理地址映射到线性地址空间）才可在IA-32e位模式下操作帧缓冲区。当然，在显示芯片支持的前提下，分辨率越大者效果更佳。

最后，在设置显示模式的过程中，为了达到理想的显示效果，应尽量将帧缓存区内的数据清空，如果有特殊要求，不保留帧缓存区内的数据也是可以的。对于画面流畅度要求较高的读者来说，他可在设置显示模式时使用CRTC刷新率定制值，否则使用默认刷新率即可。

综上所述，在设置显示模式（使用VBE的02h号功能）时，可参照表7-28提供的位值来向BX寄存器传递参数。

表7-28　VBE规范02h号功能的BX参数寄存器位配置表

参数	参数位	值	功能描述
BX =	D0-D8 =	1XXh	VBE模式号
	D9-D10 =	0	保留，必须为0
	D11 =	0	使用当前默认刷新率
	D12-13 =	0	VBE/AF保留使用，必须为0
	D14 =	1	使用窗口帧缓存区模式
	D15 =	0	清空显示内存

模式号180h是Bochs虚拟平台选用的显示模式，将此模式号结合表7-28提供的位值，最终确定向BX参数寄存器传递数值为4180h。代码清单7-14记录了VBE显示模式的设置过程。

代码清单7-14　第7章\程序\程序7-4\虚拟平台\bootloader\loader.asm

```
;=======    set the SVGA mode(VESA VBE)

    mov     ax,     4F02h
    mov     bx,     4180h    ;========================mode : 0x180 or 0x143
    int     10h

    cmp     ax,     004Fh
    jnz     Label_SET_SVGA_Mode_VESA_VBE_FAIL
```

这段代码一目了然，通过VBE的02h号功能设置图形图像控制器的显示模式（模式号为180h）。此显示模式采用线性帧缓冲区模式，并在开始时清空帧缓存区内的数据。在模式设置操作执行结束后，程序还需要根据AX寄存器的返回值判断操作是否成功。

物理平台的显示模式设置过程与虚拟平台是一样的，只需将模式号改为118h即可。代码清单7-15是物理平台显示模式的设置过程。

代码清单7-15　第7章\程序\程序7-4\物理平台\bootloader\loader.asm

```
;=======    set the SVGA mode(VESA VBE)

    mov     ax,     4F02h
    mov     bx,     4118h    ;========================mode : 0x118
```

```
    int     10h
    cmp     ax,     004Fh

    jnz     Label_SET_SVGA_Mode_VESA_VBE_FAIL
```

特别注意，某些模式号虽可以获取ModeInfoBlock信息，也能够借助代码清单7-15成功的设置显示模式，但无法达到预期的显示效果。因此，虽然诸多模式号遍历出，但经过层层筛选后，能够用于编程的模式号却屈指可数。

至此，本章的内容已经讲解结束。本章不仅补充和扩展了BootLoader引导加载程序的功能，同时，它还是实现了从虚拟平台跨越到物理平台的里程碑。此后的章节将以物理平台作为主开发环境，而虚拟平台只在必要时用于辅助讲解。

第 8 章

内核主程序

本章将会继续对初级篇中的内核主程序进行功能性补充，并对操作系统的地址空间划分情况以及此前遗漏的编译、链接等知识予以补充说明。

通过本章的学习，相信读者会解开内核程序在编译和链接过程中的诸多困惑，并能够独立查询出当前使用的处理器型号、处理器商标等信息。

8.1 内核主程序功能概述

如前所述，内核主程序与普通应用程序的主函数极其相似，只不过内核主程序不会以正常的`return`方式返回。如果内核主程序返回或者执行结束，基本上说明此系统的大限将至（生命周期将尽）。

以Linux内核为例，在运行内核主程序之前，内核通常会执行一小段汇编程序（像本操作系统中的head.S文件）来初始化系统内核基础数据结构（处理器体系结构有关数据），随后再去执行内核主程序。内核主程序负责解析BootLoader传递过来的数据，并调用各个子模块的初始化程序（函数），接着为系统创建出第一个进程init，同时将处理器的执行权移交给init进程。此时，内核主程序将变成idle进程，只要系统空闲，便会唤醒idle进程，使其进入待机状态以减少系统功耗。本书的系统内核也会参照此过程来实现。

在内核主程序中，各个子模块的初始化顺序并不是固定的或硬性要求的。以个人观点来看，各个模块的初始化顺序主要以使用该模块的紧迫性作为排序依据，例如本书系统内核的异常处理模块和内存管理模块，它们的初始化顺序其实是可以互换的，但是为了能够快速分析出错误原因，这里选择先初始化异常处理模块。

8.2 操作系统的 Makefile 编译脚本

如果各位读者没有使用本书自带的Makefile编译脚本去编译系统程序，那么在编译链接过程中很容易出现各种问题。例如，在本操作系统中进行程序链接时，如果选项修饰缺少，那么链接器很可能会报出`relocation truncated to fit: R_X86_64_32 against '.text'`等错误，导致无法生成目标文件。而对于普通应用程序来说，可能只使用`gcc -o`命令就可以完成整个编译、链接过程，这也是操作系统区别于普通应用程序的地方之一。因此，就有必要特殊讲解一下操作系统的Makefile编译脚本，如代码清单8-1所示。

代码清单8-1 第8章\程序\程序8-1\物理平台\kernel\Makefile

```
all: system
	objcopy -I elf64-x86-64 -S -R ".eh_frame" -R ".comment" -O binary system kernel.bin

system:	head.o entry.o main.o printk.o trap.o memory.o interrupt.o task.o
	ld -b elf64-x86-64 -z muldefs -o system head.o entry.o main.o printk.o trap.o
memory.o interrupt.o task.o -T Kernel.lds

head.o:	head.S
	gcc -E  head.S > head.s
	as --64 -o head.o head.s

entry.o: entry.S
	gcc -E  entry.S > entry.s
	as --64 -o entry.o entry.s

main.o:	main.c
	gcc  -mcmodel=large -fno-builtin -m64 -c main.c

printk.o: printk.c
	gcc  -mcmodel=large -fno-builtin -m64 -c printk.c

trap.o: trap.c
	gcc  -mcmodel=large -fno-builtin -m64 -c trap.c

memory.o: memory.c
	gcc  -mcmodel=large -fno-builtin -m64 -c memory.c

interrupt.o: interrupt.c
	gcc  -mcmodel=large -fno-builtin -m64 -c interrupt.c

task.o: task.c
	gcc  -mcmodel=large -fno-builtin -m64 -c task.c

clean:
	rm -rf *.o *.s~ *.s *.S~ *.c~ *.h~ system  Makefile~ Kernel.lds~ kernel.bin
```

代码清单8-1中的Makefile编译脚本负责编译本系统内核程序，其中不乏使用了as、gcc、ld、objcopy等命令，下面将对这些命令逐个进行讲解。

- as命令，其格式为as [选项] 汇编文件，以下选项将在本系统编译过程中使用。
  - --32/--64。它生成32/64位代码。
  - -o OBJFILE。它将编译生成的目标二进制程序段保存在OBJFILE文件内，OBJFILE的默认文件名为a.out。

  实例解析：

  ```
  as --64 -o entry.o entry.s
  ```

  这条命令的作用是把汇编源文件entry.s编译成64位的二进制程序段，并将其保存在文件entry.o里。之所以将entry.o文件称为二进制程序段而不是二进制程序，是因为entry.o

8

文件不是可执行文件，它需要经过链接后，才能成为可执行程序。

- gcc命令，其格式为gcc [选项] 文件，以下选项将在本系统编译过程中使用。
  - -E。它使编译器只执行预处理过程，不执行编译、汇编、链接等过程，也不会生成目标文件，此时需要将源文件预处理的结果重定向到一个输出文件中。
  - -C。在预处理过程中，它不删除注释信息，通常情况下和-E联合使用。
  - -mcmodel=large。mcmodel用于限制程序访问的地址空间，选项large表明程序可访问任何虚拟地址空间，其他选择无法使程序访问整个虚拟地址空间。
  - -fno-builtin。除非使用前缀__builtin_明确引用，否则编译器不识别所有系统内建函数。常见的系统内建函数有alloca、memcpy等。
  - -m32/-m64。它生成32/64位代码。
  - -c。它执行预处理、编译、汇编等过程，但不执行链接过程。

实例解析：

```
gcc -E  entry.S > entry.s
```

这条命令的作用是对汇编源文件entry.S进行预处理，同时将预处理的结果重定向（导出）到目标文件entry.s中。

注意　读者在自行编写编译脚本或执行该实例命令时，可使用-C选项让预处理过程保留注释信息。同时请注意注释符'//'的使用，如果注释符在编译过程中引发错误，可尝试将注释符'//'改为'/* */'。

实例解析：

```
gcc  -mcmodel=large -fno-builtin -m64 -c main.c
```

这条命令的作用是将C语言源文件main.c编译成64位的二进制程序段文件main.o。与此同时，这条命令还不限制地址空间的访问范围、不识别所有系统内建函数。

- ld命令，其格式为ld [选项] 文件，以下选项将在本系统编译过程中使用。
  - -b TARGET。它指定输入文件的文件格式。ld命令支持的文件格式有：elf64-x86-64、elf32-i386、a.out-i386-linux、pei-i386、pei-x86-64、elf64-l1om、elf64-little、elf64-big、elf32-little、elf32-big、srec、symbolsrec、verilog、tekhex、binary、ihex等。（可通过help选项查询ld命令支持的文件格式。）
  - -z muldefs。它允许重复定义。当遇见重复定义时，编译器只使用其中一个。
  - -o FILE。它指定输出文件的文件名。
  - -T FILE。它为链接过程提供链接脚本文件。

实例解析：

```
ld -b elf64-x86-64 -z muldefs -o system head.o entry.o main.o printk.o trap.o
    memory.o interrupt.o task.o -T Kernel.lds
```

这条命令的作用是将head.o、entry.o、main.o等编译好的二进制程序段文件按照链接脚本kernel.lds的描述对程序段进行部署，最终将它们链接成elf64-x86-64文件格式的可执行程序

system，这个链接过程会过滤掉重复定义的函数。

- objcopy命令，其格式为objcopy [选项] 输入文件 [输出文件]，以下选项将在本系统编译过程中使用。
  - -I TARGET。它指定输入文件的文件格式。objcopy命令支持的文件格式有：elf64-x86-64、elf32-i386、a.out-i386-linux、pei-i386、pei-x86-64、elf64-l1om、elf64-little、elf64-big、elf32-little、elf32-big、srec、symbolsrec、verilog、tekhex、binary、ihex等。（可通过help选项查询objcopy命令支持的文件格式。）
  - -S。它移除所有symbol和relocation信息。
  - -R name。它从输出文件中移除名为name的程序段。
  - -O TARGET。它指定输出文件的文件格式。

  实例解析：

  ```
  objcopy -I elf64-x86-64 -S -R ".eh_frame" -R ".comment" -O binary system kernel.bin
  ```

  这条命令的作用是移除可执行程序system中的所有symbol和relocation信息，并移除名为.eh_frame和.comment的程序段，最后将剩余程序段以二进制格式输出到文件kernel.bin中。此处提及的.eh_frame程序段用于处理异常，而.comment程序段则用于存放注释信息，由于系统内核只能以二进制程序执行，那么使用objcopy指令将ELF格式的文件转换为二进制文件就有必要，同时为了减少内核程序中的脏数据，多余的段数据要移除掉。

有些读者可能会觉得每次增加编译文件都必须在Makefile编译脚本里插入很长一段编译命令。在某些情况下，如果需要增加编译选项，则会有种牵一发而动全身的感觉。Makefile编译脚本早已为大家提供了解决这些问题的办法。

在Makefile编译脚本中，可以使用变量来保存编译选项，在需要使用编译选项时，直接在命令中将变量展开即可，而且变量展开过程由make命令自动执行。因此，代码清单8-1的Makefile编译脚本可改写为代码清单8-2所示的样子。

代码清单8-2　第8章\程序\程序8-2\物理平台\kernel\Makefile

```
CFLAGS := -mcmodel=large -fno-builtin -m64

ASFLAGS := --64

……

head.o:    head.S
    gcc -E head.S > head.s
    as $(ASFLAGS) -o head.o head.s

……

main.o:    main.c
    gcc  $(CFLAGS) -c main.c

……
```

这段代码使用了CFLAGS和ASFLAGS两个变量，它们分别保存着执行gcc命令和as命令时使用的选项。当make命令将这两个变量展开（使用$(CFLAGS)和$(ASFLAGS)格式进行展开）时，这段程序就变成代码清单8-1的样子。

尽管本节已经讲解了Makefile编译脚本的主体命令以及编译脚本中的变量，但编译脚本的功能非常强大，单凭一章或几节内容无法将其讲述穷尽。这里只能为读者做一个引路性的介绍，对这方面感兴趣的读者还需要另行寻找资料阅读。

8.3 操作系统的 kernel.lds 链接脚本

系统程序的链接过程（执行ld命令）使用到一种叫作链接脚本的文件，从本书开篇到目前为止并未过多提及链接脚本的功能。正常的应用程序开发过程也会使用到链接脚本文件，只不过通常情况下链接器都会使用默认的链接脚本文件，所以在编译链接应用程序时，我们并不需要明确指定或编写链接脚本文件。而内核程序段的位置往往是精心设计而成的，这就导致其与默认链接脚本的描述不符。而且，根据系统内核程序的需要，段名也往往由操作系统独立命令。出于以上原因，就需要特殊介绍一下链接脚本。

链接脚本的主要作用是描述如何将输入文件中的各程序段（数据段、代码段、堆、栈、BSS）部署到输出文件中，并规划输出文件各程序段在内存中的布局。现以本系统内核程序的链接脚本文件为例来进行讲解，请看代码清单8-3。

代码清单8-3 第8章\程序\程序8-2\物理平台\kernel\Kernel.lds

```
OUTPUT_FORMAT("elf64-x86-64","elf64-x86-64","elf64-x86-64")
OUTPUT_ARCH(i386:x86-64)
ENTRY(_start)
SECTIONS
{

    . = 0xffff800000000000 + 0x100000;
    .text :
    {
        _text = .;
        *(.text)
        _etext = .;
    }

    . = ALIGN(8);

    .data :
    {
        _data = .;
        *(.data)
        _edata = .;
    }

    .rodata :
    {
        _rodata = .;
        *(.rodata)
```

```
        _erodata = .;
    }

    . = ALIGN(32768);
    .data.init_task : { *(.data.init_task) }

    .bss :
    {
        _bss = .;
        *(.bss)
        _ebss = .;
    }

    _end = .;
}
```

从代码清单8-3可以看出，本系统内核程序的链接脚本文件使用了OUTPUT_FORMAT、OUTPUT_ARCH、ENTRY、SECTIONS等关键字对内核程序的组织结构与内存布局加以描述。现在将对这些关键字逐一进行讲解。

- 符号.是一个定位器或位置指针，它用于定位程序的地址或调整程序的布局位置。

  实例解析：

  ```
  . = 0xffff800000000000 + 0x100000;
  ```

  此行脚本的作用是将定位器设置在地址0xffff800000100000处，此时的地址代表的是线性地址。

- OUTPUT_FORMAT(DEFAULT,BIG,LITTLE)。它为链接过程提供DEFAULT（默认）、BIG（大端）、LITTLE（小端）三种输出文件格式（文件格式请参见ld命令的-b TARGET选项）。在程序的链接过程中，若链接命令使用-EB选项，那么程序将链接成BIG指代的文件格式；如果链接命令中有-EL选项，那么程序将链接成LITTLE指代的文件格式。否则程序将链接成默认文件格式，即DEFAULT指代的文件格式。

  实例解析：

  ```
  OUTPUT_FORMAT("elf64-x86-64","elf64-x86-64","elf64-x86-64")
  ```

  此行脚本程序的作用是将文件的三种输出格式均设置为elf64-x86-64（**x86**处理器的**64**位体系结构）。

- OUTPUT_ARCH(BFDARCH)。它指定输出文件的处理器体系结构。

  实例解析：

  ```
  OUTPUT_ARCH(i386:x86-64)
  ```

  此行脚本程序的作用是设置输出文件的处理器体系结构为i386:x86-64。

- ENTRY(SYMBOL)。它将标识符SYMBOL设置为程序的入口地址，即执行程序的第一条指令所在地址。

  实例解析：

  ```
  ENTRY(_start)
  ```

  这行脚本程序的作用是将**head.S**文件中的标识符_start作为程序的入口地址。

8

注意　在ld命令链接各程序段文件时，其链接顺序大体上是按照命令行中的文件排列顺序依次进行链接的。故此，在本系统内核程序的链接命令中，head.o必须作为第一个链接文件，从而才能将head.o文件内的代码段程序安放到输出文件的.text段的起始地址处。链接器并非通过ENTRY关键字部署程序段的位置（指定_start为程序的入口地址）。

- SECTIONS。SECTIONS关键字负责向链接器描述如何将输入文件中的各程序段（数据段、代码段、堆、栈、BSS）部署到输出文件中，同时还将规划各程序段在内存中的布局。

  实例解析：

```
SECTIONS
{
    . = 0xffff800000000000 + 0x100000;
    .text :
    {
        _text = .;
        *(.text)
        _etext = .;
    }
    . = ALIGN(8);
    .data : { …… }
    .rodata : { …… }
    . = ALIGN(32768);
    .data.init_task : { …… }
    .bss : { …… }
    _end = .;
}
```

  这段脚本程序描述了各程序段在输出文件中的部署位置以及它们在内存中的布局。从实例中可以看出，内核程序的代码段.text起始于线性地址0xffff800000100000处。这个线性地址经过页管理机制转换后，我们可知其对应的物理地址是0x100000，这与此前编写的Loader引导加载程序和head.S内核执行头文件的设计思路相吻合。而链接脚本中的正则表达式*(.text)，说明了输出文件的.text程序段保存着所有输入文件的.text程序段。而且，.text程序段还使用了_text和_etext标识符来标示.text程序段的起始线性地址和结尾线性地址，这两个标识符可在程序中通过代码extern _text和extern _etext进行引用（将它们看作全局变量）。其他程序段同理。此处的符号.表示程序定位器的当前位置（线性地址）。

- ALIGN(NUM)。它将地址向后按NUM字节对齐。

  实例解析：

```
. = ALIGN(32768);
```

  这行脚本程序的作用是将定位器向后对齐至32768 B边界地址处。

  此时再来看链接脚本文件kernel.lds，将会非常容易理解。这个链接脚本文件借鉴于Linux 2.4.0中的vmlinux.lds文件。通过本节内容的学习，相信读者今后再去解读链接脚本文件时，应该不会再感到陌生和畏惧。

8.4 操作系统的线性地址空间划分

早在7.3节已经介绍了引导加载阶段的内存空间划分情况。其实，操作系统在正常运行的过程中，也会对线性地址空间进行划分，这些划分出来的区域各司其职地运行着。下面将对本操作系统目前设计（有少部分设计尚未实现）的内存空间划分情况进行剖析，请先看图**8-1**所示的线性地址空间划分示意图。

⑩	0xFFFFFFFF,FFFFFFFF +10000,0000h	非固定映射区间
⑨	+FFFF,FFFFh	固定映射区间
zone_struct ⑧		
4 KB 边界对齐		
page_struct ⑦		
4 KB 边界对齐		
bit_map ⑥		
4 KB 边界对齐	&_end	
kernel.bin ⑤	+100000h &_text	
E820 ④	+7E00h	
③	0xFFFF8000,00000000	
Non-Canonical ②	0xFFFF7FFF,FFFFFFFF 0x00008000,00000000	
Canonical ①	0x00007FFF,FFFFFFFF 0x00000000,00000000	

（图中区域③～⑩统一标注为Canonical）

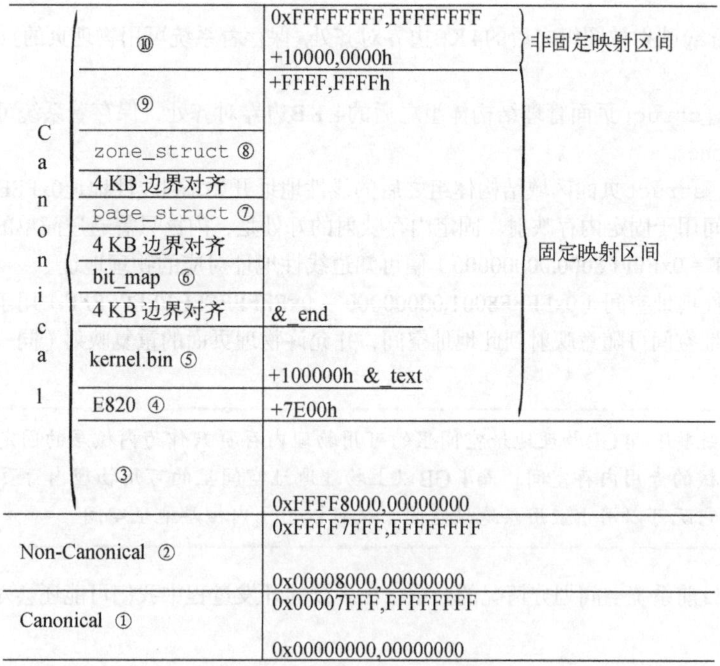

图**8-1** 操作系统的线性地址空间划分示意图

在图**8-1**中，操作系统内核将线性地址空间划分为多个区域，它们分别起着不同的作用，有的空间为应用程序预留，有的空间保存着BootLoader引导加载程序传递过来的数据，有的空间供内核程序使用等。这些区域都用序号标明，每个区域的详细解释如下。

(1) 线性地址区间0x00000000,00000000 ~ 0x00007FFF,FFFFFFFF作为应用层地址空间，将预留给各个应用程序使用。

(2) 线性地址区间0x00008000,00000000 ~ 0xFFFF7FFF,FFFFFFFF是Non-Canonical型地址空间，不能被处理器访问，故保留使用。由此可见，将这段地址空间作为应用程序和内核程序的分界线，应该是一个不错的选择。

(3) 从线性地址0xFFFF8000,00000000开始至0xFFFFFFFF,FFFFFFFF处，这段区间将作为内核层地址空间，供内核程序管理使用。现已将0~4 GB物理地址空间固定映射到线性地址0xFFFF8000,00000000 ~ 0xFFFF8000,FFFFFFFF处，即线性地址和物理页的映射是固定的、连续的、一一对应的，这些物理页无法动态更改。在内核启动初期，由于内核功能不够完善，内核必须挪用一部分线性地址空间去映射帧缓存区（VBE平坦帧缓存区模式的起始物理地址），故此目前内核暂且无法进行固定映射，待到内存管理单元完善以后再做固定映射。

(4) 在线性地址0xFFFF8000,00000000向后偏移7E00h地址处，保存着通过BIOS中断服务程序获取的物理地址映射信息，当内存管理单元初始化完毕后，这部分内存空间便可释放另作他用。

(5) 在线性地址0xFFFF8000,00000000向后偏移100000h地址处，保存着内核程序kernel.bin。

(6) 在_end标识符（内核程序结尾地址）之后的4 KB边界对齐处，保存着系统可用物理页的映射位图。

(7) 在bits_map映射位图组之后的4 KB边界对齐处，保存着系统可用物理页的页面管理结构struct Page。

(8) 在pages_struct页面管理结构体组之后的4 KB边界对齐处，保存着系统可用物理页的页面区域结构struct Zone。

(9) 从zones_struct页面区域结构体组之后的线性地址开始，到线性地址0xFFFF8000,FFFFFFFF处的这段地址空间用于固定内存映射。固定内存映射的好处是，内核只需通过简单的计算（减去固定值PAGE_OFFSET = 0xFFFF8000,00000000）便可知道线性地址对应的物理地址。

(10) 剩余线性地址空间（0xFFFF8001,00000000 ~ 0xFFFFFFFF,FFFFFFFF）用于非固定映射。超过4 GB的物理地址空间可随意映射到此地址空间，并允许物理页面的重复映射（同一物理页在页表中存在多处映射）。

补充说明　本系统将0～4 GB物理地址空间里的可用物理内存页只作为内核层的固定映射区，它是系统内核的专用内存空间；而4 GB以上物理地址空间里的可用物理内存页属于非固定映射区，它既可以用于应用层地址空间，又可以用于内核层地址空间。

以上就是对目前系统空间划分情况的介绍，在后续的开发过程中我们可能还会对其进行补充、完善和调整。

8.5　获得处理器的固件信息

对于用户来说，在操作系统的使用过程中，查看处理器的固件信息往往是一件看似非常容易的事情。但是我们这款操作系统经过了漫长的开发周期后，对于处理器的固件信息至今仍一无所获。那么在本章余下的篇幅里，我们将通过程序查询出处理器的固件信息。

这些固件信息是固化在处理器中的，我们借助CPUID汇编指令便可查询出处理器的产品信息、生产商信息、版本信息等基础固件信息。其实，6.1.3节已对CPUID汇编指令进行了功能性介绍。那就趁着讲解本节内容的机会，以实践为主，我们重新温故一下CPUID汇编指令的相关知识。

CPUID指令将通过EAX寄存器输入查询的主功能号，如果有需要，则再向ECX寄存器输入查询的子功能号。当这条汇编指令执行结束后，查询的返回值将保存在EAX、EBX、ECX和EDX寄存器中，具体的程序实现请参见代码清单8-4。

代码清单8-4 第8章\程序\程序8-2\物理平台\kernel\cpu.h

```
inline void get_cpuid(unsigned int Mop,unsigned int Sop,unsigned int * a,unsigned int
* b,unsigned int * c,unsigned int * d)
{
    __asm__ __volatile__  (  "cpuid     \n\t"
                            :"=a"(*a),"=b"(*b),"=c"(*c),"=d"(*d)
                            :"0"(Mop),"2"(Sop)
                         );
}
```

在代码清单8-4中，我们使用了C语言内嵌汇编语言的方法，将CPUID汇编指令封装成get_cpuid函数供其他程序调用，其中的Mop和Sop参数用于向CPUID指令传递主功能号和子功能号，然后将查询的返回值保存到指针变量a、b、c和d指向的内存中，这样就完成了一个封装CPUID指令的函数。而后在代码清单8-5中，操作系统通过调用get_cpuid函数来实现处理器固件信息的查询工作。

代码清单8-5 第8章\程序\程序8-2\物理平台\kernel\cpu.c

```
void init_cpu(void)
{
    int i,j;
    unsigned int CpuFacName[4] = {0,0,0,0};
    char    FactoryName[17] = {0};

    //vendor_string
    get_cpuid(0,0,&CpuFacName[0],&CpuFacName[1],&CpuFacName[2],&CpuFacName[3]);

    *(unsigned int*)&FactoryName[0] = CpuFacName[1];

    *(unsigned int*)&FactoryName[4] = CpuFacName[3];

    *(unsigned int*)&FactoryName[8] = CpuFacName[2];

    FactoryName[12] = '\0';
    color_printk(YELLOW,BLACK,"%s\t%#010x\t%#010x\t%#010x\n",FactoryName,
           CpuFacName[1],CpuFacName[3],CpuFacName[2]);

    //brand_string
    for(i = 0x80000002;i < 0x80000005;i++)
    {
        get_cpuid(i,0,&CpuFacName[0],&CpuFacName[1],&CpuFacName[2],&CpuFacName[3]);

        *(unsigned int*)&FactoryName[0] = CpuFacName[0];

        *(unsigned int*)&FactoryName[4] = CpuFacName[1];

        *(unsigned int*)&FactoryName[8] = CpuFacName[2];

        *(unsigned int*)&FactoryName[12] = CpuFacName[3];

        FactoryName[16] = '\0';
        color_printk(YELLOW,BLACK,"%s",FactoryName);
    }
```

8

```
        color_printk(YELLOW,BLACK,"\n");

        //Version Informatin Type,Family,Model,and Stepping ID
        get_cpuid(1,0,&CpuFacName[0],&CpuFacName[1],&CpuFacName[2],&CpuFacName[3]);
        color_printk(YELLOW,BLACK,"Family Code:%#010x,Extended Family:%#010x,Model
            Number:%#010x,Extended Model:%#010x,Processor Type:%#010x,Stepping ID:
            %#010x\n",(CpuFacName[0] >> 8 & 0xf),(CpuFacName[0] >> 20 & 0xff),(CpuFacName
            [0] >> 4 & 0xf),(CpuFacName[0] >> 16 & 0xf),(CpuFacName[0] >> 12 & 0x3),
            (CpuFacName[0] & 0xf));

        //get Linear/Physical Address size
        get_cpuid(0x80000008,0,&CpuFacName[0],&CpuFacName[1],&CpuFacName[2],
            &CpuFacName[3]);
        color_printk(YELLOW,BLACK,"Physical Address size:%08d,Linear Address
            size:%08d\n",(CpuFacName[0] & 0xff),(CpuFacName[0] >> 8 & 0xff));

        //max cpuid operation code
        get_cpuid(0,0,&CpuFacName[0],&CpuFacName[1],&CpuFacName[2],&CpuFacName[3]);
            color_printk(WHITE,BLACK,"MAX Basic Operation Code :%#010x\t",CpuFacName[0]);

        get_cpuid(0x80000000,0,&CpuFacName[0],&CpuFacName[1],&CpuFacName[2],
            &CpuFacName[3]);
        color_printk(WHITE,BLACK,"MAX Extended Operation Code :%#010x\n",CpuFacName[0]);

    }
```

这段代码使用了主功能号0、1以及子功能号80000000h、80000002h、80000003h、80000004h、80000008h，来获取处理器的固件信息以及其他基础数据信息。

通常情况下，这些数据应该最先被操作系统捕获，随后操作系统再根据处理器的固件信息来确定处理器支持的功能，以便进一步初始化处理器。因此，将init_cpu函数插入到系统异常处理功能的初始化函数之后会更妥当一些，具体代码实现如代码清单8-6所示。

代码清单8-6　第8章\程序\程序8-2\物理平台\kernel\main.c

```
void Start_Kernel(void)
{
    ……
    sys_vector_init();

    init_cpu();
    ……
}
```

由于init_cpu函数的位置过于靠前，从而导致init_cpu函数的日志信息已被之后的信息覆盖。为了查看init_cpu函数打印的日志信息，这里暂时屏蔽物理地址映射信息，读者亦可根据个人情况，有选择地屏蔽其他日志信息。图8-2是经过此番调整后的处理器固件信息查询结果。

图8-2 处理器的固件信息查询结果图

依据图8-2打印的固件信息可知，处理器的供应商标识字符串为GenuineIntel，产品字符串为Intel (R) Core(TM) i7-2620M CPU @ 2.70 GHz，这款处理器支持的最大主功能号为0Dh，最大子功能号为80000008h，可寻址物理地址位宽为36位，可寻址线性地址位宽为48位等。对于CPUID指令查询出的上述信息，Intel在官方白皮书中均有介绍，并详细解释说明了所有主功能号和子功能号的返回值。为了节省篇幅，表8-1仅罗列出了目前已使用功能号的部分解释，更多内容还请读者自行查阅Intel官方白皮书。

表8-1 CPUID指令信息对照表

主功能号		处理器提供的信息
		CPUID基础信息
00h	EAX	处理器支持的最大基础功能号（见表8-2）
	EBX	字符串Genu
	ECX	字符串ntel
	EDX	字符串ineI
01h	EAX	处理器的版本信息（见图8-3）
	EBX	00~07位：处理器商标信息索引值（只适用于IA-32处理器）
		08~15位：CLFLUSH指令刷新的缓存行容量（单位8 B）
		16~23位：处理器包内的最大可寻址逻辑处理器ID值
		24~31位：初始APIC ID值
	ECX	处理器支持的机能信息（见图8-4）
	EDX	处理器支持的机能信息（见图8-4）

（续）

主功能号		处理器提供的信息
		CPUID扩展信息
80000000h	EAX	返回处理器支持的最大扩展功能号（见表8-2）
	EBX	保留
	ECX	保留
	EDX	保留
80000002h	EAX	处理器商标信息（字符串）
	EBX	处理器商标信息（字符串）
	ECX	处理器商标信息（字符串）
	EDX	处理器商标信息（字符串）
80000003h	EAX	处理器商标信息（字符串）
	EBX	处理器商标信息（字符串）
	ECX	处理器商标信息（字符串）
	EDX	处理器商标信息（字符串）
80000004h	EAX	处理器商标信息（字符串）
	EBX	处理器商标信息（字符串）
	ECX	处理器商标信息（字符串）
	EDX	处理器商标信息（字符串）
80000008h	EAX	线性/物理地址位宽 00~07位：物理地址位宽 08~15位：线性地址位宽 16~31位：保留
	EBX	保留
	ECX	保留
	EDX	保留

根据表8-1描述的内容，代码清单8-5中的程序有选择地显示了其中一部分数据。首先，程序将主功能号00h保存在EBX、EDX、ECX寄存器中的返回值按此排列顺序，组成供应商标识字符串`GenuineIntel`，并从EAX寄存器保存的返回值中取得处理器支持的最大主功能号。由于每款处理器可使用的最大主功能号和子功能号皆有不同，因此Intel官方白皮书为我们提供了各系列处理器可使用的最大功能号，详细数据请参见表8-2。

表8-2 32/64位处理器的CPUID指令支持的最大功能号

Intel 32/64处理器	最大功能号	
	基础功能号	扩展功能号
Earlier Intel 486 Processors	未实现	未实现
Later Intel 486 Processors and Pentium Processors	01h	未实现
Pentium Pro and PentiumII Processors,Intel Celeron Processors	02h	未实现
Pentium Ⅲ Processors	03h	未实现
Pentium 4 Processors	02h	80000004h
Intel Xeon Processor	02h	80000004h
Pentium M Processor	02h	80000004h
Pentium 4 Processor supporting Hyper-Threading Technology	05h	80000008h
Pentium D Processor(8xx)	05h	80000008h
Pentium D Processor(9xx)	06h	80000008h
Intel Core Duo Processor	0Ah	80000008h
Intel Core 2 Duo Processor	0Ah	80000008h
Intel Xeon Processor 3000,5100,5200,5300,5400 Series	0Ah	80000008h
Intel Core 2 Duo Processor 8000 Series	0Dh	80000008h
Intel Xeon Processor 5200,5400 Series	0Ah	80000008h
Intel Atom Processor	0Ah	80000008h
Intel Core i7 Processor	0Bh	80000008h

注：Intel Core i7 Processor历经数代，其值可能与实际值不符。

目前，搭载本系统的物理平台采用Intel Core i7二代的2620M处理器，经过查询后发现该处理器支持的最大主功能号为0Dh，而非表8-2所示的0Bh，原因是自Core i7二代开始，处理器支持的最大主功能号有所扩展，在不久的将来它也许还会再次进行扩展。

接下来，代码清单8-5又通过CPUID指令的子功能号80000002h、80000003h和80000004h查询出处理器的产品字符串信息，即`Intel (R) Core(TM) i7-2620M CPU @ 2.70 GHz`。随后，程序再使用CPUID指令的主功能号01h查询出了处理器的模式ID（Model ID）、家族ID（Family ID）和步进ID（Stepping ID）等处理器版本信息，这些信息将统一返回到EAX寄存器中，图8-3是EAX寄存器中的处理器版本信息位说明。

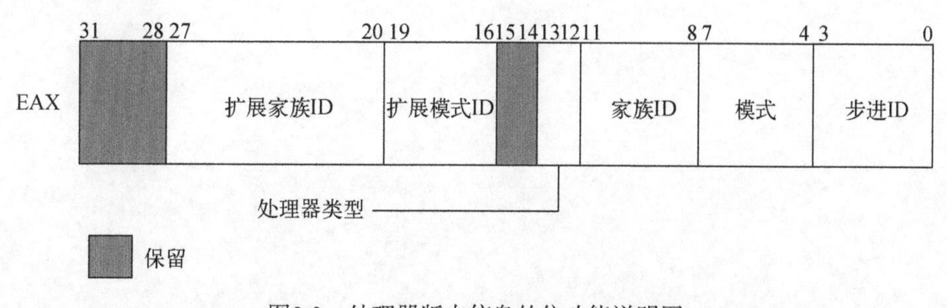

图8-3 处理器版本信息的位功能说明图

图8-3已将处理器版本信息的各位功能标识得非常清晰明了，此处就不再过多赘述。但对于主功能号01h保存在ECX和EDX寄存器值，还需要额外补充说明一下。这两个寄存器保存的返回值描述了处理器可支持的功能，虽然代码清单8-5中的程序并未显示ECX和EDX寄存器保存的返回值，但读者应该了解它们的位功能，请参见图8-4所示的各位功能说明。

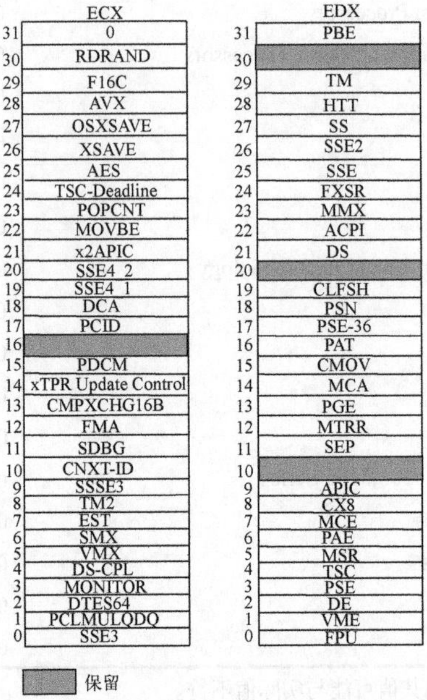
ECX
31 0
30 RDRAND
29 F16C
28 AVX
27 OSXSAVE
26 XSAVE
25 AES
24 TSC-Deadline
23 POPCNT
22 MOVBE
21 x2APIC
20 SSE4_2
19 SSE4_1
18 DCA
17 PCID
16
15 PDCM
14 xTPR Update Control
13 CMPXCHG16B
12 FMA
11 SDBG
10 CNXT-ID
9 SSSE3
8 TM2
7 EST
6 SMX
5 VMX
4 DS-CPL
3 MONITOR
2 DTES64
1 PCLMULQDQ
0 SSE3
EDX
31 PBE
30
29 TM
28 HTT
27 SS
26 SSE2
25 SSE
24 FXSR
23 MMX
22 ACPI
21 DS
20
19 CLFSH
18 PSN
17 PSE-36
16 PAT
15 CMOV
14 MCA
13 PGE
12 MTRR
11 SEP
10
9 APIC
8 CX8
7 MCE
6 PAE
5 MSR
4 TSC
3 PSE
2 DE
1 VME
0 FPU
保留

图8-4　处理器支持的位功能信息（ECX和EDX寄存器的返回值）

图8-4标识了这两个寄存器可查询的处理器功能标志位，置位表示处理器支持此功能，复位表示处理器不支持此功能。

至此，对于代码清单8-5中的余下内容，相信读者已经有能力对照表8-1或Intel官方白皮书自行查阅和分析。那么为何不去看看你所使用的处理器的固件信息呢？

希望通过本章的学习，读者不仅能掌握相关知识并进行自定义扩展，也能在学习Linux内核的过程中得到一些助力。

第 9 章

高级内存管理单元

内存管理单元作为系统内核的一个重要组成部分，一直受到程序员们广泛重视。而且，对于可用内存和可用物理页的分配/回收算法也是程序员们争论不休的热议话题之一。这些算法在时间损耗和空间开销上的优势各不相同，合理地在这两方面间进行取舍是选择算法的主要依据，其最终目的都是为了在任何苛刻的环境下，能以最短的时间分配到尽可能多的可用内存或可用物理页。

本章内容仍将涉及内存和物理页的分配/回收算法，虽然在初级内存管理单元一节中，已经实现了对物理内存信息的检测，并初步实现了物理页的分配功能，但这些功能还不够强大，不足以支撑整个系统内核的正常运行，因此需要通过本章内容对现有内存管理单元进行补充完全。

在高级内存管理单元中，不仅要完善初级内存管理单元的某些功能，还要实现可用内存的分配和页表的初始化等功能。在设计可用内存的分配与回收功能时，还借鉴了Linux内核的SLAB分配器对可用内存的管理方法，此方法可有效防止长时间分配/回收可用内存造成的系统内存碎片过多。除此之外，本章还有一些设计技巧，以此给正在设计内存管理单元的你带来一些帮助。

9.1 SLAB 内存池

我们在应用程序的编写过程中都难免会使用到内存空间，内核程序也不例外。如果系统内核采用类似malloc函数的内存管理算法，比如最先匹配算法、最优匹配算法或其他算法，那么在内存对象（或称内存空间）的频繁申请和释放后，内存空间里将会出现大量的内存碎片，从而导致系统执行效率和稳定性的大幅度下降。如果采用内存池技术来代替上述内存管理算法，将会有效减少这种情况的发生。

内存池的作用是预先开辟若干个大小相等或不等的内存对象（存储空间）并对其进行管理，当内存对象需要使用时便从内存池中申请，当内存对象不再使用时再由内存池进行回收再利用。内存池技术的优点在于可分配内存对象数量多、分配速度快、便于管理。典型的应用场景有申请网络协议包、缓存文件系统相关结构体、缓存硬件设备的数据包等。

一般情况下，从内存池分配出的内存对象不会归还给系统内核，而是由内存池回收再利用，通常只有在内存池销毁时内存对象才会统一归还给系统内核；而且，内存对象的回收再利用速度快，可显著缩短调整内存空间所消耗的时间。但内存池带来的缺点也一目了然，鉴于内存池是预先开辟好的，操作系统在创建内存池时将消耗大量系统内存，这会给操作系统带来不小的压力。

综上所述，本系统选用SLAB内存池技术来为系统内核管理内存，此举可在提高系统内核稳定性和运行效率的同时，帮助读者理解Linux内核的SLAB分配器管理方法。

9.1.1　SLAB内存池概述及相关结构体定义

SLAB内存池技术首次使用是在Unix操作系统中，它在内存池的基础上加入了一些扩展。SLAB分配器可为系统内核中的常用资源分配存储空间，并在分配/回收存储空间的过程中，操作系统允许SLAB分配器使用自定义的构造函数和析构函数对内存对象进行定制化处理。不仅如此，SLAB分配器还可以动态扩大和缩小内存池的体积，以确保不会过多占用系统内存，或在内存池容量过小时影响内存对象的分配速度。

为了实现上述功能，特拟定`struct Slab_cache`和`struct Slab`两个结构体。结构体`struct Slab_cache`用于抽象内存池，其主要成员有`Constructor`和`Destructor`函数指针，以及指向`struct Slab`结构体的指针变量`cache_pool`。至于函数指针`Constructor`和`Destructor`，它们可在分配/回收内存对象的过程中起到构造/析构内存对象的作用，而`cache_pool`指针则用于索引内存池的存储空间结构`struct Slab`。`struct Slab`结构体的作用是管理每个以物理页为单位的内存空间，在每个物理页中包含着若干个待分配的内存对象。`struct Slab_cache`与`struct Slab`结构的大致关系可用图9-1来表示。

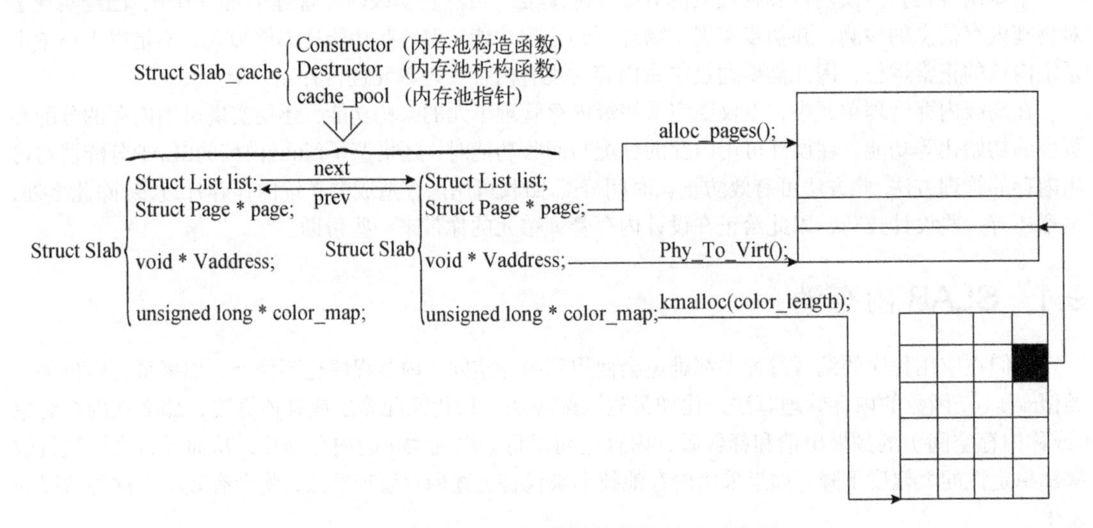

图9-1　SLAB内存池相关结构体的关系示意图

图9-1描述了结构体`struct Slab_cache`和`struct Slab`的主要功能以及结构上的关系。其中，结构体`struct Slab_cache`可从宏观上对内存池进行整体管理，而`struct Slab`结构体只负责管理具体内存对象。代码清单9-1是`Slab_cache`的结构体定义。

代码清单9-1　第9章\程序\程序9-1\物理平台\kernel\memory.h

```
struct Slab_cache
{
    unsigned long   size;
    unsigned long   total_using;
    unsigned long   total_free;
    struct Slab *   cache_pool;
```

```
    struct Slab *    cache_dma_pool;
    void *(* constructor)(void * Vaddress,unsigned long arg);
    void *(* destructor)(void * Vaddress,unsigned long arg);
};
```

从struct Slab_cache结构体的定义中可知，struct Slab_cache除了包含图9-1中介绍的结构体成员外，还包括用于索引DMA内存池存储空间结构（struct Slab）的指针cache_dma_pool（暂且保留）和内存池的管理成员。

虽然struct Slab_cache结构体能够从宏观上对内存池进行管理，但对于池中内存对象的分配与回收工作而言，它们却必须依靠struct Slab结构体来完成，代码清单9-2是struct Slab结构体的完整定义。

代码清单9-2 第9章\程序\程序9-1\物理平台\kernel\memory.h

```
struct Slab
{
    struct List list;
    struct Page * page;

    unsigned long using_count;
    unsigned long free_count;

    void * Vaddress;

    unsigned long color_length;
    unsigned long color_count;

    unsigned long * color_map;
};
```

结构体struct Slab包括了链接其他struct Slab结构体的list成员变量、记录所使用页面的page成员变量、记录当前页面所在线性地址的Vaddress成员变量，以及用于管理内存对象使用情况的着色区成员变量。

凭借上述结构对内存池的管理和维护，一个SLAB内存池在不久的将来便可实现。

9.1.2 SLAB 内存池的创建与销毁

现已拟定出了SLAB内存池的相关结构体，本节将会使用这些拟定好的结构体来实现图9-1所展示的结构关系，以完成SLAB内存池的创建和销毁功能。

1. SLAB内存池的创建

SLAB内存池的创建过程与初始化struct Global_Memory_Descriptor结构体的过程非常相似。首先使用内存申请函数kmalloc（将在9.2节中予以实现）动态分配struct Slab_cache结构体和struct Slab结构体的存储空间，并初始化这两个结构体内的成员变量。在成员变量的初始化过程中，SLAB内存池还将申请空白物理页作为内存池的数据存储空间，同时再次使用kmalloc函数为映射位图分配存储空间。详细的内存池创建过程请参见代码清单9-3。

代码清单9-3　第9章\程序\程序9-1\物理平台\kernel\memory.c

```
struct Slab_cache * slab_create(unsigned long size,void *(* constructor)(void *
    Vaddress,unsigned long arg),void *(* destructor)(void * Vaddress,unsigned long
    arg),unsigned long arg)
{
    struct Slab_cache * slab_cache = NULL;
    slab_cache = (struct Slab_cache *)kmalloc(sizeof(struct Slab_cache),0);

    if(slab_cache == NULL)
    {
        color_printk(RED,BLACK,"slab_create()->kmalloc()=>slab_cache == NULL\n");
        return NULL;
    }

    memset(slab_cache,0,sizeof(struct Slab_cache));

    slab_cache->size = SIZEOF_LONG_ALIGN(size);
    slab_cache->total_using = 0;
    slab_cache->total_free = 0;
    slab_cache->cache_pool = (struct Slab *)kmalloc(sizeof(struct Slab),0);
    if(slab_cache->cache_pool == NULL)
    {
        color_printk(RED,BLACK,"slab_create()->kmalloc()=>slab_cache->cache_pool
            == NULL\n");
        kfree(slab_cache);
        return NULL;
    }

    memset(slab_cache->cache_pool,0,sizeof(struct Slab));

    slab_cache->cache_dma_pool = NULL;
    slab_cache->constructor = constructor;
    slab_cache->destructor = destructor;
    list_init(&slab_cache->cache_pool->list);

    slab_cache->cache_pool->page = alloc_pages(ZONE_NORMAL,1,0);
    if(slab_cache->cache_pool->page == NULL)
    {   color_printk(RED,BLACK,"slab_create()->alloc_pages()=>slab_cache->cache_
            pool->page == NULL\n");
        kfree(slab_cache->cache_pool);
        kfree(slab_cache);
        return NULL;
    }

    page_init(slab_cache->cache_pool->page,PG_Kernel);

    slab_cache->cache_pool->using_count = 0;
    slab_cache->cache_pool->free_count = PAGE_2M_SIZE/slab_cache->size;
    slab_cache->total_free = slab_cache->cache_pool->free_count;
    slab_cache->cache_pool->Vaddress = Phy_To_Virt(slab_cache->cache_pool->page->
        PHY_address);
    slab_cache->cache_pool->color_count = slab_cache->cache_pool->free_count;
    slab_cache->cache_pool->color_length = ((slab_cache->cache_pool->color_count +
```

```
sizeof(unsigned long) * 8 - 1) >> 6) << 3;

    slab_cache->cache_pool->color_map = (unsigned long
        *)kmalloc(slab_cache->cache_pool->color_length,0);
    if(slab_cache->cache_pool->color_map == NULL)
    {
        color_printk(RED,BLACK,"slab_create()->kmalloc()=>slab_cache->cache_pool->
            color_map == NULL\n");

        free_pages(slab_cache->cache_pool->page,1);
        kfree(slab_cache->cache_pool);
        kfree(slab_cache);
        return NULL;
    }

    memset(slab_cache->cache_pool->color_map,0,slab_cache->cache_pool->color_
        length);

    return slab_cache;
}
```

SLAB内存池的创建过程，可以理解为struct Slab_cache结构体的分配和初始化过程。整个初始化过程不光会对struct Slab_cache结构体的每个成员变量进行赋值，还为cache_pool成员变量创建和初始化了struct Slab结构体。这是为了避免每次向SLAB内存池申请内存对象时都要检测cache_pool成员变量是否为NULL，进而缩减执行内存对象分配过程的代码量，间接提高SLAB内存池的分配效率。看似不起眼的几行程序，在无数次调用的基数面前，其消耗的时间将不容忽视。

同理，在为内存池对象预分配存储空间时，虽然内存对象的存储空间尺寸可以自定义，但为了达到快速分配、访问内存对象的目的，SLAB内存池便将内存对象的尺寸调整为long型（8字节）边界对齐，宏#define SIZEOF_LONG_ALIGN(size) ((size + sizeof(long) - 1) & ~(sizeof(long) - 1))便实现了这一对齐过程。

slab_create函数的Constructor和Destructor成员变量是一对函数指针（指向函数的指针），它们负责向SLAB内存池提供构造函数和析构函数。当为SLAB内存池提供构造函数和析构函数后，SLAB内存池便可在分配或回收内存对象的过程中对内存对象进行定制化操作。

内存管理单元属于不好调试的模块之一。尤其是经过长时间运行后产生的错误，这种错误涉及的原因诸多，而且再现时间长。为了便于查找错误，此处对一些容易产生空指针的地方加入了错误日志信息以及出错后的处理程序。

2. SLAB内存池的销毁

SLAB内存池的销毁过程是创建内存池的逆过程。只有在池中内存对象全部空闲时，内存池的销毁工作才允许执行。因此，操作系统首先要对struct Slab_cache结构体的total_using成员变量进行判断，只有当total_using=0时才允许继续执行销毁工作。随后将遍历struct Slab结构体链表，逐个销毁struct Slab结构体及其所管理的数据存储空间。当struct Slab结构体链表全部销毁后，再销毁SLAB内存池的抽象结构体struct Slab_cache。具体程序实现请参看代码清单9-4。

代码清单9-4　第9章\程序\程序9-1\物理平台\kernel\memory.c

```
unsigned long slab_destroy(struct Slab_cache * slab_cache)
{
    struct Slab * slab_p = slab_cache->cache_pool;
    struct Slab * tmp_slab = NULL;

    if(slab_cache->total_using != 0)
    {
        color_printk(RED,BLACK,"slab_cache->total_using != 0\n");
        return 0;
    }

    while(!list_is_empty(&slab_p->list))
    {
        tmp_slab = slab_p;
        slab_p = container_of(list_next(&slab_p->list),struct Slab,list);

        list_del(&tmp_slab->list);
        kfree(tmp_slab->color_map);

        page_clean(tmp_slab->page);
        free_pages(tmp_slab->page,1);
        kfree(tmp_slab);
    }

    kfree(slab_p->color_map);

    page_clean(slab_p->page);
    free_pages(slab_p->page,1);
    kfree(slab_p);
    kfree(slab_cache);
    return 1;
}
```

SLAB内存池的销毁过程较创建过程简单许多，此处便不再过多讲解，请读者自行阅读。对于代码中涉及的内存释放函数kfree以及物理页释放函数free_pages，将在本章后续内容中予以介绍。

9.1.3　SLAB内存池中对象的分配与回收

当SLAB内存池创建成功后，我们便可通过相应的函数向内存池申请或释放内存对象。本节将会对内存对象的分配/回收函数予以实现、讲解和讨论。

如果说SLAB内存池的创建和销毁工作是以配置struct Slab_cache结构体为主的话，那么SLAB内存池中对象的分配与回收工作则是以struct Slab结构体的管理为主。下面先以内存对象的分配函数为例来看看它是如何操作struct Slab结构体的，然后再对照分配函数去实现内存对象的回收函数。

1. SLAB内存池中对象的分配

函数slab_malloc用于分配SLAB内存池中的内存对象，其参数slab_cache用于指定待分配的内存池，如果此内存池在创建时提供了构造函数，那么SLAB内存池在调用构造函数时会将参数arg

传递给构造函数，以实现内存对象的构造初始化。下面将分段对slab_malloc函数进行讲解，请看代码清单9-5。

代码清单9-5 第9章\程序\程序9-1\物理平台\kernel\memory.c

```
void * slab_malloc(struct Slab_cache * slab_cache,unsigned long arg)
{
    struct Slab * slab_p = slab_cache->cache_pool;
    struct Slab * tmp_slab = NULL;
    int j = 0;

    if(slab_cache->total_free == 0)
    {
        tmp_slab = (struct Slab *)kmalloc(sizeof(struct Slab),0);

        if(tmp_slab == NULL)
        {
            color_printk(RED,BLACK,"slab_malloc()->kmalloc()=>tmp_slab == NULL\n");
            return NULL;
        }

        memset(tmp_slab,0,sizeof(struct Slab));
        list_init(&tmp_slab->list);

        tmp_slab->page = alloc_pages(ZONE_NORMAL,1,0);
        if(tmp_slab->page == NULL)
        {
            color_printk(RED,BLACK,"slab_malloc()->alloc_pages()=>tmp_slab->page
                == NULL\n");
            kfree(tmp_slab);
            return NULL;
        }

        page_init(tmp_slab->page,PG_Kernel);

        tmp_slab->using_count = 0;
        tmp_slab->free_count = PAGE_2M_SIZE/slab_cache->size;
        tmp_slab->Vaddress = Phy_To_Virt(tmp_slab->page->PHY_address);
        tmp_slab->color_count = tmp_slab->free_count;
        tmp_slab->color_length = ((tmp_slab->color_count + sizeof(unsigned long) * 8 -
            1) >> 6) << 3;
        tmp_slab->color_map = (unsigned long *)kmalloc(tmp_slab->color_length,0);

        if(tmp_slab->color_map == NULL)
        {
            color_printk(RED,BLACK,"slab_malloc()->kmalloc()=>tmp_slab->color_map
                == NULL\n");
            free_pages(tmp_slab->page,1);
            kfree(tmp_slab);
            return NULL;
        }

        memset(tmp_slab->color_map,0,tmp_slab->color_length);
```

```
        list_add_to_behind(&slab_cache->cache_pool->list,&tmp_slab->list);
        slab_cache->total_free  += tmp_slab->color_count;
    ......
}
```

这段代码先检测当前内存池的可用内存对象数量，如果池中内存对象可用数量为0（total_free=0），则表示内存池中的对象已全部被使用，此时就需要为内存池扩容，即创建并初始化新的struct Slab结构体，再将其链入内存池中。

当内存池扩容结束后，内存池便可为本次函数调用分配内存对象。内存池分配内存对象的过程与物理页的分配过程比较相似，即通过颜色位图（或称BIT映射位图、着色位图）检索出空闲的内存对象，然后将内存对象的索引号转换成对应的虚拟地址返回给调用者，详细的实现过程请看代码清单9-6。

代码清单9-6　第9章\程序\程序9-1\物理平台\kernel\memory.c

```
for(j = 0;j < tmp_slab->color_count;j++)
{
    if( (*(tmp_slab->color_map + (j >> 6)) & (1UL << (j % 64))) == 0 )
    {
        *(tmp_slab->color_map + (j >> 6)) |= 1UL << (j % 64);

        tmp_slab->using_count++;
        tmp_slab->free_count--;

        slab_cache->total_using++;
        slab_cache->total_free--;

        if(slab_cache->constructor != NULL)
        {
            return slab_cache->constructor((char *)tmp_slab->Vaddress +
                slab_cache->size * j,arg);
        }
        else
        {
            return (void *)((char *)tmp_slab->Vaddress + slab_cache->size * j);
        }
    }
}
```

此段代码从刚才新创建的struct Slab结构体中分配出一个空闲内存对象给调用者，这个分配过程会从新创建的结构体中检索出一个空闲内存对象（对于新创建的struct Slab结构体而言，其实第一个内存对象就是空闲的），然后调整内存池的相关计数器（这些计数器包括total_using、total_free、using_count和free_count等成员变量）。如果内存池提供自定义的内存对象构造函数，那么执行自定义构造功能，即通过slab_cache->constructor函数指针提供的构造函数对分配的内存对象进行初始化。在内存对象的初始化过程中，构造器允许附带一个构造参数arg，调用者可通过该参数来协助构造器完成内存对象的初始化工作。当完成内存对象的构造过程后，内存池会把内存对象的虚拟地址返回给调用者。如果内存池尚未提供自定义的内存对象构造函数，则直接将内存对象的虚拟地址返回给调用者即可。

上述分配过程是在内存池尚无空闲内存对象的情况下执行的，如果内存池仍有空闲内存对象，只需遍历出第一个有空闲内存对象的struct Slab结构体，并从中分配出一个空闲内存对象即可，此过程请读者继续往下看代码清单9-7。

代码清单9-7 第9章\程序\程序9-1\物理平台\kernel\memory.c

```
else
{
    do
    {
        if(slab_p->free_count == 0)
        {
            slab_p = container_of(list_next(&slab_p->list),struct Slab,list);
            continue;
        }

        for(j = 0;j < slab_p->color_count;j++)
        {
            if(*(slab_p->color_map + (j >> 6)) == 0xffffffffffffffffUL)
            {
                j += 63;
                continue;
            }

            if( (*(slab_p->color_map + (j >> 6)) & (1UL << (j % 64))) == 0 )
            {
                *(slab_p->color_map + (j >> 6)) |= 1UL << (j % 64);

                slab_p->using_count++;
                slab_p->free_count--;

                slab_cache->total_using++;
                slab_cache->total_free--;

                if(slab_cache->constructor != NULL)
                {
                    return slab_cache->constructor((char *)slab_p->Vaddress +
                        slab_cache->size * j,arg);
                }
                else
                {
                    return (void *)((char *)slab_p->Vaddress + slab_cache->size * j);
                }
            }
        }
    }while(slab_p != slab_cache->cache_pool);
}
```

代码清单9-7的主体任务是遍历struct Slab结构体链表，这个遍历过程将检测内存池中的每个struct Slab结构体，以寻找含有空闲内存对象的struct Slab结构。如果有空闲内存对象，便从目标struct Slab结构体中检索出可用内存对象。在可用内存对象的检索过程中，内存池首先会以无符号长整型变量的长度为遍历单位，逐段比对颜色位图color_map，如果某段的颜色位图值为0xffffffffffffffffUL就说明此区间无空闲内存对象，否则将从此段对应的颜色位图中选取出空闲内存对象，然后再调整内存池相关统计变量的值。最后，根据自定义构造函数的存在与否，判断虚拟地址的返回过程是否执行自定义构造功能。

正常情况下，slab_malloc函数会从以上几段代码中分配内存对象，并将其虚拟地址返回给调用者。但是，当slab_malloc函数运行到代码清单9-8时，则说明slab_malloc函数的内存对象分配过程宣告失败，从而进入善后处理工作。

代码清单9-8　第9章\程序\程序9-1\物理平台\kernel\memory.c

```
color_printk(RED,BLACK,"slab_malloc() ERROR: can`t alloc\n");
if(tmp_slab != NULL)
{
    list_del(&tmp_slab->list);
    kfree(tmp_slab->color_map);
    page_clean(tmp_slab->page);
    free_pages(tmp_slab->page,1);
    kfree(tmp_slab);
}
return NULL;
```

此处的善后处理工作，将释放刚才新创建的struct Slab结构体，如果刚才未曾创建新的struct Slab结构体，则直接返回NULL给调用者。

2. SLAB内存池中对象的回收

当内存对象不再使用时，我们可通过函数slab_free将内存对象归还给内存池，函数slab_free会对归还的内存对象进行善后处理。在回收内存对象的过程中，如果内存池支持自定义的析构函数，便会执行自定义析构功能。在内存对象回收后，如果此内存对象所在struct Slab结构已完全空闲，而且内存池的空闲内存对象储备充足，则这个struct Slab结构体可以释放，此举可减轻系统内存的使用压力，代码清单9-9是上述过程的程序实现。

代码清单9-9　第9章\程序\程序9-1\物理平台\kernel\memory.c

```
unsigned long slab_free(struct Slab_cache * slab_cache,void * address,unsigned long
    arg)
{
    struct Slab * slab_p = slab_cache->cache_pool;
    int index = 0;

    do
    {
        if(slab_p->Vaddress <= address && address < slab_p->Vaddress + PAGE_2M_SIZE)
        {
            index = (address - slab_p->Vaddress) / slab_cache->size;
            *(slab_p->color_map + (index >> 6)) ^= 1UL << index % 64;
            slab_p->free_count++;
            slab_p->using_count--;

            slab_cache->total_using--;
            slab_cache->total_free++;

            if(slab_cache->destructor != NULL)
            {
```

```
                slab_cache->destructor((char *)slab_p->Vaddress + slab_cache->size *
                    index,arg);
            }

            if((slab_p->using_count == 0) && (slab_cache->total_free >=
                slab_p->color_count * 3 / 2))
            {
                list_del(&slab_p->list);
                slab_cache->total_free -= slab_p->color_count;

                kfree(slab_p->color_map);
                page_clean(slab_p->page);
                free_pages(slab_p->page,1);
                kfree(slab_p);
            }
            return 1;
        }
        else
        {
            slab_p = container_of(list_next(&slab_p->list),struct Slab,list);
            continue;
        }

    }while(slab_p != slab_cache->cache_pool);

    color_printk(RED,BLACK,"slab_free() ERROR: address not in slab\n");
    return 0;
}
```

这段程序先通过内存对象（由调用者传入）的虚拟地址判断其所在的struct Slab结构体。如果此内存对象的虚拟地址不包含在SLAB内存池的管理范围内，则说明待回收的内存对象无效，然后SLAB内存池会打印错误日志信息，并返回0来通知调用者函数回收操作失败。一旦检索出内存对象所在的struct Slab结构体，SLAB内存池立即执行内存对象回收工作。整个回收过程将按照下列顺序依次执行。

(1) 复位颜色位图color_map对应的索引位。

(2) 调整内存池的相关计数器，这些计数器包括total_using、total_free、using_count以及free_count等成员变量。

(3) 调用内存池的自定义析构功能（如果支持自定义析构函数）。

(4) 如果目标struct Slab结构中的内存对象全部空闲，并且内存池的空闲内存对象数量超过1.5倍（代码slab_cache->total_free >= slab_p->color_count * 3 / 2）的slab_p->color_count值，则将这个struct Slab结构体释放以降低系统内存使用率。

虽然本系统目前还没有SLAB内存池技术的应用场景，但可将SLAB内存池技术借鉴到通用内存的申请/释放功能中，以增强对通用内存的管理效率和力度，Linux内核亦是采用这种方法。本章先讲解SLAB内存池技术的主要目的就是为了方便读者学习和理解通用内存管理单元。

9.2 基于SLAB内存池技术的通用内存管理单元

应用层的内存管理功能主要负责对进程地址空间内的堆空间进行划分，从而为进程提供可用内存。像malloc函数就是一个典型的例子，它通常会采用首次适应（first fit）、最佳适应（best fit）等算法，虽然起初的分配速度非常快，但经过若干次不等长度的内存分配与回收后，它便会在堆空间内留下诸多不连续的内存空洞，进而造成内存使用量的增加，更有甚者还会出现无法分配到可用内存的现象。

相比之下，内核层的通用内存管理单元则主要用于为驱动程序、文件系统、进程管理单元、数据协议包等模块提供可用内存空间。操作系统对内核层的要求一向非常苛刻，内核层的通用内存管理单元必须保证各个模块经过长时间、频繁的申请和释放内存后，仍然能够保持整个内存空间的平坦性、连续性，以及稳定的内存分配/回收速度。

借鉴了SLAB内存池技术的内核层通用内存管理单元，可在不失分配/回收性能的同时，有效减少内存空洞的产生。那么，现在就来实现这样一个基于SLAB内存池技术的通用内存管理单元。

9.2.1 通用内存管理单元的初始化函数slab_init

既然通用内存管理单元是基于SLAB内存池技术实现的，那么，我们首先就要借助SLAB内存池的struct Slab_cache结构体和struct Slab结构体来构建一套内存池组，使得通用内存管理单元可分配出不同尺寸的内存对象。由于这套内存池组始终存在于操作系统的生命周期里，因此，应该定义为全局数组，代码清单9-10是详细的数组定义。

代码清单9-10　第9章\程序\程序9-1\物理平台\kernel\memory.h

```
struct Slab_cache kmalloc_cache_size[16] =
{
    {32         ,0    ,0    ,NULL    ,NULL    ,NULL    ,NULL},
    {64         ,0    ,0    ,NULL    ,NULL    ,NULL    ,NULL},
    {128        ,0    ,0    ,NULL    ,NULL    ,NULL    ,NULL},
    {256        ,0    ,0    ,NULL    ,NULL    ,NULL    ,NULL},
    {512        ,0    ,0    ,NULL    ,NULL    ,NULL    ,NULL},
    {1024       ,0    ,0    ,NULL    ,NULL    ,NULL    ,NULL},        //1 KB
    {2048       ,0    ,0    ,NULL    ,NULL    ,NULL    ,NULL},
    {4096       ,0    ,0    ,NULL    ,NULL    ,NULL    ,NULL},        //4 KB
    {8192       ,0    ,0    ,NULL    ,NULL    ,NULL    ,NULL},
    {16384      ,0    ,0    ,NULL    ,NULL    ,NULL    ,NULL},
    {32768      ,0    ,0    ,NULL    ,NULL    ,NULL    ,NULL},
    {65536      ,0    ,0    ,NULL    ,NULL    ,NULL    ,NULL},        //64 KB
    {131072     ,0    ,0    ,NULL    ,NULL    ,NULL    ,NULL},        //128 KB
    {262144     ,0    ,0    ,NULL    ,NULL    ,NULL    ,NULL},
    {524288     ,0    ,0    ,NULL    ,NULL    ,NULL    ,NULL},
    {1048576    ,0    ,0    ,NULL    ,NULL    ,NULL    ,NULL},        //1 MB
};
```

这个全局内存池数组共包含16个独立的内存池，它们分别代表着尺寸为$2^{5\sim20}$次幂的内存对象的SLAB内存池。此全局内存池数组仅定义了每个内存池的内存对象尺寸，其他成员变量将会在通用内存管理单元的初始化函数slab_init中予以初始化赋值。在通用内存管理单元的初始化期间，尚无内存空间分配函数，以至于我们只能通过编程手动为SLAB内存池指定存储空间，这也是slab_init函数的首要工作，代码清单9-11是这部分功能的程序实现。

代码清单9-11 第9章\程序\程序9-1\物理平台\kernel\memory.c

```
unsigned long slab_init()
{
    struct Page * page = NULL;
    unsigned long * virtual = NULL; // get a free page and set to empty page table and
        return the virtual address
    unsigned long i,j;

    unsigned long tmp_address = memory_management_struct.end_of_struct;

    for(i = 0;i < 16;i++)
    {
        kmalloc_cache_size[i].cache_pool = (struct Slab *)memory_management_struct.
            end_of_struct;
        memory_management_struct.end_of_struct = memory_management_struct.end_of_
            struct + sizeof(struct Slab) + sizeof(long) * 10;

        list_init(&kmalloc_cache_size[i].cache_pool->list);

        //////////// init sizeof struct Slab of cache size

        kmalloc_cache_size[i].cache_pool->using_count = 0;
        kmalloc_cache_size[i].cache_pool->free_count  = PAGE_2M_SIZE /
            kmalloc_cache_size[i].size;
        kmalloc_cache_size[i].cache_pool->color_length =((PAGE_2M_SIZE /
            kmalloc_cache_size[i].size + sizeof(unsigned long) * 8 - 1) >> 6) << 3;
        kmalloc_cache_size[i].cache_pool->color_count = kmalloc_cache_size[i].
            cache_pool->free_count;

        kmalloc_cache_size[i].cache_pool->color_map = (unsigned long *)memory_
            management_struct.end_of_struct;

        memory_management_struct.end_of_struct = (unsigned long)(memory_management_
            struct.end_of_struct + kmalloc_cache_size[i].cache_pool->color_length +
            sizeof(long) * 10) & ( ~ (sizeof(long) - 1));
        memset(kmalloc_cache_size[i].cache_pool->color_map,0xff,kmalloc_cache_
            size[i].cache_pool->color_length);

        for(j = 0;j < kmalloc_cache_size[i].cache_pool->color_count;j++)
            *(kmalloc_cache_size[i].cache_pool->color_map + (j >> 6)) ^= 1UL << j % 64;

        kmalloc_cache_size[i].total_free = kmalloc_cache_size[i].cache_pool->
            color_count;
        kmalloc_cache_size[i].total_using = 0;
    }
    ……

}
```

从这段代码可知，通用内存池组使用循环体来逐个创建并初始化各成员（SLAB内存池）。它借助全局结构体变量memory_management_struct的成员end_of_struct来手动开辟SLAB内存池的管理空间，即增长end_of_struct成员变量（内存页管理结构的结尾地址）来创建管理空间。而且，在开辟的各管理空间之间依然会保留一段内存间隙以防止不当操作造成的访问越界现象。一旦管理空间分配结束，操作系统便可对其进行初始化赋值，重复十几次循环后就初步完成了通用内存池组的创建工作。

当初步完成通用内存池组的创建工作，操作系统仍需对扩展的这部分空间（end_of_struct成员变量的增长空间）进行维护管理，即配置扩展空间对应的struct Page结构体以标识此内存空间已被使用，代码清单9-12是该过程的程序实现。

代码清单9-12 第9章\程序\程序9-1\物理平台\kernel\memory.c

```
//////////// init page for kernel code and memory management struct

i = Virt_To_Phy(memory_management_struct.end_of_struct) >> PAGE_2M_SHIFT;

for(j = PAGE_2M_ALIGN(Virt_To_Phy(tmp_address)) >> PAGE_2M_SHIFT;j <= i;j++)
{
    page =  memory_management_struct.pages_struct + j;
    *(memory_management_struct.bits_map + ((page->PHY_address >> PAGE_2M_SHIFT) >> 6))
        |= 1UL << (page->PHY_address >> PAGE_2M_SHIFT) % 64;
    page->zone_struct->page_using_count++;
    page->zone_struct->page_free_count--;
    page_init(page,PG_PTable_Maped | PG_Kernel_Init | PG_Kernel);
}

color_printk(ORANGE,BLACK,"2.memory_management_struct.bits_map:%#018lx\tzone_struc
    t->page_using_count:%d\tzone_struct->page_free_count:%d\n",*memory_management_
    struct.bits_map,memory_management_struct.zones_struct->page_using_count,
    memory_ management_struct.zones_struct->page_free_count);
```

在代码清单9-12里，局部变量tmp_address记录着扩展内存空间之前的地址，将此地址按2 MB物理页的下边界对齐，再与扩展后的内存地址进行比较。如果内存空间已扩展至新的内存页，则将新页面对应的位图置位标记为已使用。再调整新页面所在struct Zone结构体的计数器。最后，操作系统还要初始化内存页对应的struct Page结构体，并将其属性更新为PG_PTable_Maped | PG_Kernel_Init | PG_Kernel。经过此番设置后，这些新占用的内存页就不会再被其他模块使用。

当完成扩展空间的维护工作后，再将物理页的使用量以及本次调整后的相关信息显示在屏幕中，根据显示信息可验证上述分配和初始化过程的正确性。

接下来，我们将为每个SLAB内存池的内存对象分配存储空间，并完成通用内存池组的初始化工作，请读者继续往下看代码清单9-13。

代码清单9-13 第9章\程序\程序9-1\物理平台\kernel\memory.c

```
for(i = 0;i < 16;i++)
{
    virtual = (unsigned long *)((memory_management_struct.end_of_struct +
        PAGE_2M_SIZE * i + PAGE_2M_SIZE - 1) & PAGE_2M_MASK);
    page = Virt_To_2M_Page(virtual);

    *(memory_management_struct.bits_map + ((page->PHY_address >> PAGE_2M_SHIFT) >> 6))
        |= 1UL << (page->PHY_address >> PAGE_2M_SHIFT) % 64;
    page->zone_struct->page_using_count++;
```

```
        page->zone_struct->page_free_count--;

        page_init(page,PG_PTable_Maped | PG_Kernel_Init | PG_Kernel);

        kmalloc_cache_size[i].cache_pool->page = page;
        kmalloc_cache_size[i].cache_pool->Vaddress = virtual;
    }

    color_printk(ORANGE,BLACK,"3.memory_management_struct.bits_map:%#018lx\tzone_
        struct->page_using_count:%d\tzone_struct->page_free_count:%d\n",*memory_
        management_struct.bits_map,memory_management_struct.zones_struct->page_
        using_count,memory_management_struct.zones_struct->page_free_count);

    color_printk(ORANGE,BLACK,"start_code:%#018lx,end_code:%#018lx,end_data:
        %#018lx,end_brk:%#018lx,end_of_struct:%#018lx\n",memory_management_struct.
        start_code,memory_management_struct.end_code,memory_management_struct.end_
        data,memory_management_struct.end_brk, memory_management_struct.end_of_struct);

    return 1;
```

这段程序依然使用代码清单9-12的方法为SLAB内存池分配可用物理页，这些物理页紧接扩展空间之后。当确定即将使用的物理页后，再初始化这些物理页对应的struct Page结构体，将其标记为已使用。最后，将这些内存页作为通用内存池组的分配空间使用。

好奇的读者可能想问，为什么不使用alloc_pages函数而使用位图来强制指定内存页？其实，读者完全可以使用alloc_pages函数来分配物理页。但出于保险考虑，为了保证此时分配的内存页连续排列在扩展空间之后，才没有使用alloc_pages函数分配物理页。而且，这些物理页隶属于静态创建的struct Slab结构体，它们在操作系统消亡前不应该被释放，那么把这些初始内存空间连续的排列起来将有助于内存空间的管理。

然后，再次把相关日志信息打印在屏幕上，以验证此段程序执行的分配及初始化过程的正确性。至此就完成了slab_init函数的程序设计，但通用内存池的初始化工作仍未结束。由于在slab_init函数中物理页过度使用，导致操作系统目前的可用物理页已严重赤字，那么接下来就为操作系统追加初始页表项，请参见代码清单9-14。

代码清单9-14　第9章\程序\程序9-1\物理平台\kernel\head.S

```
    __PDE:

        .quad    0x000087
        .quad    0x200087
        .quad    0x400087
        .quad    0x600087
        .quad    0x800087        /* 0x800083 */
        .quad    0xa00087
        .quad    0xc00087
        .quad    0xe00087
        .quad    0x1000087
        .quad    0x1200087
        .quad    0x1400087
        .quad    0x1600087
        .quad    0x1800087
```

```
.quad    0x1a00087
.quad    0x1c00087
.quad    0x1e00087
.quad    0x2000087
.quad    0x2200087
.quad    0x2400087
.quad    0x2600087
.quad    0x2800087
.quad    0x2a00087
.quad    0x2c00087
.quad    0x2e00087

.quad    0xe0000087          /*0x 3000000*/
.quad    0xe0200087
.quad    0xe0400087
.quad    0xe0600087
.quad    0xe0800087
.quad    0xe0a00087
.quad    0xe0c00087
.quad    0xe0e00087
.fill    480,8,0
```

新追加的页表项已将系统原有的10 MB初始物理内存空间提升至48 MB，新页表项的插入将牵连VBE帧缓存区起始线性地址的调整。故此，VBE帧缓存区的起始线性地址将随之后移至线性地址0xffff800003000000处，进而调整Pos.FB_addr变量（位于Start_Kernel函数内）的数值，详细调整如代码清单9-15。

代码清单9-15　第9章\程序\程序9-1\物理平台\kernel\main.c

```
void Start_Kernel(void)
{
    ......

    Pos.FB_addr = (int *)0xffff800003000000;

    ......
}
```

现在，一个通用内存池组已创建并初始化完毕，下一步将实现通用内存的分配与释放功能（函数）。

9.2.2 通用内存的分配函数 kmalloc

了解Linux内核源码2.4.0以上版本的读者，想必对kmalloc函数并不陌生，该函数用于在内核层中分配通用内存。kmalloc函数可在通用内存的分配过程中，根据传入的参数值实现多种分配策略。

虽然本系统的功能还不够齐全（主要缺少进程调度、信号量等功能），但已具备实现简单版kmalloc函数的环境，那么现在就来分段讲解kmalloc函数的实现过程。

首先，kmalloc函数会根据参数size从通用内存池组中选择出用于分配内存对象的内存池。在确定待使用的内存池后，kmalloc函数将从池中遍历出拥有空闲内存对象的存储空间管理结构体struct Slab，详细的遍历过程请参见代码清单9-16。

代码清单9-16 第9章\程序\程序9-1\物理平台\kernel\memory.c

```
/*
    return virtual kernel address
    gfp_flages: the condition of get memory
*/
void * kmalloc(unsigned long size,unsigned long gfp_flages)
{
    int i,j;
    struct Slab * slab = NULL;
    if(size > 1048576)
    {
        color_printk(RED,BLACK,"kmalloc() ERROR: kmalloc size too long:%08d\n",size);
        return NULL;
    }
    for(i = 0;i < 16;i++)
        if(kmalloc_cache_size[i].size >= size)
            break;
    slab = kmalloc_cache_size[i].cache_pool;

    if(kmalloc_cache_size[i].total_free != 0)
    {
        do
        {
            if(slab->free_count == 0)
                slab = container_of(list_next(&slab->list),struct Slab,list);
            else
                break;
        }while(slab != kmalloc_cache_size[i].cache_pool);
    }
    else
    {
        slab = kmalloc_create(kmalloc_cache_size[i].size);

        if(slab == NULL)
        {
            color_printk(BLUE,BLACK,"kmalloc()->kmalloc_create()=>slab == NULL\n");
            return NULL;
        }

        kmalloc_cache_size[i].total_free += slab->color_count;
        color_printk(BLUE,BLACK,"kmalloc()->kmalloc_create()<=size:%#010x\n",
            kmalloc_cache_size[i].size);///////
        list_add_to_before(&kmalloc_cache_size[i].cache_pool->list,&slab->list);
    }
    ……
}
```

此段代码先判断形式参数size的数值是否大于1048576 B=1 MB，该值是允许申请的最大内存空间值。由于系统并不存在超过此阈值的内存池，如果超过该值则直接显示错误信息而后返回NULL值。如果参数size是正确的申请值，那么kmalloc函数将由低至高逐一遍历内存池组，直至遍历出一个可容纳下请求值size的内存池为止。

当确定目标内存池后，再检测其是否有空闲内存对象可供分配。如果有空闲内存对象，则遍历出可提供空闲内存对象的struct Slab结构体；相反，如果目标内存池已无空闲内存对象，则通过kmalloc_create函数（稍后予以介绍）为内存池再创建一个struct Slab结构以及数据存储空间，并将其链接到内存池中。

不论使用原有struct Slab结构体还是新创建的，最后都会从struct Slab结构体所管理的数据存储空间中分配一个内存对象给调用者。这也是kmalloc函数接下来要做的工作，请继续往下看代码清单9-17。

代码清单9-17　第9章\程序\程序9-1\物理平台\kernel\memory.c

```
for(j = 0;j < slab->color_count;j++)
{
    if(*(slab->color_map + (j >> 6)) == 0xffffffffffffffffUL)
    {
        j += 63;
        continue;
    }

    if( (*(slab->color_map + (j >> 6)) & (1UL << (j % 64))) == 0 )
    {
        *(slab->color_map + (j >> 6)) |= 1UL << (j % 64);
        slab->using_count++;
        slab->free_count--;

        kmalloc_cache_size[i].total_free--;
        kmalloc_cache_size[i].total_using++;

        return (void *)((char *)slab->Vaddress + kmalloc_cache_size[i].size * j);
    }
}

color_printk(BLUE,BLACK,"kmalloc() ERROR: no memory can alloc\n");
return NULL;
```

这部分程序从选中的struct Slab结构体中分配一个空闲内存对象给调用者。为了加快检索速度，此处先以UNSIGNED LONG（无符号长整型数）数据类型为单位，在颜色位图中逐段找寻数值不为0xffffffffffffffffUL的位图段。如果发现符合条件的位图段，kmalloc函数会深入检索位图段以取得空闲内存对象。此后的计数器更新工作便和slab_malloc函数一样。如果整个检索过程未发现可用内存对象，那就暂且认为是内存池存在问题，打印错误日志信息并返回NULL值。

以上内容是kmalloc函数的主体代码，接下来将对其中的kmalloc_create函数予以补充讲解。kmalloc_create函数用于创建struct Slab结构体，它的创建过程与slab_malloc函数极其相似，但为了节省存储空间，同时也为了减少kmalloc函数的嵌套使用次数，此函数将根据内存对象的尺寸把创建过程拆解为两个分支。

第一个创建分支适用于容量范围在32 B~512 B的小尺寸内存对象。虽然这些内存对象的尺寸比较小，但它们的颜色位图却占用了较大的存储空间。这里将struct Slab结构体和数据存储空间放在同一个内存页内，此举可避免为颜色位图另行分配存储空间（嵌套调用kmalloc函数），进而保证只要有可用物理页，即可分配出内存对象，具体程序实现如代码清单9-18。

代码清单9-18 第9章\程序\程序9-1\物理平台\kernel\memory.c

```
struct Slab * kmalloc_create(unsigned long size)
{
    int i;
    struct Slab * slab = NULL;
    struct Page * page = NULL;
    unsigned long * vaddresss = NULL;
    long structsize = 0;

    page = alloc_pages(ZONE_NORMAL,1, 0);

    if(page == NULL)
    {
        color_printk(RED,BLACK,"kmalloc_create()->alloc_pages()=>page == NULL\n");
        return NULL;
    }

    page_init(page,PG_Kernel);

    switch(size)
    {
        ////////////////////slab + map in 2M page
        case 32:
        case 64:
        case 128:
        case 256:
        case 512:

            vaddresss = Phy_To_Virt(page->PHY_address);
            structsize = sizeof(struct Slab) + PAGE_2M_SIZE / size / 8;

            slab = (struct Slab *)((unsigned char *)vaddresss + PAGE_2M_SIZE -
                structsize);
            slab->color_map = (unsigned long *)((unsigned char *)slab + sizeof(struct
                Slab));
            slab->free_count = (PAGE_2M_SIZE - (PAGE_2M_SIZE / size / 8) -
                sizeof(struct Slab)) / size;
            slab->using_count = 0;
            slab->color_count = slab->free_count;
            slab->Vaddress = vaddresss;
            slab->page = page;
            list_init(&slab->list);

            slab->color_length = ((slab->color_count + sizeof(unsigned long) * 8 -
                1) >> 6) << 3;
            memset(slab->color_map,0xff,slab->color_length);

            for(i = 0;i < slab->color_count;i++)
                *(slab->color_map + (i >> 6)) ^= 1UL << i % 64;

            break;
    ......
}
```

这段代码先申请了一个空闲物理页，在申请成功后，将根据形参size提供的数值选择创建分支。

如果size处于32 B~512 B区间内，kmalloc_create函数则执行以下创建步骤。

(1) 通过宏Phy_To_Virt(page->PHY_address)计算出物理页的起始线性地址。

(2) 将struct Slab结构体和颜色位图的存储空间都保存在物理页的末尾处，局部变量structsize记录着两者占用的存储空间尺寸。

(3) 通过对物理页起始线性地址、物理页尺寸、相关结构和存储空间大小的计算，可准确得出struct Slab结构体与颜色位图的起始线性地址。

(4) 将计算所得与相关结构绑定，并对结构进行初始化赋值。

第二个创建分支适用于容量范围在1 KB~1 MB的大尺寸内存对象。这些内存池的一个特点是内存对象的尺寸庞大，但其颜色位图的存储空间却非常小。为了减少物理页空间的浪费，这个分支将把struct Slab结构体从物理页中移出，转而使用kmalloc函数进行创建，详细代码实现如代码清单9-19。

代码清单9-19　第9章\程序\程序9-1\物理平台\kernel\memory.c

```
///////////////////kmalloc slab and map,not in 2M page anymore

case 1024:        //1KB
case 2048:
case 4096:        //4KB
case 8192:
case 16384:

//////////////////color_map is a very short buffer.

case 32768:
case 65536:
case 131072:      //128KB
case 262144:
case 524288:
case 1048576:     //1MB

    slab = (struct Slab *)kmalloc(sizeof(struct Slab),0);

    slab->free_count = PAGE_2M_SIZE / size;
    slab->using_count = 0;
    slab->color_count = slab->free_count;
    slab->color_length = ((slab->color_count + sizeof(unsigned long) * 8 -
        1) >> 6) << 3;

    slab->color_map = (unsigned long *)kmalloc(slab->color_length,0);
    memset(slab->color_map,0xff,slab->color_length);

    slab->Vaddress = Phy_To_Virt(page->PHY_address);
    slab->page = page;
    list_init(&slab->list);

    for(i = 0;i < slab->color_count;i++)
        *(slab->color_map + (i >> 6)) ^= 1UL << i % 64;
```

```
        break;

    default:

        color_printk(RED,BLACK,"kmalloc_create() ERROR: wrong size:%08d\n",size);
        free_pages(page,1);
        return NULL;
```

代码清单9-19包含了第二个分支程序和默认分支程序。第二个分支程序将使用kmalloc函数为struct Slab结构体和颜色位图申请存储空间，这样可有效减少物理页空间的浪费，提高物理页空间的利用率。例如，当内存对象的容量范围在32768~1048576时，颜色位图的尺寸会变得极小，内存池甚至可使用一个UNSIGNED LONG类型变量来管理。如果管理空间仍保存在物理页中，则至少会浪费1 KB的存储空间。以此类推，对于2 MB的物理页而言，这就意味着它只能容纳下一个1 MB的内存对象，此时的内存使用率几近50%，以如此惨痛的空间浪费作为代价，却并未换来性能上的提升。由此可见，第一个分支程序不适用于大尺寸内存对象的内存池。第二个分支程序的初始化赋值部分与第一个分支程序相同，这里就不再赘述了。

如果程序执行至default默认分支，则说明当前程序运行出错，在打印错误日志信息后释放已申请的空闲物理页。

9.2.3　通用内存的回收函数kfree

本节将对通用内存回收函数kfree进行讲解，它与上节的通用内存分配函数kmalloc组成一对功能相反的互补函数。在内存分配函数中，kmalloc_create函数可根据内存对象的尺寸选择不同的程序分支来扩展内存池。对于互补关系的内存回收函数kfree而言，它同样存在着对应的互补程序分支，在满足条件的前提下，缩减空闲过盛的内存池体积，代码清单9-20是kfree函数的程序实现。

代码清单9-20　第9章\程序\程序9-1\物理平台\kernel\memory.c

```
unsigned long kfree(void * address)
{
    int i;
    int index;
    struct Slab * slab = NULL;
    void * page_base_address = (void *)((unsigned long)address & PAGE_2M_MASK);

    for(i = 0;i < 16;i++)
    {
        slab = kmalloc_cache_size[i].cache_pool;
        do
        {
            if(slab->Vaddress == page_base_address)
            {
                index = (address - slab->Vaddress) / kmalloc_cache_size[i].size;

                *(slab->color_map + (index >> 6)) ^= 1UL << index % 64;

                slab->free_count++;
                slab->using_count--;
```

```
                kmalloc_cache_size[i].total_free++;
                kmalloc_cache_size[i].total_using--;
    ......
}
```

kfree函数执行的第一步是将目标线性地址（待释放的内存对象）按照2 MB物理页边界对齐，进而获得其所在物理页的起始线性地址。随后，kfree函数从内存池组中找到与此地址相匹配的物理页（由struct Slab结构负责管理），进而确定待释放内存对象所在struct Slab结构。复位颜色位图（位于struct Slab结构体内）中的对应位，并调整相关计数器，便可完成内存对象的释放工作。

请读者注意局部变量page_base_address的数据类型（void *）在ANSI标准和GNU标准中的区别。ANSI标准不允许对void *数据类型进行算法操作，但在GNU标准中却可以。GNU标准规定void *数据类型的算法操作将与char *数据类型保持一致。因此，对于使用GNU C语言编写程序的我们而言，我们大可放心使用void *数据类型进行算法操作。

至此，内存对象的回收工作已经结束。此刻，如果内存池中的空闲内存对象过多，内存池将尝试缩减内存池的空间，详细处理过程请继续往下看代码清单9-21。

代码清单9-21　第9章\程序\程序9-1\物理平台\kernel\memory.c

```
{
    ......
                if((slab->using_count == 0) && (kmalloc_cache_size[i].total_free >=
                    slab->color_count * 3 / 2) && (kmalloc_cache_size[i]. cache_
                    pool != slab))
                {
                    switch(kmalloc_cache_size[i].size)
                    {
                        ////////////////////slab + map in 2M page

                        case 32:
                        case 64:
                        case 128:
                        case 256:
                        case 512:
                            list_del(&slab->list);
                            kmalloc_cache_size[i].total_free -= slab->color_count;

                            page_clean(slab->page);
                            free_pages(slab->page,1);
                            break;

                        default:
                            list_del(&slab->list);
                            kmalloc_cache_size[i].total_free -= slab->color_count;

                            kfree(slab->color_map);

                            page_clean(slab->page);
                            free_pages(slab->page,1);
                            kfree(slab);
```

```
                    break;
                }
            }
            return 1;
        }
        else
            slab = container_of(list_next(&slab->list),struct Slab,list);

    }while(slab != kmalloc_cache_size[i].cache_pool);
}

color_printk(RED,BLACK,"kfree() ERROR: can`t free memory\n");
return 0;
}
```

这段代码主要用于判断释放当前struct Slab结构体及数据存储空间的可行性。如果该struct Slab结构体满足以下三个条件便可销毁：

(1) 当前struct Slab结构体管理的内存对象全部空闲；

(2) 内存池仍有超过1.5倍slab->color_count数量的空闲内存对象；

(3) 此struct Slab结构不是当初手动创建的静态存储空间。

销毁过程将释放struct Slab结构体以及存储空间。我们依据内存对象的尺寸可将销毁过程分为两个程序分支，其尺寸范围的选择与分配过程相一致。这个销毁过程的代码实现非常简单，请读者对照分配过程的代码实现自行阅读。

下面将对通用内存分配与回收函数的运行效果进行测试。代码清单9-22测试了不同尺寸内存对象的分配与回收工作，并对1 MB内存池的管理逻辑进行了测试。

9

代码清单9-22　第9章\程序\程序9-1\物理平台\kernel\main.c

```
void Start_Kernel(void)
{
    ......


    color_printk(RED,BLACK,"interrupt init \n");
    init_interrupt();

    color_printk(RED,BLACK,"slab init \n");
    slab_init();

    color_printk(ORANGE,BLACK,"4.memory_management_struct.bits_map:%#018lx\
        tmemory_management_struct.bits_map+1:%#018lx\tmemory_management_struct.
        bits_map+2:%#018lx\tzone_struct->page_using_count:%d\tzone_struct->page_
        free_count:%d\n",*memory_management_struct.bits_map,*(memory_management_
        struct.bits_map+1),*(memory_management_struct.bits_map+2),memory_
        management_struct.zones_struct->page_using_count,memory_management_
        struct.zones_struct->page_free_count);

    color_printk(WHITE,BLACK,"kmalloc test\n");
    for(i = 0;i< 16;i++)
    {
        color_printk(RED,BLACK,"size:%#010x\t",kmalloc_cache_size[i].size);
        color_printk(RED,BLACK,"color_map(before):%#018lx\t",*kmalloc_cache_size[i].
```

```
            cache_pool->color_map);
        tmp = kmalloc(kmalloc_cache_size[i].size,0);
        if(tmp == NULL)
            color_printk(RED,BLACK,"kmalloc size:%#010x ERROR\n",kmalloc_cache_
                size[i].size);
        color_printk(RED,BLACK,"color_map(middle):%#018lx\t",*kmalloc_cache_
            size[i].cache_pool->color_map);
        kfree(tmp);
        color_printk(RED,BLACK,"color_map(after):%#018lx\n",*kmalloc_cache_size[i].
            cache_pool->color_map);
    }

    kmalloc(kmalloc_cache_size[15].size,0);
    kmalloc(kmalloc_cache_size[15].size,0);
    kmalloc(kmalloc_cache_size[15].size,0);
    kmalloc(kmalloc_cache_size[15].size,0);
    kmalloc(kmalloc_cache_size[15].size,0);
    kmalloc(kmalloc_cache_size[15].size,0);
    kmalloc(kmalloc_cache_size[15].size,0);

    color_printk(RED,BLACK,"color_map(0):%#018lx,%#018lx\n",kmalloc_cache_size[15].
        cache_pool->color_map,*kmalloc_cache_size[15].cache_pool->color_map);
    slab = container_of(list_next(&kmalloc_cache_size[15].cache_pool->list),struct
        Slab,list);
    color_printk(RED,BLACK,"color_map(1):%#018lx,%#018lx\n",slab->color_map,
        *slab->color_map);
    slab = container_of(list_next(&slab->list),struct Slab,list);
    color_printk(RED,BLACK,"color_map(2):%#018lx,%#018lx\n",slab->color_map,
        *slab->color_map);
    slab = container_of(list_next(&slab->list),struct Slab,list);
    color_printk(RED,BLACK,"color_map(3):%#018lx,%#018lx\n",slab->color_map,
        *slab->color_map);

    // color_printk(RED,BLACK,"task_init \n");
    // task_init();

    while(1)
        ;
}
```

执行task_init函数是内核初始化程序的最后一步，因此测试程序应该添加在其前面。为了便于观察运行效果，此处已将task_init函数屏蔽。这段测试程序，首先调用slab_init函数来初始化通用内存管理单元，当其初始化完毕后，再将相关记录信息打印出来，以判断初始化过程的正确性。虽然多次显示相关记录信息会让人感觉有些保守、累赘，但却表明了内存管理单元在操作系统中的重要性。内存作为系统的一个重要组成部分，是所有程序运行的基础。如果内存管理单元发生故障，那么故障的再现和调试过程都十分困难，因此在设计初期我们就应该保证程序运行的正确性和稳定性，内存管理单元也是自系统开发以来，最为耗时的一章。

接下来，将对内存池组中的每一个内存池进行分配和回收测试，在分配和回收内存对象的前后，颜色位图的使用情况都会显示。最后，我们再连续7次申请1 MB的内存对象，并显示出内存池中的全部颜色位图信息，以测试内存池在扩容过程中的正确性及稳定性，测试程序的运行效果如图9-2所示。

图9-2 通用内存池组的测试效果图

从图9-2可以看出，在调用`slab_init`函数后，内存页的使用量从1变为17（包括内核程序占用的0~2 MB内存空间）。随后，各个内存池将分配一个内存对象，其颜色位图的首位会被置位，而在调用回收函数后，该位又会被复位。接着，我们再对1 MB内存池进行容量扩充测试，并将内存池的使用情况（颜色位图）显示出来。这段测试程序，连续分配了7个1 MB的内存对象，共调用了3次`kmalloc_create`函数，最后一个颜色位图仅有一位被置位，表明此管理空间只有一个内存对象处于使用状态。

9.3 调整物理页管理功能

关于物理页的管理功能已在第4章中初步实现，但其仍有诸多设计上的缺陷与不足。本节将会对其进行修改和调整，使其更加完善、高效。

与此同时，为了方便阅读和编程，这里再做一些函数设计上的调整：如果函数的返回值用于标识操作结果，则统一用数值1代表操作成功、0代表操作失败。（系统API库函数遵循其他规定。）

9.3.1 内存管理单元结构及相关函数调整

此前定义的`PG_Referenced`、`PG_Up_To_Date`、`PG_K_Share_To_U`等内存页属性，在编程时容易给开发者造成功能表达不明确、组合起来复杂等困扰。因此，在修改物理页管理函数之前，需要调整内存页属性的定义，代码清单9-23是调整后的内存页属性宏定义。

代码清单9-23 第9章\程序\程序9-2\物理平台\kernel\memory.h

```
// mapped=1 or un-mapped=0
#define PG_PTable_Maped     (1 << 0)
```

```
// init-code=1 or normal-code/data=0
#define PG_Kernel_Init    (1 << 1)

// device=1 or memory=0
#define PG_Device    (1 << 2)

// kernel=1 or user=0
#define PG_Kernel    (1 << 3)

// shared=1 or single-use=0
#define PG_Shared    (1 << 4)
```

上述内存页属性可归纳为页表映射、内存/设备空间、内核层/应用层、共享/独享等几类，详细的属性含义请见表9-1。

表9-1　页面属性表

属　性　名	状态（置位）	状态（复位）
PG_PTable_Maped	已在页表中映射	未在页表中映射
PG_Kernel_Init	内核初始化程序	非内核初始化程序
PG_Device	设备寄存器/内存	物理内存空间
PG_Kernel	内核层地址空间	应用层地址空间
PG_Shared	已被共享的内存页	未被共享的内存页

本节不光要对内存页属性的定义进行修改，还要对内存页的初始化、清除等一系列功能进行调整和追加。

以内存页使用前的准备工作为例，若想使用内存页，则必须经过分配和初始化两个步骤。在起初的设计过程中，内存管理单元误将内存页分配函数的一部分管理功能转移至初始化函数里，这就导致初始化函数的功能过多，不便于独立使用。现将这些管理程序从初始化函数迁移至分配函数，进而使得初始化函数可对同一内存页执行多次初始化。代码清单9-24是调整后的内存页初始化与清除函数。

代码清单9-24　第9章\程序\程序9-2\物理平台\kernel\memory.c

```
unsigned long page_init(struct Page * page,unsigned long flags)
{
    page->attribute |= flags;

    if(!page->reference_count || (page->attribute & PG_Shared))
    {
        page->reference_count++;
        page->zone_struct->total_pages_link++;
    }
    return 1;
}

unsigned long page_clean(struct Page * page)
{
```

```
    page->reference_count--;
    page->zone_struct->total_pages_link--;

    if(!page->reference_count)
    {
        page->attribute &= PG_PTable_Maped;
    }
    return 1;
}
```

这段代码不仅将管理程序从函数中移除，还调整了共享页属性的判断过程。经过调整后的程序，功能明确、执行速度快，其代码一目了然，这里就不再详细讲述。

为了增强内存页的管理功能，此处新增一对用于操作内存页属性的功能函数，具体函数定义请参见代码清单9-25。

代码清单9-25 第9章\程序\程序9-2\物理平台\kernel\memory.c

```
unsigned long get_page_attribute(struct Page * page)
{
    if(page == NULL)
    {
        color_printk(RED,BLACK,"get_page_attribute() ERROR: page == NULL\n");
        return 0;
    }
    else
        return page->attribute;
}

unsigned long set_page_attribute(struct Page * page,unsigned long flags)
{
    if(page == NULL)
    {
        color_printk(RED,BLACK,"set_page_attribute() ERROR: page == NULL\n");
        return 0;
    }
    else
    {
        page->attribute = flags;
        return 1;
    }
}
```

函数get_page_attribute与set_page_attribute为内核程序提供了获取和修改内存页属性的操作接口，它们的代码实现非常简单，此处就不再赘述。

9.3.2 调整 alloc_pages 函数

alloc_pages函数作为内存管理单元的基础函数，在修改其代码时应反复论证，以避免潜在的隐患，并尽量保持高效、稳定运行。这也是本次修改alloc_pages函数的主要依据。

函数alloc_pages的修改过程将分为：追加管理功能代码、追加内存页属性的初始赋值代码、删减冗余及消耗性能的代码三个主要部分。接下来将逐段对alloc_pages函数进行修改，请先看代码清单9-26。

代码清单9-26　第9章\程序\程序9-2\物理平台\kernel\memory.c

```
/*
    number: number < 64
    zone_select: zone select from dma , mapped in  pagetable , unmapped in pagetable
    page_flags: struct Page flages
*/

struct Page * alloc_pages(int zone_select,int number,unsigned long page_flags)
{
    ......

    if(number >= 64 || number <= 0)
    {
        color_printk(RED,BLACK,"alloc_pages() ERROR: number is invalid\n");
        return NULL;
    }

    switch(zone_select)
    {
        case ZONE_DMA:
                zone_start = 0;
                zone_end = ZONE_DMA_INDEX;
                attribute = PG_PTable_Maped;
            break;

        case ZONE_NORMAL:
                zone_start = ZONE_DMA_INDEX;
                zone_end = ZONE_NORMAL_INDEX;
                attribute = PG_PTable_Maped;
            break;

        case ZONE_UNMAPED:
                zone_start = ZONE_UNMAPED_INDEX;
                zone_end = memory_management_struct.zones_size - 1;
                attribute = 0;
            break;

        default:
            color_printk(RED,BLACK,"alloc_pages() ERROR: zone_select index is
                invalid\n");
            return NULL;
            break;
    }
    ......
}
```

此段程序把函数alloc_pages一次所能申请的最大内存页数量从原来的64调整为63，并加入对申请数值（保存于参数number内）的验证程序，以保证申请数值位于1~63。随后，在内存区域选择过程中，根据区域选择参数zone_select来确定待分配内存页的默认属性。对于ZONE_DMA、ZONE_NORMAL区域来说，它们的默认页属性为PG_PTable_Maped，表示此物理页已在页表中映射。

而ZONE_UNMAPED区域里的内存页却未在页表中映射。

当确定内存页的分配区域后，内存页分配函数将进入已选区域的空闲内存页遍历环节，此处已对这个环节进行了多处修改，详细的修改内容请继续往下看代码清单9-27。

代码清单9-27 第9章\程序\程序9-2\物理平台\kernel\memory.c

```
for(i = zone_start; i <= zone_end; i++)
{
    struct Zone * z;
    unsigned long j;
    unsigned long start,end;
    unsigned long tmp;

    if((memory_management_struct.zones_struct + i)->page_free_count < number)
        continue;

    z = memory_management_struct.zones_struct + i;
    start = z->zone_start_address >> PAGE_2M_SHIFT;
    end = z->zone_end_address >> PAGE_2M_SHIFT;

    tmp = 64 - start % 64;

    for(j = start;j < end;j += j % 64 ? tmp : 64)
    {
        unsigned long * p = memory_management_struct.bits_map + (j >> 6);
        unsigned long k = 0;
        unsigned long shift = j % 64;
        unsigned long num = (1UL << number) - 1;

        for(k = shift;k < 64;k++)
        {
            if( !( (k ? ((*p >> k) | (*(p + 1) << (64 - k))) : *p) & (num) ) )
            {
                unsigned long   l;
                page = j + k - shift;
                for(l = 0;l < number;l++)
                {
                    struct Page * pageptr = memory_management_struct.pages_
                        struct + page + l;

                    *(memory_management_struct.bits_map + ((pageptr->PHY_address >>
                        PAGE_2M_SHIFT) >> 6)) |= 1UL << (pageptr->PHY_address >>
                        PAGE_2M_SHIFT) % 64;
                    z->page_using_count++;
                    z->page_free_count--;
                    pageptr->attribute = attribute;
                }
                goto find_free_pages;
            }
        }
    }
}
```

这段程序的作用是从已选区域中遍历出空闲内存页。对比之前的程序，为了提高运行效率，此处删除了局部变量length以及相关代码。同时，为了提高内层循环if语句的判断速度，特将匹配值（保存在局部变量num里）的计算代码num = (1UL << number) - 1迁移至外层循环中。

如果代码((*p >> k) | (*(p + 1) << (64 - k)))在运算过程中遇到k=0的情况，那么*(p + 1)将左移64位，从而导致移位计数器超出64位寄存器的最大位宽。依照Intel官方白皮书的描述：处理器会根据运行模式支持的通用寄存器位宽，确定移位寄存器的有效位数（32位宽的有效位数是5，可表示数值0~31；64位宽的有效位数是6位，可表示数值0~63），超过范围的数据将被屏蔽。在IA-32e模式下，代码*(p + 1) << 64等价于*(p + 1) << 0，再和代码*p >> k执行按位或运算，将生成非预期结果。因此，当k=0时，用*p进行匹配。

如果遍历出满足条件的内存页，内存页分配函数就将其标记为已使用（置位BIT映射位图的对应位）。然后，调整相关计数器并返回内存页对应的struct page结构体。

目前，Bochs虚拟机最多只能使用2 GB内存，这使得初级内存管理单元只能使用0~4 GB的ZONE_NORMAL_INDEX区域。而到了高级内存管理单元，内核程序已运行于物理平台中，充足的物理内存使得系统可以从ZONE_UNMAPED_INDEX区域分配物理页。为了使用ZONE_UNMAPED_INDEX区域，还需对init_memory函数进行调整，代码清单9-28是调整后的各个程序片段。

代码清单9-28　第9章\程序\程序9-2\物理平台\kernel\memory.c

```
void init_memory()
{
    ......

    set_page_attribute(memory_management_struct.pages_struct,PG_PTable_Maped |
        PG_Kernel_Init | PG_Kernel);
    memory_management_struct.pages_struct->reference_count = 1;
    memory_management_struct.pages_struct->age = 0;

    ......

    ZONE_DMA_INDEX = 0;
    ZONE_NORMAL_INDEX = 0;
    ZONE_UNMAPED_INDEX = 0;

    for(i = 0;i < memory_management_struct.zones_size;i++)
    {
        struct Zone * z = memory_management_struct.zones_struct + i;
        color_printk(ORANGE,BLACK,"zone_start_address:%#018lx,zone_end_address:
            %#018lx,zone_length:%#018lx,pages_group:%#018lx,pages_length:%#018lx\n",
            z->zone_start_address,z->zone_end_address,z->zone_length,z->pages_group,
            z->pages_length);

        if(z->zone_start_address >= 0x100000000 && !ZONE_UNMAPED_INDEX)
            ZONE_UNMAPED_INDEX = i;
    }

    color_printk(ORANGE,BLACK,"ZONE_DMA_INDEX:%d\tZONE_NORMAL_INDEX:%d\tZONE_
        UNMAPED_INDEX:%d\n",ZONE_DMA_INDEX,ZONE_NORMAL_INDEX,ZONE_UNMAPED_INDEX);
    ......
}
```

此段代码通过函数set_page_attribute为内核程序所在内存页结构设置属性，并调整这些内存页的统计信息。随后，再从诸多内存区域（通常按升序排列）中挑选出第一个起始物理地址大于等于0x100000000的内存区域，将其作为ZONE_UNMAPED_INDEX的起始区。

接下来，将内核静态存储空间所在内存页标记为已使用（设置内存页属性并更新统计信息），而后添加内存使用情况的显示信息，代码清单9-29是这部分功能的调整代码。

代码清单9-29　第9章\程序\程序9-2\物理平台\kernel\memory.c

```
i = Virt_To_Phy(memory_management_struct.end_of_struct) >> PAGE_2M_SHIFT;

for(j = 1;j <= i;j++)
{
    struct Page * tmp_page =  memory_management_struct.pages_struct + j;
    page_init(tmp_page,PG_PTable_Maped | PG_Kernel_Init | PG_Kernel);
    *(memory_management_struct.bits_map + ((tmp_page->PHY_address >> PAGE_2M_
        SHIFT) >> 6)) |= 1UL << (tmp_page->PHY_address >> PAGE_2M_SHIFT) % 64;
    tmp_page->zone_struct->page_using_count++;
    tmp_page->zone_struct->page_free_count--;
}
……
color_printk(ORANGE,BLACK,"1.memory_management_struct.bits_map:%#018lx\tzone_
    struct->page_using_count:%d\tzone_struct->page_free_count:%d\n",*memory_
    management_struct.bits_map,memory_management_struct.zones_struct->page_
    using_count,memory_management_struct.zones_struct->page_free_count);
```

这段程序通过一个循环体将内核静态存储空间占用的内存页全部标记为已使用，并更新这些内存页的统计信息。随后，再显示出内存管理信息以验证整个内存初始化过程的正确性。至此，整个alloc_pages函数修改完毕。

9.3.3 创建 free_pages 函数

既然现在完善的alloc_pages函数已经拥有，那么与之功能相反的free_pages函数也应该实现出来。代码清单9-30是free_pages函数的程序实现，读者可对照alloc_pages函数的代码实现进行阅读。

代码清单9-30　第9章\程序\程序9-2\物理平台\kernel\memory.c

```
/*
    page: free page start from this pointer
    number: number < 64
*/

void free_pages(struct Page * page,int number)
{
    int i = 0;

    if(page == NULL)
    {
```

9

```
		color_printk(RED,BLACK,"free_pages() ERROR: page is invalid\n");
		return ;
	}

	if(number >= 64 || number <= 0)
	{
		color_printk(RED,BLACK,"free_pages() ERROR: number is invalid\n");
		return ;
	}

	for(i = 0;i<number;i++,page++)
	{
		*(memory_management_struct.bits_map + ((page->PHY_address >> PAGE_2M_
			SHIFT) >> 6)) &= ~(1UL << (page->PHY_address >> PAGE_2M_SHIFT) % 64);
		page->zone_struct->page_using_count--;
		page->zone_struct->page_free_count++;
		page->attribute = 0;
	}
}
```

函数free_pages将先对形式参数page和number的数值进行检测，这个过程将会初步检验这两个数值的正确性。如果数值检测无误，函数free_pages将逐个回收自page开始的number个内存页。内存页的回收过程将包括复位BIT映射位图的对应位、更新内存页的统计信息以及清除内存页属性。

现在，内存页的申请和回收功能均已实现，那么下面就来验证两者的执行效果。代码清单9-31执行了三次内存页申请和两次内存页释放工作，而且各申请和释放过程都将伴随内存管理信息的显示。

代码清单9-31　第9章\程序\程序9-2\物理平台\kernel\main.c

```
void Start_Kernel(void)
{
	......

	color_printk(RED,BLACK,"slab init \n");
	slab_init();

	page = alloc_pages(ZONE_NORMAL,63, 0);
	page = alloc_pages(ZONE_NORMAL,63, 0);

	color_printk(ORANGE,BLACK,"4.memory_management_struct.bits_map:%#018lx\
		tmemory_management_struct.bits_map+1:%#018lx\tmemory_management_struct.
		bits_map+2:%#018lx\tzone_struct->page_using_count:%d\tzone_struct->page_
		free_count:%d\n",*memory_management_struct.bits_map,*(memory_management_
		struct.bits_map+1),*(memory_management_struct.bits_map+2),memory_
		management_struct.zones_struct->page_using_count,memory_management_
		struct.zones_struct->page_free_count);

	for(i = 80;i <= 85;i++)
	{
		color_printk(INDIGO,BLACK,"page%03d attribute:%#018lx address:%#018lx\t",i,
			(memory_management_struct.pages_struct + i)->attribute,(memory_
			 management_struct.pages_struct + i)->PHY_address);
		i++;
		color_printk(INDIGO,BLACK,"page%03d attribute:%#018lx address:%#018lx\n",i,
			(memory_management_struct.pages_struct + i)->attribute,(memory_
```

```
        management_struct.pages_struct + i)->PHY_address);
}

for(i = 140;i <= 145;i++)
{
    color_printk(INDIGO,BLACK,"page%03d attribute:%#018lx address:%#018lx\t",i,
        (memory_management_struct.pages_struct + i)->attribute,(memory_
        management_struct.pages_struct + i)->PHY_address);
    i++;
    color_printk(INDIGO,BLACK,"page%03d attribute:%#018lx address:%#018lx\n",i,
        (memory_management_struct.pages_struct + i)->attribute,
        (memory_management_struct. pages_struct + i)->PHY_address);
}

free_pages(page,1);

color_printk(ORANGE,BLACK,"5.memory_management_struct.bits_map:%#018lx\
    tmemory_management_struct.bits_map+1:%#018lx\tmemory_management_
    struct.bits_map+2:%#018lx\tzone_struct->page_using_count:%d\tzone_
    struct->page_free_count:%d\n",*memory_management_struct.bits_map,
    *(memory_management_struct.bits_map+1),*(memory_management_struct.
    bits_map+2),memory_management_struct.zones_struct->page_using_count,
    memory_management_struct.zones_struct->page_free_count);

for(i = 75;i <= 85;i++)
{
    color_printk(INDIGO,BLACK,"page%03d attribute:%#018lx address:%#018lx\t",i,
        (memory_management_struct.pages_struct + i)->attribute,
        (memory_management_struct.pages_struct + i)->PHY_address);
    i++;
    color_printk(INDIGO,BLACK,"page%03d attribute:%#018lx address:%#018lx\n",i,
        (memory_management_struct.pages_struct + i)->attribute,
        (memory_management_struct.pages_struct + i)->PHY_address);
}

page = alloc_pages(ZONE_UNMAPED,63, 0);

color_printk(ORANGE,BLACK,"6.memory_management_struct.bits_map:%#018lx\
    tmemory_management_struct.bits_map+1:%#018lx\tzone_struct->page_using_
    count:%d\tzone_struct->page_free_count:%d\n",*(memory_management_struct.
    bits_map + (page->PHY_address >> PAGE_2M_SHIFT >> 6)) , *(memory_management_
    struct.bits_map + 1 + (page->PHY_address >> PAGE_2M_SHIFT >> 6)) ,(memory_
    management_struct.zones_struct + ZONE_UNMAPED_INDEX)-> page_using_count,
    (memory_management_struct.zones_struct + ZONE_UNMAPED_INDEX)->page_free_
    count );

free_pages(page,1);

color_printk(ORANGE,BLACK,"7.memory_management_struct.bits_map:%#018lx\
    tmemory_management_struct.bits_map+1:%#018lx\tzone_struct->page_using_
    count:%d\tzone_struct->page_free_count:%d\n",*(memory_management_
    struct.bits_map + (page->PHY_address >> PAGE_2M_SHIFT >> 6)) , *(memory_
    management_struct.bits_map + 1 + (page->PHY_address >> PAGE_2M_SHIFT >> 6)) ,
    (memory_management_struct.zones_struct + ZONE_UNMAPED_INDEX)->page_using_
    count, (memory_management_struct.zones_struct + ZONE_UNMAPED_INDEX)->page_
    free_ count );
```

```
    // color_printk(RED,BLACK,"task_init \n");
    // task_init();

    while(1)
        ;
}
```

这段程序分别从ZONE_NORMAL_INDEX和ZONE_UNMAPED_INDEX区域中申请并释放了若干内存页，而且还将各内存页的属性以及内存管理信息显示在屏幕上，图9-3是验证程序的运行效果。

图9-3　内存页的申请和释放功能执行效果图

至此，物理页的管理功能虽已完善了，但这仍不是最终版本，也许在不久的将来还会引入新的功能。

注意　本节代码已同步更新到程序9-1的代码中，读者不必再对其进行修改。

9.4　页表初始化

现在，内存管理单元已实现内存页的申请和释放、通用内存的分配和回收、SLAB内存池等功能。但页表却仅有区区24个物理页（48 MB物理内存）完成了页面映射，剩余物理内存除非完成页面映射，否则无法直接使用。这就导致ZONE_NORMAL_INDEX区域只能分配出有限的几个内存页。

不仅如此，目前VBE帧缓存区仍然占用着一块本应属于物理页的线性地址空间（位于ZONE_NORMAL_INDEX区域内）。这种规划虽然在内核初始阶段可以接受，但内核程序已运行至此，如果继续占用物理页的线性地址空间就显得十分不妥，必须将其重映射到更合理的位置才行。

本章余下篇幅将通过重新初始化页表，并重映射VBE帧缓存区来解决上述问题。

9.4.1 页表重新初始化

页表的重新初始化过程会对内核页表重新赋值，并为其创建子页表，直至将0~4 GB内的物理页映射到线性地址空间。整个初始化过程会涉及线性地址、物理地址和C语言指针等知识，这是一次基于地址变换的编程考验。

为了帮助读者缕清地址转换过程，特将页表初始化函数pagetable_init拆解为几个片段讲解。函数pagetable_init在重新赋值页表前打印系统各级页表（内核初始页表）的起始地址（包括线性地址和物理地址），具体实现过程请看代码清单9-32。

代码清单9-32　第9章\程序\程序9-3\物理平台\kernel\memory.c

```
void pagetable_init()
{
        unsigned long i,j;
        unsigned long * tmp = NULL;

        Global_CR3 = Get_gdt();

        tmp = (unsigned long *)(((unsigned long)Phy_To_Virt((unsigned long)Global_CR3 &
            (~ 0xfffUL))) + 8 * 256);
        color_printk(YELLOW,BLACK,"1:%#018lx,%#018lx\t\t\n",(unsigned long)tmp,*tmp);

        tmp = Phy_To_Virt(*tmp & (~0xfffUL));
        color_printk(YELLOW,BLACK,"2:%#018lx,%#018lx\t\t\n",(unsigned long)tmp,*tmp);

        tmp = Phy_To_Virt(*tmp & (~0xfffUL));
        color_printk(YELLOW,BLACK,"3:%#018lx,%#018lx\t\t\n",(unsigned long)tmp,*tmp);
        ……
}
```

此段代码使用Get_gdt函数来取得CR3控制寄存器保存的顶层页表的物理基地址。由于CR3控制寄存器中含有标志位，故此，这里要使用代码(unsigned long)Global_CR3 & (~ 0xfffUL)将标志位屏蔽，所得结果即是顶层页表的物理基地址。随后，通过宏Phy_To_Virt将物理地址转换为线性地址。以此方法，可逐级取得页表的线性基地址和页表项值，并将这些数值打印出来，再与head.S文件中编写的初始页表项配置值进行比较，进而验证程序执行的正确性。

接下来的两段程序将把ZONE_NORMAL_INDEX区域内的物理页全部映射到线性地址空间内。这个过程将会解析struct Global_Memory_Descriptor结构体，以确定所遍历区域数量和每个区域包含的物理页个数，详细过程请看代码清单9-33。

代码清单9-33　第9章\程序\程序9-3\物理平台\kernel\memory.c

```
for(i = 0;i < memory_management_struct.zones_size;i++)
{
    struct Zone * z = memory_management_struct.zones_struct + i;
    struct Page * p = z->pages_group;
```

```
        if(ZONE_UNMAPED_INDEX && i == ZONE_UNMAPED_INDEX)
            break;

        for(j = 0;j < z->pages_length ; j++,p++)
        {

            tmp = (unsigned long *)(((unsigned long)Phy_To_Virt((unsigned long)Global_CR3
                & (~ 0xfffUL))) + (((unsigned long)Phy_To_Virt(p->PHY_address) >> PAGE
                _GDT_ SHIFT) & 0x1ff) * 8);

            if(*tmp == 0)
            {
                unsigned long * virtual = kmalloc(PAGE_4K_SIZE,0);
                set_mpl4t(tmp,mk_mpl4t(Virt_To_Phy(virtual),PAGE_KERNEL_GDT));
            }
        ……
    }
```

代码清单9-33将遍历除ZONE_UNMAPED_INDEX以外的所有区域，并把区域中的每个物理页映射到线性地址空间。区域结构体struct Zone的成员变量pages_length记录着此区域管辖的物理页总数，该值可确定此区域映射的物理页数量。

各区域的遍历过程均会使用全局变量Global_CR3来获得顶层页表的物理基地址，此页表的物理地址并将转换为线性地址（通过宏Phy_To_Virt实现）。接着，再计算出目标物理页所在线性地址，将此线性地址右移39位（PAGE_GDT_SHIFT），以索引出其所在顶层页表项。

如果该页表项的数值为0，则说明其尚未进行次级页表映射，那就使用kmalloc函数为其分配一个容量为4 KB的内存对象作为次级页表，并将次级页表的起始线性地址转换为物理地址。最后，使用宏set_mpl4t把次级页表的物理地址（通过宏Phy_To_Virt实现）与页表属性相结合，制作成顶层页表项。

在配置出顶层页表项后，我们将按此方法逐层遍历各级页表，直至将目标物理页映射到线性地址空间，此过程由代码清单9-34来实现。

代码清单9-34　第9章\程序\程序9-3\物理平台\kernel\memory.c

```
    {
        ……
        tmp = (unsigned long *)((unsigned long)Phy_To_Virt(*tmp & (~ 0xfffUL)) +
            (((unsigned long)Phy_To_Virt(p->PHY_address) >> PAGE_1G_SHIFT) &
            0x1ff) * 8);

        if(*tmp == 0)
        {
            unsigned long * virtual = kmalloc(PAGE_4K_SIZE,0);
            set_pdpt(tmp,mk_pdpt(Virt_To_Phy(virtual),PAGE_KERNEL_Dir));
        }

        tmp = (unsigned long *)((unsigned long)Phy_To_Virt(*tmp & (~ 0xfffUL)) +
            (((unsigned long)Phy_To_Virt(p->PHY_address) >> PAGE_2M_SHIFT) &
            0x1ff) * 8);

        set_pdt(tmp,mk_pdt(p->PHY_address,PAGE_KERNEL_Page));
```

```
            if(j % 50 == 0)
                color_printk(GREEN,BLACK,"@:%#018lx,%#018lx\t\n",(unsigned
                    long)tmp,*tmp);
        }
    }

    flush_tlb();
```

经过页表的层层检索，函数pagetable_init最终借助宏set_pdt将目标物理页的基地址与页面属性组合成页表项，并将其保存到目标页表中。

至此，页表的重新初始化工作宣告结束，为了验证程序运行的正确性，每50次页表项设置抽查一次（打印页表项地址与值）。在函数返回前，不要忘记调用flush_tlb函数刷新页表（重新加载CR3控制寄存器），使刚配置的页表项生效。

在实现pagetable_init函数后，还需恢复init_memory函数最后一段被注释掉的程序。这段程序用于清除线性地址0和0xffff800000000000在页表中的重映射，详细代码如代码清单9-35。

代码清单9-35　第9章\程序\程序9-3\物理平台\kernel\memory.c

```
void init_memory()
{
    ……

    for(i = 0;i < 10;i++)
        *(Phy_To_Virt(Global_CR3)  + i) = 0UL;

    flush_tlb();
}
```

一旦处理器执行完flush_tlb函数，线性地址0处的页表映射便不复存在，此后内核程序只存在于线性地址0xffff800000000000处。

倘若取消线性地址0处的页表重映射，那将导致task_init函数无法正常运行。而且，出于系统运行的安全性考虑，在页表重新初始化后，初始页表的用户访问权限必须回收，代码清单9-36是修改后的初始页表。

代码清单9-36　第9章\程序\程序9-3\物理平台\kernel\head.S

```
//=======    init page
.align 8

.org    0x1000

__PML4E:

    .quad    0x102003
    .fill    255,8,0
    .quad    0x102003
    .fill    255,8,0

.org    0x2000

__PDPTE:
```

9

```
    .quad    0x103003    /* 0x103003 */
    .fill    511,8,0

.org    0x3000

__PDE:

    .quad    0x000083
    .quad    0x200083
    .quad    0x400083
    .quad    0x600083
    .quad    0x800083        /* 0x800083 */
    .quad    0xa00083
    .quad    0xc00083
    .quad    0xe00083
    .quad    0x1000083
    .quad    0x1200083
    .quad    0x1400083
    .quad    0x1600083
    .quad    0x1800083
    .quad    0x1a00083
    .quad    0x1c00083
    .quad    0x1e00083
    .quad    0x2000083
    .quad    0x2200083
    .quad    0x2400083
    .quad    0x2600083
    .quad    0x2800083
    .quad    0x2a00083
    .quad    0x2c00083
    .quad    0x2e00083

    .quad    0xe0000083        /*0x 3000000*/
    .quad    0xe0200083
    .quad    0xe0400083
    .quad    0xe0600083
    .quad    0xe0800083
    .quad    0xe0a00083
    .quad    0xe0c00083
    .quad    0xe0e00083
    .fill    480,8,0
```

经过此次修改，内核程序将在处理器中以最高权限运行，今后它不会再受到应用层的越权访问。

9.4.2　VBE帧缓存区地址重映射

由于页表重新初始化过程覆盖了VBE帧缓存区，导致pagetable_init函数无法在屏幕上显示日志信息，因此内核主程序在调用pagetable_init函数前必须重新映射VBE帧缓存区。

说到地址映射，眼下最紧迫的任务是为VBE帧缓存区寻找一块合适的线性地址空间。考虑到VBE帧缓存区的起始物理地址位于0xe0000000处，其对应的线性地址0xffff8000e0000000恰好是一段内存空洞。看来这是一个不错的位置，我们使用代码清单9-37可将VBE帧缓存区重新映射至此。

代码清单9-37 第9章\程序\程序9-3\物理平台\kernel\printk.c

```
void frame_buffer_init()
{
    ////re init frame buffer;
    unsigned long i;
    unsigned long * tmp;
    unsigned long * tmp1;
    unsigned int * FB_addr = (unsigned int *)Phy_To_Virt(0xe0000000);

    Global_CR3 = Get_gdt();

    tmp = Phy_To_Virt((unsigned long *)((unsigned long)Global_CR3 & (~ 0xfffUL)) +
        (((unsigned long)FB_addr >> PAGE_GDT_SHIFT) & 0x1ff));
    if (*tmp == 0)
    {
        unsigned long * virtual = kmalloc(PAGE_4K_SIZE,0);
        set_mpl4t(tmp,mk_mpl4t(Virt_To_Phy(virtual),PAGE_KERNEL_GDT));
    }

    tmp = Phy_To_Virt((unsigned long *)(*tmp & (~ 0xfffUL)) + (((unsigned
        long)FB_addr >> PAGE_1G_SHIFT) & 0x1ff));
    if(*tmp == 0)
    {
        unsigned long * virtual = kmalloc(PAGE_4K_SIZE,0);
        set_pdpt(tmp,mk_pdpt(Virt_To_Phy(virtual),PAGE_KERNEL_Dir));
    }

    for(i = 0;i < Pos.FB_length;i += PAGE_2M_SIZE)
    {
        tmp1 = Phy_To_Virt((unsigned long *)(*tmp & (~ 0xfffUL)) + (((unsigned
            long)((unsigned long)FB_addr + i) >> PAGE_2M_SHIFT) & 0x1ff));

        unsigned long phy = 0xe0000000 + i;
        set_pdt(tmp1,mk_pdt(phy,PAGE_KERNEL_Page | PAGE_PWT | PAGE_PCD));
    }

    Pos.FB_addr = (unsigned int *)Phy_To_Virt(0xe0000000);

    flush_tlb();
}
```

此段代码使用与9.3.1节相同的知识点以及类似的程序执行过程，所以无需过多赘述。只请读者注意在函数返回前务必调用flush_tlb函数刷新页表，使新配置的页表项生效。

接下来，将frame_buffer_init函数和pagetable_init函数添加到内核主程序中。为了避免在初始化过程中出现错误，特微调各初始化函数的执行顺序，调整后的函数执行顺序如代码清单9-38所示。

代码清单9-38 第9章\程序\程序9-3\物理平台\kernel\main.c

```
void Start_Kernel(void)
{
    ......

    color_printk(RED,BLACK,"memory init \n");
    init_memory();
```

```
    color_printk(RED,BLACK,"slab init \n");
    slab_init();

    color_printk(RED,BLACK,"frame buffer init \n");
    frame_buffer_init();
    color_printk(WHITE,BLACK,"frame_buffer_init() is OK \n");

    color_printk(RED,BLACK,"pagetable init \n");
    pagetable_init();

    color_printk(RED,BLACK,"interrupt init \n");
    init_interrupt();

    // color_printk(RED,BLACK,"task_init \n");
    // task_init();

    while(1)
        ;
}
```

通过此番调整，我们可避免内存管理单元在初始化过程中受到其他模块的干扰。同时也为了使其他模块尽早使用到内存空间，调整后的运行效果请参见图9-4。

图9-4　页表初始化和帧缓存区地址重映射效果图

几经修改与创新设计，虽然高级内存管理单元已经实现，但它依然存在着诸多缺陷与不足之处。内存管理单元的修改和完善工作仍将继续，待到内核引入合适的功能后，再予以补充、升级和完善。

第 10 章 高级中断处理单元

在初级篇中，我们已经实现了单核处理器的中断处理单元，它基于8259A PIC实现，是单核处理器时代的典型中断控制器芯片。由于8259A芯片只能将中断请求信号投递给一个指定的处理器，所以当多核处理器问世后，如果依然沿用此类芯片，则在爆发大量中断请求时，此类芯片势必会影响处理器对它们的响应速度。

为了加快中断请求的处理速度，APIC便应运而生。本章将会基于APIC实现中断处理单元。

10.1 APIC 概述

APIC摒弃了单核处理器的INTR中断请求引脚，而采用总线方式通信。使用总线通信方式的APIC将原本单个中断控制器拆解为两部分，它们分别是位于处理器内的Local APIC和位于主板芯片组中的I/O APIC。这两部分控制器通过总线相连并在其上通信，图10-1示意了Local APIC与I/O APIC的结构关系。

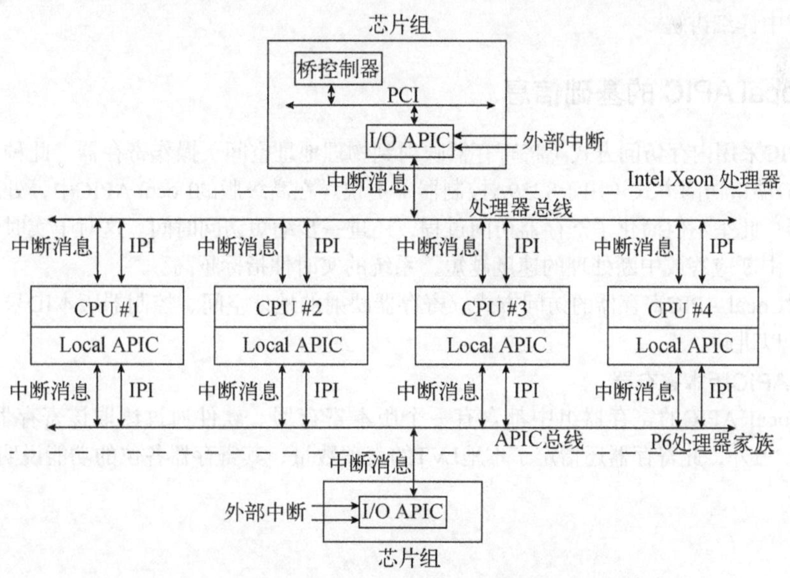

图10-1 Local APIC与I/O APIC的结构关系示意图

根据图10-1描述的结构关系可以看出，不论是Pentium 4处理器家族，还是P6处理器家族，甚至是Xeon处理器家族，在处理器的每个核心中都包含一个Local APIC控制器，而在芯片组（位于主板上）中通常只有一个I/O APIC（高级平台可能包含多个I/O APIC）。以下内容是这两类控制器的功能描述。

- **Local APIC**。它既可接收来自处理器核心的中断请求，亦可接收内部中断源和外部I/O APIC的中断请求。随后，再将这些请求发送至处理器核心中进行处理。

  Local APIC还可通过总线实现双向收发IPI（Inter-Processor Interrupt，处理器间中断）消息，IPI消息可收发自目标处理器的逻辑核心。IPI消息主要应用于多核处理器环境下，通过它可实现各处理器核心间的通信，这也是多核处理器之间使用的主要通信手段。
- **I/O APIC**。外部I/O APIC是主板芯片组的一部分。它主要负责接收外部I/O设备发送来的中断请求，并将这些中断请求封装成中断消息投递至目标Local APIC。

在多核处理器环境下，I/O APIC能够提供一种机制来分发外部中断请求（中断消息）至目标处理器的Local APIC控制器中，或者分发到系统总线上的处理器组中。

10.2　Local APIC

在处理器的每个核心中，都拥有一个Local APIC，它不但可接收I/O APIC发送来的中断请求，还可接收其他处理器核心发送来的IPI中断请求，甚至可以向其他处理器核心发送IPI中断请求。

Local APIC的功能比8259A PIC强大许多。随之而来，其整体结构也变得非常复杂，这使得每个Local APIC都由一组数量庞大的APIC寄存器组成。同时，当处理器经历数代升级后，APIC的功能和版本也相继进行了扩展和升级。

本章将主要以Local APIC和I/O APIC间的中断投递为主，而关于多核处理器间的IPI通信功能，我们将在第12章中详细讲解。

10.2.1　Local APIC的基础信息

Local APIC采用内存访问方式（将寄存器映射到物理地址空间）操作寄存器，此种访问方式的执行速度会比I/O端口访问方式（用于8259A控制器）更快。在高级版的Local APIC中，处理器还允许直接访问寄存器，此举不但简化了寄存器访问过程，还进一步缩短访问时间。这对于实时性要求非常高的设备来说，中断应答或中断处理的速度越短，系统的实时性指标越高。

下面将对Local APIC寄存器的访问方式、寄存器映射的地址空间、控制器版本ID号等基础信息的获取和设置予以讲解。

1. Local APIC版本寄存器

在每个Local APIC的寄存器组中都含有一个版本寄存器。软件通过读取该寄存器来辨别Local APIC的版本。另外，此寄存器还指定了本地LVT的表项数量，其寄存器各位的功能说明请见图10-2。

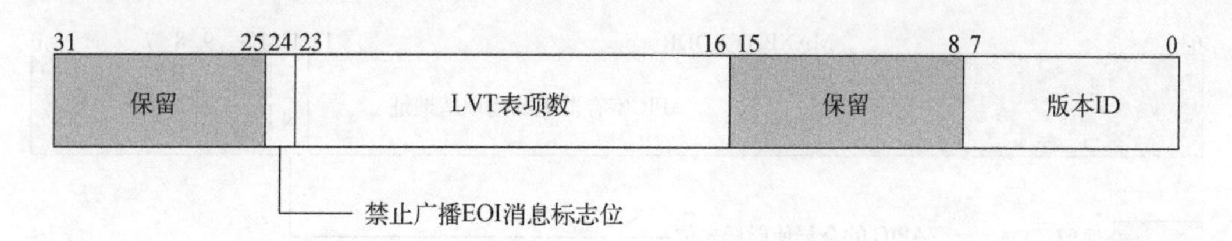

物理地址：FEE0 0030h

图10-2　Local APIC版本寄存器的位功能说明图

在图10-2中，不但记录了控制器的版本号、LVT表项数，还有EOI消息的禁止广播功能标志位。表10-1记录着Local APIC版本寄存器各位的功能。

表10-1　Local APIC版本寄存器的位功能说明表

名　称	位　置	功能描述
版本ID	7:0	代表Local APIC的版本ID
LVT表项数	23:16	此数值加1代表处理器支持的LVT表项数
禁止广播EOI消息标志位	24	指示Local APIC是否支持禁止广播EOI消息功能

Local APIC大体可分为内置和外置两个版本，可通过版本ID加以区分，表10-2描述了详细的版本ID。如果Local APIC支持EOI消息的禁止广播功能，那么通过SVR寄存器的相关位可控制EOI消息禁止广播功能的开启与关闭。

表10-2　Local APIC版本ID对照表

版本ID	版　本
0xh	82489DX（外部APIC芯片）
1xh	Integrated APIC（内部APIC芯片）

注：x是一个4位的十六进制数。

对于早期的Pentium和P6家族的处理器来说，Local APIC只是Intel 82489DX芯片的一个子功能。而Pentium 4和Xeon处理器在P6家族处理器的基础上进行了扩展，并将Local APIC集成到了处理器中，通常称之为xAPIC控制器。xAPIC控制器与APIC控制器的最大不同在于它们使用不同的总线和I/O APIC通信。另外，APIC架构里的一些特性在xAPIC中得到了扩展和修改。

在xAPIC中，基础操作模式为xAPIC模式。高级的x2APIC模式在xAPIC模式的基础上进一步扩展，其引入了处理器对Local APIC寄存器的寻址功能，即将Local APIC的寄存器地址映射到MSR寄存器组中，从而可直接使用RDMSR和WRMSR指令来访问Local APIC寄存器。可以说，x2APIC不仅拥有向前兼容xAPIC架构的能力，还具备对Intel后续平台的创新扩展能力。

2. IA32_APIC_BASE寄存器

MSR寄存器组包含着一个名为IA32_APIC_BASE的寄存器，它用于配置Local APIC寄存器组的物理基地址和Local APIC使能状态。图10-3描述了APIC与xAPIC的IA32_APIC_BASE寄存器位功能。

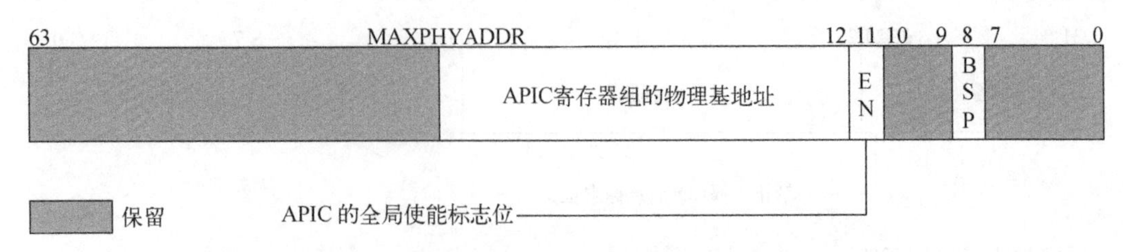

图10-3　IA32_APIC_BASE寄存器的位说明图（APIC & xAPIC）

表10-3描述了IA32_APIC_BASE寄存器各位的功能说明，其中的MAXPHYADDR是处理器的最高物理可寻址位宽值。

表10-3　IA32_APIC_BASE寄存器的位功能说明表

名　　称	位　　置	功能描述
BSP	8	指示当前处理器为引导处理器
xAPIC全局使能标志位	11	控制APIC和xAPIC模式的开启与关闭
APIC寄存器组的物理基地址	M:12	用于配置APIC寄存器的物理基地址

注：M是MAXPHYADDR的缩写。

当硬件上电或重启后，硬件平台会自动选择一个处理器作为引导处理器，并置位IA32_APIC_BASE寄存器的BSP标志位，而未置位处理器将作为应用处理器使用。xAPIC全局使能标志位可用于控制APIC和xAPIC模式的开启与关闭，置位表示开启，复位表示关闭。APIC寄存器组的物理基地址区域用于为处理器提供访问APIC寄存器组的起始物理地址（按4 KB边界对齐），MAXPHYADDR的可选值有36/40/52，在系统上电或重启后，APIC寄存器组的默认物理基地址为FEE00000h。

当`CPUID.01h:ECX[21]=1`时，说明处理器支持x2APIC模式。对于支持x2APIC模式的处理器来说，其IA32_APIC_BASE寄存器新增了x2APIC模式的使能标志位，图10-4是其各寄存器位的功能描述。

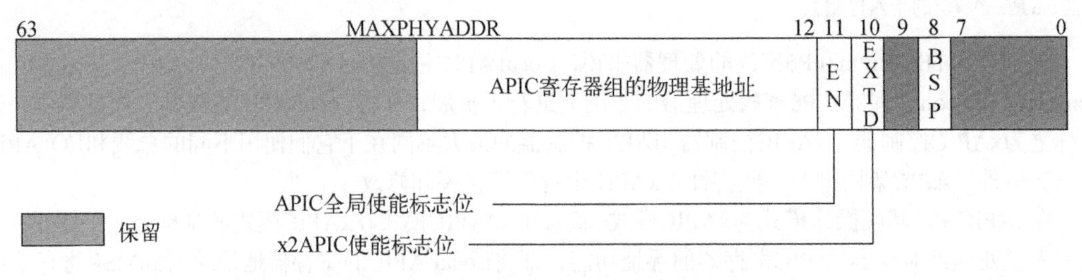

图10-4　IA32_APIC_BASE寄存器的位说明图（x2APIC）

图10-4在图10-3的基础上把IA32_APIC_BASE寄存器的第10位定义为x2APIC模式的使能标志位（EXTD），置位表示开启x2APIC功能，复位表示关闭x2APIC功能。

- Local APIC控制器各模式的使能

xAPIC模式和x2APIC模式的使能状态由IA32_APIC_BASE[10]位和IA32_APIC_BASE[11]位组合控制，各个模式的使能状态如表10-4所示。

表10-4 Local APIC的模式使能对照表

xAPIC Global Enable（IA32_APIC_BASE[11]）	X2APICEnable（IA32_APIC_BASE[10]）	描　述
0	0	禁止Local APIC
0	1	无效
1	0	使能xAPIC模式
1	1	使能X2APIC模式

在确定Local APIC使用的模式后，还要置位伪中断向量寄存器SVR的第8位才算完全开启Local APIC控制器。

- Local APIC寄存器组的地址映射

对于x2APIC模式而言，它不但支持APIC和xAPIC模式的内存访问方式，还支持MSR寄存器访问方式。因此，Local APIC寄存器组将会存在两种访问方式，表10-5已汇总出这两种访问方式的寄存器地址映射。

表10-5 Local APIC寄存器地址映射表

物理地址	MSR地址	寄存器名	读写权限
FEE0 0000h	无	保留	N/A
FEE0 0010h	无	保留	N/A
FEE0 0020h	802h	Local APIC ID寄存器	读写
FEE0 0030h	803h	Local APIC版本寄存器	只读
FEE0 0040h	无	保留	N/A
FEE0 0050h	无	保留	N/A
FEE0 0060h	无	保留	N/A
FEE0 0070h	无	保留	N/A
FEE0 0080h	808h	任务优先级寄存器TPR	读写
FEE0 0090h	无	优先级仲裁寄存器APR	只读
FEE0 00A0h	80Ah	处理器优先级寄存器PPR	只读
FEE0 00B0h	80Bh	EOI寄存器	只写
FEE0 00C0h	无	远程读取寄存器RRD	只读
FEE0 00D0h	80Dh	逻辑目标寄存器LDR	读写
FEE0 00E0h	无	目标格式寄存器DFR	读写
FEE0 00F0h	80Fh	伪中断向量寄存器SVR	读写
FEE0 0100h	810h	ISR寄存器（bit 31:0）	只读
FEE0 0110h	811h	ISR寄存器（bit 63:32）	只读
FEE0 0120h	812h	ISR寄存器（bit 95:64）	只读
FEE0 0130h	813h	ISR寄存器（bit 127:96）	只读
FEE0 0140h	814h	ISR寄存器（bit 159:128）	只读

（续）

物理地址	MSR地址	寄存器名	读写权限
FEE0 0150h	815h	ISR寄存器（bit 191:160）	只读
FEE0 0160h	816h	ISR寄存器（bit 223:192）	只读
FEE0 0170h	817h	ISR寄存器（bit 255:224）	只读
FEE0 0180h	818h	TMR寄存器（bit 31:0）	只读
FEE0 0190h	819h	TMR寄存器（bit 63:32）	只读
FEE0 01A0h	81Ah	TMR寄存器（bit 95:64）	只读
FEE0 01B0h	81Bh	TMR寄存器（bit 127:96）	只读
FEE0 01C0h	81Ch	TMR寄存器（bit 159:128）	只读
FEE0 01D0h	81Dh	TMR寄存器（bit 191:160）	只读
FEE0 01E0h	81Eh	TMR寄存器（bit 223:192）	只读
FEE0 01F0h	81Fh	TMR寄存器（bit 255:224）	只读
FEE0 0200h	820h	IRR寄存器（bit 31:0）	只读
FEE0 0210h	821h	IRR寄存器（bit 63:32）	只读
FEE0 0220h	822h	IRR寄存器（bit 95:64）	只读
FEE0 0230h	823h	IRR寄存器（bit 127:96）	只读
FEE0 0240h	824h	IRR寄存器（bit 159:128）	只读
FEE0 0250h	825h	IRR寄存器（bit 191:160）	只读
FEE0 0260h	826h	IRR寄存器（bit 223:192）	只读
FEE0 0270h	827h	IRR寄存器（bit 255:224）	只读
FEE0 0280h	828h	ESR（错误状态寄存器）	读写
FEE0 0290h ~ FEE0 02E0h	无	保留	N/A
FEE0 02F0h	82Fh	LVT CMCI寄存器	读写
FEE0 0300h	830h	中断命令寄存器ICR（bit 31:0）	读写
FEE0 0310h	830h	中断命令寄存器ICR（bit 63:32）	读写
FEE0 0320h	832h	LVT定时器寄存器	读写
FEE0 0330h	833h	LVT温度传感器寄存器	读写
FEE0 0340h	834h	LVT性能监控计数寄存器	读写
FEE0 0350h	835h	LVT LINT0寄存器	读写
FEE0 0360h	836h	LVT LINT1寄存器	读写
FEE0 0370h	837h	LVT错误寄存器	读写
FEE0 0380h	838h	初始计数寄存器（定时器专用）	读写
FEE0 0390h	839h	当前计数寄存器（定时器专用）	只读
FEE0 03A0h ~ FEE0 03D0h	无	保留	N/A
FEE0 03E0h	83Eh	分频配置寄存器（定时器专用）	读写
N/A	83Fh	SELF IPI寄存器	只写

注：SELF IPI寄存器只在x2APIC模式下可用。

表10-5使用默认物理地址来描述内存访问方式的地址映射，而MSR寄存器访问方式的地址映射是固定的不可调整。

3. Local APIC ID寄存器

当物理平台上电后，硬件设备会为系统总线上的每一个Local APIC分配唯一的初始APIC ID值，并将其保存在APIC ID寄存器内。硬件指派初始APIC ID值的原则是基于系统拓扑结构（包括封装位置和簇信息）构建的，通过`CPUID.01h:EBX[31:24]`可获得这个8位的初始APIC ID值。

在多核处理器系统中，BIOS和操作系统会将Local APIC ID值作为处理器核心的ID号。某些处理器甚至允许软件修改Local APIC ID值。各版本Local APIC的Local APIC ID寄存器位功能各不相同，图10-5描绘了各版本Local APIC的Local APIC ID寄存器位功能。

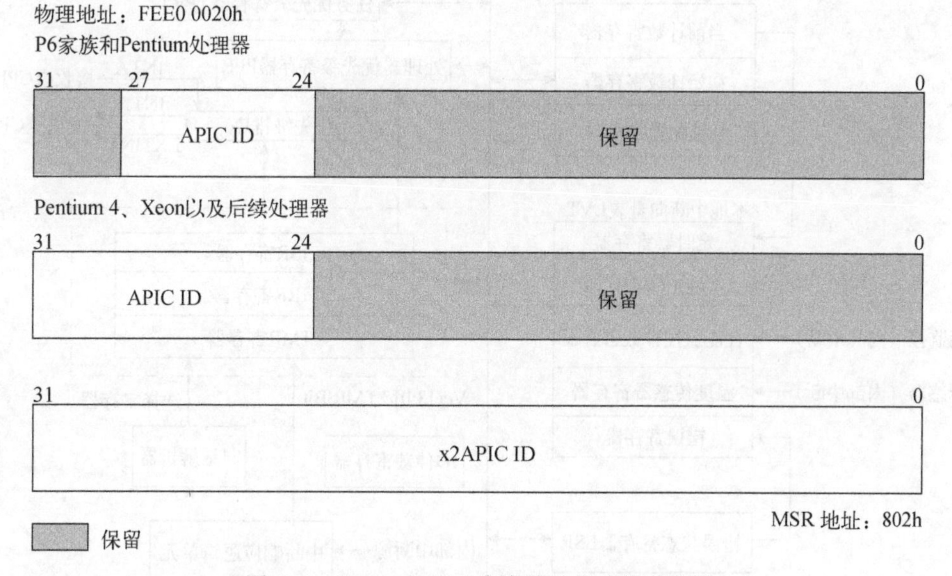

图10-5　Local APIC ID寄存器的位功能说明图

对于早期的Pentium和P6家族的处理器，Local APIC ID值只有4位宽。而Pentium 4和Xeon处理器在P6家族处理器的基础上将Local APIC ID值扩展为8位。当升级到x2APIC版本后，Local APIC ID值进一步扩展至32位。

我们借助`CPUID.01h:ECX[21]`可检测出32/64位处理器是否支持x2APIC模式，置位时表示处理器支持x2APIC模式。此时，如果CPUID支持0Bh功能，那么处理器通过`CPUID.0Bh:EDX`可获取32位的x2APIC ID值，此值与MSR寄存器组802H地址处的x2APIC ID值相同。

在xAPIC和x2APIC模式下，`CPUID.0Bh:EDX`返回的是一个32位的Local APIC ID值。对于不支持x2APIC模式的硬件平台，`CPUID.0Bh:EDX`返回的32位数值仅低8位有效。在通常情况下，CPUID.0BH:EDX[7:0]的数值与初始APIC ID值相等。关于Local APIC ID值与初始APIC ID值，还有很重要的用途，更多细节将在第12章中予以讲解。

10.2.2 Local APIC 整体结构及各功能描述

本节开篇已经提及了每个Local APIC都由一组数量庞大的APIC寄存器组成，这些寄存器各司其职，组成了诸多功能强大的模块。Intel官方白皮书已按照各模块的功能绘制出了Local APIC的功能结构，详细的Local APIC功能结构请参见图10-6。

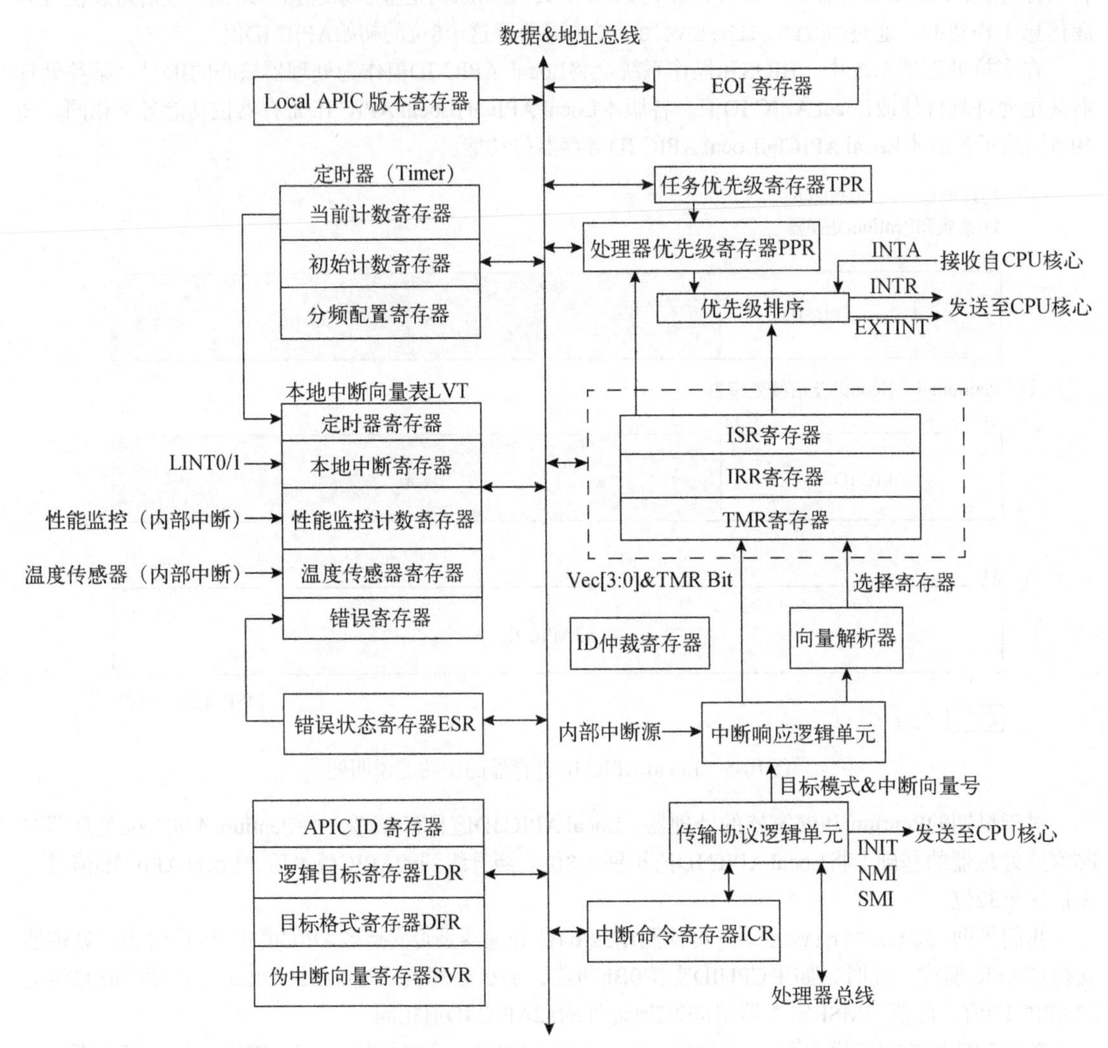

图10-6 Local APIC的功能结构图

我们可从图10-6总结出Local APIC能够接收7种中断源产生的中断请求，表10-6已归纳出这些中断源的功能。

当Local APIC接收到上述中断源信号后，它会按照APIC寄存器组的设置解析中断源信号，再将满足要求的中断请求发送至处理器核心进行处理。

表10-6 Local APIC的中断源种类归纳表

中断源	功能描述
内部I/O设备	I/O设备将边沿或电平中断信号直接发往处理器中断引脚（LINT0和LINT1）。I/O设备亦可先连接至类8259A中断控制器，再由类8259A中断控制器将中断请求转送至处理器的中断引脚
外部I/O设备	I/O设备将边沿或电平中断信号直接发往I/O APIC的输入引脚。I/O APIC把中断请求封装成中断消息，再将其投递到系统的一个或多个处理器核心
IPI消息	Intel 32/64位处理器可通过IPI机制中断总线上的其他处理器或处理器组。软件可借助IPI消息中断自身、转发中断以及抢占调度等
定时器中断	在定时器达到预定时间后，其会向Local APIC发送一个中断请求信号，随后再由Local APIC将中断请求转送至处理器
性能监控中断	当P6、Pentium 4和Xeon处理器在性能监测计数器溢出后，其会向Local APIC发送一个中断请求信号，随后再由Local APIC将中断请求转送至处理器
温度传感器中断	在Pentium 4和Xeon处理器的内部温度传感器达到阈值后，它会向Local APIC发送一个中断请求信号，随后再由Local APIC将中断请求转送至处理器
内部错误中断	在Local APIC监测到运行错误时，它会向Local APIC发送一个中断请求信号，随后再由Local APIC将中断请求转送至处理器

1. LVT

LVT（Local Vector Table，本地中断向量表）的用途与8259A芯片的中断号相似，只不过8259A接收的是外部I/O设备发送来的中断请求，而LVT接收的则是处理器内部产生的中断请求。高级中断控制器会对中断源产生的中断请求进行详细配置，比如自定义中断向量号、中断投递方式、中断触发方式以及中断触发电平等信息，这些配置项可使中断处理过程更加灵活。图10-7描绘了各LVT表项寄存器的位功能。

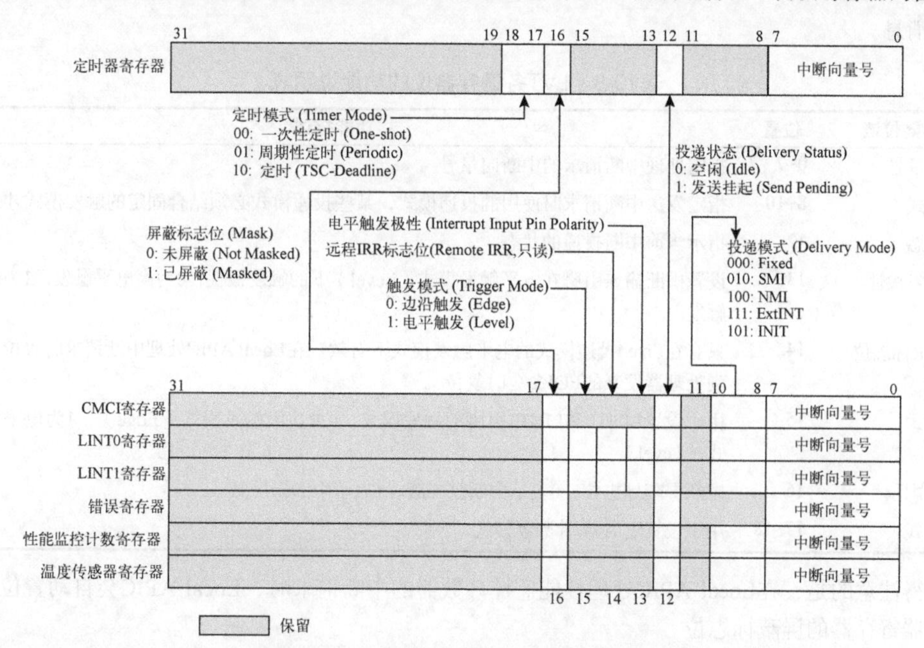

图10-7 LVT各寄存器的位功能说明图

图10-7是LVT的所有中断请求寄存器，每个寄存器对应着一类中断请求事件，表10-7已罗列出各中断请求事件的功能。

表10-7　LVT各寄存器的功能说明表

寄存器名	物理地址	功能描述
CMCI寄存器	FEE0 02F0h	如果支持CMCI功能，当修正的机器错误超过阈值时，Local APIC通过CMCI寄存器的配置向处理器核心投递中断消息
定时器寄存器	FEE0 0320h	当APIC定时器产生中断请求信号时，Local APIC通过定时器寄存器的设置向处理器投递中断消息
温度传感器寄存器	FEE0 0330h	当处理器的内部温度传感器产生中断请求信号时，Local APIC会通过温度传感器寄存器的设置向处理器投递中断消息
性能监控计数器寄存器	FEE0 0340h	当性能监测计数器溢出产生中断请求信号时，Local APIC会通过性能监控计数器寄存器的设置向处理器投递中断消息
LINT0寄存器	FEE0 0350h	当处理器的LINT0引脚接收到中断请求信号时，Local APIC会通过LINT0寄存器的设置向处理器投递中断消息
LINT1寄存器	FEE0 0360h	当处理器的LINT1引脚接收到中断请求信号时，Local APIC会通过LINT1寄存器的设置向处理器投递中断消息
错误寄存器	FEE0 0370h	当APIC检测到内部错误而产生中断请求信号时，它会通过错误寄存器的设置向处理器投递中断消息

注：各寄存器的初始值均为0001 0000h。

表10-8汇总了图10-7描述的LVT各寄存器位功能。根据这些寄存器位的功能描述便可配置出期望的中断消息。

表10-8　LVT各寄存器位的功能说明表

寄存器位域	位置	功能描述
中断向量号	0~7	指定处理中断请求的中断向量号
投递模式	8~10	指定发送中断请求时使用的投递模式，某些投递模式必须结合固定的触发模式才会有效
投递状态	12	指示当前中断投递的状态
电平触发极性	13	设置中断输入引脚在电平触发模式（Level）下的触发极性，0为高电平触发，1为低电平触发
远程IRR标志位	14	只有在Fixed投递模式的电平触发模式下有效。在Local APIC处理中断请求时置位，在收到处理器发来的EOI命令时复位
触发模式	15	用于设置LINT0和LINT1引脚的触发模式，0为边沿触发模式（Edge），1为电平触发模式（Level）
屏蔽标志位	16	中断屏蔽标志位，0表示中断已屏蔽，1表示中断未屏蔽
定时模式	17~18	用于设置定时器/计数器模式

值得注意的是，在Local APIC处理性能监控计数器的中断请求时，Local APIC会自动置位性能监控计数器寄存器的屏蔽标志位。

从图10-7可以看出投递模式有多种，表10-9详细介绍了Local APIC支持的投递模式。在APIC体系结构中，只允许有一个ExtINT投递模式的信号源存在，也就是说整个系统只能有一个处理器核心使用类8259A中断控制器，通常情况下此模式还需要兼容型桥芯片的支持。

表10-9 Local APIC的投递模式说明表

位值	模式名	功能描述
000	Fixed	由LVT寄存器的向量号区域指定中断向量号
010	SMI	通过处理器的SMI信号线向处理器投递SMI中断请求。为了兼容性考虑，使用此投递模式时，向量号区域必须设置为0
100	NMI	向处理器投递NMI中断请求，并忽略向量号区域
101	INIT	在向处理器投递INIT中断请求时，处理器会执行INIT处理过程。为了兼容性考虑，使用此投递模式时，向量号区域必须设置为0。CMCI、温度传感器、性能监控计数器等寄存器均不支持INIT投递模式
111	ExtINT	ExtINT模式可将类8259A中断控制器产生的中断请求投递至处理器，并接收类8259A中断控制器提供的中断向量号。CMCI、温度传感器、性能监控计数器等寄存器均不支持ExtINT投递模式

注：其他位置保留使用。

投递状态是一个只读标志位，表10-10记录着该只读标志位可捕获的中断投递状态。

表10-10 投递状态表

位值	状态名	功能描述
0	空闲（Idle）	此状态表示目前中断源未产生中断，或者中断源产生的中断请求已投递至处理器并被处理器受理
1	发送挂起（Send Pending）	此状态表示中断源产生的中断请求已投递至处理器，但尚未被处理器受理

触发模式只在Fixed投递模式下有效；NMI、SMI或INIT等投递模式始终采用边沿触发模式，ExtINT投递模式使用电平触发模式。而LVT定时器寄存器和错误寄存器的中断源始终使用边沿触发模式。如果Local APIC控制器没有结合I/O APIC控制器使用，并设置为Fixed投递模式，那么Pentium 4、Xeon和P6家族的处理器将始终采用电平触发模式。由于LINT1引脚不支持电平触发模式，所以软件应始终将LINT1寄存器设置边沿触发模式。

LVT定时器寄存器的定时模式区域可为定时器提供多种运行模式，表10-11是各运行模式的特点介绍。

表10-11 定时器/计数器模式表

位值	模式名	功能描述
00	One-Shot	一次性计数
01	Periodic	周期计数
10	TSC-Deadline	指定TSC值计数
11	N/A	保留

2. ESR寄存器

Local APIC能够监测出收发中断消息时出现的错误。一旦Local APIC监测到有错误发生，便会通过LVT的错误寄存器向处理器投递中断消息，再将错误内容记录在ESR（Error Status Register，错误状态寄存器）内，图10-8是ESR各位的功能说明。

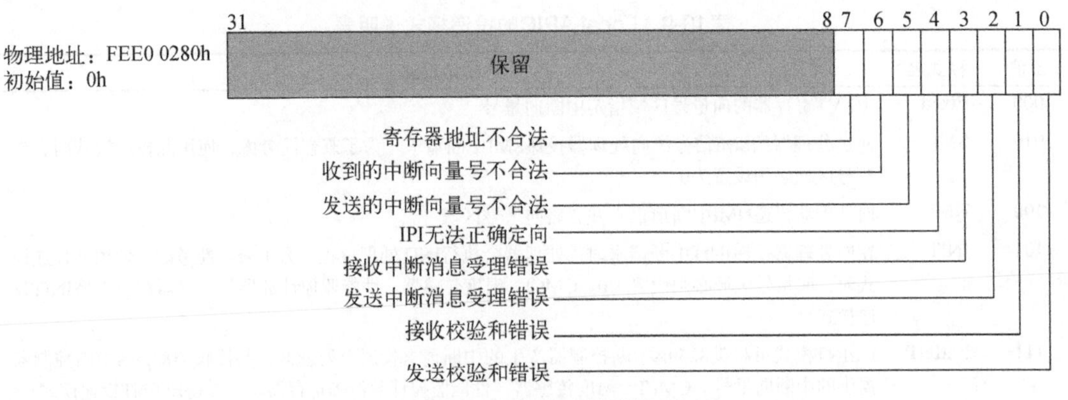

图10-8　ESR的位功能说明图

图10-8描述了Local APIC在收发中断消息时可能出现的错误状态（类型），表10-12是这些错误状态的功能描述。

表10-12　ESR位的功能说明表

位　名	位置	功能描述
发送校验和错误	0	Local APIC监测到一条发往APIC总线的中断消息出现校验和错误
接收校验和错误	1	Local APIC监测到一条来自APIC总线的中断消息出现校验和错误
发送中断消息受理错误	2	Local APIC监测到一条发往APIC总线的中断消息未被其他APIC受理
接收中断消息受理错误	3	Local APIC监测到一条来自APIC总线的中断消息未被其他APIC受理
IPI无法正确定向	4	在Local APIC不支持Lowest-Priority投递模式的情况下，使用Lowest- Priority投递模式发送IPI消息
发送的中断向量号不合法	5	Local APIC通过ICR或SELF IPI寄存器发送的中断消息的中断向量号不合法
接收的中断向量号不合法	6	Local APIC接收的中断消息（消息也可来自于Local APIC内部）的中断向量号不合法
寄存器地址不合法	7	在Local APIC处于xAPIC模式下，软件访问了保留的Local APIC寄存器地址空间

注：Lowest-Priority投递模式将在I/O APIC节中予以讲解。

ESR是可读写寄存器，处理器在读取ESR的数值前，必须先向其中写入一个数值。写入的数值不会影响后续的读取操作，通常情况下应该写入数值0。

在x2APIC模式下，软件可使用`RDMSR`和`WRMSR`指令访问Local APIC的寄存器组。如果使用这对指令访问保留的寄存器，则会触发`#GP`异常。

3. TPR、PPR和CR8寄存器

Local APIC同样以中断向量号作为中断优先权仲裁的依据，把控着每个经由它投递至处理器的中断请求。

中断向量号是一个8位的数值，它可进一步拆分为高4位和低4位两部分，高4位是中断优先权等级，而低4位则是中断优先权的子等级。

中断优先权等级（Interrupt-Priority Class）是中断向量号的高4位，数值1是其最低优先权等级，15是其最高优先权等级。中断向量号0~31已被处理器保留使用，那么软件可配置的中断优先权等级的有效范围是2~15。每个中断优先权等级包含16个向量号，分别对应着中断向量号的低4位，其数值越大优先权越高。

不仅如此，Local APIC还提供了任务优先权（Task Priority）和处理器优先权（Processor Priority）来决定哪些中断向量号对应的中断请求可被处理。

- 任务优先权

任务优先权是处理器可被中断的优先权阈值。通过这个机制可使操作系统临时阻塞低优先权的中断，以保证高优先权中断的处理效率。任务优先权等级（Task-Priority Class）是TPR（Task Priority Register，任务优先权寄存器）的第4位~第7位，它是可读写位域，软件可向其写入阈值来设置任务优先权。图10-9记录了TPR各位的功能。

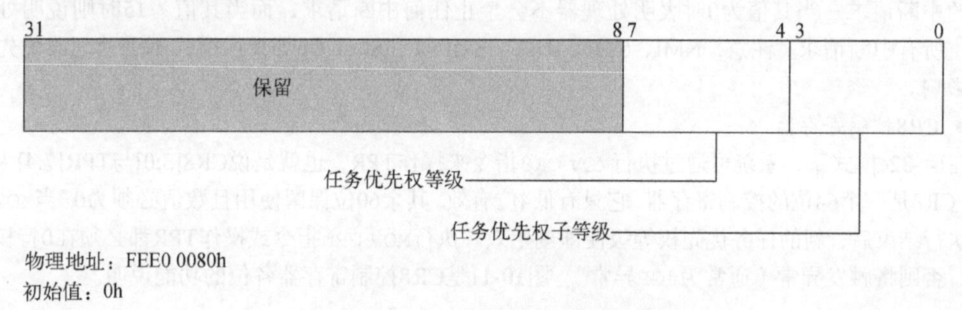

物理地址：FEE0 0080h
初始值：0h

图10-9　TPR的位功能说明图

TPR还决定了PPR（Processor Priority Register，处理器优先权寄存器）的数值，它们共同控制着中断优先权的响应。

- 处理器优先权

处理器优先权受控于任务优先权，它们共同控制着中断的优先权阈值。PPR是一个只读寄存器，它的第4~7位描述了处理器优先权等级（Processor-Priority Class），其取值范围为0~15。处理器优先权等级代表着其所在处理器的当前执行优先权，图10-10是PPR各位的功能说明。

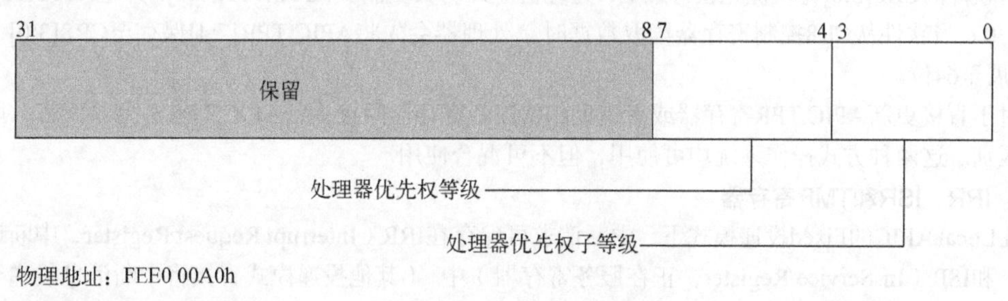

物理地址：FEE0 00A0h

初始值：0h

图10-10　PPR的位功能说明图

PPR的数值是由TPR与ISRV相比较而得，其中的ISRV代表ISR寄存器目前的最高中断优先权请求（向量号），如果`ISRV=00h`表示此刻没有中断请求。表10-13是PPR的取值方法介绍。

表10-13　PPR的取值对照表

PPR	TPR和ISRV的比较结果	PPR的取值
PPR[7:4]	TPR[7:4]<ISRV[7:4]	ISRV[7:4]
	TPR[7:4]>ISRV[7:4]	TPR[7:4]
	TPR[7:4] = ISRV[7:4]	TPR[7:4]或ISRV[7:4]
PPR[3:0]	TPR[7:4]<ISRV[7:4]	PPR[3:0]=TPR[3:0]
	TPR[7:4]>ISRV[7:4]	PPR[3:0]=0
	TPR[7:4] = ISRV[7:4]	PPR[3:0]=TPR[3:0]或0

处理器优先权等级决定了处理器可被中断的优先权阈值。处理器只能响应比处理器优先权等级更高的中断请求。当其值为0时表明处理器不会禁止任何中断请求，而当其值为15时则说明处理器已禁止所有中断请求。注意，NMI、SMI、INIT、ExtINT和Start-Up等投递模式不受处理器优先权机制的影响。

- CR8控制寄存器

在IA-32e模式下，系统可通过执行`MOV CR8`指令来操作TPR，也就是说CR8[3:0]与TPR[7:4]为同一位域。CR8是一个64位的控制寄存器，它只有低4位有效，其余60位保留使用且数值必须为0，当`MOV CR8`指令执行结束后，新的任务优先权等级便即刻生效。执行`MOV CRn`指令或操作TPR都必须在0特权级下进行，否则将触发异常（通常为`#GP`异常）。图10-11是CR8控制寄存器各位的功能说明。

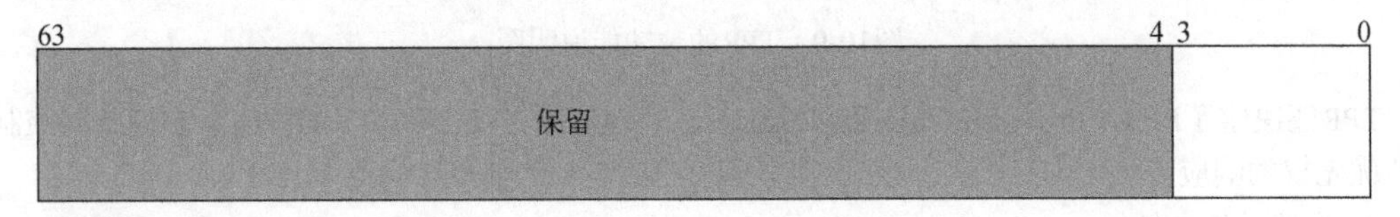

图10-11　CR8控制寄存器的位功能说明图

当软件向CR8[3:0]写入优先权等级后，处理器立即将其更新到APIC.TPR[7:4]，并把APIC.TPR[3:0]赋值为0。当软件从CR8控制寄存器读取数据时，处理器会先将APIC.TPR[7:4]保存至CR8[3:0]，再将其0扩展至64位。

对于直接更新APIC.TPR寄存器或者借助CR8控制寄存器间接更新APIC.TPR寄存器而言，两者并没有区别。这两种方式操作系统均可使用，但不可混合使用。

4. IRR、ISR和TMR寄存器

在Local APIC的Fixed投递模式下，中断请求可保存在IRR（Interrupt Request Register，中断请求寄存器）和ISR（In-Service Register，正在服务寄存器）中。（其他投递模式直接将中断消息投递至处理器核心，而不会经由ISR和IRR寄存器。）

IRR寄存器用于记录已被处理器接收，但尚未处理的中断消息。当Local APIC接收到中断消息时，

它会置位中断向量号对应的IRR寄存器位。当处理器核心准备处理下一个中断消息时，Local APIC会复位IRR寄存器里的最高中断优先权请求位（从已被置位项中选择），并置位其对应的ISR寄存器位。随后，处理器将执行ISR寄存器里的最高中断优先权请求。伴随着中断请求处理结束，Local APIC将复位中断向量号对应的ISR寄存器位，并准备处理下一个中断请求。

ISR和IRR是两个只读寄存器，每个寄存器的位宽是256位，其中的0~15位保留使用，图10-12是这些寄存器的位功能说明。

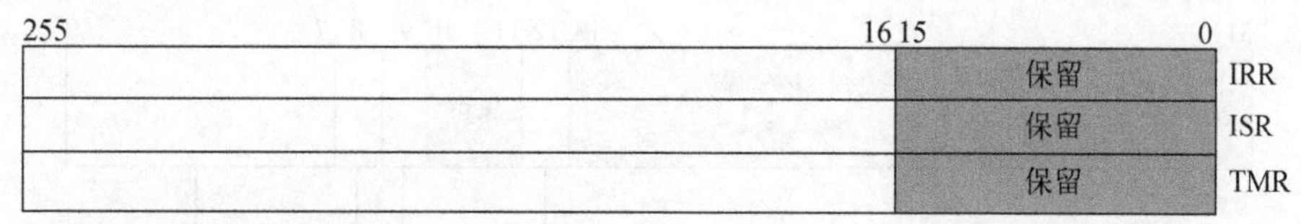

物理地址：IRR(FEE0 0200h ~ FEE0 0270h)
ISR(FEE0 0100h ~ FEE0 0170h)
TMR(FEE0 0180h ~ FEE0 01F0h)
初始值：0h

图10-12 IRR、ISR、TMR寄存器的位功能说明图

图10-12还描述了TMR（Trigger Mode Register，触发模式寄存器），该寄存器用于记录每个中断请求的触发模式。当中断向量号对应的TMR寄存器位被置位时，表明中断请求采用电平触发模式，否则说明采用边沿触发模式。对于采用电平触发模式的中断请求，如果关闭禁止广播EOI消息，那么EOI消息将广播到所有I/O APIC中。

5. EOI寄存器

除了NMI、SMI、INIT、ExtINT和Start-Up等中断投递模式外，其他中断投递模式都必须在中断处理过程里明确包含写入EOI（End-Of_Interrupt，中断结束寄存器）的代码。这段代码必须在中断处理过程返回前执行，通常情况下是在执行IRET指令前。此举意味着当前中断处理过程已执行完毕，Local APIC可处理下一个中断请求（从ISR寄存器中取得）。

当Local APIC收到EOI消息后，它将复位ISR寄存器的最高位，而后再派送下一个最高中断优先权的中断请求到处理器核心。在关闭禁止广播EOI消息的前提下，如果中断请求采用电平触发模式，那么Local APIC会在收到EOI消息后，将其广播到所有I/O APIC中。图10-13描绘了EOI寄存器各位的功能。

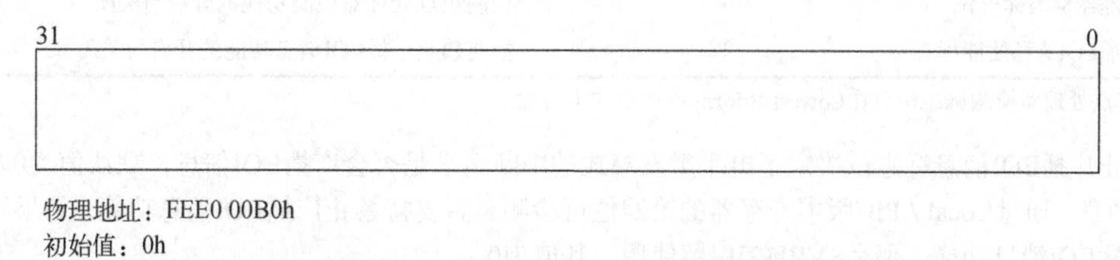

物理地址：FEE0 00B0h
初始值：0h

图10-13 EOI寄存器的位功能说明图

系统软件更应该将EOI消息直接投递到目标I/O APIC中，而不是通过Local APIC向所有I/O APIC广播EOI消息。SVR[12]用于控制禁止广播EOI消息功能的开启与关闭。

6. SVR寄存器

如果处理器在应答Local APIC的中断请求期间，提高了中断优先权（大于或等于当前优先权），此举迫使Local APIC屏蔽当前中断请求，那么Local APIC只能被迫向处理器投递一个伪中断请求。伪中断请求不会置位ISR寄存器，所以伪中断请求的处理程序无需发送EOI消息。

伪中断请求的中断向量号由SVR（Spurious-Interrupt Vector Register，伪中断向量寄存器）提供，该寄存器的用途较多，图10-14描绘了SVR各位的功能。

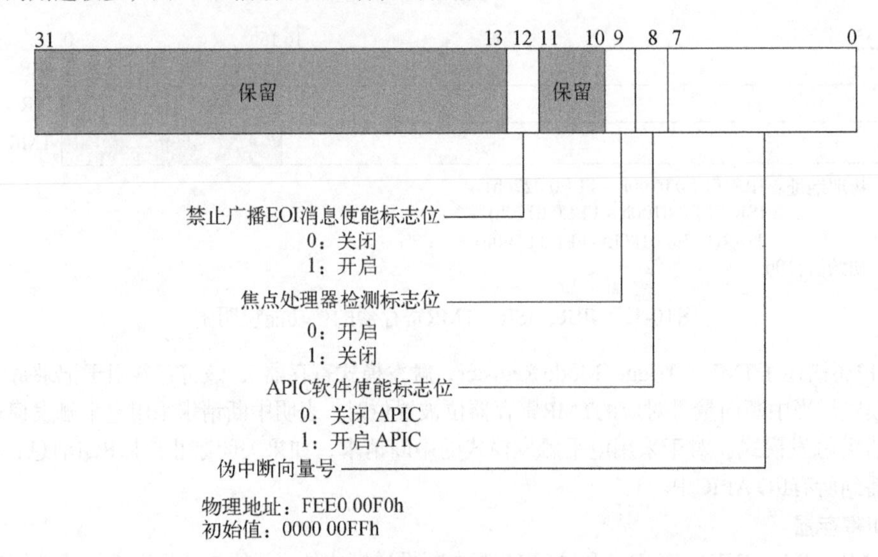

图10-14　SVR的位功能说明图

从图10-14可知，SVR目前共支持4种功能，表10-14是SVR各位的功能介绍。

表10-14　SVR的位功能介绍表

位　　名	位　　置	功能描述
伪中断向量号	0~7	指定处理伪中断请求的中断向量号
APIC软件使能标志位	8	此位允许软件临时关闭Local APIC
焦点处理器检测标志位	9	控制焦点处理器检测功能的开启与关闭
禁止广播EOI消息使能标志位	12	控制禁止广播EOI消息功能的开启与关闭

注：焦点处理器检测标志位只在Lowest-Priority投递模式下有效。

禁止广播EOI消息标志位决定了电平触发模式的中断请求是否会广播EOI信息，默认值为0表示广播EOI消息。通过Local APIC版本寄存器的第24位可检测是否支持禁止广播EOI消息功能，如果不支持禁止广播EOI消息功能，那么SVR[12]保留使用，其值为0。

10.3　I/O APIC

Local APIC主要负责接收中断请求或中断消息，并将其提交给处理器核心。而I/O APIC则主要用于收集I/O设备的中断请求，再将中断请求封装成中断消息投递到目标处理器的Local APIC中。

从图10-1可知，I/O APIC并非位于处理器中，而是位于系统前端总线之下，即位于电脑主板上。那么，应该如何访问I/O APIC的寄存器组呢？而且，I/O APIC作为APIC的一部分，其结构及可配置功能想必会和Local APIC一样复杂吧？以上这些疑问都会在本节中找到答案。

10.3.1 I/O APIC 控制器的基础信息

I/O APIC并不像Local APIC那样拥有多种访问方式。I/O APIC位于主板芯片组中，它对外仅提供了三个间接访问寄存器，这三个寄存器分别用于索引I/O APIC寄存器的地址、读写I/O APIC寄存器数据以及向I/O APIC发送EOI消息。

I/O APIC只负责收集I/O外设的中断请求，并将中断请求封装成中断消息投递至目标处理器核心，其主要作用是将中断请求封装成中断消息，因此I/O APIC寄存器只有保存ID、版本和配置中断消息三种功能。

1. I/O APIC的间接访问寄存器

由于I/O APIC的寄存器位于主板芯片组中，所以处理器只能借助主板芯片组提供的寄存器来间接访问I/O APIC寄存器组。通过主板芯片组共提供的两个显式的寄存器，便可访问I/O APIC的所有寄存器。在默认情况下，这两个寄存器会被映射到物理地址FEC00000h处的一段内存空间里，表10-15总结了所有用于访问I/O APIC寄存器组的间接访问寄存器。

表10-15 I/O APIC寄存器组的间接访问寄存器

物理地址	助 记 名	全 称	名 称	位 宽	访问权限
FECxy000h	IOREGSEL	I/O Register Select	间接索引寄存器	8	读写
FECxy010h	IOWIN	I/O Window	数据操作寄存器	32	读写
FECxy040h	EOI	EOI Register	EOI寄存器	32	只写

注：通过配置OIC寄存器，处理器可调整间接访问寄存器的物理地址，xy代表可配置值，默认值为00h。

表10-15不但提供了I/O APIC的间接索引寄存器和数据操作寄存器，还提供了EOI寄存器，现在就对这三个间接访问寄存器进行逐一讲解。

- IOREGSEL寄存器（R/W）

IOREGSEL是一个32位的可读写寄存器，它用于间接索引I/O APIC寄存器，图10-15描述了IOREGSEL寄存器各位的功能。

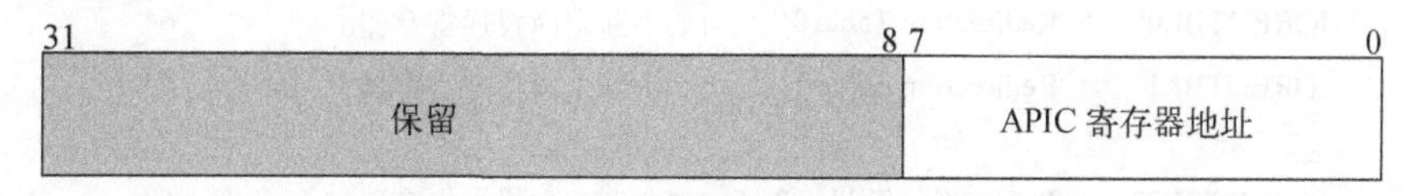

图10-15 IOREGSEL寄存器的位功能说明图

IOREGSEL寄存器使用低8位来索引I/O APIC寄存器，表10-16记录了目前可访问的I/O APIC寄存器的索引地址。

- IOWIN寄存器（R/W）

IOWIN是一个32位的可读写寄存器，它用于读写目标I/O APIC寄存器内的数据。每次读写操作必须以4B为单位，图10-16描述了IOWIN寄存器各位的功能。

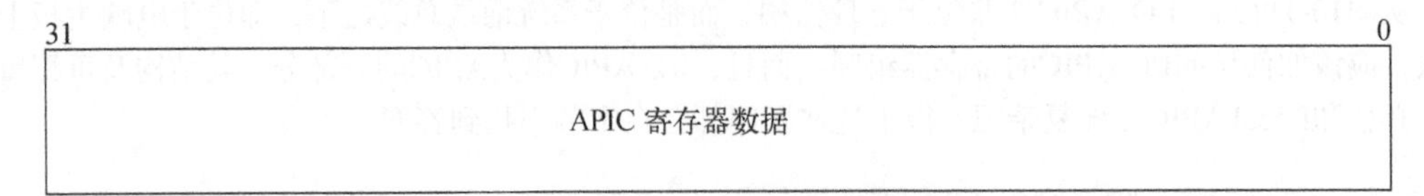

图10-16　IOWIN寄存器的位功能说明图

当IOREGSEL寄存器索引到I/O APIC寄存器，处理器通过IOWIN寄存器可读写I/O APIC寄存器内的数据。

- EOI寄存器（WO）

采用电平触发模式的中断请求，在中断处理结束时必须通过EOI寄存器向I/O APIC发送EOI消息，图10-17便是EOI寄存器各位的功能说明。

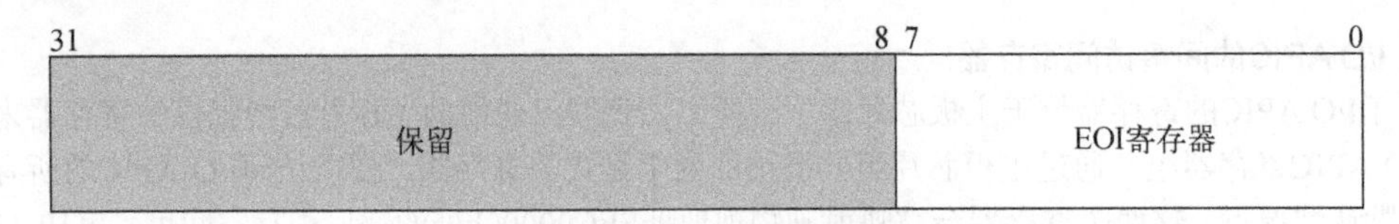

图10-17　EOI寄存器的位功能说明图

EOI寄存器使用低8位来检索与中断向量号相匹配的I/O中断定向投递寄存器，并向其发送EOI消息。当目标I/O中断定向投递寄存器收到EOI消息后，自动复位远程IRR标志位。

2. I/O APIC寄存器

I/O APIC由一组寄存器构成，表10-16总结了I/O APIC的所有可用寄存器，处理器可通过IOREGSEL和IOWIN寄存器对它们进行访问。值得注意的是，每次必须以4B为单位来访问I/O APIC寄存器（读写IOWIN寄存器）。

表10-16　I/O APIC寄存器的索引值

索引值	助记名	全称	名称	位宽	访问权限
00h	IOAPICID	IOAPIC ID	I/O APIC ID寄存器	32	读写
01h	IOAPICVER	IOAPIC Version	I/O APIC 版本寄存器	32	只读
02h~0Fh	—	Reserved	保留	—	只读
10h~11h	IOREDTBL0	Redirection Table 0	I/O中断定向投递寄存器0	64	读写
12h~13h	IOREDTBL1	Redirection Table 1	I/O中断定向投递寄存器1	64	读写
...	...	...	...	...	...
3Eh~3Fh	IOREDTBL23	Redirection Table 23	I/O中断定向投递寄存器23	64	读写
40h~FFh	—	Reserved	保留	—	只读

注：有些资料将索引值02h定义为I/O APIC的仲裁寄存器（Arbitration ID）。

由于IOWIN寄存器的位宽只有32位，对于表10-16中的64位I/O中断定向投递寄存器而言，它们必须经过两次索引操作才能完成读写访问。接下来将对各类I/O APIC寄存器的作用予以介绍。

● I/O APIC ID寄存器（R/W）

I/O APIC ID寄存器包含有一个4位的I/O APIC ID值，图10-18是其各位的功能说明。I/O APIC ID值将作为I/O APIC的物理名字使用，所有APIC总线上的APIC设备都拥有唯一的APIC ID值。

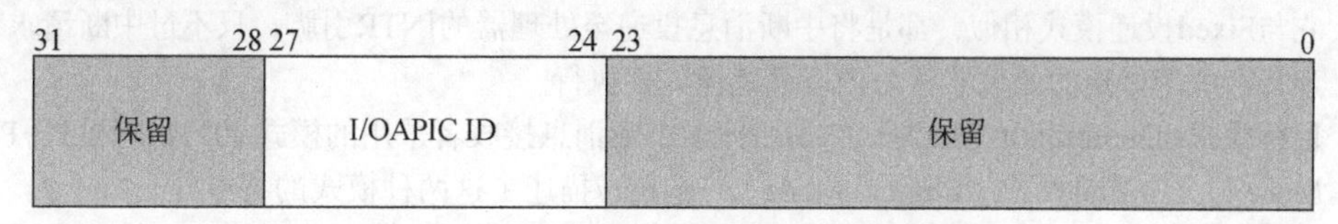

图10-18 I/O APIC ID寄存器的位功能说明图

在使用I/O APIC前，处理器必须向I/O APIC ID寄存器写入正确的ID值，并保证此值在APIC总线上的唯一性。

● I/O APIC版本寄存器（RO）

每个I/O APIC都拥有硬件版本寄存器，它保存着I/O APIC的版本。该寄存器还记录着可用RTE（Redirection Table Entry）数。图10-19是I/O APIC版本寄存器各位的功能说明。

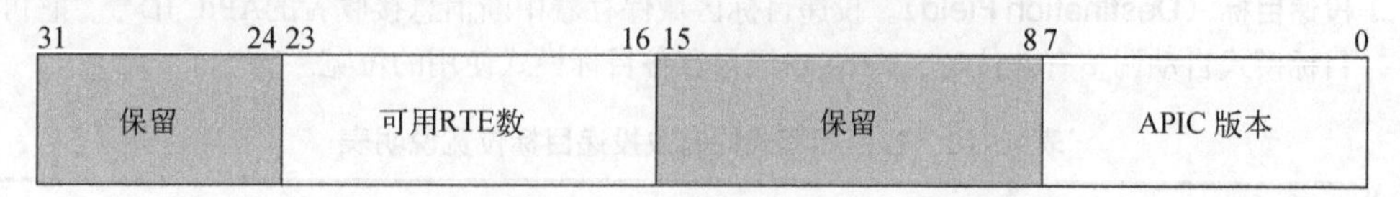

图10-19 I/O APIC Version寄存器的位功能说明图

I/O APIC版本寄存器的低8位保存着I/O APIC设备的版本号，而将可用RTE数（I/O APIC版本寄存器的第16位~第23位）加1则计算出I/O APIC支持的RTE数量。例如，在PCH设备中，可用RTE数为17h，它表示I/O APIC共支持24个RTE寄存器。

● I/O中断定向投递寄存器组（R/W）

I/O APIC上的每个中断请求引脚都有一个I/O中断定向投递寄存器（简称RTE寄存器）与之相对应，RTE寄存器描述了中断请求的触发模式、中断投递模式、中断向量号等信息，RTE寄存器各位的功能描述请参见图10-20。

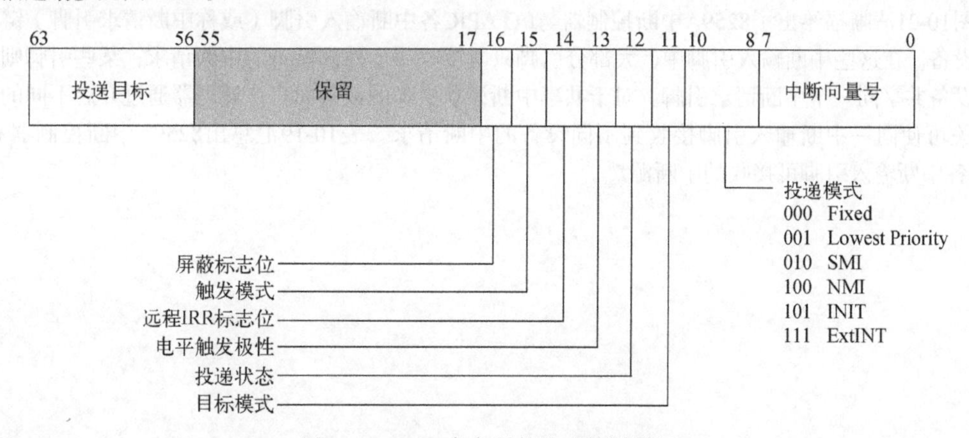

图10-20 RTE寄存器的位功能说明图

10

由图10-20可知，RTE寄存器的位功能与LVT表十分相似，那么重复的部分就不再描述了，以下是新增寄存器位的功能描述。

- 投递模式（Delivery Mode）。Lowest Priority是I/O APIC新增的投递模式（`bit[10:8] = 001`），它与Fixed投递模式相似，都是将中断消息投递至处理器的INTR引脚，只不过中断请求将在投递目标区域指定的处理器核心内以最低优先权执行。
- 目标模式（Destination Mode）。它指明搜索中断消息接收者采用的模式，0为物理模式（Physical Mode），1为逻辑模式（Logical Mode），表10-17描述了这两种模式的特点。

表10-17　各目标模式的功能说明表

目标模式	功能描述
物理模式	使用APIC ID号来确定接收中断消息的处理器
逻辑模式	使用LDR和DFR寄存器提供的自定义APIC ID号来确定接收中断消息的处理器

注：关于逻辑模式的详细功能请参见12.2.2节。

- 投递目标（Destination Field）。投递目标区域保存着中断消息接收者的APIC ID号，它可根据目标模式自动调整有效位宽，表10-18记录着各目标模式使用的位宽。

表10-18　各目标模式的有效投递目标位宽说明表

目标模式	投递目标域
物理模式	使用Destination Field[59:56]域来保存APIC ID号
逻辑模式	使用Destination Field[63:56]域来保存自定义APIC ID号

10.3.2　I/O APIC 整体结构及各引脚功能

I/O APIC作为中断请求的中转芯片，不停地将外部I/O设备发送来的中断请求封装成中断消息，再将其投递至目标处理器核心。图10-21描绘了处理器核心、Local APIC、I/O APIC、8259A以及I/O外设中断请求引脚的布线结构。

图10-21清晰描绘出了8259A中断控制器与I/O APIC各中断输入引脚（或称中断请求引脚）链接的外部设备。在这些中断输入引脚中，大部分引脚只能接收一个外部设备的中断请求，某些引脚则允许多个设备共享同一个中断请求引脚。对于共享中断请求引脚的设备而言，处理器通过开启不同的设备或开关可使同一中断输入引脚接收到不同设备的中断请求。表10-19汇总出8259A中断控制器和I/O APIC各中断输入引脚可接收的中断源。

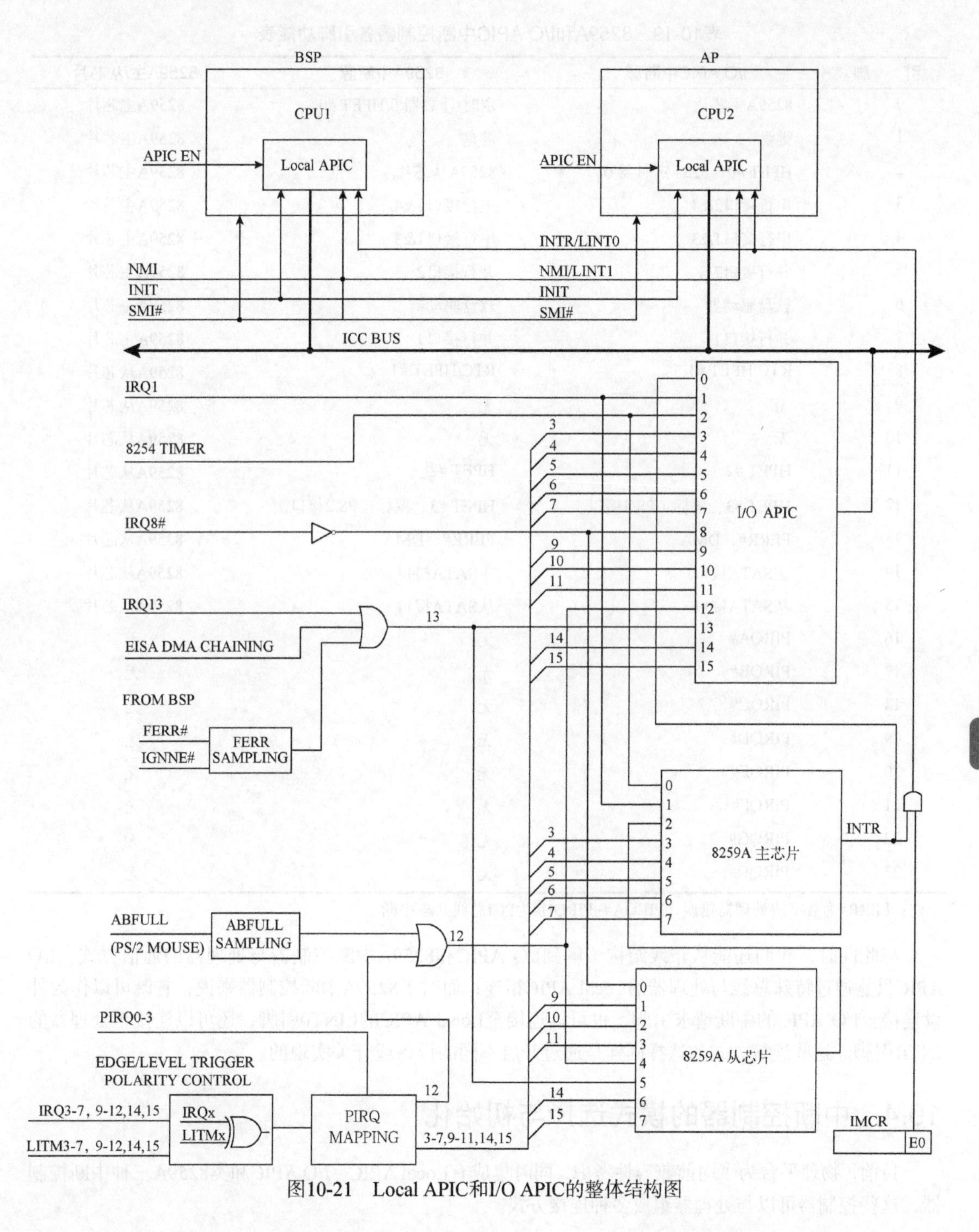

图10-21　Local APIC和I/O APIC的整体结构图

表10-19　8259A和I/O APIC中断控制器各引脚功能表

引　脚	I/O APIC中断源	8259A中断源	8259A主/从芯片
0	8259A主芯片	定时/计数器 0/HPET #0	8259A主芯片
1	键盘	键盘	8259A主芯片
2	HPET #0、8254 定时器 0	8259A从芯片	8259A主芯片
3	串行接口2&4	串行接口2&4	8259A主芯片
4	串行接口1&3	串行接口1&3	8259A主芯片
5	并行接口2	并行接口2	8259A主芯片
6	软盘驱动器	软盘驱动器	8259A主芯片
7	并行接口1	并行接口1	8259A主芯片
8	RTC/HPET #1	RTC/HPET #1	8259A从芯片
9	无	无	8259A从芯片
10	无	无	8259A从芯片
11	HPET #2	HPET #2	8259A从芯片
12	HPET #3、鼠标（PS/2接口）	HPET #3、鼠标（PS/2接口）	8259A从芯片
13	FERR#、DMA	FERR#、DMA	8259A从芯片
14	主SATA接口	主SATA接口	8259A从芯片
15	从SATA接口	从SATA接口	8259A从芯片
16	PIRQA#	无	无
17	PIRQB#	无	无
18	PIRQC#	无	无
19	PIRQD#	无	无
20	PIRQE#	无	无
21	PIRQF#	无	无
22	PIRQG#	无	无
23	PIRQH#	无	无

注：FERR#为数字协处理器错误，PIRQA#~PIRQH#为PCI总线共享中断。

与此同时，我们还能从布线结构了解到I/O APIC和8259A中断控制器与处理器的通信方式。I/O APIC只能通过特殊总线与处理器的Local APIC相连；而对于8259A中断控制器来说，它既可以作为外设连接至I/O APIC的中断请求引脚，也可以连接至Local APIC的LINT0引脚，还可以连接至处理器的INTR引脚。这些连接方式的选择同样是通过开启不同的设备或开关实现的。

10.4　中断控制器的模式选择与初始化

目前，物理平台为了向前兼容性考虑，同时集成有Local APIC、I/O APIC和类8259A三种中断控制器，这些控制器可以与处理器组成多种连接方式。

接下来将对中断控制器可组成的连接方式予以介绍。随后，再以一种基于多核处理器的典型连接方式为例，讲解中断控制器的初始化过程。

10.4.1　中断模式

在多核处理器平台中，不仅配有Local APIC和I/O APIC，还集成了类8259A中断控制器。它们可以组成多种中断模式，这些中断模式大体上可分为以下三类。

- PIC中断模式。它避开所有APIC设备，强制使系统平台运行于单处理器模式。
- Virtual Wire中断模式。它仅使用BSP处理器的APIC设备，其工作方式与PIC模式相同。
- Symmetric I/O中断模式。它使系统中的每个处理器核心都可以处理中断请求。

现以标准多核处理器平台结构为例，讲述各中断模式在此平台结构中的连接方式。

1. PIC中断模式

PIC中断模式采用类8259A中断控制器来投递中断请求。在该模式下，中断请求只能投递至BSP处理器核心，整个中断投递过程不会有Local APIC和I/O APIC参与。图10-22描述了PIC中断模式的连接结构，通过配置IMCR（Interrupt Mode Configuration Register，中断模式配置寄存器）寄存器，我们可使PIC中断模式下的硬件绕过I/O APIC，进而将中断请求直接发送至处理器。

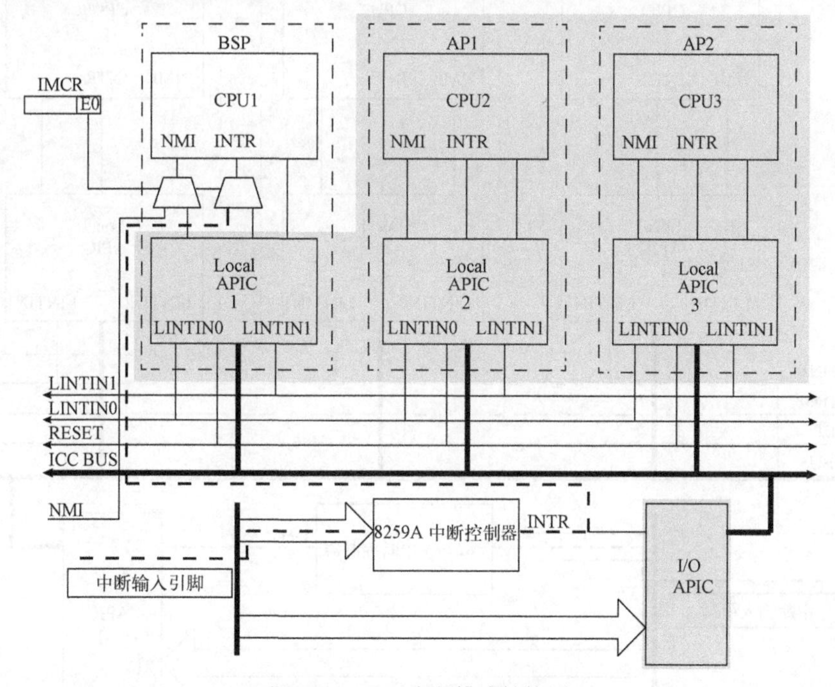

图10-22　PIC中断模式结构图

IMCR寄存器可控制BSP处理器接收中断请求的链路，即选择接收类8259A的中断请求，或选择接收Local APIC的中断请求。IMCR是一个间接访问寄存器，通过向I/O端口22h写入IMCR的地址（地址70h），再向端口23h写入IMCR的数值来达到操作IMCR寄存器的目的。当系统平台上电后，IMCR寄存器的默认值是00h，此时NMI和类8259A的INTR引脚将直接连入BSP处理器。如果向IMCR寄存器写入01h，可强制将NMI和类8259A的中断请求发往APIC（可以是Local APIC或I/O APIC）。

因为PIC中断模式实际使用的硬件中断配置与PC/AT系统平台相同，这也使得PIC中断模式可兼容PC/AT系统平台。

2. Virtual Wire中断模式

Virtual Wire中断模式是基于APIC设备的单处理器模式，它为所有DOS软件的启动和运行提供了硬件环境。Virtual Wire中断模式包含两种子模式，一种是基于Local APIC的Virtual Wire中断模式，另一种是基于I/O APIC的Virtual Wire中断模式。这两种中断模式，都将中断请求从类8259A投递至Local APIC中，而不同点在于投递的线路上是否会经过I/O APIC。

- 基于Local APIC的Virtual Wire中断模式

图10-23提供了一种基于Virtual Wire中断模式的硬件环境，该硬件环境将所有中断请求投递至类8259A中断控制器管理，再由类8259A统一把中断请求发送至BSP处理器的LINTIN0引脚。此时，处理器核心的Local APIC会将LINTIN0引脚收到的中断请求交给LVT的LINT0功能来去处理。

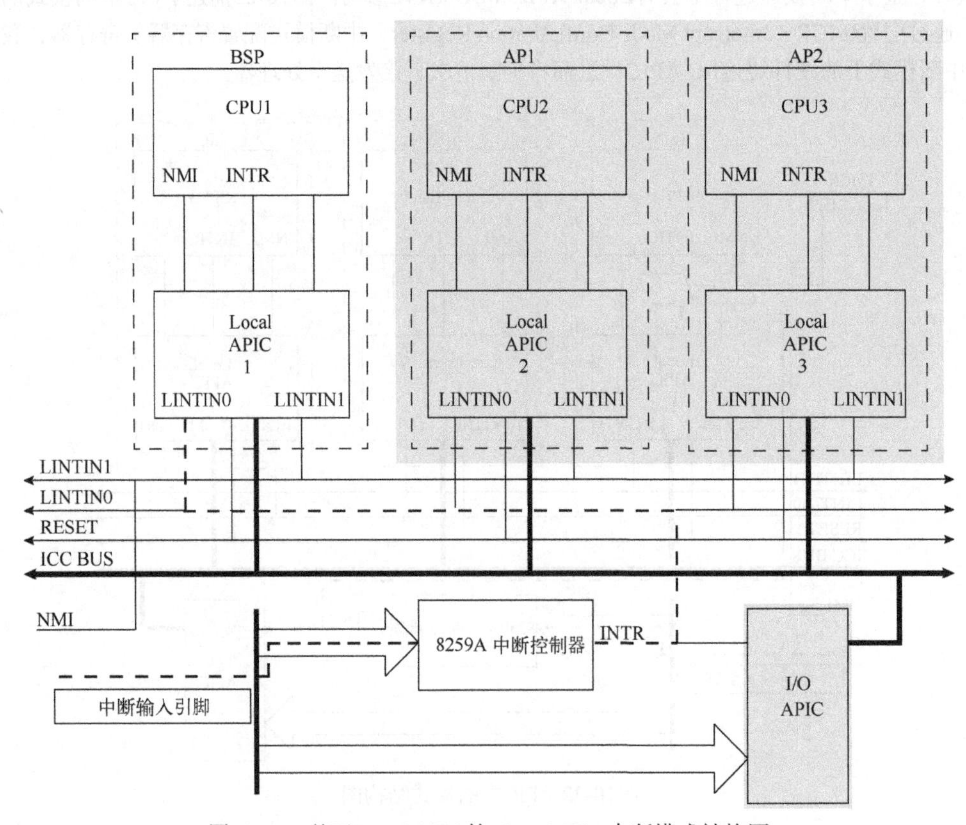

图10-23 基于Local APIC的Virtual Wire中断模式结构图

Local APIC的LINTIN0引脚将配置为ExtINT投递模式，此投递模式会把类8259A可编程中断控制作为服务于处理器的外部中断控制器。在这个环境下，中断向量号由类8259A提供，而I/O APIC

未被使用。

- 基于I/O APIC的Virtual Wire中断模式

Virtual Wire中断模式也允许使用I/O APIC，如图10-24所示，中断请求将通过8259A控制器采集，再统一穿过I/O APIC投递至BSP处理器的Local APIC内。

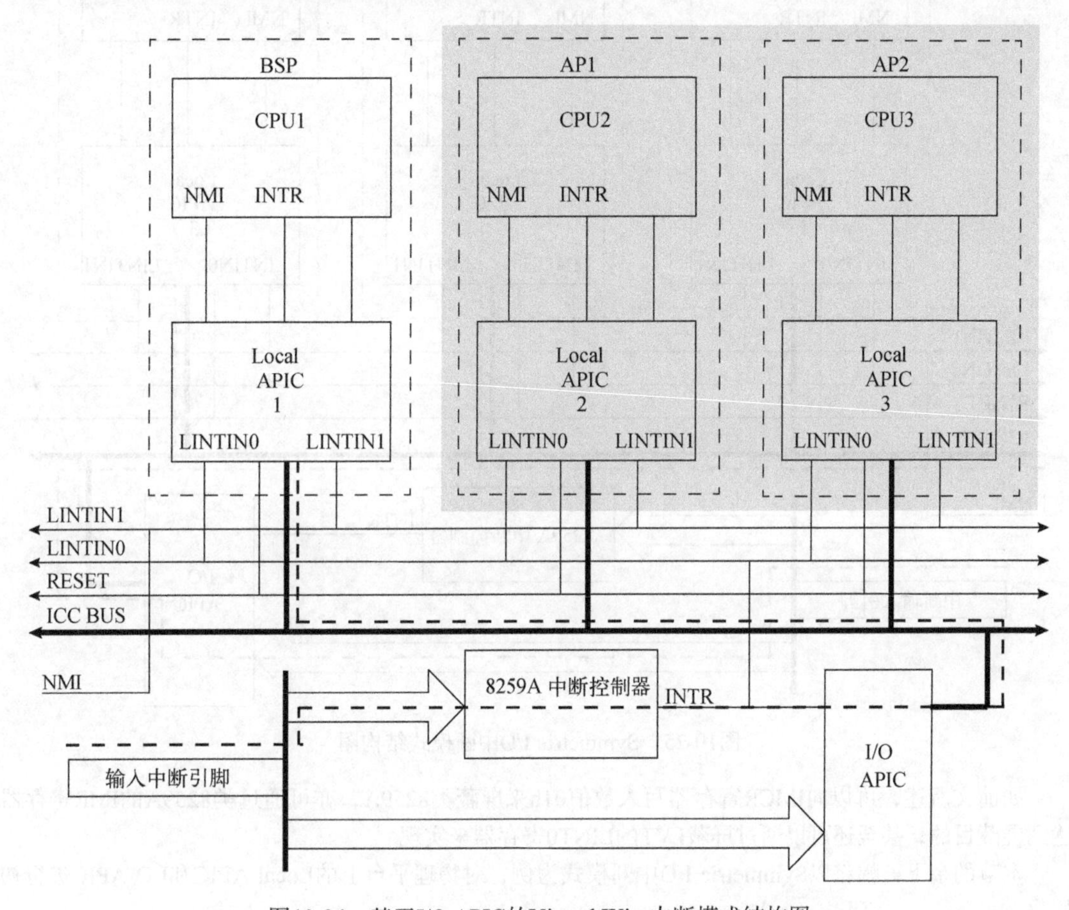

图10-24 基于I/O APIC的Virtual Wire中断模式结构图

结合图10-24和图10-21可知，I/O APIC的0号引脚连接着类8259A的主芯片。此时，RTE0寄存器应该设置为ExtINT投递模式，以便类8259A的中断请求可以顺利投递至Local APIC，中断向量号依然由8259A中断控制器提供。

3. Symmetric I/O中断模式

Symmetric I/O中断模式应用于多核处理器操作系统中，这个中断模式至少需要一个I/O APIC。如果操作系统准备使用Symmetric I/O中断模式，首先要将类8259A中断控制器屏蔽，使得类8259A的中断请求引脚改由I/O APIC接管。Symmetric I/O中断模式的整体结构如图10-25所示。

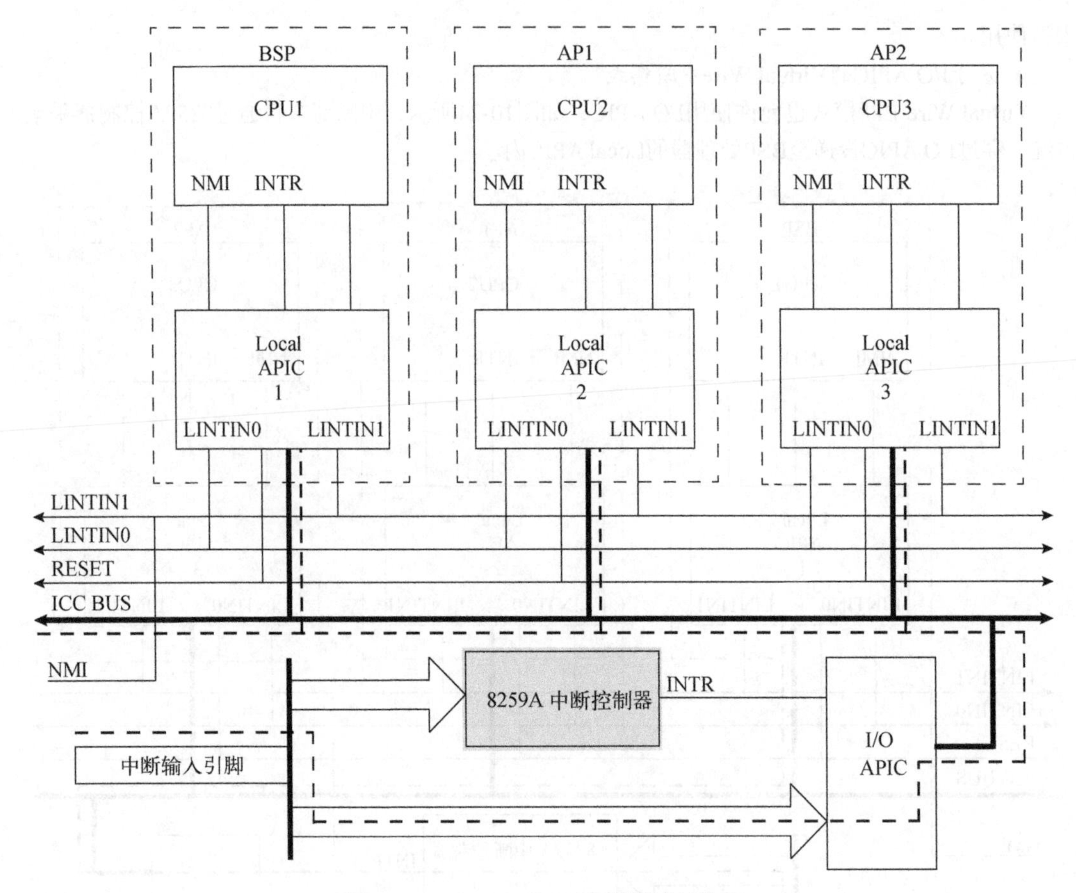

图10-25　Symmetric I/O中断模式结构图

如前文所述，可以向IMCR寄存器写入数值01h来屏蔽类8259A，亦可通过类8259A的IMR寄存器达到屏蔽目的，甚至还可以通过屏蔽LVT的LINT0寄存器来实现。

本节的余下篇幅将以Symmetric I/O中断模式为例，对物理平台上的Local APIC和I/O APIC进行初始化。

10.4.2 Local APIC 控制器的初始化

在初始化Local APIC前，必须先将源类8259A中断控制器的代码从Interrupt.c文件中分离出来，现已将其迁移到8259A.c文件内，并为APIC设备创建源码文件APIC.c。为了便于显示，这里还删减了一些高级内存管理单元的日志显示程序。

本次调整后，中断控制器的配置和管理将由专用的控制器驱动文件8259A.c和APIC.c负责。经此划分，Interrupt.c文件可以更专注于软件层面的实现，即中断处理机制的实现。

经过上文对Local APIC的介绍，想必各位读者已经摩拳擦掌跃跃欲试很久了，那么现在就来编写Local APIC的初始化程序。

以下6个代码片段逐步完成了Local APIC的基础信息获取和初始功能设置。整个过程将以检测处理器对Local APIC设备的支持情况为起始，拉开Local APIC的初始化序幕，请看代码清单10-1。

代码清单10-1　第10章\程序\程序10-1\物理平台\kernel\APIC.c

```
void Local_APIC_init()
{
    unsigned int x,y;
    unsigned int a,b,c,d;

    //check APIC & x2APIC support
    get_cpuid(1,0,&a,&b,&c,&d);
    //void get_cpuid(unsigned int Mop,unsigned int Sop,unsigned int * a,unsigned int
        * b,unsigned int * c,unsigned int * d)
    color_printk(WHITE,BLACK,"CPUID\t01,eax:%#010x,ebx:%#010x,ecx:%#010x,edx:
        %#010x\n",a,b,c,d);

    if((1<<9) & d)
        color_printk(WHITE,BLACK,"HW support APIC&xAPIC\t");
    else
        color_printk(WHITE,BLACK,"HW NO support APIC&xAPIC\t");

    if((1<<21) & c)
        color_printk(WHITE,BLACK,"HW support x2APIC\n");
    else
        color_printk(WHITE,BLACK,"HW NO support x2APIC\n");
    ……
}
```

这段程序通过CPUID.01功能检测Local APIC是否支持APIC、xAPIC和x2APIC模式，并将检测结果显示出来。

随后，通过置位IA32_APIC_BASE寄存器的第10位、第11位来开启Local APIC的工作模式，代码清单10-2实现了这一过程。

代码清单10-2　第10章\程序\程序10-1\物理平台\kernel\APIC.c

```
//enable xAPIC & x2APIC
__asm__ __volatile__(   "movq     $0x1b,     %%rcx     \n\t"
                        "rdmsr    \n\t"
                        "bts    $10,     %%rax     \n\t"
                        "bts    $11,     %%rax     \n\t"
                        "wrmsr    \n\t"
                        "movq     $0x1b,     %%rcx     \n\t"
                        "rdmsr    \n\t"
                        :"=a"(x),"=d"(y)
                        :
                        :"memory");

color_printk(WHITE,BLACK,"eax:%#010x,edx:%#010x\t",x,y);

if(x&0xc00)
    color_printk(WHITE,BLACK,"xAPIC & x2APIC enabled\n");
```

这段代码借助BTS汇编指令置位IA32_APIC_BASE寄存器的寄存器位。随后，再将置位后的数值回写到IA32_APIC_BASE寄存器中，并对写入结果进行测试以确保开启Local APIC的工作模式。

接下来，再置位SVR[8]以及SVR[12]来开启Local APIC和禁止广播EOI消息功能，程序实现如代码清单10-3所示。

代码清单10-3　第10章\程序\程序10-1\物理平台\kernel\APIC.c

```
//enable SVR[8]
__asm__ __volatile__(
                        "movq    $0x80f,    %%rcx    \n\t"
                        "rdmsr   \n\t"
                        "bts    $8,    %%rax    \n\t"
                        "bts    $12,%%rax\n\t"
                        "wrmsr   \n\t"
                        "movq    $0x80f,    %%rcx    \n\t"
                        "rdmsr   \n\t"
                        :"=a"(x),"=d"(y)
                        :
                        :"memory");

color_printk(WHITE,BLACK,"eax:%#010x,edx:%#010x\t",x,y);

if(x&0x100)
    color_printk(WHITE,BLACK,"SVR[8] enabled\n");
if(x&0x1000)
    color_printk(WHITE,BLACK,"SVR[12] enabled\n");
```

下面通过读取MSR寄存器组的0x802和0x803寄存器来取得Local APIC的相关基础信息，请继续看代码清单10-4。

代码清单10-4　第10章\程序\程序10-1\物理平台\kernel\APIC.c

```
//get local APIC ID
__asm__ __volatile__(
                        "movq $0x802,    %%rcx    \n\t"
                        "rdmsr    \n\t"
                        :"=a"(x),"=d"(y)
                        :
                        :"memory");

color_printk(WHITE,BLACK,"eax:%#010x,edx:%#010x\tx2APIC ID:%#010x\n",x,y,x);

//get local APIC version
__asm__ __volatile__(
                        "movq $0x803,    %%rcx    \n\t"
                        "rdmsr    \n\t"
                        :"=a"(x),"=d"(y)
                        :
                        :"memory");

color_printk(WHITE,BLACK,"local APIC Version:%#010x,Max LVT Entry:%#010x,
SVR(Suppress EOI Broadcast):%#04x\t",x & 0xff,(x >> 16 & 0xff) + 1,x >> 24 & 0x1);

if((x & 0xff) < 0x10)
    color_printk(WHITE,BLACK,"82489DX discrete APIC\n");

else if( ((x & 0xff) >= 0x10) && ((x & 0xff) <= 0x15) )
    color_printk(WHITE,BLACK,"Integrated APIC\n");
```

通过代码清单10-4可获得Local APIC的ID值、版本号，而且还能计算出LVT表项数，以及Local APIC是否支持禁止广播EOI功能。

目前，由于系统尚未给LVT配备处理程序，从而应该屏蔽LVT中的所有中断投递功能，代码清单10-5是LVT表各项功能的屏蔽代码。

代码清单10-5　第10章\程序\程序10-1\物理平台\kernel\APIC.c

```
//mask all LVT
__asm__ __volatile__(   "movq   $0x82f,    %%rcx    \n\t"    //CMCI
                        "wrmsr  \n\t"
                        "movq   $0x832,    %%rcx    \n\t"    //Timer
                        "wrmsr  \n\t"
                        "movq   $0x833,    %%rcx    \n\t"    //Thermal Monitor
                        "wrmsr  \n\t"
                        "movq   $0x834,    %%rcx    \n\t"    //Performance Counter
                        "wrmsr  \n\t"
                        "movq   $0x835,    %%rcx    \n\t"    //LINT0
                        "wrmsr  \n\t"
                        "movq   $0x836,    %%rcx    \n\t"    //LINT1
                        "wrmsr  \n\t"
                        "movq   $0x837,    %%rcx    \n\t"    //Error
                        "wrmsr  \n\t"
                        :
                        :"a"(0x10000),"d"(0x00)
                        :"memory");

color_printk(GREEN,BLACK,"Mask ALL LVT\n");
```

当LVT表的各项功能被屏蔽后，让我们再来了解一下TPR和PPR寄存器的当前值，通过代码清单10-6可取得这两个寄存器的数值。

代码清单10-6　第10章\程序\程序10-1\物理平台\kernel\APIC.c

```
//TPR
__asm__ __volatile__(
                        "movq      $0x808,     %%rcx     \n\t"
                        "rdmsr     \n\t"
                        :"=a"(x),"=d"(y)
                        :
                        :"memory");

color_printk(GREEN,BLACK,"Set LVT TPR:%#010x\t",x);

//PPR
__asm__ __volatile__(
                        "movq      $0x80a,     %%rcx     \n\t"
                        "rdmsr     \n\t"
                        :"=a"(x),"=d"(y)
                        :
                        :"memory");

color_printk(GREEN,BLACK,"Set LVT PPR:%#010x\n",x);
```

代码清单10-6的获取过程与上述几段代码十分相似，此处将不再过多赘述。在完成Local APIC设备的初始化工作后，为了使Local APIC只处理I/O APIC发送来的中断消息，这里还需要屏蔽类8259A中断控制器，它的屏蔽过程已在APIC设备（包括Local APIC与I/O APIC）的初始化函数APIC_IOAPIC_init中实现，详情请参见代码清单10-7。

代码清单10-7　第10章\程序\程序10-1\物理平台\kernel\APIC.c

```
void APIC_IOAPIC_init()
{
    // init trap abort fault
    int i ;

    for(i = 32;i < 56;i++)
    {
        set_intr_gate(i , 2 , interrupt[i - 32]);
    }

    //mask 8259A
    color_printk(GREEN,BLACK,"MASK 8259A\n");
    io_out8(0x21,0xff);
    io_out8(0xa1,0xff);

    //init local apic
    Local_APIC_init();

    //enable IF eflages
    sti();
}
```

现在，本系统可驱动类8259A和Local APIC两种中断控制器，但Symmetric I/O中断模式不允许同时使用它们。故此，我们特在内核主程序中引入了条件预编译代码，使得编译器在编译程序时可动态指定操作系统使用的中断控制器，实现如代码清单10-8。

代码清单10-8　第10章\程序\程序10-1\物理平台\kernel\main.c

```
#if  APIC
#include "APIC.h"
#else
#include "8259A.h"
#endif

    ......

void Start_Kernel(void)
{
    ......

    #if APIC
        APIC_IOAPIC_init();
    #else
        init_8259A();
    #endif

    ......
}
```

#if、#else、#endif都是条件预编译关键字。#if关键字后接常量表达式，如果常量表达式为真（非0），则将#if语句包含的程序段编译到程序中。如果常量表达式为假，则将#else语句包含的程序段编译到程序中。

因此，代码清单10-8的主要作用是根据宏常量APIC的值，选择将APIC_IOAPIC_init函数或init_8259A函数添加到程序中，并进行编译链接。那么，宏常量APIC的定义值就决定了程序的走向。

细心的读者可能会好奇，宏常量APIC的定义究竟在何处？因为纵观所以程序源文件，都未曾发现宏常量APIC的定义。其实，宏常量APIC定义在Makefile文件中，代码清单10-9是宏常量APIC的具体定义。

代码清单10-9　第10章\程序\程序10-1\物理平台\kernel\Makefile

```
PIC := APIC

……

system:   head.o entry.o main.o printk.o trap.o memory.o interrupt.o PIC.o task.o cpu.o
    ld -b elf64-x86-64 -z muldefs -o system head.o entry.o main.o printk.o trap.o
memory.o interrupt.o PIC.o task.o cpu.o -T Kernel.lds

……

main.o:    main.c
    gcc  $(CFLAGS) -c main.c -D$(PIC)

……

ifeq ($(PIC),APIC)
PIC.o: APIC.c
    gcc  $(CFLAGS) -c APIC.c -o PIC.o
else
PIC.o: 8259A.c
    gcc  $(CFLAGS) -c 8259A.c -o PIC.o
endif
```

在这段编译脚本命令中，代码PIC := APIC的意思是将变量PIC定义为APIC。在编译main.o文件时，使用-D选项可将变量PIC展开，即-D$(PIC)展开为-DAPIC。而-D选项的作用就是定义宏，其定义的宏名紧随-D之后，选项与宏名间无需空格符分隔，例如：-DAPIC定义的宏名是APIC，它等价于在程序源文件中编写代码#define APIC。如果希望把宏常量APIC定义为字符串"hello"，可将-D选项书写为-DAPIC="\"hello\""，它等价于在程序源文件中编写代码#define APIC "hello"。

为了连接过程的统一化，此处把源文件APIC.c和8259A.c统一编译成二进制文件PIC.o。使用条件判断语句ifeq可达到这一目的，通过判断PIC变量值是否等于APIC进而确定PIC.o的编译源文件。

至此，Local APIC的初始化编程宣告结束，图10-26是Local APIC初始化程序的运行效果。

```
eax:0x0000110f,edx:0x00000000   SVR[8] enabled  0x6c65746e
SVR[12] enabled Core(TM) i7-2620M CPU @ 2.70GHz
eax:0x00000000,edx:0x00000000   x2APIC ID:0x00000000del Number:0x0000000a,Extended Model:0x00000002,Processor Type:0x00000000,St
local APIC Version:0x00000015,Max LVT Entry:0x00000007,SVR(Suppress EOI Broadcast):0x01 Integrated APIC
Mask ALL LVTress size:00000036,Linear Address size:00000048
Set LVT TPR:0x00000000  Set LVT PPR:0x00000000tended Operation Code :0x80000008
memory init

Address:0x0000000000000000      Length:0x000000000009d800       Type:0x00000001
Address:0x0000000000100000      Length:0x000000001ff00000       Type:0x00000001
Address:0x0000000020200000      Length:0x000000001fe00000       Type:0x00000001
Address:0x0000000040200000      Length:0x000000009a79f000       Type:0x00000001
Address:0x00000000dafff000      Length:0x0000000000001000       Type:0x00000001
Address:0x0000000100000000      Length:0x000000011e600000       Type:0x00000001
OS Can Used Total RAM:0x00000001f8b3d800
OS Can Used Total 2M PAGEs:0x0000000000000fc4=0000000000004036
bits_map:0xffff800000139000,bits_size:0x00000000000010f4,bits_length:0x0000000000000220
pages_struct:0xffff80000013a000,pages_size:0x00000000000010f4,pages_length:0x000000000002a620
zones_struct:0xffff800000165000,zones_size:0x0000000000000004,zones_length:0x0000000000000140
zone_start_address:0x0000000000200000,zone_end_address:0x0000000020000000,zone_length:0x000000001fe00000,pages_group:0xffff80000
013a028,pages_length:0x00000000000000ff
zone_start_address:0x0000000020200000,zone_end_address:0x0000000040000000,zone_length:0x000000001fe00000,pages_group:0xffff80000
013c828,pages_length:0x00000000000000ff
zone_start_address:0x0000000040200000,zone_end_address:0x00000000da800000,zone_length:0x000000009a600000,pages_group:0xffff80000
013f028,pages_length:0x00000000000004d3
zone_start_address:0x0000000100000000,zone_end_address:0x000000021e600000,zone_length:0x000000011e600000,pages_group:0xffff80000
014e000,pages_length:0x00000000000008f3
ZONE_DMA_INDEX:0        ZONE_NORMAL_INDEX:0     ZONE_UNMAPED_INDEX:3
start_code:0xffff800000100000,end_code:0xffff80000010f6e8,end_data:0xffff80000011ad60,end_brk:0xffff8000001384a8,end_of_struct:0
xffff800000165240
Global_CR3      :0x0000000000101000
*Global_CR3     :0x0000000000102000
**Global_CR3    
1.memory_management_struct.bits_map:0x0000000000000001  zone_struct->page_using_count:0 zone_struct->page_free_count:255
slab init
2.memory_management_struct.bits_map:0x0000000000000001  zone_struct->page_using_count:0 zone_struct->page_free_count:255
3.memory_management_struct.bits_map:0x000000000001ffff  zone_struct->page_using_count:16        zone_struct->page_free_count:239

start_code:0xffff800000100000,end_code:0xffff80000010f6e8,end_data:0xffff80000011ad60,end_brk:0xffff8000001384a8,end_of_struct:0
xffff80000016a0e0
frame buffer init
frame_buffer_init() is OK
pagetable init
interrupt init
MASK 8259A
CPUID   01,eax:0x000206a7,ebx:0x00100800,ecx:0x17bae3ff,edx:0xbfebfbff
HW support APIC&xAPIC   HW support x2APIC
eax:0xfee00d00,edx:0x00000000   xAPIC & x2APIC enabled
```

图10-26　Local APIC控制器初始化效果图

尽管Local APIC尚且无法处理I/O设备的中断请求，但已经获取到它的相关信息仍是一件让人兴奋的事情。趁热打铁，马上就来初始化I/O APIC并尝试着响应键盘按键中断请求。

10.4.3　I/O APIC控制器的初始化

在编写I/O APIC初始化程序前，读者已经清楚I/O APIC是位于主板芯片组中的一个控制器芯片，那么I/O APIC的使能过程就不会像Local APIC那样仅凭配置一个寄存器就可实现。通常情况下，必须经过页表映射和基地址寻址才能实现I/O APIC的初始化。

默认情况下，系统上电后的I/O APIC处于关闭状态。通过使能OIC寄存器（Other Interrupt Control Register）的第8位可开启I/O APIC。OIC寄存器位于芯片组配置寄存器的31FEh-31FFh偏移处。RCBA寄存器（Root Complex Base Address Register）保存着芯片组配置寄存器的物理基地址，它位于PCI总线的LPC桥控制器组（第31号设备）的F0h偏移地址处。

因此，为了开启I/O APIC就必须先明确芯片组型号，再从芯片组白皮书中查询出RCBA和OIC寄存器的访问方法。

- **查看芯片组型号。**借助一些常用的硬件检测软件，可检测出物理平台选用的芯片组型号。对于本书使用的Lenovo ThinkPad X220T笔记本而言，其搭载的芯片组是Intel QM67，对应的Intel官方白皮书文档名是*6-chipset-c200-chipset-datasheet*，请读者根据个人实际情况自行检测。当准备好芯片组白皮书后，便可着手开始初始化I/O APIC。

- RCBA寄存器。RCBA寄存器是一个位于LPC桥控制器组中的4B寄存器，LPC桥控制器组是PCI总线下的第31号设备，RCBA寄存器在LPC寄存器组的F0h偏移处。RCBA寄存器的默认值是00000000h，图10-27描述了RCBA寄存器各位的功能。

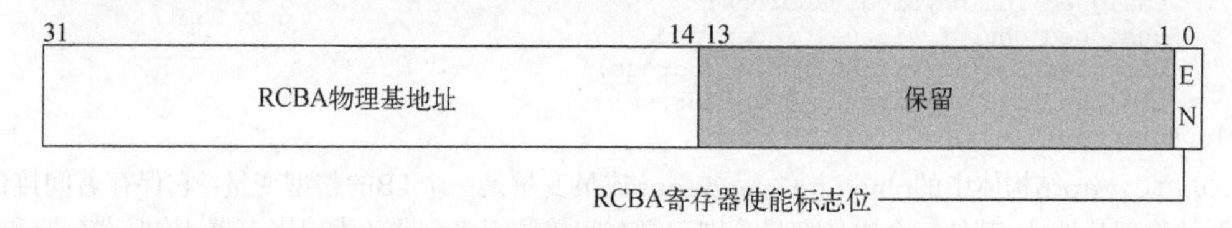

图10-27　RCBA寄存器的位功能说明图

RCBA寄存器的第0位是RCBA寄存器的使能标志位，置位此标志位将允许修改芯片组配置寄存器的物理基地址。第14位~第31位保存着芯片组配置寄存器的物理基地址，其物理地址必须按16 KB边界对齐。

- OIC寄存器。OIC寄存器是一个2 B的中断控制寄存器，通过它可以开启和关闭I/O APIC。OIC寄存器位于芯片组配置寄存器组的31FEh地址偏移处，而芯片组配置寄存器组的物理基地址则由RCBA寄存器指定。图10-28描述了OIC寄存器各位的功能。

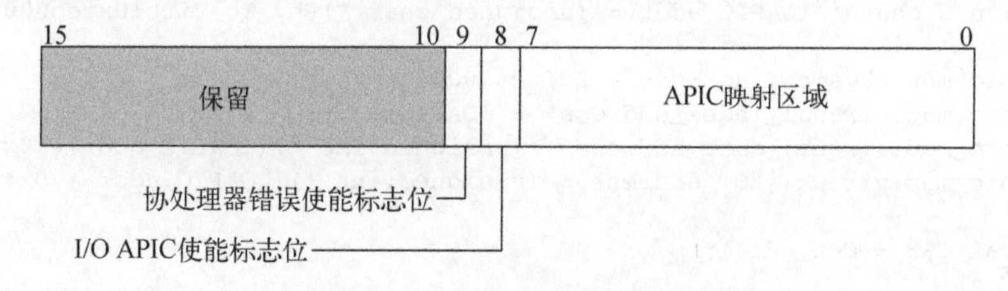

图10-28　OIC寄存器的位功能说明图

OIC寄存器的默认值为0000h，以下是OIC各寄存器位的功能介绍。

  - APIC映射区域（APIC Range Select）。APIC映射区域（第0~7位）决定了I/O APIC的间接访问寄存器映射的地址区间，只有在禁用I/O APIC的情况下此位域才可修改。
  - I/O APIC使能标志位（APIC Enable）。置位此标志位将使能I/O APIC，对其复位将禁用I/O APIC。
  - 协处理器错误使能标志位（Coprocessor Error Enable）。置位协处理器错误使能标志位将允许IRQ13接收FERR#中断请求。

- 初始化I/O APIC中断控制器。

在掌握上述芯片组寄存器的功能及使用方法后，我们现已具备足够的知识来编写I/O APIC的初始化模块。下面依然将初始化程序分为若干个片段，逐一对其进行讲解。

为了便于访问I/O APIC的寄存器，此处定义了一个名为`IOAPIC_map`的结构体，用它来记录I/O APIC的间接访问寄存器的线性地址及其物理基地址，详细定义请参见代码清单10-10。

代码清单10-10　第10章\程序\程序10-2\物理平台\kernel\APIC.h

```
struct IOAPIC_map
{
    unsigned int physical_address;
    unsigned char * virtual_index_address;
    unsigned int *  virtual_data_address;
    unsigned int *  virtual_EOI_address;
}ioapic_map;
```

IOAPIC_map结构体中的physical_address成员变量是一个4 B的整型变量，它保存着间接访问寄存器的物理基地址，其他三个成员变量分别记录着间接访问寄存器的索引寄存器、数据寄存器和EOI寄存器的线性地址。这些成员变量将在IOAPIC_pagetable_remap函数中予以初始化赋值，这个函数同时还负责把间接访问寄存器的物理基地址映射到线性地址空间，代码清单10-11是函数IOAPIC_pagetable_remap的程序实现。

代码清单10-11　第10章\程序\程序10-2\物理平台\kernel\APIC.c

```
void IOAPIC_pagetable_remap()
{
    unsigned long * tmp;
    unsigned char * IOAPIC_addr = (unsigned char *)Phy_To_Virt(0xfec00000);

    ioapic_map.physical_address = 0xfec00000;
    ioapic_map.virtual_index_address  = IOAPIC_addr;
    ioapic_map.virtual_data_address = (unsigned int *)(IOAPIC_addr + 0x10);
    ioapic_map.virtual_EOI_address = (unsigned int *)(IOAPIC_addr + 0x40);

    Global_CR3 = Get_gdt();

    tmp = Phy_To_Virt(Global_CR3 + (((unsigned long)IOAPIC_addr >> PAGE_GDT_SHIFT) &
        0x1ff));
    if (*tmp == 0)
    {
        unsigned long * virtual = kmalloc(PAGE_4K_SIZE,0);
        set_mpl4t(tmp,mk_mpl4t(Virt_To_Phy(virtual),PAGE_KERNEL_GDT));
    }

    color_printk(YELLOW,BLACK,"1:%#018lx\t%#018lx\n",(unsigned long)tmp,(unsigned
        long)*tmp);

    tmp = Phy_To_Virt((unsigned long *)(*tmp & (~ 0xfffUL)) + (((unsigned
        long)IOAPIC_addr >> PAGE_1G_SHIFT) & 0x1ff));
    if(*tmp == 0)
    {
        unsigned long * virtual = kmalloc(PAGE_4K_SIZE,0);
        set_pdpt(tmp,mk_pdpt(Virt_To_Phy(virtual),PAGE_KERNEL_Dir));
    }

    color_printk(YELLOW,BLACK,"2:%#018lx\t%#018lx\n",(unsigned long)tmp,(unsigned
        long)*tmp);

    tmp = Phy_To_Virt((unsigned long *)(*tmp & (~ 0xfffUL)) + (((unsigned
```

```
        long)IOAPIC_addr >> PAGE_2M_SHIFT) & 0x1ff));
    set_pdt(tmp,mk_pdt(ioapic_map.physical_address,PAGE_KERNEL_Page | PAGE_PWT |
        PAGE_PCD));

    color_printk(BLUE,BLACK,"3:%#018lx\t%#018lx\n",(unsigned long)tmp,(unsigned
        long)*tmp);

    color_printk(BLUE,BLACK,"ioapic_map.physical_address:%#010x\t\t\n",ioapic_map.
        physical_address);
    color_printk(BLUE,BLACK,"ioapic_map.virtual_address:%#018lx\t\t\n",(unsigned
        long)ioapic_map.virtual_index_address);

    flush_tlb();
}
```

这段程序实现的页表映射过程与帧缓存区的地址重映射过程十分相似，即通过页管理机制把物理地址`0xfec00000`映射到线性地址`0xffff8000fec00000`处，并在此基础上对指针成员变量`virtual_index_address`、`virtual_data_address`以及`virtual_EOI_address`进行线性地址赋值。

当`ioapic_map`结构体初始化完毕后，我们可将RTE寄存器的读写操作抽象为`ioapic_rte_read`和`ioapic_rte_write`函数。这两个函数的定义请参见代码清单10-12。

代码清单10-12　第10章\程序\程序10-2\物理平台\kernel\APIC.c

```
unsigned long ioapic_rte_read(unsigned char index)
{
    unsigned long ret;

    *ioapic_map.virtual_index_address = index + 1;
    io_mfence();
    ret = *ioapic_map.virtual_data_address;
    ret <<= 32;
    io_mfence();

    *ioapic_map.virtual_index_address = index;
    io_mfence();
    ret |= *ioapic_map.virtual_data_address;
    io_mfence();

    return ret;
}

void ioapic_rte_write(unsigned char index,unsigned long value)
{
    *ioapic_map.virtual_index_address = index;
    io_mfence();
    *ioapic_map.virtual_data_address = value & 0xffffffff;
    value >>= 32;
    io_mfence();

    *ioapic_map.virtual_index_address = index + 1;
```

```
    io_mfence();
    *ioapic_map.virtual_data_address = value & 0xffffffff;
    io_mfence();
}
```

由于RTE寄存器的位宽是64位，而IOWIN寄存器的位宽只有32位，所以必须经过两次间接读写访问才能完成对RTE寄存器的操作。而且，为了确保原子的操作间接访问寄存器，在每次操作间接访问寄存器后都使用io_mfence函数进行数值同步，也就是说，伴随着这两个函数执行结束，间接访问寄存器的数值已与目标寄存器一致。

io_mfence函数是MFENCE汇编指令的简单封装，这条汇编指令用于串行化处理器的执行指令流。随着多核处理器的发展，为了提升每个核心的流水线执行效率，处理器核心执行指令的顺序不再是串行的，而很可能是乱序的，这就造成了先写入内存的数据未必即刻写入到内存中。解决此类问题的办法是强迫处理器串行化执行，如果使用LOCK指令锁住系统总线来达到此类目的的话，则会降低处理器的执行效率。故此处理器加入了新的串行化指令MFENCE，这条指令可保证在不影响其他处理器核心正常运行的前提下，使此前的读写操作全部完成。此外，还有更细粒度的LFENCE和SFENCE指令可以控制读和写操作的串行化。（详见Intel官方白皮书Volume 3的8.2节与8.2.5节。）

当RTE寄存器的读写函数实现后，现在就来编写I/O APIC的初始化程序。初始化过程将涉及I/O APIC基础信息的获取和设置，还有RTE寄存器组的配置，更多细节请参见代码清单10-13。

代码清单10-13　第10章\程序\程序10-2\物理平台\kernel\APIC.c

```
void IOAPIC_init()
{
    int i ;
    // I/O APIC
    // I/O APIC ID
    *ioapic_map.virtual_index_address = 0x00;
    io_mfence();
    *ioapic_map.virtual_data_address = 0x0f000000;
    io_mfence();
    color_printk(GREEN,BLACK,"Get IOAPIC ID REG:%#010x,ID:%#010x\n",*ioapic_map.
        virtual_data_address, *ioapic_map.virtual_data_address >> 24 & 0xf);
    io_mfence();

    // I/O APIC Version
    *ioapic_map.virtual_index_address = 0x01;
    io_mfence();
    color_printk(GREEN,BLACK,"Get IOAPIC Version REG:%#010x,MAX redirection enties:
        %#08d\n",*ioapic_map.virtual_data_address ,((*ioapic_map.virtual_data_
        address >> 16) & 0xff) + 1);

    //RTE
    for(i = 0x10;i < 0x40;i += 2)
        ioapic_rte_write(i,0x10020 + ((i - 0x10) >> 1));

    ioapic_rte_write(0x12,0x21);
    color_printk(GREEN,BLACK,"I/O APIC Redirection Table Entries Set Finished.\n");
}
```

函数IOAPIC_init首先会将I/O APIC ID值设置为0x0f000000，并把I/O APIC ID值、版本值和RTE表项数等基础信息打印在屏幕上。再以0x20作为起始中断向量号去初始化各个RTE表项（代码ioapic_rte_write(i,0x10020 + ((i - 0x10) >> 1));）。最后，开启RTE1表项来接收键盘中断请求（其他RTE表项全部屏蔽），并将其封装为中断消息投递至处理器核心，中断消息的向量号为0x21、目标模式为物理模式、投递目标的APIC ID号为0（BSP处理器）。

现在，I/O APIC的初始化函数IOAPIC_init已经实现。下面将其与IOAPIC_pagetable_remap函数整合到APIC设备的初始化函数APIC_IOAPIC_init中，并完成余下的初始化工作，代码清单10-14是向APIC_IOAPIC_init函数追加的程序部分。

代码清单10-14　第10章\程序\程序10-2\物理平台\kernel\APIC.c

```
void APIC_IOAPIC_init()
{
    // init trap abort fault
    int i ;
    unsigned int x;
    unsigned int * p;

    IOAPIC_pagetable_remap();

    ……

    //enable IMCR
    io_out8(0x22,0x70);
    io_out8(0x23,0x01);

    //init local apic
    Local_APIC_init();

    //init ioapic
    IOAPIC_init();

    //get RCBA address
    io_out32(0xcf8,0x8000f8f0);
    x = io_in32(0xcfc);
    color_printk(RED,BLACK,"Get RCBA Address:%#010x\n",x);
    x = x & 0xffffc000;
    color_printk(RED,BLACK,"Get RCBA Address:%#010x\n",x);

    //get OIC address
    if(x > 0xfec00000 && x < 0xfee00000)
    {
        p = (unsigned int *)Phy_To_Virt(x + 0x31feUL);
    }

    //enable IOAPIC
    x = (*p & 0xffffff00) | 0x100;
    io_mfence();
    *p = x;
```

```
    io_mfence();

    //enable IF eflages
    sti();
}
```

这段程序首先调用IOAPIC_pagetable_remap函数为操作I/O APIC寄存器组做铺垫。经过省略的中断向量表初始化以及8259A控制器的屏蔽过程后，通过设置IMCR寄存器强制使处理器只接收APIC的中断请求信号。此后，就是对Local APIC与I/O APIC设备的初始化工作。由于I/O APIC的使能过程比较复杂，所有它的使能代码放在最后运行。

代码io_out32(0xcf8,0x8000f8f0)的作用是通过间接寻址方式索引到RCBA寄存器，它位于PCI总线的第31号LPC桥控制器组的F0h偏移地址处，即位于PCI总线0的31号设备0号功能的F0h偏移处，RCBA寄存器的地址计算公式(通过I/O端口间接索引PCI总线上的设备地址)为0x80000000 | (0 << 16) | (31 << 11) | (0 << 8) | (0xF0 & 0xfc) = 0x8000f8f0。而io_in32(0xcfc)的作用是通过间接寻址方式读取RCBA寄存器的值。将RCBA寄存器的值加上0x31fe就得到了OIC寄存器的物理地址，再将其转换为线性地址便可对其进行访问，这就是代码p = (unsigned int *)Phy_To_Virt(x + 0x31feUL);的作用。最后通过代码x = (*p & 0xffffff00) | 0x100;和*p = x;来使能I/O APIC。同时不要忘记使能IF标志位。

在I/O APIC的初始化过程中，我们已设置键盘采用边沿触发模式向I/O APIC发送中断请求，并使用中断描述符表IDT的0x21号中断向量进行处理。为了验证运行效果，我们特将do_IRQ函数修改为代码清单10-15的样子。

代码清单10-15　第10章\程序\程序10-2\物理平台\kernel\APIC.c

```
void do_IRQ(struct pt_regs * regs,unsigned long nr)     //regs:rsp,nr
{
    unsigned char x;

    x = io_in8(0x60);
    color_printk(BLUE,WHITE,"(IRQ:%#04x)\tkey code:%#04x\n",nr,x);

    __asm__ __volatile__(   "movq      $0x00,      %%rdx     \n\t"
                            "movq      $0x00,      %%rax     \n\t"
                            "movq      $0x80b,     %%rcx     \n\t"
                            "wrmsr     \n\t"
                            :::"memory");
}
```

敲击键盘按键，如果键盘的中断消息能够投递到Local APIC并被CPU处理，那么do_IRQ函数就能读取到键盘扫描码，从而在屏幕上打印中断向量号和键盘扫描码。然后，向Local APIC的EOI寄存器写入数值00以通知控制器中断处理过程结束。

至此，Local APIC与I/O APIC设备的初始化过程结束，图10-29记录了两者的初始化运行效果。

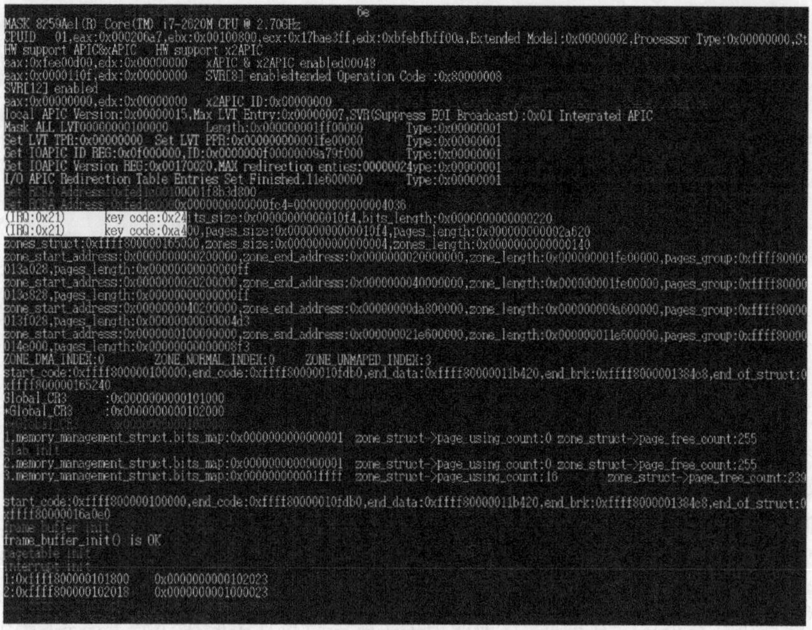

图10-29 I/O APIC控制器初始化效果图

10.5 高级中断处理功能

目前，本系统的中断处理功能已略显雏形，但它尚未达到整体结构化的水平，从而无法给外设驱动程序提供统一的应用接口，比如，中断处理程序的注册接口，通用的中断启动、应答、禁止等基础操作接口，以及更复杂的中断上半部和中断下半部处理功能等。可见，中断处理功能也拥有着庞大的架构，使其可提供丰富的接口和处理机制来满足各种设备驱动处理中断请求。

虽然本系统仍处于基础功能的实现阶段，但这并不耽误我们了解先进的架构，而且在掌握它的同时还能够给今后的功能设计与实现带来帮助，百利而无一害。

下面将对Linux内核的中断处理机制予以介绍，并参考其设计理念为本系统实现结构化的中断处理单元，即实现中断处理程序的注册、中断上半部处理等功能。

10.5.1 Linux的中断处理机制概述

Linux内核作为开源系统内核的典范，如今已广泛应用到各个行业领域。它为了及时响应并快速处理各类设备的中断请求，便将中断处理单元拆分为上下两部分，即中断上半部和中断下半部。

中断上半部用于获取处理中断请求所必需的数据和信息，并快速向中断控制器发送应答通知；而中断下半部则会对上半部获取的数据和信息做进一步处理，以完成每个中断请求。此举通过中断上半部快速应答中断请求，加快了中断请求的接收速度，进而缩短后续中断请求的等待时间，再通过中断下半部的多种处理机制，使得用户可以快速实现不同种中断处理过程。图10-30描绘了自Linux 2.4以来的常用中断处理机制。

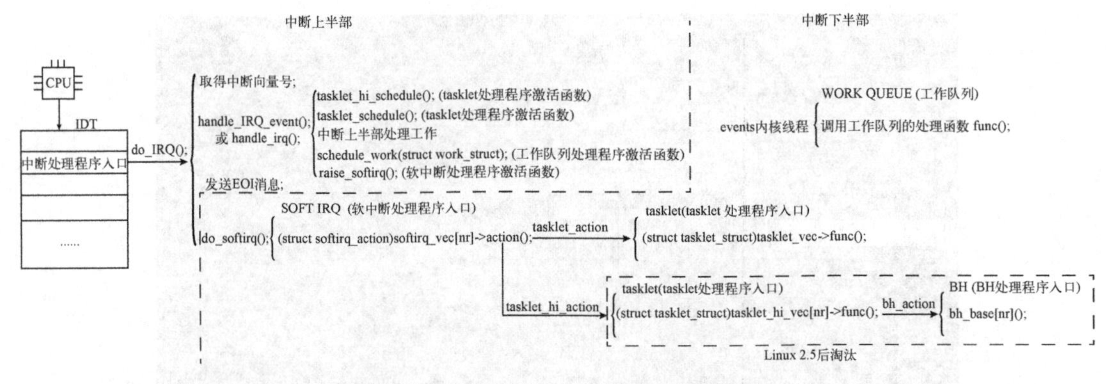

图10-30　Linux的中断处理机制示意图

图10-30绘制了Linux内核从处理器接收中断请求到中断处理结束的整个过程，此图以各类中断处理机制的关键性函数调用为导向，阐述了中断上下半部以及各种中断处理机制间的关系。以下是中断上下半部功能的概括性介绍。

- **中断上半部**。中断上半部主要负责完成关键性数据的捕获，并快速向请求设备发送应答通知，使处理器可以再次接收中断请求。整个处理过程的关键步骤如下所示。
  (1) 中断请求信号发送至处理器，处理器根据中断向量号从中断描述符表IDT中索引出处理中断请求的IDT表项。
  (2) 处理器根据IDT表项（门描述符）的配置锁定中断处理程序入口，并将任务执行现场保存到栈空间，随后从中断处理程序入口处开始执行。
  (3) 处理器沿着中断处理程序入口执行，将进入统一的中断处理函数`do_IRQ`处理中断请求。
  (4) 中断处理函数`do_IRQ`首先会从栈中取得中断向量号（由中断处理程序入口代码压入栈内），随后调用`handle_irq`函数（Linux 2.6以前命名为`handle_IRQ_event`）执行中断上半部处理工作。
  (5) `handle_irq`函数会调用注册中断时提供的中断请求处理方法。在中断请求处理方法中，可实现设备控制、数据传输，甚至进一步激活软中断、tasklet以及工作队列等功能。由于中断处理过程并未规定各类中断处理机制的激活位置，此处只是激活它们的常见位置。
  (6) 向中断控制器发送应答通知（EOI消息）以表明中断请求处理完毕。
- **中断下半部**。一旦中断上半部的中断处理方法`handler`激活了软中断、tasklet、工作队列等中断下半部处理机制，那么在中断上半部执行的尾声，通过调用`do_softirq`函数进入中断下半部处理程序。中断下半部处理程序将依次执行软中断、tasklet或BH等中断处理机制，或者通过events内核线程（可能存在诸多变种内核线程）执行工作队列内的中断处理程序。以下内容是各类中断处理机制的特性。
- **软中断处理机制**。软中断处理机制是中断下半部的第一层处理机制，通过中断上半部结尾处的`do_softirq`函数进入中断下半部的软中断处理过程。由于软中断处理过程中没有类似锁的机制来限制中断处理程序的并发执行，从而使得软中断可在所有处理器中同时执行，即使相同类型的软中断也可以。因此，软中断处理机制实现了多核处理器下的并行处理。

软中断的处理队列是一个由32个成员组成的静态数组，因此最多只能静态定义32种类型的软中断。软中断通常保留给系统中对时间要求最严格、苛刻的中断处理程序使用。

- **tasklet处理机制**。tasklet处理机制是中断下半部的第二层处理机制，通过软中断的TASKLET_SOFTIRQ或HI_SOFTIRQ优先级便可进入tasklet处理过程。

  tasklet处理机制与软中断相比，在时间要求上可以适当宽松。而且，tasklet的处理队列是一个由单向链表组成的结构体，这让tasklet拥有动态创建和使用的能力，同时也消除了队列长度的限制。

  在tasklet的处理过程中包含有类似锁的机制，但是tasklet对锁的要求并不高，它不允许同时执行相同类型的任务，但却允许不同类型的tasklet任务在不同的处理器上同时执行。使用`tasklet_action`和`tasklet_hi_action`函数可激活tasklet处理机制，这两个函数不仅会将处理程序链接进tasklet处理队列，同时还会激活软中断的TASKLET_SOFTIRQ或HI_SOFTIRQ优先级处理队列。

- **BH（Bottom Half）处理机制**。BH处理机制对锁的要求比较高，它在同一时间内只允许执行一个任务。由于软中断和tasklet处理机制完全可以取代BH处理机制，所以从Linux 2.5后BH处理机制已经淘汰。

- **工作队列处理机制**。工作队列处理机制是一种独特的中断延迟处理方式，它可以把中断处理程序推迟到中断处理结束（包括中断上半部和中断下半部）之后，再以内核线程的方式在进程上下文中处理。

  工作队列是一个由双向链表组成的结构体，这使得工作队列同样具备动态创建和使用的能力。而且，由于工作队列运行于内核线程中，因此工作队列可在处理中断的过程中睡眠，这一点是软中断和tasklet处理机制无法实现的。

10.5.2 实现中断上半部处理功能

根据目前内核所拥有的功能，实现中断上半部处理功能是可行的。其实，中断上半部的功能不多，我们此前已基本实现，只不过还没有将这些代码进行更结构化的抽象。

作为结构化中断处理过程的第一步，则是要为中断处理过程定义结构体`irq_desc_T`，它用于记录处理中断时所必须的信息，代码清单10-16是该结构体的完整定义。

代码清单10-16　第10章\程序\程序10-3\物理平台\kernel\interrupt.h

```
typedef struct {
    hw_int_controller * controller;

    char * irq_name;
    unsigned long parameter;
    void (*handler)(unsigned long nr, unsigned long parameter, struct pt_regs * regs);
    unsigned long flags;
}irq_desc_T;

#define NR_IRQS 24

irq_desc_T interrupt_desc[NR_IRQS] = {0};
```

表10-20描述了结构体irq_desc_T各个成员变量的功能，其中的函数指针成员变量handler用于索引中断处理程序，而parameter成员变量则为中断处理程序提供必要的参数。

表10-20　irq_desc_T结构体成员变量说明表

序号	成员变量名	功能描述
1	controller	中断的使能、禁止、应答等操作
2	irq_name	中断名
3	parameter	中断处理函数的参数
4	handler	中断处理函数
5	flags	自定义标志位

代码清单10-16不光定义了中断处理过程结构体irq_desc_T，还为RTE表中的全部表项实例化了这个结构体。controller是irq_desc_T结构体中最为复杂的成员变量，它为中断处理过程提供了一组操作接口。代码清单10-17是hw_int_type结构体的详细定义。

代码清单10-17　第10章\程序\程序10-3\物理平台\kernel\interrupt.h

```
typedef struct hw_int_type
{
	void (*enable)(unsigned long irq);
	void (*disable)(unsigned long irq);

	unsigned long (*install)(unsigned long irq,void * arg);
	void (*uninstall)(unsigned long irq);

	void (*ack)(unsigned long irq);
}hw_int_controller;
```

结构体hw_int_type定义了中断使能、禁止、安装、卸载、应答等操作接口（函数指针），它们为操作中断控制器带来了方便，表10-21是上述操作接口的功能介绍。

表10-21　hw_int_type结构体成员变量说明表

序号	成员变量名	功能描述
1	enable	使能中断操作接口
2	disable	禁止中断操作接口
3	install	安装中断操作接口
4	uninstall	卸载中断操作接口
5	ack	应答中断操作接口

现已为本系统编写了一些常用中断处理函数，通过它们可组建出hw_int_type结构体，这些中断处理函数的定义位于APIC.c文件内，其实现过程比较简单，请读者自行阅读。

既然结构体和操作接口处理函数已经准备妥当，下面就对interrupt_desc数组进行初始化。首先，在APIC_IOAPIC_init函数中清除interrupt_desc数组里的数据，此过程由代码清单10-18负责实现。

代码清单10-18　第10章\程序\程序10-3\物理平台\kernel\interrupt.c

```
void APIC_IOAPIC_init()
{
    ......

    memset(interrupt_desc,0,sizeof(irq_desc_T)*NR_IRQS);

    //enable IF eflages
    sti();
}
```

当interrupt_desc结构体数组初始化完毕后，下一步将在其基础上设计出中断注册函数register_irq，它的作用是根据中断向量号将中断处理函数、参数以及相关结构和数据赋值到对应的irq_desc_T结构体内。代码清单10-19是中断注册函数register_irq的具体实现。

代码清单10-19　第10章\程序\程序10-3\物理平台\kernel\interrupt.c

```
int register_irq(unsigned long irq,
    void * arg,
    void (*handler)(unsigned long nr, unsigned long parameter, struct pt_regs * regs),
    unsigned long parameter,
    hw_int_controller * controller,
    char * irq_name)
{
    irq_desc_T * p = &interrupt_desc[irq - 32];

    p->controller = controller;
    p->irq_name = irq_name;
    p->parameter = parameter;
    p->flags = 0;
    p->handler = handler;

    p->controller->install(irq,arg);
    p->controller->enable(irq);

    return 1;
}
```

鉴于本系统为I/O APIC分配的中断向量号是32~55，因此必须将中断向量号减32才能正确索引到irq_desc_T结构体数组的元素。随后，中断注册函数再将传入的参数赋值到irq_desc_T结构体的各个成员变量中，并调用hw_int_type结构体的中断安装和中断使能操作接口，使处理器可以正常接收并处理目标设备的中断请求。

了解中断注册函数后，读者应该能猜测出中断注销函数的实现过程，它的执行过程恰恰与中断注册过程相反。代码清单10-20是中断注销函数unregister_irq的代码实现。

代码清单10-20　第10章\程序\程序10-3\物理平台\kernel\interrupt.c

```
int unregister_irq(unsigned long irq)
{
    irq_desc_T * p = &interrupt_desc[irq - 32];
```

10

```
        p->controller->disable(irq);
        p->controller->uninstall(irq);

        p->controller = NULL;
        p->irq_name = NULL;
        p->parameter = NULL;
        p->flags = 0;
        p->handler = NULL;

        return 1;
    }
```

中断注销函数的程序实现非常容易理解，它根据中断向量号推算出irq_desc_T结构体数组的元素，再执行该结构体成员预设的中断禁止和中断卸载操作接口。最后，清空irq_desc_T结构体各个成员变量的数据。

在完成了结构化的中断注册与注销函数后，下面将对中断处理过程进行升级完善。代码清单10-21在原有中断处理函数do_IRQ的基础上，引入了结构化的设计理念，使得它可直接调用irq_desc_T结构内预设的中断处理函数和中断应答操作接口。代码清单10-21是do_IRQ函数升级后的样子。

代码清单10-21　第10章\程序\程序10-3\物理平台\kernel\APIC.c

```
void do_IRQ(struct pt_regs * regs,unsigned long nr)    //regs:rsp,nr
{
    unsigned char x;
    irq_desc_T * irq = &interrupt_desc[nr - 32];

    x = io_in8(0x60);
    color_printk(BLUE,WHITE,"(IRQ:%#04x)\tkey code:%#04x\n",nr,x);

    if(irq->handler != NULL)
        irq->handler(nr,irq->parameter,regs);

    if(irq->controller != NULL && irq->controller->ack != NULL)
        irq->controller->ack(nr);

    __asm__ __volatile__(
                                "movq    $0x00,    %%rdx    \n\t"
                                "movq    $0x00,    %%rax    \n\t"
                                "movq    $0x80b,   %%rcx    \n\t"
                                "wrmsr    \n\t"
                                :::"memory");
}
```

这段程序通过代码irq->handler(nr,irq->parameter,regs);执行中断上半部处理程序，而代码irq->controller->ack(nr);则用于向中断控制器发送应答消息。图10-31是高级中断处理单元的运行效果。

```
                                                        6e
MASK 8259Ael(R) Core(TM) i7-2620M CPU @ 2.70GHz
CPUID   01,eax:0x000206a7,ebx:0x00100800,ecx:0x17bae3ff,edx:0xbfebfbff00a,Extended Model:0x00000002,Processor Type:0x00000000,St
HW support APIC&xAPIC   HW support x2APIC
eax:0xfee00d00,edx:0x00000000   xAPIC & x2APIC enabled00048
eax:0x0000110f,edx:0x00000000   SVR[8] enabledtended Operation Code :0x80000008
SVR[12] enabled
eax:0x00000000,edx:0x00000000   x2APIC ID:0x00000000
local APIC Version:0x00000015,Max LVT Entry:0x00000007,SVR(Suppress EOI Broadcast):0x01 Integrated APIC
Mask ALL LVT00000000100000      Length:0x000000001ff00000       Type:0x00000001
Set LVT TPR:0x00000000  Set LVT PPR:0x000000000001fe00000       Type:0x00000001
Get IOAPIC ID REG:0x0f000000,ID:0x0000000f00000009a79f000       Type:0x00000001
Get IOAPIC Version REG:0x00170020,MAX redirection enties:00000024ype:0x00000001
I/O APIC Redirection Table Entries Set Finished.11e600000       Type:0x00000001
Set RCBA Address:0xfed1c00000001f8b3d800
Set RCBA Address:0xfed1c0000x000000000000fc4=00000000000004036
(IRQ:0x21)      key code:0x24ts_size:0x00000000000010f4,bits_length:0x000000000000220
(IRQ:0x21)      key code:0xa400,pages_size:0x0000000000010f4,pages_length:0x000000000002a620
zones_struct:0xffff800000168000,zones_size:0x0000000000000004,zones_length:0x000000000000140
zone_start_address:0x000000000200000,zone_end_address:0x000000002000000,zone_length:0x000000001fe00000,pages_group:0xffff80000
013b028,pages_length:0x00000000000000ff
zone_start_address:0x000000002020000,zone_end_address:0x000000004000000,zone_length:0x000000001fe00000,pages_group:0xffff80000
013d828,pages_length:0x00000000000000ff
zone_start_address:0x000000004020000,zone_end_address:0x00000000da800000,zone_length:0x000000009a600000,pages_group:0xffff80000
0140028,pages_length:0x00000000000004d3
zone_start_address:0x0000000100000000,zone_end_address:0x000000021e600000,zone_length:0x000000011e600000,pages_group:0xffff80000
014f000,pages_length:0x00000000000008f3
ZONE_DMA_INDEX:0        ZONE_NORMAL_INDEX:0     ZONE_UNMAPED_INDEX:3
start_code:0xffff800000100000,end_code:0xffff800000110134,end_data:0xffff80000011b7a0,end_brk:0xffff800000139008,end_of_struct:0
xffff800000166240
Global_CR3      :0x0000000000101000
*Global_CR3     :0x0000000000102000
1.memory_management_struct.bits_map:0x0000000000000001  zone_struct->page_using_count:0 zone_struct->page_free_count:255
slab init
2.memory_management_struct.bits_map:0x0000000000000001  zone_struct->page_using_count:0 zone_struct->page_free_count:255
3.memory_management_struct.bits_map:0x000000000001ffff  zone_struct->page_using_count:16        zone_struct->page_free_count:239

start_code:0xffff800000100000,end_code:0xffff800000110134,end_data:0xffff80000011b7a0,end_brk:0xffff800000139008,end_of_struct:0
xffff80000016b0e0
frame buffer init
frame_buffer_init() is OK
pagetable init
interrupt init
1:0xffff800000101800    0x0000000000102023
2:0xffff800000102018    0x0000000001000023
```

图10-31 高级中断处理单元运行效果图

由于系统内核的基础功能仍在逐步建设中，其仅有的功能暂且无法实现中断下半部处理过程。对于玩转中断处理程序意犹未尽的读者来说，你们不必着急，下一章将在高级中断处理单元的基础上，为通用输入输出设备编写驱动程序。

10

第 11 章

设备驱动程序

11

经过第10章对高级中断处理单元的学习，想必各位读者一定想找几款功能简单的外部设备小试牛刀。那么本章就来满足各位读者的愿望，实现键盘、鼠标以及IDE硬盘的设备驱动程序。如此一来，不但可以验证APIC设备的功能设置和高级中断管理单元的运行逻辑，还可使操作系统具备更加完善的输入输出以及存储能力。

本章将涉及键盘、鼠标控制器的配置，键盘扫描码的解析，鼠标数据包格式的解析，硬盘控制器协议的使用等知识点。闲话少叙，现在就进入本章内容的学习。

11.1 键盘和鼠标驱动程序

早在第4章就已初步实现了键盘驱动程序。但当时尚未对键盘控制器的功能或原理进行过多描述，仅提及Intel 8042键盘控制器的读写方式和键盘扫描码等知识。

对于键盘控制器而言，它不仅可以控制键盘设备，同时它还有诸多富余引脚可控制其他设备或功能，鼠标控制器就是依附于键盘控制器的子设备。

本节将会对键盘及鼠标控制器进行讲解，并实现键盘和鼠标设备驱动程序、键盘扫描码解析功能和鼠标协议解析功能。

11.1.1 键盘和鼠标控制器

键盘和鼠标作为电脑的基础输入设备，已经伴随着电脑的发展，历经了很长一段时间。由于键盘的按键数量过于庞大，从而无法像单片机的按键那样通过微动开关和去抖动电路，直接将其连接到处理器（或中断控制器）的中断请求引脚。同理，鼠标设备也不能使用这种方式向处理器发送数据，它们都必须借助控制器才能向处理器发送中断请求和数据。

对于现代电脑来说，其主板中都集成有Intel 8042键盘控制器或兼容芯片，该芯片不光用于控制键盘设备，还控制着A20地址线的开启、系统重启以及操作鼠标控制器等功能。图11-1示意出了8042键盘控制器的整体结构。

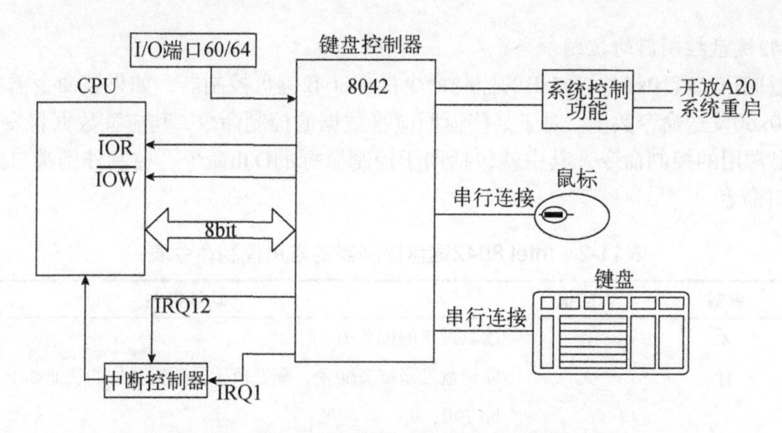

图11-1 8042键盘控制器的整体结构示意图

图11-1涵盖了Intel 8042键盘控制器支持的常用功能，大体上可分为8042控制器、键盘控制器（PS/2接口）、鼠标控制器（PS/2接口）三部分，下面将对它们逐一进行讲解。

1. Intel 8042键盘控制器

Intel 8042键盘控制器除了可与键盘鼠标外设进行交互外，它还拥有几组用于控制诸如A20地址线、系统重启、屏幕颜色、扩展内存等功能的引脚，通过I/O端口0x60和0x64可访问8042键盘控制器，进而管理这些功能。

- Intel 8042键盘控制器的操作端口

端口0x60和0x64都是1 B的双向读写I/O端口地址，它们不光可向Intel 8042键盘控制器发送数据，还可向键盘发送数据。由于I/O端口的数据位宽有限，因此不管是控制Intel 8042键盘控制器，还是控制键盘鼠标，都必须采用命令加参数的通信方式，详细的端口操作说明如表11-1所示。

表11-1 Intel 8042键盘控制器的操作端口功能说明表

端口	读/写	名　称	功能描述
0x60	读	输出缓冲区	返回键盘扫描码或8042键盘控制器发送来的数据
0x60	写	输入缓冲区	可向键盘发送命令（如果命令带有参数，随后再向该端口发送参数），或向8042键盘控制器发送命令参数
0x64	读	控制器状态	返回8042键盘控制器的状态，其各位功能描述如下。 bit 7=1：说明与键盘通信时发生奇偶校验错误； bit 6=1：说明接收键盘数据超时； bit 5=1：说明鼠标输出缓冲区已满； bit 4=0：禁止键盘； bit 3：记录上次操作的端口号（键盘控制器内部使用），1为0x64端口，0为0x60端口； bit 2=1：说明控制器已完成自检； bit 1=1：说明键盘输入缓冲区已满； bit 0=1：说明键盘输出缓冲区已满
0x64	写	控制器命令	向8042键盘控制器发送控制命令

- Intel 8042键盘控制器的控制命令

系统可通过向I/O端口0x64发送1 B的控制命令操作8042键盘控制器，如果该命令需要附加参数，则再向I/O端口0x60发送命令数值。对于某些返回应答数据的控制命令，其应答数据将发往端口0x60。表11-2已列举出常用的控制命令，其中就包括用于控制鼠标的D4h命令、控制外围端口的输入输出命令以及测试端口命令。

表11-2　Intel 8042键盘控制器的常用控制命令表

命令	参数	返回值	功能描述
20h	无	有	读取键盘的配置值
60h	有	无	向键盘发送配置命令，配置值（参数）各位的功能如下。 bit 7=0：0 bit 6=1：在扫描码存入输入缓存区前，将其转换为第一套扫描码； bit 5=0：使能鼠标设备； bit 4=0：使能键盘设备； bit 3=0：0 bit 2=1：通知系统已完成热启动测试及初始化； bit 1=1：使能鼠标中断IRQ12（MIBF）； bit 0=1：使能键盘中断IRQ1（IBF）
A7h	无	无	禁止鼠标端口
A8h	无	无	开启鼠标端口
A9h	无	有	鼠标端口自检测试，返回值00h表示正常
AAh	无	有	控制器自检测试，返回值55h表示正常
ABh	无	有	键盘端口自检测试，返回值00h表示正常
ADh	无	无	禁止键盘通信，自动复位控制器状态的第4位
AEh	无	无	开启键盘通信，自动置位控制器状态的第4位
C0h	无	有	读输入端口P1
D0h	无	有	读输出端口P2
D1h	有	无	写输出端口P2
D2h	有	无	把参数写入到键盘缓冲区，就如同从键盘收到数据一样
D3h	有	无	把参数写入到鼠标缓冲区，就如同从鼠标收到数据一样
D4h	有	无	向鼠标设备发送数据
E0h	无	无	读测试端口P3
FEh	无	无	系统重启

在这些常用命令中，20h和60h命令是控制键盘鼠标必备的命令，而命令C0h、D0h、D1h、E0h则用于控制输入、输出以及测试端口各引脚的状态值。这些引脚（Pin）的功能各不相同，表11-3已汇总出各端口引脚的功能说明。

表11-3　输入/输出和测试端口各引脚功能表

输入端口P1（Port1）		输出端口P2（Port2）		测试端口P3（Port3）	
引脚	功能描述	引脚	功能描述	引脚	功能描述
0	键盘数据	0	系统重启	0	键盘时钟
1	鼠标数据	1	A20地址线	1	键盘数据
2	—	2	鼠标数据	2	—
3	—	3	鼠标时钟	3	—
4	—	4	键盘IBF中断	4	—
5	—	5	鼠标IBF中断	5	—
6	—	6	键盘时钟	6	—
7	—	7	键盘数据	7	—

在这些端口引脚中，本系统可能会用到Port2端口的Pin0和Pin1引脚，剩余引脚使用频率非常低。这两个引脚分别控制着系统重启功能和A20地址线。

- A20地址线功能

早在第4章已经对A20地址线的作用和开启方法进行了讲解，并用代码实现了一种快速开启A20地址线的方式。而此处通过拉高Port2端口Pin1引脚的电平来开启A20地址线的方式，在执行速度方面相对较慢，这种开启方式仅供读者参考，详见代码清单11-1。

代码清单11-1　开启A20地址线的示例代码

```
io_out8(0x64,0xD1);
io_out8(0x60,0xDF);
```

- 系统重启功能

通过拉低Port2端口的Pin0引脚可使系统重启，或者向I/O端口0x64发送控制命令FEh来重启系统，代码清单11-2是第二种方法的程序实现。

代码清单11-2　重启系统的示例代码

```
io_out8(0x64,0xFE);
```

2. 键盘控制器

键盘是计算机的一种重要输入设备，它的工作原理是通过类8048键盘编码器芯片不停地扫描键盘上的每一个按键，一旦发现有按键被按下或抬起，8048键盘编码器芯片便立即将按键对应的键盘扫描码发送至类8042键盘控制器。而类8042键盘控制器会将数据解析后保存到输入缓冲区中，并触发键盘按键中断请求。

正如第4章所述，8048键盘编码器芯片共定义三套不同格式的键盘扫描码，现代键盘默认采用第二套键盘扫描码，但为了兼容以前的XT键盘，8042键盘控制器在接收到键盘扫描码后，都默认将其转换为第一套键盘扫描码。通过向I/O端口0x60发送键盘命令可修改默认的键盘扫描码。

- 键盘命令

Intel 8042键盘控制器为我们准备了丰富的键盘控制命令，这些命令依然通过I/O端口0x60发往键

11

盘控制器。如果命令需要携带参数，则紧随命令之后参数再写入到0x60端口，一些键盘命令会在执行后回送应答数据（0xFA）。表11-4已罗列出常用的键盘控制命令供读者使用。

表11-4　常用键盘控制命令表

命令	参数	返回值	功能描述
FFh	无	有	重启键盘
FEh	无	无	重新发送上一字节
F6h	无	无	使用默认按键速率（10.9 cps/500 ms）
F5h	无	无	停止键盘扫描
F4h	无	无	开启键盘扫描
F3h	有	无	设置按键速率
F2h	无	有	获取键盘的设备ID号（2 B）
F0h	有	无	设置键盘使用的扫描码集，可用参数值如下。 0x0：取得当前扫描码（有返回值）； 0x1：代表第一套扫描码； 0x2：代表第二套扫描码； 0x3：代表第三套扫描码
EEh	无	有	键盘回复EEh
EDh	有	无	控制LED灯亮/灭，参数各位功能说明如下。 位2：Caps Lock灯 1（亮）/0（灭）； 位1：Num Lock灯 1（亮）/0（灭）； 位0：Scroll Lock灯 1（亮）/0（灭）

● 键盘扫描码

XT型键盘使用的键盘扫描码称为第一套键盘扫描码，它仅使用1 B数据就描述了绝大部分按键的按下与抬起状态。相比之下，第二套和第三套键盘扫描码需要更多数据来描述按键状态。鉴于第一套键盘扫描码数据量小，便于解析，而且键盘控制器在默认情况下仍将接收到的数据转换为第一套键盘扫描码，所以本系统也采用第一套键盘扫描码来描述按键状态，表11-5描述了第一套键盘扫描码的键值。

3. 鼠标控制器

鼠标是操作计算机时最为常用的输入设备，自从图形操作界面问世后，鼠标在某些方面的重要性已经超越了键盘。从图11-1中可以看出鼠标和键盘都被接入到键盘控制器的PS/2接口上，由此可见，鼠标设备的控制方法与键盘设备是类似的。在表11-2罗列的键盘控制器命令中，已经提供了向鼠标设备发送数据的控制命令D4h，通过向I/O端口0x64发送控制命令D4h，8042键盘控制器就可将I/O端口0x60保存的鼠标控制命令发送至鼠标设备。

● 鼠标控制命令

Intel 8042键盘控制器同样为我们准备了丰富的鼠标控制命令，表11-6汇总出常用的鼠标控制命令。值得一提的是，大部分鼠标控制命令在执行结束后都会向8042键盘控制器发送应答数据（0xFA）。

表11-5 第一套键盘扫描码的键值表

KEY	MAKE	BREAK	KEY	MAKE	BREAK	KEY	MAKE	BREAK
A	1E	9E	9	0A	8A	[	1A	9A
B	30	B0	`	29	A9	INSERT	E0,52	E0,D2
C	2E	AE	-	0C	8C	HOME	E0,47	E0,C7
D	20	A0	=	0D	8D	PG UP	E0,49	E0,C9
E	12	92	\	2B	AB	DELETE	E0,53	E0,D3
F	21	A1	BKSP	0E	8E	END	E0,4F	E0,CF
G	22	A2	SPACE	39	B9	PG DN	E0,51	E0,D1
H	23	A3	TAB	0F	8F	U ARROW	E0,48	E0,C8
I	17	97	CAPS	3A	BA	L ARROW	E0,4B	E0,CB
J	24	A4	L SHFT	2A	AA	D ARROW	E0,50	E0,D0
K	25	A5	L CTRL	1D	9D	R ARROW	E0,4D	E0,CD
L	26	A6	L GUI	E0,5B	E0,DB	NUM	45	C5
M	32	B2	L ALT	38	B8	KP /	E0,35	E0,B5
N	31	B1	R SHFT	36	B6	KP *	37	B7
O	18	98	R CTRL	E0,1D	E0,9D	KP -	4A	CA
P	19	99	R GUI	E0,5C	E0,DC	KP +	4E	CE
Q	10	90	R ALT	E0,38	E0,B8	KP EN	E0,1C	E0,9C
R	13	93	APPS	E0,5D	E0,DD	KP .	53	D3
S	1F	9F	ENTER	1C	9C	KP 0	52	D2
T	14	94	ESC	01	81	KP 1	4F	CF
U	16	96	F1	3B	BB	KP 2	50	D0
V	2F	AF	F2	3C	BC	KP 3	51	D1
W	11	91	F3	3D	BD	KP 4	4B	CB
X	2D	AD	F4	3E	BE	KP 5	4C	CC
Y	15	95	F5	3F	BF	KP 6	4D	CD
Z	2C	AC	F6	40	C0	KP 7	47	C7
0	0B	8B	F7	41	C1	KP 8	48	C8
1	02	82	F8	42	C2	KP 9	49	C9
2	03	83	F9	43	C3	]	1B	9B
3	04	84	F10	44	C4	;	27	A7
4	05	85	F11	57	D7	'	28	A8
5	06	86	F12	58	D8	,	33	B3
6	07	87	PRNT SCRN	E0,2A E0,37	E0,B7 E0,AA	.	34	B4
7	08	88	SCROLL	46	C6	/	35	B5
8	09	89	PAUSE	E1,1D,45 E1,9D,C5	-	-	-	-

表11-6　常用鼠标控制命令表

命　令	功能描述
FFh	重启鼠标
FEh	重新发送上一条数据包
F6h	使用默认采样率100 Hz、分辨率4 pixel/mm
F5h	禁止鼠标设备发送数据包
F4h	允许鼠标设备发送数据包
F3h	设置鼠标采样率
F2h	获得鼠标设备的ID号

● 鼠标数据包格式

与键盘设备不同的是，鼠标设备上报的数据并非键盘扫描码，而是一个数据包。数据包记录着鼠标移动轨迹和当前按键状态，数据包根据鼠标设备的ID号可进一步分为3 B和4 B两种数据包。当鼠标设备的ID号为3或4时，鼠标设备才会发送第4字节数据，但大部分鼠标设备的ID号为0。图11-2详细描述了数据包的格式。

<table>
<tr><td></td><td>7</td><td>6</td><td>5</td><td>4</td><td>3</td><td>2</td><td>1</td><td>0</td><td></td></tr>
<tr><td>Byte 1</td><td>Y 溢出</td><td>X 溢出</td><td>Y 符号位</td><td>X 符号位</td><td>1</td><td>鼠标中键</td><td>鼠标右键</td><td>鼠标左键</td><td></td></tr>
<tr><td>Byte 2</td><td colspan="8">X 移动值</td><td></td></tr>
<tr><td>Byte 3</td><td colspan="8">Y 移动值</td><td></td></tr>
<tr><td>Byte 4</td><td colspan="8">Z 移动值</td><td>ID值为3</td></tr>
<tr><td>Byte 4</td><td>0</td><td>0</td><td>鼠标第5键</td><td>鼠标第4键</td><td>Z3</td><td>Z2</td><td>Z1</td><td>Z0</td><td>ID值为4</td></tr>
</table>

图11-2　鼠标数据包的格式说明图

从图11-2可知，4 B数据包还可根据鼠标设备ID号详细分为两种格式。当鼠标设备的ID号为3时，数据包的第4字节记录着鼠标垂直滚轮的移动值（Z移动值）；当鼠标设备的ID号为4时，数据包的第4字节记录着鼠标扩展按键状态（第4/5按键）和滚轮移动值（Z0~3）。表11-7已汇总出鼠标数据包各位的功能。

表11-7　鼠标数据包各位的功能说明表

名　称	功能描述
X/Y溢出	表示X或Y方向数值溢出，并丢弃整个数据包
X/Y符号位	表示鼠标在平面直角坐标系内的移动方向
X/Y/Z移动值	记录X、Y或Z方向的移动值
左/中/右/第4/第5按键	记录鼠标按键状态
Z0~3	记录鼠标滚轮滚动方向

表11-7中的X/Y表示鼠标相对上一个采集点的移动方向和距离，它们皆是由符号位和移动值组成

的9位二进制补码，符号位代表移动方向。而Z表示鼠标滚轮的滚动方向和距离，其表示方法与X/Y相同，表11-8描述了水平滚轮和垂直滚轮的4个滚动方向。

表11-8　鼠标滚轮滚动方向说明表

Z0~3	功能描述
0	无滚动
1	垂直向上滚动
F	垂直向下滚动
2	水平向右滚动
E	水平向左滚动

有的读者可能会好奇，为什么没有双击鼠标按键的状态位呢？因为鼠标双击状态并非硬件逻辑，而是借助软件逻辑实现的，这只需为鼠标按键状态加入时间戳，当两次鼠标按下的时间间隔小于一定阈值时便可认为触发鼠标双击事件。

11.1.2　完善键盘驱动

虽然第4章已经粗略实现了一个获得键盘扫描码的中断处理函数，但它尚未达到一个键盘设备驱动程序的级别。那么，本节就将这个键盘中断处理函数升级为键盘驱动程序。

1. 键盘初始化函数

在编写设备驱动程序前，通常会为设备驱动定义一系列结构体来描述设备的独有特性，键盘驱动程序也不例外。那么我们首先就为键盘设备定义结构体来描述它的独有特性，并定义一些宏常量使操作寄存器的过程更易于理解。

struct keyboard_inputbuffer便是此次用于描述键盘设备的结构体，代码清单11-3是其详细定义。

代码清单11-3　第11章\程序\程序11-1\物理平台\kernel\keyboard.h

```
#define KB_BUF_SIZE 100

struct keyboard_inputbuffer
{
    unsigned char * p_head;
    unsigned char * p_tail;
    int count;
    unsigned char buf[KB_BUF_SIZE];
};
```

这个结构体为键盘设备定义了一个100 B的循环队列缓冲区、缓冲区首尾指针以及缓冲数据计数器。不仅如此，代码清单11-4还为键盘驱动程序准备了一些便于理解的宏常量，以提升驱动程序的可读性。

代码清单11-4　第11章\程序\程序11-1\物理平台\kernel\keyboard.h

```
#define PORT_KB_DATA     0x60
#define PORT_KB_STATUS     0x64
```

```
#define PORT_KB_CMD 0x64

#define KBCMD_WRITE_CMD     0x60
#define KBCMD_READ_CMD     0x20

#define KB_INIT_MODE     0x47
```

这段代码定义了键盘控制器的I/O端口、命令以及初始数值等相关宏常量，表11-9是对这些宏常量的详细解释。

表11-9 键盘驱动程序宏常量说明表

宏常量名	数值	功能描述
PORT_KB_DATA	0x60	I/O端口0x60
PORT_KB_STATUS	0x64	I/O端口0x64
PORT_KB_CMD	0x64	I/O端口0x64
KBCMD_WRITE_CMD	0x60	向键盘发送配置命令，KB_INIT_MODE是命令参数
KBCMD_READ_CMD	0x20	读取键盘的配置值
KB_INIT_MODE	0x47	发往键盘的配置值，其各位的设置状态如下。 bit 7=0：0 bit 6=1：在扫描码存入输入缓存区前，将其转换为第一套扫描码； bit 5=0：使能鼠标； bit 4=0：使能键盘； bit 3=0：0 bit 2=1：通知系统已完成热启动测试及初始化； bit 1=1：使能鼠标中断IRQ12（MIBF）； bit 0=1：使能键盘中断IRQ1（IBF）

除此之外，我们还定义了一对宏函数来检测输入/输出缓冲区是否已满，检测方法是读取I/O端口0x64的控制器状态位。代码清单11-5是这两个宏函数的完整定义，其中的宏常量KBSTATUS_IBF和KBSTATUS_OBF是输入/输出缓冲区的状态标志位。

代码清单11-5 第11章\程序\程序11-1\物理平台\kernel\keyboard.h

```
#define KBSTATUS_IBF     0x02
#define KBSTATUS_OBF     0x01

#define  wait_KB_write()    while(io_in8(PORT_KB_STATUS) & KBSTATUS_IBF)
#define  wait_KB_read()     while(io_in8(PORT_KB_STATUS) & KBSTATUS_OBF)
```

经过此番准备后，下面就来实现键盘的初始化（挂载）函数keyboard_init。键盘的初始化过程不光需要对键盘控制器进行配置，还必须对I/O APIC的I/O中断定向投递寄存器（RTE表项）进行配置，代码清单11-6是键盘初始化函数的程序实现。

代码清单11-6　第11章\程序\程序11-1\物理平台\kernel\keyboard.c

```
static struct keyboard_inputbuffer * p_kb = NULL;
static int shift_l,shift_r,ctrl_l,ctrl_r,alt_l,alt_r;

void keyboard_init()
{
    struct IO_APIC_RET_entry entry;
    unsigned long i,j;

    p_kb = (struct keyboard_inputbuffer *)kmalloc(sizeof(struct
        keyboard_inputbuffer),0);

    p_kb->p_head = p_kb->buf;
    p_kb->p_tail = p_kb->buf;
    p_kb->count  = 0;
    memset(p_kb->buf,0,KB_BUF_SIZE);

    entry.vector = 0x21;
    entry.deliver_mode = APIC_ICR_IOAPIC_Fixed ;
    entry.dest_mode = ICR_IOAPIC_DELV_PHYSICAL;
    entry.deliver_status = APIC_ICR_IOAPIC_Idle;
    entry.polarity = APIC_IOAPIC_POLARITY_HIGH;
    entry.irr = APIC_IOAPIC_IRR_RESET;
    entry.trigger = APIC_ICR_IOAPIC_Edge;
    entry.mask = APIC_ICR_IOAPIC_Masked;
    entry.reserved = 0;

    entry.destination.physical.reserved1 = 0;
    entry.destination.physical.phy_dest = 0;
    entry.destination.physical.reserved2 = 0;

    wait_KB_write();
    io_out8(PORT_KB_CMD,KBCMD_WRITE_CMD);
    wait_KB_write();
    io_out8(PORT_KB_DATA,KB_INIT_MODE);

    for(i = 0;i<1000;i++)
        for(j = 0;j<1000;j++)
            nop();

    shift_l = 0;
    shift_r = 0;
    ctrl_l  = 0;
    ctrl_r  = 0;
    alt_l   = 0;
    alt_r   = 0;

    register_irq(0x21, &entry , &keyboard_handler, (unsigned long)p_kb,
        &keyboard_int_controller, "ps/2 keyboard");
}
```

在这段程序的起始处，定义了一些全局变量，它们用于记录功能键的按键状态，这些全局变量会在keyboard_init函数中被初始化。函数keyboard_init的首要任务是动态创建struct keyboard_inputbuffer结构体的存储空间，并对其进行初始化赋值。随后，再对I/O APIC的RTE1表项进行配置，进而将键盘设备的中断请求投递至Local APIC ID为0的处理器核心（BSP处理器）中。详细寄存器位功能说明请读者参考10.3.1节的相关内容。

紧接着，通过向键盘控制器发送控制命令使能键盘设备和IRQ1中断请求。此处，还使能了鼠标设备及IRQ12中断请求。由于现在鼠标设备对应的RTE表项寄存器仍处于屏蔽状态，因此不会响应鼠标发出的中断请求。接下来的1百万次无操作（nop宏函数封装着汇编指令NOP，即无操作指令）循环只是为了拖延时间，使低速的键盘控制器把控制命令执行完。最后，调用register_irq函数向系统注册键盘设备的中断处理程序。

另外，虽然本系统目前无法实现驱动程序的动态挂载与卸载，但驱动卸载函数作为驱动程序的一部分却是必不可少的，代码清单11-7实现了键盘驱动的卸载过程。

代码清单11-7　第11章\程序\程序11-1\物理平台\kernel\keyboard.c

```
void keyboard_exit()
{
    unregister_irq(0x21);
    kfree((unsigned long *)p_kb);
}
```

卸载程序非常简单，仅需调用中断注销函数，再释放struct keyboard_inputbuffer结构体占用的内存空间即可。

关于注册键盘中断处理程序时使用的中断处理接口keyboard_int_controller，它是采用此前已编写好的操作接口封装而成的，代码清单11-8是其详细定义。

代码清单11-8　第11章\程序\程序11-1\物理平台\kernel\keyboard.c

```
hw_int_controller keyboard_int_controller =
{
    .enable = IOAPIC_enable,
    .disable = IOAPIC_disable,
    .install = IOAPIC_install,
    .uninstall = IOAPIC_uninstall,
    .ack = IOAPIC_edge_ack,
};
```

2. 键盘中断处理函数

在键盘驱动初始化函数中，还有一个函数尚未介绍，那就是键盘中断处理函数（中断上半部处理函数）。键盘中断处理函数的主要任务是从I/O端口0x60读取键盘扫描码，并将其存入struct keyboard_inputbuffer结构体内的循环队列缓冲区，再调整循环队列缓冲区首尾指针以及缓冲区计数器，函数实现请参见代码清单11-9。

代码清单11-9　第11章\程序\程序11-1\物理平台\kernel\keyboard.c

```
void keyboard_handler(unsigned long nr, unsigned long parameter, struct pt_regs * regs)
{
    unsigned char x;
    x = io_in8(0x60);
    color_printk(WHITE,BLACK,"(K:%02x)",x);
```

```
    if(p_kb->p_head == p_kb->buf + KB_BUF_SIZE)
        p_kb->p_head = p_kb->buf;

    *p_kb->p_head = x;
    p_kb->count++;
    p_kb->p_head ++;
}
```

至此，键盘驱动程序已基本实现。下面将对中断处理函数do_IRQ进行调整，删除第10章遗留在函数中的测试程序，代码清单11-10是其调整后的样子。

代码清单11-10　第11章\程序\程序11-1\物理平台\kernel\APIC.c

```
void do_IRQ(struct pt_regs * regs,unsigned long nr)    //regs:rsp,nr
{
    irq_desc_T * irq = &interrupt_desc[nr - 32];

    if(irq->handler != NULL)
        irq->handler(nr,irq->parameter,regs);

    if(irq->controller != NULL && irq->controller->ack != NULL)
        irq->controller->ack(nr);
}
```

3. 键盘扫描码解析函数

如果此刻测试键盘驱动程序的话，内核只能打印出键盘扫描码。根据前文讲述的内容，我们只有解析了键盘扫描码之后，才能分辨出按键字符。那么，现在就去实现键盘扫描码解析函数。

为了让键盘扫描码解析函数可以快速检索出扫描码的按键，特将键盘扫描码归纳为三类，第一类是以0xE1开头的PauseBreak键，第二类是以0xE0开头的功能键，第三类是1 B普通按键。

在实现键盘扫描码解析函数前，依然要定义一些宏常量，请看代码清单11-11所示的宏定义。

代码清单11-11　第11章\程序\程序11-1\物理平台\kernel\keyboard.h

```
#define NR_SCAN_CODES       0x80
#define MAP_COLS            2

#define PAUSEBREAK          1
#define PRINTSCREEN         2
#define OTHERKEY            4
#define FLAG_BREAK          0x80
```

在这些宏常量中，NR_SCAN_CODES * MAP_COLS描述了一个由第三类键盘扫描码组成的一维数组的长度，共128个按键，每个按键包含普通按键和Shift加普通按键两种状态；宏常量PAUSEBREAK、PRINTSCREEN和OTHERKEY表示第一类和第二类特殊按键。代码清单11-12定义了两个一维数组，其中pausebreak_scode保存着第一类键盘扫描码、keycode_map_normal保存着第三类键盘扫描码。

代码清单11-12　第11章\程序\程序11-1\物理平台\kernel\keyboard.h

```
unsigned char pausebreak_scode[]={0xE1,0x1D,0x45,0xE1,0x9D,0xC5};

unsigned int keycode_map_normal[NR_SCAN_CODES * MAP_COLS] = //
```

```
{
/*scan-code  unShift        Shift         */
/*--------------------------------------------------------------*/
/*0x00*/    0,             0,
/*0x01*/    0,             0,          //ESC
/*0x02*/    '1',          '!',
/*0x03*/    '2',          '@',
/*0x04*/    '3',          '#',
/*0x05*/    '4',          '$',
/*0x06*/    '5',          '%',
/*0x07*/    '6',          '^',
/*0x08*/    '7',          '&',
/*0x09*/    '8',          '*',
/*0x0a*/    '9',          '(',
/*0x0b*/    '0',          ')',
/*0x0c*/    '-',          '_',
/*0x0d*/    '=',          '+',
/*0x0e*/    0,             0,          //BACKSPACE
/*0x0f*/    0,             0,          //TAB

……

/*0x7c*/    0,             0,
/*0x7d*/    0,             0,
/*0x7e*/    0,             0,
/*0x7f*/    0,             0,
};
```

一维数组keycode_map_normal里的按键字符是根据键盘扫描码值升序排列到数组中，而数组pausebreak_scode值保存着PauseBreak键的扫描码值。

此刻，解析键盘扫描码的绝大部分准备工作已经就绪，马上进入键盘扫描码解析函数analysis_keycode的实现阶段，鉴于该函数的代码较长，下面将逐段对其进行讲解。

代码清单11-13是键盘扫描码解析函数的入口部分，它先为几个局部变量开辟了栈存储空间，然后通过get_scancode函数从键盘循环队列缓冲区中读取1 B数据到局部变量x中，并对局部变量x的数值进行判断。当局部变量x的数值为0xE1时，则继续从键盘循环队列缓冲区中读取数据，并与第一类键盘扫描码数组中的元素进行逐个比对，如果数值完全相同，就认为PauseBreak键被按下。如果局部变量x的数值不为0xE1，则继续检索其他两类键盘扫描码。

代码清单11-13　第11章\程序\程序11-1\物理平台\kernel\keyboard.c

```
void analysis_keycode()
{
    unsigned char x = 0;
    int i;
    int key = 0;
    int make = 0;

    x = get_scancode();

    if(x == 0xE1)     //pause break
    {
```

```
            key = PAUSEBREAK;
            for(i = 1;i<6;i++)
                if(get_scancode() != pausebreak_scode[i])
                {
                    key = 0;
                    break;
                }
        }
        ......
    }
```

代码中的get_scancode函数通过读取键盘驱动程序的循环队列缓冲区，将中断处理函数捕获的键盘扫描码传递给键盘扫描码解析函数，代码清单11-14是get_scancode函数的程序实现。

代码清单11-14　第11章\程序\程序11-1\物理平台\kernel\keyboard.c

```
unsigned char get_scancode()
{
    unsigned char ret  = 0;

    if(p_kb->count == 0)
        while(!p_kb->count)
            nop();

    if(p_kb->p_tail == p_kb->buf + KB_BUF_SIZE)
        p_kb->p_tail = p_kb->buf;

    ret = *p_kb->p_tail;
    p_kb->count--;
    p_kb->p_tail++;

    return ret;
}
```

如果循环队列缓冲区为空，则等待键盘发送数据。否则从循环队列缓冲区中读取1 B数据返回给函数调用者，并在函数返回前调整缓冲区首尾指针以及缓冲区计数器。

既然按键不属于第一类键盘扫描码，那么我们就通过代码清单11-15来检测按键是否属于第二类键盘扫描码，其检测过程依然采用逐个字节匹配法。

代码清单11-15　第11章\程序\程序11-1\物理平台\kernel\keyboard.c

```
else if(x == 0xE0) //print screen
{
    x = get_scancode();

    switch(x)
    {
        case 0x2A: // press printscreen

            if(get_scancode() == 0xE0)
                if(get_scancode() == 0x37)
                {
                    key = PRINTSCREEN;
                    make = 1;
                }
```

```
                break;

            case 0xB7: // UNpress printscreen

                if(get_scancode() == 0xE0)
                    if(get_scancode() == 0xAA)
                    {
                        key = PRINTSCREEN;
                        make = 0;
                    }
                break;

            case 0x1d: // press right ctrl

                ctrl_r = 1;
                key = OTHERKEY;
                break;

            case 0x9d: // UNpress right ctrl

                ctrl_r = 0;
                key = OTHERKEY;
                break;

            case 0x38: // press right alt

                alt_r = 1;
                key = OTHERKEY;
                break;

            case 0xb8: // UNpress right alt

                alt_r = 0;
                key = OTHERKEY;
                break;

            default:
                key = OTHERKEY;
                break;
        }
    }
```

这段代码只对Print Screen、Right Ctrl、Right Alt三个第二类键盘扫描码进行检测，其他按键暂时忽略，有兴趣的读者可自行补充代码实现。如果检测出相匹配的键盘扫描码，则使用key、ctrl_r或alt_r变量进行记录。如果局部变量x的数值也不属于第二类键盘扫描码，那么继续检索第三类键盘扫描码，请继续往下看代码清单11-16。

代码清单11-16　第11章\程序\程序11-1\物理平台\kernel\keyboard.c

```
    if(key == 0)
    {
        unsigned int * keyrow = NULL;
        int column = 0;
```

```
        make = (x & FLAG_BREAK ? 0:1);

        keyrow = &keycode_map_normal[(x & 0x7F) * MAP_COLS];

        if(shift_l || shift_r)
            column = 1;

        key = keyrow[column];

        switch(x & 0x7F)
        {
            case 0x2a:    //SHIFT_L:
                shift_l = make;
                key = 0;
                break;

            case 0x36:    //SHIFT_R:
                shift_r = make;
                key = 0;
                break;

            case 0x1d:    //CTRL_L:
                ctrl_l = make;
                key = 0;
                break;

            case 0x38:    //ALT_L:
                alt_l = make;
                key = 0;
                break;

            default:
                if(!make)
                    key = 0;
                break;
        }

        if(key)
            color_printk(RED,BLACK,"(K:%c)\t",key);
    }
```


这段代码先判断局部变量key的数值，以确定其是否与第一类或第二类键盘扫描码匹配成功，如果未匹配成功（key值为0）则通过本段程序与第三类键盘扫描码进行匹配。

匹配过程的第一步是通过代码make = (x & FLAG_BREAK ? 0:1);判断键盘扫描码描述的是按下状态还是抬起状态；接着，再使用程序keyrow = &keycode_map_normal[(x & 0x7F) * MAP_COLS];计算出键盘扫描码在数组中的位置；然后，根据左右**Shift**键的状态来确定局部变量key应该保存**Shift**位置的字符，还是**unShift**位置的字符。（代码key = keyrow[column];）如果当前按下的是功能键，则执行相应的操作，否则将变量key保存的字符打印出来。

至此，键盘扫描码解析函数实现完毕，下面将进入驱动程序的测试阶段，如代码清单11-17所示，操作系统已将键盘初始化函数keyboard_init加入到内核主程序中，并循环调用analysis_ keycode函数获取按键字符。

代码清单11-17　第11章\程序\程序11-1\物理平台\kernel\main.c

```
void Start_Kernel(void)
{
    ......
    color_printk(RED,BLACK,"keyboard init \n");
    keyboard_init();

    // color_printk(RED,BLACK,"task_init \n");
    // task_init();

    while(1)
        analysis_keycode();
}
```

我们将编译链接后的内核程序置于物理平台中运行，敲击键盘按键，系统就会打印出键盘扫描码值及其对应的字符，运行效果如图11-3所示。

图11-3　键盘按键效果图

从图11-3可以看出，键盘扫描码与对应的按键字符是一致的，读者也可比较其他按键的扫描码和字符。有能力的读者可自行完善键盘的其他功能。

11.1.3　实现鼠标驱动

尽管在键盘驱动程序中鼠标设备和IRQ12中断请求已经使能，但滑动鼠标或者滑鼠却无法使系统作出任何反应。不用着急，现在就来实现鼠标驱动程序。相信经过键盘驱动程序的洗礼，再编写一个附属于键盘控制器的鼠标驱动程序并不是什么难事。

1. 鼠标初始化函数

与键盘驱动程序的实现思路相似，在编写驱动程序之前，我们需要为鼠标驱动设计结构体来描述它的独有特性。虽然PS/2接口的鼠标外设附属于键盘控制器，但鼠标传输的数据信息却与键盘截然不同，这点已在鼠标控制器的讲解过程中详细介绍过。代码清单11-18是为鼠标设备定义的数据包结构体以及宏常量。

代码清单11-18 第11章\程序\程序11-2\物理平台\kernel\mouse.h

```
#define KBCMD_SENDTO_MOUSE     0xd4
#define MOUSE_ENABLE           0xf4

#define KBCMD_EN_MOUSE_INTFACE     0xa8

struct mouse_packet
{
    unsigned char Byte0;    //7:Y overflow,6:X overflow,5:Y sign bit,4:X sign
                            //bit,3:Always,2:Middle Btn,1:Right Btn,0:Left Btn
    char Byte1;    //X movement
    char Byte2;    //Y movement
};

struct mouse_packet mouse;
```

代码清单11-18共为鼠标驱动定义了三个宏常量，它们分别代表着发往鼠标的控制命令和发往键盘控制器的命令，表11-10是这些宏常量的详细解释。

表11-10 鼠标驱动程序宏常量说明表

宏常量名	数值	功能描述
KBCMD_SENDTO_MOUSE	0xd4	向鼠标设备发送数据
MOUSE_ENABLE	0xf4	允许鼠标发送数据包
KBCMD_EN_MOUSE_INTFACE	0xa8	开启鼠标端口

由于ThinkPad X220T笔记本电脑的滑鼠采用3 B数据包，故此我们采用struct mouse_packet结构体来描述鼠标的数据包。

现在，编写鼠标驱动程序前的准备工作基本就绪，接着就来实现鼠标的初始化函数mouse_init。对于鼠标驱动程序来说，它与键盘驱动程序十分相似，很多段代码是可以复用的，读者可与键盘驱动程序对比阅读以加深印象。为了节省篇幅，这里省略了重复或易理解的程序片段，代码清单11-19是鼠标初始化函数的部分程序实现。

代码清单11-19 第11章\程序\程序11-2\物理平台\kernel\mouse.c

```
static struct keyboard_inputbuffer * p_mouse = NULL;
static int mouse_count = 0;

void mouse_init()
```

```
{
    struct IO_APIC_RET_entry entry;
    unsigned long i,j;

    p_mouse = (struct keyboard_inputbuffer *)kmalloc(sizeof(struct
        keyboard_inputbuffer),0);
    ……

    mouse_count = 0;

    register_irq(0x2c, &entry , &mouse_handler, (unsigned long)p_mouse,
        &mouse_int_controller, "ps/2 mouse");

    wait_KB_write();
    io_out8(PORT_KB_CMD,KBCMD_EN_MOUSE_INTFACE);

    for(i = 0;i<1000;i++)
        for(j = 0;j<1000;j++)
            nop();

    wait_KB_write();
    io_out8(PORT_KB_CMD,KBCMD_SENDTO_MOUSE);
    wait_KB_write();
    io_out8(PORT_KB_DATA,MOUSE_ENABLE);

    for(i = 0;i<1000;i++)
        for(j = 0;j<1000;j++)
            nop();

    wait_KB_write();
    io_out8(PORT_KB_CMD,KBCMD_WRITE_CMD);
    wait_KB_write();
    io_out8(PORT_KB_DATA,KB_INIT_MODE);
}
```

按照设备驱动程序的初始化惯例，mouse_init函数将先为鼠标设备动态申请并初始化结构体存储空间，结构体struct keyboard_inputbuffer不但可以用来保存键盘扫描码，还可以用来保存鼠标数据包。随后是对RTE12表项（I/O APIC的I/O中断定向投递寄存器）的配置过程，此处已将其省略。接着，通过register_irq函数向系统注册鼠标设备的中断处理程序，并使用I/O端口操作函数设置键盘控制器和鼠标设备，进而完成鼠标设备的初始化工作。

至于鼠标中断处理接口mouse_int_controller和卸载函数mouse_exit，它们与键盘驱动的代码实现相似。鼠标中断上半部处理函数mouse_handler亦是如此，只不过其中显示的不再是键盘扫描码而是鼠标数据包，此处一并将其省略。

2. 鼠标数据包解析函数

既然鼠标设备是以数据包的形式向处理器发送数据，那么鼠标驱动程序就应该具备数据包解析功能。函数analysis_mousecode就实现了鼠标数据包的解析工作，其设计思路与键盘扫描码解析函数大体上一致，只是它们解析的数据格式不同而已，代码清单11-20是该函数的程序实现。

代码清单11-20　第11章\程序\程序11-2\物理平台\kernel\mouse.c

```
void analysis_mousecode()
{
    unsigned char x = get_mousecode();

    switch(mouse_count)
    {
        case 0:
            mouse_count++;
            break;

        case 1:
            mouse.Byte0 = x;
            mouse_count++;
            break;

        case 2:
            mouse.Byte1 = (char)x;
            mouse_count++;
            break;

        case 3:
            mouse.Byte2 = (char)x;
            mouse_count = 1;
            color_printk(RED,GREEN,"(M:%02x,X:%3d,Y:%3d)\n",mouse.Byte0,
                mouse.Byte1, mouse.Byte2);
            break;

        default:
            break;
    }
}
```

这段程序通过get_mousecode函数从鼠标循环队列缓冲区中读取1 B数据，再根据全局变量mouse_count的计数值（可选值为1、2、3）将这1 B数据填入struct mouse_packet结构体的成员变量中，并调整mouse_count的计数值。

当mouse_count的值为3时，说明鼠标驱动此时已接收完整的一包数据，那么就将这3 B数据打印出来。补充一点，虽说X/Y是9位的二进制补码，但其在本系统物理平台的移动量几乎不会超过70，而且此处只为验证运行效果，使用8位的char类型来表示足矣。如果读者的鼠标过于灵敏，或编程时需要更精确的数值，读者可自行将其合并成9位。

在初始化鼠标设备时，鼠标驱动曾向鼠标设备发送过控制命令，为了跳过控制命令返回的应答数据0xFA，特将全局变量mouse_count的初始值设置为0，并把鼠标中断处理程序的注册过程置于发送控制命令前。

同时，在调用color_printk函数的过程中，格式符%i/d/u存在bug，从而导致无法显示正确的负数。这个bug是由可变参数va_arg(args,unsigned long)使用的数据类型不匹配造成的，因此%i/d/u格式符解析代码（位于vsprintf函数中）的可变参数类型需要修改，即从unsigned long型改为long型。

现在，鼠标数据包的解析函数也已实现。下面进入测试阶段，请参照代码清单11-21将鼠标驱动程序和数据包解析函数添加到内核主程序中。

代码清单11-21　第11章\程序\程序11-2\物理平台\kernel\main.c

```
void Start_Kernel(void)
{
    ……
    color_printk(RED,BLACK,"keyboard init \n");
    keyboard_init();

    color_printk(RED,BLACK,"mouse init \n");
    mouse_init();

    // color_printk(RED,BLACK,"task_init \n");
    // task_init();

    while(1)
    {
        if(p_kb->count)
            analysis_keycode();
        if(p_mouse->count)
            analysis_mousecode();
    }
}
```

我们将编译链接后的内核程序置于物理平台中运行，触碰滑鼠或鼠标，便会有鼠标数据包信息打印在屏幕上。不仅如此，敲击键盘按键，仍会有键盘扫描码和对应字符显示出来。图11-4是程序的运行效果。

图11-4　鼠标和键盘按键效果图

如果读者使用的鼠标设备采用4 B数据格式，请读者自行修改`struct mouse_packet`结构体定义及相关代码实现。

11.2 硬盘驱动程序

在完成两款输入型设备（键盘和鼠标）的驱动程序研发工作后，接下来将提升一下驱动程序的开发难度，实现硬盘设备（输入/输出型设备）驱动程序。

虽然硬盘驱动程序的软件结构较鼠标、键盘驱动程序复杂许多，但其功能和操作方式与软盘、U盘非常类似，不至于令我们感到陌生。

硬盘设备与软盘设备在机械结构和操作方式上十分相似，而且早在第3章已对软盘设备有所涉猎，但当时的软盘扇区读取操作完全依赖于BIOS中断服务程序。此刻，处理器已运行在IA-32e模式，驱动程序不能也不应该再借助BIOS中断服务程序来访问硬盘。为了加深对驱动程序的理解，也为了给学习文件系统打下基础，现在该是探索一下硬盘设备的时候了。

11.2.1 硬盘设备初探

鉴于硬盘设备的数据传输过程是异步操作，其驱动程序的逻辑结构比较复杂。为了快速掌握硬盘设备的操作方法，本节将以基础概念和操作方法的讲解为主，至于硬盘驱动程序的逻辑结构将在后续章节中予以讲解。

1. 硬盘设备概述

不论是硬盘设备、软盘设备还是U盘设备，它们与键盘、鼠标等设备的最大区别在于它们以数据块（扇区）作为传输单位，而非字节，这类设备统称为块设备。与块设备相对的是字符设备（或称字节流设备），诸如鼠标、键盘、串口等。

作为同属于块设备的硬盘和软盘，它们将整张磁盘片分为磁头、磁道、扇区三部分。多张这样的磁盘片便组成了一块机械硬盘，图11-5展示了机械硬盘的物理结构。

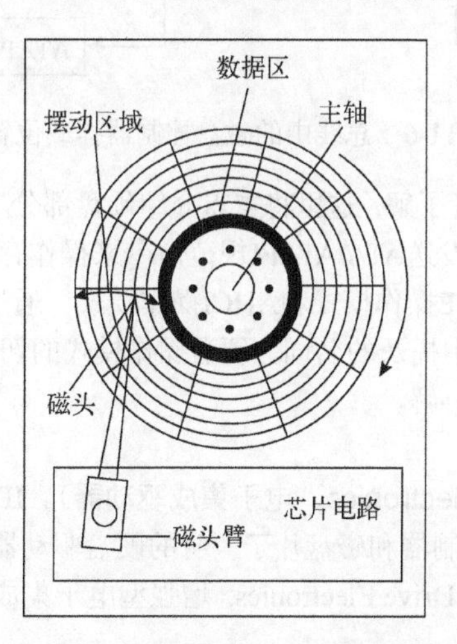

图11-5　机械硬盘的物理结构图

图11-5中的主轴由电机制动，其上固定着多张磁盘片，使得磁盘片向固定方向匀速旋转。磁头臂通过往复移动，从而将磁头移至目标磁道上去读取目标扇区内的数据。通常情况下，机械硬盘的平均寻道时间是一个非常重要的性能指标。目前，大多数机械硬盘的平均寻道时间为十几毫秒，因此合理的排列扇区读写顺序可有效降低寻道浪费的时间。

对于软盘、硬盘以及光盘等存储介质，处理器无法像访问内存地址一样直接访问磁盘扇区中的数据，必须借助磁盘控制器才能对磁盘进行操作。磁盘控制器往往挂载于PCI总线或LPC总线下，图11-6描绘了磁盘控制器在总线中的挂载位置。

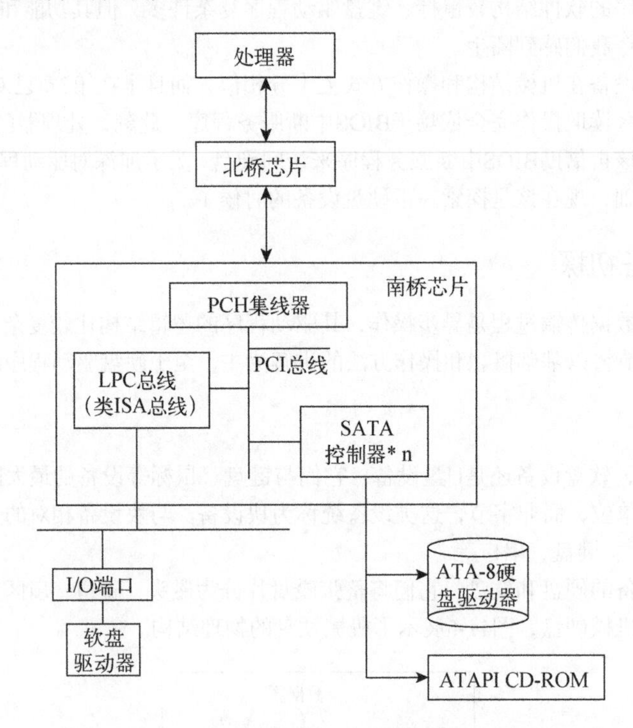

图11-6　总线中的磁盘控制器挂载位置图

图11-6中的软盘部分仅供读者了解，这里将重点介绍硬盘部分。SATA控制器用于操作硬盘或光驱等存储设备，它通过向存储设备发送ATA/ATAPI规范命令来操作存储设备。为了兼容IDE接口的硬盘设备，SATA控制器通常会支持IDE操作模式和AHCI操作模式，通过BIOS的配置选项可在这两种模式间自由切换。下面将对这段描述中提及的名词、硬盘操作模式的切换方法、ATA/ATAPI规范命令以及本系统选用的硬盘操作模式予以讲解。

- 名词解释

- ❑ IDE（Integrated Drive Electronics，电子集成驱动器）。IDE代表了一种硬盘传输接口，这种接口连接着一个集硬盘控制器和磁盘片于一身的硬盘驱动器。随着技术的不断改进，更高级的EIDE（EnhancedIntegrated Drive Electronics，增强型电子集成驱动器）传输接口可达到100 MB/s的传输速度。

❑ ATA（Advanced Technology Attachment/AT Attachment，AT附加设备）。IDE接口描述的是标准连接方式，ATA接口才是这类硬盘真正的名字，IDE只是通俗称呼。经过多年的发展，ATA规范扩展出了多个版本，表11-11归纳了ATA规范各个版本的特点。

表11-11　ATA规范各版本的特点描述表

版本	特点描述
ATA-1	支持主、从两个设备，支持PIO和DMA传输模式，传输速率只有3.3 MB/s
ATA-2	ATA-2是对ATA-1的扩展，也就是EIDE；支持CHS和LBA寻址模式，最高传输率提高到16.6 MB/s
ATA-3	引入S.M.A.R.T技术（Self-Monitoring Analysis and Reporting Technology，自监测分析与报告技术）
ATA-4	正是支持Ultra DMA数据传输模式，并引入冗余校验计术（CRC），传输速度提升至33 MB/s
ATA-5	ATA-5也叫作Ultra DMA 66或ATA66，传输速度提升至66 MB/s
ATA-6	ATA-6也称为ATA100，它在ATA33和ATA66的基础上将传输速度提升至100 MB/s
ATA-7	ATA-7也称为ATA133，传输速度进一步提升至133 MB/s，但由于硬件瓶颈，导致生产商转而研发新型硬盘接口标准（SATA）
ATA-8	ATA8标准包括AST、APT、ACS、AAM四卷，其中新增NCQ（Native Command Queuing，本地指令队列）指令、乱序执行

目前，ATA规范描述的硬盘接口可分为PATA和SATA两种。

- PATA（Parallel ATA，并行ATA接口）。PATA接口也叫作并行ATA硬盘接口，由于其存在诸多不尽如人意的地方，譬如各厂家设备不兼容、传输速度慢（最大传输速度150MB/s）、不支持热插拔、冗错性差、功耗高、影响散热及连接线长度有限等问题，它经过短暂的时光便退出了历史舞台。
- SATA（Serial ATA，串行ATA接口）。随着PATA接口硬盘卷入历史的洪流，取而代之的是SATA接口硬盘。SATA接口规范现在已升级至3.0版，其传输速度高达6 Gb/s。

❑ ATAPI（AT Attachment Packet Interface，AT附加分组接口）。ATAPI接口是CD/DVD或其他驱动器的ATA接口（PATA或SATA）。

❑ SAS（Serial Attached SCSI，串行连接SCSI）。SAS串行接口是继SCSI（Small Computer System Interfae，小型计算机系统接口）并行接口之后开发的新一代磁盘接口，它与SATA接口在物理层和协议层完全兼容。从接口标准上而言，SATA是SAS的子标准，因此SAS控制器可直接操作SATA接口的磁盘，反之则不能。

● 硬盘操作模式的选择

AHCI操作模式是SATA控制器的标准硬盘操作模式，但SATA控制器为了兼容ATA接口（PATA接口或IDE接口）的硬盘，特意在BIOS控制器中提供了配置选项供用户在两种操作模式间切换。图11-7是本系统物理平台的BIOS配置选项位置。

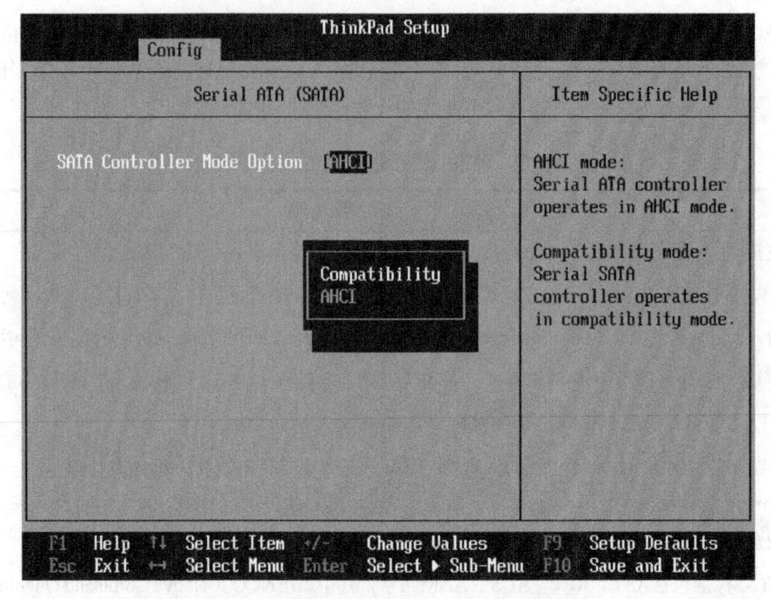

图11-7　BIOS中的硬盘操作模式切换图

图11-7中的SATA Controller Mode Option选项用于选择硬盘操作模式，AHCI选项为SATA控制器的标准硬盘操作模式，而Compatibility选项为兼容ATA接口的硬盘操作模式。其他品牌的BIOS可能将AHCI选项更名为SATA，把Compatibility选项更名为IDE/ATA/Compatible。

- ATA控制命令

目前，ATA8是ATA规范的最新版本，ATA8共包括AST、APT、ACS、AAM四卷，其中ATA8-ACS卷描述了此版规范涉及的控制命令，这些命令不仅包括磁盘扇区的读写操作，还包括读/写/刷新缓存操作、安全设置操作、磁盘机能配置操作、硬盘信息检测操作等。表11-12已汇总出本系统硬盘驱动程序开发过程中将会使用的命令，更多命令请读者自行阅读ATA8规范文档。

表11-12　ATA/ATAPI-8控制命令表

命令	功能描述
ECh	硬件设备识别信息
20h	读扇区（28位LBA寻址模式）
24h	扩展读扇区（48位LBA寻址模式）
30h	写扇区（28位LBA寻址模式）
34h	扩展写扇区（48位LBA寻址模式）

- PIO模式（Programming Input/Output Model，I/O端口编程模式）

由于SATA控制器和PCI总线控制器的结构和协议比较复杂，同时为了快速学习并简化硬盘设备操作过程，本系统将选用基于IDE接口的PIO模式去访问硬盘设备，即通过I/O端口对硬盘控制器进行访问。表11-13描述了主/从硬盘控制器各I/O端口的功能。

表11-13　硬盘I/O端口的功能说明表

组别	I/O端口		端口功能描述	
	主控制器	从控制器	读取操作	写入操作
命令端口	1F0	170	数据	
	1F1	171	错误状态	写补偿(已废弃)
	1F2	172	操作扇区数	
	1F3	173	扇区号/LBA（7:0）	
	1F4	174	柱面号（7:0）/LBA（15:8）	
	1F5	175	柱面号（15:8）/LBA（23:16）	
	1F6	176	设备配置寄存器，各位功能如下。 　　CHS模式　　LBA模式 bit 7：必须为1　　必须为1 bit 6：选择寻址模式，0为CHS模式，1为LBA模式 bit 5：必须为1　　必须为1 bit 4：选择硬盘驱动器，0为主硬盘，1为从硬盘 bit 0~3：磁头号　　LBA（27:24）	
	1F7	177	控制器状态端口，同3F6/376	控制器命令端口，详见表11-12
控制端口	3F6	376	状态寄存器，各位功能如下。 bit 7=1：控制器忙 bit 6=1：驱动器准备就绪 bit 3=1：数据请求 bit 0=1：命令执行错误 注：其他位功能已经废弃	控制寄存器，各位功能如下。 bit 2=1：重启控制器 =0：普通操作 bit 1=1：禁止中断请求 =0：使能中断请求（3F6使能IRQ14，376使能IRQ15）

注：3F7h、377h端口同样用于硬盘，它只是集成上表的某几位，不经常使用。某些资料表示7xh和Fxh端口（x代表0~7）可用于控制第三和四块硬盘。

对于表11-13提及的错误状态端口，此处必须进行补充说明。错误状态端口，可描述命令错误状态和诊断错误状态。其中，诊断错误状态是在控制器自检时返回的状态信息，而命令错误状态则是在控制器执行命令期间产生的错误状态，以下是这两种错误状态的介绍。

- 诊断错误状态

在系统上电或者重启后，硬盘驱动器会进入自检测状态，此时从错误端口读出的状态信息描述了硬盘的诊断结果，表11-14阐述了诊断错误位或值代表的含义。

表11-14　诊断错误状态表

位/值	驱动器0的状态描述	驱动器1的状态描述	位/值	驱动器0的状态描述	驱动器1的状态描述
bit 7	驱动器1出错	保留	03h	扇区缓冲区错误	扇区缓冲区错误
05h	控制器错误	控制器错误	02h	驱动器0出错	驱动器1出错
04h	ECC电路错误	ECC电路错误	01h	驱动器0和1无错误	驱动器1无错误

表11-14描述了驱动器0/1的诊断错误状态，I/O端口1F1h/171h每次只能描述一个驱动器的诊断状态，处理器通过配置I/O端口1F6h/176h的第4位可以在两个驱动器间切换。

● 命令错误状态

当硬盘完成初始化并进入运行状态后，通过I/O端口1F1h可取得命令执行的错误状态，表11-15已归纳出此端口可描述的错误状态。

表11-15　命令错误状态描述表

位	错误状态描述	位	错误状态描述
7	坏扇区	2	命令中止
6	不可修复的数据错误	1	已经达到介质末尾，仍未发现磁道0
4	找不到ID或目标扇区	0	无效长度、命令超时、介质错误等

注：其他位已废弃。

2. 获取硬盘设备识别信息的测试程序

经过上一节的学习，想必读者已经对硬盘设备有了初步认识，本节将通过ATA控制命令ECh来获取硬盘设备识别信息。硬盘设备识别信息是一个由512 B组成的数据块，各版本ATA规范所描述的硬盘设备识别信息都有所不同。表11-16罗列出部分ATA8规范的硬盘设备识别信息，完整的硬盘设备识别信息还请读者参照ATA规范文档自行阅读。

表11-16　硬盘设备识别信息介绍表

字　序	功能描述
0	常规配置字，bit 15：为0表示ATA设备
10~19	序列号（20个ASCII字符串）
23~26	固件版本（8个ASCII字符串）
27~46	型号（40个ASCII字符串）
49	支持功能状态位，其中 bit 9：为1表示支持LBA功能； bit 8：为1表示支持DMA功能
60~61	用户可寻址的全部逻辑扇区数（28位寻址命令）
76	SATA功能，其中 bit 2：为1表示支持SATA Gen2 3.0 Gb/s传输速度； bit 1：为1表示支持SATA Gen1 1.5 Gb/s传输速度
80	主版本号，其中 bit 8：为1表示支持ATA/ATAPI-8； bit 7：为1表示支持ATA/ATAPI-7； bit 6：为1表示支持ATA/ATAPI-6； bit 5：为1表示支持ATA/ATAPI-5； bit 4：为1表示支持ATA/ATAPI-4

（续）

字　序	功能描述
81	次版本号
100~103	用户可寻址的全部逻辑扇区数（48位寻址命令）
176~205	当前介质序列号（60个ASCII字符串）
222	传输类型主版本号，其中
	bit 15到bit 12表示传输类型，0为并行传输，1为串行传输，其他值保留
	并行传输串行传输
	bit 4　保留　SATA Rev 2.6
	bit 3　保留　SATA Rev 2.5
	bit 2　保留　SATA II: Extensions
	bit 1　ATA/ATAPI-7　SATA 1.0a
	bit 0　ATA8-APT　ATA8-AST
223	传输类型次版本号
255	校验和
	bit 15到bit 8：校验和补偿数值
	bit 7到bit 0：A5h

注：字序是以Word为单位的序号，此处的ASCII字符串在Word中以大端排序。

上述识别信息的大部分内容均可通过一些常用硬件设备检测软件获取。为了便于开发与调试，此处为物理平台加装了扩展坞，物理平台借助扩展坞可搭载第二块SATA硬盘并对其进行操作，使用硬件设备检测软件RWEverything就可以获取这两块硬盘设备的识别信息，其内容如图11-8和图11-9所示。虽然每个IDE接口的硬盘控制器可以挂载主/从两块硬盘，但是在现代计算机平台中，IDE接口的硬盘控制器往往只提供主硬盘接口。因此，为了便于记忆，本书将主硬盘控制器上的主硬盘称为“主硬盘”，将从硬盘控制器上的主硬盘称为“从硬盘”。

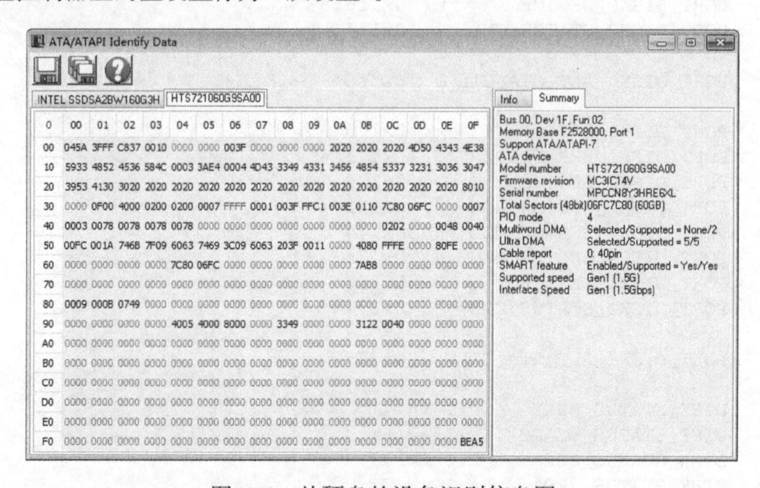

图11-8　从硬盘的设备识别信息图

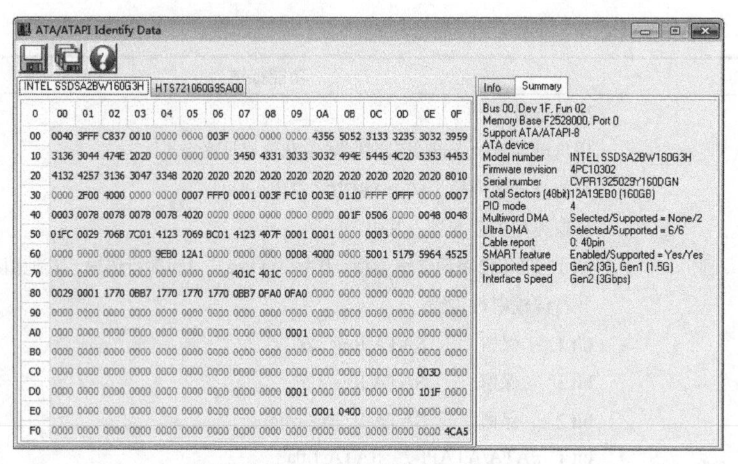

图11-9　主硬盘的设备识别信息图

图11-8是一块60 GB容量的机械硬盘，它支持ATA/ATAPI-7协议，最高传输速度1.5 Gb/s。而图11-9则是一块160 GB容量的SSD固态硬盘，它支持ATA/ATAPI-8协议，最高传输速度3 Gb/s。

掌握了以上理论知识和硬盘设备识别信息后，马上就来编写程序获取硬件设备识别信息。借鉴此前两个设备驱动的开发经验，我们将从宏常量与结构体的定义开始着手实现。为了快速看到运行效果，这里暂时先编写复杂的结构体，仅定义I/O端口和硬盘状态两类宏常量，代码清单11-22是其详细定义。

代码清单11-22　第11章\程序\程序11-3\物理平台\kernel\disk.h

```
#define    PORT_DISK0_DATA            0x1f0
#define    PORT_DISK0_ERR_FEATURE     0x1f1
#define    PORT_DISK0_SECTOR_CNT      0x1f2
#define    PORT_DISK0_SECTOR_LOW      0x1f3
#define    PORT_DISK0_SECTOR_MID      0x1f4
#define    PORT_DISK0_SECTOR_HIGH     0x1f5
#define    PORT_DISK0_DEVICE          0x1f6
#define    PORT_DISK0_STATUS_CMD      0x1f7

#define    PORT_DISK0_ALT_STA_CTL     0x3f6

#define    PORT_DISK1_DATA            0x170
#define    PORT_DISK1_ERR_FEATURE     0x171
#define    PORT_DISK1_SECTOR_CNT      0x172
#define    PORT_DISK1_SECTOR_LOW      0x173
#define    PORT_DISK1_SECTOR_MID      0x174
#define    PORT_DISK1_SECTOR_HIGH     0x175
#define    PORT_DISK1_DEVICE          0x176
#define    PORT_DISK1_STATUS_CMD      0x177

#define    PORT_DISK1_ALT_STA_CTL     0x376

#define    DISK_STATUS_BUSY      (1 << 7)
#define    DISK_STATUS_READY     (1 << 6)
#define    DISK_STATUS_SEEK      (1 << 4)
#define    DISK_STATUS_REQ       (1 << 3)
#define    DISK_STATUS_ERROR     (1 << 0)
```

定义了这些宏常量后，现在将实现从硬盘的驱动初始化函数，此函数可参照键盘、鼠标驱动程序编写。其中，从硬盘设备的中断向量号为IRQ15，触发模式依然采用边沿触发，完整的初始化函数实现请参见代码清单11-23。

代码清单11-23　第11章\程序\程序11-3\物理平台\kernel\disk.c

```
void disk_init()
{
    struct IO_APIC_RET_entry entry;

    entry.vector = 0x2f;
    entry.deliver_mode = APIC_ICR_IOAPIC_Fixed ;
    entry.dest_mode = ICR_IOAPIC_DELV_PHYSICAL;
    entry.deliver_status = APIC_ICR_IOAPIC_Idle;
    entry.polarity = APIC_IOAPIC_POLARITY_HIGH;
    entry.irr = APIC_IOAPIC_IRR_RESET;
    entry.trigger = APIC_ICR_IOAPIC_Edge;
    entry.mask = APIC_ICR_IOAPIC_Masked;
    entry.reserved = 0;

    entry.destination.physical.reserved1 = 0;
    entry.destination.physical.phy_dest = 0;
    entry.destination.physical.reserved2 = 0;

    register_irq(0x2f, &entry , &disk_handler, 0, &disk_int_controller, "disk1");

    io_out8(PORT_DISK1_ALT_STA_CTL,0);

    io_out8(PORT_DISK1_ERR_FEATURE,0);
    io_out8(PORT_DISK1_SECTOR_CNT,0);
    io_out8(PORT_DISK1_SECTOR_LOW,0);
    io_out8(PORT_DISK1_SECTOR_MID,0);
    io_out8(PORT_DISK1_SECTOR_HIGH,0);
    io_out8(PORT_DISK1_DEVICE,0xe0);
    io_out8(PORT_DISK1_STATUS_CMD,0xec);    //identify
}
```

这段代码不光注册了从硬盘设备的中断处理函数，还向从硬盘设备发送了ATA控制命令ECh来取得硬盘设备识别信息，整个命令发送过程分别向表11-13中的从控制器的命令端口发送配置信息及命令。从硬盘准备好数据后，便向中断控制器发送中断请求，再由中断控制器转发至处理器，进而执行代码清单11-24所示的中断处理函数。

代码清单11-24　第11章\程序\程序11-3\物理平台\kernel\disk.c

```
void disk_handler(unsigned long nr, unsigned long parameter, struct pt_regs * regs)
{

    int i = 0;
    struct Disk_Identify_Info a;
    unsigned short *p = NULL;
    port_insw(PORT_DISK1_DATA,&a,256);

    color_printk(ORANGE,WHITE,"\nSerial Number:");
    for(i = 0;i<10;i++)
```

```
        color_printk(ORANGE,WHITE,"%c%c",(a.Serial_Number[i] >> 8) &
            0xff,a.Serial_Number[i] & 0xff);

    color_printk(ORANGE,WHITE,"\nFirmware revision:");
    for(i = 0;i<4;i++)
        color_printk(ORANGE,WHITE,"%c%c",(a.Firmware_Version[i] >> 8 ) &
            0xff,a.Firmware_Version[i] & 0xff);

    color_printk(ORANGE,WHITE,"\nModel number:");
    for(i = 0;i<20;i++)
        color_printk(ORANGE,WHITE,"%c%c",(a.Model_Number[i] >> 8) &
            0xff,a.Model_Number[i] & 0xff);
    color_printk(ORANGE,WHITE,"\n");

    p = (unsigned short)&a;
    for(i = 0;i<256;i++)
        color_printk(ORANGE,WHITE,"%04x ",*(p+i));
}
```

中断处理函数先使用I/O端口读取函数port_insw从I/O端口中读取出256个字的数据，并将其保存在之前准备好的硬盘设备识别信息结构体struct Disk_Identify_Info（定义于disk.h头文件内）中。此处的port_insw函数通过封装汇编指令INSW实现，INSW指令可从I/O端口中读取一个字（2 B）的数据，再结合REP指令便可连续多次读取I/O端口内的数据。

接着，将硬盘设备识别信息中的序列号、固件版本、型号等信息打印出来。此处要特别注意，硬盘采用大端排序方式来保存字符串中的每个字，所以每个字的高字节保存着第一个字符，低字节保存着第二个字符。

为了方便与图11-8中的数据进行对比，最后以字为单位，硬盘设备识别信息全部打印出来，显示效果如图11-10所示。

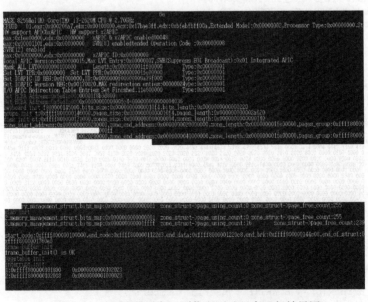

图11-10　从硬盘的设备识别信息测试程序运行效果图

根据表11-16介绍的硬盘设备识别信息，我们从图11-10中提取出对应数据，并将其转换成如表11-17所示结构。

表11-17　硬盘设备识别信息数据对照表

字　序	描　述	数　值
0	常规配置字	045A（ATA设备）
10~19	序列号	2020 2020 2020 4D50 4343 4E38 5933 4852 4536 584C（"　　MPCCN8Y3HRE6XL"）
23~26	固件版本	4D43 3349 4331 3456（"MC3IC14V"）
27~46	型号	4854 5337 3231 3036 3047 3953 4130 3020 2020 2020 2020 2020 2020 2020 2020 2020 2020 2020 2020 2020（"HTS721060G9SA00　　　　"）
49	支持功能状态位	0F00（支持LBA功能、支持DMA功能）
76	SATA功能	0202（支持SATA Gen1 1.5Gb/s传输）
80	主版本号	00FC（支持ATA/ATAPI-7/6/5/4）
81	次版本号	001A（次版本号）
100~103	可寻址逻辑扇区数	7C80 06FC（6FC7C80个扇区约60011642880B）
255	校验和	66A5（校验和）

注：硬盘的存储容量是以1000为递进计数单位而非1024。

细心的读者会发现表11-17和图11-8中的校验和字的数值是不相等的，这是由于硬件设备识别信息中的一些功能不是固定值，它们会随着硬盘的配置而自动调整，但全部数值的校验和字必须为0，因此校验和字也会随着配置的变更而自动调整。

3. 访问硬盘扇区数据的测试程序

经过硬盘设备识别信息测试程序的演练，现在将进一步实现硬盘扇区的访问测试程序。此处将硬盘扇区的访问过程分为读取扇区数据和写入扇区数据两部分。

- *读取扇区数据测试程序*

读取扇区数据测试程序的实现方法，依然是向表11-13中的从控制器命令端口发送配置信息和扇区读取命令，并在数据发送过程中，检测每个阶段的执行状态，代码清单11-25实现了这一过程。

代码清单11-25　第11章\程序\程序11-4\物理平台\kernel\disk.c

```
void disk_init()
{
    ......

    io_out8(PORT_DISK1_ALT_STA_CTL,0);

    while(io_in8(PORT_DISK1_STATUS_CMD) & DISK_STATUS_BUSY);
    color_printk(ORANGE,WHITE,"Read One Sector Starting:%02x\n",io_in8(PORT_DISK1_
        STATUS_CMD));

    io_out8(PORT_DISK1_DEVICE,0xe0);

    io_out8(PORT_DISK1_ERR_FEATURE,0);
    io_out8(PORT_DISK1_SECTOR_CNT,1);
    io_out8(PORT_DISK1_SECTOR_LOW,0);
    io_out8(PORT_DISK1_SECTOR_MID,0);
    io_out8(PORT_DISK1_SECTOR_HIGH,0);
```

```
        while(!(io_in8(PORT_DISK1_STATUS_CMD) & DISK_STATUS_READY));
        color_printk(ORANGE,WHITE,"Send CMD:%02x\n",io_in8(PORT_DISK1_STATUS_CMD));

        io_out8(PORT_DISK1_STATUS_CMD,0x20);     ////read
    }
```

这段代码在使能了从控制器的中断请求后，会对从硬盘的状态进行检测，只有在从硬盘空闲时才能向其发送配置信息。此处的配置信息将对从硬盘（全称为从控制器中的主硬盘）进行操作，把它的磁头移动至LBA 0扇区（第0柱面0磁道1扇区），操作扇区数为1。随后，待到驱动器准备好（磁头移动至指定位置）后，向从硬盘发送ATA控制命令20h读取目标扇区内的数据。

当磁头将目标扇区内的数据读取到硬盘缓存区后，从硬盘便向中断控制器发送中断请求，此时处理器将执行从硬盘的中断处理函数，从I/O端口读取硬盘缓存区中的数据，具体实现如代码清单11-26所示。

代码清单11-26　第11章\程序\程序11-4\物理平台\kernel\disk.c

```
void disk_handler(unsigned long nr, unsigned long parameter, struct pt_regs * regs)
{
    int i = 0;
    unsigned char a[512];
    port_insw(PORT_DISK1_DATA,&a,256);
    color_printk(ORANGE,WHITE,"Read One Sector Finished:%02x\n",io_in8(PORT_DISK1_
        STATUS_CMD));
    for(i = 0;i<512;i++)
        color_printk(ORANGE,WHITE,"%02x ",a[i]);
}
```

这段代码比较直观，先借助port_insw函数从I/O端口读取256个字，然后显示控制器状态端口信息以及读取出来的扇区数据。图11-11是读取扇区数据测试程序的运行效果。

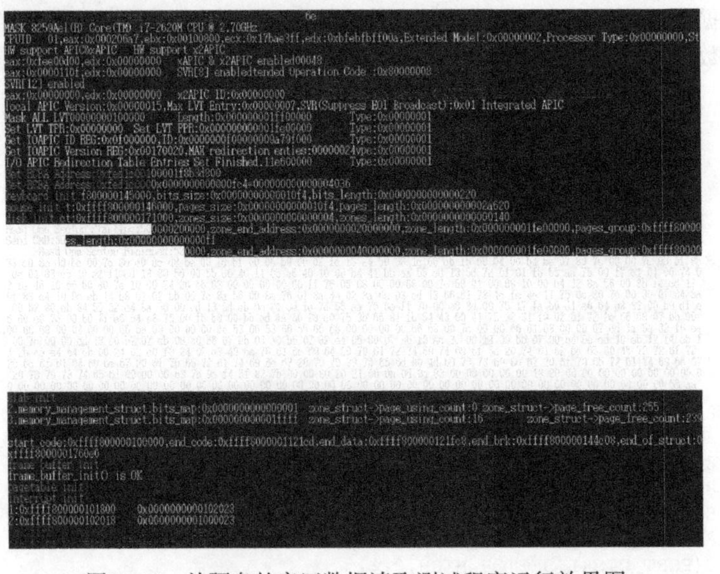

图11-11　从硬盘的扇区数据读取测试程序运行效果图

图11-12是使用DiskGenius磁盘管理软件显示出的LBA 0扇区数据，读者可对比图11-11和图11-12中的数据以验证读出数值是否正确。

```
Offset     0  1  2  3  4  5  6  7  8  9  A  B  C  D  E  F  0123456789ABCDEF
000000000 33 C0 8E D0 BC 00 7C 8E C0 8E D8 BE 00 7C BF 00  3À.Ð¼.|.À.Ø¾.|¿.
000000010 06 B9 00 02 FC F3 A4 50 68 1C 06 CB FB B9 04 00  .¹..üó¤Ph..Ëû¹..
000000020 BD BE 07 80 7E 00 00 7C 0B 0F 85 0E 01 83 C5 10  ½¾..~..|......Å.
000000030 E2 F1 CD 18 88 56 00 55 C6 46 11 05 C6 46 10 00  âñÍ..V.UÆF..ÆF..
000000040 B4 41 BB AA 55 CD 13 5D 72 0F 81 FB 55 AA 75 09  ´A»ªUÍ.]r..ûUªu.
000000050 F7 C1 01 00 74 03 FE 46 10 66 60 80 7E 10 00 74  ÷Á..t.þF.f`.~..t
000000060 26 66 68 00 00 00 00 66 FF 76 08 68 00 00 68 00  &fh....fÿv.h..h.
000000070 7C 68 01 00 68 10 00 B4 42 8A 56 00 8B F4 CD 13  |h..h..´B.V..ôÍ.
000000080 9F 83 C4 10 9E EB 14 B8 01 02 BB 00 7C 8A 56 00  ..Ä..ë.¸..».|.V.
000000090 8A 76 01 8A 4E 02 8A 6E 03 CD 13 66 61 73 1C FE  .v..N..n.Í.fas.þ
0000000A0 4E 11 75 0C 80 7E 00 80 0F 84 8A 00 B2 80 EB 84  N.u..~......².ë.
0000000B0 55 32 E4 8A 56 00 CD 13 5D EB 9E 81 3E FE 7D 55  U2ä.V.Í.]ë..>þ}U
0000000C0 AA 75 6E FF 76 00 E8 8D 00 75 17 FA B0 D1 E6 64  ªunÿv.è..u.ú°Ñæd
0000000D0 E8 83 00 B0 DF E6 60 E8 7C 00 B0 FF E6 64 E8 75  è..°ßæ`è|.°ÿædèu
0000000E0 00 FB B8 00 BB CD 1A 66 23 C0 75 3B 66 81 FB 54  .û¸.»Í.f#Àu;f.ûT
0000000F0 43 50 41 75 32 81 F9 02 01 72 2C 66 68 07 BB 00  CPAu2.ù..r,fh.».
000000100 00 66 68 00 02 00 00 66 68 08 00 00 00 66 53 66  .fh....fh....fSf
000000110 53 66 55 66 68 00 00 00 00 66 68 00 7C 00 00 66  SfUfh....fh.|..f
000000120 61 68 00 00 07 CD 1A 5A 32 F6 EA 00 7C 00 00 CD  ah...Í.Z2öê.|..Í
000000130 18 A0 B7 07 EB 08 A0 B6 07 EB 03 A0 B5 07 32 E4  . ·.ë. ¶.ë. µ.2ä
000000140 05 00 07 8B F0 AC 3C 00 74 09 BB 07 00 B4 0E CD  ....ð¬<.t.»..´.Í
000000150 10 EB F2 F4 EB FD 2B C9 E4 64 EB 00 24 02 E0 F8  .ëòôëý+Éädë.$.àø
000000160 24 02 C3 49 6E 76 61 6C 69 64 20 70 61 72 74 69  $.ÃInvalid parti
000000170 74 69 6F 6E 20 74 61 62 6C 65 00 45 72 72 6F 72  tion table.Error
000000180 20 6C 6F 61 64 69 6E 67 20 6F 70 65 72 61 74 69   loading operati
000000190 6E 67 20 73 79 73 74 65 6D 00 4D 69 73 73 69 6E  ng system.Missin
0000001A0 67 20 6F 70 65 72 61 74 69 6E 67 20 73 79 73 74  g operating syst
0000001B0 65 6D 00 00 00 63 7B 9A F4 5F 82 7B 00 00 80 20  em...c{.ô_.{...
0000001C0 21 00 0B 0D 0A 83 00 08 00 00 00 18 20 00 00 00  !............ ...
0000001D0 00 00 00 00 00 00 00 00 00 00 00 00 00 00 00 00  ................
0000001E0 00 00 00 00 00 00 00 00 00 00 00 00 00 00 00 00  ................
0000001F0 00 00 00 00 00 00 00 00 00 00 00 00 00 00 55 AA  ..............Uª
```

图11-12　从硬盘的LBA 0h扇区数据截图

- *写入扇区数据测试程序*

其实，写扇区操作过程与读扇区操作过程非常相似，区别只在于操作数据I/O端口的时机。为了加深对写扇区操作过程的理解，现选用48位LBA寻址模式的ATA控制命令34h向扇区写入数据。为了达到预期效果，目标扇区的LBA地址必须突破28位（硬盘容量约在138 GB以上），还好主硬盘（SSD固态硬盘）的容量可以满足要求，它的LBA可寻址扇区总数为0x12A1,9EB0，本次测试选择向LBA地址为1234,5678h的扇区写入数据。

由于I/O端口寄存器单次只能支持28位LBA寻址，对于采用48位LBA寻址的ATA命令而言，48位的LBA地址就必须拆分为两个24位的地址段，再逐段发送至命令端口。表11-18描述了采用48位LBA寻址时的命令端口写入次数以及写入的LBA地址位域。

表11-18　48位LBA端口操作表

端口	双次操作（第一次）	双次操作（第二次）
1F1	0	0
1F2	操作扇区数的高8位	操作扇区数的低8位
1F3	LBA（31:24）	LBA（7:0）
1F4	LBA（39:32）	LBA（15:8）
1F5	LBA（47:40）	LBA（23:16）
端口	单次操作	
1F6	bit 7~5：010 bit 4：主硬盘=0，从硬盘=1 bit 3~0：00	
1F7	ATA控制命令	

为了向LBA 1234,5678h扇区写入数据，特将硬盘驱动程序修改为操作主硬盘，并结合表11-18的描述向主硬盘发送ATA控制命令以及待写入扇区的数据，具体程序实现请参见代码清单11-27。

代码清单11-27　第11章\程序\程序11-5\物理平台\kernel\disk.c

```
void disk_init()
{
    ......

    register_irq(0x2e, &entry , &disk_handler, 0, &disk_int_controller, "disk0");

    io_out8(PORT_DISK0_ALT_STA_CTL,0);

    while(io_in8(PORT_DISK0_STATUS_CMD) & DISK_STATUS_BUSY);
    color_printk(BLACK,WHITE,"Write One Sector
        Starting:%02x\n",io_in8(PORT_DISK0_STATUS_CMD));

    io_out8(PORT_DISK0_DEVICE,0x40);

    io_out8(PORT_DISK0_ERR_FEATURE,0);
    io_out8(PORT_DISK0_SECTOR_CNT,0);
    io_out8(PORT_DISK0_SECTOR_LOW,0x12);
    io_out8(PORT_DISK0_SECTOR_MID,0);
    io_out8(PORT_DISK0_SECTOR_HIGH,0);

    io_out8(PORT_DISK0_ERR_FEATURE,0);
    io_out8(PORT_DISK0_SECTOR_CNT,1);
    io_out8(PORT_DISK0_SECTOR_LOW,0x78);
    io_out8(PORT_DISK0_SECTOR_MID,0x56);
    io_out8(PORT_DISK0_SECTOR_HIGH,0x34);

    while(!(io_in8(PORT_DISK0_STATUS_CMD) & DISK_STATUS_READY));
    color_printk(BLACK,WHITE,"Send CMD:%02x\n",io_in8(PORT_DISK0_STATUS_CMD));

    io_out8(PORT_DISK0_STATUS_CMD,0x34);     ////write

    while(!(io_in8(PORT_DISK0_STATUS_CMD) & DISK_STATUS_REQ));
    memset(&a,0xA5,512);
    port_outsw(PORT_DISK0_DATA,&a,256);
}
```

这段程序已改为主硬盘驱动的初始化函数，其中断向量号为0x2e。在主硬盘初始化结束并处于空闲状态时，通过命令端口向硬盘发送扇区写命令0x34，并等待数据缓存区准备就绪（等待状态端口的数据请求位置位）。一旦数据缓存区准备就绪，立即调用port_outsw函数向数据端口发送256个数值为0xA5A5的字。此处的函数port_outsw内封装着汇编指令OUTSW，它与port_insw函数的功能相反。

当数据全部写入到目标扇区后，硬盘会向处理器发送中断请求，处理器随即调用中断处理函数disk_handler处理中断请求，代码清单11-28是中断处理函数的程序实现。

代码清单11-28　第11章\程序\程序11-5\物理平台\kernel\disk.c

```
void disk_handler(unsigned long nr, unsigned long parameter, struct pt_regs * regs)
{
    color_printk(BLACK,WHITE,"Write One Sector
        Finished:%02x\n",io_in8(PORT_DISK0_STATUS_CMD));
}
```

写扇区操作的中断处理函数非常简单，它只打印出控制器状态端口信息以表示写扇区操作完成，图11-13是写入扇区数据测试程序的运行效果。

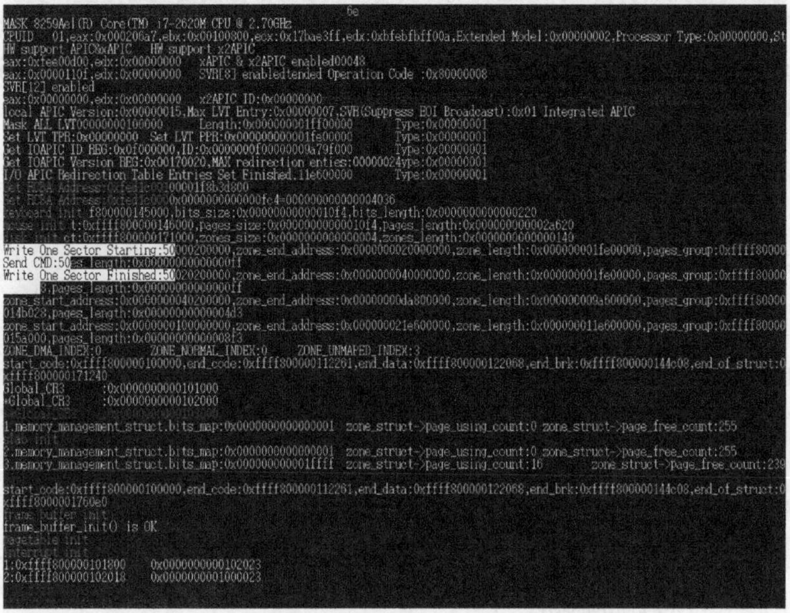

图11-13　主硬盘的扇区数据写入测试程序运行效果图

从图11-13很难确定数据是否真地写入到目标扇区。为了验证此事，还是使用DiskGenius磁盘管理软件查看目标扇区中的数据更为直观，图11-14所示即为目标扇区中的数据。这里必须强调一点，在操作目标扇区前请确保扇区内的数据是无用的，以免造成不必要的损失。

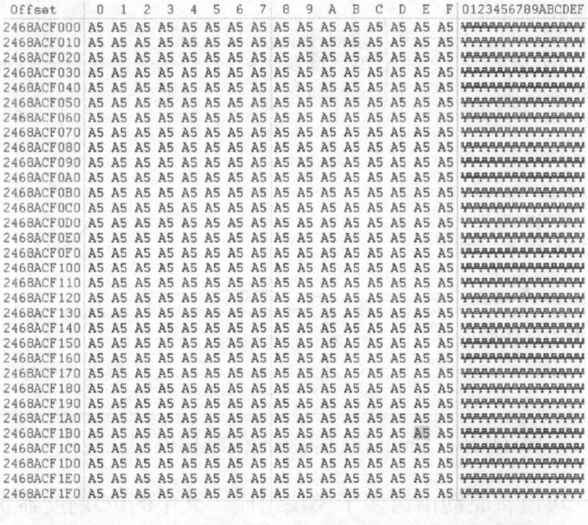

Offset	0	1	2	3	4	5	6	7	8	9	A	B	C	D	E	F	0123456789ABCDEF
2468ACF000	A5	A5	A5	A5	A5	A5	A5	A5	A5	A5	A5	A5	A5	A5	A5	A5	¥¥¥¥¥¥¥¥¥¥¥¥¥¥¥¥
2468ACF010	A5	A5	A5	A5	A5	A5	A5	A5	A5	A5	A5	A5	A5	A5	A5	A5	¥¥¥¥¥¥¥¥¥¥¥¥¥¥¥¥
2468ACF020	A5	A5	A5	A5	A5	A5	A5	A5	A5	A5	A5	A5	A5	A5	A5	A5	¥¥¥¥¥¥¥¥¥¥¥¥¥¥¥¥
2468ACF030	A5	A5	A5	A5	A5	A5	A5	A5	A5	A5	A5	A5	A5	A5	A5	A5	¥¥¥¥¥¥¥¥¥¥¥¥¥¥¥¥
2468ACF040	A5	A5	A5	A5	A5	A5	A5	A5	A5	A5	A5	A5	A5	A5	A5	A5	¥¥¥¥¥¥¥¥¥¥¥¥¥¥¥¥
2468ACF050	A5	A5	A5	A5	A5	A5	A5	A5	A5	A5	A5	A5	A5	A5	A5	A5	¥¥¥¥¥¥¥¥¥¥¥¥¥¥¥¥
2468ACF060	A5	A5	A5	A5	A5	A5	A5	A5	A5	A5	A5	A5	A5	A5	A5	A5	¥¥¥¥¥¥¥¥¥¥¥¥¥¥¥¥
2468ACF070	A5	A5	A5	A5	A5	A5	A5	A5	A5	A5	A5	A5	A5	A5	A5	A5	¥¥¥¥¥¥¥¥¥¥¥¥¥¥¥¥
2468ACF080	A5	A5	A5	A5	A5	A5	A5	A5	A5	A5	A5	A5	A5	A5	A5	A5	¥¥¥¥¥¥¥¥¥¥¥¥¥¥¥¥
2468ACF090	A5	A5	A5	A5	A5	A5	A5	A5	A5	A5	A5	A5	A5	A5	A5	A5	¥¥¥¥¥¥¥¥¥¥¥¥¥¥¥¥
2468ACF0A0	A5	A5	A5	A5	A5	A5	A5	A5	A5	A5	A5	A5	A5	A5	A5	A5	¥¥¥¥¥¥¥¥¥¥¥¥¥¥¥¥
2468ACF0B0	A5	A5	A5	A5	A5	A5	A5	A5	A5	A5	A5	A5	A5	A5	A5	A5	¥¥¥¥¥¥¥¥¥¥¥¥¥¥¥¥
2468ACF0C0	A5	A5	A5	A5	A5	A5	A5	A5	A5	A5	A5	A5	A5	A5	A5	A5	¥¥¥¥¥¥¥¥¥¥¥¥¥¥¥¥
2468ACF0D0	A5	A5	A5	A5	A5	A5	A5	A5	A5	A5	A5	A5	A5	A5	A5	A5	¥¥¥¥¥¥¥¥¥¥¥¥¥¥¥¥
2468ACF0E0	A5	A5	A5	A5	A5	A5	A5	A5	A5	A5	A5	A5	A5	A5	A5	A5	¥¥¥¥¥¥¥¥¥¥¥¥¥¥¥¥
2468ACF0F0	A5	A5	A5	A5	A5	A5	A5	A5	A5	A5	A5	A5	A5	A5	A5	A5	¥¥¥¥¥¥¥¥¥¥¥¥¥¥¥¥
2468ACF100	A5	A5	A5	A5	A5	A5	A5	A5	A5	A5	A5	A5	A5	A5	A5	A5	¥¥¥¥¥¥¥¥¥¥¥¥¥¥¥¥
2468ACF110	A5	A5	A5	A5	A5	A5	A5	A5	A5	A5	A5	A5	A5	A5	A5	A5	¥¥¥¥¥¥¥¥¥¥¥¥¥¥¥¥
2468ACF120	A5	A5	A5	A5	A5	A5	A5	A5	A5	A5	A5	A5	A5	A5	A5	A5	¥¥¥¥¥¥¥¥¥¥¥¥¥¥¥¥
2468ACF130	A5	A5	A5	A5	A5	A5	A5	A5	A5	A5	A5	A5	A5	A5	A5	A5	¥¥¥¥¥¥¥¥¥¥¥¥¥¥¥¥
2468ACF140	A5	A5	A5	A5	A5	A5	A5	A5	A5	A5	A5	A5	A5	A5	A5	A5	¥¥¥¥¥¥¥¥¥¥¥¥¥¥¥¥
2468ACF150	A5	A5	A5	A5	A5	A5	A5	A5	A5	A5	A5	A5	A5	A5	A5	A5	¥¥¥¥¥¥¥¥¥¥¥¥¥¥¥¥
2468ACF160	A5	A5	A5	A5	A5	A5	A5	A5	A5	A5	A5	A5	A5	A5	A5	A5	¥¥¥¥¥¥¥¥¥¥¥¥¥¥¥¥
2468ACF170	A5	A5	A5	A5	A5	A5	A5	A5	A5	A5	A5	A5	A5	A5	A5	A5	¥¥¥¥¥¥¥¥¥¥¥¥¥¥¥¥
2468ACF180	A5	A5	A5	A5	A5	A5	A5	A5	A5	A5	A5	A5	A5	A5	A5	A5	¥¥¥¥¥¥¥¥¥¥¥¥¥¥¥¥
2468ACF190	A5	A5	A5	A5	A5	A5	A5	A5	A5	A5	A5	A5	A5	A5	A5	A5	¥¥¥¥¥¥¥¥¥¥¥¥¥¥¥¥
2468ACF1A0	A5	A5	A5	A5	A5	A5	A5	A5	A5	A5	A5	A5	A5	A5	A5	A5	¥¥¥¥¥¥¥¥¥¥¥¥¥¥¥¥
2468ACF1B0	A5	A5	A5	A5	A5	A5	A5	A5	A5	A5	A5	A5	A5	A5	A5	A5	¥¥¥¥¥¥¥¥¥¥¥¥¥¥¥¥
2468ACF1C0	A5	A5	A5	A5	A5	A5	A5	A5	A5	A5	A5	A5	A5	A5	A5	A5	¥¥¥¥¥¥¥¥¥¥¥¥¥¥¥¥
2468ACF1D0	A5	A5	A5	A5	A5	A5	A5	A5	A5	A5	A5	A5	A5	A5	A5	A5	¥¥¥¥¥¥¥¥¥¥¥¥¥¥¥¥
2468ACF1E0	A5	A5	A5	A5	A5	A5	A5	A5	A5	A5	A5	A5	A5	A5	A5	A5	¥¥¥¥¥¥¥¥¥¥¥¥¥¥¥¥
2468ACF1F0	A5	A5	A5	A5	A5	A5	A5	A5	A5	A5	A5	A5	A5	A5	A5	A5	¥¥¥¥¥¥¥¥¥¥¥¥¥¥¥¥

图11-14　主硬盘的LBA 12345678h扇区数据截图

11.2.2　完善硬盘驱动程序

通过对硬盘设备的几次实验性操作后，现在我们已经掌握了控制硬盘的方法和步骤，但这些测试代码尚且无法作为一个可供系统使用的硬盘驱动程序，幸好有开源的Linux代码可以参考学习。那么，下面就以Linux的块设备驱动结构模型为蓝图，来设计并实现本系统的硬盘设备驱动程序。

1. Linux的块设备结构概述

机械硬盘作为一种低速的大容量存储设备，它的磁头寻道时间很可能比扇区的读写时间还要长，这使得磁头寻道时间不容忽视。而且，写扇区操作往往比读扇区操作消耗更多的时间。那么，缩短磁头移动距离就可有效节省磁头寻道时间、提高硬盘的数据吞吐量，调整扇区读写顺序则可提高任务的实时性。Linux采用一套复杂的驱动结构模型来实现块设备的操作，这套模型以缩短磁头寻道时间为宗旨，从多个方面优化了扇区操作过程，图11-15示意了Linux块设备驱动的结构模型。

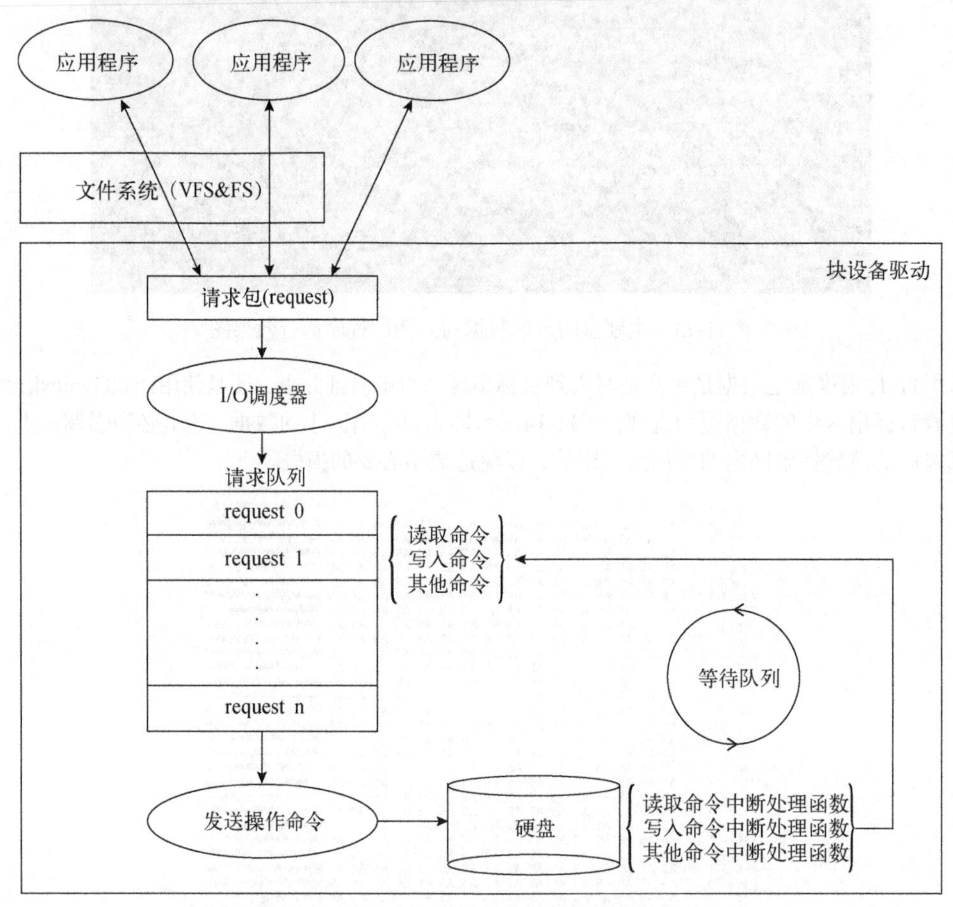

图11-15　Linux块设备驱动的结构模型示意图

从图11-15可以看出，块设备驱动由诸多子模块组成，其中的I/O调度器负责优化硬盘扇区操作过程。更多子模块功能介绍请见表11-19。

表11-19 Linux块设备驱动的结构模型说明表

模 块 名	功能描述
应用程序	应用程序可访问硬盘内的文件，或直接访问硬盘扇区
文件系统	文件系统用于管理硬盘内的文件，应用程序只有穿过虚拟文件系统（VFS）和文件系统（FS）才能访问到文件
块设备驱动	应用程序和文件系统通过硬盘设备的设备号调用块设备驱动程序，进而将扇区操作请求发送至硬盘
请求包（request）	块设备驱动将扇区操作请求封装成请求包，每个请求包可能含有多个操作请求，每个操作请求皆可追溯到对应的内存页面
I/O调度器	I/O调度器根据请求包记录的扇区位置和读写方向，将其插入到请求队列的合适位置，或者将其与请求队列中的某个请求包合并
发送操作命令	硬盘驱动程序从请求队列中取出请求包，并按照请求包的描述向硬盘发送操作命令及数据
中断处理函数	硬盘驱动程序根据操作命令，选择执行不同的中断处理程序分支
等待队列	访问硬盘属于异步操作，在向硬盘发送操作命令时，硬盘驱动会挂起应用程序，并在中断处理函数内将其唤醒

块设备驱动的I/O调度器可由若干种调度算法组成，诸如Linus电梯调度算法、Deadline（最终期限）调度算法、Anticipatory（预测）调度算法等。这些调度算法均有各自优化的侧重点，随着时间的推移，它们将逐渐被更先进的调度算法取代。

2. 重构硬盘驱动程序

为了加深对Linux块设备驱动模型的学习，现将参照图11-15描述的模型结构来实现硬盘设备驱动程序。本系统硬盘驱动程序将在PIO操作模式的基础上，通过ATA控制命令来操作硬盘，目前暂且支持读取扇区、写入扇区和获取硬盘设备识别信息等功能。

在编写硬盘驱动程序的开始阶段，我们将根据硬盘的异步性操作、访问速度较慢等特点，为硬盘驱动程序抽象出一系列结构体和宏常量，代码清单11-29和代码清单11-30是它们的定义。

代码清单11-29 第11章\程序\程序11-6\物理平台\kernel\disk.h

```
#define ATA_READ_CMD        0x24
#define ATA_WRITE_CMD     0x34
#define GET_IDENTIFY_DISK_CMD     0xEC

struct block_buffer_node
{
    unsigned int count;
    unsigned char cmd;
    unsigned long LBA;
    unsigned char * buffer;
    void(* end_handler)(unsigned long nr, unsigned long parameter);

    struct List list;
};

struct request_queue
{
```

```
    struct List queue_list;
    struct block_buffer_node *in_using;
    long block_request_count;
};

struct request_queue disk_request;
struct block_device_operation IDE_device_operation;
```

上述代码为硬盘驱动程序抽象出了一个用于保存硬盘操作请求的请求队列结构体struct request_queue，其中记录着硬盘操作请求队列链表、剩余请求数以及正在处理的硬盘操作请求。而且，硬盘操作请求队列中的每个操作请求项也被抽象成了结构体，它保存着此次操作请求的全部信息以及操作请求执行结束后的处理方法。

为了方便文件系统和应用程序操作硬盘驱动程序，本系统还为硬盘访问者提供了统一的硬盘操作抽象接口（方法），代码清单11-30是其详细定义。

代码清单11-30　第11章\程序\程序11-6\物理平台\kernel\block.h

```
struct block_device_operation
{
    long (* open)();
    long (* close)();
    long (* ioctl)(long cmd,long arg);
    long (* transfer)(long cmd,unsigned long blocks,long count,unsigned char * buffer);
};
```

尽管本系统物理平台搭载的是SATA接口的机械硬盘，但其驱动程序却采用IDE设备接口的PIO操作模式。因此，驱动程序将硬盘操作抽象接口命名为IDE_device_operation，代码清单11-31是其完整定义。

代码清单11-31　第11章\程序\程序11-6\物理平台\kernel\disk.c

```
struct block_device_operation IDE_device_operation =
{
    .open = IDE_open,
    .close = IDE_close,
    .ioctl = IDE_ioctl,
    .transfer = IDE_transfer,
};
```

在这4个操作方法中，open和close接口用于打开和关闭驱动程序，目前尚未实现功能性代码；而ioctl接口则用于向硬盘发送控制命令，目前它仅支持获得硬盘设备识别信息的功能，有兴趣的读者可自行实现其他控制命令。

此处将重点介绍一下transfer接口。transfer接口主要负责处理硬盘的访问操作，代码清单11-32是它的处理方法实现，ioctl接口的处理方法实现与其极为相似。

代码清单11-32　第11章\程序\程序11-6\物理平台\kernel\disk.c

```
long IDE_transfer(long cmd,unsigned long blocks,long count,unsigned char * buffer)
{
    struct block_buffer_node * node = NULL;
    if(cmd == ATA_READ_CMD || cmd == ATA_WRITE_CMD)
```

```
    {
        node = make_request(cmd,blocks,count,buffer);
        submit(node);
        wait_for_finish();
    }
    else
    {
        return 0;
    }
    return 1;
}
```

函数IDE_transfer只能处理ATA_READ_CMD和ATA_WRITE_CMD两个操作命令（ATA控制命令的宏定义），而IDE_ioctl函数则只允许处理GET_IDENTIFY_DISK_CMD控制命令。上述三个命令的执行过程是一致的，即先通过make_request函数创建硬盘操作请求项，再使用submit函数将硬盘操作请求项插入到硬盘操作请求队列中，随后调用函数wait_for_finish等待硬盘操作结束。一旦wait_for_finish函数返回，那就意味着此次硬盘已将操作结果或数据返回给调用者。下面将对这三个函数逐一进行讲解。

按照函数的执行顺序，我们先来看硬盘操作请求项的创建函数make_request，它主要负责为操作请求项开辟存储空间并对其成员变量进行赋值，函数实现如代码清单11-33。

代码清单11-33 第11章\程序\程序11-6\物理平台\kernel\disk.c

```
struct block_buffer_node * make_request(long cmd,unsigned long blocks,long
    count,unsigned char * buffer)
{
    struct block_buffer_node * node = (struct block_buffer_node
        *)kmalloc(sizeof(struct block_buffer_node),0);
    list_init(&node->list);

    switch(cmd)
    {
        case ATA_READ_CMD:
            node->end_handler = read_handler;
            node->cmd = ATA_READ_CMD;
            break;

        case ATA_WRITE_CMD:
            node->end_handler = write_handler;
            node->cmd = ATA_WRITE_CMD;
            break;

        default:///
            node->end_handler = other_handler;
            node->cmd = cmd;
            break;
    }

    node->LBA = blocks;
    node->count = count;
    node->buffer = buffer;

    return node;
}
```

函数make_request会根据命令的特点为其指派不同的回调处理函数。当操作请求项赋值结束，便将其返回给调用者。

紧接着，函数IDE_transfer会相继调用submit函数和wait_for_finish函数。其中的submit函数负责将操作请求项加入到硬盘操作请求队列中，如果硬盘目前处于空闲状态，则立即向硬盘控制器发送命令。随着submit函数执行结束，处理器将通过wait_for_finish函数进入忙等待阶段，直至全局变量disk_flags被中断处理程序赋值为0，完整的程序实现如代码清单11-34。

代码清单11-34　第11章\程序\程序11-6\物理平台\kernel\disk.c

```
void submit(struct block_buffer_node * node)
{
    add_request(node);

    if(disk_request.in_using == NULL)
        cmd_out();
}

void wait_for_finish()
{
    disk_flags = 1;
    while(disk_flags)
        nop();
}
```

在submit函数中，结构体变量disk_request的成员in_using保存着硬盘驱动程序正在处理的操作请求项，如果其值为NULL，则说明驱动程序正处于空闲状态，那么就执行cmd_out函数向硬盘控制器发送操作命令。这里的wait_for_finish函数虽实现简单，但目前已经足够用了，待到内核支持等待队列后再做进一步完善。

代码清单11-35是请求项入队函数add_request的程序实现，调用此函数可将操作请求项插入到硬盘操作请求队列中。

代码清单11-35　第11章\程序\程序11-6\物理平台\kernel\disk.c

```
void add_request(struct block_buffer_node * node)
{
    list_add_to_before(&disk_request.queue_list,&node->list);
    disk_request.block_request_count++;
}
```

经过以上几个函数的处理后，请求项已被插入到硬盘操作请求队列中。如果硬盘操作请求队列中仍有待处理的操作请求项，那么在硬盘处于空闲时，硬盘驱动程序将从请求队列中取出一个请求项，并依据请求项记录的信息执行不同的代码分支，调用函数cmd_out便可实现上述过程。下面将cmd_out函数分为几个片段逐一进行讲解，请先看代码清单11-36。

代码清单11-36　第11章\程序\程序11-6\物理平台\kernel\disk.c

```
long cmd_out()
{
    struct block_buffer_node * node = disk_request.in_using = container_of(list_next
        (&disk_request.queue_list),struct block_buffer_node,list);
```

```
        list_del(&disk_request.in_using->list);
        disk_request.block_request_count--;

        while(io_in8(PORT_DISK0_STATUS_CMD) & DISK_STATUS_BUSY)
            nop();

        switch(node->cmd)
        {
            case ATA_WRITE_CMD:

                    io_out8(PORT_DISK0_DEVICE,0x40);

                    io_out8(PORT_DISK0_ERR_FEATURE,0);
                    io_out8(PORT_DISK0_SECTOR_CNT,(node->count >> 8) & 0xff);
                    io_out8(PORT_DISK0_SECTOR_LOW ,(node->LBA >> 24) & 0xff);
                    io_out8(PORT_DISK0_SECTOR_MID ,(node->LBA >> 32) & 0xff);
                    io_out8(PORT_DISK0_SECTOR_HIGH,(node->LBA >> 40) & 0xff);

                    io_out8(PORT_DISK0_ERR_FEATURE,0);
                    io_out8(PORT_DISK0_SECTOR_CNT,node->count & 0xff);
                    io_out8(PORT_DISK0_SECTOR_LOW,node->LBA & 0xff);
                    io_out8(PORT_DISK0_SECTOR_MID,(node->LBA >> 8) & 0xff);
                    io_out8(PORT_DISK0_SECTOR_HIGH,(node->LBA >> 16) & 0xff);

                    while(!(io_in8(PORT_DISK0_STATUS_CMD) & DISK_STATUS_READY))
                        nop();
                    io_out8(PORT_DISK0_STATUS_CMD,node->cmd);

                    while(!(io_in8(PORT_DISK0_STATUS_CMD) & DISK_STATUS_REQ))
                        nop();
                    port_outsw(PORT_DISK0_DATA,node->buffer,256);
                    break;
        ……
    }
```

这段程序先从硬盘操作请求队列中取出一个操作请求项，此请求项将作为硬盘驱动程序正在处理的操作请求项保存在in_using成员变量中，然后等待硬盘进入空闲状态（硬盘状态端口的忙状态位被复位）。当硬盘处于空闲状态时，驱动程序将依据请求项记录的信息（操作命令）执行不同的代码分支，从而将ATA控制命令及数据发往硬盘控制器。假设当前的请求项记录着写扇区操作请求，那么驱动程序会将48位LBA地址发送到硬盘控制器的命令端口，此处的扇区写入代码分支借鉴于写入扇区数据测试程序。

同理，将读取扇区数据测试程序与扇区写入代码分支融合起来，便可实现48位LBA地址的扇区读取代码分支，详见代码清单11-37。

代码清单11-37　第11章\程序\程序11-6\物理平台\kernel\disk.c

```
    case ATA_READ_CMD:

        io_out8(PORT_DISK0_DEVICE,0x40);

        io_out8(PORT_DISK0_ERR_FEATURE,0);
        io_out8(PORT_DISK0_SECTOR_CNT,(node->count >> 8) & 0xff);
        io_out8(PORT_DISK0_SECTOR_LOW ,(node->LBA >> 24) & 0xff);
```

```
    io_out8(PORT_DISK0_SECTOR_MID ,(node->LBA >> 32) & 0xff);
    io_out8(PORT_DISK0_SECTOR_HIGH,(node->LBA >> 40) & 0xff);

    io_out8(PORT_DISK0_ERR_FEATURE,0);
    io_out8(PORT_DISK0_SECTOR_CNT,node->count & 0xff);
    io_out8(PORT_DISK0_SECTOR_LOW,node->LBA & 0xff);
    io_out8(PORT_DISK0_SECTOR_MID,(node->LBA >> 8) & 0xff);
    io_out8(PORT_DISK0_SECTOR_HIGH,(node->LBA >> 16) & 0xff);

    while(!(io_in8(PORT_DISK0_STATUS_CMD) & DISK_STATUS_READY))
        nop();
    io_out8(PORT_DISK0_STATUS_CMD,node->cmd);
    break;
```

如果操作请求项用于获取硬盘设备识别信息，则执行代码清单11-38所示的硬盘设备识别信息获取分支，此分支同样由相关测试程序修改而成。如果驱动程序不支持操作请求项保存的操作命令，则打印错误信息，该分支也位于代码清单11-38内。

代码清单11-38　第11章\程序\程序11-6\物理平台\kernel\disk.c

```
case GET_IDENTIFY_DISK_CMD:

    io_out8(PORT_DISK0_DEVICE,0xe0);

    io_out8(PORT_DISK0_ERR_FEATURE,0);
    io_out8(PORT_DISK0_SECTOR_CNT,node->count & 0xff);
    io_out8(PORT_DISK0_SECTOR_LOW,node->LBA & 0xff);
    io_out8(PORT_DISK0_SECTOR_MID,(node->LBA >> 8) & 0xff);
    io_out8(PORT_DISK0_SECTOR_HIGH,(node->LBA >> 16) & 0xff);

    while(!(io_in8(PORT_DISK0_STATUS_CMD) & DISK_STATUS_READY))
        nop();
    io_out8(PORT_DISK0_STATUS_CMD,node->cmd);

default:
    color_printk(BLACK,WHITE,"ATA CMD Error\n");
    break;
```

当cmd_out函数返回，也就意味着硬盘驱动程序已将硬盘操作请求发送至硬盘控制器。当硬盘驱动器执行完操作请求，或在执行过程中出现错误，两者皆会向中断控制器发送中断请求信号，从而使处理器执行硬盘中断处理函数disk_handler。函数disk_handler是硬盘中断处理程序的主程序，在其执行过程中会进一步调用操作请求项内预设的回调处理函数，具体实现如代码清单11-39。

代码清单11-39　第11章\程序\程序11-6\物理平台\kernel\disk.c

```
void disk_handler(unsigned long nr, unsigned long parameter, struct pt_regs * regs)
{
    struct block_buffer_node * node = ((struct request_queue *)parameter)->in_using;
    node->end_handler(nr,parameter);
}
```

这里的回调处理方法end_handler是在创建操作请求项时根据命令预设的处理函数，目前共实现read_handler、write_handler以及other_handler三类回调函数，它们分别对应着读取、写入和硬盘设备识别信息三个命令。

代码清单11-40是扇区读写操作的回调处理函数，这两个回调处理函数都会对硬盘状态端口进行检测，如果硬盘出现错误则打印出端口状态值，否则执行相应的处理过程。鉴于获取硬盘设备识别信息的回调处理过程与扇区读取的回调处理过程相似，此处就不再浪费篇幅讲解。

代码清单11-40　第11章\程序\程序11-6\物理平台\kernel\disk.c

```
void read_handler(unsigned long nr, unsigned long parameter)
{
    struct block_buffer_node * node = ((struct request_queue *)parameter)->in_using;

    if(io_in8(PORT_DISK0_STATUS_CMD) & DISK_STATUS_ERROR)
        color_printk(RED,BLACK,"read_handler:%#010x\n",io_in8(PORT_DISK0_ERR_
            FEATURE));
    else
        port_insw(PORT_DISK0_DATA,node->buffer,256);

    end_request();
}

void write_handler(unsigned long nr, unsigned long parameter)
{
    if(io_in8(PORT_DISK0_STATUS_CMD) & DISK_STATUS_ERROR)
        color_printk(RED,BLACK,"write_handler:%#010x\n",io_in8(PORT_DISK0_ERR_
            FEATURE));

    end_request();
}
```

由于扇区的写入操作会先发送数据，因此其回调处理函数仅需检测硬盘状态端口值即可。而扇区的读取操作会在检测硬盘状态端口值的同时，从I/O端口读取硬盘缓存区中的数据。所有的回调处理函数终将以调用end_request函数来宣告操作请求执行结束。

函数end_request的主要任务是回收硬盘驱动程序正在处理的操作请求项，并使忙等待函数wait_for_finish返回。如果此时的硬盘操作请求队列中仍有操作请求项，则调用cmd_out函数继续向硬盘控制器发送命令和数据，代码清单11-41是end_request函数的程序实现。

代码清单11-41　第11章\程序\程序11-6\物理平台\kernel\disk.c

```
void end_request()
{
    kfree((unsigned long *)disk_request.in_using);
    disk_request.in_using = NULL;

    disk_flags = 0;

    if(disk_request.block_request_count)
        cmd_out();
}
```

现在，硬盘设备（块设备）驱动模型已基本实现。在使用硬盘驱动程序前，不要忘记向驱动初始化程序中加入硬盘操作请求队列的初始化代码，并更改硬盘中断处理函数的参数，更多程序细节请参见代码清单11-42。

代码清单11-42　第11章\程序\程序11-6\物理平台\kernel\disk.c

```
void disk_init()
{
    ......

    register_irq(0x2e, &entry , &disk_handler, (unsigned long)&disk_request,
        &disk_int_controller, "disk0");

    io_out8(PORT_DISK0_ALT_STA_CTL,0);

    list_init(&disk_request.queue_list);
    disk_request.in_using = NULL;
    disk_request.block_request_count = 0;

    disk_flags = 0;
}
```

这段程序在注册硬盘中断处理函数时，将硬盘操作请求队列disk_request作为中断处理函数的参数注册到中断处理单元中，并初始化硬盘操作请求队列及相关全局变量。

至此，硬盘驱动程序已实现，下面就来验证它的执行效果。这里依然选用LBA 1234,5678h作为测试扇区，测试程序会先向目标扇区写入测试数据，再读取目标扇区中的数据以验证硬盘驱动程序的执行效果，详细程序实现请参见代码清单11-43。

代码清单11-43　第11章\程序\程序11-6\物理平台\kernel\main.c

```
void Start_Kernel(void)
{
    char buf[512];
    int i;
    ......

    color_printk(RED,BLACK,"disk init \n");
    disk_init();

    color_printk(PURPLE,BLACK,"disk write:\n");
    memset(buf,0x44,512);
    IDE_device_operation.transfer(ATA_WRITE_CMD,0x12345678,1,(unsigned char *)buf);

    color_printk(PURPLE,BLACK,"disk write end\n");

    color_printk(PURPLE,BLACK,"disk read:\n");
    memset(buf,0x00,512);
    IDE_device_operation.transfer(ATA_READ_CMD,0x12345678,1,(unsigned char *)buf);

    for(i = 0 ;i < 512 ; i++)
        color_printk(BLACK,WHITE,"%02x",buf[i]);
    color_printk(PURPLE,BLACK,"\ndisk read end\n");

    ......
}
```

这段程序借助硬盘操作抽象接口`transfer`向硬盘发送操作命令`ATA_WRITE_CMD`和`ATA_READ_CMD`。当测试程序执行结束后，**LBA 1234,5678h**扇区中的数据已全部变为`0x44`，其运行效果请参见图11-16。

图11-16　硬盘驱动程序运行效果图

如果读者希望在硬盘驱动程序中加入I/O调度器来优化磁头寻道路径，可考虑把I/O调度器插入到`add_request`函数或`submit`函数（这些位置仅供参考）中。由于内核的基础功能尚未完全实现，本章的硬盘驱动程序也只是一个基础框架，它将会伴随着内核基础功能的逐步实现而进行升级和完善。

今后的系统程序将在不断地补充和完善中逐步趋于成熟，这个过程将会对过往代码进行修改和调整，读者可借助代码比较工具进行研读学习。

第 12 章

进程管理

经过设备驱动程序一章的洗礼后，本章将对初级篇的进程管理单元（或称进程管理模块）进行补充、升级与完善，这一过程将涉及多核处理器、进程调度、临界区竞争、进程间通信等重要内容和相关知识点。相信经过此次升级后的进程管理单元会更加精彩。

12.1 进程管理单元功能概述

进程这个概念的引入也许要追溯到批处理操作系统或单用户操作系统时代，甚至更早以前。随着处理器运算速度的不断提升，当处理器在批处理操作系统中执行一个I/O消耗型任务（进程）时，这类任务将使处理器长期处于忙等待状态，如果处理器能够在忙等待期间执行其他任务的话，这将会大大缩短总体任务的执行时间。

分时操作系统可以有效缓解这种性能浪费问题，并且强化了进程管理单元这个概念。分时操作系统在批处理操作系统的基础上，将处理器执行任务的时间轴分割为若干个很短的时间片段，等待执行的任务将交替使用这些时间片段。从宏观上看，这些任务仿佛在时间轴内同时执行，但具体到某个时间点却又是在交替执行，即并发执行；当处理器核心数量超过等待执行的任务数量时，这些任务便可各自独占一个处理器，此时这些任务是在并行执行。

从分时操作系统时代开始，进程管理单元在逐渐走向成熟的同时，也变得尤为重要。它不但管理着每个进程或线程的创建、销毁及资源分配情况，而且还仲裁着进程或线程的执行与挂起。图12-1是进程管理单元的功能示意图，它描述了进程队列内的每个进程与处理器、内存等硬件资源在时间轴上的执行关系。

图12-1将进程管理单元的功能分为左中右三部分，它们分别描述了运行状态的进程、进程的状态切换过程和静止状态的进程。

- 左侧是进程的运行状态部分，其描绘了进程在运行时的硬件设备资源使用情况，其中不乏包含有记录进程当前运行状态的RIP与RSP寄存器以及任务状态段、各进程的私有虚拟内存空间和物理内存空间等资源。
- 右侧是进程的静止状态部分，当进程从运行状态进入挂起状态时，进程会将所有资源的使用情况都保存起来。其实，进程的创建过程也始于此处，即先创建静止状态的进程，当时机成熟时调度运行。

- 中间部分表示基于时间片的进程调度器Schedule，进程调度器将根据右侧各个进程的执行因素有选择地把进程或线程调度到左侧的执行环境里运行。每经过一个时间片，进程调度器就会重新对运行中的进程做一次调度评估，以决定接下来应该执行和挂起的进程或线程。

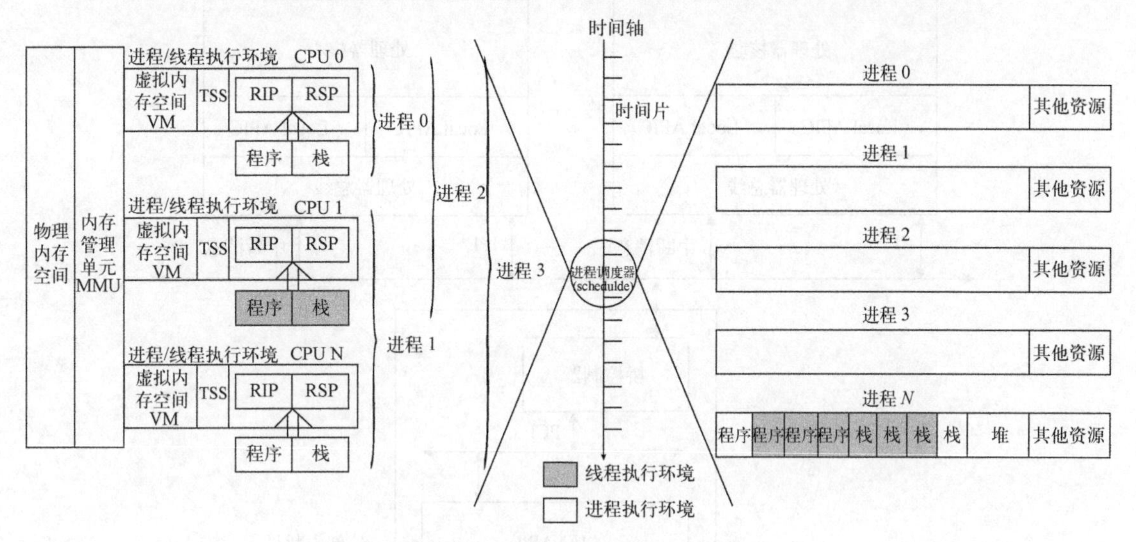

图12-1 进程管理单元功能示意图

分时操作系统的时间片是通过高精度定时器实现的，为了保证时间片长度相等，则必须每次向定时器写入固定计数值（时间值）。这种基于时间片的分时操作系统在处理多任务时有着显著的优势，绝大部分现代通用操作系统均是在此基础上演变而来的，主要是增强了分时操作系统的实时性。

伴随着进程或线程间的交互协作越来越紧密，当多核处理器面世后，大多数操作系统都会存在临界区的资源竞争、进程或线程间的通信等问题，这也是决定进程、线程执行与否的重要因素之一。

12.2 多核处理器

虽然我们已经进入多核处理器时代许多年，可大多数人对多核处理器的理解仍然止步于基础概念阶段，其内部结构与工作原理依然鲜为人知。

对于多核处理器而言，它并非一时的产物，而是经过许多代处理器不断改进后才成为今天的模样。下面就请跟随作者的脚步一同走进多核处理器的世界。

12.2.1 超线程技术与多核技术概述

纵观Intel多核处理器的历史演变与发展，超线程技术（Hyper-Threading）与多核技术（Multi-Core）是两个最为重要的时间点。图12-2描绘了一个典型的基于超线程技术和多核技术的多核处理器结构，现以此图为例来对这两种技术进行讲解。

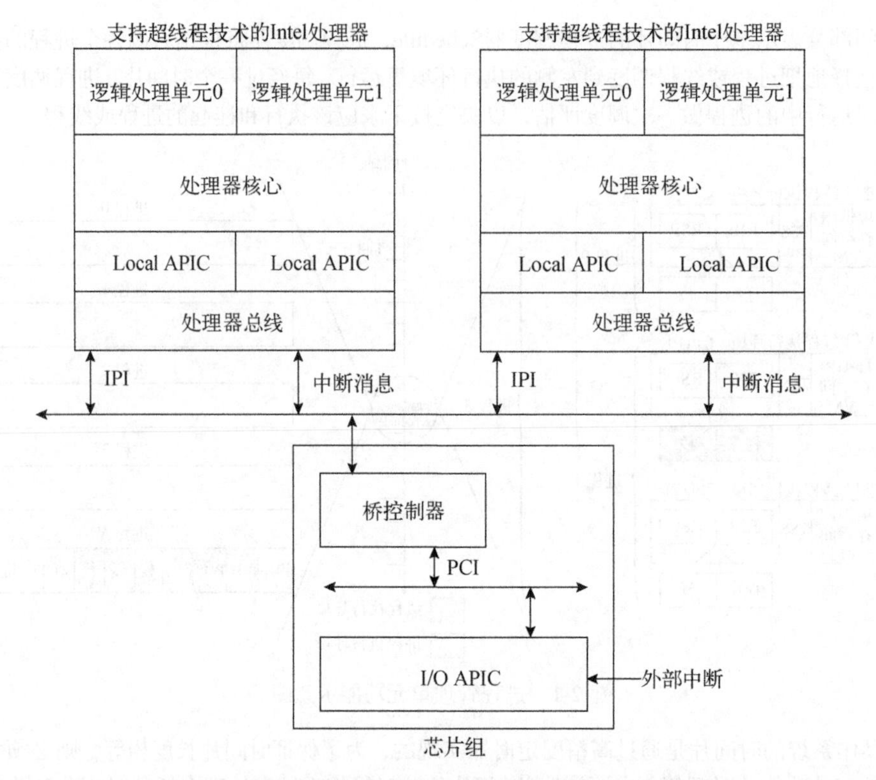

图12-2　基于超线程技术和多核技术的多核处理器结构图

图12-2是一个双核四线程的Intel处理器，它使用多核技术将两个完全独立的处理器核心（Processor Core）集成到一个处理器内。而每个处理器核心又借助超线程技术把两个逻辑处理单元（Logical Processor）集成在其中。以下内容是这些技术的详细解释。

● 超线程技术

超线程技术可将两个逻辑处理单元融入到一个处理器核心内，这两个逻辑处理单元的大部分寄存器和功能是互相独立的，但它们却共享着处理器核心的执行引擎（Execution Engine）、处理器缓存和总线接口。也就是说，虽然处理器核心有两个逻辑处理单元，但执行引擎却只有一个，从而导致这两个逻辑处理单元内的任务只能并发执行。表12-1罗列出了每个逻辑处理单元独享的硬件资源。

表12-1　逻辑处理单元的独享硬件资源表

硬件资源	寄存器名称
通用寄存器	RAX、RBX、RCX、RDX、RSI、RDI、RSP、RBP、R8~R15
段寄存器	CS、DS、SS、ES、FS、GS
x87 FPU寄存器组	ST0 ~ ST7
MMX寄存器组	MM0 ~ MM7

（续）

硬件资源	寄存器名称
XMM寄存器组	XMM0 ~ XMM15
YMM寄存器组	YMM0 ~ YMM15
控制寄存器组	CR0 ~ CR15（部分寄存器无效）
系统表寄存器	GDTR、LDTR、IDTR、TR
调试寄存器组	DR0 ~ DR15（部分寄存器无效）
	E|RFLAGS和E|RIP寄存器
	Local APIC寄存器组
	大部分MSR寄存器

对于一小部分MSR寄存器和MTRR（Memory Type Range Register）寄存器组，它们将被处理器核心内的两个逻辑处理单元共享使用。剩余寄存器可能会被逻辑处理单元独享或共享使用，这取决于处理器的具体实现。

超线程技术可在多处细节上提升处理器的执行效率，而不是一味地增加核心数量来提高处理速度。例如，当一个逻辑处理单元发生缺页时，执行引擎将等待新页面从物理内存换入到处理器缓存中，整个换入过程非常消耗时间。此时，执行引擎就会运行另外一个逻辑处理单元的任务，以减少执行引擎的等待时间。

● 多核技术

尽管超线程技术能够有效降低执行引擎的占空比，可是单核处理器的并发执行速度终究无法超越多核处理器的并行执行速度，最终还是要依靠多核技术以增加处理器数量的方式来提高多任务的处理速度。

● 多线程技术

为了使处理器的多任务处理速度和效率更高，多线程技术（Multi-Threading）整合了超线程技术和多核技术，实现硬件层面的多任务并行处理，它比软件层面的多任务处理更加高效。

在处理器上电或重启后，硬件系统将动态选择一个逻辑处理单元作为BSP（BootStrap Processor，引导处理器），其他逻辑处理单元则作为AP（Application Processor，应用处理器）使用，这两类处理器的功能如下。

- BSP。BSP逻辑处理单元是硬件平台上电后启动的第一个处理器，它负责执行引导程序来配置APIC执行环境、配置系统运行环境、初始化并启动AP。遵照Intel多核处理器的初始化协议，当选定BSP后，只有BSP的IA32_APIC_BASE.BSP[8]标志位会被置位。
- AP。在处理器上电或重启后，AP逻辑处理单元将完成最小集的自我配置工作，随后等待BSP处理器发送Start-up IPI消息。当AP处理器收到Start-up IPI消息后，将从Start-up IPI消息提供的引导程序起始地址开始执行。

不管是BSP逻辑处理单元还是AP逻辑处理单元，它们在处理器上电或重启时，都指派了唯一的APIC ID值。APIC ID值根据APIC控制器版本的不同，可以分为8位（通过`CPUID.01h:EBX[31:24]`获得）和32位（在x2APIC模式下，通过`CPUID.0Bh:EDX`获得）。而且，APIC ID并不是单一的ID值，它可拓扑成3~5个层级，图12-3描述了一个拥有4个拓扑层级APIC ID值。

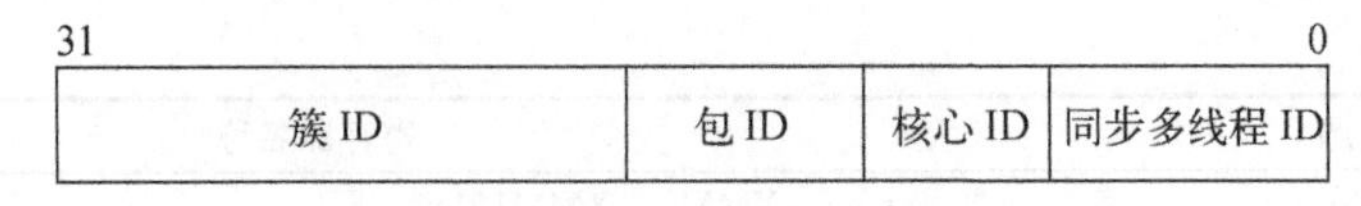

图12-3　APIC ID拓扑结构图

图12-3将4层拓扑结构分别命名为处理器簇ID、处理器包ID、处理器核心ID以及同步多线程ID，表12-2是各层拓扑结构的含义说明。

表12-2　APIC ID拓扑结构的含义说明表

名　称	英文全称	功能描述
簇ID	Cluster ID	在一些支持多线程技术的多处理器运行环境中，处理器可能由多个处理器集群组成，每个集群再由多个处理器系统组成
包ID	Package ID	一个处理器包代表一个多处理器系统，它由两个甚至多个处理器核心组成
核心ID	Core ID	一个处理器核心由一个或多个逻辑处理单元组成，这些逻辑处理单元共享执行引擎
同步多线程ID	SMT ID	一个同步多线程就是一个逻辑处理单元

APIC ID各层拓扑结构的位域宽度是不固定值，通过`CPUID.0Bh`可枚举出APIC ID拓扑结构内的大部分层级位宽，以下是枚举过程的伪代码：

```
Byte Level_type = 1, tmp_value = 0;
Short shift_bit = 0;
While (Level_type)
{
        EAX = 0Bh;
        ECX = tmp_value;
        CPUID;
        Level_type = ECX[15:8];
        shift_bit = EAX[4:0];
        tmp_value ++;
}
N = ECX[7:0];
```

这段伪代码通过向EAX寄存器写入主功能号0Bh，再向ECX[7:0]寄存器写入子功能号0，来枚举APIC ID的拓扑层级。每次枚举都需要将ECX寄存器的子功能号加1，直至ECX[15:8]寄存器返回0为止。每次枚举执行后，ECX[15:8]寄存器都会返回层级类型（0：无效；1：SMT；2：Core；3~255：保留），EAX[4:0]寄存器返回层级位宽（包含上一级位宽），EBX[15:0]寄存器返回当前层级下的逻辑处理单元数量。如果ECX[15:8]寄存器返回0，说明整个枚举过程执行结束，此时ECX[7:0]寄存器返回最大拓扑层级数，EDX寄存器返回当前逻辑处理单元的x2APIC ID值。

值得注意的是`CPUID.0Bh`最多只能枚举出SMT和Core两个层级的位宽，Package层级将使用APIC ID的剩余位宽，而Cluster层级Intel尚未提供查询方法。

将上述伪代码转化为执行程序便可枚举出SMT和Core层级的位宽，进而间接计算出Package层级的位宽，代码清单12-1是完整的枚举程序实现。

代码清单12-1　第12章\程序\程序12-1\物理平台\kernel\SMP.c

```
void SMP_init()
{
```

```
    int i;
    unsigned int a,b,c,d;

    //get local APIC ID
    for(i = 0;;i++)
    {
        get_cpuid(0xb,i,&a,&b,&c,&d);
        if((c >> 8 & 0xff) == 0)
            break;
        color_printk(WHITE,BLACK,"local APIC ID Package_../Core_2/SMT_1,type(%x)
            Width:%#010x,num of logical processor(%x)\n",c >> 8 & 0xff,a & 0x1f,b & 0xff);
    }

    color_printk(WHITE,BLACK,"x2APIC ID level:%#010x\tx2APIC ID the current logical
        processor:%#010x\n",c & 0xff,d);
}
```

这段程序源于新创建的SMP.c文件，在编译系统内核前必须向Makefile文件追加相关编译链接命令。图12-4是SMP_init函数在物理平台上的运行效果。

图12-4　APIC ID拓扑结构枚举效果图

从图12-4显示的枚举结果中可以分析出，i7-2620 MB处理器至少拥有SMT和Core两个层级，其中SMT层级的位宽为1，Core层级的位宽为3（4-1）。对于一个双核四线程的处理器来说，它由3个层级的拓扑结构组成，Package层级的位宽为32 – 3（Core层级位宽）– 1（SMT层级位宽）=28。该执行程序当前运行于BSP逻辑处理单元中，它的x2APIC ID值为0x00000000。值得注意的是，在2.6.8版本的Bochs虚拟机中，CPUID.0Bh的枚举结果可能有误。

12.2.2 多核处理器间的IPI通信机制介绍

多核处理器间的IPI通信机制是以Local APIC和I/O APIC为载体，借助中断投递方式与其他处理器通信。早在第10章就已经对多核处理器间的IPI通信机制略有介绍。其实，它本应属于高级中断处理单元一章的内容，但鉴于其功能独特放在进程管理单元中讲解更为合适，因此才将其从高级中断处理单元一章中分离出来。

多核处理器为IPI通信机制提供了一系列寄存器，以实现不同种中断投递方式的处理器间通信。整个中断投递过程主要围绕ICR（Interrupt Command Register，中断命令寄存器）展开，处理器会根据ICR寄存器的标志位配置情况，有选择地使用其他附属寄存器将IPI消息发送至目标处理器。下面将对IPI通信过程所涉及的寄存器予以介绍。

- ICR

ICR是LocalAPIC寄存器组内的一个64位寄存器，它用于向目标处理器发送IPI中断消息。不同LocalAPIC运行模式下的ICR的寄存器位功能略有不同，图12-5汇总了ICR寄存器在各运行模式下的寄存器位功能。

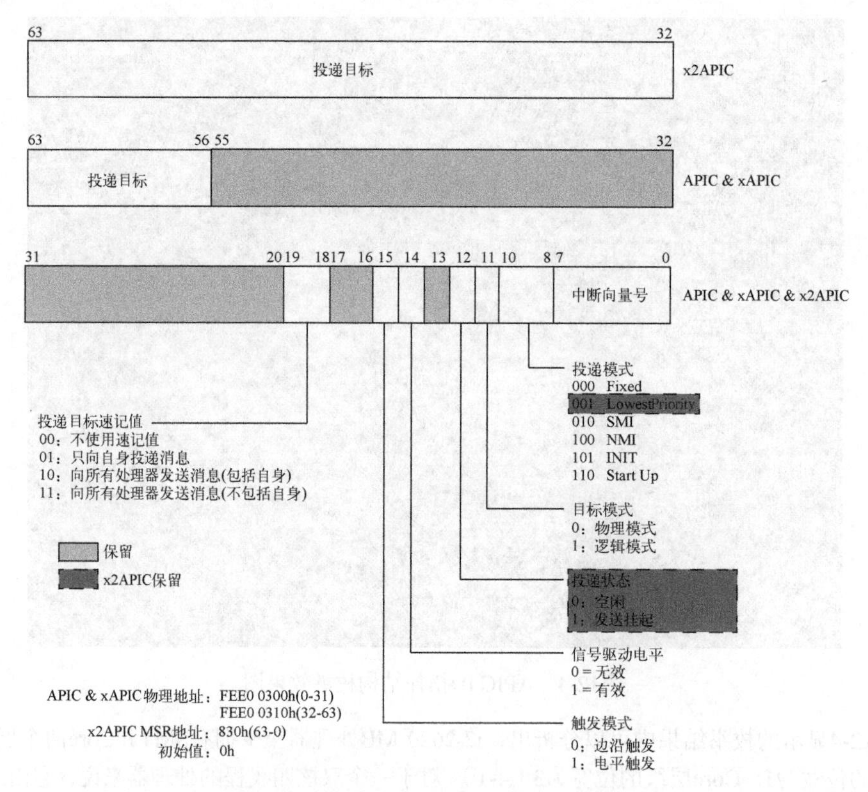

图12-5　ICR寄存器的位功能说明图（APIC & xAPIC & x2APIC）

ICR寄存器各位的功能与LVT以及I/O中断定向投递寄存器（RTE）的位功能十分相似，重复部分此处就不再讲解了，这里重点说明一下不同的寄存器位功能，请看表12-3对它们的介绍。

表12-3 ICR寄存器的位功能说明表

寄存器位域	位置	功能描述
信号驱动电平	14	表示投递中断的信号驱动电平。对于De-assert级别的INIT投递模式，该位必须为0；而其他投递模式，则必须为1
投递目标速记值	18~19	表示投递目标的速记值

在ICR中引入了Start Up投递模式，BSP逻辑处理单元通过此模式可向目标处理器发送引导程序的起始地址。当投递模式为Start Up时，Interrupt Vector位域负责向目标处理器提供引导程序的起始地址，起始地址的格式为000VV000h（VV是Interrupt Vector位域值）。如果Start Up消息投递失败，Local APIC不会自动重发，必须手动重发Start Up消息，出于保险起见，Intel建议向目标处理器投递两次Start Up消息。

投递目标速记值可代替投递目标区域宏观投递中断消息，表12-4描述了ICR寄存器可用的速记值。只有当投递目标速记值为00h时，ICR寄存器才会使用投递目标区域检索目标处理器。

表12-4 投递目标速记值介绍表

速记值	功能描述	速记值	功能描述
00	不使用速记值	10	向所有处理器发送消息（包括自身）
01	只向自身发送消息	11	向所有处理器发送消息（不包括自身）

特别注意，在APIC和xAPIC模式下，ICR由两个32位的寄存器组成。如果向ICR寄存器的低32位写入数据，那么处理器会立即发送IPI消息。因此，我们必须先向ICR寄存器的高32位写入数据，再向低32位写入数据。

- LDR与DFR

当ICR使用逻辑目标投递模式时，Destination Field位域将不再代表APIC ID值，而是代表一个8位的MDA（Message Destination Address，消息目标地址）。当Local APIC收到一个逻辑目标投递模式的IPI消息时，Local APIC会根据LDR（Logical Destination Register，逻辑目标寄存器）和DFR（Destination Format Register，目标格式寄存器）的设置对MDA值进行仲裁，以确定是否处理这条IPI消息。

此处的LDR保存着逻辑APIC ID值，图12-6汇总了LDR寄存器在各运行模式下的寄存器位功能，请读者不要混淆逻辑APIC ID值与LocalAPIC ID值。

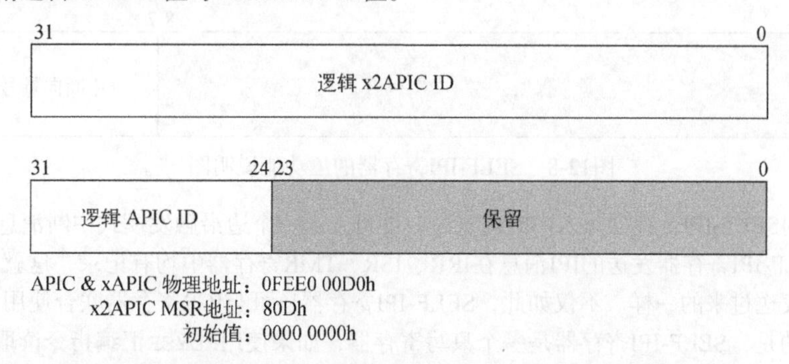

图12-6 LDR寄存器的位功能说明图（APIC & xAPIC & x2APIC）

LDR无法在逻辑目标投递过程中单独使用，它必须与DFR联合使用。DFR负责设置逻辑APIC ID与MDA的匹配模式，在APIC和xAPIC模式下，逻辑目标格式共有平坦模式（Flat Model）或集群模式（Cluster Model）两种。而x2APIC模式已不再支持平坦模式，仅剩集群模式一种，以至于x2APIC模式废除了DFR寄存器。图12-7描述了DFR各位的功能。

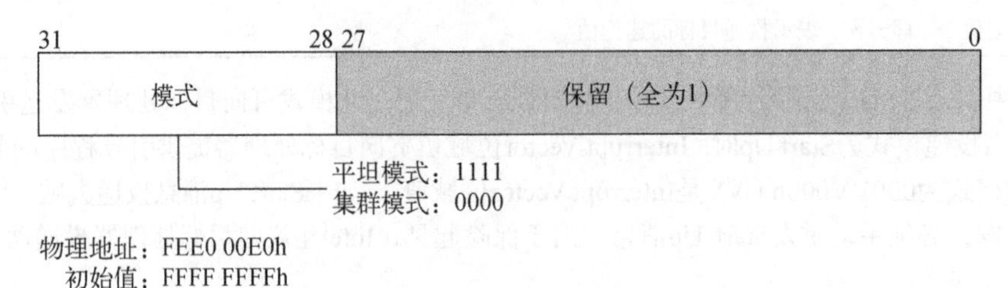

图12-7　DFR寄存器的位功能说明图（APIC & xAPIC）

平坦模式与集群模式在逻辑目标的检索方式上存在很大区别，表12-5介绍了这两种逻辑目标格式的特点。

表12-5　逻辑目标格式介绍表

模式名	功能描述
平坦模式	平坦模式用逻辑APIC ID的每位代表一个Local APIC。在发送IPI消息时，可置位MDA中的一位或几位，凡是逻辑APIC ID与MDA执行逻辑与操作后不为0的处理器皆为目标处理器，只有这些目标处理器才会接收并处理IPI消息
集群模式	集群模式又可细分为平坦集群（Flat Cluster）和分层集群（Hierarchical Cluster）。平坦集群与平坦模式相似，而分层集群则需要借助特殊管理设备才能实现

关于平坦模式和集群模式的更多介绍，还请感兴趣的读者自行阅读Intel官方白皮书。

- SELF-IPI寄存器

在x2APIC模式下，Local APIC引入了一个名为SELF-IPI的寄存器，它旨在优化向自身投递IPI消息的路径，以换取更高的自身通信速度，图12-8是SELF-IPI寄存器各位的功能说明。

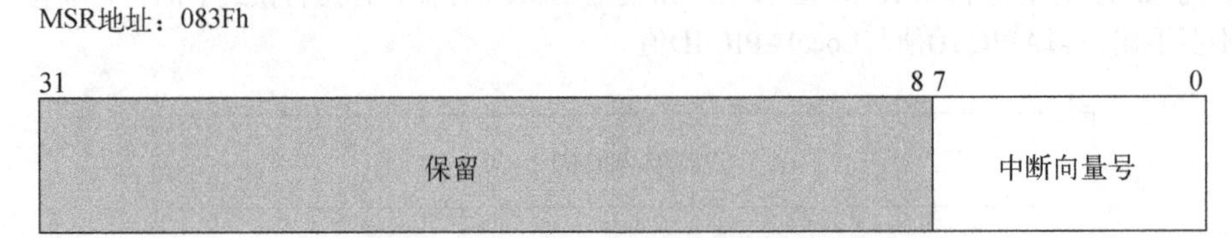

图12-8　SELF-IPI寄存器的位功能说明图

软件只需向SELF-IPI寄存器写入中断向量号，即可发送一个边沿触发模式中断消息到其所在处理器。而且，SELF-IPI寄存器发送的IPI消息在IRR、ISR、TMR寄存器中均有记录，这就如同本条IPI消息是从总线上发送过来的一样。不仅如此，SELF-IPI寄存器还可与ICR寄存器联合使用。

特别注意的是，SELF-IPI寄存器是一个只写寄存器，如果使用`RDMSR`汇编指令读取SELF-IPI寄存器将触发`#GP`异常。

12.2.3 让我们的系统支持多核

在掌握了多核处理器间的IPI通信机制（技术）后，本节将完成多核处理器的引导、启动及初始化工作，以深化理解IPI通信机制并增强系统的并行、并发处理能力。

鉴于多核处理器的引导初始化过程十分复杂，出现问题难于调试。所以，在编程初期先使用Bochs虚拟机进行程序调试，待到初见规模后再将程序组入到物理平台中。

1. SMP与ASMP系统结构简介

处理器是操作系统运行的载体，多个处理器意味着可以同时运行多个操作系统。那么，这些处理器是互相协作运行在一个操作系统上，还是各自独立运行在不同的操作系统上？这个问题在多核操作系统设计之初必须明确。只有确定多核操作系统选用的系统结构，才能有清晰的思路去编写多核处理器的引导初始化程序。

多核操作系统结构大体上可分为SMP（Symmetric Multi-Processing，对称多处理器）系统结构和ASMP（Asymmetric Multi-Processing，非对称多处理器）系统结构，以下是它们的概念、特点以及启动时序。

- SMP系统结构

SMP系统结构将多个处理器应用于同一操作系统内，以增加多任务的并行处理速度，图12-9描绘了一个经典的SMP系统结构。

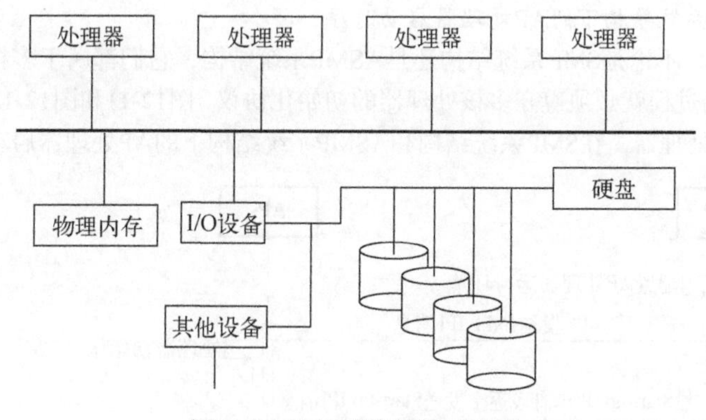

图12-9 SMP系统结构示意图

当SMP系统初始化结束后，其系统结构下的处理器将平等使用系统中的所有资源。SMP系统结构的优势在于操作系统对各个处理器的管理和控制比较方便，很容易实现处理器间的负载均衡。而且，在设计SMP系统结构时，可为各个处理器分配共享的内存空间（全部或部分），从而给处理器间的互相访问带来方便。但在处理器间共享资源却是一把双刃剑，在共享资源的同时，也给资源竞争带来了诸多潜在隐患。为了避免这些潜在隐患的发生，SMP系统引入了信号量、自旋锁、原子变量等技术，将并行访问竞争资源的过程串行化。

- ASMP系统结构

ASMP系统结构与SMP系统结构恰恰相反。ASMP系统中的各个处理器在很大程度上是独立运行的，它们之间只存在少量的通信工作，图12-10描绘了两种典型的ASMP系统结构。

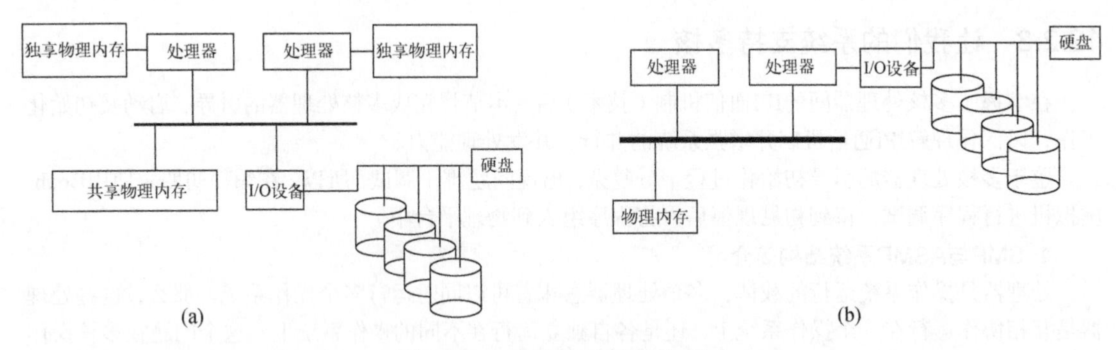

图12-10　ASMP系统结构示意图

上图介绍了两种比较典型的ASMP系统结构。图12-10a的特点是每个处理器都拥有独立的内存空间，同时它们又共享着系统中的大部分资源，这种系统结构通常应用于多操作系统并存的环境下；图12-10b的特点是所有处理器共享内存空间，系统里的一些处理器用于管理和访问资源，而另一些处理器则专门负责执行任务。

在ASMP系统结构里，虽然处理器间的交互访问次数较SMP系统结构小很多，但在某些特定环境或设计方案下，资源竞争现象依然存在。因此，对于ASMP系统结构而言，信号量、自旋锁、原子变量等技术依然不可或缺。

- SMP与ASMP系统结构下的AP处理器启动时序

在硬件系统层面，不论是SMP系统结构还是ASMP系统结构，它们都属于多核处理器系统结构，那么AP处理器的启动过程就必须遵守多核处理器的初始化协议。图12-11和图12-12分别描绘了基于IPI通信机制的Intel多核处理器，在SMP系统结构和ASMP系统结构下的AP处理器启动时序。

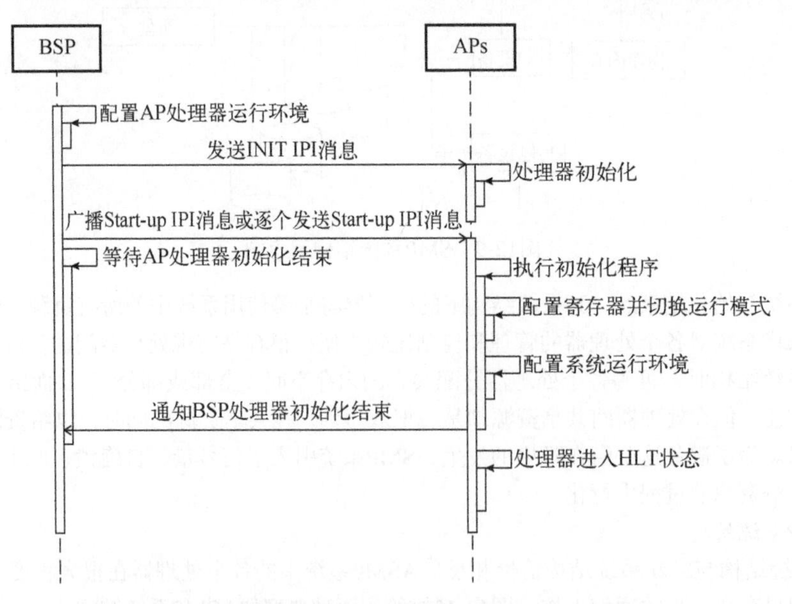

图12-11　SMP系统结构下的AP处理器启动时序图

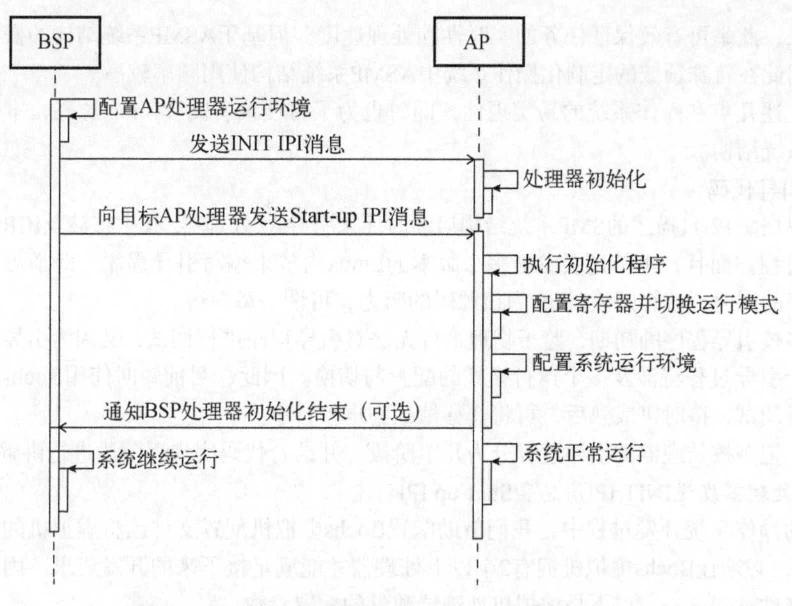

图12-12　ASMP系统结构下的AP处理器启动时序图

从这两个图中可以看出AP处理器的大致启动流程如下。

(1) 当BSP处理器启动后，它会为AP处理器准备运行环境，这一过程主要是将AP处理器的初始化程序复制到目标物理地址处（AP处理器起初运行于实模式，这使得AP处理器的物理地址寻址能力只有1 MB）。

(2) BSP处理器向目标AP处理器发送INIT IPI消息（可以广播消息或逐个发送消息）。AP处理器在收到INIT IPI消息后会进行自身初始化。

(3) BSP处理器向目标AP处理器发送Start-up IPI消息（可以广播消息或逐个发送消息），出于保险起见，Intel建议发送两次Start-up IPI消息。AP处理器在收到Start-up IPI消息后，将从Start-up IPI消息提供的引导程序起始地址处执行。引导程序会对AP处理器的各项功能进行配置，并将AP处理器切换至最终运行模式进行系统环境配置。

(4) 对于SMP系统结构，当BSP处理器向所有AP处理器发送Start-up IPI消息后进入等待状态，等待所有AP处理器向其发送初始化结束信号。而AP处理器在向BSP处理器发送结束信号后进入HLT状态，等待系统指派任务。对于ASMP系统结构，AP处理器可能不会向BSP处理器发送初始化结束信号就直接转去执行任务，而BSP处理器也无需等待所有AP处理器初始化结束后才继续执行。

- SMP系统结构与ASMP系统结构的选择

对于SMP系统结构和ASMP系统结构而言，它们均可应用于民用领域或特殊领域，具体的系统结构选型由实际应用场景决定。

SMP系统结构的通用性比较强、易于实现任务的负载均衡，适用于某些任务吞吐量较大的场景，Unix和Linux操作系统皆基于SMP系统结构实现。但在某些苛刻的环境下SMP系统结构却不一定能满足要求。

ASMP系统结构在操作系统的设计上较为灵活，它通常有着良好的性能优势，可直接将任务与处理器绑定起来，此举可有效保证任务的实时性和处理速度。但基于ASMP系统结构的操作系统普遍需要定制化，因此在特殊领域的定制化操作系统中ASMP系统结构使用频率较高。

考虑到上述几点和操作系统的易实现性，同时也为了方便读者阅读Linux源码，本书操作系统暂且采用SMP系统结构。

2. 多核引导代码

本节将根据图12-11描述的SMP系统结构启动时序来引导AP处理器，其中将涉及ICR和其他附属寄存器的配置过程。而且，本节还会参考多个版本的Linux内核来编写引导程序。此举可使读者在完成多核引导程序的同时，减轻阅读Linux内核源码的阻力，可谓一举两得。

在编写多核引导程序的初期，鉴于物理平台无法对引导程序进行调试，又因为引导程序的逻辑非常复杂，整个引导过程将涉及多个运行模式的配置与切换。因此，目前暂时使用Bochs虚拟机对多核引导程序进行调试，待时机成熟后，再将其移植到物理平台中。

接下来，把多核处理器的引导过程分为几个阶段，并结合代码实现逐阶段进行讲解。

- 向AP处理器发送INIT IPI消息和Start-up IPI消息

在此前的操作系统开发过程中，我们借助配置Bochs虚拟机配置文件已将虚拟机的处理器数量设置为1。现在，必须让Bochs虚拟机拥有2个以上处理器才能满足接下来的开发要求。因此，必须调整虚拟机配置文件`bochsrc`，以下是虚拟机处理器数量的配置参数。

```
cpu: count=1:1:2 ……
```

配置参数`count`可表示一个3层的处理器拓扑结构，读者可根据个人需要自行调整配置参数。但鉴于SMP系统结构下的内存是共享的，为了减少资源竞争和同步等现象，也为了更精简地描述多核处理器的引导过程，这里暂且为Bochs虚拟机配置一个拥有两个逻辑处理单元的处理器。

为了验证INIT IPI消息和Start-up IPI消息可以发送至目标处理器，此时的AP处理器引导程序不应太过复杂。同时，由于我们初次使用ICR寄存器发送IPI消息，其寄存器位的配置应该尽量简单为妙。详细的IPI消息发送过程请参见代码清单12-2。

代码清单12-2　第12章\程序\程序12-2\虚拟平台\kernel\main.c

```
void Start_Kernel(void)
{
    ......
    color_printk(RED,BLACK,"pagetable init \n");
    pagetable_init();
    Local_APIC_init();
    color_printk(RED,BLACK,"ICR init \n");

    *(unsigned char *)0xffff800000020000 = 0xf4;    //hlt

    __asm__ __volatile__(   "movq   $0x00,   %%rdx      \n\t"
                            "movq   $0xc4500,%%rax      \n\t"
                            "movq    $0x830,    %%rcx   \n\t"   //INIT IPI
                            "wrmsr                      \n\t"
                            "movq   $0x00,   %%rdx      \n\t"
                            "movq   $0xc4620,%%rax      \n\t"
                            "movq    $0x830,    %%rcx   \n\t"   //Start-up IPI
                            "wrmsr                      \n\t"
```

```
                "movq       $0x00,      %%rdx       \n\t"
                "movq       $0xc4620,%%rax          \n\t"
                "movq       $0x830,     %%rcx       \n\t"   //Start-up IPI
                "wrmsr                              \n\t"
                :::"memory");
    ......
}
```

为了精简功能，内核主程序仅对Local APIC进行了初始化，并且暂时移除设备驱动程序、I/O APIC以及处理器固件信息的相关程序。随后选用物理地址`0x20000`作为AP处理器的引导程序起始地址，该物理地址已被页管理机制映射到线性地址`0xffff800000020000`处，向此线性地址写入汇编指令`HLT`使处理器进入中止状态（停止运行），汇编指令`HLT`的机器码为`0xf4`。然后，再通过内嵌汇编语句的方式，借助`WRMSR`汇编指令向ICR寄存器写入IPI消息，即向除自身以外的所有处理器广播INIT IPI消息和Start-up IPI消息（两次）。

启动Bochs虚拟机，当系统正常运行后，终端命令行会显示以下日志信息：

```
00097616235i[CPU0  ] RDMSR: Read 00000000:fee00900 from MSR_APICBASE
00097616240i[CPU0  ] WRMSR: wrote 00000000:fee00d00 to MSR_APICBASE
00097616240i[APIC0 ] allocate APIC id=0 (MMIO disabled) to 0x0000fee00000
00097616240i[CPU0  ] RDMSR: Read 00000000:fee00d00 from MSR_APICBASE
00098739350i[APIC1 ] Deliver INIT IPI
00098739350i[CPU1  ] cpu software reset
00098739350i[APIC1 ] allocate APIC id=1 (MMIO enabled) to 0x0000fee00000
00098739350i[CPU1  ] CPU[1] is an application processor. Halting until SIPI.
00098739350i[CPU1  ] CPUID[0x00000000]: 0000000d 756e6547 6c65746e 49656e69
00098739350i[CPU1  ] CPUID[0x00000001]: 000306c3 01020800 77faf3bf bfebfbff
00098739350i[CPU1  ] CPUID[0x00000002]: 76036301 00f0b5ff 00000000 00c10000
00098739350i[CPU1  ] CPUID[0x00000003]: 00000000 00000000 00000000 00000000
00098739350i[CPU1  ] CPUID[0x00000004]: 1c004121 01c0003f 0000003f 00000000
00098739350i[CPU1  ] CPUID[0x00000005]: 00000040 00000040 00000003 00042120
00098739350i[CPU1  ] CPUID[0x00000006]: 00000077 00000002 00000009 00000000
00098739350i[CPU1  ] CPUID[0x00000007]: 00000000 000027a9 00000000 00000000
00098739350i[CPU1  ] CPUID[0x00000008]: 00000000 00000000 00000000 00000000
00098739350i[CPU1  ] CPUID[0x00000009]: 00000000 00000000 00000000 00000000
00098739350i[CPU1  ] WARNING: Architectural Performance Monitoring is not implemented
00098739350i[CPU1  ] CPUID[0x0000000a]: 07300403 00000000 00000000 00000603
00098739350i[CPU1  ] CPUID[0x0000000b]: 00000001 00000002 00000100 00000001
00098739350i[CPU1  ] CPUID[0x0000000c]: 00000000 00000000 00000000 00000000
00098739350i[CPU1  ] CPUID[0x0000000d]: 00000007 00000240 00000340 00000000
00098739355i[APIC1 ] Deliver Start Up IPI
00098739355i[CPU1  ] CPU 1 started up at 2000:00000000 by APIC
00098739355i[CPU1  ] WARNING: HLT instruction with IF=0!
00098739360i[APIC1 ] Deliver Start Up IPI
00098739360i[CPU1  ] CPU 1 started up by APIC, but was not halted at that time
^C00471914665i[      ] Ctrl-C detected in signal handler.
Next at t=471914670
(0) [0x000000104efd] 0008:ffff800000104efd (unk. ctxt): jmp .-2 (0xffff800000104efd) ; ebfe
(1) [0x000000020001] 2000:0001 (unk. ctxt): add byte ptr ds:[bx+si], al ; 0000
```

这段日志信息中的`[APIC1 ] Deliver INIT IPI`表示CPU1已收到INIT IPI消息。随后，CPU1开始进行自身初始化，并进入停止状态等待接收Start-up IPI消息。而日志信息`[APIC1 ] Deliver`

Start Up IPI则表明CPU1已收到Start-up IPI消息，其后的[CPU1] CPU 1 started up at 2000:00000000 by APIC则说明CPU1已从物理地址0x20000处开始执行，此时代码段寄存器CS的值为0x2000，IP寄存器的值为0。又因为CPU1执行的第一条汇编指令是HLT，于是CPU1便进入中止状态，而且由于中断标志位IF处于复位状态，因此终端命令行才会显示[CPU1] WARNING: HLT instruction with IF=0!。由于Start-up IPI消息投递了两次，所以[CPU1] CPU 1 started up字样才会出现两次。

现在，向终端命令行键入Ctrl+C按键进入DBG调试命令行，虚拟机将暂停运行。最后3行显示了CPU0和CPU1正在执行的位置，其中包括代码段的基地址值（CPU1运行于实模式）和段选择子（CPU0运行于IA-32e模式）、（R）IP寄存器值。

向调试命令行输入命令set $cpu = 1可切换调试处理器，随即输入调试命令r和sreg查看CPU1的段寄存器信息与通用寄存器信息，其查询结果大致如下：

```
<bochs:2> set $cpu = 1
<bochs:3> r
CPU1:
rax: 00000000_00000000 rcx: 00000000_00000000
rdx: 00000000_00000000 rbx: 00000000_00000000
rsp: 00000000_00000000 rbp: 00000000_00000000
rsi: 00000000_00000000 rdi: 00000000_00000000
r8 : 00000000_00000000 r9 : 00000000_00000000
r10: 00000000_00000000 r11: 00000000_00000000
r12: 00000000_00000000 r13: 00000000_00000000
r14: 00000000_00000000 r15: 00000000_00000000
rip: 00000000_00000001
eflags 0x00000002: id vip vif ac vm rf nt IOPL=0 of df if tf sf zf af pf cf
<bochs:4> sreg
es:0x0000, dh=0x00009300, dl=0x0000ffff, valid=7
    Data segment, base=0x00000000, limit=0x0000ffff, Read/Write, Accessed
cs:0x2000, dh=0x00009302, dl=0x0000ffff, valid=1
    Data segment, base=0x00020000, limit=0x0000ffff, Read/Write, Accessed
ss:0x0000, dh=0x00009300, dl=0x0000ffff, valid=7
    Data segment, base=0x00000000, limit=0x0000ffff, Read/Write, Accessed
ds:0x0000, dh=0x00009300, dl=0x0000ffff, valid=7
    Data segment, base=0x00000000, limit=0x0000ffff, Read/Write, Accessed
fs:0x0000, dh=0x00009300, dl=0x0000ffff, valid=7
    Data segment, base=0x00000000, limit=0x0000ffff, Read/Write, Accessed
gs:0x0000, dh=0x00009300, dl=0x0000ffff, valid=7
    Data segment, base=0x00000000, limit=0x0000ffff, Read/Write, Accessed
ldtr:0x0000, dh=0x00008200, dl=0x0000ffff, valid=1
tr:0x0000, dh=0x00008b00, dl=0x0000ffff, valid=1
gdtr:base=0x0000000000000000, limit=0xffff
idtr:base=0x0000000000000000, limit=0xffff
```

从日志信息可知，代码段寄存器CS的值为0x2000，此值在实模式下表示物理地址0x20000，这与Start-up IPI消息的Vector位域值0x20相符。RIP寄存器值为0x01，这也是因为AP处理器执行的第一条汇编指令是HLT。其他段寄存器尚未进行初始化，它们的寄存器值皆为0。

- 配置AP处理器执行环境并切换运行模式

经过INIT IPI消息和Start-up IPI消息的投递实验后，现在将为AP处理器编写引导程序。虽然引导程序并不长，但它却浓缩了处理器从实模式切换至IA-32e模式的整个过程。接下来将这段晦涩的程序拆分成多段，再逐一进行讲解。

代码清单12-3是引导程序入口，这部分程序完成了一些必需的准备工作，以使引导程序能在AP处理器中顺利执行。

代码清单12-3　第12章\程序\程序12-3\虚拟平台\kernel\APU_boot.S

```
#include "linkage.h"

.balign    0x1000

.text
.code16

ENTRY(_APU_boot_start)

_APU_boot_base = .

    cli
    wbinvd

    mov    %cs,    %ax
    mov    %ax,    %ds
    mov    %ax,    %es
    mov    %ax,    %ss
    mov    %ax,    %fs
    mov    %ax,    %gs

#    set sp

    movl    $(_APU_boot_tmp_Stack_end - _APU_boot_base),    %esp
```

这段代码中的伪指令`.balign 0x1000`负责将程序计数器按4 KB边界对齐。由于AP处理器初始运行在实模式下，因此随后使用伪指令`.code16`对运行于实模式下的程序加以修饰。宏代码`ENTRY(_APU_boot_start)`和`ENTRY(_APU_boot_end)`定义了一对全局地址标识符，它们代表AP处理器引导程序的起始地址和结束地址。标识符`_APU_boot_base`代表引导程序编译链接后的绝对地址，此处的符号`.`在功能上与链接脚本中的符号`.`十分相似，表示程序定位器的当前位置（线性地址），其与标识符`_APU_boot_base:`的作用相似。

本段程序首先通过汇编指令`CLI`复位中断使能标志位IF，再执行汇编指令`WBINVD`将处理器缓存同步到物理内存中。紧接着，初始化各个段寄存器和栈指针寄存器ESP。最后一行代码中的源操作数`$(_APU_boot_tmp_Stack_end - _APU_boot_base)`代表栈顶地址距栈基地址的偏移，即使用栈顶地址`_APU_boot_tmp_Stack_end`减去引导程序的起始地址`_APU_boot_base`。因为栈段寄存器SS的物理基地址与代码段（引导程序）的起始物理地址同为`0x2000`，所以栈顶物理地址为`0x20000`加`$(_APU_boot_tmp_Stack_end - _APU_boot_base)`。

因为我们的系统内核位于1 MB以上物理内存空间，这是Start-up IPI消息无法指定的引导地址，故此必须将AP处理器的引导程序复制到物理地址`0x20000`处。这也导致编译链接后的绝对地址不正确，这些绝对地址值必须重新计算。那么接下来就通过代码清单12-4重新计算出这些绝对地址。

代码清单12-4　第12章\程序\程序12-3\虚拟平台\kernel\APU_boot.S

```
#   get base address

    mov     %cs,    %ax
    movzx   %ax,    %esi
    shll    $4,     %esi

#   set gdt and 32&64 code address

    leal    (_APU_Code32 - _APU_boot_base)(%esi),    %eax
    movl    %eax,    _APU_Code32_vector - _APU_boot_base

    leal    (_APU_Code64 - _APU_boot_base)(%esi),    %eax
    movl    %eax,    _APU_Code64_vector - _APU_boot_base

    leal    (_APU_tmp_GDT - _APU_boot_base)(%esi),   %eax
    movl    %eax,    (_APU_tmp_GDT + 2 - _APU_boot_base)
```

这段程序先通过代码段寄存器CS取得引导程序的物理基地址，再将各绝对地址的段内偏移值重新与物理基地址（保存于ESI寄存器内）相加，并通过`LEA`汇编指令把计算后的有效地址保存在EAX寄存器中。最后，将EAX寄存器中的有效地址更新至远跳转指令的目标地址部分。例如，代码`(_APU_Code32 - _APU_boot_base)(%esi)`用于计算标识符`_APU_Code32`的起始物理地址，将该地址值保存在远跳转地址`_APU_Code32_vector`（由段选择子和段内偏移组成）的段内偏移部分。

当计算出有效地址值后，处理器的运行模式便可切换，代码清单12-5负责从实模式切换至保护模式。

代码清单12-5　第12章\程序\程序12-3\虚拟平台\kernel\APU_boot.S

```
#   load idt gdt

    lidtl    _APU_tmp_IDT - _APU_boot_base
    lgdtl    _APU_tmp_GDT - _APU_boot_base

#   enable protected mode

    smsw    %ax
    bts     $0      ,%ax
    lmsw    %ax

#   go to 32 code
    ljmpl    *(_APU_Code32_vector - _APU_boot_base)
```

此段代码以加载GDT和IDT为开始，这两个加载指令均使用段内偏移地址，它们也是通过计算而得。然后，借助汇编指令`SMSW`和`LMSW`操作CR0控制寄存器以开启保护模式（通过`BTS`指令置位CR0.PE标志位）。最后使用汇编代码`ljmpl`（绝对地址远跳转指令）跳转至地址`_APU_Code32`处执行保护模式代码，远跳转地址`_APU_Code32_vector`内保存的数值为`0x08`：`(_APU_Code32 - _APU_boot_base)(%esi)`（段选择子：段内偏移）。

至此，AP处理器运行在保护模式。当AP处理器进入保护模式后，它将继续为进入IA-32e模式做准备。代码清单12-6可将AP处理器从保护模式切换至IA-32e模式。

代码清单12-6 第12章\程序\程序12-3\虚拟平台\kernel\APU_boot.S

```
.code32
.balign 4
_APU_Code32:
#   go to 64 code

    mov    $0x10,  %ax
    mov    %ax,    %ds
    mov    %ax,    %es
    mov    %ax,    %ss
    mov    %ax,    %fs
    mov    %ax,    %gs

    leal    (_APU_boot_tmp_Stack_end - _APU_boot_base)(%esi),    %eax
    movl    %eax,    %esp

#   open PAE

    movl   %cr4,   %eax
    bts    $5,     %eax
    movl   %eax,   %cr4

#   set page table

    movl   $0x90000,    %eax
    movl   %eax,   %cr3

#   enable long mode

    movl   $0xC0000080,    %ecx
    rdmsr

    bts    $8,    %eax
    wrmsr

#   enable PE & paging

    movl   %cr0,  %eax
    bts    $0,    %eax
    bts    $31,   %eax
    movl   %eax,  %cr0

    ljmp    *(_APU_Code64_vector - _APU_boot_base)(%esi)
```

代码清单12-6首先为保护模式初始化运行环境，这一过程包括初始化各段寄存器和ESP，此处的栈顶地址仍然采用段基地址（保存在ESI寄存器内）加段内偏移（通过代码`_APU_boot_tmp_Stack_end - _APU_boot_base`计算而得）的方法得到。

随后，这段程序将为IA-32e模式准备运行环境。为了节省空间，此处选择复用BSP处理器在引导阶段使用的临时页表，页目录的物理基地址为`0x90000`。经过漫长的寄存器配置过程，最终依然通过绝对地址远跳转指令实现从保护模式向IA-32e模式切换过程。

12

当AP处理器进入IA-32e模式后，不要忘记重新初始化各段寄存器。代码清单12-7负责完成IA-32e模式的运行环境初始化工作。

代码清单12-7　第12章\程序\程序12-3\虚拟平台\kernel\APU_boot.S

```
.code64
.balign 4
_APU_Code64:
#	go to head.S
	movq	$0x20,	%rax
	movq	%rax,	%ds
	movq	%rax,	%es
	movq	%rax,	%fs
	movq	%rax,	%gs
	movq	%rax,	%ss

	hlt
```

现在，AP处理器已经完成运行模式的切换工作。代码清单12-8是引导程序的剩余部分，其中保存着模式切换过程所必需的描述符表、远跳转地址以及栈空间等数据。

代码清单12-8　第12章\程序\程序12-3\虚拟平台\kernel\APU_boot.S

```
.balign 4
_APU_tmp_IDT:
	.word	0
	.word	0,0

.balign 4
_APU_tmp_GDT:
	.short	_APU_tmp_GDT_end - _APU_tmp_GDT - 1
	.long	_APU_tmp_GDT - _APU_boot_base
	.short	0
	.quad	0x00cf9a000000ffff
	.quad	0x00cf92000000ffff
	.quad	0x0020980000000000
	.quad	0x0000920000000000
_APU_tmp_GDT_end:

.balign 4
_APU_Code32_vector:
	.long	_APU_Code32 - _APU_boot_base
	.word	0x08,0

.balign 4
_APU_Code64_vector:
	.long	_APU_Code64 - _APU_boot_base
	.word	0x18,0

.balign 4
_APU_boot_tmp_Stack_start:
	.org	0x400
_APU_boot_tmp_Stack_end:

ENTRY(_APU_boot_end)
```

代码清单12-8为引导程序定义了GDT、IDT以及各模式的远跳转地址。此处的GDT不仅包含了保护模式的代码段描述符和数据段描述符，还包含了IA-32e模式的代码段描述符与数据段描述符。远跳转地址_APU_Code32_vector记录着32位保护模式的目标段选择子和段内偏移，而远跳转地址_APU_Code64_vector则记录着32位兼容模式（32位IA-32e模式）的目标段选择子与段内偏移。

多核处理器的引导程序借助伪指令.org 0x400，将引导程序的长度限制在0x400（1 KB），其中的低地址部分保存着可执行程序、描述符表以及远跳转地址等信息，而高地址部分则预留给栈空间使用，即标识符_APU_boot_tmp_Stack_start至_APU_boot_tmp_Stack_end的内存空间。

尽管多核处理器的引导程序现已实现，但还需要借助特殊手段才能将其加载至物理地址0x20000处。引导程序中定义的标识符_APU_boot_start和_APU_boot_end标明了引导程序的起始地址和结束地址，只需在内核程序中声明这两个标识符即可对引导程序进行任何操作。处理器之所以能对代码段程序进行任何操作，主要是因为系统的代码段与数据段互相重叠，对数据段的任何操作均可在代码段中反映出来。代码清单12-9是这两个标识符的声明。

代码清单12-9　第12章\程序\程序12-3\虚拟平台\kernel\SMP.h

```
extern unsigned char _APU_boot_start[];
extern unsigned char _APU_boot_end[];
```

引导程序的始末地址有了，现在仅需执行memcpy函数将引导程序复制到目标地址便可实现引导程序的加载过程，具体加载过程请看代码清单12-10。

代码清单12-10　第12章\程序\程序12-3\虚拟平台\kernel\SMP.c

```
void SMP_init()
{
    ……
    color_printk(WHITE,BLACK,"SMP copy byte:%#010x\n",(unsigned long)&_APU_boot_end
        - (unsigned long)&_APU_boot_start);
    memcpy(_APU_boot_start,(unsigned char *)0xffff800000020000,(unsigned
        long)&_APU_boot_end - (unsigned long)&_APU_boot_start);
}
```

函数SMP_init不但追加了引导程序的加载代码，还将引导程序的加载长度打印出来。

为了增加程序的易读性，本系统还将MSR寄存器的操作指令WRMSR与RDMSR封装成函数，使得内核主程序可采用函数调用方法来发送IPI消息，修改后的代码如代码清单12-11所示。

代码清单12-11　第12章\程序\程序12-3\虚拟平台\kernel\main.c

```
void Start_Kernel(void)
{
    ……
    Local_APIC_init();

    color_printk(RED,BLACK,"ICR init \n");

    SMP_init();

    wrmsr(0x830,0xc4500);     //INIT IPI
```

```
    wrmsr(0x830,0xc4620);     //Start-up IPI
    wrmsr(0x830,0xc4620);     //Start-up IPI
    ……
}
```

运行Bochs虚拟机，在系统运行效果出现后，向DBG调试命令行输入相关命令查看AP处理器（CPU1）的寄存器值。键入命令q停止运行虚拟机。在虚拟机执行q命令期间，DBG调试命令行会打印出当前所有处理器的运行模式和一些重要的寄存器值，其显示信息大致如下：

```
<bochs:2> q
00823064000i[       ] dbg: Quit
……
00823064000i[CPU1  ] CPU is in long mode (halted)
00823064000i[CPU1  ] CS.mode = 64 bit
00823064000i[CPU1  ] SS.mode = 64 bit
……
00823064000i[CPU1  ] | IOPL=0 id vip vif ac vm rf nt of df if tf sf zf af PF cf
00823064000i[CPU1  ] | SEG sltr(index|ti|rpl)     base    limit G D
00823064000i[CPU1  ] |  CS:0018( 0003| 0|  0) 00000000 00000000 0 0
00823064000i[CPU1  ] |  DS:0020( 0004| 0|  0) 00000000 00000000 0 0
00823064000i[CPU1  ] |  SS:0020( 0004| 0|  0) 00000000 00000000 0 0
00823064000i[CPU1  ] |  ES:0020( 0004| 0|  0) 00000000 00000000 0 0
00823064000i[CPU1  ] |  FS:0020( 0004| 0|  0) 00000000 00000000 0 0
00823064000i[CPU1  ] |  GS:0020( 0004| 0|  0) 00000000 00000000 0 0
00823064000i[CPU1  ] |  MSR_FS_BASE:0000000000000000
00823064000i[CPU1  ] |  MSR_GS_BASE:0000000000000000
00823064000i[CPU1  ] | RIP=00000000000200c3 (00000000000200c3)
00823064000i[CPU1  ] | CR0=0xe0000011 CR2=0x0000000000000000
00823064000i[CPU1  ] | CR3=0x00090000 CR4=0x00000020
……
```

从这段日志信息可知，目前CPU1正运行于长模式下并处于中止状态，其CS指向段选择子0x18，它对应的段描述符值为0x0020980000000000，而各数据段寄存器则指向段选择子0x20，其对应的段描述符值为0x0000920000000000。

- 配置多核操作系统运行环境

随着AP处理器引导初始化结束，它将由操作系统接管并融为操作系统的一部分。因此，AP处理器进入IA-32e模式后，我们还需要为其准备操作系统运行环境。通常做法是让AP处理器跳转至内核执行头程序中，有选择地执行系统环境配置代码。

BootLoader在执行阶段已将本系统加载至1 MB物理地址处，因此AP处理器应该跳转至1 MB物理地址处，其跳转代码请参见代码清单12-12。

代码清单12-12　第12章\程序\程序12-4\虚拟平台\kernel\APU_boot.S

```
.code64
.balign 4
_APU_Code64:
#   go to head.S
……

    movq    $0x100000,    %rax
    jmpq    *%rax

    hlt
```

现在，AP处理器的引导工作已正式宣布结束。接下来，AP处理器将跳转至内核执行头程序去构建操作系统运行环境。对于AP处理器而言，它只需加载操作系统的各类描述符表即可，而不应该重复执行操作系统的各个初始化模块。所以，我们必须为AP处理器准备一个执行分支，以防止AP处理器执行内核主程序。出于此种考虑，特为AP处理器创建了一个名为Start_SMP的分支函数，代码清单12-13描述了AP处理器如何从内核执行头程序跳转至Start_SMP函数。

代码清单12-13　第12章\程序\程序12-4\虚拟平台\kernel\head.S

```
entry64:
……

    movq    $0x1b,    %rcx          //if APU
    rdmsr
    bt      $8,    %rax
    jnc     start_smp

setup_IDT:
……
setup_TSS64:
……

start_smp:
    movq      go_to_smp_kernel(%rip),     %rax        /* movq address */
    pushq     $0x08
    pushq     %rax
    lretq

go_to_smp_kernel:
    .quad     Start_SMP

……

TSS64_POINTER:
TSS64_LIMIT:     .word     TSS64_END - TSS64_Table - 1
TSS64_BASE:      .quad     TSS64_Table
```

当AP处理器加载了操作系统的GDT、IDT以及顶层页表PML4的物理基地址后，会借助汇编代码lretq跳转至内核代码entry64处继续执行。

内核代码entry64会根据IA32_APIC_BASE.BSP[8]标志位提供的处理器类型，为处理器选择不同的执行分支。当AP处理器执行到此处时，AP处理器将跳转至内核代码start_smp处，进而执行函数Start_SMP。与此同时，我们还发现标识符TSS64_POINTER处定义的数据是无用的，为防止混淆思路现已将其删除。

目前，函数Start_SMP主要负责使能Local APIC并打印AP处理器的Local APIC ID值，代码清单12-14是其函数实现。

代码清单12-14　第12章\程序\程序12-4\虚拟平台\kernel\SMP.c

```
void Start_SMP()
{
    unsigned int x,y;
```

```
    color_printk(RED,YELLOW,"APU starting......\n");

    //enable xAPIC & x2APIC
    __asm__ __volatile__(       "movq   $0x1b,    %%rcx   \n\t"
                                "rdmsr                    \n\t"
                                "bts    $10,      %%rax   \n\t"
                                "bts    $11,      %%rax   \n\t"
                                "wrmsr                    \n\t"
                                "movq   $0x1b,    %%rcx   \n\t"
                                "rdmsr                    \n\t"
                                :"=a"(x),"=d"(y)
                                :
                                :"memory");

    if(x&0xc00)
        color_printk(RED,YELLOW,"xAPIC & x2APIC enabled\n");

    //enable SVR[8]
    __asm__ __volatile__(       "movq   $0x80f,   %%rcx   \n\t"
                                "rdmsr                    \n\t"
                                "bts    $8,    %%rax      \n\t"
//                              "bts    $12,   %%rax      \n\t"
                                "wrmsr                    \n\t"
                                "movq   $0x80f,   %%rcx   \n\t"
                                "rdmsr                    \n\t"
                                :"=a"(x),"=d"(y)
                                :
                                :"memory");

    if(x&0x100)
        color_printk(RED,YELLOW,"SVR[8] enabled\n");
    if(x&0x1000)
        color_printk(RED,YELLOW,"SVR[12] enabled\n");

    //get local APIC ID
    __asm__ __volatile__(       "movq $0x802,   %%rcx   \n\t"
                                "rdmsr                  \n\t"
                                :"=a"(x),"=d"(y)
                                :
                                :"memory");

    color_printk(RED,YELLOW,"x2APIC ID:%#010x\n",x);
    hlt();
}
```

这段程序的代码全部来自于`Local_APIC_init`函数。目前，Bochs虚拟平台暂不支持禁止广播EOI消息功能，所以此处只能关闭该功能。

鉴于操作系统尚未给AP处理器指派任务，因此当AP处理器执行完`Start_SMP`函数后，暂且让其进入中止状态，以待其它功能实现后再做完善。此次的函数`hlt`只是汇编指令`HLT`的简单封装。

为了增加IPI消息的可视化程度，特为其定义`struct INT_CMD_REG`结构体来描述各寄存器位的状态，其使用方法与`struct IO_APIC_RET_entry`结构体相似。代码清单12-15是基于这个结构体的IPI消息配置及发送过程。

代码清单12-15 第12章\程序\程序12-4\虚拟平台\kernel\main.c

```
void Start_Kernel(void)
{
    struct INT_CMD_REG icr_entry;
    ……
    SMP_init();

    icr_entry.vector = 0x00;
    icr_entry.deliver_mode =  APIC_ICR_IOAPIC_INIT;
    icr_entry.dest_mode = ICR_IOAPIC_DELV_PHYSICAL;
    icr_entry.deliver_status = APIC_ICR_IOAPIC_Idle;
    icr_entry.res_1 = 0;
    icr_entry.level = ICR_LEVEL_DE_ASSERT;
    icr_entry.trigger = APIC_ICR_IOAPIC_Edge;
    icr_entry.res_2 = 0;
    icr_entry.dest_shorthand = ICR_ALL_EXCLUDE_Self;
    icr_entry.res_3 = 0;
    icr_entry.destination.x2apic_destination = 0x00;

    wrmsr(0x830,*(unsigned long *)&icr_entry);    //INIT IPI

    icr_entry.vector = 0x20;
    icr_entry.deliver_mode = ICR_Start_up;

    wrmsr(0x830,*(unsigned long *)&icr_entry);    //Start-up IPI
    wrmsr(0x830,*(unsigned long *)&icr_entry);    //Start-up IPI
    ……
}
```

现在，AP处理器已初步组入到操作系统中，图12-13是它在Bochs虚拟机中的运行效果。

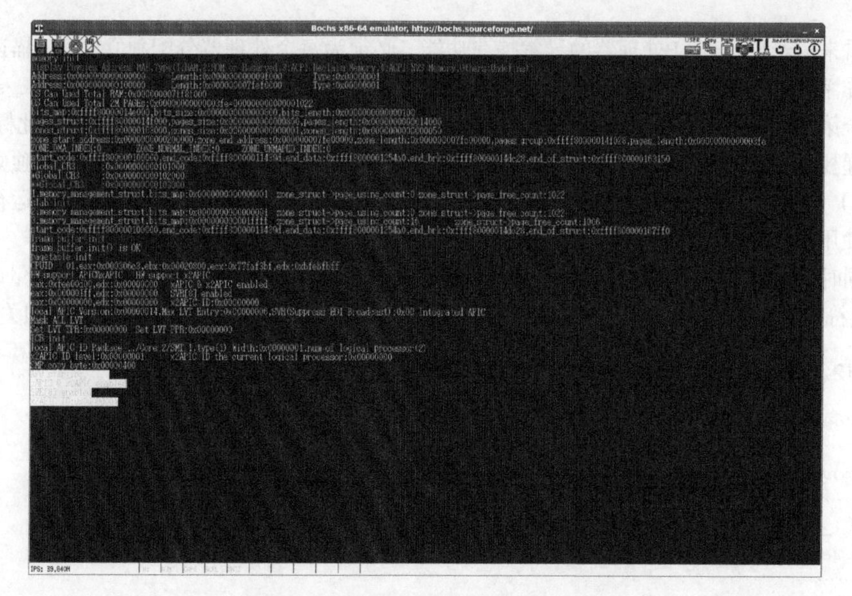

图12-13 多核引导代码执行效果图

图12-13是这段程序的理想运行效果，其实际效果却不尽人意。在程序的执行过程中，Bochs虚拟机的CPU1运行崩溃，当DBG调试命令行显示日志信息`(1).[97922990] ??? (physical address not available)`后，Bochs虚拟机自动重置系统硬件环境。

结合程序的反汇编代码分析AP处理器的各寄存器值，结果发现内存初始化函数`init_memory`的最后几行代码已经清除了线性地址`0x0`与`0xffff800000000000`处的重映射，从而导致内核执行头程序在运行过程中缺页，无法继续执行。故此，必须恢复这两处地址的重映射才能使程序顺序执行，调整后的代码如代码清单12-16。

代码清单12-16　第12章\程序\程序12-4\虚拟平台\kernel\memory.c

```
void init_memory()
{
    ......
    // for(i = 0;i < 10;i++)
    //     *(Phy_To_Virt(Global_CR3)  + i) = 0UL;
    flush_tlb();
}
```

经过此番修改后，本系统已经可以达到如图12-13描绘的运行效果。纵观本节编写的AP处理器启动与引导过程，如果仅为了让AP处理器正常工作，其实现过程并不复杂，可是当AP处理器融入系统环境后，操作系统如何管理它们均衡的负载任务却十分困难，这也是多核操作系统的精髓所在。

3. 多核的异常处理

为了尽早探测到AP处理器在运行时出现的故障，本节将为其实现异常捕获功能。AP处理器在运行内核执行头程序的过程中已经加载了GDT和IDT，这使得所有处理器共用同一个中断向量表。可是，由于AP处理器尚未拥有独立的TSS描述符和栈空间，那么在AP处理器出现故障或操作栈空间时，系统将会崩溃。

由此看来，若想实现AP处理器的异常捕获功能，必须为每个处理器分配独立的TSS描述符和栈空间。在操作系统启动之初，即BSP处理器运行之时，内核执行头程序通过标识符`_stack_start`来保存操作系统第一个进程的栈顶地址。设计这个标识符的巧妙之处在于BSP处理器可借助此标识符向AP处理器传递栈顶地址，也就是说，BSP处理器在发送IPI消息之前，可先为AP处理器开辟独立的栈空间（包括PCB），并将栈顶地址保存在标识符`_stack_start`内，这个栈空间会在AP处理器运行内核执行头程序时使用。

与此同时，为了保证每个处理器都拥有独立的TSS描述符，我们还需要扩充GDT的容量以容纳更多的TSS描述符。综上所述，下面将对内核执行头程序进行修改，代码清单12-17是需要修改和关注的内容。

代码清单12-17　第12章\程序\程序12-5\虚拟平台\kernel\head.S

```
entry64:
    ......
    movq    _stack_start(%rip),    %rsp        /* rsp address */
    ......
ENTRY(_stack_start)
    .quad    init_task_union + 32768
    ......
```

```
GDT_Table:
    ......
    .fill   100,8,0                  /*10 ~ 11 TSS (jmp one segment <9>) in long-mode
128-bit 50*/
GDT_END:
```

经过此次修改和调整后，GDT可支持约49个任务状态段描述符。有了足够的TSS描述符，现在还需要一个可用于配置TSS描述符的功能函数，代码清单12-18是配置函数的程序实现。

代码清单12-18 第12章\程序\程序12-5\虚拟平台\kernel\gate.h

```
inline void set_tss_descriptor(unsigned int n,void * addr)
{
    unsigned long limit = 103;
    *(unsigned long *)(GDT_Table + n) = (limit & 0xffff) | (((unsigned long)addr &
        0xffff) << 16) | (((unsigned long)addr >> 16 & 0xff) << 32) | ((unsigned
        long)0x89 << 40) | ((limit >> 16 & 0xf) << 48) | (((unsigned long)addr
        >> 24 & 0xff) << 56);     /////89 is attribute
    *(unsigned long *)(GDT_Table + n + 1) = ((unsigned long)addr >> 32 & 0xffffffff)
        | 0;
}
```

关于set_tss_descriptor函数的代码实现，读者可参照IA-32e模式的TSS描述符位功能说明进行学习。

此前的操作系统仅有一个TSS描述符，那么TSS描述符的配置函数set_tss64只需设置描述符空间TSS64_Table即可。随着TSS描述符数量的增多，set_tss64函数就需要追加一个参数来索引各TSS描述符空间。

代码清单12-19为AP处理器分配了栈空间和TSS空间，并对AP处理器的TSS描述符及其段空间进行配置。

代码清单12-19 第12章\程序\程序12-5\虚拟平台\kernel\main.c

```
void Start_Kernel(void)
{
    ......
    set_tss64(TSS64_Table,_stack_start, _stack_start, _stack_start, 0xffff800000007c00,
        0xffff800000007c00, 0xffff800000007c00, 0xffff800000007c00, 0xffff80000000 7c00,
        0xffff800000007c00, 0xffff800000007c00);
    ......
    //prepare send Start-up IPI

    _stack_start = (unsigned long)kmalloc(STACK_SIZE,0) + STACK_SIZE;
    tss = (unsigned int *)kmalloc(128,0);
    set_tss_descriptor(12,tss);

    set_tss64(tss,_stack_start,_stack_start,_stack_start,_stack_start,_stack_
        start,_stack_start,_stack_start,_stack_start,_stack_start,_stack_start);

    icr_entry.vector = 0x20;
    icr_entry.deliver_mode = ICR_Start_up;
    ......
}
```

12

这段程序先向BSP处理器的描述符空间`TSS64_Table`配置各特权级的栈顶地址，再为AP处理器分配栈空间（PCB存储空间）并初始化TSS描述符及其段空间。为了在AP处理器中检测异常捕获效果，此处同样借助除0方法触发一个`#DE`异常，具体程序实现请参见代码清单12-20。

代码清单12-20　第12章\程序\程序12-5\虚拟平台\kernel\SMP.c

```
void Start_SMP()
{
    ......
    load_TR(12);
    x = 1/0;
    hlt();
}
```

代码清单12-20通过`Load_TR`函数将TSS描述符注册到AP处理器中，再借助代码`x = 1/0;`触发`#DE`异常，图12-14是它的运行效果。

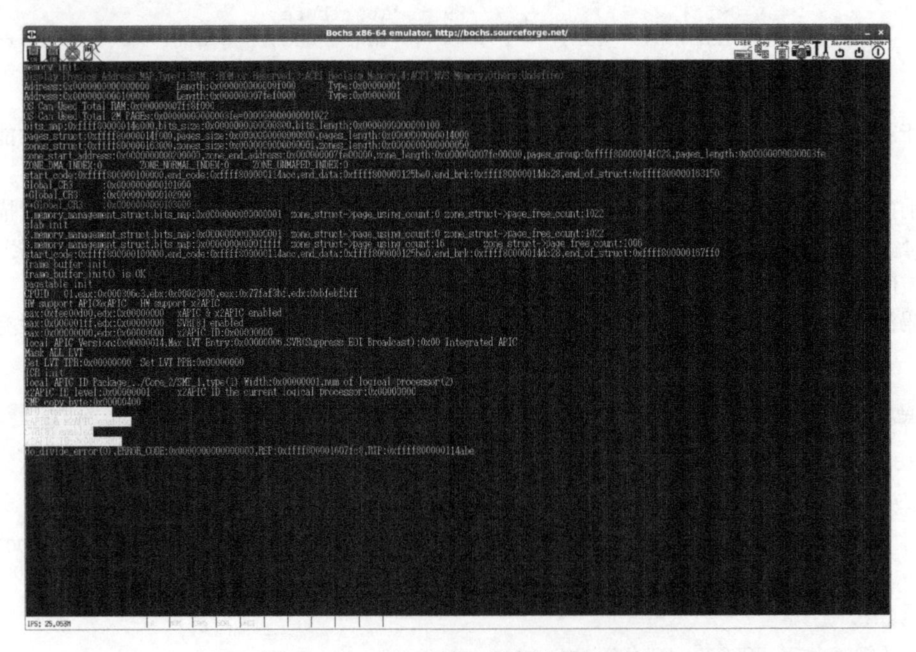

图12-14　AP处理器的异常捕获效果图

从图12-14中可以看出，AP处理器已经具备处理器异常的捕获能力，这离SMP操作系统的实现又进了一步。

4. 多核处理器加锁

多核处理器间加锁的目的主要是为了防止多个处理器同时操作共享数据、导致程序执行混乱。为了研究多核处理器间的锁机制，现在是时候进一步增加处理器的数量了。首先，调整Bochs虚拟机的配置文件`bochsrc`，将处理器的核心数增加为2，即修改配置参数为`cpu: count=1:2:2`。此时的虚拟机将拥有4个逻辑处理单元。

当逻辑处理单元的数量增加至4后，我们必须调整AP处理器的引导启动代码。为了使每个处理器都能拥有独立的TSS描述符和栈空间，下面将广播Start-up IPI消息修改为逐个AP处理器发送Start-up IPI消息，程序实现请看代码清单12-21。

代码清单12-21 第12章\程序\程序12-6\虚拟平台\kernel\main.c

```
int global_i = 0;
void Start_Kernel(void)
{
    ......
    //prepare send Start-up IPI
    for(global_i = 1;global_i < 4;global_i++)
    {
        _stack_start = (unsigned long)kmalloc(STACK_SIZE,0) + STACK_SIZE;
        tss = (unsigned int *)kmalloc(128,0);
        set_tss_descriptor(10 + global_i * 2,tss);
        set_tss64(tss,_stack_start,_stack_start,_stack_start,_stack_start,_stack_
            start,_stack_start,_stack_start,_stack_start,_stack_start,_stack_start);

        icr_entry.vector = 0x20;
        icr_entry.deliver_mode = ICR_Start_up;
        icr_entry.dest_shorthand = ICR_No_Shorthand;
        icr_entry.destination.x2apic_destination = global_i;

        wrmsr(0x830,*(unsigned long *)&icr_entry);    //Start-up IPI
        wrmsr(0x830,*(unsigned long *)&icr_entry);    //Start-up IPI
    }
    ......
}
```

在这段代码中，全局变量`global_i`是多核处理器的共享数据，目前它用于表示目标处理器的Local APIC ID值和TSS描述符的索引值。

在AP处理器的引导启动期间，引导程序会引用全局变量`global_i`来确定处理器使用的TSS描述符，引用过程请参见代码清单12-22。

代码清单12-22 第12章\程序\程序12-6\虚拟平台\kernel\SMP.c

```
extern int global_i;
void Start_SMP()
{
    ......
    load_TR(10 + global_i * 2);
    hlt();
}
```

从直观上看，这两段程序并无太大问题，但当系统运行起来后，问题就暴露出来了。请先看图12-15描述的运行效果，再结合实际现象进行具体分析。

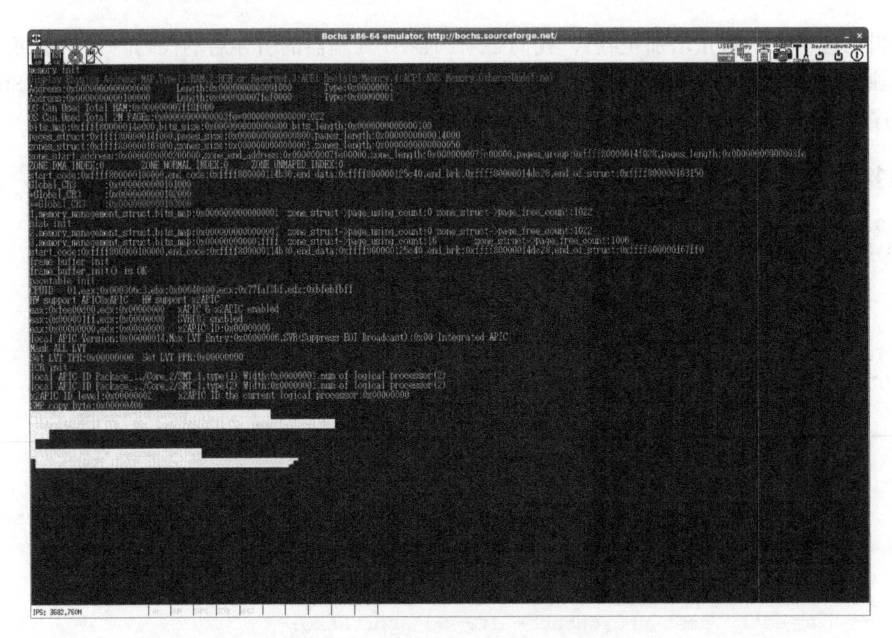

图12-15　多核处理器的运行效果图1

从图12-15中发现，所有AP处理器几乎同时打印出了日志信息，这些信息穿插着、乱序排列在屏幕上。与此同时，Bochs虚拟机崩溃，硬件重启。在Bochs虚拟机重启前，还显示了下面这段日志信息：

```
00098296350e[CPU1  ] LTR: doesn't point to an available TSS descriptor!
00098296350e[CPU1  ] get_RSP_from_TSS: canonical address failure 0xf000e9e6f000e987
00098296350e[CPU1  ] get_RSP_from_TSS: canonical address failure 0xf000e9e6f000e987
```

经过分析后，我们猜测：也许是BSP处理器执行的速度过快，导致全局变量global_i的值与理想值不符。为了证实猜测，特将Start_SMP函数修改成代码清单12-23的样子。

代码清单12-23　第12章\程序\程序12-7\虚拟平台\kernel\SMP.c

```
void Start_SMP()
{
    color_printk(RED,YELLOW,"global_i:<%d>\t",global_i);
    hlt();
}
```

这段验证程序的运行效果请参见图12-16。

从图12-16可知，并行运行的处理器在屏幕上打印的全局变量global_i数值均为4，而且Bochs虚拟机没有发生崩溃现象。如此简短的Start_SMP函数在引用全局变量global_i时，其值已累加至4。由此可想而知，多核处理器间加锁是必然的，那么下面就为多核处理器实现自旋锁机制。

Intel处理器已经为我们提供了专用的指令前缀LOCK来实现处理器间的锁机制。当处理器执行LOCK指令前缀修饰的汇编指令时，LOCK指令前缀将迫使处理器锁住硬件系统平台的前端总线，以阻止其他处理器访问系统内存，虽然这种方式看起来有些粗暴，但这种方式能够简单、直接、有效地防止处理器竞争共享资源。

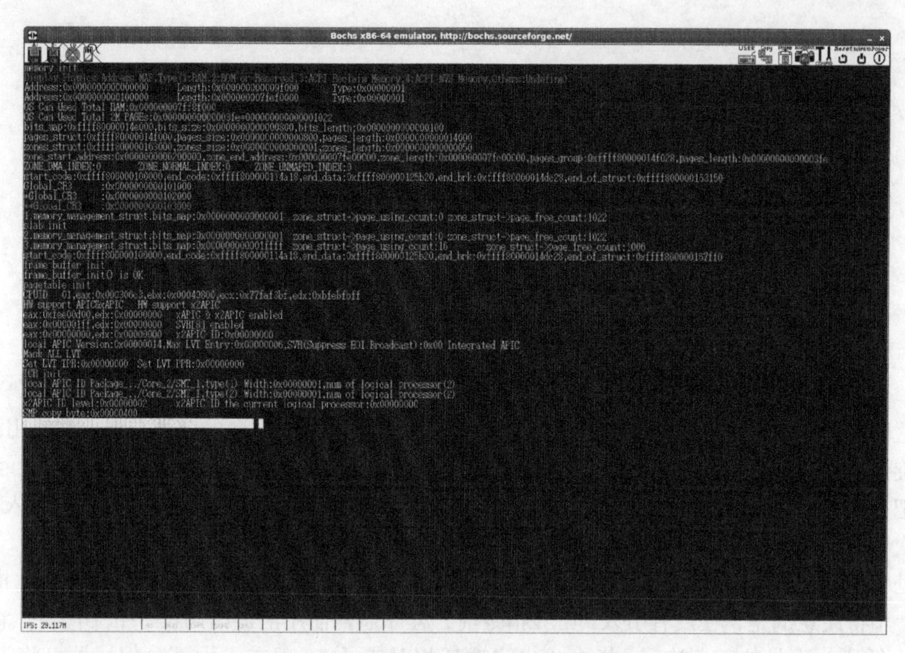

图12-16　多核处理器的运行效果图2

LOCK指令前缀只能修饰ADD、ADC、AND、BTC、BTR、BTS、CMPXCHG、CMPXCHG8B、CMPXCHG16B、DEC、INC、NEG、NOT、OR、SBB、SUB、XOR、XADD和XCHG等汇编指令，而且只有当目标操作数是内存单元时，LOCK指令前缀才会有效。当上述指令的源操作数会操作内存时，LOCK指令前缀可能会触发#UD异常；如果使用LOCK指令前缀修饰其他指令同样会触发#UD异常。

代码清单12-24定义了自旋锁变量及其初始化函数，从它们的定义中可以看出，自旋锁变量与普通的变量不无两样，而且初始化过程也非常简单。

代码清单12-24　第12章\程序\程序12-8\虚拟平台\kernel\spinlock.h

```
typedef struct
{
    __volatile__ unsigned long lock;        //1:unlock,0:lock
}spinlock_T;

inline void spin_init(spinlock_T * lock)
{
    lock->lock = 1;
}
```

对于自旋锁机制而言，如何“原子”的操作自旋锁变量才是它的难点，这当然是通过汇编指令以及LOCK指令前缀来实现的，代码清单12-25是自旋锁加锁过程的程序。

代码清单12-25　第12章\程序\程序12-8\虚拟平台\kernel\spinlock.h

```
inline void spin_lock(spinlock_T * lock)
{
```

```
    __asm__     __volatile__     (      "1:                         \n\t"
                                        "lock    decq    %0         \n\t"
                                        "jns     3f                 \n\t"
                                        "2:                         \n\t"
                                        "pause                      \n\t"
                                        "cmpq    $0,     %0         \n\t"
                                        "jle     2b                 \n\t"
                                        "jmp     1b                 \n\t"
                                        "3:                         \n\t"
                                        :"=m"(lock->lock)
                                        :
                                        :"memory"
                                    );
}
```

在这段内嵌汇编程序中，首先通过LOCK指令前缀锁住硬件系统平台的前端总线，并使用DEC指令自减自旋锁变量值。如果执行结果是非负数，处理器将跳转至标识符3处执行；否则执行PAUSE指令，并继续把自旋锁变量值与0比较，如此往复，直至自旋锁变量值大于0时，处理器将重新进入标识符1处，再次尝试加锁。

此处执行的汇编指令PAUSE是一个空转指令，它的功能与NOP指令相似，只不过PAUSE指令的功耗更低。值得注意的是，在没有引入PAUSE指令前，程序通常使用汇编语句rep;nop代替，它的功能不是多次循环，而是执行一次NOP指令（也许功耗相对较低）。现在，大部分编译器已将汇编语句REP;NOP编译成PAUSE指令。

自旋锁的解锁过程相对于加锁过程简单许多。在解锁过程中，无需锁住硬件系统平台的前端总线，只要向自旋锁变量赋值1即可，其程序实现如代码清单12-26所示。

代码清单12-26　第12章\程序\程序12-8\虚拟平台\kernel\spinlock.h

```
inline void spin_unlock(spinlock_T * lock)
{
    __asm__     __volatile__     (      "movq    $1,     %0     \n\t"
                                        :"=m"(lock->lock)
                                        :
                                        :"memory"
                                    );
}
```

为了使目前的系统能够正常运行，现为其定义两个自旋锁变量SMP_lcok和printk_lock，它们分别位于SMP.h头文件和struct position结构体内。其中的SMP_lcok自旋锁变量用于防止多核处理器在初始化系统环境时操作共享资源，而printk_lock自旋锁变量则用于防止多核处理器在屏幕中乱序插入日志信息。

printk_lock自旋锁变量的应用场景位于color_printk函数中，在操作struct position结构体变量Pos时使用，其调用过程如代码清单12-27所示。

代码清单12-27　第12章\程序\程序12-8\虚拟平台\kernel\printk.c

```
int color_printk(unsigned int FRcolor,unsigned int BKcolor,const char * fmt,...)
{
    ......
```

```
        spin_lock(&Pos.printk_lock);
        ……
        for(count = 0;count < i;count++)
        ……
        spin_unlock(&Pos.printk_lock);
        return i;
    }
```

SMP_lcok自旋锁变量的应用场景是在操作系统初始化AP处理器的过程中，当操作系统为AP处理器创建TSS描述符和栈空间之前加锁，并在AP处理器执行完系统初始化函数后解锁，代码清单12-28和代码清单12-29实现了AP处理器的加锁与解锁过程。

代码清单12-28　第12章\程序\程序12-8\虚拟平台\kernel\main.c

```
void Start_Kernel(void)
{
    ……
    SMP_init();
    //prepare send INIT IPI
    ……
    spin_init(&Pos.printk_lock);
    load_TR(10);
    ……
    for(global_i = 1;global_i < 4;global_i++)
    {
        spin_lock(&SMP_lock);
    ……
}
```

代码清单12-29　第12章\程序\程序12-8\虚拟平台\kernel\SMP.c

```
void SMP_init()
{
    ……
    spin_init(&SMP_lock);
}
void Start_SMP()
{
    ……
    load_TR(10 + (global_i -1)* 2);
    spin_unlock(&SMP_lock);
    hlt();
}
```

以上两段代码中的SMP_lcok自旋锁变量组成了一对加锁与解锁区间，这个区间横跨了两个逻辑处理单元，即在操作系统为AP处理器准备运行环境时加锁，在AP处理器融入到操作系统后解锁。随后，操作系统再为下一个待初始化的AP处理器服务。图12-17是本系统引入自旋锁功能后的运行效果。

12

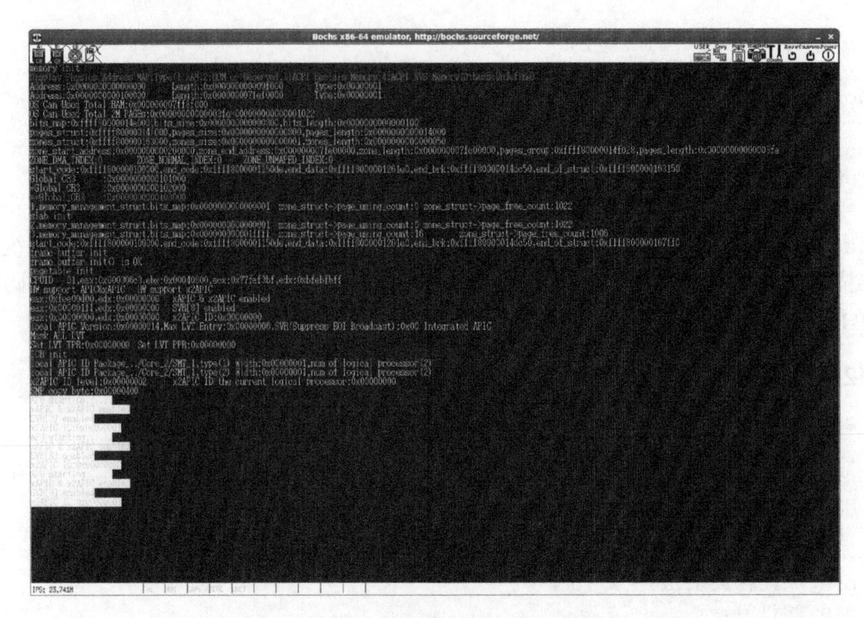

图12-17　多核处理器的运行效果图3

尽管本系统在限定两处加锁区间后，暂且能够稳定运行，但操作系统的加锁区间不仅只有本文提及的两处，随着多核操作系统功能的逐步完善，更多资源竞争问题也会相继浮出水面。

5. 多核的中断处理

经过前几节内容的洗礼，现在将为多核处理器实现中断处理功能。其实，中断处理功能目前已基本实现，只不过在AP处理器融入多核操作系统后，还未曾处理过I/O APIC或其他Local APIC投递来的中断消息。为了加深对多核处理器的理解和记忆，本节将在原有中断向量表的基础上，新增多核处理器间的IPI消息处理功能。

IPI消息的处理功能与其他中断请求/消息的处理功能相似，都需要规划中断向量号、指派中断处理程序以及栈空间等信息。我们在APIC.h文件中已规划出各类中断请求/消息的向量号，IPI消息的中断向量号从200（0xc8）开始。中断处理程序的入口部分依然沿用宏函数`Build_IRQ`构建，代码清单12-30负责创建IPI消息处理程序的入口代码。

代码清单12-30　第12章\程序\程序12-9\虚拟平台\kernel\interrupt.c

```
Build_IRQ(0xc8)
Build_IRQ(0xc9)
Build_IRQ(0xca)
Build_IRQ(0xcb)
Build_IRQ(0xcc)
Build_IRQ(0xcd)
Build_IRQ(0xce)
Build_IRQ(0xcf)
Build_IRQ(0xd0)
Build_IRQ(0xd1)
```

```
void (* SMP_interrupt[10])(void)=
{
    IRQ0xc8_interrupt,
    IRQ0xc9_interrupt,
    IRQ0xca_interrupt,
    IRQ0xcb_interrupt,
    IRQ0xcc_interrupt,
    IRQ0xcd_interrupt,
    IRQ0xce_interrupt,
    IRQ0xcf_interrupt,
    IRQ0xd0_interrupt,
    IRQ0xd1_interrupt,
};
```

这段代码定义了一个拥有10个IPI消息处理程序（入口代码）的函数指针数组，随即在Interrupt.h头文件中声明它，并定义了与之相对应的中断处理过程结构体数组，详细结构体数组定义见代码清单12-31。

代码清单12-31　第12章\程序\程序12-9\虚拟平台\kernel\interrupt.h

```
irq_desc_T SMP_IPI_desc[10] = {0};
extern void (* SMP_interrupt[10])(void);
```

现在，IPI消息处理程序的相关结构已经定义完毕，下面将为IPI中断向量号绑定处理程序的入口代码，其绑定过程请参见代码清单12-32。

代码清单12-32　第12章\程序\程序12-9\虚拟平台\kernel\SMP.c

```
void SMP_init()
{
    ……
    for(i = 200;i < 210;i++)
    {
        set_intr_gate(i , 2 , SMP_interrupt[i - 200]);
    }
    memset(SMP_IPI_desc,0,sizeof(irq_desc_T) * 10);
}
```

鉴于中断消息与IPI消息都会经由中断处理函数do_IRQ进行处理，那么就有必要在do_IRQ函数中对消息类型进行区分。这里以中断向量号0x80为界限，0x80以下的中断请求属于8259A、I/O APIC等外部中断控制器，0x80以上的中断请求则属于处理器内部的Local APIC，代码清单12-33实现了这个区分过程。

代码清单12-33　第12章\程序\程序12-9\虚拟平台\kernel\APIC.c

```
void do_IRQ(struct pt_regs * regs,unsigned long nr)    //regs:rsp,nr
{
    switch(nr & 0x80)
    {
        case 0x00:
        {
            irq_desc_T * irq = &interrupt_desc[nr - 32];
            if(irq->handler != NULL)
```

12

```
            irq->handler(nr,irq->parameter,regs);
        if(irq->controller != NULL && irq->controller->ack != NULL)
            irq->controller->ack(nr);
        }
        break;
        case 0x80:
                color_printk(RED,BLACK,"SMP IPI :%d\n",nr);
                Local_APIC_edge_level_ack(nr);
        break;
        default:
            color_printk(RED,BLACK,"do_IRQ receive:%d\n",nr);
        break;
    }
}
```

目前尚无IPI消息处理函数注册到系统中，但为了验证程序执行效果，此处暂且将IPI消息的中断向量号打印出来。程序中的Local_APIC_edge_level_ack函数用于向Local APIC的EOI寄存器发送EOI消息，以通知Local APIC当前请求已经处理完毕，此函数的实现过程与IOAPIC_edge_ack函数相同。

至此，IPI消息的处理功能已经实现，只需借助ICR向AP处理器发送IPI消息便可验证处理效果。代码清单12-34是IPI消息的发送方程序实现，代码清单12-35是IPI消息的接收方程序实现。

代码清单12-34　第12章\程序\程序12-9\虚拟平台\kernel\main.c

```
void Start_Kernel(void)
{
    ......
    icr_entry.vector = 0xc8;
    icr_entry.destination.x2apic_destination = 1;
    icr_entry.deliver_mode = APIC_ICR_IOAPIC_Fixed;
    wrmsr(0x830,*(unsigned long *)&icr_entry);

    icr_entry.vector = 0xc9;
    wrmsr(0x830,*(unsigned long *)&icr_entry);

    while(1)
        ;
}
```

代码清单12-35　第12章\程序\程序12-9\虚拟平台\kernel\SMP.c

```
void Start_SMP()
{
    ......
    sti();

    while(1)
        hlt();
}
```

值得注意的是，当AP处理器使能中断后，处理器会借助HLT汇编指令（封装于hlt函数内）进入中止状态。可是在处理器收到中断消息（包括中断和异常）后，它将被唤醒并对中断请求进行处理，随着中断请求处理结束，处理器不会再次进入中止状态，而是执行HLT之后的指令。所以，此处使用

while循环让处理器始终处于中止状态。图12-18描绘了多核处理器间的IPI消息处理效果。

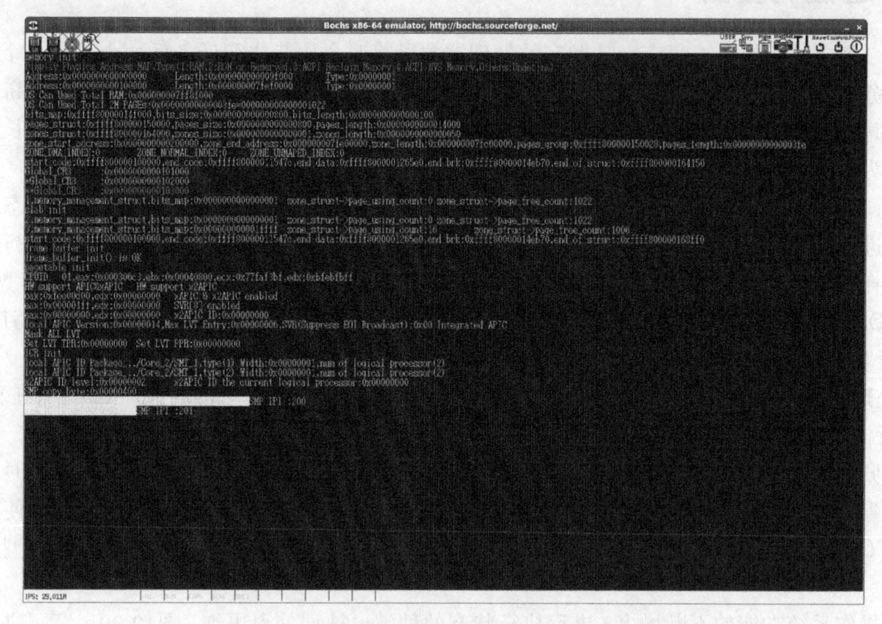

图12-18　多核处理器间的IPI消息处理效果图1

截至此刻，多核操作系统的基础功能已经实现，如果读者将本节实现的程序移植（不要忘记调整显示分辨率等内核参数）到物理平台中，它是可以正常运行的，其运行效果请参见图12-19。

图12-19　多核处理器间的IPI消息处理效果图2

12.3　进程调度器

对于一个多核操作系统而言，其拥有的处理器数量普遍会比待执行任务低一个甚至多个数量级，以至于任务的并行能力十分有限。为了让更多任务同时执行或者看似同时执行，就必须提高系统的并发能力。时间片这一概念是从分时操作系统开始引入，它描述了任务每次可以执行的时间长度，通常以毫秒作为计量单位。

进程调度器主要负责为进程分配时间片并规划进程的执行顺序，当处理器进入空闲状态或时间片到期时，进程调度器会从等待就绪队列中取出优先级最高的进程，将其迁移至处理器内运行。我们根据进程消耗时间片的方式，可将进程分为I/O消耗型和处理器消耗型，以下是这两种进程类型的特点。

- **I/O消耗型**。这类进程会频繁收发I/O消息，以至于进程的大部分运行时间都处于等待I/O消息的阻塞状态，时间片消耗相对较慢。
- **处理器消耗型**。此类进程没有多少I/O消息需要收发，它几乎把时间片都消耗在程序的执行上。

这种归类方式可能太过绝对化，也许一个进程在某段时间里是I/O消耗型，而在另一段时间里是处理器消耗型。虽然缩短进程的时间片可大大提高操作系统的实时性，但频繁的时钟中断将使处理器在进程切换（保存/还原进程的执行现场）以及调度处理上浪费大量性能，这将给处理器消耗型进程带来不利影响。

随着操作系统功能的不断增多，进程执行状态的种类也被划分得更细，图12-20示意了进程各执行状态间的关系。

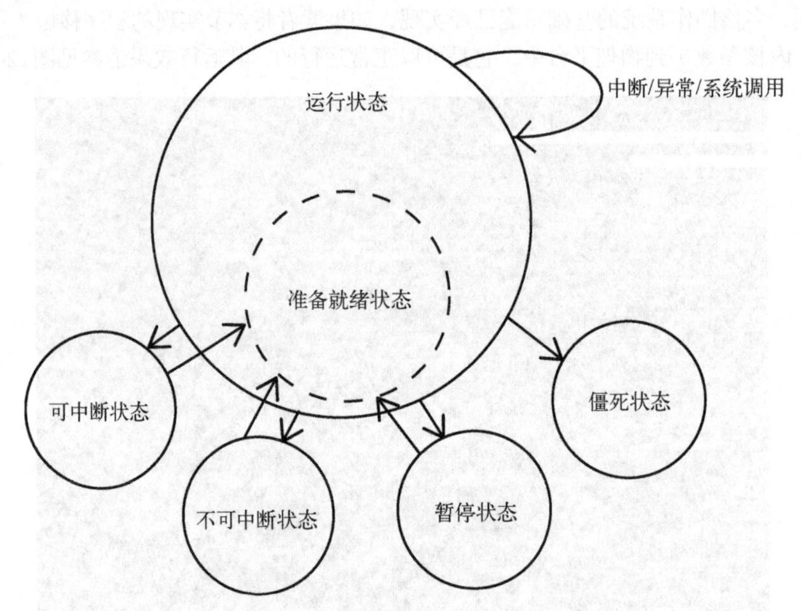

图12-20　进程执行状态间的关系示意图

图12-20描述了一个进程在执行期间可能出现的状态，这些执行状态的具体解释如下。

- **运行状态**。如果一个进程正在处理器中执行，那么此进程处于运行状态。如果进程已进入运行状态但尚未迁移至处理器中执行，则此进程处于准备就绪状态，随时都有可能被调度器迁移至处理器中执行。进程调度器可以决策出哪些处于准备就绪状态的进程应该迁移至处理器中执行。
- **僵死状态**。如果进程已经执行结束但相关资源还未被回收，那么进程将进入僵死状态，等待父进程销毁。
- **暂停状态**。暂停状态主要使用在进程调试过程中。
- **可中断状态**。当进程等待某种条件满足时会进入此状态。一旦条件满足，系统立即将进程改回运行状态。不论等待条件是否满足，信号均可提前唤醒处于可中断状态的进程。
- **不可中断状态**。此状态与可中断状态的作用相似，但信号无法提前唤醒处于不可中断状态的进程。

以上概念是研究进程调度器必备的知识，将这些知识与调度算法相结合就可实现进程调度器。虽然这件事说起来容易，可进入实践阶段却明显变得举步维艰。我想，这主要是源于大部分读者对进程调度器的理解仍然处于理论概念阶段，真正动手实现过或设计过的人却寥寥无几，不过幸好有开源的Linux内核可供参考学习。那么下面就从Linux中找寻设计灵感来实现一个简单的进程调度器。

12.3.1 Linux进程调度器简介

对于Unix操作系统来说，它的调度策略倾向于I/O消耗型进程。而Linux操作系统为了保证交互式进程的响应速度，其在进程调度策略上比Unix操作系统更倾向于I/O消耗型进程。

目前的Linux操作系统拥有两种调度策略，一种为实时调度策略，另一种为普通调度策略。以下是这两种调度策略的特点。

- **实时调度策略**。这种策略负责管理系统内的实时进程，实时进程不存在时间片的概念，除非实时进程主动放弃执行权，否则它将一直执行下去。实时调度策略几乎不涉及调度算法，当有实时进程处于准备就绪状态时，操作系统马上将其迁移至处理器中执行，当系统中存在多个处于准备就绪状态的实时进程时，它们将在处理器中轮流执行。
- **普通调度策略**。通常情况下，操作系统内只有为数不多的几个进程属于实时进程，而绝大多数进程属于普通进程。进程调度器依据任务的紧迫性把普通进程划分成不同优先级，这些普通进程按时间片轮流在处理器中执行。为了缩短高优先级进程在操作系统中的响应时间，进程管理单元引入了抢占功能。

  抢占功能可使更高优先级的进程在当前进程的时间片耗尽前，提前剥夺其处理器使用权，从而让更高优先级的进程尽早执行。抢占功能可进一步分为用户抢占与内核抢占，这两种抢占可在中断、异常、系统调用等处理过程返回时，或者在内核可以安全调度的地方执行抢占检测。如果抢占检测点最终返回至用户层（应用层），则它被称为用户抢占；如果抢占检测点最终返回至内核层，那么它被称为内核抢占。

  与此同时，Linux内核还将进程的时间片缩短至1 ms，这使得操作系统的实时反应速度可保持在1 ms以内。虽然此等实时性是以牺牲性能为代价才换来的，但对于一个分时操作系统而言，这样的实时性已经比较令人满意了。

Linux操作系统为了使多核处理器各逻辑处理单元的工作量趋近于负载均衡，可能会将某些进程从一个繁忙的处理器任务队列中迁移至另一个相对空闲的处理器任务队列。如果这两个逻辑处理单元位于板上的同一个多核处理器中，那么进程的迁移过程很快就能完成。如果这两个逻辑处理单元位于板间的不同处理器中，那么进程的迁移过程将会消耗很多时间和资源。为了减少此类损耗，Linux操作系统为进程引入CPU亲和性这一概念，这个概念描述了进程与各个处理器的亲密度。用户可通过系统调用API设置进程与各个处理器的亲密度，当发生进程迁移时，调度器会尽可能将进程迁移至与其关系比较密切的处理器任务队列中。

普通进程的调度算法种类诸多，这也是Linux重点改进和完善的地方之一。自Linux内核2.6版本以来，Linux内核经历过O(1)调度算法、SD/RSDL楼梯调度算法等，最终采用了CFS完全公平调度算法。下面就这几种进程调度算法的实现原理进行简要讲解，以帮助我们构建本系统的调度算法。

- O(1)进程调度算法

O(1)调度算法重点强调任务切换在一个固定时间内完成。这里的符号O通常代表算法的时间复杂度，(1)表示算法的时间复杂度为1，即只需一次迭代便可搜索到目标进程。为了将调度的时间复杂度降低至1，O(1)调度算法创建了两个相同的执行队列——一个是过期队列，另一个是活动队列，每个队列再根据任务的紧迫性分为多个优先级子队列。处理器从活动队列中取出一个优先级最高的任务进行处理，并在处理结束后将其转移至过期队列。当活动队列为空时，进程调度器再将过期队列与活动队列的角色互换，从新的活动队列中取出优先级最高的任务继续执行。图12-21大致描绘了O(1)进程调度算法的整体结构。

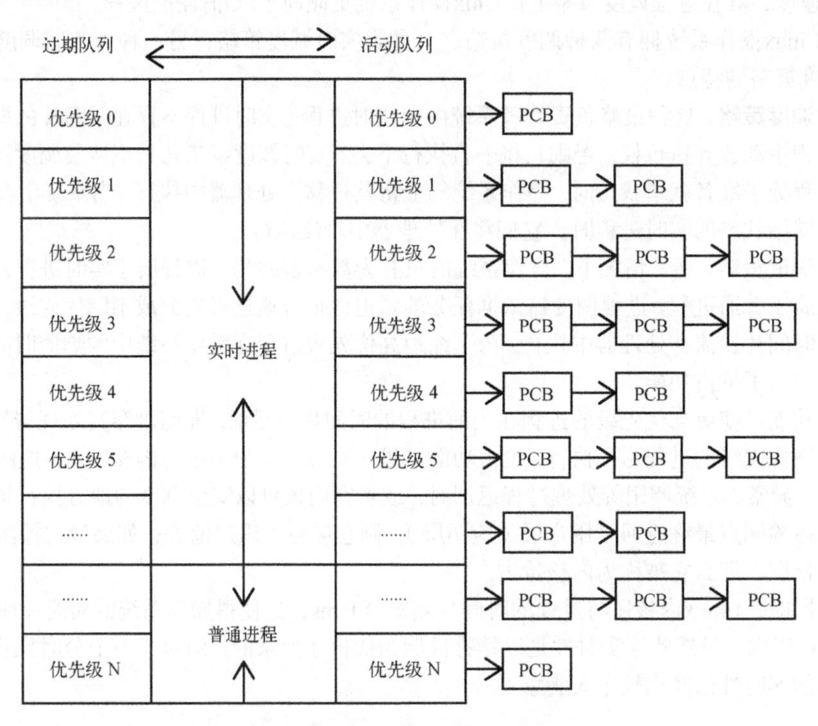

图12-21　O(1)进程调度算法结构示意图

尽管O(1)调度算法在进程切换速度方面有着明显优势，但它在动态调整（计算）进程优先级方面却非常消耗时间。

● SD与RSDL楼梯进程调度算法

为了避免O(1)调度算法的缺陷，SD楼梯调度算法在O(1)调度算法的基础上，将原有的进程时间片拆分为细粒度时间片和粗粒度时间片，并废除过期队列。细粒度时间片用于描述进程在每个优先级子队列中使用的时间片，当一个任务执行完当前优先级子队列的时间片后，这个任务将迁移至低一级的优先级子队列中，以此类推呈现出楼梯状。当所有任务的时间片都消耗殆尽后，进程优先级队列将重置成最开始的优先级分布状态。粗粒度时间片用于描述一个任务从初始优先级迁移至最低优先级可消耗的总时间片。SD楼梯调度算法的整体结构如图12-22所示。

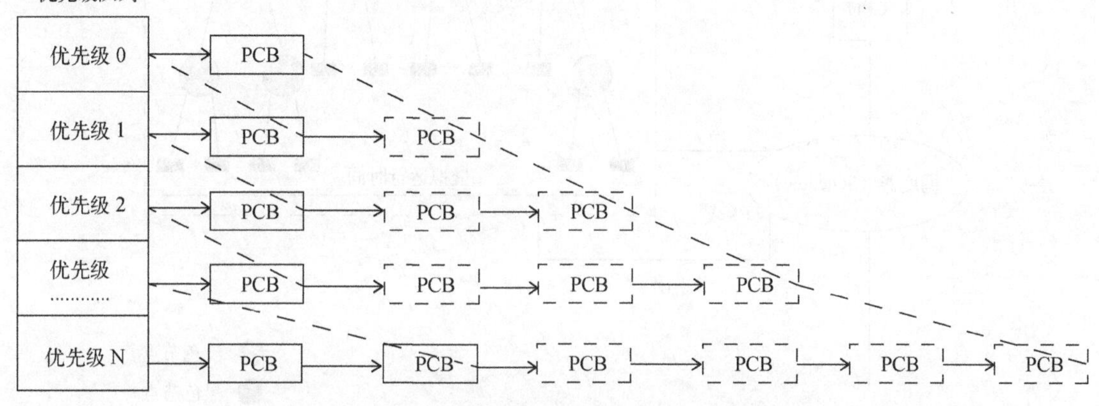

图12-22　SD楼梯进程调度算法结构示意图

对于长期处于挂起状态的I/O消耗型进程而言，它的时间片消耗非常缓慢，纵使进程历经几次“降级”迁移后，其优先级仍相对较高，从而使得I/O消耗型进程得到优先执行；而处理器消耗型进程的时间片消耗得非常快，每当它们消耗完所有时间片，就必须等到进程优先级队列重置后才能从调度器分配出新的时间片，这势必将导致处理器消耗型进程在一个不确定的时间里长期处于饥饿状态。

RSDL调度算法（The Rotating Staircase Deadline Schedule）作为SD楼梯调度算法的改进版，暂时弥补了上述不足。RSDL调度算法为进程活动队列的每个优先级子队列限定了最长可运行时间，只要优先级子队列的累积运行时间超过阈值，调度器便会对当前优先级子队列里的所有进程做“降级”处理。这样一来，进程调度器就可预测处理器消耗型进程的等待时间。

● CFS调度算法

尽管RSDL调度算法可以明显缓解处理器消耗型进程处于饥饿状态的时间，但它与CFS调度算法相比还是有一定差距。

CFS（Completely Fair Schedule，完全公平进程）调度算法弱化了进程优先级、进程类型等概念在调度决策中的地位。为了尽量保证所有进程都能公平地使用处理器的时间片，CFS调度算法引入了虚拟运行时间来抽象进程的运行时间，虚拟运行时间会参考进程的优先级等因素为进程设置不同的时间增长比例。与此同时，CFS调度算法还将原有的数组任务队列改为红黑树（RB-Tree）任务队列。红黑树是一颗相对平衡二叉树，它的时间复杂度为O(log N)，使用红黑树来管理任务队列可在不失检索效率的同时，兼顾红黑树节点维护的时间损耗。CFS调度算法的整体结构如图12-23所示。

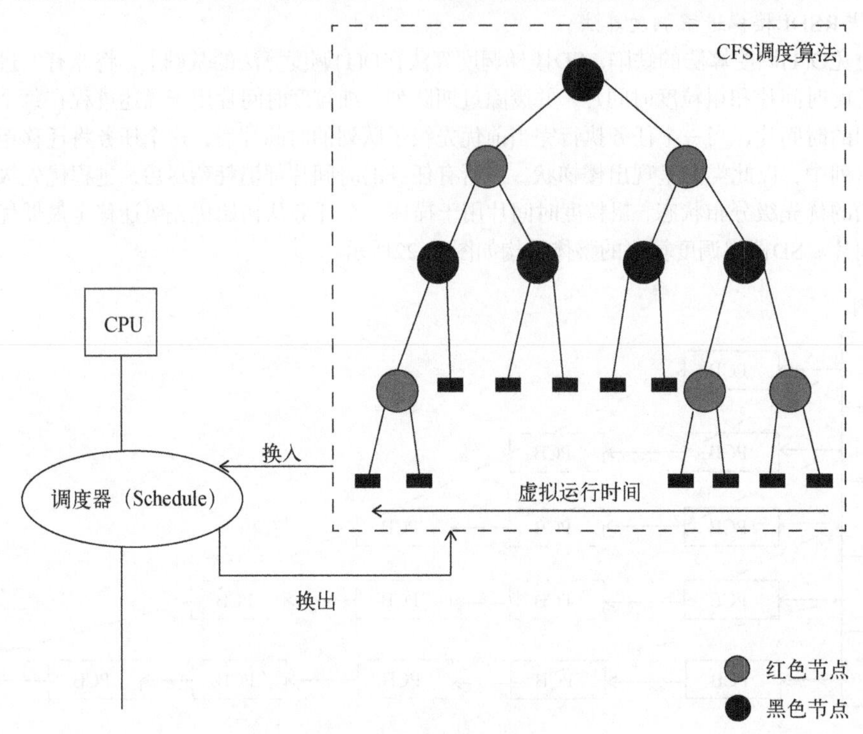

图12-23　CFS调度算法结构示意图

图12-23中的虚拟运行时间将作为红黑树的关键值，保存于红黑树的每个节点和叶子中。虚拟运行时间的最小值保存在红黑树的最左侧，调度器每次从红黑树中取出虚拟运行时间最小的任务去调度执行。如果从处理器换出的任务依然处于准备就绪状态，那么调度器会再次将其插入到红黑树中，进程的虚拟运行时间越大，任务就越靠近红黑树的最右侧。

12.3.2　墙上时钟与定时器

不论本系统采用何种进程调度算法，它们都是基于时间片实现的。为此，只有在驱动定时器并获取实时时间后，我们才能实现进程调度算法。

由于x86物理平台是向下兼容的，这使得物理平台通常会支持RTC（Real-Time Clock，实时时钟）、PIT（Programable Interval Timer，可编程计数/定时器）、HPET（High Precision Event Timer，高精度消息定时器）以及Local APIC定时器（Timer）等几种与时间有关的硬件设备，它们的作用分别如下。

- **RTC**。RTC通常用于记录真实世界里的时间，其数据通常会保存在CMOS存储区中。CMOS存储器是一个位数极少的低电压静态内存芯片，通常情况下RTC和CMOS都配有钮扣电池提供外部供电，以防止设备掉电造成时间丢失。

- ❑ **Intel 8253/8254 PIT**。PIT是一个可编程的计数/定时芯片，它的时间精度范围为100 ns~500 ns。
- ❑ **HPET**。HPET是一个高精度的定时设备，它的时间精度在69 ns左右，这个精度值要比PIT高很多。
- ❑ **Local APIC定时器**。这个定时器位于每个逻辑处理单元的Local APIC中，它的时间精度取决于处理器的总线时钟或核心晶振的时钟频率，晶振每产生一次震荡，定时器就计数一次。

考虑到实现的复杂度和定时精确度，本系统将通过RTC设备来取得真实时间，再使用HPET作为系统定时器。

1. 墙上时钟

RTC时钟通常被称为墙上时钟，它的时间数据保存在CMOS存储器中，通常情况下设备平台会备有外部供电以防止断电导致时间丢失。因此，为了取得RTC时间，操作系统就必须对CMOS存储器中的内存单元进行访问。

由于CMOS存储器的地址在物理内存地址之外，因此处理器不能像访问内存地址一样访问CMOS存储器，必须借助I/O端口0x70和0x71对其进行访问。其中的I/O端口0x70用于索引RTC寄存器，而I/O端口0x71则用于读写RTC寄存器值。RTC采用8421编码方式的BCD码来保存时间数据，表12-6描述了部分RTC寄存器在CMOS存储器中的索引地址和功能。

表12-6 RTC各寄存器的功能说明表

索引值	功能描述	取值范围
0x00	秒	0~59
0x02	分钟	0~59
0x04	小时	12H：1~12，24H：0~23
0x06	星期	1~7
0x07	日	1~31
0x08	月	1~12
0x09	年	0~99
0x32	世纪	0~99

注：某些物理平台的RTC设备无法查询出时间。

在掌握上述知识后，下面就来编写程序获取RTC时间。此处，我们使用结构体`struct time`来保存RTC时间，代码清单12-36是其完整定义。

代码清单12-36 第12章\程序\程序12-10\物理平台\kernel\time.h

```
struct time
{
    int second;     //00
    int minute;     //02
    int hour;       //04
    int day;        //07
    int month;      //08
    int year;       //09+32
};
```

结构体struct time可保存年、月、日、时、分、秒等时间值，其中的year成员变量是由0x09和0x32两个寄存器值组成。

代码清单12-37中的函数get_cmos_time用于读取RTC时钟，它通过操作I/O端口0x70和0x71将RTC时钟值保存在struct time结构内。

代码清单12-37　第12章\程序\程序12-10\物理平台\kernel\time.c

```
#define CMOS_READ(addr) ({ \
    io_out8(0x70,0x80 | addr); \
    io_in8(0x71); \
})

int get_cmos_time(struct time *time)
{
    cli();
    do
    {   time->year =    CMOS_READ(0x09) + CMOS_READ(0x32) * 0x100;
        time->month =  CMOS_READ(0x08);
        time->day =    CMOS_READ(0x07);
        time->hour =   CMOS_READ(0x04);
        time->minute = CMOS_READ(0x02);
        time->second = CMOS_READ(0x00);
    }while(time->second != CMOS_READ(0x00));
    io_out8(0x70,0x00);
    sti();
}
```

这段代码中的宏函数CMOS_READ封装了读取RTC寄存器的过程，它先向I/O端口0x70写入寄存器索引地址，再从I/O端口0x71读取寄存器值。此处需要特别注意I/O端口0x70的第7位，此位用于控制NMI中断的使能，在访问RTC的过程里请始终保持置位状态（禁止NMI中断请求），以防止NMI中断请求干扰读取结果，当RTC访问结束后再使能NMI中断请求。同理，函数get_cmos_time在访问RTC的过程中也请全程禁止中断响应。

函数get_cmos_time在访问RTC的过程中使用了循环语句，这是为了防止在读取RTC的过程中时间发生跳变。

现在，操作系统可通过函数get_cmos_time取得墙上时钟，将此函数插入到内核主程序中验证其运行效果，代码清单12-38是get_cmos_time函数的测试程序。

代码清单12-38　第12章\程序\程序12-10\物理平台\kernel\main.c

```
void Start_Kernel(void)
{
    ......
    color_printk(RED,BLACK,"interrupt init \n");
    #if  APIC
        APIC_IOAPIC_init();
    #else
        init_8259A();
    #endif

    get_cmos_time(&time);
```

```
    color_printk(RED,BLACK,"year:%#010x,month:%#010x,day:%#010x,hour:%#010x,mintue:
        %#010x,second:%#010x\n",time.year,time.month,time.day,time.hour,time.minute,
        time.second);

    color_printk(RED,BLACK,"keyboard init \n");
    keyboard_init();
    color_printk(RED,BLACK,"mouse init \n");
    mouse_init();
    color_printk(RED,BLACK,"ICR init \n");
    ……
    while(1)
    {
        if(p_kb->count)
            analysis_keycode();
        if(p_mouse->count)
            analysis_mousecode();
    }
}
```

从这段程序可知，内核主程序在引入墙上时钟获取功能的同时，还恢复了APIC及某些驱动程序的初始化代码，图12-24是墙上时钟测试程序的运行效果。

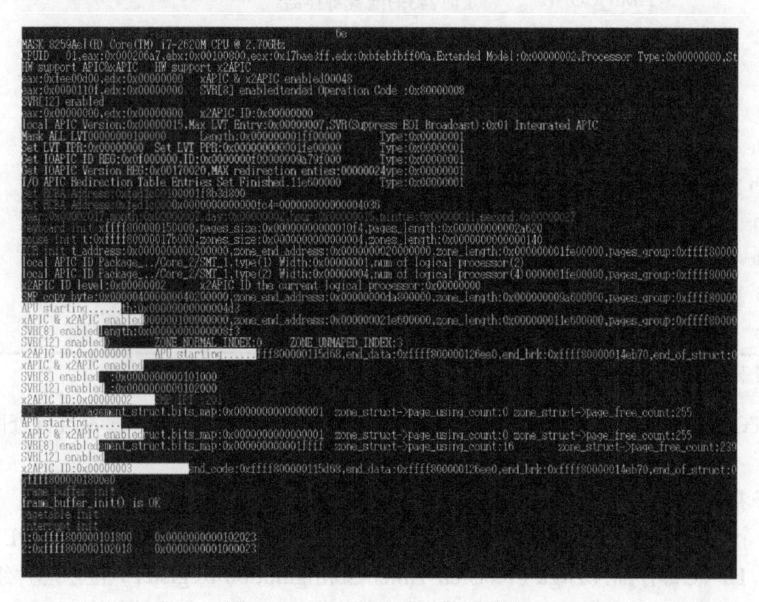

图12-24 RTC时钟运行效果图

根据图12-24描述的RTC运行效果可以了解到，当前墙上时钟为2017年7月2日15时11分27秒。

2. HPET驱动程序

HPET芯片位于主板芯片组中，它的时间精确度高达69.841279 ns，这比8253 PIT芯片的时间精确度高出许多。HPET芯片共有8个定时器，每个定时器都由若干个寄存器组成，这些定时器的配置过程与I/O APIC的配置过程十分相似。

在系统上电后，HPET默认处于禁止状态。此时处理器无法寻址到HPET的配置寄存器，只有置位

HPTC寄存器的地址映射使能标志位（第7位）后，才能寻址到HPET的配置寄存器。随后，再根据操作系统指派的定时任务去设置定时器的配置寄存器。表12-7描述了HPET各配置寄存器的功能。

表12-7　HPET各配置寄存器的功能说明表

寄存器索引	助 记 名	寄 存 器	默 认 值
000h ~ 007h	GCAP_ID	整体机能寄存器	0429,B17F,8086,A701h
010h ~ 017h	GEN_CONF	整体配置寄存器	0000,0000,0000,0000h
020h ~ 027h	GINTR_STA	整体中断状态寄存器	0000,0000,0000,0000h
0F0h ~ 0F7h	MAIN_CNT	主计数器	无
100h ~ 107h	TIM0_CONF	定时器0的配置寄存器	无
108h ~ 10Fh	TIM0_COMP	定时器0的对比寄存器	无
120h ~ 127h	TIM1_CONF	定时器1的配置寄存器	无
128h ~ 12Fh	TIM1_COMP	定时器1的对比寄存器	无
140h ~ 147h	TIM2_CONF	定时器2的配置寄存器	无
148h ~ 14Fh	TIM2_COMP	定时器2的对比寄存器	无
160h ~ 167h	TIM3_CONF	定时器3的配置寄存器	无
168h ~ 16Fh	TIM3_COMP	定时器3的对比寄存器	无
180h ~ 187h	TIM4_CONF	定时器4的配置寄存器	无
188h ~ 18Fh	TIM4_COMP	定时器4的对比寄存器	无
1A0h ~ 1A7h	TIM5_CONF	定时器5的配置寄存器	无
1A8h ~ 1AFh	TIM5_COMP	定时器5的对比寄存器	无
1C0h ~ 1C7h	TIM6_CONF	定时器6的配置寄存器	无
1C8h ~ 1CFh	TIM6_COMP	定时器6的对比寄存器	无
1E0h ~ 1E7h	TIM7_CONF	定时器7的配置寄存器	无
1E8h ~ 1EFh	TIM7_COMP	定时器7的对比寄存器	无

注：剩余寄存器索引值保留，未使用。

以下是HPTC寄存器与HPET配置寄存器的概括介绍，更详细介绍还请读者自行查阅Intel芯片组的官方白皮书。

- HPTC寄存器

HPTC是一个4B寄存器，它负责控制HPET设备访问地址的开启与否以及选择HPET配置寄存器组的物理基地址。HPTC寄存器（High Precision Timer Configuration Register）位于芯片组配置寄存器的3404h偏移处，此处的芯片组配置寄存器的物理基地址依然由RCBA寄存器指定，图12-25是HPTC寄存器各位的功能说明。

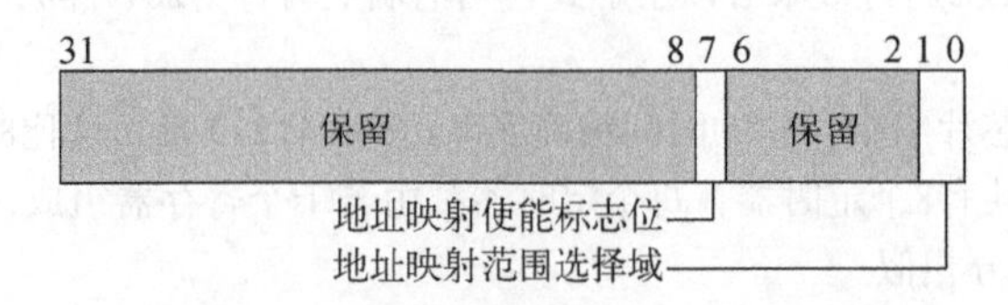

图12-25　HPTC寄存器的位功能说明图

HPTC寄存器的地址映射使能标志位用于控制HPET设备访问地址的开启，只有当它处于置位状态时，芯片组才会将HPET配置寄存器映射到内存地址空间。不仅如此，HPTC寄存器还提供地址映射范围选择域，我们通过此位域可设置HPET配置寄存器在内存地址空间中的映射地址，表12-8提供了HPET配置寄存器可选的映射地址。

表12-8 HPET配置寄存器的映射地址说明表

数值	映射地址范围
00	FED0,0000h ~ FED0,03FFh
01	FED0,1000h ~ FED0,13FFh
10	FED0,2000h ~ FED0,23FFh
11	FED0,3000h ~ FED0,33FFh

- GCAP_ID寄存器

GCAP_ID寄存器（General Capabilities and Identification Register）保存着HPET的整体机能，其中包括定时器的时间精度、ID号、定时器数等信息，它是一个只读寄存器，其寄存器各位的功能说明请见图12-26。

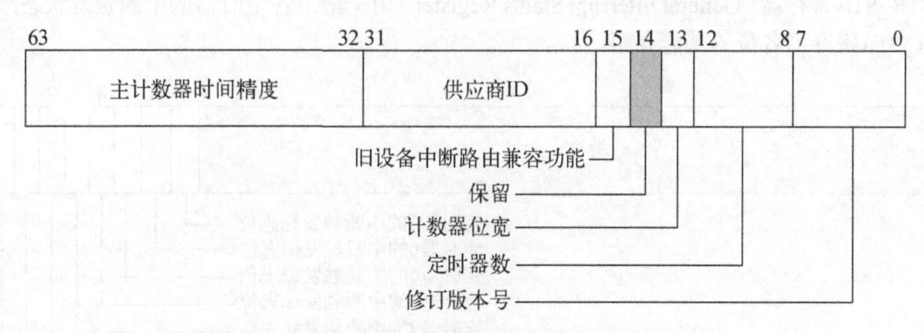

图12-26 GCAP_ID寄存器的位功能说明图

以下是GCAP_ID寄存器各位的功能概述。

- 主计数器时间精度（bit 63:32）。此位域记录着高精度定时器的时间精度，其固定为数值0429,B17Fh，表示每69841279 fs=69.841279 ns计数一次。
- 供应商ID（bit 31:16）。它表示HPET设备的供应商ID号。
- 旧设备中断路由兼容功能（bit 15）。它表示兼容8259A中断控制器的中断请求链路，置位表示支持。
- 计数器位宽（bit 13）。它是定时/计数器位宽，置位说明其位宽为64位。
- 定时器数（bit 12:8）。它是芯片拥有的定时器数量，数值07h表示有8个定时器。
- 修订版本号（bit 7:0）。它是HPET设备的修订版本号，默认值为01h。

- GEN_CONF寄存器

GEN_CONF寄存器（General Configuration Register）用于配置HPET的整体功能，主要控制HPET芯片是否能产生中断以及定时器0/1的中断请求链路，图12-27是GEN_CONF寄存器各位的功能介绍。

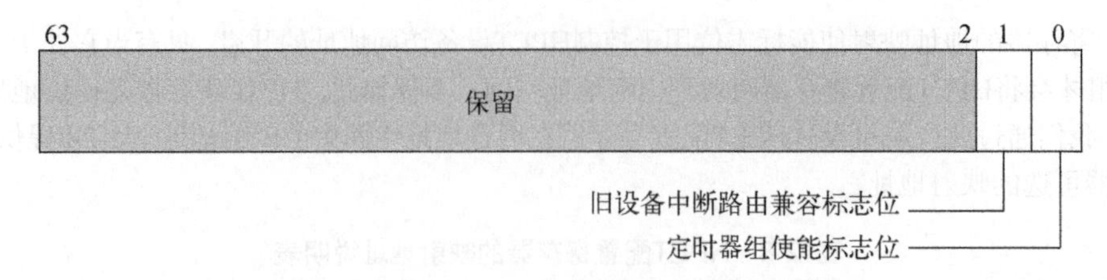

图12-27　GEN_CONF寄存器的位功能说明图

以下是GEN_CONF寄存器各位的功能概述。

- **旧设备中断路由兼容标志位（bit 1）**。置位此标志位，将使定时器0向8259A的IRQ0引脚或I/O APIC的IRQ2引脚发送中断请求，并使定时器1向8259A的IRQ8引脚或I/O APIC的IRQ8引脚发送中断请求；其他定时器始终根据自身配置选择中断请求的接收引脚。
- **定时器组使能标志位（bit 0）**。只有置位此标志位才能使HPET定时器产生中断。如果将其复位，那么主计数器将停止计数，导致所有定时器都无法产生中断。

- GINTR_STA寄存器

GINTR_STA寄存器（General Interrupt Status Register）用于记录各定时器的中断触发状态，图12-28是GINTR_STA寄存器各位的功能介绍。

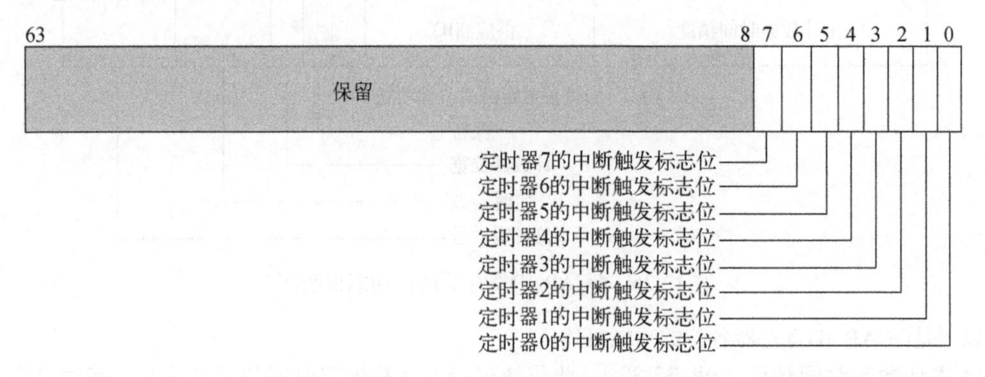

图12-28　GINTR_STA寄存器的位功能说明图

以下是GINTR_STA寄存器各位的功能简介。

定时器N的中断触发标志位（bit 7:0）。如果定时器中断请求采用电平触发模式，那么硬件会自动置位对应的定时器位。软件只有向中断触发标志位写入1才能将其复位，写入0是无效操作。如果中断请求采用边沿触发模式，那么此标志位可忽略，软件应该始终保持此标志位处于复位状态。

- MAIN_CNT寄存器

MAIN_CNT寄存器（Main Counter Value Register）是HPET芯片的主计数器，它是一个64位的可读写寄存器，图12-29描述了MAIN_CNT寄存器各位的功能。

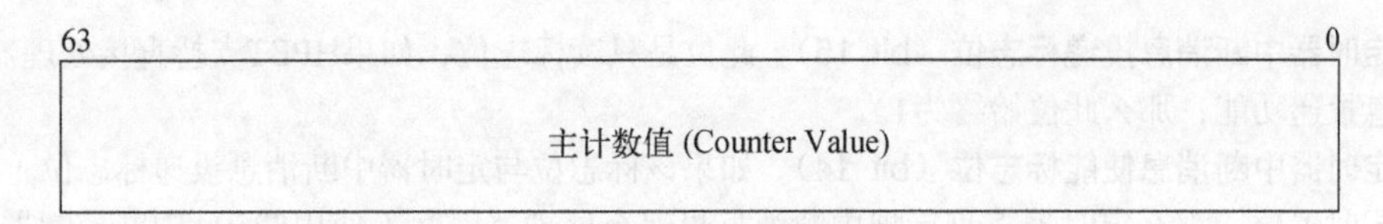

图12-29 MAIN_CNT寄存器的位功能说明图

MAIN_CNT寄存器记录着HPET芯片的计数值，所有定时器都是在主计数器的基础上进行定时的。如果处理器对MAIN_CNT寄存器进行读访问，它将返回当前计数值；如果对MAIN_CNT寄存器进行写访问，那么新的计数值将更新到此寄存器中。（只有在主计数器停止计数时，新的计数值才会更新到MAIN_CNT寄存器。）

- TIMn_CONF寄存器

TIMn_CONF寄存器（Timer N Configuration and Capabilities Register）与TIMn_COMP寄存器是一对定时配置寄存器，HPET芯片为每个定时器都准备了一对定时配置寄存器，操作系统根据定时任务可将定时器配置成不同种工作模式。图12-29是TIMn_CONF寄存器各位的功能说明。

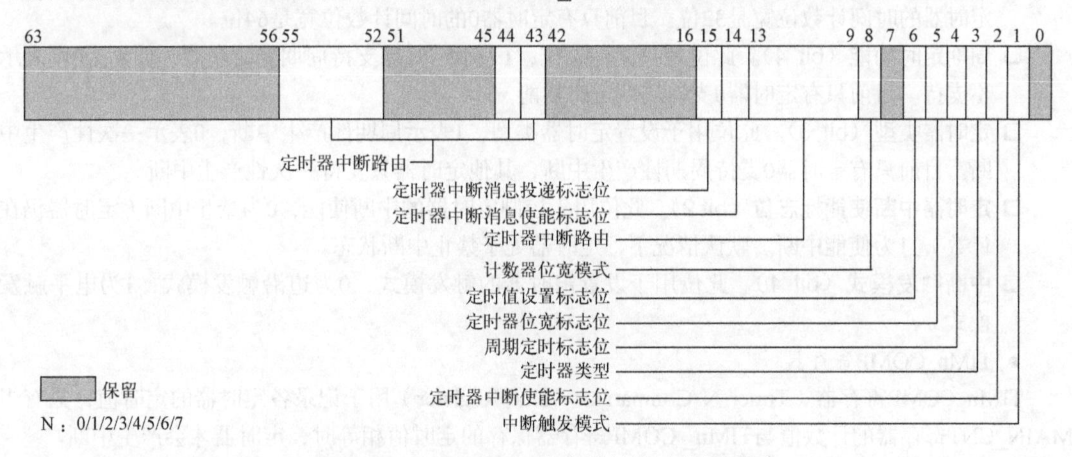

图12-30 TIMn_CONF寄存器的位功能说明图

以下是TIMn_CONF寄存器各位的功能描述。

❑ 定时器中断路由功能（bit 55:52,44,43）。这些位都是只读标志位，它们用于描述定时器可使用的中断请求引脚，表12-9介绍了这些标志位与中断请求引脚的对应关系。

表12-9 中断请求引脚的使用说明表

Timer N	bit 43	bit 44	bit 52	bit 53	bit 54	bit 55
Timer 0/1	N/A	N/A	IRQ 20	IRQ 21	IRQ 22	IRQ 23
Timer 2	IRQ 11	N/A	IRQ 20	IRQ 21	IRQ 22	IRQ 23
Timer 3	N/A	IRQ 12	IRQ 20	IRQ 21	IRQ 22	IRQ 23

注：定时器4/5/6/7的这些标识位始终为0，它们只能借助TIMERn_PROCMSG_ROUT（Timer N Processor Message Interrupt Rout Register，定时器的中断消息路由寄存器）来投递中断消息。

- ❑ **定时器中断消息投递标志位（bit 15）**。此位是只读标志位，如果HPET支持直接处理器中断消息投递功能，那么此位始终为1。
- ❑ **定时器中断消息使能标志位（bit 14）**。如果该标志位与定时器中断消息投递标志位（bit 15）同时置位，那么定时器将直接把中断消息投递至处理器，而不使用8259A中断控制器或者I/O APIC。在这种情况下，定时器中断路由位域（bit 13:9）将失效，定时器转而使用TIMERn_PROCMSG_ROUT代替。
- ❑ **定时器中断路由（bit 13:9）**。此位域用于设置定时器使用的中断请求引脚（可以是8259A中断控制器或者I/O APIC），请参考表12-9。定时器4/5/6/7不支持该功能。
- ❑ **计数器位宽模式（bit 8）**。此标志位用于设置定时器的计数器位宽。只有定时器0可设置计数器位宽（1为32位宽，0为64位宽），其他定时器固定为32位宽（标志位只读）。
- ❑ **定时值设置标志位（bit 6）**。此标志位只对处于周期定时模式下的定时器0起作用，置位此标志位可使软件在定时器运行时直接修改定时值。
- ❑ **定时器位宽标志位（bit 5）**。此位是只读标志位，1表示定时器的时间计数位宽是64位，0表示定时器的时间计数位宽是32位。目前只有定时器0的时间计数位宽是64位。
- ❑ **周期定时功能（bit 4）**。此位是只读标志位，1表示定时器支持周期定时功能，如果为0则表示不支持。目前只有定时器0支持周期定时功能。
- ❑ **定时器类型（bit 3）**。此位用于设置定时器类型，1表示周期性产生中断，0表示一次性产生中断。目前只有定时器0支持周期性产生中断，其他定时器只支持一次性产生中断。
- ❑ **定时器中断使能标志位（bit 2）**。此位用于控制定时器的中断使能，0为禁止中断（定时器仍在计数），1为使能中断。默认情况下，定时器处于禁止中断状态。
- ❑ **中断触发模式（bit 1）**。此位用于设置定时器的触发模式，0为边沿触发模式，1为电平触发模式。

- TIMn_COMP寄存器

TIMn_COMP寄存器（Timer N Comparator Value Register）用于记录各定时器的定时值，只有当MAIN_CNT寄存器的计数值与TIMn_ COMP寄存器保存的定时值相等时，定时器才会产生中断。

结合上述HPET芯片的寄存器描述和驱动程序的开发经验，相信实现一个定时器驱动程序并不会太困难，仅需设置HPET的配置寄存器、初始化I/O APIC对应引脚的RTE寄存器并注册中断处理函数即可。以下几段代码是HPET驱动的初始化程序。

代码清单12-39是HPET驱动初始化函数的起始部分，它借鉴了I/O APIC的初始化代码来寻址HPTC寄存器，随后通过设置HPTC寄存器将HPET的配置寄存器组的起始地址映射到物理地址`0xFED0,0000`处。

代码清单12-39　第12章\程序\程序12-11\物理平台\kernel\HEPT.c

```
extern struct time time;

void HPET_init()
{
    unsigned int x;
    unsigned int * p;
    unsigned char * HPET_addr = (unsigned char *)Phy_To_Virt(0xfed00000);
```

```
    struct IO_APIC_RET_entry entry;
        //get RCBA address
        io_out32(0xcf8,0x8000f8f0);
        x = io_in32(0xcfc);
        x = x & 0xffffc000;

        //get HPTC address
        if(x > 0xfec00000 && x < 0xfee00000)
        {
            p = (unsigned int *)Phy_To_Virt(x + 0x3404UL);
        }

        //enable HPET
        *p = 0x80;
        io_mfence();
        ......
}
```

为了便于操作系统管理墙上时钟，代码清单12-39把struct time结构体变量time调整为全局变量。

此次我们选择为HPET芯片的定时器0编写驱动程序，并选用I/O APIC的IRQ2作为它的中断请求接收引脚。那么，下一步就为定时器0配置I/O APIC并注册中断处理函数，代码清单12-40是具体程序实现。

代码清单12-40　第12章\程序\程序12-11\物理平台\kernel\HEPT.c

```
    //init I/O APIC IRQ2 => HPET Timer 0
    entry.vector = 34;
    entry.deliver_mode = APIC_ICR_IOAPIC_Fixed ;
    entry.dest_mode = ICR_IOAPIC_DELV_PHYSICAL;
    entry.deliver_status = APIC_ICR_IOAPIC_Idle;
    entry.polarity = APIC_IOAPIC_POLARITY_HIGH;
    entry.irr = APIC_IOAPIC_IRR_RESET;
    entry.trigger = APIC_ICR_IOAPIC_Edge;
    entry.mask = APIC_ICR_IOAPIC_Masked;
    entry.reserved = 0;

    entry.destination.physical.reserved1 = 0;
    entry.destination.physical.phy_dest = 0;
    entry.destination.physical.reserved2 = 0;

    register_irq(34, &entry , &HPET_handler, NULL, &HPET_int_controller, "HPET");
```

上述代码为定时器0选择中断向量号34，并将中断请求信号配置成边沿触发模式。此处的中断处理接口HPET_int_controller与其他驱动程序的实现相同，直接复制过来即可，不必过多深究。而处于实验阶段的中断处理函数HPET_handler也不必实现太多功能，只要能验证执行通路就好，代码清单12-41是定时器0目前的中断处理函数。

代码清单12-41　第12章\程序\程序12-11\物理平台\kernel\HEPT.c

```
void HPET_handler(unsigned long nr, unsigned long parameter, struct pt_regs * regs)
{
    color_printk(RED,WHITE,"(HPET)");
}
```

代码清单12-42是HPET驱动初始化函数的结尾部分，这部分程序将对HPET芯片进行配置，使得定时器0每隔1 s产生一次中断请求信号（周期定时模式），并使用I/O APIC的IRQ2引脚接收中断请求，代码清单12-42是其详细配置过程。

代码清单12-42　第12章\程序\程序12-11\物理平台\kernel\HEPT.c

```
color_printk(RED,BLACK,"HPET - GCAP_ID:<%#018lx>\n",*(unsigned long *)HPET_addr);

*(unsigned long *)(HPET_addr + 0x10) = 3;
io_mfence();

//edge triggered & periodic
*(unsigned long *)(HPET_addr + 0x100) = 0x004c;
io_mfence();

//1S
*(unsigned long *)(HPET_addr + 0x108) = 14318179;
io_mfence();

//init MAIN_CNT & get CMOS time
get_cmos_time(&time);
*(unsigned long *)(HPET_addr + 0xf0) = 0;
io_mfence();

color_printk(RED,BLACK,"year:%#010x,month:%#010x,day:%#010x,hour:%#010x,mintue:
    %#010x,second:%#010x\n",time.year,time.month,time.day,time.hour,time.minute,
    time.second);
```

当HPET芯片配置完成后，处理器通过向MAIN_CNT寄存器写入初始值来启动它。当MAIN_CNT寄存器进入中止状态后，处理器必须向其写入数值才能使它恢复到运行状态。我们也可在MAIN_CNT寄存器进入运行状态后，再通过配置GEN_CONF寄存器来启动它。

鉴于定时器0今后可能会用于管理墙上时钟，为了尽量保证时间的准确性，特将墙上时钟获取函数get_cmos_time插入到定时器启动代码之前，以缩短RTC时钟与定时器0的计数时间间隔。

最后，在内核主程序中调用HPET驱动初始化函数，启动定时器0，代码清单12-43是初始化函数的插入位置。

代码清单12-43　第12章\程序\程序12-11\物理平台\kernel\main.c

```
void Start_Kernel(void)
{
    ……
    #if  APIC
        APIC_IOAPIC_init();
    #else
        init_8259A();
    #endif

    color_printk(RED,BLACK,"Timer & Clock init \n");
    HPET_init();
    ……
}
```

图12-31描述了HPET芯片的定时器0在启动几十秒后的运行效果。

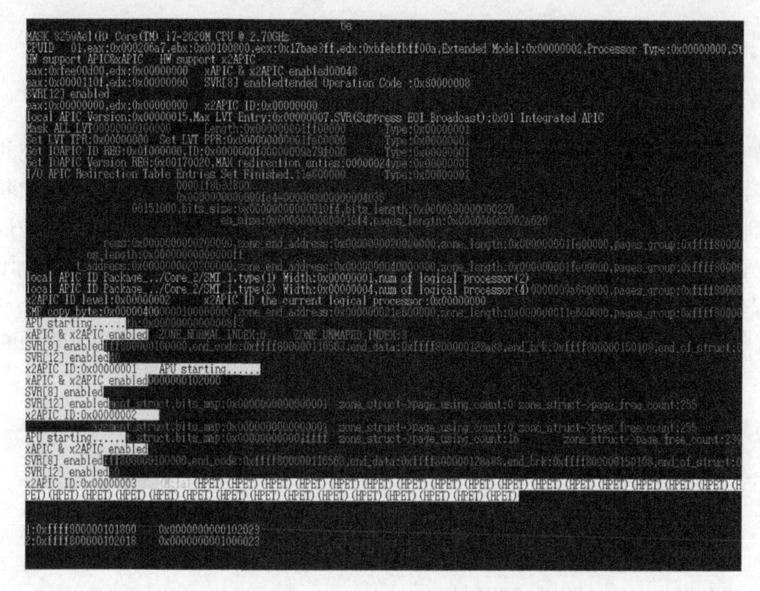

图12-31 定时器0的运行效果图

12.3.3 内核定时器

现在，本系统已成功取得墙上时钟，并启动HPET芯片的定时器0。为了让定时器0能够真正派上用场，而不仅仅是一个摆设，下面将为系统实现定时器功能。操作系统凭借定时器功能，不但可为任务设定执行时间，而且还间接为操作系统的进程管理单元提供了时间片支持。

1. 软中断处理机制的实现

虽然本系统已拥有中断上半部处理程序，但由于中断上半部是通过处理器的中断门描述符或陷阱门描述符进入的，当处理器穿过这些门描述符时，中断标志位IF会自动复位以禁止中断，从而使得处理器无法响应更高优先级的中断请求。

如果我们将定时器处理功能全部放置在中断上半部的话，从实现角度看，此种设计是可行的，但随着定时与进程调度等功能的组入，定时器的中断处理过程将会非常耗时。因此，如果对中断的响应速度做长远考虑的话，这种设计还是有很大欠缺的。为了提高中断的响应速度，我们特为本系统实现中断下半部的软中断处理机制。这样一来，可大大缩短中断的禁止时间，进而提高任务的执行效率。

参照图10-30描绘的Linux中断处理机制，本系统为软中断处理机制定义了相关结构体，代码清单12-44是相关结构和宏常量的定义。

代码清单12-44 第12章\程序\程序12-12\物理平台\kernel\softirq.h

```
#define TIMER_SIRQ      (1 << 0)

unsigned long softirq_status = 0;
```

```
struct softirq
{
    void (*action)(void * data);
    void * data;
};
struct softirq softirq_vector[64] = {0};
```

在这段代码中，struct softirq结构用于描述软中断的处理方法和参数，系统共可处理64种软中断，而且这些软中断是不分中断优先级的。全局变量softirq_status记录着软中断状态，当其中的某位处于置位状态时，这说明中断上半部已经触发了对应的软中断。鉴于定时器是目前仅有的软中断，我们姑且让它使用软中断状态变量的第0位，并使用宏TIMER_SIRQ对此位加以标识。

代码清单12-45是围绕着软中断状态变量softirq_status和结构体struct softirq实现的一套维护函数，这些函数可完成软中断的初始化、软中断处理函数的注册与注销、软中断状态的获取与设置等工作。

代码清单12-45　第12章\程序\程序12-12\物理平台\kernel\softirq.c

```
void set_softirq_status(unsigned long status)
{
    softirq_status |= status;
}
unsigned long get_softirq_status()
{
    return softirq_status;
}
void register_softirq(int nr,void (*action)(void * data),void * data)
{
    softirq_vector[nr].action = action;
    softirq_vector[nr].data = data;
}
void unregister_softirq(int nr)
{
    softirq_vector[nr].action = NULL;
    softirq_vector[nr].data = NULL;
}
void softirq_init()
{
    softirq_status = 0;
    memset(softirq_vector,0,sizeof(struct softirq) * 64);
}
```

这里请读者特别注意，对于未初始化赋值的全局变量和动态申请的内存空间而言，它们的内存单元中很可能存在着脏数据，因此在使用它们前请务必对其进行初始化赋值。

当软中断结构和相关操作函数准备就绪后，下面将从定时器0的中断处理函数出发，看看软中断处理机制是如何提高中断响应速度的。

代码清单12-46是引入软中断处理机制后的定时器中断处理函数，其中的全局变量jiffies（其定义为unsigned long volatile jiffies = 0;）用于记录定时器产生的中断次数，也就是系统时间计数值。通过这个周期性的定时器和get_cmos_time函数取得的墙上时钟可间接推算（计算）出此刻的墙上时钟。目前，定时器中断处理函数的唯一任务是定时计数，随着系统时间计数变量jiffies

的累加，函数HPET_handler将通过调用set_softirq_status函数触发软中断，代码实现如下代码清单12-46。

代码清单12-46 第12章\程序\程序12-12\物理平台\kernel\HPET.c

```
void HPET_handler(unsigned long nr, unsigned long parameter, struct pt_regs * regs)
{
    jiffies++;
    set_softirq_status(TIMER_SIRQ);
}
```

当软中断状态变量softirq_status的第0位处于置位状态后，定时器0的中断上半部处理过程执行结束，函数HPET_handler随即返回到ret_from_intr模块处。

在执行ret_from_intr模块时，ret_from_intr模块通过检测软中断状态变量softirq_status可判断出中断上半部是否触发过软中断。如果有待处理的软中断请求，处理器将跳转至softirq_handler地址处去执行软中断处理函数do_softirq，并在do_softirq函数执行结束后恢复中断现场，继续执行任务。如果没有待处理的软中断请求，处理器将直接恢复中断现场，继续执行任务。代码清单12-47详细记录了这一处理过程。

代码清单12-47 第12章\程序\程序12-12\物理平台\kernel\entry.S

```
ret_from_exception:
    /*GET_CURRENT(%ebx)  need rewrite*/
ENTRY(ret_from_intr)
    movq    $-1,                 %rcx
    testq   softirq_status(%rip), %rcx
    jnz     softirq_handler
    jmp     RESTORE_ALL     /*need rewrite*/

softirq_handler:
    callq   do_softirq
    jmp     RESTORE_ALL
```

代码清单12-47是基于Linux 2.4版本设计的软中断入口程序。而在Linux 2.6及后续内核版本中，软中断处理函数do_softirq将在中断处理函数do_IRQ的末尾处直接调用。

系统在执行软中断处理函数时会逐个检测中断状态变量softirq_status的各个位。如果有某位处于置位状态，系统则调用相应的处理方法，并在执行结束后，复位此状态位。如此往复地检测，直至所有标志位都处于复位状态为止，代码清单12-48是检测过程的代码实现。

代码清单12-48 第12章\程序\程序12-12\物理平台\kernel\softirq.c

```
void do_softirq()
{
    int i;
    sti();
    for(i = 0;i < 64 && softirq_status;i++)
    {
        if(softirq_status & (1 << i))
        {
```

```
            softirq_vector[i].action(softirq_vector[i].data);
            softirq_status &= ~(1 << i);
        }
    }
    cli();
}
```

从代码清单12-48可知，在软中断处理函数的执行期间，处理器是可以使能中断的，当调用宏函数sti后，处理器可再次接收中断请求。

目前，由于硬件外设使用的门描述符统一采用中断栈表IST2作为中断栈顶地址，在发生中断或异常时，处理器会强制将栈指针寄存器RSP设置为中断栈表IST2保存的预设值。因此，如果中断发生嵌套，那么IST中断栈表机制将抹去外层中断处理程序的栈数据。为了避免此类现象的发生，现在将对8259A中断控制器和APIC的初始化函数进行修改，把门描述符的配置代码修改为set_intr_gate(i,0,interrupt[i-32]);，以使处理器改用RSP0作为中断栈顶地址。

do_timer是定时器的软中断处理函数，它在定时器初始化函数timer_init里，通过函数register_softirq向系统注册软中断处理方法，程序实现请参见代码清单12-49。

代码清单12-49　第12章\程序\程序12-12\物理平台\kernel\timer.c

```
void timer_init()
{
    jiffies = 0;
    register_softirq(0,&do_timer,NULL);
}
void do_timer(void * data)
{
    color_printk(RED,WHITE,"(HPET:%ld)",jiffies);
}
```

目前，定时器软中断处理函数的功能相对比较简单，它只打印了当前系统时间计数值jiffies，即每隔1 s打印一次。

至此，软中断处理机制已经实现，我们将定时器与软中断的初始化函数组入到内核主程序中，代码清单12-50是两者的插入位置。

代码清单12-50　第12章\程序\程序12-12\物理平台\kernel\main.c

```
void Start_Kernel(void)
{
    ……
    #if  APIC
        APIC_IOAPIC_init();
    #else
        init_8259A();
    #endif

    color_printk(RED,BLACK,"Soft IRQ init \n");
    softirq_init();

    color_printk(RED,BLACK,"Timer & Clock init \n");
```

```
    timer_init();
    HPET_init();
    ……
}
```

图12-32描绘了定时器软中断的运行效果，从运行效果可以发现，定时器软中断每隔1 s将会打印一次计数值。

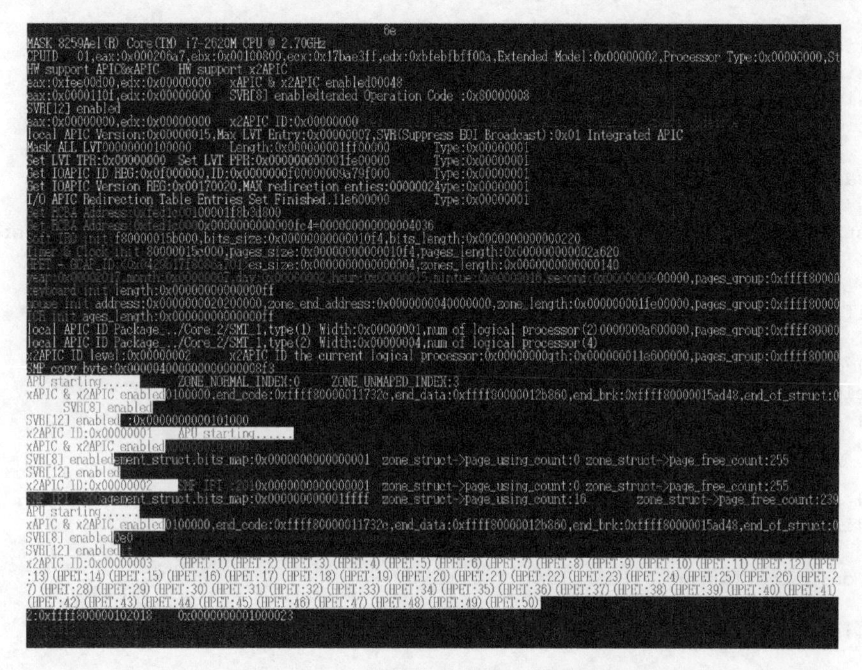

图12-32 定时器软中断的运行效果图

2. 定时功能的实现

基于软中断处理机制设计的内核定时器可使定时功能变得更加灵活，那么下面就在软中断处理机制的基础上实现定时功能。

考虑到定时任务往往是动态指派的，那么定时器至少应该拥有一个动态队列、处理方法、参数以及期望执行时间等几个关键因素，代码清单12-51将这些关键因素抽象成一个结构体来描述定时功能。

代码清单12-51 第12章\程序\程序12-13\物理平台\kernel\timer.h

```
struct timer_list
{
    struct List list;
    unsigned long expire_jiffies;
    void (* func)(void * data);
    void *data;
};
struct timer_list timer_list_head;
```

这段代码中的结构体变量timer_list_head是定时功能的队列头（链表头），所有定时任务均有序挂载于此队列内。为了便于维护定时队列，代码清单12-52为定时器实现了定时队列初始化、定时任务添加与删除三个函数。

代码清单12-52　第12章\程序\程序12-13\物理平台\kernel\timer.c

```
void init_timer(struct timer_list * timer,void (* func)(void * data),void
    *data,unsigned long expire_jiffies)
{
    list_init(&timer->list);
    timer->func = func;
    timer->data = data;
    timer->expire_jiffies = jiffies + expire_jiffies;
}
void add_timer(struct timer_list * timer)
{
    struct timer_list * tmp = container_of(list_next(&timer_list_head.list),struct
        timer_list,list);

    if(list_is_empty(&timer_list_head.list))
    {
    }
    else
    {
        while(tmp->expire_jiffies < timer->expire_jiffies)
            tmp = container_of(list_next(&tmp->list),struct timer_list,list);
    }
    list_add_to_behind(&tmp->list,&timer->list);
}
void del_timer(struct timer_list * timer)
{
    list_del(&timer->list);
}
```

这三个函数的实现仅仅是基于期望执行时间`expire_jiffies`的双向链表节点初始化、插入和删除等操作而已。

经过此番准备工作后，为了测试定时功能的执行效果，我们在定时器初始化函数中创建一个延时5 s执行的定时任务，这个任务只打印了一条日志信息来表示定时任务正在执行，代码清单12-53是定时任务的测试程序。

代码清单12-53　第12章\程序\程序12-13\物理平台\kernel\timer.c

```
void timer_init()
{
    struct timer_list *tmp = NULL;
    jiffies = 0;
    init_timer(&timer_list_head,NULL,NULL,-1UL);
    register_softirq(0,&do_timer,NULL);

    tmp = (struct timer_list *)kmalloc(sizeof(struct timer_list),0);
    init_timer(tmp,&test_timer,NULL,5);
    add_timer(tmp);
}
```

```
void test_timer(void * data)
{
    color_printk(BLUE,WHITE,"test_timer");
}
```

现在，定时任务已经创建完毕，接下来我们将在定时器软中断处理函数中实现定时任务处理功能，这一功能是基于当前系统时间计数值和期望计数值的比较实现的。只有在当前系统时间计数值超过期望计数值后，定时器才会执行定时任务。定时任务的执行期间将伴随着双向链表节点的删除与索引操作，代码清单12-54是定时任务处理功能的程序实现。

代码清单12-54　第12章\程序\程序12-13\物理平台\kernel\timer.c

```
void do_timer(void * data)
{
    struct timer_list * tmp = container_of(list_next(&timer_list_head.list),struct
        timer_list,list);
    while((!list_is_empty(&timer_list_head.list)) && (tmp->expire_jiffies <=
        jiffies))
    {
        del_timer(tmp);
        tmp->func(tmp->data);
        tmp = container_of(list_next(&timer_list_head.list),struct timer_list,list);
    }

    color_printk(RED,WHITE,"(HPET:%ld)",jiffies);
}
```

当定时任务执行结束后，定时器软中断处理函数do_timer会在结尾处打印当前系统时间计数值，通过此值可以论证定时任务的执行时机是否准确。

虽然中断下半部的软中断处理机制可以有效缩减中断禁止的时间，但为了保证程序的高效执行，还是尽量避免进入中断下半部为妙。故此，这里将定时器0的中断处理函数HPET_handler修改成代码清单12-55的模样。

代码清单12-55　第12章\程序\程序12-13\物理平台\kernel\HPET.c

```
void HPET_handler(unsigned long nr, unsigned long parameter, struct pt_regs * regs)
{
    jiffies++;

    if((container_of(list_next(&timer_list_head.list),struct
        timer_list,list)->expire_jiffies <= jiffies))
        set_softirq_status(TIMER_SIRQ);
}
```

这段代码限制了定时器软中断的执行时机，即只有在当前系统时间计数值超过期望计数值后，定时器中断处理函数HPET_handler才会激活软中断处理函数，其运行效果如图12-33所示。

图12-33　定时器功能的执行效果图

根据图12-33显示的运行效果可以看出，定时任务在定时器0启动5 s后执行，并在屏幕中显示test_timer以及此刻的系统时间计数值。

12.3.4　实现进程调度功能

进程调度器通常需要一个甚至多个调度算法作为支撑，从而使得进程调度器可根据进程的类型指派不同的调度策略（调度算法）。经过调度策略的分析与计算，进程调度器最终决策出即将获得处理器使用权的进程。

进程调度器不但用于决策进程的处理器使用权，还负责进程的切换工作。整个切换过程必须借助进程间的共享空间（共用的内核空间）才能实现。假如进程调度器的执行时间是个固定值，那么增加进程调度的检测时机可加快高优先级进程的响应速度，进而提高操作系统的实时性。

在进程管理单元中引入抢占机制（包括用户抢占和内核抢占）可有效提高操作系统的实时性。在不支持抢占机制的操作系统中，进程调度只能发生在时间片到期或者主动放弃处理器的使用权。而对于支持抢占机制的操作系统来说，只要能保证原子性的访问临界区便可在任何地方执行进程调度，也就是说不仅时间片到期可引发进程调度，任何中断、异常、系统调用乃至主动放弃处理器的使用权皆可引发进程调度。

图12-34描述了本系统的进程调度检测时机及处理过程，此处暂且使用定时器中断处理函数（中断上半部）作为进程调度的检测入口。如果进程需要调度，那么在中断处理程序的返回期间会调用schedule函数执行进程调度模块。本系统将进程调度入口设计在中断/异常处理程序的返回模块中，从而使进程可在任何中断/异常发生时进行调度，此种设计初步实现了进程的抢占功能。

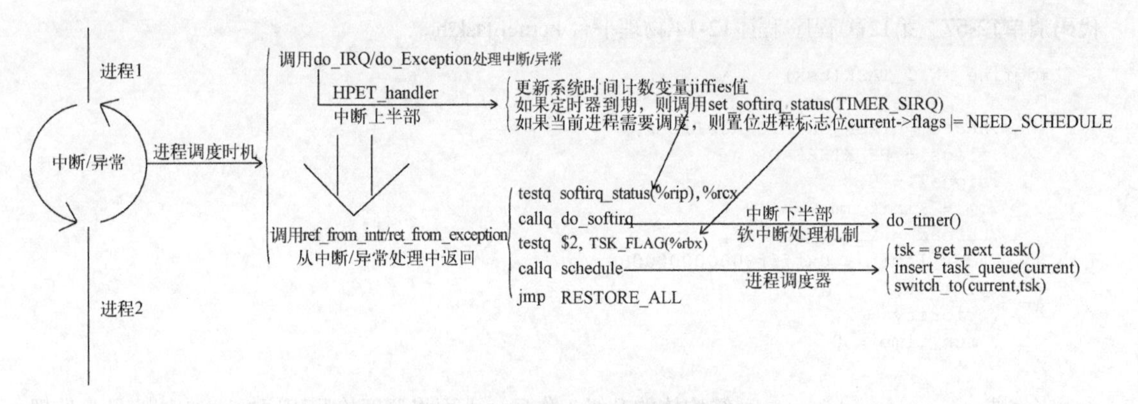

图12-34 进程调度时机及处理过程示意图

下面将围绕图12-34示意的进程调度时机和处理流程来实现进程调度模块。至于调度算法，本系统则稍微参考了CFS完全公平调度算法的设计思路来模拟一个简单的调度算法。（这只是一个为了演示进程切换的调度算法，重点在于讲述进程调度过程，请读者不要拘泥于调度算法上的缺陷。）本系统给调度算法使用变量vrun_time来记录每个进程的虚拟运行时间，再结合进程优先级计算出进程每次运行的时间片数量。

为了实现调度算法，我们首先必须向进程控制结构体struct task_struct追加记录进程虚拟运行时间的成员变量vrun_time，并删除了多余的成员变量counter，同时还调整了所有成员变量在结构体内的存储顺序。调整后的struct task_struct结构体定义如代码清单12-56所示。

代码清单12-56 第12章\程序\程序12-14\物理平台\kernel\task.h

```
struct task_struct
{
    volatile long state;
    unsigned long flags;
    long signal;
    struct mm_struct *mm;
    struct thread_struct *thread;
    struct List list;
    unsigned long addr_limit;  /*0x0000,0000,0000,0000 - 0x0000,7fff,ffff,ffff user*/
                    /*0xffff,8000,0000,0000 - 0xffff,ffff,ffff,ffff kernel*/
    long pid;
    long priority;
    long vrun_time;
};
//////struct task_struct->flags:
#define PF_KTHREAD    (1UL << 0)
#define NEED_SCHEDULE     (1UL << 1)
```

这里还为flags成员变量追加标志位NEED_SCHEDULE，此标志位将用于描述当前进程是否可被调度，如果此标志位处于置位状态则表明当前进程可在适当时机进行调度。

伴随着struct task_struct结构体的修改，我们还要相继调整INIT_TASK宏函数，调整后的宏函数代码如代码清单12-57。

代码清单12-57　第12章\程序\程序12-14\物理平台\kernel\task.h

```
#define INIT_TASK(tsk)       \
{       \
    .state = TASK_UNINTERRUPTIBLE,          \
    .flags = PF_KTHREAD,                    \
    .signal = 0,                            \
    .mm = &init_mm,                         \
    .thread = &init_thread,                 \
    .addr_limit = 0xffff800000000000,       \
    .pid = 0,                               \
    .priority = 2,                          \
    .vrun_time = 0                          \
}
```

当完成struct task_struct结构体的升级工作后，下面将调度检测程序插入到中断/异常处理程序的返回模块中，检测方法是判断当前进程的NEED_SCHEDULE标志位是否处于置位状态，其判断过程与软中断状态变量的判断过程相似，请参见代码清单12-58。

代码清单12-58　第12章\程序\程序12-14\物理平台\kernel\entry.S

```
ret_from_exception:
ENTRY(ret_from_intr)
    movq      $-1,                        %rcx
    testq     softirq_status(%rip),       %rcx
    jnz       softirq_handler
    GET_CURRENT(%rbx)
    movq      TSK_FLAGS(%rbx),            %rcx
    testq     $2,                         %rcx
    jnz       reschedule
    jmp       RESTORE_ALL

softirq_handler:
    callq     do_softirq
    GET_CURRENT(%rbx)
    movq      TSK_FLAGS(%rbx),            %rcx
    testq     $2,                         %rcx
    jnz       reschedule
    jmp       RESTORE_ALL

reschedule:
    callq     schedule
    jmp       RESTORE_ALL
```

这段代码借助宏GET_CURRENT取得当前进程的struct task_struct结构体，再通过TSK_FLAGS符号常量取得进程控制结构体成员变量flags保持的数值。经过判断，如果发现进程的标志位NEED_SCHEDULE处于置位状态，那么处理器就跳转至rechedule模块处调用函数schedule执行进程调度。此处还在软中断处理代码中追加了进程调度检测功能。

这里的符号常量TSK_FLAGS描述了成员变量flags在struct task_struct结构体内的偏移，中断/异常处理程序的返回模块借助它可轻松地从栈中检索到成员变量，前文中调整struct task_struct结构体成员变量存储顺序的目的就在于此。代码清单12-59是几个常用成员变量的符号常量定义。

代码清单12-59 第12章\程序\程序12-14\物理平台\kernel\entry.S

```
////struct task_struct member offset
TSK_STATE      =     0x00
TSK_FLAGS      =     0x08
TSK_SIGNAL     =     0x10
```

随着NEED_SCHEDULE标志位被置位，处理器将沿着上述代码的执行流程进入进程调度模块。函数schedule会先复位NEED_SCHEDULE标志位，然后再通过get_next_task函数从准备就绪队列中取出下一个待执行的进程。如果当前进程的虚拟运行时间仍是最少的，则取出的进程放回准备就绪队列。否则就执行switch_to函数切换至刚取出的进程中，代码清单12-60记录了整个进程调度过程。

代码清单12-60 第12章\程序\程序12-14\物理平台\kernel\schedule.c

```
void schedule()
{
    struct task_struct *tsk = NULL;
    current->flags &= ~NEED_SCHEDULE;
    tsk = get_next_task();
    color_printk(RED,BLACK,"#schedule:%d#\n",jiffies);
    if(current->vrun_time >= tsk->vrun_time)
    {
        if(current->state == TASK_RUNNING)
            insert_task_queue(current);
        if(!task_schedule.CPU_exec_task_jiffies)
            switch(tsk->priority)
            {
                case 0:
                case 1:
                    task_schedule.CPU_exec_task_jiffies = 4/task_schedule.running_
                        task_count;
                    break;
                case 2:
                default:
                    task_schedule.CPU_exec_task_jiffies = 4/task_schedule.running_
                        task_count*3;
                    break;
            }
        switch_to(current,tsk);
    }
    else
    {
        insert_task_queue(tsk);
        if(!task_schedule.CPU_exec_task_jiffies)
            switch(tsk->priority)
            {
                case 0:
                case 1:
                    task_schedule.CPU_exec_task_jiffies = 4/task_schedule.running_
                        task_count;
                    break;
                case 2:
                default:
```

12

```
                    task_schedule.CPU_exec_task_jiffies = 4/task_schedule.running_
                        task_count*3;
                    break;
            }
        }
    }
```

如果处理器的执行时间片变量task_schedule.CPU_exec_task_jiffies归零，这段程序会自动为其分配（重新计算）新的时间片。如果本次调度是由进程时间片到期引发的，那么进程的运行状态依然为TASK_RUNNING，此时应该将此进程再次插入到准备就绪队列中，这一过程是通过insert_task_queue函数完成的；如果本次调度是由其他功能模块引发的，那么进程的运行状态很可能会发生改变，其运行状态将由功能模块代为管理。

目前的调度时机只有一个，那就是时间片到期。结合本系统的进程调度模块架构与调度算法，我们特向定时器中断上半部处理程序（中断处理函数）追加进程虚拟运行时间统计代码和处理器时间片维护代码，程序实现如代码清单12-61。

代码清单12-61　第12章\程序\程序12-14\物理平台\kernel\HPET.c

```
void HPET_handler(unsigned long nr, unsigned long parameter, struct pt_regs * regs)
{
    ……
    switch(current->priority)
    {
        case 0:
        case 1:
            task_schedule.CPU_exec_task_jiffies--;
            current->vrun_time += 1;
            break;
        case 2:
        default:
            task_schedule.CPU_exec_task_jiffies -= 2;
            current->vrun_time += 2;
            break;
    }
    if(task_schedule.CPU_exec_task_jiffies <= 0)
        current->flags |= NEED_SCHEDULE;
}
```

这段代码将根据进程的优先级来调整处理器消耗时间片的速度和进程虚拟运行时间的增长速度。如果进程拥有的时间片被处理器耗尽，那么定时器中断处理函数将置位NEED_SCHEDULE标志位以通知系统当前进程可被调度（或抢占）。

目前已完成调度模块的整体框架，为了让调度模块可以维护所有准备就绪的进程，我们还需要为其创建准备就绪队列，代码清单12-62是进程准备就绪队列的结构定义。

代码清单12-62　第12章\程序\程序12-14\物理平台\kernel\schedule.h

```
struct schedule
{
    long running_task_count;
    long CPU_exec_task_jiffies;
```

```
    struct task_struct task_queue;
};
struct schedule task_schedule;
```

结构体struct schedule中的成员变量task_queue是进程准备就绪队列的队列头，成员变量running_task_count负责记录当前队列内的进程数量，而成员变量CPU_exec_task_jiffies则在每次进程调度时保存进程可执行的时间片数量。

在使用准备就绪队列前，依然要对准备就绪队列结构体内的成员变量进行初始化赋值，初始化过程请参见代码清单12-63。

代码清单12-63　第12章\程序\程序12-14\物理平台\kernel\schedule.c

```
void schedule_init()
{
    memset(&task_schedule,0,sizeof(struct schedule));
    list_init(&task_schedule.task_queue.list);
    task_schedule.task_queue.vrun_time = 0x7fffffffffffffff;
    task_schedule.running_task_count = 1;
    task_schedule.CPU_exec_task_jiffies = 4;
}
```

在准备就绪队列初始化赋值时，其队列被初始化为空，但队列进程数量却为1，这是将内核主程序（通常也叫作idle进程）作为一个特殊进程囊括进准备就绪队列的缘故。当内核主程序为操作系统创建出第一个进程后，它将变为一个空闲进程，其作用是循环执行一个特殊的指令让系统保持低功耗待机，待到进程准备就绪队列为空时，处理器便会去执行空闲进程。

准备就绪队列头的vrun_time成员变量在初始化时被赋值为此变量类型的最大值，这个数值进程暂时无法运行到，通过此种方法我们有时候可避免一些队列操作期间产生的错误。

既然有了队列初始化函数，那么还应该有配套的入队函数和出队函数，代码清单12-64是入队函数insert_task_queue和出队函数get_next_task的程序实现。

代码清单12-64　第12章\程序\程序12-14\物理平台\kernel\schedule.c

```
struct task_struct *get_next_task()
{
    struct task_struct * tsk = NULL;
    if(list_is_empty(&task_schedule.task_queue.list))
    {
        return &init_task_union.task;
    }
    tsk = container_of(list_next(&task_schedule.task_queue.list),struct
        task_struct,list);
    list_del(&tsk->list);
    task_schedule.running_task_count -= 1;
    return tsk;
}
void insert_task_queue(struct task_struct *tsk)
{
    struct task_struct *tmp = container_of(list_next(&task_schedule.task_queue.list),
struct task_struct,list);
    if(tsk == &init_task_union.task)
```

```
        return ;
    if(list_is_empty(&task_schedule.task_queue.list))
    {}
    else
    {
        while(tmp->vrun_time < tsk->vrun_time)
            tmp = container_of(list_next(&tmp->list),struct task_struct,list);
    }
    list_add_to_before(&tmp->list,&tsk->list);
    task_schedule.running_task_count += 1;
}
```

整个出入队列操作过程均是基于struct List双向链表提供的操作接口完成的。而且，出入队列的操作过程都会对idle进程做特殊处理。

至此，一个进程调度器基本实现。下面将进程调度模块的初始化函数插入到内核主程序，并适当调整各模块的初始化顺序，如代码清单12-65所示。

代码清单12-65　第12章\程序\程序12-14\物理平台\kernel\main.c

```
void Start_Kernel(void)
{
    ......
    #if  APIC
        APIC_IOAPIC_init();
    #else
        init_8259A();
    #endif
    color_printk(RED,BLACK,"schedule init \n");
    schedule_init();
    color_printk(RED,BLACK,"Soft IRQ init \n");
    softirq_init();
    ......
    color_printk(RED,BLACK,"Timer init \n");
    timer_init();
    color_printk(RED,BLACK,"HPET init \n");
    HPET_init();
    color_printk(RED,BLACK,"task init \n");
    task_init();
    while(1)
    {
    ......
        //hlt();
    }
}
```

内核主程序将定时器等模块的初始化时机延后，是为了保证在HPET芯片产生定时中断前，其他模块已经初始化完毕。鉴于目前的idle进程尚未完成，目前它还不能进入中止状态。

与此同时，这里还启用了init进程。在init进程被屏蔽的这段时间里，它已经错过许多新引入的系统功能。那么在使用它前，应该为其追加这些新功能，首当其冲的就是为其分配独立的应用层地址空间，实现代码如代码清单12-66。

代码清单12-66 第12章\程序\程序12-14\物理平台\kernel\task.c

```
unsigned long do_execve(struct pt_regs * regs)
{
    unsigned long addr = 0x800000;
    unsigned long * tmp;
    unsigned long * virtual = NULL;
    struct Page * p = NULL;

    regs->rdx = 0x800000;   //RIP
    regs->rcx = 0xa00000;      //RSP
    regs->rax = 1;
    regs->ds = 0;
    regs->es = 0;
    color_printk(RED,BLACK,"do_execve task is running\n");

    Global_CR3 = Get_gdt();
    tmp = Phy_To_Virt((unsigned long *)((unsigned long)Global_CR3 & (~ 0xfffUL)) +
        ((addr >> PAGE_GDT_SHIFT) & 0x1ff));
    virtual = kmalloc(PAGE_4K_SIZE,0);
    set_mpl4t(tmp,mk_mpl4t(Virt_To_Phy(virtual),PAGE_USER_GDT));
    tmp = Phy_To_Virt((unsigned long *)(*tmp & (~ 0xfffUL)) + ((addr >> PAGE_1G_SHIFT)
        & 0x1ff));
    virtual = kmalloc(PAGE_4K_SIZE,0);
    set_pdpt(tmp,mk_pdpt(Virt_To_Phy(virtual),PAGE_USER_Dir));
    tmp = Phy_To_Virt((unsigned long *)(*tmp & (~ 0xfffUL)) + ((addr >> PAGE_2M_SHIFT)
        & 0x1ff));
    p = alloc_pages(ZONE_NORMAL,1,PG_PTable_Maped);
    set_pdt(tmp,mk_pdt(p->PHY_address,PAGE_USER_Page));
    flush_tlb();

    if(!(current->flags & PF_KTHREAD))
        current->addr_limit = 0xffff800000000000;
    ……
}
```

代码清单12-66为init进程分配了独立的页表和物理页，这使得init进程在应用层拥有2 MB的独立地址空间，起始地址依然是0x800000。为了区分内核线程与普通进程，do_execve函数还加入了进程地址空间的限制代码。

经过此番配置后，init进程虽然已拥有独立的应用层地址空间，但系统还未将其加入到准备就绪队列。代码清单12-67中的do_fork函数负责将进程（包括init进程）插入到进程准备就绪队列，同时还对init函数、__switch_to函数以及task_init函数内的多处程序进行相应调整，以保证程序可通过编译链接。

代码清单12-67 第12章\程序\程序12-14\物理平台\kernel\task.c

```
unsigned long init(unsigned long arg)
{
    ……
    current->flags = 0;
    ……
}
unsigned long do_fork(struct pt_regs * regs, unsigned long clone_flags, unsigned long
    stack_start, unsigned long stack_size)
```

```
{
    ……
    tsk->priority = 2;
    ……
    memset(thd,0,sizeof(*thd));
    ……
    insert_task_queue(tsk);
    return 1;
}
inline void __switch_to(struct task_struct *prev,struct task_struct *next)
{
    ……
    set_tss64(TSS64_Table,init_tss[0].rsp0, init_tss[0].rsp1, init_tss[0].rsp2,
init_tss[0].ist1, init_tss[0].ist2, init_tss[0].ist3, init_tss[0].ist4,
init_tss[0].ist5, init_tss[0].ist6, init_tss[0].ist7);
    ……
}
void task_init()
{
    struct task_struct *tmp = NULL;
    ……
    // init_thread,init_tss
    set_tss64(TSS64_Table,init_thread.rsp0, init_tss[0].rsp1, init_tss[0].rsp2,
        init_tss[0].ist1, init_tss[0].ist2, init_tss[0].ist3, init_tss[0].ist4,
        init_tss[0].ist5, init_tss[0].ist6, init_tss[0].ist7);
    ……
    tmp = container_of(list_next(&task_schedule.task_queue.list),struct
        task_struct,list);
    switch_to(current,tmp);
}
```

经过对init进程创建过程的层层修改，此时的它已通过编译器的编译链接过程，但其运行效果却仍不尽如人意，图12-35是操作系统目前的运行效果之一。

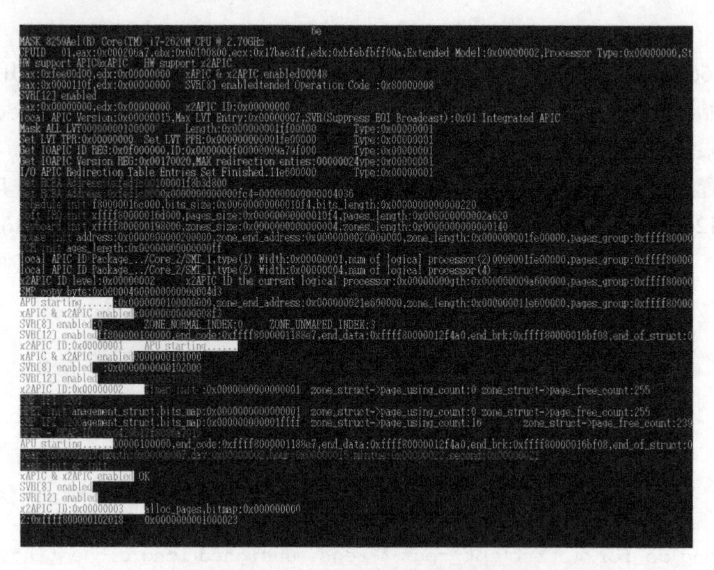

图12-35　进程调度功能运行效果图1

此处之所以把图12-35称为运行效果之一，是由于当前的操作系统运行效果不固定，有时候操作系统甚至会无故自动重启。其中最为普遍的现象是程序在执行过程中仿佛被某种功能暂停，无法继续执行。

经过反复思考、推理和论证，发现在鼠标设备初始化期间，鼠标设备会向Intel 8042键盘控制器发送应答数据（0xFA），又因为现在的color_printk函数拥有Pos.printk_lock自旋锁。如果处理器在执行color_printk函数期间，接收到来自鼠标设备的中断请求，那么处理器会立即执行鼠标中断处理函数。当color_printk函数在没有解锁的前提下，再次被鼠标中断处理函数调用，这势必会引发死锁现象。

从这个现象引申出的死锁问题，还请读者在今后的编程过程中特别注意：如果某段内核程序需要使用自旋锁，那么我们一定要在引入自旋锁前考虑中断处理程序是否会竞争自旋锁。否则，中断请求可能会打断正在持有自旋锁的内核程序，并试图征用已被持有（上锁）的自旋锁。这样一来，中断处理程序将一直征用这个不能被释放的自旋锁，最终导致死锁现象的发生。如果中断请求发生在不同的处理器上，那么即使中断处理程序与内核代码（运行于其他处理器中）同时征用自旋锁，也不会发生死锁现象。

虽然禁止本地中断可避免此类死锁现象的发生，但本系统调用color_printk函数过于频繁。如果频繁禁用中断，不但影响外设中断的响应速度，还可能会影响程序的执行效果。而且，帧缓存区的操作过程，也并不像操作某些数据结构那样必须严格限制访问顺序，对于显示信息的错位现象，目前尚可容忍。因此，这里暂且通过增加color_printk函数操作自旋锁的限制条件来解决自旋锁竞争问题，即在中断处理程序调用color_printk函数时，color_printk函数不再竞争自旋锁资源，此举虽牺牲了一些日志信息的连续性，但可在避免死锁现象（暂时避免）的同时，准确记录下中断触发的时间点。代码清单12-68是自旋锁限制条件的插入位置。

代码清单12-68 第12章\程序\程序12-15\物理平台\kernel\printk.c

```
int color_printk(unsigned int FRcolor,unsigned int BKcolor,const char * fmt,...)
{
    ......
    if(get_rflags() & 0x200UL)
    {
        spin_lock(&Pos.printk_lock);
    }
    ......
    if(get_rflags() & 0x200UL)
    {
        spin_unlock(&Pos.printk_lock);
    }
    return i;
}
```

这段程序借助函数get_rflags取得RFLAGS标志寄存器值，再通过检测RFLAGS.IF标志位来确定color_printk函数的调用者是否为中断处理程序。get_rflags函数的定义位于lib.h中，它通过汇编指令PUSHF将RFLAGS标志寄存器值压入栈中，从而取得IF标志位的状态值，详细程序实现还请读者参考源码自行阅读。

为了尽量减少多核处理器并行显示日志信息的杂乱效果，这里还将中断使能延后至init进程创建前，代码清单12-69和代码清单12-70描述了中断使能的延后位置。

代码清单12-69　第12章\程序\程序12-15\物理平台\kernel\APIC.c

```
void APIC_IOAPIC_init()
{
    ......
    // sti();
}
```

代码清单12-70　第12章\程序\程序12-15\物理平台\kernel\main.c

```
void Start_Kernel(void)
{
    ......
    color_printk(RED,BLACK,"HPET init \n");
    HPET_init();
    sti();
    color_printk(RED,BLACK,"task init \n");
    task_init();
    ......
}
```

除上述两段程序外，还应该移除get_cmos_time函数里的中断使能代码，移除后的代码请参见time.c文件。

尽管本系统已经在第5章借助SYSENTER/SYSEXIT汇编指令实现快速、高效的系统调用API，不过这里还需要补充一个细节。由于do_fork函数在每个进程创建之初都为它们分配了独立的内核层栈地址空间，而且，在执行SYSENTER汇编指令从应用层跳转至内核层期间，处理器要求程序（系统）为处理器提供内核层的栈顶地址（保存在MSR寄存器组的IA32_SYSENTER_ESP寄存器内）。故此，在进程切换时，IA32_SYSENTER_ESP寄存器保存的内核层栈顶地址必须更改，代码清单12-71是进程切换函数修改后的样子。

代码清单12-71　第12章\程序\程序12-15\物理平台\kernel\task.c

```
inline void __switch_to(struct task_struct *prev,struct task_struct *next)
{
    ......
    wrmsr(0x175,next->thread->rsp0);
    color_printk(WHITE,BLACK,"prev->thread->rsp0:%#018lx\t",prev->thread->rsp0);
    color_printk(WHITE,BLACK,"prev->thread->rsp :%#018lx\n",prev->thread->rsp);
    color_printk(WHITE,BLACK,"next->thread->rsp0:%#018lx\t",next->thread->rsp0);
    color_printk(WHITE,BLACK,"next->thread->rsp :%#018lx\n",next->thread->rsp);
}
```

这段程序不仅向IA32_SYSENTER_ESP寄存器配置目标进程的内核层栈顶地址，还将打印相关进程的内核层栈地址信息。

经过此番修改，本系统可以勉强运行，但为了完美地证明idle进程与init进程之间可以自由切换，下面将关闭强制进程切换功能，改用基于时间片的进程切换功能，代码清单12-72是屏蔽掉的进程强制切换代码。

代码清单12-72　第12章\程序\程序12-15\物理平台\kernel\task.c

```
void task_init()
{
    ......
    // tmp = container_of(list_next(&task_queue.list),struct task_struct,list);
    // switch_to(current,tmp);
}
```

如果此刻运行本系统，虽然处理器偶尔会触发异常，但这个异常却并不影响系统的正常运行以及调度。经过冥思苦想，我们最终发现此异常并非由BSP处理器触发，而是由AP处理器触发。AP处理器（Local APIC ID = 1）执行完BSP处理器发送来的IPI消息后，会在中断处理程序返回时判断进程是否需要调度，此时的AP处理器尚未构建PCB，而且硬件平台每次上电后的物理内存值均是随机的，这一系列原因造成AP处理器在进入调度模块时触发异常。

解决这个异常问题非常简单，只需将AP处理器的PCB空间清零即可，实现代码如代码清单12-73。

代码清单12-73　第12章\程序\程序12-15\物理平台\kernel\SMP.c

```
void Start_SMP()
{
    ......
    memset(current,0,sizeof(struct task_struct));
    load_TR(10 + (global_i -1)* 2);
    ......
}
```

透过这个异常现象我们应该明白，在使用内存前应该先对其初始化，否则很可能造成代码运行结果有误等情况。

图12-36记录了此次修改后的系统运行效果，这是系统在某一瞬间的运行效果，其中既有HPET（内核定时器）、键盘、鼠标等设备的中断效果，又有进程切换效果。

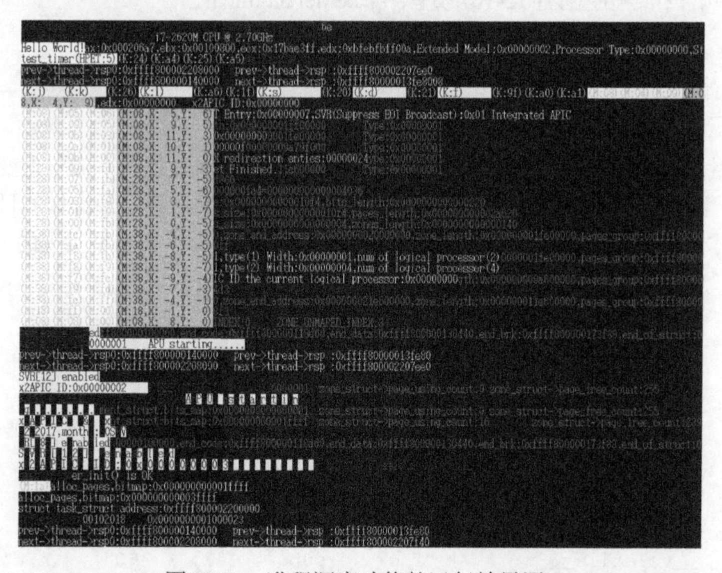

图12-36　进程调度功能的运行效果图2

随着系统功能和代码量的不断增大，相继出现的问题已经无法单凭阅读代码就能解决，必须结合程序运行时的日志信息做深入分析。而且，由于调试系统内核的工具和方法都比较少，这使得系统内核的调试过程相比应用软件困难许多。

12.4　内核同步方法

不管是对称多处理器系统结构SMP，还是非对称多处理器系统结构ASMP，它们都面临着共享资源的竞争问题。如果不能妥善处理好共享资源的竞争问题，多核处理器很可能会同时竞争共享资源，从而导致共享数据不一致，甚至造成系统崩溃。

在单核处理器时代，只有收到中断请求或者显式调度进程时，处理器才有机会访问共享资源。只要禁止中断及调度抢占便可避免竞争共享资源。

可是进入多核处理器时代，资源竞争现象无时不刻都在发生，高速运行的处理器组在无保护措施的情况下通过临界区代码（操作共享数据的代码段）操作共享资源是非常不安全的，这很容易造成共享数据的并行、乱序覆盖。如果能够保证“原子”的操作共享资源，则可有效避免这种现象的发生。本节将会实现原子变量和信号量两种机制来保证“原子”的操作共享资源。

12.4.1　原子变量

原子变量，顾名思义它如同“原子”一样是个不可分割的整体，对原子变量的操作无法分解成多个步骤，并且原子变量的操作过程无法被中断/异常打断。

代码清单12-74是原子变量的类型定义，从原子变量的类型定义来看，原子变量与长整型变量并无区别，它只是在长整型变量的基础上进行了二次封装。

代码清单12-74　第12章\程序\程序12-16\物理平台\kernel\atomic.h

```
typedef struct
{
    __volatile__ long value;
} atomic_T;
```

虽然原子变量仅是一个普通的长整型变量，但原子变量的操作过程却不像整型变量那般简单，即便是加、减、乘、除等基础运算符也无法保证操作的原子性。为了达到原子操作的目的，就必须借助特殊的操作函数才能实现操作的原子性，代码清单12-75是本系统为原子变量实现的一系列操作接口。

代码清单12-75　第12章\程序\程序12-16\物理平台\kernel\atomic.h

```
inline void atomic_add(atomic_T * atomic,long value)
{
    __asm__ __volatile__    (    "lock    addq    %1,    %0    \n\t"
                                 :"=m"(atomic->value):"r"(value):"memory"
                            );
}
inline void atomic_sub(atomic_T *atomic,long value)
{
    __asm__ __volatile__    (    "lock    subq    %1,    %0    \n\t"
                                 :"=m"(atomic->value):"r"(value):"memory"
```

```
                                        );
}
inline void atomic_inc(atomic_T *atomic)
{
    __asm__ __volatile__    (    "lock    incq    %0    \n\t"
                                 :"=m"(atomic->value):"m"(atomic->value):"memory"
                            );
}
inline void atomic_dec(atomic_T *atomic)
{
    __asm__ __volatile__    (    "lock    decq    %0     \n\t"
                                 :"=m"(atomic->value):"m"(atomic->value):"memory"
                            );
}
```

从这4个原子变量的操作接口可以看出，为了保证函数操作原子变量的原子性，上述操作接口都采用LOCK指令前缀来修饰主体操作指令。其实，这些操作接口与加、减、乘、除等运算符使用的汇编指令相同或相似，而操作接口的关键点在于它们有LOCK指令前缀的修饰，以至于处理器在执行主体指令时会锁住硬件系统平台的前端总线，从而防止其他处理器访问物理内存。

函数atomic_set_mask和atomic_clear_mask用于操作原子变量的位，两种的实现过程与上述4个操作接口相似，请读者自行阅读。

12.4.2 信号量

信号量是一种休眠锁，它通常用于管理系统资源。当进程试图拥有一个无空闲资源的信号量时，此进程将被信号量休眠，并将此进程加入到信号量内部的等待队列中，直至信号量有空闲资源时再将这个进程从等待队列中唤醒。虽然进程调度过程会有一部分时间开销，但总比自旋锁的忙等待要高效得多。

代码清单12-76中的semaphore_T是本系统为信号量定义的变量类型，这里使用结构体来描述信号量，其中包括统计资源的原子变量counter和一个等待队列wait（变量类型为wait_queue_T）。代码清单12-77是等待队列的变量类型描述，它的成员变量tsk用于记录被挂起的进程，而成员变量wait_list则是一个链接所有挂起进程的双向链表。

代码清单12-76　第12章\程序\程序12-16\物理平台\kernel\semaphore.h

```
typedef struct
{
    atomic_T counter;
    wait_queue_T wait;
} semaphore_T;
void semaphore_init(semaphore_T * semaphore,unsigned long count)
{
    atomic_set(&semaphore->counter,count);
    wait_queue_init(&semaphore->wait,NULL);
}
```

代码清单12-77　第12章\程序\程序12-16\物理平台\kernel\semaphore.h

```
typedef struct
{
    struct List wait_list;
    struct task_struct *tsk;
} wait_queue_T;
void wait_queue_init(wait_queue_T * wait_queue,struct task_struct *tsk)
{
    list_init(&wait_queue->wait_list);
    wait_queue->tsk = tsk;
}
```

semaphore_init和wait_queue_init是信号量和等待队列的初始化函数。信号量初始化函数semaphore_init的参数count用于设置信号量拥有的资源数量；等待队列初始化函数wait_queue_init的参数tsk负责记录待挂起进程的PCB，当进程从准备就绪队列移出后，将交由信号量的等待队列去维护。

为了实现信号量的操作接口，我们不光要借助等待队列的双向链表去链接每个挂起进程，还必须使用schedule函数转让当前进程的处理器使用权（执行进程调度），代码清单12-78和代码清单12-79实现了一对获取/释放信号量的操作接口。

代码清单12-78　第12章\程序\程序12-16\物理平台\kernel\semaphore.h

```
void __down(semaphore_T * semaphore)
{
    wait_queue_T wait;
    wait_queue_init(&wait,current);
    current->state = TASK_UNINTERRUPTIBLE;
    list_add_to_before(&semaphore->wait.wait_list,&wait.wait_list);
    schedule();
}
void semaphore_down(semaphore_T * semaphore)
{
    if(atomic_read(&semaphore->counter) > 0)
        atomic_dec(&semaphore->counter);
    else
        __down(semaphore);
}
```

代码清单12-79　第12章\程序\程序12-16\物理平台\kernel\semaphore.h

```
void __up(semaphore_T * semaphore)
{
    wait_queue_T * wait = container_of(list_next(&semaphore->wait.wait_list),
        wait_queue_T,wait_list);
    list_del(&wait->wait_list);
    wait->tsk->state = TASK_RUNNING;
    insert_task_queue(wait->tsk);
}
void semaphore_up(semaphore_T * semaphore)
{
    if(list_is_empty(&semaphore->wait.wait_list))
```

```
        atomic_inc(&semaphore->counter);
    else
        __up(semaphore);
}
```

这两段代码中的函数semaphore_down用于获取信号量拥有的资源，如果信号量目前无空闲资源，那么执行__down函数将当前进程（设置为不可中断状态TASK_UNINTERRUPTIBLE）加入到等待队列中，再通过schedule函数转让处理器的使用权。函数semaphore_up用于释放信号量拥有的资源，如果在信号量释放过程中发现等待队列仍有挂起进程，则调用__up函数唤醒等待队列内的挂起进程（设置为运行状态TASK_RUNNING），并把进程插入到准备就绪队列以待调度。

12.4.3 完善自旋锁

由于本系统已经支持抢占功能，这使得进程可在任何时刻被更高优先级的进程剥夺执行权。设想一下，如果一个进程在访问共享资源期间被另一个进程抢占，那么这两个进程就存在着访问同一共享资源的可能性，从而导致系统存在诸多隐患。

为了避免隐患的产生，Linux使用自旋锁来标记非抢占区域，即在持有自旋锁期间关闭抢占功能，直至释放自旋锁为止。考虑到一个进程可能会同时持有多个自旋锁，因此应该使用一个计数变量来记录持有自旋锁的数量，而不是通过一个标志位来指示。按照这个设计思想，代码清单12-80向PCB追加计数变量preempt_count。

代码清单12-80 第12章\程序\程序12-16\物理平台\kernel\task.h

```
struct task_struct
{
    volatile long state;
    unsigned long flags;
    long preempt_count;
    long signal;
    ……
};
```

因为这个计数变量插入到了原signal成员变量的位置，所以entry.S文件中定义的符号常量也必须做出相应调整，代码清单12-81是调整后的样子。

代码清单12-81 第12章\程序\程序12-16\物理平台\kernel\entry.S

```
////struct task_struct member offset
TSK_STATE     =     0x00
TSK_FLAGS     =     0x08
TSK_PREEMPT   =     0x10
TSK_SIGNAL    =     0x18
```

经过上述调整，现在将为系统追加抢占功能的检测代码。代码清单12-82已将抢占检测代码插入到中断处理程序的返回模块内，位于调度检测代码前。

代码清单12-82 第12章\程序\程序12-16\物理平台\kernel\entry.S

```
ret_from_exception:
ENTRY(ret_from_intr)
```

```
    ......
    GET_CURRENT(%rbx)
    movq    TSK_PREEMPT(%rbx),    %rcx        ////check preempt
    cmpq    $0,                   %rcx
    jne     RESTORE_ALL
    movq    TSK_FLAGS(%rbx),      %rcx        ////try schedule
    ......
softirq_handler:
    callq   do_softirq
    GET_CURRENT(%rbx)
    movq    TSK_PREEMPT(%rbx),    %rcx        ////check preempt
    cmpq    $0,                   %rcx
    jne     RESTORE_ALL
    movq    TSK_FLAGS(%rbx),      %rcx        ////try schedule
    ......
reschedule:
    callq    schedule                         ////do schedule
    jmp      RESTORE_ALL
```

只要检测TSK_PREEMPT宏常量对应的自旋锁计数变量值（preempt_count）就可判断出系统此刻是否开启抢占功能。当preempt_count> 0时，说明当前进程正在持有自旋锁，那么系统将跳过抢占检测代码，直接从中断/异常处理程序返回；只有当preempt_count = 0时，系统才会开启抢占功能，执行抢占检测代码。

对自旋锁计数变量preempt_count的操作通常会在获取、释放自旋锁以及尝试获取自旋锁的过程中同步进行，代码清单12-83是自旋锁计数变量的操作位置。

代码清单12-83　第12章\程序\程序12-16\物理平台\kernel\spinlock.h

```
inline void spin_lock(spinlock_T * lock)
{
    preempt_disable();
    ......
}
inline void spin_unlock(spinlock_T * lock)
{
    ......
    preempt_enable();
}
inline long spin_trylock(spinlock_T * lock)
{
    unsigned long tmp_value = 0;
    preempt_disable();
    ......
    if(!tmp_value)
        preempt_enable();
    return tmp_value;
}
```

这段程序中的函数preempt_enable和preempt_disable封装了自旋锁计数变量的操作代码，完成的函数封装实现请看代码清单12-84。

代码清单12-84 第12章\程序\程序12-16\物理平台\kernel\preempt.h

```
#define preempt_enable()            \
do                                  \
{                                   \
    current->preempt_count--;       \
}while(0)
#define preempt_disable()           \
do                                  \
{                                   \
    current->preempt_count++;       \
}while(0)
```

至此，自旋锁已初步具备抢占的管理功能。为了便于读者使用自旋锁和信号量，这里再补充说明一下它们的应用场景。自旋锁与信号量均可用于管理资源，在使用自旋锁等待资源的过程中进程会一直处于忙等待状态，而信号量则会挂起当前进程，为其他进程让出处理器的使用权。因此，自旋锁比较适合短时间加锁，信号量则更适合长时间加锁。自旋锁和信号量不能同时使用，而且在中断处理程序内，只能使用自旋锁，不能使用信号量。

特别注意，由于编写程序时的疏忽，我们误将全局变量定义在头文件中，伴随着头文件的多层嵌套，最终导致编译链接后的程序增大许多，而且无法在物理平台中正常运行。为此，特将全局变量的定义迁移至代码文件中，也请读者在编写程序时对这个问题加以重视。

12.5 完善进程管理单元

虽然目前多核处理器的引导模块、进程调度模块已实现，但它们此刻还仅仅是两个独立的个体，无法让进程运行于AP处理器中。那么，本章的剩余篇幅将把这两个功能模块整合起来，让进程可以正常运行在所有处理器内。

在通常情况下，多核操作系统中的每个处理器都会拥有独立的准备就绪队列及idle进程，每个处理器都运行着各自准备就绪队列中的任务。在多核操作系统运行期间，一旦某些处理器探测到自身的负载过重，它们便会尝试通过一些手段将准备就绪队列内的部分进程迁移至相对空闲的处理器中，使得所有处理器的负载相对均衡，这其中自然会涉及进程与CPU的亲和性、处理器缓存与物理内存的同步等概念和问题。尽管本系统暂且无法实现处理器的负载均衡，但负载均衡对于多核操作系统而言却是一个非常重要的功能。

就本操作系统而言，若使AP处理器可以正常工作，我们首先要完善AP处理器的系统运行环境以及进程运行环境，然后再为每个处理器建立准备就绪队列。下面将按此步骤去完善多核操作系统。

12.5.1 完善 PCB 与处理器运行环境

数组`init_task`和数组`init_tss`记录着每个处理器的任务状态段数据和`idle`进程的PCB，它们虽早在4.8.2节就已建立，可是一直以来却只作为一个变量使用，现在终于到了它们发挥完全作用的时刻。

我们先从处理器硬件环境的配置工作开始着手。第一步则是配置各处理器的TSS描述符及其段空间数据。经过代码回读，发现BSP处理器使用的`init_tss[0]`变量未曾担任着记录TSS数据的角色，而真正起作用的是`TSS64_Table`。那么，现在应该释放`TSS64_Table`存储空间，改用变量`init_tss[0]`

保存，代码清单12-85和代码清单12-86用于删除TSS64_Table空间，并使用变量init_tss[0]取代。

代码清单12-85　第12章\程序\程序12-17\物理平台\kernel\gate.h

```
//extern unsigned int TSS64_Table[26];
```

代码清单12-86　第12章\程序\程序12-17\物理平台\kernel\head.S

```
……
    jne     rp_sidt

setup_TSS64:
    leaq    init_tss(%rip),     %rdx
    xorq    %rax,               %rax
    xorq    %rcx,               %rcx
    movq    $0x89,              %rax
    shlq    $40,                %rax
……
//=======   TSS64_Table
//.globl    TSS64_Table
//TSS64_Table:
//  .fill  13,8,0
//TSS64_END:
```

代码清单12-86只修改了TSS描述符的段基地址，而TSS结构内的数据则需要借助函数set_tss64重新进行配置。代码清单12-87负责为各AP处理器指派新的TSS结构（init_tss数组的元素），并使用函数set_tss64重新对TSS结构内的数据进行配置。

代码清单12-87　第12章\程序\程序12-17\物理平台\kernel\main.c

```
void Start_Kernel(void)
{
    struct INT_CMD_REG icr_entry;
    unsigned char * ptr = NULL;
    ……
    set_tss64((unsigned int *)&init_tss[0],_stack_start, _stack_start, _stack_start,
        0xffff800000007c00, 0xffff800000007c00, 0xffff800000007c00, 0xffff80000000 7c00,
        0xffff800000007c00, 0xffff800000007c00, 0xffff800000007c00);
    ……
    color_printk(RED,BLACK,"slab init \n");
    slab_init();
    ptr = (unsigned char *)kmalloc(STACK_SIZE,0) + STACK_SIZE;
    ((struct task_struct *)(ptr - STACK_SIZE))->cpu_id = 0;
    init_tss[0].ist1 = (unsigned long)ptr;
    init_tss[0].ist2 = (unsigned long)ptr;
    init_tss[0].ist3 = (unsigned long)ptr;
    init_tss[0].ist4 = (unsigned long)ptr;
    init_tss[0].ist5 = (unsigned long)ptr;
    init_tss[0].ist6 = (unsigned long)ptr;
    init_tss[0].ist7 = (unsigned long)ptr;
    ……
    for(global_i = 1;global_i < 4;global_i++)
    {
```

```
        spin_lock(&SMP_lock);
        ptr = (unsigned char *)kmalloc(STACK_SIZE,0);
        _stack_start = (unsigned long)ptr + STACK_SIZE;
        ((struct task_struct *)ptr)->cpu_id = global_i;

        memset(&init_tss[global_i],0,sizeof(struct tss_struct));

        init_tss[global_i].rsp0 = _stack_start;
        init_tss[global_i].rsp1 = _stack_start;
        init_tss[global_i].rsp2 = _stack_start;

        ptr = (unsigned char *)kmalloc(STACK_SIZE,0) + STACK_SIZE;
        ((struct task_struct *)(ptr - STACK_SIZE))->cpu_id = global_i;

        init_tss[global_i].ist1 = (unsigned long)ptr;
        init_tss[global_i].ist2 = (unsigned long)ptr;
        init_tss[global_i].ist3 = (unsigned long)ptr;
        init_tss[global_i].ist4 = (unsigned long)ptr;
        init_tss[global_i].ist5 = (unsigned long)ptr;
        init_tss[global_i].ist6 = (unsigned long)ptr;
        init_tss[global_i].ist7 = (unsigned long)ptr;

        set_tss_descriptor(10 + global_i * 2,&init_tss[global_i]);

        icr_entry.vector = 0x20;
        icr_entry.deliver_mode = ICR_Start_up;
        icr_entry.dest_shorthand = ICR_No_Shorthand;
        icr_entry.destination.x2apic_destination = global_i;

        wrmsr(0x830,*(unsigned long *)&icr_entry);    //Start-up IPI
        wrmsr(0x830,*(unsigned long *)&icr_entry);    //Start-up IPI
    }
    // while(1);
    ……
}
```

现在，系统不仅为所有处理器配备了全新的TSS结构及数据，还特别为每个处理器分配了新的IST栈地址空间来处理异常。其中的代码`((struct task_struct *)ptr)->cpu_id = global_i;`负责记录目标处理器的Local APIC ID号，此处的`cpu_id`是PCB `struct task_struct`新加入的成员变量，它用于记录进程当前所在处理器。代码清单12-88是成员变量`cpu_id`在`struct task_struct`结构体中的定义位置。

代码清单12-88 第12章\程序\程序12-17\物理平台\kernel\task.h

```
struct task_struct
{
    volatile long state;
    unsigned long flags;
    long preempt_count;
    long signal;
    long cpu_id;        //CPU ID
    ……
};
```

12

在向struct task_struct结构体加入成员变量时，一定不要忘记在INIT_TASK宏中追加初始化代码，代码清单12-89便是为成员变量cpu_id追加的初始化程序片段。

代码清单12-89　第12章\程序\程序12-17\物理平台\kernel\task.h

```
#define INIT_TASK(tsk)                    \
{                                         \
    .state = TASK_UNINTERRUPTIBLE,        \
    .flags = PF_KTHREAD,                  \
    .preempt_count = 0,                   \
    .signal = 0,                          \
    .cpu_id = 0,                          \
    ……
}
```

既然有了cpu_id成员变量，那么系统若想查询进程所在处理器的Local APIC ID号就变得十分容易，这仅需使用代码current->cpu_id即可获得，代码清单12-90是这个查询过程的代码封装。

代码清单12-90　第12章\程序\程序12-17\物理平台\kernel\SMP.h

```
#define SMP_cpu_id()    (current->cpu_id)
```

将此宏函数应用到进程管理单元的相关程序中，代码清单12-91、代码清单12-92和代码清单12-93通过应用SMP_cpu_id，进而将init_tss数组的管理范围扩大至所有处理器。经过此番升级，SMP系统结构下的所有处理器均可调用do_fork函数与__switch_to函数。由于task_init函数是专为BSP处理器创建的，因此其改动量相对较小。

代码清单12-91　第12章\程序\程序12-17\物理平台\kernel\task.c

```
void task_init()
{
    ……
    wrmsr(0x174,KERNEL_CS);
    wrmsr(0x175,current->thread->rsp0);
    wrmsr(0x176,(unsigned long)system_call);
    init_tss[SMP_cpu_id()].rsp0 = init_thread.rsp0;
    ……
}
```

代码清单12-92　第12章\程序\程序12-17\物理平台\kernel\task.c

```
unsigned long do_fork(struct pt_regs * regs, unsigned long clone_flags, unsigned long
    stack_start, unsigned long stack_size)
{
    ……
    tsk->cpu_id = SMP_cpu_id();
    ……
}
```

代码清单12-93　第12章\程序\程序12-17\物理平台\kernel\task.c

```
inline void __switch_to(struct task_struct *prev,struct task_struct *next)
{
```

```
    unsigned int color = 0;
    init_tss[SMP_cpu_id()].rsp0 = next->thread->rsp0;
    ……
    wrmsr(0x175,next->thread->rsp0);
    if(SMP_cpu_id() == 0)
        color = WHITE;
    else
        color = YELLOW;
    color_printk(color,BLACK,"prev->thread->rsp0:%#018lx\t",prev->thread->rsp0);
    ……
    color_printk(color,BLACK,"CPUID:%#018lx\n",SMP_cpu_id());
}
```

为了便于观察执行进程切换的处理器，代码清单12-93特意加入两种颜色来区分BSP处理器和AP处理器，其中BSP处理器依然使用白色字体，而AP处理器则使用黄色字体。

至此，PCB和处理器运行环境的完善工作已经接近尾声，为了避免代码修改量过大造成系统难于调试，下面先来检测一下系统是否能够正常运行，图12-37是其运行效果。

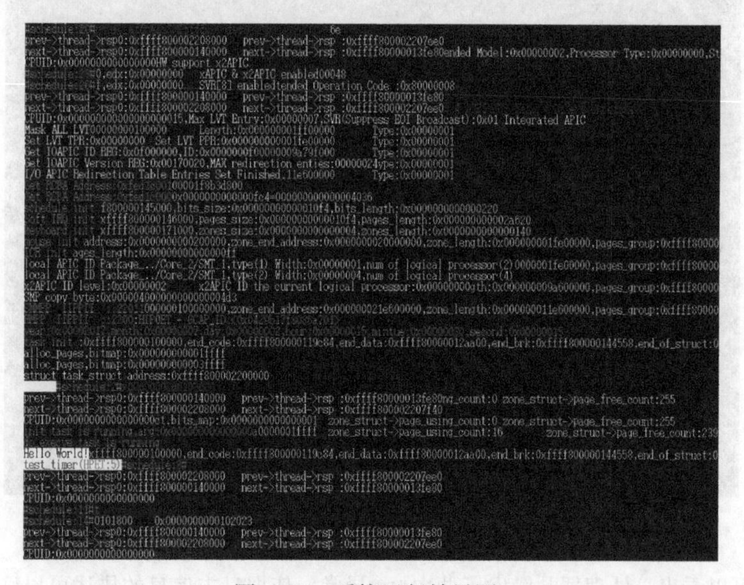

图12-37　系统运行效果图1

就图12-37记录的运行效果而言，它与此前的运行效果并无太大出入。为了使系统运行效果更加明显，同时也为了方便系统调试，此处已向所有异常处理函数追加代码来描述触发异常的处理器Local APIC ID号。现以`#DE`（除法）异常处理函数为例，代码清单12-94是其升级后的样子，其他异常处理函数升级后的模样皆是如此，请读者自行查阅。

代码清单12-94　第12章\程序\程序12-17\物理平台\kernel\trap.c

```
void do_divide_error(struct pt_regs * regs,unsigned long error_code)
{
    color_printk(RED,BLACK,"do_divide_error(0),ERROR_CODE:%#018lx,RSP:%#018lx,
        RIP:%#018lx,CPU:%#018lx\n",error_code , regs->rsp , regs->rip , SMP_cpu_id());
```

```
    while(1);
}
```

代码清单12-95用于测试异常处理程序的运行效果，这里特意限制异常的触发范围是除Local APIC ID=1以外的所有AP处理器。对于搭载本系统的物理平台而言，只有Local APIC ID号为2和3的AP处理器才会触发异常。

代码清单12-95　第12章\程序\程序12-17\物理平台\kernel\SMP.c

```
// if(SMP_cpu_id() != 1)
//     x = 1/0;
```

开启代码清单12-95和代码清单12-87注释掉的程序，便可验证#DE异常处理函数的运行效果，详细运行效果请参见图12-38。

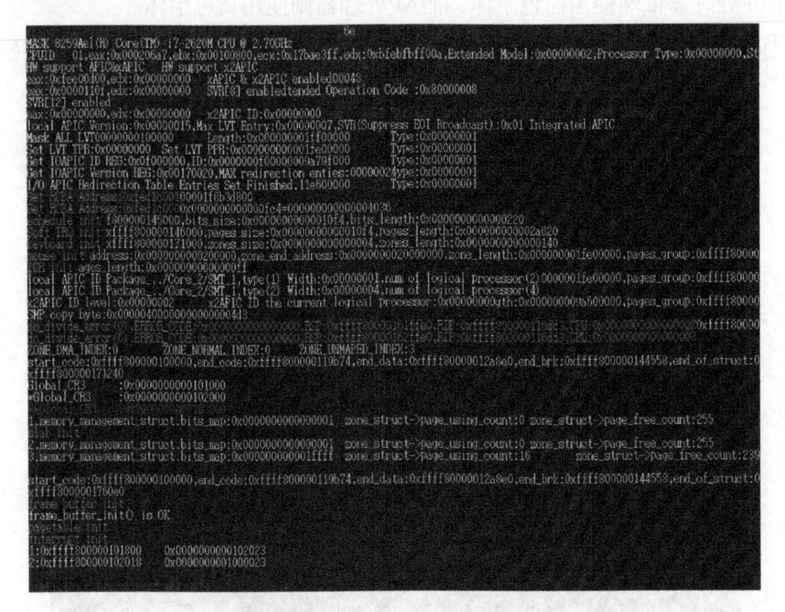

图12-38　系统运行效果图2

从图12-38可以看出，处理器共触发了两次`#DE`异常，依据日志信息的描述可以确定这两个`#DE`异常来自于Local APIC ID号为2和3的AP处理器，这与测试代码的实现相吻合。

12.5.2　完善进程调度器和 AP 处理器引导程序

经过对PCB和处理器运行环境的升级完善，操作系统已初步具备在AP处理器中创建进程的能力，接下来将对进程调度器和AP处理器引导程序做进一步完善。

考虑到本系统是基于SMP系统结构实现的，进程调度器应该为每个处理器创建独立的准备就绪队列。故此，原全局变量`task_schedule`将变更为全局数组`task_schedule[NR_CPUS]`。随之而来的是调整进程调度器内所有使用到`task_schedule`变量的代码，这里仅罗列出改动量较大的`schedule_init`函数，请看代码清单12-96。

代码清单12-96 第12章\程序\程序12-18\物理平台\kernel\schedule.c

```
void schedule_init()
{
    int i = 0;
    memset(&task_schedule,0,sizeof(struct schedule) * NR_CPUS);

    for(i = 0;i<NR_CPUS;i++)
    {
        list_init(&task_schedule[i].task_queue.list);
        task_schedule[i].task_queue.vrun_time = 0x7fffffffffffffff;

        task_schedule[i].running_task_count = 1;
        task_schedule[i].CPU_exec_task_jiffies = 4;
    }
}
```

代码清单12-96将每个处理器的准备就绪队列都初始化成相同值，这是为了保证SMP系统结构中的每个准备就绪队列都拥有平等的地位。

长久以来，经过引导启动的AP处理器都以一个死循环的HLT指令告终。此刻，既然AP处理器已拥有进程准备就绪队列，那么该是时候为它创建idle进程了。鉴于PCB与内核层栈空间共用一段内存，当BSP处理器为AP处理器创建内核层栈空间时，它也就间接地为PCB开辟了存储空间，因此可将AP处理器创建idle进程的过程看为PCB的初始化过程，详细的初始化代码如代码清单12-97。

代码清单12-97 第12章\程序\程序12-18\物理平台\kernel\SMP.c

```
void Start_SMP()
{
    ......
    color_printk(RED,YELLOW,"x2APIC ID:%#010x\t",x);

    current->state = TASK_RUNNING;
    current->flags = PF_KTHREAD;
    current->mm = &init_mm;

    list_init(&current->list);
    current->addr_limit = 0xffff800000000000;
    current->priority = 2;
    current->vrun_time = 0;

    current->thread = (struct thread_struct *)(current + 1);
    memset(current->thread,0,sizeof(struct thread_struct));
    current->thread->rsp0 = _stack_start;
    current->thread->rsp = _stack_start;
    current->thread->fs = KERNEL_DS;
    current->thread->gs = KERNEL_DS;
    init_task[SMP_cpu_id()] = current;

    load_TR(10 + (global_i -1) * 2);
    spin_unlock(&SMP_lock);
    current->preempt_count = 0;
    sti();
```

12

```
    // if(SMP_cpu_id() != 1)
    //     x = 1/0;
    if(SMP_cpu_id() == 3)
        task_init();

    while(1)
        hlt();
}
```

这段代码中的current进程指的就是idle进程，当完成idle进程的初始化工作（初始化struct task_struct与struct thread_struct结构体）后，不要忘记将其保存到全局数组init_task里。

由于SMP_lock自旋锁的加锁过程和解锁过程分别执行于两个处理器中，而且这两个处理器同时运行着不同的进程，那么初始化后的进程抢占计数值就不为零，这将导致AP处理器无法正常执行调度代码。为了解决这个问题，必须在自旋锁解锁后将当前进程的抢占计数值清零。

为了验证AP处理器能够创建进程并执行进程调度，这里暂时将init进程的创建函数task_init借给AP处理器使用。但只创建进程是不够的，还必须让AP处理器响应中断请求才能使进程调度器执行，那么向AP处理器发送IPI消息就是一个不错的选择。为了让AP处理器频繁收到BSP处理器发送来的IPI消息，代码清单12-98暂且将HPET的中断请求转发到Local APIC ID=3的AP处理器中。

代码清单12-98　第12章\程序\程序12-18\物理平台\kernel\HPET.c

```
void HPET_handler(unsigned long nr, unsigned long parameter, struct pt_regs * regs)
{
    struct INT_CMD_REG icr_entry;
    jiffies++;

    memset(&icr_entry,0,sizeof(struct INT_CMD_REG));
    icr_entry.vector = 0xc8;
    icr_entry.dest_shorthand = ICR_No_Shorthand;
    icr_entry.trigger = APIC_ICR_IOAPIC_Edge;
    icr_entry.dest_mode = ICR_IOAPIC_DELV_PHYSICAL;
    icr_entry.destination.x2apic_destination = 3;
    icr_entry.deliver_mode = APIC_ICR_IOAPIC_Fixed;
    wrmsr(0x830,*(unsigned long *)&icr_entry);
    ……
    // if(task_schedule[SMP_cpu_id()].CPU_exec_task_jiffies <= 0)
    //     current->flags |= NEED_SCHEDULE;
}
```

代码清单12-98屏蔽BSP处理器的进程调度功能，其目的是为了减少过多的日志信息掺杂在一起，以防使得进程调度器的运行效果难以辨认。为了更好地观察运行效果，这里还相继屏蔽了AP处理器的引导日志信息以及其他日志信息。

当完成HPET中断请求的转发后，还要在IPI消息处理函数中追加进程虚拟运行时间统计代码、处理器时间片维护代码和相关日志信息显示代码，详细程序实现请参见代码清单12-99。

代码清单12-99　第12章\程序\程序12-18\物理平台\kernel\APIC.c

```
void do_IRQ(struct pt_regs * regs,unsigned long nr)    //regs:rsp,nr
{
```

```
    ......
    case 0x80:
        color_printk(RED,BLACK,"SMP IPI:%d\n",nr);
        Local_APIC_edge_level_ack(nr);
        task_schedule[SMP_cpu_id()].CPU_exec_task_jiffies -= 2;
        current->vrun_time++;
        if(task_schedule[SMP_cpu_id()].CPU_exec_task_jiffies <= 0)
            current->flags |= NEED_SCHEDULE;
        color_printk(RED,BLACK,"CPU_exec_task_jiffies:%d\n",task_schedule[SMP_cpu_
            id()].CPU_exec_task_jiffies);
        break;
    ......
}
```

通过本次升级调整，AP处理器已具备创建进程、调度进程的能力，图12-39是升级调整后的系统运行效果。

图12-39　系统运行效果图3

现在，AP处理器已具备创建进程和调度进程的能力，但考虑到系统时间片是由HPET提供，其中断请求无法广播到所有逻辑处理单元，而且Local APIC定时器目前尚未驱动，以至于AP处理器的时间片定时器中断请求只能由BSP处理器代为转发HPET中断请求来实现。

在实现AP处理器的时间片定时功能前，我们应该先来完善IPI通信机制，让IPI向量号有明确的处理函数。因此，系统特为IPI通信机制创建消息注册与注销函数，代码清单12-100是IPI消息的注册函数。

代码清单12-100　第12章\程序\程序12-19\物理平台\kernel\interrupt.c

```
int register_IPI(unsigned long irq,
    void * arg,
```

```
    void (*handler)(unsigned long nr, unsigned long parameter, struct pt_regs * regs),
        unsigned long parameter,
    hw_int_controller * controller,
    char * irq_name)
{
    irq_desc_T * p = &SMP_IPI_desc[irq - 200];
    p->controller = NULL;
    p->irq_name = irq_name;
    p->parameter = parameter;
    p->flags = 0;
    p->handler = handler;
    return 1;
}
```

函数register_IPI是参照设备中断注册函数实现的。由于IPI消息不涉及硬件设备的控制工作，所以我们无需向controller成员变量提供硬件控制接口，仅需将IPI消息处理函数和消息处理参数保存到SMP_IPI_desc数组的元素中即可。

IPI消息的注销函数unregister_IPI负责清除SMP_IPI_desc数组的元素，它的实现非常简单，请读者对比注册函数的源代码自行阅读。

这里依然沿用IPI消息向量号200作为AP处理器的时间片定时器中断向量号，代码清单12-101是IPI消息处理函数的注册过程。

代码清单12-101　第12章\程序\程序12-19\物理平台\kernel\SMP.c

```
void SMP_init()
{
    ......
    memset(SMP_IPI_desc,0,sizeof(irq_desc_T) * 10);
    register_IPI(200,NULL,&IPI_0x200,NULL,NULL,"IPI 0x200");
}
```

这段代码通过调用register_IPI函数向操作系统注册IPI向量号200的消息处理函数IPI_0x200。此处的IPI消息处理函数IPI_0x200是从HPET中断处理函数中抽离出的进程虚拟运行时间统计代码和处理器时间片维护代码，详细代码实现如代码清单12-102。

代码清单12-102　第12章\程序\程序12-19\物理平台\kernel\SMP.c

```
void IPI_0x200(unsigned long nr, unsigned long parameter, struct pt_regs * regs)
{
    switch(current->priority)
    {
        case 0:
        case 1:
            task_schedule[SMP_cpu_id()].CPU_exec_task_jiffies--;
            current->vrun_time += 1;
            break;
        case 2:
        default:
            task_schedule[SMP_cpu_id()].CPU_exec_task_jiffies -= 2;
            current->vrun_time += 2;
            break;
```

```
    }
    if(task_schedule[SMP_cpu_id()].CPU_exec_task_jiffies <= 0)
        current->flags |= NEED_SCHEDULE;
}
```

当AP处理器的时间片定时功能准备就绪后，下一步将调整HPET的中断处理函数，从而将IPI消息广播到所有AP处理器，详细代码修改片段如代码清单12-103。

代码清单12-103 第12章\程序\程序12-19\物理平台\kernel\HPET.c

```
void HPET_handler(unsigned long nr, unsigned long parameter, struct pt_regs * regs)
{
    ……
    memset(&icr_entry,0,sizeof(struct INT_CMD_REG));
    icr_entry.vector = 0xc8;
    icr_entry.dest_shorthand = ICR_ALL_EXCLUDE_Self;
    icr_entry.trigger = APIC_ICR_IOAPIC_Edge;
    icr_entry.dest_mode = ICR_IOAPIC_DELV_PHYSICAL;
    icr_entry.deliver_mode = APIC_ICR_IOAPIC_Fixed;
    wrmsr(0x830,*(unsigned long *)&icr_entry);
    ……
    if(task_schedule[SMP_cpu_id()].CPU_exec_task_jiffies <= 0)
        current->flags |= NEED_SCHEDULE;
}
```

代码清单12-103不但实现IPI消息的广播功能，同时还开启BSP处理器的进程调度功能，这样一来，所有处理器皆可自由执行进程调度。

当IPI消息投递至AP处理器后，AP处理器的中断处理函数`do_IRQ`会对IPI消息进行解析。此处不要忘记为IPI消息处理函数追加结构化的中断处理代码，其程序实现请参见代码清单12-104。

代码清单12-104 第12章\程序\程序12-19\物理平台\kernel\APIC.c

```
void do_IRQ(struct pt_regs * regs,unsigned long nr)    //regs:rsp,nr
{
    ……
    case 0x80:
        color_printk(RED,BLACK,"SMP IPI:%d,CPU:%d\n",nr,SMP_cpu_id());
        Local_APIC_edge_level_ack(nr);
        {
            irq_desc_T * irq = &SMP_IPI_desc[nr - 200];
            if(irq->handler != NULL)
                irq->handler(nr,irq->parameter,regs);
        }
        break;
    ……
}
```

至此，整个进程管理单元已经升级完毕，图12-40是进程管理单元升级后的运行效果。

12

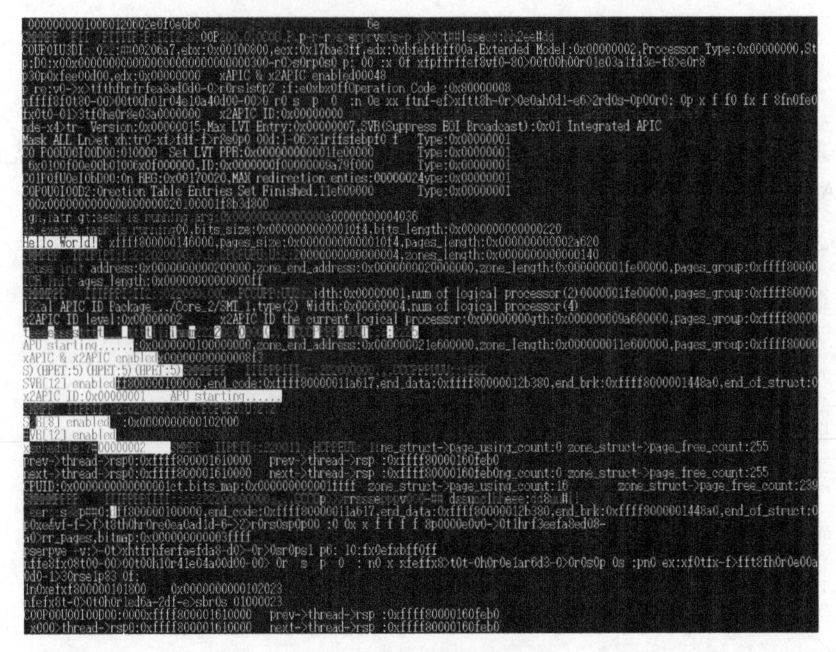

图12-40　系统运行效果图4

从图12-40可以看到，白黄相间的字符串频繁出现在屏幕中，这表明BSP处理器与AP处理器都在执行进程调度，而且它们几乎从同一时间点开始执行进程调度。

12.5.3　关于线程

从概念上讲，进程与线程是有很大区别的，进程是拥有资源的最小单位，而线程则是执行的最小单位。线程不能单独创建或存在，它必须依附于进程，在进程中创建和销毁。本操作系统虽已基本实现进程的创建功能，但对于线程的创建功能目前还暂不支持。考虑到有些读者对线程的创建过程比较困惑，下面特对其进行补充讲解，以帮助读者理清思路。

对于进程而言，它不仅是拥有资源的最小单位，同时它还是一个执行体。那么我们可以把进程抽象地看做是一个由线程与共享资源组成的混合体，进而可以推导出一个拥有多线程的进程是由多个使用共享资源的线程组成，图12-41a是这个推导过程的示意图。

图12-41b从资源的角度描述Linux内核的PCB，此处大致将其拆解为两部分：一部分是`struct task_struct`内的实例化成员变量，另一部分是通过指针关联的共用资源。这两部分可以归纳为进程的独享资源和共享资源，其中的独享资源部分包括线程的执行现场（结构体`struct thread_struct`）以及管理信息等独有资源，由此独享资源部分可理解为线程部分。

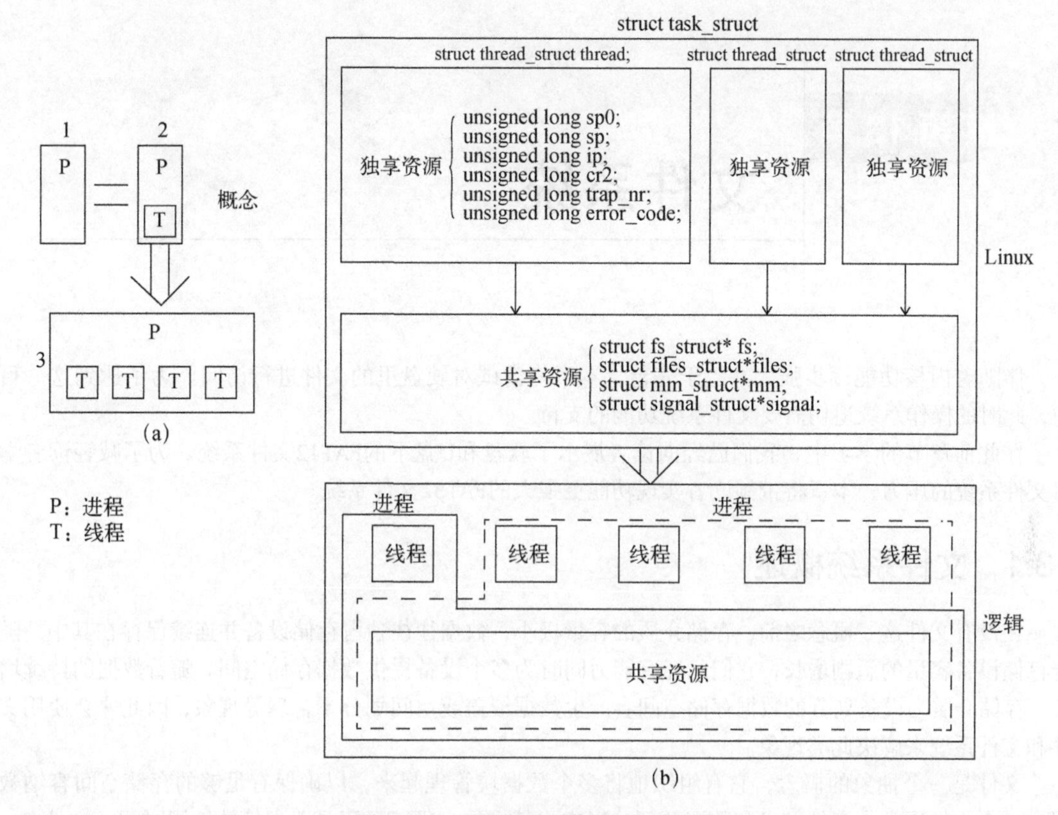

图12-41 进程与线程的关系示意图

从逻辑上看，当PCB被分为两部分后，系统可在保持原有进程创建效率的同时，快速完成线程的创建工作，即在创建进程时完全复制进程控制结构体，而在创建线程时只开辟线程部分的存储空间，其他资源与寄主进程共享。

目前，本系统的PCB和内核层栈空间的结构是参考Linux内核2.4版本设计实现的。在Linux内核2.6及后续版本中，由于PCB过于庞大，考虑到内核层栈空间有限，所以内核层栈基地址处放置的不再是PCB，而是采用更轻量级的结构代替，并与PCB相关联，PCB转而改用动态方式创建。

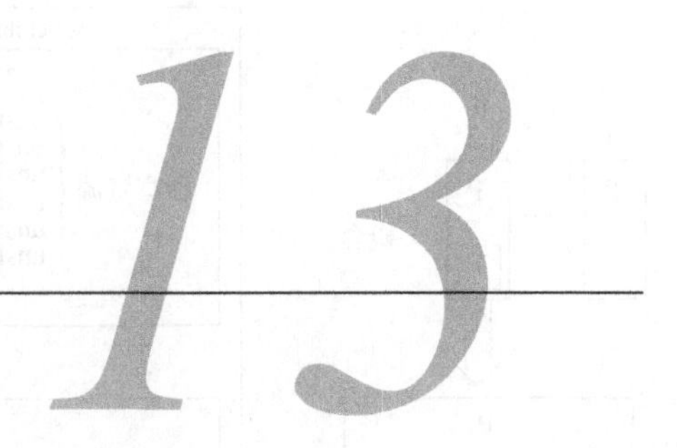

第13章 文件系统

伴随着内核功能逐步强大并趋于完善，本章将尝试对硬盘里的文件进行访问。为了达到这一目的，此时的操作系统迫切需要文件系统功能的支持。

在此前章节的学习中，我们已经向读者展示了软盘和U盘下的FAT12文件系统。为了减轻读者学习文件系统的压力，本章将带领读者实现功能更强大的FAT32文件系统。

13.1 文件系统概述

在没有文件这一概念之前，存储介质的容量极小，数据往往独占存储设备并连续保存在其中。随着存储设备容量的急剧增长，它们已经有能力同时为多个设备提供数据存储空间。随着数据的持续增长，存储介质为设备划分的数据存储空间会产生数据覆盖或空间划分不合理等现象，因此才会使用文件和文件系统来解决此类现象。

文件是一个抽象的概念，它有组织地将多个数据块管理起来，以确保有足够的存储空间容纳数据。一个文件通常由文件信息和数据两部分组成，其中的文件信息记录着文件的使用时间、文件名、文件长度、数据扇区索引等内容，而数据区则记录着文件保存的实际数据。当文件的个数达到一定数量级后，管理文件就变成一件非常复杂的事情，如果借助文件系统来管理文件可使问题变得简单许多。

文件系统通常会包含超级块、目录项、数据区三部分，它们各司其职将所有文件有组织地管理起来，在逻辑上呈现出多叉的树状结构，图13-1是文件系统的整体结构示意图。

从图13-1描述的文件系统整体结构可以看出，超级块是文件系统的顶层信息结构，而目录项和数据区则维护着从根目录延伸出的所有路径分支，这些概念的解释如下。

- 超级块（Super Block）。超级块或称启动扇区、引导扇区等，它主要用于记录文件系统的全局信息。不同文件系统对文件和扇区的管理策略各不相同，从而导致超级块的结构千差万别。
- 目录项（Directory Entry）。目录项也会因文件系统的不同类型而千差万别，总体来说，其主要作用是为了保存目录的名字、长度、属性、数据块索引表以及相关操作时间等信息。文件在文件系统里的组织结构通常情况下与目录相同，它们都使用目录项统一进行管理，我们只需使用属性信息里的标志位便可对两者加以区分。数据块索引表记录着文件数据与数据块的线性映射关系，不同文件系统的索引方式千差万别，比如，FAT类文件系统采用类似单向链表的一维索引方式，而EXT类文件系统则采用类似页表的二维索引方式。

- 数据区（Data Block）。文件与目录的不同最终体现在数据区，虽然两者保存的都是数据，但目录中保存的是维护目录层级关系的子目录项，这些子目录项可代表文件或子目录。目录项如此往复地逐层堆砌便形成了文件系统的树状结构。

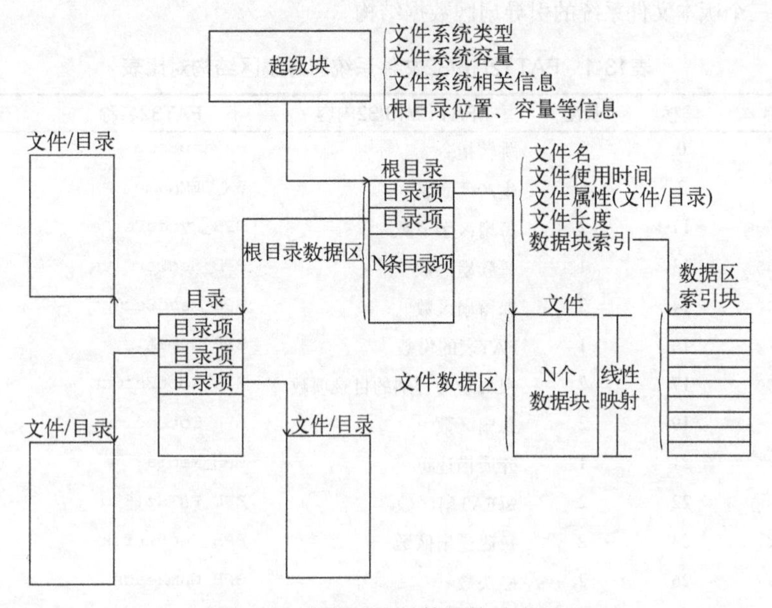

图13-1 文件系统整体结构示意图

以上三个概念是对文件系统结构的高度概括，但由于每款文件系统的结构迥异，在它们的设计过程中其他辅助性概念还会引入。

13.2 解析 FAT32 文件系统

FAT（File Allocation Table）文件系统自问世以来，历经漫长的岁月，现在已经演化出FAT12、FAT16、FAT32、VFAT、exFAT等多个文件系统版本。

尽管之前已对FAT文件系统有所介绍，但当时主要以操作系统的引导启动为目的，对于文件系统的内部结构并未过多涉猎。那么，现在就以FAT32文件系统为例，对FAT类文件系统的结构、功能与特点进行系统化讲解。

13.2.1 FAT32 文件系统简介

FAT32文件系统与此前介绍的FAT12文件系统相比，不但支持更大容量的磁盘空间，还支持长文件名、大尺寸文件以及引导扇区的备份等功能，可以说FAT32文件系统在原FAT12文件系统的基础上实现全面升级。

无论FAT32文件系统如何升级改造，其扇区的组织结构依然分为引导扇区、FAT表、根目录区和数据区4部分。下面将逐一讲解这4部分内容。

● 引导扇区

引导扇区（Boot Sector）也叫保留区域（Reserved Region），它位于硬盘分区的第一个扇区中，是FAT类文件系统最重要的一个组成部分。引导扇区负责保存FAT文件系统的重要数据信息，表13-1总结了FAT12/16/32三个版本文件系统的引导扇区数据结构。

表13-1　FAT12/16/32文件系统引导扇区结构对比表

FAT12/16名称	偏移	长度	FAT12/16/32内容	FAT32名称	偏移	长度
BS_jmpBoot	0	3	跳转指令	BS_jmpBoot	0	3
BS_OEMName	3	8	生产厂商名	BS_OEMName	3	8
BPB_BytesPerSec	11	2	每扇区字节数	BPB_BytesPerSec	11	2
BPB_SecPerClus	13	1	每簇扇区数	BPB_SecPerClus	13	1
BPB_RsvdSecCnt	14	2	保留扇区数	BPB_RsvdSecCnt	14	2
BPB_NumFATs	16	1	FAT表的份数	BPB_NumFATs	16	1
BPB_RootEntCnt	17	2	根目录可容纳的目录项数	BPB_RootEntCnt	17	2
BPB_TotSec16	19	2	总扇区数	BPB_TotSec16	19	2
BPB_Media	21	1	介质描述符	BPB_Media	21	1
BPB_FATSz16	22	2	每FAT扇区数	BPB_FATSz16	22	2
BPB_SecPerTrk	24	2	每磁道扇区数	BPB_SecPerTrk	24	2
BPB_NumHeads	26	2	磁头数	BPB_NumHeads	26	2
BPB_HiddSec	28	4	隐藏扇区数	BPB_HiddSec	28	4
BPB_TotSec32	32	4	如果BPB_ TotSec16值为0，则由这个值记录扇区数	BPB_TotSec32	32	4
FAT32独有			每FAT扇区数，BPB_FATSz16必须为0	BPB_FATSz32	36	4
			扩展标志 bit 0~3：活动FAT表（从0开始计数） bit 4~6：保留 bit 7：更新FAT表 0：实时更新所有FAT表更新； 1：仅更新bit 0~3指定的FAT表； bit 8~15：保留	BPB_ExtFlags	40	2
			FAT32文件系统版本号，高字节代表主版本号，低字节代表次版本号	BPB_FSVer	42	2
			根目录起始簇号，通常情况下为2	BPB_RootClus	44	4
			FSInfo结构体在FAT32文件系统中的扇区号	BPB_FSInfo	48	2
			引导扇区的备份扇区号，通常情况下为6	BPB_BkBootSec	50	2
			保留使用	BPB_Reserved	52	12

（续）

FAT12/16名称	偏移	长度	FAT12/16/32内容	FAT32名称	偏移	长度
BS_DrvNum	36	1	int 13h的驱动器号	BS_DrvNum	64	1
BS_Reserved1	37	1	未使用	BS_Reserved1	65	1
BS_BootSig	38	1	扩展引导标记（29h）	BS_BootSig	66	1
BS_VolID	39	4	卷序列号	BS_VolID	67	4
BS_VolLab	43	11	卷标	BS_VolLab	71	11
BS_FileSysType	54	8	文件系统类型	BS_FilSysType	82	8
引导代码	62	448	引导代码、数据及其他信息	引导代码	90	420
结束标志	510	2	结束标志0xaa55	结束标志	510	2

从表13-1中可以看出，FAT12与FAT16文件系统采用相同的引导扇区数据结构，而FAT32文件系统则在它们的基础上引入许多成员变量（数据信息），以下是需要额外补充说明的成员变量。

- **BPB_RsvdSecCnt**。保留区域占用的扇区数量是从硬盘分区的第一个扇区开始计数，引导扇区就包含在保留区域内，因此该成员变量的数值不能为0。对于FAT12/16文件系统而言，保留区域通常只占用1个扇区，而在FAT32文件系统中该值非零即可。
- **BPB_HiddSec**。隐藏扇区数是指LBA 0扇区与文件系统起始LBA扇区间的扇区数。
- **BPB_RootEntCnt**。对于FAT12/16文件系统而言，该成员变量记录着根目录可使用的目录项数量（32 B）。而FAT32文件系统中的该值必须为0。
- **BPB_RootClus**。此成员变量仅在FAT32文件系统中有效，它指示根目录的起始簇号，通常情况下该数值为2，而数据区的起始簇号同样是2，因此FAT32文件系统的根目录位于数据区的起始簇中。
- **BPB_FSInfo**。该成员变量只在FAT32文件系统中有效，它指示FSInfo结构在保留区域中的扇区号。
- **BPB_BkBootSec**。该成员变量依然只在FAT32文件系统中有效，它指示引导扇区在保留区域的备份位置（扇区号），通常将引导扇区备份到6号扇区中。FAT32文件系统在备份引导扇区的同时，也会对FSInfo扇区进行备份，其备份位置往往紧随引导扇区备份之后。

根据引导扇区记录的数据，我们不难推算出一些潜在的数据信息，比如，根目录起始扇区号、根目录占用扇区数、数据区起始扇区号、簇的起始扇区号等信息。对于本节主要讨论的FAT32文件系统而言，其根目录区与数据区重合，并不额外占用扇区空间，因此数据区的起始扇区号计算公式如下。

$$\text{数据区起始扇区号} = \text{BPB\_RsvdSecCnt} + \text{BPB\_FATSz32} \times \text{BPB\_NumFATs} \tag{13-1}$$

对于FAT12/16文件系统来说，要想求得数据区的起始扇区号，仅需把公式(13-1)的计算结果再加上根目录区占用的扇区数即可。

有了数据区的起始扇区号后，计算簇的起始扇区号就变得容易多了。不过，在计算过程中，还请读者不要忘记数据区的起始簇号是2。假设待访问的簇号为N，那么计算簇N起始扇区号的公式如下。

$$\text{簇N的起始扇区号} = \left((N-2) \times \text{BPB\_SecPerClus}\right) + \text{数据区起始扇区号} \tag{13-2}$$

相信借助这两个公式以及FAT表项，在FAT32文件系统中检索文件内的数据将变得非常轻松。

● FSInfo扇区

在FAT32文件系统中，FAT表是一个非常巨大的数据区域。当文件系统经过长时间使用后，计算和索引空闲簇号（FAT表项）等信息就变得非常耗时，尤其是在系统启动期间。鉴于此，FAT32文件系统在保留区域里加入了一个辅助性的扇区结构FSInfo，来帮助文件系统记录这些信息，表13-2是FSInfo扇区结构的详细定义。

表13-2　FAT32文件系统的FSInfo扇区结构表

名　称	偏移	长度	功能描述
FSI_LeadSig	0	4	FSInfo扇区标识符，数值固定为0x41615252
FSI_Reserved1	4	480	保留使用，全部置为0
FSI_StrucSig	484	4	另一个标识符，数值固定为0x61417272
FSI_Free_Count	488	4	上一次记录的空闲簇数量，这是个参考值，无需太过精确。如果该值为0xFFFFFFFF，则说明空闲簇未知，需要重新计算
FSI_Nxt_Free	492	4	空闲簇的起始搜索位置，这是为驱动程序提供的参考值。如果该值为0xFFFFFFFF，则必须从簇号2开始搜索空闲簇
FSI_Reserved2	496	12	保留使用，全部置为0
FSI_TrailSig	508	4	结束标志，数值固定为0xaa550000

FSInfo扇区结构中的FSI_Free_Count和FSI_Nxt_Free两个成员变量，主要是为FAT32文件系统在计算和索引空闲簇号过程中提供参考值，它们并非实时更新的准确数值。当这两个成员变量的数值为0xFFFFFFFF时，文件系统就需要重新为它们计算参考值。

● FAT表

FAT12文件系统曾在第3章介绍过，它的每个FAT表项长度为12 bit。对于FAT16文件系统而言，其每个FAT表项长度为16 bit，以此类推，FAT32文件系统的每个FAT表项应该占用32 bit。

虽然FAT32文件系统的每个FAT表项占用4 B空间，但实际上仅低28 bit是有效FAT表项位，高4 bit保留使用。在通常的文件系统操作过程中，文件系统管理程序只会修改FAT表项的低28 bit，高4 bit保留原值不变。只有在格式化FAT文件系统期间，才会对FAT表项的高4 bit进行更改。表13-3汇总了不同FAT表项值的含义，读者可与表3-2对比学习。

表13-3　FAT表项取值说明

FAT项	实例值	功能描述
0	0FFFFFF8h	磁盘标示字，低字节与BPB_Media数值一致
1	FFFFFFFFh	第一个簇已经被占用
2	00000003h	x0000000h：可用簇
3	00000004h	x0000002h~xFFFFFEFh：已用簇，标识下一个簇的簇号
……	……	xFFFFFF0h~xFFFFFF6h：保留簇
N	0FFFFFFFh	xFFFFFF7h：坏簇
N+1	00000000h	xFFFFFF8h~xFFFFFFFh：文件的最后一个簇
……	……	

注：x∈(0x0～0xF)。

其实，在FAT32文件系统中，FAT表项值xFFFFFF7h是可用值，但为了避免潜在的隐患，没有文件系统会使用该值。同时，在FAT16和FAT32文件系统中，虽然FAT[1]的高2 bit会另作他用，但通常情况下，FAT[1]的值为FFFFFFFFh。

● 根目录区和数据区

由于FAT32文件系统在设计时，并未给根目录区分配独立的存储空间，而是将它包含在数据区内。此种设计的好处是根目录区能够动态增长，进而打破根目录在目录项数量方面的限制。

不仅如此，FAT32文件系统在升级目录项结构的同时，还引入长目录项结构，使得文件名和目录名支持长达255个字符，并通过文件属性标志位来区分长短目录项结构。

● 短目录项

短目录项是在原FAT12文件系统目录项的基础上升级扩展而来，它支持32位的FAT表项索引、更丰富的目录项功能以及更详细的时间戳记录，表13-4是短目录项的详细结构说明，读者可以将其与表3-3对比学习。

表13-4　短目录项结构表

名　称	偏移	长度	功能描述
DIR_Name	0	11	基础名8 B，扩展名3 B
DIR_Attr	11	1	文件属性： 0x01=ATTR_READ_ONLY（只读） 0x02=ATTR_HIDDEN（隐藏） 0x04=ATTR_SYSTEM（系统文件） 0x08=ATTR_VOLUME_ID（卷标） 0x10=ATTR_DIRECTORY（目录） 0x20=ATTR_ARCHIVE（存档） 0x0F=ATTR_LONG_NAME（长文件名）
DIR_NTRes	12	1	保留使用
DIR_CrtTimeTenth	13	1	文件创建的毫秒级时间戳
DIR_CrtTime	14	2	文件创建时间
DIR_CrtDate	16	2	文件创建日期
DIR_LastAccDate	18	2	最后访问日期
DIR_FstClusHI	20	2	起始簇号（高字）
DIR_WrtTime	22	2	最后写入时间
DIR_WrtDate	24	2	最后写入日期
DIR_FstClusLO	26	2	起始簇号（低字）
DIR_FileSize	28	4	文件大小

对于表13-4描述的短目录项结构，此处还需要额外补充说明以下内容。

- **文件名**。文件名由8 B的基础名和3 B的扩展名组成，全长11 B，它们只能保存字母、数字以及有限的几个字符，如果这两部分字符串的长度不足，将使用空格符（0x20）补齐。文件名字符串的第一个字节还拥有其他特殊功能，当DIR_Name[0]为0xE5、0x00或0x05时，表明此目录项为无效目录项或空闲目录项，而且DIR_Name[0]的数值不允许为0x20（空格符），同时基础名字符串间也不允许出现空格符。对于短目录项而言，它是不区分大小写的，任何文件名与目录名均以大写字母记录和显示。

- **文件属性**。只读、隐藏、目录、长文件名、系统文件等属性都比较容易理解，而卷标和存档属性却对我们来说比较陌生。卷标文件用于为硬盘分区命名，它与引导扇区的`BS_VolLab`成员变量功能相同，其位于文件系统根目录中。在FAT类文件系统里，有且只有一个文件可设置该属性标志位，而且该目录项的起始簇号必须为0。存档属性是文件的备份功能，它记录了自上次备份后又有那些文件被改动过，当对文件执行创建、重命名或写入操作时，该标志位会被置位。
- **日期/时间格式**。日期变量与时间变量的长度同为16 bit，为了在有限的位宽下表达出完整的时间和日期，FAT类文件系统将这16 bit格式化成表13-5和表13-6的结构。

表13-5　FAT32文件系统的日期格式表

位　域	功能描述
bit 0~4	日，取值范围1~31
bit 5~8	月，取值范围1~12
bit 9~15	年，从1980年开始计算年份，取值范围0~127（1980~2107年）

表13-6　FAT32文件系统的时间格式表

位　域	功能描述
bit 0~4	秒，每2秒一次步进，取值范围0~29（0~58秒）
bit 5~10	分，取值范围0~59
bit 11~15	小时，取值范围0~23

以上两个字段可组成的有效时间域为1980-01-01 00:00:00至2107-12-31 23:59:58。

- **起始簇号**。当FAT32文件系统的起始簇号由原来的16 bit扩展为32 bit后，由于原起始簇号的数据位宽不足32 bit，为了保证目录项格式的兼容性，我们特将32 bit起始簇号分割成高16 bit和低16 bit两段，并分别将它们保存在不同的成员变量中。

● 长目录项

长目录项结构扩展于短目录项，它将文件名的编码方式从ASCII码升级为Unicode码，使得文件名不仅可以区分大小写字母，同时还支持更多种语言符号，此举弥补了短目录项在文件名记录上的不足之处，算是对文件名的补充说明。长目录项紧随短目录项之后，表13-7是长目录项的详细结构说明。

表13-7　长目录项结构表

名　称	偏移	长度	功能描述
`LDIR_Ord`	0	1	长目录项的序号
`LDIR_Name1`	1	10	长文件名的第1~5个字符，每个字符占2 B
`LDIR_Attr`	11	1	文件属性必须为`ATTR_LONG_NAME`

（续）

名　称	偏移	长度	功能描述
LDIR_Type	12	1	如果为0，说明这是长目录项的子项
LDIR_Chksum	13	1	短文件名的校验和
LDIR_Name2	14	12	长文件名的第6~11个字符，每个字符占2 B
LDIR_FstClusLO	26	2	必须为0
LDIR_Name3	28	4	长文件名的第12~13个字符，每个字符占2 B

对于表13-7介绍的长目录项结构，此处还需要对文件名、校验和以及长目录项序号等成员变量进行额外说明。

- 长文件名。LDIR_Name1/2/3是长目录项的三个字符串存储区域，字符串中的每个字符用2 B的Unicode码表示，并以空字符（NUL）结尾。剩余字符串空间以0xFFFF填充，一个完整的长文件名是由一组连续的长目录项组成。
- 校验和。长目录项的校验和是通过短目录项的文件名计算得来，以下是校验和的计算公式。

$$\text{Checksum} = ((\text{Checksum\&1})?0x80:0) + (\text{Checksum} \gg 1) + \text{DIR\_Name}[N] \tag{13-3}$$

- 长目录项序号。长目录项的起始序号为1，对于记录长文件名的最后一个长目录项而言，其序号成员变量的第6位必须置位（`LAST_LONG_ENTRY(0x40)|N`）以表示结尾。

13.2.2　通过实例深入解析 FAT32 文件系统

尽管目前已对FAT32文件系统的主体结构进行了介绍，但某些概念过于抽象，难以通过语言表达。为了使读者更深刻地理解FAT32文件系统，本节将通过一些实例对FAT32文件系统进行补充讲解。

- *硬盘分区表*

在操作硬盘之前，请使用磁盘管理软件（DiskGenius）清空硬盘里的数据，以免对分析过程造成干扰。随后再为空硬盘创建一个FAT32文件系统分区，图13-2是创建分区的配置界面。

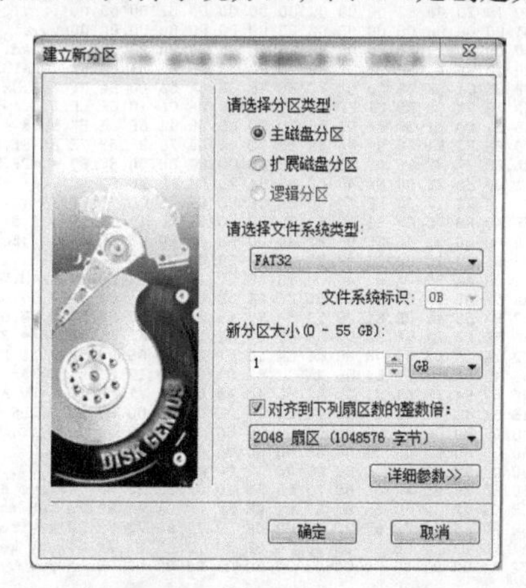

图13-2　创建FAT32文件系统的配置界面图

这里已经为FAT32文件系统选择主磁盘分区，并为其划分1 GB的存储空间。一些读者可能会对主磁盘分区、扩展磁盘分区和逻辑分区的不同之处比较好奇。

主磁盘分区是指通过硬盘MBR主引导扇区的硬盘分区表划分的磁盘分区，硬盘分区表共有4项，因此一块硬盘最多可拥有4个主磁盘分区，每个表项的分区类型成员变量可指定分区的文件系统类型。随着硬盘容量的逐渐扩大，人们希望一块硬盘可划分成更多的区域来存储数据，由此便引入了扩展磁盘分区这一概念。扩展磁盘分区可认为是一种主磁盘分区类型（类型值为0Fh），只不过扩展磁盘分区装载的不是文件系统，而是一个个动态的磁盘分区。这相当于将扩展磁盘分区重新虚拟成一块硬盘，这块虚拟硬盘（扩展磁盘分区）可在硬盘分区表的帮助下划分出更多磁盘分区。扩展磁盘分区的硬盘分区表仅有两项：一项记录当前分区的类型、大小、起始LBA扇区号（相对）等信息；另一项称为逻辑分区，它记录着下一个分区的容量、起始LBA扇区号等内容，其类型值为05h。对于扩展磁盘分区和逻辑分区的功能细节本文将不再予以介绍，感兴趣的读者可以自行学习。

通过主引导扇区的硬盘分区表，可很容易地索引出FAT32文件系统的位置，图13-3是硬盘分区表的数据截图。

```
Offset     0  1  2  3  4  5  6  7  8  9  A  B  C  D  E  F  0123456789ABCDEF
000001B0  65 6D 00 00 00 63 7B 9A F4 5F 82 7B 00 00 80 20  em...c{.ô_.{...
000001C0  21 00 0B 0D 0A 83 00 08 00 00 00 18 20 00 00 00  !...............
000001D0  00 00 00 00 00 00 00 00 00 00 00 00 00 00 00 00  ................
000001E0  00 00 00 00 00 00 00 00 00 00 00 00 00 00 00 00  ................
000001F0  00 00 00 00 00 00 00 00 00 00 00 00 00 00 55 AA  ..............Uª
```

图13-3　主引导扇区的硬盘分区表数据截图

从图中可以看出，FAT32文件系统的起始LBA扇区号为0000,0800h，磁盘分区容量是0020,1800h，分区类型值0Bh标明此分区是FAT32文件系统。

● 引导扇区

根据硬盘分区表项提供的数据，可确定FAT32文件系统起始于LBA800h扇区处，此扇区也是FAT32文件系统的引导扇区，图13-4是引导扇区的数据截图。

```
Offset     0  1  2  3  4  5  6  7  8  9  A  B  C  D  E  F  0123456789ABCDEF
000100000 EB 58 90 4D 53 44 4F 53 35 2E 30 00 02 08 24 00 ëX.MSDOS5.0...$.
000100010 02 00 00 00 00 F8 00 00 3F 00 FF 00 00 08 00 00 .....ø..?.ÿ.....
000100020 00 18 20 00 02 08 00 00 00 00 00 00 02 00 00 00 .. .............
000100030 01 00 06 00 00 00 00 00 00 00 00 00 00 00 00 00 ................
000100040 80 00 29 23 48 00 00 20 20 20 20 20 20 20 20 20 ..)#H..
000100050 20 20 46 41 54 33 32 20 20 20 33 C9 8E D1 BC F4   FAT32   3É.Ñ¼ô
000100060 7B 8E C1 8E D9 BD 00 7C 88 4E 02 8A 56 40 B4 08 {.Á.Ù½.|.N..V@´.
000100070 CD 13 73 05 B9 FF FF 8A F1 66 0F B6 C6 40 66 0F Í.s.¹ÿÿ.ñf.¶Æ@f.
000100080 B6 D1 80 E2 3F F7 E2 86 CD C0 ED 06 41 66 0F B7 ¶Ñ.â?÷â.ÍÀí.Af.·
000100090 C9 66 F7 E1 66 89 46 F8 83 7E 16 00 75 38 83 7E Éf÷áf.Fø.~..u8.~
0001000A0 2A 00 77 32 66 8B 46 1C 66 83 C0 0C BB 00 80 B9 *.w2f.F.f.À.»..¹
0001000B0 01 00 E8 2B 00 E9 48 03 A0 FA 7D B4 7D 8B F0 AC ..è+.éH. ú}´}.ð¬
0001000C0 84 C0 74 17 3C FF 74 09 B4 0E BB 07 00 CD 10 EB .Àt.<ÿt.´.»..Í.ë
0001000D0 EE A0 FB 7D EB E5 A0 F9 7D EB E0 98 CD 16 CD 19 î û}ëå ù}ëà.Í.Í.
0001000E0 66 60 66 3B 46 F8 0F 82 4A 00 66 6A 00 66 50 06 f`f;Fø..J.fj.fP.
0001000F0 53 66 68 10 00 01 00 80 7E 02 00 0F 85 20 00 B4 Sfh.....~.... .´
000100100 41 BB AA 55 8A 56 40 CD 13 0F 82 1C 00 81 FB 55 A»ªU.V@Í......ûU
000100110 AA 0F 85 14 00 F6 C1 01 0F 84 0D 00 FE 46 02 B4 ª....öÁ.....þF.´
000100120 42 8A 56 40 8B F4 CD 13 B0 F9 66 58 66 58 66 58 B.V@.ôÍ.°ùfXfXfX
000100130 66 58 EB 2A 66 33 D2 66 0F B7 4E 18 66 F7 F1 FE fXë*f3Òf.·N.f÷ñþ
000100140 C2 8A CA 66 8B D0 66 C1 EA 10 F7 76 1A 86 D6 8A Â.Êf.ÐfÁê.÷v..Ö.
000100150 56 40 8A E8 C0 E4 06 0A CC B8 01 02 CD 13 66 61 V@.èÀä..Ì¸..Í.fa
000100160 0F 82 54 FF 81 C3 00 02 66 40 49 0F 85 71 FF C3 ..Tÿ.Ã..f@I..qÿÃ
000100170 4E 54 4C 44 52 20 20 20 20 20 20 00 00 00 00 00 NTLDR      .....
000100180 00 00 00 00 00 00 00 00 00 00 00 00 00 00 00 00 ................
000100190 00 00 00 00 00 00 00 00 00 00 00 00 00 00 00 00 ................
0001001A0 00 00 00 00 00 00 00 00 00 00 00 00 0D 0A 52 65 ..............Re
0001001B0 6D 6F 76 65 20 64 69 73 6B 73 20 6F 72 20 6F 74 move disks or ot
0001001C0 68 65 72 20 6D 65 64 69 61 2E FF 0D 0A 44 69 73 her media.ÿ..Dis
0001001D0 6B 20 65 72 72 6F 72 FF 0D 0A 50 72 65 73 73 20 k errorÿ..Press
0001001E0 61 6E 79 20 6B 65 79 20 74 6F 20 72 65 73 74 61 any key to resta
0001001F0 72 74 0D 0A 00 00 00 00 00 AC CB D8 00 00 55 AA rt.......¬ËØ..Uª
```

图13-4　FAT32文件系统的引导扇区数据截图

根据表13-1描述的引导扇区数据结构，可将图13-4中的引导扇区数据格式化成表13-8所示的结构。

表13-8 FAT32文件系统引导扇区数据对照表

FAT32名称	偏移	长度	硬盘中的数据	FAT32内容
BS_jmpBoot	0	3	0x9058EB	跳转指令
BS_OEMName	3	8	'MSDOS5.0'	生产厂商名
BPB_BytesPerSec	11	2	512	每扇区字节数
BPB_SecPerClus	13	1	8	每簇扇区数
BPB_RsvdSecCnt	14	2	36	保留扇区数
BPB_NumFATs	16	1	2	共有多少FAT表
BPB_RootEntCnt	17	2	0	根目录文件数最大值
BPB_TotSec16	19	2	0	16位扇区总数
BPB_Media	21	1	0xF8	介质描述符
BPB_FATSz16	22	2	0	FAT12/16每FAT扇区数
BPB_SecPerTrk	24	2	63	每磁道扇区数
BPB_NumHeads	26	2	255	磁头数
BPB_HiddSec	28	4	2048	隐藏扇区数
BPB_TotSec32	32	4	2103296	32位扇区总数
BPB_FATSz32	36	4	2050	FAT32每FAT扇区数
BPB_ExtFlags	40	2	0	扩展标志
BPB_FSVer	42	2	0	FAT32文件系统版本号
BPB_RootClus	44	4	2	根目录起始簇号
BPB_FSInfo	48	2	1	FSInfo结构体的扇区号
BPB_BkBootSec	50	2	6	引导扇区的备份扇区号
BPB_Reserved	52	12	0	保留使用
BS_DrvNum	64	1	0x80	int 13h的驱动器号
BS_Reserved1	65	1	0	未使用
BS_BootSig	66	1	0x29	扩展引导标记（29h）
BS_VolID	67	4	0x00004823	卷序列号
BS_VolLab	71	11	' '	卷标
BS_FilSysType	82	8	'FAT32 '	文件系统类型
引导代码	90	420	略	引导代码、数据
结束标志	510	2	0xAA55	0xAA55

经过此番转化后，引导扇区数据结构变得更加直观、清晰。同时，读者还可根据磁盘管理软件提供的分区参数对表13-8中的数据做进一步验证。图13-5是磁盘管理软件提供的FAT32文件系统参数截图。

文件系统类型:	FAT32	卷标:	
总容量:	1.0GB	总字节数:	1076887552
已用空间:	2.0MB	可用空间:	1.0GB
簇大小:	4096	总簇数:	262395
已用簇数:	1	空闲簇数:	262394
总扇区数:	2103296	扇区大小:	512 Bytes
起始扇区号:	2048		
卷序列号:	0000-4823	BPB卷标:	
保留扇区数:	36	DBR备份扇区号:	6
FAT个数:	2	FAT扇区数:	2050
FAT1扇区号:	36 (柱面:0 磁头:33 扇区:6)		
FAT2扇区号:	2086 (柱面:0 磁头:65 扇区:40)		
根目录扇区号:	4136 (柱面:0 磁头:98 扇区:11)		
根目录簇号:	2		
数据起始扇区号:	4136 (柱面:0 磁头:98 扇区:11)		

图13-5　FAT32文件系统参数截图

虽然磁盘管理软件提供的参数不多，但这些参数都是FAT32文件系统的重要信息。此处再对"起始扇区号"一值补充说明一点，经过多次测试后发现，如果主磁盘分区格式化为FAT32文件系统，那么此值与BPB_HiddSec成员变量的数值相同；如果逻辑分区格式化为FAT32文件系统，那么此值与BPB_HiddSec成员变量、扩展分区起始LBA扇区号有关，BPB_HiddSec成员变量可能参与过起始扇区号的计算。

FSInfo扇区紧随引导扇区之后，这个扇区为检索FAT表项提供了一些参考数据。图13-6是FSInfo扇区的数据截图。

```
Offset     0  1  2  3  4  5  6  7  8  9  A  B  C  D  E  F 0123456789ABCDEF
000100200 52 52 61 41 00 00 00 00 00 00 00 00 00 00 00 00 RRaA............
000100210 00 00 00 00 00 00 00 00 00 00 00 00 00 00 00 00 ................
000100220 00 00 00 00 00 00 00 00 00 00 00 00 00 00 00 00 ................
000100230 00 00 00 00 00 00 00 00 00 00 00 00 00 00 00 00 ................
000100240 00 00 00 00 00 00 00 00 00 00 00 00 00 00 00 00 ................
000100250 00 00 00 00 00 00 00 00 00 00 00 00 00 00 00 00 ................
000100260 00 00 00 00 00 00 00 00 00 00 00 00 00 00 00 00 ................
000100270 00 00 00 00 00 00 00 00 00 00 00 00 00 00 00 00 ................
000100280 00 00 00 00 00 00 00 00 00 00 00 00 00 00 00 00 ................
000100290 00 00 00 00 00 00 00 00 00 00 00 00 00 00 00 00 ................
0001002A0 00 00 00 00 00 00 00 00 00 00 00 00 00 00 00 00 ................
0001002B0 00 00 00 00 00 00 00 00 00 00 00 00 00 00 00 00 ................
0001002C0 00 00 00 00 00 00 00 00 00 00 00 00 00 00 00 00 ................
0001002D0 00 00 00 00 00 00 00 00 00 00 00 00 00 00 00 00 ................
0001002E0 00 00 00 00 00 00 00 00 00 00 00 00 00 00 00 00 ................
0001002F0 00 00 00 00 00 00 00 00 00 00 00 00 00 00 00 00 ................
000100300 00 00 00 00 00 00 00 00 00 00 00 00 00 00 00 00 ................
000100310 00 00 00 00 00 00 00 00 00 00 00 00 00 00 00 00 ................
000100320 00 00 00 00 00 00 00 00 00 00 00 00 00 00 00 00 ................
000100330 00 00 00 00 00 00 00 00 00 00 00 00 00 00 00 00 ................
000100340 00 00 00 00 00 00 00 00 00 00 00 00 00 00 00 00 ................
000100350 00 00 00 00 00 00 00 00 00 00 00 00 00 00 00 00 ................
000100360 00 00 00 00 00 00 00 00 00 00 00 00 00 00 00 00 ................
000100370 00 00 00 00 00 00 00 00 00 00 00 00 00 00 00 00 ................
000100380 00 00 00 00 00 00 00 00 00 00 00 00 00 00 00 00 ................
000100390 00 00 00 00 00 00 00 00 00 00 00 00 00 00 00 00 ................
0001003A0 00 00 00 00 00 00 00 00 00 00 00 00 00 00 00 00 ................
0001003B0 00 00 00 00 00 00 00 00 00 00 00 00 00 00 00 00 ................
0001003C0 00 00 00 00 00 00 00 00 00 00 00 00 00 00 00 00 ................
0001003D0 00 00 00 00 00 00 00 00 00 00 00 00 00 00 00 00 ................
0001003E0 00 00 00 00 72 72 41 61 FA 00 04 00 03 00 00 00 ....rrAaú.......
0001003F0 00 00 00 00 00 00 00 00 00 00 00 00 00 00 55 AA ..............Uª
```

图13-6　FAT32文件系统的FSInfo扇区数据截图

将图13-6显示的FSInfo扇区数据按照表13-2定义的FSInfo结构进行信息提取，便可获得数据对照表13-9。

表13-9 FAT32文件系统的FSInfo扇区数据对照表

名 称	偏移	长度	硬盘中的数据	内 容
FSI_LeadSig	0	4	41615252h	FSInfo扇区标识符，数值为0x41615252
FSI_Reserved1	4	480	00h	保留使用，全部置为0
FSI_StrucSig	484	4	61417272h	另一个标识符，数值为0x61417272
FSI_Free_Count	488	4	000400FAh	上一次记录的空闲簇数量，这是个参考值，不需要太精确
FSI_Nxt_Free	492	4	00000003h	空闲簇的起始搜索位置，这是个为驱动程序提供的参考值
FSI_Reserved2	496	12	00h	保留使用，全部置为0
FSI_TrailSig	508	4	AA550000h	结束标志，数值为0xaa550000

表13-9中的空闲簇数量为400FAh=262394，该值与图13-5所示的空闲簇数是一致的。由于0和1号簇保留使用，2号簇被根目录使用，因此空闲簇的起始搜索位置为3。

- FAT表与目录项

当磁盘分区被格式化为FAT32文件系统后，FAT表仅有前三项被初始赋值，剩余表项全部为0，图13-7是FAT表的详细数据截图。

```
Offset     0  1  2  3  4  5  6  7  8  9  A  B  C  D  E  F  0123456789ABCDEF
000104800 F8 FF FF 0F FF FF FF 0F FF FF FF 0F 00 00 00 00 øÿÿ.ÿÿÿ.ÿÿÿ.....
000104810 00 00 00 00 00 00 00 00 00 00 00 00 00 00 00 00 ................
000104820 00 00 00 00 00 00 00 00 00 00 00 00 00 00 00 00 ................
000104830 00 00 00 00 00 00 00 00 00 00 00 00 00 00 00 00 ................
000104840 00 00 00 00 00 00 00 00 00 00 00 00 00 00 00 00 ................
000104850 00 00 00 00 00 00 00 00 00 00 00 00 00 00 00 00 ................
000104860 00 00 00 00 00 00 00 00 00 00 00 00 00 00 00 00 ................
000104870 00 00 00 00 00 00 00 00 00 00 00 00 00 00 00 00 ................
000104880 00 00 00 00 00 00 00 00 00 00 00 00 00 00 00 00 ................
000104890 00 00 00 00 00 00 00 00 00 00 00 00 00 00 00 00 ................
0001048A0 00 00 00 00 00 00 00 00 00 00 00 00 00 00 00 00 ................
0001048B0 00 00 00 00 00 00 00 00 00 00 00 00 00 00 00 00 ................
0001048C0 00 00 00 00 00 00 00 00 00 00 00 00 00 00 00 00 ................
0001048D0 00 00 00 00 00 00 00 00 00 00 00 00 00 00 00 00 ................
0001048E0 00 00 00 00 00 00 00 00 00 00 00 00 00 00 00 00 ................
0001048F0 00 00 00 00 00 00 00 00 00 00 00 00 00 00 00 00 ................
000104900 00 00 00 00 00 00 00 00 00 00 00 00 00 00 00 00 ................
000104910 00 00 00 00 00 00 00 00 00 00 00 00 00 00 00 00 ................
000104920 00 00 00 00 00 00 00 00 00 00 00 00 00 00 00 00 ................
000104930 00 00 00 00 00 00 00 00 00 00 00 00 00 00 00 00 ................
000104940 00 00 00 00 00 00 00 00 00 00 00 00 00 00 00 00 ................
000104950 00 00 00 00 00 00 00 00 00 00 00 00 00 00 00 00 ................
000104960 00 00 00 00 00 00 00 00 00 00 00 00 00 00 00 00 ................
000104970 00 00 00 00 00 00 00 00 00 00 00 00 00 00 00 00 ................
000104980 00 00 00 00 00 00 00 00 00 00 00 00 00 00 00 00 ................
000104990 00 00 00 00 00 00 00 00 00 00 00 00 00 00 00 00 ................
0001049A0 00 00 00 00 00 00 00 00 00 00 00 00 00 00 00 00 ................
0001049B0 00 00 00 00 00 00 00 00 00 00 00 00 00 00 00 00 ................
0001049C0 00 00 00 00 00 00 00 00 00 00 00 00 00 00 00 00 ................
0001049D0 00 00 00 00 00 00 00 00 00 00 00 00 00 00 00 00 ................
0001049E0 00 00 00 00 00 00 00 00 00 00 00 00 00 00 00 00 ................
0001049F0 00 00 00 00 00 00 00 00 00 00 00 00 00 00 00 00 ................
```

图13-7 FAT32文件系统的FAT表项数据截图

在文件创建期间，FAT32文件系统会先为文件创建目录项结构，并将其保存在目录的数据区内。只有在向文件写入数据时，文件系统才会为其分配可用簇号（FAT表项）；而在子目录创建期间，由于子目录始终不为空（含有代表当前目录名.和父目录名..的两个默认目录项），所以目录不但会为子目录创建目录项，还会为其分配可用簇号。

对于文件和目录的创建方式，Windows系统与Linux系统略有不同。Linux文件系统驱动在创建目录项时，除非文件名全部为大写字母，否则一律使用短目录项加长目录项的组合方式为文件或目录创建目录项；而Windows除了具备Linux的功能外，还会考虑文件名的长度和大小写，当文件名满足基础名加扩展名的短目录项文件名格式时，如果基础名或扩展名中含有的字母同为大写或小写，则可使用目录项结构中的`DIR_NTRes`成员变量加以标识，从而省去长目录项对文件名的补充解释。表13-10是成员变量`DIR_NTRes`的标识值说明。

表13-10　DIR_NTRes成员变量的标识值说明表

数值	功能描述	数值	功能描述
00h	扩展名大写，基础名大写	10h	扩展名小写，基础名大写
08h	扩展名大写，基础名小写	18h	扩展名小写，基础名小写

为了验证这些标识值，我们特在Windows操作系统下对FAT32文件系统执行文件创建操作，创建的文件名分别为`a.txt`、`B.txt`、`c.TXT`以及`D.TXT`，再通过磁盘管理软件来分析目录项数据，图13-8是详细的数据截图。

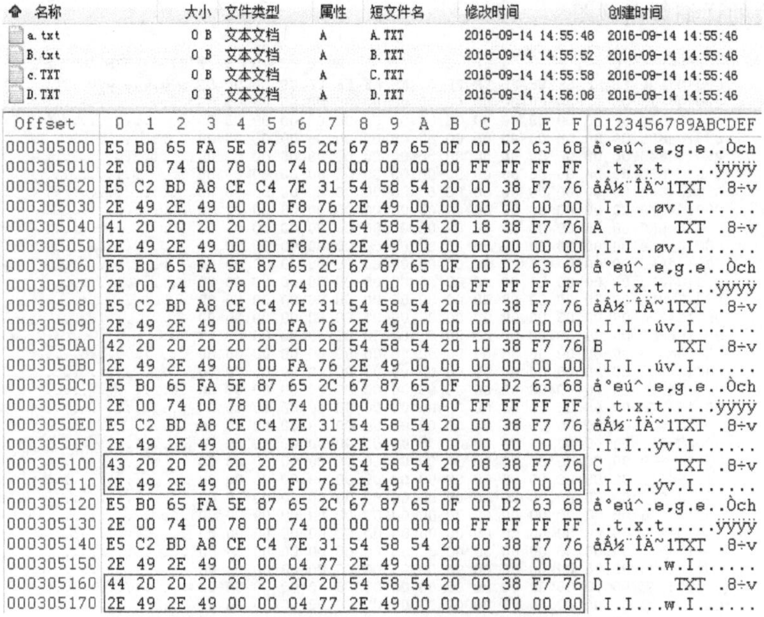

```
名称     大小  文件类型  属性  短文件名  修改时间             创建时间
a.txt    0 B   文本文档  A     A.TXT     2016-09-14 14:55:46  2016-09-14 14:55:46
B.txt    0 B   文本文档  A     B.TXT     2016-09-14 14:55:52  2016-09-14 14:55:46
c.TXT    0 B   文本文档  A     C.TXT     2016-09-14 14:55:58  2016-09-14 14:55:46
D.TXT    0 B   文本文档  A     D.TXT     2016-09-14 14:56:08  2016-09-14 14:55:46

Offset     0  1  2  3  4  5  6  7  8  9  A  B  C  D  E  F  0123456789ABCDEF
000305000 E5 B0 65 FA 5E 87 65 2C 67 87 65 0F 00 D2 63 68 å°eú^.e,g.e..Òch
000305010 2E 00 74 00 78 00 74 00 00 00 00 00 FF FF FF FF ..t.x.t.....ÿÿÿÿ
000305020 E5 C2 BD A8 CE C4 7E 31 54 58 54 20 00 38 F7 76 åÂ½¨ÎÄ~1TXT .8÷v
000305030 2E 49 2E 49 00 00 F8 76 2E 49 00 00 00 00 00 00 .I.I..øv.I......
000305040 41 20 20 20 20 20 20 20 54 58 54 20 18 38 F7 76 A       TXT .8÷v
000305050 2E 49 2E 49 00 00 F8 76 2E 49 00 00 00 00 00 00 .I.I..øv.I......
000305060 E5 B0 65 FA 5E 87 65 2C 67 87 65 0F 00 D2 63 68 å°eú^.e,g.e..Òch
000305070 2E 00 74 00 78 00 74 00 00 00 00 00 FF FF FF FF ..t.x.t.....ÿÿÿÿ
000305080 E5 C2 BD A8 CE C4 7E 31 54 58 54 20 00 38 F7 76 åÂ½¨ÎÄ~1TXT .8÷v
000305090 2E 49 2E 49 00 00 FA 76 2E 49 00 00 00 00 00 00 .I.I..úv.I......
0003050A0 42 20 20 20 20 20 20 20 54 58 54 20 10 38 F7 76 B       TXT .8÷v
0003050B0 2E 49 2E 49 00 00 FA 76 2E 49 00 00 00 00 00 00 .I.I..úv.I......
0003050C0 E5 B0 65 FA 5E 87 65 2C 67 87 65 0F 00 D2 63 68 å°eú^.e,g.e..Òch
0003050D0 2E 00 74 00 78 00 74 00 00 00 00 00 FF FF FF FF ..t.x.t.....ÿÿÿÿ
0003050E0 E5 C2 BD A8 CE C4 7E 31 54 58 54 20 00 38 F7 76 åÂ½¨ÎÄ~1TXT .8÷v
0003050F0 2E 49 2E 49 00 00 FD 76 2E 49 00 00 00 00 00 00 .I.I..ýv.I......
000305100 43 20 20 20 20 20 20 20 54 58 54 20 08 38 F7 76 C       TXT .8÷v
000305110 2E 49 2E 49 00 00 FD 76 2E 49 00 00 00 00 00 00 .I.I..ýv.I......
000305120 E5 B0 65 FA 5E 87 65 2C 67 87 65 0F 00 D2 63 68 å°eú^.e,g.e..Òch
000305130 2E 00 74 00 78 00 74 00 00 00 00 00 FF FF FF FF ..t.x.t.....ÿÿÿÿ
000305140 E5 C2 BD A8 CE C4 7E 31 54 58 54 20 00 38 F7 76 åÂ½¨ÎÄ~1TXT .8÷v
000305150 2E 49 2E 49 00 00 04 77 2E 49 00 00 00 00 00 00 .I.I...w.I......
000305160 44 20 20 20 20 20 20 20 54 58 54 20 00 38 F7 76 D       TXT .8÷v
000305170 2E 49 2E 49 00 00 04 77 2E 49 00 00 00 00 00 00 .I.I...w.I......
```

图13-8　Windows操作系统下的文件与目录项数据截图

如图13-8所示，Windows操作系统为每个文件创建了三个目录项，其中的两项均以数值0xE5开头，虽然不太清楚以数值0xE5开头的目录项的用途，但既然0xE5代表无效目录项，此处不必深究其作用。同样是上述4个文件，它们在Linux操作系统下创建的目录项数据却迥然不同，图13-9是详细的数据截图。

名称	大小	文件类型	属性	短文件名	修改时间	创建时间
a.txt	0 B	文本文档	A	A.TXT	2016-09-15 09:56:04	2016-09-15 09:56:05
B.txt	0 B	文本文档	A	B.TXT	2016-09-15 09:56:10	2016-09-15 09:56:11
c.TXT	0 B	文本文档	A	C.TXT	2016-09-15 09:56:18	2016-09-15 09:56:18
D.TXT	0 B	文本文档	A	D.TXT	2016-09-15 09:56:26	2016-09-15 09:56:27

```
Offset     0  1  2  3  4  5  6  7  8  9  A  B  C  D  E  F  0123456789ABCDEF
000305000 41 61 00 2E 00 74 00 78 00 74 00 0F 00 5D 00 00  Aa...t.x.t...]..
000305010 FF FF FF FF FF FF FF FF FF FF 00 00 FF FF FF FF  ÿÿÿÿÿÿÿÿÿÿ..ÿÿÿÿ
000305020 41 20 20 20 20 20 20 20 54 58 54 20 00 64 02 4F  A       TXT .d.O
000305030 2F 49 2F 49 00 00 02 4F 2F 49 00 00 00 00 00 00  /I/I...O/I......
000305040 41 42 00 2E 00 74 00 78 00 74 00 0F 00 1D 00 00  AB...t.x.t......
000305050 FF FF FF FF FF FF FF FF FF FF 00 00 FF FF FF FF  ÿÿÿÿÿÿÿÿÿÿ..ÿÿÿÿ
000305060 42 20 20 20 20 20 20 20 54 58 54 20 00 64 05 4F  B       TXT .d.O
000305070 2F 49 2F 49 00 00 05 4F 2F 49 00 00 00 00 00 00  /I/I...O/I......
000305080 41 63 00 2E 00 54 00 58 00 54 00 0F 00 DC 00 00  Ac...T.X.T...Ü..
000305090 FF FF FF FF FF FF FF FF FF FF 00 00 FF FF FF FF  ÿÿÿÿÿÿÿÿÿÿ..ÿÿÿÿ
0003050A0 43 20 20 20 20 20 20 20 54 58 54 20 00 00 09 4F  C       TXT ...O
0003050B0 2F 49 2F 49 00 00 09 4F 2F 49 00 00 00 00 00 00  /I/I...O/I......
0003050C0 44 20 20 20 20 20 20 20 54 58 54 20 00 64 0D 4F  D       TXT .d.O
0003050D0 2F 49 2F 49 00 00 0D 4F 2F 49 00 00 00 00 00 00  /I/I...O/I......
```

图13-9　Linux操作系统下的文件与目录项数据截图

从图13-9可知，仅当基础名和扩展名同为大写字母时，Linux操作系统才不会为短目录项创建长目录项，否则将使用短目录项结合长目录项的组合来描述一个文件或目录。

倘若读者对FAT32文件系统的整体结构没有一个清晰的概念，则很容易在看完上述结构和实例后感到迷茫。因此，这里特将引导扇区、FAT表扇区和数据区的目录项融合在一幅图内，来展示它们在FAT32文件系统内的联系，详细结构示意图如图13-10所示。

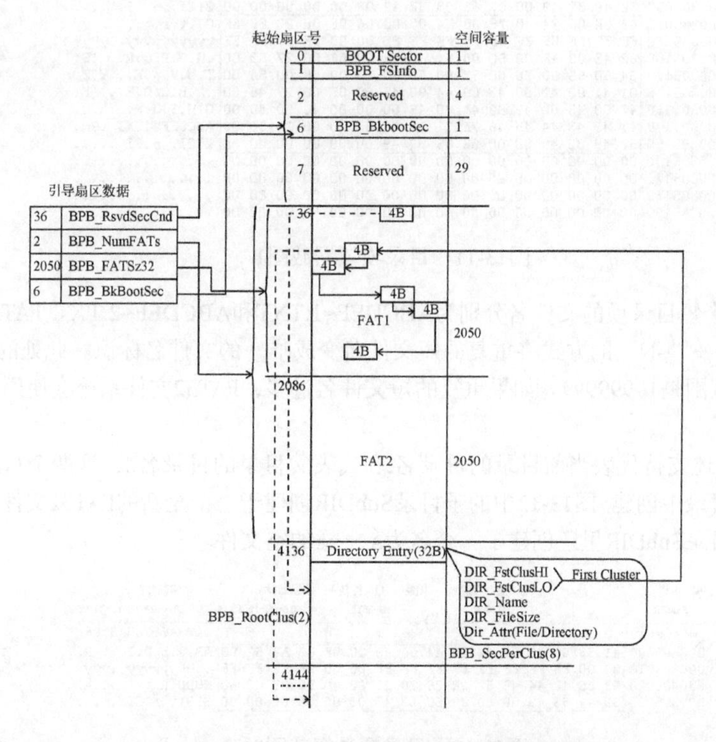

图13-10　FAT32文件系统结构示意图

此图是依据图13-5提供的FAT32文件系统参数以及其他数据截图和结构定义描画出来的，它巧妙地通过引导扇区参数将各类扇区在文件系统中的位置绘制出来，并通过目录项将数据区和FAT表项的联系描绘出来。

除此之外，FAT32文件系统还要求同一目录里的长短文件名是唯一的。虽然长文件名可以保持唯一性，但短文件名仅记录着长文件名的前8个基础名字符，因此短文件名很难保证不重复。为了保证短文件名的唯一性，FAT32文件系统提供了一套明确的解决方法，下面将结合实例来阐明。

首先，依然要清空磁盘分区中的数据，并重新将分区格式化为FAT32文件系统。然后，在文件系统根目录下创建名为ABCDEFGHIJKLMNOPQRST.txt和ABCDEFGHIJKLMNOPQRSTUVWXYZ.txt的两个文件，图13-11是这两个文件的目录项数据截图。

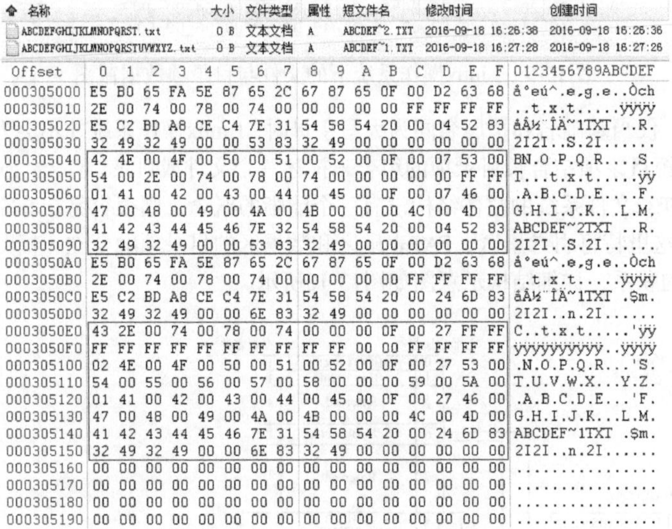

名称	大小	文件类型	属性	短文件名	修改时间	创建时间
ABCDEFGHIJKLMNOPQRST.txt	0 B	文本文档	A	ABCDEF~2.TXT	2016-09-18 16:26:38	2016-09-18 16:26:36
ABCDEFGHIJKLMNOPQRSTUVWXYZ.txt	0 B	文本文档	A	ABCDEF~1.TXT	2016-09-18 16:27:28	2016-09-18 16:27:26

```
Offset     0  1  2  3  4  5  6  7  8  9  A  B  C  D  E  F  0123456789ABCDEF
000305000 E5 B0 65 FA 5E 87 65 2C 67 87 65 0F 00 D2 63 68 å°eú^.e,g.e..Òch
000305010 2E 00 74 00 78 00 74 00 00 00 00 00 FF FF FF FF ..t.x.t.....ÿÿÿÿ
000305020 E5 C2 BD A8 CE C4 7E 31 54 58 54 20 00 04 52 83 åÂ½¨ÎÄ~1TXT ..R.
000305030 32 49 32 49 00 00 53 83 32 49 00 00 00 00 00 00 2I2I..S.2I......
000305040 42 4E 00 4F 00 50 00 51 00 52 00 0F 00 07 53 00 BN.O.P.Q.R....S.
000305050 54 00 2E 00 74 00 78 00 74 00 00 00 00 00 FF FF T...t.x.t.....ÿÿ
000305060 01 41 00 42 00 43 00 44 00 45 00 0F 00 07 46 00 .A.B.C.D.E....F.
000305070 47 00 48 00 49 00 4A 00 4B 00 00 00 4C 00 4D 00 G.H.I.J.K...L.M.
000305080 41 42 43 44 45 46 7E 32 54 58 54 20 00 04 52 83 ABCDEF~2TXT ..R.
000305090 32 49 32 49 00 00 53 83 32 49 00 00 00 00 00 00 2I2I..S.2I......
0003050A0 E5 B0 65 FA 5E 87 65 2C 67 87 65 0F 00 D2 63 68 å°eú^.e,g.e..Òch
0003050B0 2E 00 74 00 78 00 74 00 00 00 00 00 FF FF FF FF ..t.x.t.....ÿÿÿÿ
0003050C0 E5 C2 BD A8 CE C4 7E 31 54 58 54 20 00 24 6D 83 åÂ½¨ÎÄ~1TXT .$m.
0003050D0 32 49 32 49 00 00 6E 83 32 49 00 00 00 00 00 00 2I2I..n.2I......
0003050E0 43 2E 00 74 00 78 00 74 00 00 00 0F 00 27 FF FF C..t.x.t.....'ÿÿ
0003050F0 FF FF FF FF FF FF FF FF FF FF 00 00 FF FF FF FF ÿÿÿÿÿÿÿÿÿÿ..ÿÿÿÿ
000305100 02 4E 00 4F 00 50 00 51 00 52 00 0F 00 27 53 00 .N.O.P.Q.R...'S.
000305110 54 00 55 00 56 00 57 00 58 00 00 00 59 00 5A 00 T.U.V.W.X...Y.Z.
000305120 01 41 00 42 00 43 00 44 00 45 00 0F 00 27 46 00 .A.B.C.D.E...'F.
000305130 47 00 48 00 49 00 4A 00 4B 00 00 00 4C 00 4D 00 G.H.I.J.K...L.M.
000305140 41 42 43 44 45 46 7E 31 54 58 54 20 00 24 6D 83 ABCDEF~1TXT .$m.
000305150 32 49 32 49 00 00 6E 83 32 49 00 00 00 00 00 00 2I2I..n.2I......
000305160 00 00 00 00 00 00 00 00 00 00 00 00 00 00 00 00 ................
000305170 00 00 00 00 00 00 00 00 00 00 00 00 00 00 00 00 ................
000305180 00 00 00 00 00 00 00 00 00 00 00 00 00 00 00 00 ................
000305190 00 00 00 00 00 00 00 00 00 00 00 00 00 00 00 00 ................
```

图13-11　目录项数据截图1

图13-11中的两个短目录项的文件名分别为ABCDEF~1.TXT和ABCDEF~2.TXT，FAT32文件系统以这种“部分文件名”+“~N”的方式将重复的短文件名变成唯一的文件名标识。此处的字母N代表数字字符，它的取值范围是1~999999。如果重复的短文件名过多，FAT32文件系统会使用类似的快速算法去创建短文件名。

FAT32文件系统还支持代表当前目录的目录名.和代表父目录的目录名..，这两个目录项会在除根目录以外的所有子目录中创建。图13-12中的子目录SubDIR创建于一个全新的FAT32文件系统的根目录下，而且我们在子目录SubDIR里还创建了一个名为`A.txt`的空文件。

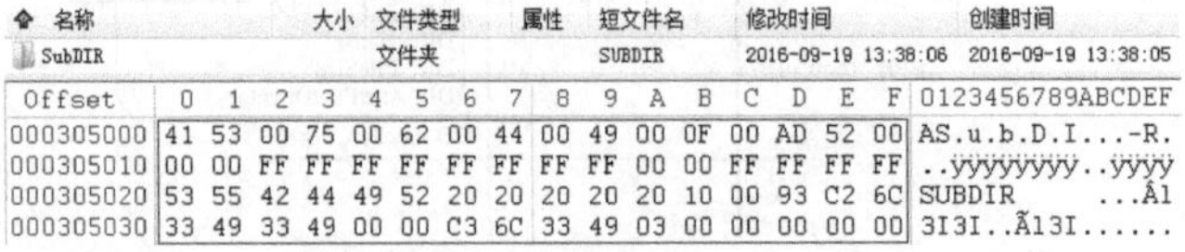

名称	大小	文件类型	属性	短文件名	修改时间	创建时间
SubDIR		文件夹		SUBDIR	2016-09-19 13:38:06	2016-09-19 13:38:05

```
Offset     0  1  2  3  4  5  6  7  8  9  A  B  C  D  E  F  0123456789ABCDEF
000305000 41 53 00 75 00 62 00 44 00 49 00 0F 00 AD 52 00 AS.u.b.D.I....-R.
000305010 00 00 FF FF FF FF FF FF FF FF 00 00 FF FF FF FF ..ÿÿÿÿÿÿÿÿ..ÿÿÿÿ
000305020 53 55 42 44 49 52 20 20 20 20 20 10 00 93 C2 6C SUBDIR     ...Âl
000305030 33 49 33 49 00 00 C3 6C 33 49 03 00 00 00 00 00 3I3I..Ãl3I......
```

图13-12　目录项数据截图2

根据图13-12记录的目录项数据可知，SubDIR子目录的起始簇号为0003h。进入SubDIR子目录，图13-13显示了SubDIR子目录中的全部目录项数据，此处共有三个有效目录项，它们分别是`A.txt`、`.`和`..`。其中的`.`目录的起始簇号为0003h，这与SubDIR子目录的起始簇号数值相同；而`..`目录的起始簇号为0000h，经过反复测试和验证，发现`..`目录的起始簇号应该与父目录的起始簇号数值相同，此处的起始簇号0000h应该代表根目录的起始簇号。

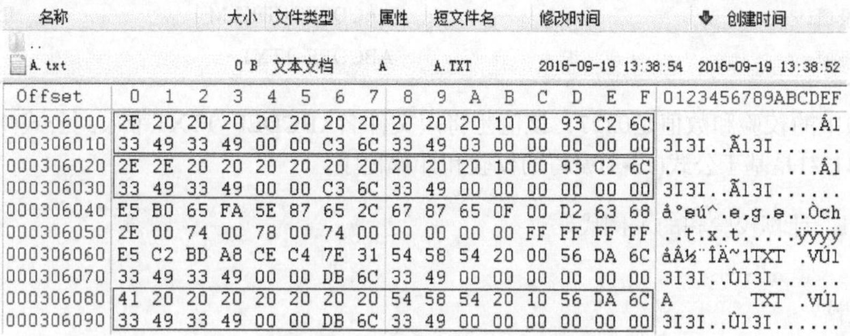

```
名称        大小  文件类型   属性  短文件名  修改时间             创建时间
..
A.txt       0 B   文本文档   A     A.TXT     2016-09-19 13:38:54  2016-09-19 13:38:52

Offset     0  1  2  3  4  5  6  7  8  9  A  B  C  D  E  F  0123456789ABCDEF
000306000 2E 20 20 20 20 20 20 20 20 20 20 10 00 93 C2 6C  .          ...Âl
000306010 33 49 33 49 00 00 C3 6C 33 49 03 00 00 00 00 00  3I3I..Ãl3I......
000306020 2E 2E 20 20 20 20 20 20 20 20 20 10 00 93 C2 6C  ..         ...Âl
000306030 33 49 33 49 00 00 C3 6C 33 49 00 00 00 00 00 00  3I3I..Ãl3I......
000306040 E5 B0 65 FA 5E 87 65 2C 67 87 65 0F 00 D2 63 68  å°eú^.e,g.e..Òch
000306050 2E 00 74 00 78 00 74 00 00 00 00 00 FF FF FF FF  ..t.x.t.....ÿÿÿÿ
000306060 E5 C2 BD A8 CE C4 7E 31 54 58 54 20 00 56 DA 6C  åÂ½¨ÎÄ~1TXT .VÚl
000306070 33 49 33 49 00 00 DB 6C 33 49 00 00 00 00 00 00  3I3I..Ûl3I......
000306080 41 20 20 20 20 20 20 20 54 58 54 20 10 56 DA 6C  A       TXT .VÚl
000306090 33 49 33 49 00 00 DB 6C 33 49 00 00 00 00 00 00  3I3I..Ûl3I......
```

图13-13 目录项数据截图3

最后再以一个名为ABCDEFGHIJKLMNOPQRSTUVWXYZ 0123456789.txt的文件为例，来对长目录项的结构和创建过程加以补充说明。此文件创建于FAT32文件系统的根目录下，图13-14是其目录项的数据截图。

```
名称                                    大小  文件类型  属性  短文件名      修改时间             创建时间
ABCDEFGHIJKLMNOPQRSTUVWXYZ 0123456789.txt  0 B  文本文档  A     ABCDEF~1.TXT  2016-09-20 11:10:20  2016-09-20 11:10:18

Offset     0  1  2  3  4  5  6  7  8  9  A  B  C  D  E  F  0123456789ABCDEF
000305000 E5 B0 65 FA 5E 87 65 2C 67 87 65 0F 00 D2 63 68  å°eú^.e,g.e..Òch
000305010 2E 00 74 00 78 00 74 00 00 00 00 00 FF FF FF FF  ..t.x.t.....ÿÿÿÿ
000305020 E5 C2 BD A8 CE C4 7E 31 54 58 54 20 00 3A 49 59  åÂ½¨ÎÄ~1TXT .:IY
000305030 34 49 34 49 00 00 4A 59 34 49 00 00 00 00 00 00  4I4I..JY4I......
000305040 44 78 00 74 00 00 00 FF FF FF FF 0F 00 27 FF FF  Dx.t...ÿÿÿÿ..'ÿÿ
000305050 FF FF FF FF FF FF FF FF FF FF 00 00 FF FF FF FF  ÿÿÿÿÿÿÿÿÿÿ..ÿÿÿÿ
000305060 03 20 00 30 00 31 00 32 00 33 00 0F 00 27 34 00  . .0.1.2.3...'4.
000305070 35 00 36 00 37 00 38 00 39 00 00 00 2E 00 74 00  5.6.7.8.9.....t.
000305080 02 4E 00 4F 00 50 00 51 00 52 00 0F 00 27 53 00  .N.O.P.Q.R...'S.
000305090 54 00 55 00 56 00 57 00 58 00 00 00 59 00 5A 00  T.U.V.W.X...Y.Z.
0003050A0 01 41 00 42 00 43 00 44 00 45 00 0F 00 27 46 00  .A.B.C.D.E...'F.
0003050B0 47 00 48 00 49 00 4A 00 4B 00 00 00 4C 00 4D 00  G.H.I.J.K...L.M.
0003050C0 41 42 43 44 45 46 7E 31 54 58 54 20 00 3A 49 59  ABCDEF~1TXT .:IY
0003050D0 34 49 34 49 00 00 4A 59 34 49 00 00 00 00 00 00  4I4I..JY4I......
0003050E0 00 00 00 00 00 00 00 00 00 00 00 00 00 00 00 00  ................
0003050F0 00 00 00 00 00 00 00 00 00 00 00 00 00 00 00 00  ................
000305100 00 00 00 00 00 00 00 00 00 00 00 00 00 00 00 00  ................
000305110 00 00 00 00 00 00 00 00 00 00 00 00 00 00 00 00  ................
```

图13-14 目录项数据截图4

从图13-14中可以看出，短目录项与长目录项在物理位置上紧密相邻，短目录项并位于长目录项数组之后。长目录项数组共有4个元素（目录项），这些目录项保存着完整的文件名，而短目录项只保存着经过唯一性转换后的短文件名，表13-11是各目录项保存的字符串值。

表13-11　目录项数据参照表

目录项类型	序号	字符串	校验和
长目录项	0x44	xt	0x27
长目录项	0x03	012345689.t	0x27
长目录项	0x02	NOPQRSTUVWXYZ	0x27
长目录项	0x01	ABCDEFGHIJKLM	0x27
短目录项	无	ABCDEF~1TXT	无

长目录项中的校验和数值是0x27，该值是将短文件名ABCDEF~1TXT带入到公式(13-3)中计算而得。代码清单13-1是基于公式(13-3)编写的校验和计算程序。

代码清单13-1　计算校验和的示例代码

```
#include <stdio.h>
int main()
{
    int i = 0;
    unsigned char string[] = {0x41,0x42,0x43,0x44,0x45,0x46,0x7e,0x31,0x54,0x58,
        0x54};    /* "ABCDEF~1TXT" */
    unsigned char checksum  = 0;
    for(i = 0;i<11;i++)
        checksum  = ((checksum  & 1)?0x80:0) + (checksum  >> 1) + string[i];
    printf("checksum  = %02x\n",checksum );
    return 0;
}
```

以上这些实例仅描述了FAT32文件系统的主要特性，更多文件系统特性还请读者参照FAT32文件系统白皮书自行学习。

13.2.3　实现基于路径名的文件系统检索功能

前文已经对FAT32文件系统的整体结构进行了介绍，并通过大量实验数据对理论知识加以分析、验证和补充。此刻，相信读者一定有编写程序访问FAT32文件系统的冲动，那么本节将实现基于路径名的文件搜索功能。

1. 系统功能升级与调整

随着第12章对系统内核的全面升级，现在的内核程序已经拥有诸多新功能和新特性。在使用硬盘驱动程序访问FAT32文件系统前，我们不妨先对硬盘驱动程序进行一番升级改造。整个升级过程将分为两部分，一部分是对硬盘驱动的功能升级，另一部分是对已知功能问题的修正。

- *硬盘驱动升级*

根据第12章对信号量的描述，信号量可借助等待队列管理每一个等待资源的进程。同样，硬盘驱动程序也可以借助等待队列来管理访问硬盘的进程。所以，此次升级主要是将原有双向链表升级为等待队列，升级后的硬盘驱动程序可借助进程调度功能让出处理器的执行权。代码清单13-2是升级后的硬盘操作请求队列结构体定义。

代码清单13-2 第13章\程序\程序13-1\物理平台\kernel\disk.h

```
struct block_buffer_node
{
    unsigned int count;
    unsigned char cmd;
    unsigned long LBA;
    unsigned char * buffer;
    void(* end_handler)(unsigned long nr, unsigned long parameter);
    wait_queue_T wait_queue;
};
struct request_queue
{
    wait_queue_T wait_queue_list;
    struct block_buffer_node *in_using;
    long block_request_count;
};
```

伴随着硬盘操作请求队列结构体的升级，一系列相关函数的升级和调整将会引发。下面将按照驱动程序操作硬盘的函数调用顺序来讲解需要升级的相关函数。

本章访问的FAT32文件系统位于第二块SATA机械硬盘中，因此在硬盘驱动初始化期间，不但需要初始化等待队列，还需要将初始化目标转向第二块SATA机械硬盘，详细的硬盘驱动初始化代码如代码清单13-3所示。

代码清单13-3 第13章\程序\程序13-1\物理平台\kernel\disk.c

```
void disk_init()
{
    struct IO_APIC_RET_entry entry;
    entry.vector = 0x2f;
    ……
    register_irq(0x2f, &entry , &disk_handler, (unsigned long)&disk_request,
        &disk_int_controller, "disk1");
    io_out8(PORT_DISK1_ALT_STA_CTL,0);
    wait_queue_init(&disk_request.wait_queue_list,NULL);
    disk_request.in_using = NULL;
    disk_request.block_request_count = 0;
}
```

在这段代码中，曾经定义的全局变量disk_flags已经废弃删除，现在采用等待队列和进程调度函数schedule取而代之。

依据本系统的硬盘驱动架构，代码清单13-4和代码清单13-5将负责创建和初始化硬盘操作请求项，并将请求项加入到硬盘操作请求队列中，以等待硬盘驱动程序处理访问请求。

代码清单13-4 第13章\程序\程序13-1\物理平台\kernel\disk.c

```
struct block_buffer_node * make_request(long cmd,unsigned long blocks,long
count,unsigned char * buffer)
{
    struct block_buffer_node * node = (struct block_buffer_node *)kmalloc(sizeof
        (struct block_buffer_node),0);
    wait_queue_init(&node->wait_queue,current);
    ……
}
```

代码清单13-5　第13章\程序\程序13-1\物理平台\kernel\disk.c

```
void add_request(struct block_buffer_node * node)
{
    list_add_to_before(&disk_request.wait_queue_list.wait_list,&node->wait_queue.
        wait_list);
    disk_request.block_request_count++;
}
```

在函数make_request创建硬盘操作请求项的过程中，我们通过调用wait_queue_init函数将申请访问磁盘的进程记录在请求项中，以便在操作请求执行结束后唤醒此进程。

当硬盘操作请求项被驱动程序受理后，驱动程序会把请求项从请求队列中移除，再将其保存在in_using成员变量中，随后开始解析操作请求，并向硬盘发送指令和数据。代码清单13-6是指令和数据发送过程需要升级的程序。

代码清单13-6　第13章\程序\程序13-1\物理平台\kernel\disk.c

```
long cmd_out()
{
    wait_queue_T *wait_queue_tmp = container_of(list_next(&disk_request.wait_queue_
        list.wait_list),wait_queue_T,wait_list);
    struct block_buffer_node * node = disk_request.in_using = container_of(wait_
        queue_tmp,struct block_buffer_node,wait_queue);
    list_del(&disk_request.in_using->wait_queue.wait_list);
    disk_request.block_request_count--;
    ……
}
```

伴随着指令和数据发送结束，当前进程将被设置为不可屏蔽中断状态，然后执行schedule函数放弃处理器的执行权。这是wait_for_finish函数升级后的功能，具体程序实现请参见代码清单13-7。

代码清单13-7　第13章\程序\程序13-1\物理平台\kernel\disk.c

```
void wait_for_finish()
{
    current->state = TASK_UNINTERRUPTIBLE;
    schedule();
}
```

硬盘一旦执行完操作请求，会立即向处理器发送中断信号。接着，中断处理函数会根据硬盘操作请求项的预设值去调用read_handler、write_handler或other_handler函数进行处理。代码清单13-8是这些函数升级后的样子。

代码清单13-8　第13章\程序\程序13-1\物理平台\kernel\disk.c

```
void read_handler(unsigned long nr, unsigned long parameter)
{
    struct block_buffer_node * node = ((struct request_queue *)parameter)->in_using;
    if(io_in8(PORT_DISK1_STATUS_CMD) & DISK_STATUS_ERROR)
        color_printk(RED,BLACK,"read_handler:%#010x\n",io_in8(PORT_DISK1_ERR_FEATURE));
    else
        port_insw(PORT_DISK1_DATA,node->buffer,256);
    end_request(node);
```

```
}

void write_handler(unsigned long nr, unsigned long parameter)
{
    struct block_buffer_node * node = ((struct request_queue *)parameter)->in_using;
    if(io_in8(PORT_DISK1_STATUS_CMD) & DISK_STATUS_ERROR)
        color_printk(RED,BLACK,"write_handler:%#010x\n",io_in8(PORT_DISK1_ERR_FEATURE));
    end_request(node);
}

void other_handler(unsigned long nr, unsigned long parameter)
{
    struct block_buffer_node * node = ((struct request_queue *)parameter)->in_using;
    if(io_in8(PORT_DISK1_STATUS_CMD) & DISK_STATUS_ERROR)
        color_printk(RED,BLACK,"other_handler:%#010x\n",io_in8(PORT_DISK1_ERR_FEATURE));
    else
        port_insw(PORT_DISK1_DATA,node->buffer,256);
    end_request(node);
}
```

当这些函数执行结束，它们会统一调用end_request函数进行善后工作，即唤醒等待访问结束的进程，并释放硬盘操作请求项占用的空间。如果硬盘操作请求队列中仍有请求项，则继续执行下一个请求项，完整代码实现如代码清单13-9。

代码清单13-9　第13章\程序\程序13-1\物理平台\kernel\disk.c

```
void end_request(struct block_buffer_node * node)
{
    if(node == NULL)
        color_printk(RED,BLACK,"end_request error\n");

    node->wait_queue.tsk->state = TASK_RUNNING;
    insert_task_queue(node->wait_queue.tsk);
    node->wait_queue.tsk->flags |= NEED_SCHEDULE;

    kfree((unsigned long *)disk_request.in_using);
    disk_request.in_using = NULL;

    if(disk_request.block_request_count)
        cmd_out();
}
```

至此，硬盘驱动程序的升级工作暂告一段落。

- 系统功能修正

伴随着硬盘驱动程序的升级，我们在测试过程中发现了一些bug和可以优化的地方，此处将一并补充说明。

根据修正功能的重要性，首先要向系统调用API返回代码插入STI汇编指令使能中断。虽然我们在进入系统调用时已经使能中断，但如果此时发生进程调度，而在另一个进程的执行期间又触发中断，进而执行软中断处理程序，那么在软中断处理程序执行结束时，中断将处于禁止状态。倘若处理器在中断禁止状态下切换回执行系统调用的进程，那么处理器将无法再处理中断请求，图13-15描述了此bug的再现过程。

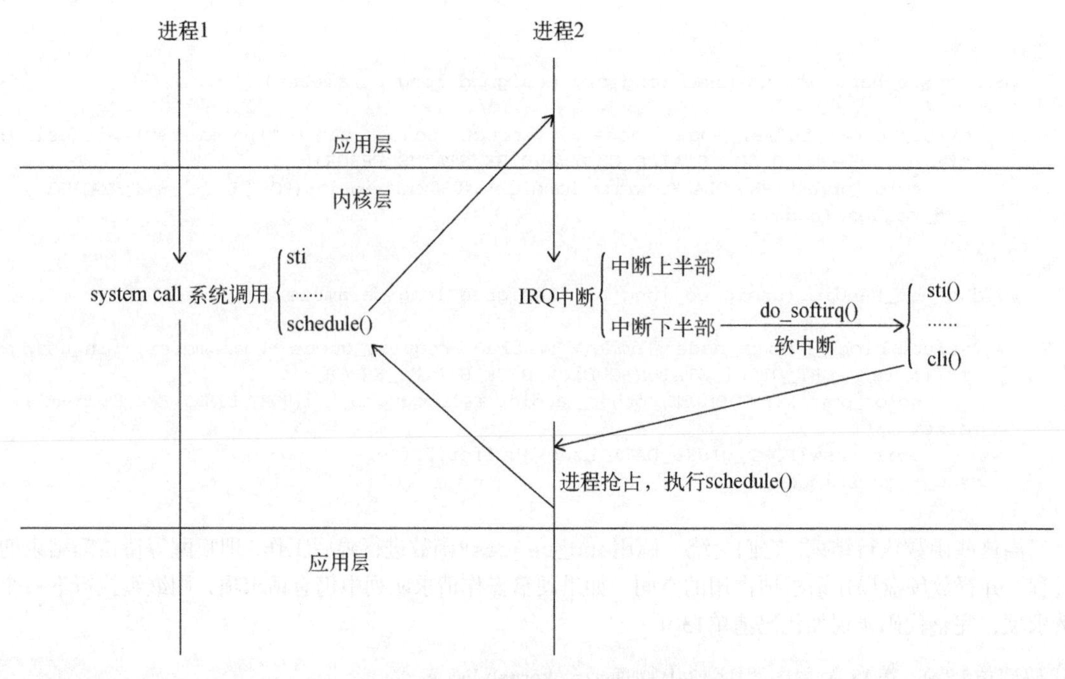

图13-15　系统调用的bug再现示意图

根据上述bug再现过程描述，特在代码清单13-10所示位置处插入STI汇编指令，以保证在系统调用返回后处理器仍然能处理中断请求。

代码清单13-10　第13章\程序\程序13-1\物理平台\kernel\entry.S

```
ENTRY(ret_system_call)
    ……
    addq      $0x38, %rsp
    sti
    .byte     0x48
    sysexit
```

除了系统调用功能中存在bug外，在进程调度函数中也存在着bug。在进程等待某些资源期间，系统可能会先将进程置于非TASK_RUNNING运行状态，再通过函数schedule放弃进程的处理器执行权。对于schedule函数而言，它目前只能把虚拟运行时间过长的进程调度出处理器，却无法将非运行状态的进程调度出处理器，这势必会造成进程调度器无法将等待资源的进程从处理器中换出。因此，必须在schedule函数的调度决策位置处加入进程状态检测代码，具体程序实现请参见代码清单13-11。

代码清单13-11　第13章\程序\程序13-1\物理平台\kernel\schedule.c

```
void schedule()
{
    ……
    current->flags &= ~NEED_SCHEDULE;
```

```
    tsk = get_next_task();
    color_printk(RED,BLACK,"RFLAGS:%#018lx\n",get_rflags());
    color_printk(RED,BLACK,"#schedule:%ld#%ld|%ld\n",jiffies,current->vrun_time,
        tsk->vrun_time);
    if(current->vrun_time >= tsk->vrun_time || current->state != TASK_RUNNING)
    {……}
}
```

虽然在之前的开发过程中未曾关注过处理器的功耗问题，但它却是一个非常重要的参数指标。尽管现在无法实现系统休眠、待机等低功耗功能，但我们还是应该做一些力所能及的事情来降低处理器功耗，比如在一些死循环代码中加入HLT或PAUSE汇编指令来减少处理器的运行功耗。

目前可优化的代码只有trap.c文件中的所有异常处理函数，现以do_divide_error函数为例来展示追加低功耗代码的位置，详细程序如代码清单13-12所示。

代码清单13-12　第13章\程序\程序13-1\物理平台\kernel\trap.c

```
void do_divide_error(struct pt_regs * regs,unsigned long error_code)
{
    color_printk(RED,BLACK,"do_divide_error(0),ERROR_CODE:%#018lx,RSP:%#018lx,RIP:
        %#018lx,CPU:%#018lx\n",error_code , regs->rsp , regs->rip , SMP_cpu_id());
    while(1)
        hlt();
}
```

在优化代码降低处理器功耗的过程中，请读者注意低功耗汇编指令的执行权限。例如，运行于3特权级的user_level_function函数无法在死循环程序中调用hlt函数来降低处理器功耗，因为Intel官方白皮书已明确指出HLT汇编指令只能运行在0特权级下。

最后，为了让运行效果更加直观，这里已关闭HPET的中断请求转发功能，并将init进程迁移回BSP处理器执行。

2. 检索FAT32文件系统基础数据

在完成硬盘驱动程序的升级工作后，现在就可编写程序检索FAT32文件系统的基础数据。首先，我们必须根据MBR扇区中记录的硬盘分区表，来确定FAT32文件系统所在磁盘分区。为了便于分析和检索硬盘分区表项，这里分别为硬盘分区表及表项定义了结构体，代码清单13-13是两者的结构体定义。

代码清单13-13　第13章\程序\程序13-1\物理平台\kernel\fat32.h

```
struct Disk_Partition_Table_Entry
{
    unsigned char flags;
    unsigned char start_head;
    unsigned short  start_sector      :6,       //0~5
                    start_cylinder    :10;      //6~15
    unsigned char type;
    unsigned char end_head;
    unsigned short  end_sector      :6,         //0~5
                    end_cylinder    :10;        //6~15
    unsigned int start_LBA;
    unsigned int sectors_limit;
}__attribute__((packed));
```

```
struct Disk_Partition_Table
{
    unsigned char BS_Reserved[446];
    struct Disk_Partition_Table_Entry DPTE[4];
    unsigned short BS_TrailSig;
}__attribute__((packed));
```

这段代码中的结构体Disk_Partition_Table_Entry用于描述硬盘分区表项，读者可参照表7-3记录的硬盘分区表项结构进行学习。而结构体Disk_Partition_Table描述的则是硬盘分区表，该结构囊括了MBR扇区里的所有数据，其中的DPTE[4]数组成员变量是硬盘分区表的4个表项，其他成员变量只是为了在强制转换阶段占位使用，并无其他实际作用。

我们通过对硬盘分区表项的解析，可检索出FAT32文件系统（分区类型ID值为0Bh）的起始LBA扇区号和扇区数目。随后，便可从FAT32文件系统的保留区域中提取出基础数据。

代码清单13-14分别为FAT32文件系统的引导扇区和FSInfo扇区定义了结构体struct FAT32_BootSector和struct FAT32_FSInfo，这两个结构体是依据表13-1和表13-2设计出来的。

代码清单13-14　第13章\程序\程序13-1\物理平台\kernel\fat32.h

```
struct FAT32_BootSector
{
    unsigned char BS_jmpBoot[3];
    unsigned char BS_OEMName[8];
    unsigned short BPB_BytesPerSec;
    unsigned char BPB_SecPerClus;
    unsigned short BPB_RsvdSecCnt;
    unsigned char BPB_NumFATs;
    unsigned short BPB_RootEntCnt;
    unsigned short BPB_TotSec16;
    unsigned char BPB_Media;
    unsigned short BPB_FATSz16;
    unsigned short BPB_SecPerTrk;
    unsigned short BPB_NumHeads;
    unsigned int BPB_HiddSec;
    unsigned int BPB_TotSec32;

    unsigned int BPB_FATSz32;
    unsigned short BPB_ExtFlags;
    unsigned short BPB_FSVer;
    unsigned int BPB_RootClus;
    unsigned short BPB_FSInfo;
    unsigned short BPB_BkBootSec;
    unsigned char BPB_Reserved[12];

    unsigned char BS_DrvNum;
    unsigned char BS_Reserved1;
    unsigned char BS_BootSig;
    unsigned int BS_VolID;
    unsigned char BS_VolLab[11];
    unsigned char BS_FilSysType[8];

    unsigned char BootCode[420];
```

```
    unsigned short BS_TrailSig;
}__attribute__((packed));

struct FAT32_FSInfo
{
    unsigned int FSI_LeadSig;
    unsigned char FSI_Reserved1[480];
    unsigned int FSI_StrucSig;
    unsigned int FSI_Free_Count;
    unsigned int FSI_Nxt_Free;
    unsigned char FSI_Reserved2[12];
    unsigned int FSI_TrailSig;
}__attribute__((packed));
```

有了上述结构体定义，我们只需正确读取出扇区内的数据，并将其转化成对应的数据结构就可取得FAT32文件系统的基础数据，具体程序实现如代码清单13-15所示。

代码清单13-15　第13章\程序\程序13-1\物理平台\kernel\fat32.c

```
void DISK1_FAT32_FS_init()
{
    int i;
    unsigned char buf[512];
    struct Disk_Partition_Table DPT;
    struct FAT32_BootSector fat32_bootsector;
    struct FAT32_FSInfo fat32_fsinfo;

    memset(buf,0,512);
    IDE_device_operation.transfer(ATA_READ_CMD,0x0,1,(unsigned char *)buf);
    DPT = *(struct Disk_Partition_Table *)buf;
    // for(i = 0 ;i < 512 ; i++)
    //      color_printk(PURPLE,WHITE,"%02x",buf[i]);
    color_printk(BLUE,BLACK,"DPTE[0] start_LBA:%#018lx\ttype:%#018lx\n",
        DPT.DPTE[0].start_LBA,DPT.DPTE[0].type);

    memset(buf,0,512);
    IDE_device_operation.transfer(ATA_READ_CMD,DPT.DPTE[0].start_LBA,1,(unsigned
        char *)buf);
    fat32_bootsector = *(struct FAT32_BootSector *)buf;
    // for(i = 0 ;i < 512 ; i++)
    //      color_printk(PURPLE,WHITE,"%02x",buf[i]);
    color_printk(BLUE,BLACK,"FAT32 Boot Sector\n\tBPB_FSInfo:%#018lx\n\tBPB_BkBootSec:
        %#018lx\n\tBPB_TotSec32:%#018lx\n",fat32_bootsector.BPB_FSInfo,fat32_
        bootsector.BPB_BkBootSec,fat32_bootsector.BPB_TotSec32);

    memset(buf,0,512);
    IDE_device_operation.transfer(ATA_READ_CMD,DPT.DPTE[0].start_LBA +
        fat32_bootsector.BPB_FSInfo,1,(unsigned char *)buf);
    fat32_fsinfo = *(struct FAT32_FSInfo *)buf;
    // for(i = 0 ;i < 512 ; i++)
    //      color_printk(PURPLE,WHITE,"%02x",buf[i]);
    color_printk(BLUE,BLACK,"FAT32 FSInfo\n\tFSI_LeadSig:%#018lx\n\tFSI_StrucSig:
        %#018lx\n\tFSI_Free_Count:%#018lx\n",fat32_fsinfo.FSI_LeadSig,fat32_
        fsinfo.FSI_StrucSig,fat32_fsinfo.FSI_Free_Count);
}
```

这段程序借助硬盘操作抽象接口IDE_device_operation的transfer方法，从硬盘里依次读取出MBR扇区、FAT32文件系统引导扇区和FSInfo扇区里的数据，并从这些结构中摘录出一些重要数据信息加以显示。相信在实现了硬盘驱动程序后，理解这段代码不会吃力。

函数DISK1_FAT32_FS_init的调用位置并不在内核主程序中，而是位于sys_printf函数内，这是充分考虑到此类函数最终将会封装在系统调用API里，而提前做的准备，代码清单13-16是函数的调用位置。

代码清单13-16　第13章\程序\程序13-1\物理平台\kernel\task.c

```
unsigned long sys_printf(struct pt_regs * regs)
{
	color_printk(BLACK,WHITE,(char *)regs->rdi);

	color_printk(RED,BLACK,"FAT32 init \n");
	DISK1_FAT32_FS_init();

	return 1;
}
```

最后，只要在内核主程序中恢复函数disk_init和task_init的调用代码，即可实现FAT32文件系统的基础数据检索功能。代码清单13-17记录了这两个函数的调用位置。

代码清单13-17　第13章\程序\程序13-1\物理平台\kernel\main.c

```
void Start_Kernel(void)
{
	……
	color_printk(RED,BLACK,"mouse init \n");
	mouse_init();

	color_printk(RED,BLACK,"disk init \n");
	disk_init();
	……
	task_init();
	sti();

	while(1)
	……
}
```

至此，FAT32文件系统的基础数据检索代码已经编写完毕，图13-16是程序的运行效果，读者可通过对比图13-5与检索出的数据来验证程序的正确性。

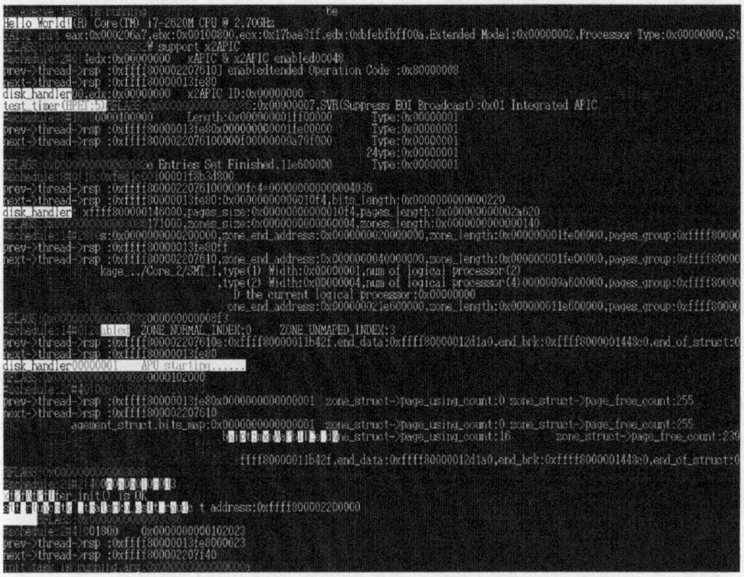

图13-16 FAT32文件系统的基础数据检索效果图

3. 基于路径名搜索文件

经过文件系统基础数据检索程序的洗礼，想必读者已经对文件系统的访问过程有了初步认识和设计思路，那么本节就来实现基于路径名的文件搜索功能，这是文件系统驱动模块的一个重要功能。

鉴于目前的硬盘驱动程序每次只能操作一个扇区，而FAT32文件系统却是以簇作为数据存储单位的。为了提高驱动程序的硬盘访问效率，这里将再次升级硬盘驱动程序以实现一次性访问多个连续的磁盘扇区。

根据ATA规范的描述，在PIO模式下，当使用控制命令一次性访问多个连续的扇区时，硬盘会在每个扇区操作结束后向处理器发送一个中断信号，以通知处理器为操作下一个扇区做准备。好在设计硬盘操作请求项时，我们已为硬盘操作请求项准备了记录操作扇区数量的count成员变量，借助该成员变量就可实现一次操作多个连续的磁盘扇区，即每次执行硬盘读/写中断处理函数时递减count计数值，并将缓冲区的基地址向后移动一个扇区大小，代码清单13-18是读/写中断处理函数升级后的样子。

代码清单13-18　第13章\程序\程序13-2\物理平台\kernel\disk.c

```
void read_handler(unsigned long nr, unsigned long parameter)
{
    struct block_buffer_node * node = ((struct request_queue *)parameter)->in_using;

    if(io_in8(PORT_DISK1_STATUS_CMD) & DISK_STATUS_ERROR)
        color_printk(RED,BLACK,"read_handler:%#010x\n",io_in8(PORT_DISK1_ERR_FEATURE));
    else
        port_insw(PORT_DISK1_DATA,node->buffer,256);

    node->count--;
    if(node->count)
```

```
    {
        node->buffer += 512;
        return;
    }
    end_request(node);
}

void write_handler(unsigned long nr, unsigned long parameter)
{
    struct block_buffer_node * node = ((struct request_queue *)parameter)->in_using;

    if(io_in8(PORT_DISK1_STATUS_CMD) & DISK_STATUS_ERROR)
        color_printk(RED,BLACK,"write_handler:%#010x\n",io_in8(PORT_DISK1_ERR_FEATURE));

    node->count--;
    if(node->count)
    {
        node->buffer += 512;
        while(!(io_in8(PORT_DISK1_STATUS_CMD) & DISK_STATUS_REQ))
            nop();
        port_outsw(PORT_DISK1_DATA,node->buffer,256);
        return;
    }
    end_request(node);
}
```

虽然本次升级的代码量不大，但这却大大提高了硬盘的读写效率。经过此番修改，现在我们可以安心地编写文件搜索程序。

遵照本书以往的功能实现步骤，首先应该为长/短目录项定义结构体和宏常量，借助这些结构可快速、直观地从长/短目录项中提取出数据信息。代码清单13-19是长/短目录项的相关结构定义，读者可结合表13-4和表13-7描述的长/短目录项结构进行学习。

代码清单13-19　第13章\程序\程序13-2\物理平台\kernel\fat32.h

```
#define    ATTR_READ_ONLY      (1 << 0)
#define    ATTR_HIDDEN         (1 << 1)
#define    ATTR_SYSTEM         (1 << 2)
#define    ATTR_VOLUME_ID      (1 << 3)
#define    ATTR_DIRECTORY      (1 << 4)
#define    ATTR_ARCHIVE        (1 << 5)
#define    ATTR_LONG_NAME      (ATTR_READ_ONLY | ATTR_HIDDEN | ATTR_SYSTEM |
    ATTR_VOLUME_ID)

struct FAT32_Directory
{
    unsigned char DIR_Name[11];
    unsigned char DIR_Attr;
    unsigned char DIR_NTRes;
    unsigned char DIR_CrtTimeTenth;
    unsigned short DIR_CrtTime;
    unsigned short DIR_CrtDate;
    unsigned short DIR_LastAccDate;
    unsigned short DIR_FstClusHI;
```

```
    unsigned short DIR_WrtTime;
    unsigned short DIR_WrtDate;
    unsigned short DIR_FstClusLO;
    unsigned int DIR_FileSize;
}__attribute__((packed));

#define     LOWERCASE_BASE (8)
#define     LOWERCASE_EXT (16)

struct FAT32_LongDirectory
{
    unsigned char LDIR_Ord;
    unsigned short LDIR_Name1[5];
    unsigned char LDIR_Attr;
    unsigned char LDIR_Type;
    unsigned char LDIR_Chksum;
    unsigned short LDIR_Name2[6];
    unsigned short LDIR_FstClusLO;
    unsigned short LDIR_Name3[2];
}__attribute__((packed));
```

现在，FAT32文件系统所涉及的数据结构皆有与之对应的结构体定义。为了减少其他函数访问硬盘的次数，代码清单13-20为诸如引导扇区、FSInfo扇区等常用结构以及某些经常参与计算的数值开辟了全局存储空间（全局变量）。

代码清单13-20　第13章\程序\程序13-2\物理平台\kernel\fat32.c

```
struct Disk_Partition_Table DPT;
struct FAT32_BootSector fat32_bootsector;
struct FAT32_FSInfo fat32_fsinfo;

unsigned long FirstDataSector = 0;
unsigned long BytesPerClus = 0;
unsigned long FirstFAT1Sector = 0;
unsigned long FirstFAT2Sector = 0;
```

这段代码中的全局结构体变量已在检索文件系统基础数据时使用过，这里无需再做介绍。此处仅对新定义的4个全局变量进行特殊说明，表13-12是它们的功能介绍。

表13-12　全局变量功能描述表

全局变量名	功能描述	全局变量名	功能描述
FirstDataSector	数据区起始扇区号	FirstFAT1Sector	FAT1表起始扇区号
BytesPerClus	每簇字节数	FirstFAT2Sector	FAT2表起始扇区号

表13-12描述的全局变量均在DISK1_FAT32_FS_init函数内被初始化赋值，代码清单13-21是详细的初始化赋值过程。

代码清单13-21　第13章\程序\程序13-2\物理平台\kernel\fat32.c

```
void DISK1_FAT32_FS_init()
{
    int i;
```

```
    unsigned char buf[512];
    struct FAT32_Directory * dentry = NULL;

    ......

    FirstDataSector = DPT.DPTE[0].start_LBA + fat32_bootsector.BPB_RsvdSecCnt +
        fat32_bootsector.BPB_FATSz32 * fat32_bootsector.BPB_NumFATs;
    FirstFAT1Sector = DPT.DPTE[0].start_LBA + fat32_bootsector.BPB_RsvdSecCnt;
    FirstFAT2Sector = FirstFAT1Sector + fat32_bootsector.BPB_FATSz32;
    BytesPerClus = fat32_bootsector.BPB_SecPerClus * fat32_bootsector.BPB_BytesPerSec;

    dentry = path_walk("/JIOL123Llliwos/89AIOlejk.TXT",0);
    if(dentry != NULL)
        color_printk(BLUE,BLACK,"Find JKio.txt\nDIR_FstClusHI:%#018lx\tDIR_FstClusLO:
            %#018lx\tDIR_FileSize:%#018lx\n",dentry->DIR_FstClusHI,dentry->DIR_
            FstClusLO,dentry->DIR_FileSize);
    else
        color_printk(BLUE,BLACK,"Can't find file\n");
}
```

为了对表13-12中的全局变量进行初始化赋值,这段代码从已读取出的基础数据结构中提取出关键信息，并通过简单的加法运算求得全局变量所需数值。随后，再调用path_walk函数搜索指定目录下的文件（路径名为/JIOL123Llliwos/89AIOlejk.TXT）。函数path_walk将从FAT32文件系统根目录开始，沿着形参提供的路径名逐级检索目录里的目录项。接下来将围绕path_walk函数的功能实现逐段进行讲解。

代码清单13-22是path_walk函数的起始部分，其中的形参name记录着待搜索文件的路径名和文件名。这部分程序先对形参name进行过滤，跳过代表根目录的符号'/'（一个或多个）。紧接着，再为局部变量parent分配短目录项结构的存储空间（此时保存着根目录项），同时还为局部变量dentryname分配临时路径名存储空间。

代码清单13-22　第13章\程序\程序13-2\物理平台\kernel\fat32.c

```
struct FAT32_Directory * path_walk(char * name,unsigned long flags)
{
    char * tmpname = NULL;
    int tmpnamelen = 0;
    struct FAT32_Directory *parent = NULL;
    struct FAT32_Directory *path = NULL;
    char * dentryname = NULL;

    while(*name == '/')
        name++;

    if(!*name)
        return NULL;

    parent = (struct FAT32_Directory *)kmalloc(sizeof(struct FAT32_Directory),0);
    dentryname = kmalloc(PAGE_4K_SIZE,0);
    memset(parent,0,sizeof(struct FAT32_Directory));
    memset(dentryname,0,PAGE_4K_SIZE);
    parent->DIR_FstClusLO = fat32_bootsector.BPB_RootClus & 0xffff;
    parent->DIR_FstClusHI = (fat32_bootsector.BPB_RootClus >> 16) & 0x0fff;
......
}
```

虽然根目录没有实际目录项结构，但为了便于代码实现，此处将根目录项的起始簇号成员变量初始化为fat32_bootsector.BPB_RootClus。随后，函数path_walk将进入漫长的逐级目录项检索工作。

路径名的逐级搜索过程主要是通过循环搜索各级目录实现的（请读者不要在内核中递归嵌套调用函数，此举可能会消耗大量栈空间，甚至造成栈溢出），代码清单13-23是搜索过程的代码实现。

代码清单13-23　第13章\程序\程序13-2\物理平台\kernel\fat32.c

```
for(;;)
{
    tmpname = name;
    while(*name && (*name != '/'))
        name++;
    tmpnamelen = name - tmpname;
    memcpy(tmpname,dentryname,tmpnamelen);
    dentryname[tmpnamelen] = '\0';

    path = lookup(dentryname,tmpnamelen,parent,flags);
    if(path == NULL)
    {
        color_printk(RED,WHITE,"can not find file or dir:%s\n",dentryname);
        kfree(dentryname);
        kfree(parent);
        return NULL;
    }

    if(!*name)
        goto last_component;
    while(*name == '/')
        name++;
    if(!*name)
        goto last_slash;

    *parent = *path;
    kfree(path);
}
```

由于目录名和文件名都是通过符号'/'加以分割的，因此这段for循环程序就通过匹配符号'/'从形参name中提取出下一级待搜索的目录名或文件名，并将提取出的路径名保存在dentryname内。然后，使用lookup函数从当前目录中搜索与目标名相匹配的目录项。如果匹配成功，那么lookup函数将返回目标名的短目录项，否则返回NULL以表示当前目录中不存在与目标名相匹配的目录或文件。

如果lookup函数返回NULL，则说明本次搜索失败，那么path_walk函数将释放局部变量parent和dentryname保存的临时目录项和临时路径名存储空间，并通过返回NULL来告诉path_walk函数的调用者搜索失败。如果lookup函数搜索成功，则返回目标名的短目录项，那么for循环体会继续对形参name进行判断。如果此时已搜索至路径名（形参name）的结尾处，那么可认为本次搜索结束，处理器将跳转至标识符last_component处。否则，继续过滤形参name中的符号'/'。假设过滤掉符号'/'后，本次搜索已经到达形参name的结尾处，那么同样认为本次搜索结束，处理器将跳转至标识符last_slash处。如果过滤掉符号'/'后，形参name仍有剩余字符，则lookup函数返回的目录项将作为父目录项，从此父目录中继续搜索下一级目标名，直至形参name提供的路径名全部匹配结束或搜索失败。

函数path_walk的出口位于标识符last_component和last_slash处。这两个标识符负责路径名搜索的善后工作，而且它们还会根据形参flags来决定path_walk函数应该返回目标目录项还是其父目录的目录项，具体实现过程请参见代码清单13-24。

代码清单13-24　第13章\程序\程序13-2\物理平台\kernel\fat32.c

```
last_slash:
last_component:
    if(flags & 1)
    {
        kfree(dentryname);
        kfree(path);
        return parent;
    }

    kfree(dentryname);
    kfree(parent);
    return path;
```

当形参flags=1时，path_walk函数返回目标父目录的目录项，否则返回目标目录项。

函数lookup主要负责从指定目录里搜索与目标名相匹配的目录项，path_walk函数的逐级搜索过程就是通过lookup函数逐级目录搜索实现的。下面依然将lookup函数拆解成多个片段进行讲解。

函数lookup首先会解析父目录项（由形参dentry提供），从中提取出父目录项的起始簇号，随后借助硬盘驱动程序读取起始簇中的数据，详细代码实现如代码清单13-25。

代码清单13-25　第13章\程序\程序13-2\物理平台\kernel\fat32.c

```
struct FAT32_Directory * lookup(char * name,int namelen,struct FAT32_Directory
    *dentry,int flags)
{
    unsigned int cluster = 0;
    unsigned long sector = 0;
    unsigned char *buf =NULL;
    int i = 0,j = 0,x = 0;
    struct FAT32_Directory *tmpdentry = NULL;
    struct FAT32_LongDirectory *tmpldentry = NULL;
    struct FAT32_Directory *p = NULL;

    buf = kmalloc(BytesPerClus,0);
    cluster = (dentry->DIR_FstClusHI << 16 | dentry->DIR_FstClusLO) & 0x0fffffff;
        next_cluster:
    sector = FirstDataSector + (cluster - 2) * fat32_bootsector.BPB_SecPerClus;
    color_printk(BLUE,BLACK,"lookup cluster:%#010x,sector:%#018lx\n",cluster,sector);
    if(!IDE_device_operation.transfer(ATA_READ_CMD,sector,fat32_bootsector.
        BPB_SecPerClus,(unsigned char *)buf))
    {
        color_printk(RED,BLACK,"FAT32 FS(lookup) read disk ERROR!!!!!!!!!!\n");
        kfree(buf);
        return NULL;
    }
    ......
}
```

此处的代码`FirstDataSector + (cluster - 2) * fat32_bootsector.BPB_SecPerClus`用于计算簇号在硬盘中的LBA扇区号。

当提取出父目录项的起始簇数据后，`lookup`函数将进入漫长的长/短目录项匹配工作。由于长目录项结构是基于短目录项结构实现的，它们的长度同为32 B。我们可先将起始簇数据转换为短目录项数组，通过短目录项指针变量`tmpdentry`逐一检测短目录项数组中的每个元素，直至发现有效短目录项为止，代码清单13-26是具体的检测过程。

代码清单13-26　第13章\程序\程序13-2\物理平台\kernel\fat32.c

```
tmpdentry = (struct FAT32_Directory *)buf;

for(i = 0;i < BytesPerClus;i+= 32,tmpdentry++)
{
    if(tmpdentry->DIR_Attr == ATTR_LONG_NAME)
        continue;
    if(tmpdentry->DIR_Name[0] == 0xe5 || tmpdentry->DIR_Name[0] == 0x00 || tmpdentry->
        DIR_Name[0] == 0x05)
        continue;

    tmpldentry = (struct FAT32_LongDirectory *)tmpdentry-1;
    j = 0;
    ......
}
```

这段代码主要是对短目录项的文件属性成员变量以及文件名的第一个字节进行检测，检测过程会跳过长目录项和无效目录项。

因为长目录项保存着完整的文件名，而且长目录项在存储空间排列时会保存在短目录项前面，那么在发现有效短目录项后，我们应该优先对其长目录项的文件名进行匹配。

长目录项的匹配过程会遵照其结构特点，对文件属性、文件名命名规则等信息进行比对。如果匹配成功，则返回与长目录项对应的短目录项结构，否则继续对短目录项进行匹配，代码清单13-27是长目录项的完整匹配过程。

代码清单13-27　第13章\程序\程序13-2\物理平台\kernel\fat32.c

```
//long file/dir name compare
while(tmpldentry->LDIR_Attr == ATTR_LONG_NAME && tmpldentry->LDIR_Ord != 0xe5)
{
    for(x=0;x<5;x++)
    {
        if(j>namelen && tmpldentry->LDIR_Name1[x] == 0xffff)
            continue;
        else if(j>namelen || tmpldentry->LDIR_Name1[x] != (unsigned short)(name[j++]))
            goto continue_cmp_fail;
    }
    for(x=0;x<6;x++)
    {
        if(j>namelen && tmpldentry->LDIR_Name2[x] == 0xffff)
            continue;
        else if(j>namelen || tmpldentry->LDIR_Name2[x] != (unsigned short)(name[j++]))
            goto continue_cmp_fail;
```

```
    }
    for(x=0;x<2;x++)
    {
        if(j>namelen && tmpldentry->LDIR_Name3[x] == 0xffff)
            continue;
        else if(j>namelen || tmpldentry->LDIR_Name3[x] != (unsigned short)(name[j++]))
            goto continue_cmp_fail;
    }

    if(j>=namelen)
    {
        p = (struct FAT32_Directory *)kmalloc(sizeof(struct FAT32_Directory),0);
        *p = *tmpdentry;
        kfree(buf);
        return p;
    }

    tmpldentry --;
}
```

请读者在阅读代码清单13-27时不要忘了字符编码转换问题，即长目录项的文件名使用双字节的Unicode码，而形参name传递的字符串则使用单字节的ASCII码。目前，本系统暂不支持除ASCII码以外的其他字符编码。

如果长目录项没有匹配成功，或者不存在长目录项，那么lookup函数会再去匹配短目录项，短目录项共分为基础名和扩展名两个匹配过程。代码清单13-28用于匹配短目录项的基础名，这段程序是在for循环语句的基础上结合分支选择语句switch实现的基础名匹配。

代码清单13-28　第13章\程序\程序13-2\物理平台\kernel\fat32.c

```
//short file/dir base name compare
j = 0;
for(x=0;x<8;x++)
{
    switch(tmpdentry->DIR_Name[x])
    {
        case ' ':
            if(!(tmpdentry->DIR_Attr & ATTR_DIRECTORY))
            {
                if(name[j]=='.')
                    continue;
                else if(tmpdentry->DIR_Name[x] == name[j])
                {
                    j++;
                    break;
                }
                else
                    goto continue_cmp_fail;
            }
            else
            {
                if(j < namelen && tmpdentry->DIR_Name[x] == name[j])
                {
                    j++;
```

```
                    break;
                }
                else if(j == namelen)
                    continue;
                else
                    goto continue_cmp_fail;
            }

        case 'A' ... 'Z':
        case 'a' ... 'z':
            if(tmpdentry->DIR_NTRes & LOWERCASE_BASE)
                if(j < namelen && tmpdentry->DIR_Name[x] + 32 == name[j])
                {
                    j++;
                    break;
                }
                else
                    goto continue_cmp_fail;
            else
            {
                if(j < namelen && tmpdentry->DIR_Name[x] == name[j])
                {
                    j++;
                    break;
                }
                else
                    goto continue_cmp_fail;
            }

        case '0' ... '9':
            if(j < namelen && tmpdentry->DIR_Name[x] == name[j])
            {
                j++;
                break;
            }
            else
                goto continue_cmp_fail;

        default :
            j++;
            break;
    }
}
```

此段代码可对空格、字母和数字进行匹配，为了兼容Windows操作系统，这里还会检测DIR_NTRes成员变量。

知识点补充

- 在标准C语言中，switch语句中的关键字case只能关联一个数值。而GNU C语言在此基础上进行了功能扩展，使得关键字case可关联一个数值范围，语法格式如下：

  case 数值+空格+…+空格+数值：

这种功能扩展给我们的编程带来诸多便利，它已应用到短目录项的文件名匹配程序中。代码清单13-29是短目录项扩展名的匹配过程，其与基础名的匹配过程极为相似。

代码清单13-29　第13章\程序\程序13-2\物理平台\kernel\fat32.c

```
//short file ext name compare
if(!(tmpdentry->DIR_Attr & ATTR_DIRECTORY))
{
    j++;
    for(x=8;x<11;x++)
    {
        switch(tmpdentry->DIR_Name[x])
        {
            case 'A' ... 'Z':
            case 'a' ... 'z':
                if(tmpdentry->DIR_NTRes & LOWERCASE_EXT)
                    if(tmpdentry->DIR_Name[x] + 32 == name[j])
                    {
                        j++;
                        break;
                    }
                    else
                        goto continue_cmp_fail;
                else
                {
                    ......
                }

            case '0' ... '9':
                ......
            case ' ':
                if(tmpdentry->DIR_Name[x] == name[j])
                {
                    j++;
                    break;
                }
                else
                    goto continue_cmp_fail;

            default :
                goto continue_cmp_fail;
        }
    }
}
p = (struct FAT32_Directory *)kmalloc(sizeof(struct FAT32_Directory),0);
*p = *tmpdentry;
kfree(buf);
return p;

continue_cmp_fail:;
```

如果短目录项的文件名匹配成功，则lookup函数将释放临时簇数据空间并返回短目录项结构，否则继续搜索下一个有效短目录项。如果搜索完本簇后仍未发现目标文件名，那么就调用函数DISK1_FAT32_read_FAT_Entry取得父目录的下一个簇号，并继续在下一个簇中搜索目标文件名。如此往复，直至搜索到父目录的最后一个簇为止，代码清单13-30是这部分的功能实现。

代码清单13-30　第13章\程序\程序13-2\物理平台\kernel\fat32.c

```
    cluster = DISK1_FAT32_read_FAT_Entry(cluster);
    if(cluster < 0x0ffffff7)
        goto next_cluster;

    kfree(buf);
    return NULL;
```

如果lookup函数搜索完父目录的全部簇后，依然没有发现目标文件名，那么宣告搜索失败，lookup函数会释放临时簇数据空间并返回NULL。

代码清单13-31是FAT表项的读写操作函数，这两个函数借助FAT表项和硬盘驱动程序来读写FAT表项值。

代码清单13-31　第13章\程序\程序13-2\物理平台\kernel\fat32.c

```
unsigned int DISK1_FAT32_read_FAT_Entry(unsigned int fat_entry)
{
    unsigned int buf[128];
    memset(buf,0,512);
    IDE_device_operation.transfer(ATA_READ_CMD,FirstFAT1Sector + (fat_entry >>
        7),1,(unsigned char *)buf);
    color_printk(BLUE,BLACK,"DISK1_FAT32_read_FAT_Entry fat_entry:%#018lx,
        %#010x\n",fat_entry,buf[fat_entry & 0x7f]);
    return buf[fat_entry & 0x7f] & 0x0fffffff;
}

unsigned long DISK1_FAT32_write_FAT_Entry(unsigned int fat_entry,unsigned int value)
{
    unsigned int buf[128];
    memset(buf,0,512);
    IDE_device_operation.transfer(ATA_READ_CMD,FirstFAT1Sector + (fat_entry >>
        7),1,(unsigned char *)buf);
    buf[fat_entry & 0x7f] = (buf[fat_entry & 0x7f] & 0xf0000000) | (value & 0x0fffffff);
    IDE_device_operation.transfer(ATA_WRITE_CMD,FirstFAT1Sector + (fat_entry >>
        7),1,(unsigned char *)buf);
    IDE_device_operation.transfer(ATA_WRITE_CMD,FirstFAT2Sector + (fat_entry >>
        7),1,(unsigned char *)buf);
    return 1;
}
```

因为FAT32文件系统的每个FAT表项占用4 B，所以这两个函数特意将buf缓冲区定义成一个拥有128个元素的无符号整型数组，我们通过数组下标即可索引到目标FAT表项（数组的元素）。为了保证FAT表数据的一致性，FAT表项的写操作函数DISK1_FAT32_write_FAT_Entry会同时更新表FAT1和FAT2。

至此，基于路径名的文件搜索程序已经实现，图13-17是它的运行效果。根据此图打印的信息可知，文件89AIOlejk.TXT的长度为1160（0x488）个字节（约1.13 KB）。

13

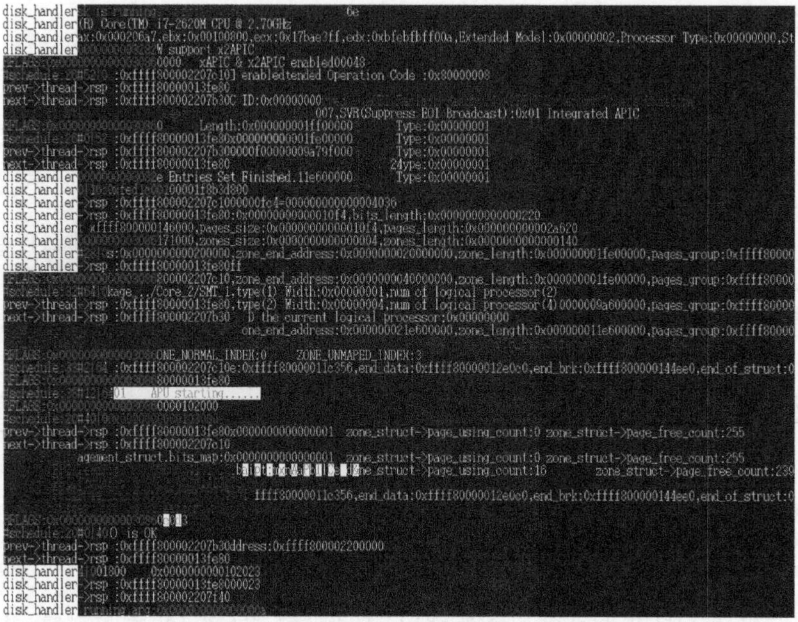

图13-17　基于路径名的文件搜索效果图

经过对FAT32文件系统的学习和编程实践，有能力的读者可将本系统的引导U盘升级为FAT32文件系统。

13.3　虚拟文件系统

尽管每种文件系统都有独特的组织结构，但它们对于应用程序而言却是透明的，也就是说在应用程序通过系统调用API访问文件期间，应用程序并不知晓文件所在的文件系统。

操作系统为了确保应用程序能够在不同种文件系统间平滑访问，特引入虚拟文件系统（Virtual File System，VFS）这个概念。VFS是对所有文件系统的高度抽象和概括，操作系统将所有支持的文件系统都藏匿于VFS中，VFS会提供统一的抽象函数接口供应用程序访问。

相信经过对FAT32文件系统的认知和学习后，读者可以快速理解VFS框架。

13.3.1　Linux VFS 简介

为了使应用程序游刃有余地在各文件系统间访问，Linux内核在文件系统之上为它们抽象出了虚拟文件系统层。

VFS总结归纳出访问文件系统的操作方法，每种文件系统都拥有一份操作方法的执行副本，它们会根据自身情况和特点对这些操作方法予以实现。当应用程序通过系统调用API访问文件系统时，系统调用API会穿过VFS调用文件系统的具体操作方法实现。图13-18是在参考多个Linux内核版本后，总结出的VFS结构示意图。

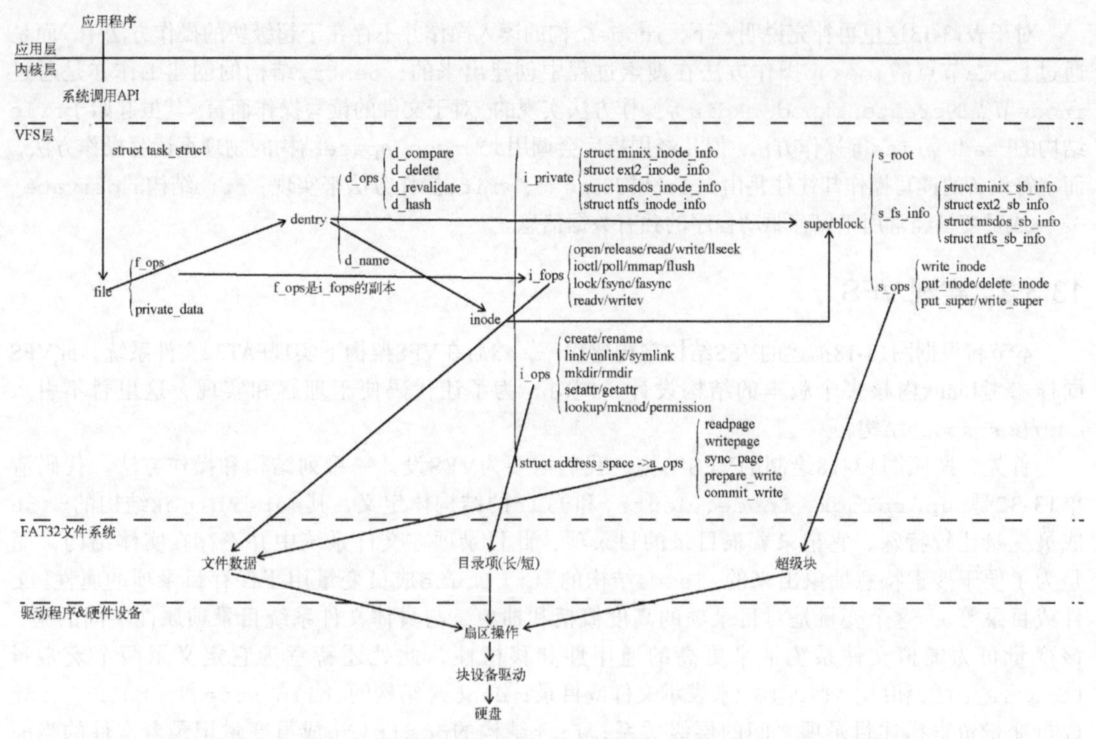

图13-18 Linux VFS结构示意图

图13-18以FAT32文件系统为例，展示了虚拟文件系统层在内核中的位置，它位于FAT32文件系统和系统调用API层之间。Linux内核遵照图13-1展示的文件系统整体结构，在VFS中抽象出superblock（超级块）结构、inode（索引节点）结构、dentry（目录项）结构、file（文件）结构以及address_space（地址空间）结构等主要结构来抽象描述一个文件系统，并分别为它们定义操作方法，表13-13是这些结构和操作方法的介绍。

表13-13 VFS相关结构说明表

结构名	功能描述	操作方法功能
superblock	superblock结构记录着目标文件系统的引导扇区信息和操作系统为文件系统分配的资源信息	superblock结构的读写、inode结构的写出、文件系统的基础操作与设置接口
inode	inode结构记录着文件在文件系统中的物理信息和文件在操作系统中的抽象信息	文件/目录的创建和删除、权限和属性的设置、特殊文件的处理等甚多方法
dentry	dentry结构用于描述文件/目录在文件系统中的层级关系	目录项名的比较、目录项缓存管理、目录项的释放和删除等基础操作方法
file	file结构是进程连接VFS的纽带，它是抽象出来的，并不存在于物理介质中	文件的读写访问（同步/异步）、I/O控制以及其他操作方法
address_space	address_space结构保存着文件数据在操作系统中的缓存信息（以物理页为单位）	物理页读写以及其他关于物理页的操作方法

对于表13-13这里再补充说明一下，inode结构的读入操作并不存在于超级块的操作方法中，而是通过inode节点的lookup操作方法在搜索过程中创建出来的；dentry结构的创建工作亦是通过inode节点的create、mknod、mkdir等操作方法实现的；对于文件的读写操作而言，其虽起始于file结构的read、write等操作方法，但几经周折后会调用address_space结构的物理页读写操作方法，而字符设备的读写操作却往往是由file结构的read、write操作方法来实现。file结构的private_data成员变量经常用于保存驱动程序的独有数据信息。

13.3.2　实现VFS

本节将根据图13-18描述的VFS结构来构建程序，然后在VFS架构下实现FAT32文件系统。此VFS同样参考Linux内核多个版本的结构设计，同时，为了让代码便于理解和实现，这里暂不引入address_space结构。

首先，遵照图13-18绘制的VFS结构，我们需要为VFS设计一系列结构和操作方法。代码清单13-32是superblock、inode、dentry和file的结构体定义，其superblock结构的root成员变量比较特殊，它记录着根目录的目录项，此目录项在文件系统中并不存在实体结构，而是为了便于搜索特意抽象出来的；inode结构的attribute成员变量用于保存目录项的属性（文件或目录等），这个变量是对目录项的高度概括和抽象，与具体文件系统目录项属性不同的是，该变量可为虚拟文件系统带来更高的通用性和移植性，此处还特意为它定义了两个宏常量FS_ATTR_FILE和FS_ATTR_DIR来表示文件或目录；dentry结构的child_node和subdirs_list成员变量负责描述目录项之间的层级关系；file结构的position成员变量记录着文件的当前访问位置，而mode成员变量则保存着文件的访问模式和操作模式。

代码清单13-32　第13章\程序\程序13-3\物理平台\kernel\VFS.h

```
struct super_block
{
    struct dir_entry * root;
    struct super_block_operations * sb_ops;
    void * private_sb_info;
};
struct index_node
{
    unsigned long file_size;
    unsigned long blocks;
    unsigned long attribute;

    struct super_block * sb;
    struct file_operations * f_ops;
    struct index_node_operations * inode_ops;
    void * private_index_info;
};
struct dir_entry
{
    char * name;
    int name_length;
    struct List child_node;
```

```
    struct List subdirs_list;

    struct index_node * dir_inode;
    struct dir_entry * parent;
    struct dir_entry_operations * dir_ops;
};
struct file
{
    long position;
    unsigned long mode;

    struct dir_entry * dentry;
    struct file_operations * f_ops;
    void * private_data;
};
```

在上述结构体定义中，成员变量private_sb_info、private_index_info、private_data用于保存各类文件系统的特有数据信息，其他成员变量则用于描述文件系统的通用信息和操作方法。这里以FAT32文件系统为例，VFS必须向superblock结构和inode结构附加FAT32文件系统的特有数据信息，才能完整地抽象出一个FAT32文件系统，代码清单13-33是FAT32文件系统的特有数据结构定义。

代码清单13-33 第13章\程序\程序13-3\物理平台\kernel\fat32.h

```
struct FAT32_sb_info
{
    unsigned long start_sector;
    unsigned long sector_count;

    long sector_per_cluster;
    long bytes_per_cluster;
    long bytes_per_sector;

    unsigned long Data_firstsector;
    unsigned long FAT1_firstsector;
    unsigned long sector_per_FAT;
    unsigned long NumFATs;

    unsigned long fsinfo_sector_infat;
    unsigned long bootsector_bk_infat;

    struct FAT32_FSInfo * fat_fsinfo;
};
struct FAT32_inode_info
{
    unsigned long first_cluster;
    unsigned long dentry_location;     ////dentry struct in cluster(0 is root,1 is
                                       ////invalid)
    unsigned long dentry_position;     ////dentry struct offset in cluster

    unsigned short create_date;
    unsigned short create_time;
    unsigned short write_date;
    unsigned short write_time;
};
```

请读者一定要区分此处定义的文件系统特有结构和文件系统的物理数据结构。文件系统特有结构虽然与物理数据结构极其相似，但特有结构会参与文件系统的所有操作过程，它记录的信息更丰富、更实用，而物理数据结构仅用于存储介质访问。例如此前定义的FirstDataSector、BytesPerClus、fat32_fsinfo等全局变量均可移入到struct FAT32_sb_info结构体内。

可以说struct FAT32_sb_info和struct FAT32_inode_info结构完全是为了方便VFS操作FAT32文件系统而定义的。比如，struct FAT32_inode_info结构中的dentry_location和dentry_position成员变量，它们是为了便于锁定目录项在簇中的位置而定义的。这两个结构中的内容并不固定，读者可根据个人需要自行调整。

至此，VFS的相关结构已初步定义完成，接下来将为这些结构设计操作方法。代码清单13-34是操作方法的结构定义，这些操作方法是从Linux VFS中借鉴过来的，它们仅仅是众多操作方法中的一小部分，也是目前可以在FAT32文件系统上实现的操作方法。

代码清单13-34　第13章\程序\程序13-3\物理平台\kernel\VFS.h

```
struct super_block_operations
{
    void(*write_superblock)(struct super_block * sb);
    void(*put_superblock)(struct super_block * sb);
    void(*write_inode)(struct index_node * inode);
};
struct index_node_operations
{
    long (*create)(struct index_node * inode,struct dir_entry * dentry,int mode);
    struct dir_entry* (*lookup)(struct index_node * parent_inode,struct dir_entry *
        dest_dentry);
    long (*mkdir)(struct index_node * inode,struct dir_entry * dentry,int mode);
    long (*rmdir)(struct index_node * inode,struct dir_entry * dentry);
    long (*rename)(struct index_node * old_inode,struct dir_entry * old_dentry,struct
        index_node * new_inode,struct dir_entry * new_dentry);
    long (*getattr)(struct dir_entry * dentry,unsigned long * attr);
    long (*setattr)(struct dir_entry * dentry,unsigned long * attr);
};
struct dir_entry_operations
{
    long (*compare)(struct dir_entry * parent_dentry,char * source_filename,char *
        destination_filename);
    long (*hash)(struct dir_entry * dentry,char * filename);
    long (*release)(struct dir_entry * dentry);
    long (*iput)(struct dir_entry * dentry,struct index_node * inode);
};
struct file_operations
{
    long (*open)(struct index_node * inode,struct file * filp);
    long (*close)(struct index_node * inode,struct file * filp);
    long (*read)(struct file * filp,char * buf,unsigned long count,long * position);
    long (*write)(struct file * filp,char * buf,unsigned long count,long * position);
    long (*lseek)(struct file * filp,long offset,long origin);
    long (*ioctl)(struct index_node * inode,struct file * filp,unsigned long
        cmd,unsigned long arg);
};
```

为了让FAT32文件系统与VFS层衔接得更加自然，我们再创建一个名为file_system_type的结构体来记录VFS支持的文件系统类型，并使用单向链表结构将支持的文件系统串联起来，代码清单13-35是这个结构体的定义。

代码清单13-35 第13章\程序\程序13-3\物理平台\kernel\VFS.h

```
struct file_system_type
{
    char * name;
    int fs_flags;
    struct super_block * (*read_superblock)(struct Disk_Partition_Table_Entry * 
        DPTE,void * buf);
    struct file_system_type * next;
};
```

结构体中的read_superblock成员变量存有解析文件系统引导扇区的方法。当挂载文件系统时，操作系统只需沿着文件系统链表搜索文件系统名，一旦匹配成功就调用read_superblock方法为文件系统创建超级块结构。代码清单13-36是文件系统的注册、注销以及挂载函数的程序实现。

代码清单13-36 第13章\程序\程序13-3\物理平台\kernel\VFS.c

```
struct file_system_type filesystem = {"filesystem",0};
//function mount_root
struct super_block* mount_fs(char * name,struct Disk_Partition_Table_Entry *
    DPTE,void * buf)
{
    struct file_system_type * p = NULL;
    for(p = &filesystem;p;p = p->next)
        if(!strcmp(p->name,name))
        {
            return p->read_superblock(DPTE,buf);
        }
    return 0;
}
unsigned long register_filesystem(struct file_system_type * fs)
{
    struct file_system_type * p = NULL;
    for(p = &filesystem;p;p = p->next)
        if(!strcmp(fs->name,p->name))
            return 0;
    fs->next = filesystem.next;
    filesystem.next = fs;
    return 1;
}
```

这段代码为file_system_type结构体实例化一个全局变量filesystem，它是链表的表头，所有注册到VFS中的文件系统均链接在其中。

挂载函数mount_fs从链表头filesystem开始搜索目标文件系统名，如果匹配成功，则将硬盘分区表项和引导扇区数据作为参数传递给read_superblock方法来解析引导扇区。文件系统注册函数register_filesystem负责将文件系统挂载到filesystem链表上。

代码清单13-37中的fat32_read_superblock函数是为FAT32文件系统编写的引导扇区解析方

法，它从函数DISK1_FAT32_FS_init中摘取出引导扇区解析代码，并在VFS层框架的基础上对原有程序进行封装。

代码清单13-37　第13章\程序\程序13-3\物理平台\kernel\fat32.c

```
struct super_block * fat32_read_superblock(struct Disk_Partition_Table_Entry *
    DPTE,void * buf)
{
    struct super_block * sbp = NULL;
    struct FAT32_inode_info * finode = NULL;
    struct FAT32_BootSector * fbs = NULL;
    struct FAT32_sb_info * fsbi = NULL;

    ////super block
    sbp = (struct super_block *)kmalloc(sizeof(struct super_block),0);
    memset(sbp,0,sizeof(struct super_block));

    sbp->sb_ops = &FAT32_sb_ops;
    sbp->private_sb_info = (struct FAT32_sb_info *)kmalloc(sizeof(struct
        FAT32_sb_info),0);
    memset(sbp->private_sb_info,0,sizeof(struct FAT32_sb_info));

    ////fat32 boot sector
    fbs = (struct FAT32_BootSector *)buf;
    fsbi = sbp->private_sb_info;
    fsbi->start_sector = DPTE->start_LBA;
    fsbi->sector_count = DPTE->sectors_limit;
    fsbi->sector_per_cluster = fbs->BPB_SecPerClus;
    fsbi->bytes_per_cluster = fbs->BPB_SecPerClus * fbs->BPB_BytesPerSec;
    fsbi->bytes_per_sector = fbs->BPB_BytesPerSec;
    fsbi->Data_firstsector = DPTE->start_LBA + fbs->BPB_RsvdSecCnt + fbs->BPB_FATSz32
        * fbs->BPB_NumFATs;
    fsbi->FAT1_firstsector = DPTE->start_LBA + fbs->BPB_RsvdSecCnt;
    fsbi->sector_per_FAT = fbs->BPB_FATSz32;
    fsbi->NumFATs = fbs->BPB_NumFATs;
    fsbi->fsinfo_sector_infat = fbs->BPB_FSInfo;
    fsbi->bootsector_bk_infat = fbs->BPB_BkBootSec;

    color_printk(BLUE,BLACK,"FAT32 Boot Sector\n\tBPB_FSInfo:%#018lx\n\tBPB_BkBootSec:
        %#018lx\n\tBPB_TotSec32:%#018lx\n",fbs->BPB_FSInfo,fbs->BPB_BkBootSec,fbs->
        BPB_TotSec32);

    ////fat32 fsinfo sector
    fsbi->fat_fsinfo = (struct FAT32_FSInfo *)kmalloc(sizeof(struct FAT32_FSInfo),0);
    memset(fsbi->fat_fsinfo,0,512);
    IDE_device_operation.transfer(ATA_READ_CMD,DPTE->start_LBA + fbs->BPB_FSInfo,1,
        (unsigned char *)fsbi->fat_fsinfo);

    color_printk(BLUE,BLACK,"FAT32 FSInfo\n\tFSI_LeadSig:%#018lx\n\tFSI_StrucSig:
        %#018lx\n\tFSI_Free_Count:%#018lx\n",fsbi->fat_fsinfo->FSI_LeadSig,fsbi->
        fat_fsinfo->FSI_StrucSig,fsbi->fat_fsinfo->FSI_Free_Count);

    ////directory entry
```

```
    sbp->root = (struct dir_entry *)kmalloc(sizeof(struct dir_entry),0);
    memset(sbp->root,0,sizeof(struct dir_entry));

    list_init(&sbp->root->child_node);
    list_init(&sbp->root->subdirs_list);
    sbp->root->parent = sbp->root;
    sbp->root->dir_ops = &FAT32_dentry_ops;
    sbp->root->name = (char *)kmalloc(2,0);
    sbp->root->name[0] = '/';
    sbp->root->name_length = 1;

    ////index node
    sbp->root->dir_inode = (struct index_node *)kmalloc(sizeof(struct index_node),0);
    memset(sbp->root->dir_inode,0,sizeof(struct index_node));
    sbp->root->dir_inode->inode_ops = &FAT32_inode_ops;
    sbp->root->dir_inode->f_ops = &FAT32_file_ops;
    sbp->root->dir_inode->file_size = 0;
    sbp->root->dir_inode->blocks = (sbp->root->dir_inode->file_size + fsbi->bytes_
        per_cluster - 1)/fsbi->bytes_per_sector;
    sbp->root->dir_inode->attribute = FS_ATTR_DIR;
    sbp->root->dir_inode->sb = sbp;

    ////fat32 root inode
    sbp->root->dir_inode->private_index_info = (struct FAT32_inode_info *)kmalloc
         (sizeof(struct FAT32_inode_info),0);
    memset(sbp->root->dir_inode->private_index_info,0,sizeof(struct FAT32_inode_
        info));
    finode = (struct FAT32_inode_info *)sbp->root->dir_inode->private_index_info;
    finode->first_cluster = fbs->BPB_RootClus;
    finode->dentry_location = 0;
    finode->dentry_position = 0;
    finode->create_date = 0;
    finode->create_time = 0;
    finode->write_date = 0;
    finode->write_time = 0;
    return sbp;
}
struct file_system_type FAT32_fs_type=
{
    .name = "FAT32",
    .fs_flags = 0,
    .read_superblock = fat32_read_superblock,
    .next = NULL,
};
```

全局变量FAT32_fs_type是为FAT32文件系统创建的文件系统类型结构，其中的操作方法函数指针read_superblock负责解析引导扇区数据，对FAT32文件系统而言，引导扇区解析工作将由函数fat32_read_superblock完成。

函数fat32_read_superblock会解析引导扇区数据，从中提取出相关数据，并将这些数据保存在superblock结构（struct super_block）和文件系统特有结构（此处为struct FAT32_sb_info和struct FAT32_inode_info）内。整个保存过程将会涉及FSInfo扇区的解析、相关数据的计算和统计、根目录项和根目录索引节点等结构的创建与初始化赋值。在根目录项和根目录索引节点的初始化赋值过程中，程序会为这两个结构配置FAT32文件系统的操作方法，即FAT32_dentry_ops、FAT32_inode_ops和FAT32_file_ops。

因此，只要FAT32文件系统挂载成功，操作系统就会自动为它创建根目录。代码清单13-38是经过调整后的FAT32文件系统初始化函数，这个函数现已加入文件系统的注册功能和挂载功能。

代码清单13-38　第13章\程序\程序13-3\物理平台\kernel\fat32.c

```
void DISK1_FAT32_FS_init()
{
    int i;
    unsigned char buf[512];
    struct dir_entry * dentry = NULL;
    struct Disk_Partition_Table DPT = {0};

    register_filesystem(&FAT32_fs_type);
    memset(buf,0,512);
    IDE_device_operation.transfer(ATA_READ_CMD,0x0,1,(unsigned char *)buf);
    DPT = *(struct Disk_Partition_Table *)buf;
    ……
    IDE_device_operation.transfer(ATA_READ_CMD,DPT.DPTE[0].start_LBA,1,(unsigned
        char *)buf);
    root_sb = mount_fs("FAT32",&DPT.DPTE[0],buf);    //not dev node
    dentry = path_walk("/JIOL123Llliwos/89AIOlejk.TXT",0);
    ……
}
```

函数中的root_sb是一个struct super_block类型的全局指针变量，它保存着操作系统的根文件系统信息。

虽然DISK1_FAT32_FS_init函数的功能尚未改变，但经过VFS结构的封装，使得FAT32文件系统的解析代码变得更加结构化，每个结构的功能清晰明确，同时程序的易读性还增强了。

下面将在VFS的基础上对path_walk函数进行重构，重构的重点是对VFS结构的创建和使用，程序实现如代码清单13-39。

代码清单13-39　第13章\程序\程序13-3\物理平台\kernel\fat32.c

```
struct dir_entry * path_walk(char * name,unsigned long flags)
{
    char * tmpname = NULL;
    int tmpnamelen = 0;
    struct dir_entry * parent = root_sb->root;
    struct dir_entry * path = NULL;
    ……
    if(!*name)
    {
        return parent;
    }
    ……
    for(;;)
    {
        ……
        path = (struct dir_entry *)kmalloc(sizeof(struct dir_entry),0);
        memset(path,0,sizeof(struct dir_entry));
        path->name = kmalloc(tmpnamelen+1,0);
```

```
            memset(path->name,0,tmpnamelen+1);
            memcpy(tmpname,path->name,tmpnamelen);
            path->name_length = tmpnamelen;
            if(parent->dir_inode->inode_ops->lookup(parent->dir_inode,path) == NULL)
            {
                color_printk(RED,WHITE,"can not find file or dir:%s\n",path->name);
                kfree(path->name);
                kfree(path);
                return NULL;
            }
            list_init(&path->child_node);
            list_init(&path->subdirs_list);
            path->parent = parent;
            list_add_to_behind(&parent->subdirs_list,&path->child_node);
            ......
            parent = path;
        }
        last_slash:
        last_component:
            if(flags & 1)
            {
            return parent;
            }
            return path;
}
```

这段程序依然负责逐层搜索形参name传递来的文件路径名，只不过此次采用更加结构化的搜索方法，即借助inode结构的lookup操作方法在父目录中搜索目标文件名。在调用搜索方法前，path_walk函数会创建dentry结构path，并将待搜索的路径名和名字长度保存在其中。再将path作为参数传递给lookup操作方法进行搜索。如果搜索到目标路径名，那么lookup操作方法会对path进行初始化赋值，path_walk函数会在lookup方法返回后，立即将path加入到目录项的层级关系中。如此往复，直至搜索结束，最后根据参数flags来决定应该返回父目录项还是子目录项。

函数path_walk的主要作用是调用lookup操作方法搜索路径名。对FAT32文件系统而言，lookup操作方法的处理函数是FAT32_lookup，此函数是从原lookup函数的基础上修改而来的，代码清单13-40是FAT32_lookup函数的部分程序实现。

代码清单13-40 第13章\程序\程序13-3\物理平台\kernel\fat32.c

```
long FAT32_create(struct index_node * inode,struct dir_entry * dentry,int mode){}
struct dir_entry * FAT32_lookup(struct index_node * parent_inode,struct dir_entry *
dest_dentry)
{
    struct FAT32_inode_info * finode = parent_inode->private_index_info;
    struct FAT32_sb_info * fsbi = parent_inode->sb->private_sb_info;
    ......
    struct FAT32_Directory * tmpdentry = NULL;
    struct FAT32_LongDirectory * tmpldentry = NULL;
    struct index_node * p = NULL;

    buf = kmalloc(fsbi->bytes_per_cluster,0);
    cluster = finode->first_cluster;
next_cluster:
    sector = fsbi->Data_firstsector + (cluster - 2) * fsbi->sector_per_cluster;
```

```
    color_printk(BLUE,BLACK,"lookup cluster:%#010x,sector:%#018lx\n",cluster,sector);
    if(!IDE_device_operation.transfer(ATA_READ_CMD,sector,fsbi->sector_per_cluster,
        (unsigned char *)buf))
    ……
    tmpdentry = (struct FAT32_Directory *)buf;
    for(i = 0;i < fsbi->bytes_per_cluster;i+= 32,tmpdentry++)
    {
        ……
        //long file/dir name compare
        while(((struct FAT32_Directory *)tmpldentry)->DIR_Attr == ATTR_LONG_NAME &&
            tmpldentry->LDIR_Ord != 0xe5)
        {
            for(x=0;x<5;x++)
            {
                if(j>dest_dentry->name_length && tmpldentry->LDIR_Name1[x] == 0xffff)
                    continue;
                else if(j>dest_dentry->name_length || tmpldentry->LDIR_Name1[x] !=
                    (unsigned short)(dest_dentry->name[j++]))
                    goto continue_cmp_fail;
            }
            ……
            tmpldentry --;
        }
        ……
        goto find_lookup_success;
        continue_cmp_fail:;
    }
    cluster = DISK1_FAT32_read_FAT_Entry(fsbi,cluster);
    ……
find_lookup_success:
    p = (struct index_node *)kmalloc(sizeof(struct index_node),0);
    memset(p,0,sizeof(struct index_node));
    p->file_size = tmpdentry->DIR_FileSize;
    p->blocks = (p->file_size + fsbi->bytes_per_cluster - 1)/fsbi->bytes_per_sector;
    p->attribute = (tmpdentry->DIR_Attr & ATTR_DIRECTORY) ? FS_ATTR_DIR : FS_ATTR_FILE;
    p->sb = parent_inode->sb;
    p->f_ops = &FAT32_file_ops;
    p->inode_ops = &FAT32_inode_ops;

    p->private_index_info = (struct FAT32_inode_info *)kmalloc(sizeof(struct
        FAT32_inode_info),0);
    memset(p->private_index_info,0,sizeof(struct FAT32_inode_info));
    finode = p->private_index_info;

    finode->first_cluster = (tmpdentry->DIR_FstClusHI<< 16 | tmpdentry->DIR_FstClusLO)
        & 0x0fffffff;
    finode->dentry_location = cluster;
    finode->dentry_position = tmpdentry - (struct FAT32_Directory *)buf;
    finode->create_date = tmpdentry->DIR_CrtTime;
    finode->create_time = tmpdentry->DIR_CrtDate;
    finode->write_date = tmpdentry->DIR_WrtTime;
    finode->write_time = tmpdentry->DIR_WrtDate;

    dest_dentry->dir_inode = p;
    kfree(buf);
    return dest_dentry;
}
```

```
long FAT32_mkdir(struct index_node * inode,struct dir_entry * dentry,int mode){}
long FAT32_rmdir(struct index_node * inode,struct dir_entry * dentry){}
long FAT32_rename(struct index_node * old_inode,struct dir_entry * old_dentry,struct
index_node * new_inode,struct dir_entry * new_dentry){}
long FAT32_getattr(struct dir_entry * dentry,unsigned long * attr){}
long FAT32_setattr(struct dir_entry * dentry,unsigned long * attr){}
struct index_node_operations FAT32_inode_ops =
{
    .create = FAT32_create,
    .lookup = FAT32_lookup,
    .mkdir = FAT32_mkdir,
    .rmdir = FAT32_rmdir,
    .rename = FAT32_rename,
    .getattr = FAT32_getattr,
    .setattr = FAT32_setattr,
};
```

代码清单13-40是目前inode结构的全部操作方法实现，其中的FAT32_lookup函数负责从目录项中搜索出目标子目录项，它在原lookup函数的基础上封装了VFS结构。FAT32_lookup函数会在搜索到目标子目录项时，对子目录项进行深入初始化，这个过程会为子目录项创建并初始化inode结构和索引节点的特有结构（struct FAT32_inode_info）。

path_walk函数的代码重构过程还将波及FAT表项的读写操作函数，代码清单13-41是这两个函数重构后的样子。

代码清单13-41 第13章\程序\程序13-3\物理平台\kernel\fat32.c

```
unsigned int DISK1_FAT32_read_FAT_Entry(struct FAT32_sb_info * fsbi,unsigned int
    fat_entry)
{
    unsigned int buf[128];
    memset(buf,0,512);
    IDE_device_operation.transfer(ATA_READ_CMD,fsbi->FAT1_firstsector + (fat_entry >>
        7),1,(unsigned char *)buf);
    color_printk(BLUE,BLACK,"DISK1_FAT32_read_FAT_Entry fat_entry:%#018lx,%#010x\n",
        fat_entry,buf[fat_entry & 0x7f]);
    return buf[fat_entry & 0x7f] & 0x0fffffff;
}
unsigned long DISK1_FAT32_write_FAT_Entry(struct FAT32_sb_info * fsbi,unsigned int
    fat_entry,unsigned int value)
{
    unsigned int buf[128];
    int i;
    memset(buf,0,512);
    IDE_device_operation.transfer(ATA_READ_CMD,fsbi->FAT1_firstsector + (fat_entry >>
        7),1,(unsigned char *)buf);
    buf[fat_entry & 0x7f] = (buf[fat_entry & 0x7f] & 0xf0000000) | (value & 0x0fffffff);
    for(i = 0;i < fsbi->NumFATs;i++)
        IDE_device_operation.transfer(ATA_WRITE_CMD,fsbi->FAT1_firstsector + fsbi->
            sector_per_FAT * i + (fat_entry >> 7),1,(unsigned char *)buf);
    return 1;
}
```

出于通用性考虑，这两个函数都追加了形式参数fsbi，根据此参数提供的FAT1表起始扇区号、每FAT表扇区数和FAT表数量等信息可轻松完成FAT表项的读写工作。

最后，再来看看FAT32文件系统为VFS提供的superblock、dentry以及file结构的操作方法，代码清单13-42是这些结构的定义。其中的FAT32_dentry_ops结构负责为缓存目录项提供操作方法，FAT32_file_ops结构负责为访问文件数据提供操作方法，而FAT32_sb_ops结构则为VFS提供了操作超级块和索引节点的方法。本着循序渐进的原则，本章暂不实现FAT32_file_ops和FAT32_dentry_ops结构中的操作方法，此处只对它们进行空函数赋值。

代码清单13-42　第13章\程序\程序13-3\物理平台\kernel\fat32.c

```
void fat32_put_superblock(struct super_block * sb)
{
    kfree(sb->private_sb_info);
    kfree(sb->root->dir_inode->private_index_info);
    kfree(sb->root->dir_inode);
    kfree(sb->root);
    kfree(sb);
}
void fat32_write_inode(struct index_node * inode)
{
    struct FAT32_Directory * fdentry = NULL;
    struct FAT32_Directory * buf = NULL;
    struct FAT32_inode_info * finode = inode->private_index_info;
    struct FAT32_sb_info * fsbi = inode->sb->private_sb_info;
    unsigned long sector = 0;
    if(finode->dentry_location == 0)
    {
        color_printk(RED,BLACK,"FS ERROR:write root inode!\n");
        return ;
    }
    sector = fsbi->Data_firstsector + (finode->dentry_location - 2) * fsbi->sector_
        per_cluster;
    buf = (struct FAT32_Directory *)kmalloc(fsbi->bytes_per_cluster,0);
    memset(buf,0,fsbi->bytes_per_cluster);
    IDE_device_operation.transfer(ATA_READ_CMD,sector,fsbi->sector_per_cluster,
        (unsigned char *)buf);
    fdentry = buf+finode->dentry_position;

    ////alert fat32 dentry data
    fdentry->DIR_FileSize = inode->file_size;
    fdentry->DIR_FstClusLO = finode->first_cluster & 0xffff;
    fdentry->DIR_FstClusHI = (fdentry->DIR_FstClusHI & 0xf000) | (finode->first_
        cluster >> 16);

    IDE_device_operation.transfer(ATA_WRITE_CMD,sector,fsbi->sector_per_cluster,
        (unsigned char *)buf);
    kfree(buf);
}

struct super_block_operations FAT32_sb_ops =
{
    .write_superblock = fat32_write_superblock,
```

```
    .put_superblock = fat32_put_superblock,
    .write_inode = fat32_write_inode,
};
struct dir_entry_operations FAT32_dentry_ops =
{
    .compare = FAT32_compare,
    .hash = FAT32_hash,
    .release = FAT32_release,
    .iput = FAT32_iput,
};
struct file_operations FAT32_file_ops =
{
    .open = FAT32_open,
    .close = FAT32_close,
    .read = FAT32_read,
    .write = FAT32_write,
    .lseek = FAT32_lseek,
    .ioctl = FAT32_ioctl,
};
```

至于FAT32_sb_ops结构，目前也仅实现了put_superblock操作方法和write_inode操作方法。put_superblock方法用于释放superblock结构、dentry结构、根目录inode结构以及文件系统的特有结构；write_inode方法用于将修改后的inode结构回写到硬盘扇区中。

经过漫长的VFS设计与实现，我们现在来看看它的运行效果，请参见图13-19。

图13-19 VFS框架下的文件搜索效果图

至此，VFS框架已经基本实现，细心的读者可能会发现本节对file结构提及甚少，且少有代码实现。这是因为file结构不仅连接着VFS，还连接着PCB以及系统调用API，可以说file结构是这三者之间的纽带，因此它在系统调用API库一章中实现更为妥当。

第 14 章

系统调用API库

目前，本书操作系统已拥有诸多核心模块，既然系统内核已初具规模，现在也该到了为应用程序编写操作接口的时候。那么，本章将在适当参考POSIX规范标准的基础上，从现有核心模块中为应用程序抽象出系统调用API。

14.1 系统调用 API 结构

系统调用API是应用程序与系统内核的主要通信方式之一，它将系统内核对外提供的功能封装成操作接口，供应用程序使用。虽然早在第5章就已实现系统调用API的处理过程，但当时仅编写了系统调用API的基础框架，并没有遵照某一规范标准去实现系统调用API函数。因此，本章将从系统调用API的结构开始，再次对系统调用API进行深入讲解。

对Intel 64位处理器而言，处理器可通过三对汇编指令实现系统调用API入口程序，它们分别是传统的`INT n/IRET`指令、快速调用指令`SYSENTER/SYSEXIT`和AMD处理器兼容指令`SYSCALL/SYSRET`。通常情况下，内核会选择其中一对汇编指令来实现系统调用API入口程序，图14-1示意了基于这三对汇编指令实现的系统调用API框架结构。

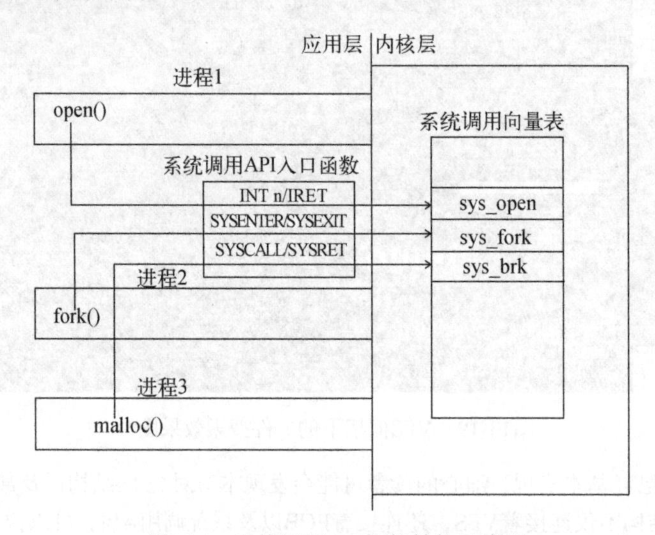

图14-1 系统调用API框架结构示意图

图14-1中的函数open、fork、malloc均来自系统调用API库，这些函数通过系统调用API入口程序，将系统调用向量号和函数参数发送至系统内核，系统内核会像处理中断请求一样执行系统调用向量表里的处理程序。

应用程序在借助系统调用API入口程序进入内核层期间，会涉及两个不同特权级间的切换工作。由于这两个特权级的栈空间不同，为了保证数据（向量号和参数）快速、顺利地在两个特权级间穿梭，系统调用API入口程序通常采用寄存器传递参数方式。寄存器传递参数方式与内存传递参数方式相比，节省了两个特权级间的栈复制工作，因而加快了系统调用的处理速度。

为了保证同一套代码可运行在不同的操作系统中，一些组织制定了系统调用API接口的规范标准，凡是兼容此规范标准的操作系统，只需重新编译代码即可使其在系统中运行。POSIX（Portable Operating System Interface，可移植操作系统接口）就是这样一款耳熟能详的规范标准，它历经多个版本的完善，现已被多款操作系统支持或兼容。而XSI（X/Open System Interface，开放系统接口）规范标准，则是POSIX规范标准的超集。支持XSI标准的操作系统，不但要实现POSIX规范的标准接口，还要支持POSIX规范的扩展功能。

14.2 基于POSIX规范实现系统调用API库

Linux作为兼容POSIX规范的众多操作系统之一，也是本章代码实现的重点参考对象。虽然短期内本系统无法承载POSIX规范标准的所有规定，但是为了学习POSIX规范标准，我们应该尽量让代码向POSIX规范靠拢。

14.2.1 POSIX规范下的系统调用API简介

本书使用的POSIX.1-2008规范是完全遵照ISO C(1999)标准描述的，但POSIX.1-2008规范不能保证和ISO C(1999)标准完全没有冲突，就算有也是源于考虑不周所致。

POSIX规范定义了一套标准的操作系统接口（系统调用API）、环境、命令解析器（SHELL）以及通用命令，它为应用程序带来了源码级的移植能力。而图形接口、数据库管理系统接口、记录I/O因素、目标代码和二进制代码的可移植性、系统配置和有效数据源等内容，则不在POSIX规范限定范围内。POSIX规范主要提供给应用程序开发人员和操作系统实现者使用。

对于系统调用API的功能和特点，POSIX规范已给出明确规定，它们大体上可分为以下几点。

- **系统调用API函数的实现和使用说明**。它描述系统调用API接口和宏的实现与使用规则，除非特殊说明，否则所有函数和宏都遵照统一标准予以声明、定义、实现和使用。
- **编译环境**。它描述头文件中遵循POSIX规范的符号和命名空间定义。
- **错误码**。它描述函数在执行期间产生的错误原因，一些函数返回0值表示操作成功。
- **信号**。信号作为一种重要的进程/线程间通信手段，POSIX规范描述了信号（包括实时信号）的产生、投递、处理以及对XSI进程间通信（包括消息传递、信号量、共享内存服务等）扩展功能的支持。
- **标准I/O流**。标准I/O流可来自一个物理设备（字符设备或网络设备）、内存缓存区或已打开的文件，POSIX规范为访问和控制数据流提供了一系列操作接口。

- **实时**。这部分对信号量（部分功能）、实时信号、异步I/O、内存管理（内存锁、文件映射内存、内存保护等）、进程调度策略、进程间通信、时钟和定时器等功能进行规范性描述。
- **线程**。对线程的安全、ID、互斥锁、调度、销毁、读写锁、文件操作、线程栈的管理等内容进行规范性介绍。
- **socket通信**。socket通信部分将涉及socket地址类型和格式、协议、路由、接口、socket类型、socket I/O模式等内容。
- **跟踪**。介绍跟踪功能的数据类型、事件类型定义和处理函数。
- **数据类型**。介绍常用的数据类型。

以上这些内容不仅规定所有支持POSIX规范的系统调用API的功能和使用方法，还制约着内核层处理函数的代码实现。

14.2.2　升级系统调用模块

虽然此前编写的系统调用模块可以完成处理系统调用的功能，但它会在进入内核层时将全部寄存器值传递给系统调用处理函数，这种过于硬朗的实现方式会给进程和内核带来诸多不稳定因素和潜在隐患，所以我们需要对系统调用模块进行升级。

系统调用模块的升级过程需要考虑两方面制约因素：一方面是在64位GNU C编译器下，参数采用寄存器传递方式，最多可以使用6个寄存器，它们分别是RDI、RSI、RDX、RCX、R8和R9寄存器；另一方面是通过`SYSEXIT`汇编指令从内核层返回到应用层时，操作系统必须借助RDX和RCX寄存器来指定应用层的RIP与RSP寄存器。这两方面因素存在着一个制约交集，那就是在它们的执行期间都必须使用RDX和RCX寄存器。

为了解决上述问题，同时也为了便于调试，这里暂且使用第5章的虚拟平台代码作为测试工程。经过多版glibc库和Linux内核的源码分析比对，最终将系统调用模块升级成代码清单14-1和代码清单14-2的样子。

代码清单14-1　第14章\程序\程序14-1\虚拟平台\kernel\task.c

```
void user_level_function()
{
    int errno = 0;
    char string[]="Hello World!\n";
    color_printk(RED,BLACK,"user_level_function task is running\n");

    // call sys_putstring
    // int putstring(char *string);

    __asm__ __volatile__    (
                            "pushq    %%r10    \n\t"
                            "pushq    %%r11    \n\t"
                            "leaq   sysexit_return_address(%%rip),    %%r10    \n\t"
                            "movq     %%rsp,     %%r11     \n\t"
                            "sysenter          \n\t"
                            "sysexit_return_address:       \n\t"
                            "xchgq    %%rdx,     %%r10     \n\t"
                            "xchgq    %%rcx,     %%r11     \n\t"
                            "popq     %%r11      \n\t"
```

```
                        "popq       %%r10      \n\t"
                        :"=a"(errno)
                        :"0"(__NR_putstring),"D"(string)
                        :"memory");

    color_printk(RED,BLACK,"user_level_function task called sysenter,errno:%d\n",
        errno);

    while(1);
}
```

这段代码是应用层的系统调用入口程序，它在原有入口代码的基础上借助寄存器R10和R11来保存应用层的返回地址以及栈指针地址。为了便于实现后续的printf函数，现在已将原日志信息显示函数sys_printf更名为sys_putstring。

当处理器带着参数进入到内核层后，内核会根据RAX寄存器记录的向量号（__NR_putstring）直接从系统调用向量表system_call_table中索引出处理函数的入口地址，并跳转至该地址处执行，程序实现如代码清单14-2。

代码清单14-2　第14章\程序\程序14-1\虚拟平台\kernel\entry.S

```
ENTRY(system_call)
    ……
    movq    $0x10,                      %rax
    movq    %rax,                       %ds
    movq    %rax,                       %es

    movq    RAX(%rsp),                  %rax
    leaq    system_call_table(%rip),    %rbx
    callq   *(%rbx,%rax,8)
    movq    %rax,                   RAX(%rsp)

ENTRY(ret_system_call)
    popq                                %r15
    ……
    popq                                %rax
    addq    $0x38,                      %rsp

    xchgq   %rdx,                       %r10
    xchgq   %rcx,                       %r11

    sti
    .byte    0x48
    sysexit
```

随着系统调用处理结束，处理器通过代码片段ret_system_call从内核层切换回应用层，这个过程会将寄存器RDX、RCX的数值与寄存器R10、R11交换。一旦返回至应用层，立刻把寄存器RDX、RCX、R10和R11还原为执行系统调用前的数值。经过此番升级后，函数system_call_function已被废弃。

在阅读Linux 3.x及后续内核源码时，发现系统调用向量表system_call_table的定义方法已有所改进，它摒弃了以往汇编式系统调用向量表的定义方法（如代码清单14-3所示），转而采用类似代码清单14-4所示的宏式系统调用向量表定义方法。

代码清单14-3　定义宏式系统调用向量表的示例代码

```
ENTRY(sys_call_table)
    .long    sys_restart_syscall
    .long    sys_exit
    .long    sys_fork
    ......
```

代码清单14-4　第14章\程序\程序14-1\虚拟平台\kernel\syscalls.c

```
#include "unistd.h"

#define    SYSCALL_COMMON(nr,sym)    extern unsigned long sym(void);
SYSCALL_COMMON(0,no_system_call)
#include "syscalls.h"
#undef  SYSCALL_COMMON

#define SYSCALL_COMMON(nr,sym)    [nr] = sym,

#define MAX_SYSTEM_CALL_NR 128
typedef unsigned long (* system_call_t)(void);

system_call_t system_call_table[MAX_SYSTEM_CALL_NR] =
{
    [0 ... MAX_SYSTEM_CALL_NR-1] = no_system_call,
#include "syscalls.h"
};
```

代码清单14-4中的宏函数`SYSCALL_COMMON`被定义了两次，第一次`SYSCALL_COMMON`宏函数定义用于声明系统调用向量表`system_call_table`的处理函数名，第二次`SYSCALL_COMMON`宏函数定义用于将第一次声明的处理函数加入到系统调用向量表`system_call_table`。此处使用关键字`#undef`来取消第一次`SYSCALL_COMMON`宏函数定义，进而使第二次宏函数定义生效。

这段代码还引入了头文件**unistd.h**和**syscalls.h**，它们分别记录着系统调用向量号和对应的处理函数，代码清单14-5和代码清单14-6是这两个头文件的内容。

代码清单14-5　第14章\程序\程序14-1\虚拟平台\kernel\syscalls.h

```
SYSCALL_COMMON(__NR_putstring,sys_putstring)
```

代码清单14-6　第14章\程序\程序14-1\虚拟平台\kernel\unistd.h

```
#define    __NR_putstring    1
```

使用`gcc -E`命令预处理**syscalls.c**文件，可显示出**syscalls.c**文件预处理（把**unistd.h**和**syscalls.h**文件在**syscalls.c**文件中展开）后的代码，代码清单14-7是预处理后的代码。

代码清单14-7　`syscalls.c`文件的预处理信息

```
[root@localhost kernel]# gcc -E syscalls.c
# 1 "syscalls.c"
# 1 "<built-in>"
```

```
# 1 "<command-line>"
# 1 "/usr/include/stdc-predef.h" 1 3 4
# 1 "<command-line>" 2
# 1 "syscalls.c"
# 16 "syscalls.c"
# 1 "unistd.h" 1
# 17 "syscalls.c" 2
extern unsigned long no_system_call(void);
# 1 "syscalls.h" 1
# 17 "syscalls.h"
extern unsigned long sys_putstring(void);
# 21 "syscalls.c" 2
typedef unsigned long (* system_call_t)(void);
system_call_t system_call_table[128] =
{
 [0 ... 128 -1] = no_system_call,
# 1 "syscalls.h" 1
# 17 "syscalls.h"
[1] = sys_putstring,
# 35 "syscalls.c" 2
};
```

代码清单14-7中的斜体下划线文字是syscalls.c文件的预处理命令和预处理后的有效代码。此时的代码已一目了然，函数no_system_call和sys_putstring的定义位于sys.c文件内，代码清单14-8是它们的程序实现。

代码清单14-8　第14章\程序\程序14-1\虚拟平台\kernel\sys.c

```
unsigned long no_system_call(void)
{
    color_printk(RED,BLACK,"no_system_call is calling\n");
    return -ENOSYS;
}
unsigned long sys_putstring(char *string)
{
    color_printk(GREEN,BLACK,"sys_putstring\n");
    color_printk(ORANGE,WHITE,string);
    return 0;
}
```

细心的读者会发现代码清单14-7声明的sys_putstring函数与代码清单14-8定义的sys_putstring函数参数不一致，而且程序的编译、链接过程中并未出现任何错误和警告。

这是一种函数名蜕变成指针的现象，数组system_call_table内的元素只是引用了函数sys_putstring的地址。syscalls.c文件的编译过程中并不会对外部声明的sys_putstring函数进行检查，这个函数只被看作是一个待填充的地址值。在程序链接期间，链接器会将sys.c文件里的sys_putstring函数的地址值，填充到数组system_call_table的元素里。这种蜕变现象与数组退化成指针的行为类似，即函数总是通过指针进行调用，所有“真正的”函数名总是隐式地退化成指针。我们通过此方法可有效规避不同参数的处理函数带来的编译、链接问题，但利与弊是相互的，请读者在使用时多加小心！

现在，系统调用模块的主体框架已基本实现，但还需要对do_execve函数做一些调整，以使它能与新的系统调用模块相吻合，详细调整代码如代码清单14-9。

代码清单14-9　第14章\程序\程序14-1\虚拟平台\kernel\task.c

```
unsigned long do_execve(struct pt_regs * regs)
{
// regs->rdx = 0x800000;     //RIP
// regs->rcx = 0xa00000;     //RSP
   regs->r10 = 0x800000;     //RIP
   regs->r11 = 0xa00000;     //RSP
    ……
}
```

经过此番修改，应用程序user_level_function方可正常运行。

POSIX标准规定系统调用API库必须拥有一个名为int errno的全局变量来记录系统调用的错误码。因此，user_level_function函数中的局部变量long ret暂且变更为int errno，当应用层的系统调用API库实现后，我们再将局部变量int errno修正为全局变量。

POSIX标准还定义了多种错误类型，每个系统调用能够返回的错误类型在POSIX规范文档中均有记录，代码清单14-10是部分错误类型的错误码定义，no_system_call函数返回的错误码ENOSYS也在其中。

代码清单14-10　第14章\程序\程序14-1\虚拟平台\kernel\errno.h

```
#define    ENOMSG             50         /* No message of the desired type */
#define    ENOPROTOOPT        51         /* Protocol not available */
#define    ENOSPC             52         /* No space left on a device */
#define    ENOSR              53         /* No STREAM resources */
#define    ENOSTR             54         /* Not a STREAM */
#define    ENOSYS             55         /* Function not implemented */
#define    ENOTCONN           56         /* Socket not connected */
#define    ENOTDIR            57         /* Not a directory */
#define    ENOTEMPTY          58         /* Directory not empty */
#define    ENOTRECOVERABLE    59         /* State not recoverable */
```

至此，系统调用模块的升级工作已经结束，图14-2是它在Bochs虚拟机中的运行效果，这套代码可平滑移植到物理平台。

图14-2　升级后的系统调用模块运行效果图

接下来，将系统运行环境切换回物理平台，在继续实现更多系统调用API前，这里先为系统实现一对常用的数据复制函数copy_from_user和copy_to_user。这对函数与memcpy函数的功能基本相同，只不过这对函数会检测应用程序提供的应用层操作地址空间是否越界。从地址空间的安全性和有效性角度来看，这对函数还应该进一步确保应用层操作地址空间已建立页表映射。可是在一个频繁使用的函数中加入小概率事件的检测代码，将会严重消耗处理器的性能在无意义的数据检测上，从而极大地影响程序的运行速度。为了避免此类性能损耗，这对函数将不做页表映射检测，而是把潜在隐患留给#PF（缺页）异常统一处理。代码清单14-11是这对函数的程序实现。

代码清单14-11　第14章\程序\程序14-1\物理平台\kernel\lib.h

```
inline long verify_area(unsigned char* addr,unsigned long size)
{
    if(((unsigned long)addr + size) <= (unsigned long)0x00007fffffffffff )
        return 1;
    else
        return 0;
}
inline long copy_from_user(void * from,void * to,unsigned long size)
{
    unsigned long d0,d1;
    if(!verify_area(from,size))
        return 0;
    __asm__ __volatile__ ( "rep      \n\t"
                           "movsq     \n\t"
                           "movq      %3,   %0   \n\t"
                           "rep       \n\t"
                           "movsb     \n\t"
                           :"=&c"(size),"=&D"(d0),"=&S"(d1)
                           :"r"(size & 7),"0"(size / 8),"1"(to),"2"(from)
                           :"memory");
    return size;
}
inline long copy_to_user(void * from,void * to,unsigned long size)
{
    unsigned long d0,d1;
    if(!verify_area(to,size))
        return 0;
    ……
}
```

这里的函数verify_area主要用于验证应用层操作地址空间是否发生越界（必须确保操作地址空间在0x0~0x00007fffffffffff范围内）。copy_from_user和copy_to_user函数的主体代码由同一段汇编程序组成，这段程序借助MOVS汇编指令将from地址处的数据复制到to地址处。这段汇编程序执行结束后，形参from和to仍指向操作空间的首地址，如果将输出部分和输入部分调整为代码清单14-12所示的样子，那么形参from和to将会随着程序的执行而发生改变。

代码清单14-12　copy_from_user函数的调整示例代码

```
:"=&c"(size),"+&D"(to),"+&S"(from)
:"r"(size & 7),"0"(size / 8)
```

当代码执行结束后，形参from和to将会指向操作空间地址的末尾处。如果将"=&c"(size)改为"+c"(size)，那么输入部分不允许再有R|ECX寄存器的操作，也就是说此处的"+c"(size)不能与"0"(size / 8)共存。这些编程技巧不仅是为了诠释第2章的相关知识，也为了给编程时遇到困难的读者提供一些解决思路。

14.2.3 基础文件操作的系统调用 API 实现

尽管目前的系统内核已经初具规模，能够实现进程创建、内存分配等相关系统调用API，可是这些功能随着开发进度的推进已被我们搁置许久，相关记忆和设计思路也已模糊不清。所以，此刻应该趁热打铁在虚拟文件系统的基础上，进一步将VFS层的抽象接口与系统调用API相结合为妙。

下面将结合POSIX规范的相关描述，逐步实现文件的打开、关闭、读取、写入以及位置索引等系统调用API。

1. 文件的打开操作

对于有编程基础的读者而言，open是一个再熟悉不过的基础函数。其实，绝大部分函数的使用者（调用者），仅需了解函数的一小部分功能即可满足开发所需，这使得系统调用API函数虽被大家所熟知，却没有几人能将其功能、参数、返回值、错误码等细节逐一解释清楚。

函数的使用者之所以能够轻松调用系统API函数，完全是源于操作系统开发者在实现函数时，运筹帷幄到了函数的每个细节。随着操作系统开发者对函数功能普遍性、通用性的总结与归纳，系统API函数的标准规范也逐渐形成。本章使用的POSIX规范就是其中的一个典范，POSIX规范对每个系统调用API函数的功能、参数、返回值、错误码等诸多细节都有描述，它既可作为系统开发人员实现系统调用API函数的指导，亦可作为函数使用者的系统调用API功能的查询手册。

想必读者对于如何使用系统调用API编写程序并不陌生，但如何实现一个系统调用API却对广大读者来说很可能是第一次。每当涉足新的领域，起初总是给人迷茫的感觉，在无从着手时从原理或标准规范出发是一个不错的选择。那么，接下来就从表14-1出发，看看POSIX规范是如何对open函数进行描述的。

表14-1 open函数简介表

函数名	int open(const char *path,int oflag,...)		
功能摘要	打开文件，这个过程将使文件和文件描述符建立关联		
头文件	#include <fcntl.h>		
描述	open函数将为文件建立一个文件描述符，这个文件描述符可供I/O操作函数访问文件使用，在open函数执行后，文件当前访问位置位于文件起始处。文件描述符是进程私有的，不会与系统内的其他进程共享		
参数	const char *path	描述目标文件的路径名	
	int oflag	文件操作标志位，描述文件的访问模式和操作模式。应用程序在执行open函数时，应该明确指出文件的访问模式，以下是各标志位的定义	
		O_EXEC	以只执行方式打开文件
		O_RDONLY	以只读方式打开文件
		O_RDWR	以读写方式打开文件

（续）

		O_SEARCH	以只搜索方式打开目录
		O_WRONLY	以只写方式打开文件
		O_APPEND	以追加方式操作文件（位置索引指向文件末尾）
		O_CREAT	当文件不存在时，创建文件，否则无效果
		O_DIRECTORY	打开一个目录
		O_EXCL	通常与O_CREAT联合使用
		O_NOCTTY	非控制终端标志位
		O_NOFOLLOW	非符号链接标志位
		O_NONBLOCK	与设备或管道的操作相关
		O_TRUNC	以只写或读写方式打开文件时，文件长度设置为0
返回值	int		如果open函数执行成功，则返回一个最小未使用的正整数（句柄）来代表这个文件对应的文件描述符；如果执行失败，则返回-1，errno变量会记录错误码
错误码	EACCES		访问权限不足或创建文件失败
	EEXIST		文件已存在
	EINTR		在函数执行期间被信号打断
	EINVAL		参数oflag无效
	EIO		发生I/O错误
	EISDIR		目标文件名是个目录
	ELOOP		路径名存在链接循环
	EMFILE		进程无空闲文件描述符
	ENAMETOOLONG		路径名过长
	ENFILE		系统无空闲文件描述符
	ENOENT		目标文件或目录不存在
	ENOSPC		文件系统无剩余空间
	ENOTDIR		在路径检索期间发现非目录项
	ENXIO		设备文件不存在
	EOVERFLOW		文件过大导致溢出
	EROFS		文件系统只读
	ETXTBSY		文件正在执行中，无法进行读写操作

从上表的描述中可以看出，open函数的声明为int open(const char *path,int oflag,...)，其中的省略部分用户可自由定义。Linux内核在open函数原型的基础上追加一个访问权限参数mode。虽然Linux内核代码一直在升级变化，但对于系统调用API的函数声明而言，不同版本的函数声明源码经过预编译后生成的代码基本相同。以本节的open函数为例，它的函数声明大体上会被预编译为long sys_open(const char *filename,int flags,int mode)。

由于本系统目前暂不支持多用户操作，open函数也就无需追加新的参数，使用POSIX规范提供的open函数原型即可。又因为C语言的可变参数功能是基于参数压栈实现的，在执行系统调用的过程中会发生栈空间切换，以至于操作系统必须使用寄存器传参方式，所以系统调用API函数的参数数量应该是固定值。故此，open函数在本系统内核层的声明为unsigned long sys_open(char *filename, int flags)，在应用层的函数声明为int open(const char *path,int oflag)。

为了尽量遵照POSIX规范实现open函数，这里先为oflag参数准备一系列文件操作标志位宏，它们定义于头文件fcntl.h中，如代码清单14-13所示。

代码清单14-13　第14章\程序\程序14-2\物理平台\kernel\fcntl.h

```
#define     O_RDONLY       00000000      /* Open read-only */
#define     O_WRONLY       00000001      /* Open write-only */
#define     O_RDWR         00000002      /* Open read/write */
#define     O_ACCMODE      00000003      /* Mask for file access modes */

#define     O_CREAT        00000100      /* Create file if it does not exist */
#define     O_EXCL         00000200      /* Fail if file already exists */
#define     O_NOCTTY       00000400      /* Do not assign controlling terminal */

#define     O_TRUNC        00001000      /* If the file exists and is a regular file,
                                            and the file is successfully opened O_RDWR or
                                            O_WRONLY, its length shall be truncated to 0 */
#define     O_APPEND       00002000      /* the file offset shall be set to the end of
the file */
#define     O_NONBLOCK     00004000      /* Non-blocking I/O mode */

#define     O_EXEC         00010000      /* Open for execute only (non-directory files) */
#define     O_SEARCH       00020000      /* Open directory for search only */
#define     O_DIRECTORY    00040000      /* must be a directory */
#define     O_NOFOLLOW     00100000      /* Do not follow symbolic links */
```

这段宏定义采用八进制数表示法，主要是为了方便阅读并无其他目的。现在，open函数的准备工作已经就绪，下面将逐步实现系统调用API处理函数sys_open。

在实现sys_open函数之前，我们必须对其有明确的设计思路。因为函数的“外貌”已由POSIX规范制定，这样一来便限制了我们的潜力，这也算是基于标准规范实现函数的一个普遍性难点。根据表14-1对open函数的描述可知，sys_open函数将根据参数filename提供的文件路径名搜索目标文件，并以flags参数提供的访问方式打开目标文件。如果目标文件满足flags参数提供的打开条件，那么sys_open函数会为目标文件创建一个文件描述符，再把文件描述符与当前进程绑定起来；如果不满足打开条件，或在绑定进程过程中出现错误，则返回错误码。

当sys_open函数的设计思路明确后，一些读者可能会直接使用参数filename提供的路径名去目录中搜索目标文件，这种方法也许会达到预期效果，但原则上不推荐此种方式。因为进程从应用层进入内核层期间会切换堆栈空间，不论参数来自栈空间还是堆空间，它都属于应用层数据段，出于安全性考虑，即使应用层地址空间与内核层重合，内核程序也不应该访问应用层数据。所以，正确的解决办法是先对应用层数据空间进行验证，在确保数据空间的安全性后，再将应用层数据复制到内核空间中访问，代码清单14-14是数据验证过程与数据复制过程的代码实现。

代码清单14-14 第14章\程序\程序14-2\物理平台\kernel\sys.c

```
unsigned long sys_open(char *filename,int flags)
{
    char * path = NULL;
    long pathlen = 0;
    long error = 0;
    struct dir_entry * dentry = NULL;
    struct file * filp = NULL;
    struct file ** f = NULL;
    int fd = -1;
    int i;

    color_printk(GREEN,BLACK,"sys_open\n");
    path = (char *)kmalloc(PAGE_4K_SIZE,0);
    if(path == NULL)
        return -ENOMEM;
    memset(path,0,PAGE_4K_SIZE);
    pathlen = strnlen_user(filename,PAGE_4K_SIZE);
    if(pathlen <= 0)
    {
        kfree(path);
        return -EFAULT;
    }
    else if(pathlen >= PAGE_4K_SIZE)
    {
        kfree(path);
        return -ENAMETOOLONG;
    }
    strncpy_from_user(filename,path,pathlen);
    ……
}
```

这段代码通过函数strnlen_usr和strncpy_from_user复制filename参数保存的目标路径名，这两个函数的特别之处是它们都会借助verify_area函数对数据空间的安全性进行验证。

在目标路径名长度的检测过程中，如果strnlen_usr函数返回0说明参数filename提供的地址越界，如果返回值超过PAGE_4K_SIZE，说明参数filename保存的字符串过长。如果参数filename通过检测，那么这段代码会将目标路径名从应用层复制到内核层。

经过目标路径名的检测和复制后，此刻内核层已经拥有一个目标路径名的副本path。接下来将借助路径搜索函数path_walk查找目标文件，详细代码如代码清单14-15。

代码清单14-15 第14章\程序\程序14-2\物理平台\kernel\sys.c

```
dentry = path_walk(path,0);
kfree(path);

//////////////////
if(dentry != NULL)
    color_printk(BLUE,WHITE,"Find 89AIOlejk.TXT\nDIR_FirstCluster:%#018lx\
        tDIR_FileSize:%#018lx\n",((struct FAT32_inode_info *)(dentry->dir_inode->
        private_index_info))->first_cluster,dentry->dir_inode->file_size);
else
    color_printk(BLUE,WHITE,"Can`t find file\n");
```

14

```
    if(dentry == NULL)
        return -ENOENT;
    if(dentry->dir_inode->attribute == FS_ATTR_DIR)
        return -EISDIR;
```

路径搜索函数path_walk虽早已实现，但从此处对它的调用来看，它显然是一个通用函数，应该属于虚拟文件系统层，故我们将path_walk函数和根文件系统指针root_sb从fat32.c迁移至VFS.c。当path_walk函数成功返回目标文件的目录项结构后，我们还需进一步对目录项的属性进行检测。open函数目前的任务是为文件和文件描述符建立关联，如果sys_open函数发现目标是一个目录，那么暂且认为发生错误，返回错误码EISDIR。

出于临时验证目的，这段代码还打印出目标文件的起始簇号、文件长度等信息，这些信息在open函数的验证阶段非常有帮助。

当目录项成功通过检测后，接下来将为目标文件创建文件描述符，文件描述符使用第13章定义的struct file结构体表示。代码清单14-16是文件描述符的初始化赋值过程，其中会使用到inode结构（struct index_node）和dentry结构（struct dir_entry）的成员变量。

代码清单14-16　第14章\程序\程序14-2\物理平台\kernel\sys.c

```
    filp = (struct file *)kmalloc(sizeof(struct file),0);
    memset(filp,0,sizeof(struct file));
    filp->dentry = dentry;
    filp->mode = flags;
    filp->f_ops = dentry->dir_inode->f_ops;
    if(filp->f_ops && filp->f_ops->open)
        error = filp->f_ops->open(dentry->dir_inode,filp);
    if(error != 1)
    {
        kfree(filp);
        return -EFAULT;
    }

    if(filp->mode & O_TRUNC)
    {
        filp->dentry->dir_inode->file_size = 0;
    }
    if(filp->mode & O_APPEND)
    {
        filp->position = filp->dentry->dir_inode->file_size;
    }
```

文件描述符在逻辑层面代表着一个文件，它的初始化过程将受到参数flags的影响，例如，O_TRUNC标志位会改变文件的长度、O_APPEND标志位会改变文件的当前访问位置等。读者可根据表14-1对文件操作标志位的描述来理解参数flags对文件初始化过程的影响。

以上这段程序比较容易理解，其中却蕴藏着虚拟文件系统的精髓。VFS将文件抽象为文件描述符和一系列操作方法（如filp->f_ops->open），当文件作为连接不同模块的纽带时，即使相同的系统调用API，也会因为操作方法的实现不同而动作各异。此时的open函数指针实际指向FAT32文件系统的打开函数，这个函数目前无需实现具体功能，返回成功即可，函数实现请参见代码清单14-17。

代码清单14-17 第14章\程序\程序14-2\物理平台\kernel\fat32.c

```
long FAT32_open(struct index_node * inode,struct file * filp)
{
    return 1;
}
```

尽管此刻的FAT32_open是个空函数，但它意味着VFS已为即将实现的设备驱动模型打下了夯实的基础。

随着文件描述符结构的初始化完毕，下面将为文件和文件描述符建立映射关系。因为文件的操作者是进程，所以很容易推测出文件描述符的拥有者是PCB。既然文件描述符结构是动态创建的，那么PCB只需足够的指针来保存文件描述符即可，代码清单14-18是为PCB追加的文件描述符指针数组以及初始化宏函数，目前暂为每个进程分配10个文件描述符指针。

代码清单14-18 第14章\程序\程序14-2\物理平台\kernel\task.h

```
#define TASK_FILE_MAX     10

struct task_struct
{
    ……
    struct file * file_struct[TASK_FILE_MAX];
};
#define INIT_TASK(tsk)     \
{                          \
    ……
    .file_struct = {0}     \
}
```

在Linux内核中，当PCB拥有的文件描述符数量保持在一定范围内时，PCB会使用指针数组来管理它们；如果文件描述符数量超过此范围，那么PCB将改用动态指针数组去管理它们。此种方法既兼顾PCB的体积，又兼顾打开海量文件时的指针不足。对于只有10个文件描述符指针的PCB来说，这种设计方法显然大材小用。

有了保存文件描述符的指针数组，现在将从其中搜索出空闲指针项来记录文件描述符，代码清单14-19是空闲指针项的遍历过程。

代码清单14-19 第14章\程序\程序14-2\物理平台\kernel\sys.c

```
f = current->file_struct;
for(i = 0;i < TASK_FILE_MAX;i++)
    if(f[i] == NULL)
    {
        fd = i;
        break;
    }
if(i == TASK_FILE_MAX)
{
    kfree(filp);
    //// reclaim struct index_node & struct dir_entry
    return -EMFILE;
}
```

```
f[fd] = filp;

return fd;
```

此段程序需要注意一点，在进程无空闲指针项时，内核只释放了文件描述符占用的内存空间，而未释放inode结构与dentry结构占用的内存空间。因为释放它们是一个漫长的过程，其中必将涉及路径内所有结构的回收、缓存、销毁等管理细节，此过程不太适合现在实现，暂且跳过。

至此，sys_open函数已基本实现，在测试之前先纠正一处逻辑错误。代码清单14-20中的成员变量addr_limit用于描述进程地址空间范围，其原值0xffff800000000000已超越进程的应用层地址空间范围，现将其值修正为0x00007fffffffffff（TASK_SIZE）。

代码清单14-20　第14章\程序\程序14-2\物理平台\kernel\task.c

```
unsigned long do_execve(struct pt_regs * regs)
{
    ……
    if(!(current->flags & PF_KTHREAD))
        current->addr_limit = TASK_SIZE;
    ……
}
```

由于在系统调用模块升级期间遗漏了文件系统的初始化函数DISK1_FAT32_FS_init，那么在操作文件前必须将其重新加入到系统中，代码清单14-21是这个函数的新调用位置。

代码清单14-21　第14章\程序\程序14-2\物理平台\kernel\task.c

```
unsigned long init(unsigned long arg)
{
    struct pt_regs *regs;
    DISK1_FAT32_FS_init();
    ……
}
```

最后，再为schedule函数加入中断的使能和禁止功能，以防止在进程调度期间处理中断请求，破坏系统核心数据。除此之外，这里还对一些日志信息打印代码进行过调整，请读者对比之前的程序自行阅读。

接下来，将进入sys_open函数的测试环节。由于系统目前并不具备文件读取功能，这里只能沿用函数user_level_function进行测试，代码清单14-22是open函数的测试代码。

代码清单14-22　第14章\程序\程序14-2\物理平台\kernel\task.c

```
void user_level_function()
{
    int errno = 0;
    char string[]="/JIOL123Llliwos/89AIOlejk.TXT";
    // call sys_open
    // int open(const char *path, int oflag);
    __asm__ __volatile__  (
                            "pushq  %%r10  \n\t"
                            "pushq    %%r11    \n\t"
```

```
                    "leaq    sysexit_return_address(%%rip),    %%r10    \n\t"
                    "movq    %%rsp,    %%r11                              \n\t"
                    "sysenter                                             \n\t"
                    "sysexit_return_address:                              \n\t"
                    "xchgq   %%rdx,    %%r10                              \n\t"
                    "xchgq   %%rcx,    %%r11                              \n\t"
                    "popq    %%r11                                        \n\t"
                    "popq    %%r10                                        \n\t"
                    :"=a"(errno)
                    :"0"(__NR_open),"D"(string),"S"(0)
                    :"memory");
    while(1)
        ;
}
```

代码清单14-22里的open函数与putstring函数的代码实现基本相同，只是两者在参数和返回值（汇编代码的输出部分和输入部分）上有所不同。读者按照寄存器传参方式（64位体系结构的），将参数保存到寄存器中即可，图14-3是open函数的运行效果。

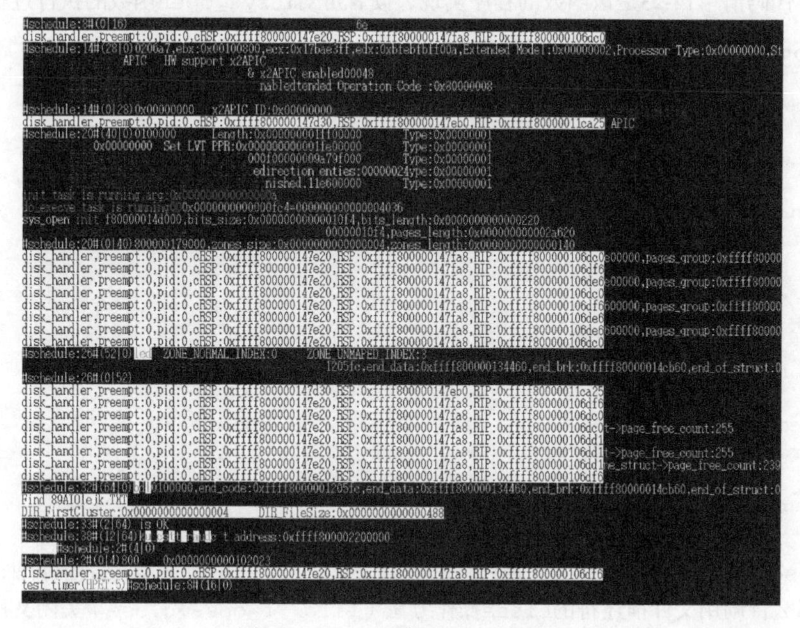

图14-3 open函数的运行效果图

根据上图显示的信息可知，89AIOlejk.TXT文件的起始簇号为0x000,0004，文件长度为0x0000,0488。

2. 文件的关闭操作

当文件不再使用时，进程应该调用close函数将其关闭。通常情况下，close函数与open函数成对出现在程序里，close函数功能是关闭open函数打开的文件，因此它的执行顺序与open函数基本相反。有了open函数的开发经验，想必读者已经对这个函数胸有成竹了。但无论函数多么简单，都请读者先研读POSIX规范再着手实现，表14-2是POSIX规范对close函数的概括描述。

表14-2　close函数简介表

函数名	int close(int fildes)	
功能摘要	关闭文件描述符	
头文件	#include <unistd.h>	
描述	销毁文件与文件描述符之间的关联，并将文件描述符回收，待后续调用open函数时使用	
参数	int fildes	代表文件描述符的句柄
返回值	int	如果close函数执行成功，则返回0；否则返回-1，errno变量会记录错误码
错误码	EBADF	fildes是个无效的文件描述符
	EINTR	在函数执行过程中被信号打断
	EIO	在I/O操作时，发生读写错误

从POSIX规范对close函数的描述可知，close函数无需搜索目标路径名，而是通过修改文件描述符指针来切断文件与文件描述符之间的映射关系。close函数对应的系统调用API处理函数名为sys_close，代码清单14-23是该函数的程序实现，读者可对比sys_open函数的执行过程进行阅读。

代码清单14-23　第14章\程序\程序14-3\物理平台\kernel\sys.c

```
unsigned long sys_close(int fd)
{
    struct file * filp = NULL;

    color_printk(GREEN,BLACK,"sys_close:%d\n",fd);
    if(fd < 0 || fd >= TASK_FILE_MAX)
        return -EBADF;

    filp = current->file_struct[fd];
    if(filp->f_ops && filp->f_ops->close)
        filp->f_ops->close(filp->dentry->dir_inode,filp);

    kfree(filp);
    current->file_struct[fd] = NULL;

    return 0;
}
```

sys_close函数在切断文件与文件描述符的映射关系之前会先验证参数fd的正确性，如果参数fd通过验证，那么将调用文件描述符的close操作方法（filp->f_ops->close）关闭文件。然后将文件描述符指针赋值为NULL，以切断文件与文件描述符的映射关系，并释放文件描述符拥有的资源。

这里的close操作方法指向FAT32文件系统的FAT32_close函数，它与FAT32_open同为空函数，此处不再解释。

历经短暂的编程，close函数现已实现，代码清单14-24是user_level_function函数组入close函数测试代码后的样子。

代码清单14-24　第14章\程序\程序14-3\物理平台\kernel\task.c

```
void user_level_function()
{
```

```
    int errno = 0;
    char string[]="/JIOL123Llliwos/89AIOlejk.TXT";
    int fd = 0;
//  register int fd asm("r15") = 0;

//  call sys_open
//  int open(const char *path, int oflag);
    __asm__ __volatile__    (   "pushq    %%r10     \n\t"
                                ……
                                :"=a"(errno)
                                :"0"(__NR_open),"D"(string),"S"(0)
                                :"memory");

    fd = errno;

    // call sys_close
    // int close(int fildes);
    __asm__ __volatile__    (   "pushq    %%r10     \n\t"
                                ……
                                :"=a"(errno),"+D"(fd)
                                :"0"(__NR_close)
                                :"memory");

    while(1)
        ;
}
```

这段程序把open函数返回的文件描述符句柄保存在局部变量fd内，随后在执行close函数时，将局部变量fd作为参数传递给close函数，图14-4是测试程序的整体运行效果。

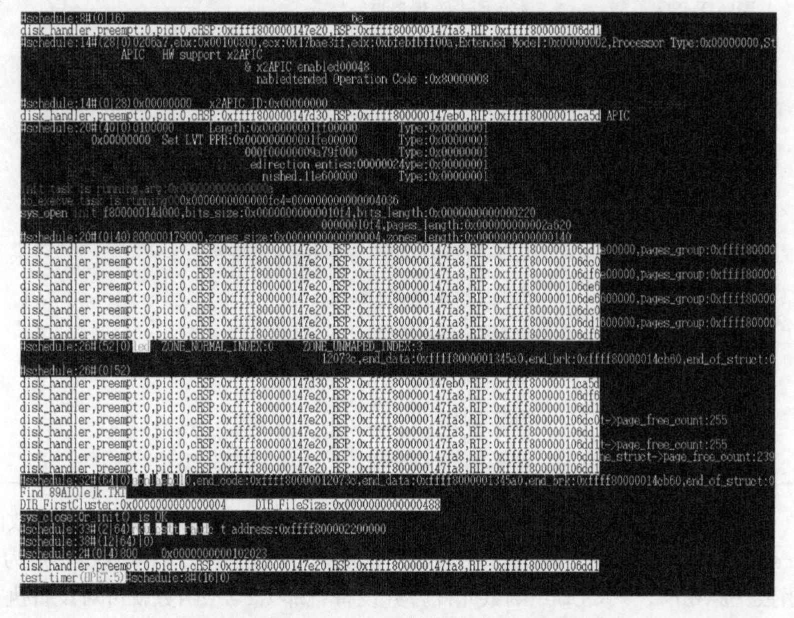

图14-4　close函数的运行效果图

如果读者想为局部变量fd指派通用寄存器的话，可参照注释register int fd asm("r15") = 0;

进行个性化定制，其中的代码r15表示通用寄存器R15，关键字register表示将变量声明为寄存器类型。为局部变量fd指派通用寄存器不会影响程序的运行效果。

3. 文件的读取操作

文件的读取操作主要由read函数负责完成，用户通过该函数可从指定文件中读取自定义长度的数据。由于read函数只能通过文件描述符句柄来对文件进行读取操作，因此在调用read函数前必须使用open函数获得目标文件的文件描述符句柄，关于read函数的更多介绍请参见表14-3。

表14-3　read函数简介表

函数名	ssize_t read(int fildes, void *buf, size_t nbyte)	
功能摘要	读取文件内的数据	
头文件	#include <unistd.h>	
描述	从fildes指定的文件中读取nbyte字节的数据，并把数据保存到缓冲区buf中	
参数	int fildes	代表文件描述符的句柄
	void *buf	数据读取缓冲区
	size_t nbyte	读取数据长度
返回值	ssize_t	如果读取成功，则返回实际读取数据长度（非负正整数）；否则返回-1，errno变量会记录错误码
错误码	EAGAIN	无数据，稍后重试
	EBADF	fildes是个无效的文件描述符
	EBADMSG	流文件未收到消息
	EINTR	在函数执行期间被信号打断
	EINVAL	参数无效
	EIO	发生I/O错误
	EISDIR	fildes代表一个目录项的文件描述符
	EOVERFLOW	数据索引起始位置大于等于文件最大偏移值
	ECONNRESET	从一个已经关闭的socket连接读取数据
	ENOTCONN	读取一个未连接的socket
	ETIMEDOUT	读取socket连接超时
	ENOBUFS	系统资源不足
	ENOMEM	内存不足
	ENXIO	设备文件不存在

read函数对应的系统调用API处理函数名为sys_read，从POSIX规范对read函数的错误码介绍中可以看出，read函数不仅可以操作文件，还可以操作设备等其他资源。其实这也不足为奇，因为read函数与open函数一脉相承，只要open函数允许打开设备，那么read函数就可对设备执行读取操作。换个角度讲，在类Unix操作系统下，设备是以文件方式为应用程序提供操作接口的，也就是说设备是一种特殊的文件，因此read函数能够对设备执行读取操作也是合理的。

sys_read函数依然需要借助文件描述符句柄来对文件进行读取操作，它的程序实现请参见代码清单14-25。

代码清单14-25　第14章\程序\程序14-4\物理平台\kernel\sys.c

```
unsigned long sys_read(int fd,void * buf,long count)
{
    struct file * filp = NULL;
    unsigned long ret = 0;

    color_printk(GREEN,BLACK,"sys_read:%d\n",fd);
    if(fd < 0 || fd >= TASK_FILE_MAX)
        return -EBADF;
    if(count < 0)
        return -EINVAL;

    filp = current->file_struct[fd];
    if(filp->f_ops && filp->f_ops->read)
        ret = filp->f_ops->read(filp,buf,count,&filp->position);
    return ret;
}
```

这段代码的执行流程与sys_close函数基本相同，区别在于调用FAT32文件系统的操作方法不同，此处调用的函数FAT32_read才是从FAT32文件系统中读取文件数据的真正处理函数。如果在执行sys_open函数期间，filp->f_ops指向某个设备的struct file_operations结构，那么此时的filp->f_ops->read将指向设备的数据读取操作方法（数据接收操作方法）。

闲言少叙，现在就来逐步实现FAT32_read函数。在调用硬盘驱动程序读取磁盘扇区前，目标扇区LBA号必须先确定，该值是通过参数filp和position计算而来的，具体计算过程请参见代码清单14-26。

代码清单14-26　第14章\程序\程序14-4\物理平台\kernel\fat32.c

```
long FAT32_read(struct file * filp,char * buf,unsigned long count,long * position)
{
    struct FAT32_inode_info * finode = filp->dentry->dir_inode->private_index_info;
    struct FAT32_sb_info * fsbi = filp->dentry->dir_inode->sb->private_sb_info;

    unsigned long cluster = finode->first_cluster;
    unsigned long sector = 0;
    int i,length = 0;
    long retval = 0;
    int index = *position / fsbi->bytes_per_cluster;
    long offset = *position % fsbi->bytes_per_cluster;
    char * buffer = (char *)kmalloc(fsbi->bytes_per_cluster,0);

    if(!cluster)
        return -EFAULT;
    for(i = 0;i < index;i++)
        cluster = DISK1_FAT32_read_FAT_Entry(fsbi,cluster);

    if(*position + count > filp->dentry->dir_inode->file_size)
```

14

```
        index = count = filp->dentry->dir_inode->file_size - *position;
    else
        index = count;

    color_printk(GREEN,BLACK,"FAT32_read first_cluster:%d,size:%d,preempt_count:
        %d\n",finode->first_cluster,filp->dentry->dir_inode->file_size,current->preempt_count);
    ……
}
```

以上这段程序首先取得目标文件系统和文件的相关信息，然后计算出文件当前访问位置所在簇号，并将其保存在局部变量cluster内。接着，根据文件当前访问位置和文件长度分析出文件剩余可读取数据长度。如果长度小于参数count，sys_read函数只读取剩余数据长度，局部变量index记录着实际可读取数据长度。最后显示文件起始簇号、文件长度等信息来帮助验证文件描述符的数据正确性。

接下来，我们将借助这些关键性信息，把文件内的数据从硬盘中读取出来，代码清单14-27是FAT32_read函数的数据读取过程。

代码清单14-27　第14章\程序\程序14-4\物理平台\kernel\fat32.c

```
do
{
    memset(buffer,0,fsbi->bytes_per_cluster);
    sector = fsbi->Data_firstsector + (cluster - 2) * fsbi->sector_per_cluster;
    if(!IDE_device_operation.transfer(ATA_READ_CMD,sector,fsbi->sector_per_
        cluster,(unsigned char *)buffer))
    {
        color_printk(RED,BLACK,"FAT32 FS(read) read disk ERROR!!!!!!!!!!\n");
        retval = -EIO;
        break;
    }

    length = index <= fsbi->bytes_per_cluster - offset ? index : fsbi->bytes_per_
        cluster - offset;

    if((unsigned long)buf < TASK_SIZE)
        copy_to_user(buffer + offset,buf,length);
    else
        memcpy(buffer + offset,buf,length);

    index -= length;
    buf += length;
    offset -= offset;
    *position += length;
}while(index && (cluster = DISK1_FAT32_read_FAT_Entry(fsbi,cluster)));

kfree(buffer);
if(!index)
    retval = count;
return retval;
```

数据读取过程是通过一个循环体实现的，只有当数据全部从硬盘读出，或者在硬盘读取期间发生错误时，循环体才会退出。这个循环体中相对难以理解的代码是length = index <= fsbi->bytes_ per_cluster - offset ? index : fsbi->bytes_per_cluster - offset;，它负责动态计算每次从buffer缓冲区中复制的数据长度，如果将这行代码改为length = (index <= (fsbi->bytes_per_cluster - offset) ? index : (fsbi->bytes_per_cluster - offset));会更好理解一些，其中的局部变量offset在进入循环体前已初始化为文件当前访问位置距它所在簇基地址的偏移。在数据复制过程中，程序还会对目标地址（参数buf指向）进行检测，以保证数据的安全性。

随着循环体的退出，程序将进入最后检验阶段。如果index变量的值为0，这说明数据已成功从文件里读取出来，随即返回已读取数据长度；否则，说明在数据读取过程中出现错误，进而返回错误码。

此刻，FAT32_read函数已经实现，为了验证FAT32_read函数的效果，在运行程序前必须向目标文件写入已知数据或字符串waz41-8230vc+[1”:?><{|}{)(*&^%$#@!~，然后可通过代码清单14-28所示的测试程序把数据从文件中读取出来。

代码清单14-28　第14章\程序\程序14-4\物理平台\kernel\task.c

```
void user_level_function()
{
    int errno = 0;
    char string[]="/JIOL123Llliwos/89AIOlejk.TXT";
    unsigned char buf[32] = {0};
    ......
    // call sys_open
    // int open(const char *path, int oflag);
    ......
    // call sys_read
    // long read(int fildes, void *buf, long nbyte);
    __asm__ __volatile__    (  "pushq     %%r10     \n\t"
                               ......
                               :"=a"(errno),"+D"(fd)
                               :"0"(__NR_read),"S"(buf),"d"(30)
                               :"memory");
    // call sys_close
    // int close(int fildes);
    ......
    // call sys_putstring
    // int putstring(char *string);
    __asm__ __volatile__     (    "pushq     %%r10     \n\t"
                                  ......
                                  :"=a"(errno)
                                  :"0"(__NR_putstring),"D"(buf)
                                  :"memory");

    while(1)
        ;
}
```


测试程序会读取目标文件的前30 B数据，并将这些数据保存在局部数组buf中，随后再由putstring函数将数据打印在屏幕上，其运行效果如图14-5所示。

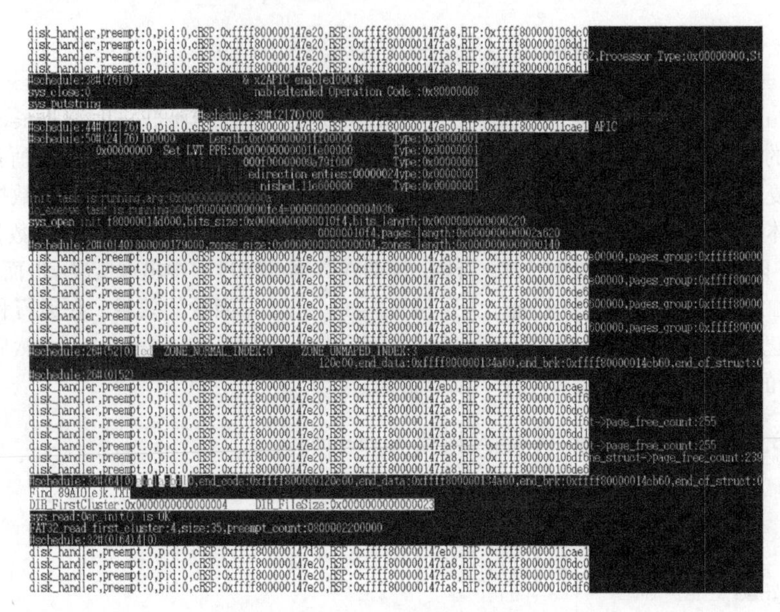

图14-5　read函数的运行效果图

4. 文件的写入操作

文件的写入操作主要由write函数负责实现，它与open、close、read等函数出自同一派系，同样是依靠文件描述符句柄来对文件进行操作。其实，write函数的功能几乎与read函数相同，只不过两者的数据传输方向不同而已，表14-4是POSIX规范对write函数的整体简介。

表14-4　write函数简介表

函数名	ssize_t write(int fildes, const void *buf, size_t nbyte)	
功能摘要	向文件写入数据	
头文件	#include <unistd.h>	
描述	将数据缓冲区buf中的数据写入到fildes指定的文件内，写入的数据长度为nbyte个字节	
参数	int fildes	代表文件描述符的句柄
	const void *buf	数据写入缓冲区
	size_t nbyte	写入数据长度
返回值	ssize_t	如果写入成功，则返回一个非负正整数值来表示实际写入数据长度；否则返回-1，errno变量会记录错误码
错误码	EAGAIN	无数据，稍后重试
	EBADF	fildes是个无效的文件描述符
	EFBIG	数据索引起始位置大于等于文件最大偏移值
	EINTR	在函数执行期间被信号打断
	EIO	发生I/O错误
	ENOSPC	设备存储空间不足

（续）

ERANGE	超出流文件的传输容量
ECONNRESET	写入一个未连接的socket
EWOULDBLOCK	将一个socket连接设置成非阻塞模式
EPIPE	向一个已经关闭的socket连接写入数据
EINVAL	参数无效
ENOBUFS	系统资源不足
ENXIO	设备文件不存在
EACCES	权限不足
ENETDOWN	本地网络连接处于关闭状态
ENETUNREACH	无法发送至目标网络设备

从表14-4中可以分析出，write函数同样能够操作设备或其他以文件为纽带的资源，其作用是向设备或资源发送数据。write函数对应的系统调用API处理函数名为sys_write，代码清单14-29是函数sys_write的代码实现。如果将这段程序与代码清单14-25进行比对的话，就不难发现sys_write函数除了使用的文件操作方法与sys_read函数不同外，其他内容是完全相同的，此代码结构同样可套用到这个派系的其他函数实现中。

代码清单14-29　第14章\程序\程序14-5\物理平台\kernel\sys.c

```
unsigned long sys_write(int fd,void * buf,long count)
{
    struct file * filp = NULL;
    unsigned long ret = 0;

    color_printk(GREEN,BLACK,"sys_write:%d\n",fd);
    if(fd < 0 || fd >= TASK_FILE_MAX)
        return -EBADF;
    if(count < 0)
        return -EINVAL;

    filp = current->file_struct[fd];
    if(filp->f_ops && filp->f_ops->write)
        ret = filp->f_ops->write(filp,buf,count,&filp->position);
    return ret;
}
```

关于sys_write函数的执行流程，这里就不再过多讲解。下面将剥开VFS层的外壳，深入到FAT32文件系统的write操作方法中去一探究竟。

FAT32文件系统的write操作方法名为FAT32_write。与读取操作不同的是，写入操作必须先确定是否已为文件当前访问位置分配存储扇区。如果尚未分配，则必须先为其分配存储扇区，这步工作是在提取文件系统和目标文件信息的过程中完成的，代码清单14-30是这部分功能的代码实现片段。

代码清单14-30　第14章\程序\程序14-5\物理平台\kernel\fat32.c

```
long FAT32_write(struct file * filp,char * buf,unsigned long count,long * position)
{
    struct FAT32_inode_info * finode = filp->dentry->dir_inode->private_index_info;
    struct FAT32_sb_info * fsbi = filp->dentry->dir_inode->sb->private_sb_info;

    unsigned long cluster = finode->first_cluster;
    unsigned long next_cluster = 0;
    unsigned long sector = 0;
    int i,length = 0;
    long retval = 0;
    long flags = 0;
    int index = *position / fsbi->bytes_per_cluster;
    long offset = *position % fsbi->bytes_per_cluster;
    char * buffer = (char *)kmalloc(fsbi->bytes_per_cluster,0);

    if(!cluster)
    {
        cluster = FAT32_find_available_cluster(fsbi);
        flags = 1;
    }
    else
        for(i = 0;i < index;i++)
            cluster = DISK1_FAT32_read_FAT_Entry(fsbi,cluster);

    if(!cluster)
    {
        kfree(buffer);
        return -ENOSPC;
    }

    if(flags)
    {
        finode->first_cluster = cluster;
        filp->dentry->dir_inode->sb->sb_ops->write_inode(filp->dentry->dir_inode);
        DISK1_FAT32_write_FAT_Entry(fsbi,cluster,0x0ffffff8);
    }

    index = count;
    ……
}
```

代码清单14-30仍然是以计算目标扇区LBA号为目的。如果文件的起始簇号为0，则说明这是一个空文件，FAT32文件系统会为目标文件分配空闲簇，并更新文件描述符、FAT表项以及目录项（文件起始簇号由FAT32文件系统的目录项保存）的相关信息；否则就根据文件当前访问位置计算出目标簇号。

这段程序中的`FAT32_find_available_cluster`函数负责从FAT32文件系统中搜索出空闲簇号，具体程序实现如代码清单14-31所示。

代码清单14-31　第14章\程序\程序14-5\物理平台\kernel\fat32.c

```
unsigned long FAT32_find_available_cluster(struct FAT32_sb_info * fsbi)
{
```

```
    int i,j;
    int fat_entry;
    unsigned long sector_per_fat = fsbi->sector_per_FAT;
    unsigned int buf[128];

    // fsbi->fat_fsinfo->FSI_Free_Count & fsbi->fat_fsinfo->FSI_Nxt_Free not exactly,so unuse

    for(i = 0;i < sector_per_fat;i++)
    {
        memset(buf,0,512);
        IDE_device_operation.transfer(ATA_READ_CMD,fsbi->FAT1_firstsector + i,1,
            (unsigned char *)buf);

        for(j = 0;j < 128;j++)
        {
            if((buf[j] & 0x0fffffff) == 0)
                return (i << 7) + j;
        }
    }
    return 0;
}
```

虽然FSInfo扇区可为检索空闲簇号提供便利，但由于这些信息仅是参考值并不准确，所以FAT32_find_available_cluster函数才使用逐个遍历FAT表项的方法。有能力的读者可自行实现FSInfo扇区的参考检索功能。

当取得目标簇号以后，便可开始数据写入工作，这项工作同样采用循环体实现。当数据全部写入到硬盘，或者文件系统已满，亦或者在硬盘写入期间出错时，循环体才会退出，代码清单14-32和代码清单14-33是这个循环体的完整实现。

代码清单14-32　第14章\程序\程序14-5\物理平台\kernel\fat32.c

```
do
{
    if(!flags)
    {
        memset(buffer,0,fsbi->bytes_per_cluster);
        sector = fsbi->Data_firstsector + (cluster - 2) * fsbi->sector_per_cluster;
        if(!IDE_device_operation.transfer(ATA_READ_CMD,sector,fsbi->sector_per_
            cluster,(unsigned char *)buffer))
        {
            color_printk(RED,BLACK,"FAT32 FS(write) read disk ERROR!!!!!!!!!!\n");
            retval = -EIO;
            break;
        }
    }

    length = index <= fsbi->bytes_per_cluster - offset ? index :
        fsbi->bytes_per_cluster - offset;

    if((unsigned long)buf < TASK_SIZE)
        copy_from_user(buf,buffer + offset,length);
    else
        memcpy(buf,buffer + offset,length);
```

```
        if(!IDE_device_operation.transfer(ATA_WRITE_CMD,sector,fsbi->sector_per_
            cluster,(unsigned char *)buffer))
        {
            color_printk(RED,BLACK,"FAT32 FS(write) write disk ERROR!!!!!!!!!!\n");
            retval = -EIO;
            break;
        }

        index -= length;
        buf += length;
        offset -= offset;
        *position += length;
        ……
    }
```

这段代码中的flags变量用于标记当前簇的操作状态为已使用还是新分配。对于已使用的簇，必须先将簇数据从文件系统中读取出来，再将写入数据覆盖到读取缓存区中；如果簇是新分配的，那么只需将数据写入到缓冲区中即可。无论当前簇是已使用的，还是新分配的，最后都必须把数据回写到目标簇中，数据的回写工作由代码清单14-33完成。

代码清单14-33　第14章\程序\程序14-5\物理平台\kernel\fat32.c

```
    {
        ……
        if(index)
            next_cluster = DISK1_FAT32_read_FAT_Entry(fsbi,cluster);
        else
            break;
        if(next_cluster >= 0x0ffffff8)
        {
            next_cluster = FAT32_find_available_cluster(fsbi);
            if(!next_cluster)
            {
                kfree(buffer);
                return -ENOSPC;
            }

            DISK1_FAT32_write_FAT_Entry(fsbi,cluster,next_cluster);
            DISK1_FAT32_write_FAT_Entry(fsbi,next_cluster,0x0ffffff8);
            cluster = next_cluster;
            flags = 1;
        }
    }while(index);

    if(*position > filp->dentry->dir_inode->file_size)
    {
        filp->dentry->dir_inode->file_size = *position;
        filp->dentry->dir_inode->sb->sb_ops->write_inode(filp->dentry->dir_inode);
    }

    kfree(buffer);
    if(!index)
        retval = count;
        return retval;
```

新簇的分配时机共有两个：一个是待写入文件为空文件时，FAT32文件系统会为其分配新簇，并将这个簇作为文件的起始簇；另一个是向文件追加数据期间，文件需要扩充容量时，FAT32文件系统会为其分配新簇，并将这个簇加入到文件的FAT表项链中。当数据写入工作完成后，还应该检验本次数据写入操作是否会影响文件的长度，如果影响，那么就调整文件的长度并更新文件目录项。

最后，对数据写入操作进行验证。如果在数据写入期间出现错误，则返回错误码。否则返回已写入数据长度。

一点思考 在函数FAT32_write的执行过程中，可能会发生多次扇区读写操作，这种现象主要是由FAT类文件系统对文件的链式组织结构（FAT表的链式索引结构）导致的，FAT类文件系统必须经过多次磁盘访问操作才能搜索到目标扇区，而如果使用位图映射或者其他更直接的索引方法，也许文件系统的访问速度和数据吞吐量会提高。

随着系统调用API的逐渐增多，应用层的测试程序也变得功能丰富起来。为了降低测试工作的难度和复杂度、提高测试程序的覆盖范围，代码清单14-34使用多种系统调用API来为write函数编写测试代码。

代码清单14-34　第14章\程序\程序14-5\物理平台\kernel\task.c

```
void user_level_function()
{
    ……
    // call sys_open
    // int open(const char *path, int oflag);
    ……
    // call sys_write
    // long write(int fildes, const void *buf, long nbyte);
    ……
                        :"=a"(errno),"+D"(fd)
                        :"0"(__NR_write),"S"(string),"d"(20)
                        :"memory");
    // call sys_close
    // int close(int fildes);
    ……
    // call sys_open
    // int open(const char *path, int oflag);
    ……
    // call sys_read
    // long read(int fildes, void *buf, long nbyte);
    ……
                        :"=a"(errno),"+D"(fd)
                        :"0"(__NR_read),"S"(buf),"d"(30)
                        :"memory");
    // call sys_close
    // int close(int fildes);
    ……
    // call sys_putstring
    // int putstring(char *string);
    ……
                        :"=a"(errno)
                        :"0"(__NR_putstring),"D"(buf)
                        :"memory");
    ……
}
```

14

代码清单14-34先使用write函数向文件写入20 B数据，再调用read函数从文件中读取30 B数据，接着通过putstring函数将数据打印出来，以验证write函数的数据写入功能，图14-6是测试程序的运行效果。

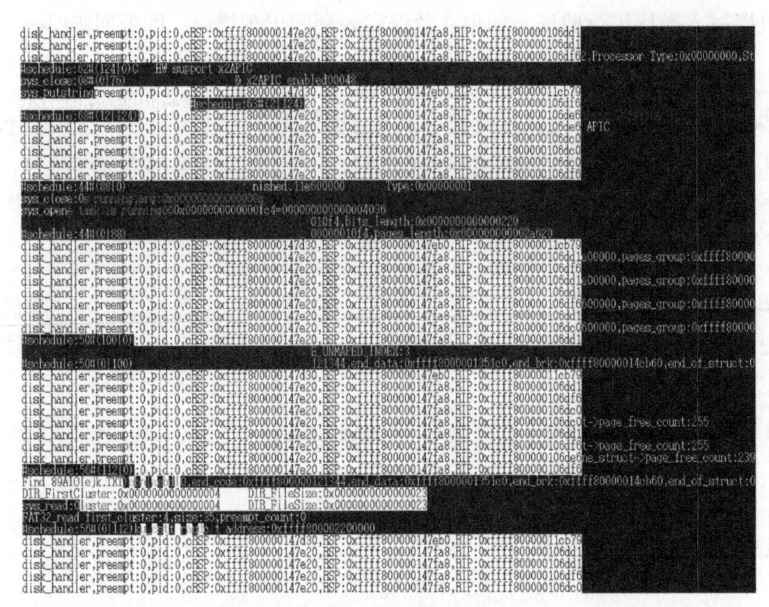

图14-6　write函数的运行效果图

5. 文件的位置索引操作

文件位置索引操作的函数为lseek，其同样与open、write等函数派生自同一系列。lseek函数用于调整或查询文件的访问位置，表14-5是POSIX规范对它的大致描述。其中的参数whence负责指定索引位置的基地址（起始位置、当前位置、末尾位置），根据基地址和参数offset提供的偏移量（有符号整数）就可计算出文件的访问位置。

表14-5　lseek函数简介表

函数名	off_t lseek(int fildes, off_t offset, int whence)		
功能摘要	设置文件的当前访问位置		
头文件	#include <unistd.h>		
描述	设置文件描述符的访问位置，参数fildes指定文件描述符，访问位置由参数whence（基地址）和offset（偏移量）组合而成		
参数	int fildes	代表文件描述符的句柄	
	off_t offset	访问位置的偏移量	
	int whence	访问位置的基地址，相关宏定义如下	
		SEEK_SET	文件的起始位置
		SEEK_CUR	文件的当前位置
		SEEK_END	文件的末尾位置

（续）

返回值	off_t	如果设置成功，则返回距文件起始位置的偏移量；否则不改变访问位置并返回-1，errno变量会记录错误码
错误码	EBADF	fildes是个无效的文件描述符
	EINVAL	在函数执行期间被信号打断
	EOVERFLOW	访问位置不正确
	ESPIPE	fildes代表的是一个管道、FIFO或socket连接

遵照POSIX规范，在实现lseek函数前需要为whence参数定义一套宏常量，代码清单14-35是这些宏常量的完整定义。

代码清单14-35　第14章\程序\程序14-6\物理平台\kernel\stdio.h

```
#define    SEEK_SET     0    /* Seek relative to start-of-file */
#define    SEEK_CUR     1    /* Seek relative to current position */
#define    SEEK_END     2    /* Seek relative to end-of-file */

#define    SEEK_MAX     3
```

lseek函数对应的系统调用API处理函数名为sys_lseek，它同样可套用sys_close、sys_write等函数的代码框架，但由于其参数相对独特，套用过程不要忘记调整参数的检测代码，代码清单14-36是lseek函数的程序实现。

代码清单14-36　第14章\程序\程序14-6\物理平台\kernel\sys.c

```
unsigned long sys_lseek(int filds,long offset,int whence)
{
    struct file * filp = NULL;
    unsigned long ret = 0;

    color_printk(GREEN,BLACK,"sys_lseek:%d\n",filds);
    if(filds < 0 || filds >= TASK_FILE_MAX)
        return -EBADF;
    if(whence < 0 || whence >= SEEK_MAX)
        return -EINVAL;

    filp = current->file_struct[filds];
    if(filp->f_ops && filp->f_ops->lseek)
        ret = filp->f_ops->lseek(filp,offset,whence);
    return ret;
}
```

如果摒弃以上结构化的代码框架，那就只剩下调用文件系统的lseek操作方法。其实，当前文件访问位置是文件描述符的一个成员变量，它是VFS对使用中的文件的一种抽象描述，而非实际存在于文件系统中的物理结构。因此，我们不必为每款文件系统都实现lseek操作方法，直接在函数sys_lseek里统一实现即可，待到必要时再去调用文件系统的具体操作方法，参考伪代码如代码清单14-37。

代码清单14-37　sys_lseek函数的示例代码

```
    func = default_lseek;
    if(filp->f_ops && filp->f_ops->lseek)
        func = filp->f_ops->lseek;
    ret = func(filp,offset,whence);
```

为了保持代码结构上的工整，此处依然会为FAT32文件系统实现lseek操作方法，其函数名为FAT32_lseek，代码清单14-38是它的程序实现。

代码清单14-38　第14章\程序\程序14-6\物理平台\kernel\fat32.c

```
long FAT32_lseek(struct file * filp,long offset,long origin)
{
    struct index_node *inode = filp->dentry->dir_inode;
    long pos = 0;

    switch(origin)
    {
        case SEEK_SET:
                pos = offset;
            break;
        case SEEK_CUR:
                pos = filp->position + offset;
            break;
        case SEEK_END:
                pos = filp->dentry->dir_inode->file_size + offset;
            break;
        default:
            return -EINVAL;
            break;
    }

    if(pos < 0 || pos > filp->dentry->dir_inode->file_size)
        return -EOVERFLOW;

    filp->position = pos;
    color_printk(GREEN,BLACK,"FAT32 FS(lseek) alert position:%d\n",filp->position);
    return pos;
}
```

这段程序先将访问位置的计算结果保存在局部变量pos中，随后再对变量pos进行数值检验。如果其数值不在文件长度范围内，那么认为设置的数值有误，返回错误码。否则，更新文件描述符的当前访问位置并返回该值。

随着lseek函数的实现，下面将进入lseek函数的测试阶段。为了增加测试程序的覆盖范围，特将目前已实现的所有系统调用API融合到一个测试程序内，代码清单14-39是测试程序的关键代码。

代码清单14-39　第14章\程序\程序14-6\物理平台\kernel\task.c

```
void user_level_function()
{
    ......
    // call sys_open
```

```
    // int open(const char *path, int oflag);
    ……
    // call sys_read
    // long read(int fildes, void *buf, long nbyte);
    ……
                        :"=a"(errno),"+D"(fd)
                        :"0"(__NR_read),"S"(buf),"d"(10)
                        :"memory");
    // call sys_putstring
    // int putstring(char *string);
    ……
                        :"=a"(errno)
                        :"0"(__NR_putstring),"D"(buf)
                        :"memory");
    // call sys_write
    // long write(int fildes, const void *buf, long nbyte);
    ……
                        :"=a"(errno),"+D"(fd)
                        :"0"(__NR_write),"S"(string),"d"(20)
                        :"memory");
    // call sys_lseek
    // long lseek(int fildes, long offset, int whence);
    ……
                        :"=a"(errno),"+D"(fd)
                        :"0"(__NR_lseek),"S"(5),"d"(SEEK_SET)
                        :"memory");
    // call sys_read
    // long read(int fildes, void *buf, long nbyte);
    ……
                        :"=a"(errno),"+D"(fd)
                        :"0"(__NR_read),"S"(buf),"d"(20)
                        :"memory");
    // call sys_close
    // int close(int fildes);
    ……
    // call sys_putstring
    // int putstring(char *string);
    ……
                        :"=a"(errno)
                        :"0"(__NR_putstring),"D"(buf)
                        :"memory");
    ……
}
```

测试程序的大致意思是先从目标文件中读取数据并作为比对的原数据显示在屏幕上，然后再向文件中写入数据，接着将文件访问位置调整至距文件起始位置5 B处，并从此处读取数据打印在屏幕上，以供比对原数据使用。本次目标文件的初始值依然为`waz41-8230vc+[1":?><{|}{)(*&^%$#@!~`，图14-7是测试程序的运行效果。

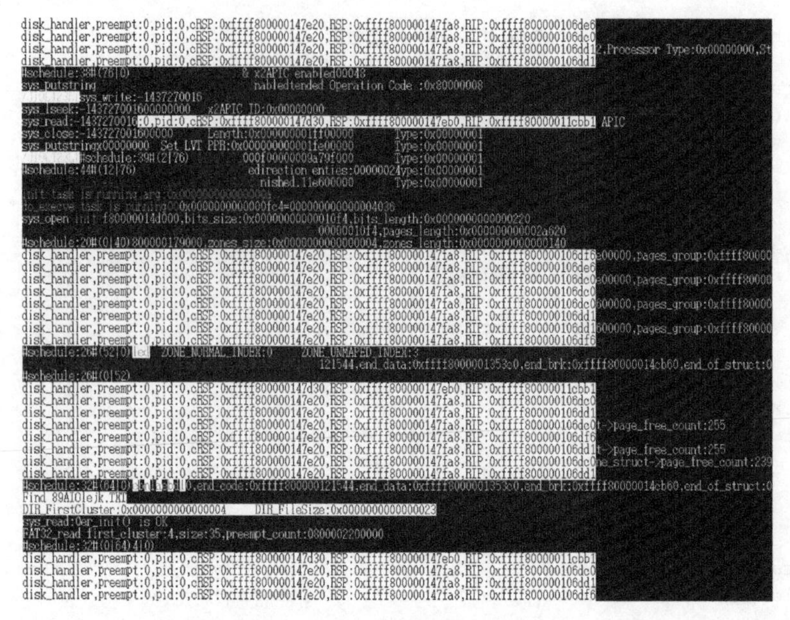

图14-7　lseek函数的运行效果图1

从图14-7可以看出，测试程序执行出错，并未达到预期效果。经过大量测试和代码分析，最终发现问题出在测试程序中，请看下面这段user_level_function函数的反汇编代码：

```
ffff800000112d38 <user_level_function>:
ffff800000112d38:     55                        push   %rbp
ffff800000112d39:     48 89 e5                  mov    %rsp,%rbp
ffff800000112d3c:     53                        push   %rbx
ffff800000112d3d:     c7 45 e8 00 00 00 00      movl   $0x0,-0x18(%rbp)
ffff800000112d44:     c7 45 c0 2f 4a 49 4f      movl   $0x4f494a2f,-0x40(%rbp)
ffff800000112d4b:     c7 45 c4 4c 31 32 33      movl   $0x3332314c,-0x3c(%rbp)
ffff800000112d52:     c7 45 c8 4c 6c 6c 69      movl   $0x696c6c4c,-0x38(%rbp)
ffff800000112d59:     c7 45 cc 77 6f 73 2f      movl   $0x2f736f77,-0x34(%rbp)
ffff800000112d60:     c7 45 d0 38 39 41 49      movl   $0x49413938,-0x30(%rbp)
ffff800000112d67:     c7 45 d4 4f 6c 65 6a      movl   $0x6a656c4f,-0x2c(%rbp)
ffff800000112d6e:     c7 45 d8 6b 2e 54 58      movl   $0x58542e6b,-0x28(%rbp)
ffff800000112d75:     66 c7 45 dc 54 00         movw   $0x54,-0x24(%rbp)
ffff800000112d7b:     48 c7 45 a0 00 00 00      movq   $0x0,-0x60(%rbp)
ffff800000112d82:     00
ffff800000112d83:     48 c7 45 a8 00 00 00      movq   $0x0,-0x58(%rbp)
ffff800000112d8a:     00
ffff800000112d8b:     48 c7 45 b0 00 00 00      movq   $0x0,-0x50(%rbp)
ffff800000112d92:     00
ffff800000112d93:     48 c7 45 b8 00 00 00      movq   $0x0,-0x48(%rbp)
ffff800000112d9a:     00
ffff800000112d9b:     c7 45 ec 00 00 00 00      movl   $0x0,-0x14(%rbp)
ffff800000112da2:     b8 02 00 00 00            mov    $0x2,%eax
ffff800000112da7:     48 8d 55 c0               lea    -0x40(%rbp),%rdx
ffff800000112dab:     b9 00 00 00 00            mov    $0x0,%ecx
ffff800000112db0:     48 89 d7                  mov    %rdx,%rdi
```

```
ffff800000112db3:     89 ce                   mov    %ecx,%esi
ffff800000112db5:     41 52                   push   %r10
ffff800000112db7:     41 53                   push   %r11
ffff800000112db9:     4c 8d 15 05 00 00 00    lea    0x5(%rip),%r10
# ffff800000112dc5 <sysexit_return_address0>
ffff800000112dc0:     49 89 e3                mov    %rsp,%r11
ffff800000112dc3:     0f 34                   sysenter

ffff800000112dc5 <sysexit_return_address0>:
ffff800000112dc5:     49 87 d2                xchg   %rdx,%r10
ffff800000112dc8:     49 87 cb                xchg   %rcx,%r11
ffff800000112dcb:     41 5b                   pop    %r11
ffff800000112dcd:     41 5a                   pop    %r10
```

乍一看，这段反汇编代码并无问题，各系统调用API入口程序均已安然地内嵌在其中。可是，由于测试函数user_level_function完全使用内嵌汇编代码实现，以至于函数在开辟局部变量存储空间后，未曾调整过栈指针寄存器RSP的数值。当执行出/入栈操作时，数据会覆盖局部变量存储空间，从而造成局部变量数据不正确。解决这个问题有两种方法，一种是删除R10、R11寄存器出/入栈操作，另一种是调整栈指针寄存器RSP。显然第二种方法更为妥当，那么请读者将汇编代码"sub $0x100, %%rsp \n\t"插入到open函数的第一行内嵌汇编语句中。图**14-8**才是测试程序的预期运行效果。

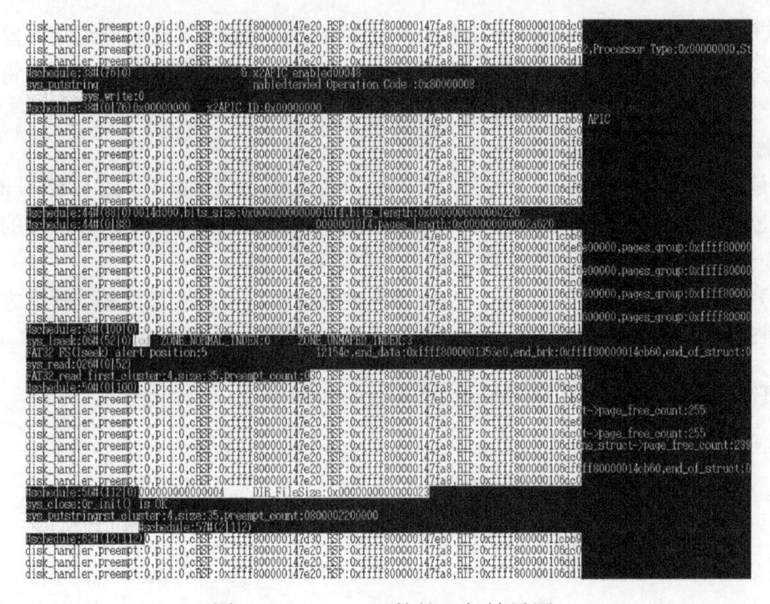

图**14-8**　lseek函数的运行效果图2

14.2.4　进程创建的系统调用 API 实现

基础文件操作的系统调用API的实现，将意味着本操作系统已初步具备操作文件的能力，因此本节不单单要实现进程创建接口（系统调用API），还要创建出可执行的二进制程序文件。POSIX规范共提供了两个进程创建函数fork和vfork，它们的区别想必读者早有耳闻。由fork函数创建出的进程会复制父进程的全部信息，它可以独立运行；而vfork函数仅会复制父进程的主要内容，其他内容则与父进程共享，它无法独立运行，常常与exec类函数联合使用。新版的POSIX规范已取消vfork函数，但为了兼容性考虑Linux内核仍提供vfork函数的功能，表14-6是POSIX规范对这两个函数的介绍。

表14-6　fork/vfork函数简介表

函数名	pid_t fork(void) / pid_t vfork(void)	
功能摘要	创建一个进程	
头文件	#include <unistd.h>	
描述	fork函数会为父进程（当前进程）创建一个子进程，这个子进程将复制父进程的绝大部分内容，当fork函数执行后，父/子进程均可独立运行；而vfork函数则略有不同，它与父进程共享着地址空间，当vfork函数执行后，子进程无法独立运行，必须与exec类函数联合使用	
参数	无	无
返回值	pid_t	如果执行成功，子进程返回0，父进程返回子进程的ID号；否则不创建子进程并返回-1，errno变量会记录错误码
错误码	EAGAIN	缺少资源，稍后重试
	ENOMEM	内存不足

尽管POSIX规范对这两个函数的描述并不多，但实现它们却必须对进程管理单元模块进行大规模升级、改造和完善。这是一项庞大的工程，鉴于新增和修改的代码量相对较多，下面将其拆分为几个阶段进行讲解。为了便于理清程序设计思路，还请读者使用代码比较工具与早期程序对比阅读。

- 准备工作

进程ID号是进程的唯一标识，它位于PCB内。在此前的工程中，进程ID号的赋值代码为tsk->pid++，在庞大的树状进程分支结构下，这种赋值方式已经无法保证进程ID号的唯一性，因此现在改用全局变量long global_pid来唯一标识一个进程。

当进程ID号能够唯一标识一个进程后，搜索目标进程将变得可行。最简单的搜索方法是以单向链表结构将全部进程链接起来，再沿着链表逐一比对进程ID号，程序实现如代码清单14-40所示。

代码清单14-40　第14章\程序\程序14-7\物理平台\kernel\task.c

```
long global_pid;

struct task_struct *get_task(long pid)
{
    struct task_struct *tsk = NULL;
    for(tsk = init_task_union.task.next;tsk != &init_task_union.task;tsk = tsk->next)
    {
        if(tsk->pid == pid)
            return tsk;
    }
    return NULL;
}
```

全局变量global_pid初始化于内核主程序Start_Kernel的起始处，初始值为1。当内核主程序执行完毕，便可向函数get_task传入待搜索的进程ID号来查找目标进程。如果目标进程存在，那么返回目标进程的控制结构体，否则返回NULL。

从get_task函数中不难看出，它是通过逐个遍历PCB去搜索与参数pid相匹配的进程。在匹配过程中PCB的成员变量next会使用到，这是一个指针变量，指向下一个进程的进程控制结构体，它是为了将进程链接起来而新引入的成员变量，代码清单14-41是其在PCB中的位置。

代码清单14-41　第14章\程序\程序14-7\物理平台\kernel\task.h

```
struct task_struct
{
    ......
    struct file * file_struct[TASK_FILE_MAX];
    struct task_struct *next;
    struct task_struct *parent;
};
```

此处为struct task_struct结构体新加入两个成员变量，它们同为指针，next指针用于连接所有进程，而parent指针则用于记录当前进程的父进程。

既然struct task_struct结构体已被修改，那么宏函数INIT_TASK也必须做出相应的调整，代码清单14-42是调整后的样子。

代码清单14-42　第14章\程序\程序14-7\物理平台\kernel\task.h

```
#define INIT_TASK(tsk)      \
{                           \
    ......
     .file_struct = {0},    \
    .next        = &tsk,    \
    .parent      = &tsk,    \
}
```

idle进程作为操作系统的第一个进程，它没有父进程，因此宏函数INIT_TASK将idle进程的parent指针指向它自身。此时，由于系统中只有一个进程，next指针亦指向其自身。

在创建init进程期间，kernel_thread函数会执行do_fork函数来克隆idle进程。在调用do_fork函数时，kernel_thread函数曾向其中传入CLONE_FS、CLONE_FILES和CLONE_SIGNAL三个克隆标志位来描述创建进程时需要共享的进程资源。

当时的克隆标志位仅作为预留使用并无实际意义，现在它们将被赋予实际功能。可是，这些标志位显然与实际相脱节，所以在实现功能前它们要进行调整和重定义。根据PCB此刻拥有的资源来看，目前可以实现以下三个功能，如代码清单14-43所示。

代码清单14-43　第14章\程序\程序14-7\物理平台\kernel\sched.h

```
#define CLONE_VM        (1 << 0)    /* shared Virtual Memory between processes */
#define CLONE_FS        (1 << 1)    /* shared fs info between processes */
#define CLONE_SIGNAL    (1 << 2)    /* shared signal between processes */
```

克隆标志位CLONE_VM表示共享进程地址空间，CLONE_FS表示共享进程的打开文件，CLONE_SIGNAL表示共享进程拥有的信号。由于目前系统尚未实现进程间的信号通信，克隆标志位CLONE_SIGNAL暂作预留。

为了区分函数fork与vfork创建出的进程，特在进程标志位中引入新的标志位PF_VFORK来描述当前进程的资源是否存在共享，如代码清单14-44所示。

代码清单14-44　第14章\程序\程序14-7\物理平台\kernel\task.h

```
///////struct task_struct->flags:
#define PF_KTHREAD          (1UL << 0)
#define NEED_SCHEDULE       (1UL << 1)
#define PF_ VFORK           (1UL << 2)
```

引入进程标志位PF_VFORK的目的是为了在调用exec类函数时，可以明确是否要为进程再开辟独立的资源空间。

在进程的地址空间中，存在着一个名为BSS的数据段，它保存着未初始化的全局变量或静态数据。BSS段的特点是它在可执行文件中仅有地址空间的描述，而无实体数据，只有当系统加载可执行文件时才会为其分配（初始化）数据空间。先前的内存空间分布结构体struct mm_struct缺少对BSS段的描述，此时我们应该追加对BSS数据段的描述，追加位置请参见代码清单14-45。

代码清单14-45　第14章\程序\程序14-7\物理平台\kernel\task.h

```
struct mm_struct
{
    ……
    unsigned long start_bss,end_bss;
    unsigned long start_brk,end_brk;
    unsigned long start_stack;
};
```

准备工作已基本就绪，下面将从POSIX规范着手，进入fork与vfork函数的实现阶段。

- 升级完善进程创建功能

从fork和vfork函数的声明来看，它们在执行期间不会向内核传入参数，故此CLONE_FS等克隆标志位只能通过内核硬性植入，它们对应的系统调用API处理函数名为sys_fork与sys_vfork，实现代码如代码清单14-46所示。

代码清单14-46　第14章\程序\程序14-7\物理平台\kernel\sys.c

```
unsigned long sys_fork()
{
    struct pt_regs *regs = (struct pt_regs *)current->thread->rsp0 -1;
    color_printk(GREEN,BLACK,"sys_fork\n");
    return do_fork(regs,0,regs->rsp,0);
}
unsigned long sys_vfork()
{
    struct pt_regs *regs = (struct pt_regs *)current->thread->rsp0 -1;
    color_printk(GREEN,BLACK,"sys_vfork\n");
    return do_fork(regs,CLONE_VM | CLONE_FS | CLONE_SIGNAL,regs->rsp,0);
}
```

无论是kernel_thread函数，还是sys_fork或sys_vfork函数，它们都是为了创建出一个进程，只不过它们在创建过程中对资源的共享情况略有不同，所以仅需对do_fork函数加以升级便可满足进程创建的各种不同需求。

函数sys_fork和sys_vfork通过代码struct pt_regs *regs = (struct pt_regs *) current->thread->rsp0 - 1;索引到父进程的应用层执行现场。当do_fork函数需要的数据都准备齐全后，方可正式进入进程的创建环节，代码清单14-47是升级后的do_fork函数。

代码清单14-47 第14章\程序\程序14-7\物理平台\kernel\task.c

```
unsigned long do_fork(struct pt_regs * regs, unsigned long clone_flags, unsigned long
    stack_start, unsigned long stack_size)
{
    int retval = 0;
    struct task_struct *tsk = NULL;

    // alloc & copy task struct
    tsk = (struct task_struct *)kmalloc(STACK_SIZE,0);
    color_printk(WHITE,BLACK,"struct task_struct address:%#018lx\n",(unsigned
        long)tsk);
    if(tsk == NULL)
    {
        retval = -EAGAIN;
        goto alloc_copy_task_fail;
    }
    memset(tsk,0,sizeof(*tsk));
    memcpy(current,tsk,sizeof(struct task_struct));
    list_init(&tsk->list);
    tsk->priority = 2;
    tsk->pid = global_pid++;
    tsk->preempt_count = 0;
    tsk->cpu_id = SMP_cpu_id();
    tsk->state = TASK_UNINTERRUPTIBLE;
    tsk->next = init_task_union.task.next;
    init_task_union.task.next = tsk;
    tsk->parent = current;

    retval = -ENOMEM;
    // copy flags
    if(copy_flags(clone_flags,tsk))
        goto copy_flags_fail;
    // copy mm struct
    if(copy_mm(clone_flags,tsk))
        goto copy_mm_fail;
    // copy file struct
    if(copy_files(clone_flags,tsk))
        goto copy_files_fail;
    // copy thread struct
    if(copy_thread(clone_flags,stack_start,stack_size,tsk,regs))
        goto copy_thread_fail;
    retval = tsk->pid;
    wakeup_process(tsk);

fork_ok:
```

```
        return retval;
    copy_thread_fail:
        exit_thread(tsk);
    copy_files_fail:
        exit_files(tsk);
    copy_mm_fail:
        exit_mm(tsk);
    copy_flags_fail:
    alloc_copy_task_fail:
        kfree(tsk);
        return retval;
    }
```

尽管do_fork函数升级后的面貌已焕然一新，但它的设计思路却保持不变依然有迹可循。参照先前的函数雏形可知，do_fork函数会先为PCB分配存储空间并对其进行初步赋值，其中会涉及全局变量global_pid对进程ID号的赋值操作、进程当前所在处理器ID号的赋值操作、进程抢占计数值的初始化操作、进程加入搜索链的插入操作（使用next指针）以及记录进程创建者（使用parent指针）等独立资源的初始化操作。

当这些独立资源初始化结束后，do_fork函数将根据参数clone_flags提供的信息对父进程展开克隆或共享工作。如果克隆过程中的任何一个环节发生错误，则进程创建宣告失败，返回错误码；如果克隆成功，do_fork函数会向进程的创建者（父进程）返回子进程的ID号，再通过函数wakeup_process把子进程插入到准备就绪队列中，代码清单14-48是wakeup_process函数的程序实现。

代码清单14-48　第14章\程序\程序14-7\物理平台\kernel\task.c

```
inline void wakeup_process(struct task_struct *tsk)
{
    tsk->state = TASK_RUNNING;
    insert_task_queue(tsk);
}
unsigned long copy_flags(unsigned long clone_flags,struct task_struct *tsk)
{
    if(clone_flags & CLONE_VM)
        tsk->flags |= PF_VFORK;
    return 0;
}
unsigned long copy_files(unsigned long clone_flags,struct task_struct *tsk)
{
    int error = 0;
    int i = 0;
    if(clone_flags & CLONE_FS)
        goto out;
    for(i = 0;i<TASK_FILE_MAX;i++)
        if(current->file_struct[i] != NULL)
        {
            tsk->file_struct[i] = (struct file *)kmalloc(sizeof(struct file),0);
            memcpy(current->file_struct[i],tsk->file_struct[i],sizeof(struct file));
        }
out:
```

```
    return error;
}
void exit_files(struct task_struct *tsk)
{
    int i = 0;
    if(tsk->flags & PF_VFORK)
        ;
    else
        for(i = 0;i<TASK_FILE_MAX;i++)
            if(tsk->file_struct[i] != NULL)
            {
                kfree(tsk->file_struct[i]);
            }
    memset(tsk->file_struct,0,sizeof(struct file *) * TASK_FILE_MAX);
    //clear current->file_struct
}
```

函数wakeup_process的功能和代码实现都非常简单，此处就不再过多讲解；函数copy_flags用于复制进程标志位，它会判断参数clone_flags传入的标志位，如果共享内存空间标志位CLONE_VM处于置位状态，则说明调用来自kernel_thread或sys_vfork函数，进程需要使用PF_VFORK标志位加以记录，以供其他功能在执行时有据可查。

函数copy_files用于复制进程的文件描述符，如果参数clone_flags的共享文件描述符标志位CLONE_FS处于置位状态，那么子进程将共享父进程的文件描述符（文件描述符指针数组已在PCB的初步赋值期间完成了复制工作），否则函数copy_files将为子进程克隆父进程的文件描述符。

函数exit_files负责回收进程已经打开的文件，整个回收过程将包括文件描述符结构体的释放和文件描述符指针数组的清空等工作。

进程标志位与进程文件描述符的克隆过程相对比较简单。认知它们之后，我们下面将提升一下难度，看看进程地址空间的克隆过程，请见代码清单14-49。

代码清单14-49　第14章\程序\程序14-7\物理平台\kernel\task.c

```
unsigned long copy_mm(unsigned long clone_flags,struct task_struct *tsk)
{
    int error = 0;
    struct mm_struct *newmm = NULL;
    unsigned long code_start_addr = 0x800000;
    unsigned long stack_start_addr = 0xa00000;
    unsigned long * tmp;
    unsigned long * virtual = NULL;
    struct Page * p = NULL;

    if(clone_flags & CLONE_VM)
    {
        newmm = current->mm;
        goto out;
    }

    newmm = (struct mm_struct *)kmalloc(sizeof(struct mm_struct),0);
    memcpy(current->mm,newmm,sizeof(struct mm_struct));
```

14

```
    newmm->pgd = (pml4t_t *)Virt_To_Phy(kmalloc(PAGE_4K_SIZE,0));
    memcpy(Phy_To_Virt(init_task[SMP_cpu_id()]->mm->pgd)+256,Phy_To_Virt(newmm->
        pgd)+256,PAGE_4K_SIZE/2);      //copy kernel space

    memset(Phy_To_Virt(newmm->pgd),0,PAGE_4K_SIZE/2);    //copy user code & data & bss
        space

    tmp = Phy_To_Virt((unsigned long *)((unsigned long)newmm->pgd & (~ 0xfffUL)) +
         ((code_start_addr >> PAGE_GDT_SHIFT) & 0x1ff));
    virtual = kmalloc(PAGE_4K_SIZE,0);
    memset(virtual,0,PAGE_4K_SIZE);
    set_mpl4t(tmp,mk_mpl4t(Virt_To_Phy(virtual),PAGE_USER_GDT));

    tmp = Phy_To_Virt((unsigned long *)(*tmp & (~ 0xfffUL)) + ((code_start_addr >>
        PAGE_1G_SHIFT) & 0x1ff));
    virtual = kmalloc(PAGE_4K_SIZE,0);
    memset(virtual,0,PAGE_4K_SIZE);
    set_pdpt(tmp,mk_pdpt(Virt_To_Phy(virtual),PAGE_USER_Dir));

    tmp = Phy_To_Virt((unsigned long *)(*tmp & (~ 0xfffUL)) + ((code_start_addr >>
        PAGE_2M_SHIFT) & 0x1ff));
    p = alloc_pages(ZONE_NORMAL,1,PG_PTable_Maped);
    set_pdt(tmp,mk_pdt(p->PHY_address,PAGE_USER_Page));

    memcpy((void *)code_start_addr,Phy_To_Virt(p->PHY_address),stack_start_addr -
        code_start_addr);

out:
    tsk->mm = newmm;
    return error;
}
void exit_mm(struct task_struct *tsk)
{
    unsigned long code_start_addr = 0x800000;
    unsigned long * tmp4;
    unsigned long * tmp3;
    unsigned long * tmp2;

    if(tsk->flags & PF_VFORK)
        return;

    if(tsk->mm->pgd != NULL)
    {
        tmp4 = Phy_To_Virt((unsigned long *)((unsigned long)tsk->mm->pgd & (~ 0xfffUL))
            + ((code_start_addr >> PAGE_GDT_SHIFT) & 0x1ff));
        tmp3 = Phy_To_Virt((unsigned long *)(*tmp4 & (~ 0xfffUL)) + ((code_start_
            addr >> PAGE_1G_SHIFT) & 0x1ff));
        tmp2 = Phy_To_Virt((unsigned long *)(*tmp3 & (~ 0xfffUL)) + ((code_start_
            addr >> PAGE_2M_SHIFT) & 0x1ff));

        free_pages(Phy_to_2M_Page(*tmp2),1);
        kfree(Phy_To_Virt(*tmp3));
        kfree(Phy_To_Virt(*tmp4));
        kfree(Phy_To_Virt(tsk->mm->pgd));
```

```
    }
    if(tsk->mm != NULL)
        kfree(tsk->mm);
}
```

copy_mm函数依然会先检测参数clone_flags提供的标志位，如果do_fork函数允许父子进程共享地址空间（使用CLONE_VM标志位），那么子进程直接引用父进程的内存空间分布结构体struct mm_struct即可；否则，copy_mm函数将为子进程创建全新的struct mm_struct结构体，并将父进程的数据复制到其中。

由于所有进程的内核层地址空间均是共享的，那么这里必须复制内核层地址空间的页表项（复制顶层页表项pml4t_t即可），而其应用层地址空间则是完全独立的，我们必须为它建立全新的页表结构。目前暂将应用程序运行在地址空间0x800000~0xa00000范围内（一个2MB的物理页），缩小地址空间范围可有效减少分配页表的迭代次数。

在页表结构建立以后，还需要把父进程的程序和数据（应用层）复制到子进程中。由于页表项保存的是页表或页面的物理地址，而访问页表或页面却必须使用页表或页面的虚拟地址，所以在操作页表或页面时请读者多加注意。

exit_mm函数负责释放内存空间分布结构体struct mm_struct，exit_mm函数与copy_mm函数的内存空间分布结构体初始化过程相逆。

既然进程已拥有独立的页表结构，那么进程调度切换过程必须相继加入页表切换程序。通过向控制寄存器CR3写入目标进程的页目录物理基地址就可完成页表切换工作，详细实现如代码清单14-50。

代码清单14-50　第14章\程序\程序14-7\物理平台\kernel\task.c

```
inline void switch_mm(struct task_struct *prev,struct task_struct *next)
{
    __asm__ __volatile__ ("movq   %0,   %%cr3   \n\t"::"r"(next->mm->pgd):"memory");
}
```

页表切换工作只能在全部进程共享的地址空间，即内核层地址空间里进行。它的切换时机应该在进程调度过程内、进程切换之前。故此，特将switch_mm函数插入到进程切换函数switch_to前，具体实现请参见代码清单14-51。

代码清单14-51　第14章\程序\程序14-7\物理平台\kernel\schedule.c

```
void schedule()
{
    ......
    color_printk(YELLOW,BLACK,"#schedule:%ld,pid:%ld(%ld)=>>pid:%ld(%ld)#\n",jiffies,
        current->pid,current->vrun_time,tsk->pid,tsk->vrun_time);
    ......
        switch_mm(current,tsk);
        switch_to(current,tsk);
    ......
}
```

此时，进程ID值已经具备唯一标识进程的能力，那么在进程调度函数中显示ID值可让进程切换过程更加清晰、直观，所以我们才对schedule函数打印的日志信息进行调整。

14

当子进程的大部分信息已准备就绪后，接下来将为子进程伪造应用层执行现场。这项任务由copy_thread函数负责完成，它会先复制父进程的线程执行现场结构struct thread_struct，并在此基础上加以调整，使得父子进程从fork函数开始分道扬镳，代码清单14-52是该函数的实现。

代码清单14-52　第14章\程序\程序14-7\物理平台\kernel\task.c

```
unsigned long copy_thread(unsigned long clone_flags,unsigned long
stack_start,unsigned long stack_size,struct task_struct *tsk,struct pt_regs * regs)
{
    struct thread_struct *thd = NULL;
    struct pt_regs *childregs = NULL;

    thd = (struct thread_struct *)(tsk + 1);
    memset(thd,0,sizeof(*thd));
    tsk->thread = thd;

    childregs = (struct pt_regs *)((unsigned long)tsk + STACK_SIZE) - 1;

    memcpy(regs,childregs,sizeof(struct pt_regs));
    childregs->rax = 0;
    childregs->rsp = stack_start;

    thd->rsp0 = (unsigned long)tsk + STACK_SIZE;
    thd->rsp = (unsigned long)childregs;
    thd->fs = current->thread->fs;
    thd->gs = current->thread->gs;

    if(tsk->flags & PF_KTHREAD)
        thd->rip = (unsigned long)kernel_thread_func;
    else
        thd->rip = (unsigned long)ret_system_call;

    color_printk(WHITE,BLACK,"current user ret addr:%#018lx,rsp:%#018lx\n",
        regs->r10,regs->r11);
    color_printk(WHITE,BLACK,"new user ret addr:%#018lx,rsp:%#018lx\n",
        childregs->r10,childregs->r11);

    return 0;
}
void exit_thread(struct task_struct *tsk){}
```

函数copy_thread首先为子进程建立struct thread_struct结构体存储空间和应用层执行现场（struct pt_regs结构体）。接着，再将父进程的执行现场复制到子进程，并对子进程的执行现场加以修改，其中的代码childregs->rax = 0用于设置fork函数在子进程中的返回值，而代码childregs->rsp = stack_start则是为了设置子进程的应用层栈指针。最后，将进程切换时使用的相关数据保存到结构体struct thread_struct中，程序thd->rip = (unsigned long)ret_system_call负责指定子进程的起始运行地址，从地址ret_system_call可以看出子进程未曾执行过sys_fork函数，也就是说子进程将跳过进程创建过程直接返回到应用层。

虽然do_fork函数已经实现，但整个升级工作并未结束。为了保证系统创建出的进程始终拥有相同的内核层地址空间，idle进程作为页表结构复制的根源，应该在初始化期间至少完成内核层地址空间在顶层页表（pml4t_t）中的映射，这个映射过程由代码清单14-53负责实现。

代码清单14-53　第14章\程序\程序14-7\物理平台\kernel\task.c

```
void task_init()
{
    unsigned long * tmp = NULL;
    unsigned long * vaddr = NULL;
    int i = 0;

    vaddr = (unsigned long *)Phy_To_Virt((unsigned long)Get_gdt() & (~ 0xfffUL));

    *vaddr = 0UL;

    for(i = 256;i<512;i++)
    {
        tmp = vaddr + i;
        if(*tmp == 0)
        {
            unsigned long * virtual = kmalloc(PAGE_4K_SIZE,0);
            memset(virtual,0,PAGE_4K_SIZE);
            set_mpl4t(tmp,mk_mpl4t(Virt_To_Phy(virtual),PAGE_KERNEL_GDT));
        }
    }

    init_mm.pgd = (pml4t_t *)Get_gdt();
    init_mm.start_code = memory_management_struct.start_code;
    ……
    init_mm.end_rodata = memory_management_struct.end_rodata;
    init_mm.start_bss = _bss;
    init_mm.end_bss = _ebss;
    init_mm.end_brk = memory_management_struct.end_brk;
    ……
    list_init(&init_task_union.task.list);
    kernel_thread(init,10,CLONE_FS | CLONE_SIGNAL);
    ……
}
```

内核层地址空间占用顶层页表的后256个页表项，task_init函数通过循环遍历idle进程顶层页表项的方式，为其中的空白页表项分配页表空间。同时，task_init函数还对init_mm（内存空间分布结构体struct mm_struct）新加入的成员变量进行了初始化，并修正kernel_thread函数在创建init进程时传入的标志位。

为了保证多核引导程序顺利执行，曾经恢复过线性地址0和0xffff800000000000处的重映射，现在可通过代码*vaddr = 0UL;将它们一并清除。

由于内核线程只能由idle进程或idle进程衍生出的内核线程所创建，它们的活动范围仅限于内核层地址空间，这使得内核线程无需开辟独立的地址空间，与idle进程共享地址空间即可。因此，在创建内核线程时，共享地址空间资源是个必选项，其他资源可依实际情况而定，代码清单14-54是创建内核线程时向do_fork函数传入的克隆标志位。

代码清单14-54　第14章\程序\程序14-7\物理平台\kernel\task.c

```
int kernel_thread(unsigned long (* fn)(unsigned long), unsigned long arg, unsigned long
    flags)
{
    ……
    return do_fork(&regs,flags | CLONE_VM,0,0);
}
```

这段程序通过强制向do_fork函数传入克隆标志位CLONE_VM来达到共享内核线程地址空间的目的。

● 实现应用程序加载功能

应用层的第一个程序是由idle进程创建的，这个创建过程已在此前代码中予以实现。由于功能所限，当时只能使用函数user_level_function代替应用程序。现在，既然系统已经具备访问文件的能力，那么函数user_level_function可由应用程序取而代之。

此前的init进程是由do_execve函数负责加载到应用层，其实do_execve是exec类系统调用API的核心功能函数，它能够根据参数提供的文件路径名执行文件系统中的程序，因此程序加载代码应该在do_execve函数中实现。为了达到加载应用程序的目的，特向函数do_execve追加参数name来记录文件路径名，代码清单14-55是do_execve函数的部分程序实现。

代码清单14-55　第14章\程序\程序14-7\物理平台\kernel\task.c

```
unsigned long do_execve(struct pt_regs *regs,char *name)
{
    unsigned long code_start_addr = 0x800000;
    unsigned long stack_start_addr = 0xa00000;
    unsigned long * tmp;
    unsigned long * virtual = NULL;
    struct Page * p = NULL;
    struct file * filp = NULL;
    unsigned long retval = 0;
    long pos = 0;

    regs->ds = USER_DS;
    regs->es = USER_DS;
    regs->ss = USER_DS;
    regs->cs = USER_CS;
    // regs->rip = new_rip;
    // regs->rsp = new_rsp;
    regs->r10 = 0x800000;
    regs->r11 = 0xa00000;
    regs->rax = 1;

    color_printk(RED,BLACK,"do_execve task is running\n");
    if(current->flags & PF_VFORK)
    {
        current->mm = (struct mm_struct *)kmalloc(sizeof(struct mm_struct),0);
        memset(current->mm,0,sizeof(struct mm_struct));

        current->mm->pgd = (pml4t_t *)Virt_To_Phy(kmalloc(PAGE_4K_SIZE,0));
        color_printk(RED,BLACK,"load_binary_file malloc new pgd:%#018lx\n",
            current->mm->pgd);
```

```
        memset(Phy_To_Virt(current->mm->pgd),0,PAGE_4K_SIZE/2);
        memcpy(Phy_To_Virt(init_task[SMP_cpu_id()]->mm->pgd)+256,Phy_To_Virt
            (current->mm->pgd)+256,PAGE_4K_SIZE/2);    //copy kernel space
    }
    ……
}
```

为了使当前进程能够执行新程序，那么进程就需要经过一个漫长的自我更新过程。以上代码为新程序重新初始化应用层执行现场，随后再对进程标志位进行检测。如果当前进程使用PF_VFORK标志位，说明它正在与父进程共享地址空间，而新程序必须拥有独立的地址空间才能正常运行（这是一个非常重要的前提）。

经过上述代码处理，当前进程开始逐渐脱离过去，进入新程序的初始化阶段。首先要为新程序准备应用层地址空间，即为新程序准备页表结构。如果原进程存在页表结构，那么新程序可继续使用原进程的页表结构；否则，必须为其分配物理页，并建立映射关系。这与copy_mm函数克隆内存地址空间的过程相似，具体程序实现请见代码清单14-56。

代码清单14-56　第14章\程序\程序14-7\物理平台\kernel\task.c

```
    tmp = Phy_To_Virt((unsigned long *)((unsigned long)current->mm->pgd & (~ 0xfffUL)) +
        ((code_start_addr >> PAGE_GDT_SHIFT) & 0x1ff));
    if(*tmp == NULL)
    {
        virtual = kmalloc(PAGE_4K_SIZE,0);
        memset(virtual,0,PAGE_4K_SIZE);
        set_mpl4t(tmp,mk_mpl4t(Virt_To_Phy(virtual),PAGE_USER_GDT));
    }

    tmp = Phy_To_Virt((unsigned long *)(*tmp & (~ 0xfffUL)) + ((code_start_addr >>
        PAGE_1G_SHIFT) & 0x1ff));
    if(*tmp == NULL)
    {
        virtual = kmalloc(PAGE_4K_SIZE,0);
        memset(virtual,0,PAGE_4K_SIZE);
        set_pdpt(tmp,mk_pdpt(Virt_To_Phy(virtual),PAGE_USER_Dir));
    }

    tmp = Phy_To_Virt((unsigned long *)(*tmp & (~ 0xfffUL)) + ((code_start_addr >>
        PAGE_2M_SHIFT) & 0x1ff));
    if(*tmp == NULL)
    {
        p = alloc_pages(ZONE_NORMAL,1,PG_PTable_Maped);
        set_pdt(tmp,mk_pdt(p->PHY_address,PAGE_USER_Page));
    }
    __asm__ __volatile__ ("movq    %0,    %%cr3    \n\t"::"r"(current->mm->pgd):"memory");

    if(!(current->flags & PF_KTHREAD))
        current->addr_limit = TASK_SIZE;

    current->mm->start_code = code_start_addr;
    current->mm->end_code = 0;
    current->mm->start_data = 0;
    current->mm->end_data = 0;
```

```
current->mm->start_rodata = 0;
current->mm->end_rodata = 0;
current->mm->start_bss = 0;
current->mm->end_bss = 0;
current->mm->start_brk = 0;
current->mm->end_brk = 0;
current->mm->start_stack = stack_start_addr;

exit_files(current);
current->flags &= ~PF_VFORK;
```

由于每个进程的应用层地址空间是独享的，那么在新的页表初始化完毕后，应该立即更新CR3寄存器以及内存空间分布结构体中的各个成员变量。当函数exit_files释放原进程打开的文件后，进程的标志位PF_VFORK将被复位，原进程便不复存在。

接下来的工作是为新进程搜索目标文件，如果目标文件存在，那么就将文件中的数据加载到内存地址空间的指定位置处，详细程序实现如代码清单14-57。

代码清单14-57　第14章\程序\程序14-7\物理平台\kernel\task.c

```
filp = open_exec_file(name);

if((unsigned long)filp > -0x1000UL)
    return (unsigned long)filp;

memset((void *)0x800000,0,PAGE_2M_SIZE);
retval = filp->f_ops->read(filp,(void *)0x800000,filp->dentry->dir_inode->
    file_size,&pos);

return retval;
```

代码清单14-57中的函数open_exec_file用于搜索文件系统中的目标文件，如果发现目标文件，那么函数将返回代表目标文件的文件描述符结构，代码清单14-58是open_exec_file函数的代码实现。

代码清单14-58　第14章\程序\程序14-7\物理平台\kernel\task.c

```
struct file * open_exec_file(char * path)
{
    struct dir_entry * dentry = NULL;
    struct file * filp = NULL;

    dentry = path_walk(path,0);

    if(dentry == NULL)
        return (void *)-ENOENT;
    if(dentry->dir_inode->attribute == FS_ATTR_DIR)
        return (void *)-ENOTDIR;

    filp = (struct file *)kmalloc(sizeof(struct file),0);
    if(filp == NULL)
        return (void *)-ENOMEM;
```

```
    filp->position = 0;
    filp->mode = 0;
    filp->dentry = dentry;
    filp->mode = O_RDONLY;
    filp->f_ops = dentry->dir_inode->f_ops;

    return filp;
}
```

如果读者对比open_exec_file函数与sys_open函数，会发现二者的执行流程基本相似。open_exec_file函数最重要的作用是为目标文件描述符指派操作方法（代码filp->f_ops = dentry->dir_inode->f_ops）以待后续操作文件时使用。

如果函数open_exec_file执行成功，接下来我们便可借助文件描述符的数据读取操作方法（filp->f_ops->read），将文件里的数据加载到指定内存地址空间。在加载数据前，切记要清空地址空间内的脏数据，以免程序运行时产生错误（错误很可能是由BSS段内的脏数据造成的）。

最后，再根据函数do_execve和PCB的升级内容，来调整init进程的执行代码，调整内容请见代码清单14-59。

代码清单14-59　第14章\程序\程序14-7\物理平台\kernel\task.c

```
unsigned long init(unsigned long arg)
{
    DISK1_FAT32_FS_init();

    color_printk(RED,BLACK,"init task is running,arg:%#018lx\n",arg);
    current->thread->rip = (unsigned long)ret_system_call;
    current->thread->rsp = (unsigned long)current + STACK_SIZE - sizeof(struct
        pt_regs);
    current->thread->gs = USER_DS;
    current->thread->fs = USER_DS;
    current->flags &= ~PF_KTHREAD;

    __asm__     __volatile__    (   "movq    %1,    %%rsp    \n\t"
                                    "pushq    %2          \n\t"
                                    "jmp    do_execve     \n\t"
                                    :
                                    :"D"(current->thread->rsp),"m"(current->thread->rsp),
                                        "m"(current->thread->rip),"S"("/init.bin")
                                    :"memory"
                );

    return 1;
}
```

在init进程的执行过程中，init进程会主动放弃内核线程的身份，将自己修改为普通进程。尽管init进程此刻还没有实体程序，但是伴随着do_execve函数的执行结束，init进程将作为一个全新的个体运行于操作系统中。新的程序位于文件系统根目录下，名为init.bin。

● 实现应用层测试程序

当系统内核准备好加载应用程序/init.bin后，下面就来实现一个名为init.bin的应用程序。既然此前已经有应用程序替代函数user_level_function的实现与使用基础，现在去编写一个应用程序想必不会太困难。作为一个定制的应用程序，init.bin一点也不普通，其代码实现不会简单到直接将user_level_function函数更名为main。

在编写应用程序的主函数main前，要先为其实现应用层的系统调用API入口程序，这项工作需要从内核中复制一份系统调用向量表，并为这些向量编写系统调用API入口程序，代码清单14-60是目前已实现的系统调用API，它们是从内核的unistd.h文件中复制而来。

代码清单14-60　第14章\程序\程序14-7\物理平台\user\syscall.h

```
#ifndef __SYSCALL_H__
#define __SYSCALL_H__

#define     __NR_putstring  1

#define     __NR_open       2
#define     __NR_close      3
#define     __NR_read       4
#define     __NR_write      5
#define     __NR_lseek      6

#define     __NR_fork       7
#define     __NR_vfork      8
#endif
```

系统调用向量表在应用层建立出副本后，它们还需要相继编写系统调用API入口程序。既然系统调用API入口程序已在user_level_function函数里使用多次，那么直接将入口程序移植过来即可，但是伴随着系统调用向量表的持续扩充，为每个系统调用API实现一套入口程序显然是不可取的。故此，代码清单14-61使用一套宏函数和汇编模块来简化程序实现。

代码清单14-61　第14章\程序\程序14-7\物理平台\user\lib.c

```
#include "syscall.h"

#define SYSFUNC_DEF(name)     _SYSFUNC_DEF_(name,__NR_##name)
#define _SYSFUNC_DEF_(name,nr)     __SYSFUNC_DEF__(name,nr)
#define __SYSFUNC_DEF__(name,nr)          \
__asm__     (                             \
".global "#name"    \n\t"                 \
".type    "#name",    @function \n\t"     \
#name":          \n\t"                    \
"movq    $"#nr",    %rax    \n\t"         \
"jmp    LABEL_SYSCALL    \n\t"            \
);

SYSFUNC_DEF(putstring)

SYSFUNC_DEF(open)
SYSFUNC_DEF(close)
```

```
SYSFUNC_DEF(read)
SYSFUNC_DEF(write)
SYSFUNC_DEF(lseek)

SYSFUNC_DEF(fork)
SYSFUNC_DEF(vfork)

__asm__     (
"LABEL_SYSCALL:                                             \n\t"
"pushq    %r10                                              \n\t"
"pushq    %r11                                              \n\t"
"leaq     sysexit_return_address(%rip),     %r10            \n\t"
"movq     %rsp,      %r11                                   \n\t"
"sysenter                                                   \n\t"
"sysexit_return_address:                                    \n\t"
"xchgq    %rdx,      %r10                                   \n\t"
"xchgq    %rcx,      %r11                                   \n\t"
"popq     %r11                                              \n\t"
"popq     %r10                                              \n\t"
"cmpq     $-0x1000, %rax                                    \n\t"
"jb    LABEL_SYSCALL_RET                                    \n\t"
"movq     %rax,      errno(%rip)                            \n\t"
"orq      $-1,       %rax                                   \n\t"
"LABEL_SYSCALL_RET:                                         \n\t"
"retq                                                       \n\t"
);
```

这段代码将原系统调用API入口程序拆分成上下两部分。上层部分借助宏函数为每个系统调用API实现入口程序，其中的宏代码#name": \n\t"展开后会变为系统调用API的入口标识符，而宏代码".type "#name",@function \n\t"则用于描述入口标识符的类型为函数。同时，为了使这些函数能与其他文件链接成可执行程序，此处还使用代码".global "#name" \n\t"将入口标识符声明为全局可见。下层部分是系统调用API入口程序的公用代码，每个系统调用API都将通过这部分代码进入内核层。当系统调用执行完毕，下层部分还会对返回值进行验证，如果返回的是错误码，则将其保存在全局变量errno中，并返回−1以表示系统调用执行出错。

系统调用API的函数声明位于POSIX规范指定的头文件（请参见各函数简介表）中，这些头文件不仅记录着函数声明，还保存着函数的相关结构体定义、宏常量定义等信息，目前共有fcntl.h、stdio.h以及unistd.h三个头文件。

当实现系统调用API入口程序后，现在可将函数user_level_function的测试代码移植到应用程序中，代码清单14-62是移植后的应用程序主函数。

代码清单14-62 第14章\程序\程序14-7\物理平台\user\init.c

```
#include "unistd.h"
#include "stdio.h"
#include "fcntl.h"
int main()
{
    int fd = 0;
    char string[]="/JIOL123Llliwos/89AIOlejk.TXT";
    unsigned char buf[32] = {0};
```

```
    fd = open(string,0);
    write(fd,string,20);
    lseek(fd,5,SEEK_SET);
    read(fd,buf,30);
    close(fd);
    putstring(buf);

    if(fork() == 0)
        putstring("child process\n");
    else
        putstring("parent process\n");

    while(1);
    return 0;
}
```

这段程序在user_level_function函数的基础上追加了进程创建代码。为了保证应用程序能够正常运行，还需要对应用程序的编译链接过程做特殊处理。按照do_execve函数的代码实现，应用程序将被加载到变量code_start_addr指定的地址处（线性地址0x800000），而栈顶将被设置在变量stack_start_addr指定的地址处（线性地址0xa00000）。应用程序使用链接脚本User.lds来规划各段所在地址空间，代码清单14-63是地址空间的规划细节。

代码清单14-63　第14章\程序\程序14-7\物理平台\user\User.lds

```
OUTPUT_FORMAT("elf64-x86-64","elf64-x86-64","elf64-x86-64")
OUTPUT_ARCH(i386:x86-64)
ENTRY(main)
SECTIONS
{
    . = 0x800000;
    .text :
    {
        _text = .;
        init.o(.text);
        *(.text)
        _etext = .;
    }
    . = ALIGN(8);
    .data :
    {
        _data = .;
        *(.data)
        _edata = .;
    }
    .rodata :
    {
        _rodata = .;
        *(.rodata)
        _erodata = .;
    }
    .bss :
    {
```

```
        _bss = .;
        *(.bss)
        _ebss = .;
    }
    _end = .;
}
```

这段程序是参考**kernel.lds**链接脚本文件编写而成的，代码`init.o(.text);`的作用是将**init.o**文件的`.text`段强制安放到目标程序的`.text`段的起始处。此举的好处是可以把`main`函数（程序入口）强行放置在`.text`段的起始处，以免文件链接顺序不同造成入口程序所在位置不正确。这种保障代码的优势显而易见，它同样可以作用于内核程序，故将代码`head.o(.text);`加入到内核链接脚本文件中。

虽然在链接脚本的帮助下，链接器会按照我们规划的地址空间去保存各段数据，但只有链接脚本的协助是不够的。目前的内核程序只能执行由机器码组成的应用程序，无法解析带有文件格式的应用程序。因此机器码必须从编译后的应用程序中提取出来，这个提取过程需要编译脚本的支持，代码清单14-64是此过程使用的命令。

代码清单14-64 第14章\程序\程序14-7\物理平台\user\Makefile

```
all: system_api_lib
	objcopy -I elf64-x86-64 -S -R ".eh_frame" -R ".comment" -O binary system_api_lib init.bin

system_api_lib: init.o lib.o errno.o
	ld -b elf64-x86-64 -z muldefs -o system_api_lib init.o lib.o errno.o -T User.lds
```

至此，一个应用程序就编写完成。将编译链接生成的机器码文件**init.bin**（应用程序）复制到文件系统根目录下便可进行测试，图14-9是应用程序的运行效果。

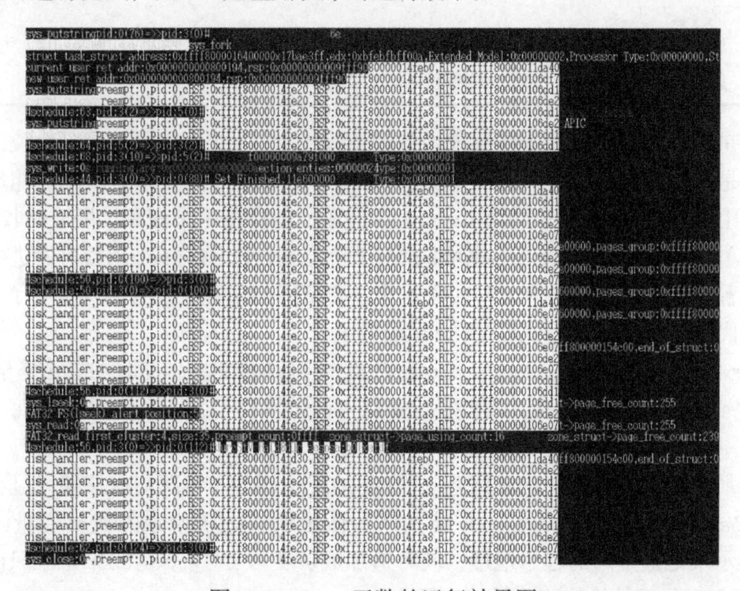

图14-9 fork函数的运行效果图

14.2.5 内存管理的基础系统调用 API 实现

在阅读代码清单14-62编写的应用程序源码时不难发现，目前应用程序读写文件时使用的数据存储空间只能从栈中分配。可是容量有限的栈地址空间只能用于保存程序的临时数据，若想长期拥有一块数据存储空间，最理想的选择不是采用全局数据空间，而是从堆（动态内存地址空间）中申请数据存储空间。那么，本节就来实现动态内存的分配与回收函数，表14-7和表14-8是POSIX规范对它们的描述。

表14-7 malloc函数简介表

函数名	void *malloc(size_t size)	
功能摘要	分配一块内存空间	
头文件	#include <stdlib.h>	
描述	分配一块大小为size的空闲内存空间	
参数	size_t size	待分配的内存空间容量
返回值	void *	如果执行成功，则返回空闲内存空间的起始地址；否则，返回NULL，errno变量会记录错误码
错误码	ENOMEM	内存不足

表14-8 free函数简介表

函数名	void free(void *ptr)	
功能摘要	释放内存空间	
头文件	#include <stdlib.h>	
描述	释放ptr指定的内存空间	
参数	void *ptr	
返回值	无	无
错误码	无	无

堆地址空间是动态的、连续的（线性地址空间连续），它只能从底向上单向生长，因此堆的分配与回收工作主要是通过调整堆的结束地址来实现。虽然malloc和free是一对功能相反的函数，但它们对应的系统调用API处理函数名却同为sys_brk，此函数的作用是大面积扩展或回收堆地址空间（通常是一个物理页）。当sys_brk函数调整完堆地址空间后，malloc和free函数再做进一步内存分配或回收工作。由此看来，动态内存的分配与回收工作主要依靠应用程序自身处理，为了达到这一目的，动态内存的管理代码只能固化在malloc和free函数中。

尽管内存分布结构体struct mm_struct已拥有记录堆地址空间的成员变量start_brk和end_brk，但系统目前尚未给堆分配内存空间，那么下面就从idle内核线程开始为每个进程都建立堆地址空间。

idle作为系统的第一个进程（内核线程），它的地址空间分布情况与内核编译过程息息相关。因此struct Global_Memory_Descriptor结构体特做出调整，将原来的成员变量end_brk修改为start_brk以表示堆地址空间的起始地址，同时追加成员变量end_rodata来记录只读数据段的结束地址，代码清单14-65是该结构体改造后的样子。

代码清单14-65 第14章\程序\程序14-8\物理平台\kernel\memory.h

```
struct Global_Memory_Descriptor
{
    ……
    unsigned long start_code , end_code , end_data , end_rodata , start_brk;
    unsigned long end_of_struct;
};
```

内核链接脚本在设计之初已为各个段地址空间指派了标识符，因此成员变量end_rodata和start_brk的初始化方法与其他变量相同，代码清单14-66是这两个变量的初始化细节。

代码清单14-66 第14章\程序\程序14-8\物理平台\kernel\main.c

```
void Start_Kernel(void)
{
    ……
    memory_management_struct.start_code = (unsigned long)& _text;
    memory_management_struct.end_code   = (unsigned long)& _etext;
    memory_management_struct.end_data   = (unsigned long)& _edata;
    memory_management_struct.end_rodata = (unsigned long)& _erodata;
    memory_management_struct.start_brk  = (unsigned long)& _end;
    ……
}
```

由于成员变量end_brk已被替换为start_brk，从而函数init_memory和slab_init也要做出相应替换。

在本次调整过程中还发现，全局变量Global_CR3的作用并不是很大，它完全可由局部变量取代。故init_memory、pagetable_init、IOAPIC_pagetable_remap以及frame_buffer_init函数内的全局变量Global_CR3将修改为局部变量。

经过上述调整后，下面将为idle进程配置堆地址空间，整个配置过程主要是对init_mm的各成员变量进行数值调整，代码清单14-67是相关成员变量的具体调整过程。

代码清单14-67 第14章\程序\程序14-8\物理平台\kernel\task.c

```
void task_init()
{
    ……
    init_mm.start_rodata = (unsigned long)&_rodata;
    init_mm.end_rodata = memory_management_struct.end_rodata;

    init_mm.start_bss = (unsigned long)&_bss;
    init_mm.end_bss = (unsigned long)&_ebss;

    init_mm.start_brk = memory_management_struct.start_brk;
    init_mm.end_brk = current->addr_limit;
    ……
}
```

代码清单14-67将idle进程的堆地址空间配置为_end（内核程序的结尾地址）至0xffffffffffffffff，此范围几乎覆盖整个内核层地址空间，又因为内核线程是共享内存地址空间的，这使得所有内核线程也会共享堆地址空间。

14

随着init内核线程调用do_execve函数执行应用程序，系统将创建出应用层的第一个进程，因此do_execve函数中要追加堆地址空间的配置代码，详细配置内容如代码清单14-68。

代码清单14-68　第14章\程序\程序14-8\物理平台\kernel\task.c

```
unsigned long do_execve(struct pt_regs *regs,char *name)
{
    unsigned long code_start_addr = 0x800000;
    unsigned long stack_start_addr = 0xa00000;
    unsigned long brk_start_addr = 0xc00000;
    ……
    current->mm->start_brk = brk_start_addr;
    current->mm->end_brk = brk_start_addr;
    ……
}
```

新程序的执行过程意味着一个新的开始，此时进程并未使用过堆地址空间，也就无需分配堆地址空间，直至进程调用malloc类函数时再分配地址空间即可，这种设计可有效缩短进程的创建时间和内存使用量。因此这段程序只为进程设置堆的起始地址（位于线性地址0xc00000处）。

进程的克隆过程往往发生在程序的执行期间，那么进程在克隆前就有调用malloc类函数的可能性，所以进程在克隆内存地址空间时也应该克隆堆地址空间，代码清单14-69负责实现这一克隆过程。

代码清单14-69　第14章\程序\程序14-8\物理平台\kernel\task.c

```
unsigned long copy_mm(unsigned long clone_flags,struct task_struct *tsk)
{
    ……
    unsigned long stack_start_addr = 0xa00000;
    unsigned long brk_start_addr = 0xc00000;
    ……
    memcpy((void *)code_start_addr,Phy_To_Virt(p->PHY_address),stack_start_addr -
        code_start_addr);

    ////copy user brk space
    if(current->mm->end_brk - current->mm->start_brk != 0)
    {
        tmp = Phy_To_Virt((unsigned long *)((unsigned long)newmm->pgd & (~ 0xfffUL))
            + ((brk_start_addr >> PAGE_GDT_SHIFT) & 0x1ff));
        tmp = Phy_To_Virt((unsigned long *)(*tmp & (~ 0xfffUL)) + ((brk_start_addr >>
            PAGE_1G_SHIFT) & 0x1ff));
        tmp = Phy_To_Virt((unsigned long *)(*tmp & (~ 0xfffUL)) + ((brk_start_addr >>
            PAGE_2M_SHIFT) & 0x1ff));
        p = alloc_pages(ZONE_NORMAL,1,PG_PTable_Maped);
        set_pdt(tmp,mk_pdt(p->PHY_address,PAGE_USER_Page));

        memcpy((void *)brk_start_addr,Phy_To_Virt(p->PHY_address),PAGE_2M_SIZE);
    }

out:
    tsk->mm = newmm;
    return error;
}
```

这段代码仅克隆了一个物理页的内存空间，这对于目前的应用程序已经足够使用，读者可根据个人需要自行修改这部分程序。

现在，进程虽然可以使用堆地址空间，但是必须借助sys_brk函数才能对其进行管理，代码清单14-70便是sys_brk函数的程序实现。

代码清单14-70　第14章\程序\程序14-8\物理平台\kernel\sys.c

```
unsigned long sys_brk(unsigned long brk)
{
    unsigned long new_brk = PAGE_2M_ALIGN(brk);

    color_printk(GREEN,BLACK,"sys_brk:%#018lx\n",brk);
    color_printk(RED,BLACK,"brk:%#018lx,new_brk:%#018lx,current->mm->end_brk:
        %#018lx\n",brk,new_brk,current->mm->end_brk);
    if(new_brk == 0)
        return current->mm->start_brk;
    if(new_brk < current->mm->end_brk)     //release brk space
        return 0;

    new_brk = do_brk(current->mm->end_brk,new_brk - current->mm->end_brk); //expand
        //brk space

    current->mm->end_brk = new_brk;
    return new_brk;
}
```

堆地址空间的管理主要依靠增减物理页实现，以至于函数sys_brk只能操作以物理页为单位的地址空间，因此在使用参数brk前应该确保参数brk的数值是按照物理页对齐的。随后，还要检测页对齐后的变量new_brk，如果变量new_brk的值为0，说明进程此刻希望获取堆的起始地址；如果其值小于堆的结尾地址，则表示进程希望释放一部分堆地址空间（暂不实现）；如果前两个判断条件都不满足，就意味着进程希望扩展堆地址空间，从而调用函数do_brk。

do_brk函数的主要作用是为指定地址空间分配页表项，并建立页表映射关系，代码清单14-71是此函数的程序实现。

代码清单14-71　第14章\程序\程序14-8\物理平台\kernel\memory.c

```
unsigned long do_brk(unsigned long addr,unsigned long len)
{
    unsigned long * tmp = NULL;
    unsigned long * virtual = NULL;
    struct Page * p = NULL;
    unsigned long i = 0;

    for(i = addr;i < addr + len;i += PAGE_2M_SIZE)
    {
        tmp = Phy_To_Virt((unsigned long *)((unsigned long)current->mm->pgd & (~
            0xfffUL)) + ((i >> PAGE_GDT_SHIFT) & 0x1ff));
        if(*tmp == NULL)
        {
            virtual = kmalloc(PAGE_4K_SIZE,0);
            memset(virtual,0,PAGE_4K_SIZE);
```

```
            set_mpl4t(tmp,mk_mpl4t(Virt_To_Phy(virtual),PAGE_USER_GDT));
        }

        tmp = Phy_To_Virt((unsigned long *)(*tmp & (~ 0xfffUL)) + ((i >> PAGE_1G_SHIFT)
            & 0x1ff));
        if(*tmp == NULL)
        {
            virtual = kmalloc(PAGE_4K_SIZE,0);
            memset(virtual,0,PAGE_4K_SIZE);
            set_pdpt(tmp,mk_pdpt(Virt_To_Phy(virtual),PAGE_USER_Dir));
        }

        tmp = Phy_To_Virt((unsigned long *)(*tmp & (~ 0xfffUL)) + ((i >> PAGE_2M_SHIFT)
            & 0x1ff));
        if(*tmp == NULL)
        {
            p = alloc_pages(ZONE_NORMAL,1,PG_PTable_Maped);
            if(p == NULL)
                return -ENOMEM;
            set_pdt(tmp,mk_pdt(p->PHY_address,PAGE_USER_Page));
        }
    }

    current->mm->end_brk = i;
    flush_tlb();
    return i;
}
```

历经内存地址空间克隆函数copy_mm的实现，相信理解do_brk函数并不困难。这里只请读者注意，当堆地址空间扩展完毕后，页表结构必须刷新才能使新地址空间生效。此处可以使用flush_tlb刷新全部页表，亦可使用flush_tlb_one逐个刷新新增地址空间。

在sys_brk函数实现后，我们还需要为应用程序编写动态内存的分配与回收函数。因为sys_brk是系统调用API的处理函数，而且堆地址空间只能由进程自身负责管理，那么动态内存的管理代码只能编写于malloc和free函数内。考虑到管理堆地址空间是一个非常繁琐的过程，此处仅以malloc函数为例来简述动态内存的分配过程，代码清单14-72是malloc函数的程序实现。

代码清单14-72 第14章\程序\程序14-8\物理平台\user\malloc.c

```
static unsigned long brk_start_address = 0;
static unsigned long brk_used_address = 0;
static unsigned long brk_end_address = 0;
#define     SIZE_ALIGN     (8*sizeof(unsigned long))

void * malloc(unsigned long size)
{
    unsigned long address = 0;
    if(brk_start_address == 0)
        brk_end_address = brk_used_address = brk_start_address = brk(0);
    if(brk_end_address <= brk_used_address + SIZE_ALIGN + size)
        brk_end_address = brk(brk_end_address + ((size + SIZE_ALIGN + PAGE_SIZE - 1)
            & ~(PAGE_SIZE - 1)));
```

```
    address = brk_used_address;
    brk_used_address += size + SIZE_ALIGN;

    return (void *)address;
}
void free(void * address){}
```

这段代码通过三个全局变量来保存堆地址空间的起始地址、当前使用地址、结尾地址。在进程首次申请动态内存时，malloc函数会先向brk函数（sys_brk函数的应用层入口程序）传入参数0来取得堆地址空间的起始地址，紧接着，再次调用brk函数为进程扩展堆地址空间，brk函数每次扩展PAGE_SIZE大小。然后，从堆地址空间中分配size大小的内存给调用者，并使用全局变量brk_used_address来标记内存空间使用量。

这里的malloc函数实现了一个简单的动态内存分配功能，它是为了讲解原理而实现的样例，读者可在此基础上自由实现内存分配算法，也可将内核层的kmalloc函数移植过来。

至此，malloc函数已经实现，下面将进入函数测试阶段。代码清单14-73是malloc函数的测试程序，它在原有测试程序的基础上加入malloc函数，调用时机是在父进程创建出子进程以后，由父进程调用。

代码清单14-73 第14章\程序\程序14-8\物理平台\user\init.c

```
int main()
{
    ……
    if(fork() == 0)
        putstring("child process\n");
    else
    {
        putstring("parent process\n");
        malloc(100);
    }
    while(1);
    return 0;
}
```

随着系统代码量的逐渐增多，一些潜在的问题也逐渐暴露出来。像一直让我们头疼的color_printk函数自旋锁问题，虽几经修改，但效果仍不尽人意。通过对Linux内核相关源码的剖析、论证以及数十次测试，最终确定问题出在自旋锁的使用上。以前的代码只在中断使能（中断检测程序if(get_rflags() & 0x200UL)）时才会使用自旋锁，这种带有选择分支的加锁代码会在程序执行期间引发死锁或者抢占计数值非零的现象，从而导致进程无法被调度。由于从前的内核功能少、代码量小，上述现象几乎不会发生，但是随着内核不断引入新功能以及代码量的不断上涨，这种小概率事件逐渐变成常见现象。故此，我们特将选择分支代码（if语句）替换成拥有中断管理能力的自旋锁，请看代码清单14-74对自旋锁程序的调整。

代码清单14-74 第14章\程序\程序14-8\物理平台\kernel\printk.c

```
int color_printk(unsigned int FRcolor,unsigned int BKcolor,const char * fmt,...)
{
    int i = 0;
    int count = 0;
```

```
    int line = 0;
    unsigned long flags = 0;
    va_list args;

    spin_lock_irqsave(&Pos.printk_lock,flags);
    ......
    spin_unlock_irqrestore(&Pos.printk_lock,flags);
    return i;
}
```

此处采用的函数spin_lock_irqsave和spin_unlock_irqrestore可在自旋锁加锁时保存当前中断状态并关闭中断，而在自旋锁解锁时恢复中断状态，代码清单14-75是两者的程序实现细节。

代码清单14-75　第14章\程序\程序14-8\物理平台\kernel\spinlock.h

```
#define local_irq_save(x)     __asm__ __volatile__("pushfq ; popq %0 ;
cli":"=g"(x)::"memory")
#define local_irq_restore(x)    __asm__ __volatile__("pushq %0 ;
popfq"::"g"(x):"memory")
#define local_irq_disable()    cli();
#define local_irq_enable()        sti();

#define spin_lock_irqsave(lock,flags)                 \
do                                                    \
{                                                     \
    local_irq_save(flags);                            \
    spin_lock(lock);                                  \
}while(0)
#define spin_unlock_irqrestore(lock,flags)            \
do                                                    \
{                                                     \
    spin_unlock(lock);                                \
    local_irq_restore(flags);                         \
}while(0)

#define spin_lock_irq(lock)                           \
do                                                    \
{                                                     \
    local_irq_disable();                              \
    spin_lock(lock);                                  \
}while(0)
#define spin_unlock_irq(lock)                         \
do                                                    \
{                                                     \
    spin_unlock(lock);                                \
    local_irq_enable();                               \
}while(0)
```

宏函数spin_lock_irqsave可在自旋锁加锁期间保存R|EFLAGS标志寄存器值并禁止中断；而调用宏函数spin_unlock_irqrestore将在自旋锁解锁后强制还原R|EFLAGS标志寄存器值。

这段代码还加入spin_lock_irq和spin_unlock_irq两个宏函数以备不时之需，这对函数的功能相对弱一些，它们只能在加锁和解锁过程中开关中断。对于像color_printk这类经常在中断处理程序里使用的函数，宏函数spin_lock_irqsave和spin_unlock_irqrestore将是首选。

随着内核功能的不断增多，为了在系统触发异常时快速锁定问题，只显示触发异常的地址和栈指针是不够的，往往异常信息显示得越丰富问题越容易发现。那么，下面就来补充完善异常处理函数，使其显示的内容更丰富一些，见代码清单14-76。

代码清单14-76　第14章\程序\程序14-8\物理平台\kernel\trap.c

```
void display_regs(struct pt_regs * regs)
{
    color_printk(RED,BLACK,"CS:%#010x,SS:%#010x\nDS:%#010x,ES:%#010x\nRFLAGS:
        %#018lx\n",regs->cs,regs->ss,regs->ds,regs->es,regs->rflags);
    color_printk(RED,BLACK,"RAX:%#018lx,RBX:%#018lx,RCX:%#018lx,RDX:%#018lx\nRSP:
        %#018lx,RBP:%#018lx,RIP:%#018lx\nRSI:%#018lx,RDI:%#018lx\n",regs->rax,regs->rbx,
        regs->rcx,regs->rdx,regs->rsp,regs->rbp,regs->rip,regs->rsi,regs->rdi);
    color_printk(RED,BLACK,"R8 :%#018lx,R9 :%#018lx\nR10:%#018lx,R11:%#018lx\nR12:
        %#018lx,R13:%#018lx\nR14:%#018lx,R15:%#018lx\n",regs->r8,regs->r9,regs->r10,
        regs->r11,regs->r12,regs->r13,regs->r14,regs->r15);
}
void do_divide_error(struct pt_regs * regs,unsigned long error_code)
{
    color_printk(RED,BLACK,"do_divide_error(0),ERROR_CODE:%#018lx,CPU:%#010x,PID:
        %#010x\n",error_code,SMP_cpu_id(),current->pid);
    display_regs(regs);
    while(1)
        hlt();
}
```

这段代码以`#DE`异常的处理函数`do_divide_error`为例，描述异常处理函数完善后的样子。现在，异常处理函数已能显示`struct pt_regs`结构体记录的所有寄存器值。

在补充和完善了这么多内容后，让我们来看看`malloc`函数的运行效果，见图14-10。

图14-10　`malloc`函数的运行效果图

第 15 章

Shell命令解析器及命令

15

经过对POSIX规范的粗浅学习和系统调用API的简单实现后，应用程序已能够在系统内核的帮助下实现一些基础操作。本章将在此基础上实现Shell命令解析器和若干基础命令，以增强操作系统的功能和使用体验。此举不仅可以有针对性地实现更多系统调用API、扩大应用程序对系统调用API的测试范围，而且还为操作系统引入交互功能，可谓一举多得。

15.1 Shell 命令解析器

操作系统与用户间的沟通交流工作主要由交互系统负责完成，常用的交互系统有字符交互系统（或称终端交互系统）和图形交互系统两种。

字符交互系统主要由命令解析器和命令组成，其优点是结构简单、易实现、可扩展性强；而图形交互系统则由窗口管理器、桌面环境、系统工具等一系列软件组成，它的结构虽庞大而复杂，但其操作简单、易学习、易使用等优点也是显而易见的。鉴于系统目前的图形处理能力有限，本章暂且实现一个简单的字符交互系统，待时机成熟后再向图形交互系统移植。

15.1.1 Shell 命令解析器概述

字符交互系统的主体程序是命令解析器，它的作用是把输入设备传送来的数据解析成对应的命令并加以执行。命令解析器大体上由环境初始化、数据读取、数据解析和命令执行4部分组成。以常用的Shell命令解析器为例，图15-1描绘了Shell命令解析器的软件结构和执行流程。

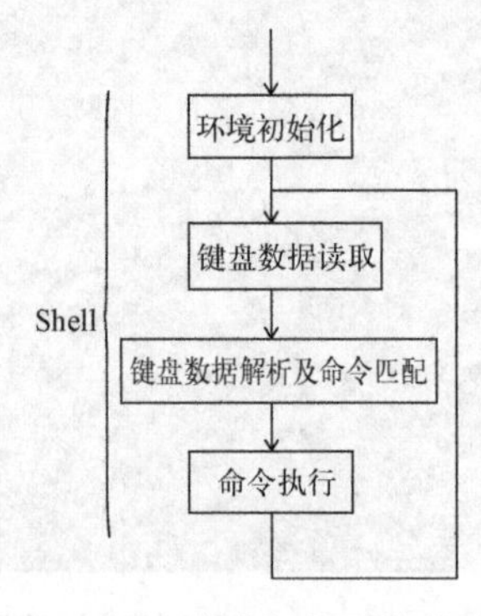

图15-1　Shell命令解析器的流程图

从图15-1中可以看出，Shell命令解析器的核心代码是一个循环体，当解析器初始化完毕后，它将进入无限循环状态。Shell命令解析器在循环状态下会不停地解析键盘输入的数据，并从数据中检索出与之相匹配的命令加以执行。以下步骤是Shell命令解析器的详细执行流程。

(1) 为命令解析器初始化运行环境，随后进入无限循环状态。

(2) 读取键盘输入的数据。

(3) 解析输入数据，寻找与之相匹配的命令。

(4) 执行命令并将参数（如果输入数据中带有命令参数）传入其中。

(5) 等待命令执行结束，跳转至步骤(2)。

其实，POSIX规范已对Shell命令解析器进行了非常细致的描述，但是这个描述过于复杂，这里只能摒弃POSIX规范的指导，自行实现一个Shell命令解析器。感兴趣的读者可遵照POSIX规范自行实现。

15.1.2 实现 Shell 命令解析器

通过对Shell命令解析器的综合介绍，本节将根据15.1.1节介绍的知识编写一个Shell命令解析器。为了实现Shell命令解析器，这里不仅需要在应用层编写命令解析程序，还需要虚拟文件系统和键盘驱动程序等内核模块的全力支持，看来这又是一个漫长的过程。下面就将其分为多个阶段逐步实现。

1. bug修正

读者可曾想过，为什么本系统在加入抢占功能后，进程的抢占速度依然如此之慢？而且，感觉只有时间片到期时系统才会调度进程，貌似其他抢占时机从未生效过。经过一番代码分析和查阅，发现这种现象是由于NEED_SCHEDULE标志位的抢占目标设置有误而造成的，代码清单15-1、代码清单15-2和代码清单15-3是修正后的抢占程序。

代码清单15-1 第15章\程序\程序15-1\物理平台\kernel\disk.c

```
void end_request(struct block_buffer_node * node)
{
    ......
    node->wait_queue.tsk->state = TASK_RUNNING;
    insert_task_queue(node->wait_queue.tsk);
    // node->wait_queue.tsk->flags |= NEED_SCHEDULE;
    current->flags |= NEED_SCHEDULE;
    ......
}
```

当end_request函数处理完硬盘中断请求后，等待数据的进程便可以继续执行，所以等待数据的进程应该抢占当前进程，故当前进程的NEED_SCHEDULE标志位要置位。

函数wakeup_process在唤醒目标进程时，也应该置位当前进程的NEED_SCHEDULE标志位以使目标进程早日执行。

代码清单15-2 第15章\程序\程序15-1\物理平台\kernel\task.c

```
inline void wakeup_process(struct task_struct *tsk)
{
    tsk->state = TASK_RUNNING;
    insert_task_queue(tsk);
    current->flags |= NEED_SCHEDULE;
}
```

信号量在释放资源时会唤醒等待中的进程，其中的__up函数负责唤醒进程，那么在唤醒过程中NEED_SCHEDULE标志位也应该置位以使进程尽早执行。

代码清单15-3 第15章\程序\程序15-1\物理平台\kernel\semaphore.c

```
void __up(semaphore_T * semaphore)
{
    ......
    insert_task_queue(wait->tsk);
    current->flags |= NEED_SCHEDULE;
}
```

经过这三处代码修正后，本系统的各抢占点均可达到预期的抢占效果，它现在的运行速度可用“闪电般”来形容。

2. 键盘驱动程序

为了让Shell命令解析器能够操作键盘设备，现在必须设计一套可被应用程序访问的设备驱动模型。早在14.2.3节中曾经向读者透露过，应用程序可以借助文件描述符的操作方法向设备收发数据。其实，Linux内核就是通过文件描述符将应用程序与设备驱动紧密联系在一起，可以说这完全是虚拟文件系统的功劳。

在Linux系统中，设备文件是应用程序与设备间的纽带，应用程序借助系统调用API访问设备文件，从而执行设备驱动在虚拟文件系统中设置的操作方法。因此，本节的编程目标共有两个，一个是重新设计键盘驱动程序，使其能够与虚拟文件系统相关联；另一个是在文件系统中创建键盘设备文件，使应用程序可通过访问键盘设备文件来操作键盘设备。

- 编写键盘驱动程序

本次设计的键盘驱动程序将主要围绕文件描述符的操作方法结构体struct file_operations进行编码，代码清单15-4是为键盘驱动程序创建的操作方法结构体。

代码清单15-4 第15章\程序\程序15-1\物理平台\kernel\keyboard.c

```
struct file_operations keyboard_fops =
{
    .open = keyboard_open,
    .close = keyboard_close,
    .ioctl = keyboard_ioctl,
    .read = keyboard_read,
    .write = keyboard_write,
};
```

该结构体中的open和close操作方法的作用相同，都是为了清空键盘缓冲区里的数据。open操作方法是为了在操作键盘前清空缓冲区，而close操作方法则是在放弃使用键盘后释放键盘缓冲区中的脏数据，具体实现如代码清单15-5。

代码清单15-5 第15章\程序\程序15-1\物理平台\kernel\keyboard.c

```
long keyboard_open(struct index_node * inode,struct file * filp)
{
    filp->private_data = p_kb;
    p_kb->p_head = p_kb->buf;
```

```
    p_kb->p_tail = p_kb->buf;
    p_kb->count  = 0;
    memset(p_kb->buf,0,KB_BUF_SIZE);
    return 1;
}
long keyboard_close(struct index_node * inode,struct file * filp)
{
    filp->private_data = NULL;
    p_kb->p_head = p_kb->buf;
    p_kb->p_tail = p_kb->buf;
    p_kb->count  = 0;
    memset(p_kb->buf,0,KB_BUF_SIZE);
    return 1;
}
long keyboard_ioctl(struct index_node * inode,struct file * filp,unsigned long
    cmd,unsigned long arg)
{
    switch(cmd)
    {
        case KEY_CMD_RESET_BUFFER:
            p_kb->p_head = p_kb->buf;
            p_kb->p_tail = p_kb->buf;
            p_kb->count  = 0;
            memset(p_kb->buf,0,KB_BUF_SIZE);
        break;
        default:
        break;
    }
    return 0;
}
```

代码清单15-4中的ioctl操作方法用于控制设备功能的开启与关闭，也就是说代码清单15-5中的keyboard_ioctl函数用于控制键盘设备，目前此函数只有清空键盘缓冲区的功能。在编写应用程序时，只需向ioctl系统调用API发送命令KEY_CMD_RESET_BUFFER即可清空键盘缓冲区，希望读者参照open、read等系统调用API自行实现ioctl。

对于键盘设备而言，它的主要作用是向系统发送键盘扫描码，操作系统可借助read操作方法从键盘缓冲区（由键盘驱动程序负责维护）中读取键盘发送来的数据。代码清单15-6中的keyboard_read函数即是read操作方法的处理函数实现，而keyboard_write函数自然是write操作方法的处理函数实现，但是系统并不会向键盘设备发送数据，因此write操作方法的处理函数没有实体功能。

代码清单15-6　第15章\程序\程序15-1\物理平台\kernel\keyboard.c

```
long keyboard_read(struct file * filp,char * buf,unsigned long count,long * position)
{
    long counter = 0;
    unsigned char * tail = NULL;

    if(p_kb->count == 0)
        sleep_on(&keyboard_wait_queue);
    counter = p_kb->count >= count? count:p_kb->count;
    tail = p_kb->p_tail;
```

```
        if(counter <= (p_kb->buf + KB_BUF_SIZE - tail))
        {
            copy_to_user(tail,buf,counter);
            p_kb->p_tail += counter;
        }
        else
        {
            copy_to_user(tail,buf,(p_kb->buf + KB_BUF_SIZE - tail));
            copy_to_user(p_kb->p_head,buf,counter - (p_kb->buf + KB_BUF_SIZE - tail));
            p_kb->p_tail = p_kb->p_head + (counter - (p_kb->buf + KB_BUF_SIZE - tail));
        }
        p_kb->count -= counter;
        return counter;
    }
    long keyboard_write(struct file * filp,char * buf,unsigned long count,long * position)
    {
        return 0;
    }
```

函数keyboard_read会先检测键盘缓冲区中的剩余数据量。如果缓冲区为空，则调用sleep_on函数将当前进程休眠，待键盘设备有数据传入时再将其唤醒。如果缓冲区中存在数据，那么将数据复制到应用层缓冲区中，并返回已读取数据长度。函数中的代码counter = p_kb->count >= count?count:p_kb->count;用于计算可向应用程序传输的数据长度，而且数据传输过程还会根据缓冲区游标tail的位置分为两种传输过程。

这段代码中的sleep_on函数使用了全局变量keyboard_wait_queue，该变量定义于代码清单15-7内，它是一个进程等待队列头，sleep_on函数会把待挂起的进程保存在这个队列中。而键盘中断处理函数keyboard_handler中的wakeup函数则与sleep_on函数功能相反，用于唤醒挂载于全局变量keyboard_wait_queue里的进程。

代码清单15-7　第15章\程序\程序15-1\物理平台\kernel\keyboard.c

```
    struct keyboard_inputbuffer * p_kb = NULL;
    wait_queue_T keyboard_wait_queue;
    void keyboard_handler(unsigned long nr, unsigned long parameter, struct pt_regs * regs)
    {
        ……
        wakeup(&keyboard_wait_queue,TASK_UNINTERRUPTIBLE);
    }
```

等待队列keyboard_wait_queue必须经过wait_queue_init函数的初始化才能使用，代码清单15-8是等待队列的相关函数实现，这其中就包括wait_queue_init函数。从这段代码中可以看出等待队列与信号量的实现比较相似，更准确地说，信号量是在等待队列的基础上实现的。鉴于等待队列相比信号量更加灵活，可以应用于诸多场景，本节已将等待队列从信号量中分离出来，等待队列将变成一个独立的功能，经过信号量的学习与实现，相信这些函数不难理解。

代码清单15-8　第15章\程序\程序15-1\物理平台\kernel\waitqueue.c

```
    void wait_queue_init(wait_queue_T * wait_queue,struct task_struct *tsk)
    {
```

```
    list_init(&wait_queue->wait_list);
    wait_queue->tsk = tsk;
}
void sleep_on(wait_queue_T * wait_queue_head)
{
    wait_queue_T wait;
    wait_queue_init(&wait,current);
    current->state = TASK_UNINTERRUPTIBLE;
    list_add_to_before(&wait_queue_head->wait_list,&wait.wait_list);
    schedule();
}
void interruptible_sleep_on(wait_queue_T *wait_queue_head)
{
    wait_queue_T wait;
    wait_queue_init(&wait,current);
    current->state = TASK_INTERRUPTIBLE;
    list_add_to_before(&wait_queue_head->wait_list,&wait.wait_list);
    schedule();
}
void wakeup(wait_queue_T * wait_queue_head,long state)
{
    wait_queue_T * wait = NULL;
    if(list_is_empty(&wait_queue_head->wait_list))
        return;
    wait = container_of(list_next(&wait_queue_head->wait_list),wait_queue_T,
        wait_list);
    if(wait->tsk->state & state)
    {
        list_del(&wait->wait_list);
        wakeup_process(wait->tsk);
    }
}
```

等待队列keyboard_wait_queue的初始化代码位于keyboard_init函数的起始处，代码清单15-9是其初始化过程的程序实现。

代码清单15-9　第15章\程序\程序15-1\物理平台\kernel\keyboard.c

```
void keyboard_init()
{
    struct IO_APIC_RET_entry entry;
    unsigned long i,j;
    wait_queue_init(&keyboard_wait_queue,NULL);
    ……
    register_irq(0x21, &entry , &keyboard_handler, (unsigned long)p_kb,
        &keyboard_int_controller, "ps/2 keyboard");
}
```

至于原键盘驱动程序里的analysis_keycode、get_scancode、shift_l、shift_r、ctrl_l、ctrl_r、alt_l、alt_r、pausebreak_scode以及keycode_map_normal等函数和变量，它们主要用于解析扫描码，这部分功能现已迁移至应用层。同时，不要忘记注释掉analysis_keycode函数在内核主程序中的调用代码，具体注释位置请参见代码清单15-10。

代码清单15-10　第15章\程序\程序15-1\物理平台\kernel\main.c

```
void Start_Kernel(void)
{
    ……
    while(1)
    {
//      if(p_kb->count)
//          analysis_keycode();
    ……
    }
}
```

至此，一个键盘驱动程序已基本实现，但为了使应用程序能够访问设备文件，也为了让FAT32文件系统支持设备节点功能，接下来还需要建立驱动程序与设备文件的连接，即把驱动程序的操作方法绑定到设备文件的文件描述符中，这个绑定过程需要借助sys_open函数来实现。如果sys_open函数打开的目标文件的目录项类型为设备，那么虚拟文件系统会将keyboard_fops操作方法结构绑定到目标文件描述符中，代码清单15-11是这部分功能的代码实现。

代码清单15-11　第15章\程序\程序15-1\物理平台\kernel\sys.c

```
unsigned long sys_open(char *filename,int flags)
{
    ……
    filp->dentry = dentry;
    filp->mode = flags;
    if(dentry->dir_inode->attribute & FS_ATTR_DEVICE)
        filp->f_ops = &keyboard_fops;    ////// find device file operation function
    else
        filp->f_ops = dentry->dir_inode->f_ops;
    if(filp->f_ops && filp->f_ops->open)
        error = filp->f_ops->open(dentry->dir_inode,filp);
    ……
}
```

这段程序中的宏常量FS_ATTR_DEVICE表示目录项类型为设备文件。在path_walk函数调用索引节点的lookup操作方法搜索目标文件时，FAT32文件系统会对目录项进行类型检测。考虑到FAT32文件系统的目录项并不支持设备文件类型，所以只能另辟蹊径借助FAT32文件系统的某个保留位来表示设备文件。经过一番冥思苦想后，发现FAT32文件系统的FAT表项虽为32位宽，但只有低28位是有效位，高4位保留使用，而且在文件系统使用期间这4位的数值不会更改。那么，用这4位数值来表示设备文件再合适不过了，代码清单15-12是追加的设备文件检索代码。

代码清单15-12　第15章\程序\程序15-1\物理平台\kernel\fat32.c

```
struct dir_entry * FAT32_lookup(struct index_node * parent_inode,struct dir_entry *
    dest_dentry)
{
    ……
    if((tmpdentry->DIR_FstClusHI >> 12) && (p->attribute & FS_ATTR_FILE))
    {
        p->attribute |= FS_ATTR_DEVICE;
```

```
    }
    dest_dentry->dir_inode = p;
    kfree(buf);
    return dest_dentry;
}
```

从这段代码可知，当目录项结构的成员变量DIR_FstClusHI（起始簇号的高16位）的高4位数值不为0时，说明该目录项描述的是一个设备文件，那么其将标识为FS_ATTR_DEVICE类型。经过此番修改，应用程序便可使用open、close、read、write、ioctl等系统调用API操作键盘设备。

- 创建键盘设备文件

现在，内核程序已准备就绪，下面将为键盘驱动程序创建设备文件。创建设备文件的方法有两种，一种是通过磁盘管理软件强制修改设备文件的目录项，另一种是通过编写程序把普通文件修改为设备文件。对于第一种方法，读者可依据第13章讲述的知识进行实践，此处重点讲解一下如何编写程序修改来普通文件。

当名为KEYBOARD.DEV的空文件在文件系统中创建后，只需在代码清单14-2的基础上稍作调整即可使测试程序在打开KEYBOARD.DEV文件期间改变目录项结构的相关数值。代码清单15-13是open函数的测试程序，现在我们用它来打开键盘设备文件。

代码清单15-13　第15章\程序\程序15-1\创建设备文件\task.c

```
void user_level_function()
{
    int errno = 0;
    char string[]="/KEYBOARD.DEV";
    ......
}
```

当open系统调用API进入内核层后，系统调用API处理函数sys_open将通过path_walk函数找寻目标文件。一旦找到目标文件，path_walk函数就将其相关结构返回给sys_open函数。随后再使用代码清单15-14修改目标文件的起始簇号。

代码清单15-14　第15章\程序\程序15-1\创建设备文件\sys.c

```
unsigned long sys_open(char *filename,int flags)
{
    ......
    color_printk(BLUE,WHITE,"sys_open write device cluster to file\n");

    if(dentry == NULL)
        return -ENOENT;
    if(dentry->dir_inode->attribute == FS_ATTR_DIR)
        return -EISDIR;

    ((struct FAT32_inode_info *)(dentry->dir_inode->private_index_info))->
        first_cluster |= 0xf0000000;
    dentry->dir_inode->sb->sb_ops->write_inode(dentry->dir_inode);
    ......
}
```

当起始簇号修改完毕后，再调用write_inode操作方法将设备文件的目录项回写到磁盘扇区中。

请读者在程序运行后，务必使用磁盘管理软件验证KEYBOARD.DEV文件的目录项是否修改成功。

- 键盘驱动测试程序

键盘驱动测试程序比较容易实现，只需借助标准格式化输出和文件操作两类系统调用API就能设计出一个键盘驱动测试程序，代码清单15-15是测试程序的主函数。

代码清单15-15　第15章\程序\程序15-1\物理平台\user\init.c

```
int main()
{
    int fd0 = 0;
    int fd1 = 0;
    char path[] = "/KEYBOARD.DEV";
    int key = 0;

    fd1 = open(path,0);
    fd0 = 500;
    while(fd0--)
    {
        key = analysis_keycode(fd1);
        if(key)
            printf("(K:%c)",key);
    }
    close(fd1);

    while(1);
    return 0;
}
```

从main函数来看测试程序并不复杂，它的任务只是不停地从键盘缓冲区中读取数据而已。其中的函数analysis_keycode用于读取和解析键盘发送来的数据，该函数是从原键盘驱动程序迁移至此处的。同时，为了使其能够与应用层的系统调用API相衔接，这里还特意对analysis_keycode函数及其附属函数get_scancode做出如下修改，见代码清单15-16。

代码清单15-16　第15章\程序\程序15-1\物理平台\user\init.c

```
unsigned char get_scancode(int fd)
{
    unsigned char ret  = 0;
    read(fd,&ret,1);
    return ret;
}
int analysis_keycode(int fd)
{
    unsigned char x = 0;
    ……
    x = get_scancode(fd);
    if(x == 0xE1)    //pause break;
    {
        key = PAUSEBREAK;
        for(i = 1;i<6;i++)
            if(get_scancode(fd) != pausebreak_scode[i])
        ……
```

```
        }
        if(key == 0)
        {
            ......
            switch(x & 0x7F)
            {
                ......
                case 0x01:      //ESC
                    key = 0;
                    break;

                case 0x0e:      //BACKSPACE
                    key = '\b';
                    break;

                case 0x0f:      //TAB
                    key = '\t';
                    break;

                case 0x1c:      //ENTER
                    key = '\n';
                    break;
                ......
            }
            if(key)
                return key;
        }
            return 0;
    }
```

代码清单15-16中的函数get_scancode用于读取键盘发送来的数据（键盘扫描码），一旦函数analysis_keycode收到键盘扫描码就立即进入扫描码解析阶段。这里的扫描码解析程序是在原有代码基础上追加ESC、BACKSPACE、TAB以及ENTER等按键的解析逻辑，使得它们被按下时printf函数可显示出相应的效果。

测试程序里的printf函数是从printk函数移植而来，它的加入不单是为了显示按键效果，也为了让测试程序的形态逐渐向Shell命令解析器靠近。表15-1是POSIX规范对printf函数的基本描述，其中的参数format可支持-、+、#、0、hh、h、l、ll、j、z、t、L、d、i、o、u、x、X、f、F、e、E、g、G、a、A、c、s、p、n、%等格式符。目前的printf函数仍沿用printk支持的格式符，读者可根据个人需要自行补充格式符的代码实现。由于函数sprintf和vsprintf的功能与printf函数十分相似，此处便将它们一并实现。

表15-1 **printf/sprintf/vsprintf函数简介表**

函数名	int printf(const char *restrict format, ...) int sprintf(char *restrict s, const char *restrict format, ...) int vsprintf(char *restrict s, const char *restrict format, va_list ap)
功能摘要	格式化输出
头文件	#include <stdio.h>
描述	这些函数将把参数转换或格式化成字符串，再显示到输出设备上或保存到数据缓冲区中

（续）

参数	char *restrict s	格式化输出数据缓冲区
	const char *restrict format	格式化字符串
	va_list ap	可变参数列表
返回值	int	如果执行成功，则返回输出字节数；否则，返回负值，errno 变量会记录错误码
错误码	EINTR	在函数执行期间被信号打断
	ENOMEM	内存不足

函数vsprintf主要用于解析格式符，它直接从内核层复制得来，无需任何改动，但为了确保vsprintf函数能够得到基础库函数（例如：strlen、strcat、memcpy、memset等函数）的支持，同时也为了给今后使用基础库函数带来方便，这里已将内核层的基础库函数复制到应用层的string.c文件里。函数printf和sprintf则是由vsprintf函数结合不同功能再次封装而成，其中的sprintf函数可将vsprintf解析出的字符串保存到数据缓冲区中，而printf函数则将解析出的数据通过putstring系统调用API显示在屏幕上，代码清单15-17是这两个函数的程序实现。

代码清单15-17　第15章\程序\程序15-1\物理平台\user\printf.c

```
int sprintf(char * buf,const char * fmt,...)
{
    int count = 0;
    va_list args;

    va_start(args, fmt);
    count = vsprintf(buf,fmt, args);
    va_end(args);

    return count;
}
int printf(const char *fmt, ...)
{
    char buf[1000];
    int count = 0;
    va_list args;

    va_start(args, fmt);
    count = vsprintf(buf,fmt, args);
    va_end(args);
    putstring(buf);

    return count;
}
```

运行测试程序，通过比对下压的按键和显示的键值便可验证键盘驱动程序，图15-2是键盘驱动测试程序的大致运行效果。

图15-2 键盘驱动测试程序运行效果图

3. Shell命令解析程序

Shell命令解析器是在键盘驱动测试程序的基础上参照图15-1描述的软件架构实现的，代码清单15-18是解析器的主函数。其中，解析器的环境初始化部分位于主函数的循环体前，这部分程序使用全局变量current_dir来记录解析器的当前路径，在初始化阶段已将全局变量current_dir设置为文件系统的根目录。与此同时，为了给后续的键盘扫描码读取工作提供操作句柄，环境初始化代码还打开了键盘驱动的设备文件。

代码清单15-18　第15章\程序\程序15-2\物理平台\user\init.c

```
int main()
{
    int fd = 0;
    unsigned char buf[256] = {0};
    char path[] = "/KEYBOARD.DEV";
    int index = -1;

    current_dir = "/";
    fd = open(path,0);

    while(1)
    {
        int argc = 0;
        char ** argv = NULL;
        printf("[SHELL]#:");
        memset(buf,0,256);
        read_line(fd,buf);
```

```
            printf("\n");

            index = parse_command(buf,&argc,&argv);

            if(index < 0)
                printf("Input Error,No Command Found!\n");
            else
                run_command(index,argc,argv);    //argc,argv
        }

        close(fd);
        while(1);
        return 0;
    }
```

依据图15-1描述的执行流程可知，解析器的数据读取、数据解析和数据执行三个环节均位于主函数的循环体内，它们分别对应着函数read_line、parse_command以及run_command，下面将对这三个函数进行逐一讲解。

数据读取函数read_line负责从键盘设备中读取键盘扫描码。如果键盘扫描码是可显示字符，那么read_line函数会将扫描码打印在屏幕上。当键入换行符'\n'时，数据读取函数将返回已读取的可显示字符和数据长度，完整的函数实现请参见代码清单15-19。

代码清单15-19　第15章\程序\程序15-2\物理平台\user\init.c

```
int read_line(int fd,char *buf)
{
    int key = 0;
    int count = 0;

    while(1)
    {
        key = analysis_keycode(fd);
        if(key == '\n')
        {
            return count;
        }
        else if(key)
        {
            buf[count++] = key;
            printf("%c",key);
        }
        else
            continue;
    }
}
```

当解析器收到read_line函数返回的数据后，解析器将进入数据解析阶段。函数parse_command主要负责数据解析工作，它可从已读入的数据中提取出命令和命令参数，然后使用find_cmd函数从命令列表数组中检索出与之相匹配的命令索引值，具体实现如代码清单15-20所示。

代码清单15-20 第15章\程序\程序15-2\物理平台\user\init.c

```
int parse_command(char * buf,int * argc,char ***argv)
{
    int i = 0;
    int j = 0;

    while(buf[j] == ' ')
        j++;
    for(i = j;i<256;i++)
    {
        if(!buf[i])
            break;
        if(buf[i] != ' ' && (buf[i+1] == ' ' || buf[i+1] == '\0'))
            (*argc)++;
    }
    printf("parse_command argc:%d\n",*argc);

    if(!*argc)
        return -1;
    *argv = (char **)malloc(sizeof(char**) * (*argc));
    printf("parse_command argv:%#018lx,*argv:%#018lx\n",argv,*argv);

    for(i = 0;i < *argc && j < 256;i++)
    {
        *((*argv)+i) = &buf[j];
        while(buf[j] && buf[j] != ' ')
            j++;
        buf[j++] = '\0';
        while(buf[j] == ' ')
            j++;
        printf("%s\n",(*argv)[i]);
    }
    return find_cmd(**argv);
}
```

函数parse_command的数据解析过程并不复杂，只是相对繁琐一些。考虑到本系统目前还未实现exec类系统调用API，也即无法创建子进程来执行文件系统中的命令和程序，那么就只能在Shell命令解析器内部构建命令列表，故此便有了命令列表数组和find_cmd函数。

命令列表数组由若干个struct buildincmd结构体组成（它定义于init.h文件内），此结构记录着命令名和命令的处理函数，代码清单15-21是它们的定义与处理函数实现。

代码清单15-21 第15章\程序\程序15-2\物理平台\user\init.c

```
char *current_dir = NULL;

int cd_command(int argc,char **argv){}
int ls_command(int argc,char **argv){}
int pwd_command(int argc,char **argv)
{
    if(current_dir)
        printf("%s\n",current_dir);
}
```

```
int cat_command(int argc,char **argv){}
int touch_command(int argc,char **argv){}
int rm_command(int argc,char **argv){}
int mkdir_command(int argc,char **argv){}
int rmdir_command(int argc,char **argv){}
int exec_command(int argc,char **argv){}
int reboot_command(int argc,char **argv){}

struct buildincmd shell_internal_cmd[] =
{
    {"cd",cd_command},
    {"ls",ls_command},
    {"pwd",pwd_command},
    {"cat",cat_command},
    {"touch",touch_command},
    {"rm",rm_command},
    {"mkdir",mkdir_command},
    {"rmdir",rmdir_command},
    {"exec",exec_command},
    {"reboot",reboot_command},
};
int find_cmd(char *cmd)
{
    int i = 0;
    for(i = 0;i<sizeof(shell_internal_cmd)/sizeof(struct buildincmd);i++)
        if(!strcmp(cmd,shell_internal_cmd[i].name))
            return i;
    return -1;
}
```

目前Shell命令解析器仅能实现工作路径查询命令pwd，该命令通过printf函数将全局变量current_dir保存的当前工作路径名显示到屏幕中。从这段代码来看，命令列表数组shell_internal_cmd的结构简单、清晰、易扩展，如果读者希望添加自定义命令，只需套用现有框架即可。

如果find_cmd函数检索到命令，find_cmd函数会返回命令对应的索引值，然后进入命令执行阶段。接下来的工作将交由run_command函数处理，它会根据索引值调用相应的处理函数，并将参数个数和参数值传递给处理函数，代码清单15-22是run_command函数的代码实现。

代码清单15-22　第15章\程序\程序15-2\物理平台\user\init.c

```
void run_command(int index,int argc,char **argv)
{
    printf("run_command %s\n",shell_internal_cmd[index].name);
    shell_internal_cmd[index].function(argc,argv);
}
```

现在，Shell命令解析器已设计完成，即刻进入程序测试环节，向终端命令行键入pwd命令查询工作路径，图15-3是Shell命令解析器的大致运行效果。

图15-3 Shell命令解析程序运行效果图

15.2 基础命令

虽然此刻Shell命令解析器已实现，但它只能为用户提供与计算机交互的终端命令行。鉴于职能所限，它必须依仗身后强大、丰富的命令才能完成用户交给的任务。故此，本节将编写一些基础命令来增强系统交互能力。

15.2.1 重启命令 reboot

关机命令`power off`可谓是操作系统必不可少的功能之一，但由于关机过程必须操作电源管理芯片和系统内核的诸多模块才能实现，因此这里先用`reboot`重启命令代替。其实，重启功能亦可细分为冷重启和热重启两种，冷重启是通过处理器的复位电路实现，而热重启则与关机命令的执行过程一样复杂。考虑到实现的难易程度，本节暂且只实现冷重启功能。

冷重启功能的实现比较简单，仅需向I/O端口0x64输出数值0xfe即可将硬件电路复位。由于在POSIX规范中尚未发现`reboot`重启命令的描述，所以我们必须自己实现它。借鉴之前的系统调用API处理函数实现，重启命令的系统调用入口函数名为`reboot`，其对应的系统调用API处理函数名为`sys_close`，代码清单15-23和代码清单15-24是这两个函数的程序实现。

代码清单15-23 第15章\程序\程序15-3\物理平台\kernel\sys.c

```
unsigned long sys_reboot(unsigned long cmd,void * arg)
{
    color_printk(GREEN,BLACK,"sys_reboot\n");
    switch(cmd)
```

```
    {
        case SYSTEM_REBOOT:
            io_out8(0x64,0xFE);
            break;

        case SYSTEM_POWEROFF:
            color_printk(RED,BLACK,"sys_reboot cmd SYSTEM_POWEROFF\n");
            break;

        default:
            color_printk(RED,BLACK,"sys_reboot cmd ERROR!\n");
            break;
    }
    return 0;
}
```

这段代码中的宏常量SYSTEM_REBOOT和SYSTEM_POWEROFF是处理函数可执行的控制命令，通过控制命令，sys_reboot函数可确定执行关机程序分支还是重启程序分支，这两个宏常量的定义位于sys.h头文件中。

重启命令的应用层代码实现更为简单，调用reboot函数向内核发送SYSTEM_REBOOT重启命令即可，代码清单15-24是reboot_command函数的实现。

代码清单15-24　第15章\程序\程序15-3\物理平台\user\init.c

```
int reboot_command(int argc,char **argv)
{
    reboot(SYSTEM_REBOOT,NULL);
}
```

向终端命令行输入reboot命令便可验证程序的运行效果，如果电脑瞬间重启，则重启命令已经生效。

15.2.2　工作目录切换命令 cd

有些命令必须内建于Shell命令解析器中，像本节的工作目录切换命令cd就必须内嵌在命令解析器中。这是因为在PCB中通常会有记录程序当前工作目录的成员变量，它可使程序通过相对路径访问文件，在执行cd命令切换工作目录时，该成员变量也会随之被修改。如果cd命令作为外部程序的话，它将运行于解析器创建的子进程中，从而导致cd命令仅能改变子进程的工作目录，却无法改变解析器的工作目录，以至于无法达到预期效果。因此，工作目录切换命令cd必须内嵌在Shell命令解析器里，好在目前的命令已全部内建在解析器中，这就省去修改解析器的烦恼。

cd命令是通过chdir系统调用API实现的工作目录切换，表15-2是POSIX规范对chdir函数的概要性描述。

表15-2　chdir函数简介表

函数名	int chdir(const char *path)
功能摘要	切换工作目录
头文件	#include <unistd.h>

（续）

描述	将工作目录切换到path指定的路径下，路径的检索工作并非以 / 为起始点	
参数	const char *path	目标工作目录
返回值	int	如果执行成功，返回0；否则不改变工作目录并返回-1，errno变量会记录错误码
错误码	EACCES	权限不足
	ELOOP	在解析path时遇到路径循环
	ENAMETOOLONG	路径名过长
	ENOENT	目标文件或目录不存在
	ENOTDIR	在路径检索期间发现非目录项

按理说，chdir函数应该修改PCB内记录程序当前工作目录的成员变量，chdir函数的系统调用API处理函数名为sys_chdir。为了简化代码结构或编程复杂度，当前工作目录由Shell命令解析器的全局变量current_dir保存，而函数sys_chdir只负责验证工作目录，代码清单15-25是sys_chdir函数的程序实现。

代码清单15-25　第15章\程序\程序15-4\物理平台\kernel\sys.c

```
unsigned long sys_chdir(char *filename)
{
    char * path = NULL;
    long pathlen = 0;
    struct dir_entry * dentry = NULL;

    color_printk(GREEN,BLACK,"sys_chdir\n");
    path = (char *)kmalloc(PAGE_4K_SIZE,0);

    if(path == NULL)
        return -ENOMEM;
    memset(path,0,PAGE_4K_SIZE);
    pathlen = strnlen_user(filename,PAGE_4K_SIZE);
    if(pathlen <= 0)
    {
        kfree(path);
        return -EFAULT;
    }
    else if(pathlen >= PAGE_4K_SIZE)
    {
        kfree(path);
        return -ENAMETOOLONG;
    }
    strncpy_from_user(filename,path,pathlen);

    dentry = path_walk(path,0);
    kfree(path);

    if(dentry == NULL)
        return -ENOENT;
    if(dentry->dir_inode->attribute != FS_ATTR_DIR)
        return -ENOTDIR;
```

```
    return 0;
}
```

从这段程序中可以看出，sys_chdir函数只对参数filename提供的路径名进行验证，通过检测path_walk函数的返回值就可判断路径名是否正确。

由于cd命令只能切换至邻接的上下层目录，又因为目前系统只支持绝对路径名搜索，所以命令处理函数cd_command必须将当前工作目录与目标目录名拼接成绝对路径名才能被chdir函数使用，代码清单15-26即是cd_command函数的程序实现。

代码清单15-26　第15章\程序\程序15-4\物理平台\user\init.c

```
int cd_command(int argc,char **argv)
{
    char *path = NULL;
    int len = 0;
    int i = 0;

    len = strlen(current_dir);

    /////.
    if(!strcmp(".",argv[1]))
        return 1;

    ////..
    if(!strcmp("..",argv[1]))
    {
        if(!strcmp("/",current_dir))
            return 1;
        for(i = len-1;i > 1;i--)
            if(current_dir[i] == '/')
                break;
        current_dir[i] = '\0';
        printf("pwd switch to %s\n",current_dir);
        return 1;
    }

    ////others
    i = len + strlen(argv[1]);
    path = malloc(i + 2);
    memset(path,0,i + 2);
    strcpy(path,current_dir);
    if(len > 1)
        path[len] = '/';
    strcat(path,argv[1]);
    printf("cd_command :%s\n",path);

    i = chdir(path);
    if(!i)
        current_dir = path;
    else
        printf("Can`t Goto Dir %s\n",argv[1]);
    printf("pwd switch to %s\n",current_dir);
}
```

函数cd_command可根据输入的目标目录名做出三种动作。如果目录名为'.'，工作目录将切换至当前目录，那么cd_command函数无需切换工作目录；当目录名为".."时，工作目录将切换至当前目录的父目录，如果当前目录已是文件系统的根目录，那么cd_command函数依然不用切换工作目录，否则就切换至当前目录的父目录，实现方法是把当前工作目录的最后一个'/'字符替换为'\0'；如果目录名均不为'.'和".."，那么将目录名拼接到当前工作目录之后，再调用chdir函数对拼接后的路径名进行验证。

图15-4是cd命令的运行效果，请读者在运行测试程序前不要忘记，在文件系统中创建几层目录。

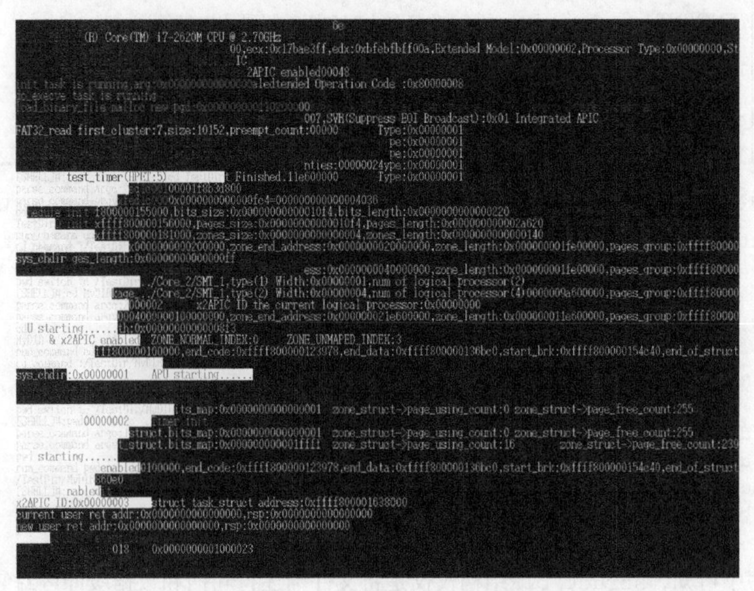

图15-4 cd命令的运行效果图

15.2.3 目录内容显示命令ls

当我们无意间进入一个目录后，潜意识中会想看看这个目录里都保存了什么内容（文件或目录）。按照这个思维逻辑，本节将实现目录内容显示命令ls。

POSIX规范已为目录操作提供诸多系统调用API，ls命令只使用其中的opendir、closedir和readdir三个函数，它们可使目录访问过程变得像操作文件一样轻松。表15-3、表15-4以及表15-5是POSIX规范对这三个函数的简介，从函数的声明来看，它们与文件操作的相关函数极其相似。

表15-3 opendir函数简介表

函数名	DIR *opendir(const char *dirname)
功能摘要	打开目录，这个过程将使目录和文件描述符建立关联
头文件	#include <dirent.h>
描述	opendir函数将会打开参数dirname指定的目录。其实DIR代表一个文件描述符，opendir与使用O_DIRECTORY标志位的open函数功能相同

（续）

参数	const char *dirname	描述目录的路径名
返回值	DIR *	如果执行成功，则返回DIR结构指针；否则返回NULL指针，errno变量会记录错误码
错误码	EACCES	权限不足
	ELOOP	路径名存在链接循环
	ENAMETOOLONG	路径名过长
	ENOENT	路径名中存在无效目录或空目录
	ENOTDIR	在路径检索期间发现非目录项
	EMFILE	进程无空闲文件描述符
	ENFILE	系统无空闲文件描述符

opendir函数用于打开目录，它与文件打开函数open十分相似，只不过opendir函数返回的是目录结构体struct DIR，而open函数返回的是文件描述符的句柄，代码清单15-27是struct DIR结构体的完整定义。

代码清单15-27　第15章\程序\程序15-5\物理平台\user\dirent.h

```
struct DIR
{
    int fd;
    int buf_pos;
    int buf_end;
    char buf[256];
};
```

从这段程序中可知，struct DIR结构仅仅是将文件描述符句柄和数据缓冲区封装在同一结构体内，那么struct DIR结构体也可认为是一个句柄。其实，POSIX规范并未明确定义struct DIR结构体，读者可自由定义。

根据文件操作的编程经验来看，closedir函数必然用于关闭已经打开的目录，表15-4是POSIX规范对此函数的大致描述。

表15-4　closedir函数简介表

函数名	int closedir(DIR *dirp)	
功能摘要	关闭目录	
头文件	#include <dirent.h>	
描述	closedir函数将会关闭参数dirp指定的目录	
参数	DIR *dirp	可代表一个文件描述符
返回值	int	如果执行成功，则返回0；否则返回-1，errno变量会记录错误码
错误码	EBADF	参数dirp无法索引到正确的目录
	EINTR	在函数执行期间被信号打断

至于readdir函数，从字面意思便可知晓它用于读取目录内的数据，表15-5是POSIX规范对它的整体功能介绍。

表15-5 readdir函数简介表

函数名	struct dirent *readdir(DIR *dirp)	
功能摘要	从目录中读取数据	
头文件	#include <dirent.h>	
描述	readdir函数可一次缓存多个目录项结构，但每次调用只能返回一个装有目录项信息的dirent结构，直至返回NULL为止	
参数	DIR *restrict dirp	可代表一个文件描述符
返回值	struct dirent *	如果执行成功，则返回dirent结构或0；否则返回NULL指针，errno变量会记录错误码
错误码	EOVERFLOW	返回的结构中存在错误值
	EBADF	参数dirp无法索引到正确的目录
	ENOENT	无效的目录访问位置

在readdir函数的声明中引入一个名为struct dirent的结构体，它把从目录读取的数据抽象成一个结构。代码清单15-28是该结构体的具体定义，考虑到FAT32文件系统的特性，此处暂未遵照POSIX规范的描述去定义它。

代码清单15-28 第15章\程序\程序15-5\物理平台\user\dirent.h

```
struct dirent
{
    long d_offset;
    long d_type;
    long d_namelen;
    char d_name[];
};
```

早在第13章就已提及过文件和目录同由目录项代表，其实这也间接暗示open和close函数既可操作文件也可操作目录，而本节的opendir和closedir函数均是它们两个的二次封装，那么opendir函数返回的struct dirent结构体内含有文件描述符句柄也就并不稀奇了。

代码清单15-29一次性给出opendir、closedir和readdir三个函数的程序实现。从这三个函数的代码实现中可以看出，它们都是封装函数，而并非真正的系统调用API入口程序。

代码清单15-29 第15章\程序\程序15-5\物理平台\user\dirent.c

```
struct DIR* opendir(const char *path)
{
    int fd = 0;
    struct DIR* dir = NULL;
    fd = open(path,O_DIRECTORY);
    if(fd >= 0)
        dir = (struct DIR*)malloc(sizeof(struct DIR));
    else
        return NULL;
```

```
        memset(dir,0,sizeof(struct DIR));
        dir->fd = fd;
        dir->buf_pos = 0;
        dir->buf_end = 256;
        return dir;
    }
    int closedir(struct DIR *dir)
    {
        close(dir->fd);
        free(dir);
        return 0;
    }
    struct dirent *readdir(struct DIR *dir)
    {
        int len = 0;
        memset(dir->buf,0,256);
        len = getdents(dir->fd,(struct dirent *)dir->buf,256);
        if(len > 0)
            return (struct dirent *)dir->buf;
        else
            return NULL;
    }
```

看到这里，opendir和closedir函数可能与读者预期的封装方法比较相似。可是，目前的sys_open处理函数尚未支持目录的打开功能。那么下面就通过代码清单15-30对sys_open函数进行修正，使open函数可以打开文件和目录。

代码清单15-30　第15章\程序\程序15-5\物理平台\kernel\sys.c

```
    unsigned long sys_open(char *filename,int flags)
    {
        ......
        if(dentry == NULL)
            return -ENOENT;

        if((flags & O_DIRECTORY) && (dentry->dir_inode->attribute != FS_ATTR_DIR))
            return -ENOTDIR;
        if(!(flags & O_DIRECTORY) && (dentry->dir_inode->attribute == FS_ATTR_DIR))
            return -EISDIR;
        ......
    }
```

代码清单15-28中比较特殊的函数是readdir，它体内封装着一个名为getdents的函数，函数getdents才是读取目录数据的主角。函数getdents用于读取指定目录下的目录项信息，只需向其传入struct DIR结构体（保存着文件描述符句柄和缓冲区基地址）就可从指定目录中读取出一个目录项信息。getdents系统调用API的处理函数名为sys_getdents，它同样可以套用sys_read、sys_lseek等函数的代码结构，代码清单15-31是sys_getdents函数的详细程序实现。

代码清单15-31　第15章\程序\程序15-5\物理平台\kernel\sys.c

```
    unsigned long sys_getdents(int fd, void * dirent, long count)
    {
        struct file * filp = NULL;
```

```
    unsigned long ret = 0;

//  color_printk(GREEN,BLACK,"sys_getdents:%d\n",fd);
    if(fd < 0 || fd > TASK_FILE_MAX)
        return -EBADF;
    if(count < 0)
        return -EINVAL;

    filp = current->file_struct[fd];
    if(filp->f_ops && filp->f_ops->readdir)
        ret = filp->f_ops->readdir(filp,dirent,&fill_dentry);
    return ret;
}
```

函数sys_getdents的核心功能是调用文件操作方法readdir读取目录中的数据。这是一个新引入的文件操作方法，代码清单15-32和代码清单15-33是readdir操作方法的定义与处理函数赋值。

代码清单15-32　第15章\程序\程序15-5\物理平台\kernel\sys.c

```
struct file_operations
{
    ......
    long (*readdir)(struct file * filp,void * dirent,filldir_t filler);
};
```

代码清单15-33　第15章\程序\程序15-5\物理平台\kernel\sys.c

```
struct file_operations FAT32_file_ops =
{
    ......
    .readdir = FAT32_readdir,
};
```

处理函数FAT32_readdir来自于FAT32文件系统，它的任务是从指定目录中找出有效目录项，这一点与FAT32_lookup函数极其相似，只不过FAT32_lookup函数的检索条件更为苛刻些。那么，只要参照FAT32_lookup函数的设计思路便可实现FAT32_readdir函数，代码清单15-34和代码清单15-35是FAT32_readdir函数的程序实现。

代码清单15-34　第15章\程序\程序15-5\物理平台\kernel\sys.c

```
long FAT32_readdir(struct file * filp,void * dirent,filldir_t filler)
{
    struct FAT32_inode_info * finode = filp->dentry->dir_inode->private_index_info;
    struct FAT32_sb_info * fsbi = filp->dentry->dir_inode->sb->private_sb_info;

    unsigned int cluster = 0;
    unsigned long sector = 0;
    unsigned char * buf =NULL;
    char *name = NULL;
    int namelen = 0;
    int i = 0,j = 0,x = 0,y = 0;
    struct FAT32_Directory * tmpdentry = NULL;
    struct FAT32_LongDirectory * tmpldentry = NULL;
```

```
    buf = kmalloc(fsbi->bytes_per_cluster,0);
    cluster = finode->first_cluster;
    j = filp->position/fsbi->bytes_per_cluster;

    for(i = 0;i<j;i++)
    {
        cluster = DISK1_FAT32_read_FAT_Entry(fsbi,cluster);
        if(cluster > 0x0ffffff7)
        {
            color_printk(RED,BLACK,"FAT32 FS(readdir) cluster didn`t exist\n");
            return NULL;
        }
    }

next_cluster:
    sector = fsbi->Data_firstsector + (cluster - 2) * fsbi->sector_per_cluster;
    if(!IDE_device_operation.transfer(ATA_READ_CMD,sector,fsbi->sector_per_cluster,
        (unsigned char *)buf))
    {
        color_printk(RED,BLACK,"FAT32 FS(readdir) read disk ERROR!!!!!!!!!!\n");
        kfree(buf);
        return NULL;
    }

    tmpdentry = (struct FAT32_Directory *)(buf + filp->position%fsbi->
        bytes_per_cluster);
    ......
}
```

以上这段代码为搜索目录的数据区提供起始搜索扇区号、起始扇区内偏移量等数据，这些数据是通过文件当前访问位置变量filp->position计算而得。

当确定起始扇区号和扇区内偏移量后，函数FAT32_readdir将进入有效目录项搜索阶段，整个搜索过程会对目录项结构进行逐一检验，直至发现有效目录项（包括长目录项和短目录项）或者遍历到目录的数据区结尾处，这个搜索过程由代码清单15-35负责完成。

代码清单15-35 第15章\程序\程序15-5\物理平台\kernel\sys.c

```
    for(i = filp->position%fsbi->bytes_per_cluster;i < fsbi->bytes_per_cluster;i +=
        32,tmpdentry++,filp->position += 32)
    {
        if(tmpdentry->DIR_Attr == ATTR_LONG_NAME)
            continue;
        if(tmpdentry->DIR_Name[0] == 0xe5 || tmpdentry->DIR_Name[0] == 0x00 ||
            tmpdentry->DIR_Name[0] == 0x05)
            continue;

        namelen = 0;
        tmpldentry = (struct FAT32_LongDirectory *)tmpdentry-1;

        if(tmpldentry->LDIR_Attr == ATTR_LONG_NAME && tmpldentry->LDIR_Ord != 0xe5 &&
            tmpldentry->LDIR_Ord != 0x00 && tmpldentry->LDIR_Ord != 0x05)
        {
            j = 0;
            //long file/dir name read
            while(tmpldentry->LDIR_Attr == ATTR_LONG_NAME && tmpldentry->LDIR_Ord !=
```

```
            0xe5 && tmpldentry->LDIR_Ord != 0x00 && tmpldentry->LDIR_Ord != 0x05)
        {
            j++;
            if(tmpldentry->LDIR_Ord & 0x40)
                break;
            tmpldentry --;
        }
        name = kmalloc(j*13+1,0);
        memset(name,0,j*13+1);
        tmpldentry = (struct FAT32_LongDirectory *)tmpdentry-1;

        for(x = 0;x<j;x++,tmpldentry --)
        {
            for(y = 0;y<5;y++)
                if(tmpldentry->LDIR_Name1[y] != 0xffff && tmpldentry->
                    LDIR_Name1[y] != 0x0000)
                    name[namelen++] = (char)tmpldentry->LDIR_Name1[y];
            for(y = 0;y<6;y++)
                if(tmpldentry->LDIR_Name2[y] != 0xffff && tmpldentry->
                    LDIR_Name2[y] != 0x0000)
                    name[namelen++] = (char)tmpldentry->LDIR_Name2[y];
            for(y = 0;y<2;y++)
                if(tmpldentry->LDIR_Name3[y] != 0xffff && tmpldentry->
                    LDIR_Name3[y] != 0x0000)
                    name[namelen++] = (char)tmpldentry->LDIR_Name3[y];
        }
        goto find_lookup_success;
    }
    name = kmalloc(15,0);
    memset(name,0,15);

    //short file/dir base name compare
    for(x=0;x<8;x++)
    {
        if(tmpdentry->DIR_Name[x] == ' ')
            break;
        if(tmpdentry->DIR_NTRes & LOWERCASE_BASE)
            name[namelen++] = tmpdentry->DIR_Name[x] + 32;
        else
            name[namelen++] = tmpdentry->DIR_Name[x];
    }
    if(tmpdentry->DIR_Attr & ATTR_DIRECTORY)
        goto find_lookup_success;
    name[namelen++] = '.';

    //short file ext name compare
    for(x=8;x<11;x++)
    {
        if(tmpdentry->DIR_Name[x] == ' ')
            break;
        if(tmpdentry->DIR_NTRes & LOWERCASE_EXT)
            name[namelen++] = tmpdentry->DIR_Name[x] + 32;
        else
            name[namelen++] = tmpdentry->DIR_Name[x];
    }
    if(x == 8)
        name[--namelen] = 0;
```

```
        goto find_lookup_success;
    }

    cluster = DISK1_FAT32_read_FAT_Entry(fsbi,cluster);
    if(cluster < 0x0ffffff7)
        goto next_cluster;
    kfree(buf);
    return NULL;

find_lookup_success:
    filp->position += 32;
    return filler(dirent,name,namelen,0,0);
```

不论是长目录项还是短目录项，只要它是个有效目录项就将其名字保存到局部变量name指向的内存空间中，随后再调用filler操作方法将提取出的数据填充到应用层的缓冲区内。这段代码对长/短目录项的检验过程与FAT32_lookup函数相似，请读者自行研习，此处就不再过多讲解。

这里的操作方法filler主要负责把检索出的目录项信息填充到应用层的struct dirent结构体中，在调用readdir文件操作方法时会为其指派处理函数，此刻的处理函数名为fill_dentry，其函数实现请参见代码清单15-36。

代码清单15-36　第15章\程序\程序15-5\物理平台\kernel\sys.c

```
int fill_dentry(void *buf,char *name, long namelen,long type,long offset)
{
    struct dirent* dent = (struct dirent*)buf;

    if((unsigned long)buf < TASK_SIZE && !verify_area(buf,sizeof(struct dirent) +
        namelen))
        return -EFAULT;

    memcpy(name,dent->d_name,namelen);
    dent->d_namelen = namelen;
    dent->d_type = type;
    dent->d_offset = offset;
    return sizeof(struct dirent) + namelen;
}
```

内核层的struct dirent结构定义于**dirent.h**文件内，函数fill_dentry会把传入的数据格式化成struct dirent类型的数据，并将其存入应用层。

在设计结构体struct dirent时还使用到C语言（C99标准）的一个新特性，即柔性数组成员（**flexible array member**）或称零长数组。以这段代码中的成员变量d_name[]（归属于struct dirent结构体）为例，其实struct dirent结构体并不会为d_name成员变量分配存储空间，因此struct dirent结构体实际占用的存储空间为sizeof(long)*3。尽管d_name不占用存储空间，但它却能够被引用（比如dent->d_name），这也就意味着我们可以取得它的地址。如果读者编写程序对结构体struct dirent进行测试的话，会很容易发现成员变量d_name的地址位于结构体的末尾处，也就是dent + 1表示的位置。这种新特性可使数组d_name的长度可变，对于不等长的文件名字符串而言，我们只需一次性为结构体struct dirent分配sizeof(struct dirent)+strlen(name)的存储空间，便可将文件名囊括于结构体内，而且存储空间是连续的。此举同时还能减少malloc类函数的调用次数，从而间接提高程序的执行效率。

历经漫长的准备工作后，opendir、closedir、readdir等系统调用API均已实现，接下来只要仿照操作文件的函数调用步骤就可编写出ls_command命令处理函数，代码清单15-37便是函数ls_command的程序实现。

代码清单15-37 第15章\程序\程序15-5\物理平台\user\init.c

```
int ls_command(int argc,char **argv)
{
    struct DIR* dir = NULL;
    struct dirent * buf = NULL;

    dir = opendir(current_dir);
    printf("ls_command opendir:%d\n",dir->fd);

    buf = (struct dirent *)malloc(256);
    while(1)
    {
        buf = readdir(dir);
        if(buf == NULL)
            break;
        printf("ls_command readdir len:%d,name:%s\n",buf->d_namelen,buf->d_name);
    }
    closedir(dir);
}
```

函数ls_command的实现非常容易理解，此处就不再过多讲解。图15-5是在文件系统根目录和JIOL123Llliwos目录下执行ls命令的运行效果。

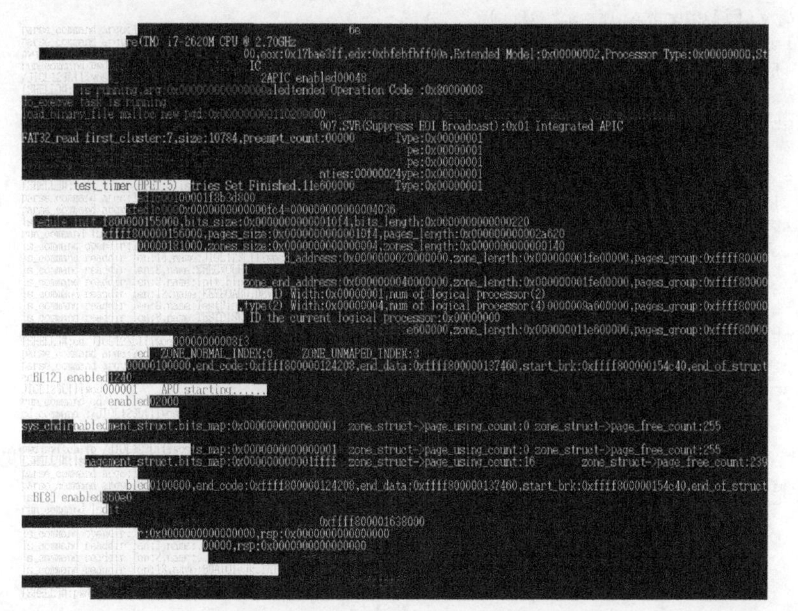

图15-5 ls命令的运行效果图

细心的读者可能会发现，在文件系统根目录下有个名为TESTDISK的目录项，它在此前的开发中从未提及。借助磁盘管理软件对根目录数据分析后发现，其实它既不是文件也不是目录，而是一个卷标（目录项属性是ATTR_VOLUME_ID数值为0x08）。

15.2.4　文件查看命令 cat

当使用ls命令显示出目录中的文件和目录后，我们也许会对某个文件保存的数据比较好奇，那么本节就来实现文件查看命令cat。

早在第14章就已实现基础文件操作的系统调用API，在这些系统调用API的帮助下我们可以轻松编写出cat命令的处理函数cat_command，其详细程序实现请参见代码清单15-38。

代码清单15-38　第15章\程序\程序15-6\物理平台\user\init.c

```
int cat_command(int argc,char **argv)
{
    int len = 0;
    char * filename = NULL;
    int fd = 0;
    char * buf = NULL;
    int i = 0;

    len = strlen(current_dir);
    i = len + strlen(argv[1]);
    filename = malloc(i+2);
    memset(filename,0,i+2);
    strcpy(filename,current_dir);
    if(len > 1)
        filename[len] = '/';
    strcat(filename,argv[1]);
    printf("cat_command filename:%s\n",filename);

    fd = open(filename,0);
    i = lseek(fd,0,SEEK_END);
    lseek(fd,0,SEEK_SET);
    buf = malloc(i+1);
    memset(buf,0,i+1);
    len = read(fd,buf,i);
    printf("length:%d\t%s\n",len,buf);

    close(fd);
}
```

cat命令曾相继两次调用lseek函数，第一次调用lseek函数是为了获取文件的长度，而第二次调用lseek函数是为了将文件当前访问位置重置为0，图15-6是cat命令的运行效果。

图15-6 cat命令的运行效果图

15.2.5 程序执行命令 exec

在实现文件查看命令后，想必大多数读者都会觉得意犹未尽。既然目前已经实现fork系统调用API，如果将内核层的do_execve、do_exit等函数作为系统调用API暴露给应用层的话，那么执行新程序或者外部命令将指日可待，故此本节就来实现程序执行命令exec。

为了实现exec命令需要新增execve、exit和waitpid三个系统调用API，接下来将按照exec命令的执行流程逐一实现它们。

当exec命令借助vfork函数从Shell命令解析器克隆出一个子进程后，子进程会先于父进程运行，它会调用execve函数执行指定路径名下的应用程序。表15-6是POSIX规范对exec类函数的概括介绍，鉴于exec类函数品种繁多，此表仅对使用率较高的几个函数予以介绍。

表15-6 execv/execve/fexecve函数简介表

函数名	int execv(const char *path, char *const argv[]) int execve(const char *path, char *const argv[], char *const envp[]) int fexecve(int fd, char *const argv[], char *const envp[])	
功能摘要	执行一个文件	
头文件	#include <unistd.h>	
描述	这组函数将使用新的程序来覆盖当前进程空间，新的程序由一套结构化的可执行程序组成。这组函数在执行后不会返回，而是直接转去执行新的程序	
参数	const char *path	文件路径
	char *const argv[]	作为新程序主函数的参数
	char *const envp[]	作为新程序的环境变量
	int fd	代表文件描述符的句柄

（续）

返回值	int	如果函数返回，则说明执行时发生错误并返回-1，errno变量会记录错误码
错误码	E2BIG	argv和envp参数占用空间过大
	EACCES	未知的可执行文件类型
	EINVAL	系统不支持的可执行文件格式
	ELOOP	在解析path时遇到路径循环
	ENAMETOOLONG	路径名过长
	ENOENT	目标文件或目录不存在
	ENOTDIR	在路径检索期间发现非目录项
	ENOEXEC	无法执行的文件格式
	ENOMEM	系统内存不足
	ETXTBSY	文件正在写入中，无法执行

上表描述的三个函数皆是从execve演变而来，它们最终都通过execve函数进入系统内核，也就是说只有execve函数才是系统调用API的入口函数，其他函数均是在其基础上进行的扩展和封装。因此，下面将实现execve系统调用API，其他函数留给感兴趣的读者自行实现。

execve对应的系统调用API处理函数名为sys_execve，而函数sys_execve也仅仅是对do_execve函数的二次封装，其核心功能仍由do_execve函数负责完成，代码清单15-39是sys_execve处理函数的程序实现。

代码清单15-39　第15章\程序\程序15-7\物理平台\kernel\sys.c

```
unsigned long sys_execve()
{
    char * pathname = NULL;
    long pathlen = 0;
    long error = 0;
    struct pt_regs *regs = (struct pt_regs *)current->thread->rsp0 -1;

    color_printk(GREEN,BLACK,"sys_execve\n");
    pathname = (char *)kmalloc(PAGE_4K_SIZE,0);
    if(pathname == NULL)
        return -ENOMEM;
    memset(pathname,0,PAGE_4K_SIZE);
    pathlen = strnlen_user((char *)regs->rdi,PAGE_4K_SIZE);
    if(pathlen <= 0)
    {
        kfree(pathname);
        return -EFAULT;
    }
    else if(pathlen >= PAGE_4K_SIZE)
    {
        kfree(pathname);
        return -ENAMETOOLONG;
    }
```

```
    strncpy_from_user((char *)regs->rdi,pathname,pathlen);

    error = do_execve(regs,pathname,(char **)regs->rsi,NULL);

    kfree(pathname);
    return error;
}
```

sys_execve函数与其他处理函数的不同之处在于它并未声明参数，而是通过struct pt_regs结构体（代码(struct pt_regs *)current->thread->rsp0 - 1）间接索引出应用层传入的各个参数值。此处使用struct pt_regs结构体间接获取参数的方法并非故弄玄虚，而是源于do_execve函数必须使用此结构作为参数的缘故。

在调用函数execve执行新程序时，函数execve可携带运行参数和环境参数到新程序，从而可有效增加程序运行的灵活性和多样性，那么在do_execve函数为新程序准备运行环境时也应该向新程序（主函数）传入运行参数和环境参数（目前系统暂不支持环境参数，故传入NULL值）。因此，do_execve函数的声明应该修改为unsigned long do_execve(struct pt_regs *regs,char *name,char *argv[],char *envp[])。这也是为什么标准主函数应该声明为int main(int argc,char *argv[])。（其实，main函数存在第三个参数char *envp[]，它是非标准扩展参数，我们通常会使用函数getenv来获取环境参数。）

经过此番准备工作后，下面将调用函数do_execve为新程序准备运行环境。鉴于函数do_execve现已追加运行参数和环境参数，所以它在调用之前必须进行升级和调整，代码清单15-40记录着整个细节。

代码清单15-40　第15章\程序\程序15-7\物理平台\kernel\task.c

```
unsigned long do_execve(struct pt_regs *regs,char *name,char *argv[],char *envp[])
{
    ……
    __asm__ __volatile__ ("movq    %0,      %%cr3      \n\t"::"r"(current->mm->pgd):
        "memory");

    filp = open_exec_file(name);
    if((unsigned long)filp > -0x1000UL)
        return (unsigned long)filp;
    ……
    current->mm->start_bss = code_start_addr + filp->dentry->dir_inode->file_size;
    current->mm->end_bss = stack_start_addr;
    ……
    current->flags &= ~PF_VFORK;

    if(argv != NULL)
    {
        int argc = 0;
        int len = 0;
        int i = 0;
        char ** dargv = (char **)(stack_start_addr - 10 * sizeof(char *));
        pos = (unsigned long)dargv;

        for(i = 0;i<10 && argv[i] != NULL;i++)
        {
            len = strnlen_user(argv[i],1024) + 1;
```

```
            strcpy((char *)(pos - len),argv[i]);
            dargv[i] = (char *)(pos - len);
            pos -= len;
        }
        stack_start_addr = pos - 10;
        regs->rdi = i;    //argc
        regs->rsi = (unsigned long)dargv;    //argv
    }

    memset((void *)code_start_addr,0,stack_start_addr - code_start_addr);
    pos = 0;
    retval = filp->f_ops->read(filp,(void *)code_start_addr,filp->dentry->
        dir_inode->file_size,&pos);

    __asm__    __volatile__    ("movq    %0,%%gs ;movq    %0,%%fs ;"::"r"(0UL));

    regs->ds = USER_DS;
    regs->es = USER_DS;
    regs->ss = USER_DS;
    regs->cs = USER_CS;
    // regs->rip = new_rip;
    // regs->rsp = new_rsp;
    regs->r10 = code_start_addr;
    regs->r11 = stack_start_addr;
    regs->rax = 1;

    color_printk(RED,BLACK,"do_execve task is running\n");
    return retval;
}
```

这段代码首先通过打开目标文件（init.bin）来确定其是否存在。如果目标文件不存在，或者在打开目标文件时发生错误，则返回错误码。随后，将BSS数据段的结束地址延伸至栈空间，虽然这么设置有些冒险，但是BSS数据段通常位于代码段后，其与栈底相距甚远，一般不会出现太大问题。使用栈空间较多的读者可酌情调整栈空间大小。

紧接着，判断形参argv是否存有新程序的运行参数，如果在调用execve函数时向其传入过运行参数，那么向下移动栈顶指针为运行参数开辟存储空间，并借助通用寄存器RDI和RSI将参数个数和参数数组的首地址传递给新程序的主函数。

最后，函数do_execve将加载目标文件（程序）并为其初始化运行现场。在执行此项任务前，一定要清空各个段空间以及栈空间里的数据，以防止内存空间里的脏数据影响程序正常运行。

在do_execve函数升级完毕后，不要忘记调整init函数调用do_execve的代码，详细修改内容参见代码清单15-41。

代码清单15-41　第15章\程序\程序15-7\物理平台\kernel\task.c

```
unsigned long init(unsigned long arg)
{
    ......
    __asm__    __volatile__    (  "movq    %1,    %%rsp    \n\t"
                                  "pushq    %2        \n\t"
                                  "jmp    do_execve    \n\t"
                                  :
                                  :"D"(current->thread->rsp),"m"(current->thread->
                                      rsp),"m"(current->thread->rip),"S"("/init.
```

```
                                    bin"),"d"(NULL),"c" (NULL)
                                : "memory"
                              );
    ……
}
```

当子进程通过execve函数执行新程序后，Shell命令解析器（父进程）将进入等待状态，直至子进程运行结束为止。在子进程运行结束前，父进程可通过执行wait或waitpid函数进入等待状态，表15-7是POSIX规范对这两个函数的概要描述。

表15-7 wait/waitpid函数简介表

函数名	pid_t wait(int *stat_loc) pid_t waitpid(pid_t pid, int *stat_loc, int options);		
功能摘要	等待一个子进程停止或结束		
头文件	#include <sys/wait.h>		
描述	调用者进入阻塞状态，直至子进程结束（或暂停）并产生状态信息。wait用于等待任何子进程，而waitpid则用于等待指定子进程		
参数	pid_t pid	报告指定子进程的状态信息	
		pid = -1	任何子进程的状态信息
		pid > 0	指定子进程的状态信息
		pid = 0	与父进程组ID相同的任何子进程的状态信息
		pid < -1	组ID为pid的任何子进程的状态信息
	int *stat_loc	返回子进程的结束状态，通过宏来解释	
		WIFEXITED(stat_val)	返回值为真，表示子进程正常结束
		WEXITSTATUS(stat_val)	获取子进程调用exit的参数值，与WIFEXITED(stat_ val)联合使用
		WIFSIGNALED(stat_val)	返回值为真，表示子进程被信号终止
		WTERMSIG(stat_val)	获取终止子进程的信号值，与WIFSIGNALED (stat_val)联合使用
		WIFSTOPPED(stat_val)	返回值为真，表示子进程被暂停
		WSTOPSIG(stat_val)	获取诱发子进程暂停的信号值，与WIFSTOPPED(stat_val)联合使用
		WIFCONTINUED(stat_val)	返回值为真，表示有信号迫使子进程继续执行
	int options	额外控制选项	
		WCONTINUED	若有信号迫使子进程继续执行，则调用返回并报告状态
		WNOHANG	如果pid指定的子进程没有结束，则立即返回
		WUNTRACED	若子进程进入暂停状态，则马上返回并报告状态
返回值	pid_t	如果wait/waitpid执行成功，则返回子进程pid；如果执行失败，则返回-1，errno变量会记录错误码	
错误码	ECHILD	pid指定的进程不存在或不是调用者的子进程	
	EINTR	在函数执行期间被信号打断	
	EINVAL	参数无效	

15

函数wait是由waitpid函数封装而成，它们的参数stat_loc记录着子进程的结束状态，必须先使用宏函数WIFEXITED、WIFSIGNALED、WIFSTOPPED或WIFCONTINUED判断出子进程的结束类型后，才能取得详细的结束类型值。参数options用于控制waitpid函数的执行分支。由于本系统目前尚未支持进程间的信号通信，而且waitpid函数的功能过于复杂，致使现在无法遵照POSIX规范来实现waitpid系统调用API。

函数waitpid对应的系统调用API处理函数名为sys_wait4，为了使调用者在执行waitpid函数后进入等待状态，这里需要向PCB加入等待队列成员变量wait_childexit和退出码成员变量exit_code，代码清单15-42是它们的详细定义。

代码清单15-42　第15章\程序\程序15-7\物理平台\kernel\task.h

```
struct task_struct
{
    ......
    long exit_code;
    struct file * file_struct[TASK_FILE_MAX];
    wait_queue_T wait_childexit;
    struct task_struct *next;
    struct task_struct *parent;
};
```

成员变量exit_code是在do_fork函数初始化struct task_struct结构体时被赋值为0；等待队列wait_childexit同样是在do_fork函数创建进程期间由函数wait_queue_init负责初始化。

借助这两个成员变量就可实现sys_wait4函数的功能，代码清单15-43是sys_wait4函数的程序实现，它会先对子进程的相关数据进行检测，如果子进程满足等待条件，那么调用者会将自身挂起，直至子进程将其唤醒。

代码清单15-43　第15章\程序\程序15-7\物理平台\kernel\sys.c

```
unsigned long sys_wait4(unsigned long pid,int *status,int options,void *rusage)
{
    long retval = 0;
    struct task_struct *child = NULL;
    struct task_struct *tsk = NULL;

    color_printk(GREEN,BLACK,"sys_wait4\n");
    for(tsk = &init_task_union.task;tsk->next != &init_task_union.task;tsk =
        tsk->next)
    {
        if(tsk->next->pid == pid)
        {
            child = tsk->next;
            break;
        }
    }

    if(child == NULL)
        return -ECHILD;
    if(options != 0)
        return -EINVAL;
```

```
        if(child->state == TASK_ZOMBIE)
        {
            copy_to_user(&child->exit_code,status,sizeof(int));
            tsk->next = child->next;
            exit_mm(child);
            kfree(child);
            return retval;
        }

        interruptible_sleep_on(&current->wait_childexit);

        copy_to_user(&child->exit_code,status,sizeof(long));
        tsk->next = child->next;
        exit_mm(child);
        kfree(child);
        return retval;
    }
```

在sys_wait4函数的起始处，代码会检测pid指定的子进程是否存在。如果子进程不存在，则参数有误，返回错误码ECHILD。当子进程存在时，还需要检测子进程的运行状态，如果发现子进程处于TASK_ZOMBIE僵死状态，则子进程已执行结束，那么wait或waitpid函数会将子进程的退出码返回给调用者，并回收子进程的资源。

如果能够通过上述检测，则子进程正处于运行状态，那么父进程会将自身挂起，并链入等待队列wait_childexit中，直至子进程将它唤醒，而唤醒后的工作依然是返回退出码以及回收资源。

子进程执行结束时，可以在main函数中执行代码return返回，亦或者调用函数exit退出。这两种方法都可以实现进程退出功能，只不过return代码是语言级的退出，表示函数的返回；而exit函数是系统级的退出，表示一个进程的终结。其实，在return代码背后还隐藏着诸多细节，鉴于目前的应用程序还不够健壮，无法通过return代码退出程序，因此只能使用exit系统调用API来退出程序，表15-8是POSIX规范对exit函数的介绍。

表15-8 exit函数简介表

函数名	void exit(int status)	
功能摘要	进程结束	
头文件	#include <stdlib.h>	
描述	exit会强制进程回写所有已缓存的数据并相继释放资源，而后结束进程	
参数	int status	结束状态码
返回值	无	无
错误码	无	无

虽然exit函数比表面看上去还复杂得多（使用atexit函数可注册退出处理函数，在执行代码return或exit函数时会自动调用处理函数），但此处仅为演示效果，暂不将其设计得太过复杂，代码清单15-44是exit系统调用API处理函数的程序实现。

代码清单15-44　第15章\程序\程序15-7\物理平台\kernel\sys.c

```
unsigned long sys_exit(int exit_code)
{
    color_printk(GREEN,BLACK,"sys_exit\n");
    return do_exit(exit_code);
}
```

从sys_exit函数的代码实现不难看出，它也仅仅是do_exit函数的二次封装而已。尽管早在init进程（内核线程）创建时do_exit函数就已实现，但init作为操作系统的第一个进程并不会执行do_exit函数，故此当时没有为它编写功能代码。现在，它将用于释放进程的部分资源以及唤醒等待中的父进程，代码清单15-45是为do_exit函数编写的功能代码。

代码清单15-45　第15章\程序\程序15-7\物理平台\kernel\task.c

```
void exit_notify(void)
{
    wakeup(&current->parent->wait_childexit,TASK_INTERRUPTIBLE);
}
unsigned long do_exit(unsigned long exit_code)
{
    struct task_struct *tsk = current;
    color_printk(RED,BLACK,"exit task is running,arg:%#018lx\n",exit_code);

do_exit_again:
    cli();
    tsk->state = TASK_ZOMBIE;
    tsk->exit_code = exit_code;
    exit_thread(tsk);
    exit_files(tsk);
    sti();

    exit_notify();
    schedule();
    goto do_exit_again;
    return 0;
}
```

既然进程已调用do_exit函数永久放弃处理器的使用权，那么do_exit函数就应该把进程的运行状态修改为TASK_ZOMBIE僵死状态，并保存exit函数传入的退出码。接下来，我们将释放子进程拥有的资源，由于子进程还需要向父进程提供数据，所以此刻只能回收PCB的部分资源，必须等到父进程从sys_wait4函数中唤醒时才能将其全部回收。最后，通过执行函数exit_notify唤醒等待队列中的父进程，并调用schedule函数切换进程。为了防止系统再次调度子进程运行，这里特意使do_exit函数循环执行。

至此，execve、waitpid和exit三个系统调用API函数均已实现。现在，只需将它们融入到fork系统调用API测试程序中，便可实现exec命令，代码清单15-46是exec命令的处理函数实现。

代码清单15-46　第15章\程序\程序15-7\物理平台\user\init.c

```
int exec_command(int argc,char **argv)
{
```

```
    int errno = 0;
    long retval = 0;
    int len = 0;
    char * filename = NULL;
    int i = 0;

    errno = fork();
    if(errno == 0)
    {
        printf("child process\n");
        len = strlen(current_dir);
        i = len + strlen(argv[1]);
        filename = malloc(i+2);
        memset(filename,0,i+2);
        strcpy(filename,current_dir);
        if(len > 1)
            filename[len] = '/';
        strcat(filename,argv[1]);

        printf("exec_command filename:%s\n",filename);
        for(i = 0;i<argc;i++)
            printf("argv[%d]:%s\n",i,argv[i]);

        execve(filename,argv,NULL);
        exit(0);
    }
    else
    {
        printf("parent process childpid:%#d\n",errno);
        waitpid(errno,&retval,0);
        printf("parent process waitpid:%#018lx\n",retval);
    }
}
```

光实现exec命令是无法验证其运行效果的，还需要额外实现一个测试程序。这个测试程序不必精雕细琢，只要能在屏幕上打印一些日志信息即可，比如实现成代码清单15-47所示的样子。

代码清单15-47　第15章\程序\程序15-7\物理平台\test\test.c

```
int main(int argc,char *argv[])
{
    int i = 0;
    printf("Hello World!\n");
    printf("argc:%d,argv:%#018lx\n",argc,argv);
    for(i = 0;i<argc;i++)
        printf("argv[%d]:%s\n",i,argv[i]);
    exit(0);
    return 0;
}
```

这个测试程序可直接使用Shell命令解析器的编译环境和系统调用API库函数，如果觉得编译后的测试程序体积过大，也可自行裁剪掉不用的系统调用API，图15-7便是exec命令执行测试程序的运行效果。

```
do_execve task is running:i7-2620M CPU @ 2.70GHz
                    00,ecx:0x17bae3ff,edx:0xbfebfbff00a,Extended Model:0x00000002,Processor Type:0x00000000,St
                    IC
                      2APIC enabled00048
                    ledtended Operation Code :0x80000008
sys_exit             0
                    pt_count:07,SVR(Suppress EOI Broadcast):0x01 Integrated APIC
                                                  pe:0x00000001
                                                  pe:0x00000001
do_execve task is running000,ID:0x0000000f00000009a79f000      Type:0x00000001
                                      nties:00000024ype:0x00000001
      test_timer(HPET:5)  tries Set Finished.11e600000      Type:0x00000001
                    00001f8b3d800
                    0x0000000000000fc4=0000000000004036
      f800000155000,bits_size:0x00000000000010f4,bits_length:0x0000000000000220
      xffff800000156000,pages_size:0x00000000000010f4,pages_length:0x000000000002a620
      00000181000,zones_size:0x0000000000000004,zones_length:0x0000000000000140
      d_address:0x0000000020000000,zone_length:0x000000001fe00000,pages_group:0xffff80000
      zone_end_address:0x0000000040000000,zone_length:0x000000001fe00000,pages_group:0xffff80000
      D Width:0x00000001,num of logical processor(2)
      ,type(2) Width:0x00000004,num of logical processor(4)0000009a600000,pages_group:0xffff80000
      ID the current logical processor:0x00000000
      zone_end_address:0x000000021e600000,zone_length:0x000000011e600000,pages_group:0xffff80000
      NORMAL_INDEX:0     ZONE_UNMAPED_INDEX:3
      000100000,end_code:0xffff8000001246c8,end_data:0xffff800000137920,start_brk:0xffff800000154d40,end_of_struct
  IC ID:0x00000001    APU starting......
    x2APIC enabled02000
  ] enabled
      ent_struct.bits_map:0x0000000000000001  zone_struct->page_using_count:0 zone_struct->page_free_count:255
sys_forkD:0x00000002
struct task_struct address:0xffff8000016400000000000001  zone_struct->page_using_count:0 zone_struct->page_free_count:255
current user ret addr:0x00000000008011be,rsp:0x00000000009ffe38ruct->page_using_count:16      zone_struct->page_free_count:239
new user ret addr:0x00000000008011be,rsp:0x00000000009ffe38
      0000,end_code:0xffff8000001246c8,end_data:0xffff800000137920,start_brk:0xffff800000154d40,end_of_struct
sys_wait4abled860e0
      task_struct address:0xffff800001638000
      ret addr:0x0000000000000000,rsp:0x0000000000000000
      :0x0000000000000000,rsp:0x0000000000000000
sys_execve      018    0x0000000001000023
FAT32_read first_cluster:12,size:5000,preempt_count:0
```

图15-7　exec命令的运行效果图

第16章 一个彩蛋

当读者看到此处时，想必大多数人都会觉得意犹未尽，同时也盼望着尽早看完本书后能够大干一番。虽然本操作系统的主体内容已经结束，但考虑到许多初学者会在调试阶段反复反汇编system文件去查找问题，为了让异常信息便于观察和理解，本节特意为读者引入内核栈反向跟踪技术，此技术可在内核触发异常时打印出内核层的函数调用过程。

内核栈反向跟踪技术主要是通过解析内核栈（内核层栈空间）中保存的函数返回地址，从而确认函数的调用关系。它的难点在于如何解析内核栈中的数据，并将数据中的返回地址与函数名关联起来。为了实现此技术，我们需要为其开辟新的数据段空间来保存所有函数的起始地址、函数名字符串以及相关索引值等数据列表，图16-1是内核栈反向跟踪技术的大致实现流程。

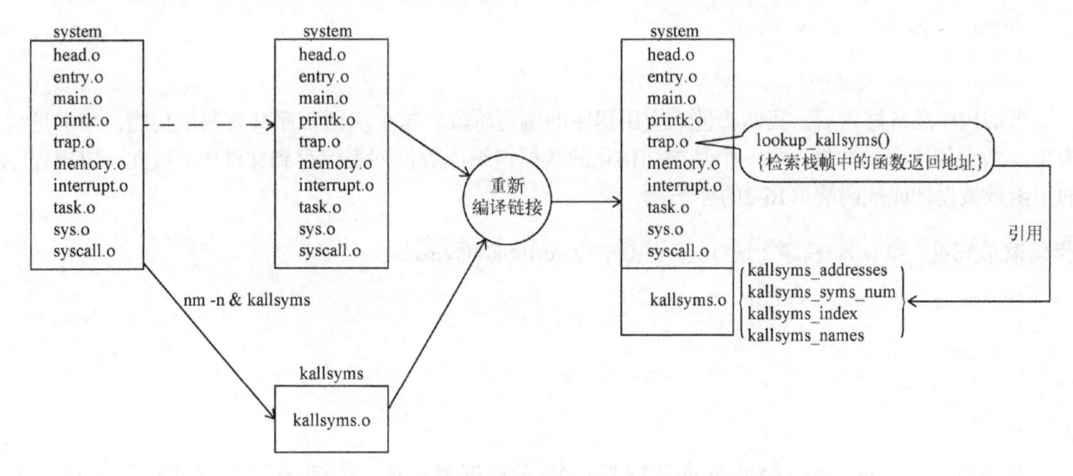

图16-1　内核栈反向跟踪技术的实现流程示意图

考虑到每次修改内核程序都会影响函数的起始位置，所以每次编译链接内核后都要重新从内核中提取数据生成数据列表，并将数据列表保存在**kallsyms.o**文件内；然后，再把**kallsyms.o**文件与其他内核文件重新链接成新的内核程序，使其变为内核程序的一部分，进而使得内核函数`lookup_kallsyms`能够访问数据列表并进行数据检索。

为了实现内核栈反向跟踪技术，首先要从内核程序**system**中提取出函数的起始地址，命令`nm`能够替我们完成这项工作，使用选项`n`则可将提取出的函数地址按照数值升序排列。以下内容是执行`nm -n`命令时显示的信息片段。

```
ffff800000107b66 T do_SIMD_exception
ffff800000107bc1 T do_virtualization_exception
ffff800000107c1c T sys_vector_init
ffff80000010839c T page_init
ffff80000010858e T page_clean
ffff80000010870e T init_memory
ffff800000109288 T alloc_pages
ffff800000109d8e t IRQ0x20_interrupt
```

这段数据的第一列是标识符（它可以是函数、变量以及其他数据）的起始地址，第二列负责描述标识符的类型，第三列是标识符的名字。当nm命令提取出这些数据后，我们可以编写一个应用程序将这些数据组织成一个数据列表，应用程序使用代码清单16-1定义的结构体struct symbol_entry来描述nm命令提取出的每条信息。

代码清单16-1　第16章\程序\程序16-1\虚拟平台\script\kallsyms.c

```
struct symbol_entry
{
    unsigned long address;
    char type;
    char *symbol;
    int  symbol_length;
};

struct symbol_entry *table;
int size, count;
unsigned long _text, _etext;
```

当结构体准备好以后，我们将进入应用程序的编写阶段。这个应用程序共有两个功能，一个是结构化nm命令传递来的数据，另一个是把结构化的数据组织成数据列表保存到文件中。故此，应用程序的主函数被设计成代码清单16-2的样子。

代码清单16-2　第16章\程序\程序16-1\虚拟平台\script\kallsyms.c

```
int main(int argc, char **argv)
{
    read_map(stdin);
    write_src();
    return 0;
}
```

主函数中的read_map函数负责读取标准输入数据流stdin传递来的数据并加以解析，而write_src函数则用于组建数据列表，下面将对这两个函数逐一进行讲解。

函数read_map会把标准输入数据流stdin传递来的数据格式化成struct symbol_entry结构体数组，其中将涉及数据存储空间的创建、标准输入数据流的解析和重组等工作，代码清单16-3是read_map函数的程序实现。

代码清单16-3　第16章\程序\程序16-1\虚拟平台\script\kallsyms.c

```
int read_symbol(FILE *filp,struct symbol_entry *sym_entry)
{
    char string[100];
```

```
    int rc;
    rc = fscanf(filp,"%llx %c %499s\n",&sym_entry->address,&sym_entry->type,string);
    if(rc != 3)
    {
        if(rc != EOF)
        {
            fgets(string,100,filp);
        }
        return -1;
    }
    sym_entry->symbol = strdup(string);
    sym_entry->symbol_length = strlen(string)+1;
    return 0;
}
void read_map(FILE *filp)
{
    int i;
    while(!feof(filp))
    {
        if(count >= size)
        {
            size += 100;
            table = realloc(table,sizeof(*table) * size);
        }
        if(read_symbol(filp,&table[count]) == 0)
            count++;
    }
    for(i = 0;i < count;i++)
    {
        if(strcmp(table[i].symbol,"_text") == 0)
            _text = table[i].address;
        if(strcmp(table[i].symbol,"_etext") == 0)
            _etext = table[i].address;
    }
}
```

read_map作为数据解析函数首先会使用realloc函数开辟存储空间，使用realloc函数而非malloc函数的优点是可以动态调整内存空间，此处使用sizeof(struct symbol_entry)*100作为内存增长的步进单位。

随后再通过函数read_symbol解析标准输入数据流stdin传递来的数据。鉴于nm命令显示的数据是规整的，故此使用fscanf函数将输入数据按照固定格式进行解析。如果函数fscanf执行成功则返回解析的参数个数，否则返回-1表示执行出错，即使fscanf执行成功依然要检测其返回的参数个数是否为3。如果参数个数不为3，而且后续仍有数据传入，则调用fgets函数滤掉此行数据。一旦函数read_symbol匹配到正确数据，它就格式化成struct symbol_entry结构。

当标准输入数据流stdin传递来的数据全部被read_map函数解析出来后，read_map函数还会再遍历一次struct symbol_entry结构体数组，并记录下代码段的起始地址和结束地址，这是为了剔除其他数据段的标识符以缩小数据列表的存储空间。

现在，数据列表已经准备就绪，接下来将调用write_src函数建立数据列表文件。为了让数据列表能够融入到内核程序中，我们必须借助链接器将所有编译后的文件（包括数据列表文件）重新链接在一起，生成新的内核程序。因此用汇编文件来保存数据列表最为妥当，代码清单16-4便是构建数据列表文件的代码实现。

代码清单16-4　第16章\程序\程序16-1\虚拟平台\script\kallsyms.c

```
int symbol_valid(struct symbol_entry *sym_entry)
{
    if((sym_entry->address < _text || sym_entry->address > _etext))
        return 0;
    return 1;
}
void write_src(void)
{
    unsigned long last_addr;
    int i,valid = 0;
    long position = 0;

    printf(".section .rodata\n\n");
    printf(".globl kallsyms_addresses\n");
    printf(".align 8\n\n");
    printf("kallsyms_addresses:\n");
    for(i = 0,last_addr = 0;i < count;i++)
    {
        if(!symbol_valid(&table[i]))
            continue;
        if(table[i].address == last_addr)
            continue;
        printf("\t.quad\t%#llx\n",table[i].address);
        valid++;
        last_addr = table[i].address;
    }
    putchar('\n');

    printf(".globl kallsyms_syms_num\n");
    printf(".align 8\n\n");
    printf("kallsyms_syms_num:\n");
    printf("\t.quad\t%d\n",valid);
    putchar('\n');

    printf(".globl kallsyms_index\n");
    printf(".align 8\n\n");
    printf("kallsyms_index:\n");
    for(i = 0,last_addr = 0;i < count;i++)
    {
        if(!symbol_valid(&table[i]))
            continue;
        if(table[i].address == last_addr)
            continue;
        printf("\t.quad\t%d\n",position);
        position += table[i].symbol_length;
        last_addr = table[i].address;
    }
    putchar('\n');
```

```
    printf(".globl kallsyms_names\n");
    printf(".align 8\n\n");
    printf("kallsyms_names:\n");
    for(i = 0,last_addr = 0;i < count;i++)
    {
        if(!symbol_valid(&table[i]))
            continue;
        if(table[i].address == last_addr)
            continue;
        printf("\t.asciz\t\"%s\"\n",table[i].symbol);
        last_addr = table[i].address;
    }
    putchar('\n');
}
```

从这段代码中可以看出，函数write_src频繁使用printf和putchar把数据列表发送至标准输出数据流stdout中。此举是为了减少操作文件时的困扰，从而借助标准输出数据流作为周转。无论使用何种方式，最终都会创建出数据列表文件。此处的函数symbol_valid是为了验证标识符地址是否属于代码段空间，而且数据列表的组建过程还会滤掉地址相同的标识符。

阅读函数write_src显然是一件让人感觉头疼的事情，如果转而阅读它在终端上显示的信息会相对轻松许多，代码清单16-5是其在终端上打印的部分信息。

代码清单16-5　write_src函数在终端上的显示信息

```
.section .rodata
.globl kallsyms_addresses
.align 8
kallsyms_addresses:
    .quad    0xffff800000100000
    .quad    0xffff80000010004a
    .quad    0xffff800000100052
    ……
    .quad    0xffff80000010b714

.globl kallsyms_syms_num
.align 8
kallsyms_syms_num:
    .quad    143

.globl kallsyms_index
.align 8
kallsyms_index:
    .quad    0
    .quad    7
    .quad    18
    ……
    .quad    1911

.globl kallsyms_names
.align 8
```

```
kallsyms_names:
    .asciz    "_start"
    .asciz    "switch_seg"
    .asciz    "entry64"
    ……
    .asciz    "_etext"
```

从这段信息中可知，即将生成的数据列表文（汇编文件）会定义kallsyms_addresses、kallsyms_syms_num、kallsyms_index以及kallsyms_names这4个标识符，它们分别用于记录标识符的起始地址、数据列表项数、函数名起始索引和函数名缓冲区。代码中的伪指令.asciz用于修饰字符串数据，它的特点是在字符串后面自动添加结束符'\0'，这也是为什么函数read_symbol在计算字符串长度时使用代码sym_entry->symbol_length = strlen(string)+1;。

现在，应用程序已经实现，执行以下编译脚本就可生成汇编文件**kallsyms.S**和编译文件**kallsyms.o**，见代码清单**16-6**。

代码清单16-6　第16章\程序\程序16-1\虚拟平台\script\Makefile

```
all:
    gcc -o kallsyms kallsyms.c
    nm -n system | ./kallsyms > kallsyms.S
    gcc -c kallsyms.S

clean:
    rm -rf kallsyms kallsyms.o kallsyms.S
```

当编译文件**kallsyms.o**被链接进内核程序后，内核便可访问其中的数据，代码清单**16-7**是内核程序对上述**4**个标识符的声明。

代码清单16-7　第16章\程序\程序16-1\虚拟平台\kernel\task.h

```
extern unsigned long kallsyms_addresses[] __attribute__((weak));
extern long kallsyms_syms_num __attribute__((weak));
extern long kallsyms_index[] __attribute__((weak));
extern char* kallsyms_names __attribute__((weak));
```

这4个标识符的类型虽有不同，但却都使用弱引用属性__attribute__((weak))加以修饰。弱引用属性的特点是在链接期间，如果发现目标标识符的定义则引用，如果未发现目标标识符的定义也不会报出“符号未定义错误”。在第一次编译内核时，文件**kallsyms.o**还未生成，如果这**4**个标识符声明不使用弱引用属性加以修饰的话，在内核编译链接时就会报错，无法生成文件system。如果它们用__attribute__((weak))属性修饰，在执行nm命令时会显示以下内容。

```
[root@localhost kernel]# nm -n system
                 w kallsyms_addresses
                 w kallsyms_index
                 w kallsyms_names
                 w kallsyms_syms_num
0000000000000000 a R15
0000000000000008 a R14
0000000000000010 a R13
……
```

看到这里，想必读者已经明白为什么必须检测fscanf函数返回的参数个数，以及为什么还要调用函数fgets过滤掉整行数据。

数据列表融入到内核后，还要知道内核栈中保存的函数返回地址，此处以#DE（除法）异常为例，来讲述函数异常触发地址与栈中保存的返回地址的获取方法。当触发#DE异常时，处理器会调用do_divide_error函数处理异常，在其参数regs内会存有触发异常的函数地址。函数的调用过程通常由汇编指令CALL（或者类似CALL指令的汇编语句）实现，处理器在执行CALL指令时会将函数的返回地址压入栈中，随后再使用汇编代码pushq %rbp;movq %rsp，%rbp保存旧栈帧，并将新栈帧更新到RBP寄存器。由此可知，借助栈帧寄存器RBP可以反向跟踪到函数的调用关系，即通过RBP寄存器检索出上层函数的栈帧基地址，而在栈帧基地址之上就保存着函数的返回地址，详细程序实现请参见代码清单16-8。

代码清单16-8 第16章\程序\程序16-1\虚拟平台\kernel\trap.c

```
void backtrace(struct pt_regs * regs)
{
    unsigned long *rbp = (unsigned long *)regs->rbp;
    unsigned long ret_address = regs->rip;
    int i = 0;

    color_printk(RED,BLACK,"&kallsyms_addresses:%#018lx,kallsyms_addresses:
        %#018lx\n",&kallsyms_addresses,kallsyms_addresses);
    color_printk(RED,BLACK,"&kallsyms_syms_num:%#018lx,kallsyms_syms_num:%d\n",
        &kallsyms_syms_num,kallsyms_syms_num);
    color_printk(RED,BLACK,"&kallsyms_index:%#018lx\n",&kallsyms_index);
    color_printk(RED,BLACK,"&kallsyms_names:%#018lx,kallsyms_names:%s\n",
        &kallsyms_names,&kallsyms_names);
    color_printk(RED,BLACK,"===================== Kernel Stack Backtrace =========
        ============\n");

    for(i = 0;i<10;i++)
    {
        if(lookup_kallsyms(ret_address,i))
            break;
        ret_address = *(rbp+1);
        rbp = (unsigned long *)*rbp;

        color_printk(RED,BLACK,"rbp:%#018lx,*rbp:%#018lx\n",rbp,*rbp);
    }
}
void do_divide_error(struct pt_regs * regs,unsigned long error_code)
{
    color_printk(RED,BLACK,"do_divide_error(0),ERROR_CODE:%#018lx\n",error_code);
    backtrace(regs);
    while(1)
        ;
}
```

backtrace函数中的循环体负责实现内核栈的反向追踪过程，目前反向追踪的深度最高可达10层，其中的函数lookup_kallsyms用于检测回溯地址是否有效。检测方法比较简单，就是确认回溯地址是否落在代码段的某个函数内。如果是，则打印函数的起始地址、返回地址距离起始地址的偏移量、函数名等信息，完整的函数实现如代码清单16-9。

代码清单16-9　第16章\程序\程序16-1\虚拟平台\kernel\trap.c

```
int lookup_kallsyms(unsigned long address,int level)
{
    int index = 0;
    int level_index = 0;
    char * string =(char *) &kallsyms_names;
    for(index = 0;index<kallsyms_syms_num;index++)
        if(address > kallsyms_addresses[index] && address <=
            kallsyms_addresses[index+1])
            break;
    if(index < kallsyms_syms_num)
    {
        color_printk(RED,BLACK,"address:%#018lx \t(+) %04d function:%s\n",address,
            address - kallsyms_addresses[index],&string[kallsyms_index[index]]);
        return 0;
    }
    else
        return 1;
}
```

至此，虚拟平台下的内核栈反向跟踪功能已经实现，执行以下命令可将kallsyms.o文件和其他文件链接成新的内核程序，见代码清单16-10。

代码清单16-10　kallsyms.o文件的链接命令

```
[root@localhost kernel]# ld -b elf64-x86-64 -z muldefs -o system head.o entry.o main.o
printk.o trap.o memory.o interrupt.o task.o sys.o syscalls.o kallsyms.o -T Kernel.lds
[root@localhost kernel]# objcopy -I elf64-x86-64 -S -R ".eh_frame" -R ".comment" -O
binary system kernel.bin
```

启动内核程序，处理器执行到代码`int i = 1/0;`时会自动触发`#DE`异常，请读者根据图16-2描述的运行效果自行确认这句代码的执行位置。

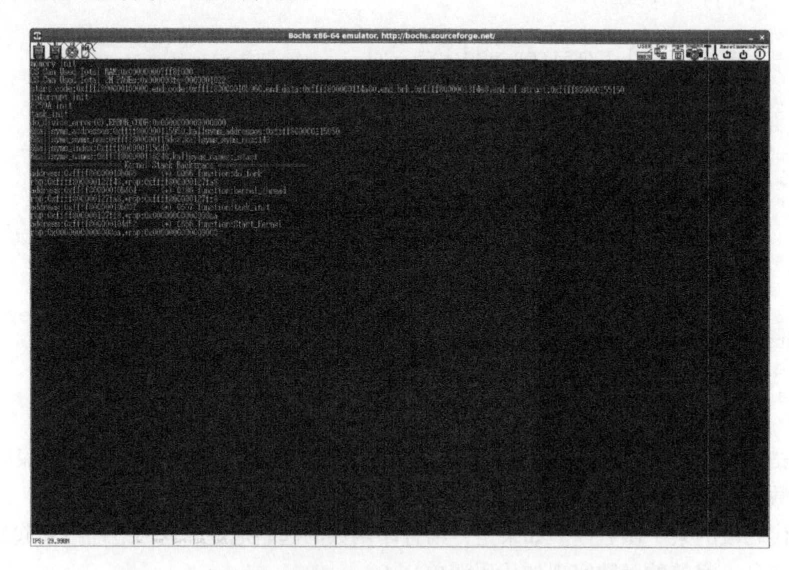

图16-2　内核栈反向跟踪技术在虚拟平台下的运行效果图

既然虚拟平台已经引入内核栈反向跟踪技术，它要移植到物理平台并不会花费太长时间。为了使显示效果更佳直观，此处还对物理平台下的backtrace和lookup_kallsyms函数做出略微调整，代码清单16-11是移植后的部分程序片段。

代码清单16-11　第16章\程序\程序16-1\物理平台\kernel\trap.c

```
int lookup_kallsyms(unsigned long address,int level)
{
    ……
    if(index < kallsyms_syms_num)
    {
        for(level_index = 0;level_index < level;level_index++)
            color_printk(RED,BLACK,"");
        color_printk(RED,BLACK,"+--->");

        color_printk(RED,BLACK,"address:%#018lx \t(+) %04d function:%s\n",address,
            address - kallsyms_addresses[index],&string[kallsyms_index[index]]);
        return 0;
    }
    else
        return 1;
}
void backtrace(struct pt_regs * regs)
{
    ……
    for(i = 0;i<10;i++)
    {
        if(lookup_kallsyms(ret_address,i))
            break;
        if((unsigned long)rbp < (unsigned long)regs->rsp || (unsigned long)rbp >
            current->thread->rsp0)
            break;

        ret_address = *(rbp+1);
        rbp = (unsigned long *)*rbp;
    }
}
void display_regs(struct pt_regs * regs)
{
    ……
    color_printk(RED,BLACK,"R8 :%#018lx,R9 :%#018lx\nR10:%#018lx,R11:%#018lx\nR12:
        %#018lx,R13:%#018lx\nR14:%#018lx,R15:%#018lx\n",regs->r8,regs->r9,regs->
        r10,regs->r11,regs->r12,regs->r13,regs->r14,regs->r15);
    backtrace(regs);
}
```

函数backtrace中的代码if((unsigned long)rbp < (unsigned long)regs->rsp || (unsigned long)rbp > current->thread->rsp0)用于限制检索的地址空间（内核层栈空间），以防止索引到其他地址空间的脏数据。

为了简化编译链接过程，下面将对物理平台的编译脚本进行适当调整，使其达到一步完成所有编译链接工作的目的，具体调整代码如代码清单16-12。

代码清单16-12　第16章\程序\程序16-1\物理平台\kernel\Makefile

```
all: system_tmp kallsyms.o
    ld -b elf64-x86-64 -z muldefs -o system head.o entry.o APU_boot.o main.o printk.o
        trap.o memory.o interrupt.o PIC.o task.o cpu.o keyboard.o mouse.o disk.o SMP.o
        time.o HPET.o softirq.o timer.o schedule.o fat32.o VFS.o sys.o syscalls.o
        semaphore.o waitqueue.o kallsyms.o -T Kernel.lds
    objcopy -I elf64-x86-64 -S -R ".eh_frame" -R ".comment" -O binary system kernel.bin

system_tmp:    head.o entry.o APU_boot.o main.o printk.o trap.o memory.o interrupt.o
    PIC.o task.o cpu.o keyboard.o mouse.o disk.o SMP.o time.o HPET.o softirq.o
    timer.o schedule.o fat32.o VFS.o sys.o syscalls.o semaphore.o waitqueue.o
    ld -b elf64-x86-64 -z muldefs -o system_tmp head.o entry.o APU_boot.o
        main.o printk.o trap.o memory.o interrupt.o PIC.o task.o cpu.o keyboard.o
        mouse.o disk.o SMP.o time.o HPET.o softirq.o timer.o schedule.o fat32.o VFS.o
        sys.o syscalls.o semaphore.o waitqueue.o -T Kernel.lds

    ......

kallsyms.o: kallsyms.c system_tmp
    gcc -o kallsyms kallsyms.c
    nm -n system_tmp | ./kallsyms > kallsyms.S
    gcc -c kallsyms.S

clean:
    rm -rf *.o *.s~ *.s *.S~ *.c~ *.h~ system system_tmp Makefile~ Kernel.lds~
kernel.bin kallsyms kallsyms.o kallsyms.S
```

其实，本节使用的内核栈反向跟踪技术同样参考自Linux内核源码，对于分析过Linux内核编译过程的读者大概会明白，从内核编程生成临时文件`.tmp_vmlinux1`到生成内核程序`vmlinux`期间，内核程序完成了内核栈反向跟踪技术的组入。

最后，编译好的内核程序运行于物理平台中，图16-3是其大致运行效果。

图16-3　内核栈反向跟踪技术在物理平台下的运行效果图

亲爱的读者们，当你们阅读完本书正文内容时，或许会有豁然开朗后的喜悦，或许会陷入烧脑后的长思，无论是何种感受，我都希望你们能有所收获。

这个操作系统的研发始于2013年初，原本是出于个人兴趣爱好，历经近两年时间的筹备和实验工作后我才开始撰写本书。尽管到目前为止，它依然是个雏形，仅能描绘出操作系统的概貌，但其作为一个可供研习的例子已经足够了。我希望本书只是本操作系统的开始，而不是操作系统的全部。当内核能够索引到全部函数起始地址后，本操作系统将进入一个崭新的世界，实现诸如异常处理、动态加载等技术已指日可待。

本系统还有很多设计不足和未实现的功能，诸如：程序的执行头结构（ELF）、进程间通信、设备驱动框架、可动态挂载的模块、图形驱动与图形库、桌面环境、多核调度与负载均衡等，而且由于PCB还不够完善，也尚且无法使用非固定映射区的物理页，限于篇幅只能止步于此。

一个人的力量是有限的，我希望我们是一个整体，每位喜欢编写操作系统的人都是其中一员。或许经过坚持和努力，我们也能写出一个可以应用在生活中的操作系统。一切尚未成定局，未来等待我们去开创，我在图灵等你。

附录

术语表

	中　文	英文全称	英文缩写/助记名
处理器的段管理机制	全局描述符表	Global Descriptor Table	GDT
	局部描述符表	Local Descriptor Table	LDT
	局部描述符表段描述符	Local Descriptor Table Segment Descriptor	LDT Segment Descriptor
	局部描述符表段选择子	Local Descriptor Table Segment Selector	LDT Segment Selector
	任务状态段描述符	Task-State Segment Descriptor	TSS Descriptor
	任务状态段选择子	Task-State Segment Selector	TSS Selector
	任务状态段	Task-State Segment	TSS
	中断描述符表	Interrupt Descriptor Table	IDT
	中断向量表	Interrupt Vector Table	IVT
	陷阱门描述符	Trap Gate Descriptor	
	中断门描述符	Interrupt Gate Descriptor	
	任务门描述符	Task Gate Descriptor	
	调用门描述符	Call Gate Descriptor	
处理器的页管理机制	4级页表	Page Map Level 4 (Table)	PML4(T)
	PML4页表项	Page Map Level 4 Entry	PML4E
	页目录指针表	Page Directory Pointer Table	PDPT
	PDPT页表项	Page Directory Pointer Table Entry	PDPTE
	页目录表	Page Directory Table	PDT
	PDT页表项	Page Directory Table Entry	PDE
	页表	Page Table	PT
	PT页表项	Page Table Entry	PTE
	旁路转换缓冲存储器或页表缓冲存储器	Translation Lookaside Buffer	TLB
中断处理机制	8259A可编程中断控制器	8259A Programmable Interrupt Controller	8259A PIC
	初始化命令字	Initialization Command Word	ICW
	操作控制字	Operational Control Word	OCW
	中断屏蔽寄存器	Interrupt Mask Register	IMR
	优先级解析器	Priority Resolver	PR
	自动结束中断	Automatic End of Interrupt	AEOI

（续）

	中 文	英文全称	英文缩写/助记名
中断处理机制	全嵌套模式	Fully Nested Mode	FNM
	特殊全嵌套模式	Special Fully Nested Mode	SFNM
	高级可编程中断控制器	Advanced Programmable Interrupt Controller	APIC
	本地高级可编程中断控制器	Local Advanced Programmable Interrupt Controller	Local APIC
	I/O高级可编程中断控制器	I/O Advanced Programmable Interrupt Controller	I/O APIC
	处理器间中断	Inter-Processor Interrupt	IPI
	本地中断向量表	Local Vector Table	LVT
	本地高级可编程中断控制器ID寄存器	Local Advanced Programmable Interrupt Controller Identification	Local APIC ID
	本地中断向量表	Local Vector Table	LVT
	错误状态寄存器	Error Status Register	ESR
	任务优先权寄存器	Task Priority Register	TPR
	处理器优先权寄存器	Processor Priority Register	PPR
	正在服务寄存器	Interrupt Request Register	ISR
	中断请求寄存器	In-Service Register	IRR
	触发模式寄存器	Trigger Mode Register	TMR
	中断结束寄存器	End-Of_Interrupt	EOI
	伪中断向量寄存器	Spurious-Interrupt Vector Register	SVR
	间接索引寄存器	I/O Register Select	IOREGSEL
	数据操作寄存器	I/O Window	IOWIN
	I/O APIC ID寄存器	IOAPIC ID	IOAPICID
	I/O APIC版本寄存器	IOAPIC Version	IOAPICVER
	I/O中断定向投递寄存器（简称RTE）	Redirection Table（Entry）	IOREDTBL
	中断模式配置寄存器	Interrupt Mode Configuration Register	IMCR
		Other Interrupt Control Register	OIC
		Root Complex Base Address Register	RCBA
多核处理器	对称多处理器	Symmetric Multi-Processing	SMP
	非对称多处理器	Asymmetric Multi-Processing	ASMP
	应用处理器	Application Processor	AP
	引导处理器	BootStrap Processor	BSP
	处理器间中断	Inter-Processor Interrupt	IPI
	中断命令寄存器	Interrupt Command Register	ICR
	消息目标地址	Message Destination Address	MDA
	逻辑目标寄存器	Logical Destination Register	LDR
	目标格式寄存器	Destination Format Register	DFR

（续）

	中　文	英文全称	英文缩写/助记名
硬件设备	帧缓冲存储器（简称帧缓存或帧存）	Frame Buffer	FB
	实时时钟	Real-Time Clock	RTC
	可编程内部定时器	Programable Interval Timer	PIT
	高精度事件定时器	High Precision Event Timer	HPET
文件系统	虚拟文件系统	Virtual File System	VFS
	超级块	Super Block	
	目录项	Directory Entry	
	数据区	Data Block	
	引导扇区	Boot Sector	
	保留区域	Reserved Region	
		File Allocation Table	FAT
进程管理及其他	进程控制结构体	Process Control Block	PCB
	完全公平调度算法	Completely Fair Schedule	CFS
	可移植操作系统接口	Portable Operating System Interface	POSIX
	开放系统接口	X/Open System Interface	XSI
	主功能号	main-leaf	
	子功能号	sub-leaf	
		Memory Type Range Register	MTRR

参考资料

Intel 技术文档

1. Intel® 64 and IA-32 architectures software developer’s manual combined volumes: 1, 2A, 2B, 2C, 2D, 3A, 3B, 3C, 3D, and 4
2. Intel® 64 and IA-32 Architectures Software Developer’s Manual Documentation Changes
3. Intel® 64 and IA-32 Architectures Optimization Reference Manual
4. 82093AA I/O ADVANCED PROGRAMMABLE INTERRUPT CONTROLLER (IOAPIC)
5. 6-chipset-c200-chipset-datasheet
6. MultiProcessor Specification
7. Intel® 64 Architecture x2APIC Specification
8. IA-PC HPET (High Precision Event Timers)Specification
9. 8259A PROGRAMMABLE INTERRUPT CONTROLLER(8259A/8259A-2)

其他技术文档

1. VESA BIOS EXTENSION（VBE） Core Functions Standard（Version：3.0）
2. AT Attachment 8- ATA/ATAPI Serial Transport（ATA8-AST）
3. AT Attachment 8- ATA/ATAPI Parallel Transport（ATA8-APT）
4. AT Attachment 8- ATA/ATAPI Command Set（ATA8-ACS）
5. AT Attachment 8- ATA/ATAPI Architecture Model（ATA8-AAM）
6. AT Attachment with Packet Interface—7Volume 1 - Register Delivered Command Set, Logical Register Set (ATA/ATAPI-7 V1)
7. AT Attachment with Packet Interface—7Volume 2 - Parallel Transport Protocols and Physical Interconnect (ATA/ATAPI-7 V2)
8. AT Attachment with Packet Interface—7Volume 3 - Serial Transport Protocols and Physical Interconnect (ATA/ATAPI-7 V3)
9. Microsoft Extensible Firmware Initiative FAT32 File System Specification
10. Standard for Information Technology—Portable Operating System Interface (POSIX®)Base Definitions
11. Standard for Information Technology—Portable Operating System Interface (POSIX®)Base Specifications, Issue 7

参考图书

1. 邓志.x86/x64 体系探索及编程. 北京：电子工业出版社，2012.
2. 于渊.Orange'S：一个操作系统的实现. 北京：电子工业出版社，2009.
3. 川合秀实. 30 天自制操作系统.周自恒，李黎明，曾祥江，张文旭译. 北京：人民邮电出版社，2012.
4. Frank van Gilluwe. PC 技术内幕. 精英科技译. 北京：中国电力出版社，2001.
5. 韩宏，李林. 老码识途. 北京：电子工业出版社，2012.
6. Robert Love. Linux 内核设计与实现. 陈莉君，康华，张波译.北京：机械工业出版社，2005.
7. 任桥伟. Linux 内核修炼之道. 北京：人民邮电出版社，2010.
8. Steve Summit. 你必须知道的 495 个 C 语言问题. 孙云，朱群英. 北京：人民邮电出版社，2016.
9. Jonathan Corbet, Alessandro Rubini & Greg Kroah-Hartman. Linux 设备驱动程序. 魏永明，耿岳，钟书毅.北京：中国电力出版社，2006.
10. 毛德操、胡希明.Linux 内核源代码情景分析（上、下）. 北京：浙江大学出版社，2001.
11. Daniel P.Bovet & Marco Cesati.深入理解 Linux 内核. 陈莉君，张琼声，张宏伟. 北京：中国电力出版社，2008.
12. Mel Gorman.深入理解 Linux 虚拟内存管理. 白洛译. 北京：北京航空航天大学出版社，2006.
13. Wolfgang Mauerer.深入 Linux 内核架构. 郭旭译. 北京：人民邮电出版社，2010.
14. 段钢.加密与解密. 北京：电子工业出版社，2008.
15. 赵炯.Linux 内核完全注释. 北京：机械工业出版社，2005.